Golden—Bell's
AUTOMOTIVE
DICTIONARY

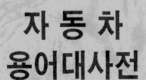

자 동 차
용어대사전

일본 / (주) 그링프리출판 GP기획센터 編
한국 / 도서출판 골든벨 편집부 編譯

KB139261

자동차문화의 자존심
골든-벨

머 리 말

우리나라에서 자동차용어사전이 처음 출간된 것이 80년대 중반으로 기억되며, 그로부터 자동차에는 첨단장치가 도입되는 등 그 발달 변모가 한해가 다르게 급속도로 진전되고 있다.

자동차 시장은 내수 시장의 확산일로와 편승하여 수출품목 중 상위를 점유하고 있으며, 자동차 생산대수도 세계 6위를 마크하리만큼 대단한 위치에 있다.

또한 자동차용어 역시 일반적으로 널리 쓰여 온 기계적인 용어뿐만 아니라 첨단 시스템의 장착에 따른 전자장치의 어휘들이 자연스럽게 발생하게 되었고, 아직은 '자동차 경주'라고 하는 것은 우리나라에서는 지극히 미미하게 벌어지고 있지만 미래의 「카레이스」를 위해 그에 해당한 용어들도 대폭 수렴하였다. 따라서 자동차관련 전문서적이나 카탈로그 및 매뉴얼 등에서 생소한 자동차 용어의 출현은 우리를 당혹하게 할 경우가 있을 것이다.

이에 폐사에서는 골든벨의 자존심을 걸고 자동차를 직접 운전하는 오너드라이버는 물론이고 자동차 공학도, 자동차 현장에서 종사하고 있는 모든 기술인, 자동차와 직·간접적으로 업무와 연관된 사람들, 자동차정비기사·기능사들에게 참으로 오랜 가뭄끝에 단비가 되리라 믿고 싶다.

용어의 선정 범위는 자동차에 관련된 용어뿐만 아니라 전기, 전자, 화학, 역학, 컴퓨터, 일반기계, 자동차 판금, 자동차 도장(塗裝) 등의 어휘들을 총괄적으로 수록하였다.

용어사전을 편성하면서 남모르는 고통을 느낀 것은 자동차 용어들 대부분이 외래어로 형성되었기 때문에 이미 우리 사회에 널리 익어버린 용어들을 바로잡는데 참으로 힘든 고뇌의 결단이었다. 그러나 교육부에서 1986년 1월 7일부로 시행하고 있는 외래어표기법을 준함과 동시에 교육부에서 발행한 「편수자료」중 '외래어표기용례집'을 많이 참고하였다.

이 사전이 잉태하기까지에는 일본(주)그랑프리출판에서 발간한 「사동차용어사전」을 골간으로 하였고 거기에 없는 용어들은 홍한기 이사님, 김형선 님, 이상호 님, 조경미 님이 혼신의 정열을 쏟으면서 보완하였으며 아울러 영진기획 일원에게도 심심한 노고를 치하드립니다.

끝으로 자동차용어를 장치별로 엮어놓은 것을 필요로 하는 이들에게는 폐사에서 발간한 「자동차 장치별 용어해설」을 권하고 싶다.

1994년 가을에

한국/ 도서출판 골든벨 편집부 譯編
일본/ (주)그랑프리출판 G.P기획센터 編

일러두기

1. 이 사전의 편성 「자동차용어사전」은 자동차와 관련된 용어들로 수록(자동차, 전기, 전자, 화학, 역학, 컴퓨터, 일반기계, 자동차 판금 및 도장〈塗裝〉, 자동차 경주 등)하였으며, 부록편에서는 약어(略語)와 영어 표제어 찾아보기를 집대성하였다.

2. 표제어의 배열 용어의 표제어 배열 방법은 한글의 자모(子母) 순으로, 영문 찾아보기는 알파벳 순으로 배열하였다.

3. 외래어 표기 원칙 외래어는 문교부에서 '86년 1월 7일에 새로 심의 확정고시한 「외래어 표기법」을 기준하였으며, 특히 교육부에서 발행한 「편수자료」중 '외래어표기용례집'을 중점 참고하였다. 단, 다음의 용어들은 관례대로 표기하였다.

> 예 쇼크 업소버 → 쇽업소버　벨로스 → 벨로즈
> 　　아스베스토스 → 아스베스토

4. 표제어의 구성
　① 표제어에서 한글은 고딕체, 영어 또는 한자는 [ ] 속에 명조체로 표기하였으며, 경우에 따라서는 한자와 영어를 겸용하였다.
　② 표제어에서 미국과 영국 등 그 이외의 나라로부터 어원이 인용되었을 경우는 현재 우리 실생활에 널리 쓰이는 것을 우선하였고 그 어원의 출처는 다음과 같이 밝혀 두었다.
　　미국은 [美], 영국은 [英], 독일어는 [獨], 프랑스어는 [佛], 이태리어는 [伊] 라고 표기한다.
　③ 표제어 중 약어(略語)로 나타내는 영문은 발음되는대로 한글의 어순에 따라 수록하였다.

5. 표제어의 풀이 하나의 표제어에서 두가지 이상의 뜻으로 통용되고 그 내용이 다양할 경우에는 본문을 ①, ②, ③……뜻으로 열거하였다.

6. 기호와 그 의미 표제어 바로 다음이나 표제어 설명이 끝나는 부문에 나타내는 기호의 의미는 다음과 같다.

> ⇨ : 참조 및 찾아가라, 　＝ : 동의어(同義語), 　⇔ : 반대어

§영어 표기의 기본 원칙§

-교육부 시행('89.3.1)기준-

◆ 영어 발음 기호와 한글 대조표 ◆

① 자음(子音)

발음기호	한 글 표 기		발음기호	한 글 표 기	
	모음앞	자음앞, 어말		모음앞	자음앞, 어말
p	ㅍ	ㅂ, 프	ts	ㅊ	츠
b	ㅂ	브	dz	ㅈ	즈
t	ㅌ	ㅅ, 트	tʃ	ㅊ	치
d	ㄷ	드	dʒ	ㅈ	지
k	ㅋ	ㄱ, 크	m	ㅁ	ㅁ
g	ㄱ	그	n	ㄴ	ㄴ
f	ㅍ	프	ɲ	니*	뉴
v	ㅂ	브	ŋ	ㅇ	ㅇ
θ	ㅅ	스	l	ㄹ, ㄹㄹ	ㄹ
ð	ㄷ	드	r	ㄹ	르
s	ㅅ	스	h	ㅎ	흐
z	ㅈ	즈	ç	ㅎ	히
ʃ	시	슈, 시	x	ㅎ	흐
ʒ	ㅈ	지			

② 반모음(半母音)

발음기호	한글표기
j	이*
ɥ	위
w	오, 우*

③ 모음(母音)

발음기호	한글표기	발음기호	한글표기	발음기호	한글표기
i	이	œ̃	욍	ɔ̃	옹
y	위	æ	애	o	오
e	에	a	아	u	우
ø	외	ɑ	아	ə**	어
ɛ	에	ã	앙	ɚ	어
ɛ̃	앵	ʌ	어		
œ	외	ɔ	오		

* [j], [w]의 '이'와 '오, 우', 그리고 [ɲ]의 '니'는 모음과 결합할 때 「영어의 표기 세칙」에 따른다.

** 독일어의 경우에는 '에', 프랑스어의 경우에는 '으'로 적는다.

◆ 영어의 표기 세칙 ◆

①무성 파열음(無聲破裂音) [p], [t], [k]

　㉠ 짧은 모음 다음의 어말 무성 파열음 [p], [t], [k]는 'ㅂ' 'ㅅ' 'ㄱ' 받침으로 적는다.

　보기 gap[gæp] 갭　　　　　　　unit[juːnit] 유닛
　　　　hook[huk] 훅

　㉡ 짧은 모음과 유음 · 비음[l], [r], [m], [n]이외의 자음 사이에 오는 무성 파열음[p], [t], [k]는 'ㅂ' 'ㅅ' 'ㄱ' 받침으로 적는다.

　보기 apt[æpt] 앱트　　　　　setback[setbæk] 세트백
　　　　act[ækt] 액트

　㉢ 위 경우 이외의 어말과 자음 앞의 [p], [t], [k]는 '으'를 붙여 적는다.

　보기 pump[pəmp] 펌프　　　cast[kɑːst] 카스트
　　　　tank[tæŋk] 탱크

② 유성 파열음(有聲破裂音) [b], [d], [g]

어말과 모든 자음 앞에 오는 유성 파열음은 '으'를 붙여 적는다.

보기 bulb[bʌlb] 벌브 rod[rɔd] 로드
zigzag[zigzæg] 지그재그

③ 마찰음(摩擦音) [s], [z], [f], [v], [θ], [ð], [ʃ], [ʒ]

ㄱ 어말(語末) 또는 자음 앞의 [s], [z], [f], [v], [θ], [ð]는 '으'를 붙여 적는다.

보기 disk[disk] 디스크 nozzle[nɔzl] 노즐
graph[græf] 그래프 groove[gruːv] 그루브
thread[θred] 스레드 bathe[beið] 베이드

ㄴ 어말의 [ʃ]는 '시'로 적고, 자음 앞의 [ʃ]는 '슈'로, 모음 앞의 [ʃ]는 뒤따르는 모음에 따라 '샤', '섀', '셔', '셰', '쇼', '슈', '시'로 적는다.

보기 flash[flæʃ] 플래시 shrub[ʃrʌb] 슈러브
shear[ʃiə] 시어 shank[ʃænk] 섕크
sharp[ʃɑːp] 샤프 shoe[ʃuː] 슈

ㄷ 어말 또는 자음 앞의 [ʒ]는 '지'로 적고, 모음 앞의 [ʒ]는 'ㅈ'으로 적는다.

보기 mirage[mirɑːʒ] 미라지 vision[viʒən] 비전

④ 파찰음(破擦音) [ts], [dz], [tʃ], [dʒ]

ㄱ 어말 또는 자음 앞의 [ts], [dz]는 '츠', '즈'로 적고, [tʃ], [dʒ]는 '치', '지'로 적는다.

보기 Keats[kiːts] 키츠 oddz[ɔds] 오즈
switch[switʃ] 스위치 garage[gǽrɑːdʒ] 개라지
bridge[bridʒ] 브리지 hitchhike[hitʃhaik] 히치하이크

ㄴ 모음 앞의 [tʃ], [dʒ]는 'ㅊ', 'ㅈ'으로 적는다.

보기 chart[tʃɑːt] 챠트 forging[fɔːdʒiŋ] 포징

⑤ 비음(鼻音) [m], [n], [ŋ]

ㄱ 어말 또는 자음 앞의 비음은 모두 받침으로 적는다.

보기 steam[stiːm] 스팀 cone[koun] 콘

ring[riŋ] 링   lamp[læmp] 램프

pint[pint] 핀트   tank[tæŋk] 탱크

  ⓛ 모음과 모음 사이의 [ŋ]은 앞 음절(音節)의 받침 'ㅇ'으로 적는다.

보기 hanging[hæŋiŋ] 행잉   longing[lɔŋiŋ] 롱잉

⑥ 유음(流音) [l]

  ㉠ 어말 또는 자음 앞의 [l]은 'ㄹ' 받침으로 적는다.

보기 nickel[nikəl] 니켈   pulp[pʌlp] 펄프

  ⓛ 어중(語中)의 [l]이 모음 앞에 오거나 모음이 따르지 않는 비음 [m], [n]앞에 올·때에는 'ㄹㄹ'로 적는다. 다만, 비음 [m], [n] 뒤의 [l]은 모음 앞에 오더라도 'ㄹ'로 적는다.

보기 slide[slaid] 슬라이드   film[film] 필름

helm[helm] 헬름   swoln[swouln] 스월른

⑦ 장모음(長母音)

  장모음은 장모음 그대로 길게 표기하지 않고 짧게 표기하는 것이다.

보기 turbine[tə:bin] 터어빈→터빈   steam[sti:m] 스티임→스팀

part[pɑ:t] 파아트→파트   route[ru:t] 루우트→루트

mark[mɑ:k] 마아크→마크   tooth[tu:θ] 투우스→투스

⑧ 중모음(重母音) [ai], [au], [ei], [ɔi], [ou], [auə]

  중모음은 각 단모음의 음가(音價)를 살려서 적되, [ou]는 '오'로 [auə]는 '아워'로 적는다.

보기 time[taim] 타임   house[haus] 하우스

shape[ʃeip] 셰이프   oil[ɔil] 오일

boat[bout] 보트   tower[tauə] 타워

⑨ 반모음(半母音) [w], [j]

  ㉠ 반모음 [w]는 뒤따르는 모음에 따라서 [wə], [wɔ], [wou]는 '워'로, [wɑ]는 '와', [wæ]는 '왜', [we]는 '웨', [wi]는 '위', [wu]는 '우'로 적는다.

보기 work[wə:k] 워크   warp[wɔ:p] 워프

woven[wouvn] 워븐   wander[wɑndə] 완더

wintch[wintʃ] 윈치   wool[wul] 울
wag[wæg] 왜그   weld[weld] 웰드

ⓛ 자음(子音) 뒤에 [w]가 올 때에는 두 음절로 갈라서 적되, [gw],
[hw], [kw]는 한 음절로 붙여서 적는다.

보기 swing[swiŋ] 스윙   twist[twist] 트위스트
whistle[hwisl] 휘슬   quarter[kwɔ:tə] 쿼터

ⓒ 반모음 [j]는 뒤따르는 모음과 합쳐 '야', '애', '여', '예', '요',
'유', '이'로 적는다. 다만, [d], [l], [n] 다음에 [jə]가 올 때에는
각각 '디어', '리어', '니어'로 적는다.

보기 yard[jɑ:d] 야드   yank[jæŋk] 얭크
yearn[jə:n] 연   yellow[jelou] 옐로
yawn[jɔ:n] 욘   year[jiə] 이어

⑩ 복합어(複合語)

ⓐ 따로 설 수 있는 말의 합성으로 이루어진 복합어는 그것을 구성하
고 있는 말이 단독으로 쓰일 때의 표기대로 적는다.

보기 cuplike[kʌplaik] 컵라이크   headlight[hedlait] 헤드라이트
sit-in[sitin] 싯인   flashgun[flæʃgʌn] 플래시건
topknot[tɔpnɔt] 톱놋

ⓑ 원어(原語)에서 띄어 쓴 말은 띄어 쓴 대로 한글 표기를 하되 붙여
서 쓸 수 있다.

◆ 독일어의 표기 ◆

영어의 표기 세칙을 준용하되 독일어의 독특한 것은 그 특징을 살려
서 표기하였으며 그 세칙은 다음과 같다.

① 자음 앞의 [r]는 '으'를 붙여서 적는다.
② 어말의 [r]와 '-er[ər]'는 '어'로 적는다.
③ 복합어 및 파생어의 선행 요소가 [r]로 끝나는 경우에는 ②의 규정을
준용한다.

④ 어말의 파열음(破裂音)은 '으'를 붙여 적는 것을 원칙으로 한다.

⑤ 철자 'berg', 'burg'는 '베르크', '부르크'로 통일해서 적는다.

⑥ [ʃ]는 어말 또는 자음 앞에서는 '슈'로 적고, [y], [ø]앞에서는 'ㅅ'으로 적는다.

⑦ 그 밖의 모음 앞에 오는 [ʃ]는 뒤따르는 모음에 따라 '샤', '쇼', '슈' 등으로 적는다.

⑧ [ɔy]로 발음되는 'äu', 'eu'는 '오이'로 적는다.

◆ 프랑스어의 표기 ◆

영어의 표기 세칙을 준용하되 프랑스에서 독특한 것은 그 특징을 살려서 표기하였으며 그 세칙은 다음과 같다.

① 파열음 [p], [t], [k], [b], [d], [g]
  ㉠ 어말에서는 '으'를 붙여서 적는다.
  ㉡ 구강 모음과 무성 자음 사이에 오는 무성 파열음(구강 모음+무성 파열음+무성 파열음 또는 무성 마찰음의 경우)은 받침으로 적는다.

② 마찰음(摩擦音) [ʃ], [ʒ]
  ㉠ 어말과 자음 앞의 [ʃ], [ʒ]는 '슈', '주'로 적는다.
  ㉡ [ʃ]가 [ə], [w] 앞에 올 때에는 뒤따르는 모음과 합쳐 '슈'로 적는다.
  ㉢ [ʃ]가 [y], [œ], [ø] 및 [j], [ɥ]앞에 올 때에는 'ㅅ'으로 적는다.

③ 비자음[ɲ]
  ㉠ 어말과 자음 앞의 [ɲ]는 '뉴'로 적는다.
  ㉡ '아', '에', '오', '우' 앞에 올 때에는 모음과 합쳐 각각 '냐', '녜', '뇨', '뉴'로 적는다.
  ㉢ [ə], [w]앞에 올 때에는 뒤따르는 소리와 합쳐 '뉴'로 적는다.
  ㉣ 그 밖의 [ɲ]는 'ㄴ'으로 적는다.

④ 반모음[j]

  ㉠ 어말에 올 때에는 '유'로 적는다.

  ㉡ 모음 사이의 [j]는 뒤따르는 모음과 합쳐서 '예', '얘', '야', '얒', '양', '요', '욘', '유', '이' 등으로 표기한다. 다만, 뒷모음이 [ø], [œ]일 때에는 '이'로 적는다.

  ㉢ 그 밖의 [j]는 '이'로 적는다.

⑤ 반모음 [w]는 '우'로 적는다.

가공 경화 〔加工硬化 ; work hardening〕 변형 경화. 금속을 변형시켰을 때 변형 부분이 원래의 상태보다 단단하게 되는 현상. 철사를 굽혔다 폈다 하는 것을 여러번 반복했을 경우 절단되는 원인은 가공 경화가 되기 때문이다. 가공 경화가 되면 강도는 증가되고 연신율은 감소한다.

가공 여유 〔machining allowance〕 수기 가공, 기계 가공을 고려하여 둔 여유량. 주물에서 목형을 제작할 경우 수기 가공이나 기계 가공할 칫수만큼 크게 만든다. 가공 여유는 거치른 다듬질일 경우 1~5mm, 중간 다듬질일 경우 3~5mm, 정밀 다듬질 5~10mm, 주철, 주강의 경우는 3~6mm이다.

가교반응 〔架橋反應〕 수지(樹脂)의 분자끼리 다리를 놓는 것처럼 서로 결합하는 것. 우레탄이나 소부 도료(燒付塗料)의 경화시에 일어나는 반응으로, 이것에 의하여 3차원 구조의 페인팅이 형성됨.

가니시 〔garnish〕 장식이나 꾸밈을 말함. 특히 자동차에서는 프런트 그릴이나 리어 콤비네이션 램프 주위의 장식판과 필러에 설치하여 실내의 장식을 보기 좋게 하기 위한 덮개. 보디의 바깥쪽에 부착한 장식용 판으로서 일반적으로 플라스틱 제품임.

가니시 몰딩 〔garnish molding〕 도어 어셈블리에 도어 트림 패널을 유지하기 위하여 사용하는 도어 패널 상의 어퍼 몰딩.

가단 주철 〔可鍛鑄鐵 ; malleable cast-iron〕 주철을 가열한 다음 가열노(加熱爐) 속에서 서서히 냉각시켜 인성(靭性)을 증가시킨 주철로서 브레이크 슈, 스프링, 브래킷, 섀클, 페달 등에 사용한다.

가단성 〔可鍛性 ; forgeability〕 재료에 외력을 작용시켰을 때 외력에 의하여 변형될 수 있는 성질.

가도식 (可倒式) **미러** 아웃 사이드 미러는 차체에서 외측으로 튀어나온 형태를 하고 있으며 보행자 등의 보호를 위하여 미러가 가도식으로 되어 있다.

가동 플레이트식 에어 플로미터 ⇨ 플랩식 에어 플로미터(flap type air flowmeter).

가변 기통 엔진 [variable cylinder engine] ⇨ 가변 배기량 엔진.

가변 배기 시스템 [variable exhaust system] 배기가스의 통로를 바꾸어 배기음을 적게 함과 동시에 배기저항을 감소시키는 시스템. 머플러 내에 복수의 통로를 설치하여 중저속에서는 배기가스가 긴 경로를 통과하게 하여 배기음을 적게 하고, 고속시에는 제어 밸브를 열어 바이패스나 테일 파이프를 충분히 사용하여 배기 저항을 적게 하는 것.

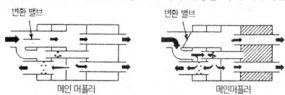

가변 배기량 엔진 [variable piston displacement engine] 4사이클 가솔린 엔진에서 아이들링이나 정상 운전 등 부하가 걸리지 않는 상태에서는 일부 실린더의 작동을 정지시키고, 나머지 실린더에 부하를 집중시켜 연소 효율을 향상시키므로서 연비를 좋게 하려는 것이다. 미쓰비시의 MIVEC 엔진, 스즈키의 3-2기통 가변 배기량 엔진, BMW의 6-3 가변 기통 엔진, GVM이 캐딜락에 채용한 8·6·4가변 기통 엔진 등이 있다.

가변 밸브 타이밍 [variable valve timing] ⇨ 베리어블 밸브 타이밍 시스템.

가변 밸브 타이밍 시스템 [variable valve timing system] 엔진의 운전상태에 따라 밸브 타이밍이나 밸브의 양정 등을 바꾸어, 적정한 출력을 얻음과 동시에, 넓은 회전 범위에서 흡·배기 효율을 높이고 연비의 개선을 꾀하는 시스템이다. ⇨ 베리어블 밸브 타이밍 시스템.

가변 벤투리 카브레터 [variable venturi carburetor] 벤투리가 매니폴드 내의 부압조건에 따라 단면적이 변화되도록 만들어진 카브레터. 흡입 공기량에 따라 벤투리의 크기를 자동적으로 변화시켜 그 공기량에 적합한 가솔린을 공급하는 시스템으로 SU카브레터나 스트럼 버그형 카브레터가 그 대표적인 것. 흡기압이 거의 일정하므로 영어로는 콘스턴트 디프레션 카브레터(constant depression carburetor), 콘스턴트 배큠 카브레터(constant vacuum carburetor)라고도 함 ⇔ 고정 벤투리 카브레터.

가변 변속 구동 〔可變變速驅動〕 워터 펌프, 팬, 올터네이터 등의 변속 구동은 크랭크 샤프트의 회전을 풀리와 벨트로 전달하며 그 회전수를 제어하는 시스템을 말함. 구동 풀리와 피동 풀리의 피치 반경을 변경하여 회전수를 컨트롤하는 가변 풀리 방식이 일반적이며 전자 클러치로 회전을 단속하는 방식과, 유압 펌프를 사용하여 그 토출량으로 회전수를 변화시키는 방식도 있다.

가변 분배식 4WD ⇨ 풀타임 4WD.

가변 스티어링 휠 〔variable steering wheel〕 스티어링 핸들의 각도나 길이를 자유로이 바꿀 수 있게 되어있는 스티어링 장치. 각도를 바꿀 수 있는 것을 틸트 스티어링 또는 틸트 핸들이라고 한다. 스티어링 포스트를 최대한 세워 타고 내리기 쉬운 위치로 하고, 또한 그것보다도 뒤워 운전자에게 있어서 운전하기 쉬운 위치를 선택할 수 있도록 한 메커니즘, 고속주행시와 시가지 주행에서 각도를 변환시키는 것도 가능하고, 운전자에 맞추어 각도를 변환시키는 것도 가능하다. 스티어링 박스의 길이를 변화시켜, 운전자와 스티어링 핸들의 간격을 조종하는 장치는 텔레스코픽 스티어링이라고 한다. 틸트는 '기울다'는 뜻이고, 텔레스코픽은 망원경을 뜻하는 텔레스컵에서 온 말로 늘리거나 줄이거나 하는 것.

가변 A/R 터보 시스템 〔variable A/R turbo system〕 A/R을 가변식으로 하고 저속회전시에는 적게, 고속회전시에는 커지게 하면 하이 파워이고 더욱 회전이 낮은 저속에서도 반응이 좋은 엔진을 얻을 수 있다. 그 종류의 하나는 제트터보에서 배기가스를 배출시키는 구멍에 가동식의 플랩을 설치하고 A/R을 조정하는 것이 있고, 또 하나는 로터리 엔진의 투윈 스크롤 터보에서는 배기가스의 유입구를 둘로 나누어 저속회전에서는 한쪽 통로만, 고속회전에서는 양쪽 통로를 사용하여 A/R을 컨트롤하고 있다.

저·중속 회전지역

고속 회전지역

가변 용량 오일펌프 〔variable capacity oil pump〕 오일 펌프의 용량을 0에서부터 최대까지 변화시킬 수 있는 펌프. 오일 펌프축이 회전함에 따라 실린더 자체가 펌프의 케이싱 내에서 회전하면 피스톤은 실린더

와 함께 회전하면서 왕복운동을 한다. 피스톤은 경사판이 기울어짐에
따라 피스톤의 행정이 변화되어 펌프에서 송출되는 오일의 양이 변화
된다.

가변 저항기 〔可變抵抗器 ; rheostat〕 저항값이 조절기 등의 기구에 의해
변화할 수 있는 저항기, 하나의 고정 단자와 가동 단자로 구성되어 가
동 단자가 저항 위를 이동하면서 단자간의 저항값이 변화되도록 한다.
⇨ 포텐쇼미터

가변 흡기 시스템 〔variable induction system〕 엔진 회전수에 따라 흡기
관 수, 길이, 지름 등을 바꾸어 주로 흡기 맥동 효과를 이용하여 흡기
효율을 좋게 하는 시스템. 각종 가변 시스템 중에서 비교적 간단한 구
조로 되어있어 큰 효과를 얻을 수 있으므로 각사가 다투어 채용하고
있다.

가변 흡기 조절 서보 〔variable induction control servo〕 가변 흡기 조절
서보는 컴퓨터의 제어 신호에 의해 흡입 공기 흐름 회로를 조절하여
엔진의 회전수에 따라 최대 토크가 발생되도록 한다. 엔진의 회전수에
따라 서보 밸브의 목표 위치를 미리 설정해 두고 실제값 사이의 차이
가 발생되면 가변흡기 조절 밸브 위치 센서에서 그 차이를 감지하여
컴퓨터에 입력한다. 이 때 컴퓨터는 VIC 서보 밸브 구동모터를 작동
시켜 공기 흐름의 회로를 조절하여 실제값이 일치하도록 제어한다.

가변식 듀얼 인테이크 매니폴드 〔variable type dual intake manifold〕 4
밸브의 엔진에 채용되고 있는 가변 흡기 시스템의 하나. 각 실린더로
향하는 인테이크 매니폴드를 도중에서 2가닥으로 나누어 한쪽에 흡기
제어용 셔터 밸브를 설치하여 중저속에서는 이 밸브를 닫아 다른쪽 혼
합기의 유속을 빠르게 함과 동시에 흡기맥동효과에 따라 충진 효율의
향상을 도모하는 것. 두 개로 나누어진 매니폴드는 일단 한 개로 모아
지고, 다시 두 개로 나누어져서 흡기 포트에 연결되어 있다.

가변식 쇽업소버 〔adjustable shock absorber〕 어저스터블 쇽업소버라고
하며 다이얼 조정식 쇽업소버를 말한다. 감쇠력 가변식 쇽업소버를 가
리키는 경우도 있다.

가사 시간 〔可使時間〕 2액형(二液型)의 도료에서 주제(主齊)와 경화제
를 혼합한 후, 정상적인 도장에 사용하는 시간. 이것을 초과하면 젤리
상태가 되어 분사 도장을 할 수 없게 된다. 우레탄 도료에서는 8~10
시간(20℃)이 일반적임. 단, 도료의 종류 및 기온에 따라 차이가 있
음. 폿 라이프(pot life)라고도 함.

가성소다 〔caustic soda〕 수산화나트륨. 탄산소다의 수용액에 석회수를 첨가하여 끓이거나 식염의 수용액을 전기 분해하여 얻는 백색 반투명의 조해성 고체로서 이산화탄소를 흡수하여 일부는 탄산소다로 변화된다. 분자식은 NaOH로 비누의 제조나 펄프 공업에 많이 사용된다.

가소성 〔plasticity；可塑性〕 탄성 한도 이상의 응력을 가하면 응력을 제거하여도 변형된 상태에서 원상태로 되돌아오지 않는 성질.

가소제 〔plasticijer；可塑齊〕 섬유소 도료에 넣어서 도막의 탄성 및 유연성을 증가시키는 것을 통틀어 일컬음.

가소홀 〔gasohol〕 가솔린에 10%의 알코올을 혼합한 알코올 혼합 가솔린의 명칭. 브라질에서 실용화되었으며 미국에서도 일부 사용되고 있다.

가속 성능 〔加速性能〕 자동차가 속도를 증가시키는 능력으로서 동력성능 기준의 하나. 정지상태에서 최대 가속을 할 때 출발 가속 성능과, 어떤 속도에서 최대 가속을 내는 추월 가속 성능이 있다.

가속 저항 〔加速低抗〕 주행 저항의 하나로 증속에 대한 저항. 속도가 증가하는 힘을 질량에 가속도를 곱한 것으로 차량 총중량에 엔진·동력 전달 계통의 회전 부분 상당 중량을 더하고 중력의 가속도(g)로 나눈 것에 자동차의 가속도를 곱해서 얻어진다.

가속 펌프 〔accelerator pump〕 카브레터에서 가속시 엔진의 출력 저하를 방지하기 위하여 가속 페달과 연동하여 작동되는 펌프로 연료를 플로트 체임버에서 펌핑하여 벤투리관에 직접 분사하는 것. 이 장치가 없으면 급가속하려고 액셀 페달을 신속하게 밟았을 때 스로틀 밸브는 급격히 열려 흘러 들어가는 공기의 양은 증가한다. 그러나 가솔린을 흡입할 때까지 시간이 경과되므로 실린더에 유입되는 혼합기가 일시적으로 회박해지고 실화가 일어나 엔진의 출력이 순간적으로 저하되어 가속의 진행이 늦어지는 현상이 일어난다.

아웃 렛 체크 밸브　　펌프 레버

인렛 체크 밸브　　가속펌프 다이어프램

액셀 페달을 밟았을 때　　　**액셀 페달을 놓았을 때**

가속 펌프 회로 [accelerating pump circuit] 가속 펌프 회로는 가속한 순간 일시적으로 혼합기 희박해지는 것을 방지하는 회로. 주행중 스로틀 밸브를 급격히 열게 되면 공기의 이동 속도는 증가하나 연료는 관성이 크기 때문에 공기의 이동 속도를 따라가지 못하므로 혼합기가 일시적으로 희박해진다. 따라서 일시적으로 펌프를 작용시켜 다량의 연료를 별도로 설치된 가속 노즐을 통하여 분출하기 때문에 혼합기가 희박해지는 것을 방지한다.

가속 페달 [accelerator pedal] ⇨ 액셀 페달.

가속도 [加速度 ; acceleration] 속도의 변화 비율. 속도의 변화를 단위 시간으로 나눈 것으로서 운동하는 물체의 단위 시간에 있어서 속도의 변화를 나타내는 양.

가속시 혼합비 [加速時混合比] 가속 시 일시적으로 희박해지지 않도록 하는 혼합비. 가속시 스로틀 밸브를 급격히 열면 흡입되는 공기량은 증가되나 가솔린은 관성 때문에 공기 속도를 따라가지 못한다. 이 때문에 혼합기는 가속하는 순간 희박해져 동력의 발생이 중지되므로 가솔린 공급량을 8~11:1정도의 농후한 혼합기를 공급하여야 한다.

가솔린 [⊛ gasoline gas, ⊛ petrol] 석유의 원유를 증류할 때 비등점 30~200℃에서 얻어지는 유분으로서 자동차용, 항공기용, 공업용의 3종류가 있다. 자동차용은 옥탄가에 따라 옥탄가가 높은 프리미엄 가솔린과 낮은 레귤러 가솔린에 4에틸납의 첨가 유무에 따라 유연 가솔린과 무연 가솔린으로 분류된다.

가솔린 엔진 [gasoline engine] 석유제품 중에서 휘발성이 높은 가솔린을 연료로 하는 엔진의 총칭. 기본 원리는 공기 14.7~15에 비해 가솔린 1 정도의 비율로 기화 상태로 하여 흡입하고, 그것을 7~11배로 압축한 다음 전기 불꽃으로 점화하면 폭발적으로 연소하는 에너지를 축출할 수 있다. 내연기관 중 다른 엔진보다 가볍고, 출력도 크며, 진동, 소음이 적기 때문에 승용차에 적합하다.

가솔린 엔진 연료분사 [gasoline engine injection] ⇨ 가솔린 인젝션.

가솔린 인젝션 [gasoline injection] 가솔린 엔진의 연료분사. 디젤 엔진과 같이 가솔린 기관에서 연소실에 연료를 직접 분사시킴과 동시에 전기 점화를 일으키는 장치.

가스 리프터 [gas lifter] 도어의 개폐를 쉽게 하기 위하여 실린더에 가스가 봉입되어 있다. ⇨ 리드 서포트 어셈블리(lid support ass'y).

가스 백 [gas bag] ⇨ 에어백 시스템(air bag system).

가스 봉입식 댐퍼 [mono tube shockabsorber] ⇨ 모노튜브 쇽업소버.

가스 용접 [gas welding] 프로판, 아세틸렌, 수소 등의 가연성 가스를 토치에서 산소와 혼합 연소시킨 열로 모재를 용융하여 접합하는 용접. 현재 아세틸렌 가스를 가장 많이 사용하는 이유는 연소 온도가 높고 경제적이기 때문이다.

가스 절단 [gas cutting] 금속을 가스 불꽃으로 800~900℃가 되도록 예열한 다음 고압의 산소를 분출시켜 절단하는 방법. 2개의 분사관으로 되어있는 절단 토치로 아세틸렌 또는 LPG를 분출하여 연소시켜 절단부를 예열하고 다른 분사관으로 고압의 산소를 분출시켜 금속을 산화철로 만듦과 동시에 산소의 압력에 의해 불어 나가면서 절단된다.

가스 터빈 [gas turbine] 비행기에 쓰이고 있는 터보 플롭과 같이 제트 연료를 사용한다. 기본적인 원리를 보면 통안에 있는 첫번째의 회전 날개가 공기를 압축하고, 연료를 연소시킨 다음 두번째의 터빈을 회전시켜 동력으로 이용한다. 최초의 컴프레서는 터빈 축으로 돌려지며 연소는 계속된다. 문제는 터빈의 회전수가 1분간에 10만번 회전하기 때문에 감속하여도 자동차에 필요한 가·감의 조절이 힘든다는 것과, 고온의 배기 가스처리가 문제이다.

가스 터빈 엔진 [gas turbine engine] 연료를 계속적으로 연소시키고 핀을 가진 원판 모양의 회전체에 연소가스를 분출시켜 동력을 얻는 내연기관. 일반적인 엔진에 비교하면 소형·경량으로 연소 효율이 좋으나 노상을 주행할 경우 1000℃ 이상의 고온 배기가스의 처리가 곤란하고 저속회전에서는 효율이 좋지 않으므로 자동차용으로서는 실용화되어 있지 않다.

가스 토치 [gas torch] 용접 불꽃을 일으키는 기구. 토치의 용량은 1시간 동안 표준불꽃으로 용접할 경우 아세틸렌 소비량으로 나타낸다. 가스 용기에서 적색의 아세틸렌 호스와 녹색의 산소 호스를 연결하여 혼합 연소시켜 용접 불꽃을 일으키는 기구를 말한다.

가스 포켓 [gas pocket] 가스가 포함되어 만들어진 용접 부위 속이 텅 빈 곳.

가시 광선 [可視光線 ; visible] 사람의 눈으로 검지(檢知)가 가능한 전자파 영역으로서 400mm에서부터 700mm에 이르는 범위 전자파. 개인에 따라서 검지하는 범위가 다르므로 범위를 정밀하게 정할 수 없다.

가압 냉각 시스템 [pressurized cooling system] 일반적으로 가압식 라디에이터, 밀폐식 라디에이터라고도 부른다. 라디에이터 캡을 밀폐하고 물의 끓는점을 120℃부근까지 높여 외기와의 온도 차이를 크게 하고 냉각 효율을 향상시킨 것. 라디에이터 캡에 밸브를 설치하여 수온이 올라가 냉각수의 체적이 늘어서 생긴 여분의 물을 수용하고, 수온이 내려갔을 때 되돌리는 리저버 탱크를 비치하고 있다.

가압식 라디에이터 [pressurized type radiator] ⇨ 가압 냉각 시스템.

가역식 [reversible type] 가역식은 앞바퀴로 스티어링 휠을 회전시킬 수 있는 형식으로서 각 부의 마멸이 적고 복원성을 이용할 수 있는 장점이 있으나 주행중 스티어링 핸들을 놓치기 쉬운 단점이 있다.

가연 가솔린 [leaded gasoline] 자동차용 가솔린으로 옥탄가를 상승하기 위하여 알킬납(4메틸납, 4에틸납 등)이 가해진 것. 알킬납은 맹독성이므로 가연 가솔린은 적색 또는 청색으로 착색되어 일반적인 가솔린과 식별하도록 되어있다. 또 알킬납은 연소실 내에서 산화납 등의 무기납이 되어 배출되지만 납은 배기가스 대책에 쓰이는 촉매를 열화시키므로 무연(無鉛)가솔린의 사용을 지정한 엔진에 가연(加鉛)가솔린을 쓰면 안된다. 유연 가솔린이라고도 함. ⇔ 무연 가솔린(無鉛 gasoline).

가연성 [可燃性 ; inflammable] 불에 연소되기 쉬운 성질. 비교적 낮은 온도에서 쉽게 인화 또는 착화되는 성질.

가열로 [加熱爐 ; heating furnace] 금속 재료를 가열할 때 또는 금속을 용해시킬 때 사용하는 노(爐). 가열로는 밀폐로, 반사식 가열로, 가스로, 중유로, 전기로 등으로 분류된다.

가용유기성분 [可溶有機成分 ; soluble organic fraction] ⇨ SOF.

가전자 [價電子 ; valence electron] 가전자는 가장 바깥쪽 궤도의 전자로서 원자의 결합이나 전기적 성질이 핵으로부터 가장 바깥쪽 궤도에 있는 전자에 의해 결정된다. 원자가 화학적 결합을 하는 경우 이들 전자를 방출하거나 또는 다른 원자에서 받아 들이고 다시 다른 원자의 전자와 공유결합하게 된다.

가접 [假接] 패널 교환시에 완전하게 용접 또는 볼트를 체결하기 전에 용접용 클램프와 나사못 등으로 임시 고정하거나, 부분적으로 용접 또는 볼트를 체결하는 것. 패널의 맞춤새를 점검하기 위하여 실시함.

가주성 [可鑄性 ; castability] 재료를 가열하였을 때 유동성이 증가되어 주물로 할 수 있는 성질.

가죽 벨트 [leather belt] 내유성, 유연성이 좋은 소가죽을 이용하여 만든 것으로서 아교 접착이 쉽다.

각속도 [角速度 ; angular velocity] 각변위(角變位)가 시간적으로 변화하는 비율. 원운동(圓運動)을 하고 있는 물체의 속도를 나타내는 양으로서 운동점과 원점(原點)을 연결하는 직선이 단위 시간에 회전하는 각도로 나타낸다. 물체의 각속도는 θ/t로 나타내며 직선상의 속도를 선속도(線速度)라 한다.

간극 [clearance] 두 운동부품 사이 또는 운동부품과 정지부품 사이의 공간.

간접 분사방식 [indirect injection type] 간접 분사 방식은 인젝터를 스로틀 보디 또는 흡기 다기관에 설치하여 연료를 분사한 다음 실린더에 흡입하는 방식이다.

간접 손상 [indirect damage] 충격 지점으로부터 떨어진 곳에서 일어나는 손상.

간접 압출법 [間接押出法 ; inverted process] 후방 압출법. 압출 가공의 종류로서 금속 재료를 컨테이너로 넣고 램으로 강력한 압력을 가할 때 금속 재료는 다이를 통하여 램의 중앙을 거쳐 램의 이동 방향과 반대 방향으로 소재가 압출되도록 하는 방법

간헐 기구 [intermittent motion mechanism] 인터미턴트는 얼마 동안의 간격을 두고 되풀이하여 이루어지는 것. 회전하는 원동축으로부터 단속적으로 피동축에 회전을 전달하는 기구 또는 피동축에 간헐적으로 왕복운동을 전달하는 기구.

간헐 와이퍼 [intermittent wiper] 일반적으로 와이퍼의 작동에는 보통 속도와 빠른 속도의 2단계가 있으며, 스위치를 넣으면 연속해서 작동하는 것이 통례. 적은 양의 비가 올 때 일정한 시간을 두고 간헐적으로 와이퍼를 움직이게 하는 장치. 정지하는 시간을 컨트롤 하는 타입도 있다.

간헐 운동 [intermittent movement] 일정한 시간 간격을 두고 주기적으로 또는 단속적으로 이루어지는 운동

감마선 [γ rays] 방사성 물질에서 나오는 방사선의 하나로서 파장이 몹시 짧은 전자파. 물질을 투과하는 능력이 강하다.

감마유 [減摩油] ⇨ 그리스.

감속 [減速 ; slowing down] ① 속도를 줄임. ② 입자 에너지가 원자핵과의 충돌에 의해서 감소되는 것으로서 중성자의 경우에 많이 사용한다. ⇦ 가속(加速)

감속 밸브 [deceleration valve] 액추에이터를 감속시키기 위해 캠의 조작 등으로 유량의 흐름을 느리게 하는 밸브 ⇨ 앤티 백 파이어 밸브 (anti back fire valve)

감속비 [deceleration ratio] 변속기나 동력 인출(引出)장치 등의 입력 축과 출력축의 회전수의 비. 엔진은 제한된 회전수 범위에서 동력을

발생하므로 자동차가 여러 속도로 주행하기 위해서는 기어를 거쳐서 엔진의 회전수와 타이어의 회전수를 조정할 필요가 있다. 이때, 엔진의 출력축 회전수와 변속기의 출력축 회전수의 비. 즉, 변속기에 의하여 감속되는 엔진 회전의 비율을 감속비라고도 하며, 또 이 회전이 종감속 기어를 거쳐 휠을 회전시키는 구동축에 전해졌을 때 엔진의 출력축 회전수와 구동축 회전수의 비를 총감속비라고도 한다. ⇨ 기어비 (gear ratio).

감속장치 〔減速裝置；reduction gear〕 자동차 또는 공작기계 등에서 고속회전을 저속회전으로 감속시키기 위하여 사용하는 장치. 기계적 감속장치로는 감속기어나 벨트 풀리 등이 이용되며 자동차에서는 변속기, 종감속 기어장치에 사용된다.

감속제어장치 〔減速制御裝置〕 ⇨ 스로틀 리턴 제어장치.

감쇠 〔減衰；damping〕 힘이 줄어서 약해지는 것으로서 진동계의 소요 또는 그 일부의 운동에 대한 저항력으로 상실되는 에너지 소비를 말한다.

감쇠 〔attenuation〕 ① 어떤 장소에서 다른 장소로 전소함에 있어서 전송량의 크기가 감소하는 것. ② 전파하는 파동에 결부된 양의 크기가 파원(波源)에서 멀어짐과 동시에 감소하는 것.

감쇠력 〔減衰力〕 스프링의 움직임(진동)을 멈추려고 하는 쇽업소버의 저항력을 감쇠력이라고 한다. 감쇠력은 댐퍼를 신축하는 속도(피스톤 속도)에 따라 달라지므로, 피스톤 속도 0.3mm/sec를 기준으로 하여 비교하는 것이 보통이다. 감쇠력이 너무 크면 스프링 작용에 저항하므로 딱딱한 느낌이 들며, 반대로 너무 작으면 스프링의 움직임을 억제하지 못하고 둥실 뜬 승차감이 된다.

감쇠력 가변식 쇽업소버 〔adjustable shock absorber〕

감쇠력을 변하게 할 수 있는 (가변) 쇽업소버로 밸브의 열림 정도나 오리피스 또는 포트의 크기를 변하게 함으로써 감쇠력을 조정할 수 있는 구조. 일반적으로 피스톤 속도가 느릴 때는 오리피스로, 빠를 때에는 밸브를 컨트롤하는 스프링과 포트의 모양에 따라 제어한다. 조정 방법에는 쇽업소버의 조정 다이얼을 직접 조작하는 다

이얼 조정식, 운전석의 스위치에 의하여 몇 개의 감쇠력 레벨이 선택
될 수 있는 수동 조정식, 전자제어에 의하여 자동적으로 감쇠력을 컨
트롤하는 자동 조정식으로 분류된다.

감압 다이오드 [pressure sensitive diode] 기계적인 압력의 변화를 전기
신호로 바꾸는 소자로서 압력에 따라서 순방향 또는 역방향 전류가 변
화되는 성질을 가진 다이오드.

감압 밸런스 기구 [decompression balance fixture] 감압 밸런스 기구는
1차 감압실의 압력을 외부의 기온이나 LPG 조성에 관계없이 항상 일
정하게 유지한다. 봄베 내의 압력이 일정한 경우 1차 다이어프램 스프
링에서 1차 감압실의 압력을 조정하지만 봄베 내의 압력이 외부의 기
온에 의해 높아지면 밸런스 다이어프램에 가해지는 압력도 높아진다.
따라서 밸런스 로드는 1차 페이스 밸브 레버가 닫히는 방향으로 밀어
LPG 통로를 좁게 한다. 봄베의 압력이 낮아지면 밸런스 기구는 반대
로 작동되어 1차 감압실의 압력을 항상 일정하게 유지한다.

감압기 [減壓器] ⇨ 레귤레이터.

감압장치 [decompression device] 감압장치는 엔진 시동시 운전실에서
감압 레버를 잡아당겨 캠 축의 운동과 관계없이 흡기 및 배기 밸브를
열어 실린더 내의 압력을 감압시켜 엔진의 회전을 쉽게 되도록 한다.
따라서 엔진의 시동이 쉽도록하는 시동 보조 장치이며, 엔진을 정지시
킬 때도 사용된다. 디젤 엔진은 가솔린 엔진과 달라 엔진을 정지시키
려면 연료를 분사 차단하거나 실린더 내의 압축을 정지시켜야 한다.

감온 소자 [temperature transducer] 온도를 전기량으로 변환하는 트랜
스듀서로서 저항 온도계, 서미스터, 실리콘 트랜스듀서, 액정 등이 있
다.

감온 자동 조정식 공기 청정기 [temperature regulator air cleaner] 작동
되는 엔진의 온도를 기준으로 하여 자동적으로 실린더에 공급되는 공
기의 온도를 조절할 수 있도록 밸브가 설치되어 있는 공기 청정기.

감청 [prussian blue] 청색 안료. 용액으로는 두 면 사이의 접촉 부위를
판단하는 데 유용함.

강 [鋼] 탄소 함유량이 0.035~1.7%의 철. 철에 탄소 등을 가하여 탄력
성 및 강도를 향상시킨 일종의 합금. 탄소강(炭素鋼)이라고도 함. 대
량 생산이 가능하며 성분 조정에 의하여 성질도 조절하기가 용이함.
자동차 부품의 절반은 강이 사용되고 있고 강을 얇게 펴면 강판이 됨.

강도 [强度] ① 「strength」 역학에서 말할 경우, 물체에 힘을 가했을
때 파괴되거나 형태가 변하여 그 물체 본래의 역할을 못하게 될 때의

응력. ② 「intensity」물리학에서 말할 경우 전장, 전류, 방사능 등의 강도 또는 크기. ③ 재료의 단면이 외력에 대해서 작용하는 최대 저항력으로서 kg /mm²로 표시한다.

강류식 기화기 〔downdraft carburetor〕 ⇨ 다운 드래프트.

강복 전압 〔降伏電壓〕 실리콘 다이오드에서 역방향으로 흐르는 전류는 전압을 허용값까지 점차로 상승시켜도 적은 전류만 흐르게 된다. 그러나 전압이 허용값 이상이 되면 전류의 흐름이 급격히 많아지게 되는데 이렇게 많은 전류가 흐르기 시작할 때의 전압을 강복 전압이라 한다.

강복점 〔降伏点〕 금속의 막대를 구부릴 때 가하는 힘의 크기에 따라 막대는 휘어지지만 어떤 크기의 힘까지는 힘을 빼면 막대는 원형으로 되돌아간다. 그러나 그 이상이 되면 구부러짐이 조금 남게 되는데 이 경우를 막대가 강복점에 달했다고 한다. 일반적으로 물체에 힘을 가했을 때의 응력과 변형의 관계가 비례적으로 변화하는 탄성 한계를 넘어, 소성(塑性)변형이 시작되는 점을 강복점이라고 정의하고, 가해진 힘을 물체의 단면적으로 나눈 값 등으로 그 크기를 나타냄.

강성 〔剛性 ; stiffness, rigidity〕 물체가 힘을 받아 탄성이 변형할 때, 그 변형에 대한 저항의 정도를 말하며, 구부러진 변형은 구부림 강성, 비틀림 변형은 비틀림 강성이라고 말함. 강성의 표현 방법에는 여러가지가 있다. 예를 들면, 스프링 강성은 하중 F가 가해졌을 경우의 휨을 δ로 하면 $K=F/\delta$로 나타내며 '스프링 정수'라고 불리운다.

강인강 〔high strength steel〕 탄소강에 강하고 질긴 성질을 향상시키기 위해서 크롬, 니켈, 몰리브덴, 망간 등의 원소를 첨가한 강. 강인강의 종류로는 니켈강, 크롬강, 니켈-크롬강, 니켈-크롬-몰리브덴강, 크롬-몰리브덴강 등으로 분류한다.

강자성 〔强磁性 ; ferromagnetism〕 어떤 물체가 외부의 자계에 의하여 강하게 자화되어 자계를 없애도 자기가 남아 있는 성질.

강자성체 〔强磁性體 ; ferromagnetic substance〕 철, 니켈, 코발트 또는 합금과 같이 자석에 강력하게 흡인되고 자석에서 떼어낸 후에도 강한 자성을 유지하는 물체.

강제 순환 방식 〔强制循環方式 ; forced water circulation type〕 수냉식 엔진 냉각방식의 하나. 펌프에 의하여 엔진 내부와 라디에이터 사이에 물을 강제적으로 순환시키는 방식으로서 자연 순환 방식과 대조적으로 쓰인다. 일반적으로 수냉식 엔진이 강제 순환 방식이며 펌프는 크랭크 풀리에서 V벨트로 구동된다.

강제 윤활 〔forced lubrication〕 ⇨ 드라이 섬프(dry sump).

강제 통풍식 [forced air cooling type] 크랭크 축 풀리에 벨트를 연결하여 엔진 앞쪽에 설치된 냉각 팬을 회전시켜 강제로 다량의 공기를 보내 냉각하는 방식. 엔진을 균일하게 냉각시키기 위해 슈라우드를 설치한다.

강제 환기 방식 [positive ventilation type] 크랭크 케이스 내에 있는 블로바이 가스를 흡기 다기관에서 발생되는 진공을 이용하여 실린더에 공급되어 연소시키므로 대기의 오염 방지와 오일의 슬러지 형성을 방지한다. 강제환기 방식에는 실드 형식과 크로스업 형식으로 분류된다. ⇨ 크랭크 케이스 벤틸레이션.

강제식 윤활방식 [強制式潤滑方式] ⇨ 압송식 윤활방식.

강철 벨트 [steel belt] 압연 강판으로 만든 벨트로서 가격이 비싸고 마찰계수가 적으나 인장 강도가 크다.

강화 글라스 [toughened glass] 안전 유리의 일종으로서 약 600℃로 가열된 유리에 공기를 내뿜어서 급랭시키고 표면에 변형을 준 층을 만들어 일부분이 파손되면 순간적으로 전체가 입상(粒狀)으로 깨지도록 되어 있다. 윈드실드 글라스에 쓰이며 파손되었을 때 유리의 중앙부는 조금 거칠게 파손되어 시계를 확보하는 부분 강화유리와 사이드 윈도나 리어 윈도에 쓰이는 보통 강화유리의 2종류가 있다.

강화 유리 [tempered glass] 보통 유리는 깨지기 쉽고, 깨지면 예리한 부분이 생겨 인체에 손상을 주기 쉬운 상태가 된다. 충격에 약한 유리의 성질을 열처리나 화학처리하여 깨지기 힘들게 한 유리를 말한다. 강화유리는 깨지면 유리 전체가 작고 둥근모양이 된다. 그러므로 인체에 위험을 주는 손상은 많이 적어지지만 유리가 입상이 되기 때문에 시야가 완전히 차단되는 결점도 있다. 따라서 사이드 윈도나 리어 윈도에 쓰이고 있다.

개라지 잭 [garage jack] 차고에서 사용하는 유압 잭. 작은 바퀴가 설치되어 손으로 끌어 쉽게 이동할 수 있으며 페달이나 손잡이를 겸한 레버로 유압을 상승시켜 자동차를 들어 올리고 정비할 수 있다.

개로 이동 [開路移動 ; open circuit transition] ① 2개의 전동기를 직렬 접속에서 병렬 접속으로 바뀔 때 모든 전동기의 회로가 한번 열리는 상태로 되는 것. ② 전동기가 시퀀스의 도중 단계에 전원으로부터 전류의 공급이 일시 끊어지도록 되어있는 시동법.

개로 전압 [開路電壓 ; open circuit voltage] ① 축전지에서 전장품에 전류가 흐르지 않는 상태에서 축전지 단자간의 전압. ② 전기 용접기에서 용접회로에 전류가 흐르지 않을 때 용접기 공급 단자간의 전압.

개방 사이클 [open cycle] 내연 기관의 사이클로서 열에너지를 기계적 에너지로 변환된 연소 가스가 대기 중으로 배출되는 사이클.

개방형 노즐 [open type nozzle] 오픈은 '열린, 빠지기 쉬운' 뜻이고, 노즐은 '대롱의 구멍, 부는 구멍'의 뜻. 개방형 노즐은 분사 노즐 끝에 밸브가 없이 항상 열려 있는 노즐로서 가솔린 엔진의 기화기나 LPG 엔진의 베이퍼라이저에 이용된다. 디젤 엔진에서는 연료 분사가 완료되었을 때 연료가 조금씩 흘러나와 엔진의 회전수에 약간의 변동을 일으키고 무화 작용이 나쁜 단점이 있어 사용하지 않는다.

개스킷 [gasket] 부품의 접합 부분에서 물, 오일, 배기가스 등이 누출되지 않도록 밀봉하는 역할을 하는 것. 쌍방의 접합면에 약간의 凹凸이나 접촉면의 오차를 흡수하여 기밀을 보존한다. 실린더 헤드와 실린더 블록 사이에 쓰이는 헤드 개스킷, 실린더 헤드와 매니폴드를 연결하는 매니폴드 개스킷이나 EGR 개스킷 등 많은 종류가 있다.

개스킷 시멘트 [gasket cement] 개스킷을 설치할 때 사용하는 액상의 접착제(또는 실러). 어떤 경우에는 한 겹의 개스킷 시멘트를 개스킷으로 사용하기도 한다.

객실 길이 [stateroom length] 차량 중심선의 종단면을 기준으로 계기판에서 최후부 좌석 등받이 뒷면까지의 거리.

객실 너비 [stateroom width] ① 승용 자동차 및 밴형 화물 자동차는 객실 중앙 부분에서 차량 중심면에 직각인 방향의 최대거리 ② 승합 자동차는 창문 아래 지점을 기준으로 차량 중심면에 직각 방향의 최대거리.

객실 높이 [stateroom height] 차량 중심선 주위의 국부적인 요철면과 좌석전용 부분으로 이용되는 바닥면을 제외한 바닥면과 실내등을 제외한 천장 내장재 사이의 최대 수직 거리.

갭 [gap] ① 피스톤링과 같이 탄성을 주기 위해 절단한 부분. ② 전동기, 발전기, 전압조정기 등에서 일부분에 만들어진 틈으로 자속을 이용하거나 전체 자기 회로의 포화를 방지한다. ③ 성질, 구조, 재질 등에서 단절된 부분 또는 영역.

갱 슬리터 [gang slitter] 절단기의 일종. 여러 개의 커터를 조합하여 폭이 넓은 판금작업에서 평행한 좁은 폭의 띠판으로 여러 개를 동시에 절단하는데 사용한다.

갱생 타이어 [remould tire] 마모된 타이어의 카커스를 사용하고 트레드 고무만을 새롭게 한 타이어. 마모된 타이어의 트레드 고무를 깎아내고, 새로운 고무를 늘려 붙여, 신품 타이어로서 제작되었을 때 금형과 거의 같은 크기의 금형에 넣어 만들어진다. 재생 타이어라고도 하는데, 국내의 공식적인 명칭은 갱생 타이어이다. 리몰드 타이어, 리트레드 타이어, 리캡 타이어라고도 한다.

거버너 〔governor〕 조속기(調速機). 기계의 회전 속도를 조종하는 장치를 말하지만, 자동차에서는 디젤 엔진의 연료 분사량을 조질하는 장치를 말함. 디젤 엔진의 출력은 연료분사량에 따라 조정한다. 액셀의 개도(開度)가 일정할 경우 엔진의 회전 속도가 상승함에 따라 연료의 분사량을 적게 할 필요가 있으며, 이 조정을 거버너에 의하여 자동적으로 행한다. 종류로는 메커니컬 거버너, 뉴매틱 거버너, 컴바인드 거버너, 올 스피드 거버너, 미니멈·맥시멈 거버너 등이 있다.

거버너 밸브 〔governor valve〕 거버너는 '조속기, 조절기, 정압기'의 뜻. 거버너 밸브는 자동차의 속도에 알맞는 오일의 압력을 형성하기 위한 밸브로서 자동 변속기의 출력축에 설치되어 있다.

거버너 어드밴스 〔governor advance〕 ⇨ 원심식 진각장치.

거주성 〔居住性 ; dwelling ability〕 정지 상태의 차실 내에 앉아 있는 기분, 실내 공간의 크기, 컬러링, 내장, 시트, 시계(視界)등 여러 가지 요인으로 결정됨.

거터 〔gutter〕 보디 개구부의 윤곽을 따라 설치되어 있기 때문에 물을 배수시키고 개구부의 밀폐를 돕는 홈통.

건메탈 〔gun metal〕 포금. 주석을 약 10% 혼합한 구리의 합금으로서 내마멸성, 내식성이 우수하여 밸브, 코크, 기어, 일반 기계부품, 선박용 프로펠러에 사용한다.

건식 단판 클러치 〔dry type single-plate clutch〕 엔진의 동력을 동력전달장치에 전달하거나 끊을 때 사용하는 장치. 클러치의 가장 일반적인 형식으로서 한 장의 클러치 디스크를 압력판(프레셔 플레이트)으로 엔진의 플라이 휠에 압착시켜 동력을 전달하는 것. 클러치 디스크가 오일에 잠겨져 있는 습식에 대하여 반대로 건식이라 부름. ⇨ 클러치(clutch).

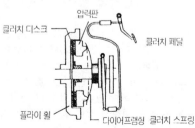

클러치 디스크　　압력판　　클러치 페달
플라이 휠　　다이어프램형 클러치 스프링

건식 라이너 [dry type liner] 실린더 라이너와 냉각수가 실린더 블록을 통하여 간접적으로 접촉되며 두께는 2~3mm이고, 설치시 압력은 내경 100mm당 2~3ton의 힘이 필요하다. 그리고 라이너는 마찰력에 의해 실린더에 설치되며 가솔린 엔진에 사용한다. ⇔ 습식 라이너(wet liner, wet sleeve).

건식 에어 클리너 [dry type air cleaner] 건식 에어 클리너는 엔진 오일을 사용하지 않고 공기를 여과하는 형식. 종이나 천으로 된 엘리먼트를 사용하며, 공기가 엘리먼트를 통과할 때 먼지 등이 여과되어 실린더에 흡입된다. 엘리먼트는 1500~3000km 주행시마다 점검 및 청소를 하고 20,000~30,000km 주행시에는 교환하며, 청소할 때는 압축공기를 이용하여 안쪽에서 바깥쪽으로 불어낸다. ⇒ 에어 클리너.

건식 충전형 축전지 [dry charge type storage battery] 건식 충전형 축전지는 제작 회사에서 출고시에 완전 충전 상태에 있는 양극판과 음극판을 격리판으로 분리시켜 전해액을 넣지 않은 축전지로서 사용할 때는 전해액을 넣고 잠시 충전하여 사용한다.

건식 클러치 [dry type clutch] 건식 클러치는 건조한 클러치판이 플라이 휠과 접촉되어 동력을 전달하는 방식으로 구조가 간단하고 큰 동력을 확실하게 전달할 수 있으며, 클러치 판이 1매인 단판식 클러치와 클러치 판이 2매인 복판식 클러치가 있다.

걸링식 마스터 실린더 [girling type master cylinder] ⇒ 플런저식 마스터 실린더.

걸윙 도어 [gullwing door] 걸은 갈매기로서 갈매기가 날개를 편 것과 같은 모양으로 열리는 문. 도어의 힌지는 루프에 설치되어 있으며 도어는 상하로 개폐된다. 벤츠 300SL에 사용되어 유명해졌다.

게르마늄 [Germanium] 1855년 빈클러(Winkler)가 발견한 견고하고 연한 회백색의 반금속 원소로서 황화 광물을 제련하거나, 석탄을 연소시킬 때 얻어진다. 원자번호는 32, 원소기호는 Ge, 원자량은 79.59이다. 게르마늄은 합금소재, 촉매, 형광체, 적외선 장치 등에 많이 사용된다.

게이지 세트 [gauge set] 매니폴드 게이지. 매니폴드(파이프 연결용 배출구가 여러 개 설치되어 있는 게이지)에 부착되어 에어컨 내의 압력을 측정하는 데 사용되는 하나 또는 그 이상의 계기.

게이지 압력 [gauge pressure] 대기압을 0으로 한 압력이다.

겔화 [gelling] 냉각 또는 화학 변화 등에 따라 생기는 젤리 모양의 반고체 내지 고체를 말한다. 액상의 것이 녹지 않고 젤리 형태가 되는 것을 젤화한다고 말한다.

격리판 [separators] 격리판은 양극판과 음극판이 단락되면 극판에 저장되었던 전기적 에너지가 소멸되므로 2개의 극판 사이에 끼워져 단락이 되는 것을 방지하는 작용을 한다. 또한 홈이 있는 면이 양극판 쪽으로 향하도록 설치되어 과산화납에 의한 산화부식 방지와 전해액의 확산을 도모한다. 격리판의 구비조건은 비전도성, 다공성이고 전해액의 확산이 잘 되며, 전해액에 부식되지 않아야 한다. 또한 기계적 강도가 크고 극판에 좋지 않은 물질을 내뿜지 않아야 한다.

격막 [隔膜] ⇨ 다이어프램.

격자 [grid] 격자(格子)는 납과 안티몬의 합금으로 된 극판의 뼈대로서 작용 물질을 지지하여 탈락을 방지하고 외부의 작용물질에 전기·전도 작용을 한다. 또한 가공성이 양호하고 전기·전도성은 물론 기계적 강도가 크다. ⇨ 그리드.

견인력 [牽引力] ⇨ 트랙션.

결정 [結晶 ; crystal] 금속의 원자가 고체 상태에서 규칙적으로 배열되어 있는 상태.

결정 격자 [結晶格子 ; crystal lattice] 금속은 원자가 규칙적으로 배열되어 있는 결정체(結晶體)로 구성되어 있으며 그 한 개 한 개의 결정체를 결정 입자라 한다. 한 개의 결정 입자를 X선으로 가정할 때 원자들이 규칙적으로 배열되어 있는 것을 결정 격자라 한다. 금속 원소의 결정은 면심 입방 격자(面心立方格子), 체심 입방 격자(體心立方格子), 조밀 육방 격자(稠密六方格子)가 있다.

결합재 [結合材 ; binding material] 연삭 숫돌을 만들 때 연삭 입자를 결합시켜 적당한 숫돌의 형상을 유지하도록 하는 것으로서 고무, 베크라이트, 실리케이트, 셸락(shellac), 마그네사이트 등이 사용된다.

겹치기 용접 [lap welding] 두장 이상의 패널 가장자리를 겹쳐 용접하는 것. 겹치는 부분에 단붙임 가공을 할 경우가 많음.

겹판 스프링 [laminated leaf spring, multi-leaf spring] 판 스프링을 두장 이상 겹친 스프링. ⇨ 리프 스프링(leaf spring).

경계 마찰 [greasy friction] 상당히 얇은 유막으로 씌워진 두 물체간의 마찰. 2개의 슬라이딩면 사이에 윤활유가 있으나 점도가 낮거나, 하중이 많거나 미끄럼 속도가 느릴 때는 유막이 얇아져 간신히 윤활되는 상태가 된다. 이와 같은 유막을 경계로 하여 발생되는 마찰로서, 자동차 엔진을 시동할 때 피스톤 링과 실린더 벽 사이에서 일으키는 마찰이다.

경계 윤활 〔境界潤滑〕 액체나 기체에 의하여 윤활을 행하고 있을 때 유체막의 두께가 얇아 고체와 고체가 직접 접촉하고 있는 상태. ⇨ 유체윤활(流體潤滑).

경계층 〔boundary layer〕 같은 흐름 속에 놓여진 물체 주위의 흐름을 조사하였다. 물체표면에 접하는 유체는 전혀 움직이지 않고, 물체에서 멀어짐에 따라 흐름의 속도에 가까워지고 어느 정도 멀어지면 물체의 영향을 받지 않는 흐름이 된다. 이 물체의 표면에 가까운 속도가 느린 흐름의 부분을 경계층이라고 한다.

경고 플래셔 〔warning flasher〕 경고 플래셔는 긴급 자동차, 특별 위험차 등의 경고등에 흐르는 전류를 일정한 주기로 단속하여 램프를 점멸시키므로서 위험을 알린다.

경고등 〔警告燈〕 ⇨ 워닝 램프, 텔테일.

경금속 〔輕金屬 ; light metal〕 금속 중에서 비중이 4.5이하인 금속으로 알루미늄, 베릴륨, 마그네슘, 알칼리 금속 등을 말한다. 비중이 4.5이상인 금속을 중금속이라 한다.

경도 〔硬度 ; hardess〕 ① 건조한 페인트막에 표면의 손상 또는 변형에 대한 저항력을 제공하는 특성. ② 금속 표면이 외력에 저항하는 것. 재료의 단단한 정도를 나타내는 것으로서 내마멸성을 알 수 있는 자료가 된다.

경도 시험 〔硬度試驗 ; hardness test〕 경도 시험기를 이용하여 재료의 마멸 및 절삭성 등에 대한 저항을 측정하는 것. 경도를 표시하는 방법에는 브리넬 경도, 비커스 경도, 록웰 경도, 쇼어 경도가 있다.

경도 시험기 〔硬度試驗機 ; hardness tester〕 금속 재료의 마멸 및 절삭성 등에 대한 저항을 측정하는 것으로서 브리넬 경도 시험기, 비커즈 경도 시험기, 록웰 경도 시험기, 쇼어 경도 시험기 등이 있다.

경로 유도 시스템 〔經路誘導裝置〕 ⇨ 내비게이션 시스템.

경사형 〔傾斜型〕 엔진을 한쪽으로 기울어지게 한 것과 같이 실린더 블록이 기울어져 있다. 흡입 매니폴드를 위한 충분한 공간이 마련될 수 있는 장점이 있다.

경수 〔hard water〕 산이나 염분이 포함된 물. 금속을 산화·부식시키고 냉각수 통로에 스케일을 발생시키므로 사용하지 않는다.

경유 〔輕油〕 원유를 증류하여 얻어지는 연료로서 비점(沸點)의 범위가 150~370℃의 유분이며 디젤 엔진의 연료로 사용된다.

경음기 〔horn〕 경음기는 진동판을 전자석이나 공기를 이용하여 진동을 발생시켜 소리를 내는 것으로서 공기식이 있다. 전기식 경음기는 진동판 주위를 고정하고 전자석을 중앙에 가까이 설치하여 스위치를 단속하면 진동판이 전자석에 의해 진동을 발생한다. 공기식은 진동판에 공기를 통과시켜 진동을 발생시켜야 하므로 공기 압축기를 설치하여야 한다. ⇨ 혼(horn).

경제 공연비 〔經濟空燃比〕 엔진을 일정한 상태로 운전하면서 공연비를 바꾸었을 때, 연료 소비율이 가장 적게 되는 공연비를 말함. 보통의 가솔린 엔진에서는 16~18의 범위에 있음.

경제 속도 〔經濟速度〕 자동차가 운행할 때 연료, 타이어, 전기 등 그밖의 재료에 대해서 소모량을 가장 적게 유지하면서 최대 거리를 운행할 수 있는 속도로서 70㎞ /h이다.

경제 혼합비 〔經濟混合比〕 최소의 연료 소비를 얻을 수 있는 혼합비. 연료 소비율은 가능한 적은 것이 이상적이며 이론 혼합비(14.7 : 1)보다 약간 회박한 곳에서 얻어진다.

경질 고무 〔hard rubber〕 생고무에 30~70%의 황을 배합하여 만든 에보나이트. 흑색으로서 단단하고 탄성이 없으며 자동차의 조향 핸들, 축전지 케이스, 자동차에 사용되는 플렉시블 조인트, 전기의 절연물, 절연관, 개폐기 등에 사용된다.

경합금 휠 〔light alloy wheel〕 경량으로 강성이 높은 알루미늄이나 마그네슘 등 경금속의 합금을 소재로 하여 만들어진 휠로서 각각 알루미늄 휠, 마그네슘 휠이라고 한다.

경화 〔硬化 ; hardening〕 ① 굳어서 단단해지는 것. ② 자동차의 브레이크 라이닝, 클러치 디스크 등이 마찰열에 의해서 마찰면이 단단해지는 것. ③ 금속 재료에 저온 가공 또는 담금질을 하여 재질을 단단하게 하는 것. ④ 석탄, 시멘트 등이 굳어지는 것. ⑤ 방사선의 저에너지 부분이 전체에 대하여 비율이 적어지는 것.

경화 촉매 〔硬化觸媒〕 촉매란 스스로는 아무런 화학적 변화가 없고 다른 물질의 화학 반응을 돕는 것. 인산, 수산 등이 이에 속한다.

경화제 〔curing agent〕 경화 또는 건조의 온도를 낮게 하는 촉진제. 플라스틱의 성형 재료나 인조 수지 계통의 도료 및 접착제 등에 혼합시켜 경화 및 건조를 촉진시키는 역할.

계기등 〔dashlight〕 계기판을 조명하는 등화. 밝기를 조절할 수 있는 것도 있다.

계기판 〔instrument panel〕 미터류나 스위치, 오디오시스템, 에어컨 유닛 등이 수납되어 있는 부분. ⇨ 인스트러먼트 패널, 인스트러먼트 클러스터.

계단 단면 [offset section] ⇨ 단면도.

계단 직경형 휠 실린더 [step bore type wheel cylinder] 계단 직경형 휠 실린더는 피스톤에 의해 삭동되는 슈의 제동력을 다르게 하기 위한 것으로서 실린더 양쪽의 지름이 서로 다른 크기로 되어있다.

계량조색 [計量調色] 신차의 보디 컬러에 맞추어 작성된 원색 배합표의 기준에 따라 계량기를 이용하여 원색을 필요한 양만큼 혼합하는 조색 방법. 계량기에는 중량식(重量式)과 용량식(容量式)이 있음.

계자 릴레이 [field relay] 계자 릴레이는 디젤 엔진에서 축전지의 불필요한 방전을 방지하기 위해 엔진 정지시 축전지와 로터 코일 사이에 저항을 접속하거나 회로를 차단시키는 역할을 한다.

계자 철심 [pole core] 폴은 '전극, 자극'의 뜻. ① 기동 전동기의 계자 철심은 인발 성형강(引拔成形鋼)또는 단조강으로 만들어져 주위에 코일을 감아 전류가 흐르면 전자석이 되어 자계를 형성한다. 또한 전기자와 대면하는 곳은 면적을 넓게 하여 자속이 통하기 쉽게 하고 동시에 계자 코일을 유지하는 역할을 한다. 계자 철심의 수에 따라 극수가 정해지며, 4개이면 4극이다. ② DC 발전기 계자 철심은 계철 안쪽에 볼트로 고정되어 계자 코일을 지지한다. 계자 철심은 계자 코일에 전류가 흐르지 않아도 소량의 자기가 존재하고 있다가 계자 코일에 전류가 흐르면 각각 강력한 전자석이 되어 N 극과 S 극을 형성한다.

계자 코일 [field coil] ① 기동 전동기의 계자 코일은 계자 철심에 감겨져 전류가 흐르면 자력을 일으켜 계자 철심을 자화시키는 역할을 한다. 전기자 코일과 계자 코일은 직류 직권식이기 때문에 전기가 전류와 같은 크기의 전류가 계자 코일에 흐르므로 평각 동선을 사용하며, 자력의 세기는 전기가 전류의 크기에 따라 좌우된다. ② DC 발전기 계자 코일은 계자 철심에 감겨져 전기자에서 유도된 전류가 흐르면 계자 철심을 자화시키며, 전기자 코일과 계자 코일은 병렬로 접속되어 있다.

계철 [yoke] ① 계철은 전동기의 케이스로 안쪽면에 계자 철심을 볼트로 지지하며, 자력선 통로의 역할을 한다. ② DC 발전기 케이스로서 자력선의 통로이다.

계측 시스템 [measurement system] 트램 게이지(tram gauge)나 센터링 게이지(centering gauge) 등의 단체(單體)가 아니라, 보디 전체를 일관되게 계측할 수 있는 시스템. 지그(jig)나 레이저 광선을 이용한 계측기, 입체계측(立體計測)게이지 등이 여기에 포함됨. 보디 수정 장치와 조합하여 사용하는 경우가 많음.

고글 [goggles] 부스러기, 오물, 먼지의 비산, 냉매의 분무, 액체의 튀김 등으로부터 눈을 보호하기 위해 착용하는 특수 보안경.

고급 가솔린 ⇨ 프리미엄 가솔린.

고급 주철 [高級鑄鐵] 흑연의 분포 상태를 조절하고 특수 원소를 첨가하여 인장 강도가 25~30kg /mm²가 되도록 하여 기계적 성질을 개선한 주철. 바탕은 펄라이트(perlite) 조직으로 흑연이 미세하고 균일하게 분포된 주철이다.

고도 보상 (高度補償)**센서** 대기압 센서. 압력 센서의 일종으로서 해면 (海面)고도의 차이에 따라 기압의 변화를 감지하고 엔진에 흡입된 공기 밀도의 변화에 따라 공연비의 차이를 수정하기 위하여 사용되는 센서.

고도 제어 [高度制御 ; altitude control] ① 자동차가 주행하는 고도에 따라서 엔진에 공급되는 공기와 연료의 혼합비율을 자동적으로 조정하는 것. ② 항공기의 고도를 소정의 높이로 유지하는 것.

고도조절장치 [高度調節裝置 ; altitude mixture control] 자동차가 지대가 높은 곳을 주행할 때는 동일한 출력에 대하여 공기의 밀도가 적어 엔진에 공급되는 혼합기가 농후해지므로 연료를 추가 보정하여 정상적인 혼합기를 엔진에 공급되도록 조절하는 장치이다.

고무 벨트 [rubber belt] 고무와 면포를 혼합하여 만든 벨트로서 잘 늘어나지 않고 인장 강도가 크며 습기에 강하다. 그러나 오일이나 열에 약한 단점이 있다. 자동차의 타이밍 벨트, 발전기 및 물펌프를 구동하는 구동 벨트, 동력 조향장치의 오일 펌프 및 에어컨 컴프레서의 구동 벨트에 사용하고 있다.

고무 부시 [rubber bush] 부시로 2중으로 만들어진 금속제의 동(銅)이나 바퀴(輪)사이에 고무를 봉해 넣은 구조.

고무 부싱 새클 [rubber bushed shackle] 고무 부싱 새클은 스프링 아이와 새클 사이에 고무 부싱을 끼워 진동을 흡수하여 차체에 전달되는 것을 방지함과 동시에 피벗 운동을 흡수한다.

고무 스프링 [rubber spring] 고무 스프링은 고무의 탄성을 이용하여 완충 작용을 하는 형식으로서 내부 마찰에 의해 감쇄 작용을 하며, 작동이 조용하고 여러가지 형상으로 만들 수 있으나 하중의 지지력이 약해 보조 스프링으로 사용된다.

고발열량 [high caloric value] 연소할 때 발생된 가스 속에 수증기가 포함되어 있을 때에는 이것이 응축되면 응결하면서 증발열을 방출한다. 이같은 수증기의 증발열을 포함한 열량.

고분자 [高分子] 모든 물질은 분자의 결합에 의하여 구성되지만, 하나하 나의 분자가 큰것을 고분자라고 함. 플라스틱류는 그 대표적인 예.

고선영성 강판 [高鮮映性鋼板] 고급 승용차의 도장 표면에 반사시켰을 때 영상의 비뚤어짐을 적게 한 강판. 보디용의 강판에는 프레스 가공 이 용이하도록 잔잔한 凹凸모양이 붙여져 있는데 이 모양 붙임을 펄스 화한 레이저 광에 의하여 섬세하게 묘사하여 도장 후의 모양을 좋게 한 것.

고속 부분부하 회로 [high speed part load circuit] 고속 부분부하 회로 는 스로틀 밸브가 열리기 정도에 따라 저속 회로와 겹쳐 작용하며 주 행중 주로 작동되는 회로이다. 스로틀 밸브가 많이 열리면 메인 노즐 이 설치되어 있는 벤투리의 부압이 크게 되어 연료가 메인 노즐에서 유출하게 된다. 이 때 저속 회로는 작용을 중지하지 않고 고속 부분부 하 회로의 대부분에 걸쳐 작용한다.

고속 전부하 회로 [high speed full-load circuit] 고속 전부하 회로는 스 로틀 밸브가 완전히 열린 고출력 회로이다. 등판 주행 및 고속 운전에 서 농후한 혼합기를 공급하기 위해 메인 제트와 연결되어 있는 파워 제트를 개방하여 더 많은 연료를 메인 노즐에서 분출하며 회로의 대부 분이 고속 부분부하 회로와 겹쳐 작용한다.

고속 회로 [high speed circuit] FBC의 고속 회로는 에어 블라더 컨트 롤 밸브를 컴퓨터에 의해 조절하여 적절한 공연비가 되도록 한다. 공 전 및 고속 회로의 피드백 시스템은 공회전 스위치의 신호에 의해 컴 퓨터가 구분하여 에어 컨트롤 밸브를 조절하며, 컴퓨터는 저온시 운전 성 향상을 위해 엔진의 냉각수 온도가 일정한 온도 이하에서 피드백 조절을 하지 않는다.

고속도강 [高速度鋼 ; high-speed steel] 테일러가 발명한 것으로서 금 속 재료를 고속 절단 또는 절삭하는데 사용되는 공구를 제작하는데 쓰 이는 특수강. 고온 경도 및 절삭력이 크며 텅스텐, 몰리브덴, 바나듐, 철, 크롬 등이 혼합된 합금강으로 하이스(HSS)라고도 한다. 표준 구 성으로는 텅스텐 18%, 크롬 4%, 바나듐 1%이며 공작기계의 바이트, 탭, 다이스, 자동차의 니들 밸브, 밸브시트에 사용된다.

고압 라인 [high-pressure lines] 에어컨 컴프레서의 출구와 서머스태틱 익스팬션 밸브 또는 오리피스 튜브 입구를 연결하는 라인으로서 고압 의 냉매가 이동한다. 두 개의 가장 긴 고압 라인은 배출 라인과 유체 라인이다.

고압 자석 점화 방식 [high tension magneto ignition system] 고압 자석 점화 방식은 고압 전류를 발생하는 자석 발전기를 이용하여 연소실 내에 압축된 혼합가스에 고온의 전기적 불꽃으로 점화하는 방식으로서 전원과 배전부가 일체로 되어 있다. 그러므로 소형이고 가벼우며, 축전지가 필요없는 장점이 있으나 저속 회전시에 점화 불꽃이 약하고 점화시기 조정 범위가 좁은 단점이 있다.

고온 도전성 [高溫導電性 ; pyroconductivity] 상온에서는 비전도성의 고체가 온도가 높아짐에 따라 용해됨으로써 전류가 흐르게 되는 것.

고용체 [固溶體 ; solid solution] 2개의 금속 성분이 고체 상태에서 균일하게 혼합된 조직으로서 기계적 방법으로 구분할 수 없는 상태를 말한다.

고위 발열량 [高位發熱量] 단위량의 연료가 완전 연소되었을 때 발생하는 열량으로서 총발열량이라고도 함. ⇨ 발열량(發熱量).

고유 저항 [固有抵抗] 비저항(比抵抗). 고유 저항은 물질의 조직에 의해서 발생되는 저항으로서 재질, 단면적, 형상, 온도에 따라 변화되며, 기호는 로(ρ)를 사용한다. 물질의 고유 저항은 길이 1m, 단면적 $1m^2$인 도체의 두 면간의 저항값을 비교하여 나타낸 것으로 비저항이라 하며, 단위는 Ωm이나 실제로 $1m^3$는 너무 크기 때문에 $1cm^3$의 고유 저항은 단위 Ωcm를 사용한다.

고유 진동수 [固有振動數 ; natural frequency] 저울추를 단 스프링에 힘을 가한 다음 그 힘을 빼고 자유로이 움직이게 하면, 스프링은 저울추의 질량에 따라 정해진 고유의 진동을 시작한다. 따라서 1초당 진동수를 고유 진동수라고 하며, 그 기호는 헤르츠(Hz)로 나타낸다. 자동차의 고유진동수 fHz 는 스프링의 경도를 Kkg /mm, 스프링 상(上) 질량(차량 중량에서 스프링 하(下)중량을 빼고 9800mm /s로 나눈 것)을 mkg로 하면 $f = \dfrac{1}{2\pi} \sqrt{\dfrac{k}{m}}$ 가 된다. 승용차의 고유 진동수는 1~2Hz가 보통이지만 스포츠용 자동차에서는 수Hz, 레이싱카에서는 100Hz에 가까운 것도 있다. 보통의 주행 상태에서 스프링에 공진이 생기면 차체가 크게 흔들리므로, 공진하여도 불쾌하게 느껴지지 않는 범위로 공진시키고 있으나, 이 값이 낮을수록 승차감이 좋다. 바꿔 말하면, 스프링이 연하다고 하는 것이지만, 반대로 스프링이 너무 연하면 롤각이 커지거나, 승객의 수에 따라 자세변화가 크게 되는 단점도 많다.

고장력 강판 〔高張力鋼板；high strength steel plate〕 외판(外板)에 사용되는 통상의 압연 강판보다 인장 강도가 큰 강판으로서 열간 압연에 의하여 만들어지는 열연 고장력 강판과 냉각 압연에 의하여 만들어지는 냉각 고장력 강판이 있으며 멤버나, 브래킷, 펌퍼 등에 사용되고 있다.

고저항 인젝터 〔high resistor injector〕 고저항 인젝터는 인젝터 솔레노이드 코일의 저항이 크기 때문에 인젝터 저항없이 축전지 전압이 직접 연결되어 있다. 극히 일부에 사용하며 전류 제어식으로 인젝터를 구분하는 방법은 2단자가 한쪽으로 치우쳐 설치되어 있고 커넥터가 청색이다.

고정 나사 〔lock nut〕 일(一)자형 드라이버나 6각봉 스패너로 조여 부품을 눌러 고정하는 나사.

고정 벤투리 카브레터 〔fixed venturi carburetor〕 가변 벤투리 카브레터에 쓰이는 용어로서 벤투리의 변화가 없는 일반적인 카브레터를 말함. 영어로는「fixed choke carburetor, open choke carburetor」라고도 하며 흡기압이 변화하므로「variable depression carburetor」라고도 함. 흡입하는 공기의 속도를 높이기 위하여 관을 가늘게 한 곳을 벤투리라고 한다. 일반적으로 카브레터는 이 부분이 일정한 굵기로 유지되고 있다. 이것이 고정 벤투리식이다. 다량의 공기를 고속으로 통하게 하기 위하여 벤투리가 이중, 삼중으로 되어 있는 것이 많다.

고정배분식 4WD ⇨ 풀타임 4WD(full time 4WD).

고정식 〔stationary type〕 피스톤 핀 설치 방법의 하나로서 피스톤 핀을 보스부에 고정 볼트로 고정하는 형식. 커넥팅 로드 소단부에 동합금의 부싱을 끼워 커넥팅 로드가 각 운동을 할 때 피스톤 핀은 고정되어 있다. 현재는 사용하지 않는다.

고정축 이음 〔rigid coupling〕 연결하고자 하는 2개의 축이 일직선상에 있을 때 사용하는 이음으로 볼트나 키로 연결한다. 고정축 이음에는 슬립의 이음과 플랜지 이음이 있다.

고정형 캘리퍼 〔fixed type caliper〕 어포즈드 실린더형 디스크브레이크의 캘리퍼를 말함.

고주파 〔高周波；high frequency〕 주파수가 높은 전파 또는 전류. 전파에서는 반송파(搬送波), 전화에서는 음성(音聲) 주파수보다 훨씬 높은 수 Kc에서 수십 Kc 이상, 무선에서는 3~30MHz 범위, 전력에서는 상용 주파수보다 높은 주파수를 말한다. 기호는 HF를 사용한다.

고주파 경화법 〔induction hardening〕 고주파 전류를 이용하여 경도를 증가시키는 표면 경화법. 금속 표면에 코일을 감고 고주파 고전압의 전류를 흐르게 하여 표면이 적열된 후 냉각액을 뿌려 표면을 경화시키는 방법. 고주파 경화법은 담금질 시간이 짧아 복잡한 형상에 이용된다.

고주파 저지장치 〔高周波沮止裝置 ; harmonic suppressor〕 전기장치에서 발생하는 고주파 성분을 제거하기 위해 기기의 적당한 장소에 삽입하는 필터로서 하이텐션 코드, 노이즈 등이 이에 속한다.

고주파 진동 〔高周波振動 ; high‐frequency vibration of body〕 자동차가 주행중 차체에 발생되는 진동 가운데서 대체로 10cy1/sec 이상으로 차체가 탄성체 운동을 하고 있는 진동을 말한다.

고주파 트랜지스터 〔high‐frequency transistor〕 마이크로파 영역에서 사용되는 매우 높은 컷오프 주파수를 가지고 있는 트랜지스터로서 컬렉터 직렬 저항이 작아지도록 설계한 것.

고체 마찰 〔dry friction〕 상대 운동하는 고체 사이의 마찰 저항. 2개의 슬라이딩면이 서로 접촉하여 상대 운동을 할 때 오일이 존재하지 않는 경우의 마찰로서 건조 마찰이라고도 한다.

곡률 반경 〔radious of curvature〕 흡입 및 배기 밸브의 스템과 헤드의 연결 부분과 같이 곡선의 미소한 부분은 원호로 간주할 수 있다. 이 원호의 반지름을 말한다.

곡선 가위 〔circular snip〕 판금용 가위. 판재를 곡선으로 자르는데 사용한다.

공간 격자 〔空間格子 ; space lattice〕 결정 내부. 금속의 원자가 고체 상태에서 규칙적으로 배열되어 있는 결정 내부를 말한다.

공구 〔tool〕 ① 공작물의 가공에 사용되는 작은 기구나 도구. ② 각 기구의 분해, 조립에 사용되는 도구.

공기 과잉률 〔excess air factor〕 공연비의 이론 공연비에 대한 비율로서, 엔진에 흡입되는 혼합기의 공연비를 이론 공연비로 나눈 것. 이 역수를 등량비(等量比)라고 함. 연료를 완전히 연소시키는데 필요한 공기량에 대하여 실제로 공급되는 공기량의 비율.

공기 마이크로미터 〔air micrometer〕 유체 역학의 원리를 응용한 측정기. 측정부에 설치되어 있는 노즐과 측정면과의 간격에 따라 유출하는 공기의 변화량이 계측부의 뜨개에 의해 측정된다.

공기 모니터 〔air monitor〕 대기 오염을 감지하기 위해 사용하는 경보기를 설치한 측정장치.

공기 밀도 〔air density〕 1m³당 공기의 질량. 20℃ 1기압일 때 1. 205kg/m³. 기호로 나타낼 경우에는 ρ(로)를 사용한다.

공기 밸브 〔air valve〕 공기 밸브는 동절기의 시동시나 워밍업 전까지 스로틀 밸브의 열림량이 적어 엔진의 운전이 원활하지 못하므로, 공기를 추가로 공급하여 흡기 다기관에 분사된 연료와 혼합되어 실린더에 공급되므로, 엔진의 회전 속도가 공회전 위치라도 상승되어 원활하게 작동한다. 엔진의 온도가 정상 운전 온도에 가까워지면 히팅 코일에 의해 바이메탈 스프링이 가열되어 공기 밸브는 리턴 스프링의 장력으로 닫히게 되어 스로틀 밸브로만 흡입되므로 공전 속도를 유지하게 된다.

공기 분사식 〔air injection type〕 공기 분사식은 실린더 압축 압력보다 높은 공기 압력을 이용하여 정량(定量)된 연료를 연소실에 분사하는 형식으로서 2개의 공기 탱크를 설치하여 하나는 공기 압축기에서 발생되는 공기 압력 변화의 조정용으로 사용되고, 나머지 하나는 엔진 시동 및 연료 분사에 사용된다.

공기 브레이크 〔air brake〕 압축 공기의 팽창력을 이용하여 제동하는 브레이크 장치. 공기의 유량을 조절하는 것만의 힘으로 큰 제동력을 얻을 수 있으나 컴프레서(공기 압축기)를 비롯하여 복잡한 장치가 필요하므로 대형 트럭이나 버스에 사용되며 승용차에는 사용되지 않았다. ⇨ 에어 브레이크.

공기 스프링 〔air spring〕 공기 스프링은 공기의 압축 탄성을 이용하여 노면에 의해 발생된 진동을 흡수하는 형식으로서 다른 스프링에 비해 아주 작은 진동을 흡수하고, 유연한 탄성을 얻을 수 있어 승차감이 우수하다. 또한 승객 등의 증감에 관계없이 차체의 높이를 일정하게 유지하고 고유 진동을 낮게 할 수 있으며, 벨로즈 형식과 다이어프램 형식이 있다. ⇨ 에어 서스펜션.

공기 압축기 〔air compressor〕 공기 압축기는 엔진의 타이밍 기어에 의해 엔진 회전의 1/2로 구동되어 공기를 압축하는 왕복형 압축기로서 실린더 헤드에 언로더 밸브가 설치되어 공기 압축기가 필요 이상으로 구동되는 것을 방지하여 탱크 내에 압력을 항상 일정하게 유지한다. 압축된 공기는 탱크에 저장하여 공기 스프링 또는 공기 브레이크에 전달되어 작용하게 된다.

공기 저항 〔air resistance〕 자동차가 주행할 때 받는 공기의 저항력은 속도의 2승에 비례하여 커진다. 예컨대 60km/h에서 공기 저항을 기준으로 생각하면 속도가 2배인 120km/h에서는 4배의 공기 저항을 받는다. 보통 자동차의 공기 저항은 합력 계수 CD로 나타낸다. ⇨ 공력(흐力) 6분력(分力).

공기 청정기 〔흐氣淸淨器〕 에어 클리너.

공기 탱크 〔air reservoir〕 공기 탱크는 공기 압축기에서 압축된 공기를 저장하여 각 작동부에 공급하는 역할을 한다. 공기 탱크에는 과잉의 압력을 방출하여 공기 탱크의 안전을 유지하기 위해 안전 밸브가 설치되어 있으며, 공기 탱크 내의 규정압력은 5~7Kg/cm²이다.

공기 항력 계수 〔흐氣抗力係數〕 일반적으로 Cd로 표시되는 공기의 흐름에 대한 형태의 계수로, 이 값이 적어질수록 공기 저항이 적은 자동차라고 할 수 있다. 현재 승용차는 0.35~0.4, 스포츠 차량은 0.3정도이지만, 이 값은 보디의 스타일 뿐 아니라 표면의 신선함이나 바닥의 공기 흐름 등에도 영향을 받는다. 공기 저항은 여기에 전면 투영 면적을 곱한 것으로, Cd값이 적어도 보디 사이즈가 큰 자동차는 그만큼 공기 저항도 커진다.

공기식 디젤 엔진 〔air cell type diesel engine〕 디젤 엔진으로서 주연소실과 부연소실을 가지고 있으며 부연소실식이란 반대로 연료를 주연소실에서 부연소실로 분사하는 방식. 팽창 행정은 착화가 최초에 주연소실에서 일어나 공기와 연료가 부연소실 내에 들어가면 연소가 시작되어 그 혼합기가 주연소실에 분출되어 완전히 연소되는 과정을 거친다. 연소실 주위의 구조가 복잡하여 현재는 사용되지 않는다.

공기식 조속기 〔흐氣式調速機;air type governor〕 공기식 조속기는 엔진의 회전 속도와 흡기 다기관의 진공 변화에 따라 전회전 속도에서 연료의 분사량을 조절하며 제어 래크는 다이어프램에 의해 연결되어 있다. 조속기는 다이어프램에 의해 진공실과 대기실로 나누어져 진공실은 보조 벤투리에 호스로 연결되어 있고, 대기실은 에어 클리너 입구에 파이프로 연결되어 있다. 진공실의 메인 스프링은 제어 래크를 최대 분사량 위치로 밀고 있다가 엔진의 회전 속도가 증가하면 보조 벤투리의 진공에 의해 다이어프램이 제어 래크를 감소방향으로 잡아당겨 엔진의 회전 속도를 감소시킨다. 또한 엔진의 회전 속도가 감소하면 진공도 약해져 메인 스프링이 제어 래크를 밀어 회전 속도가 증가된다. ⇨ 뉴매틱 거버너.

공기실식 〔air chamber type〕 공기실식은 실린더 헤드나 피스톤 헤드에 주연소실과 연결된 공기실을 설치하고 연료를 주연소실에 분사시켜 연소하는 형식이다. 압축행정 끝부분에서 공기실에 강한 와류가 발생하여 연료가 분사되면 주연소실에서 연소된다. 이 때 일부의 연료는 공기실에 유입되어 착화되므로 공기실 내의 압력이 높아져 공기실 내의 공기가 주연소실에 분출되어 연소를 돕는다. 공기실 체적은 전압축 체적의 6.5~20%이며, 연료 분사개시 압력은 100~140Kg /cm²이다.

공기압 〔空氣壓〕 일반적으로 타이어의 겉 모습에만 관심이 쏠려, 들어 있는 공기는 잊어버릴 경우가 많은데, 타이어에 걸리는 하중 가운데 타이어 자신이 지지하는 하중은 고작 10% 정도이며, 타이어는 공기를 채우고 나서야 비로소 그 기능을 발휘한다. 공기압은 너무 높을 때보다 너무 낮을 경우에는 고속 내구성의 저하, 구름저항의 증대, 조종 성능의 저하 등 악영향이 발생하기 쉽다. 모터 스포츠에 있어서는 경기 전에 반드시 공기압 점검을 하여야 하는데, 적정 공기압은 타이어가 외기온도와 같은 정도일 때(냉간시)에 조정하여야 한다. 평상시 사용하는 자동차에서도 월 1회는 공기압을 점검할 필요가 있다.

공기저항계수 〔drag coefficient〕 ⇨ 공력(空力) 6분력(分力).

공기정화장치 〔air purifier〕 ⇨ 에어퓨리파이어.

공기청정장치 〔空氣淸淨裝置〕 공기 중의 먼지나 담배 연기 등의 미립자를 제거하는 장치로서 정전기에 의하여 미립자를 제거하는 정전기식과 필터를 사용하는 여과식이 있다. 활성탄으로 냄새를 제거하거나 살균 등의 자외선으로 공기를 소독하는 장치를 설치한 것도 있다.

공동 〔空洞〕 ⇨ 캐비테이션.

공동식 〔common rail system〕 공동식(共同式)은 1개의 연료 분사펌프와 공동 레일에 연결되어 있는 어큐뮬레이터를 이용하여 분사하는 형식으로서 어큐뮬레이터에 고압의 연료를 저장하였다가 공동 레일을 거쳐 각 실린더에 설치된 분사 노즐로 공급하여 분사하도록 되어 있다. 구조가 간단하고 조정하기 쉬운 장점이 있으나 다기통 엔진에는 부적합한 단점이 있다.

공랭 〔air cooling〕 장치나 부품을 외기에 의하여 직접 냉각시키는 것. 엔진의 과열을 방지하기 위하여 실린더 외측에 핀(지느러미)을 설치하여 냉각하는 공랭식 엔진이 대표적인 예이며, 그 외에도 오일 팬이나 차동 기어 케이스 외측에 凹凸을 붙혀서 오일을 냉각시키는 예도 있다.

공랭식 〔air cooling type〕 엔진을 직접 대기와 접촉시켜 냉각하는 방식. 냉각수의 보충, 동결, 냉각수의 누수 등이 없는 장점이 있으나 엔진의 온도가 변화되기 쉽고 냉각이 불균일하여 과열되기 쉬운 단점이 있다. 공랭식에는 자연 통풍식과 강제 통풍식이 있다.

공랭식 엔진 〔air cooled engine〕 엔진을 어느 일정한 온도로 유지하면서 운전하기 위해서는 냉각이 필요하며, 이러한 엔진의 냉각방법으로는 공기가 외부로부터 직접적으로 엔진에 닿게 하는 형식. 엔진이 노출되어 있는 오토바이에 많이 볼 수 있으나 승용차에서는 엔진룸 내에 놓여진 방열을 위한 쿨링팬을 가진 엔진에 팬을 이용하여 강제적으로 바람을 보내야 한다. 그러나 대체로 소음이 심하며 여름철에는 오버히트가 잦기 때문에 현재는 별로 사용하지 않는다. ⇔ 수냉식 엔진(water cooled engine).

공랭식 인터쿨러 〔air cooling type inter cooler〕 인터쿨러의 일종으로서 주행중에 받는 바람을 이용하여 냉각하는 형식. 수냉식의 삼분의 일을 열효율이라고 하지만 구조가 간단하고 스피드가 높을수록 효율있게 냉각되기 때문에 터보 엔진을 사용한 레이싱카에서는 대부분 이 방식을 채용하고 있다.

공력 소음 〔쵸力騷音〕 자동차가 주행시 차체 주위의 기류에 의하여 발생하는 소음의 총칭.

공력 6분력 〔쵸力六分力〕 자동차에 작용하는 공기력을 3차원 좌표로 3개의 힘과 3개의 모멘트로 분해하여 생각해 보자. 전면투영면적(기준면적)을 A, 휠 베이스(기준 길이)를 ℓ, 동압(動壓)을 δ로 하고, 그것들을 아래와 같이 정의한다. ① 전후방향 : 공기저항 또는 항력(抗力) $F_D=C_D\delta A$ ② 좌우방향 : 횡력(橫力) $F_S=C_S\delta A$ ③ 상하방향 : 양력(揚力) $F_L=C_L\delta A$ ④ 앞차측 주위의 롤링 모멘트 $M_R=C_R\delta A\ell$ ⑤ 좌우축 주위의 피칭 모멘트 $M_P=C_P\delta A\ell$ ⑥ 수직축 주위의 요잉 모멘트 $M_Y=C_Y\delta A\ell$ 여기서, C_D를 공기저항계수 또는 항력계수, C_S를 횡력계수 C_L을 압력계수, C_R을 롤링 모멘트계수, C_P를 피칭 모멘트계수, C_Y를 요잉 모멘트계수라고 하며 이들의 계수를 총칭하여 공력(쵸力)6분력(分力)계수라고 함.

공력 특성 〔죠力特性〕 에어로 다이내믹스. 기류 중에 놓인 물체가 그 기류에 의하여 받는 힘의 총칭. 자동차의 경우 노상을 주행하는 자동차나 풍동(風洞 ; 인공적으로 빠르고 센 공기의 흐름을 일으키는 터널 모양의 장치)내에 고정된 모형이 공기의 흐름에 의하여 받는 힘을 상하좌우 전후의 힘과 모멘트〔공력(죠力) 6분력(分力)〕로 나뉘어 생각하면 이것을 공력 특성이라고 부른다. 그러나 그 외에 횡풍(橫風)안정성이나 바람을 차단하는 소리 등 공기의 흐름이 관계하는 현상 모두를 포함해서 말하는 경우도 있다.

공률 〔工率〕 ⇨ 일률.

공명 〔resonance〕 공진(共振)이라고도 하며 물체 자신이 가지고 있는 고유 진동수에 가까운 진동수의 자극을 주었을 때 그 고유 진동수로 진동을 시작하는 현상. 자동차의 진동·소음이 문제가 될 경우 이 현상이 관계될 때가 많으며, 부품이나 공간의 크기는 될 수 있는 한 공명이 일어나지 않도록 할 필요가 있다. 공명 과급시스템과 같이 이 현상을 엔진의 출력을 높이는 수단으로 이용하는 예도 있다.

공명 과급(共鳴過給) **시스템** 가변 흡기 시스템으로 그 일부를 공명실이나 공명관으로 하고 공명현상을 이용하여 과급 효과를 얻는 시스템. 흡기관 내의 기주(氣柱)는 관의 길이와 음속으로 결정되는 기본 진동수를 가지고 있으며, 또 기체의 진동은 밀도가 진한 절(節)과 얇은 복(腹)으로 연속된 조밀파이다. 예컨대, 4사이클 엔진의 흡기 밸브는 크랭크 샤프트 2회전마다 1회 열림으로 흡기관 내를 흐르는 혼합기나 공기는 엔진 회전수에 따라 결정되는 주파수만큼 진동한다. 따라서 공명실과 공명관 기주(氣柱)의 길이와 엔진의 회전수를 적절한 관계로 하면 흡기관에 공명 현상이 일어나 진동의 밀도가 진한 부분은 흡입구로 흡입되어 마치 과급기를 설치한 것과 같은 효과가 생긴다.

공명기 〔共鳴器〕 ⇨ 레저네이트.

공색 도장 〔共色塗裝〕 은폐력이 나쁜 색을 사용할 때, 은폐력이 좋은 비슷한 색을 미리 발라 두는 것. 여러번 덧칠하지 않아도 되기 때문에 도료 및 시간이 절약된다. 컬러 실러(color sealer)라고도 함.

공석 반응 〔共析反應 ; eutectoid reaction〕 고체 상태에서 고용체가 어느 일정 온도에서 동시에 2개가 석출되는 상태. 반응이 생기는 점을 공석점이라 하며, 이 때의 결정을 공석정이라 한다.

공석강 〔共析鋼 ; eutectoid steel〕 탄소 함유량이 0.8%의 강으로서 펄라이트 조직만의 탄소강을 말한다.

공석점 〔共析点 ; eutectoid point〕 ⇨ 공석 반응.

공석정 〔共析晶 ; eutectoid〕 하나의 고용체로부터 일정한 온도에서 2개의 고체가 일정 비율로 동시에 석출된 혼합물.

공압 공구 〔pneumatic tool〕 압축 공기에 의해 구동되는 동력 공구.

공업 낙진 〔industrial fallout〕 중공업의 여러 공정에 의해 입자들이 공기 중에 비산되어 자동차의 표면에 축적되어 야기되는 조건. 이들 입자는 자동차 보디 표면에 녹 또는 탈색 된 부분을 만들기도 한다.

공연비 〔air fuel ratio, air-fuel delivery ratio〕 공기와 연료의 중량비로서 엔진에 흡입되는 혼합기 중 공기의 중량을 연료의 중량으로 나눈 값으로 나타내는 것이 보통. A /F라고 약하는 경우가 있으며 혼합비라고도 함. 이론상으로 연료가 완전히 연소되는데 필요한 공연비를 이론 공연비(理論空燃比)라고 하며, 일반적인 가솔린으로는 14.8이며, 가솔린 엔진에 안정되게 운전할 수 있는 공연비는 10~17이라고 함. ⇨ 스토이키.

공연비 보상장치 〔空燃比補償裝置〕 공연비 제어를 하기 위한 장치.

공연비 센서 〔air-fuel ratio sensor〕 배기가스 중 산소 농도를 검출하는 센서. 산소 센서도 이것의 한 종류지만 이론 공연비 부근의 산소 농도밖에 검출할 수 없다. 특히, 회박연소제어를 하기 위해서는 더 넓은 범위의 산소 농도를 검지(檢知)할 필요가 있으며, 이를 위하여 개발된 광범위한 산소 농도 센서를 말함.

공연비 제어 〔air-fuel ratio control〕 엔진에 흡입되는 공기량에 대하여 연료의 양을 변화시켜 공연비를 컨트롤하는 것. 가솔린 엔진의 경우 연소실에 화염이 전파되는 속도(화염속도)가 가장 빠르다. 엔진 출력이 최대가 되는 공연비는 이론 공연비보다 농후한 12~13의 공연비일 때이며 연료소비율은 이론 공연비보다 희박한 16전후의 공연비일 때 가장 낮아진다. 또 배출가스의 성분에 포함되는 유독가스의 농도도 공연비의 영향을 크게 받는다. 따라서 엔진의 운전 상태를 컴퓨터에 전달하여 시시각각으로 가장 적절한 양을 판단하여 컨트롤한다.

공연비 피드백 시스템 〔air-fuel ratio feed-back system〕 ⇨ 연료 피드백 컨트롤(fuel feed-back control).

공전 〔空轉〕 ⇨ 아이들링.

공전 및 저속회로 〔idle and low speed circuit〕 ① 기화기의 공전 및 저속 회로는 엔진의 회전을 고르게 하는 무부하 저속용의 회로. 공전 및 저속 회로는 뜨개실과 연결하는 통로로 스로틀 밸브 아래쪽에 공전 및 저속 포트가 있으므로 액셀러레이터 페달을 밟지 않아도 엔진의 회전이 유지된다. 이 때 스로틀 밸브는 열림 정도가 적어 메인노즐에서 연료가 유출되지 않는다. 스로틀 밸브가 공전 상태에서 조금 더 열리면 저속 포트를 통하여 연료가 공급된다. 저속 포트는 스로틀 밸브의 열리는 정도에 따라 포트의 유효 면적이 변화되도록 만들어져 저속에서 고속으로 바뀔 때 연결을 원활하게 하며 공전 포트에는 공전 혼합기 조정 스크루가 설치되어 있다. ② LPG의 공전 및 저속 회로는 엔진의 회전을 고르게 하는 회로이다. 스로틀 밸브가 닫혀 있으므로 메인 노즐로부터 유출된 LPG는 믹서의 측면에 있는 공전 및 저속 포트를 통하여 실린더에 공급된다. ③ FBC의 공전 및 저속 회로는 종전에 사용하던 기화기의 공전 회로와 메인 회로에 에어 블리더 컨트롤 밸브를 추가로 설치한 것이며, 에어 블리더는 컴퓨터에 의해 조절되므로 공전 회로를 통하여 유입되는 혼합기와 에어 블리더에 흡입되는 공기가 혼합되어 실린더에 유입된다.

공전 속도 [空轉速度] ⇨ 아이들 스피드.

공전 속도 제어 서보 [idle speed control servo] 공전 속도 조절 서보는 바이패스 통로를 열고 닫음으로써 엔진의 공회전수를 조절한다. 공전 속도 조절 서보 모터(스텝 모터)를 스로틀 보디의 바이패스 통로에 설치되어 컴퓨터의 제어 신호에 의해 포트를 열고 닫음으로써 공전 속도를 조절하며 스텝 모터는 전·후진 방향의 설정이 매우 자유롭기 때문에 모터 위치 센서가 필요없다.

공전 스위치 [idle position switch] ⇨ IPS.

공전 시스템 [idle system] ⇨ 아이들 시스템.

공전 CO [idle CO concentration] ⇨ 아이들CO.

공전 진동 [idling vibration] ⇨ 아이들링 진동.

공전 혼합비 [空轉混合比] ⇨ 무부하 저속시 혼합비.

공전보상장치 [空轉補償裝置] ⇨ 아이들 컴펜세이터.

공전조정속도 [空轉調整速度] ⇨ 아이들 스피드 컨트롤.

공전조정스크루 [idle adjusting screw] ⇨ 믹스처 어저스트 스크루.

공정 [共晶 ; eutectic] 2개 이상의 금속이 용융 상태에서는 서로 잘 혼합되어 균일한 액체 상태를 형성하지만 응고 후에는 각각의 금속 성분이 분리 결정되어 기계적으로 혼합된 조직을 형성하고 있는 상태를 말한다.

공조 시스템 [air conditioning] 공기조화 시스템. 차실 내의 온도, 습도, 공기의 청정도 및 흐름을 쾌적하게 유지하는 시스템의 총칭. 윈도의 안개나 서리를 제거하여 시야를 넓게 유지하는 시스템도 포함된다.

공주 거리 〔空走距離〕 자동차의 제동 시험에서 운전자가 자동차를 정지시키려고 액셀 페달에서 발을 뗀 순간부터 브레이크가 작동하기 시작하여 자동차가 정지하기까지의 진행한 거리. ⇨ 제동거리(制動距離).

공진 〔resonance〕 물체(공간)의 외부에서 진동(음)을 주었을 때 그 물체가 어떤 진동수의 진동을 발생하는 현상. 그 물체가 가지는 고유의 진동수가 주어진 진동수와 같을 때 가장 민감하게 공진(共振)한다. 공명과 같은 현상이지만, 자동차에서는 음과 관계되는 경우에만 공명(共鳴)이라고 하며 그 이외의 기계적·전기적 진동을 취급할 때에는 공진이라고 하는 것이 보통이다.

공차 상태 〔空車狀態〕 자동차에 물품과 사람이 승차하지 아니하고 연료, 냉각수 및 윤활유를 만재하고 운행할 수 있는 상태. 예비 타이어, 예비 부품 및 공구 기타 휴대품은 제외한다.

공차 중량 〔unladen vehicle weight〕 빈차 상태 차량의 중량. 공차 상태란 주행하는데 최소한의 장치와 장비를 지닌 자동차의 상태(건조 상태)를 말하며, 규격이나 법규에 따라 조금씩 정의가 다르다.

공칭 마력 〔公稱馬力〕 자동차의 과세 표준 마력. 이론상 마력으로 동력계에 의해 측정된 실제 마력보다 조금 작다. 실린더 지름과 실린더 수를 알면 계산할 수 있다. 외국에서는 공칭 마력으로 자동차의 세금을 책정하지만 국내에서는 배기량과 도로의 점유율 등으로 책정한다.

공회전 〔空回轉〕 ⇨ 아이들링.

공회전 조정 〔空回轉調整〕 ⇨ 아이들 어저스트.

과공석강 〔過共析鋼〕 탄소 함유량이 0.8% 이상의 강으로서 펄라이트와 시멘타이트의 조직을 말한다.

과공정 알루미늄 블록〔hypereutectic aluminium cylinder block〕 올 알루미늄 실린더 블록의 일종. 실리콘을 많이 함유한 알루미늄 합금재 A390 (AC 9C)을 재료로 하여 실린더 블록을 주조하면 실리콘이 과공정(過共晶)되어 알루미늄 중에 산재된 상태의 블록이 된다. 이 블록의 보어 부분에 통상 행하는 도금과 역방향으로 전류를 흘려 표면처리하면 실리콘 입자가 표면에 나와 굳은 표면을 가진 실린더가 되며, 실리콘 입자 사이에 윤활유를 넣으면 주철제 라이너와 같은 내마모성이 얻어진다. 재료 및 가공비가 높지만 가볍고 실린더간에 치수를 줄일 수 있는 장점이 있으므로 독일제의 배기량이 많은 다기통 엔진에 채용되고 있다.

과급 방식 〔過給方式〕 자연의 대기압이 아니고, 흡기계통에 설치된 공기 펌프의 작동으로 가압된 공기를 흡입시키는 방법이다. 흡입 효율이 대표적으로 좋아지기 때문에 엔진의 출력이 35∼45% 증가된다. 슈퍼차저, 터보차저는 흡입된 공기를 가압하는 장치이다. 대기압보다 높은 기압의 공기를 과급압이라고 한다.

과급 압력 조절기 〔super pressure relief〕 과급 압력 조절기는 과급 압력이 규정 이상으로 상승되는 것을 방지한다. 과급 압력을 조절하지 않으면 허용 압력 이상으로 상승하여 엔진이 파괴되므로 조절되어야 한다. 압력을 조절하는 방법으로는 배기가스를 바이패스시키는 방법과 흡입되는 공기를 조절하는 방식이 있다.

과급기 〔super-charger〕 과급기는 엔진의 출력을 향상시키기 위해 흡기 다기관에 설치한 공기펌프이다. 과급기가 설치되지 않은 엔진은 피스톤의 하강 행정에서 발생되는 진공으로 혼합기를 흡입하여 출력향상을 얻을 수 없다. 때문에 과급기라는 공기 펌프를 설치하여 강제적으로 많은 공기량을 실린더에 공급시켜 엔진의 출력 및 회전력의 증대, 연료 소비율을 향상시킨다. 과급기는 배기가스에 의해 작동되는 배기 터빈식과 엔진의 동력을 이용하는 루트식이 있다. 과급기를 설치하면 엔진 중량이 10∼15% 증가하고 출력은 35∼45% 증가한다. ⇨ 슈퍼차저.

과급압 〔boost pressure〕 터보차저 엔진의 흡기 압력을 말하며 대기압과의 차이를 수은주 높이(mmHg) 등으로 나타낸다. 과급압이 지나치게 높아지면 가솔린 엔진에서는 노킹이 발생하고, 디젤 엔진에서는 내구성에 문제를 일으키므로 이것을 컨트롤 할 필요가 있다.

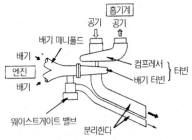

과급압 컨트롤 〔boost pressure control〕 ① 과급압이란 터보압과 동일하다. 배기 터빈은 엔진의 가스량이 늘면 얼마든지 회전하여, 컴프레서는 고압을 발생하게 된다. 엔진의 압축비는 가솔린 연료에 적당한 한계가 있으며, 그 이상이 되면 이상 폭발을 하여 엔진이 손상되고 만다. 그래서 설계된 흡기압이 되도록 과급압(過給壓)을 컨트롤하는 장치가 필요하다. ② 터보 엔진에서는 배기가스의 에너지로 흡기압을 높이기 때문에 방치하면 불필요하게 과급압이 높아진다. 이것을 조정하기 위하여 여분의 배기가스를 웨이스트 게이트 밸브에서 빼내는 웨이스트 게이트 방식. 흡기량을 조정하는 흡기 컨트롤 터빈의 Ａ／Ｒ을 가변(可變)으로 하고 과급압을 일정하게 하는 방식 등이 있다.

과냉 〔過冷 ; supercooling〕 ① 냉동기의 응축기에서 액화된 냉매를 다시 냉각하여 응고점 이하까지 냉각한 상태. ② 용융체 또는 고용체가 응고 온도 또는 용해 온도 이하로 냉각되어 액체 또는 고용체 상태를 유지하는 것.

과냉 〔overcooling〕 자동차의 냉각장치에서 엔진의 작동온도 이하로 냉각된 상태.

과류 방지 밸브 〔excess flow valve〕 과류 방지 밸브는 배관 및 연결부의 파손으로 LPG가 유출되는 것을 방지한다. 과류 방지 밸브는 배출 밸브의 내측에 일체식으로 설치되어 배관의 연결부 등이 파손되었을 때 LPG가 과도하게 흐르면 밸브는 닫힌다. LPG가 정상으로 송출되면 스프링 장력으로 밸브가 열리지만, 배관이 파손되어 LPG가 과도하게 흐르면 체크 플레이트를 미는 압력이 높아져 밸브가 닫히게 된다.

과부하 〔過負荷〕 ⇨ 오버로드.

과열 〔over heat〕 ⇨ 오버 히트.

관류 부하 〔貫流負荷〕 관류 부하는 차체 부근에서 대류에 의해 받는 열 부하(熱負荷)로서 주행중에 대류가 활발하게 일어나며, 특히 엔진의 발생열이 많이 작용된다.

관성 〔inertia〕 ① 운동 속도 및 방향의 변화에 저항하는 물체의 성질. ② 타성(惰性)이라고도 하며 물체에 외력이 작용하지 않는 한 현재의 운동 상태를 계속하려고 하는 성질. 뉴톤의 운동 법칙의 하나. 관성의 법칙에서 온 말. ⇨ 이너셔.

관성 고정형 〔慣性固定型〕 ⇨ 이너셔 로크 형식.

관성 과급 〔慣性過給〕 흡기관 내에 기주(氣株)의 흡기 맥동 효과를 이용하여 엔진의 체적효율을 향상시키는 것. 흡기 매니폴드의 지름이나 길이 등의 형태를 적절히 하면 엔진 회전의 어떤 범위에서 흡기관 내의 압력 변동과 공기와 혼합기가 계속 흐르려고 하는 관성에 따라 피스톤이 하사점을 지나도 흡입이 계속되어 마치 과급을 행한 것과 같은 효과가 얻어진다.

관성 섭동형 [慣性攝動型] ⇨ 벤딕스식.

관용 나사 [pipe thread] 파이프 끝에 가는 나사의 피치보다 작고 나사산의 각도가 55°로 만들어진 파이프를 연결하기 위한 나사. 기밀을 요하는 곳은 1/16 테이퍼 나사를 만든다.

관통 볼트 [through bolt] 연결할 두 부분에 구멍을 뚫어, 이에 볼트를 관통시켜 반대 쪽에서 너트를 끼워 결합시킴.

관통도 [degree of penetration] 디그리(degree)는 '정도, 도, 등급', 페니트레이션(penetration)은 '뚫고 들어가는, 침투하는, 관통한다'는 뜻. 관통도는 연소실 내에서 분사된 연료 입자가 압축된 공기층을 통과하여 먼 곳까지 도달할 수 있는 힘으로 연료 입자가 지나치게 작으면 관통도가 약하여 노즐 주위에 모이게 되므로 불완전 연소나 노크(knock)를 일으키는 원인이 된다. 또한 연료의 입자가 크면 무화 작용이 불량하여 불완전한 연소가 이루어진다. 따라서 분사된 연료는 알맞는 관통도가 있어야 한다.

광 파이버 [optical fiber] 광통신에 사용되는 플라스틱 또는 유리로 만들어진 섬유(파이버)로서, 빛의 굴절률이 높은 코어(심재)와 이것을 둘러싸는 굴절률이 낮은 클래드(clad : 피복)로 되어 있다. 그러므로 빛은 코어와 클래드의 경계면에서 전반사하여 감쇠하는 일이 거의 없이 전달된다.

광검출기 [光檢出器 ; photodetector] 빛을 검출하여, 그 강도를 전기 신호로 변환하는 트랜스듀서로서 광전지(실리컨, 셀렌), 광도전 소자(황화 카드뮴, 셀렌화 카드뮴)포토다이오드, 포토트랜지스터 등이 있다.

광도 [Candela] 광도(光度)는 빛의 강도를 나타내는 정도로서 어떤 방향의 빛의 세기이다. 단위는 칸델라(Cd)이며, 1Cd는 광원에서 1m 떨어진 $1m^2$ 면에 1Lm(루멘)의 광속이 통과하였을 때 빛의 세기이다.

광도전 셀 [photoconductive cell] 광도전 셀은 빛의 강약에 따라 저항값이 변화되는 성질을 이용하여 광량 검출을 한다. 빛이 강할 때는 저항값이 적고 빛이 약할 때는 저항값이 커져 광도전 셀에 흐르는 전류의 변화를 외부 회로에 보내어 검출하는 것으로서 카메라의 노출계, 가로등의 자동 점멸기, 광전 스위치, 자동차의 조명장치 등의 광량(光量)을 검출하는데 이용된다.

광명단 [光明丹 ; red lead] 일산화연을 400~450℃로 장시간 가열하여 만든 황적색의 분말로서 금속의 방청, 그림 물감이나 프린트 유리 제조, 자동차의 기어 접촉검사, 그밖의 끼워맞춤이나 전기 공업 등에 사용된다.

광속 〔Lumen〕 광속(光速)은 광원(光源)으로부터 단위 입체각에 방사되는 빛의 에너지로서 빛의 다발을 말하며, 광속의 단위는 루멘(Lm)이고 광속이 많이 나오는 광원은 밝다고 한다.

광속도 〔光速度 ; velocity of light〕 빛이 전달되는 속도로서 1초간에 30만km의 속도로 전달된다. 보통 물체의 속도는 관측자가 움직이고 있는지 정지하고 있는지에 따라서 그 값이 변화하나 빛의 속도는 어떤 계(系)로 측정하여도 항상 일정하다.

광전관 〔光電管 ; photo-electric tube〕 빛의 강약을 전류로 바꾸는 진공관

광전지 〔光電池 ; photo-electric cell〕 광전 효과 또는 광학 작용을 이용하여 빛의 에너지를 전기적 에너지로 변환시키는 것으로서 광전관, 셀레늄 광전지 등이 있다.

광택 〔gloss〕 페인트의 광반사력에 의한 페인트 막의 반짝임.

광통신 〔光通信〕 통상적으로 전선에 의하여 전달되는 전기 신호를 광(光)파이버를 사용하여 전송하는 시스템. 전기 신호는 발광 소자에 의해 광신호로 바뀌어 광 파이버에 의해 전달되고, 수광소자(受光素子)에서 전기 신호로 환원된다. 광 파이버는 전기 기기의 증가에 따라 자동차의 와이어 하니스는 길고 복잡하여진 상황에서, 구리선에 비하여 가볍고 송신량이 많다. 전자파의 영향을 받지 않는 장점과 강인함, 동시에 진동이나 물의 영향을 받지 않는 특징을 가지고 있으므로, 서서히 보급이 늘고 있다.

광폭 인터림 〔inter rim advanced〕 림 형상의 하나로서, 기호 IRA로 표시되며, 트럭, 버스용으로 사용된다. 한쪽 림 플랜지를 벗길 수 있도록 되어 있고, 이 플랜지를 사이드 링이라고 함.

광학식 카르만 와류 에어플로 미터 〔optical karman voltices air flow meter〕 카르만 와류 에어플로 미터로 카르만 와류에 의한 압력 변화가 플레이트를 흔들리게 하고 이 진동을 발광 다이오드와 포토 트랜지스터에 의하여 검출하는 것.

광화학 스모그 〔photochemical smog〕 자동차의 배기가스나 공장 굴뚝에서 배출되는 가스에 포함되는 탄화수소와 질소산화물이 대기중에서 강한 일광(특히, 자외선)의 영향을 받고 화학반응(광화학반응)을 일으켜, PAN이나 알데히드류 등의 자극성이 강한 산화물(옥시던트)을 포함한 스모그가 된다. 이것을 광화학 스모그라고 부르며, 1940년대 중반에 자동차의 보급률이 높고, 지형적으로 이러한 현상이 발생하기

쉬운 로스앤젤레스에서 발생이 확인되어 큰 사회문제로 야기되었다.

교류 [alternate current]   교류는 시간의 경과에 따라 전류 및 전압이 시시각각으로 변화되고 전류의 흐름 방향도 정방향과 역방향으로 반복되어 흐르는 전류를 말한다. 따라서 자동차에서는 직류를 사용하기 때문에 발전기에서 발생되는 교류를 정류용 실리콘 다이오드에 의해 직류로 출력시켜 사용한다. ⇨ AC라고도 한다.

교류 발전기 [alternator current generator]   ⇨ 올터네이터.

교반기 [攪拌器]   애지테이터. 도료를 혼합하기 위한 도구. 도료통의 덮개로 부착되는 것이 교반기 커버로서, 손잡이가 부착된 수동식과 전용(專用) 선반에 설치하여 전동 모터로 일제히 교반하는 파워 애지테이터(power agitator)가 있음.

교반저항 [攪拌抵抗]   ① 엔진의 기계손실 요인의 하나로 크랭크 샤프트가 오일팬 내의 오일이 튀어오르게 함으로써 발생되는 저항. ② 동력전달 계통에서 발생하는 에너지 손실의 하나로 트랜스미션 및 종감속장치 내부의 기어나 샤프트가 회석된 윤활유에 의해서 발생되는 저항. 이것을 방지하는 방법으로 윤활을 방해하지 않는 범위에서 될 수 있는 대로 점도가 낮은 오일을 사용하는 것이 바람직하다.

교번 하중 [alternate load]   동하중의 일종. 하중의 방향이 정(正)과 부(負)로 바뀌는 하중을 말한다. ⇨ 동하중.

교축 [絞縮;throttling]   관내를 흐르는 유체가 밸브, 콕, 오리피스 등 좁은 통로를 흐를 때 마찰이나 난류에 의하여 압력이 낮아지는 현상을 말한다.

교합 [嚙合]   기어가 물리는 상태를 말함. 그런데 종전에 국내에서 발간한 책 중에는 「치합」이라고 잘못 표기된 경우가 있으므로 착오없기를 바람.

교합 손실 [嚙合損失]   맞물리고 있는 기어가 기어면의 미끄럼으로 인한 마찰 손실로 손실된 동력을 말함.

구간 거리계 [區間距離計]   오도미터 바로 옆에 있으며, 수동으로 제로로 하고 주행거리를 잴 수 있는 미터. ⇨ 트립 미터.

구동 벨트 [drive belt]   크랭크 축, 발전기, 물펌프, 풀리를 연결하여 구동한다. 내구성 향상을 위해 섬유질과 고무로 짠 이음없는 V형을 사용한다. 벨트의 중앙을 10kg의 힘으로 눌러 13~20mm 정도의 헐거움이 있어야 하며, 너무 느슨하면 엔진의 과열과 배터리의 충전이 불량해지고 너무 팽팽하면 발전기 및 물펌프 베어링이 파손된다. 벨트와 풀리의 접촉면 각도는 40°로 되어 있다. ⇨ 서펜타인 벨트.

구동력 〔tractive force〕 트랙티브는 '당기는, 견인하는', 포스는 '힘, 에너지, 억지로 떠밀고 나가다'의 뜻. 자동차의 구동력은 구동 바퀴가 자동차를 미는 힘 또는 당기는 힘으로 구동력을 변화시키려면 축에 가해지는 회전력을 변화시켜야 한다. ⇨ 트랙션.

구동축 〔drive shaft〕 엔진의 출력을 구동력에 전달하는 회전축을 말하며, 변속기에서 종감속장치에 동력을 전달하는 프로펠러 샤프트와 종감속장치에서 바퀴에 구동력을 전달하는 드라이브 샤프트 등이 있음. 서스펜션의 형식에 따라 설치되어 있는 장치에 대하여 회전축의 상대적인 위치가 변할 경우 그 양단에 쌍방이 교차하는 각도(교차각)가 변하여도 회전을 전달할 수 있는 유니버설 조인트와 축방향에 신축할 수 있는 스플라인과 튜브가 설치되어 있다. 미국에서는 프로펠러 샤프트와 드라이브 샤프트를 구별하고 있으나 영국에서는 똑같이 드라이브 샤프트라고 부르고 있다.

구름 베어링 〔rolling bearing〕 베어링 구조에 의한 분류의 하나로 내륜과 외륜이 마주보는 안쪽에 설치된 홈에 볼을 넣은 볼 베어링과 롤러를 넣은 롤러 베어링이 있다. 볼 베어링은 주로 트랜스미션·종감속기어 등에, 롤러 베어링은 스티어링·종감속 기어·액슬(차축) 등에 쓰이고 있다. ⇨ 미끄럼 베어링.

구름 저항 〔rolling resistance〕 주행 저항의 하나로서 타이어의 구름 저항에 동력전달 계통의 회전 저항 등의 손실(전달 효율)이나 브레이크의 끌림에 의한 저항 등을 더한 것. 하중, 노면상태, 타이어의 공기압 등의 영향을 받고 속도가 높아짐에 따라 커진다. 일반적으로 구름 저항은 하중에 비례하여 증대된다고 하며 비례정수 구름 저항 계수라고 함. 타이어는 주로 고무와 섬유로 되어 있는데, 이들 고분자 재료는 반복 변형에 의하여 히스테리시스 로스를 발생하며, 이것이 타이어의 구름저항이 된다. 타이어의 변형이 적을수록 구름저항은 작으므로 벨트의 효과에 의하여 트레드부의 움직임이 적은 레이디얼 타이어가 연비가 좋고, 또한 공기압을 높여 줌으로써 구름저항을 작게 할 수 있다.

구름 저항 계수 〔rolling resistance coefficient〕 타이어의 구름 저항값을 타이어에 가해진 하중으로 나눈 것. 타이어의 구름 저항은 거의 하중에 비례하여 커지므로 타이어의 구름 저항 성능을 비교할 때의 기준으로 이 계수를 쓴다.

구리 〔銅 ; copper〕 용광로에 동광석을 넣고 황화구리와 황화철의 혼합물을 석출하여 다시 전로에 넣어 조동(粗銅)을 만든 다음 반사로나 전기 정련(精鍊)에 의해 구리를 만든다. 구리의 용융점은 1083℃ 이고 비중은 8.96으로 전기 및 열의 양도체로서 유연하다. 전연성이 양호하며 녹청이 발생되어 내식성이 크고 합금하면 귀금속적인 성질을 얻을 수 있다.

구멍 뚫기 [punching] 펀칭. 자유 단조 작업으로서 구멍을 뚫는 작업.

구멍형 노즐 [hole type nozzle] 구멍형 노즐은 니들 밸브 끝이 원뿔형으로 되어 있고 니들 밸브 보디에 노출되지 않으며, 연료의 분공의 볼록하게 된 밸브 보디 앞끝에 설치되어 있다. 니들 밸브 보디 측면에 설치된 통로를 통하여 압력실에 공급된 고압의 연료에 의해 니들 밸브가 밀어올려져 연료가 분사된다. 연료의 분사 개시 압력은 150~300Kg /cm²이며, 분공의 지름은 0.2~0.6mm이고 분사각은 90~120°이다. ⇨ 홀 노즐.

구면캠 [spherical cam] 입체캠의 하나로서 원형의 캠 표면에 홈을 만들고 종동절의 핀을 끼워서 캠이 회전하면 종동절은 어떠한 각도 내에서 상하 왕복운동과 동시에 회전운동을 한다.

구배 저항 [gradient resistance] 주행 저항의 하나로서 자동차가 언덕을 오를 때 진행 방향과 반대 방향으로 작용하는 힘. 중력의 분력(分力)으로 차량 총중량에 구배(θ)의 정현(sinθ)을 곱한 것으로 얻어진다.

구상 흑연 주철 [球狀黑鉛鑄鐵 ; spheroidal graphite cast-iron] 인이나 황의 성분이 적고 탄소량이 많은 선철을 용해한 후 마그네슘을 첨가하여 편상의 흑연을 구상화시킨 주철로서 피스톤, 실린더, 기어 등에 사용된다.

구속 전자 [restriction electron] 구속 전자는 원자핵의 구속력을 갖는 전자이다. 내부 궤도를 돌고 있는 전자는 원자핵과 거리가 가까워 결합력이 강하고 외부의 영향을 거의 받지 않는다.

구심력 [centripetal force] 자동차가 어떤 속도로 선회할 때 원심력의 반력(反力)으로써 선회중심 방향에 작용하는 힘. 질량에 구심 가속도를 곱하여 구해진다. 구심 가속도 $\alpha(G)$ 는 선회반경을 R(m), 속도를 V(m/s), 중력 가속도를 g(9.8m/s²)라고 했을 때 $\alpha=V^2/9.8R$로 하여 계산된다.

국부 전지 [局部電池 ; local cell] 전해액 내에 극판의 작용물질이 탈락되어 양극판과 음극판이 단락된 상태. 원인으로는 축전지의 노후화, 금속 또는 그 주위에 대한 물리적이나 화학적 불균일에 의해서 발생되며 국부 전지가 형성되면 자기 방전이나 극판의 부식이 발생된다.

국적 마크 [nationality mark] 등록된 자동차 중 나라를 표시하는 마크로서 옆이 긴 타원형 판에 백색바탕에 검은 글씨로 D(독일), F(프랑스), GB(영국)등과 같은 약자로 표시된다. 특히, 국경을 넘어서 자동차가 이동할 기회가 많은 유럽에서는 자국차와 타국차의 식별이 필요한 경우를 고려하여 이 마크의 표시가 의무화되어 있다.

국제 단위계 [⑩le system internationale d'unites] 통상 SI로 약해서 부르는 단위계. 국제도량형 총회에서 미터 조약의 가맹국끼리 사용하기 쉽도록 국제적으로 공통적이고 일관성 있는 단위로서 채택된 기본단위. 보조단위, 조립단위와 그것의 10의 정수승배(整數乘倍)로 되어있다. 힘의 단위인 뉴톤(N), 압력이나 응력의 단위 파스칼(Pa) 등 별로 알지못하는 단위도 있으며, 쓰기에 익숙해진 공학 단위계에서의 이행(移行)에는 저항도 있으나 자동차기술회에서는 SI단위의 단계적인 사용을 정하고 있으며, 미래의 자동차 관계 단위로 SI로 통일되는 방향으로 진행되고 있음.

국제 킬로칼로리 [international kilocaloric] 국제증기표회의에서 결정한 열량의 단위.

국제자동차 스포츠연맹 [Federation Internationale du Sport Automobile] ⇨ FISA.

국제자동차연맹 [Federation Internationale de l'automobile] ⇨ FIA.

국제표준화기구 [international standardization for organization] ⇨ ISO.

굽히기 [bending] 벤딩. 자유 단조 작업으로서 재료를 구부리는 작업.

권양기 [winch] ⇨ 윈치.

귀금속 [noble metals] 산화 또는 기타 화학 반응을 잘 일으키지 않으나, 다른 물질 사이의 반응을 촉진시키는 금속(금, 은, 백금, 팔라듐 등). 백금과 팔라듐은 촉매변환기에 촉매로 사용된다.

귀환 [歸還 ; feedback] ① 자동차 배기가스의 산소 농도를 감지하여 혼합기가 농후하면 컴퓨터가 약간 희박하도록 제어하고 EGR 밸브를 작동시켜 배기가스 일부를 실린더에 되돌려 보내어 재연소시킨다. ② 증폭기의 출력 중 일부를 입력으로 되돌려 보내어 입력으로 사용하는 것.

규소 [silicon] 규석 또는 규사에 코크스를 전기로에 넣은 다음 가열하여 분말이나 판으로 만든 것으로 원소 기호는 Si를 사용한다. ① 전기에서는 반도체로서 다이오드, 트랜지스터 등을 제작함. ② 탄소강에 함유하여 경도, 탄성 한계, 인장 강도를 증가시키며 연신율, 충격치를 감소시키고 상온에서는 가단성 및 전성이 감소된다.

규소강 〔silicon steel〕 규소를 0.5~4%를 함유한 강으로 상자성체이며 자기 히스테리시스가 적기 때문에 발전기, 변압기. 전동기의 철심으로 많이 사용한다.

균열 〔crack, flaw〕 ① 실린더 블록이 동파에 의해서 표면이 갈라지는 것. ② 용융 금속과 주형과의 온도 차이가 너무 크면 내부는 응고 속도가 느리기 때문에 내부와 표면의 압력 차가 발생되어 표면이 갈라지는 것.

균형추 〔均衡錘 : balance weight〕 기계의 자중(自重) 또는 기계에 작용하는 외력과 평형을 이루기 위해서 설치한 추.

균형추 〔counter weight〕 하중으로 인한 모멘트에 대항시키기 위해 만들어진 추.

그라운드 〔ground〕 전기 회로 또는 부품을 차체에 접속하는 것. 접지 대신에 도체를 사용할 수 있지만 접지하는 목적은 전압의 기준점을 확보, 인체의 안전확보, 기기의 확실한 작동을 위함이다. 접지, 어스라고도 하며 기호는 GND를 사용한다.

그라운드 리턴 시스템 〔ground-return system〕 자동차의 섀시와 프레임이 배터리 또는 올터네이터로의 전기 복귀 회로로 이용되는 일반화된 전기 배선 시스템. 싱글 와이어 시스템(single-wire system)이라고도 한다.

그라운드 시뮬레이션 〔ground simulation〕 풍동(風洞)실험에서 모형으로 자동차의 공력(空力)특성을 조사할 때 실차가 받는 지면 효과를 재현하고 실주행에 가까운 공기의 유속분포를 모의(시뮬레이션)시험 하는 것. 지면(그라운드)에 해당하는 부분을 벨트(무빙벨트)로 하고, 계측한 모형의 속도와 같은 속도로 움직이게 하는 것이 이상적이라고 하지만, 고정된 노면의 지면에 가까운 부분에 노면과 평행하게 공기를 불어내거나, 지면에 다수의 구멍을 내어 기류의 일부를 흡입시키는 등 흐름이 늦은 경계층의 형성을 막는 방법 등도 취해지고 있다.

그라운드 이펙트 카 〔ground effect vehicle〕 지면효과(그라운드 이펙트)에 의하여 다운포스를 얻어, 타이어의 코너링 포스를 크게 하여 코너링 스피드를 빠르게 한 레이싱카.

그라운드 클리어런스 〔ground clearance〕 ⇨ 로드 클리어런스.

그라인더 〔grinder〕 연삭기. 숫돌 바퀴를 고속회전시켜 원통의 외면, 일반 절삭공구, 드릴, 밀링, 커터의 연삭 및 경도가 높은 재료를 정밀 다듬질하는 데 사용한다.

그래벌 베드 [gravel bed] 자갈밭. 레이스 코스에서 코너 외측에 자갈이 깔려 있는 지역을 말함. 코스 외측으로 주행하는 자동차의 감속을 목적으로 한 것.

그랜드 투어링 카 [grand touring car] 유럽에서 국경을 넘어 원거리 여행을 하는데 쾌적한 거주성과 조종성 및 안전성이 뛰어나며 대형 트렁크 등이 필요로 하는 자동차. 그리고 고속으로 장시간의 연속 주행이 가능한 성능을 스포츠카에 추가한 자동차가 그랜드 투어링 카이다. 영어의 머리 문자를 따서 GT라고도 부름.

그로밋 [grommet] ① 어떤 부분을 감싸거나 지지하는 데 사용하는 단단한 고무 또는 플라스틱으로 된 기구. ② 튜브나 호스 등의 보디 또는 부품의 케이스 등을 관통하는 부분에 사용되는 고무로 만들어진 원형의 테. 차실에서 엔진 룸이나 트렁크 룸에 와이어링 하니스를 통하게 하는 경우 등에 쓰이며, 큰 것에서부터 튜브리스 타이어용의 림밸브를 림에 고정할 때 패킹으로 쓰이는 작은 것까지 여러 종류의 그로밋이 있다. 어느 것이든 관통부분의 보호나 방수·방진 등의 목적으로 쓰인다.

그로스 파워 [gross power] 그로스는 '전체의'라고 하는 뜻으로 운전에 필요한 부속장치만을 붙인 엔진을 테스터 위에서 운전했을 때 축출력을 말함. 자동차에 탑재하여 쓰는데 필요한 모든 장치를 붙여 테스터 위에서 운전했을 때 축출력인 정미 파워와 대조적으로 쓰이는 용어.

그론 [groan] 디스크 브레이크에서 페달을 약하게 밟았을 때 발생하는 소리. 200∼300Hz의 신음하는 것 같은 '구구' 또는 '기기'라고 하는 소리를 말함.

그루브 [groove] 타이어의 트레드면에 새겨진 U자형 또는 V자형의 단면을 가진 홈. 젖은 노면을 주행할 때의 배수와 트레드 고무에서 생기는 열을 방산(放散)하는 기능도 갖는다.

그루브 C [groove C] ⇨ 스포츠 프로토타입 카.

그루브 A [groove A] 경기용의 실링카. FISA가 정한 국제 스포츠 법전 부칙 J항에 정해진 국제적인 차량 구분의 하나로서 4좌석 이상 대규모 양산 실링카를 말함. 적어도 5000대의 동일 규격의 차량이 연속적으로 12개월 동안에 생산되어 FISA의 공인을 받는 것이 필요. 기통 용적마다 최저 중량이 결정되어 있고 양산 부품의 원형을 확인할 수 있어야 하며 규정된 범위 내에서 대폭적으로 개조할 수 있다.

그루브 N [groove N] 경기용의 프로덕션카. FISA가 정한 국제 스포츠 법전 부칙 J항에서 징하여진 국제적인 차량 구분의 하나. 4좌석 이상 의 대규모 양산 실링카를 말함. 적어도 5000대의 동일 규격 차량이 연속적으로 12개월간에 생산되어 FISA의 공인을 받는 것이 필요. 빨리 달리기 위한 개조보다 안전을 위한 개조에 중점을 두었다.

그루브 원더 [groove wander] 노면에 새겨진 레인 그루브에 의하여 자동차의 진행방향이 흐트러지는 현상. 레인 그루브가 나란히 줄친 홈의 각과 타이어의 트레드 종방향으로 홈의 에지와 간섭하여 옆방향의 힘이 발생되므로 자동차가 흔들린다.

그루빙 툴 [grooving tool] 타이어의 트레드에 홈을 가공하기 위한 전기공구. 전기가 통하면 발열되는 특수한 금속의 날과 스위치로 되어 있으며, 날을 고무에 누르면 통전되어 날이 뜨거워져 고무를 눌러 끊도록 되어 있다. 그루빙은 홈을 파는 것.

그룹 분사 방식 [jet system] 그룹 인젝션. 6기통 이상의 가솔린 인젝션에서 흡기 행정에 서로 이웃하고 있는 기통을 그룹으로 묶어 그룹별로 연료의 분사를 행하는 시스템. 예컨대, 6기통 엔진에서 3기통씩 2개의 그룹으로 나눌 경우 2그룹분사, 2기통씩 3개의 그룹으로 나눌 경우를 3그룹 분사라 부른다. 동기분사보다 분사 밸브의 구동 회로가 간단하다. ⇨ 동기분사(同期噴射).

그리드 [grid] 격자. ① 자동차 용어로서는 레이스의 격자 모양으로 설치된 스타트 위치를 말하며, 정확한 표현으로는 스타팅 그리드라고 한다. 옆으로 나란히 서 있지 않고 서로 다르게 경사진 위치에 서 있을 경우 스태거드 그리드(staggered grid)라고 부르며 구별한다. ② 축전지 극판의 뼈대.

그리스 [grease] 감마유. 윤활유에 금속 비누 등의 증조제(增調劑)를 가하면 평상시의 온도에서는 풀과 같은 상태로 되어 있는 것. 온도가 높은 곳에서는 액체상태가 되어 윤활작용을 한다. 급유의 불편한 개소나 고온이 되는 부분의 윤활에 쓰인다.

그리스 건 [grease gun] 그리스 총, 그리스를 주입하거나 압출하는 펌프. 종류로는 수동식과 동력식이 있다.

그리스 컵 [grease cup] 그리스가 넣어져 윤활이 필요한 개소에 부착하여 자동적으로 급유를 하기 위한 용기.

그린 하우스 [green house] 온실을 뜻함. 비행기의 지붕을 뜻하는 말로 승용차의 실내를 가리킨다. 차실의 필러나 루프를 포함한 유리창 윗부분만 국한시켜 말하는 경우도 있다.

그릴 [grille] 격자 혹은 격자모양의 것. 자동차 부품으로서는 라디에이터 그릴이나 환기용의 벤틸레이터(ventilator) 그릴 등이 있다.

그립 [grip] 영어에서 타이어와 노면의 마찰력을 표현하는데 있어서 '단단히 잡는다'는 의미의 「그립」이라는 단어가 사용되는데, 그립을 가리킬 때 「점착」을 의미하는 어드히전(adhesion)이라는 단어가 사용될 수도 있다.

그립 주법 [grip drive method] 타이어 접지력의 범위 내에서 주행하는 방법. 미끄러지기 쉬운 노면에서도 가능한한 타이어를 미끄러뜨리지 않고 그립시키고 주행하면, 옆으로 미끄러짐에 의한 저항손실이 적다. 자연스럽게 주행하는 방법이다. 핸들 뿐 아니라 액셀 워크가 힘들다. 드리프트(drift) 주법과 대비하여 쓰이는 용어.

그릿 [grit] 입도. 연삭 디스크 또는 샌드페이퍼의 연삭재 입자의 크기를 나타내는 단위.

극압성 윤활유 〔極壓性潤滑油〕 ⇨ 하이포이드 기어오일(hypoid gear oil).

극판군 〔極板群〕 ⇨ 셀.

근접각 〔近接角〕 ⇨ 어프로치 앵글.

글라스 루프 [skylight] 선 루프의 일종으로서 루프(roof)의 일부가 유리로 만들어진 것.

글라스 리드 [glass lid] 선 루프를 덮는 유리로 만든 뚜껑(lid).

글라스 섬유 [glass fiber] 고온에서 유리를 녹여 노즐에서 끌어내어 냉각시킨 섬유 모양의 재료. 일반적인 유기 섬유와 비교하면 적게 늘어나고 탄성률이 큰 섬유로 내열성이 뛰어나고 연소되지 않는 특성을 갖는다. 여러가지의 용도로 사용되고 있으나 자동차에서는 FRTP(유리 섬유 강화 열가소성 수지)등 외에 글라스 울로서 단열재나 흡음재로 사용되고 있다. ⇨ 글라스 울(glass wool).

글라스 울 [glass wool] 유리섬유를 솜과 같은 상태로 한 것. 직경 0.5~2.0μm, 길이 10~30cm 정도의 섬유로 되어 있으며 단열재 또는 흡음재로 엔진 룸이나 배기 계통 등에 쓰이고 있다.

글라스 파이버 [glass fiber] ⇨ 유리섬유.

글랜저 익스터널 조인트 [glaenzer external joint] 트리포드형 유니버설 조인트로서 조인트의 좌우 방향의 움직임이 고정되어 있는 것. GE로 약한다.

글랜저 인보드 조인트 [glaenzer inboard joint] 트리포드형 유니버설 조인트로서 조인트가 슬라이드하며 신축하는 타입. GI로 약한다.

글러브 박스 [glove box] 프런트의 객석 앞에 있는 잔 물건을 넣는 곳을 말한다. 운전자 시트 앞에는 대시보드가 있고, 그곳에 미터류가 있으며 객석 시트 쪽은 공간이 생기게 되므로 그것을 이용하여 만들어져 있다. 대개는 자물쇠가 걸리게 되어 있고 도어 내측에도 포킷이라고 해서 잔물건을 넣는 곳이 만들어져 있다.

글레이징 [glazing] ① 글레이징 콤파운드를 사용하여 도장면에 대수롭지 않은 스크래치들을 메우는 일. ② 숫돌의 입자가 자생 작용이 되지 않아 입자가 납작하게 된 상태. 원인으로는 입자가 공작물과 맞지 않을 때, 결합도가 높을 때, 원주 속도가 너무 클 때이며 글레이징 상태의 숫돌을 사용하면 연삭 소실(研削燒失)이 발생하고 가공물이 발열하거나 연삭성이 불량하다.

글로 플러그 [glow plug] 예열 플러그. 디젤 엔진 연소실의 예열장치. 디젤 엔진에서는 공기의 압축열에 따라 연료에 착화함으로 갑자기 스타터를 돌려도 기동되지 않으므로 글로 플러그에 통전하여 800℃ 이상으로 가열한 다음 이것에 연료를 분사·착화시켜서 시동한다. 글로는 적열(赤熱)을 뜻하며 스타터 모터를 돌리기 전에 예열 스위치를 넣고, 경고등의 소등 등으로 예열의 완료를 확인하도록 되어 있는 것이 보통이다. 금속 글로시스템의 개발로 거의 순간적으로 온도를 올릴 수 있도록 되어 있으며, 승용차용 엔진에서는 예열은 필요 없도록 되어가고 있다.

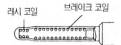

래시 코일　브레이크 코일

글로스 [gloss] 광택이나 윤을 말함. 자동차에서는 도장면이나 실내의 부품 등의 광택을 말함.

글리세린 [glycerine] 동물의 지방을 수산화나트륨으로 비누를 제조할 때 나오는 부산물로서 단맛의 액체. 비중이 크고 산이 포함되면 금속을 부식시키며 스며드는 성질이 크다.

금속 [金屬 ; metal] 상온에서 불투명한 고체로서 전성(展性)과 연성(延性)이 풍부하여 변형이 용이하고 특유의 금속 광택과 전기 및 열의 양도체이다. 비중과 경도가 크고 용융점이 높으며, 비중이 4.5 이하인 것을 경금속, 4.5 이상인 것을 중금속, 산출량이 적고 아름다운 색을 띠며 화학 약품에 대한 저항이 큰 것을 귀금속이라 한다.

금속기 복합 재료 [metal matrix composite] ⇨ MMC.

급결 도료 〔急結塗料〕 조색(調色), 경화제의 혼합, 시너 희석을 완료하여 즉시 분사할 수 있는 상태의 도료를 가리키는 말.

급속 귀환 운동 [quick return motion] 작업 진행 방향의 속도는 느리고 복귀하는 속도가 빠른 것. 원리는 큰 기어와 크랭크가 설치되어 큰 기어는 일정한 회전을 할 경우 크랭크 핀은 큰 기어에 고정되어 있으므로 작업 행정의 소요시간은 느리고, 귀환 행정에 소요되는 시간은 빠르게 된다. 급속 귀환 운동을 이용하는 것은 복사기, 셰이퍼, 플레이너, 슬로터에 이용되고 있다.

급속 글로 시스템 [super glow system] 디젤 엔진 시동시에 이용되는 예열 플러그의 온도를 단시간에 높게 하는 시스템의 일종이다. 또는 퀵스타트 시스템이라고 부르고 있다. 디젤 엔진 시동시에는 글로 플러그에 통전하여 이것이 적열(赤熱)될 때까지 20~30초의 대기시간이 필요하지만 플러그의 온도를 급속히 올리는 시스템으로 가솔린 엔진과 같은 감각으로 시동될 수 있도록 되어있다.

급속 충전 [quick-charging] 급속 충전은 시간적인 여유가 없을 때 축전지를 자동차에 설치한 채로 급속 충전기를 이용하여 축전지 용량의 50% 전류로 충전하는 방법으로서 과대 전류로 충전하기 때문에 축전지에는 좋지 않다. 이 때 축전지의 ⊕, ⊖ 케이블을 떼어내고 충전기 클립을 연결하여야 발전기의 실리콘 다이오드를 보호할 수 있다.

급속 충전기 〔急速充電機〕 ⇨ 배터리 퀵 차저.

기경성 〔氣硬性〕 ⇨ 자경성(self hardening).

기계 가공 [machining] 기계를 사용하여 금속을 절삭하는 작업.

기계 분사식 〔機械噴射式〕 ⇨ 무기 분사식(無氣噴射式).

기계 손실 [mechanical loss] 엔진의 도시(圖示) 토크(혼합기의 연소에 따라 크랭크 샤프트에 전달한 토크)와 크랭크 샤프트에서 나오는 정미(正味)토크(타축 토크)와의 차(差). 엔진의 각 부분의 슬라이딩 저항, 보조 기구류의 구동 저항, 오일의 교반 저항 등에 의하여 발생되는 것.

기계 효율 [machine efficiency] 실린더 내에서 실제 일로 변화된 지시 마력 중 각부 마찰 및 기타 손실되는 일을 제외한 제동 마력과 상호 관계의 효율. 지시 마력의 일부는 엔진의 운전중 각부의 마찰 및 기타 여러 가지로 손실되기 때문에 제동 마력이 적게 된다. 이 때 지시 마력이 전달되어 기계를 작동할 수 있는 백분율을 말한다.

기계식 가속 펌프 [MAP ; Mechanical Acceleration Pump] 기계식 가속 펌프는 모든 회전 속도에서 가속 성능을 향상시키기 위한 펌프로서 링 크에 의해 가속시에 연료를 분사한다.

기계식 리프터 [mechanical type] 일체식으로 되어 있으며 캠의 접촉면 형상에 따라 볼록면 리프터, 평면 리프터, 롤러 리프터 등으로 구분된 다. 리프터의 밑면은 편마멸되지 않도록 하기 위해 리프터 중심과 캠 의 중심을 오프셋시켜, 리프터가 회전되도록 하므로써 접촉 부분이 계 속해 바꾸어지게 된다.

기계식 브레이크 [mechanical brake] 조작력을 와이어나 로드로 브레이 크 본체에 전달하는 기구를 가진 브레이크 장치. 조작력이 크고, 모든 휠을 동일한 힘으로 제동하기가 어렵기 때문에 현재는 파킹 브레이크 로 쓰일 뿐이다.

기계식 연료 분사 [instrument type fuel injection] 가솔린 인젝션에서 엔진에 흡입되는 공기의 양을 정밀하게 계측하여, 연료의 제어 밸브를 기계적으로 움직이게 하는 형식. 연료의 양과 분사량을 기계적인 장치 로 계측·공급하는 시스템으로서 종전에 기화기를 대신한 연료공급장 치이다. 경주용 차량 엔진에 사용되었다. 주요 장치로서는 플런저형의 고압 분사 펌프로 압력을 높인 가솔린을 실린더 내에 분사하는 보슈 직접 분사 방식. 실린더수만큼의 구멍이 뚫린 중공(中空) 로터 내에 셔틀을 놓고 왕복 운동의 행정에 따라 연료의 양을 조절하면서 흡기관 으로 연료의 분배도 동시에 하는 루카스식, 흡기관에 설치된 노즐마다 펌프를 설치하여 분사되는 연료의 양을 플런저 행정 양에 따라 조정하 는 보슈 그게루휘셔식 등이 있다.

기계식 조속기 [mechanical type governor] 기계식 조속기는 연료 분사 펌프의 캠 축에 설치되어 회전속도 변화에 따른 원심추의 원심력 변화 를 이용하여 연료 분사량을 조절한다. 제어 래크를 최대 분사 방향으 로 밀고 있다가 회전 속도가 증가하면 원심추가 바깥쪽으로 벌어지면 서 제어 래크를 감소 방향으로 당겨 연료 분사량을 감소시킨다. 회전 속도가 낮아지면 원심추가 원심력의 감소로 본래의 위치로 복원되어 공전 스프링의 힘은 원심력과 평형을 이루어 제어 래크가 정지되므로 공전속도를 유지하게 된다.

기관 [engine] ⇨ 엔진.

기관실 [機關室] ⇨ 엔진 컴파트먼트.

기능 불량 [malfunction] 작동이 부적절 또는 부정확한 것.

기동 전동기 〔starting motor〕 스타터 모터. 기동 전동기는 엔진의 시동용 모터로서 축전기의 전원을 공급받아 회전하며, 피니언 기어와 플라이휠 링기어가 맞물려 기동 전동기의 회전력을 크랭크 축에 전달한다. 이 때 기동 전동기의 출력으로는 가솔린 엔진은 0.5~1.5PS, 디젤 엔진은 3~10PS이 필요하다. 따라서 기동 전동기 1회전 시간은 보통 몇 초 이내이므로 단시간 정격 출력이 발생되도록 설계되어 있어 일반 전동기와는 달리 출력에 비하여 소형이므로 무리한 연속 운전을 시켜서는 안된다.

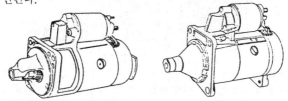

기동 전동기 스위치 〔starting motor switch〕 기동 전동기 스위치는 전동기에 흐르는 주전류(B 단지와 F 단자)를 개폐하는 역할을 한다. 스위치에 흐르는 전류는 자동차의 회로 중에서 가장 많으므로 강도, 재질, 내구력 등에서 상당히 우수한 동합금의 재질로 되어 있다.

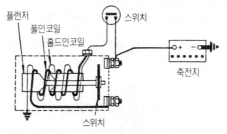

기동시 혼합비 〔起動時混合比〕 엔진의 시동을 양호하게 하는 혼합비. 차가운 엔진을 시동할 때에는 실린더 내의 온도가 낮아 기화기에서 공급되는 가솔린의 일부만 기화되므로 연소 범위의 혼합기를 형성하려면 5~9 : 1의 농후한 혼합기를 공급하여야 한다.

기동장치 〔starting system〕 기동장치는 엔진을 시동하기 위하여 최초의 흡입과 압축 행정에 필요한 에너지를 외부로부터 공급하여 엔진을 회전시키는 장치로서 축전지 전원을 이용하는 직류 직권 전동기를 이용한다. 엔진의 시동 가능 회전속도로 가솔린 엔진은 100rpm 이상(표준 50~60rpm), 디젤 엔진은 180rpm 이상(표준 70~80rpm)이다.

기어 감속 기동 전동기 〔gear-reduction starter〕 기어 감속 기동 전동기
는 플라이 휠의 지름이 작아 필요로 하는 감속비를 얻을 수 없는 경우
에 전기자축과 피니언축을 별도로 설치하여 감속비를 크게 하는 전동
기이다.

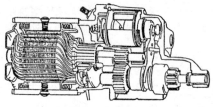

기어 구동식 〔gear drive type〕 크랭크 축 기어와 캠 축 기어의 맞물림에
의해 구동되는 형식으로 디젤 엔진에 많이 사용한다. 회전을 원활하게
하고 소음을 적게 하기 위해 헬리컬 기어가 사용되며 크랭크 축 2회전
에 캠 축은 1회전한다. 크랭크 축 기어와 캠 축 기어의 재질을 서로 다
르게 하여 소음 발생과 마멸을 방지하며, 각 기어에는 타이밍 마크가
표시되어 있다.

기어 레이쇼 〔gear ratio〕 ⇨ 기어비.

기어 박스 〔⊛gear box, ⊛gear case, transmission〕 변속기. 미국에서는
기어 케이스 또는 트랜스미션이라고 부르지만, 영국에서는 트랜스미션
이라고 하면, 변속기만 아닌 클러치로부터 파이널 드라이브까지의 동
력전달장치 전체를 가리키는 것이 보통.

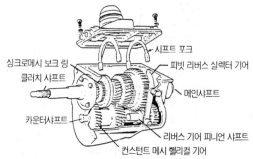

싱크로메시 보크 링
클러치 샤프트
카운터샤프트
컨스턴트 메시 헬리컬 기어
시프트 포크
피빗 리버스 실렉터 기어
메인샤프트
리버스 기어 피니언 샤프트

기어 비 〔gear ratio〕 ① 기어 레이쇼. 한 쌍의 맞물린 기어의 잇수비
(比)로서 큰 기어의 잇수를 작은 기어의 잇수로 나눈 값. 기어비가 2

라면 돌려지는 쪽의 기어 회전 속도는 절반이 되지만 회전력(토크)은 2배가 되어 전달한다. ② 레이쇼란 비율을 가리키는 말. 기어 레이쇼는 기어를 사용한 곳의 감속비를 말함. 서로 맞물린 2개 치차(기어)의 톱니수(직경)에 의해 감속 비율은 결정된다. 보통 승용차의 트랜스미션 기어비는 4단 트랜스미션이면 3.2 : 1, 2.0 : 1, 1.5:1, 1.0 : 1로 배분되어 있다. 사전 양해가 없으면 트랜스미션의 기어비를 가리킴. 그 자동차의 성격에 가장 적합하도록 기어비(比)가 배분되어 있다.

기어 전동 〔gear drive〕 접촉면이 서로 미끄러지면서 동력을 전달하는 장치. 기어 전동의 특징으로는 축 압력이 작고 동력 전달 효율이 99%로 높다. 큰 감속을 얻을 수 있고 전동이 확실하며 회전비가 정확하다. 충격을 흡수하는 성질이 약하므로 소음과 진동이 발생된다.

기어 체인지 레버 〔gear change lever〕 ⇨ 시프트 레버.

기어 트레인 〔gear train〕 기어장치가 열차가 늘어선 것처럼 나란히 되어 있는 것.

기어 펌프 〔gear pump〕 ① 구동 기어와 피동 기어가 보디 내에 조립된 펌프. 구동 기어가 회전하면 펌프실 내면에 진공이 생겨 흡입되는 오일은 기어 사이에 실려 출구 쪽으로 이동되어 송출한다. 기어 펌프는 외접 기어식과 내접 기어식의 펌프로 분류된다. 엔진이나 AT용의 오일펌프로 널리 사용된다. ② 가솔린 연료 분사장치의 기어 펌프는 모터 축에 구동 기어를 편심으로 설치하고 바깥쪽에 피동 기어를 설치하여 모터가 회전할 때 체적의 변화에 따라 연료를 송출한다. 펌프의 작용은 모터에 의해서 구동 기어가 회전하면 체적이 큰 쪽에서 발생되는 진공으로 연료를 흡입하여 기어 이빨에 실려 체적이 작은 쪽으로 이동하여 연료 파이프로 송출하게 된다.

기억장치 〔memory system〕 기억장치는 RAM 및 ROM으로 구성되어 프로그램 및 고정 데이터를 저장시키거나 각 센서로부터 시시각각으로 변화하는 데이터를 읽어들이는데 사용된다.

기자력 〔magnetomotive force〕 기자력은 자기 회로에서 자속을 발생시키는 힘으로서 단위는 암페어턴(AT : Ampere Turn)이다.

기전력 〔起電力〕 기전력은 전위차를 만들어 전류를 흐르게 하는 능력으로서 전하를 이동시켜 끊임없이 발생시키는 힘을 말한다. 기전력으로는 열기전력, 광기전력, 전자 유도에 의한 기전력, 화학적 기전력 등이 있다.

기준 신호 발생기 〔基準信號發生器〕 ⇨ 클록 발생기.

기체 배출 밸브 〔vapor exhaust valve〕 기체 배출 밸브는 봄베의 기체 상태 부분에 설치된 적색 핸들의 밸브. 기체 솔레노이드 밸브에 연결되어 엔진 시동시에 연료를 공급하고 냉각수온이 15℃ 이하일 때만 작동하며, 15℃ 이상이면 수온 스위치에 의해 차단된다.

기초용 볼트 〔foundation bolt〕 파운데이션 볼트. 기계나 구조물을 토대로 고정하기 위한 볼트.

기화 〔氣化〕 ⇨ 증발.

기화기 〔⊛carburetor, ⊛carburettor, carburetter〕 공기에 가솔린을 혼합하여 실린더에 보내는 장치이다. 기화기라고 번역되어 있으나 실제로는 분무기의 원리에 따라 공기 중에 가솔린을 안개와 같이 작은 모양으로 섞는 것으로서, 가솔린을 액체에서 기체로 바꾸는 장치는 아니다. 피스톤이 내려감으로써 실린더 내의 압력이 낮아지고, 외기의 압력에 의하여 공기가 빨려 들어가는 것이다. 흡입관의 중간을 좁게 한 부분(벤투리)에 가솔린이 빨려나와서 미립자(微粒子)가 되고, 일부는 기화되면서 엔진에 들어가도록 되어있다. 가솔린을 모아 두는 플롯 체임버나 벤투리로 되어 있다. ⇨ 카브레터.

나사 [screw] 곡선 모양에 따라 원통면에 홈을 깎아낸 것. 직각 삼각형의 종이를 원통에 감았을 때 빗변이 원통표면에 그리는 곡선을 나사곡선이라 한다.

나사 섀클 [threaded shackle] 스레디드는 '실처럼 가느다란'이란 뜻. 나사 섀클은 U자형으로 가느다란 나사가 파져 있으며, 접촉면이 넓고 옆방향의 움직임이 방지된다. 피팅을 통해서 그리스를 주유하여야 한다.

나선 기어 [worm gear] ⇨ 웜기어.

나이하르트 스프링 [Neidhart spring] 고무의 탄성을 이용한 현가 스프링. 사각의 고무통 중앙에 캠을 끼우고 스윙암의 움직임에 따라 캠이 회전할 때 캠 주위에 있는 고무를 압축하여 진동이나 충격을 흡수하는 스프링.

나인(9) 모드 [nine mode] 오스트레일리아에서 중형 트럭의 배출가스 측정에 사용되는 운전 방법(모드). 9개의 정상 모드로 구성되어 있으므로 이러한 이름을 가지게 되었음.

나트 회로 [NOT circuit] ⇨ 부정 회로.

나트륨 [natrium] 소듐. 1807년 데이비(Davy)가 분리함. 알칼리 금속의 하나로 은백색의 연금속. 열을 가하여 용융한 수산화 나트륨을 전해(電解)하여 축출하며 공기 중에서 쉽게 산화되고 물과 반응하여 수산화나트륨이 된다. 비중이 0.971, 융점은 97.9℃, 원자 기호는 Na, 원자번호는 11이다.

나트륨 램프 [sodium lamp] 나트륨 증기의 방전 발광을 이용한 램프로서 고속도로나 터널, 산악로 등의 조명에 사용된다. 특히 사람의 눈에 감도가 좋은 주황색으로서 조명효율이 높은 것이 특징. 통전으로부터 발광까지 시간이 긴 것과 피부색이 회황색으로 보이는 등 색이 자연색과 크게 다르게 보이는 것이 단점.

나트륨 밸브 [natrium valve] 밸브 스템을 중공(中空)으로 하고 열전도성이 좋은 금속 나트륨을 중공체적의 40~60% 봉입하여 엔진 작동중 밸브 헤드의 열을 받아 금속 나트륨이 액체가 될 때 밸브 헤드의 열을 약 100℃ 정도 저하시킬 수 있다. 나트륨의 융점은 97.5℃ 이며 비점은 882.9℃ 이다. ⇨ 내부 냉가 밸브.

나프탈린 [naphthalin] 방향족 탄화수소에 속한 유기 화합물로서 콜타르(coaltar)를 높은 온도에서 증류하여 냉각시켜 분리한 백색 비늘 모양의 결정체. 독특한 냄새와 휘발성이 있어 상온에서 승화되며 물에 녹지 않는다. 살충제, 방부제, 방충제, 의약, 향료, 합성수지, 합성섬유 등에 사용된다.

나흐라우프 배치 [⑱ nachlauf versatz] 독일어로서 자동차의 전륜(前輪)을 옆에서 보았을 때, 타이어 중심이 킹핀 축의 중심선보다 뒤에 오는 모양의 킹핀 축 배치를 말함. 일반적으로 캐스터각은 작으나 트레일이 큰 앞차축에서 볼 수 있다. 나흐라우프는 뒤를 좇는 것. ⇦ 포어라우프 배치.

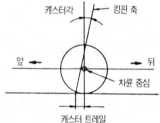

캐스터각   킹핀 축

앞 ← → 뒤

차륜 중심

캐스터 트레일

난기 [暖氣] ⇨ 웜업.

난드 회로 [NAND circuit] ⇨ 부정 논리적 회로.

난방장치 [暖房裝置] ⇨ 히터.

납 [鉛] 기호는 Pb, 원자번호는 82, 푸르스름한 회색의 금속 원소로 가장 무겁고 연하며 전성(展性)은 많으나 연성(延性)은 없다. 땜납 또는 화합물로서 연판(鉛板), 연관(鉛管), 활자 합금으로 공업상 많이 사용된다.

납땜 [beazing, soldering] 납땜은 모재를 용융시키지 않고 용가재(熔加材)를 용융시켜 접합시키는 것으로서 450℃ 이상에서 접합하는 경납땜과 450℃ 이하에서 접합하는 연납땜이 있다. ⇨ 브레이징.

납산 축전지 [lead-acid storage battery] 납산 축전지는 전해액으로 묽은 황산($2H_2SO_4$)을, ⊕ 극판에는 과산화납(PbO_2)을, ⊖ 극판에는 순납(Pb)을 사용하는 전지로서 자동차에 많이 사용되고 있다. 셀당 기전력이 2.1V로 방전시의 화학 반응은 $Pb + 2H_2SO_4 + PbO_2$ ➡ $PbSO_4 + 2H_2O + PbSO_4$로 변화되어 전해액의 비중이 낮아지고 기전

력도 낮아지며, 충전시의 화학 반응은 $PbSO_4+2H_2O+PbSO_4$ ➡
$Pb+2H_2SO_4+PbO_2$로 변화되어 전해액 중 황산의 비중도 높아지고
기전력도 증대된다. 납산 축전지의 황산납설(說)은 1883년 그레이드
스톤(Gradestone) 및 드라이브(Drive)에 의해 제창되어 그 후 많은
실험으로 확실한 것이 되었다.

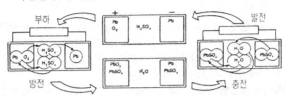

내개(內開) **밸브** 디젤 엔진 연료 분사 노즐 형식의 하나. 내부가 깔때기
모양으로 되어 있는 분사 구멍에 니들이 안쪽으로부터 접하여 밸브를
닫고 있고, 분사시에 니들이 안쪽 방향으로 들어올려져 열리는 타입.
역으로 분사구멍의 밖으로부터 화살촉 모양의 니들이 덮개 역할을 하
고 있어 분사시에 연소실쪽으로 밀려 열리는 타입을 외개(外開)밸브
라고 한다.

내개 밸브   외개 밸브

내경 행정비 [stroke bore ratio] 보어 스트로크 비. 보어는 실린더의 직
경이며, 스트로크는 피스톤이 왕복할 때의 길이를 말하고, 스트로크와
보어 지름의 비(스트로크를 보어 지름으로 나눈 것)를 말한다. 이 수
치가 1의 엔진을 스퀘어(정방형) 엔진, 1보다 큰 엔진을 보어 지름보
다 스트로크가 길다는 데서 언더스퀘어(장행정) 엔진, 반대로 1보다
작은 엔진을 오버스퀘어(단행정) 엔진이라고 부른다. 영어로는 스트
로크 보어 비라고 역으로 말하는 것이 보통이다.
내구성 [durability] 페인트 막의 예상 수명.
내면 오프셋 [internal offset] 트럭의 뒷바퀴에 여러 개의 복륜(復輪)으
로 림의 중심면과 디스크 허브와의 접촉면 사이의 거리 ⇨ 휠 오프셋.
내부 냉각 밸브 [sodium cooled valve] 고성능 엔진에 사용되고 있는 열
전도성을 좋게 한 밸브의 일종. 밸브 스템(축)을 중공(中空)으로 하여

금속 나트륨을 내용적의 40~60% 봉입하고, 융점 95℃에서 액상으로 된 나트륨을 스템 속에서 흔들리게 하여 밸브의 전열성을 좋게 하며 고온이 잘 되지 않도록 한 것.

내부 방전 [內部防電] ⇨ 자기 방전.

내부 확장식 드럼 브레이크 [internal expanding drum brake] ⇨ 리딩 트레일링 브레이크.

내비게이션 램프 [navigation lamp] 랠리(rally)의 야간 주행에서 작은 지도나 도로 지도망을 읽기 위하여 설치된 실내 조명 램프로서, 스스로 구부러지는 플렉시블 튜브의 끝에 라이트를 설치하여, 운전자의 운전에 방해가 되지 않도록 되어 있다.

내비게이션 시스템 [navigation system] 경로 유도 시스템. 비행기나 배의 항로 유도 시스템의 명칭을 그대로 인용한 것으로, 디스플레이에 지도와 함께 현재 위치, 진행 방향, 목적지까지의 거리 등을 표시하는 것. 자동차에 설치되어 있는 센서에 의해 현재 위치를 추정하는 추측 항법과 통신 설비와 조합하여 자동차 외부로부터 정보를 이용하는 전파 항법이 있다.

내식성 [corrosion resistance] 산화 부식에 대한 저항력. 엔진 오일 자체의 산화와 연소 생성물에 기인하는 산화가 발생되어 베어링을 부식시키게 되는데 베어링은 이에 대한 저항력을 가지고 있어야 한다.

내연 기관 [internal combustion engine] 엔진(기관)의 내부에서 연료를 연소시키고, 발생하는 연소 생성물(고온 고압의 가스)을 작동 유체(열을 일로 바꾸는 역할을 하는 유체)로 하여 동력을 얻는 것. 외연 기관과 대조적으로 사용되는 용어로서 가솔린 엔진, 디젤 엔진 등의 피스톤 엔진을 가리키는 것이 보통이지만, 가스 터빈이나 제트 엔진도 포함된다. IC엔진이라고도 한다.

내열강 [耐熱鋼] ⇨ 니켈-크롬강.

내추럴리 애스피레이트 엔진 [naturally aspirated engine] 자연 흡기 엔진. 줄여서 NA라고 함. 피스톤이 하강할 때 부압에 의하여 혼합기나 공기를 흡입하는 엔진을 말함. 컴프레서로 엔진에 흡입되는 공기의 압력을 높이는 슈퍼차저를 갖춘 슈퍼차지드 엔진과 대조적으로 사용되는 용어. 애스피레이트는 흡입하는 것을 의미함.

내폭성 ⇨ 앤티 노크성.

내피로성 [fatigue resistance] 경화, 균열, 변형에 충분히 견딜 수 있는 성질. 엔진 베어링은 맥동적인 반복 하중을 받기 때문에 구부러지고 경화되며 시간이 경과되면 균열이 발생되므로 충분히 견딜 수 있는 성질을 가지고 있어야 한다.

내후성 〔耐候性〕 도료의 성능을 나타내는 말. 태양 광선의 자외선이나 기온의 변화, 비바람 등으로 인하여 페인팅에 현저한 손상이 없을 때를 내후성이 풍부하다고 함.

냉·난방장치 〔air –conditioner·heater system〕 냉·난방 장치는 주위의 각종 변화에 따른 온도 및 습도와 공기의 환경을 적당하게 유지함으로써 승차한 사람에게 쾌적한 느낌을 줄 수 있도록 하기 위한 장치. 높은 온도를 유지시켜 주는 난방(heater) 장치와 낮은 온도를 유지시켜 주는 냉방(air –conditioner) 장치로 구분한다.

냉각 계통 〔cooling system〕 냉각장치 중 특히 엔진 회전장치나 시스템을 말한다.

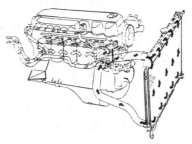

냉각 손실 〔cooling loss〕 연료가 연소하면서 발생한 열에너지 중 연소실과 실린더의 벽면으로부터 손실되는 열량으로서 수냉식 엔진의 경우 거의 대부분이 냉각액으로 방열되어 그 열량은 전체 에너지의 30~35%라고 한다.

냉각 작용 〔cooling action〕 슬라이딩 부분에서 발생된 열을 오일이 흡수하여 오일 팬에서 열을 방출한다. 마찰열을 냉각시키지 않으면 윤활부가 국부적으로 고온이 되어 소결된다.

냉각 팬 〔cooling fan〕 송풍기(送風機). 금속편 또는 합성수지를 성형(成形)한 날개를 회전시켜 라디에이터로 통풍하여 이것을 냉각한다. 워터 펌프와 같은 축(water pump shaft)에 설치한 풀리(pulley)로 구동시키는 것과 엔진과 분리한 위치에 설치하여 전동 모터로 구동시키는 것(전동식 냉각 팬)이 있다. 라디에이터로 냉각수가 순환할 때 공기를 빨아들여 냉각 효과를 증대하며 배기 다기관의 과열도 방지한다. 냉각 팬의 비틀림 각도는 20~30°이며 4~6개의 날개가 설치되어 있다.

냉각 핀 [cooling fin] 공랭식 엔진의 실린더 따위의 장치를 냉각할 목적으로 장착한 지느러미 모양. 실린더나 실린더 헤드에 설치하여 공기의 접촉 면적을 크게 하므로 냉각이 잘 되도록 한다. 냉각 핀은 경합금을 사용하며 고주파 진동을 방지하기 위하여 리브를 만들어야 한다. ⇨ 엔진 핀.

냉각수 [cooling water] 냉각수는 순도가 높은 증류수, 수도물, 빗물 등을 사용한다. 물은 열을 잘 흡수하고 쉽게 얻을 수 있는 장점이 있으나 100°C에서 비등하고 0°C에서 동결하며 스케일 등이 발생하는 단점이 있다.

냉각수 통로 [water jacket] 실린더 블록과 실린더 헤드에 설치된 냉각수 통로. 실린더 벽, 밸브 시트, 밸브 가이드, 연소실 등과 접촉되어 혼합기가 연소될 때 발생된 고온을 흡수하여 정상 운전 온도로 유지되도록 한다. 냉각수가 순환할 수 있도록 복잡한 형태로 되어 있다. 라디에이터에서 냉각된 물이 워터 펌프로 빨려들어가 워터 재킷을 통과하므로써 실린더 보어나 연소실 주위를 냉각하고 있다. 이렇게 하여 뜨거워진 물은 다시 라디에이터에서 냉각되어 순환한다. ⇨ 워터 재킷.

냉각식 기관 [冷却式機關] ⇨ 수냉식 엔진.

냉각액 [coolant] 대략 50%의 부동액과 50%의 물을 혼합한 용액으로 엔진으로부터 열을 흡수 이동시키는 데 사용된다. ⇨ 쿨런트.

냉각장치 [cooling system] 엔진과 같이 구동 계통의 기계장치를 냉각하여 운전에 적절한 온도범위로 유지하는 시스템. 엔진은 냉각장치에 의하여 냉각수를 순환시켜 냉각하는 수냉식 엔진과 외기로 직접 엔진을 냉각시키는 공랭식 엔진으로 분류한다.

냉간 가공 [冷間加工 ; cold working] 재결정 온도 이하에서 작업하는 가공. 가공면이 아름답고 제품의 치수가 정확하며, 어느 정도 기계적 성질을 개선시키고 강도가 증가하는 장점이 있으나 연신율이 감소하는 단점이 있다.

냉간 압연 [cold rolling] ⇨ 압연(壓延).

냉간 압연 강판 [cold rolled steel sheet] 열간 압연 강판을 상온(常溫)에서 다시 얇게 만듦. 강도 부재(强度部材) 이외의 차체 대부분에 사용하는 두께 0.5~1.4mm의 비교적 얇은 강판으로서 약하여 냉연 강판이라고 불리운다. 열간 압연 강판을 롤(rolled)로 냉간 압연하여 규정된 두께로 열처리한 것. 승용차 보디의 대부분은 냉간 압연 강판을 사용하고 있다.

냉간 압접 〔冷間壓接 ; cold welding〕 구리나 알루미늄 등 비교적 연금속을 상온에서 서로 압력을 가하여 접합하는 것. 접합면이 깨끗하여야 하지만 열을 가하지 않으므로 반도체 디바이스의 케이스 봉입에 사용된다.

냉간율 〔cold rate〕 냉간율은 0°F에서 300A의 전류로 방전하여 셀당 전압이 1V 강하하기까지 몇 분 소요되는가를 말한다.

냉동 사이클 〔refrigeration cycle〕 카 쿨러(car cooler)에 이용하고 있는 냉매(冷媒)의 잠열(潛熱)을 이용하여 저온 상태로 만드는 시스템. 냉매 가스가 압축기에서 고온·고압의 상태가 되게 하고 응축기(condenser)에서 냉각 팬에 의하여 냉각되어 액화(液化)하면 이 액상(液狀)의 냉매는 팽창 밸브(expansion valve)에서 팽창함과 동시에 안개 모양으로 되어 증발기(evaporator)를 거쳐 나온다. 이 때 주위로부터 열을 흡수하여 다시 가스 상태로 되어 압축기(compressor)로 되돌아온다. 이러한 반복(사이클)을 하는 중에 증발기에 바람을 보내면 찬바람(冷氣)을 얻게 된다.

냉매 〔refrigerant〕 카 쿨러의 냉동 사이클에서 열수송에 사용되는 물질. 냉매는 냉동 효과를 얻기 위해 사용되는 물질로서 프레온, 암모니아 등과 같이 저온부에서 열을 흡수하여 액체가 기체로 되고 이것을 다시 압축하면 고온부에서 열을 방출하여 다시 액체로 된다. 이와 같이 냉매가 상태 변화를 일으키므로써 열을 흡수 방출하는 1차 냉매와 염화나트륨, 브라인 등과 같이 저온의 액체를 순환시켜 냉각시키고자 하는 물질과 접촉하여 냉각 작용을 하는 2차 냉매가 있다. ⇨ 프레온(freon).

냉형 플러그 〔cold type spark plug〕 콜드 타입 플러그. 받는 열을 발산하기 쉽고, 발화부의 온도가 높아지기 힘든(열가가 높은) 타입의 스파크 플러그를 콜드(冷型) 타입의 플러그라고 한다. 엔진의 특성이나 혼합기의 농도(濃度), 점화시기 등의 운전 조건에 따라 다르지만, 고속 주행이나 등판 주행이 많고 고속 회전으로 사용하는 일이 많은 엔진에서는 연소실의 온도가 높은 상태가 계속되므로 플러그는 열이 빠져나가기 쉬운 콜드 타입을 쓴다. 이 타입의 플러그는 엔진을 많이 회전시키지 않는 저속 주행에서 오래 사용하면, 발화부의 온도가 높아지지 않고 불완전 연소로 생긴 카본이 부착하여 불꽃이 튀기가 힘들게 된다.

너깃 〔nugget〕 스폿 용접의 타흔(打痕). 정확하게 스폿 용접에 의하여 녹아붙은 부분으로 원(圓)모양으로 약간 들어가 있음. 이것이 크면 그

만큼 용접 강도도 강함.

너클 나사 [knuckle thread] ⇨ 둥근 나사.

너클 스토퍼 [knuckle stopper] 스티어링 너클의 좌우 움직임의 한계를 결정하는 것으로서, 나사에 의해 그 위치를 조종할 수 있도록 되어 있다.

너클 암 [knuckle arm] 스티어링 너클과 일체로 만들어져 있는 암으로서 타이로드나 드래그 링크에 의하여 작동하고, 스티어링 너클을 움직이는 부품. 너클은 주먹의 관절부분으로서 기계의 회전 지지점을 말함. 직진 상태에서 좌우 너클 암 축의 연장선은 리어 액슬의 중심선상에서 교차하도록 설치되어 있다. 이것은 자동차가 선회할 때, 전후륜· 타이어가 리어 액슬 중심선의 연장선상 한 점을 중심으로 하는 동심원을 그리도록 하기 위한 것으로, 이러한 레이아웃을 애커먼 장토 방식이라고 한다. ⇨ 조향 너클.

너트 [nut] 가운데 뚫려 있는 구멍 속에 암나사를 새겨 볼트와 짝을 맞춰 사용하는 것으로서, 자동차의 부품으로는 다음과 같은 것이 있다. ① 6각 너트(6각형 모양의 가장 일반적인 것). ② 홈붙이 너트(너트의 한 쪽에 홈이 만들어져 있어, 분할핀이나 철사로 풀림을 방지함). ③ 캡 너트[한 쪽이 구상(球狀)으로 되어 있어 볼트가 보이지 않도록 되어 있으며 유체의 유출을 방지하는 너트]. ④ 나비 너트(날개 모양의 손잡이를 손으로 돌려 조이도록 한 것.)

널 [knurl] 물체의 외부 표면에 형성된 일련의 리지(ridges).

널라이징 머신 [knurlizing machine] 사용하던 피스톤의 가공 또는 피스톤 스커트를 확대할 때 사용하는 특수 전동기계(電動機械)

널링 [knurling] 공구에서 스피드 핸들이나 힌지 핸들 등의 끝부분에 가로, 세로의 엇갈린 홈을 만들어 손에서 미끄러지지 않도록 하는 홈 가공으로 전조 가공이라 할 수 있다.

널링 공구 [knurling tool] ① 공구류, 계기류 등의 손잡이 부분에 미끄럼을 방지하기 위하여 가로 또는 세로에 엇갈리는 홈을 내는 공구. ② 타이어 비드에 홈을 내는 공구.

넘버 플레이트 라이트 [number─plate light] ⇨ 번호등.

네거티브 [negative] ① 부(負), 부정, 부정어. ② 사진의 원판, 음화(陰畵). ③ 전지의 음(─)극 ④ 수학의 음수, 음량. ⇦ 포지티브 (positive).

네거티브 비 [negative ratio] ⇨ 시랜드 비.

네거티브 스크러브 [negative scrub] ⇨ 네거티브 스티어링 오프셋.

네거티브 스티어링 오프셋 〔negative steering offset〕 타이어의 접지 중심이 킹핀 중심선 노면과의 교차점보다 안쪽에 오도록 설정되어 있는 휠 얼라인먼트. 제동하였을 때 브레이크의 쏠림이나 타이어와 노면의 마찰력 차이 등에 따라 좌우 타이어의 제동력이 다를 경우, 자동차의 무게 중심 주위에 브레이크가 잘 듣는 쪽으로 돌려고 하는 모멘트가 작용한다. 그러나 네거티브 킹핀 오프셋의 자동차에서는 타이어로부터 역방향으로 자동차를 향하게 하려고 하는 모멘트가 발생하기 때문에 그 결과 자동차의 자세가 안정되는 효과를 얻을 수 있다. 네거티브 스크러브 또는 역(逆)스크러브라고도 함. ⇨ 킹핀 오프셋.

네거티브 캐스터 〔negative caster〕 부의 캐스터. 앞바퀴를 옆에서 보았을 때 차축에 설치하는 킹핀의 중심선이 수직선에 대하여 앞쪽으로 기울어지게 설치된 상태. 자동차의 주행안정성은 포지티브(정) 캐스터에서만 얻을 수 있다. 부의 캐스터를 두면 조향핸들을 조금만 회전시켜도 급선회되기 쉽고 고속 주행에서는 안정성이 결여되며 브레이크를 빈번하게 사용할 때에는 조향 핸들을 놓치기 쉽다. 선회한 다음 핸들을 풀면 중립위치에서 멈추지 않기 때문에 바퀴가 흔들리게 된다. 대형 자동차는 타이어 폭이 넓기 때문에 접지 면적이 넓어 방향성이 소형 자동차보다 안정하므로 부의 캐스터로 하여 선회할 때 조향력을 적게 하고 안정성을 높인다. ⇨ 정의 캐스터(positive caster).

네거티브 캠버 〔negative camber〕 부의 캠버. 앞바퀴를 앞에서 보았을 때 타이어 중심선이 수선에 대하여 안쪽으로 기울어진 상태. 부의 캠버는 킹핀의 지지 베어링, 볼조인트, 화물의 과적에 의하여 발생된다. 이러한 상태로 자동차를 운행하면 타이어의 사이드 슬립이 발생되고 조향 핸들의 조작이 무거워지며 앞차축에 휨이 발생되므로 포지티브(정) 캠버로 조정하여야 한다. ⇨ 정의 캠버(positive camber).

네오프렌 〔neoprene〕 천연고무에 유해한 화학물질로부터 영향을 받지 않는 합성 고무의 일종. 다이어프램, 패킹, 개스킷에 매우 적합한 재료로 쓰임.

네온 〔neon〕 기호는 Ne, 원자번호는 10, 대기 중에 미소량이 함유되어 있는 무색, 무취, 무미의 원소. 화학적으로 활발하지 않아 화합물을 이루지 않는 가스로 방전관에 넣어 전류를 흐르게 하면 아름다운 등적색의 빛을 발생하므로 네온 전구나 광고용 네온판 등으로 사용된다.

네온 스파크 플러그 테스터 〔neon spark plug tester〕 네온을 이용한 스파크 플러그 테스터. 스파크 플러그를 테스터기에 설치하여 고전압의 전류를 흐르게 하면 적광색의 빛이 발생된다. 빛을 발생하지 않으면 실화(失火), 중간 정도의 빛이 발생되면 양호한 상태, 밝은 빛을 발생하면 스파크 플러그의 중심 전극과 접지 전극 사이의 갭이 과대한 상태이다.

네온 타이밍 라이트 [neon timing light] 네온관의 발광(發光)을 이용한 섬광 라이트로서 1번의 스파크 플러그에서 불꽃이 발생될 때마다 섬광 라이트가 발생되어 타이밍 마크와 크랭크 축 풀리의 마크가 일치하는가 확인하는 테스터의 일종. 타이밍 라이트의 사용목적은 점화시기와 진각상태를 확인하기 위함이다.

네트 파워 [net power, installed power] 자동차에 탑재하여 사용하는 데 필요한 모든 장치를 설치하여, 다이너모미터상에서 운전하였을 때 정미(net)의 축출력을 말함. 엔진에 필요한 부속 장치만을 설치하고, 다이너모미터에서 운전하였을 때 축출력인 그로스 파워와 대조적으로 사용하는 용어. 카탈로그의 축출력은 네트 파워로 표시되는 것이 보통.

노듈러 주철 [nodular cast─iron] 미하나이트 주철의 일종이다.

노멀라이징 [normalizing] ⇨ 불림.

노어 회로 [NOR circuit] ⇨ 부정 논리화 회로.

노이즈 [noise] ⇨ 소음.

노이즈 레벨 [noise level] ⇨ 소음 레벨.

노이즈 시뮬레이터 [noise simulator] 각종 기기가 실제 사용되는 환경에서 소음을 인위적으로 발생하는 소음 발생기로서 소음 테스터를 시행한다.

노이즈 일리미네이터 [noise eliminator] ① 소음 및 잡음 방지기. ② 자동차 발전기에 설치되어 있는 노이즈 컨덴서로서 슬립링과 브러시에서 발생되는 스파크를 흡수하여 전파 방해를 방지한다. ③ 자동차에 사용되는 TVRS 케이블로서 고주파를 방지하여 TV, 라디오, 카폰 등의 전파 방해를 방지한다. ④ 브레이크 드럼에 설치하는 코일 스프링으로서 냉각 작용과 소음을 방지한다. ⑤ 전자제어 연료 분사장치 엔진에 설치되어 있는 노이즈 일리미네이터.

노즈 [nose] 노즈는 코의 뜻. ① 자동차의 선단 부분을 가리키는 말. 동물에 있어서는 노즈(코)가 최선단에 있기 때문에 이같이 부름. 또한 테일은 꼬리란 말로서 자동차의 후단부를 말한다. ② 캠의 뾰족한 부분으로 밸브가 완전히 열리는 점을 말한다.

노즈 다운 [nose─down] 노즈 다운은 자동차를 제동할 때 바퀴는 정지하고 차체는 관성에 의해 이동하려는 성질 때문에 앞 범퍼 부분이 내려가는 현상을 말한다. ⇨ 노즈 다이브, 앤티 다이브.

노즈 다이브 [nose dive] 노즈 다운. 브레이크를 밟았을 때 자동차의 선단이 다이빙하는 것처럼 내려가는 현상. ⇨ 피칭, 노즈 다운.

노즈 박스 [nose box] 포뮬러카(경주용 자동차의 일종)의 차체 선단 부분. F1레이싱카에서는 고강도 카본과 에폭시 레진의 콤퍼지트 재료가 사용되고 있고, 정면 충돌시 충격으로부터 운전자의 발을 보호하기 위하여, 정하여진 기준치 이상의 강도가 요구되고 있다.

노즈 스포일러 [nose spoiler] 자동차의 선단에 설치되는 스포일러. 기류에 의해 노즈를 눌러, 앞바퀴의 하중을 증가시킴과 동시에 보디의 밑으로 들어오는 공기량을 감소시킬 목적으로 부착된다. 프런트 엔진 자동차에서는 엔진 밑의 기압이 저하하므로 라디에이터→엔진→자동차 하부로 흐르는 공기의 양이 증가하여, 엔진의 냉각 효율이 좋아진다. 프런트 스포일러, 에어컷 플랩, 틴 스포일러, 에어 댐, 에어 댐 스커트 등 여러가지 호칭 방법이 있으며, 영어로는 「air dam, apron, underbumper apron」등으로도 불리운다.

노즈 업 [nose-up] 노즈 업은 자동차가 출발할 때 구동 바퀴는 이동하려 하지만 차체는 정지하고 있기 때문에 앞 범퍼 부분이 들리는 현상을 말한다. ⇨ 앤티 스쿼트.

노즐 [nozzle] 원통 모양의 끝에 뚫린 작은 구멍으로부터 기체 또는 유체를 분사시키는 장치로서 연료의 분사 노즐, 카브레터의 연료 분출구. 가스 토치의 팁 등이 이에 속한다.

노즐 면적 계수 [nozzle area coefficient] 노즐로부터 유체 또는 기체가 분사되어 평행하게 흐를 때의 단면적과 노즐 출구 면적과의 비율을 말한다.

노즐 뮤에프 특성 [μ−F characteristics] 디젤 엔진 분사 노즐 특성의 하나로서, 니들(軸針)의 상승량(μ)과 노즐의 개구 면적(F)의 관계를 말하며, 종축에 개구 면적을, 횡축에 니들의 상승량을 나타낸 그래프로 표시된다.

노즐 유량 계수 [discharge coefficient of nozzle] 노즐 고압쪽의 압력, 노즐의 유효길이와 직경, 저압쪽으로 나온 연료 속도 등의 관계를 나타내는 계수. 어떤 비중, 점도, 입경(粒徑), 분산도(分散度), 관통도(貫通度)는 노즐의 유량 계수에 따라 변하기 때문에 분사 펌프, 분사 노즐의 성능이 유량 계수의 적부(適否)로 결정된다.

노즐 테스터 [nozzle tester] 디젤 엔진에 사용하는 분사 노즐의 연료 분사 개시압력, 분사 각도, 후적(後滴)의 유무, 분무 상태를 점검하는 테스터.

노즐 효율 [nozzle efficiency] 노즐의 입구와 출구간의 압력 강하로 인하여 노즐 출구에서의 속도 에너지와 실제로 발생하는 속도 에너지와의 비율을 말한다.

노치 [notch] ① 자동 조정 브레이크장치의 스타 휠 조정기의 돌기부 또는 종감속 기어장치의 백래시 조정 스크루의 측면에 뚫린 구멍. ② 변압기, 축전지, 충전지, 각종 전기 테스터의 탭을 바꾸는 경우의 전환 단계를 말한다. ③ 반도체 패키지에 붙은 절손부이며 핀 번호를 부여할 때 기준이 되는 위치를 표시한 곳.

노치 백 [notch back] 자동차 모양의 하나로서, 리어 윈도와 트렁크 리드의 사이가 휘어 있어, 턱이 진 모양으로 되어 있는 것을 말함. 뒷좌석 승객의 머리 위에 공간이 넓고, 트렁크 룸이 크게 열리는 장점이 있으며, 세단에 많이 사용되고 있다.

노치드 쿠페 [notched coupe] ⇨ 쿠페.

노크 [knock] 엔진의 운전중 화염파가 연소실 벽을 때리는 것을 노크 또는 노킹이라 한다. 엔진의 작동중 연소실 내에서 정상의 연소파가 진행됨에 따라 미연소 가스는 압축되고 온도가 상승되어 연소실 벽이 가열된다. 이 때 미연소 가스가 자기 착화 온도에 도달하면 전체 미연소 가스가 동시에 격렬한 연소를 일으키게 되어 연소실 벽을 작은 해머로 두드리는 것과 같이 화염파가 연소실 벽을 때리게 된다.

노크 다운 [knock down] 일반적으로 때려눕힐 정도의 강한 구타를 의미하는 영어지만, 조립식 물품의 의미도 있다. 자동차 용어로는 완성차로 이뤄진 부품 단위로 분해 포장하여 보내, 현지에서 조립하는 수출 방법을 말한다. 분해의 정도가 작은 세미 노크다운과 분해 정도가 큰 컴플리트 노크다운이 있다.

노크 백 [knock back] 디스크 브레이크 로터의 변형에 의해 캘리퍼 피스톤이 되눌려, 브레이크 페달의 스트로크가 커지는 현상.

노크 센서 [knock sensor] 노킹에 의하여 발생하는 $4\sim7Hz$의 진동을 검출하는 센서. 터보 엔진의 열효율을 높이는 데는 될수록 압축비가 높은 상태에서 점화하는 것이 바람직하지만, 압축비를 높이면 노킹이 발생한다. 따라서 노킹에 의한 진동을 가속도계나 압전 소자에 의하여 그 발생을 검지하여 점화시기를 늦춘다.

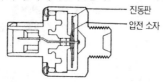
진동판
압전 소자

노크 컨트롤 시스템 [knock control system] 엔진의 점화 시기는 노킹이 발생하기 직전이 최선이므로, 노크 센서에 의하여 노킹을 검출하고, 노킹 발생 직전의 상태가 되도록 점화시기를 자동적으로 컨트롤하는 시스템.

노크 핀 [knock pin] 2개 이상의 부품을 연결하여 함께 구멍을 뚫어(共 穴), 봉(핀)으로 연결한 것. 똑바른 평행 핀, 양끝의 굵기가 다른 테이퍼 핀, C자형의 단면으로 된 스프링의 역할도 하는 스프링 핀 등이 있다. 노크는 때리는 것으로서, 구멍에 때려 넣어 사용되는 핀.

노크 한계 [knock limit] 노크 음이 나기 시작하는 한계. 혼합기는 노킹이 발생하기 직전 상태에서 가장 효율좋게 연소하기 때문에, 엔진의 점화시기를 조금씩 빨리 하고, 노킹 발생 직전의 점화시기를 조사하여 최적 점화시기를 결정한다.

노킹 [knocking] 가솔린 엔진의 이상연소 및 이에 동반하여 발생하는 소리. 가솔린 엔진의 폭발 행정은 우선 플러그의 스파크에 의하여 화염의 핵이 발생하고, 이 핵을 중심으로 화염이 주위로 퍼져나가는 과정을 거침. 이 때 플러그로부터 떨어진 부분의 혼합기가 연소되기 시작한 부분의 열과 압력에 의하여 자연발화하여, 연소실 전체의 가스가 순간적으로 연소하는 현상을 노킹이라고 한다. 심한 경우에는 고온과 고압에 의하여 밸브 손상이나 피스톤 고착의 원인이 될 수 있다. 디젤 엔진의 노킹은 디젤 노킹이라고 하며, 발생의 형태가 다르다. ⇨ 엔진 노크.

노킹 방지장치 [knocking prevention system] 노킹 방지장치는 실린더 블록에 노크(knock) 센서를 설치하여 노크가 발생되면 점화시기를 느리게 조절하여 노크가 발생되지 않도록 한다. 노크는 과급 압력이 높거나 흡기 온도가 높으면 발생되기 쉬우나 점화시기를 늦추면 발생되지 않는다.

노킹 센서 [knocking sensor] 노킹 센서는 실린더 블록에 설치되어 노킹이 발생될 때 진동을 검출하여 컴퓨터에 입력한 다음 점화시기를 조절한다. 압전 소자로서 수정편 양면에 금속판을 대고 수정편에 진동을 주면, 전기적 진동을 일으키는 원리를 이용하여 노킹을 검출하고 점화시기를 조절하여 엔진을 정상적으로 작동시킨다.

녹 [rust] 노출되었거나, 보호 또는 준비가 불충분하여 금속이 산화 부식된 상태.

녹 억제 [rust inhibiting] 금속의 산화, 즉 녹스는 것을 지연시키는 일.

논리적 회로 [AND circuit] 논리적 회로는 2개의 스위치를 직렬로 접속한 회로로서 출력을 얻으려면 입력쪽의 스위치 2개를 동시에 ON시켜야 한다.

논리화 회로 [OR circuit] 논리화 회로는 2개의 스위치를 병렬로 접속한 회로로서 출력을 얻으려면 입력쪽의 스위치 1개를 ON 시켜야 한다.

논서보 브레이크 [non−servo brake] 논서보 브레이크는 브레이크가 작동될 때 해당 슈에만 자기작동작용이 일어나는 형식으로서 전진 방향에서 자기 작동하는 슈를 전진 슈, 후진 방향에서 자기 작동을 하는 슈를 후진 슈라 한다.

논스핀 형식 [non−spin type] 논스핀 형식은 도그 클러치를 이용하여 좌우 구동 바퀴의 회전력 차이를 제한하는 형식. 차동 기어 케이스에는 스파이더와 도그 클러치가 있으며, 사이드 기어의 스플라인으로 액슬과 도그 클러치가 연결되어 있다. 자동차가 직진할 때 스파이더는 양쪽의 클러치를 구동하게 되므로 좌우 바퀴는 동일하게 회전되지만 선회할 때는 안쪽 바퀴가 바깥쪽 바퀴보다 저항이 크기 때문에 안쪽 바퀴의 액슬축과 연결되어 있는 클러치와 스파이더 사이의 간극만큼 회전 방향으로 이동하게 된다. 이 때 바깥쪽 바퀴의 액슬축과 연결되어 있는 클러치는 스파이더와 물림이 해제되어 프리휠링 상태가 되므로 안쪽 바퀴만 구동하게 된다.

논슬립 디퍼렌셜 [non−slip differential] ⇨ 리미티드 슬립 디퍼렌셜.

논아스베스토 [non−asbestos] 원재료에 석면을 사용하지 않는 것. 값이 싸고 내열성이 뛰어나기 때문에 개스킷이나 브레이크 슈 등의 소재로 오랫동안 사용되어 온 석면은 발암성이 있는 것으로 알려져 있다. 따라서 종래 석면이었던 소재나 부품에 석면을 사용하고 있지 않음을 명시하는데 사용하는 말. 아스베스토 프리라고도 함.

논터보 엔진 [non−turbocharged engine] 터보차저가 장착되어 있지 않은 자연흡기 엔진(naturally aspirated engine). 논은 부정을 나타내는 접두어.

누설 전류 [leakage current] 충전 전류 및 흡수 전류 이외의 절연체를 흐르는 비가역적인 전류.

눌러 붙이기 [up−setting] 업세팅. 자유 단조 작업으로서 재료를 축방향으로 압축하여 단면을 넓게 하고 길이를 짧게 하는 작업.

뉴매틱 거버너 [pneumatic governor] 공기식 조속기. 디젤 엔진의 연료 분사량을 조정하는 거버너의 일종으로서, 흡기 매니폴드에 설치된 벤투리의 부압이 엔진 회전속도의 상승에 따라 커지는 것을 이용하여,

다이어프램이 부압을 받아 연료분사량을 컨트롤 함.

뉴매틱 타이어 [pneumatic tire] 공기 타이어. 타이어 속에 공기를 압입하여 그 탄력을 이용한 것으로서 노면으로부터 충격을 완화하고 차체를 지지한다. 튜브를 넣는 것과 튜브를 넣지 않고 사용하는 타이어 (tubeless tire)가 있다.

뉴매틱 트레일 [pneumatic trail] 슬립 각이 주어진 상태로 전동(轉動)하고 있는 타이어에서, 코너링 포스(CF)또는 사이드 포스(SF)의 작용점과 타이어의 접지 중심을 연결하는 직선을 타이어의 진행 방향 또는 타이어의 방향에 평행인 수직면에 투영했을 때의 거리. CF 또는 SF에 이 뉴매틱 트레일을 곱한 것이 셀프 얼라이닝 토크(SAT). 예를 들면, 타이어의 공기압이 낮으면 타이어가 변형되기 쉽고, 뉴매틱 트레일이 길어지므로, 그 결과 SAT가 커지고 핸들 조작이 무겁게 느껴진다.

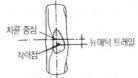

차륜 중심 ┤├ 뉴매틱 트레일
착력점

뉴트럴 [neutral] 중립이라고도 하며, 변속기에서 구동축으로 출력이 끊어진 상태. 시프트 위치를 표시할 경우 N으로 표시됨.

뉴트럴 세이프티 스위치 [neutral safety switch] ⇨ 뉴트럴 스타트 스위치.

뉴트럴 스타트 스위치 [neutral start switch] AT차의 점화 스위치에 연결되어 변속기의 시프트 레버가 N(뉴트럴) 위치에 있을 때만 엔진 시동이 가능하게 되어 있는 것. 엔진의 시동이 걸림과 동시에 자동차가 출발하는 위험을 방지하기 위한 장치의 하나.

뉴트럴 스티어 [neutral steer] 일정한 조향각으로 선회하고, 속도를 높여도 선회 반경이 변하지 않는 것을 말하며, 스티어 특성이 언더 스티어도 오버 스티어도 아닌 것. 약칭 NS라고 함. ⇨ 스티어 특성.

뉴트럴 스티어 포인트 [neutral steer point] 자동차가 전후 방향 중심면에 수직인 횡력을 받았을 경우, 선회 모멘트가 발생하지 않는 중심면 상의 점을 말함. 전륜과 후륜의 코너링 파워를 각각 Kf와 Kr, 자동차의 무게 중심에서 전륜과 후륜까지의 거리를 각각 Lf와 Lr이라고 하였을 때, (Kr·Lr−Kr·Lf)/(Kf+Kr)로 계산된다. 약칭 NSP라고 함. ⇨ 스태틱 마진.

늘리기 [drawing] 드로잉. 자유 단조 작업으로서 재료를 축 방향과 직각 방향으로 압축하여 가늘고 길게 하는 작업.

니 룸 [knee-room] 시트에 앉았을 때 무릎(knee) 주위의 여유 공간을 말함. 니 클리어런스라고도 함.

니 클리어런스 [knee clearance] ⇨ 니 룸.

니들 노즈 [needle nose] 포뮬러카, 특히 F1레이싱 카의 선단 부분(노즈)이 바늘(니들)이라고까지는 할 수 없으나 가느다랗고 뾰족한 모양을 말함. 최근의 추세로는 공력(흐力) 효과를 고려하여 노즈가 매우 가늘어져 가고 있다.

니들 밸브 [needle valve, float needle] ① 뜨개실의 연료 공급구에 설치되어 있는 밸브. 바늘(니들)처럼 뾰족한 모양을 하고 있다 해서 이렇게 부름. ② 분사노즐 보디에 설치되어 연료의 분사를 단속한다. ③ 가변 벤투리식의 카브레터에서는 부압의 변화로 오르내리는 석션 피스톤에 끝이 가는 바늘(테이퍼 니들)을 붙여, 일정 구경의 제트에 대해서 니들 밸브가 오르내려 틈새가 변하여 연료가 유출되는 양을 조절하는 부품이다.

니들 베어링 [needle bearing] 바늘 모양의 롤러 베어링. 롤러 베어링에서 롤러가 바늘(니들)처럼 가느다란 것. 변속기 및 자재이음에 사용되고 있다. ⇨ 롤러 베어링.

니블링 [nibbling] 니블은 낚시에서 물고기의 입질처럼 가볍게 물어뜯는 것을 의미하며, 핸들이 가볍게 옆으로 빼앗기는 현상. 직진 주행중에 전차 레일이나 노면의 돌기 부분 등에 의하여 타이어가 횡방향의 힘을 받아, 핸들 조작을 하지 않아도 자동차의 진행방향이 바뀌는 것을 말함. 노면의 변화에 민감한 서스펜션이나 숄더부가 각이 진(스퀘어 숄더) 타이어에 발생하기 쉬움. ⇨ 그루브 원더.

니켈 [nickel] 은백색으로 전연성이 풍부하고 공기, 물, 알칼리 등에 부식되지 않으며 강한 자성을 가진 금속으로서 원소 기호는 Ni를 사용한다. 합금의 재료나 전기 도금에 이용하나 내열성 및 전기 저항이 크다.

니켈-크롬강 [nickel-chrome steel] 스테인리스강. 내열강. 니켈과 크롬의 합금강으로 내식성, 내산성, 내마모성, 내열성 및 담금질 효과가 크며 크랭크 축, 밸브, 전열기 등에 사용된다.

니켈강 〔nickel steel〕 탄소강에 니켈을 첨가한 강으로 피스톤, 커넥팅 로드, 크랭크 축 등에 사용된다. 강도가 크고 내마멸성 및 내식성이 크며 가열 후 대기중에 방치하여도 담금질 효과가 나타난다.

니크롬 〔nichrome〕 니크롬 선. 니켈과 크롬의 합성어. 니켈 60%, 크롬 12%, 철 26%, 망간 2%의 합금강으로 비저항, 내열성, 내산성이 크다. 가느다란 선으로 만들 수 있는 특성이 있어 전열기의 니크롬선, 저항기, 예열 플러그 등에 사용한다.

니크롬선 〔nichrome wire〕 ⇨ 니크롬.

니트라이딩 〔nitriding〕 ⇨ 질화법.

니트라이딩 스틸 〔nitriding steel〕 질화강. 탄소강에 알루미늄, 크롬, 몰리브덴 등을 함유한 강으로 질화층의 경도를 향상시키고 질화 속도를 빠르게 한다.

니트로젠 〔nitrogen〕 질소. 공기 부피의 4/5를 차지하는 무색, 무취의 기체 원소. 일반적으로 화학 반응을 일으키기 어려우나 높은 온도에서는 알칼리 금속류와 화합하여 질화물을 형성하며 초석(硝石), 질산(窒酸)등 화합물의 성분이 된다. 원자 기호는 N, 원자 번호는 7, 원자량은 14.0067이다. 자동차 배기가스의 높은 온도에서는 산소와 화합하여 NOx를 발생한다.

니플 〔nipple〕 젖꼭지를 뜻하는 단어로서, 기계에서는 윤활용 그리스의 압입구를 말함. 그리스를 압입하는 도구는 그리스 건이라고 함.

닙 〔nip〕 닙은 스프링 끝부분을 구부린 부분으로서 노면의 충격으로 인해 리바운드 될 때 벌어지는 것을 방지한다. 또한 스프링이 변형될 때 닙부분에서 가장 큰 마찰이 생겨 스프링의 진동이 신속하게 감쇄된다.

다가네 〔タがネ〕 ⇨ 치즐(chisel).

다공성 〔porosity〕 용착부 내에 가스의 기공 또는 기재물들이 존재하는 것.

다공질 크롬 도금 라이너 〔porous Cr plating liner〕 실린더의 슬라이딩면에 크롬 도금을 하여 내마멸성을 향상시키고 연소가스에 의한 부식도 방지한다. 이 경우 크롬 자체에 윤활성을 주기 위해서 다공질(多孔質)의 도금을 하는데 다공질 방법에는 기계적으로 하는 너링형, 전기적인 채널형, 피트형, 절연 피막에 적당한 구멍을 뚫고 전식(電食)하여 만드는 물방울 모양의 허니형이 있다. 크롬 도금한 실린더에는 크롬 도금한 피스톤 링을 사용하면 안된다.

다공형 노즐 〔multiple hole nozzle〕 멀티플은 '복식의, 다수의, 많은 부분으로 된다'의 뜻. 다공형 노즐은 연료의 분공이 2~10개가 설치된 노즐로서 분무의 미립화와 분산성을 향상시킨다. 소형 엔진에서는 2~4개의 분공이 사용되고, 중대형 엔진에서는 5~10개의 것이 사용된다.

다구형 〔多球型〕 반구형 연소실을 밸브 하나하나에 맞추어 설치한 것. 그만큼 힘의 향상이 기대되지만 반구형 이상으로 복잡해지며, 가공이 힘들고 고가인 것이 단점이다.

다구형 연소실 〔多球型燃燒室〕 실린더 헤드 내면에 여러 개의 연소실을 모은 복잡한 형으로 되어 있다. 반구형 연소실을 압축 와류(渦流)가 발생하기 쉽도록 개량한 것으로 멀티 밸브 엔진에 적용되지만 가공이 복잡해지고 서페이스 볼륨 레이쇼가 커지는 것이 단점.

다기통 〔多氣筒〕 실린더 수가 많은 엔진을 말한다. 일반적으로 자동차에 서는 8기통이 넘을 경우에 다기통이라 말한다. 자동차에서는 2, 3, 4, 5, 6, 8, 12기통이 실용화되어 있으며, 레이스용에는 10기통의 예도 있다. 멀티 실린더라고도 한다.

다기통 엔진 〔multi-cylinder engine〕 실린더 수가 많은 엔진. 기통은 실린더를 말하며 실린더가 한 개인 엔진은 단기통 엔진, 2개 이상의 엔 진은 다기통 엔진이며, 통상 다기통 엔진이라고 하면 실린더 수 8개 이 상의 엔진을 가리킴. 멀티 실린더 엔진이라고도 함.

다우 메탈 〔dow metal〕 알루미늄 11~18%, 망간 0.1~0.5%, 나머지는 마그네슘의 합금으로 가벼우며 강도가 필요하지 않는 항공기, 자동차, 계산기 등의 부분품 재료에 사용된다.

다운 드래프트 〔down draft〕 드래프트는 통풍을 뜻하며 카브레터에서 벤투리를 길이로 배치하여 공기를 위에서 아래로 흡입되게 하는 것을 말하며, 가장 일반적인 형식으로 널리 사용되고 있다. 공기를 옆으로 흡입되게 하는 것을 사이드 드래프트라고 하며, 매니폴드가 비교적 짧 은 엔진에 채용되고 있다. 공기를 아래에서 위로 흡입되게 하는 업 드 래프트도 있었으나 현재는 사용되지 않는다. ⇨ 카브레터.

다운 플로 라디에이터 〔downflow radiator〕 버티컬 플로식 라디에이터라 고도 불리우며, 라디에이터 상하에 탱크를 배치하고 물을 위에서 아래 로 흐르게 하는 방식.

다월 〔dowel〕 한 물체에 부착되어 있고 다른 물체의 구멍에 삽입되는 금속 핀으로서 바른 정렬을 가능케 한다.

다이 〔die〕 수나사를 가공할 때 사용하는 공구.

다이나모 〔dynamo〕 ⇨ 다이너모.

다이나믹 〔dynamic〕 ⇨ 다이내믹.

다이내믹 〔dynamic〕 '동력의'이라는 뜻.

다이내믹 댐퍼 〔dynamic damper〕 진동 흡수 기구. 어떤 진동수에서 많 이 흔들리는 계통에 겹친 스프링과 좁은 댐퍼의 3개가 되는 계통(다이 내믹 댐퍼)에 설치하여 전체의 진동을 억제시키는 것. ⇨ 매스 댐퍼 (mass damper).

다이내믹 로드 〔dynamic load〕 ⇨ 동하중(動荷重)

다이내믹 밸런싱 〔dynamic balancing〕 동적 평형. 회전하는 축을 포함한 평면 내의 작용 토크가 동일하고 서로 반대 방향에 대해서도 동일한 한쌍의 힘의 원심력은 정적(상하)으로는 평형을 유지하고 있어도 좌 우로는 굽히려는 힘이 발생된다. 좌우로 작용하는 힘을 없애는 평형을 다이내믹 밸런싱이라고 한다.

다이내믹 브레이크 [dynamic brake] 드럼 및 디스크 브레이크 이외의 방법으로 제동력을 얻는 브레이크로서 엔진 브레이크, 배기 브레이크가 이에 속한다.

다이너 플로 [Dyna flow] AT의 일종으로 1940년 GM사가 Buick차에 장착하여 발매한 것. 전진 2속에 백기어를 가진 유성기어(遊星齒車式) 수동 변속기를 조합한 것으로 동시에 발매된 유체 클러치와 전진 4단에 후진 기어를 가미한 유성기어식 수동변속기가 설치되어 있는 하이드로매틱과 같이 오늘날 AT의 원형이라고 한다.

다이너모 [dynamo] 발전기를 말함. ⇨ 제너레이터(generator).

다이너모미터 [dynamometer] ① 동력계로서 프로니 동력계, 비틀림 동력계, 수력 동력계, 전기 동력계, 엔진 다이너모미터, 섀시 다이너모미터 등이 있다. ② 작업 기계의 소비 전력을 측정하는 테스터. ③ 엔진의 발생동력, 회전력 등을 측정하는 테스터. ④ 섀시의 동력 전달 계통에서 소비되는 출력 및 제동력 등을 측정하는 테스터.

다이렉트 감각 [direct feeling] 다이렉트 필링이라고도 하며 자동차를 운전하고 있을 때의 조향 감각으로 스티어링 조작이 자동차 움직임과 직접 연결되어 있는 것같이 느껴지는 것. 반대로 자동차의 움직임이 둔하고, 조향 계통에 고무가 들어있는 것같이 느껴지는 경우를 「인다이렉트」라고도 함. 자동차 테스트 주행시에 잘 쓰이는 말임.

다이렉트 시프트 [direct shift] 플로어 시프트에서 트랜스미션 케이스에 직접 변환레버가 부착되어 있는 형식. 확실한 조작감이 얻어지는 장점이 있으나 레버에 진동이 전달되기 쉬운 경향이 있다.

다이렉트 OHC [direct OHC] OHC(over head camshaft) 엔진으로 밸브 스템에 부착되어 있는 밸브 리프터를 캠이 직접 미는 구조로 되어 있는 것. 직동식(直動式)이라고도 말함.

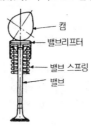

캠
밸브리프터
밸브 스프링
밸브

다이렉트 이그니션 시스템 [direct ignition system] 기통별 독립점화장치. 엔진의 각 실린더마다 이그니션 코일을 설치. 이그나이터의 1차 전류에 의하여 스파크 플러그에 직접 2차 전류를 공급하는 시스템. 점화의 컨트롤이 정확히 이뤄짐과 동시에 고전압 부분이 짧아지게 되므로 전류의 손실이나 전파 장애의 발생을 거의 없앨 수 있다. 점화의 타이밍은 크랭크각 센서에서의 신호 등에 의하여 엔진을 제어하는 컴퓨터가 결정하며 배전기가 필요 없으므로 디스트리뷰터리스 점화장치라고도 불리운다.

다이렉트 필링 [direct feeling] ⇨ 다이렉트 감각.

다이아몬드 드레서 [diamond dresser] ⇨ 드레싱(dressing)

다이애거널 링크식 서스펜션 [diagonal link type suspension] 세미 트레일링 암식과 스윙 액슬식의 중간적인 서스펜션. 피벗 축이 45도로서 대각선과 같은 각도라는데서 이러한 이름을 가짐. 세미 트레일링 암에 비하여 드라이브 샤프트가 고정되기 때문에 제작 단가는 적지만, 하드 코너링 시에 잭업 현상이 생기는 단점도 가지고 있다.

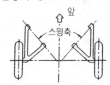

다이애거널 타이어 [diagonal tire] 다이애거널은 사선(斜線)을 뜻하며, 크로스 플라이 타이어를 말함.

다이어그노시스 [diagnosis] 의학 용어로 진단이란 말로, 자동차 상태의 진단 또는 이상 부분의 발견을 하기 위한 장치나 진단 기능, 진단 방법 등의 총칭. 복잡화된 전자 시스템의 고장 개소를 발견하기 위하여 개발된 것으로 그 장치를 자동차에 적재한 온 보드 다이어그노시스, 필요에 따라 장치를 자동차에 들고 들어가 진단을 행하는 아웃보드 다이어그노시스가 있으며 온 보드 타입이 점차 증가하고 있다.

다이어그램 [diagram] 가로 좌표와 세로 좌표를 기준으로 하여 압력과 체적 관계를 나타내는 그림. 밸브 타이밍 선도, 엔진 출력 선도 등이 이에 속한다.

다이어프램 [diaphragm] 금속이나 고무 등의 탄성을 가진 얇은 막으로 구획을 나누어 칸막이 한 것으로 격막(隔膜)이라고 함. 압력 변화에 따른 변위를 링크, 레버, 기어 등의 확대 기구를 거쳐서 전달하며, 이것을 표시하거나 메커니즘의 동력으로 이용한다. 엔진 연료계통에 많이 사용되고 있으며 초크 브레이커, 초크 오프너, 대시포트 등에 그 사용례가 보인다.

다이어프램 스프링 형식 [diaphragm spring type] 다이어프램은 '격벽(隔壁), 분벽(分壁), 격판(隔板)'의 뜻. 다이어프램 스프링 형식은 원판에 슬릿을 방사선상으로 쪼개 놓은 것으로서 릴리스 레버와 클러치 스프링의 역할을 동시에 하는 접시모양의 스프링을 사용한다. 중앙부의 핑거(finger)는 약간 볼록하게 되어 있고 바깥쪽은 피벗링을 사이에 두고 클러치 커버에 설치되어 피벗링을 지점으로 압력판을 누르고 있다. 클러치 페달을 밟으면 릴리스 베어링에 의해 핑거부에 압력이 가해지면 다이어프램 전체가 안쪽으로 구부러져 압력판을 들어올려 동력이 차단된다. 클러치 페달을 놓으면 다이어프램 스프링이 본래의 위치로 되돌아가 동력을 전달한다.

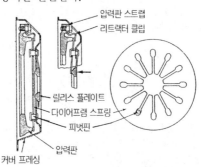

압력판 스트랩
리트랙터 클립
릴리스 플레이트
다이어프램 스프링
피벗핀
압력판
커버 프레싱

다이어프램 형식 공기 스프링 [diaphragm type air spring] 다이어프램은 '가로막, 격벽, 격판'의 뜻. 다이어프램 형식 공기 스프링은 금속으로 만든 용기에 플런저와 상하 운동하는 막으로 구성되어 자동차의 진동에 따라 플런저가 상승하면 다이어프램에 의해 공기가 압축되어 스프링 작용을 한다.

다이어프램식 연료 펌프 [diaphragm type fuel pump] 기계식 연료 펌프. 다이어프램과 이것을 받치는 스프링으로 되어 있으며, 엔진의 캠 샤프트에 설치된 편심 캠에 의하여 다이어프램을 상·하로 움직여 연료를 흡입하는 밸브(인렛 체크 밸브)와 밀어내는 밸브(아웃렛 체크 밸브)가 서로 번갈아 작용하여 연료를 보내는 구조로 되어 있다.

다이얼 [dial] 눈금판의 총칭으로서 계기류의 지침판, 전화기의 회전판 등을 말한다.

다이얼 게이지 [dial gauge] 다이얼 인디케이터. 비교 측정 게이지로서 스핀들에 설치된 래크의 움직임을 지침과 연결되어 있는 피니언을 회전시켜 기어의 백래시, 축의 휨, 엔드 플레이, 원판의 런아웃 등을 측정한다.

다이얼 조정식 쇽업소버 [dial adjustable shock absorber] 어저스터블 또는 가변식 쇽업소버라고도 불리우며 감쇠력 가변식 쇽업소버에 부착되어 있는 다이얼을 돌려서 미리 설정되어 있는 몇 개의 감쇠력 특성 중 하나를 선택할 수 있도록 되어 있는 것. 조정은 피스톤 로드의 상부를 돌려 행하는 로드 어저스터블식과 외통(外筒)에 부착된 다이얼을 돌리는 암스트롱식이 있다.

다이오드 [diode] 애노드(양극)와 캐소드(음극)의 2개의 단자를 가지고 있으며, 애노드에서 캐소드로 한 방향으로만 전류를 흐르게 하는 성질을 가진 소자. 실리콘 결정에 미량의 인듐을 혼합한 P형 반도체(P는 포지티브 : ⊕의 뜻)와 실리콘 결정에 미량의 비소(砒素)를 혼합한 N형 반도체(N는 네거티브 : ⊖의 뜻)를 하나의 결정 중에서 접합한 것을 PN접합 다이오드라고 하며, 이 다이오드가 P→N으로 전류를 흐르게 하지만 N→P로는 흐르지 않게 한다는 정류작용을 가진 성질을 이용한다. ⇨ 반도체(半導體).

다이캐스팅 [die casting] 금형에 고압을 이용하여 용해된 금속을 주입하는 방법으로서 주물의 정밀도가 높고 표면이 아름다워 기계 다듬질이 필요없는데 이용된다. 자동차의 기화기에 사용되며 다이캐스팅이 가능한 것은 아연, 알루미늄, 구리 등의 합금이다.

다인 [dyne] 힘의 CGS 절대 단위. 질량 1g의 물체에 $1cm/sec^2$의 가속도가 발생되는 힘의 강도를 말한다.

다줄 나사 [multiple thread] 볼트나 너트에 두줄 이상의 나사곡선이 만들어진 것을 말한다.

다판 클러치 [multi-plate clutch] 다판 클러치는 몇 개의 구동판과 피동판을 설치하여 자동 변속기의 프런트 클러치와 리어 클러치에 많이 사용되는데 오일에 담겨져 작용하는 습식 클러치이며 클러치 판은 합성수지 등으로 처리되어 있다.

다판 클러치식 [multi-plate clutch type] 기동전동기의 오버런닝 클러치의 하나로서 다판 클러치식은 피니언 기어에 고정된 피동 클러치 판과 전기자 축에 연결된 어드밴스 슬리브(advance sleeve)에 고정된 구동 클러치 판을 이용하여 플라이 휠의 회전력이 전동기에 전달되지 않도록 하는 형식이다. 전동기에서 플라이 휠에 회전력이 전달되는 상태에서는 클러치 판이 미끄러지지 않기 때문에 동력이 전달되지만 엔진이 시동되면 엔진의 회전력에 의해 2개의 클러치는 미끄러지게 되어 엔진의 회전력이 차단된다.

다판 클러치식 LSD [multi-plate clutch type LSD] 캠식 다판 LSD, 파워 로크식 LSD 등이라고도 불리우며, 토크 비례식 LSD의 일종. 통상의 차동장치에서 사이드 기어는 좌우 차축에 직접 연결되어 있으나 이 LSD에서는 사이드 기어와 디퍼렌셜 케이스 사이에 다판 마찰 클러치가 설치되어 있다. 좌우 휠의 구동력이 달라지면 구동력이 큰 쪽의 사이드 기어를 미는 힘이 생기도록 피니언 기어의 샤프트 모양이 고안되어 있으며, 한쪽의 휠이 공전하면 피니언 샤프트의 작용으로 다른 쪽(타이어가 그립되고 있는 쪽)의 사이드 기어가 밀려서 클러치가 연결되어 구동 토크를 많이 전달하는 구조로 되어 있다.

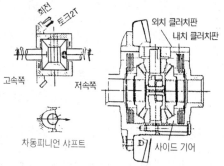

다판식 LSD [multi-plate type LSD] 리미티드 슬립 디퍼렌셜의 일종. 유압으로 피스톤을 밀어서 다판 클러치의 마찰 토크를 컨트롤하여, 차동 제한력을 발생시킨 다음 LSD로써 작동시키는 형식. 유압원(源)으로 오토매틱 트랜스미션의 유압을 이용하는 것으로 오로지 AT차에 사용되고 있다. 같은 모양으로 다판 클러치가 사용되지만 코일 스프링이나 코니컬 스프링의 스프링 하중에 따라 이것을 밀어서 그 마찰 토크를 차동 제한력으로 이용하는 형식의 것은 예압식(予壓式) LSD, 차동 기어에 의하여 차동 제한력을 얻는 것은 토크 비례식 LSD라고 부른다. ⇨ 리미티드 슬립 디퍼렌셜(limited slip differential).

단공형 노즐 [single hole nozzle] 단공형 노즐은 연료의 분공이 1개인 노즐로서 관통력이 좋지만 분사된 연료가 연소실 내에서 분포 상태가 나쁘다. 연료의 분사 각도는 4~5°이다.

단기통 〔單氣筒〕 실린더가 1개뿐인 엔진이다. 실린더란 피스톤이 상하 운동하는 둥근통으로서 단기통이라고 한다. 50~250cc의 모터 사이클 엔진에 많이 쓰이고 있지만, 배기량이 큰 자동차용으로 1실린더의 것은 거의 없다.

단기통 엔진 〔single cylinder engine〕 실린더가 1개인 엔진 ⇔ 다기통 엔진.

단독 요동식 와이퍼 윈드 실드 와이퍼로서 와이퍼가 1개 있는 것.

단동 2리딩 슈 브레이크 〔single acting two leading shoe brake〕 단동 2 리딩 슈 브레이크는 단동 휠 실린더를 배킹 플레이트 상하에 나누어 설치되어 전진에서 브레이크를 작동할 때 강력한 제동력이 발생되도록 한 형식으로 후진에서 브레이크를 작동할 때는 제동력이 1/3로 감소되는 단점이 있다.

단동식 쇽업소버 ⇨ 모노 튜브식 쇽업소버.

단락 〔short circuit〕 전기 회로 중 전원의 ⊕, ⊖ 극이 부하없이 직접 연결된 상태. 단락에는 전선과 전선이 절연체 없이 직접 연결되는 충간 단락과 전선이 직접 차체나 케이스에 연결된 접지 단락이 있다. 단락이 되면 부하에 과대 전류가 흘러 소손되므로 회로 중에는 퓨즈를 설치하여 과대 전류의 흐름을 방지하게 된다.

단류 소기식 〔uniflow scavenging type〕 유니플로는 단일의 흐름의 뜻. 단류 소기식은 디젤 2행정 사이클 엔진 소기 방식의 하나로서 실린더 내에서 가스의 흐름이 한쪽 방향으로 실린더 헤드에 배기 밸브를 설치하고, 실린더 아래쪽에 소기공을 설치하여 송풍기로부터 보내진 새로운 공기는 실린더 위에 흘러 소기되는 형식. 가스의 흐름이 규칙적이고 소기가 잘 이루어지며, 충전효율이 높다.

단말기 〔terminal unit〕 컴퓨터의 본체와 떨어진 위치에 있는 입·출력 장치. 컴퓨터와 통신회선으로 연결하여 정보를 주고 받는다. 자동차의 컴퓨터와 센서가 이에 속한다.

단면도 〔sectional view〕 부품의 어떤 면으로 절단하여 내부를 나타내기 위해 형상을 도시한 것. 단면의 종류는 물체를 중앙에서 2개로 절단하여 도면 전체를 단면으로 나타낸 전단면(全斷面), 물체의 1/4을 잘라 내고 도면의 반쪽을 단면으로 나타낸 반단면(半斷面), 절단면 투상면 에 평행 또는 수직의 여러면으로 되어 있어 명시할 곳을 계단 모양으 로 절단하여 나타내는 계단 단면(階段斷面), 단면의 필요한 곳 일부만 절단하여 나타내는 부분 단면(部分斷面), 절단한 부분의 단면과 90° 우측으로 회전한 위치에서 여러 면을 표시하여 나타내는 회전 단면(回 轉斷面)이 있다.

단별 전류 충전 [stepped-current charging] 단별 전류 충전(段別電流 充塡)은 충전 초기에 큰 전류로 충전하고 시간의 경과와 함께 전류를 2~3단계로 감소시켜 충전하는 방법으로서 충전 효율을 높이고 전해 액 온도 상승을 완만하게 하며, 충전 말기에 전류를 감소시켜 가스 발 생시의 전력 손실을 방지하고 가스에 의한 위험도 적게 한다.

단상 교류 [single phase alternate current] 단상 교류는 1조의 코일에서 기전력이 발생되는 것으로 저속 회전에서는 기전력을 얻기가 어려우 며, 이 형식의 발전기를 단상 발전기라 한다.

단속기 암 [contact breaker arm] 콘택트 브레이커 암. 단속기 암은 단 속기 암 스프링, 접점, 러빙 블록으로서 구성된 가동 부분으로서 배전 기 하우징 내의 단속기 판에 설치되어 배전기 캠에 의하여 작동되며, 캠 로브(cam lobe)가 러빙 블록(rubbing block)과 접촉될 때 접점 이 열리게 된다. ⇨ 콘택트 브레이커.

단속기 암 스프링 [contact breaker arm spring] 단속기 암 스프링은 접 점의 접촉 상태를 유지하는 역할을 하는 것으로서 접점 압력은 스프링 장력에 의해 생기며, 스프링 장력이 약하면 고속 회전에서 접점의 접 촉이 나빠져 실화의 원인이 되고 장력이 너무 세면 배전기 캠이나 러 빙 블록의 마멸이 촉진된다. 따라서 스프링 장력은 400~500g을 유지 하여야 한다.

단속기 접점 [contact breaker points] 포인트. 단속기 접점은 엔진의 회 전에 따라 점화 시기에 맞추어 점화 코일에 흐르는 1차 전류를 접속시 키거나 차단하는 스위치 역할을 하는 것으로서 단속기 암 접점과 접지 접점으로 되어 있다. 단속기 암 접점은 배전기 캠 로브에 의하여 러빙 블록과 접촉될 때 열리어 1차 전류를 차단하고 캠 로브가 러빙 블록과 멀어지면 단속기암 스프링의 장력에 의해서 접점이 닫혀 1차 전류가 흐르도록 하며, 재질은 텅스텐강이나 백금으로 되어 있다.

단속기 판 [contact breaker plate] 단속기 판은 단속기 암과 접점 지지 대를 설치하는 판으로서 진공 진각장치의 링크가 연결되어 엔진의 운전중 부하에 따라 움직여 점화시기도 조정된다.

단순보 [simple beam]　보의 양끝을 모두 지지하고 있는 보로서 양단 지지 보라고도 한다.

단실식 [single chamber type]　단일의 연소실에 연료를 직접 분사하여 연소시키는 형식으로 직접 분사실식이 이 형식에 속한다.

단열재 [斷熱材]　열의 전도를 적게 하는 재료로서 자동차의 경우 흡음재(吸音材)나 차음재(遮音材)의 작용을 겸하고 있는 수가 많다. 글라스울, 아스베스토, 발포 플라스틱 등이 대표적인 것.

단일 직경형 휠 실린더 [single bore type wheel cylinder]　단일 직경 휠 실린더는 한쪽에만 구멍이 뚫려 있는 형식으로서 한쪽 방향으로만 유압이 작동되어 제동력이 발생되도록 한다. 이 형식은 전진에서 브레이크를 작동할 때 강력한 제동력이 발생되나 후진에서는 제동력이 감소된다. 단동 2리딩 슈 형식과 유니서보 브레이크 형식에서 사용된다.

단자 기둥 [terminal post]　단자 기둥은 축전지 커버에 노출되어 있는 기둥으로서 외부의 회로와 확실하게 접속되도록 부착되어 있으며, 양극 단자 기둥과 음극 단자 기둥이 있다. 또한 양극 단자 기둥은 음극 단자 기둥보다 크게 되어 축전지 케이블이 잘못 접속되는 것을 방지한다.

단조 [鍛造 ; forging]　해머를 인력이나 기계력을 이용하여 가열된 재료를 앤빌 위에 올려놓고 타격함과 동시에 소정의 제품으로 성형하는 가공으로서 금형을 사용하지 않는 자유단조와 금형을 사용하는 형 단조가 있다. 단조는 거칠은 결정입자를 치밀하고 미세하게 함과 동시에 재료 내부의 불순물을 제거시킨다.

단짓기 [setting down]　자유 단조 작업으로서 경계선을 중심으로 한쪽만 압력을 가하여 가늘게 하는 작업.

단차 [段車]　단차는 하나의 벨트 풀리에 지름이 서로 다른 여러 개를 만들어 주동차의 지름이 큰쪽과 종동차의 지름이 작은 쪽이 되도록 마주보게 설치하므로서 속도비를 변화시켜 동력을 전달할 수 있는 것을 말한다.

단판식 클러치 [single plate clutch] 단판 클러치는 압력판과 클러치 판이 각각 1개씩 설치되어 동력을 전달하는 방식으로서 구조가 간단하고 작용도 확실하여 건식 클러치로서 많이 사용하며 클러치판, 압력판, 클러치 스프링, 릴리스 레버 등과 엔진 플라이휠, 클러치 축으로 구성되어 있다.

단행정 엔진 [short stroke engine] 보어 스트로크 비가 1보다 작은 엔진. 같은 배기량의 단행정 엔진과 비교하면, 피스톤의 평균 속도를 크게 하지 않고 회전수가 올려지며 배기량 당의 출력이 커진다는 장점이 있다. 보어가 스트로크보다 크기 때문에 오버스퀘어 엔진이라고도 함. ⇔ 장행정 엔진(long stroke engine).

담금질 [quenching] A₃ 또는 A₁ 변태점보다 30~50℃ 높게 가열하여 물속에서 급랭시켜 강의 경도 또는 강도를 증가시키기 위한 열처리. 오스테나이트 조직에서 급랭시키면 강의 변태가 정지되어 마텐자이트 조직을 얻게 된다. 담금질 용액으로는 기름, 물, 염류의 수용액을 사용한다.

답력 [踏力] 페달을 밟는데 필요한 힘. 영어로 페달을 밟는 것을 「pedal effort」라고 한다.

대기식 응축기 [atmospheric condenser] 냉각관의 외면을 따라서 수막(水幕)처럼 냉각수를 흐르게 하여 냉매를 냉각시키는 응축기로서 증발식 응축기보다 냉각효과가 작다.

대기압 센서 [barometric pressure sensor] ⇨ 고도 보상 센서, BPS.

대단부 [big-end, crankpin end] 커넥팅 로드에서 크랭크 샤프트에 연결되는 큰쪽 부분을 말함. ⇨ 빅 엔드(big end).

대량 생산 [mass production] 호환성 있는 부품과 유사한 제품들을 대량으로 제조하는 일.

대류 [對流 ; convection] ① 유체속에 온도차에 의해 밀도가 높은 곳에서 낮은 곳으로 흐르는 것. ② 물이나 공기에서 압력이 높은 곳에서 낮은 곳으로 흐르는 것. 자동차에서 대류를 이용하는 것으로는 냉각장치의 자연 순환 방식, 냉·난방장치에 이용된다.

대시 보드 [dash board] 프런트 보디와 차실을 나누는 격벽(隔壁)을 말함. 마차 앞부분의 흙받이에서 온 용어이며 영국에서는 대시 패널(dash panel) 또는 벌크 헤드(bulk-head)라고도 불리우며, 미국에서는 파이어 월(fire wall)이라고 불리우는 일도 있음. 직역하면 돌진하다(dash), 판(board), 또한 인스트러먼트 패널(계기판)을 가리키기도 함.

대시 패널 [dash panel] 보디의 프런트 수직 평면을 이루는 보디 프런트 엔드 어셈블리 내의 한 패널. ⇨ 대시 보드.

대시 포트 [dash pot] 어떤 메커니즘의 급격한 움직임을 완화시키는 장치의 하나. 기름이나 공기 등의 유체를 넣은 실린더와 작은 구멍을 가진 피스톤으로 되어 있으며, 피스톤을 움직였을 때 구멍을 통과하는 유체의 점성 저항을 이용하여 장치의 운동을 완만하게 하는 것. 스로틀 리턴 대시 포트에 사용되는 예가 있음.

대전 [electrification] 전하(電荷). 대전(帶電)은 물체가 전기의 성질을 나타내는 것으로서 대전체에 들어있는 전기량을 말한다.

대전체 [帶電體] 대전체는 전기를 가지고 있는 물체이다. 물체를 마찰시킬 때 발생되는 마찰열에 의해 전자가 이동하여 전기가 발생된다.

대체 연료 [代替燃料] 석유계를 대신하는 자동차용 연료의 총칭. 석탄 액화유나 오일셸유 등의 화석 연료와 식물의 발효 등에 의하여 얻어지는 알코올 연료가 있으며 가솔린에 알코올을 혼합한 연료를 알코올 혼합 가솔린이라고 함.

대칭 링크식 스티어링 링크장치 [symmetry link steering link system] 스티어링 링키지의 하나로 좌우 너클 암에 따로따로 연결된 타이로드를 릴레이 로드와 연결하고 한쪽 타이로드 또는 릴레이 로드를 움직여서 조향하는 방식. 링크의 배치가 좌우 대칭으로 되어 있으므로 이러한 이름이 붙혀졌음.

대향 피스톤형 디스크 브레이크 [opposite piston disk brake] ⇨ 오퍼짓 실린더형 디스크 브레이크.

대향성 와이퍼 [opposite wiper] 윈드실드 와이퍼를 닦는 방법으로 분류한 것으로서 2개의 와이퍼가 마주보며 역방향으로 움직이는 형식. 대형 버스 등에 널리 쓰인다.

대향식 와이퍼 [opposite type wiper] ⇨ 평행 연동식 와이퍼.

대향형 캘리퍼 [opposite caliper] 디스크 브레이크의 캘리퍼로서 디스크를 사이에 끼우고 마주보는 실린더에 유압을 보내 양쪽에서 패드로 디스크를 압착시키는 구조로 되어 있는 것. ⇨ 오퍼짓 실린더형 디스크 브레이크(opposite cylinder disk brake).

댐퍼 [damper] ① 넓은 의미로 기계적, 전기적인 진동을 감쇠시키는 작용의 총칭. 충격을 완화시키는 작용을 한다. 서스펜션의 진동을 감쇠시키는 쇽업소버, 스티어링 계통의 진동을 감소시키기 위하여 사용되는 스티어링 댐퍼, 크랭크 샤프트의 비틀림 진동을 억제하는 댐퍼 풀리 등 많은 댐퍼가 사용되고 있다. 작은 의미로는 오일을 충만시킨 실린더 내에 피스톤을 넣고, 오일이 피스톤에 설치된 구멍(포트 또는 오리피스)을 통과할 때 저항력을 이용하여 진동이나 충격을 감쇠시키는 작용을 하는 것. ② 댐퍼는 진동을 멈추게 하는 장치란 뜻으로, 체인이 스프로킷에 물리고 이탈할 때 진동이 발생되므로 이 진동을 흡수하여 원활하게 작용하도록 한다. ⇨ 쇽업소버.

댐퍼 스프링 [damper spring] ⇨ 비틀림 코일 스프링.

댐퍼 풀리 [damper pulley] 크랭크 샤프트 앞쪽에 설치되어 있는 풀리로서 토셔널 댐퍼와 일체로 만들어져 있는 것. 워터 펌프나 에어컨의 컴프레서 등을 구동하는 V벨트가 걸리는 풀리가 댐퍼의 플라이 휠에 이용되는 것과 그렇지 못한 것이 있다.

댐핑 체임버 [damping chamber] 댐핑 체임버는 엔진이 작동하여 메저링 플레이트가 열릴 때 진동을 흡수하는 역할을 한다. 메저링 플레이트가 열릴 때 컴펜세이션 플레이트 뒤쪽에 공기의 압축에 따라 평형을 이루면서 열리기 때문에 보다 정확하고 안정된 흡입 공기량을 측정할 수 있다.

더미 [dummy] 가짜 인형이라는 뜻이 있으며 자동차의 충돌 실험에 사용되는 인형을 가리킴. 크기, 모양, 무게, 관절의 움직임 등을 인간과 비슷하게 만들어서 자동차가 충돌했을 때 승객에게 가해지는 가속도나 하중, 변형 등의 데이터를 뽑고 그 움직임을 조사하는데 이용된다.

더블 서킷형 캘리퍼 [double circuit type caliper] 2계통의 브레이크 시스템을 갖춘 듀얼 서킷·브레이크에서 사용되는 캘리퍼. 디스크 브레이크 실린더가 2계통의 유압으로 작용하도록 되어 있다. ⇨ 듀얼 서킷 브레이크(dual circuit brake).

더블 시트 [double seat] 2인승의 오토바이에서 앞좌석과 뒷좌석이 일체로 되어 있는 시트를 말함.

더블 오버헤드 캠 샤프트 [double overhead camshaft] 왕복형 엔진에서 2개의 캠 샤프트가 실린더 헤드 내에 배치되어 있는 것. 짝을 이룬(twin) 2개의 캠 샤프트가 있으므로 트윈 캠이라고도 불리움. 한쪽의 캠 샤프트가 흡기 밸브를, 다른 쪽의 캠 샤프트가 배기 밸브를 개폐하도록 되어 있는 것. DOHC라고도 함.

더블 오버헤드 캠 샤프트   더블 위시본식 서스펜션

더블 위시본식 서스펜션 [double wishbone type suspension] 상하 한쌍(double)의 암으로 바퀴를 현가(懸架)하는 형식의 서스펜션으로 처음에는 암이 V형을 하고 있으며 새의 가슴(叉骨 ; wishbone) 모양을 닮았다고 하여 이 이름이 붙혀졌다. 현재는 모양에 관계없이 상하 2개의 컨트롤 암을 가진 서스펜션을 이와같이 부르며, 종래의 형식을 컨벤셔널 위시본식, 여기에 링크를 추가한 타입을 멀티 링크식으로 구별하고 있음. 암의 형상이나 배치에 따라 얼라인먼트 변화나 가감속시 자동차의 자세를 비교적 자유로이 컨트롤 할 수 있으며, 강성(剛性)도 높기 때문에 조종성·안정성을 중시하는 승용차에 널리 사용되고 있음. 구조가 복잡하고 넓은 부착 공간이 필요한 것이 단점.

더블 코트 [double coat] 싱글 코트를 2회 반복하는 것. 특별히 지정하지 않는 한, 「1회의 도장(塗裝)」이란 더블 코트를 가리키는 경우가 많다.

더블 콘 싱크로 [double cone synchro] 싱크로메시의 일종으로서 기어의 회전을 동기시키기 위한 보크 링과 싱크로 콘의 접촉면은 통상적으로

하나이지만 보크 링을 2개로 나누어 그 사이에 콘을 끼우고 양면에서
마찰력을 발생시켜 싱크로 효과를 높인 것.

아우터 싱크로나이저 링 / 기어피스 / 미들 싱크로나이저 / 기어

더블 클러치 〔double-clutch〕 동력전달 계통에서 토크 변동에 의한 충
격을 주지 않고 미끄러운 시프트 다운을 행하는 테크닉. 이 순서는 먼
저 클러치를 밟고 기어를 중립위치에 놓고 일단, 클러치를 연결하고
액셀 페달을 밟는다. 그 다음 엔진의 회전수(입력쪽의 기어 회전)를
올리고 낮은 기어(출력쪽의 기어)로 변속하여 다시 클러치를 연결하
는 방법. 클러치를 2번(더블)밟는데서 이와 같이 말함.

더블 트레일링 링크 〔double trailing link〕 진행 방향과 평행으로 배치된
상하 2개의 링크가 각 바퀴를 유지하는 시스템으로서, 피벗 부분이 앞
바퀴보다 전방에 있다. 트레일링 암은 1개 링크이며, 암과 바퀴가 고정
되어 있으나, 트레일링 링크의 경우에는 링크의 양단이 핀으로 결합되
어 있어, 후륜용 위시본이나 멀티 링크에 병용된다. 그 부착 각도에 따
라서 앤티스쿼트의 지오메트리를 얻을 수도 있다.

더블 트레일링 암식 〔double trailing arm type suspension〕 스윙 암식 서
스펜션의 일종으로, 앞바퀴에 사용되기 때문에 트레일링 암을 상하 2
단(더블)으로 설치되어 있으므로 서스펜션이 상하로 작동하여도 캐스
터각이 변하지 않도록 한 것. 횡강성(橫剛性)이 약한 것이 단점.

더블 트레일링 암식 서스펜션 〔double trailing arm type suspension〕 A
자 또는 그것에 가까운 모양의 스윙 암을 프런트 서스펜션에 채용한
스윙 암식 서스펜션의 일종으로서, 앞바퀴에 사용하기 위하여 트레일
링 암을 상하 2단(더블)으로 배치하고, 서스펜션이 상하로 작동하여
도 트레일 각이 변화되지 않도록 한 것. 횡강성이 약한 것이 결점.

더블 픽업 〔double pick-up〕 적재함에 덮개가 없고 사이드 패널이 운전
대와 일체로 만들어진 소형의 트럭(픽업)으로 운전실 내의 시트가 2
열(더블)로 되어 있는 것을 말함.

더블 헬리컬 기어 〔double helical gear〕 ⇨ 헤링 본 기어.

WSIR [webbing sensitive inertia reel]　웨빙 감응식(시트 벨트) 두루마리 장치. 의자에 장착되어 있는 시트 벨트의 장치로서 충돌시에 잡아당기는 속도가 어떤 값을 넘으면 이것을 감지하고 빠른 속도로 풀어내는 것을 잠그도록 되어있다. ⇨ ELR.

WTS [water temperature sensor] CTS.(coolant temperature sensor). 수온 센서는 냉각수 온도를 검출하여 연료 분사량을 조절하고 공전속도를 온도에 따라 적정하게 유지시킨다. 흡기 다기관의 냉각수 통로에 설치되어 냉각수 온도를 검출하는 가변저항기로 엔진의 냉각수 온도를 아날로그 전압으로 변환시켜 컴퓨터에 입력한다.

더스팅 [dusting]　도료의 건조가 너무 빨라서, 도장면에 안개 모양처럼 부착되거나 먼지처럼 되어 부착되는 상태. 고온시에 건조가 빠른 시너를 많이 혼합할 경우에 발생된다. 드라이 스프레이가 지나친 상태.

덕 테일 [duck tail]　오리의 꼬리처럼 뒤가 올라간 모양을 한 자동차를 말한다. 자동차를 옆에서 보면 지붕에서 경사져 내려 오는 뒤의 선이 최후부에서 위로 올라간 형상의 자동차. 이것은 공력적 추구(功力的追求)의 결과로 생긴 스타일로 비교적 오래전부터 사용되어 왔으나 실제로는 그다지 유효하지 않다고 하여 현재는 별로 사용하지 않게 되었다.

덕트 [duct]　한 곳에서 다른 곳으로 공기 또는 액체를 보내는 데 사용되는 튜브 또는 채널.

데드 센터 [dead center]　사점(死点). ① 공작 기계에서 공작중에 회전을 하지 않고 정지 상태에 있는 센터로서 원통 연삭기의 센터 또는 선반 심압대의 센터 등. ② 엔진의 피스톤에서 행정을 바꿀 때 크랭크 축 및 커넥팅 로드는 움직여도 피스톤은 정지된 상태.

데드 액슬 [dead axle, non-powered axle]　구동축으로 사용하지 않는 차축을 말한다.

데드 타임 [浪費時間 ; dead time]　① 자동 제어계통에서 입력 신호가 변화하고부터 출력 신호가 나타나기까지의 시간. ② 정비작업에서 실제로 정비, 검사, 운반에 소요되는 시간 이외에 정체하는 시간. 대기 시간에는 정비 대기, 운반 대기, 부품 대기, 전표 대기 등이 있다.

데스모드로믹 밸브 [desmodromic valve]　흡·배기 밸브는 캠에 의하여 열리고 스프링에 의하여 닫혀지는 것이 보통이지만, 밸브의 개폐를 동시에 캠을 사용하여 강제적으로 이루어지도록 하는 시스템. 밸브의 추종성(追從性)을 좋게 하고, 엔진의 고속회전화를 도모하는 수법으로서 주목됨.

데시벨 [decibel] 약해서 dB라고 표기하며 소리(音)의 세기에 따라 나타내는 단위이다. 소리의 강도는 진폭의 2승에 비례하지만, 진폭은 공기의 밀도와 압력의 변화로서 나타낸다. 따라서 어떤 시각에서 압력의 변화를 P로 하고, P^2을 음의 1주기(周期)에 대해 평균하여 이것을 평방으로 전개한 것의 $\sqrt{P^2}$을 음압(音壓)이라고 부른다. 그러므로 이것에 따라 음의 강도를 나타낼 수 있다. 실제로는 음압을 그대로 사용하지 않고 사람이 귀로 들을 수 있는 최소의 음압을 0.0002다인/cm^2로 정한 것을 P_0로 하고, 이 음압을 기준으로 하여 상대적인 음압으로 음의 강도를 나타내는 것이 보통이며, 이 단위는 데시벨이 사용된다. 즉, 음압 P음의 강도는 20 $\log_{10}(P/P_0)$로 계산된 값에 dB을 붙여서 나타낸다. 데시는 1/10, 벨은 미국의 전파 발명자의 이름.

데시컨트 [desiccant] 건조제. 에어컨에서 건조제는 냉매로부터 수분을 제거하기 위한 리시버 드라이어(receiver drier)내에 위치한다.

데이타임 런닝 램프 [daytime running light] 주간(晝間)에 자동차가 앞에서 오는 것을 알 수 있도록, 전면 좌우에 라이트를 점등하는 것. 1982년에는 스웨덴과 필란드에서, 1985년부터는 캐나다에서도 장착이 의무화되어 있다.

데이터 로거 [data logger] 데이터 축적 시스템을 말함. 자동차의 실차시험이나 레이싱카 등에서 사용하고 있으며, 주행중에 각종 센서에 의하여 얻어진 데이터를 컴퓨터의 메모리 집적 회로에 일단 기억시켜 이것을 정지시에 끌어내거나 텔레미터 시스템과 조합하여 주행중에 읽어낼 수 있는 것이다. 기록할 수 있는 항목은 비교적 많으나 메모리 용량은 적은 것이 보통이다. 로거는 자동기록장치를 말한다.

데이터 시트 [data sheet] 유니버설 지그를 고정하기 위하여 차종마다 설정되어 있는 지그의 조립법 가이드. 이것이 없으면 지그는 사용할 수 없음.

데이터 축적 시스템 ⇨ 데이터 로거.

데토네이션 [detonation] 이중 점화. 이중 점화가 발생되는 것은 3단계 연소 과정에서 일어나며 혼합가스가 연소되지 않는 부분이 극도로 가열되어 자연 점화되기 때문에 화염이 초고속의 일정한 속도로 전파되는 현상. 가솔린 엔진의 노킹이나, 디젤 엔진의 디젤 노크(knock)에 수반하여 발생하는 일이 있다. 영어에서는 폭발을 의미하며 폭음으로 번역된다.

덱 리드 [deck lid] ⇨ 트렁크 리드.

덴트 [dentability] 패인 곳. 자동차 보디에 가벼운 접촉이나 튕겨진 돌로 인하여 생긴 흠집을 말한다. 쉽게 흠집이 생기지 않는 힘을 내(耐)덴트성이라고 한다.

Δ결선 [delta connection] ⇨ 삼각 결선.

도가니로(爐) 제강 [crucible steel process] 구리를 도가니에 넣은 다음 간접적인 열로서 용해시켜 양질의 강을 만들 수 있다. 용량은 1회에 장입할 수 있는 구리의 무게 톤(ton)으로 표시한다.

도그 클러치 [dog clutch] 치합 클러치. 상시 치합식 클러치로서, 기어와 병행하여 축 방향으로 슬리브에 톱니를 가진 클러치를 장착하고, 이 클러치의 단속에 따라 기어의 변속을 행함. 클러치 모양은 개(犬)의 예리하고 튼튼한 이빨을 연상시킨다고 하여 도그 클러치라고 불리우게 되었음(상시치합식 변속기에 사용함).

도그 트랙 [dog track] 도그는 '개, 뒤따르다, 쇠갈고리에 걸다', 트랙은 '지나간 자취, 바퀴 자국'의 뜻. 도그 트랙은 차축의 지지력이 불량하여 차체가 한쪽으로 쏠려 직진 주행이 어렵게 되므로 운전자는 직진 주행을 위해서 조향 핸들을 오조작으로 주행하게 된다. 따라서 자동차가 주행하고 나면 바퀴 자국은 지그재그로 나타나게 된다.

도금 [鍍金 ; plating] 금속 표면에 부식 방지, 내마모성 향상 또는 미관을 위하여 다른 금속의 얇은 막을 입히는 작업.

도너 [donor] 도너는 N형 반도체에서 인공적으로 과잉 전자를 만들기 위해 혼합하는 5가의 가전자를 가지는 비소, 안티몬, 인 등을 말한다.

도료 [塗料 ; coating meterial] 도장(塗裝)을 위해 사용되는 재료로서 바니시, 페인팅 등이 있다. 초벌 도장은 방청이 주목적이고 재벌 또는 정벌 도장은 외부 환경에 대한 저항성을 목적으로 한다.

도마리 ⇨ 은폐력.

도시 마력 [indicated horsepower, indicated power] IHP. 지시마력. 엔진 연소실의 압력(지압선도)에서 구한 엔진의 일률을 마력으로 나타낸 것으로, 엔진의 출력축에서 인출할 수 있는 정미 마력과 엔진 내부에서 소비되는 마찰 마력을 더한 것. ⇨ 지시마력.

도시 연료 소비율 [indicated specific fuel consumption] 연료 소비율의 하나로 연료 소비율을 계산할 때 엔진 출력으로 도시(圖示)마력을 이용한 것.

도시 열효율 [indicated thermal efficiency] 연소실 내의 압력(지압선도)에서 구해진 열효율로 엔진에 공급된 열량과 연소실 내의 압력에 따라 피스톤이 한 일의 차이를 공급된 열량으로 나눈 것. 불완전 연소나 냉각 손실 등으로 인한 로스가 있으므로 이론 열효율보다 항상 작다.

도시 평균 유효 압력 [indicated mean effective pressure] IMEP. 지시 평균 유효압력. 엔진 1 사이클에서 연소가스가 피스톤에게 시키는 일 (이론 일에서 흡·배기에 사용된 일과 냉각 손실 등을 뺀 것)을 행정 용적으로 나눈 것. ⇨ 평균 유효 압력(平均有效壓力).

도어 [door] 승용차의 도어는 일반적으로 외측의 아웃 패널(外板)과 내측의 이너 패널을 합쳐서 창유리를 둘러싼 틀(도어 프레임)을 부착한 구조로 되어 있다. 도어에는 도어 프레임과 아웃 패널을 일체로 성형하여 만든 것이 있으며, 이것을 프레스 도어 또는 풀 도어라고 불리운다.

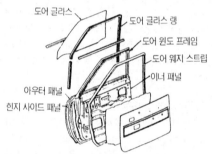

도어 글라스
도어 글라스 랩
도어 윈도 프레임
도어 웨지 스트립
이너 패널
아우터 패널
힌지 사이드 패널

도어 글라스 런 [door glass run] 도어 프레임의 유리창과 접촉하는 부분에 부착되어 있는 가느다란 막대모양으로서 유리창이 오르내릴 때의 가이드. 유리와 프레임 사이에 기밀과 수밀을 유지하는 외에 주행중 또는 도어를 닫았을 때 유리창의 진동을 흡수하는 역할도 한다. 표면에 나일론을 부착하였거나 우레탄계의 수지를 코팅하여 유리창에 밀착성을 좋게 함과 동시에, 한냉지에서 동결을 방지하도록 한 것 등이 있다.

도어 로크 [door lock] ① 도어가 핸들을 조작하여도 열리지 않는 상태에 있는 것. 또는 그 상태인 것을 말함. ② 도어의 열쇠, 자물쇠. 주행 중 도어 개폐의 필요는 전혀 없으므로 도어를 폐쇄상태로 유지하기 위한 기구를 말한다. 통상은 실내의 노브를 누르고, 잠근 상태로 함으로써 로크되지만 리어 도어와 같이 노브를 누른 채로 문을 닫았을 때 로크되는 것을 셀프로크, 프런트 도어와 같이 실내 노브를 누르고 문을 잠구어도 셀프로크되지 않는 것을 셀프캔슬이라고 부르고 있다.

도어 로크 스트라이커 [door lock striker] 보디에 설치되어 있는 핀이나 훅으로 도어 로크에 내장된 래치(ratch 손톱)와 맞물려서 도어를 닫은 상태로 유지하는 것. 스트라이커는 도어를 닫았을 때 닿는 것을 의미하는 스트라이크에서 온 말로 '치다'라는 뜻.

도어 미러 [door mirror] 좌우 도어에 설치되어 있는 아웃 미러로서 사이드 미러라고 할 경우 이 도어미러를 가리킴. 우리나라에서는 도어 미러 이전에 펜더 미러가 설치되었는데 이것은 미러의 면적을 크게 잡을 수 있으며, 대부분 평면경으로서 후방에 자동차와의 거리를 알기 쉽다는 장점이 있으나 차폭이 넓고 차고에 진입시 방해가 되는 단점이 있었다. 따라서 근래에는 도어 미러보다 편리한 스위치의 작동으로 접어 넣을 수 있도록(전동 격납식)되어 있는 것도 있다.

도어 벤틸레이터 윈도 [door ventilator window] ⇨ 삼각창.

도어 스킨 [door skin] 도어의 아우터 시트 메탈 패널. 대부분의 자동차는 교체용 패널의 구입이 가능함.

도어 스텝 램프 [door step lamps] ⇨ 도어 코터시 램프.

도어 암 레스트 [door arm rest] 도어의 뒤쪽에 부착되어 있는 팔꿈치 걸이이다.

도어 어저 워닝 램프 [door ajar warning lamp] 자동차의 도어가 완전히 닫혀지지 않았을 때 계기판에 점등되는 경고등. 필러에 스위치를 설치하여 도어가 열리면 스위치가 연결되어 점등되고 도어를 닫으면 스위치를 눌려 램프가 소등된다. 도어 워닝 램프 또는 도어 인디케이터 램프라고도 한다.

도어 워닝 램프 [door warning lamp] ⇨ 도어 어저 워닝 램프

도어 윈도 글라스 [door window glass] 사이드 윈도 글라스 중 도어 부분에 부착되어 있는 것.

도어 인디케이터 램프 [door indicator lamp] ⇨ 도어 어저 워닝 램프

도어 체크 링크 [door check link] 도어를 반쯤 열린 상태로 유지하며, 더욱 열었을 때 스토퍼의 역할을 하는 링크. 체크는 억제하거나 멈추거나 하는 것을 의미한다. 도어의 개도(開度)는 60~70도가 일반적이다. = 오픈 스토퍼(open stopper).

도어 코터시 램프 [door courtesy lamp] 도어를 열었을 때 실내의 발밑이나 발을 내딛는 노면을 밝히는 램프. 도어 스텝 램프라고도 한다. 코터시(courtesy)는 특별취급의 뜻.

도어 트림 [door trim] 도어 패널을 감싸는 부재. 패널 전체를 감싸는 프리 트림과 패널 일부가 노출되어 있는 하프 트림이 있다. 구조에 따라 도어 패널에 트림을 붙이기만 한 넙적한 도어 트림과 암레스트 등을 일체로 성형한 성형(成形)도어 트림으로 나누어진다. 실내장식뿐 아니라 차음(遮音), 흡음(吸音), 충돌시 승객 보호 등의 기능을 가진다. 보디 사이드 트랙이라고도 한다.

도어 패널 [door panel] 도어를 구성하는 금속이나 플라스틱을 가공한 판.

도어 패드 [door pad] 도어의 이너 트림 패널.

도어 프레임 [door frame] 도어에 부착되어 있는 창틀을 말함. 승용차의 도어는 창유리를 둘러싼 틀의 유무에 따라 새시 도어와 새시리스 도어(새시없음)의 2종류로 분류된다.

도어 핸들 [door handle] 도어의 손잡이. 도어 외측의 손잡이를 도어 아웃 사이드 핸들, 내측의 손잡이를 도어 인사이드 핸들이라고 부른다. 움직이는 방법에 따라 핸들 전체를 끌어 올리는 풀 업식과 한쪽이 힌지로 되어 있는 풀 라이즈식으로 분류된다.

도어 힌지 [door hinge] 도어를 개폐할 때 지지점(支持點)이 되는 장식. 상하 2개의 힌지가 사용되는 것이 보통. 강판 프레스 또는 주철제로 부시에 기름을 함유한 소결합금(燒結合金)등을 사용하여 미끄럽게 회전할 수 있도록 만들어져 있다.

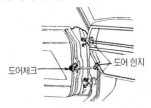

도어체크 ─ 　　　　─ 도어 힌지

도장 조건 [塗裝條件] 도료 점도, 시너 희석량, 에어 압력, 도료 토출량 등 도장의 마감에 영향을 주는 각종 조건.

도저 [dozer] 프레임을 펴는 이동식 기계. 보디를 수정하는 메임 빔과 유압식 당김장치가 조합되어 이동이 간단한 것이 특징. 일반적으로 건설기계에 사용되는 용어이지만 원래는 특정 상품명임.

도전 페인트 [conductive paint] 적당한 용매(溶媒)에 은이나 구리 또는 탄소 등의 미분말을 혼입시켜 만든 도료로서 인쇄 저항기를 만들거나 절연물의 표면에 대전(帶電)되는 것을 방지하는 도료가 사용된다.

도체 [conductor] 도체는 전류를 잘 흐르는 성질을 가진 물체로서 금, 은, 구리, 철 등이 이에 속한다.

도출 밸브 [rent valve] 유량 또는 압력이 규정 이상되었을 때 유량 또는 압력을 바이패스시켜 적정한 유량 또는 압력을 유지하도록 하는 밸브. ⇨ 릴리프 밸브

도통 시험 [continuity test] 개회로 시험. 단선 시험. 자동차의 전기 회로에서 단선의 유무, 장소 등을 조사하기 위해서 실시하는 시험.

도플러 [Doppler, christian Johann] 오스트리아의 물리학자. 1842년에 광학현상·음향현상 등에 관하여 도플러 효과를 발표함.

도플러 효과 [Doppler effect] 파동원(波動源)과 관측자가 상대적으로 운동하고 있을 경우 정지하고 있을 때에 비하여 파동의 주파수가 높기나 낮게 관측되는 현상.

독립 분사 [sequential injection] ⇨ 동기(同期)분사.

독립식 [independence type] ⇨ 펌프 제어식.

독립현가장치 [independent suspension] 인디펜던트 서스펜션. 서스펜션의 기본적인 형식의 하나로서 좌우 양바퀴에 독립적으로 작동할 수 있도록 차체에 설치되어 있는 것을 말하며 승용차의 서스펜션은 대부분 이 타입이다. 스프링 하중량이 가벼우므로 승차감이 좋고 접지성이 뛰어나며 얼라인먼트가 비교적 자유로이 설정할 수 있으므로 조종성, 안정성의 밸런스도 취하기 쉽지만, 구조가 복잡하고 정비가 곤란하며 가격이 바싸다는 단점이 있다. 기본이 되는 형식으로는 스윙 암식, 더블 위시본식, 맥퍼슨 스트럿식, 트레일링 링크식으로 나눌 수 있다. 예전에는 앞바퀴에만 독립 현가 방식을 사용하고 있었지만 현재는 4륜 독립식이 주류이다.

독서등 [讀書燈] 세단이나 리무진 뒷좌석에 설치되어 있는 램프로서 서류나 책을 읽기 위한 조명.

독일 국가규격 [⑧Deutsches normen] DIN(딘)의 약칭으로 알려져 있으며, 독일 규격협회「DIN : Deutsches Institut für Normung」가 제정·발행하는 공업규격.

돌리 [dolly] ① 자동차의 보디 수리시 해머 작업에서 반대쪽에 대고 타격할 수 있도록 받치는 블록. ② 트랙터와 트레일러를 연결하는 부분의 받침판. ③ 판금 작업에서 리벳을 설치하고 리벳 머리를 누르는 공구. ⇨ 리벳 홀더.

돌리 블록 [dolly blocks] 보디 패널 및 펜더를 곧게 펴는 데 사용하는 다양한 모양의 금속 블록. 돌리 블록을 패널의 한 쪽 면에 대고 특수

해머로 반대편을 때린다.

돌출 플러그 스파크 플러그의 전극을 일반적인 것보다 3~6mm 길게 하고, 연소실 내에 돌출되도록 한 것. 전극을 될 수 있는대로 연소실 중앙 가까운 쪽에 놓고 화염 전파 거리를 짧게 한 다음 연소효율을 높일 목적으로 만들어졌다.

돔 라이트 [dome light] 실내등을 가리키는 영어로서 영국에서는 루프 라이트가 일반적이다. 미국에서 루프 라이트라고 하면 일반적으로 고속도로의 페트롤카 등에서 지붕 위에 점멸되고 있는 적색등을 가리킨다.

동(動) 스프링 정수(定數) 방진(防振)고무에 진동을 부여하거나, 타이어를 회전시키는 등 물체에 동적인 변형이나 하중을 부여한 상태에서 측정된 스프링 정수.

동기 교합 기구 [同期嚙合機構] ⇨ 싱크로메시.

동기 물림식 [synchro-mesh type] 싱크로메시는 기어가 동시에 맞물리는 장치의 뜻. 동기 물림식은 서로 물리는 기어의 원주 속도를 강제적으로 일치시켜 이의 물림을 쉽게 한 형식으로 콘스턴트 로드 형식과 이너서 로크 형식이 있다.

동기 분사 [sequential injection] 가솔린 엔진의 멀티 포인트 인젝션(MPI)으로 각 실린더의 흡입 행정에 맞추어(동기시켜서) 연료 분사를 행하는 시스템. 시퀀셜 인젝션, 순차(順次)분사 또는 독립 분사라고도 불리운다. ⇨ 그룹 분사(group injection).

동기장치 [同期裝置] ⇨ 싱크로메시(synchro-mesh).

동력 [動力] 단위 시간에 이루어지는 일을 나타내는 일률 ⇨ 일률.

동력 공구 [power tool] 동력원으로 근력을 사용하지 않는 공구. 공기 또는 전기로부터 동력을 얻는 공구.

동력 밸브 [power valve] 동력 밸브는 고속 전부하일 때 LPG를 증가시켜주는 밸브이다. 저속시에는 스로틀 밸브가 닫혀 있으므로 흡기 다기관의 진공에 따라 닫혀 있지만, 고속 전부하일 때는 스로틀 밸브가 많이 열려 동력 밸브에 작용하는 진공이 약하므로 동력 다이어프램 스프링 장력으로 열리게 된다. 이 때 LPG는 동력포트를 통하여 메인노즐에 공급되어 증가된다.

동력 실린더 [power cylinder] ① 하이드로 서보 브레이크의 동력 실린더는 흡기 다기관의 진공과 대기압을 이용하여 마스터 실린더에서 발생된 유압을 증대시키는 실린더로서 동력 피스톤에 의해 2개의 체임버로 분리시켜 평소에는 흡기 다기관의 진공이 작용되어 동력 피스톤은 움직이지 않는다. 브레이크를 작동시키면 한쪽은 진공이 작용되고 한쪽은 대기압이 작용되어 배력 작용을 한다. ② 동력 조향장치의 동력 실린더는 피스톤과 피스톤 로드로 구성되어 유압에 의해 스티어링 휠의 조작력을 돕게 된다. 피스톤은 볼 조인트에 의해 피스톤 로드와 연결되고 피스톤 로드는 프레임에 설치되어 있으며, 동력 실린더는 하나의 원통에 2개의 실린더로 된 복동식으로 오일 펌프에서 발생된 유압이 제어 밸브에 의해 한쪽 실린더로 공급되면 다른쪽 실린더에 충만된 오일이 배출되면서 피스톤 로드를 중심으로 실린더가 좌우로 이동하여 조향을 돕게 된다.

동력 인출장치 [power take off] PTO. 동력 인출장치는 엔진의 동력을 자동차 주행과는 관계없이 다른 용도에 이용하기 위해서 설치한 장치로서 변속기의 부축 기어에 공전기어를 슬라이딩시켜 동력을 인출한다. 동력 인출의 단속은 공전 기어를 물리고 이탈시켜야 하며, 덤프 트럭의 오일펌프 구동 및 소방 자동차의 물펌프 구동 등에 이용한다. ⇨ 파워 테이크 오프.

동력 피스톤 [power piston] 하이드로 서보 브레이크의 동력 피스톤은 동력 실린더 내에 설치되어 그 양쪽의 압력차에 의하여 하이드롤릭 피스톤을 움직여 강력한 유압이 발생되도록 한다. 동력 피스톤은 2개의 원판 사이에 보혁유(保革油)가 적셔져 있는 펠트(felt)와 가죽 패킹이 함께 중심부의 푸시 로드에 연결되고 패킹 안쪽에는 실린더와의 기밀을 잘 유지시키기 위한 판 스프링 모양의 링이 설치되어 있다.

동력 행정 [動力行程] ⇨ 폭발 행정.

동력전달 계통 잡음 [drive train rattling noise] 트랜스미션에서 디퍼렌셜에 이르는 동력전달 계통에서 발생하는 이상한 음.

동력전달장치 [⑳powertrain ⑳drive line] 파워트레인이라고도 부르며 엔진의 출력을 구동륜에 전달하는 시스템. 클러치, 트랜스미션(변속기), 프로펠러 샤프트(추진축), 종감속장치(디퍼렌셜 기어 및 디퍼렌셜 캐리어), 드라이브 샤프트(구동축) 등으로 구성됨.

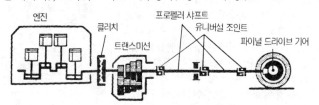

엔진 클러치 프로펠러 샤프트 유니버설 조인트 트랜스미션 파이널 드라이브 기어

동배율 〔動倍率〕 정(靜)스프링 정수(定數)에 대한 동(動)스프링 정수 (定數)의 비(比)를 말하며, 엔진 마운트나 방진 고무의 진동 감쇄의 기준. 일반적으로 방진 고무에서는 고무의 탄성 때문에 정적인 스프링 정수보다 동적(動的)인 스프링 정수가 크고 그 값은 고무재료에 따라 다르지만, 동배율(動倍率)이 크면 감쇄계수(減殺係數)도 크다. 동 (動)스프링 정수는 주파수에 따라 변하므로 측정시의 주파수가 나타난다.

동소 변태 〔同素變態 : allotropic transformation〕 고체 내에서 받는 온도에 따라 결정 격자(원자의 배열)의 형상이 변화하는 상태. 순철에서 910℃이하에서 α철은 체심입방격자(體心立方格子)이고 910~1400℃ 사이에서 γ철은 면심 입방 격자(面心立方格子)이며, 1400~1538℃ 사이에서 δ철은 체심 입방 격자(體心立方格子)이다.

동시 분사 〔simultaneous injection〕 연료분사에서 전체 기통에 대하여 엔진 1회전마다 일제히 연료를 분사하는 방식이다. 분사 밸브의 구동 회로가 간단하고 4기통 엔진에서는 주로 이 방식을 채용하고 있다. 일제 분사(一齊噴射)라고도 한다.

동시 점화 시스템 〔同時點火裝置〕 ⇨ 다이렉트 이그니션 시스템(direct ignition system).

동압 〔動壓 : dynamic pressure〕 공기 흐름중 놓여진 물체에 걸리는 압력을 단위 질량당 운동 에너지로 나타낸 것으로서 공기 밀도를 ρ(로)로 하고, 풍속을 V로 하였을 때 동압은 $\rho V^2/2$로 나타낸다. 이 동압의 흐름에 직각 방향의 압력 즉, 정압(靜壓)을 가한 것을 전압(全壓) 또는 총압(總壓)이라고 한다.

동요점 〔rock position〕 사점(死点). 피스톤이 상사점 또는 하사점에 있을 때 피스톤이 상하 어떤 방향으로도 눈으로 보일만한 거리의 이동이 없이 커넥팅 로드가 15~20°까지 움직일 수 있다. 즉 이것은 크랭크 축이 좌우로 움직일 수 있는 허용 각도.

동위상 조향 〔同位相操向〕 4륜 조향 시스템으로서 후륜의 조향이 전륜(前輪)과 같은 경우를 말한다. 자동차의 주행 안정성이 중시되는 고속 주행시에는 급히 핸들을 꺾을 때나, 변속을 하였을 때 요잉이 적다. 그리고 일반적으로 자동차의 움직임을 앞바퀴 조향의 경우에 비교하면 안정되어 있다. ⇔ 역위상 조향(逆位相操向).

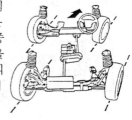

동일 직경형 휠 실린더 [equal bore type wheel cylinder] 동일 직경형 휠 실린더는 양쪽 슈의 제동력을 동일하게 하기 위한 것으로서 실린더 양쪽의 지름이 같아 전후진에서 브레이크를 작동할 때 강력한 제동력이 발생된다. 이 형식은 복동 2리딩 슈 형식과 논서보 브레이크 및 듀오서보 브레이크에 사용된다.

동적 언밸런스 [dynamic unbalance] 정적(靜的)밸런스[회전축 주위의 원주방향(圓周方向)에 대한 질량의 균형]가 잡힌 타이어를 회전시켰을 때 나타나는 타이어 축방향의 질량(質量) 불균형성을 말하며, 회전축에 대하여 상하의 진동을 일으키는 언밸런스를 말한다. ⇨ 휠 밸런스(wheel balance).

동전기 [dynamic electricity] 동전기는 전류에 의해 발생되는 현상으로서 물질속을 이동하는 전기로 그 속도가 빠르며, 자기 작용 줄(Joule) 열의 현상이 발생된다. 동전기에는 시간의 경과에 따라 전압 또는 전류가 일정값을 유지하고 그 흐름 방향도 일정한 직류와 시간의 경과에 따라 전압 또는 전류가 시시각각으로 변화되고 그 흐름 방향도 정방향과 역방향으로 차례로 반복되는 교류가 있다.

동하중 [dynamic load] 하중의 크기와 방향이 시간과 더불어 변화되는 하중. 동하중의 종류는 하중이 일정한 방향에 연속하여 반복되는 반복하중, 하중의 방향이 바뀌는 교번하중, 하중이 순간적으로 한방향에 작용하는 충격하중이 있다.

동합금 [copper alloy] 연성이 풍부하고 붙임성이 양호하며 배빗 메탈에 비하여 경도, 강도, 내마멸성이 크다. 동합금으로는 청동, 연청동, 인청동 등이 있으며 부시의 재료로 사용된다.

두 앵커 브레이크 형식 [double anchor brake type] 두 앵커 브레이크 형식은 앵커핀 2개가 배킹 플레이트에 설치되어 브레이크 슈의 힐을 지지하며, 앵커핀이 편심으로 되어 있어 브레이크 드럼 간극을 조정할 수 있다. 이 형식은 브레이크를 작동할 때 해당슈만이 자기 작동을 하기 때문에 논서보 브레이크에 사용된다.

두랄루민 [duralumin] 알루미늄, 구리, 마그네슘, 망간의 합금강으로서 강인하여 항공기 및 자동차 보디에 사용하고 있다. 두랄루민은 담금질을 하고나면 시효 경화가 생긴다.

두코 [DUCO] 듀퐁社의 니트로셀룰로스 래커의 명칭으로, 1924년 듀퐁社가 개발한 최초의 현대적 자동차 피니시.

둘룩스 [DULUX] 듀퐁社의 알키드 에나멜의 명칭으로, 1928년 듀퐁社에 의해 처음 소개되었다.

둥근 나사 [knuckle thread] 너클 나사. 매몰용 나사. 나사산이 둥글게
되어 있는 나사로서 큰 힘을 받는 곳이나 먼지 모래 등이 나사산에 들
어가도 작용에 지장이 없다. 전구의 나사나 호스의 이음부 나사에 사
용한다.

뒤 오버행 [rear overhang] ⇨ 차체 오버행.

뒤 차대 오버행 [rear frame overhang] ⇨ 차대 오버행.

뒤차축 어셈블리 [rear axle assembly] 뒤차축 어셈블리는 자동차의 중
량을 지지함과 동시에 엔진의 회전력을 구동 바퀴에 전달하는 것으로
종감속 기어, 차동기어 장치, 액슬 및 하우징으로 구성되어 있다.

뒷좌석 ⇨ 백 시트.

듀보네식 서스펜션 [dubonnet type suspension] 독립현가장치의 일종으
로서 승용차의 전륜용(前輪用)으로 사용되며, 킹핀을 차체에 고정하
고, 스티어링 너클에 리딩 암 또는 트레일링 암을 부착한 형식의 서스
펜션. 스프링 밑 중량이 가볍고, 바퀴가 상하로 움직여도 얼라인먼트
변화가 없는 특징이 있으나, 킹핀 오프셋이 크므로 킥백이 강하고 킹
핀 주위의 관성 중량이 큰 단점도 있다.

듀얼 다이어프램 [dual diaphragm] 배전기의 진공 진각기구에서 1개의
다이어프램을 사용하여 진각과 지각 작용을 하였으나 근래에는 공해
방지 대책을 위하여 다이어프램을 2개 사용하여 가속시 진각 작용과
공전 및 감속시에 지각 작용을 독립적으로 이루어지도록 함으로써 배
기가스 중에 일산화탄소, 탄화수소의 함유량이 적어지도록 한다.

듀얼 링크식 서스펜션 [dual link type suspension] 맥퍼슨 스트럿식 서
스펜션의 일종으로서, 2개(더블)의 링크로 이루어진 로 암과 앞으로
뻗어 있는 로드(스트럿 로드)로 구성되어 있는 형식. 타이어로부터 상
하 압력을 스트럿으로, 좌우 압력을 암으로, 전후 압력을 로드로 각각
흡수하는 구조로서, 소형 FF차의 리어 서스펜션에 많이 사용되고 있
다.

듀얼 모드 댐퍼 [dual mode damper] 엔진의 크랭크 샤프트에 발생하는
비틀림 진동과 구부림 진동을 동시에 흡수하는 장치. 비틀림 진동을
억제하는 댐퍼 풀리와 구부림 진동을 흡수하는 벤딩 댐퍼를 조합한 구
조의 듀얼 모드 댐퍼 풀리로서 사용되는 것이 보통.

듀얼 모드 서스펜션 [dual mode suspension] 4륜 맥퍼슨 스트럿식 서스
펜션으로서 쇽업소버의 감쇠력과 프런트 스태빌라이저의 강성(剛性)
을 각각 SPORT모드와 TOURING모드의 2단계(듀얼)로 전환할 수
있는 기능을 갖게 한 것. 스태빌라이저의 강성을 유압으로 컨트롤하고

있다는 점에 특징이 있다.

듀얼 모드 터보 [dual mode turbo] 가변 가급 터보차저의 일종이다. 과급압을 2단계로 컨트롤하고, 고속 주행이나 등판시에는 하이모드, 우천시나 눈길 주행에서는 과급압이 낮은 로(low)모드를 차실 내에 설치되어 있는 실렉트 스위치로 선택할 수 있도록 한 것.

듀얼 베드 모놀리스 [dual bed monolith] 듀얼은 2중의 의미로 모놀리스 촉매(觸媒)컨버터에서 모놀리스 촉매 2개를 직렬로 나란히 배열한 것. 최초의 촉매로 정화할 수 없는 배기가스를 2번째의 촉매로 다시 정화하도록 한 것. 베드는 지층(地層)등의 층을 의미한다. ⇨ 스위퍼 (sweeper).

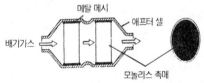

듀얼 벤투리 카브레터 [dual venturi carburetor] 트윈 초크라고도 불리우는 카브레터 형식의 하나이다. 같은 지름의 배럴 2개를 갖추고 각각의 스로틀 밸브가 동시에 개폐하며 각각의 실린더에 혼합기를 공급하는 것으로서, 실린더 수가 많은 V8엔진 등에 쓰인다.

듀얼 비전 미터 [dual vision meter] 차속과 엔진 회전수를 보통으로 표시하는 미터와, 속도를 허상으로 표시(虛像表示)하는 미터의 2개(듀얼) 중 어느 쪽이든 선택할 수 있는 미터 ⇨ 허상표시(虛像表示)미터.

듀얼 서킷 브레이크 [dual circuit brake] 브레이크가 고장났을 때 안전성을 확보하기 위하여 브레이크 시스템을 2계통으로 한 것. 브레이크 마스터 실린더를 2개 설치하여 1개는 좌전륜(左前輪)과 우후륜(右後輪)에, 또 1개는 우전륜과 좌후륜에 브레이크 힘을 전달하게 되어 있는 것이 보통. 브레이크 시스템이 1계통밖에 없는 것을 싱글 서킷 브레이크, 3계통 이상으로 있는 것을 멀티 서킷 브레이크라고 부른다.

듀얼 에어컨 [dual air-cone] 앞좌석과 뒷좌석 양쪽(듀얼)에 에어컨을 설치한 시스템.

듀얼 이그조스트 [dual exhaust] 듀얼은 2를 나타내며 배기 매니폴드에서 2개 이상의 실린더 배기구를 묶어서 출구를 2개로 한 것. 배기가스가 흐르기 쉽고, 배기 간섭이 일어나지 않기 때문에 고출력 엔진에 사용되고 있다. 보통 엔진에서 볼 수 있는 모든 배기구를 1개로 묶은 것을 싱글 이그조스트라고 불리운다.

듀얼 투 리딩 브레이크 [dual two leading brake] ⇨ 듀오 투 리딩 브레이크(duo two leading brake).

듀얼식 [dual carburetor] 듀얼식은 2개의 기화기를 일체로 한 형식. 1개의 뜨개실을 이용하여 연료를 공급하며 각 배럴에는 각각 독립된 기본 회로가 있다. 전체 실린더를 각 배럴이 분담하여 혼합기를 공급하므로 혼합기의 분배가 우수하다.

듀엣 SS [duette Steering – Suspension] 전자제어 파워스티어링과 슈퍼소닉(초음파) 서스펜션을 조합한 시스템의 명칭. 일반적으로 상반되는 조종성과 승차감을 운전자의 취향에 맞게 조화시키는 것. 조향했을 때 스티어링 조향각 센서로 보디와 노면간의 거리를 자동차 선단에 설치된 신호의 초음파를 소너로 측정하여 차속과 스톱 램프 스위치의 ON·OFF에 의해서 컴퓨터에 입력된다. 그리고 쇽업소버의 감쇠력과 파워 스티어링의 조향력을 최적 상태로 컨트롤한다.

듀엣 EA [duette Engine – Automatic transmission] 엔진과 AT를 종합적으로 제어하는 시스템의 명칭. 액셀 페달을 깊게 밟은 상태에서 1속에서 2속, 2속에서 3속으로 시프트 업(up)할 때 울컥거리는 현상을 연료 차단에 의하여 부드럽게 하는 변속제어. 감속시에 연료를 차단하여 연비의 향상을 도모하는 연료제어 등의 기능을 갖추고 있다.

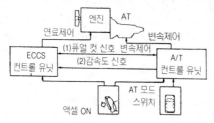

듀오 서보 브레이크 [duo servo brake] 드럼 브레이크의 일종으로서 2개의 리딩슈를 스타 휠 조정기로 연결한 형식. 회전 방향에 따라 먼저 브

레이크 드럼에 접촉되는 1차 슈의 제동력으로 2차 슈를 미는 구조로
되어 있다.

듀오 서보 브레이크

듀오 투 리딩 브레이크

듀오 투 리딩 브레이크 [duo two leading brake] 복동 2리딩 슈 브레이
크. 드럼 브레이크의 일종으로서 듀얼 투 리딩 브레이크라고도 불리우
며, 2개의 슈가 전후진 모두 리딩 슈로서 작용하는 형식.

듀티 [duty] 영어로는 '의무, 규정'이라는 의미. 자동차에서는 규정값으
로 나타낼 때 사용되는 용어.

듀티 사이클 [duty cycle] 어떤 주어진 시간 중 일정한 반복 부하의 패
턴으로서 반복 사이클 기간에 대한 운전 시간의 비율로 나타낸다.

듀플렉스 체인 [duplex chain] ⇨ 모노 튜브식 쇽업소버(mono–tube
type shockabsorber).

드 디옹식 서스펜션 [de Dion type suspension] 리지드 액슬 서스펜션의
일종으로서 FR차의 리어 서스펜션으로 쓰인다. 1개의 차축(드 디옹
액슬)으로 좌우바퀴를 연결하며, 종감속 기어박스는 별도로 차체에 부
착되어 있는 형식. 바닥을 낮게 할 수 있고 스프링 밑 중량이 가볍기
때문에 승차감이 좋고, 로드 홀딩이 우수하며 선회중 타이어는 캠버의
변화가 없는 등 장점이 있으나 구조가 복잡하고 제작 단가가 높다는
것이 단점이다.

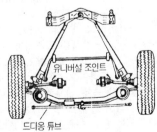

유니버설 조인트

드디옹 튜브

드라이 섬프 〔dry sump〕 엔진 윤활방식의 하나로서 웨트 섬프와 대비하여 사용되는 용어. 윤활유를 저장하는 오일 탱크를 설치하여 오일 펌프로 윤활이 필요한 개소에 급유하고, 섬프(오일 팬)에 떨어진 오일을 스캐빈징 펌프로 다른 탱크에 보내면 공기가 혼합되어 거품이 발생된 오일에서 공기를 분리시켜, 탱크로 되돌려 보내는 방법. 시스템은 복잡하지만 오일팬 부분이 낮아지므로 엔진의 높이를 낮게 할 수 있으며, 모아진 오일이 적음으로 가감속(加減速)이나 선회시 오일의 쏠림에 따른 사고가 없으므로 레이스용 등 고성능 엔진에 사용되는 시스템 ⇔ 웨트 섬프(wet sump).

드라이 섬프식 〔dry sump type〕 엔진 오일을 오일 탱크에 받고, 오일 펌프로 엔진 각부에 압송하여 윤활하며, 오일 팬에 떨어진 오일을 다른 흡인(吸引) 펌프로 오일 탱크에 되돌리는 순환을 하는 방식이다. 오일 팬이 낮아 차고를 낮게 할 수 있으며, 오일이 적으므로 가감속이나 선회시 오일의 쏠림이 없기 때문에 레이스용 등 고성능 엔진에 쓰인다.

드라이 스타트 〔dry start〕 엔진 시동시에 윤활유가 충분히 윤활되지 않는 상태를 말함. 장시간 정지 후 엔진을 시동했을 때 몇 초 동안은 오일 펌프에서 엔진 오일의 공급량이 부족하다. 엔진 회전 부분의 마모는 이 때 발생된다고 한다.

드라이 스프레이 〔dry spray〕 ① 페인트의 안료가 바인더에 의해 적절히 유지되지 않거나, 페인트가 표면에 도달하기 전에 바인더가 증발해 버리는 현상. ② 스프레이 건의 공기압에 비하여 적은 양의 페인트가 사용되어 밝고 얇은 건조한 페인트막이 생기는 현상.

드라이 코트 〔dry coat〕 도장면에 분사한 시점에서, 페인팅 중에 용제분이 적어 좀 매끄럽지 못한 느낌이 있는 상태. 또는 그렇게 만들기 위한 도장 방법.

드라이 타이어 〔dry tire〕 ⇨ 슬릭 타이어(slick tire).

드라이버 〔screw driver〕 작은 나사를 조이고 푸는데 사용하는 공구로서 용도에 따라 일자 드라이버와 십자 드라이버를 사용하여야 한다.

드라이버 시트 〔driver seat〕 운전석은 드라이버 시트라고 하지만, 우리나라에서는 그 옆의 패신저 시트를 조수석이라고도 한다.

드라이브 라인 〔drive line〕 드라이브 라인은 뒤차축 구동방식의 자동차에서 변속기의 출력을 구동축에 전달하는 장치로서 변속기와 종감속 기어 장치 사이에 설치되어 출력을 전달하는 추진축과 드라이브 라인의 길이 변화에 대응하는 슬립 이음 및 각도 변화에 대응하는 자재 이음으로 구성되어 있다.

드라이브 바이 와이어 [drive-by-wire] 자동차의 기계적인 링키지(연결대)를 전기적인 링키지로 바꿔놓고, 자동차의 기본적인 조작을 전자제어 기술에 따라 행하는 기술. 항공기의 플라이·바이·와이어에 대응하는 표현으로 사용되는 용어이며, DBW라고 약한다.

드라이브 샤프트 [drive shaft] 액슬축. 종감속장치(終減速裝置)에서 바퀴에 구동력을 전달하는 회전축으로 독립현가장치의 경우 유니버설 조인트에 의하여 각도가 변화되어도 구동력을 전달하며, 축방향으로 신축(伸縮)할 수 있는 기능을 갖추고 있다. 앞바퀴의 프런트 드라이브 샤프트에는 바퀴쪽의 유니버설 조인트에 큰 조향각이 이루어지도록 고정형 등속(等速)조인트를 사용하고, 종감속기 쪽에는 허용(許容)각도가 작지만 축방향으로 신축 가능한 슬립형 등속 조인트가 사용되는 것이 보통이다. 그러나 후륜용 리어 드라이브 샤프트에는 이와같은 제한이 없고 여러가지 형식의 유니버설 조인트가 사용되고 있다. ⇨ 구동축.

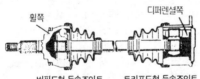

휠쪽   디퍼렌셜쪽

버필드형 등속조인트   트리포드형 등속조인트

드라이브 스프로킷 [drive sprocket] 체인용의 기어로 구동하는 쪽의 것. 엔진의 타이밍 체인에서 말하면 크랭크 축에 설치되어 있는 스프로킷을 말한다. ⇨ 스프로킷(sprocket).

드라이브 컴퓨터 시스템 [drive computer system] 정보표시 시스템의 명칭.

드라이빙 라이선스 [⑩driving licence ⑱ driver's license] 운전면허증. 한국에서는 제1종 운전면허증은 5년마다, 제2종 운전면허증은 5년마다 갱신이 필요.

드라이빙 램프 [driving lamp] 헤드 램프로서 추가로 사용되는 램프. 먼 곳을 비추기 위해 장착되며, 조사각(照射角)을 아래로 낮춘 것은 로(low)빔.

드라이빙 미러 [driving mirror] 후방의 상황을 확인하기 위한 후사경(後寫鏡) ⇨ 백미러(back mirror).

드라이빙 포지션 [driving position] 운전자가 앉아있는 위치. 자동차를 운전하기 위한 장치나 계기류, 시트 등의 위치와 배치는 설계에 적합한 기준에 따라 드라이빙 포지션을 가정하여 결정하고 있으며, 바르지 못한 운전자세는 운전의 쾌적성(快適性)을 감소함과 동시에 위험하기도 하다.

드라이어 〔drier〕 큐어링 또는 건조 시간을 단축하기 위하여 페인트에 첨가되는 촉매제.

드라잉 램프 〔drying lamp〕 적외선 건조용 램프로서 자동차 보디의 페인팅이 완료된 다음 건조시킬 때 사용하는 램프.

드래그 레이스 〔drag race, drag racing〕 400m(1/4마일)의 직선 코스 (drag strip)를 전용으로 개조한 자동차(dragster)로 SS 1/4마일 가속을 겨루는 경기로서 미국에서 빈번히 행해지고 있다.

드래그 링크 〔drag link〕 일체차축 현가방식의 조향장치에 피트먼 암과 너클 암 또는 센터 암을 연결하는 링크. 드래그는 끈다는 의미이다.

드래그 토크 〔drag torque〕 동력전달 계통의 회전 저항을 말하며, 부하가 걸려 있지 않은 상태의 동력전달 계통을 회전시키는데 필요한 토크. 트랜스미션이나 종감속 기어의 맞물림 손실(저항), 오일의 교반 저항(攪拌低抗), 베어링의 마찰 손실 또는 브레이크의 끌림에 따라 발생하는 저항, 휠 베어링의 회전 저항 등이 포함된다.

드래그스터 〔dragster〕 정지 상태에서 출발하여 400m(1/4마일)를 어떻게 단시간에 주행할 수 있는가를 겨루는 트럭 경주용으로 만들어진 자동차.

드럼 브레이크 〔drum brake〕 휠과 일체가 되어 회전하는 브레이크 드럼에 마찰재를 부착한 브레이크 슈를 안쪽으로부터 압착하여 제동력을 발생하는 브레이크. 브레이크 슈를 확장하여 브레이크 드럼의 안쪽을 누르는 것은 작은 피스톤으로서, 그 피스톤은 유압에 의하여 움직여진다. 유압은 브레이크 페달을 밟아 컨트롤한다. 드럼의 회전방향에서 어느 방향으로 브레이크 슈를 누르는가에 따라 리딩 트레일링, 투(2) 리딩, 듀오 서보, 유니 서보 등으로 분류되고 있다. 디스크 브레이크보다 열에 대하여 약한 성질이 있지만, 제동력의 크기에 있어서는 드럼 브레이크가 더 낫다.

리딩 슈

백 플레이트

앵커 핀

기계식

드럼 회전 방향

유압식

드럼 인 디스크브레이크 [drum in disk brake] 네바퀴 모두를 디스크 브레이크로 사용하였을 때 이용되는 주차 브레이크로서 드럼 브레이크를 조합한 것.

드레싱 [dressing] 드레서를 이용하여 절삭성이 나빠진 숫돌의 표면층을 깎아내어 새로운 숫돌 면으로 성형시키는 작업. 드레서의 종류로는 다이아몬드 드레서, 성형 드레서, 연삭 숫돌 드레서, 강철 드레서, 입자봉 드레서가 있다.

드레인 [drain] 컴프레서의 에어 탱크나 에어 드라이어로부터 배출되는 기름이나 오물이 섞인 폐수. 갑자기 양이 증가하거나 오염이 심해졌을 경우에는 관련 기기의 점검이 필요하다.

드레인 플러그 [⊛drain plug, drain tap ⊛purge cock] ① 오일 팬(섬프)이나 기어 박스 등에 모여진 윤활유를 뽑아내기 위한 플러그. ② 연료 탱크 및 연료 필터.

드로잉 [drawing] 원통, 원뿔, 반구형, 상자형의 다이에 펀치를 이용하여 판재를 밀어넣어 밑이 있는 용기를 만드는 가공.

드롭 라이트 [drop light] 작업등. 긴급 작업 부위를 비추기 위하여 정비소에서 사용되는 긴 전선을 가진 이동식 라이트.

드롭 센터 림 [drop center rim] 림 형상의 하나로서 기호 DC로 표시되며 림의 중앙부분에 타이어의 탈착을 용이하게 하기 위한 홈이 설치되어 있는 것. 타이어의 비드 베이스가 밀착하는 비드 시트에 테이퍼(경사)가 설치되어 있으며, 승용자동차 타이어용 림에서는 그의 각도가 5도, 트럭의 튜브리스 타이어용 림은 15도로 되어 있으므로 각각 5°DC 림, 15°DC림으로 구별하여 부른다. 또한 비드 시트에는 타이어의 비드 베이스가 안쪽으로 미끄러지지 않도록 험프(hump)라고 불리우는 어묵형의 단면을 가진 띠(帶)가 설치되어 있다.

드롭 암 [drop arm] ⇨ 피트먼 암.

드롭 해머 [drop hammer] ① 단조용 해머. 경강제의 해머를 일정한 높이로 끌어 올려 해머를 낙하시켜 타격력을 얻는 해머. 해머의 무게는 100~500kg 정도이며 낙하 거리는 약 1~2m이다. ② 파일 해머. 타격용 주철제 추를 건설기계의 크레인에 설치하여 인치로서 일정한 높이로 잡아당긴 다음 낙하시켜 파일을 박는다. 추의 무게는 200~300kg 이다.

드리븐 스프로킷 [driven sprocket] 체인용의 기어(齒車)로 구동되는 쪽을 말한다. 자동차의 타이밍 체인에서 캠 축에 설치된 스프로킷을 말함. ⇨ 스프로킷.

드리프트 [drift] ⇨ 스키드.

드리프트 업 앵글 [drift up angle] 바퀴의 진행방향과 차체의 진행방향이 서로 엇갈린 각. 자동차가 커브 길을 선회할 때 원심력과 횡풍(옆바람)의 영향을 받아 차체가 한쪽으로 쏠리게 된다. 이 때 자동차 바퀴는 수직 상태를 유지하지 못하고 한쪽으로 약간 기울어지기 때문에 자동차 바퀴의 진행 방향과 차체가 진행하는 방향이 서로 엇갈리게 된다.

드리프트 주법 ⇨ 드리프트 주행.

드리프트 주행 [drift drive] 코너링중에 액셀이나 브레이크의 조정에 따라 타이어를 옆으로 미끄러지게 주행하는 테크닉. 액셀 조정으로 앞바퀴를 옆으로 미끄러지게 하는 것을 프런트 드리프트. 뒷바퀴를 미끄러지게 하는 것을 리어 드리프트라고 한다. FR차에서 프런트 드리프트와 동시에 뒷바퀴에 강한 구동력을 주어 드리프트시키는 것을 파워 드리프트 또는 전륜(全輪)드리프트라고 한다. 또 리어 드리프트를 운전자가 조종할 수 없게 되었을 때의 상태를 스핀, 프런트 드리프트로 인하여 자동차가 코너 외측으로 가는 것을 드리프트 아웃이라고 한다. 브레이킹 드리프트는 랠리(rally) 주행에서 사용되는 테크닉으로, 브레이킹에 의하여 프런트 하중을 증가시키고, 리어를 바깥쪽으로 진동에 의해 밀어내는 것. 레이싱 주행이나, 미끄러지기 쉬운 노면에서의 주행에 사용되는 고도의 테크닉에 필요한 운전 기술로서, 코스 아웃의 위험이 있으므로 숙련이 필요하다. ⇨ 스키드(skid).

드릴 [drill] 드릴링 머신에 끼워 공작물의 구멍을 뚫는데 사용하는 공구. 드릴의 종류로는 절삭성이 좋고 칩의 배출이 좋은 트위스트 드릴, 절삭성은 좋지 않으나 황동이나 얇은 판의 구멍뚫기에 사용하는 직선 홈 드릴, 깊은 구멍 뚫기에 사용하는 오일 홀 드릴, 센터 구멍을 뚫을 때 사용하는 센터 드릴이 있다. 일반적으로 가장 많이 사용하는 드릴은 트위스트 드릴이다.

드릴 게이지 [drill gauge] 드릴 지름을 측정하는 게이지. 하나의 얇은 강판에 작은 치수의 구멍에서부터 큰 치수의 구멍까지 여러가지 치수의 구멍이 뚫어져 있다.

드릴링 머신 [drilling machine] 드릴링 머신은 드릴을 사용하여 공작물에 구멍을 뚫는 공작기계이다. 드릴의 날끝 각은 보통 118°이고 35°의 비틀림 각도가 주어져 있다.

드립 몰딩 [drip molding] 루프 가장자리를 둘러싸고 있는 굴곡이 진 금속 몰딩으로서, 물이 사이드 윈도로부터 멀리 흐르도록 함.

드웰 각 [dwell angle] ⇨ 드웰 앵글.

드웰 앵글 [dwell angle] 캠각. 점화장치의 접점(포인트)이 닫히고 열릴 때까지의 사이에 캠이 회전하는 각도를 말함. 포인트가 없는 점화장치 에서는 이그니션 코일의 1차 전류통전 시간을 각도로 환산한 것이고 트랜지스터 점화장치에서는 트랜지스터의 통전(通電)시간을 각도로 환산해서 말한다.

드웰 태코미터 [dwell tachometer] 캠각과 엔진의 회전수를 측정할 수 있는 테스터. 각각 독립적으로 제작된 테스터가 있으나 캠각의 측정이 나 엔진의 회전수를 측정할 때는 배전기의 사이드 단자에서 측정되기 때문에 하나로 조합된 것이 많다.

등량비 〔等量比〕 가솔린 엔진에서 이론 공연비(理論空燃比)를 공급된 혼합기의 공연비로 나눈 것. 이 역수(逆數)를 공기 과잉률(空氣過剩 率)이라고 한다. ⇨ 공기 과잉률.

등속 자재 이음 ⇨ CV 자재이음.

등속 조인트 [constant velocity joint] 유니버설 조인트의 일종으로서 카르단 조인트의 각속도 변동을 없애도록(등속) 개량한 것. FF차의 구동축에 많이 사용되고 있으며, 파르빌레형 유니버설 조인트, 제파형 유니버설 조인트, 벤딕스 와이스형 유니버설 조인트 등이 있다.

등압선 [isobar] ① 물체의 상태량 중에서 압력을 일정하게 유지하여 물 체의 온도와 체적과의 관계를 나타낸 선. ② 기압이 같은 지점을 서로 이어 맺은 곡선. 천기도 위에서의 고기압이나 저기압의 분포 상태를 나타내기 위하여 2밀리바(mbar)마다 줄을 그린다.

등온 변화 [isothermal change] 기체의 온도를 일정하게 유지하면서 그 압력 또는 체적을 변화시키는 일. 완전 가스에 있어서는 등온 변화의 경우 압력 P, 체적 V사이에 PV= 일정의 관계가 성립된다.

등온 압축 [isothermal comperession] 기체의 온도를 일정하게 유지하 면서 압축하는 상태.

등온 팽창 [isothermal expansion] 기체의 온도를 일정하게 유지하면서 팽창하는 상태.

등용도 〔等容度〕 엔진의 이론 사이클의 하나인 사바테 사이클로서 압축 행정이 끝난 시점에서 연소실 내의 압력과 최대 압력의 비(比)를 말한 다.

등판 성능 〔登板性能〕 자동차가 어느 정도 구배(句配)까지 오를 수 있 는가의 능력을 말한다. 적차 상태의 차량이 저속(low)기어로 오를 수 있는 최대의 구배를 최대 구동력에서 계산하여 구하며, $\sin\theta$, $\tan\theta$ 등의 값으로 나타낸다. 실제로 등판 성능이 문제가 되는 산악도로의 주행에서는 지대가 높아짐에 따라 엔진의 출력 저하, 타이어와 노면상태, 구동륜에 걸리는 하중의 변화 등으로 말미암아 자동차가 오를 수 있는 언덕의 구배는 크게 달라진다.

DBW [drive by wire] ⇨ 드라이브 바이 와이어.

DC ⇨ 직류.

DC―DC [Direct Current Discharge Converter] 다이렉트 커런트는 '직류', 디스차지는 '방전하다', 컨버터는 '변환기, 변류기'의 뜻. 다이렉트 커런트 디스차지 컨버터는 축전지에서 직류 전류가 발진 회로에 공급되면 발진 회로는 교류로 변환되어 승압되며, 이것을 다시 다이오드를 통하여 직류로 변환시켜 콘덴서로 방출하는 장치이다.

DC 림 [drop center rim] ⇨ 드롭 센터 림.

DC 발전기 [direct current generators] DC 발전기는 계자 철심에 남아 있는 잔류 자기를 기초로 하여 발전기 자체에서 발생한 전압으로 계자 코일을 여자하는 자려자 발전기로서 자석을 고정하고 도체를 회전시킨다. 발전기는 벨트를 통하여 엔진에 의해 구동된다. DC 발전기는 계자 철심, 계자 코일, 전기자, 정류자 등으로 구성되어 있다.

DC 발전기 조정기 [generator regulator] 발전기 조정기는 발전기에서 발생되는 전류, 전압을 제어하여 발전기 및 전장품을 보호한다. 발전기의 출력은 엔진의 회전수가 증가됨에 따라 전류나 전압이 증가되기 때문에 발생 전압이 전장품의 허용 전압보다 높으면 전장품이 타거나 고장이 생기고 발생 전류가 발전기 출력 전류보다 많으면 발전기가 손상된다. 따라서 발전 조정기를 설치하여 방지해야 하며, 어느 형식이나 계자 코일에 흐르는 전류를 제어하여 발생되는 전류를 조절하게 된다. DC 발전 조정기는 전압 조정기, 전류 조정기, 컷아웃 릴레이의 3 유닛으로 되어 있다.

전류조정기
전압조정기
컷아웃릴레이
배터리단자 발전기단자 필드단자

DIS [direct ignition system] 다이렉트 이그니션 시스템의 명칭. 캠 샤프트 선단에 크랭크 각 센서를 설치하여 기통별로 피스톤의 위치를 검출하게 되어 있다. 그리고 엔진을 제어하는 컴퓨터에 의하여 점화시기가 결정되면 각 기통마다 설치된 이그니션 코일에서 스파크 플러그에 고압의 전류가 흐르게 되어 있다.

DIN [deutsche industrie normen] ⇨ 독일 국가 규격.

DS [diesel severe] 고온, 고부하, 발차, 정지가 연속적인 차량 및 유황분이 많이 함유된 연료를 사용하는 차량 또는 터보차저 설치 엔진, 마멸이나 침전물이 많은 차량에 사용되는 오일. 가장 가혹한 조건에서 사용하는 디젤 엔진 오일.

DLI [distributorless ignition] 디스트리뷰터가 없는 점화장치. 크랭크 각의 위치를 점검하는 크랭크각 센서에 의하여 기통별로 피스톤의 위치를 검출하고 엔진을 제어하는 컴퓨터에 의하여 점화 시기를 결정한다. 2기통당 1개 설치된 이그니션 코일에서 스파크 플러그로 고압전류가 보내지도록 되어 있다. 더욱이 점화 코일은 2기통을 동시에 점화시키며 이러한 시스템을 동시 점화 시스템이라고 불리운다.

DM [diesel moderate] 침전물이나 마멸이 많은 보통의 연료를 사용하는 차량 및 엔진 운전 온도가 약간 높고 중부하 상태의 차량에 사용하는 오일. 중간 조건에서 사용되는 디젤 엔진 오일.

DOHC [double over head cam shaft] 실린더 헤드에 2개의 캠 축을 설치하여 흡입 및 배기 밸브를 작용시키는 엔진으로 트윈 캠이라고도 한다. DOHC 엔진은 SOHC 엔진보다 고출력이므로 고속 회전에서는 출력과 토크가 증가하지만, 저속 회전에서는 엔진의 출력과 토크가 작아지는 특징을 가지고 있다. ⇨ 더블 오버헤드 캠 샤프트.

DON [distribution octane number] ⇨ 디스트리뷰션 옥탄가.

DZ ⇨ 제너다이오드(zener diod).

D 제트로닉 [D-jetronic] D는 독일어의 druck(드루크) 머리 글자로서 압력 또는 기압의 뜻으로 엔진의 회전 속도와 흡기 다기관의 압력에 의해 연료 분사량이 결정되는 장치이다. 배전기는 적절한 순간에 접점이 캠에 의하여 개폐작용을 하는데, 접점이 닫힐 때 점화 신호를 컴퓨터에 입력하면 인젝터수의 1/2에 축전지 전원을 연결하여 연료를 흡기 다기관 내에 그룹 분사하도록 되어 있다.

DG [diesel general] 유황분이 적은 연료를 사용하는 차량 및 정상 운전 온도 유지, 침전물 발생이 적은 차량에 사용하는 오일로 산화 방지제,

방청제, 청정제가 포함되어 있다. 가장 좋은 조건에서 사용되는 디젤 엔진 오일.

DT 림 [divided type rim] ⇨ 2분할 림.

디개서 [degasser] 자동차의 주행 속도를 감속할 때 농후한 혼합기가 공급되지 않도록 하는 장치. 자동차를 고속으로 주행중 감속을 위하여 액셀러레이터를 놓았을 때 스로틀 밸브 밑에 발생되는 높은 진공을 다이어프램에 작용시켜 아이들 포트에서 연료가 분출되지 않도록 하는 공해 방지장치.

디그리스 [degrease] 도장할 표면으로부터 그리스를 닦아 제거하는 것.

디더 [dither] 떨림 현상. 자동 변속기, 동력 조향장치 등에 사용되는 스풀 밸브의 마찰이나 고착현상 등의 악영향에 의해 발생되는 비교적 높은 주파수의 진동을 말한다.

디덴덤 [dedendum] 피치 원에서 이뿌리 원까지의 거리.

디렉셔널 인디케이터 램프 [directional light] ⇨ 턴 시그널 램프(turn signal lamp).

디렉셔널 패턴 [directional pattern] 타이어의 회전 방향에 따라 특성이 다르며, 지정된 방향으로 회전하도록 자동차에 부착할 필요가 있는 트레드 패턴이다. 트레드 홈의 방향이나 배치를 고안하여 주로 젖은 노면에서 배수 효과를 좋게 하거나, 코너링 성능을 높일 목적으로 사용되는 일이 많다.

디머 스위치 [⑧dimmer switch, ⑧dip switch, dipper switch] 디머는 감광(減光)하는 것을 의미하며, 헤드 램프의 빔을 하이빔에서 로빔으로 또는 역으로 전환하기 위한 스위치로 턴시그널 스위치와 일체로 되어 있는 것이 많다.

디바이더 [divider] 분할기(分割器). 제도나 판금에서 금긋기에 주로 선분을 분할하거나 등분하는데 사용하는 기구를 말한다.

디셀러레이션 밸브 [deceleration valve] ⇨ 앤티 백 파이어 밸브.

디스어셈블 [disassemble] 따로따로 나눠 헤치다.

디스차지 [discharge] 압력을 해제하다. 밸브를 열어 에어컨의 냉매를 배출시키다. 블리드(bleed).

디스차지 라인 [discharge line] 에어컨의 컴프레서 배출구와 콘덴서의 흡입구를 연결하는 튜브. 이 라인을 통하여 고압의 냉매가 흐른다.

디스차지 에어 [discharge air] 에어컨의 냉동 유닛으로 나오는 컨디셔닝 된 공기.

디스차지 프레셔 [discharge pressure] 에어컨의 컴프레서에서 배출되는 냉매의 압력. 하이 프레셔(high pressure)라고도 한다.

디스크 [disc, disk] 원판. 자동차에서는 ① 브레이크 디스크 ② 클러치 디스크 ③ 휠의 허브와 림에 부착하는 등 편평한 원판 모양의 부품.

디스크 로터 [disc rotor] 디스크 브레이크의 주요 컴포넌트로서, 주철제의 원판을 가리킨다. 그 마찰면의 중앙 부분이 철제이면 솔리드 디스크라 하며, 보통 그 두께는 10~15mm 정도이다. 디스크 로터는 운동 에너지를 열 에너지로 바꾸는 것이므로, 그 온도는 400℃ 이상일 수도 있으며, 냉각을 좋게 하기 위하여 마찰면과 마찰면 사이에 냉각 구멍을 뚫어 놓은 것이 벤틸레이티드 디스크이다. 디스크 로터는 지름이 클수록 큰 제동력을 발생하지만, 로터는 캘리퍼와 함께 차륜(휠)속에 들어 있으므로 그 외경을 무조건 크게 할 수 만은 없다. ⇨ 브레이크 디스크.

디스크 브레이크 [disc brake] 차륜과 일체로 회전하는 원판형의 디스크에 마찰재를 부착한 브레이크 패드로 양쪽으로부터 조여 제동력을 발생하는 브레이크. 디스크를 강하게 조이는 패드는 피스톤에 의하여 누르는데 패드와 피스톤을 수용하고 있는 디스크 브레이크의 주요 부품을 캘리퍼라고 한다. 한 개의 바퀴마다 두 개의 피스톤을 가지고 있어 양쪽으로부터 디스크를 조이는 타입을 어포즈드 피스톤형(대향 피스톤형), 피스톤이 하나밖에 없어 반대편의 패드를 그 반력으로 디스크에 누르는 것을 플로팅형 캘리퍼(부동 캘리퍼형)라고 한다. 디스크의 마찰면이 공기 중에 노출되어 있으므로 냉각이 양호하고, 고온이 되어도 드럼 브레이크처럼 제동력이 떨어지거나 페달 반응이 변하는 일이 없다.

브레이크 캘리퍼

브레이크 디스크(디스크 로터)

디스크 브레이크 캘리퍼 [disc brake caliper] 일반적으로 단순히 캘리퍼라고 하며, 디스크 브레이크의 디스크에 브레이크 패드를 밀어붙이기 위한 피스톤과 실린더를 내장한 부품으로서 너클 스핀들에 부착되어 있는 것. 캘리퍼는 콤파스와 닮은 형태이며 물건의 두께를 측정하는 기구.

디스크 브레이크 패드 [disc brake pad] 디스크 브레이크의 부품으로 디스크에 밀어붙여져 마찰력을 발생하는 것. 디스크에 접촉하는 라이닝(마찰재)과 이것을 유지하는 쇠붙이로 되어있다. 라이닝에는 단열재로서 우수한 기재(基材)인 아스베스토(석면)가 많이 사용되고 있으며, 이것이 인체에 유해하다고 하여 세계적으로 탈(脫) 아스베스토화의 움직임이 있다. 석면을 사용하지 않는 메탈 패드나 유리섬유를 주원료로 하는 아라미드 섬유를 섞은 패드 등이 개발되어 있다. 드럼 브레이크 보다 작은 면적으로 큰 제동력을 얻을 필요가 있으므로 보다 고부하·고온에 견딜 수 있는 재료가 연구되고 있다.

디스크 휠 [disc wheel] 타이어를 유지하는 림과 자동차의 허브에 부착되는 금속판을 합쳐 디스크 휠이라고 한다. 타이어는 디스크 휠에 장착한 후 공기를 넣고 나서야 비로소 그 기능을 발휘하는 것이며, 타이어에 작용하는 힘은 모두 디스크 휠을 통하여 자동차에 전달된다는 것은 말할 필요도 없다. 근년에 디스크 휠의 중요성이 재인식되어 경량으로서 강성이 높은 알루미늄이나 마그네슘 등, 경금속의 합금을 소재로 한 휠이 많이 사용되게 되었다. 림과 디스크가 일체로 된 것을 원피스 휠, 림과 디스크를 조합한 것을 투피스 휠, 2매의 디스크를 사용한 것을 스리피스 휠이라고 한다. ⇨ 캐스팅 휠.

디스트리뷰션 옥탄가 [distribution octane number] 가솔린의 옥탄가로 실험실 옥탄가 측정법의 하나인 디스트리뷰션법에 의하여 얻어진 것. CFR엔진의 흡기 매니폴드에 냉각장치를 부착하여 리서치법에 따라 측정한 것으로 다기통 엔진에서 가솔린의 앤티노크성을 나타낸 것. DON이라고 약한다.

디스트리뷰터 [distributor] 배전기. 디스트리뷰터는 분배한다는 의미로서 점화 코일에 발생한 고전압의 전류를 하이텐션 코드를 통하여 각 실린더에 설치되어 있는 스파크 플러그에 타이밍이 좋게 분배하는 장치. 전류의 분배장치, 이그니션 코일에 고전압을 발생시키기 위한 전류를 단속하는 장치(브레이커), 엔진의 회전에 따라 점화시기를 조정하는 장치(진각장치)로 구성. 엔진의 크랭크 축 또는 캠 축에 부착되어 엔진 회전의 1/2속도로 회전하고 있다.

디스트리뷰터리스 점화장치 [distributorless ignition] 디스트리뷰터리스 점화장치는 배전기가 없는 점화장치로서 정확한 점화 시기를 검출하는 센서를 설치하여 감지하는 신호를 컴퓨터로 보내어 점화 2차 고전압의 전류를 발생시켜 점화 코일에서 직접 스파크 플러그에 보내는 점화장치이다. 따라서 점화 코일을 스파크 플러그 가까이 설치할 수 있어 고압 케이블의 저항에 의한 실화를 방지하며, 고압 배전으로 인한 전파 방해가 일어나지 않는다. 특히 원심식 및 진공식 진각장치의 기계적 소음과 단속기 암 스프링의 피로에 의한 영향이 적어 고속 회전에서 늦어지기 쉬운 점화를 확실히 행하는 시스템이다. 다이렉트 이그니션 (DLI) 시스템이라고도 불리운다.

디스펜서 [dispenser] 일반적으로 커다란 뭉치로부터 필요량만을 세분하는 도구를 가리킴. ① 퍼티용 디스펜서는 압축 공기의 힘으로 원하는 만큼의 퍼티와 거기에 알맞는 경화제를 밀어낸다. ② 마스킹 페이퍼 디스펜서는 폭이 다른 마스킹 테이프 2~3종류와 테이프가 세트되어, 필요한 만큼의 페이퍼를 뽑아내면, 자동적으로 테이프가 달라붙은 상태가 된다. ③ 그 밖에 샌딩 페이퍼용, 종이걸레용 등의 디스펜서가 사용된다.

디젤 노크 [diesel knock] 디젤은 경유. 노크(knock)는 '부딪치다, 마주치다, 덜컥 덜컥 소리를 내다'의 뜻. 디젤 노크는 착화 늦음 기간중에 분사된 다량의 연료가 화염 전파 기간중에 일시적으로 연소되어 실린더 내의 압력이 급격히 상승되어 피스톤이 실린더 벽을 타격하는 것. 디젤 노크(knock)를 방지하려면 착화 지연 기간을 짧게 하고 세탄가가 높은 연료를 사용하며, 실린더 내의 온도 및 압축비를 높여야 한다. 또한 흡입 공기의 온도 및 연소실 벽의 온도를 높이고 분사 시기를 TDC 부근까지 느리게 한다.

디젤 사이클 [diesel cycle] 내연기관의 열사이클의 하나. 「R. 디젤」에 의하여 최초에 고안된 엔진에 적용된 사이클이며, 압축 행정에 해당하는 열의 출입이 없는 압축(단열 압축 ; 斷熱壓縮), 팽창 행정에 해당하는 압력은 일정하며 용적만이 커지는 연소(등압 연소 ; 等壓燃燒)와 열의 출입이 없는 팽창(단열팽창)을 되풀이 하는 것으로서 일반적으로 종축(種畜)에 연소실의 압력, 횡축(橫軸)에 체적(體積)을 나타낸 그림으로 나타낸다. 디젤 사이클은 연소에 의한 작동 유체의 압력이 일정하기 때문에 정압 사이클, 또는 연소할 때 압력이 급상승하지 않으므로 연소 사이클(combustion cycle)이라고도 부른다. 저속 또는 중속 디젤 엔진에 이용되며 공기 분사식이다.

디젤 스모크 [diesel smoke] 디젤 엔진에서 배출되는 연기로서 검은색과 흰색이 있음. 검은 연기는 탄소의 미립자에서 발생되는 그을음이며, 액셀페달을 깊이 밟았을 때 나오기 쉽다. 연료가 다량으로 연소실에 분사되었으나 완전 연소하기 위한 산소가 부족할 때 나오기 쉽다. 흰

연기는 연료가 타지 않고 미립자로 되어 배출되는 것으로서 기온이 낮은 곳에서 엔진을 시동할 경우에 많이 발생된다. 디젤 스모크에는 그을음, 그을음에 부착되고 있는 SOF, 금속의 미립자 등이 포함되어 있다.

디젤 엔진 [diesel engine] 독일의 디젤이 1892년에 발표한 논문을 기본으로 개발된 엔진으로서 약 40기압으로 연소실 내에 압축된 500~550℃정도의 공기 중에 100~300기압이라고 하는 높은 분사압력으로 연료를 분사하여 동력을 얻는 것. 가솔린 엔진의 출력 조정은 흡입하는 공기와 연료의 양에 따라 행하는 것이지만 디젤 엔진은 연료의 분사량만으로 파워를 컨트롤하므로 연료 분사 시스템과 연소실 형상(形狀)이 가장 중요한 요소이다. 연료 분사 방식에 따라 직접 분사식과 부연소실식으로 되어 있고, 연소실에 따라 와류실식(渦流室式), 예(予)연소실식, 공기실식으로 분류된다. 디젤 엔진은 공기의 압축열로 분사된 연료가 자기 착화를 일으켜 열에너지를 기계적 에너지로 바꾸며 CI 엔진이라고도 부른다. 장점으로는 가솔린 엔진에 비해 엔진의 열효율이 높고 연료 소비량이 적으며, 인화점이 높아 화재의 위험이 적다. 또한 배기가스에 함유되어 있는 유해 성분이 적고 회전력의 변동이 적다. 그러나 마력당 중량이 무겁고 평균 유효 압력 및 회전 속도가 낮으며 진동 소음이 큰 단점이 있다.

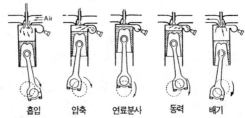

흡입　　　압축　　　연료분사　　　동력　　　배기

디젤 지수 [diesel index] 디젤 엔진에 사용되는 연료의 착화성이 좋은 정도를 나타내는 지수(指數). ⇨ 세탄 지수.

디젤 파티큘레이트 [diesel particulate] 파티큘레이트는 작은 입자를 말하며, 디젤엔진에서 배출되는 그을음, 연료나 오일에 붙은 찌꺼기 등 미립자의 총칭. 1982년부터 미국에서는 배출량이 규제되고 있음.

디젤 파티큘레이트 필터 [diesel particulate filter] 디젤 엔진의 배출가스 중 디젤 파티큘레이트를 제거하기 위한 여과장치(필터). 세라믹을 폼(foam;거품)형태로 성형한 폼 필터나, 금속의 가는 선 등으로 만들어진 여과재료로서 파티큘레이트를 제거한다. 그러나 현재의 기술로는 비교적 단기간에 필터를 교환해야 하는 불편함이 있지만, 수명이 긴 필터트랩이 개발되고 있음.

디젤링 [dieseling] 가솔린 엔진에서 스파크 플러그로 점화하므로써 팽창 행정이 시작되는 엔진으로서, 점화를 멈추어도 엔진이 회전을 계속하는 현상. 가솔린 엔진에서 고속의 연속 주행 등으로 엔진이 과열 징조의 상태에서 키를 OFF로 했을 때 일어날 수 있으며, 과열된 스파크 플러그나 연소실 내에 부착된 카본 등이 발화원이 되어 자연 발화하는 것. 디젤 엔진은 점화없이 움직인다 하여 이러한 이름이 붙혀진 것이다. 영어로는 「auto-ignition, run-on, self-ignition」 등의 말이 사용되고 있다.

디지털 [digital] ① 연속적이 아닌 단계적 또는 모양으로 표시된 데이터 또는 물리량을 의미하는 용어. ② 부호가 주어진 이산적(離散的)인 수의 정보.

디지털 미터 [digital meter] 수량을 숫자로 나타내는 미터. 디지털은 「손가락을 사용하여」라는 뜻의 형용사이며, 수량을 숫자로 나타내는 방법을 말한다. 발광 다이오드, 형광표시관이나 액정이 사용되고 있다. ⇔ 아날로그 미터(analogue meter).

디지털 신호 [digital signal] 수량을 나타낼 때 연속적이 아니고 단계적인 숫자로서 표시하는 신호로서 전자제어 계통에서 많이 이용되고 있다.

디컴프 [decomp] ⇨ 디컴프레션(decompression).

디컴프레션 [decompression] 디젤 엔진에서 실린더의 압력을 빼는 장치로서 밸브가 로커암에 부착되어 있다. 엔진 시동시에 디컴프레션을 사용하여 회전을 올린 후에 이것을 해제하여 시동성을 좋게 하거나, 운전중 디젤 엔진을 정지시키는데 사용되며 감압장치, 디컴프라고도 한다.

디텐트 [detent] 샤프트, 레일, 로드 등에 작고 움푹한 홈이 만들어져 있는 것으로 샤프트, 레일, 로드 등이 움직여질 때 폴(pawl) 또는 볼이 그 안에 내려 앉게 되어 있다. 이로 인해 로킹 효과가 얻어짐.

디텐트 가속 [detent acceleration] AT차의 가속 방법으로서 디텐트는 회전의 멈춤 또는 되돌리기의 멈춤을 의미하며 킥다운 하지 않고 기어가 한단 밑으로 되돌아가기 직전의 스로틀 밸브 개도(열리는 정도;開度)를 유지하면서 가속하는 것.

디텐트 플레이트 [detent plate] AT의 실렉터 레버를 유지함과 동시에

절도있는 변속이 될 수 있도록 실렉터 레버 밑부분에 부착되어 홈이
파여져 있는 판을 말한다.

디파처 앵글 [departure angle] 자동차의 후부 하단으로부터 타이어의
트레드 면에 접하는 가상 평면과 노면이 이루는 각도 ⇔ 어프로치 앵
글.

디퍼렌셜 기어 [differential gear] 차동장치를 말한다. 선회하는 자동차
의 구동륜에서 외측의 타이어를 빨리, 내측의 타이어를 느리게 회전시
켜 타이어에 무리가 되지 않도록 하기 위한 장치이다. 파이널 기어와
일체로 되어 있으며, 4개의 베벨 기어를 마주보도록 구성한 구조로서,
좌우 차축에 연결되어 있는 2개의 기어를 사이드 기어, 다른 2개를 피
니언이라고 부른다. 자동차가 직진하고 있을 때는 파이널 기어와 같이
디퍼렌셜 전체가 하나가 되어 회전하여 좌우의 차축을 같은 속도로 돌
리지만 선회중에는 피니언이 돌아가므로써 좌우 사이드 기어의 회전속
도가 달라져 코너 외측의 타이어가 내측의 타이어보다 빠르게 회전하
는 구조로 되어 있다. 디퍼렌셜은 서로 다르다는 의미의 디퍼런트에서
온 말이다.

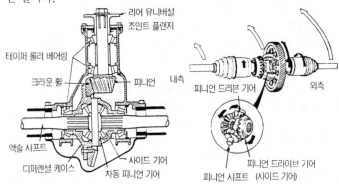

테이퍼 롤러 베어링
크라운 휠
액슬 샤프트
디퍼렌셜 케이스
피니언
사이드 기어
차동 피니언 기어
리어 유니버설 조인트 플랜지

내측
피니언 드리브 기어
외측
피니언 드라이브 기어
피니언 샤프트 (사이드 기어)

디퍼렌셜 밸브 [differential valve] 디퍼렌셜 밸브는 엔진의 회전 속도
가 증감되어 배출구로 통과하는 연료의 양이 많거나 적음에 관계없이
배출구의 압력 차이를 항상 0.102Kg/cm²가 되도록 유지하는 밸브이
다. 엔진의 회전 속도가 1/2로 줄어들면 센서 플레이트의 변화량도
1/2로 줄어들어 압력 차이는 항상 일정하다.

디퍼렌셜 오일 [differential oil] 기어 오일이라고 약해서 부르는 것이 보
통이다. 디퍼렌셜 기어 윤활에 사용되는 오일의 총칭이다. 하이포이드

기어 오일을 포함. 윤활 외에 기어의 냉각이나 방청 역할도 한다. LSD 용으로는 전용의 LSD 오일이 필요하다.

디퍼렌셜 캐리어 [differential carrier] FR차에서 일체로 구성되어 있는 파이널 기어와 디퍼렌셜 기어를 저장하는 케이스를 말한다. 각각에 사용된 기어의 타입과 모양에 따라 여러가지 형태로 만들어지며 가단 주철제(可鍛鑄鐵製)가 주종이지만 알루미늄 합금제도 있으며, 냉각용의 팬을 설치한 것도 있다.

디퍼렌셜 케이스 [differential case] 차동기어 케이스 디퍼렌셜 기어의 사이드 기어와 피니언이 들어있는 케이스로서 피니언 기어가 부착되어 있으며, 종감속 기어의 링기어와 일체로 되어 회전하는 것.

디포거 [defogger] ⇨ 디프로스터.

디포짓 [deposit] ① 용접부의 용착금속(鎔着金屬). ② 연료의 불완전한 연소로 인하여 엔진의 연소실, 피스톤 헤드 등에 부착된 연소 생성물(카본).

디퓨저 [diffuser] 디퓨저는 확산(擴散)한다는 것으로, 유체의 유로(流路)를 넓혀서 흐름을 느리게 하여, 유체의 운동 에너지를 압력으로 바꾸는 장치이다. 자동차에서는 터보차저의 컴프레서 외주(外周)에 부착한 것과, 테일 파이프 선단에 부착하여 보행자 등에게 열해(熱害)를 방지하게 한 것이 있다. 레이싱카에서 다운 포스를 얻기 위하여 플로(언더 보디)의 뒤를 비스듬히 위쪽으로 튀어오르게 한 부분도 디퓨저라고 부른다.

디프로스터 [⑨defroster ㉑demister, screen heater] 유리창에 성에가 끼면 히터를 이용하여 습기를 제거시키고 유리 내에 전기 저항선을 삽입하여 유리창을 따뜻하게 하면, 안쪽이나 바깥에 붙은 서리와 얼음을 녹이는 장치를 말한다. 윈드 실드와 사이드 윈드에는 온풍식이, 리어 윈드에는 전열식이 쓰이는 것이 일반적이다.

디프로스팅 패턴 [defrosting pattern] 창유리의 일부가 물방울이나 서리 등으로 흐려져 있을 때 투명한 부분을 말한다.

디플렉션 스티어 [deflection steer] ⇨ 컴플라이언스 스티어.

디플렉터 [deflecter] 디플렉터는 '비끼다, 편향하다'의 뜻으로 피스톤 헤드부의 한쪽에 돌출부를 설치하여 피스톤이 상승할 때 혼합기의 와류작용, 잔류 가스를 배출, 압축비를 높이는 작용을 한다. 2행정 사이클 엔진의 피스톤에 설치되어 있다.

딜러 옵션 [dealer option] ⇨ 옵셔널 파트.

딜리버리 밴 [delivery van] 소형의 패널 밴을 말함.

딜리버리 밸브 [delivery valve] 딜리버리는 '넘겨주다, 배달하다, 해방 시키다'라는 뜻이 있고, 밸브는 판이라는 뜻. 딜리버리 밸브는 딜리버 리 밸브 홀더에 설치되어 연료의 역류 방지 및 노즐의 후적(後滴)을 방지한다. 플런저의 상승 행정으로 연료의 압력이 $10kg/cm^2$에 이르 면 밸브가 열려 분사 파이프에 송출하고 유효 행정이 완료되어 배럴 내의 압력이 낮아지면 딜리버리 밸브 스프링 장력으로 신속히 닫혀 연 료가 역류되는 것을 방지한다. 또한 밸브가 시트에 밀착될 때까지 내 려가므로 분사 파이프 내의 압력을 저하시켜 분사 노즐에서 후적이 발 생되는 것을 방지한다.

딥 소켓 렌치 [deep socket wrench] 스파크 플러그와 같이 소켓 렌치를 사용할 수 없는 볼트의 렌치를 끼우는 각이 진 부분보다 길게 노출된 부품을 풀고 조이는데 사용한다.

딥드 빔 [dipped beam] 로 빔.

뜨개 회로 [float circuit] 뜨개 회로는 엔진의 회전수와 관계없이 연료의 유면을 일정하게 유지하여 연료가 넘쳐 흐르는 것을 방지하는 회로. 연료의 유면에 따라 오르내리는 뜨개와 연료의 통로를 개폐하는 니들 밸브, 그리고 유면이 출렁거림에 따라 뜨개의 진동으로 니들 밸브가 열려지는 것을 방지하는 스프링으로 구성되어 있다. 유면이 규정보다 낮아지면 뜨개가 내려가면서 니들 밸브를 열어 연료가 공급된다. 또한 유면이 높아지면 뜨개가 올라가 니들 밸브가 통로를 막아 유면을 항상 일정하게 유지되도록 한다. 유면이 낮으면 혼합기가 희박해지고 높으 면 농후해진다.

뜨개실 [float chamber] ⇨ 플로트 체임버.

뜨임 [tempering] 담금질한 강의 내부 응력을 제거하거나 인성(靭性) 을 증가시키기 위한 열처리. 강의 내부 잔류 응력을 제거하고 경도만 을 요구하는 경우에 400℃정도로 가열하여 유(기름)중에서 냉각시켜 트루스타이트 조직으로 변화시키는 저온 뜨임과 인성을 증가시키기 위 해서 600℃로 가열하여 공기 중에서 냉각시켜 소르바이트 조직으로 변화시키는 고온 뜨임이 있다.

라듐〔radium〕 1898년 퀴리 부부가 발견한 방사성 원소의 하나. 우라늄과 함께 피치블렌드(pitchblende)속에 존재하는 것으로서 순수한 것은 얻기 어려운 은백색의 금속. 알파선, 베타선, 감마선의 3가지 방사선을 방사하면서 라돈으로 변하고 마지막에 납이 된다. 물리 화학 시험과 의료용 및 방사능의 표준으로 사용함. 기호는 Ra. 원자번호는 88이다.

라드〔rad〕 ① 탭이나 다이스로 나사를 절삭할 때 사용하는 윤활제. ② 조사(照射)된 물질의 단위질량당 흡수된 방사(放射) 에너지의 흡수선량(吸收線量)의 단위.

라디안〔radian〕 반지름이 동일한 길이로 원호를 이루는 각도. 기호는 rad, 전체 원주는 2π(rad)이며 1rad은 57.29578°이다.

라디에이터〔radiator〕 ① 수냉식 엔진에서 열을 공기 중에 방출하기 위한 장치. 실린더 블록과 실린더 헤드의 냉각수 통로에서 열을 흡수한 냉각수를 냉각한다. 엔진에서 뜨거워진 냉각수를 방열판에 통과시켜 공기와 접촉하게 하여 냉각시키며, 단위 면적당 방열량이 크며 공기 및 냉각수의 흐름 저항이 적고 가벼우며 견고하여야 한다. 보통 자동

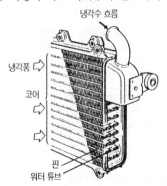

냉각수 흐름

냉각풍

코어

핀
워터 튜브

차 앞쪽에 설치되어 있으며, 바람에 의하여 열을 식히는 구조로 되어
있다. 열전도가 좋은 금속판에 틈새를 두어 겹치게 하고 물이 통하는
튜브를 설치하여 크기비율로 냉각 효과를 높이고 있다. 금속판을 냉각
시킴으로써 튜브에 흐르는 물도 냉각되게 되어 있다. 탱크의 상하에
배치하여 냉각수를 위에서 아래로 흐르는 다운 플로식과 좌우에 탱크
를 두고 냉각수를 옆으로 흐르게 하는 크로스 플로식이 있다. 크로스
플로식은 라디에이터의 높이를 낮게 할 수 있는 장점이 있으나 물의
흐름 저항이 크다. ② 차실 내의 난방에 엔진의 냉각수를 이용하는 장
치로서 열원이 되는 부분.

라디에이터 그릴 〔radiator grille〕 바람에 냉각할 필요가 있는 라디에이
터는 자동차의 전면에 있는 것이 보통이지만, 그 앞에 자동차의 얼굴
이라고 할 그릴(格子의 뜻)이 있다. 종래에는 이 라디에이터 그릴은
자동차 전체의 모양을 결정짓는 중요한 부분으로 간주하여 각 메이커
에서는 개성있는 상품을 개발하였다. 그러나 현재는 공기저항을 줄이
기 위하여, 라디에이터 그릴 그 자체가 적어지고, 경우에 따라 단순한
것까지 나타나고 있다.

라디에이터 서포트 패널 〔radiator support pannel〕 프런트 보디의 선단
에 있는 골격 부재로서 라디에이터, 헤드 램프, 퍼스트 크로스 멤버 등
을 지지하는 패널.

라디에이터 셔터 〔radiator shutter, ⊛radiator blind〕 라디에이터의 통
풍을 제한하는 장치. 겨울철 엔진 냉각액의 온도가 과도하게 하강하지
않도록 하는 것.

라디에이터 압력식 캡 〔radiator pressure cap〕 자동차 냉각장치의 압력
을 0.3~1.05kg /cm²가 되도록 하여 냉각수의 비점을 112°C로 높여
냉각 효율을 향상시키고 냉각수의 증발을 방지한다. 캡에 설치되어 있
는 압력 밸브는 규정 압력 이상이 되면 대기 중으로 방출시켜 냉각장
치를 보호하고 진공 밸브는 압력이 대기압보다 낮을 경우 밸브가 공기
를 흡입한다.

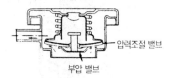

압력조절 밸브

부압 밸브

라디에이터 캡 〔radiator cap〕 라디에이터 뚜껑(캡). 냉각수 주입구의
덮개로서 역할을 하며 현재 자동차 엔진 대부분이 사용하고 있는 가압

냉각시스템에서는 냉각수의 제어도 하며 '압력식 캡'이라고도 불리운
다. 라디에이터 캡은 보통 캡과 압력식 캡이 있으며 현재는 냉각 성능
을 향상시키고 냉각수의 손실이 적은 압력식 캡을 사용하고 있다.

라디에이터 캡 테스터 [radiator cap tester] 라디에이터 캡의 기밀 시험
을 하는 테스터. 시험하는 방법으로는 테스터에 어뎁터를 끼운 다음
라디에이터 캡을 설치하여 테스터기의 펌프를 작동하여 규정의 압력으
로 상승시켜 6초 정도 유지되면 정상이다.

라디에이터 코어 [radiator core] 라디에이터의 냉각수를 냉각시키는 부
분. 냉각수가 흐르는 튜브와 냉각 핀으로 열전도가 좋은 얇은 구리 튜
브 또는 황동의 튜브로 되어 있다. 코어의 막힘률은 20% 이상이면 라
디에이터를 교환한다. 냉각 핀의 종류로는 플레이트 핀, 코루게이트
핀, 리본 셀룰러 핀 등이 있다.

라디에이팅 핀 [radiating pin] 냉각 핀, 방열 핀. ① 공랭식 엔진의 실린
더 블록이나 실린더 헤드 주위에 설치되어 공기의 접촉 면적을 크게
함으로써 엔진에서 발생된 열을 냉각시키는 역할을 한다. ② 브레이크
드럼 외부에 설치되어 제동시에 발생되는 마찰열을 냉각시켜 페이드
현상의 발생을 방지한다.

라디오 [radio] ① 방사(放射)에너지, 특히 전파를 의미하는 접두어. ②
방사능 또는 그것에 관련된 것을 의미하는 접두어.

라디오 컨트롤 [radio control] 무선 전파에 의하여 멀리 떨어진 곳에서
모형을 비롯하여 인공위성, 자동차, 유도 폭탄 등의 무선 조종 등에 사
용하고 있다.

라디칼 [radical] 원자나 분자 내부의 전자가 기저(基底)상태에서 여기
(勵起)된 상태를 나타내는 화학 용어. 다른 전자나 이온에 의해 충돌
되거나 촉매 작용에 의해 여기되어 다른 물질과 반응하기 쉬운 상태.

리머 궤도 [Larmor orbit] 일정한 자기장 중에서 하전 입자가 원운동을
할 때에 그리는 궤적(軌跡). 입자의 각 운동량 벡터가 자기장 벡터의
방향과 일치하는 것과 같은 감쇠력을 받으면 나선궤도를 그리고 궤도
의 반지름이 점차적으로 작아진다.

라멧 [ramet] 고경도(高硬度)의 Tic를 주성분으로 하는 소결 탄화물
(燒結炭化物)의 합금 공구 상품명.

라미네이티드 [laminated] 여러 겹의 얇은 층.

라벨 연비 [label combustion ratio] 미국에서 시판되고 있는 자동차의
모델에 대하여 공식적으로 부르는 연비. 자동차에 그 수치가 기입된
상표(라벨)에서 이러한 명칭이 붙었음.

라우탈 [Lautal] Al 4% + Cu 5% + Si의 규소계 주조용 알루미늄 합금으로 유동성이 좋고 열처리를 할 수 있으며 기계적 성질이 양호하다. 실린더 헤드, 펌프 케이싱, 밸브 보디 등에 사용한다.

라이너 [liner] ① 실린더 라이너와 같이 마찰을 감소시키고 내식성, 내산성, 내마모성이나 고열의 발생을 방지하기 위하여 적절한 재료를 본체면 안쪽에 설치한 것을 말한다. ② 엔진의 평면베어링과 같이 셸에 베어링 재료를 녹여 붙인 것으로 베어링 두께를 말한다.

라이너리스 알루미늄 블록 [linerless aluminium block] ⇨ 올 알루미늄 실린더 블록.

라이드 레이트 [ride rate] 타이어를 포함한 서스펜션의 스프링 정수. 타이어가 휘어짐을 무시한 휠 레이트와 비교하여 사용하는 용어.

라이브 [live] ① 에너지를 부여하여 대지와 다른 전위 상태로 충전된 기기나 장치의 상태를 말하는 언어. ② 생방송을 하는 것.

라이선스 플레이트 [license plate] 자동차 앞, 뒤에 설치된 번호판으로 뒤쪽에 설치된 번호판의 왼쪽 볼트에 봉인되어 있다. 자동차 등록 번호표의 종류는 소형, 보통, 대형으로 구분하며, 차종별 기호, 용도별 색깔이 다르게 되어 있다.

라이선스 플레이트 라이트 [license−plate light] 번호등. 주로 미국영어 ⇨ 넘버 플레이트 램프.

라이선스 플레이트 램프 [license plate lamp] 번호등.

라이저 [riser] 주형의 높은 곳이나 탕구에서 먼 곳에 설치하며, 주형에 용융금속을 주입하여 넘쳐 흐르게 하므로서 주형에 가득 채워진 것을 확인할 수 있도록 한다. 주형의 가스나 수증기를 배출시키는 가스 배출기 피더 역할도 한다.

라이저 실 [riser room] 흡기 가열을 실시하기 위하여 배기 다기관과 흡기 다기관의 접속 부분에 설치된 공간. 온도가 낮은 상태에서는 라이저 실에 배기가스를 유도하여 흡기다기관을 따뜻하게 하고 온도가 상승하면 히트 컨트롤 밸브에 의하여 배기가스의 유입을 멈추게 되어 있는 것이 일반적이다.

라이즈 업 [rise up] 와이퍼가 정지할 때 작동 범위보다 더 큰 각도로 윈드실드의 하단까지 움직여서 정지되어 시계(視界)를 방해하지 않도록 한 것. 라이즈 업은 밀어올리는 것.

라이트 밴 [light van] 화물실이 상자형으로 되어 있고 운전실과 일체로 되어 있는 소형밴. 화객 겸용 자동차 ⇨밴.

라이트 에미티드 다이오드 [light emitted diode] 발광 다이오드. 순방향으로 전류를 흐르게 하면 빛을 발생하는 다이오드로서 방전광 등보다 낮은 전압에서 발광하며 백열 전구보다 전력 손실이 적으며 적색, 녹색, 오렌지색 등이 있다.

라이트 컨트롤 시스템 [light control system] 램프의 점등. 소등 또한 빔의 변환을 자동적으로 행하는 시스템. 포토 다이오드 등 광센서를 이용하면 날씨가 어두워질 때, 테일 램프가 야간 또는 터널에 진입하였을 경우 헤드 램프도 점등된다. 빔의 변환은 대향차의 헤드램프를 감지하고 행한다.

라이트 필터 [light filter] 스펙트럼의 어떤 범위 안에 드는 광선만을 통과시키기 위한 장치. 색 유리 또는 특수 유리, 색소로 염색한 젤라틴 막. 유리 용기에 넣은 색소 용액 등이 사용된다.

라인 드라이버 [line driver] 논리 회로의 출력에 의해 전송 케이블, 표시 램프, 계전기, 기억장치, 전동기 등의 부하를 구동할 때 양자간에 필요한 전력을 공급하고 고속으로 제어할 수 있는 속도, 전력곱(電力積)을 가진 구동 전용의 게이트. 논리 회로의 로딩을 감소시키고 오동작을 방지하는 효과도 있다.

람다 센서 [λ sensor] 산소 센서를 말함. λ는 연소 이론에 사용할 경우, 공기과잉률(연료를 완전 연소시키는데 필요한 공기량과 실제 공급되는 공기량의 비율)을 보이며 이론상 연료가 완전 연소하는 이론공연비에 있어서는 $\lambda=1$이 된다. 산소 센서는 λ를 점검하는 센서이므로 람다 센서라고 한다.

람다 컨트롤 [λ control] 공연비를 피드백 제어하는 것. 람다(λ)는 공기과잉률을 기호로 표현한 것으로 이론상 연료가 완전 연소하는 이론 공연비에 있어서는 $\lambda=1$이다. 삼원촉매를 사용하여 배기정화를 행하고 있는 엔진에서는 산소센서를 사용하여 항상 λ가 1이 되도록 흡입 공기량과 엔진의 회전수에서 계산된 적정 연료를 공급하고 있다. 일정한 운전 상태에서는 문제가 없지만 엔진 회전수가 변화하는 과도한 상태나 고부하시에는 λ의 값이 1보다 큰 진한 혼합기가 필요하므로 미리 컴퓨터에 여러가지 엔진의 부하 상태에 따라 가장 적합한 λ값을 기억시켜 공연비를 컨트롤하여 연비와 출력의 밸런스를 맞추는 것.

래더 빔 [ladder beam] 베어링 캡과 오일 팬 레일을 일체로 제작한 것으로서 크랭크 축을 끼워 실린더 블록에 장착되어 있다. 강성이 높은 사다리 모양의 구조로 되어 있다해서 이 명칭이 붙었다. 유럽 자동차 엔진에 많이 사용되고 있다.

래시 어저스터 [lash adjuster] 통상적으로 밸브 래시 어저스터 또는 하이드롤릭 래시 어저스터라고 불리운다. 밸브 클리어런스를 자동으로 조정하여 간극을 없애는 기구를 말한다. 오일로 충만된 실린더 내에 구멍이 있는 플런저를 설치하고 이 구멍을 강구(鋼球 : 체크 볼)로 막는 구조로 되어 있으며, 스프링에 의하여 일정한 상태로 유지되고 있다. 캠의 로브가 리프터를 밀고 계통 전체가 밸브 스템을 밀지만, 이때 플런저 주위에 작은 양의 오일이 흐른다. 즉, 오일이 움직이고 있는 상태로 힘이 전달되므로 밸브 리프터는 항상 캠에 밀착하여 움직여, 로브의 모양에 따라 정확히 작동한다. 로브가 통과하고 힘이 제거되면 체크 볼이 열려서 오일이 보충되고, 스프링의 힘에 의하여 계통은 원래의 상태로 되돌아간다. ⇨ 하이드롤릭 래시 어저스터.

래칫 [ratchet] 톱날과 같이 방향성을 가진 톱니와 이것과 맞물린 멈춤쇠를 사용하여 멈춤쇠의 작동에 따라 한쪽 방향으로만 보내거나 혹은 역방향으로 움직이지 않도록 하는 기구. 톱니를 보내는 역할을 하는 멈춤쇠를 클릭(click), 역전을 막는 멈춤쇠를 폴(pawl)이라 한다.

래칫 핸들 [ratchet handle] 방향을 변경하는 기구가 설치되어 필요한 한쪽 방향으로만 회전시킬 수 있는 공구로서 소켓 렌치를 결합하여 사용한다.

래칫 형식 조정장치 [ratchet type adjuster] 래칫 형식 조정장치는 브레이크 드럼 간극이 클 때 전진에서 브레이크를 작동시키면 브레이크 슈가 조정용의 편심륜을 회전시키는 레버를 당겨 스트럿 바에 설치된 래칫과의 상대 위치를 변화시켜 드럼 간극을 자동적으로 조정하는 형식이다.

래커 [lacquer] 질산 섬유소(NC)를 주성분으로 한 휘발성 도료를 래커라고 한다. 1액용제증발형 도료의 총칭으로도 쓰임. 또한, 과거에는 자동차 도장의 대부분이 래커계 도료를 사용하고 있었기 때문에 자동차 도장 전반(全般)을 가리켜 사용하는 수도 있음.

래커 에나멜 [lacquer enamel] 금속 또는 목재면의 유색 불투명한 도장에 적합한 휘발 건조성 도료. 초산 셀룰로스, 수지, 가소제 등을 용제에 녹여서 만든 용액에 안료를 분산시켜 만든 것.

래크 [rack] 기어 이가 축에 평행하게 만들어진 기어로서 피니언의 회전 운동을 직선 운동으로 바꾸는데 사용된다. 자동차의 조향장치, 디젤 연료 분사펌프 등에 사용되고 있다.

래크 & 피니언 [rack & pinion] 작은 기어와 래크에 의한 스티어링 장치. 스티어링 휠에 결합되어 있는 스티어링 샤프트의 선단에 작은 기어(피니언)가 있고, 피니언은 톱니를 가진 환봉(래크)에 물려 있다. 스티어링 핸들을 회전시키면 피니언이 회전하여, 래크를 좌우로 움직인다. 이 래크의 움직임을 타이로드로 바퀴에 전달하여, 바퀴가 좌우로 방향을 바꾼다. 이것은 구조가 간단한 것으로 강성이 강하고, 확실한 스티어링 감각을 얻을 수 있다. 그리고 공간을 차지하지 않는 점도 있어 FF차에 많이 사용되고 있다. 또한, 확실한 조향감각이 얻어지므로, 고성능 자동차용이라고 할 수 있다. 그러나 노면으로부터 킥백이 큰 것이 단점이다.

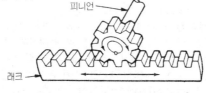

피니언

래크

래크 앤드 피니언 링크식 스티어링 링크장치 스티어링 링키지의 하나로서 래크 앤드 피니언식 스티어링 기어 좌우의 끝 혹은 중간 부분에 좌우 너클 암이 연결되는 타이로드를 연결하여 조향을 실시하는 방식의 장치.

래크 앤드 피니언식 스티어링 기어 [rack and pinion type steering gear] 스티어링 기어 형식의 일종. 스티어링 샤프트의 끝에 피니언(작은 톱니바퀴)을 설치하여 막대에 톱니를 새긴 래크(rack)와 맞물리고, 피니언의 회전을 래크의 옆방향으로 움직이면서 중간에 둔 로드(rod)를 거쳐 휠의 방향을 변경시키는 것. 구조가 간단하고 가벼우며 스티어링의 강성이 높아 응답성이 양호하고 예민한 조향감을 얻을 수 있다. ⇔ 리서큘레이팅 볼식 스티어링 기어.

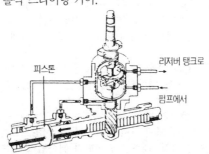

피스톤

리저버 탱크로

펌프에서

래터럴 런아웃 [lateral runout] (타이어의) 옆 흔들림 ⇨ 런아웃.

래터럴 로드 [lateral rod] 래터럴이란 횡방향을 의미하는 말로서, 좌우 방향의 움직임을 규제하기 위하여 차축과 프레임 사이를 가로지른 막대. 래터럴 로드도 그 부착 위치에 따라 액슬의 움직임이 변화하고, 새로운 설계에서는 수평으로 배치하여, 좌우 바퀴의 움직임을 같게 하기도 하고, 타이어의 중심선상에 부착하여 서스펜션에 비틀림이 걸리지 않도록 한 것도 있다. 패널 로드라고도 한다.

래터럴 컨트롤 포스 [lateral control force] ⇨ 코너링 포스.

래터럴 포스 [lateral force] ⇨ 사이드 포스.

래터럴 포스 디비에이션 [lateral force deviation] 타이어를 차축과 노면 사이의 거리를 일정하게 하고 회전시켰을 때 접지면에 발생하는 힘 가운데 옆으로 향하는 성분의 평균치로서 LFD라고 약한다. 특히, 강성이 높은 벨트를 가지며 코너링 스티프니스가 큰 레이디얼 타이어에서는 약간의 균일성(uniformity)이 뒤틀어짐에 따라 접지면에 힘이 발생하기 쉽다. LFD는 타이어를 회전 방향에 관계없이 일방향으로 발생하는 코니시티, 벨트가 가장 외측의 플라이 방향과 각도의 영향을 받고 발생하는 플라이 스티어와의 합력으로서 자동차의 직진성에 영향을 준다.

래터럴 포스 베리에이션 [lateral force variation] 타이어를 차축과 노면 사이의 거리를 일정하게 하고 회전시켰을 때 접지면에 발생하는 힘의 변동(포스 베리에이션) 중 횡방향(래터럴)의 성분을 말하며 LFV로 약한다.

래틀링 노이즈 [rattling noise] 기계식 변속기의 중립상태에서 클러치를 연결하면 발생되는 잡음. 엔진의 회전 변동이 변속기 내의 기어에 전해져 기어의 이빨이 부딪치면서 발생되는 소리. 3속 이상의 변속 위치로 가속 또는 감속중에 발생되는 덜거덕거리는 소리를 말함. 변속기 내에서 공전하고 있는 기어의 이빨이 부딪혀서 발생하는 소리. ⇨ 동력전달 계통 잡음.

래프드 벨트 [wrapped belt] 동력 전달용 V벨트의 일종으로서 섬유 제품의 심(芯)을 넣은 벨트의 단면 형상은 고무 벨트를 고무 헝겊으로 감싼 구조.

래핑 [lapping] 밸브와 밸브 시트 사이에 경도가 낮은 랩 재를 넣어 적당한 압력으로 접촉되게 하여 상대 운동을 시킴으로서 표면을 매끄럽게 다듬어 주는 작업. 래핑은 습식법과 건식법이 있는데 습식법은 거친 래핑에 적합하고 건식법은 아름다운 다듬질면을 얻을 수 있다.

랜돌트 톱 [landault top] 랜도(landau)는 앞뒤 포장을 따로따로 개폐할 수 있는 4륜 마차의 일종. 여기서 힌트를 얻어 착안한 자동차로는 운전석에 지붕이 없는 리무진으로 승객의 좌석 위의 지붕은 포장으로 되어 있으므로 접어서 갤 수 있다. 이것을 랜도 톱이라고 한다.

랜드 [land] 랜드는 '육지, 영토, 영역'의 뜻으로 피스톤 링을 끼우기 위한 링홈과 홈사이를 말하며 위에서부터 차례로 제1랜드, 제2랜드, 제3랜드라 부른다.

RAM [random access memory] 영어의 랜덤 액세스 메모리의 머리문자를 인용한 용어로서 ∧를 컴퓨터의 기억장치 안에 자유로이 기입하고 읽을 수 있도록 한 것. 기입할 수 없는 ROM(롬)과 대조적으로 사용하는 용어.

램 [ram] ① 유압기, 유압 실린더 내를 왕복하는 플런저. ② 형 절삭기나 수직 절삭기에서 프레임의 안내면을 수평 또는 상하로 왕복 운동시키는 부분.

램 제트 [ram jet] 제트 엔진의 일종. 압축기를 사용하지 않는 제트로서 연소에 필요한 공기를 엔진의 전진 운동으로 베르누이 정리를 응용하여 고속으로 흡입한다. 단순한 실린더 내에서 압축하고 연료를 분사, 점화 연소시켜 추진력을 얻는다.

램스 울 보닛 [lamb's‒wool bonnet] 마지막 광내기에 사용되는 새끼 양털로 된 둥근 패드.

램압 [ram pressure] 자동차나 항공기 등이 진행함에 따라 공기의 취입구(取入口)에 생기는 압력. 램은 앞쪽의 개구부(開口部)에서 공기를 밀어넣을 때 발생하는 압력이라고 할 수 있다.

램프 단선 센서 [bulbs burn out sensor] 자동차의 전조등, 제동등, 후미등 등 램프의 단선을 검출하는 센서.

램프 브레이크 오버 앵글 [ramp brake over angle] 경사로 주파각(傾斜路走破角). 자동차가 요철이나 굴곡(屈曲)이 큰 노면의 주파성을 나타내는 수치의 하나. 평면상에 놓여진 자동차를 옆에서 바라보았을 때 자동차의 중심점을 통과하는 수직선이 바닥과 교차되는 점과 전륜과 후륜의 트레드면을 각각 연결하는 선과 교차하는 각도를 말한다. ⇨ 어프로치 앵글.

랩 벨트 [lap belt] ⇨ 2점식 시트 벨트.

랩 조인트 [lap joint] 두 패널 사이에 겹쳐지는 조인트로서, 일반적으로 몰딩으로 커버되지 않는 한 땜납 또는 납으로 메꾸어짐.

랩 충돌 〔lap clash〕 오프셋 충돌이라고도 하며 장애물에 대한 자동차 전면에 부분적인 충돌이 있는 것을 말함. 랩은(장애물에) 칭칭둘러 감는다는 뜻. ⇨ 오프셋 크리시.

랩 타임 〔lap time〕 어떤 구간을 주행하는데 필요한 시간. 통상적으로 서킷 코스를 일주하는데 소요되는 시간을 말한다.

랭킨 사이클 엔진 〔Rankine cycle engine〕 랭킨은 스코틀랜드의 엔지니어로서 물리학자의 이름. 증기 엔진의 대표적인 순환 과정인 랭킨 사이클을 사용한 엔진. 작동 유체(열을 일로 변화시키는 역할을 하는 유체)를 압축하는 피드 펌프. 이것을 가열하여 증기를 발생시키는 보일러, 증기의 팽창에 따라 일을 인출하는 익스팬더, 배출한 증기를 응축시켜 액체로 되돌리는 컨덴서로 되어 있다. 랭킨 사이클은 독일의 열역학의 선구자 클라우지우스의 이름을 붙혀 「클라우지우스(clausius) 사이클」이라고도 한다.

러그 〔lug〕 ① 엔진에 사용하는 평면 베어링을 하우징에 고정하기 위한 돌기부. ② 볼트 구멍이나 기타 가공하기 위하여 주물의 두께를 부분적으로 두껍게 보강한 돌기부를 말한다.

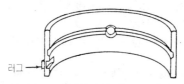

러그

러그 패턴 〔lug pattern〕 타이어의 원주 방향에 대하여 대략 직각의 홈을 넣은 패턴으로서 군용 자동차나 비포장 도로에서 주로 사용하는 트럭 등 험한 길에서 트랙션이 필요한 자동차에 적합하다. 포장도로를 주행하면 옆방향 홈이 연속적으로 노면을 두들기므로 패턴에 특유한 주파수로 귀에 거슬리는 음을 발생한다.

러기지 룸 램프 〔luggage room lamp〕 트렁크 안을 조명하는 램프. 러기지 컴파트먼트 도어를 열면 스위치가 넣어지게 되어 있는 것이 보통이다. '트렁크 룸 램프'라고 한다.

러기지 스페이스 〔luggage space〕 화물실의 크기. 즉, 트렁크 공간을 말한다. 3박스 자동차인 경우, 트렁크 내에 스페어 타이어가 장착되어 있어서, 화물의 적재량이 제한되지만, FF차에서는 바닥을 낮게 할 수 있으므로 러기지 스페이스를 크게 잡을 수 있다.

러기지 컴파트먼트 〔luggage compartment〕 승용 자동차의 화물실, 트렁크. 미국에서는 「trunk」, 영국에서는 「luggage boot」, 혹은 간단히

「boot」라고 한다.

러기지 컴파트먼트 도어 [luggage compartment door] 승용 자동차의 화물실(트렁크)의 뚜껑. 도어의 힌지에는 원 포인트식과 링크식이 있다. 도어를 닫으면 자동적으로 고정되는 것이 많으나 키 실린더가 설치된 푸시 버튼이나 손잡이를 조작하여 키로 로크시키지 않는 한 자유로이 열 수 있도록 한 것도 있으며, 편리함과 도난 방지상 안전성의 여부를 판단하여 어떤 것을 선택하는가에 따라 결정된다. 잠금을 열려면 운전자 시트 옆에 레버를 설치하여 이것과 연결한 케이블로 실시하는 타입의 것이 일반적이나 전자 스위치에 의하여 고정을 해제하는 타입도 있다. 미국에서는 「trunk lid」, 영국에서는 「boot lid」라고 한다. 리드는 뚜껑을 뜻함. ⇨ 후드 힌지.

러기지 트림 [luggage trim] 트렁크 룸 내를 보기 좋게 하고 차체를 보호하기 위한 내장부품.

러버 [rubber] 고무. 생고무를 주원료로 하고 아연화(亞鉛華), 탄산마그네슘, 카본블랙 등을 혼합하여 가류(加硫)시켜 만든 것. 연질 고무와 경질 고무로 분류되나 연질 고무는 탄성이 우수하고 내수성, 전기 절연성이 크다.

러버 마운팅 [rubber mounting] 고무(러버)로 만든 엔진 마운팅. 그 모양에 따라 엔진의 중량이 주로 고무의 압축력으로 가해지는 압축형, 전단력으로 가해지는 전단형, 압축과 전단의 양쪽 모두의 힘이 가해지는 경사형 등으로 분류되며 경사형을 많이 사용하고 있다.

러버 마운팅

러버 부시 [rubber bush] ⇨ 고무 부시.

러버 엘리먼트 [rubber element] 와이퍼 블레이드의 날과 닿는 부분으로서 천연 고무나 크롤로프렌 고무 또는 양자를 혼합한 고무를 사용하며 그 재질과 형상에 따라 닦여지는 성능이 좌우된다.

러빙 블록 [rubbing block] 배전기의 기동 접점에 설치되어 접점이 열릴

때 캠과 접촉되는 부분으로서 베클라이트로 되어 있다. 러빙 블록이
마멸되면 접점 간극이 적어져 캠각이 크게 되며 점화시기가 빨라진다.

러빙 콤파운드 [rubbing compound] 페인트를 매끄럽게 하고 광택을 내
기 위해 사용하는 부드러운 연삭재.

러스트 [rust] 녹. 대기 중의 산소에 의해 금속표면에 발생하는 산화물.
도료(塗料), 기타 화학물질을 사용하여 방청처리하고 있다.

러시모 형식 [rushmore type] 기동 전동기의 동력을 엔진 플라이 휠에
전달하는 방식의 하나로 전기자 슬라이딩식을 말한다. 키 스위치를 스
타트 위치로 하였을 때 자력에 의하여 전기자가 축방향으로 이동하여 피
니언 기어가 플라이 휠 링기어에 맞물려 회전력을 전달한다.

러프 아이들 [rough idling] 엔진의 아이들링이 일정하지 않고 회전 변
동이나 진동이 큰 상태를 말한다. 흡기 계통이나 점화 계통의 이상으
로 실린더나 사이클에 대한 연소 상태가 이상이 있을 경우에 발생하는
일이 있다.

러프니스 [roughness] 타이어의 불균일성의 원인으로 발생하며 서스펜
션을 거쳐 차내에 전달되는 진동으로서 미끄러운 노면을 주행하고 있
을 때 느껴지며 섬프(thump)보다 주파수가 높다. 러프니스는 거칠거
칠함을 뜻한다.

럭스 [lux] 조도(照度)의 단위. $1m^2$의 면적에 1Lm의 광속이 고르게
분포되어 있을 때 피조면의 밝기를 1lux라고 한다. 기호는 1x로 표시
한다.

런 온 [run on] 엔진 키 스위치를 끈 다음 엔진을 스톱시킨 후에도 엔진
이 정지되지 않는 상태. 연소실 내에 남은 가스열에 의하여 폭발을 일
으키는 것. 최근에는 이것을 방지하기 위하여, 키 스위치를 끄면 연소
를 차단하는 기구를 장착한 자동차가 늘어나고 있다. 디젤링이라고도
한다.

런 플랫 타이어 [run flat tire] 주행중에 펑크가 나서 공기압이 제로가 되어도 60km/h 이하의 속도이면 100km는 주행할 수 있는 타이어. 노상에서의 위험한 타이어 교환 작업이 불필요하여 스페어 타이어를 없애는 장점이 있으므로, 타이어 메이커 각사가 개발에 몰두하고 있다. 약간의 타이어 메이커가 시판하고 있으나, 특수한 림을 사용하는 점, 스프링 밑 중량이 증대하는 등의 단점도 있어, 널리 보급되지는 못하고 있다. 국내에서는 신체장애자용 특수 차량에 사용되고, 장래 더욱 뛰어난 런 플랫 타이어의 출현이 기대된다. 런 플랫 타이어에는 「RUNFLAT」이라고 문자가 표시되어 있다.

런아웃 [runout] 흔들림. 특히 타이어의 흔들림을 말할 때 사용하는 용어. 휠의 축을 고정하고 타이어를 1회전시켰을 때 트레드 중심선이 움직이는 양으로 나타낸다. 세로 흔들림을 레이디얼 런아웃(RRO), 가로 흔들림을 래터럴 런아웃(LRO)이라고 한다.

런즈 앤드 새그즈 [runs and sags] 프라이머 또는 페인트를 너무 많이 칠해서 흘러 내리는 현상.

럼버 서포트 [lumber support] 럼버는 옆구리를 말하며 옆구리의 뒷부분을 확실하게 보전하여 운전조작을 쉽도록 하고 장시간 운전에도 피로를 경감하도록 한 것. 럼버 서포트를 시트 내부에 설치한 공기 주머니(空氣垈)에 의하여 실시하도록 한 장치를 '에어 럼버 서포트'라고 한다.

럼블 시트 [rumble seat] 지금까지의 로드스터나 쿠페의 뒤에 설치하여 접어 개는 식의 보조시트. 영국에서는 「dickie seat」라고 부른다.

레귤러 가솔린 [regular gasoline] ⇨ 프리미엄 가솔린(premium gasoline).

레귤레이터 [regulator] ① 조정 기기의 총칭. 액체나 기체의 유량을 조절하는 조정 밸브. 회전 속도를 조정하는 조속기 등 각종의 조정을 실시하는 장치를 말한다. 윤활 계통의 유압을 일정한 범위 안에서 유지하는 오일 프레셔 레귤레이터, LPG자동차에서 LPG를 감압·기화·조정하는 LPG레귤레이터, 창문을 개폐하게 하는 윈도 레귤레이터 등이 그 예이다. ② 산소, 아세틸렌, 탄산가스 등 봄베(bombe)에 고압으로 채워진 기체를 일정 압력으로 뽑아내는 조정기. 감압기(減壓器)라고도 함.

레그 룸 [leg room] 승객의 발밑 공간을 말함. 실내 치수의 하나로서 규격에 따라 측정 방법이 다르다. 뒷부분 거주성에는 레그 스페이스가 중요한 요소이다.

레드 존 [red jone] 엔진의 회전수를 표시하는 타코미터에서 적색으로 칠한 부분을 말한다. 레드 존 표시 바로 앞쪽에 황색으로 되어 있는 표시는 옐로 존(yellow zone)이라고 부르며, 엔진의 회전수가 허용 한계에 도달하고 있음을 나타낸다.

레드우드 점도 [Redwood viscosity] 60°F의 탭 오일 50cc가 유출되는데 35초가 소요되는 유출 구멍으로부터 같은 양의 오일 또는 기타 액체를 유출시켜 그 시간을 초(sec)로 나타내는 방법으로 점도를 측정한다.

레버 크랭크 기구 [lever crank mechanism] 4절의 회전 기구에서 가장 긴 링크를 고정시켜 움직이면 하나의 링크는 회전 운동을 하는 크랭크가 되고 다른 하나는 왕복 각 운동을 하는 레버 기구를 말한다.

레버리지 [leverage] 바퀴가 상하로 움직인 거리(wheel stroke)와 스프링 신축량과의 관계를 나타내는 것으로서 휠 스트로크의 제곱을 스프링의 변형(휘어진)량의 제곱으로 나눈 수치로 나타낸다.

레벨링 [leveling] 분사된 도료가 건조할 때까지의 사이에 매끄럽게 퍼져서 표면의 요철이나 기복(起伏)이 없어지는 것을 가리키는 표현. 도료의 퍼짐이라고도 함.

레벨링 밸브 [leveling valve] 레벨링은 '편평하게 함, 평등화'의 뜻. 레벨링 밸브는 하중에 따라 자동차의 높이가 변화되면 압축 공기를 보내거나 배출하여 자동차의 높이를 일정하게 유지하는 역할을 한다.

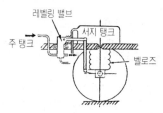

레스퍼레이터 [respirator] 흡입하는 공기 속의 입자 및 증기를 여과하기 위해 코와 입에 착용하는 보호장구.

레이놀즈 수 [Reynolds number] 유체의 흐름은 유체가 가지는 관성력과 점성력에 의하여 연결된다는 것을 1883년 이태리 사람 레이놀즈에 의하여 발견되었다. 정상적인 흐름의 상태를 양자(兩者)의 비로 나타나게 한 것을 레이놀즈 수(數)라고 부른다. 흐름중에 위치시킨 물체를 대표하는 길이(날기라면 날개 폭, 둥근 관이면 내경)를 L, 유체의 밀도는 ρ(로), 점성 계수를 μ(뮤), 흐르는 속도를 V로 하면 유체의 관성력은 $\rho V^2 L^2$, 점성력은 $\mu V L$에 비례한다. 여기에서 두 개의 힘의 비, 즉 레이놀즈수는 $\rho VL / \mu$(밀도×속도×길이 /점성계수)가 되며 통상 R로 표시한다. 레이놀즈수가 동일하다면 같은 모양에서 크기가 다른 물체에 대한 흐름은 역학적으로 서로 닮게 되어 저항계수가 같게 된다. 이것을 상사 법칙(相似法則)이라고 말하며 모형에 의한 풍동실험(風洞實驗)이 성립하는 근거로 되어 있다.

레이더 〔radar〕 radio detection and ranging의 머리 글자. 마이크로파를 발사하여 그 반사를 받아서 상대방의 물체와의 거리, 방향, 물체의 형상, 움직임 등을 수상관에 비춰 목표물을 알아내는 탐지기.

레이디어스 로드 〔radius rod〕 액슬과 보디를 연결하고 전후력을 지지하는 막대. ⇨ 토크 로드.

레이디어스 암 구동 〔radius arm drive〕 레이디어스 암 구동은 코일 스프링을 사용할 때 구동하는 형식으로 구동 바퀴의 추진력은 액슬 하우징과 차체를 연결하는 레이디어스 암을 통하여 전달하며, 리어엔드 토크도 레이디어스 암이 흡수한다.

레이디얼 〔radial〕 반지름 방향, 축과 직각방향, 원심 방향이라는 뜻. 레이디얼 펌프, 레이디얼 하중, 레이디얼 베어링 등으로 사용하고 있다.

레이디얼 간극 〔radial clearance〕 구름베어링의 반경방향(레이디얼)의 틈새. 베어링의 끼워짐과 하중이나 온도에 따라 간극의 변화 등을 고려하여 적당한 크기로 정해져 있다.

레이디얼 런아웃 〔radial runout〕 타이어의 세로 흔들림 ⇨ 런 아웃.

레이디얼 베리에이션 〔radial force variation〕 타이어를 차축과 노면간의 거리를 일정하게 하고 회전시켰을 때 접지면에 발생하는 힘의 변동(포스 베리에이션)중 타이어의 반경방향의 성분을 말하며 RFV라고 약해서 말한다. 휠과의 조합위치를 변경하여 세로 방향의 흔들림을 적게 함에 따라 RFV를 작게 할 수 있다.

레이디얼 베어링 〔radial bearing〕 베어링 중에 주로 축과 직각 방향(옆방향)의 하중을 지지할 수 있는 것. 축방향의 하중을 지지하는 베어링을 스러스트 베어링이라 한다. ⇨ 볼 베어링.

레이디얼 엔진 〔radial engine〕 성형 엔진. 실린더를 1개의 크랭크 축을 중심으로 하여 방사선상으로 배열된 엔진으로 항공기 엔진에 사용한다.

레이디얼 타이어 〔radial tire〕 타이어의 원주 방향 중심선에 대하여 약 90도의 방향으로 배치한 플라이 위에 15~20도의 코드각을 가지는 강성(剛性)이 높은 벨트를 소유한 구조의 타이어. 벨트에 의하여 트레드의 움직임이 구속되는 것으로 부드러운 노면에서는 바이어스 타이어와 바교하면 커다란 그립을 얻어 구름 저항이 작고 내마모성도 양호하다. 그러나 험한길에서의 승차감은 바이어스 타이어보다 뒤떨어지며, 포장 도로에서 저속 주행시 노면 이음매로부터 받는 충격을 완화하기 쉬운 경향이 있다. 벨트로는 레이온 등 고분자 섬유를 사용한 스틸 레이디 얼이 있다.

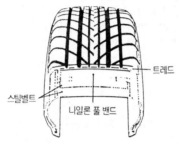

트레드
스틸벨트
나일론 풀 밴드

레이디얼 터빈 [radial turbin] 간단하게 터빈이라고 부르는 것이 보통. 터보차저의 부품으로서 배기가스의 힘으로 터빈 휠을 회전하여 발생한 회전력으로 컴프레서를 돌린다. 터빈플레이트가 회전축을 중심으로 방 사상(레이디얼 방향)으로 배치되어 있는 것으로부터 이와 같은 이름 이 붙게 되었다.

레이디얼 플라이 타이어 [radial ply tire] 레이디얼 타이어. 1947년 프랑 스에서 개발되어 승용차, 버스, 트럭 등에 널리 사용된다. 타이어의 가 장 안쪽면의 레이디얼 플라이를 타이어의 원주방향으로 설치하고 브레 이커를 길이 방향으로 붙여 강성을 높인 타이어. 마모가 적고 전동 저 항이 적기 때문에 연료 소비가 10% 이상 감소하고 안정성, 조향성이 좋다.

레이디얼 플런저 펌프 [radial plunger pump] 편심 로터의 바깥 둘레에 중심을 향하여 방사선상으로 플런저를 설치하여 슬라이드 링 속에서 회전시켜 상대적인 플런저의 운동에 의해 흡입 및 송출하는 펌프. 송 출 압력은 $210 \sim 250 kg / cm^2$이다.

레이디얼 플레이 [radial play] 축과 베어링과의 간극 과대로 인하여 축 직각방향으로 덜거덕거리는 현상을 말한다.

레이디얼형 임펠러 [radial type impeller] 터보차저의 임펠러 플레이트 가 축의 중심에서 방사(放射) 방향(레이디얼)으로 배열되어 있는 것. 백워드형 임펠러와 비교하면 간단하고 고속회전에 적합하며 제조하기 에 용이하여 지금까지 이 타입이 주류이다.

레이버 레이트 [labor rate] 한 시간당 공임(工賃). 이것과 지수(指數)를 곱한 것이 당해 작업의 공임 매상액이 됨.

레이서 [racer] 일반적으로 자동차, 오토바이, 자전거, 비행기 등을 타고 경주하는 사람. 순회 및 주행 전용의 (road race용 Machine) 또는 그의 승차자(rider)를 말하는 경우가 많다. 더욱이 경주전용으로 개발한 이륜차로서 일반적으로 판매되고 있는 것을 시판레이서라고 한다. 또한 스티어링(steering)이나 엔진에 레이서의 이미지를 가지게 하여 일반도로를 주행할 수 있도록 한 양산차(量産車)는 레이서 레프리카라고 불리운다.

레이쇼 체인지 [ratio changer] 유압 브레이크에서 앞뒤 브레이크에 걸리는 유압의 비율을 바꾸는 장치를 말한다.

레이스 [race] ① 구름 베어링으로 볼(ball)과 롤러(roller)를 물고 돌아가는 바퀴. 바깥쪽 레이스를 아웃 레이스(out race), 안쪽 레이스를 이너 레이스(inner race)라고 말한다. ② 동시에 출발하는 참가자 또는 자동차들이 각각의 속도로 겨루는 경기(競技). FIA 국제 스포츠 법전에서는 속도가 순위 판정의 결정적 요소가 되는 경기라고 정의되어 있다.

레이싱 [lacing] 벨트를 연결하는 쇠붙이.

레이싱 [racing] 엔진을 작동 온도에 이르기까지 공회전시키는 것.

레이싱 머신 [racing machine] ⇨ 레이싱카.

레이싱카 [racing car] 경주용으로 사용되는 자동차. 자동차의 성능, 운전자의 운전능력을 겨루어 보기 위하여 제작되었으며 일반 도로에서는 주행할 수 없다. 레이싱 머신이라고도 한다.

레이저 [LASER] 「Light Amplification by Stimulated Emission of Radiation」(유도방출현상을 이용한 빛의 증폭)의 머리글자를 인용한 조어(造語)로서 위상(位相)을 병행하고 동일한 파장의 취속성(取束性)이 양호한 빛 혹은 이 빛을 발생하는 장치를 말하며 좁은 면적에 고밀도의 빛에너지를 집중하는 것. 유도방출(誘導放出)은 여기(勵起)상태(원자가 보다 높은 에너지를 가진 상태)에 있는 원자가 밖으로부터 온 빛에 자극되어 빛을 발하는 현상이며 사용하는 매체(媒體)와 그 형태에 따라 기체(氣體)레이저, 고체 레이저, 반도체 레이저 등이 있다.

레이저 처리(處理) 레이저의 고에너지 밀도의 빔(beam)을 사용하여 재료를 가공하는 것. 자동차 부품의 가공에는 레이저 매체에 탄산가스를 사용한 CO_2 레이저나 고체 레이저의 일종. YAG 레이저에서 기어류나 차체의 박판 강판(薄板綱板)을 용접하는 레이저 빔 용접과 레이저 광선을 열처리에 이용하는 레이저 소입(燒入) 등의 기술을 이용하고 있다.

레이트 [rate] ① 자동차 정비 또는 자동차 판금의 견적을 내는 것. ② 비율, 율, 등급

레인 그루브 [rain groove] 하이드로 플레이닝(水膜現象)의 발생이 쉽게 일어나지 않도록 포장노면에 새겨 있는 배수용의 홈(溝). 특히, 노면의 세밀한 콘크리트 포장 고속도로에서 많이 볼 수 있으며 폭과 깊이가 각각 3mm정도의 홈이 20~30mm의 피치(pitch)로 차량의 주행 방향으로 일정하게 파여져 있다. 이 홈 때문에 타이어가 옆방향으로 미끄러지는 것이 적지만 자동차가 옆으로 흔들리는 그루브원더(groove wander)가 발생하는 경우가 있다.

레인 아웃 워닝시스템 [lane-out warning system] 자동차 전용도로에서 자동차가 방향지시기를 사용하지 않고 레인 마크를 횡단코자 할 때 소리로 이것을 경고하는 장치. 리어 뷰 미러(rear view mirror)의 앞에 초소형 카메라를 설치하여 컴퓨터에 의한 화상처리로 레인 마크를 검출하여 마크와 차량과의 거리를 감지한 다음 졸음 운전 등으로 말미암아 자동차가 주행 차선에서 이탈하는 위험을 방지하는 것.

레인 이로전 [rain erosion] 액적 부식(液滴腐蝕). 고속으로 충돌하는 액체 방울에 의해 재료가 손상되는 현상을 말한다.

레인 체인지 [lane change] 주행 차선을 변경하는 것. 차선 변환 성능시험을 레인 체인지 시험이라고 하며 차량의 조종 안전성을 조종간에 대한 응답성과 차선변경 후 침착성 등을 평가한다.

레인 타이어 [rain tire] 습기 있는 노면을 주행하기 위한 레이싱 타이어. 젖은 노면에서는 타이어와 노면과의 물을 효율적으로 배제하여 수막(水膜)을 끊고 트레드 고무를 노면에 밀착시키는 것이 중요하다. 그러므로 슬릭 타이어(slick tire)보다 트레드 폭이 좁고 배수성이 양호한 스트레이트 그루브로 되어 있고 웨트 글립(wet glip)이 양호한 콤파운드의 타이어를 사용한다.

레인드롭스 센싱 오토와이퍼 [raindrops sensing autowiper] 윈드실드 와이퍼가 젖으면 자동적으로 작동하는 와이퍼. 보닛 위에 설치된 센서에 빗방울이 접촉되면 그 충격과 물의 부착에 의하여 정전 용량의 변화 등을 감지하고 빗물의 양에 따라 닦는 속도나 간격을 조종하는 시스템.

레인지 〔range〕 오토매틱 자동차의 자동변속을 어떤 조건으로 할 것인지의 구별을 레인지라고 함. 안전성을 고려하여 국제적으로 이 레인지의 배열방식이 정해져 있다. 보통 3속 AT의 경우는 6레인지, 2속 AT의 경우는 5레인지이다. ⇨ 실렉터 레버.

레저네이터 〔resonator〕 공명기(共鳴器). 흡・배기 계통에 특정 주파수의 공명을 이용하여 저감(低減)시키는 장치. 흡・배기관을 저감하려는 주파수와 수식에서 계산된 치수와 형상으로 할 때, 그와 같은 공명기를 흡기관 혹은 배기관에 연결하여 헬름홀츠(helmholtz)의 공명의 원리에 의하여 음량을 작게 하는 것.

레지스턴스 〔resistance〕 저항. ① 전류 및 자기회로에 있어서의 전기 저항 또는 자기 저항. ② 휨, 압축, 인장 등이 작용하면 그 방향과 반대 방향으로 저지하려는 힘.

레크리에이셔널 비이클 〔recreational vehicle〕 약하여 RV라고도 불리운다. 재생을 의미하는 리크리에이트(recreate ;改造)에서 나온 말. 스포츠나 게임 등 야외에서 오락을 위해 주로 사용하는 자동차이다. 오프로드(off road;도로 이외에 고르지 못한 땅)를 주행하기 위한 4WD(4륜구동)로 한 것과 간단한 취사를 할 수 있도록 설비를 갖춘 것도 있다.

렌더링 〔rendering〕 건축물에서 완성 예상도의 뜻을 인용한 용어로서 차량의 아이디어 스케치에 분위기나 재질 등을 첨가하여 최종적인 완성차로 묘사한 것. 실물 크기로 묘사한 것을 풀사이즈・렌더링, 축소시켜 묘사한 것을 스케일・렌더링이라고 부른다. ⇨ 아이디어 스케치.

렌츠의 법칙 〔Lenz's law〕 렌츠의 법칙은 1834년 독일의 물리학자 렌츠(Heinrich Friedrich Emil Lenz)에 의해 발견된 전자 유도의 방향에 관한 법칙으로서 전자 유도 기전력은 코일 내의 자속의 변화를 방해하는 방향으로 생긴다.

렌치 〔wrench〕 영어로 '비틀다'라는 뜻이며 볼트, 너트나 파이프 등을 조이거나 풀 때 사용하는 공구의 총칭. 소킷 렌치, 몽키 렌치, 파이프 렌치, 스패너 등.

로 기어 〔low gear〕 매뉴얼 시프트로 출발할 때 사용되는 시프트(shift) 위치. 기어비는 3이상이 보통임. ⇨ 이머전시 로 기어(emergency low gear).

로 기어드 〔low geared〕 파이널 기어의 감속비를 크게 하여 같은 엔진 회전수로 구동력을 크게 한 것을 말하며, 감속비를 작게 하여 속도를 높인 하이 기어드에 대비하여 사용하는 용어. ⇨ 파이널 기어(final gear).

로 빔 [low beam] 헤드 램프가 대향차가 있을 때나 시가지를 주행할 때 사용되는 하향 빔으로서 미팅 빔이라고도 함. 영어로는 빔을 하이에서 로(low)로 절환하는 것을 딥「dip」이라고도 하는데 딥드 빔(dipped beam)이라고도 불리움.

로 에지 벨트 [raw-edge belt] V자형의 홈을 가진 풀리를 연결하여 동력을 전달하는 V벨트의 일종으로서 고무나 심재(芯材)를 겹쳐 제작하며 재료의 끝머리(端:edge)의 일부분이 노출되어 있는 것을 말함.

로 프로파일 타이어 [low profile tire] 프로파일은 측면의 윤곽을 뜻하며, 타이어의 단면이 낮고 편평(偏平)한 형태의 타이어. 통상적으로 편평률(타이어의 폭과 높이의 비율)이 60%보다 작은 타이어를 말함. 편평 타이어, 와이드 타이어라고도 말하며, 타이어의 편평화(偏平化)에 따라 코너링 포스의 최대값이 크게 됨과 동시에 구동·제동력에 의한 코너링 포스의 저하가 적어지는 등 타이어의 운동 성능이 향상된다. 다만, 트레드 폭이 넓어지기 때문에 충분한 성능을 얻으려면 타이어의 캠버각을 영(zero)에 가깝도록 유지하는 것이 필요하다.

로드 [rod] 곧은 막대 또는 파이프. 부품을 연결하여 힘을 전달하는 것. 자동차에서는 암과 같은 것으로 사용하고 있으나 곧은 암만을 로드라고 부른다. ⇨ 암(arm).

로드 기어 [road gear] 로드 노이즈의 일종. 모래길이나 거치른 포장도로를 주행할 때 속도에 관계없이 들리는 「웅-」하고 나는 소리. 타이어의 진동 특성, 서스펜션의 진동 특성, 차실의 음향 특성에 따라 음의 크기와 주파수가 결정되며, 레이디얼 타이어에서는 100Hz 이하의 주파수에서 차내 음량이 크다. 로어(roar)는 (짐승따위가) 으르렁 거림을 뜻한다.

로드 노이즈 [road noise] 도로 표면이 울퉁불퉁함에 따라 발생되는 소음(noise)으로서 일반적으로 자갈길이나 거치른 포장도로를 주행할 때 속도에 관계없이 들리는 소음.

로드 레이서 [road racer] 서킷 주행전용 이륜차의 로드 레이스용 머신 또는 그의 승차자(rider)에 대한 것. 간단하게 레이서라고도 함.

로드 레인지 [road range] 미국의 TRA 규격으로 타이어 강도를 나타내는데 사용되는 알파벳 기호. 종전에 사용하던 PR과 대응하여 2PR을 A, 4PR을 B, 6PR을 C……와 같이 표시한다.

로드 센싱 프로포셔닝 밸브 [load sensing proportioning valve] ⇨ LSPV.

로드 어저스터블식 쇽업소버 [rod adjustable shock absorber] ⇨ 다이얼 조정식 쇽업소버.

로드 엔드 [rod ends] ⇨ 스페리컬 조인트.

로드 임프레션 [road impression] 자동차가 일반도로(road)를 주행할 때 운전자가 받은 인상(impression)에 대한 것. 자동차 전문지 등에서 신형차에 시승(試乘)하여 리포트의 뜻으로 자주 사용되는 용어. 시판된 자동차를 일반 도로상에서 주행했을 때 계측기기를 사용치 않고 노련한 운전자가 경험과 오감(五感)으로 실용 성능을 평가하는 방법이다.

로드 클리어런스 [road clearance] 노면(road)과 차량 바닥 사이의 여유(clearance)에 대하여 최저지상고라고 한다. 즉, 최저지상고란「접지면과 자동차 중앙부분 최하부와의 거리(m)」. 그라운드 클리어런스라고도 불리우며 승용차에서는 150~180mm가 일반적임. 다만, 예고(미리 알림)가 없는 경우 공차상태의 수치로 표시하며 적차 상태나 타이어의 공기압이 저압일 경우 이 수치보다 작아진다.

로드 홀딩 [road holding] 타이어가 노면에 달라붙는 안정성을 말한다. road는 도로, holding은 접지성(接地性)을 가리키고 있으므로, 반드시 코너 뿐 아니라 주행중인 자동차의 접지성을 표현하는 말이다. 특히, 빠른 속도라든가 코너링에서 보디의 상하 흔들림에 불안감이 없고, 자동차의 방향 안정이 좋은 것을 가리킨다.

로드스터 [roadster] 2~3인승 자동차로서 지붕을 포장으로 만든 자동차. 스포츠카라고도 부르는데 그것은 스포츠카의 모양과 비슷한데서 이런 이름이 붙혀졌다.

로딩 [loading] 숫돌 입자 사이에 쇳가루가 끼어 있는 상태. 원인으로는 숫돌의 원주속도가 느리거나 조직이 너무 치밀할 때, 연삭 깊이가 너무 깊거나 숫돌 입자가 너무 가늘 때이며 로딩 상태의 숫돌을 사용하면 숫돌 입자가 마모되거나 연삭성이 불량하고 다듬면에 상처가 생기거나 거칠다.

로브 [lobe] 로브는 둥글게 튀어나온 부분의 뜻으로 밸브가 열리기 시작하여 완전히 닫힐 때까지의 거리로서 캠의 둥근 돌출 부분을 말한다.

로어 데드 센터 [lower dead center] ⇨ 하사점.

로어 백 패널 [lower back panel] 트렁크 리드와 리어 범퍼 사이의 보디 시트 메탈.

로어 빔 [lower beam] 다른 자동차와 교행할 때 또는 다른 자동차의 뒤를 따르고 있을 때 자동차 전방의 노면을 비추도록 고안된 헤드라이트 빔.

로어 암 [lower arm] 상하 일체로 되어 있는 서스펜션 암 중에서 하부(下部)에 설치한 것. 로어 컨트롤 암 혹은 로어 링크라고도 함. ⇨ 서스펜션 암(suspension arm).

로엑스 합금 [Lo-Ex, low expansion alloy] 로엑스는 미국 알루미늄 회사(ALCOA, aluminium company of america)에서 발표한 것으로 표준 조직은 Cu 1.0%, Mg 1.0%, Ni 1~2.5%, Si 12~25%, Fe 0.7%, 나머지는 Al이며 저팽창, 내식성, 내마멸성, 경량, 내압성, 내열성 등이 우수하여 피스톤의 재질로서 가장 많이 사용된다.

로즈 조인트 [Rose joint] 스페리컬 조인트를 말한 것으로서 영국의 로즈社가 가장 먼저 스페리컬 조인트를 제조 판매한 것에서 부르게 된 동기가 되었다.

로커 패널 [rocker panel] 플로어 팬의 바깥쪽 가장자리, 도어의 바로 밑에 위치한 하나의 박스 모양을 형성하는 이너 패널과 아우터 패널. 프런트 보디 힌지 필러로부터 리어 보디로크 필러까지 연결되어 있다.

로커 암 [rocker arm] 로커암은 푸시로드 또는 캠과 접촉되어 밸브를 열어주는 작용을 한다. 로커암 축에 의해 중앙 부분이 지지되어 실린더 헤드에 설치되며, 푸시로드 또는 캠에 의해 밀어 올려지면 다른 한끝은 밸브 스템을 눌러 밸브를 열게 된다. 다른 한 끝에는 밸브 간극을 조정하는 조정 스크루가 설치되어 있고, 밸브쪽을 푸시로드 쪽보다 1.2~1.6배 길게 한다. ⇨ 밸브 로커 암.

로커 암 축 [rocker arm shaft] 로커 암을 지지한다. 내부는 중공으로 하여 오일 펌프에서 오일을 공급받아 로커 암의 윤활 작용을 한다.

로커 암 커버 [rocker arm cover] ⇨ 헤드 커버.

로크 업 [lock-up] 영어로 '고정한다'의 뜻. 토크 컨버터의 펌프쪽과 터빈쪽을 직결하는 것을 말한다. 토크 컨버터는 오일 흐름에 따라 동력을 전달하는 것으로서 유체마찰에 의한 에너지 손실을 발생한다. 이와 같은 손실을 없게 하기 위해 펌프쪽과 터빈쪽의 회전이 거의 같게 되었을 때 양자를 고정할 수 있는 것을 고안하였다. 설정된 속도 이상이 되면 토크 컨버터 내의 오일 흐름이 자동적으로 변화하여 터빈 날개에 부착되어 있는 클러치(로크 업 클러치)가 펌프 날개의 프런트 커버에 유압으로 밀어붙여 일체가 되어 회전하는 구조로 되어 있다.

로크 필러 [lock pillar] 도어 로크 스트라이커가 부착되는 쿼터 패널.

로크업 클러치 〔lock-up clutch〕 토크 컨버터는 오일을 매개체로 하여 터빈을 회전시켜 동력을 전달하고 있기 때문에, 보통의 마찰 클러치처럼 100% 힘이 전달되지 않는 결점이 있다. 이것은 경제적인 연비 면에서 불리하므로, 이를 개량한 것이 로크업 토크 컨버터이다. 구조는 유압에 의해 터빈에 설치되어 있는 마찰 클러치 판에 의해 직결하는 것. 따라서 이 클러치는 오일속에 있는 습식이다. 토크 컨버터가 가진 무단변속 기능을 멈추고 직결로 하기 때문에, 매우 낮은 속도로 로크하면 진동이나 가속불량이 생길 우려가 있다. 그 때문에 보통은 고속시 전용으로 하든가, 아니면 전자제어로 그것을 예방하고 있다. 직결 클러치 또는 로크업 토크 컨버터라고도 함. ⇨ 직결 클러치.

로킹 암 〔rocking arm〕 레이싱카의 인보드 서스펜션에 사용하는 암. 밸브 로커 암과 같은 지렛대 원리에 의하여 휠의 움직임을 작게 하고 보디 내의 스프링 또는 댐퍼 유닛에 전달하는 역할을 하는 것. 어퍼 암을 로커 암처럼 사용하는 예도 있으나 현재는 푸시로드나 풀로드에 의하여 작용하도록 되어 있는 것이 일반적임.

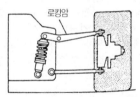

로킹암

로터 〔rotor〕 회전체라는 뜻. ① 자신의 축을 회전축으로 하여 회전하는 기계요소, 모터나 터빈의 중앙에 있는 것. ② 로터리 엔진에서 연소가스의 팽창력을 회전력에 가하는 삼각 연결형의 부품. 왕복형 엔진의 피스톤과 커넥팅 로드가 활동함과 동시에 로터 하우징의 가운데를 회전하는 것에 따라 흡·배기 밸브의 작용도 한다. 삼각의 정점에 아펙스 실(seal), 측면에 사이드 실, 코너 실, 오일 실, 중심에 사이드하우징에 고정되는 고정톱니바퀴(기어)와 서로 물리는 로터 기어로서 동력을 출력하기 위한 로터 베어링이 설치되어 있다. ③ 디스크 브레이크의 브레이크 디스크 ④ 디스트리뷰터(배전기)의 로터는 배전기축 상단부에 설치되어 배전기축과 함께 회전하며, 점화 코일에서 공급된 고전압의 전류를 스파크 플러그 단자에 연결하는 역할을 한다. 점화 코일에서 공급된 고전압의 전류는 중심 단자로 들어와 카본 피스를 통하여 로터에 전달되면 로터는 회전하면서 세그먼트에 분배된다. 로터와 세그먼트 사이에는 0.35~0.7mm 정도의 간극을 두어 마멸을 방지하고 점화 성능을 향상시킨다. ⑤ AC 발전기 로터는 자속을 형성하며, 로터 철심, 로터 코일, 슬립링 등으로 구성되어 DC 발전기의 계자 코일과 계자 철심에 해당한다.

로터 철심 〔rotor core〕 로터 철심은 돌출부가 4~6개로 된 자극을 서로 맞대어 조립한 것으로 8~12극을 형성한다. 로터 코일에 축전지 전류가 공급되어 흐르면 한쪽 철심은 N극, 다른 한쪽은 S극으로 자화되어 자계를 형성한다.

로터 코일 〔rotor coil〕 로터 코일은 로터축 위에 원통형으로 감고 양쪽 끝은 슬립링에 접속하여 축전지에서 전류를 공급받아 로터 철심을 자화시킨다.

로터 하우징 〔rotor housing〕 로터리 엔진의 하우징. 내면을 로터의 에이펙스 실이 기밀을 유지하면서 흡입에서 배기에 이르는 각 행정이 같은 개소에서 작용한다. 하우징 각 부분의 온도와 받는 압력이 다르므로 사용 조건이 엄격한 재료의 선택과 가공에 특수한 기술이 요구된다.

로터리 디스크 밸브 방식 〔rotary disc valve type〕 2사이클 엔진의 흡입 기구로서 크랭크 축에 직결한 원판(disc)에 의하여 크랭크실 측면에 설치된 흡입구를 개폐하여 흡기를 행하는 시스템. 잘라 낸 부분의 각도에 따라 흡기 타이밍을 조절할 수 있으므로 흡기 효율은 양호하지만 중량이 무겁고 구조가 약간 복잡한 단점이 있다. 일명 로터리 밸브 방식이라고 부른다.

로터리 리드 밸브 방식 〔rotary lead valve type〕 2사이클 엔진의 흡입기구에서 리드밸브 방식과 로터리 밸브 방식을 병용하여 저속~중속 회전에서는 리드 밸브 방식에 준하고, 고속 회전시는 리드 밸브를 개방한 상태에서 로터리 디스크 밸브에 의하여 흡입하는 시스템. ⇨ 로터리 디스크 밸브 방식.

로터리 엔진 〔rotary engine〕 크랭크를 이용하지 않고 혼합기의 폭발력을 로터에 의하여 직접 회전력으로 변환하여 동력을 얻는 엔진. 자동차용으로는 독일의 방켈社에 의하여 실용화되었으며, 일본 마쯔다(松田)社에서 양산한 것이다. 누에고치 모양을 한 로터 하우징과 삼각형의 연결형 로터와의 사이에 3개의 작동실이 형성되어 로터의 회전과 함께 이 작동실의 용적이 변화하여 흡입→압축→폭발→배기의 행정이 연속 작용한다. 왕복형 엔진과 비교하면 크랭크 기구와 흡·배기 밸브가 없기 때문에 소형·경량으로서 간단하다는 특징은 가졌으나 연소실이 편평(偏平)하여 완전 연소를 얻기 어려우며 실(seal)기구가 복잡하기 때문에 오일 소비량이 많다. ⇔ 왕복형 엔진.

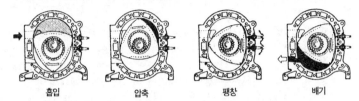

| 흡입 | 압축 | 팽창 | 배기 |

로터리 컴프레서 〔rotary compressor〕 카 쿨러의 컴프레서로서 회전 운동에 따라 냉매를 흡입·압축하는 타입. 왕복형 컴프레서와 비교되며 스크롤 컴프레서가 그것의 대표적인 것.

로터리 트라이 블레이드 커플링 〔rotary tri–blade coupling〕 4WD의 센터 디퍼렌셜에 사용되는 커플링으로서 실리콘 오일 중에 설치된 트리 블레이드라고 불리우는 3매의 얇은 날개 스크루 모양을 한 원판과 습식 다판 클러치를 조합한 것. 트랜스퍼 케이스와 종감속기어장치 중간에 설치되어 있으므로 전·후륜에 회전차(差)가 발생하면 트리 블레이드가 회전하여 실리콘 오일에 압력이 생겨 피스톤이 습식다판 클러치를 연결하여 자동적으로 토크 배분(配分)을 행한다.

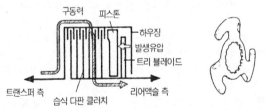

로터리 펌프 〔rotary pump〕 아웃 로터와 이너 로터가 보디 내에 조립된 펌프. 편심으로 설치된 이너 로터가 회전하면 체적이 넓은 쪽에 진공이 생겨 흡입된 오일을 체적이 적어지는 쪽으로 밀어내 오일을 짜내는 방법으로 출구에 송출한다. 이너 로터 1회전에 아웃 로터는 4/5 회전하여 체적의 변화가 이루어지도록 한다. ⇨ 트로코이드 펌프.

로터리 피스톤 엔진 〔rotary piston engine〕 로터리 엔진을 보다 정확하게 말한 것.

록웰 경도 〔Rockwell hardness〕 스케일을 시험편에 10kg의 기본 하중을 1차적으로 작용시킨 후 시험 하중을 2차적으로 눌러 발생된 자국의 깊이 차이로 경도를 측정한다. 100kg의 시험 하중에서는 1.588mm (1/16´)의 볼이 설치되어 있는 B스케일을 사용하고, 150kg의 시험 하중에서는 120° 꼭지각의 다이아몬드가 설치되어 있는 C스케일을 사용한다.

롬웰 경도시험 [Rockwell hardness test] 금속의 경도(硬度)를 조사하는 시험 방법의 하나. 다이아몬드 콘(cone), 또는 강구(鋼球)에 압력을 가하여 시험할 재료에 압입자국을 낸 다음 그 깊이로 나타내는 경도. 일반적으로 브리넬 경도 시험기에 비하여 얇은 재료의 경도도 측정할 수 있는 장점이 있다. 롬웰은 미국의 야금(冶金)학자의 이름. ⇨ 비커스 경도 시험.

론 [RON;research octane number] ⇨ 리서치 옥탄가.

롤 각 [roll angle] 자동차가 코너를 선회할 때 차체가 기울어지는데, 이 기운 각도를 롤 각이라고 하며, 롤 각은 중심이 높을수록, 스프링이 연할수록, 스태빌라이저가 약할수록, 트레드가 좁을수록 크다. 또한, 롤 센터도 낮을수록 롤 각이 커진다. 이 롤 각은 자동차의 속도에 따라 달라지며 속도가 빠를수록 커진다. 그래서 어느 일정 반경의 원을 일정 속도로 선회할 때(일정 횡가속도)의 롤 각을 롤률이라고 한다. 보통은 횡가속도가 0.5G(보통의 주행에서는 매우 힘든 코너링)일 때 3~4°정도의 값이다.

롤 강성 [roll stiffness] 자동차가 선회할 때 롤축의 주위에 모멘트(스프링 위 중심에 걸리는 원심력×스프링 위 중심과 롤러 센터간의 거리)를 고려하여 차체의 롤링에 대한 저항력 혹은 롤링할 때 현가(suspension)에 발생하는 반력(反力)을 롤강성이라고 하며, 1도 전동하는데 필요한 모멘트를 kg-m/deg로 나타낸다. 롤강성이 높으면 코너링시의 롤각은 작다. ⇨ 롤률.

롤 레이트 [roll rate] ① 롤 강성 ② 차량의 롤 운동의 속도인 롤 속도를 각속도로 나타낸 것.

롤 률 [roll flexibility] 자동차 롤의 크기는 트레드, 중심 높이, 롤 센터 높이, 스프링 강성(rate) 등에 의하여 결정되지만 이것을 옆으로 선회하는 가속도 0.5G당 롤 각으로 나타낸 것. ⇨ 롤 강성.

롤 모멘트 [roll moment] 코너를 선회할 때 차체가 기울어지는 것은 차체에 롤 모멘트가 발생하기 때문이다. 롤 모멘트는 보디가 무거울수록, 롤 센터가 낮아질수록 커진다. 이 롤 모멘트에 차체를 롤시키지 않도록 작용하는 것이 롤 강성이다. 스프링이나 스태빌라이저가 단단하고, 롤 센터로부터 스프링까지의 거리가 길수록(즉, 트레드가 넓음)

롤 강성이 강하다. 이것은 차체가 1도 롤할 때의 모멘트 kg-m/deg 로 나타낸다.

롤 바 [roll bar] 오픈카나 레이싱카에서 자동차가 전복했을 때 승차자를 보호하기 위하여 머리 부분보다 높은 위치에 설치한 강관제의 지주.

롤 센터 [roll center] 자동차의 롤링은 차체와 현가장치가 상대적으로 어떻게 작용하는가에 따라 결정되며, 그 회전 운동의 중심점을 말한다. 차체에 대하여 타이어가 상하로 어떻게 움직이는가를 그림상으로 묘사하고 그 회전 운동의 중심점(순간중심)과 타이어의 접지 중심을 연결하는 선이 차량의 중심면과의 교차점을 구한다. 롤 센터는 앞차축과 뒤차축 각각 좌우 중심선상에 있으나 전후 롤 센터를 연결하는 선을 롤 축이라 하고 자동차는 이 축의 중심으로 굴러(roll) 간다. 앞차축의 롤 센터가 후차축 롤 센터보다 낮으며 롤축은 앞부분이 뒤보다 처지는 것이 일반적이다. 롤 센터가 낮은 차량은 롤링이 크다.

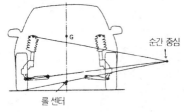

순간 중심

롤 센터

롤 속도 [roll velocity] 자동차가 롤축(重心을 통하는 전후축) 주위를 굴러가는 속도. 롤 레이트(roll rate)로 나타내는 것이 일반적임.

롤 스티어 [roll steer] 자동차가 전동(roll)하는 것에 따라 타이어의 방향이 변하며, 핸들 조작을 한 것과 같은 효과가 발생하는 것. 바퀴의 상하운동에 따라 얼라인먼트가 변화하기 때문에 액슬 조향도 이와 같은 일종이다. 롤 스티어에 의하여 차량에 오버 스티어링이 발생했을 때 롤 오버 스티어, 역으로 차량에 언더 스티어링이 되었을 때 언더 스티어라고 한다.

롤 스티어 계수 [roll steer coefficient] 롤 스티어가 발생한 상태에서 롤 각에 대한 스티어 각의 비율을 계수로 나타낸 것. 차량의 언더 스티어를 약화하는 방향을 플러스(+), 강화하는 방향을 마이너스(-)로 표시한다. 전자를 롤 오버 스티어, 후자를 롤 언더 스티어라고 한다.

롤 오버 [roll over] 차량이 옆으로 움직이거나 전복되는 것. 중심(重心) 위치가 높고 트레드가 좁은 차량일수록 전복되기 쉬운 경향이 있다.

롤 캠버 〔roll camber〕 차체의 롤링에 의하여 바퀴의 캠버각이 변화하는 것. 리지드 액슬에서는 좌우 타이어 압력의 차이에 따라 약간 발생하는 정도이나 독립현가장치에서는 액슬과 암류의 설치에 따라 대체로 롤 캠버가 발생한다. 미리 바퀴에 부(負)의 캠버를 부여하여 코너링할 때 자동차의 롤링에 따라 타이어가 바로 서기로서 최대의 접지면적을 얻도록 한다. 그리고 그립을 증가시키는 방법은 레이싱 자동차나 스포츠 차량에서 자주 볼 수 있다.

롤 케이지 〔roll cage〕 전복시(轉覆時) 승차자를 보호하기 위하여 설치한 롤바를 보강하고 바구니(cage:새장)처럼 제작한 것으로서 경주용 자동차에서 볼 수 있다.

롤러 로커암 〔roller lifter〕 DOHC 엔진에서 캠과의 접촉 부분에 롤러 베어링을 갖춘 로커암. 베어링으로는 니들 베어링을 일반적으로 사용하며, 캠과 로커암의 마찰저항을 적게 하여 동력의 손실과 소음 발생을 감소시키는 것.

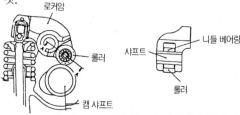

롤러 베어링 〔roller bearing〕 구름 베어링의 일종. 베어링 형식의 하나로 내륜과 외륜(race)사이에 여러 개의 롤(roll)을 넣은 구조. 레이스와 롤러의 접촉 등으로 볼 베어링에 비교하면 접촉 면적이 넓고 큰 하중에 견디며 충격에도 강하다. 롤러의 형태는 원통, 원뿔, 구면(球面)이나 바늘(needle)모양인 것이 있다. 원뿔 롤러(taper roller) 베어링은 액슬이나 조향계통에, 바늘형 롤러를 사용하는 니들 베어링은 변속기와 유니버설 조인트(자재이음)에 사용된다. 테이퍼 롤러 베어링은 직각 방향의 레이디얼 하중과 축 방향의 스러스트 하중을 지지할 수 있다.

롤러 체인 〔roller chain〕 강판(鋼板)으로 만들어진 누에고치형 링크를 핀으로 연속적으로 연결하고 그 사이에 여러 개의 부시와 롤러를 끼운 것. 대표적인 것은 자전거나 오토바이에서 흔히 볼 수 있으며 최고속도는 5m/sec나 2~3m/sec가 적당하다. 롤러 체인은 자전거, 엔진의 캠 축 구동에 사용한다.

롤러 펌프 [roller pump] 롤러 펌프는 로터, 펌프 스페이서, 롤러로 구성되어 로터가 회전하면 5개의 롤러가 원심력에 의해 펌프 스페이서 안쪽 벽으로 이동하여 체적의 넓은 부분을 통과할 때 연료를 흡입하고 체적이 좁은 부분을 통과할 때 연료에 압력이 형성되어 송출한다.

롤러식 [roller type] 롤러식은 전기자 축에 연결되어 있는 아웃 레이스와 피니언 기어에 연결되어 있는 이너 레이스 사이에 쐐기형 홈과 롤러를 설치하여 플라이 휠의 회전력이 전동기에 전달되지 않도록 하는 형식이다. 전기자 축이 회전하게 되면 아웃 레이스도 회전하게 되지만 이너 레이스는 플라이 휠 링기어에 의해 일시적으로 저항을 받게 되어 롤러는 아웃 레이스에 의해 쐐기형 홈의 좁은 쪽으로 이동하므로 2개의 레이스가 고정되어 전동기의 회전력이 전달된다. 그러나 엔진이 시동된 다음에는 플라이 휠이 이너 레이스를 회전시키므로 아웃 레이스는 전동기의 회전력에 의해 저항을 받게 되어 롤러를 쐐기형 홈의 넓은 쪽으로 이동시켜 2개의 레이스가 분리되어 회전하므로 엔진의 회전력이 차단된다.

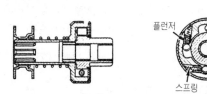

플런저　롤러
스프링

롤링 [rolling] 주행중 자동차가 선회하거나 횡풍을 받을 때 중심을 통과하는 차체의 전후 방향축 둘레의 회전 운동을 말한다. 코너링중에 차체가 기울어지는 것으로 느껴지지만 스태빌라이저나 스프링의 경도, 트레드 너비가 롤링을 줄이는 기능을 맡고 있다. 배 또는 에어서스부버스에서는 주기가 긴 롤링을 경험할 수 있다.

롤링 레지스턴스 [rolling resistance] 구름 저항. 자동차의 타이어가 노면 위를 구를 때의 회전저항으로서 노면의 요철, 노면의 경사에 따라서 차이가 있다.

롤링 모멘트 [rolling moment] ⇨ 롤 모멘트.

롤링 베어링 [rolling bearing] 구름 베어링. 축과 베어링면 사이에 롤러나 볼을 끼워 구름운동을 하는 베어링으로 자동차의 섀시 베어링에 주로 사용된다.

ROM [read only memory] 컴퓨터의 기억장치(메모리) 중 판독전용기억장치. 전원(電源)을 차단하여도 기록 내용이 지워지지 않는 것이 특징. 자동차에서 각종 기능과 조정에는 컴퓨터의 메모리를 많이 사용하고 있다. 기입이 가능한 램(RAM)과 대조적으로 사용하는 용어.

롱 노즈 플라이어 [long nose plier] 끝이 뾰족하고 긴 플라이어로서 작은 부품을 잡을 때 또는 장소가 좁은 부분의 작업에 적합한 공구이다.

롱 라이프 쿨런트 [long life coolant] 장기간 동안 사용할 수 있는 냉각액. 엔진의 냉각액에 부동액이나 방청제, 산화 방지제 등을 첨가하여 냉각 계통의 산화를 방지하고 겨울철에 동결되거나 여름철의 과열이 발생하지 않도록 한 것. 장기간 서버스프리로 사용할 수 있고 수명이 긴(long life) 냉각액이라는 뜻에서 이 이름이 생겼다.

루멘 [Lumen] 광속(光速)의 단위. 1cd의 균등점 광원(光源)으로부터 단위 입체각에 방사되는 빛의 에너지로서 기호는 Lm.

루미네선스 [luminescence] 온도, 복사에 의하지 않는 발광을 말하며 냉광(冷光)이라고도 한다. 야광 도료, 형광등, 텔레비전 화면 등에 사용한다.

루브리케이터 [lubricater] 주유기, 급유기, 오일 피더를 말하며 압축 공기를 사용하여 분무하는 원리로 엔진 오일, 변속기 오일, 종감속 기어 오일 등을 급유하는 것.

루씨떼 [LUCITE] 듀퐁社의 아크릴릭 래커의 명칭. 1956년에 등장하였음.

루츠 블로어 [Roots blower] ⇨ 루츠형 과급기.

루츠형 과급기 [Roots supercharger] 용적형 과급기의 일종으로서 압축기에 루츠형 컴프레서를 이용한 과급기. 메커니컬 슈퍼차저를 설명하면 가장 긴 역사를 가지고 있다. 혹은 루츠 블로어라고도 한다.

루츠형 컴프레서 [Roots compressor] 루츠(Roots)는 영국의 발명가로서 2개 또는 3개의 동일한 누에고치 모양의 단면적과 같은 회전자가 서로 마주보고 회전하며, 입구에 들어온 공기 압력을 높여서 송출하는 펌프.

루트 [root] ① 기어의 이뿌리. ② 나사의 골 밑바닥. ③ 용접의 단면에서 용착 금속의 밑바닥과 모재와의 만나는 점. ④ 제곱근.

루트 송풍기 [loot blower] 루트는 '부정 이득, 약탈품'의 뜻. 루트 송풍기는 2~3개의 날개를 가진 로터 2개를 조합시키는 송풍기로서 소형이면서 송풍량이 많고 고속으로 회전하여도 작동이 정숙하며 체적 효율이 높은 장점이 있다.

루트식 과급기 [loots type super-charger] 루트식 과급기는 벨트를 이용하여 엔진의 동력으로 누에고치 모양의 로터를 회전시켜 과급하는 형식. 과급기에 전자석 클러치가 설치되어 엔진의 부하가 적을 때 클러치를 OFF시켜 연비를 향상시키고 부하가 커지면 클러치를 ON시켜 엔진의 출력을 향상시킨다. 이 때 클러치의 ON·OFF는 컴퓨터에 의해 제어된다.

루프 래크 [roof rack] 지붕 위에 화물을 싣기 위한 용구. 빗물 등에 의하여 하중을 받는 드롭식과 지붕을 받쳐주는 캡식이 있으며, 루프 캐리어라고도 한다. 운반하는 화물에 의하여 스키 캐리어, 사이클 캐리어 등이 있다.

루프 레일 [roof rail] 이너 및 아우터 패널로 이루어진 하나의 박스. 프런트 엔드 프레임으로부터 리어 쿼터 사이드 패널까지 연결되어 있으며, 도어 보디 개구부의 어퍼 라인을 형성한다.

루프 소기 [loof scavenging] 2사이클 엔진의 소기 방식의 하나. 실린더 벽에 소기 구멍(port)을 설치하여 여기에서 배기 구멍의 반대쪽 실린더벽을 향하여 새로운 공기를 보내므로 연소가스를 배출시키는 것. 반전 소기 혹은 슈닐레식 소기라고도 한다. ⇨ 소기(掃氣).

루프 소기식 [loof scavenging type] 루프는 '동그라미, 환상선(環狀線), 만곡선(彎曲線)'의 뜻. 루프 소기식은 디젤 2행정 사이클 엔진 소기 방식의 하나로 실린더 아래에 소기 및 배기공이 설치되어 있는 형식. 소기공은 위쪽으로 향해 있고 배기공은 수평으로 향해져 있으며, 소기시 배기공을 스치는 방향으로 밀려 들어가게 되고 흡입 효율이 횡단 소기식보다 높다. ⇨ 반전소기.

루프 스캐빈징 [loop-scavenging] 2사이클 엔진의 소기(掃氣)가 행하여질 때 연소실 내에서 세로 방향의 동그라미를 그리는 것. ⇨ 크로스 스캐빈징.

루프 캐리어 [roof carrier] ⇨ 루프 래크.

루프 톱 안테나 [roof top antena] 자동차 지붕에 설치되어 있는 막대형 안테나로서 회전식의 힌지에 의하여 안테나의 경사를 변경하도록 되어 있는 것.

루프 패널 [roof panel] 보디의 어퍼 클로저(upper closure).

룰러 [ruler] 거리를 측정하는데(통상적으로 1피트 이내) 사용하는 눈금이 있는 곧은 자.

룰렛 [roulette] ⇨ 사이클로이드.

룸 라이트 [room light] ⇨ 실내등.

룸 램프 [room lamp] ⇨ 실내등.

르모앙형 [Lemonine type] 르모앙형은 조향 너클과 킹핀 설치방식의 하나로 앞차축 아래에 조향 너클이 설치되어 차축을 높일 수 있기 때문에 트랙터 및 특수 차량에 사용된다.

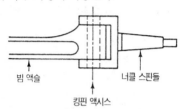

빔 액슬   너클 스핀들

킹핀 액시스

리그루브 타이어 [regrooved tire] 트레드 고무가 마모되어 홈이 얕아진 타이어로서 전용 공구를 사용하여 홈의 깊이를 늘리도록 한 것. 미리 홈밑의 고무를 두껍게 제작한 대형 타이어로서 트레드 수명을 늘리기 위하여 사용되어지는 방법.

리니어 모터 [linear motor] 모터의 특징은 입체적인 구조의 보통 모터에서 발생되는 자장을 평면형태로 만드는데 있다. 평면 형태의 전기자가 평면의 계자 위에 만들어지는 자장의 변화에 따라서 평면의 위를 직선적으로 움직인다. 부상 열차의 구동 등에 응용된다.

리니어 어시스트 파워 스티어링 [linear assist power steering] 차속 감응형 파워 스티어링으로서 유압 모터가 차속 센서의 역할을 하여 조향력을 결정하는 시스템. 차속이 상승함에 따라 모터의 회전이 빨라져 유압이 올라가고 그 결과 핸들이 무거워지도록 되어 있다.

리덕션 스타터 [reduction starter] 일반적인 스타터 모터에서는 모터의 전기자 선단에 설치되어 있는 피니언 기어가 플라이 휠의 링기어를 직접 구동하여 기어비는 대략 10대 1로 되어 있다. 리덕션은 감속의 뜻. 고속 회전형의 스타터 모터를 사용하여 기어에서 그의 회전을 3분의 1로 하고 힘을 강하게 한 후 피니언에서 전달하며 엔진의 시동성을 양호하게 한다.

리듀서 [reducer] 아크릴 에나멜 등 산화중합형 도료(酸化重合型塗料)에 쓰이는 희석제. 사용 방법은 시너와 같지만, 용해력은 래커 시너나 우레탄 시너보다 약하고, 소지(素地)를 침범하지 않기 때문에 탈지제(脫脂劑)로서도 쓰임.

리듀싱 밸브 [reducing valve] 감압 밸브. 유압회로의 압력을 감압하여 유압 실린더 출구쪽 유압으로 유지하는 밸브를 말한다.

리드 [lead] ① 나사의 곡선에 따라 1회전하였을 때 축방향으로 이동한 거리 ② 엔진의 밸브가 사점(死点)에 도달하기 전에 열리는 일 ③ 킹핀 캐스터의 결과 핀의 중심선의 연장이 타이어 접지점 전방에 위치하고 있는 일. ⇨ 캐스팅 트레일, 트레일.

리드 [lid] 뚜껑을 말하며 트렁크 룸이나 선 루프를 덮는 뚜껑을 가리키는 용어로서 사용한다. 선 루프의 유리 제품을 글라스 리드, 금속 제품을 메탈 리드라고 부른다.

리드 밸브 방식 [reed valve type] 2사이클 엔진의 흡입 기구로서 흡기 포트에 얇은 금속판(리드)을 설치하고, 한쪽을 고정하여 혼합기를 크랭크실쪽으로만 흐르게 하며 반대로 붙지 못하게 막는 방식. 고속회전이 되었을 때 리드의 추종성을 좋게 하기 위하여 FRP나 카본 파이버 등을 사용하고 있다. 리드가 흡기 저항으로 되는 것이 어렵다고 하지만 밸브의 대형 및 경량화에 따라 개량되어 80년대 후반 이후부터 흡기 방식이 주류가 되었다.

리드 서포트 어셈블리 [lid support ass'y] 승용차에서 트렁크 도어의 개폐를 쉽게 행하기 위한 장치. 세단에서는 토션바의 스프링 힘을 도어의 힌지에 전달하여 도어가 쉽게 움직이도록 한 것이 일반적이지만, 해치백과 같이 백도어가 큰 경우 실린더에 가스나 오일을 봉입한 가스 리프터를 사용하여 도어의 중량과 균형을 잡고 있는 경우가 많다.

리드 증기압 [Reid vapor pressure] 연료가 증발하기 쉬운 정도나 안전성에 기준이 되는 연료 증기압으로서 기체 상태의 연료의 양과 액체 상태의 연료 양의 비가 4:1일 경우 증기압은 기온 37.8℃에서 측정했을 때의 수치를 말한다. 리드는 측정 방법의 명칭. 증기압의 높은 연료는 베어퍼로크나 퍼켈레이션을 발생하기 쉽다.

리딩 슈 [⑱leading shoe, ⑱primary shoe] 드럼 브레이크로서 브레이크 슈를 드럼 내면으로 밀어붙일 때 드럼의 회전 방향에 따라 앵커핀을 작용점으로 하여 드럼을 밀어붙이는 타입. 마찰력이 작용하면 저절로 발생하는 자기작동 작용에 의하여 앵커핀 주위에 슈를 한층 강하게 드럼을 밀어붙이도록 하는 토크가 발생하므로 브레이크의 작동 능력이 증가하는 효과(자기서보효과)가 발생한다. 역으로 휠실린더 쪽으로 밀어붙이는 타입의 슈를 트레일링 슈라고 한다.

리딩 암식 서스펜션 [leading arm type suspension] 리드는 앞서는 것을 의미하며, 차축이 앞에 있어 스윙 암이 뒤로부터 타이어를 유지하도록 되어 있는 것. 장점은 프레임을 짧고 가볍게 할 수 있다는 것이지만, 앞바퀴에서 캠버가 변하지 않아 언더 스티어를 강하게 하므로 호감이

가지 않는다. ⇔ 트레일링 암식 서스펜션.

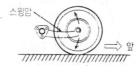

리딩 에지 [leading edge] 보닛의 최선단을 말함. 이 부분이 날카롭고 뾰족하면 공기 저항이 확실하게 작은 것으로 보이지만 기류의 박리(剝離)가 발생하고, 역으로 공력적인 부조화 때문에 완만한 곡선이 되어 공기의 흐름을 원활하게 한다. 리딩은 선두에 있는 것.

리딩 트레일링 브레이크 [leading trailing brake] 드럼 브레이크로서 드럼의 회전 방향으로 브레이크 슈를 밀어붙이는 리딩슈와 회전방향과 반대 방향으로 브레이크 슈를 밀어붙이는 트레일링 슈를 조합한 것. 승용 자동차 후륜용으로 많이 사용되며 LT브레이크라 약한다.

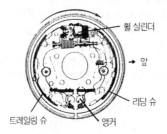

리머 [reamer] 드릴로 뚫어 놓은 구멍을 정확한 치수의 지름으로 넓히거나 내면을 깨끗하게 다듬질 하는데 사용하는 공구.

리모컨 미러 [remote control mirror] 리모트 컨트롤 미러를 약하여 말한 것.

리모트 시프트 [remote shift] ⇔ 리모트 컨트롤.

리모트 컨트롤 [remote control] 원격 조종. 칼럼 시프트. 변속기의 조작을 핸들에 설치한 링크나 케이블을 사용하여 변속하는 방식으로 케이블을 사용하는 구조를 푸시 풀 타입이라 하고, FF의 AT차에 많이 사용되고 있다. 링크 기구를 사용한 구조는 링키지 타입이라고 불리우며, 변속 레버의 위치 관계에 제한을 받는다. 리모트 시프트라고도 말한다.

리모트 컨트롤 미러 [remote control mirror] 아웃 미러로서 차실에서 미러의 각도를 조정할 수 있는 구조로 되어 있는 것. 차실의 레버를 움직

여 링크 기구에 의하여 동작을 전달하는 링크식, 미러의 뒷면에 세가
닥 와이어를 연결하여 이것을 노브(knob)로 조작하는 3선 와이어식,
2개의 소형 모터에 의하여 상하 좌우로 미러의 방향을 변경하는 2모터
식이 있다.

리몰드 타이어 [⊛remold tire ⊛remold tyre] ⇨ 재생 타이어.

리무진 [limousine] 운전석 뒷좌석에 칸막이가 설치된 6~8인승의 고급
승용차를 말한다. 오래된 것은 운전석이 객실 바깥쪽에 있어 지붕만
설치되어 있는 3~5인승의 상자형 자동차였었다. 독일에서는 세단을
의미한다.

리미티드 슬립 디퍼렌셜 [limited slip differential] 차동제한장치, 논슬
립 디퍼렌셜이라고도 불리우며 LSD라고 약(略)한다. 구동륜의 한쪽
타이어가 진흙길에서 빠져나오지 못할 때 차동 기어 작용으로 바퀴가
공전하여 차량을 진행시키지 못하게 된다. 이런 현상을 방지하기 위하
여 좌우 구동축의 회전속도를 다르게(差動) 제한하거나 경우에 따라
고정시키는 구조를 갖춘 디퍼렌셜을 말한다. 차동 저항을 발생시키려
면 기어 또는 클러치를 사용하는 마찰식 LSD와 회전차를 이용하는 회
전수 감응식 LSD가 있으며 마찰식은 다시 예압식, 다판식, 토크 비례
식 등으로 분류한다.

리미팅 밸브 [limiting valve] 오일의 압력을 받아 작용되어 출구의 압력
을 제어함으로서 항상 압력을 일정하게 유지하는 밸브.

리밋 슬리브 [limit sleeve] 리밋은 한계, 슬리브는 막대 등을 둘러 씌우
는 관의 뜻. 리밋 슬리브는 슬리브 내에 설치된 댐퍼 스프링으로 엔진
을 가동할 때 등 제어 래크가 최대 송출량 이상으로 움직이는 것을 방
지한다.

리밍 [reaming] 리머를 사용하여 드릴로 뚫은 구멍을 정밀하게 다듬질
하는 작업. 절삭량은 구멍의 지름 10mm에 대하여 0.05mm가 적당하
며 절삭시 절삭유를 충분히 공급하여 한방향으로 절삭하여야 한다.

리바운드 스토퍼 [rebound stopper] 현가 스프링이 최대로 신장(伸長)

했을 때 현가작용을 규제하여 충격을 적게 하기 위하여 설치되어 있는 완충재(緩衝材). 리바운드는 반동하는 것을 말함. ⇨ 바운드 스토퍼 (bound stopper).

리바운드 스톱 [rebound stop] 서스펜션이 최대로 확장되었을 때 서스펜션의 움직임을 규제하고, 충격을 작게 하기 위하여 설치되어 있는 완충재. 리바운드는 튀어오르는 것을 의미한다.

리바운드 스트로크 [rebound stroke] 바퀴의 기준 위치에서 반동 방향으로 움직일 수 있는 거리. 리바운드(rebound)는 튀었다가 되돌아오는 것. ⇨ 휠 스트로크.

리바운드 클립 [rebound clip] 리바운드 클립은 스프링이 리바운드 할 때 스프링이 흐트러지는 것을 방지한다.

리버스 기어 [reverse gear] 후진 기어. 리버스는 후퇴의 의미. 기호는 R로 약하여 시프트 레버에 씌여 있음. 기어비는 로 기어와 거의 같은 3~4:1로서 힘은 가장 좋다. 싱크로메시로 되어 있지 않으므로, 전진하고 있을 때에는 일단 자동차를 완전히 정지시킨 후 기어를 넣을 필요가 있다.

리버스 미스 시프트 방지장치 [reverse miss shift restrict] 전진중에 기어가 후진기어 쪽으로 들어가면 위험하므로 기어 변환시 시프트 작동 구조에 방지장치가 설치되어 있다. 수동 변속기일 경우 중립 위치를 거치지 않으면 후진 기어로 물리지 않도록 되어 있고, 변속 레버를 위로 잡아당기거나 아래로 누르면서 후진으로 변환하는 구조로 되어 있다. 자동 변속기에서도 변속 레버에 붙어 있는 노브를 누르지 않으면 후진으로 변환되지 않는다.

리버스 스티어 [reverse steer] 코너를 선회하고 있는 자동차에서 처음에는 언더 스티어였던 특성이 도중에서 오버 스티어로 변하는 것. 일반적으로 자동차의 스티어 특성은 약한 언더 스티어였으나 급격한 코너를 선회할 경우 주로 얼라인먼트가 변화하여 오버스티어로 변할 경우가 있다. 변하기 시작하는 곳을 리버스 포인트라고 한다. 리버스(reverse)란 '역으로'라는 뜻.

리버스 오작동 방지장치 [reverse shift restrict] ⇨ 리버스 미스 시프트 방지장치.

리버스 위치 워닝 [reverse position warning] 시프트 로크 시스템의 하나로서 시프트 레버를 후진으로 하면 경보음이 울리도록 되어 있는 것.

리버스 포인트 [reverse point] ⇨ 리버스 스티어.

리버스 홉 [reverse hop] 리버스 기어로 급발진시 발생하는 호핑 (hopping)현상. ⇨ 호핑.

리버싱 램프 [reversing lamp] ⇨ 백업 램프.

리벳 [rivet] 강판이나 형강을 영구적으로 결합하는 이음을 말한다. 리 벳 이음은 강도뿐만 아니라 기밀을 요하는 곳 또는 주로 힘의 전달이 나 강도만을 목적으로 하는 곳에 사용한다. 리벳은 용도에 따라 일반 용, 보일러용, 선박용이 있고 머리 모양에 따라 둥근머리 리벳, 접시머 리 리벳, 납작머리 리벳, 둥근접시머리 리벳, 얇은 납작머리 리벳, 냄 비머리 리벳으로 분류한다.

리벳 해머 [rivet hammer] 브레이크 라이닝 또는 판재의 리벳 작업에 사용하는 해머.

리벳 홀더 [rivet holder] 패널 수정시, 해머로 때리는 면의 뒤쪽에 맞대 어 사용함. 블록모양의 금속으로서 여러가지 형태로 되어 있음. 현장 용어로는 일본어로 '아데방(當乙盤)'이라고 함.

리본 셀룰러 [ribbon cellular] ⇨ 허니콤 샌드위치 구조.

리본 셀룰러 핀 [ribbon cellular fin] 라디에이터의 코어가 벌집 모양으 로 된 냉각 핀. 방열량이 가장 많으나 제작비가 비싸다.

리브 [rib] 리브는 갈비뼈란 뜻으로 블록, 물펌프, 배전기 등 자동차 부 품 보디에 주름을 잡아 놓은 것같이 되어 강성을 증대시키는 기능을 한다.

리브 러그 패턴 [rib lug pattern] 타이어의 트레드 패턴에서 리브 패턴 과 러그 패턴의 양쪽을 동시에 적용시킨 타이어.

리브 패턴 [rib pattern] 리브는 늑골(肋骨)로부터 온 말로 타이어 트레 드에서 옆 방향에 대한 미끄럼 방지 효과가 큰 직선 혹은 지그재그 (zigzag)가 연속되어 있는 홈을 설치한 패턴. 일반적으로 포장길용 타 이어에서 가장 많이 볼 수 있다. 다른 패턴과 비교하면 습기가 있는 노 면에서 배수성(排水性)이 양호하고 소음이 낮다.

리빌트 부품 [rebuilt parts] 다른 자동차에서 떼어내는 것만으로 끝나지 않고 점검, 조정, 청소, 수리 등 손질한 후 판매되는 부품. 재생 부품이 라고도 함.

리서치 옥탄가 [research octane number] 가솔린 옥탄가로서 실험실 옥 탄가 측정방법 중 리서치법에 따라 구한 것. 경하중 패밀리카의 엔진 이나 저속 주행시 엔진의 내폭성을 나타나게 하여 통상적으로 옥탄가 라고 하면 이 리서치옥탄가를 가리킨다. RON이라고 약한다. ⇦ 모터 옥탄가.

리서큘레이팅 볼식 스티어링 기어 [recirculating ball type steering gear]
스티어링 기어의 일종으로서 볼 스크루식 혹은 볼 너트식이라 부르며
승용 자동차부터 대형 트럭까지 널리 사용되고 있다. 리(re)는 반복이
나 강조하는 뜻을 표현하는 접두어이며 서큘레이팅은 순환을 뜻한다.
볼트와 너트를 조합하여 너트의 홈 안에 다수의 강구(스틸 볼)를 넣고
원활하게 움직일 수 있게 되어 볼트(스티어링 샤프트)의 회전 운동을
너트(볼 너트)의 왕복 운동으로 변하게 할 수 있는 원리를 이용한 것.
볼 너트의 측면에 톱니를 만들어 두고 이 기어가 섹터(부채꼴 기어)와
맞물려 피트먼 암을 움직여 조향을 하게 한다. RBS라고 약해서 부르
기도 한다. ⇔ 래크 앤드 피니언식 스티어링 기어.

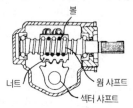

리스폰스 [response] 일반적으로 응답이나 반응을 말한다. 자동차 용어
로는 운전자가 액셀을 조작할 때 엔진의 응답성과 스티어링
(steering) 조작에 대한 자동차의 반응을 말함. 영어에서는 가속 페달
을 밟은 후 엔진 회전이 상승하기까지의 지연을 「pickup lag」라고 한
다.

리시버 드라이어 [receiver drier] 리시버 드라이어는 건조제를 봉입하여
냉매 속의 수분을 흡수하는 역할을 하는 것으로서 응축기에서 공급된
냉매를 저장도 하며, 완전한 액체 냉매를 팽창 밸브로 보내는 역할을
한다. 리시버 드라이어 상단부에는 사이드 글라스가 설치되어 냉매의
양을 관찰하기도 한다.

리시프로케이팅 엔진 [reciprocating engine] ⇔ 왕복형 엔진.

리액션 체임버 [reaction chamber] 리액션은 '반작용, 반발'의 뜻. 리액
션 체임버는 조향할 때 밸브 스풀의 움직임에 대하여 반발력이 발생되
어 운전자에게 확실한 조향 감각을 느낄 수 있도록 한다. 액추에이터
내에 설치되어 있는 리액션 스프링은 밸브 스풀의 중립 유지와 스티어
링 휠을 조작할 때 압축되어 반력을 발생한다. 따라서 밸브 스풀 양끝
에 있는 오리피스를 통하여 리액션 체임버에 유압이 작용되므로 선회

할 때는 유압과 리액션 스프링의 장력에 의해 조향 감각을 준다.

리액턴스 [reactance] 리액턴스는 교류 때에 나타나는 유도 저항으로서 단위는 Ω(옴)을 사용한다.

리어 보디 [rear body] 보디 셸 차체 뒷부분을 말한다. ⇔ 프런트 보디.

리어 뷰 미러 [rear view mirror] ⇨ 백미러.

리어 브레이크 [rear brake] 자동변속기에서 리어 브레이크는 외부 수축식 밴드 브레이크로 유성기어 캐리어 드럼에 설치되어 유압에 의해 유성기어 캐리어를 고정할 때 작용된다.

리어 스포일러 [rear spoiler] ⇨ 테일 스포일러.

리어 시트 [rear seat] ⇨ 백 시트.

리어 시트 팬 [rear seat pan] 리어 시트 밑에 위치한 언더보디 어셈블리의 일부분.

리어 엔드 토크 [rear end torque] 리어 엔드 토크는 동력전달장치를 통하여 바퀴를 회전시키면 구동축에는 그 반대 방향으로 회전하려는 힘을 말한다.

리어 엔드 패널 [rear end panel] 리어 컴파트먼트 개구부의 바로 밑에서 보디의 가장 뒷부분을 가로지르는 보디 패널.

리어 엔진 리어 드라이브 [rear engine rear drive] 엔진을 차량 뒷부분에 설치하고 후륜(rear wheel)을 구동하는 방식. RR이라고 약칭하기도 한다. 프런트 엔진, 프런트 드라이브를 반대로 레이아웃(lay out)한 형태로서 FF방식의 경우와 마찬가지로 객실을 넓게 할 수 있으나 프런트의 트렁크룸은 스티어링(조향)상의 제약을 받게 되므로 FF차보다 크게 할 수 없다. 확실하게 구동륜에 하중이 걸리므로 핸들은 가벼우며 소음에 원인이 되는 엔진은 뒤쪽에 있으므로 용이한 운전(easy drive)과 거주성 관점에서 보면 우수한 형식으로서 버스에 사용되고 있다. 단점은 뒷바퀴에 집중되는 하중 때문에 자동차가 오버 스티어링 경향이 있어 서스펜션(현가장치)에 적절한 방안이 없으면 조종성과 안정성에 문제가 발생하기 쉽다. 현재는 이 방식을 사용하는 차량이 줄어들고 있다.

리어 엔진 자동차 [rear engine rear drive] 영어로는 리어 엔진이라고 한다. 엔진이 뒤쪽에 설치되어 있고, 뒷바퀴를 구동하는 형식이다.

리어 윈도 [rear window] 뒤쪽 창문을 지칭한 것으로서 백윈도라고도 불리운다. 일반적으로 강화(強化)유리를 사용하지만 2중 유리를 사용하는 차량도 있다. 영어로는 백 라이트(back light)라고도 한다.

리어 윈도 와이퍼 〔rear window wiper〕 리어 윈도에 부착되어 있는 와이 퍼. 해치 백 자동차나 1박스 카 등은 보디의 후방에 튀어올라간 물보라 나 먼지가 부착되기 쉬우므로 리어 윈도에 와이퍼와 워셔가 필요한 경 우가 많다.

리어 커버 〔rear cover〕 ⇨ 익스텐션 하우징.

리어 컴파트먼트 리드 〔rear compartment lid〕 뒤쪽 화물실을 덮고 있는 이너 패널과 아우터 패널로 이루어진 도어.

리어 컴파트먼트 팬 〔rear compartment pan〕 언더보디 중 화물실의 내 부 바닥을 이루는 부분.

리어 콤비네이션 램프 〔rear combination lamp〕 자동차의 뒷부분에 설치 되어 있는 램프류를 일체로 한 총칭. 테일 램프, 스톱 램프, 백업 램프 와 반사판의 리플렉터(reflector) 등으로 되어 있다.

리어 쿼터 윈도 〔rear quarter window〕 리어 쿼터 패널에 위치한 가장 뒤쪽의 사이드 윈도. 모든 보디 스타일에 사용되는 것은 아님.

리어 클러치 〔rear clutch〕 자동 변속기에서 리어 클러치는 프런트 클러 치와 같은 구조로 구동판은 프런트 클러치 외면에 설치된 스플라인에 끼워지고, 피동판은 리어 클러치 드럼내면의 스플라인에 설치되어 있 다. 리어 클러치 외면에 설치된 스플라인에는 선기어 드럼이 끼워져 유압으로 선 기어에 동력을 전달하거나 차단한다.

리어 퍼스널 램프 〔rear personal lamp〕 세단이나 리무진 등의 뒷좌석에 설치되어 있는 서류나 책을 읽기 위한 조명.

리어 펜더 〔rear fender〕 ⇨ 쿼터 패널.

리어 포그 램프 〔rear fog lamp〕 안전을 위하여 차량의 뒷부분에 설치되 어 있는 포그램프. 안개, 가랑비, 눈보라 등으로 시계(視界)에 장애가 있을 경우와 후속차에게 알기 쉽도록 하기 위하여 설치되어 있다.

리어 필러 〔rear pillar〕 승용차의 좌우 후부에 있으며 지붕과 뒤창문을 지지하는 기둥. 필러는 기둥을 뜻하며 C필러라고도 한다.

리어스탯 〔rheostat〕 조광기(調光器). 계기류에서 조명의 밝기를 조절 하는 장치.

리저버 탱크 〔reservoir tank〕 리저브 탱크라고도 부르며 액체를 채운 계 통에서 온도의 변화에 따라 액체의 체적이 변할 경우에 설치되어 있 다. 라디에이터에서 넘치는 냉각수를 수용하거나 부족한 액을 보충하 는 탱크가 그 예. 라디에이터 액, 클러치 액, 브레이크 액, 파워 스티어 링의 오일 등 자동차에는 많은 리저버 탱크가 있으며 익스팬션 탱크라 고도 한다.

리저브 [reserve] 리저브는 모듈레이터 내에 설치되어 ABS가 작동중 감압시에 휠 실린더에서 되돌아 오는 오일을 일시적으로 저장하는 역할을 한다.

리저브 탱크 [reserve tank] 보조 탱크. 통상적으로 2륜 자동차로서 주 연료 탱크가 비었을 때 콕을 변환하여 사용되는 보조 연료 탱크를 말함.

리지 [ridge] 단(段)이 붙은 부분. 엔진의 실린더 상부에 피스톤이 작용하므로서 만들어진 턱을 말하며 리지 리머를 사용하여 제거할 수 있다.

리지드 액슬 서스펜션 [rigid axle suspension] 일체차축식 현가장치. 간단하게 리지드 액슬이라고도 부른다. 양끝에 휠을 설치한 차축을 스프링 중간에 두고 차체에 설치하는 타입의 서스펜션으로서 승용자동차의 차축에 많이 사용되고 있다. 스프링으로서는 리프 스프링을 사용하는 평행 리프 스프링식, 코일 스프링식과 링크를 조합한 링크식, 차축으로서 크로스 빔을 사용하는 토션 빔식 등 많은 종류가 있다. 구조가 간단하고 강하며 휠이 상하로 움직일 때 트레드나 캠버의 변화는 비교적 적지만 무겁기 때문에 스프링 밑 중량이 커 좌우바퀴의 움직임이 연결되므로 승차감이나 조향 안정성면에서는 불리하다.

리징 [ridging] ⇨ 니블링.

리치 믹스처 [rich mixture] 농후한 혼합기로서 15:1 미만인 혼합기. 혼합기에 포함되는 가솔린이 상대적으로 많은(진한 : 리치)것. 이론 공연비를 기준하여 말하는 것이 일반적임. ↔ 린 믹스처.

리캐핑 [recapping] 새 트레드재의 캡을 낡은 케이싱에 대고 제 위치에 접착 또는 경화시키는 타이어 수리의 한 형태.

리캡 타이어 [recap tire] ⇨ 재생 타이어, 갱생(更生)타이어.

리퀴드 라인 [liquid line] 에어컨에서 리시버 드라이어의 출구와 팽창 밸브 또는 오리피스 튜브의 입구를 연결하는 호스. 고압의 액체 냉매가 이 튜브 속을 흐른다.

리크 [leak] ① 누전. 전선의 피복이 벗겨져 절연 상태가 불량하게 되었거나 전선이 단선되어 누설하는 전류. ② 2개의 접촉 부분에서 액체 또는 기체가 누출되는 것.

리크 다운 [leak down] 유압식 밸브 리프터의 플런저가 오일의 누출로 인하여 완전히 상승되지 못하는 현상을 말함.

리크 디텍터 [leak detector] 에어컨으로부터 냉매가 누출되는 곳을 찾아내는 데 사용되는 도구를 총칭함. 보편화된 타입은 불꽃(화염), 전자, 염료, 비누거품이다.

리클라이닝 시트 [reclining seat] 리클라이닝은 '가로놓이다'라는 뜻. 시트의 등받이가 조정 가능하도록 된 시트로서 적절한 운전을 할 수 있는 목적 외에, 휴식을 위해 시트를 눕혀 수면을 취할 수 있도록 되어 있다. 시트 슬라이드나 리크라이닝 기구 등을 총칭하여 시트 어저스트라고도 한다.

리타더 [retarder] ① 시너처럼 도료에 혼합하여 사용하는데, 이것을 가하면 증발 속도를 늦출 수 있기 때문에 기온이나 습도가 극단적으로 높을 때 백화(白化)현상을 방지하기 위하여 사용함. 페인팅 중에 잔류하고 있는 시간이 길고, 너무 많이 투입하면 문제를 일으키므로, 지정된 혼합 비율은 반드시 지켜야 함. ② 상용 브레이크의 보조로서 사용되는 브레이크의 총칭. 배기 브레이크, 전자식 리타더, 유체식 리타더 등이 있으며 트럭이나 버스 등의 대형자동차에 사용되고 있다. 리타더라는 말은 속도를 늦춘다는 뜻.

리터카 [liter car] 일반적으로 배기량이 1리터(1000cc)의 엔진을 탑재하고 있는 자동차. 당초에는 배기량이 900cc 정도의 자동차를 말하였으나, 현재는 베이스 자동차가 1,000~1,300cc로서 스포티한 모델이 1,600cc정도까지의 엔진을 탑재한 자동차를 말하는 경우가 많아졌다.

리턴 포트 [return port] ⇨ 마스터 실린더 릴리프 포트.

리테이너 [retainer] 영어로 지지하는 것을 뜻하며 베어링이나 오일 실(seal) 등이 벗겨지지 않도록 지지하는 부품. 링처럼 생긴 모양이 많아 리테이너 링이라고 부르기도 한다.

리테이너 링 [retainer ring] ⇨ 리드(lid).

리트랙터 [retractor] ⇨ 시트 벨트 리트랙터.

리트랙터블 헤드램프 [retractable headlamp] 리트랙터블이란 '끌어당겨지다'라는 뜻이며 보통 펜더나 프런트 그릴 등에 수납되어 있으며 필요할 때만 덮개를 벗기고, 점등시키는 형식의 헤드 라이트. 라이트의 스페이스가 적어지며 스마트한 디자인이 가능하여 공기 저항을 감소시킬 수 있다는 장점이 있어 스포츠카에 많이 이용되고 있다.

리트레드 타이어 [retread tire] ⇨ 재생(갱생)타이어.

리페어 [repair] 수리(修理), 수선(修繕), 수리하다, 수선하다의 뜻.

리페이서 [refacer] 평면 연삭기. 손상된 평면을 다시 평편하게 다듬질하는 기계.

리프 스프링 [leaf spring] 길이가 다른 스프링판을 몇 매 겹쳐 만든 스프링. 최근에는 강뿐만 아니라 FRP제의 리프 스프링도 등장하였다.

리프 스프링은 링크의 역할도 하므로 구조가 간단하며, 리어 서스펜션에 사용될 경우가 많다. 리지드 액슬과 리프 스프링의 조합이 그것인데, 안정성 및 승차감을 보다 좋게 하려면 한계가 있다. 리프 사이의 마찰에 의하여 스프링으로서의 효과가 감소되는 점, 강성이 요구되는 링크와 부드러움을 요하는 스프링을 양립시키려는 데에 무리가 있다. 중량이 무겁고 삐걱거리는 소리가 나기 때문에 코일 스프링으로 바뀌어 가고 있다.

스프링 새클
스프링 아이
u볼트
차축

리프 스프링식 서스펜션 [leaf spring type suspension] ⇨ 평행 리프 스프링식 서스펜션.

리프트 [lift] ① 양정. 기초원에서 캠 노즈까지의 거리로서 밸브가 닫힌 상태에서 완전히 열릴 때까지 이동한 거리. ② 나사잭이 최대 높이까지 들어 올리는 높이. ③ 크레인이 매달아 올리는 높이. ④ 양력(揚力). ⑤ 엘리베이터.

리프트 백 [lift back] 자동차 해치 백(hatch-back)의 등록 상표(일본 도요다).

리프트 밸브 [lift valve] 밸브의 보디를 상하로 작동시켜 밸브 시트를 개폐하는 밸브. 앵글 밸브, 니들 밸브, 글러브 밸브, 엔진의 흡·배기 밸브 등이 있다.

리프팅 [lifting] ① 페인트 코팅 위에 페인트를 덧칠하였을 때 원래의 코트가 그것이 칠하여졌던 표면으로부터 박리하는 현상. ② 톱 페인트 코트가 칠해지거나 건조하는 동안 표면이 뒤틀리거나 주름지는 것. 분사 후 주름이 발생할 위험이 있는 시간대(時間帶)를 리프팅 존 (lifting zone)이라고도 함.

리프팅 존 [lifting zone] ⇨ 리프팅.

리플레이스 [replace] 사용했던 부품이나 어셈블리를 탈거하고 그 위치에 새로운 부품이나 어셈블리를 설치하는 것. 필요에 따라 세정, 급유 및 조정이 필요하다.

리플렉터 [reflector] 반사판이다. 야간에 등화가 꺼져 있는 자동차를 알기 쉽게 하기 위하여, 빛을 비추면 적색, 황색 또는 호박색의 반사광이 나타나는 것이다. 정확하게 리플렉스 리플렉터(reflex reflector)라고

하며 RR이라고 약(略)하기도 한다(후부 반사기라고도 한다).

린 〔lean〕 2륜 자동차에서 차체를 기울게 하는 것으로서 코너링할 때 운전자세를 나타내는 용어로 사용되며 리닝, 린 아웃, 린 위즈의 3가지가 있다. 리닝은 오토바이보다 안쪽으로 신체를 기울이고 코너링 함과 동시에 차체를 되도록 세워서 안전성을 증가시키는 방법으로서 로드 레이스에서 볼 수 있다. 린 아웃은 역으로 차체를 눌러 억제하는 형태로 선회하는 방법으로서 모터 크로스의 러프 로드에서 선회할 때 많이 사용한다. 린 위즈는 가장 일반적인 코너링 자세로서 오토바이의 기울기와 신체의 기울기가 같으며 사람과 차체가 일체로 된 기본자세.

린 믹스처 〔lean mixture, weak mixture〕 혼합기에 포함되는 가솔린이 상대적으로 적다(얇은 : 린)는 것. ⇔ 리치 믹스처.

린 믹스처 센서 〔lean mixture sensor〕 린 번 엔진으로서 배기가스 중 산소 농도를 검출하는 센서의 명칭. 통상의 산소에서는 그 출력이 이론 공연비 부근에서 급격히 변화하는 것에 대하여 출력이 산소 농도에 비례하여 대략 직선적으로 변화하는 것이 특징이며, 이 특성을 이용하여 공연비의 컨트롤이 행해진다. 산소센서와 같은 지르코니아 관을 사용하여, 배기관쪽 전극과 대기쪽 전극과의 사이에 전압을 걸어 산소 농도의 변화를 전류로 변화시켜 검출하는 것.

린 포스먼트 〔reinforcement〕 장치나 부품의 보강에 사용되는 보강판이나 이것에 속하는 것을 말함. ⇔ 리치 믹스처.

린번 〔lean burn〕 희박 연소(稀薄燃燒). 이론 공연비보다 엷은 혼합기를 연소시키는 것. 안정된 희박 연소가 실현되면 배기가스의 정화와 저연비가 동시에 달성되지만 엷은 혼합기는 착화성이 나쁘고, 연소 속도도 느리므로 연소가스가 불안정하여 실화되기 쉽고 출력도 나오지 않는다. 희박 혼합기를 단시간에 안정한 상태로 연소시키기 위하여 흡기 계통의 기구나 연소실의 형상을 연구하여 적합한 와류를 발생시켜 연료 분사시기가 가장 적합한 층상 흡기(層狀吸氣), 강력 점화 등에 따라 확실한 착화를 실시하는 방법이 개발되었다. 해결에 어려운 문제점은 NOx로서 이것은 가장 많은 이론 공연비보다 조금 큰 쪽(린쪽)에 있고, 토크가 필요한 가속시나 고속 주행시 NOx가 많게 배출되는 것이다. 이러한 문제점들이 린번 엔진 개발상에서 애로로 되어 있다.

릴레이 〔relay〕 입력이 어떤 값에 도달하였을 때 작동되어 다른 회로를 개폐하는 장치. 종류로는 접점이 있는 릴레이, 무접점 릴레이, 압력 릴레이, 광(光) 릴레이 등이 있다.

릴레이 로드 [relay rod] 아이들러 암이 사용되는 스티어링장치의 링크 기구로서 좌우에 분할된 타이로드와 연결되어 조향력을 전달하는 로드 (rod).

릴레이 밸브 [relay valve] ① 진공 배력식 브레이크장치의 릴레이 밸브는 릴레이 밸브 피스톤에 의해 작동되어 동력 피스톤 뒤쪽 체임버에 흡기 다기관의 진공이 작용되도록 하거나 차단하는 역할을 한다. 릴레이 밸브는 진공 밸브(vacuum valve)와 공기 밸브(air valve)로 되어 있어 주행할 때는 공기 밸브는 닫히고 진공 밸브가 열려 흡기 다기관의 진공이 동력 실린더 뒤쪽에도 작용되어 동력 피스톤이 움직이지 않는다. 브레이크를 작동시키면 진공 밸브는 닫히고 공기 밸브가 열려 대기압이 동력 피스톤 뒤쪽에 작용되어 배력 작용을 하게 된다. ② 공기 브레이크장치의 릴레이 밸브는 브레이크 밸브와 뒷브레이크 체임버 사이에 설치되어 뒷브레이크 체임버에 공기를 신속하게 공급하여 제동력을 발생하거나 배출하여 브레이크를 해제하는 역할을 한다. 브레이크 밸브에서 공급된 압축 공기의 압력이 다이어프램에 작용되면 다이어프램은 배출밸브를 닫고 공급 밸브를 열어 공기 탱크에 저장되어 있는 압축 공기를 뒷브레이크 체임버에 공급하여 제동력이 발생되도록 한다. 브레이크 페달을 놓아 다이어프램에 가해지는 압력이 해제되면 브레이크 체임버의 압력이 반대로 작용하여 브레이크 밸브의 공기가 배출되면서 공급 밸브를 닫고 배출 밸브를 열어 브레이크 체임버에 가해진 압축 공기를 배출하여 브레이크를 해제한다.

릴레이 밸브 피스톤 [relay valve piston] 진공 배력식 브레이크장치의 릴레이 밸브 피스톤은 브레이크를 작동시킬 때 유압에 의해 릴레이 밸브를 작동시키는 역할을 한다. 릴레이 밸브 피스톤에 푸시로드와 다이어프램이 설치되어 유압이 릴레이 밸브 피스톤 뒷면에 작용하면 릴레이 밸브를 밀어 진공 밸브를 닫고 공기 밸브를 열어 대기압이 도입되도록 한다.

릴리스 레버 [release lever] 릴리스는 '해제하다, 석방하다, 해방시키다', 레버는 '지레'의 뜻. 릴리스 레버는 릴리스 베어링에 의해 한쪽 끝부분이 눌리면 반대쪽은 클러치 판을 누르고 있는 압력판을 분리시키는 레버이며, 굽히는 힘이 반복되어 작용하기 때문에 충분한 강도와 강성이 있어야 한다.

릴리스 베어링 [release bearing] 릴리스 베어링은 릴리스 포크에 의해 축방향으로 움직여 회전중인 릴리스 레버를 눌러 클러치를 개방하는 작용을 한다. 베어링 칼라에 스러스트 볼 베어링이 내장된 케이스가 압입되어 그리스가 영구 주유되어 있으며, 릴리스 베어링에는 볼 베어링형, 앵귤러 접촉형, 카본형이 있다. 특히 클러치를 분해·정비하기 위해 떼어냈을 때 솔벤트 등의 세척제 속에 넣고 닦아서는 안된다.

릴리스 실린더 [release cylinder] ⇨ 오퍼레이팅 실린더.

릴리스 형식 [release type] 밸브가 열렸을 때 엔진의 진동으로 회전하는 형식. 스프링 리테이너, 와셔형 로크, 팁컵으로 구분되며 밸브 리프터가 팁컵을 밀면 로크와 리테이너에 운동이 전달되고 밸브 스프링이 압축되며 밸브를 열게 된다. 이 때 밸브는 스프링의 장력을 받지 않게 되어 밸브는 엔진의 진동으로 회전하게 된다.

릴리프 밸브 [relief valve] ① 개방하는 밸브. 유체의 압력을 규정값으로 유지하며, 여분의 유체를 탱크로 다시 보내는 역할을 하는 것. 자동차에서는 유압 펌프와 조합되어 유압 회로에 사용하는 경우가 많다. ② 엔진의 회전 속도와 관계없이 연료의 송출 압력이 항상 3.0~6.0kg/cm²가 되도록 조절한다. 연료 펌프는 모터에 의해 회전하기 때문에 엔진의 회전 속도와 관계없이 송출되는 양은 일정하고 송출 압력은 연료 소비가 많은 고속 회전을 기준으로 설정되어 있다. 엔진이 저속 회전을 하면 연료의 소비가 적어 송출 압력은 과도하게 상승되어 연료 펌프 및 연료 라인의 파손이 발생하므로 규정 압력 이상이 되면 릴리프 밸브가 열려 과잉의 연료를 탱크로 되돌려 보내 규정 압력이 되도록 조절한다. ③ 오일 회로에 흐르는 압력이 규정 압력 이상이 되면 배출구로 오일을 바이패스시켜 최고 압력을 조절하는 밸브로서 자동차의 속도와 가속 페달의 밟는 정도에 따라 적합한 유압을 자동적으로 조절하는 역할을 한다.

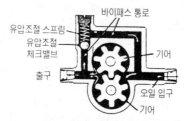

림 [rim, wheel rim] 바퀴의 일부로서 타이어를 장착하는 부분. 타이어와 같이 국제성이 강한 자동차부품으로서 각 나라마다 같은 규격을 결정하여 사용하고 있다. 그러나 모양과 구조에 따라 경자동차나 산업차량에 많이 사용하는 2분할 림과 대부분 승용차에 사용하는 와이드 베

이스 드롭 센터림, 트럭용의 드롭 센터림, 플랫 센터림 등으로 분류된다.

림 사이즈 [rim size] 림의 호칭은 14×5J와 같이 림의 지름을 말하는 (인치)×림의 폭이라 부르는(인치) 플랜지의 모양을 나타내는 기호 (알파벳)로 나타내고 있다. 다만, 1984년 전에는 5J×14와 같이 림의 폭 호칭(인치)플랜지의 모양을 나타내는 기호×림의 지름 호칭으로 표시되어 있다.

림 오프셋 [rim offset] ⇨휠 오프셋(wheel offset)

림 터치 [rim touch] 림의 플랜지가 노면에 접촉되는 것. 타이어 공기압이 낮은 상태로 급격하게 회전했을 때 타이어가 크게 변형하여 플랜지가 노면에 접촉하는 것을 말한다.

림 플랜지 [rim flange] 림의 가장자리에 해당하는 옆부분을 말하며 타이어의 비드부를 측면으로 지지하며 림을 보호하는 역할을 하는 것. 비드 플랜지라고도 불리우며 드롭 센터림과 플랫 센터림을 떼어낼 수 있는 부분의 림은 스프링 플랜지 혹은 사이드 링이라고 한다.

림드강 [rimmed steel] 페로망간을 가볍게 탈산한 용강. 탈산이 충분치 못해 용강의 내부에 편석이나 기공이 생기기 쉽다. 림드강은 평로나 전로에서 정련된 용강으로 핀, 봉, 파이프 등에 사용한다.

립 몰딩 [lip molding] 펜더의 바깥쪽 가장자리를 펜더 패널 또는 펜더 웰에 연결하는 몰딩.

링 게이지 [ring gauge] 축용 한계 게이지의 종류. 얇은 두께의 공작물이나 지름이 작은 축을 측정하는 게이지.

링 그루브 [ring groove] 링홈이라고 말하며 피스톤 상부 주위에 설치되어 있는 홈으로서 피스톤 링을 보호한다. 바닥에 여분(餘分)의 오일을 피스톤 내부로 흐르게 하는 구멍이 열려 있다.

링 나사 게이지 [ring pitch gauge] 나사용 한계 게이지. 볼트의 유효 지름을 측정하는 게이지.

링 엔드 갭 [ring end gap] 피스톤 링을 피스톤 링 홈(piston ring groove)에 끼우기 위하여 그 일부가 절단되어 있는 부분을 링갭이라고 한다. 세로 방향으로 끊겨 있는 버트 조인트(butt joint), 경사지게 끊겨 있는 앵글 조인트(angle joint), 턱이지게 한 랩 조인트(lap joint) 등이 있다.

링 익스팬더 [ring expander] 피스톤 링의 내측에 부착하여 피스톤 링을 밀어붙여 넓히는 실(seal) 효과를 증대시키는 역할을 하는 것.

링 캐리어 삽입 피스톤 [insert ring carrier piston] 주철제의 링 캐리어를 제1링과 제2링의 홈에 주입하여 제작한 피스톤으로 피스톤링 홈의 마멸을 빙지한다.

링 홈 [ring groove] 피스톤 링을 끼우기 위한 홈으로 피스톤 위쪽에 파져있다. 이 홈에는 압축링과 오일링이 설치되는데 오일링이 끼워지는 홈에는 과잉의 오일을 피스톤 안쪽으로 보내기 위한 오일 구멍이 전둘레에 걸쳐 일정한 간격으로 뚫려있다. ⇨ 링 그루브.

링잉 [ringing] 전기 회로에서 입력 신호의 급격한 변화에 대해서 과도적 현상으로 출력 파형에 진동을 일으키는 것.

링크 체인 [link chain] 링크 체인은 원형의 단면적을 가진 연강봉을 타원형으로 구부려 서로 연결한 체인으로 체인 블록, 눈길에서 사용하는 타이어 체인, 선박에서 사용하는 닻 등에 사용한다.

링크 퓨즈 [link fuse] 퓨즈의 양 끝에 고리를 설치하여 퓨즈 홀더에 볼트로 조여 사용하는 구조의 퓨즈.

링크식 리지드 액슬 서스펜션 [link type rigid axle suspension] 리지드 액슬 서스펜션에서 차축은 코일 스프링에 의하여 지지되고 링크에 의하여 위치를 결정하는 형식의 서스펜션. 평행 리프 스프링식 서스펜션의 리프 스프링을 코일 스프링으로 대체하면 바닥이 낮아지고 승차감을 향상시킨다. 링크 배치에 따라 3링크식, 4링크식, 5링크식, 와트 링크식 등이 있다.

링크장치 [link work] 몇 개의 링크를 조합하여 만든 기구를 링크 기구라 하며 링크 기구를 이용한 장치를 링크장치라 한다.

링클링 [wrinkling] 밑의 층이 적절히 건조하기 전에 두터운 에나멜 코트에 일어나는 페인트 코트의 표면 뒤틀림[시리블링 (shrivelling) 또는 스카닝]현상.

링키지 [linkage] 2개의 회전짝을 연결하는 링크의 조합으로 구성되는 기계 부품.

링키지형 파워 스티어링 [linkage power steering] 파워 스티어링 형식의 하나로서 컨트롤 밸브와 파워 실린더가 스티어링 링키지의 도중에 조합되어 있는 형식. 컨트롤 밸브와 파워 실린더가 일체로 된 것을 컴바인드형 파워 스티어링(조합형), 별도로 된 것을 세퍼레이트형 파워 스티어(분리형)라 한다. 트럭이나 버스에는 컴바인드형을 많이 사용하고 있다.

마그나 플럭스 [Magna-Flux] 육안으로는 관찰되지 않는 철 및 강의 균열 부위를 찾아내는데 전자석 및 특수 자석 가루를 사용하는 방법.

마그네슘 [magnesium] 은백색의 경금속으로 원소 기호는 Mg를 사용한다. 알칼리성에 부식되지 않으며 고온에서 발화하기 쉽고 비중이 1.74로 적다. 물이나 바닷물에 침식된다.

마그네슘 전지 [magnesium cell] 건조 상태에서 장기간 보존할 수 있으며 사용시에 전해액을 주입하여 작동시키는 1차전지. 전압은 2V이며 저온 특성이 좋고 방전 곡선은 수평에 가깝다.

마그네슘 휠 [magnesium wheel] 마그네슘을 소재로 한 휠. 알루미늄 휠보다 가벼운 휠로서 레이싱카에 사용되고 있으나 주조(鑄造)가 어려워 기계 가공시에 발화가 쉬우므로 제조에 고도의 기술이 필요하다. 일체 주조의 원피스 휠과 투피스 휠 및 스리피스 휠의 디스크로서 알루미늄 림과 조합하여 사용하는 것 등이 있다.

마그네토 [magneto] 자동차 또는 내연기관이나 점화장치에 사용하는 영구 자석식의 소형 자석 발전기.

마그네토 발전기 [magneto generator] 저전압의 고전류를 마그네토 점화장치에 공급하는 영구 자석을 이용한 소형 발전기.

마그네토 점화 [magneto electric ignition] 영구 자석을 이용한 특수 자석 발전기를 사용하여 고전압을 발생시켜 점화하는 방식으로 주로 오토바이 엔진에 사용한다.

마그네토 하이드로다이내믹 구동 [magneto hydrodynamic drive] 마그네토 하이드로다이내믹스를 사용하여 왕복동(往復動) 발동 발전기에 의해 교류를 발생시켜 저전압의 고전류를 각 바퀴에 설치되어 있는 전동기에 공급하여 자동차를 구동시키는 것. mobile MHD 구동이라고도 한다.

마그네트론 [magentron] 자계(磁界)를 작용시켜 전자의 흐름을 제어하는 특수한 진공관으로서 극초단파(極超短波)의 전파를 강력히 출력하는데 사용한다. 레이다, 전자레인지 등과 같이 대전력의 극초단파(마이크로웨이브)를 얻는데 사용한다.

마그네틱 [magnetic] ⇨ 자성.

마그네틱 브레이크 [magnetic brake, electromagnetic brake] 전자 브레이크. 전자력을 이용하여 브레이크 디스크에 브레이크 슈를 압착시켜 제동력을 발생시키는 브레이크, 마그네틱 클러치와 같이 접촉되었다 떨어졌다 하는 브레이크.

마그네틱 스위치 [magnetic switch] ⇨ 솔레노이드.

마그네틱 클러치 [magnetic clutch] 마그네틱 클러치는 에어컨 컴프레서를 필요에 따라 회전과 정지를 가능케 하는 클러치로서 컴프레서는 엔진의 크랭크 축 풀리에 벨트로 연결하여 회전하므로 엔진이 작동할 때는 계속적으로 회전된다. 따라서 냉방이 요구되지 않을 때는 컴프레서 축과 연결된 클러치 판을 분리시켜 회전되지 않도록 하며, 냉방이 요구될 때는 내부의 클러치 코일에 전류를 공급하여 전자석이 되도록 하면 클러치 판과 컴프레서 축이 연결되어 컴프레서가 작동되도록 한다.

마그네틱 펄스 제너레이터 [magnetic pulse generator] ⇨ 시그널 제너레이터.

마그네틱 플러그 [magnetic plug] 오일팬(섬프)에 괴어 있는 윤활유를 빼내기 위하여 마개(栓 : 플러그)를 자석으로 하여 오일에 포함되어 있는 철분을 흡착하는 것.

마그넷 [magent] ⇨ 자석

마력 [horse power] 마력(馬力)은 일을 하는 능률의 표시이다. 일은 힘과 거리를 곱한 것으로 나타내며 1마력은 1초 동안에 75kg-m의 일을 할 수 있는 능률. 일률의 단위의 하나로서 영마력(HP)과 불마력(PS)이 있으며, 우리나라에서는 불마력이 사용된다. 1PS=735.5W (와트).

마모 표시 [磨耗表示] 타이어의 사용 한도를 눈으로 판단할 수 있도록 타이어의 트레드에 설치되어 있는 트레드 웨어 인디케이터와 플랫폼의 총칭.

마몬형 [marmon type] 마몬형은 조향 너클과 킹핀 설치방식의 하나로 앞차축 위에 조향 너클이 설치되어 차체를 낮출 수 있으며, 조향 너클의 설치나 앞차축의 형상이 간단한다.

마스크 범퍼 [mask bump] 자동차에 마스크를 씌운 것같이 범퍼를 라디에이터 그릴이나 펜더의 일부도 포함하여 일체화시킨 것으로 스포츠카에 많이 볼 수 있다.

마스킹 [masking] 페인트를 칠하지 않을 부위를 선별하는 작업.

마스터 실린더 [master cylinder] 브레이크 페달의 밟는 힘을 유압으로 전환하는 장치로서, 이 속에는 브레이크 오일과 피스톤이 들어 있으므로 발생한 유압은 브레이크 파이프에 의하여 휠 실린더에 전달된다. 그리고 휠 실린더에 있는 피스톤은 유압에 의하여 압출되어 브레이크 슈 또는 브레이크 패드를 드럼 또는 디스크에 밀어붙여 제동시킨다. ⇨ 브레이크 마스터 실린더.

마스터 실린더 리저버 [master cylinder reservoir] 브레이크 액을 저장해 두는(리저브)용기.

마스터 실린더 릴리프 포트 [master cylinder relief port] 보상 구멍(컴펜세이팅 포트)혹은 리턴 포트라고 하여, 컴펜세이셔널식 마스터 실린더로서 실린더와 마스터 실린더 리저버를 연결하여 브레이크가 해제된 후 브레이크 액이 리저버에 되돌아오기 위한 통로. 릴리프는 해제하는 것, 컴펜세이트는 보상하는 것, 리턴은 돌려보내는 것을 뜻한다.

마스터 실린더 보디 [master cylinder body] 마스터 실린더 보디의 윗부분은 오일 탱크로서 내부에 칸막이를 두어 실린더의 1차쪽과 2차쪽에 오일을 공급하며, 아래 부분은 알루미늄 합금 또는 주철로 된 실린더로서 내면에 1차 피스톤과 2차 피스톤이 설치되어 브레이크 페달의 힘을 받아 유압을 발생시켜 송출한다.

마스터 실린더 서플라이 포트 [master cylinder supply port] 브레이크 마스터 실린더에서 실린더와 마스터 실린더 리저버를 연결하여 브레이크 액을 공급하는 구멍. 서플라이는 공급하는 것, 포트는 실린더의 구멍이란 뜻.

마이너 체인지 [minor change] 모델 라이프 중간에 실시되는 부분적 모델 체인지. 차체 외판(車體外板)의 일부, 엔진이나 기능 부품의 부분적인 변경이나 라디에이터 그릴, 램프류 등의 변경에 따라 모델의 원형에 가깝도록 시도하는 것 ⇨ 모델 체인지.

MIVEC [마이벡] 고출력과 저연비의 양립을 꾀한 4기통 16밸브 엔진의 명칭으로서 가변 밸브 타이밍 리프트 전자 제어 기구의 머리 글자를 딴 것이다. 고속·저속용에서 각각 2종류의 로브를 가진 캠이 T자형의 레버를 통해서 밸브를 개폐하는 기구이며, 고속, 저속, 2기통 운전(MD)의 3개 모드가 있으며, 운전 상황에 따라 유압식 리프트에 의한 연결 또는 분리됨에 따라서 어느 캠이 작동하는가가 결정된다. 이것에

의하여 고속시에는 고속 캠이, 저속시(5,000rmp 이하)에는 저속 캠이
전 실린더 흡·배기 밸브를 구동하고, 부하가 적을 때에는 저속 캠이
제2, 제3실린더의 밸브만을 구동시킨다. 캠 로브를 각각의 운전 조건
에 알맞는 모양으로 하므로써 고속시에 리터당 110ps라고 하는 고출
력을 얻고, 동시에 저속시의 높은 토크에 의한 가속 성능의 향상과 2실
린더 운전에 의한 연비의 저감(低減) 등이 꾀해지고 있다.

마이카 [mica] 운모(雲母). 내열, 내전압이 우수한 광물. 열 및 전기에
　대한 절연성이 우수하여 전기장치나 부품의 절연물로 사용된다.

마이카나이트 [micanite] 마이카는 임의의 조각으로 떼어지는 성질이
　있는데 떼어진 마이카 편을 접착제로 붙여 만든 절연물.

마이크로 [micro] ① 10^{-6}을 의미하는 접두어로서 기호는 μ, ② 매우 작
　다라는 의미의 형용사.

마이크로 모터 [micro motor] 입력 3w 이하, 최대치수 50㎜ 이내의 소
　형 직류 전동기. 음향 기기, 측정 기기, 자동 제어 기기, 계산기 주변
　기기 등에 사용된다. 구비 조건으로는 중량당 출력이 높고 제어성, 신
　뢰성, 효율이 좋아야 한다.

마이크로 스위치 [micro switch] ① 3.2㎜ 이하의 작은 접점 간격을 가
　진 스냅 액션 기기를 갖추고 정해진 힘으로 직접 작동하며 접점이 열
　리고 닫히는 속도가 작동되는 속도와 무관한 스위치. ② 하니웰社의
　상품명. 작은 입력에 의해 비교적 큰 전류를 ON, OFF시키는 스냅 동
　작형의 수동 제어 스위치

마이크로 컴퓨터 [micro computer] 마이크로 프로그램을 사용하여 작동
　시키는 컴퓨터라는 뜻. 연산장치와 제어장치의 논리 회로로 되어 있는
　중앙처리장치(PCU)를 대규모 집적회로화 기술에 의해 실리콘 칩상
　에 모은 마이크로프로세서를 중심으로 메모리(ROM, RAM), 입출력
　(I/O)장치를 제어하는 입·출력 인터페이스 회로를 접속하여 단순한

계산 뿐만 아니라 논리 계산도 할 수 있다. 텔레비전이나 오디오 등 가전제품에 내장되어 각종 제어에 사용하기도 하며 자동차의 엔진, 변속기, 현가장치 등의 컨트롤에 사용하고 있다.

마이크로 폰 [micro phone] 음파에 비례하는 전류 또는 전압으로 변환하는 음향 전기 변환기로서 오디오, 소음 측정기 등에 사용하고 있다.

마이크로 프로그램 [micro program] 계산기, 컴퓨터 등에서 사용하는 몇 개의 기본적인 조작으로 구성되는 명령으로 고도 레벨의 명령으로 정리한 것. 전용의 기억장치 또는 어떤 정해진 기억장치에 영구적으로 기억되어 있으므로 세부 구조에 대해서는 미리 프로그램할 필요가 없다.

마이크로미터 [micrometer] 나사의 원리를 응용한 정밀 측정기로서 외경 마이크로미터, 내경 마이크로미터, 깊이 마이크로미터, 다이얼 게이지 마이크로미터, 지시 마이크로미터 등으로 분류된다. 측정물을 앤빌과 스핀들 사이에 넣고 일정한 압력을 가하여 측정한다. 배럴의 최소 눈금은 0.5mm이고 딤블을 1회전시키면 스핀들이 축방향으로 0.5mm 이동한다.

마이크로프로세서 [microprocessor] 초소형 연산장치. 컴퓨터의 중앙 연산 처리장치의 기능만 대규모 집적 회로 내에 설치한 것. 이에 대해 기억 기능과 데이터의 입·출력 제어도 회로에 원 칩(one chip)화 한 것이 마이크로 컴퓨터이다. 시계, 전자 계산 전용의 마이크로프로세서와 퍼스널 컴퓨터 심장부 등에 사용되는 다용도 마이크로프로세서가 있다.

마이터 기어 [miter gear] 기어의 잇수가 동일하고 2축이 만나는 각이 직각인 베벨기어.

마일 [mile] 야드, 파운드 법에 따른 거리의 단위. 1마일은 1,760 야드로 약 1.609km에 해당한다.

마일러 [myler] 테레프탈산 폴리에스테르의 일종으로서 상품명. 얇은 필름화할 수 있고 기계적으로 강하며 내열성이 우수한 절연 재료로서 기기의 절연체나 컨덴서의 유전체 등에 사용한다.

마일리즈 인디케이터 [milage indicator] 적산계. 오도 미터. 주행거리의 적산계(積算計)로서 자동차의 전체 주행거리를 나타내는데 보통 속도계(速度計, 스피도미터)에 내장되어 있다.

마진 [margin] 마진은 '가장자리, 변두리'라는 뜻으로 기밀유지를 위해 보조 충격에 대한 지탱력을 가지며 밸브의 채사용 여부를 결정한다. 두께가 얇으면 고온과 밸브 작동의 충격으로 위로 벌어지게 되어 기밀이 유지되지 않는다. 밸브 마진은 밸브면을 수정함에 따라 얇아지므로 0.8mm 이하는 교환하여야 한다.

마찰 〔friction〕 접촉하는 두 물체 사이에 작용하는 저항력. 고체 마찰, 경계 마찰, 유체 마찰 등이 있다.

마찰 계수 〔摩擦係數〕 접촉하고 있는 물체가 외력에 의하여 상대적으로 움직이려고 하는가, 혹은 움직이고 있을 때 접촉면에서 그의 움직임을 저지하려는 방향으로 작용하는 힘을 '마찰력'이라 한다. 그의 힘이 접촉면에 수직으로 작용하는 힘에 비례할 때, 비례 정수를 마찰 계수(μ: 뮤)라고 한다.

마찰 마력 〔friction horse power〕 엔진의 각부 마찰과 발전기, 물펌프, 에어컨 등에 의해 동력이 손실되는 마력을 말하며, 마찰 손실이 적어야 성능이 좋은 엔진이다. ⇨ 도시마력(圖示馬力).

마찰 손실 〔friction loss〕 일반적으로 마찰에 의하여 소비되는 에너지에 대한 것을 말하지만, 특히 엔진 내부에서 사용되는 일량을 가리켜 '마찰 마력'이라고 한다. 자동차의 마찰 손실의 30~50%는 엔진 내부의 마찰 손실과 보조 기계류 등의 구동 등 엔진 관계가 차지한다.

마찰 전기 〔friction electricity〕 마찰 전기는 마찰된 물체가 가벼운 물체를 흡수하는 힘의 원천으로서 물체에 전하가 생겼거나 대전된 전기로 양전기와 음전기가 존재하게 되며, 같은 종류의 전기는 서로 반발하고 다른 종류의 전기는 서로 흡인하는 성질이 있다.

마찰 클러치 〔friction clutch〕 마찰 클러치는 플라이 휠과 클러치 판의 마찰력에 의해 엔진의 동력을 전달하는 클러치로서 건조한 상태에서 접촉하는 건식 클러치와 오일 속에서 접촉시키는 습식 클러치로 분류된다. 클러치 페달을 놓으면 클러치 압력판 스프링에 의해 클러치 판이 플라이 휠에 압축되어 크랭크 축과 클러치 축이 함께 회전하므로 엔진의 동력이 전달된다. 또한 클러치 페달을 밟으면 릴리스 베어링이 릴리스 레버를 누르게 되어 압력판이 변속기 쪽으로 이동하여 플라이 휠과 접촉되지 않으므로 동력의 전달이 차단된다.

마찰원 〔摩擦圓〕 타이어의 마찰력에는 한계가 있으며 브레이크를 조작하고 가속하면서 핸들을 조종할 경우와 같이 마찰력을 전후 방향으로 사용하면 그 분량만큼 옆방향의 마찰력은 작아진다. 공기를 꽉 채운 타이어의 마찰력의 한계치는 전체가 일정하다는 개념. 횡력이 작용하여 선회하고 있는 타이어에 구동력 혹은 제동력(전후장)이 동시에 작용할 때 접지면에는 횡력과 전후력의 벡터를 합성한 합력(合力)에 대한 반력(反力)으로서 마찰력을 발생하고 있다. 이 마찰력의 최대치를 타이어의 접지상태나 접지면의 접지압력분포 등에 따라 결정되지만, 노면의 마찰계수가 같을 경우 합력의 방향에 관계없이 대략 일정하게 되어 타이어 마찰력의 최대치를 타이어 접지 중심의 주위를 상상하면 원(圓)이 되는 것으로서 '마찰원'이라고 부른다.

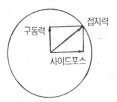

마찰일 [friction work] 엔진 자신에 의하여 소비되는 일. 피스톤, 베어링 동력 밸브계통 등의 기계적인 마찰손실과 배전기나 펌프 등의 보조 기계류를 구동하는데 필요한 일을 말한다. ⇨ 정미(正味)열효율.

마찰차 [friction wheel] 마찰 전동에 사용되는 원통 또는 원뿔의 바퀴. 마찰차는 두 축을 자주 단속할 필요가 있거나, 일정한 속도비를 요구하지 않을 때, 회전 속도가 크며 기어를 사용하기에 곤란할 때 사용한다. 종류는 두 축이 서로 평행할 경우에 사용하는 원통 마찰차, 두 축이 평행한 경우 대동력을 전달하기 위해 마찰차에 V 홈이 파져 있는 홈붙이 마찰차, 두 축이 어떤 각도로 교차할 경우에 사용하는 원뿔 마찰차, 변속이 필요할 경우에 사용하는 변속 마찰차로 분류한다.

마커 램프 [marker lamp] ⇨ 사이드 마커 램프, 클리어런스 램프.

마크 [mark] ① 시간, 공간에서의 상태를 나타내거나 기준을 부여하기 위해서 사용되는 기호나 문자. 데이터 유닛의 개시나 종료를 지시하는 표시나 타이밍 마크 등의 것. ② 유의 상태가 2가지 있을 때 그 한쪽의 상태. 다른 쪽을 스페이스라고 한다.

마텐사이트 [martensite] ⇨ 마텐자이트.

마텐자이트 [martensite] 담금질 조직. 강을 가열하여 수중에서 급랭시켜 발생된 조직으로 부식에 대한 저항이 크고 강자성체이며 경도와 강도가 크다. 오스테나이트 조직을 담금질을 하면 나타나는 침상조직.

막 [film] 필름. 스크린. 전기 부품의 기판 표면에 부착한 다른 고체 물질의 매우 얇은 층.

망간 [manganese, mangan] 그리스에서는 유리의 탈색작용을 한데서 「manganese」, 독일은 「mangan」. 은백색의 금속 원소로 공기 중에서 산화되기 쉬우며 화학적으로는 철과 비슷하나 약하다. 원소 기호는

Mn을 사용한다. 탄소강에 함유되어 황에 의한 피해를 감소시키고 고온 가공을 용이하게 한다. 고온에서는 결정립의 성장을 방해하고 소성 및 주조성을 향상시키며 담금질 효과를 크게 한다.

망간 전지 [manganese cell] 건전지. 전지를 음극의 작용물질인 이산화 망간을 금속명으로 호칭하며 전압은 1.5V이다. 저온에서는 용량이 저하하며 방전 특성은 수하성을 나타낸다.

망간강 [mangan steel] 망간이 0.6~14% 함유한 강으로 피스톤, 레일, 체인, 볼트, 리벳 등에 사용하며 경도가 높고 주조성이 좋다.

맞대기 용접 [butt welding] 패널을 겹치지 않고 끝과 끝을 맞대어 용접 하는 방법. 전기저항 용접의 일종. 딱 붙이지 않고 2~3mm의 틈을 남 겨두는 것이 특징.

맞춤새 패널끼리 맞추어진 상태. 도어나 펜더에서는 이웃한 패널과의 틈, 단차(段差) 등을 가리키며, 이것을 바로 맞추는 일을 맞춤새 조정 또는 조임새 맞춤이라고 한다. 보디수리 작업에서 가장 중요한 작업의 하나이다.

매그 휠 [mag wheel] 스타일을 가진 다수의 크롬, 알루미늄, 오프셋 또 는 와이드 림(wide-rim) 휠에 붙여진 이름.

매뉴얼 밸브 [manual valve] 매뉴얼은 '손의, 손으로 하다'는 뜻. 운전 석에 설치되어 있는 시프트 레버(변속 레버)에 의해 작동되는 수동용 밸브로서 오일 라인에 압력을 P, R, N, D, 2, L 레인지에 따라 작동 부분에 유도한다.

매뉴얼 시프트 [manual shift] 기어의 선택을 수동으로 하는 것. 매뉴얼 은 수동, 시프트는 기어를 바꾸는 동작이다. 손으로 변속할 필요가 없 는 오토매틱 시프트의 반대말로 사용됨.

매뉴얼 트랜스미션 [manual transmission] 매뉴얼은 라틴어의 손을 뜻하 는「manus」에서 온 말로 수동으로 조작하는 변속기. 약해서「MT」라 고 한다. 변속을 수동으로 실시하는 자동차를 영어로는「stick shift car」라고 부르는 일도 있다. ⇔ 오토매틱 트랜스미션.

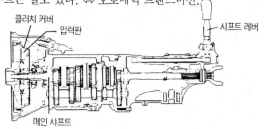

클러치 커버
압력판
시프트 레버
메인 샤프트

매니폴드 [manifold] 다기관. 집합관. 가스를 한 곳에 모아 분배하기 위한 덕트나 파이프를 말함. 엔진의 배기 다기관과 흡기 다기관은 그 대표적인 것.

매니폴드 개스킷 [manifold gasket] 실린더 헤드와 흡기 다기관 또는 배기 다기관 사이에 사용되는 개스킷으로서 아스베스토나 비금속 재료로 제작한 소프트 개스킷, 소프트 개스킷에 사용되는 재료와 금속을 조합한 세미메탈 개스킷 및 메탈 개스킷이 있다.

매니폴드 게이지 세트 [manifold gauge set] 에어컨 시스템의 압력을 점검하는데 사용하는 것으로, 고압 게이지 하나와 저압 게이지 하나가 하나의 세트로 함께 장착되어 있다.

매니폴드 리액터 [manifold reactor] 배기 매니폴드의 온도를 유지하고 여기에 공기를 공급하여 일산화탄소(CO)나 탄화수소(HC)를 산화시키는 장치. FBC의 2차 공기 공급장치의 역할을 한다.

매니폴드 컨버터 [manifold converter] 배기 다기관에 촉매 컨버터를 장착한 것. 엔진룸 내의 설계의 연구가 필요하지만 배기가스의 온도가 높은 상태에서 촉매를 효율적으로 작용할 수 있으며 촉매 컨버터를 작게 할 수 있는 장점이 있다.

매립성 [embeddability] 자체 내에 묻어 버리는 성질. 윤활 간극에 들어온 금속 분말, 먼지, 카본 등을 베어링 자체 내에 파묻어 저널 및 베어링 표면에 긁힘이 생기지 않도록 하는 성질.

매스 [mass] 질량(質量). ① 물체의 관성 크기를 표시하는 양. 물체에 작용하는 힘과 그 힘에 의하여 생기는 가속도와의 비례로서 물체의 중량과 질량은 항상 비례하며 단위는 g으로 표시한다. 질량 1kg의 물체는 표준 가속도 $9.806\text{m}/\text{sec}^2$의 경우 1kgf의 중량이다. ② 덩어리. 집단. ③ 다수.

매스 댐퍼 [mass damper] 어떤 계통이 어떤 고유 진동수로 진동하여 그의 진동이 계통에 나쁜 영향을 가져올 경우 계통에 저울추(질량 : 매스)를 달고 고유 진동수를 변경하여 진동을 감소한다.

매스 플로 방식 [mass flow type] 매스 플로는 질량의 흐름의 뜻. 매스 플로 방식은 공기 흐름 센서가 흡입 공기와 직접 접촉한 다음 계측하여 전기적 신호로 바꾸어 컴퓨터에 보내는 방식으로 메저링 플레이트 방식, 핫 와이어 방식, 카르만 와류식이 있다.

매연 [煤煙] ⇨ 카본 숯.

매연 테스터 [smoke tester] ⇨ 스모크 미터.

매직 아이 〔magic eye〕 형광 물질을 도장한 전극면을 가진 전자관으로 입력 전압에 의해 형광 패턴이 변화하는 것을 이용하여 라디오 수신기의 동조 시시를 하거나 브리지 회로의 밸런스 표시 등에 이용된다.

맥레오드 게이지 〔Mcleod gauge〕 $10^{-1}\sim10^{-5}$mmHg의 진공도를 측정할 수 있는 진공계. 측정하고자 하는 기체의 일정한 부피를 압축하여 그때의 압력과 기체의 부피를 U자형의 매노미터로 읽어 그때의 압축비에 의하여 원래의 압력을 알아내는 게이지

맥시멈 〔maximum〕 최대점 또는 최대량으로 자동차에서는 엔진 오일, 파워스티어링 오일, 배터리액, 브레이크 오일을 점검하는 레벨 게이지에 표기되어 있어 오일을 보충할 때 MAX선까지 넣어야 하며 상한선이라고도 한다.

맥퍼슨 스트럿식 서스펜션 〔Macpherson strut type suspension〕 맥퍼슨은 이 서스펜션을 1950년에 고안한 포드의 엔지니어 이름으로서 쇽업소버를 내장하여 스프링을 설치한 지주(스트럿)를 세로로 배치하여 상단을 보디에 장착하고 하단은 로(low)암(트랜스퍼 링크)에 지지되는 구조인 인디펜던트 서스펜션. 쇽업소버의 차체에 장착점이 높아 얼라인먼트가 정확히 설정되어 그의 변화도 적으며 노면으로부터 충격도 광범위하게 분산할 수 있는 장점이 있다. 또한 부품의 수가 적고 경량이며 값을 싸게 할 수 있으므로 중형 이하의 승용차에는 이 서스펜션을 많이 사용하고 있다. 프런트에 많으나 리어에도 사용되고 있다. 단점은 쇽업소버의 슬라이딩부에 하중이 걸려 미끄럼 저항을 발생하는 것과 보닛 높이가 높아지는 것 등이 있다.

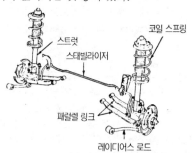

맨 연소실 〔Man combustion chamber〕 독일의 맨社가 개발한 직접 연료 분사식 디젤 엔진의 연소실.

맴돌이 전류 〔eddy current〕 도체 내부의 자속 변화로 유도된 전압에 의

해 흐르는 전류. 점화 코일의 코일이나 철심에 생기는 맴돌이 전류는 여자 전류의 일부로서 승압 변압기 손실의 하나로 고려된다. 발견자인 프랑스의 푸코(Foucault)이름을 이용하여 푸코 전류라고도 한다.

맵 램프 [map lamp] 지도나 책 등을 읽기 위한 스포트 라이트. 지붕에 장착하고 있는 것이 일반적이나 마음대로 구부릴 수 있는 플렉시블 튜브의 끝에 라이트를 설치한 타입도 있다. 랠리 자동차에 설치할 경우 '내비게이션 램프'라고 부른다.

머드 플랩 [mud flap] 타이어로부터 튀어오른 진흙이나 작은 돌이 뒤로 날아오지 않도록 하기 위하여 펜더(머드가드)의 뒤쪽에 장착한 판모양. 고무나 플라스틱 등으로 제작되어 구동륜의 후방에 부착되어 있는 것이 보통이다. 특히, 앞바퀴의 구동력이 큰 랠리 자동차에서는 언더보디나 리어 서스펜션이 튀어오른 돌에 의하여 손상을 받게 되는 것을 방지하기 위하여 특별히 튼튼한 것을 장착하였다.

머드가드 [mudguard] 흙받이. 미국어로는 '펜더'라고 부른다. ⇨ 펜더.

머플러 [⑱ muffler, ⑱ exhaust silencer, silencer] 소음기(消音器). 엔진의 연소가스를 직접 밖으로 내보내면 폭음이 되므로 이 장치를 통하여 음을 작게 한다. 소음(消音)의 수단으로는 배기관 도중에 팽창실을 설치하여 내벽간의 음파 반사나 공명(共鳴)현상을 이용하여 음을 감쇄하거나 배기가스의 통로에 음파와의 마찰에 의하여 음향에너지를 작게 하는 흡음재(글라스울이 일반적)를 넣는 방법을 취한다. '사일런서'라고도 함.

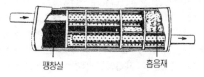

팽창실   흡음재

먼셀 기호 [Munsell renotation] HVC 표시방법으로서 H는 색상, V는 명도, C는 채도에 따라 입체적으로 색을 배열하고, 각각의 기호와 번호를 부여하여 특정의 색을 나타냄. 자동차 도장의 조색(調色)에서는 그다지 쓰이지 않음.

멀티 그레이드 오일 [multi-grade oil] SAE 점도번호의 저온 점도와 고온 점도의 규격을 함께 만족하는 오일. 엔진 오일에서 5w−30과 같이 표시되어 있는 것은 저온쪽에서 5w, 고온쪽에서 30의 규격을 만족한다. SAE점도번호 중 하나의 번호가 규격 범위에 해당하는 오일(싱글 그레이드 오일)에 따라 저온쪽에서는 시동성이 좋고 고온쪽에서 마모나 타서 눌어붙는 것을 발생하기 어려운 넓은 온도 범위에서의 윤활성을 겨냥하고 개발된 것.

멀티 디스플레이 〔multi-display〕 하나의 표시장치(display)에 많은 (multi) 정보를 표시하는 시스템. 브라운관을 사용하여 각종 데이터나 그래프 등을 표시하는 시스템이 그 대표적인 것.

멀티 링크 서스펜션 〔multi link suspension〕 한편에 3~5개의 링크를 사용하여 액슬의 위치 결정이 되어 있는 서스펜션. 링크의 배치에 의하여 전후좌우로 힘이 걸린 상태에서 서스펜션이 상하로 움직였을 때의 얼라인먼트 변화를 최적으로 하고, 밸런스가 잡힌 조향성을 확보하는 것으로서 여러가지가 있지만, 더블 위시본식 서스펜션의 변형이 많음.

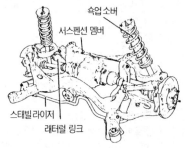

멀티 밸브 엔진 〔multi-valve engine〕 1기통당 흡·배기 밸브가 각각 2개 이상 설치된 엔진. 엔진 헤드의 개구(開口)면적이 넓으므로 흡·배기 효율은 좋으며 밸브의 동작은 가볍고 양호하다. 그러므로 반응이 좋은 고출력 엔진은 멀티 밸브로서 흡기 밸브, 배기 밸브가 각각 2개씩 있는 4밸브 엔진이 많다. 4밸브 이상의 엔진으로서는 1기통당 흡기 밸브 3개, 배기 밸브 2개를 가진 5밸브 엔진이 양산화되어 있다.

멀티 서킷 브레이크 〔multi-circuit brake〕 ⇨ 듀얼 서킷 브레이크.

멀티 스로틀 밸브 〔multi-throttle valve〕 스로틀 밸브를 실린더의 흡기 관마다 설치하고 스로틀 밸브와 인테이크 포트의 간격을 짧게 하여 액셀 반응을 향상시킨 것. 멀티는 수가 많은 것.

멀티 실린더 엔진 〔multi-cylinder engine〕 ⇨ 다기통 엔진.

멀티 테스터 〔multi tester〕 1개의 장치로 여러 종류를 측정하는 테스터. 전압, 전류, 저항을 1개의 장치로서 측정할 수 있는 아날로그 테스터와 전류, 전압, 저항, 엔진 회전수, 드웰각을 측정할 수 있는 디지털 테스터가 있다.

멀티 포인트 인젝션 [multi-point injection] 다점 분사(多点噴射). 가솔린 인젝션으로 각 기통마다 인젝터를 갖추고 흡기 포트에 따로따로 연료를 분사하는 것. 약해서 MPI라고 부르며 흡기 다기관의 집합점에 분사하는 싱글 포인트 인젝션(SPI)과 비교하면 단가는 높지만 응답성은 좋아진다. 영어로는 「down stream injection」 또는 「down stream spray」라고 부른다.

멀티 퓨얼 엔진 [multi-fuel engine] 멀티는 '많은' 뜻이며 예를들면 가솔린과 LPG와 같이 2종류 이상의 연료를 사용하는 엔진의 뜻. 가스터빈 엔진이나 스털링 엔진 등에도 석유 이외의 연료를 포함한 여러 종류의 연료를 사용하는 엔진이 연구되고 있다.

멀티링크 서스펜션 [multi-link suspension] 1982년 발표된 벤츠 190E로서 5개의 링크에 의하여 구성된 리어 서스펜션을 멀티 링크 서스펜션이라고 명명(命名)된 이래 각 자동차 메이커가 복수의 링크를 사용할 때의 서스펜션을 모두 같은 이름으로 부르게 된 것. 링크의 배치에 따라 전후 좌우에 힘이 걸려 있는 상태로서 서스펜션이 상하로 움직일 때 얼라인먼트 변화를 최적으로 하여 밸런스가 잡힌 조향성을 확보하는 것으로 여러가지 것이 있으나 더블 위시본식 서스펜션의 변형이 많다.

멀티칩 IC [multichip integrated circuit] 멀티칩 IC는 각 부품을 반도체로 만들어 절연기판에 붙이고 배선으로 연결한 것으로서 각 부품이 개별적으로 조립되므로 회로 소자의 종류나 성능도 임의로 선택할 수 있다.

멀티플 [multiple] 3개 이상의 독립된 부분으로 하나의 물건을 구성하고 있는 경우에 사용하는 말.

멀티플 기화기식 [multiple carburetor type] 멀티플 기화기식은 엔진에 2개 이상의 기화기가 설치된 형식. 1개의 기화기에서 혼합기를 보내는 실린더수가 적어 혼합기의 분배가 균일하고 출력을 향상시킬 수 있다.

멀티플 디스크 클러치 [multiple-disc clutch, multi-plate clutch] 영어로 다판 클러치라는 뜻이며 일반적으로 AT의 변속에 사용되고 있는 습식 유압 다판 클러치를 말한다. 클러치 디스크로서 강판에 마찰재를 접착한 것을 사용하여 이것을 몇 장이라도 사용하여 전달 토크를 크게 하고 있다.

멍키 렌치 [monkey wrench] 파이프 렌치와 비슷하며 조정 너트를 돌려 볼트 너트의 크기에 맞도록 하여 단단하게 고정된 볼트나 너트를 풀 때 사용한다.

멍키 스패너 [monkey spanner] 고정 조와 가동 조(jaw)로 구성되어 있는 조정 렌치. 조정 스크루에 의해 볼트나 너트의 크기에 알맞게 조를 조성하여 조이고 풀 수 있는 렌치로서 회전력이 고정조에 걸리도록 하여야 렌치의 파손을 방지할 수 있다.

메가 [mega] ① 그리스의 말로 '크다, 거대'의 뜻. ② 미터법의 단위로서 이름 앞에 붙여 그 100만배의 뜻을 나타내는 말.

메거 [megger] ① 수동 직류 발전기에서 발생된 전원으로 절연 저항 등의 고저항을 측정하기 위한 테스터. ② 절연 저항과 같이 100만 Ω 이상을 측정하는 계기의 상품명.

메나스코식 범퍼 [Menasco type bumper] 메나스코사가 개발한 에너지 흡수 범퍼로서 스틸제의 범퍼에 쇽업소버와 흡사한 구조의 오리피스를 가지는 피스톤과 실린더로 구성된 업소버(absorber)를 부착하여 오일이 오리피스를 통과할 때 점도에 의하여 충돌 에너지를 완화하도록 한 것.

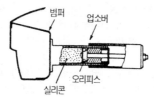

메모리 [memory] ① 데이터(정비 제원표)를 축척 기억함과 동시에 차후에 필요할 때 꺼내어 이용할 수 있도록 한 장치. ② 정보를 비축하거나 기록하거나 판독할 수 있는 기능. ③ 계산이나 기타 처리에 필요한 정보를 필요한 시간에 축척시키는 장치.

메모리 엘리먼트 [memory element] 기억 소자(記憶素子). 데이터를 저장하는 기능이 있는 소자 또는 회로의 단위. 저장된 내용을 정정할 수 있는 것과 정정할 수 없는 것이 있다. 일반적으로 사용되고 있는 메모리 엘리먼트는 자성소자, PNPN 트랜지스터, MOS 트랜지스터 등의 반도체 소자.

메이커 옵션 [maker option] ⇨ 옵셔널 파트.

메이커 평균 연비 ⇨ CAFE.

메이크 브레이크 접점 [make break contact] 발전 조정기의 접점과 같이 메이크 접점과 브레이크 접점 2개로 구성되어 있어 작동할 때 브레이크 접점이 차단됨과 동시에 메이크 접점과 연결되는 스위치로서 b

접점 또는 메이크 브레이크 접점이라고도 한다.

메이크 접점 [make contact] 혼 스위치, 릴레이 등에서 평상시에는 열려 있는 스위치. 일반적으로 자동차에서 많이 사용되는 것으로서 작동되면 접점이 닫히는 스위치로 a 접점이라고도 한다.

메인 노즐 [main nozzle] 벤투리 내에 있는 가솔린을 공급하는 파이프.

메인 베어링 [main bearing, crankshaft journal bearing] 크랭크 축을 지지하는 미끄럼 베어링.

메인 빔 [main beam] ⇨ 주행빔.

메인 샤프트 [main shaft] 주축(主軸). 변속기에 설치되어 있으며 동력을 전달하는 전동축.

메인 저널 [main journal] 크랭크 축을 3~5 개의 평면 분할 베어링으로 크랭크 케이스에 지지하는 곳으로 하중을 지지한다. ⇨ 크랭크 저널.

메인 제트 [main jet] 카브레터의 가솔린 분출구를 노즐이라고 한다. 이 부분의 분사량을 결정하기 위한 일정한 구경(口輕)을 가진 조절관이 제트이다. ⇨ 미터링 제트.

메인 회로 [main circuit] 메인 회로는 고속 부분 부하 또는 고속 전부하 회로이다. 스로틀 밸브가 열리는 정도에 따라 공기의 흐름이 빨라져 LPG가 메인 노즐로부터 유출된다. 이 연료는 공기와 혼합되어 연소실에 공급되며, 흡입 공기가 많으면 LPG공급도 증가된다.

메인터넌스 [maintenance] 유지(維持), 보전(保全), 정비(整備)의 뜻. 자동차, 공작기계 등의 성능을 정상적으로 유지할 수 있도록 하는 정비.

메인터넌스 이큐프먼트 [maintenance equipment] 정비용 기기. 성능이 불량한 자동차의 점검, 정비에 필요한 기기로서 정비용 기기는 잭, 공기 압축기, 오일 교환기, 크랭크 축 연마기 등이 있으며 검사용 기기로는 엔진 스코프, 브레이크 테스터, 휠얼라인먼트 인디케이터, 사이드 슬립 테스터, 헤드라이트 테스터, 음량계 등이 있다.

메인터넌스 프리 [maintenance free] 자동차, 공작기계 등이 정상적으로 작동되기 때문에 정비하지 않아도 된다는 뜻.

메저링 플레이트 방식 [measuring plate type] 메저링 플레이트 방식은 흡입 공기량을 체적 유량으로 검출하는 것으로서 흡입 공기량에 비례하여 메저링 플레이트가 열리면 포텐쇼미터의 전압비로 바꾸어 전기적인 신호를 컴퓨터에 보내어 검출하는 방식이다. 흡입 공기 통로에는 메저링 플레이트가 리턴 스프링의 장력으로 닫혀 있고 그 작동은 회전 중심축 외부에 설치된 포텐쇼미터가 열리는 정도를 전압비로 바꾸어 컴퓨터에 보내면 스로틀 밸브가 열린 정도에 따라 연료 분사량을 증감한다. ⇨ 플랩식 에어플로미터.

메저링 플레이트식 에어 플로미터 [measuring plate type air flowmeter] ⇨ 플랩식 에어플로미터.

메저링 플로트 [measuring float] 뜨개. 엔진의 회전수와 관계없이 연료의 유면을 항상 일정하게 유지하는 역할을 한다.

메커니즘 [mechanism] 하나의 작동 어셈블리를 이루는 상호 연관된 부품의 시스템.

메커니컬 거버너 [mechanical governor] 기계식 조속기. 디젤 엔진의 연료 분사량을 컨트롤하는 거버너의 일종으로서 분사 펌프의 샤프트와 함께 회전하는 플라이 웨이트가 회전 속도의 상승에 따라 원심력에 의하여 바깥쪽으로 벌어지는 것을 이용하여 이 작용을 링크에 의한 전달로 연료 분사량을 조정하는 것.

메커니컬 슈퍼차저 [mechanical supercharger] 슈퍼차저 컴프레서의 동력으로서 엔진의 축출력을 이용하는 것. ⇨ 슈퍼차저.

메커니컬 옥탄가 [mechanical octane number] 엔진의 내(耐)노크 (knock)성을 나타내는 것으로 같은 운전 조건으로 어디까지 낮은 옥탄가의 가솔린이 사용될 수 있는가를 보여준다. 저옥탄가의 가솔린으로서 노킹이 발생하지 않는 엔진을 메커니컬 옥탄가가 높다고 말한다. 요구되는 옥탄가와 흡사하지만 측정 방법은 다르다.

메커니컬 윈치 [mechanical winch] 4WD자동차의 앞부분에 설치되어 있는 윈치로서 엔진의 동력을 트랜스미션이나 트랜스퍼에 장착되어 있는 파워 테이크 오프로부터 인출하여 사용하는 것.

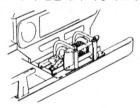

메커니컬 트레일 [mechanical trail] ⇨ 캐스팅 트레일.

메커니컬 퓨얼 펌프 [mechanical fuel pump] ⇨ 다이어프램식 연료 펌프.

메커닉 [mechanic] 기계공을 말하며 통상적으로 레이싱카의 점검, 정비, 수리 등의 손작업을 실시하는 사람을 말한다.

메커트로닉스 [mechatronics] 메커니즘(기구)과 일렉트로닉스(전자) 를 결합하여 만들어진 신조어(新造語)로서 전자에 의하여 기계의 작 동을 제어하는 기술. EFI라든가 4WS 등 자동차의 최신 전자 기술은 이 메커트로닉스 응용의 표본이라고 할 수 있다. 메커트로닉스는 인체 에 비유하면 뇌와 신경계통에 해당하는 컨트롤러와 인터페이스, 눈과 귀 등 지각(知覺)에 해당하는 센서와, 수족의 역할을 하는 액추에이터 로 되어 있다.

메탄올 [methanol] 메틸 알코올이라고도 하며 무색, 무취의 용액. 비등 점이 82℃이고 응고점이 −30℃로 비점이 낮아 증발되는 단점이 있어 사용하지 않는다.

메탄올 엔진 [methanol fueled engine] 메탄올(메틸알코올)을 연료로 한 엔진의 총칭. 석유의 대체 연료를 사용하는 엔진의 하나로 개발되 어 NOx 등 유해가스가 적고 깨끗한 엔진이다. 메탄올에는 금속을 부 식하는 성질이 있으므로 탱크나 파이프의 연료 계통과 배기 계통에 부 식방지 가공이 필요한 점. 또한 배기가스 중 미연소 메탄올 등을 포름 알데히드를 제거하기 위한 촉매 컨버터가 있다는 것이 난점이다. 보급 하기 위한 최대의 걸림돌은 급유시설의 정비라고 한다.

메탄올 연료 [methanol fuel] 메탄올은 화학명으로 메틸알코올로서 CH_3OH의 화학식으로 표현된다. 메탄올 엔진의 연료로서 사용되지만 기화가 어렵고 연소 후의 유해 물질이 적은 것은 이산화탄소와 가솔린 모두 다를 바 없다. 열량은 가솔린의 절반밖에 안되는 것과 금속을 부 식하는 성질이 있는 것 등이 문제점이 되어 있다. 100% 메탄올 (M-100)은 저온시의 시동성이나 엔진을 워밍업(난기 운전)하기까지 의 회전 안전성이 불량하므로 이것을 개량하기 위해 가솔린을 15% 혼 합한 연료도 고안되어 M85(메탄올 85%)라고 불리운다.

메탈 [metal] ⇨ 플레인 베어링.

메탈 개스킷 [metal gasket] 실린더 헤드 개스킷의 일종으로서 철이나 스테인리스의 판(板)을 단층 또는 적층(積層)하여 성형한 것. 내압·내열성은 좋으나 금속의 탄성만으로 밀봉하기 때문에 접합면의 완성 정도가 양호한 것이 필요하다. 주로 디젤 엔진에 사용되고 있다.

메탈 그래파이트 개스킷 [metal graphite gasket] 실린더 헤드 개스킷의 일종으로서 스틸베스토 개스킷의 아스베스토 대신 팽창 흑연(그래파 이트)을 압착한 것.

메탈 래틀 [bearing rattle] 크랭크 축의 베어링에서 발생하는 소리로서 크랭크 축/컨로드 베어링간의 타음(打音)과 크랭크 축/크랭크 축 베어링 간의 타음이 있으며 베어링의 간극이 클 경우 발생하는 일이 있다.

메탈 리드 〔metal lid〕 선 루프를 덮는 뚜껑으로서 메탈(일반적으로 철판)을 사용한 것. ⇨ 리드.

메탈 매트릭스 콤퍼지트 〔metal matrix composite〕 ⇨ MMC.

메탈 백 실드 빔 〔metal back sealed beam〕 미러에 금속재료(메탈)를 사용한 실드 빔. ⇨ 실드 빔.

메탈 서브스트레이트 〔metal substrate〕 금속(메탈)의 얇은 판으로 일체가 되게 성형하여 제작한 모놀리스 서브 스트레이트. 세라믹스로 제작한 서브 스트레이트와 비교하면 조속히 온도가 상승하여, 시동 직후의 배기가스 정화성능이 양호하다. 서브 스트레이트란 '기질(基質), 기체(基體), 기판(基板), 기면(基面)'이란 뜻.

메탈 아스베스토 개스킷 〔metal-asbestos gasket〕 ⇨ 스틸베스토 개스킷.

메탈 컨디셔너 〔metal conditioner〕 금속의 녹 및 부식을 제거하고 점착이 더 잘 되도록 에칭(etching)을 하는 인산아연 용액. 더 이상의 부식을 억제하는 막도 형성한다.

메탈 패드 〔metallic brake pad〕 패드의 소재(素材)로서 보통 사용하고 있는 아스베스토(석면)를 사용하지 않는 브레이크 패드. 스틸 울 등 금속 파이버를 주원료로 한 유리 섬유 등 석면 이외의 단열재를 사용한 것으로서 브레이크 효과는 양호하지만 금속분말에 의한 브레이크 디스크의 마모가 큰 것과 열전도가 크기 때문에 페이드 현상의 발생이 쉬운 경향이 있다. 그러므로 브레이크 시스템에 이러한 대책이 필요하다. 같은 재료를 드럼 브레이크의 라이닝으로 사용한 것은 메탈릭 브레이크 라이닝이라고 부른다. ⇨ 디스크 브레이크 패드.

메탈 피니싱 마크 〔metal-finishing marks〕 거친 그라인더 디스크나 줄로 깎아내거나, 샌딩을 조잡하게 하거나, 너무 거친 샌드 페이퍼를 사용하는 경우와 같이 표면에 자국이 생기는 현상. 이들 마크는 금속 연마 과정에서 제거되지 않았거나, 퍼티 글레이즈로 적절히 메꿔지지 않은 것이다.

메탈릭 디스크 브레이크 패드 〔metallic disc brake pad〕 ⇨ 메탈 패드.

메탈릭 브레이크 라이닝 〔metallic brake lining〕 드럼 브레이크 라이닝의 재료로서 석면(아스베스토)을 사용하지 않고 스틸울 등 금속 파이버와 유리 섬유 등 아스베스토이외의 소재를 사용한 것. ⇨ 메탈 패드.

메탈릭 컬러 [metallic color] 금속 광택을 갖는 도색. 수지를 용제에 녹여서 착색안료(着色顔料)를 첨가한 보통의 도료(솔리드 컬러)에 알루미늄이나 안료를 첨가하여 만든다.

메탈릭 페인트 [metallic paints] 유색 안료에 작은 금속 박편들(통상적으로 알루미늄)을 첨가하여 금속같은 느낌을 주는 래커 또는 에나멜 페인트.

메탈층의 두께 [lining thickness] 베어링 메탈층의 두께는 두꺼운 것보다 얇은 것이 유리하며, 두께는 대략 0.1~0.3mm 이다. 두꺼우면 길들임성, 매립성은 향상되나 내피로성이 저하되며, 얇으면 불순물의 매립성 불량으로 저널이 긁히게 된다.

메틸 알코올 [methyl alkohol] 메탄올. 목재를 건류(乾溜)할 때 발생되는 액체로서 일산화탄소와 수소의 합성물(CH_3OH). 무색의 액체로 성질이 매우 독하여 음료로는 사용하지 못하며 도료(塗料), 유지(油脂)의 용제로 사용한다.

멤버 [member] 기계 또는 어셈블리의 필수적인 각 부분.

모 [mho] 컨덕턴스의 단위로 전류가 잘 흐르는 것을 나타내는 것. 저항의 역수이므로 기호는 ℧로 옴(Ω)을 반대로 한 것과 같이 표시한다.

모넬 메탈 [monel metal] 니켈 65~70%, 철 1~3%, 구리 27~34%의 합금강으로 되어 있으며 내식성이 우수하여 터빈의 날개, 증기 밸브 등에 사용된다.

모노 스파이럴 벨트 [mono spiral belt] 레이디얼 타이어의 벨트로서 한 가닥의 타이어 코드를 원주(圓周)방향으로 연속 감아 붙인 구조를 말한다. 실제로는 제조의 형편상 몇 가닥을 나란히 하여 동시에 감아 붙이고 있다. 일정한 각도를 가진 플라이를 겹쳐 만들고 있는 보통의 벨트와 비교하면 접지 부분이 부드럽게 되므로 벨트의 효과를 보전하면서 접지 면적을 증가할 수 있다. 그러므로 그립 성능이 향상됨과 동시에 고속 주행시 원심력에 의한 변형이 쉽게 되지 않으므로 초고속 주행용 타이어로 많이 사용되고 있다. 조인트리스 벨트라고도 한다.

모노 제트로닉 [mono-jetronic] 모노 제트로닉은 전자적으로 제어되는 싱글 포인트 연료분사장치로서, 스로틀 밸브 위의 한 중심점에 설치된 인젝터를 통하여 간헐적으로 연료를 분사하는 방식이다.

모노 튜브식 쇽업소버 [mono tube type shock absorber] 단통 가스식 쇽업소버라고도 불리우며 한 개의 통(筒 : 모노튜브)안에 특수한 성분의 기름을 가득 채운 오일 실(seal)과 20~30기압 (2~3MPa)의 고압산소가스를 봉입한 가스실과 나누어져 자유로이 움직이는 칸막이(프리

피스톤)를 설치하였다. 그리고 오일 실(seal)의 가운데에 기름 통로 (오리피스나 포트)와 밸브를 지닌 피스톤을 설치하여 감쇠력(減衰力) 을 발생하도록 한 것. 트윈 튜브식과는 다르므로 어떤 자세에도 사용 되며 오일과 가스가 완전히 분리되어 있기 때문에 에어레이션은 발생 치 않으나 전장(全長)이 길어지는 것이 단점. 발명자의 이름을 인용하 여 '드가르봉식'이라고도 부른다. ⇔ 트윈 튜브식 쇽업소버.

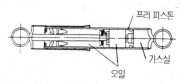

모노레일 [monorail]   자동차 생산 라인 또는 정비공장 내의 천장에 체인 블록을 설치하는 1개의 레일로서 중량물을 이동할 때 사용된다.

모노레일 체인 블록 [monorail chain block]   자동차 생산 라인 또는 정비 공장의 천장에 설치된 레일 양쪽에 바퀴가 부착된 호이스트가 모터에 의해 이동할 수 있는 체인 블록, 실린더 블록, 자동차 보디 등을 필요 한 곳으로 이동할 수 있으며 호이스트 크레인이라고도 한다.

모노코크 구조[monocoque structure]   일체 구조형 프레임. 프레임과 보 디를 일체로 제작한 차체로서 현재의 승용차 대부분이 이 형식을 사용 하고 있다. 중량을 가볍게 함과 동시에 차체강성을 높일 수 있으며, 바 닥이 낮은 특징이 있으나 엔진이나 서스펜션을 보디로 직접 지지하기 때문에 진동이나 소음을 낮게 억제하기가 어렵다. 모노코크는 프랑스 어로서 '조개껍질'의 뜻. 영어로는 「frameless construction, integral body construction, unitary construction, ⑧ unitized construction」이라고 한다.

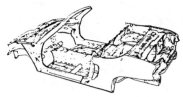

모노코크 보디 [monocock body]   프레임이 없는 보디로서 오늘날 자동 차의 대부분은 이 구조를 취하고 있다. 보디가 섀시 프레임과 일체로 되어 있으므로 가벼울 뿐만 아니라 충돌했을 때 에너지 흡수가 잘 된

다는 장점이 있으며, 외력을 보디 전체로 커버할 수 있는 구조로 되어 있다. 섀시 부분은 보디에 직접 부착되기 때문에 승차감은 프레임 구조의 자동차보다 떨어지지만, 현재는 서스펜션이나 엔진 마운트 기술 등의 개량으로 이 단점도 해소되고 있다. 또한 프레임 구조의 차체에 비교하면 차실 바닥을 낮게 할 수 있다는 장점도 있다.

모노플런저 펌프 [mono-plunger pump] 디젤 엔진의 분배형 연료 분사 펌프. 1개의 플런저에 의해 연료를 각 분사 노즐에 송출하는 분사펌프로서 소형 디젤 엔진에 많이 사용되고 있다.

모놀리스 서브스트레이트 [monolith substrate] 모놀리스는 한 개 기둥의 뜻으로서 3각 4각 6각 등 단면 형상의 구멍이 벌집모양으로 여러 개 열려 있는 듯한 기둥모양. 서브스트레이트는 '기본, 기체(基體)'의 뜻. 마그네슘, 알루미나, 규소 산화물의 혼합물로서 무수한 미세공을 가지는 코지라이트라고 불리우는 재료에서 모놀리스를 만들며, 여기에 촉매를 부착시킨 것을 모놀리스 서브스트레이트라고 하며 모놀리스 촉매 컨버터로 사용하고 있다.

모놀리스 촉매 컨버터 [monolith catalytic converter] 배기가스 정화장치의 하나. 여러 개의 구멍을 지닌 모놀리스는 자신은 변화하지 않고 다른 물질의 화학 변화를 돕는 촉매를 부착시킨다. 그런 다음 스테인리스 강판으로 만든 원통 모양으로 된 용기에 넣고 배기가스를 흐르게 하여 화학반응을 발생시켜 유해한 성분을 적게 하는 장치. 촉매 컨버터에는 펠릿 촉매 컨버터도 있으나 이것과 비교하면 가스의 유통이 양호하여 열용량이 적고, 압력 손실이 적은 단점이 있다. '모놀리스 캐털라이저(monolith catalyzer)'라고도 한다.

모놀리식 IC [monolithic integrated circuit] 모놀리식 IC는 하나의 실리콘 반도체 기판 내에 모든 부품이 증착(蒸着)되어 적당한 회로를 형성한 것으로서 기판과 부품이 일체로 되어있다. 하나의 케이스에 밀봉되어 외부에 입력 및 출력의 단자가 노출되어 있다.

모니터 [monitor] ① 어떤 소정의 범위 내에서 작동상태를 연속적으로 또는 일정 간격을 두고 단속적으로 측정하는 사람. 엔진의 밸브장치, 충전장치, 점화장치 등의 작동상태 측정이 이에 속한다. ② 기기가 정상적으로 작동하고 있는지 감시하는 장치. ③ 방송 프로그램을 청취하거나 제품을 실제로 사용해 보고 그 결과를 보고하는 사람. ④ 컴퓨터에 있어서 손으로 조작하는 부분을 자동화하기 위하여 개발된 프로그램.

모닝 스폿 [morning spot] ⇨ 플랫 스폿.

모닝 시크니스 [morning sickness] 영어로 '아침의 구역질'을 뜻하며 아침에 자동차가 출발할 때 나타나는 증상을 말한다. 특히 주행이 시작되어 최초 브레이크가 강하게 듣는 증상을 가리킨다.

모델 라이프 [model life] 어떤 자동차 형식의 수명. 통상적으로 자동차의 새 모델이 시판되면서부터 같은 모델로서 풀 체인지를 받은 자동차가 새롭게 시판되기 시작할 때까지의 기간을 말한다.

모델 이어 [model year] 구미(歐美)에서 연비나 배출가스규제 법규에 따라 적용되어 사용되는 자동차의 제조년도. 나라마다 다르지만 미국에서는 당해년도 1월 1일부터 12월 31일, 또는 1월 1일을 포함한 1년간으로서 메이커가 임의로 정하는 일자(예를 들면 전년 9월 1일부터 당해년도의 8월 31일까지 등).

모델 체인지 [model change] 이미 시판하고 있는 자동차의 디자인, 엔진으로부터 시작한 구성 부품, 부속품 등 사양의 변경을 실시하는 것. 그 규모에 따라 전면적인 변경을 실시하는 풀 모델 체인지, 차체의 외판(外板)만을 변경하는 풀 스킨 체인지, 사양의 일부를 변경하여 리플래시를 시도하는 마이너 체인지, 극히 부분적인 변경만을 실행하는 페이스 리프트 등이 있다.

모델러 [modeler] 자동차의 디자인이 진행되는 과정의 각 단계로서 클레이 모델을 시작으로 각종 모형을 실제로 만드는 사람. 자동차 메이커의 디자인 부문은 일반적으로 디자이너, 모델러, 엔지니어로 구성된다. 모델러의 지시에 의하여 작업을 실시하는 사람을 '숍워커'라고 부르는 메이커도 있다.

모듈 [module] ① 기어 이의 크기를 표시하는 단위. 기어에서 피치원의 직경을 기어 잇수로 나눈 것으로서 모듈이 클수록 잇수는 적어지고 이는 커진다. 1개의 기어 이에 대한 직경의 비. ② 공업 제품 또는 건축 재료를 경제적으로 양산(量産)하기 위하여 마련된 기준 치수. ③ 각종 전기 부품을 표준치수로 조립하고 배선하여 단자를 부착한 것.

모듈러스 [modulus] ① 율 또는 계수의 뜻. ② 페이저의 절대값으로 진폭이라고도 한다.

모듈레이터 [modulator] 모듈레이터는 ECU의 신호에 따라 각 바퀴의 휠 실린더에 전달되는 유압을 조절하는 역할을 하며, 프로포셔닝 밸브, 체크 밸브, 솔레노이드 밸브, 리저브, 펌프, 어큐뮬레이터로 구성된다.

모드 [mode] 패션 업계에서 흔히 사용하는 말로서 자동차에서는 배기가스의 측정이 실행될 즈음 운전 방법에서는 '방법, 시방'의 뜻으로 사용되고, 전자파나 진동 소음 관계에서는 '파동의 자세'의 뜻으로 사용한다.

모디피케이션 [modification] 변경. 원래의 것을 변화시키는 것.

모멘트 [moment] 어느 축을 중심으로 회전하는 물체에 축을 통과하지 않는 작용점 위에 힘을 작용시키면 물체는 그 축을 중심으로 하여 회전하려고 하는 힘.

모빌 MHD 구동 [mobile magneto hydrodynamic drive] ⇨ 마그네토 하이드로다이내믹 구동.

모션 스터디 [motion study] 동작 연구(動作研究). 작업의 가장 능률적인 방법을 연구하기 위하여 일정한 작업중에 일어나는 모든 동작을 연구하는 것.

모재 [base metal] 용접 또는 절단의 대상이 되는 금속.

모터 [motor] 동력 발생기(動力發生機)를 총괄하여 이르는 말. 증기 기관, 증기 터빈, 수력 원동기, 내연 기관, 전동기 등을 말한다.

모터 바이시클 [motor bicycle] 모터를 설치하여 주행할 수 있는 자전거, 원동기를 설치한 자전거, 모터 사이클 등을 말한다.

모터 블록 [motor block] 전동기를 사용하여 체인을 감아 올리고 내리는 체인 블록을 말한다.

모터 사이클 [motor cycle] 오토바이. 소형의 가솔린 엔진을 설치하여 핸들의 손잡이로 스로틀 케이블을 감아 카브레터의 스로틀 밸브를 개폐함으로써 출력을 증감한다.

모터 스쿠터 [motor scooter] 바퀴가 작고 시트가 의자식으로 된 모터 사이클로서 단기통 4사이클 가솔린 엔진으로 2마력 정도이다.

모터 안테나 [motor antenna] '파워 안테나'라고도 부르며 전동 모터를 사용하여 표면으로 나오거나 들어갈 수 있도록 한 안테나. 라디오 스위치와 연동하여 스위치를 넣으면 안테나가 올라오고 스위치를 끊으면 다시 제자리로 들어가게 한 것이 많다.

모터 옥탄가 [motor octane number] 가솔린의 옥탄가로서 실험실 옥탄가 측정법의 하나인 모터법에 의하여 구한 것. 자동차의 고속 혹은 고부하 주행시에 엔진의 내폭성을 나타내도록 하며, 또 한가지의 측정법인 리서치법으로 구한 옥탄가보다 10옥탄 정도 작은 값으로 되는 것이 보통 'MON'이라고 약함. ⇔ 리서치 옥탄가.

모터 위치 센서 [motor position sensor] ⇨ MPS.

모터 제너레이터 [motor generator] 전동 발전기(電動發電機). 전동기와 발전기를 동일 베드위에 설치한 것으로서 엔진의 시동시에는 전동

기가 작동하고 시동 후에는 축전지의 충전 또는 소형 직류 전동기의
전원을 공급하는 데 사용된다.

모터링 [motoring] 엔진의 압축압력을 측정할 때와 같이 전동기 등 다
른 동력원을 사용하여 회전시키는 것.

모트로닉 [motronic] 모트로닉은 점화장치와 연료분사장치를 결합하여
전자적으로 제어함으로써 점화장치와 연료분사장치를 개별적으로 제
어하는 경우에 비해서 더 큰 유연성과 더 많은 기능을 얻을 수 있다.
특징은 여러가지 기능을 필요에 따라 프로그램화할 수 있어 많은 수의
3차원 점화 기능을 가지고 있다. 연료 분사 및 점화에 대하여 동일한
센서가 사용할 수 있어 저렴한 비용으로 더 큰 효과를 얻을 수 있다.

모틀링 [mottling] 메탈릭 페인트와 관련된 문제로서, 코트가 너무 묽어
금속 박편들이 함께 부유하여 반점 또는 얼룩지게 되는 현상.

목업 [mock-up] 자동차를 설계할 경우 실내 스페이스나 내장을 검토하
기 위하여 실물크기로 제작한 실내 모델을 말하는 것이 보통.

목형 [wooden pattern] 어떤 제품을 만들 때 제품과 동일한 형으로 만
든 목재를 말한다.

몰 [mol] 물질의 질량을 측정하는 단위로서 물질의 분자량과 동일한 수
치를 g 단위의 질량을 1mol이라 한다. 1mol의 물질은 모두 6.06×10^{23}개의 분자로 이루어진다. 1mol에 대한 산소 원자의 질량은 0.
016kg이며 분자의 질량은 0.032kg이다.

몰 비열 [moler heat] 어떤 물질 1mol에 대한 열용량. 1mol의 기체 온
도를 1℃ 상승시키는데 소요되는 열량을 말한다.

몰드 [mold] 융해된 금속이나 플라스틱을 넣어 굳히는 속이 빈 틀.

몰드 라이닝 [mould lining] 몰드는 '형판, 틀에 넣어 만든 것, 금형'의
뜻. 몰드 라이닝은 단섬유의 석면을 합성수지, 고무 등과의 결합제와
섞은 다음 고온·고압에서 성형한 후 다듬질한 것으로서 내열·내마
모성이 우수하다.

몰딩 [moulding] 라디에이터 그릴이나 범퍼 등의 주위에 금속 광택이나
흑색의 광택을 없앤 장식을 말함. 액자틀과 같은 것으로, 장식을 위한
것뿐 아니라 이음매 덮개, 손이나 손가락 등의 보호, 타부품을 누르는
역할을 하고 있다. 차체를 외상(外傷)으로부터 보호할 목적으로 만든
것을 「프로텍션 몰딩」이라고 부른다.

몰딩 클립 [moulding clips] 패널에 메탈 트림을 잡아주는 클립.

몰톤 하이드라가스 서스펜션 [Moulton hydragas suspension] 몰톤社가
하이드로 뉴매틱 서스펜션의 기능을 능가하기 위하여 개발한 서스펜션

으로서 하이드로래스틱 서스펜션에 다이어프램으로 칸막이 하고 질소 가스를 봉입한 가스실을 첨가한 구조로 된 것. 하이드로 뉴매틱 서스펜션의 일종.

몰톤 하이드로래스틱 서스펜션 ⇨ 하이드로래스틱 서스펜션.

몽키 렌치 [monkey wrench] ⇨ 멍키 렌치.

무기 분사식 [airless injection type] 무기(無氣) 분사식은 연료 자체에 압력을 가하고 분사 노즐을 통하여 분사하는 형식으로 공동식, 펌프 제어식, 유닛 분사식, 분배식이 있다. 기계 분사식이라고도 한다.

무단 변속기 [continuously variable transmission] ⇨ 벨트식 무단 변속기.

무부하 시험 [no-load running] 전기 기기에서 여자전류, 철심의 소손이나 기계의 내부 마찰의 손실, 부속 기기의 소요 동력을 검사하기 위한 시험.

무부하 운전 [無負荷運轉 ; idling of running] 자동차의 엔진, 모터, 공작 기계 등 부하(負荷)가 걸리지 않은 상태에서 엔진이나 모터의 공회전 운전을 말한다.

무부하 저속시 혼합비 [無負荷低速時混合比] 엔진의 회전을 고르게 하는 혼합비. 공전 운전에서는 스로틀 밸브가 조금 열려져 있기 때문에 잔류 가스로 희석되는 비율이 커지므로 농후한 혼합기를 공급할 필요가 있다. 연료의 소비율보다 엔진의 회전 상태가 중요하므로 12 : 1의 혼합기가 공급되어야 한다. 공전 혼합비라고도 한다.

무부하 최저 회전속도 [minimum idling speed] 엔진이나 전동기를 무부하 상태에서 안정을 유지하며 운전할 수 있는 최저 회전속도를 말한다.

무부하시 회전수 [無負荷時回轉數] 아이들링시 엔진의 회전수.

무빙 벨트 [moving belt] ⇨ 그라운드 시뮬레이션.

무연 가솔린 [⑧ unleaded gasoline, lead-free gasoline, ⑧ unleaded petrol] 알킬납(鉛)을 혼입하지 않은 자동차용 가솔린. 옥탄가를 높이기 위하여 가솔린에 첨가하는 알킬납은 연소실 내에서 산화납 등의 무기 납이 되어 배출되지만 납은 배기가스 대책에 사용하는 촉매를 열화시키기 때문에 무연 가솔린의 사용을 지정하고 있는 엔진에 가연(加鉛) 가솔린을 사용하는 것은 좋지 않다. ⇨ 가연 가솔린.

무연 연료 [無燃燃料] 무연 연료는 내폭제로 2염화에틸렌 또는 2브롬화 에틸렌을 혼합한 가솔린. 가솔린이 연소되면 2염화에틸렌은 염화합물, 2브롬화에틸렌은 브롬화합물인 가스 상태로 하여 대기에 배출시키므로 대기 오염을 방지한다.

무음 체인 [silent chain] ⇨ 사일런트 체인.

무접점 스위치 [contactless switch] 기계적인 접점이 없는 스위치로서 반도체 소자의 트랜지스터, 스위칭 다이오드, 사이리스터 등이 있으며 기계식 접점보다 신뢰성, 응답이 빠르고 수명이 길다.

무접점식 배전기 [breakless distributor] 기계식 접점이 없이 점화 1차 회로에 흐르는 전류를 단속하는 시그널 제너레이터, 트랜지스터 이그나이터, 픽업장치 등으로 구성되어 있는 전자 제어식 엔진에 사용하는 배전기.

무화 [atomization] 애터마이제이션은 '분무 작용, 안개 모양으로 뿌림'의 뜻. 무화는 연료의 입자를 미세화시키는 것을 말한다. 연료의 증발은 연료 입자의 표면에서부터 이루어지기 때문에 입자가 작을수록 착화가 빠르고 연소 속도도 신속하게 이루어진다. 따라서 분사 노즐에서 연료를 분사할 때 연료의 무화가 좋아야 한다. 무화의 정도는 크고 작은 연료 입자의 지름을 평균으로 비교하며, 노즐의 직경 및 형상, 연소실 내의 온도, 공기의 와류 등에 의해 좌우된다.

무효 분사시간 [無效噴射時間] 가솔린 인젝션에서 니들 밸브를 열기 위하여 솔레노이드 코일에 전류가 흐르고 있는 시간과 실제로 밸브가 열려 있는 시간의 차이. 통전 시간쪽이 길다.

문 루프 [moon roof] 선 루프 중 스모크드 글라스를 사용하여 열선(熱線)을 차단하도록 한 것. ⇨ 슬라이딩 루프.

묻힘 키 ⇨ 성크 키.

물 분사 [water injection] 연소실 내에 물을 분사하는 것. 증발에 의한 물의 잠열을 이용하여 연소실의 온도를 낮추고 NOx의 발생을 적게 하거나 연비의 향상을 꾀한다. 흡기 포트나 연소실에 직접 물이 분사된다.

물 재킷 [water jacket] 수냉식 엔진의 물 통로. 실린더 및 실린더 헤드부의 열을 냉각수가 흡수하여 냉각 작용을 할 수 있도록 물을 순환시키는 통로를 말한다.

물 펌프 [water pump] 냉각수를 순환시키는 펌프. 벨트에 의해 구동되어 냉각수를 강제적으로 순환시키는 원심력 펌프를 사용한다. 물 펌프는 엔진 회전수의 1.2~1.6배로 회전하며 효율은 냉각수 온도에 반비례하고, 압력에는 비례한다. 원심력 펌프는 소형이면서 송수량이 많고 출구를 좁혀도 압력이 상승되지 않는 장점이 있다.

물질 [matter] 무게를 가지고 있으며 공간을 차지하는 모든 것.

뮤 에스 특성 [μ-S characteristics] 타이어의 슬립률(S)에 의하여 타이어 /노면간의 마찰계수(μ)가 어떻게 변화하는가를 보이는 특성. 세로축(縱軸)에 μ, 가로축(鑛軸)에 S로 한 그림으로 보면 건조한 포장노면에서는 S가 10~30%일 때 μ가 최대가 되는 것이 보통임.

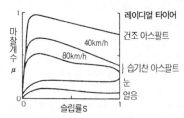

뮤 에프 특성 [μ-F characteristics] ⇨ 노즐 뮤-에프 특성.

미끄럼 [slid] 한 물체가 다른 물체에 면과 계속 접촉되면서 운동하는 것으로서 물체에 미끄럼 마찰이 작용된다.

미끄럼 밸브 [slide valve] 1개의 밸브에 의해서 피스톤 양측의 흡·배기를 할 수 있는 밸브. 평면 또는 원통면을 직선 왕복운동에 의하여 흡입구와 배기구를 개폐하는 밸브이다.

미끄럼 베어링 [sliding bearing] ⇨ 플레인 베어링.

미끄럼 운동 [sliding motion] 한 물체가 다른 물체의 면과 접촉하면서 운동을 하는 것을 말한다.

미끄럼 접촉 [sliding contact] 원동절에서 종동절로 운동을 전달함에 있어서 면과 면이 접촉되어 미끄러지면서 운동을 전달하는 접촉 상태를 말한다.

미끄럼 키 [sliding key] ⇨ 패더 키.

미네랄 스피리트 [mineral spirits] 웨트 샌딩(wet sanding)에 윤활제로 사용될 수 있는 석유 제품으로 흔히 페인트 시너라고 함.

미니 콤팩트카 [mini-compact car] 미국의 자동차 분류에서 승용차를 인테리어 볼륨(객실과 화물실의 용적)으로 분류할 때 가장 작은 자동차를 말한다.

미니멈 [minimum] 최소한의 뜻으로 자동차에서는 오일의 양을 점검하는 레벨게이지에 표기되어 있으며 하한선이라고도 한다. 오일이 MIN 선에 있으면 즉시 보충하여야 한다.

미니멈 맥시멈 거버너 [minimum-maximum governor] M-M거버너라고 부르며 디젤 엔진의 연료 분사량을 컨트롤하는 거버너로서 저속 회전

부분과 고속 회전부분만 조속(調速)을 실시하는 타입.

미동 마모 [微動磨耗] ⇨ 프레팅 마모.

미드십 4WD [midship four wheel drive] 미드십 엔진자동차로서 4륜 구동하는 타입. 미드십 엔진 리어 드라이브 자동차의 운동 성능을 더욱 높일 목적으로 개발한 것으로서 자갈길이나 눈길 등 미끄러지기 쉬운 노면에서 그 위력을 발휘한다.

미드십 엔진 [midship engine] 보통 '미드십'이라고 약한다. 미드십은 배의 중앙부를 뜻하는 말로서 엔진이 후축보다 앞에 있으며 후륜을 구동하는 타입의 자동차. 리어 엔진이란 엔진 본체가 후축의 앞에 있는 여부에 따라 구별한다. 멜방을 메고 화물을 운반하려면 멜방이 길수록 구부리기 어려운 것과 마찬가지로 자동차가 진로를 변경하려고 할 때 전후에 무거운 물건이 있으면 운동을 방해하게 된다(관성의 법칙, 관성 모멘트). 자동차의 중앙에 엔진과 승차자를 집결시키면 운동 성능이 좋아지므로 레이싱카는 미드십으로 되어 있다. 일반 승용자동차로서 이 배치를 사용하면 자동차 실내가 좁아지므로 주로 스포츠카에 사용된다.

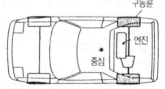

미등 [尾燈] ⇨ 테일 램프.

미션 오일 [transmission oils] ⇨ 트랜스미션 오일.

미스 이그니션 [miss ignition] ⇨ 점화 불량.

미스 파이어 [misfire] 연소실 내의 혼합기가 완전한 연소가 안된 상태로서 '실화'라고도 한다. 스파크가 발생되지 않는 비화불량(飛火不良), 착화의 발생이 안되는 착화불량, 한번 형성한 화염(火炎)이 꺼지는 화염전파불량 등이 있다.

미스트 [mist] 스프레이 건의 노즐로부터 분출되는 안개 모양의 페인팅 입자를 가리킴. 도장면 이외의 장소로 비산(飛散)한 것(오버 미스트)을 이렇게 부르는 수도 있음.

미스트 와이퍼 [mist wiper] 와이퍼를 왕복 1회만 작용하게 하는 장치. 와이퍼 스위치에 장착되어 있는 컨트롤러에 의하여 작동하며 안개(mist)나 가랑비가 조금씩 시야를 가릴 정도일 때 사용한다.

미스트 코트 [mist coat] 증발이 늦은 시너를 사용하여 묽게 희석한 페인트를 저압으로 토출량을 밀어내어 분사하는 테크닉. 매우 약하게 분사할 때 보수 부분 주위에 부착되어 있는 페인트와 잘 융합시키는 등의 목적으로 실시함.

미터 나사 [metric screw thread] 삼각 나사의 종류로 나사산의 각도가 60°인 체결용 나사. 나사산의 단면이 정삼각형에 가까운 나사로서 기계 부품을 결합하거나 위치 조정을 하는데 사용된다.

미터링 밸브 [metering valve] 앞바퀴에 디스크 브레이크, 뒷바퀴에 드럼 브레이크가 설치된 자동차에서 뒷바퀴는 브레이크 슈 리턴 스프링에 의하여 어느 정도 유압이 형성되기 전까지는 작동되지 않는다. 앞바퀴는 리턴 스프링이 없으므로서 가볍게 브레이크 페달을 밟아도 브레이크가 작동되어 패드가 빨리 마모되므로 이것을 방지하기 위하여 일정 유압까지 앞바퀴에 유압이 작동되지 않도록 하는 밸브이다.

미터링 제트 [metering jet] 슬로 제트, 메인 제트, 파워 제트 등 연료의 통로에 삽입하여 연료의 공급량을 규제하는 작은 구멍(취출구 : 제트)의 총칭.

미터아웃 시스템 [meter-out system] 액추에이터의 출구측 파이프에서 유량을 교축하여 작동 속도를 조절하는 방식을 말한다.

미터인 시스템 [meter-in system] 액추에이터의 흡입측 파이프에서 유량을 교축하여 작동 속도를 조절하는 방식을 말한다.

미팅 빔 [meeting beam] ⇨ 로 빔.

미하나이트 주철 [meehanite cast-iron] 탄소와 규소가 적은 주철에 규소철 또는 칼슘 실리사이트 분말을 첨가하여 강제 탈산(強制脫酸)하므로서 미세한 흑연화를 일으킨 주철. 공작기계의 베드, 테이블, 실린더 등에 사용된다.

믹서 [mixer] 믹서는 공기와 LPG를 15 : 3으로 혼합하여 각 실린더에 공급한다. 베이퍼라이저에서 기화된 LPG를 공기와 혼합하여 각 실린더에 공급하는 장치로서 가솔린 엔진의 기화기와 같은 역할을 한다. 기화기보다 구조가 간단하고 기화 성능이 우수하다.

믹스처 어저스트 스크루 [mixture adjust screw] 아이들 조정 나사. 아이들 어저스팅 스크루라고 부르며 엔진이 공전 상태에 있을 때 혼합기의 농도를 조정하기 위하여 연료의 공급량을 규제하는 나사. 영어의 머리 문자를 인용하여 「MAS」라고 약한다. 슬로 조정나사는 「SAS」라고 부르는 말도 있다. ⇨ 아이들 어저스트.

믹스처 컨트롤 밸브 [mixture control valve] 스로틀 리턴 제어장치의 하나. 스로틀 밸브가 설치되어 있는 보어(공기 통로)와 평행하여 스로틀 밸브의 전후를 연결하는 공기의 바이패스를 설치한다. 그런 다음 감속 시에 스로틀 밸브가 닫히면 인렛 매니폴드의 부압에 따라 이 바이패스에 설치된 밸브가 열려 공기를 통과시켜 일정 시간 후에 이것이 닫히도록 한 것.

믹싱 체임버 [mixing chamber] 카브레터의 연료를 미립화하여 공기와 혼합(믹싱)하는 부분 ⇨ 배럴.

밀도 [密度 ; density] ① 일정한 물질의 단위 체적 질량으로 단위는 g /㎤이고 물의 밀도는 1g /㎤이다. ② 어떤 면적 또는 부피에 스며든 정도. ③ 전기량, 자기량 등이 분포하고 있는 정도. ④ 일정한 양이 선 위나 면의 공간안에 분포하고 있을 때 각 미소(微小) 부분에 들어 있는 그 양의 길이, 면적, 부피에 대한 비율을 각각 선밀도, 면적 밀도, 부피 밀도라 한다.

밀러 사이클 [Miller cycle] 과급 시스템에 적용되는 사이클로서 1940년대 미국인 밀러에 의하여 고안되었다. 흡입 행정의 도중에서 흡기 밸브를 닫고 과급에 의한 압력을 높인 혼합기의 유입을 빨리 멈추고 압축비를 내리는 것에 따라 과급 엔진 연비의 향상을 도모한 것.

밀러 사이클 엔진 [Miller cycle engine] 4사이클의 가솔린 엔진은 흡입, 압축, 팽창, 배기의 모든 행정에서 피스톤이 움직이는 거리는 같다 (Otto cycle). 현재 일반적인 과급(過給)엔진은 이 오토 사이클의 흡입 행정에서 압력을 높인 공기를 실린더에 밀어넣고 있으나, 많은 공기를 채워 넣으면 압축 행정에서 고온이 되어 노킹이 발생되기 쉽다는 한계가 있다. 밀러 사이클은 압축 행정에서 피스톤이 약 1 /5 상승할 때까지 흡기 밸브를 열어 놓은 채로 놓아두고 실질적인 압축비를 내리게 하므로써 노킹의 발생을 방지하는 것이다. 맨처음 밀러 사이클을 자동차용 엔진으로 사용한 마쯔다의 경우 같은 배기량의 오토 사이클 엔진에 비교하여 1.5배 높은 토크와 10~15%의 연비 향상을 얻고 있다.

밀링 머신 [milling machine] 밀링 머신은 공작물을 테이블에 고정시키고 커터를 회전시켜 평면 절삭, 키 홈파기, 절단, 각 홈파기, 정면 절삭, 곡면 절삭, 기어 절삭, 총형 절삭, 나선 절삭을 하는 공작기계.

밀봉 리저버 [air seal reservoir] ⇨ 에어 실 리저브.

밀봉 압력식 [密封壓力式] 라디에이터의 오버 플로 파이프와 냉각수의 팽창 압력과 동등한 보조 탱크를 호스로 연결하여 냉각수가 외부로 유출되지 않도록 하는 방식. 라디에이터 캡에는 밸브가 없이 밀봉되어 있으므로 냉각수가 팽창하면 보조 탱크로 보내고 수축하면 다시 흡입하여 보충한다. 장기간 냉각수를 보충하지 않는 장점이 있다.

밀봉 작용 [sealing up action] 윤활유의 중요한 성질의 하나로서 피스톤·링과 실린더 벽에 유막(oil film)을 형성하여 압축 및 폭발 행정에서 혼합기 또는 연소가스의 누출을 방지하는 작용. 밀봉 작용은 점도 지수, 점도, 유막의 형성력 등이 관계된다.

밀폐 사이클 [closed cycle] 작동 유체를 몇 번이고 되풀이 하여 사용하는 사이클로서 냉동 사이클이 여기에 속한다.

밀폐식 라디에이터 [pressurized cooling system] ⇨ 가압냉각시스템.

바 [var] 「volt ampere reactive」의 약어로서 무효 전력의 단위이다.

바 [bar] ① 압력의 단위. $1\text{bar}=10^6\text{dyn}/\text{cm}^2=$ 약 $1\text{kg}/\text{cm}^2$. ② 결정 슬래브(slab)의 결정 조각. ③ 텔레비전에서 테스트 형식으로 사용되는 수평 또는 수직의 막대 모양의 무늬.

바 발생기 [bar generator] 시간적으로 간격이 일정하게 정렬된 펄스를 발생하는 신호 발생기.

바 코드 [bar code] 굵은 선이나 가느다란 선 또는 그들의 간격에 의해 2진 부호로 표시하는 숫자나 문자의 조합으로 필요한 정보가 포함되어 있다. 매장의 상품에 인쇄되어 상품을 판매할 때에 코드를 광학적으로 판독할 수 있다.

바나듐 [vanadium] 철광 속에 천연으로 존재하며 단단하고 내산성이 있어 특수강을 만드는데 사용한다. 오산화(五酸化) 바나듐은 자동차의 촉매 컨버터의 산화 촉매로서 사용된다. 원소 기호는 V, 원자 번호는 23, 원자량은 50.95 이다.

바나듐 강 [vanadium steel] 바나듐이 포함된 강. 탄소강에 바나듐을 첨가하여 물리적, 기계적 성질을 개량한 것. 경도(硬度), 전성(展性), 항장력(抗張力)이 커서 고급 공구강, 구조용 고급 강철로 사용된다.

바니시 [varnish] ① 투명한 도막을 만드는 도료의 총칭. ② 윤활유에 포함되는 화합물의 산화에 의하여 만들어진 액상의 생성물(precursor : 프리커서)이 중합(重合) 또는 축합(縮合)하여 오일에 용해되지 않는 상태로 된 것을 레진이라 하며 이 레진이 고온부분에 붙어 열에 의하여 경화한 것을 바니시(varnish), 이것을 그을음이나 마모가루(磨耗粉), 유분(油分) 등이 섞인 것을 슬러지라고 한다.

바닥 높이 [floor height] 접지면에서 바닥의 특정 장소(버스의 승강구의 위치 등)까지의 높이.

바람막이 [wind shield] 자동차 운전석의 전면 유리를 말한다.

바로미터 [barometer] ① 기압계(氣壓計). 대기압을 응용한 수은 기압계와 내부가 진공으로 되어 있는 얇은 금속판으로 만든 아네로이드 기압계가 있다. ② 지표(指標), 지침(指針)의 뜻.

바리오로서 [variolosser] 전압 또는 전류에 의해 그 값을 제어할 수 있는 저항 감쇠망을 말한다.

바리오미터 [variometer] 가변 인덕터. 2 또는 그 이상인 코일의 상대위치 변화에 따라 인덕턴스 값을 바꾸게 되어 있는 것.

바운드 스토퍼 [bound stoper] 서스펜션이 최대한 압축되었을 때 보디와 서스펜션의 일부가 직접 부딪히지 않도록 하기 위하여 설치되어 있는 고무 완충재. 바운드는 튀어 오르는 일. ⇔ 리바운드 스토퍼.

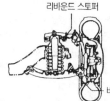

리바운드 스토퍼

바운드 스토퍼

바운드 스트로크 [bound stroke] 휠이 기준 위치로부터 스프링의 수축 방향으로 움직이는 것이 가능한 거리. 바운드(bound)는 공 따위가 튀는 일. ⇨ 휠 스트로크.

바운싱 [bouncing] 차체 전체가 상하로 진동하는 것. 피칭은 전후가 번갈아 상하로 움직이는 것이지만, 바운싱은 전후가 동시에 같은 방향으로 진동하는 상태를 말함.

바이메탈 [bimetal] 온도를 조절하는 스위치로 이용되는 소자로서, 열팽창률이 다른 2매(바이)의 금속(메탈)을 맞붙인 것. 주위의 온도가 올라가면 두 종류의 금속 중 열팽창률이 작은 쪽으로 구부러진다. 이 현상을 이용하여 바이메탈 끝에 접점을 만들어 두면 사전 설정한 온도 이상 또는 이하로 되면 ON, OFF 되는 스위치로 사용할 수 있다. 메탈로서는 청동과 인바를 짝지은 것이 가장 많이 사용되고 있다.

바이메탈 서모스탯식 [bimetal thermostat type] 열팽창 계수가 크게 다른 2개의 금속 재료를 접합한 것으로서 접합부에 히팅 코일을 감아 오일 유닛에 가해지는 유압에 의해 전류의 흐름이 변화된다. 계기부에 설치되어 있는 바이메탈도 히팅 코일에 의해 가열되면 열팽창이 되어 계기 바늘을 움직여 유압을 표시한다.

바이브레이션 [vibration] 빠른 전후 운동. 오실레이션.

바이브레이터 [vibrator] ① 직류 전원으로부터 교류를 만들기 위하여 전자적으로 직류를 단속하는 장치를 말한다. ② 진동을 일으키게 하는 기기나 장치를 말한다.

바이브레이터 코일 〔vibrater coil〕 인버터, 타이밍 라이트, 오실로스코프 등의 1차 회로를 단속하는 진동자를 부착한 변압기를 말한다.

바이스 〔vise〕 공작물을 자를 때, 구멍을 뚫을 때 등 공작물을 조(jaw) 부분으로 확실하게 고정시키는데 사용된다. 바이스의 종류에는 조가 평행하게 움직이며 다듬질 전용으로 사용하는 벤치 바이스, 벤치 바이스에 파이프 바이스를 조합한 벤치 파이프 바이스, 공작기계 테이블에 설치되어 가공중인 공작물을 고정하는데 사용하는 테이블 바이스, 피스톤을 고정할 때 사용하는 피스톤 바이스로 분류된다.

바이스 그립 〔vise grip〕 용접용 클램프. 용접시 패널을 고정하기 위하여 사용함. 배력 기구가 갖추어져 있으므로 큰 힘으로 패널을 조일 수 있음. 모양은 끝이 뾰족한 것, 속이 깊숙한 것 등 여러가지가 있어서 부위에 따라 적절한 것을 사용함. 일반적으로 널리 사용되는 용어이지만 원래는 특정 상품명임.

바이스 플라이어 〔vise plier〕 물체를 잡을 때 사용하며 조(jaw)에 세레이션이 있어 미끄러지지 않으며 물체의 크기에 따라 조를 조정하여 사용한다.

바이어스 〔bias〕 ① 한쪽으로 기울다의 뜻. 트랜지스터의 베이스와 이미터 간에 신호가 입력되면 곧 전류가 흐르도록 작동점을 0의 위치에서부터 −쪽으로 전압이 가해지는 것을 말한다. ② 타이어의 카커스 코드를 원주방향 중심선에 대하여 25~40° 기울어지게 한 것. ③ 엇갈림, 사선의 뜻.

바이어스 벨티드 타이어 〔⑧ bias belted tire〕 ⇨ 벨티드 바이어스 타이어.

바이어스 비 〔bias ratio〕 ⇨ 차동 토크비.

바이어스 타이어 〔bias tire〕 크로스 플라이 타이어를 말함. 바이어스는 타이어의 제조 공정에서 플라이를 경사지게 자른다는 데서 비롯된 이름. 카커스 코드가 타이어의 원주방향 중심선에 대하여 어느 각도(코드 각 : 통상 25~40°)를 가지고 서로 접합된 구조를 가진 타이어를 말한다. 크로스 플라이 타이어 또는 다이애거널 타이어라고도 한다. 바이어스는 천을 비스듬히 자르는 것, 크로스 플라이는 플라이가 교차되어 있는 것, 다이애거널은 경사진 것을 의미한다. 접지면에서 중첩된 플라이가 고무를 매개(媒介)로 팬터그래프 운동을 하고, 이것에 의하여 충격을 흡수하므로, 코드각이 작은 타이어일수록 코드가 겹치는 점이 많아져 카커스가 잘 움직이지 않게 되고 타이어는 단단해진다.

바이오매스 알코올 [bio-mass alcohol] 사탕수수나 감자류, 곡물 등을 발효시켜 만든 에탄올(에틸알코올)을 말함. 브라질에서는 주로 사탕수수로 만든 에탄올이 자동차의 연료로 사용되고 있고, 미국의 일부에서도 곡물로 만든 에탄올이 가솔린에 혼입되어 사용되고 있다. 바이오매스(bio-mass)는 어느 특정 지역의 생물의 존재량을 가리키는 생태학 용어지만, 일반적으로 에너지원으로서 생물 자원을 가리키는 말로 전용되고 있다.

바이자흐 액슬 「포르쉐 928」의 리어에 사용되고 있는 서스펜션의 명칭. 로어 트레일링 암의 선단이 짧은 링크와 고무 부시를 개재시켜 보디에 부착되어 있고, 래터럴 링크가 전후로 약간 움직이도록 되어 있다. 파워 오프나 브레이킹에 의해 타이어에 뒷방향의 힘이 가해지면 부시의 컴플라이언스에 의해 전체가 토인 방향으로 변위되고, 이 움직임에 의해 코너링중의 액셀 오프나 제동시의 자동차의 안정성이 제고되는 것으로서, 링크의 움직임을 조절하여 자동차의 조종성·안정성을 좋게 하는 멀티 링크 서스펜션의 선구가 되었다. 바이자흐는 포르쉐의 연구개발부문이 있는 독일의 지명.

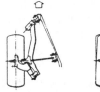

바이턴 [viton] 불소(弗素)고무의 상품명. 불소 고무는 내열, 내유성이 우수하여 유압계통의 패킹, 개스킷 재료 등으로 널리 사용된다.

바이트 [bite] 절삭 공구(切削工具). 보링 머신, 선반, 평삭기 등에서 금속의 절삭에 사용하는 공구.

바이트 [byte] 컴퓨터의 기본 단위. 8비트 정도로 구성되는 정보의 단위로 256 종류의 정보를 나타낼 수 있다. 영어, 한글 등은 1바이트로 한(1)자를 표현할 수 있으며 숫자는 1바이트로 두(2)자를 표현할 수 있다.

바이패스 [by-pass] 액체나 기체를 보내는 시스템으로서 보조적으로 사용되는 경로.

바이패스 밸브 [by-pass valve] 엔진 윤활장치의 여과방식에서 전류식일 때 오일 필터의 엘리먼트가 막혔을 때 열려 오일을 윤활부에 공급하는 밸브를 말한다.

바이패스 필터 [by-pass filter] 엔진 오일을 여과하는 시스템으로, 계통 내를 환류(還流)하는 윤활유의 일부분만 여과하는 방식을 말함. ⇔ 풀 플로 필터.

바이폴러 [bipolar] 2개의 극성 또는 방향을 가지고 있는 것. 접합형 트랜지스터의 경우에는 작동의 바탕이 되는 캐리어가 정공과 전자의 2종류가 있는데 이것을 바이폴러 소자라 한다.

바이폴러 트랜지스터 [bipolar transistor] 전자와 정공 2종류의 캐리어를 이용하여 작동하는 트랜지스터를 말한다.

바인더 [binder] 안료 입자끼리 또는 안료 입자를 도장면에 점착시켜 페인트막을 형성시키는 풀 역할을 하는 페인트의 성분 중 하나.

바인딩 [binding] ① 자동차의 각 부품이 과열 또는 과냉에 의해서 무엇에 걸린듯이 작동이 원활하지 못한 상태를 말한다. ② 브레이크 드럼 간극이 적어 라이닝과 드럼이 접촉되어 브레이크를 해제시켜도 질질 끌리는 상태를 말한다.

박리 [剝離 ; flaking] ① 자동차 보디의 도장면(塗裝面)의 일부가 벗겨져 떨어지는 현상. ② 도금(鍍金)한 표면의 일부가 벗겨져 떨어지는 것. ③ 베어링의 회전으로 말미암아 반복하여 접촉하중을 받아 표면이 비늘 모양으로 벗겨지는 현상

박막 [thin film] ① 얇은 막, 다이어프램. ② 기판(基板)위에 진공 증착, 스퍼터링 등으로 만들어진 막.

박막 소자 [thin film element] 절연성이 좋은 기판(其板)위에 증착, 스퍼터링 등의 방법으로 박막을 형성시켜 만든 수동소자를 말한다.

박막 IC [thin film integrated circuit] 박막 IC는 기판상에 구성된 회로 소자 및 상호 연결이 진공 증착, 스퍼터링(sputtering) 등으로 만들어지는 집적 회로이다.

박막 트랜지스터 [thin film transistor] 유리나 세라믹 기판(其板)위에 증착(蒸着) 등의 방법으로 형성한 반도체의 얇은 막을 사용하여 제작한 트랜지스터.

반 다듬질 베어링 [semifitted bearing] 대략 알맞는 크기로 제작된 베어링으로서 설치한 다음 가공할 여유를 두어, 베어링을 설치할 때는 라인 보링 머신으로 가공하여야 한다. 현재 자동차 엔진 베어링은 이 형식의 베어링을 사용한다.

반 클러치 [semi clutch] 클러치가 가볍게 연결된 상태로서 MT차의 출발에는 항상 이를 동반한다. 마찰 클러치는 보통 압력판으로 클러치

디스크를 플라이 휠에 압착하는 구조로 되어 있으므로, 반 클러치 상
태에서는 이들이 서로 미끄러지면서 연결되어 있는 셈이 된다. 많이
사용하면 마찰에 의한 발열이나 마모에 의해 클러치 디스크가 소모된
다.

반 트랜지스터 방식 [semi transistor type] 세미 트랜지스터 방식. 반 트
랜지스터 방식 점화장치의 배전기는 축전지 점화 방식과 같으며, 접점
에 흐르는 수백 mA의 전류로 1차 코일에 흐르는 큰 전류를 제어하므
로 접점에 가해지는 전압도 낮아져 접점의 소손을 방지한다. 따라서
저속 회전에서의 2차 전압 발생도 안정되며, 접점의 접촉 불량에 의한
시동 곤란 요인이나 엔진의 출력이 저하되는 것을 방지할 수 있다.

반 트랜지스터식 조정기 [semi transistor type regulator] 반 트랜지스터
식 조정기는 트랜지스터를 로터 코일과 직렬로 접속하고 트랜지스터의
베이스 전류를 릴레이 접점으로 ON, OFF시켜 발생 전압을 제어하는
조정기이다. 릴레이의 접점이 닫혀 있으면 베이스에 전류가 공급되어
트랜지스터가 통전되므로 로터에 공급되는 여자 전류는 이미터와 컬렉
터를 통하여 흐르므로 발생 전압이 높아진다. 발생 전압이 규정값보다
높아지면 릴레이의 전자석에 의해 접점이 열리므로 로터 전류가 차단
되어 발생 전압이 낮아진다.

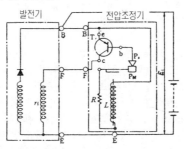

반가역식 [semi-reversible type] 반가역식은 어떤 한계의 힘이 가해지
면 앞바퀴로도 스티어링 휠을 회전시킬 수 있는 형식으로서 가역식과
비가역식의 중간 성질을 갖는다.

반구형 연소실 [hemispherical combustion chamber, hemispherical head,
hemi] 실린더 헤드 내면이 공(球)의 일부분을 잘라낸 모양으로 되어
있는 연소실. 혼합기가 한쪽으로 들어오고, 연소가스가 다른 쪽으로
나가는 크로스 플로 구조로서, 크라운이 편평한 피스톤과 조합되어 있

는 것이 보통. 큰 흡·배기 밸브의 부착이 가능하지만, 압축 와류를 얻기 힘드므로 연구가 필요하다. ⇨ 다구형 연소실.

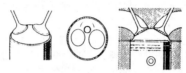

반단면 〔half section〕 ⇨ 단면도.

반달 키 〔woodruff key〕 우드러프 키. 지름이 작은 축에 사용되는 반달 모양의 키로서 공작이 용이하고 보스의 홈과 접촉이 자동으로 조정되는 장점이 있으나 축의 강도가 약해지는 단점이 있다. 자동차, 공작기계, 테이퍼 축에 사용된다.

반달형 정 〔round chisel〕 반달 모양의 본체에 손잡이가 달린 형태의 치즐(chisel). 밸브 시트링 교환시 안쪽에 대고 해머로 두드리는 공구.

반도체 〔semiconductor〕 전기가 통하는 도체와 전기가 통하지 않는 절연체의 중간 성질을 가진 물건. 영어로 세미(반) 콘덕터(도체)라고 하며 많은 종류가 있다. 실리콘이나 게르마늄의 순수한 결정은 온도가 낮으면 전류를 통과시키지 않는 절연체이지만, 온도를 올리면 급히 전류가 잘 흐르게 되는 성질이 있어, 이러한 성질을 진성 반도체라고 한다. 이 진성 반도체에 미량의 인듐이나 비소를 가한 것을 불순물 반도체라고 하며, 불순물을 혼합하는 방식에 따라 P형 반도체와 N형 반도체가 있으며, 양자를 조합하여 다이오드나 트랜지스터가 만들어진다. 반도체는 온도가 높아지면 저항이 작아지는 부온도 계수의 물질로 전원에 연결하면 빛을 발생하고 빛을 가하면 전기 저항이 변화되며, 미소량의 다른 원소가 섞여도 전기 저항이 크게 변화된다.

반력 〔reaction force〕 외력을 받는 물체가 지지되어 균형을 이루고 있을 때 지지점이 물체를 반대쪽으로 미는 힘을 말한다.

반복 하중 〔repeated load〕 동하중의 일종. 스프링과 같이 하중의 크기와 방향이 일정한 상태에서 반복적으로 작용되는 하중을 말한다. ⇨ 동하중.

반부동식 〔semi-floating type〕 ① 플로팅은 '부유, 부동'의 뜻. 반부동식은 액슬이 1개의 볼 베어링으로 하우징에 설치된 형식으로 구동 회전력에 의한 비틀림, 수직 하중, 수평 하중, 충격 등 1/2을 지지하며 내부 고정장치를 풀지 않고는 액슬을 분해할 수 없다. ② 피스톤 핀 설치 방법의 하나로 커넥팅 로드 소단부에 클램프를 만들어 피스톤 핀을 끼우고 클램프 볼트로 고정한 형식. 피스톤 핀은 피스톤 보스부에서 요동하고 커넥팅 로드와 연결되는 중앙은 홈을 만들어 클램프 볼트에 의해 고정되므로 커넥팅 로드와 피스톤 핀은 일체로 작용한다. 현재는 사용하지 않는다.

반부동식 차축 〔semi-floating axle, half-floating axle〕 ⇨ 세미 플로팅 액슬.

반사판 〔reflector〕 ⇨ 리플렉터.

반원심력 클러치 〔semi-centrifugal clutch〕 세미는 '반(1/2)얼마간······', 센트리퓨걸은 '원심력의, 원심력을 이용하는'의 뜻. 반원심력 클러치는 릴리스 레버에 원심추를 설치하여 회전수와 더불어 증가되는 원심력에 의해 더 많은 압력이 압력판에 작용하도록 한다. 회전하지 않을 때에는 클러치 스프링의 장력이 압력판에 작용하나 회전하면 즉시 클러치 스프링의 장력과 원심추에 의한 원심력이 작용하여 압력판에 가해지는 압력이 증가되어 고속시에 슬립 현상을 방지한다.

반자성체 〔diamagnetic substance〕 반자성체는 자석에 반발당하는 물체로서 수소, 탄소, 인, 구리, 안티몬 등이 있다.

반작용 〔reaction〕 힘은 항상 두 물체간에 상호 작용에 의하여 나타나므로 한쪽에서 미치는 힘에 대하여 반발하는 작용을 말한다.

반전 소기 〔反轉掃氣〕 2스트로크 엔진의 소기 방식의 하나. 실린더 벽에 소기 포트를 두고, 여기에서 배기 포트의 반대편 실린더 벽을 향하여 새로운 공기를 보내어 반전시켜, 연소 가스를 배출하는 것. 루프 소기 또는 시닐레식 소기라고도 한다. ⇨ 시닐레식 소기.

반전축 〔反轉軸〕 ⇨ 카운터 샤프트.

반지름 게이지 〔semicircle gauge〕 자동차 부품 또는 기계 부품의 라운딩 부분을 측정하는 게이지.

반타원판 스프링 〔semi-elliptical leaf spring〕 활 모양을 한 리프 스프링을 가늘고 긴 타원형의 반으로 보아 이처럼 호칭하는 것. 다시 그 반, 타원의 1/4 모양인 리프 스프링은 1/4타원판 스프링이라고 한다. 반타원판 스프링 2조를 타원형으로 조합한 것을 전타원판 스프링이라고 하는데 오늘날에는 사용되고 있지 않다. 영어로는 「semi-elliptic 또는 half-elliptic leaf spring」이라고도 한다.

반파 정류 〔half-wave rectification〕 반파 정류는 정방향(+) 쪽의 전류를 흐르게 함으로써 전류의 이용률이 1/2이며, 맥류이고 직류 전류로는 알맞지 않으므로 형광등에 이용된다.

발광 다이오드 [light emitting diode] LED. 전자 디스플레이의 일종으로서 통전하면 전류를 가시광선으로 바꾸어 빛을 발하는 다이오드. P형 반도체와 N형 반도체를 하나의 결정 가운데에서 접합한 PN접합 다이오드 속에 전압을 가하면, N형의 전자와 P형의 정공이 결합되어 발광하는 현상을 이용한 것. 수명이 길고 값이 싸지만, 휘도가 낮고, 직사 일광하에서는 잘 보이지 않는 것이 결점. 발광 다이오드는 순방향으로 전류를 흐르게 하였을 때 빛을 발생하는 다이오드로서 가시 광선으로부터 적외선까지 빛을 발생한다. 따라서 전기적 에너지를 빛으로 변화시키는 다이오드로 수명이 백열전구의 10배 이상으로 반 영구적이며, 낮은 전압에도 발광한다. 자동차에서는 크랭크각 센서, TDC 센서, 스티어링 휠 각속도 센서, 차고 센서, 엔진 회전수를 막대 그래프로 나타내는 디지털 타코미터 등에 사용되고 있다. ⇨ 전자 표시.

발광 도료 [發光塗料 ; luminous paint] 어두운 곳에서도 도막이 잘 보이도록 발광 재료를 혼합하여 만든 도료로서 어두운 곳에서 사용하는 표지나 계기의 눈금, 지침 등에 사용된다.

발광 플라스틱 [luminescent plastics] 황화아연, 황화바륨, 황화칼슘 등의 형광 물질을 첨가하여 가공한 플라스틱을 말한다.

발열 작용 [發熱作用] 발열 작용은 도선에 전류가 흐르면 열이 발생되는 작용. 도체에는 저항이 있기 때문에 전류가 흐르면 열이 발생되는데 열의 발생량은 전류가 많이 흐를수록 또는 저항이 클수록 많다. 발열 작용을 이용한 것으로는 자동차의 각종 전구, 담배 라이터, 예열 플러그, 전열기 등이 있다.

발열량 [發熱量 ; caloric value] ① 연료가 완전히 연소하였을 때 발생하는 열량으로서, 이론상 총발열량과 진발열량으로 나뉘어진다. 총발열량은 고위발열량이라고도 하며, 단위량의 연료가 완전 연소하였을 때에 발생하는 열량을 말한다. 진발열량은 저위 발열량이라고도 하며, 총발열량으로부터 연료에 포함되는 수분과 연소에 의해 발생한 수분을 증발시키는 데 필요한 열량을 뺀 것을 말한다. 엔진의 열효율을 말하는 경우에는 저위발열량이 사용된다. ② 발열량(發熱量)은 단위 질량의 연료를 완전 연소하였을 때 발생되는 열량으로서 연료가 갖추어야 할 사항 중 가장 중요한 것이다. 연료가 연소되었을 때 얼마의 동력을 발생시킬 수 있는가의 지표가 되기 때문에 연료의 발열량은 특수 제작된 열량계로 측정하며 열량계 속에서 단위 질량의 연료를 연소시켰을 때 발생되는 총열량의 고발열량(高發熱量)과 열량계 속에서 연소에 의해 발생된 수분의 증발 열을 뺀 나머지의 저발열량(低發熱量)으로 분류된다.

발전기 〔發電機〕 ⇨ 제너레이터.

발전기 L단자 〔generator L connect〕 발전기 L단자는 ECS에서 엔진 시동 여부를 발전기의 발생 전압으로 감지하여 ECU에 입력하는 역할을 한다. 따라서 ECU는 엔진의 작동 상태를 감지하면 자동차의 높이를 조절하게 되며, ECS는 자동차의 속도가 3Km/h이상일 때 모든 기능의 작동이 가능하다.

발진 〔發振 ; oscillation〕 전기적 진동을 발생하는 것. 어떤 양의 크기가 시간에 따라 기준값 보다 크거나 작게 되는 변동현상

발진기 〔發振機 ; oscillator〕 회로에 설치된 부품의 소요값에 의하여 결정되는 일정 주파수의 교류를 발생하는 회로로서 전자관, 트랜지스터, 증폭기 등을 사용하여 그 출력의 일부를 양극성으로 피드백하여 입력에 가하면 발진이 지속된다.

발진 회로 〔oscillation circuit〕 발진 회로는 외부로부터 주어진 신호가 아니고 전원으로부터 지속적인 진동을 발생시키는 회로이다.

발화점 〔ignition point〕 공기 중에 연료를 가열하였을 때, 저절로 연소하기 시작하는 온도. 착화 온도 또는 자연 발화 온도라고도 함. 디젤 엔진에는 발화점이 낮은 경유가 적당하다.

방전 가공 〔electric spark machining〕 방전 가공은 재료에 ⊕ 전극을, 공구에 ⊖ 전극을 연결하여 재료와 공구 사이에서 불꽃 방전을 일으키게 한다. 공작물을 미소량 용해시켜 절단, 구멍뚫기, 연마를 하는 가공법. 방전 가공은 금속, 다이아몬드, 루비, 사파이어 등의 가공에 이용된다.

방전 종지 전압 〔final discharge voltage〕 방전 종지 전압은 축전지의 방전 한계 전압으로서 20시간율의 전류로 방전하였을 경우 방전 종지 전압은 1셀당 1.75V이므로 12V용 축전지의 방전 종지 전압은 10.5V이다. 축전지를 셀당 1.75V 이하로 방전시키면 전압이 낮아질 뿐만 아니라 축전지 성능이 저하된다.

방전율 〔discharge rate〕 방전율은 방전 전류의 크기를 나타내는 것으로서 방전율을 표시할 때 방전 전류의 크기로 표시하는 전류율과 방전 시간으로 표시하는 시간율이 있다. 자동차용 축전지의 용량은 20시간율 Ah로 표시된다.

방진 강판 〔vibration isolation steel plate〕 제진 강판(制振鋼板)이라고도 하며 두 장의 강판 사이에 합성수지를 끼워 넣어 강판의 진동을 흡수하고 차실 내의 소음을 낮추는 것 ⇨ 제진 강판.

방진 고무 〔vibroisolating rubber〕 압축 또는 전단(전단) 방향으로 고무

를 변형시켜 탄력을 스프링 작용으로 이용하므로서 충격과 진동을 흡수하는 고무를 말한다.

방진재 [防振材 ; vibroisolating material] 진동이 부품이나 기계에 전달되는 것을 방지하기 위하여 부품과 부품 사이에 탄성을 가진 고무, 합성 수지, 콜크, 금속 스프링, 공기 스프링 등을 설치하는 재료를 말한다.

방진형 프로펠러 샤프트 [vibration isolation propeller shaft] 고속으로 주행할 때 프로펠러 샤프트의 비틀림 모멘트로 말미암아 디퍼렌셜 노이즈 발생을 방지하는 목적으로 개발된 것. 프로펠러 샤프트의 튜브를 이중으로 하고 그 사이에 고무를 넣은 프로펠러 샤프트로 구동력은 안쪽에 설치된 튜브로 전달된다.

탄성체

방청 강판 [傍鑄鋼板 ; anti corrosion steel sheet] 강판의 한쪽 면 또는 양면에 얇은 아연층을 씌워 녹의 발생을 억제한 강판. 보디의 녹이 슬기 쉬운 부위에 사용된다. ⇨ 표면처리강판.

방청 도료 [anticorrosive paint] 산화 부식 방지 효과가 있는 안료(顏料)를 사용한 도료(塗料)로서 방청을 주된 기능으로 하여 제조된 페인트를 말한다.

방청 작용 [防鑄作用] 슬라이딩면에 유막을 형성하여 수분 및 부식성 가스의 침투를 방지하고 침투한 것을 치환하는 작용. 방청 작용이 불량하면 슬라이딩면에 녹이 슬고 부식이 발생된다.

방청제 [anticorrosive] 금속 표면에 산화 부식을 방지하기 위하여 바르는 약제로서 페인트, 흑연, 유지 등이 있다.

방켈 엔진 [Wankel engine] 독일의 방켈에 의해 실용화된 로터리 엔진을 말함. ⇨ 로터리 엔진.

방향 지시기 [direction indicator] 자동차의 좌우 선회 방향을 다른 자동차에 알리는 등화 점멸장치. 자동차의 전후 좌우 및 계기판에 파일럿 램프를 설치하여 정상적으로 작동하고 있는 것을 운전석에서 확인할 수 있다. 선회를 완료한 다음 조향 핸들을 직진 방향으로 돌리면 자동적으로 작동이 정지된다.

방향 지시기 플래셔 유닛 [direction indicator flasher unit] 방향 지시기 플래셔 유닛은 방향 지시등에 흐르는 전류를 일정한 주기로 단속하여 점멸시켜 자동차의 주행 방향을 알리게 된다.

방향 지시등 〔方向指示燈 ; turn indicator light〕 ⇨ 턴 시그널 램프.

방향성 〔方向性〕 보는 각도에 따라 색감이 다르게 보이는 성질. 원색에는 방향성이 강한 것과 약한 것이 있음. 메탈릭 베이스는 알루미늄 입자의 정렬 방향에 따라 정면과 기울기에서 빛나는 방향이 다르지만 이것도 방향성의 일종이라고 할 수 있음.

방향성 패턴 〔directional pattern〕 타이어의 회전 방향에 따라 특성이 다르며, 지정방향으로 타이어가 회전하도록 자동차에 장치할 필요가 있는 트레드 패턴.

방향족 화합물 〔芳香族化合物〕 석유에서 분리되는 벤젠이나 나프탈렌 등 분자 가운데 탄소원자가 결합하여 둥근 링 모양으로 되어 있는 환상(環狀)탄화수소로서 일반적으로 향기로운 것부터 방향족이라고 불리운다. 6개의 탄소 원자가 정육각형의 정점에 배치시킨 구조를 가진 벤젠은 유기화합물의 기본적인 재료로서 잘 알려져 있다.

방현(防眩) 미러 〔glare proof mirror〕 ① 운전석 앞에 있는 백미러는 인사이드 미러라고도 불리우지만, 일반적으로 평면경(平面鏡)이 쓰이고 있다. 야간에 후속 자동차의 헤드라이트 반사광이 운전자의 눈을 현혹시키지 않도록 만든 미러. 이것은 프리즘의 표면 반사와 이면 반사를 이용하여 미러의 반사율을 변환함으로써 야간에 후속자동차로부터 반사되는 빛을 적게 하는 구조로 되어 있다. 현재는 대부분 인사이드 미러가 이 방현 미러로 되어 있다. ② 종류로는 프리즘을 이용하는 프리즘식, 거울과 액정을 조합한 액정식, 미러의 거울면에 EC소자를 사용한 일렉트로 크로믹식이 있다. 손으로 레버나 스위치를 조작하지만 광센서에 의하여 후속 자동차의 빛을 감지하여 자동적으로 미러의 반사율을 적게 하도록 자동 방현미러도 있다.

배기 〔exhaust〕 ⇨ 배출 가스(exhaust gas).

배기 간섭 〔排氣干涉〕 ① 배기가스는 매니폴드에 모이는데, 각 실린더로부터 배출된 가스는 배기 밸브의 개폐에 따라 흐름에 강약이 있으므로, 집결 방식이 나쁘면 흐름이 강한 곳에 충돌이 있어 순조롭게 흐르지 못하게 되는 현상을 말함. ② 배기가스는 각 기통에서 순서대로 나오지만, 배기 매니폴드에서 1개로 집합시키면 그 이후의 저항에 의하여 다른 배기포트에 역류하며 그 기통의 배기를 방해한다. 그래서 배기 매니폴드에 집합하는 곳까지의 길이는 배기가 통과하는 속도와 관계가 있다. 설계를 잘하면 간섭을 방지하여 역류없이 배출할 수 있다. ⇨ 배기 맥동.

배기 규제 [emission regulation, emission control] ⇨ 배출가스 규제.

배기 다기관 [exhaust manifold] 배기 다기관(排氣多崎管)은 엔진의 각 실린더에서 배출되는 가스를 한곳으로 모으는 통로이다. 배기 다기관은 고온 고압 가스가 끊임없이 통과하므로 내열성이 높은 주철로 만들고 흐름 저항이나 간섭이 적은 모양으로 되어 있다. ⇨ 이그조스트 매니폴드.

배기 디바이스 [exhaust device] 2스트로크 엔진의 배기 효율 제고를 위해 배기 계통에 부착되어 있는 장치(디바이스)의 총칭. 배기 매니폴드의 집합부에 가변 밸브를 설치하여, 그 열린 정도를 엔진의 회전수에 따라 변화시키는 장치.

배기 레저네이터 [exhaust resonator] ⇨ 레저네이터.

배기 매니폴드 [exhaust manifold] ⇨ 이그조스트 매니폴드.

배기 맥동 [exhaust pulse] 배기 구멍은 배기 행정시에만 열리고, 그 이외의 사이클에서는 닫혀 있으므로 배기가스의 흐름에 강약이 생긴다. 이것을 배기가스의 맥동, 즉 배기 맥동이라고 한다. 각 실린더로부터 배기가스가 타이밍 좋게 차례차례 배출되고, 맥동의 사이클이 잘 어울리면 배기가 순조롭게 이루어진다. ⇨ 배기 간섭.

배기 밸브 [exhaust valve] 이그조스트 밸브라고도 하며, 흡기 밸브와 모양도 거의 비슷하고 연소된 배기가스를 실린더에서 내보낼 때만 열리는 밸브이다. 항상 고온에 노출되기 때문에, 특히 내열성이 우수한 것이어야 한다. ⇨ 이그조스트 밸브.

배기 브레이크 [exhaust brake] ① 이그조스트 브레이크, 이그조스트 리타더라고도 하며, 디젤 엔진에 사용되고 있는 보조 브레이크. 엔진의 배기관 도중에 설치된 밸브를 닫으면 배기 행정에서 배출가스가 나오기 어렵게 되어, 엔진의 회전이 방해받는 효과를 브레이크로 이용하는 것. ② 배기 브레이크는 감속 브레이크로서 배기 행정을 할 때 배기 다기관과 배기관의 차단 밸브 사이의 체적 내에서 발생되는 배압(대항 압력)을 이용하여 제동력이 발생된다. 브레이크 스위치를 ON시킨 상태에서 액셀러레이팅 페달을 놓으면 마그네틱 밸브가 작동되어 압축 공기가 공기실에 가해짐과 동시에 차단 밸브가 닫히게 되어 배압이 형성된다. 또한 액셀러레이팅 페달을 밟으면 마그네틱 밸브가 공기실 내의 공기를 방출하여 차단 밸브가 열리게 되어 배압이 해제된다. ⇨ 이그조스트 브레이크.

배기 소음 [exhaust noise] 배기 계통으로부터 발생하는 소음으로서, 흡·배기 밸브의 개폐에 따른 기류의 맥동에 의하여 생기는 맥동음, 머

플러 내를 배기가스가 고속으로 흐를 때 생기는 소용돌이 등으로부터
발생하는 기류음, 배관 내의 기주 공명음(氣柱共鳴音), 머플러나 파이
프의 진동에 따라 표면으로부터 방사되는 방사음(放射音), 과급기에
서 나는 소음 등이 포함된다.

배기 터빈 과급기 [exhaust turbine super charger] ⇨ 축류형 과급기,
터보 차저.

배기 파이프 [exhaust pipe] ⇨ 이그조스트 파이프.

배기 포트 [exhaust port] ⇔ 흡기 포트(intake port).

배기 행정 [exhaust stroke] 기계적 에너지로 바꾼 가스를 피스톤이 하
사점에서 상사점으로 상승하면서 배기 밸브를 통하여 대기 중으로 배
출시키는 행정이다. 따라서 배출되는 가스의 온도는 600~700℃이며
압력은 3~4Kg/cm²이다. 흡입 밸브는 닫혀 있다.

배기가스 [exhaust gas] 배기가스는 연료가 실린더 내에서 연소한 후 대
기중으로 배출되는 가스이다. 배기가스는 유해성 가스인 일산화탄소
(CO), 탄화수소(HC), 질소산화물(NOx), 납산화물, 탄소입자와 무해설
가스인 수증기(H_2O), 이산화탄소(CO_2)가 혼합되어 배출된다. 따라서 인
체에 해로운 유해 가스를 무해 가스로 정화시켜 배출하도록 의무화하
고 있다. ⇨ 배출가스

배기가스 바이패스식 [exhaust gas by-pass type] 배기가스 바이패스식
은 터빈으로 들어가는 배기가스 일부를 배출시켜 과급 압력을 조절하
는 방식. 과급 압력이 규정압력 이상으로 상승하면 바이패스 포트로
흐르도록 하여 터빈으로 들어가는 배기 가스량을 감소시키므로 터빈이
그 이상으로 회전하지 않는다.

배기가스 재순환장치 [exhaust gas recirculation] 배기가스 중의 질소산
화물을 감소시키는 수단으로서 배기가스의 일부를 흡기 계통에 다시
돌려보내어(리서큘레이트), 혼합기가 연소할 때 최고 온도를 낮추어
NOx의 생성량을 적게 하는 것. 흡기관에 되돌려보내지는 배기가스량
의 조절은 스로틀 밸브 부근의 부압이나 배기관 내의 배기압에 의해
제어되는 컨트롤 밸브(EGR밸브)에 의하여 이루어진다. 약칭 EGR이
라고 한다.

배기가스 정화장치 [exhaust emission control system] 배기관으로부터
배출되는 기체나 미립자에 함유되는 대기 오염 물질을 줄이는 촉매 컨
버터, 배기가스 재순환장치, 2차 공기공급장치 등 장치의 총칭.

배기가열식 자동 초크 [choke stove] 초크를 자동적으로 작동시키는 장
치의 하나. 전열식 자동 초크의 전열 대신에 배기가스의 열을 이용하

는 것.

배기관 [exhaust pipe] 배기관은 배출가스를 대기 중에 방출시키는 강관으로 하나 또는 2개가 설치된다.

배기량 [displacement] 피스톤의 움직임에 의해 배제(디스플레이스먼트)되는 기체 또는 액체의 용적을 말하며, 왕복형 엔진에서는 실린더의 직경으로부터 산출된 실린더 직경×행정×기통수로 계산되며, 엔진 크기의 척도가 되는 수치. 엔진 커패시티라고도 함. 영어로는 「capacity, swept volume」이라고도 함.

배기식 난방장치 [俳氣式暖房裝置] ⇨ 히터.

배기온 센서 [exhaust gas temperature sensor] 서미스터나 열전대 등 배기 온도의 측정에 사용되는 센서. 배기가스 정화장치는 촉매에 의해 화학 반응이 일어나고 고온이 되므로, 그 온도를 감시하여 둘 필요가 있다.

배기장치 [排氣裝置] ⇨ 이그조스트 시스템.

배너티 미터 [vanity mirror] 화장(배너티)을 하기 위한 거울. 선바이저나 글러브 박스 뚜껑의 뒤쪽에 설치되어 있는 경우가 많다.

배럴 [barrel] 일반적으로 나무통을 가리키는 말이나, 기계의 원통이나 몸통의 의미도 있다. 자동차에서는 기화기에서 연료를 미립화하여 공기와 혼합하는 원통형의 부품을 가리키며, 믹싱 체임버라고도 한다. 혼합기의 통로가 한 개인 것을 싱글 배럴 카브레터, 둘로 나누어져 있는 것을 투 배럴, 세 개인 것을 쓰리 배럴, 네 개이면 포 배럴이라고 한다.

배빗 메탈 [babbit metal] 1939년 배빗(Isaac Babbit)이 Cu와 Sn을 주성분으로 한 베어링 합금을 만든데서 배빗 메탈이라 부른다. 표준 구성으로는 Sn 80~90%, Sb 3~12%, Cu 3~7%이고 Pb, Zn 등이 포함된 것도 있으며 취급이 용이하고 매립성, 길들임성, 내식성이 크나 기계적 강도, 고온 강도, 피로 강도, 열전도율이 불량하여 현재는 켈밋 메탈 또는 트리 메탈에 코팅용으로만 사용하고 있다. 부하능력이 $50~100kg/cm^2$이고 최고 사용온도는 150℃이다.

배스터브형 연소실 [bathtub type combustion chamber] ⇨ 욕조형 연소실.

배압 [背壓 ; exhaust pressure] ① 엔진의 배기 행정중 피스톤에 걸리는 배기가스의 압력을 말함. 배기관이 많이 구부려졌거나 머플러의 구조가 복잡하여 배기가스의 흐름에 장애가 있으면 배압이 크고, 연소가스가 배출되기 어려워지기 때문에 엔진의 출력이 저하한다. ② 배기가스가 받는 배출 저항을 말한다. 연소실에서 나온 배기가스는 급히 체적이 커지므로 배기 밸브, 배기 포트, 배기 매니폴드, 배기관, 머플러 등의 저항을 받는다. 이 저항이 크면 고속회전에서 연소 효율이 나빠진다.

배전기 〔配電器；distributor〕 디스트리뷰터는 분배의 뜻. 엔진에 사용되는 배전기는 점화용의 고압 전류를 각 실린더에 분배하는 장치로서 점화 코일의 2차 쪽에서 나오는 고압의 전류는 배전기 내에 로터에 공급되어 각 실린더의 점화 시기에 맞추어 분배된다. 이 2차 전압은 고압이므로, 뿔 모양의 터미널과 회전하는 로터 사이를 뛰어넘어 전해진다. 콘택트 브레이커 포인트의 유무에 따라서 접점식과 무접점식이 있다. ⇨ 디스트리뷰터.

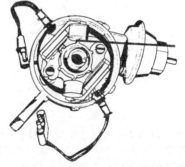

배전기 어셈블리 〔distributor assembly〕 ① 접점식 배전기 어셈블리는 점화 코일에서 유도된 고압의 전류를 점화 순서에 따라 스파크 플러그에 분배하는 기구로서 고압 배전부, 저압 단속부, 점화시기 조정부, 구동부로 나누어진다. 구동부는 피니언 또는 커플링에 의하여 엔진의 캠축과 크랭크 축의 기어에 따라 엔진 회전수의 1/2로 회전하게 된다. ② 전 트랜지스터식 점화장치에 사용되는 배전기는 픽업 코일, 마그넷, 시그널 로터로 구성되어 있으며, 시그널 로터는 배전기 축에 의해 회전한다. 엔진에 의해 시그널 로터가 회전하면 시그널 발전기에서 전기적 점화 신호를 발생하여 이그나이터에 공급하면 점화 코일에 흐르는 1차 전류를 트랜지스터에 의해 단속한다. 또한 최근에는 점화 코일과 이그나이터가 배전기 내에 결합된 것이 있으며, 진각장치는 접점식 배전기와 같이 원심식 및 진공식 또는 컴퓨터 제어에 의해 진각 기능을 한다.

배전기 캠 [distributor cam] 배전기 캠은 엔진의 실린더수에 따라 4각, 6각, 8각 등으로 되어 1차 회로에 흐르는 전류를 차단하여 점화 코일에서 고전압이 유도되도록 하는 역할을 한다. 따라서 캠의 모양은 콘택트 브레이커 포인트의 개폐에 직접적인 영향을 받아 점화 시기가 불확실하게 된다. 배전기 캠은 원심진각장치와 연결되는 타이밍 레버, 콘택트 브레이커 암의 러빙 블록을 밀어주는 캠, 로터가 끼워지는 머리부로 분류된다.

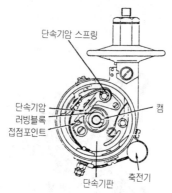

단속기암 스프링

단속기암
러빙블록
접점포인트

캠

단속기판

축전기

배전기 캡 [distributor cap] 배전기 캡은 합성수지로 만들어 외부에는 점화 코일의 2차 단자와 하이텐션 코드로 연결되는 중심 단자 및 스파크 플러그와 하이텐션 코드로 연결되는 스파크 플러그 단자가 설치되어 있다. 또한 내면에는 중심 단자와 연결된 카본 피스 및 스파크 플러그 단자와 연결된 세그먼트가 설치되어 있다. 배전기 캡은 내전압 및 내열성이 크고 기계적 강도가 높다.

배척 [倍尺 ; enlarged scale] 제도에서 모양이 작은 부분을 상세히 표시하기 위해 실물의 크기보다 확대해서 그린 것. 배척은 2 / 1, 5 / 1, 10 / 1 등이 있다.

배출가스 [exhaust gas] 배기관으로부터 배출되는 기체나 미립자를 말하며, 수증기(H_2O)와 탄산가스(CO_2)가 대부분이지만, 그 외에 일산화탄소(CO), 탄화수소(HC), 질소산화물(NOx), 납산화물(가솔린에 알킬납이 혼입되어 있는 경우), 탄소 입자(스모그) 등이 포함되어 있다. 배기, 배기가스, 이그조스트 가스, 이미션이라고도 함.

배출가스 규제 [emission regulation] 자동차가 배출하는 유해한 가스를 법적으로 규제하는 것으로서, 배기관으로부터 나오는 가스나 연기 외에 블로바이가스 또는 연료증발 가스도 대상이 된다. 세계에서 최초의 배출가스 규제는 광화학 스모그가 문제가 되었던 미국 캘리포니아주에서 1963년 블로바이가스 규제로서, 1970년에 성립된 마스키법이 유명. 우리나라에서는 1987년에 자동차 배출 가스 규제가 시작되어 매년 추가, 수정이 가하여져 오늘에 이르고 있다. 현재는 세계 모든 나라가 배출가스에 대하여 여러가지 규제를 실시하고 있다.

배큠 [vacuum] 진공(眞空). 이론적으로는 물질이 전혀 존재하지 않는 공간을 말한다.

배큠 딜레이 밸브 [vacuum delay valve] 배큠 딜레이 밸브는 EGR 컨트롤 밸브에 전달되는 진공이 지연되어 EGR 컨트롤 밸브가 갑자기 열리는 것을 방지한다.

배큠 모듈레이터 [vacuum modulator] 엔진 부압 자동조절장치. 자동 변속기 장착 차량에서 엔진의 부하에 대응하는 유압을 자동적으로 발생하도록 하는 장치를 말한다.

배큠 모터 [vacuum motor] 흡기 매니폴드 진공에 의해 작동되는 작은 모터. 헤드라이트 도어를 올렸다 내렸다 하는 데 등에 사용된다.

배큠 서보 브레이크 [vacuum servo brake] 하이드로 서보 브레이크. 엔진의 흡입 부압(배큠)을 이용하여, 작은 페달 답력으로 큰 브레이크력을 얻을 수 있는 시스템. ⇨ 서보 브레이크.

배큠 센서 [vacuum sensor] MAP센서. 압력 센서의 일종으로 가솔린 인젝션에 사용되고, 흡기 매니폴드의 부압을 전기로 검출하여, 엔진에 흡입되는 공기량을 측정하는 센서. 예를 들면, 실리콘의 결정에 응력을 가할 때 전기 저항이 변화하는 현상을 이용하고, 실리콘 칩의 한쪽 면에 다이어프램을 사용하여 흡기 매니폴드의 부압이 걸리도록 설치하여, 전기 저항의 변화에 따라 흡입 공기량을 파악할 수 있음.

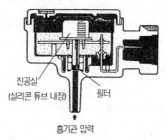

진공실
(실리콘 튜브 내장)   필터

↑
흡기관 압력

배큠 스위치 〔vacuum switch〕 엔진의 제어에 사용되는 스위치의 하나로서, 흡기 계통의 부압을 검출하여, 설정된 압력으로 스위치의 ON·OFF를 하는 것. 다이어프램과 스프링을 이용한 것이 일반적이다.

배큠 진각장치 〔vacuum advancer〕 ⇨ 진공식 진각장치.

배큠 펌프 〔vacuum pump〕 에어컨의 냉매 시스템을 정비할 때 냉매를 뽑아내기 위해서 사용되는 펌프. 정비완료 후 라인에 냉매를 충전하기 위해 공기를 뽑아내기도 하는 A·C모터를 이용하여 작동되는 진공펌프.

배킹 〔backing〕 샌딩 페이퍼나 마스킹 테이프의 바탕이 되는 종이 또는 포(布)를 가리키는 말. 어느 것이든 배킹에 접착제가 발라져 있음.

배터리 〔battery〕 축전지. 가솔린 엔진에서는 12볼트, 대형 디젤 엔진에서는 24볼트의 납전지가 사용되고 있고, 사용(방전)한 전기를 보충(충전)하면 장기간 사용할 수 있다. 용량은 방전 전류와 방전 시간을 가산한 것으로 Ah(암페어 아워)로 표시된다. 전해액의 묽은 황산은 의류에 손상을 주므로 주의를 요함. 영어로 어큐뮬레이터「accumulator」라고 하는 수도 있지만, 그다지 사용되지 않는 말임. ⇨ 축전지.

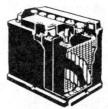

배터리 방전 〔dead battery〕 배터리의 전압이 내려가 전장품이 작동하지 못하게 된 상태를 말함. 엔진이 회전하고 있어도 전장품을 많이 사용하여 올터네이터(교류발전기)의 발전량보다 전기를 많이 사용하면 배터리의 용량이 소모될 수 있다. 소비 전력이 가장 많은 것은 에어컨이며 헤드 램프가 그 다음이다. 전동 팬이나 윈도의 열선도 전력 소비가 많으므로 이들을 동시에 사용할 때에는 주의를 요함.

배터리 산 〔battery acid〕 배터리에 사용되는 전해액. 황산과 물의 혼합물임.

배터리 차저 〔battery charger〕 배터리에 전기를 비축하기 위한 장치. 납 축전지는 묽은 황산 속에 2산화납 판(＋극)과 납판(－극)을 넣은 것으로서 납 이온, 묽은 황산의 수소 이온과 황산 이온의 작용에 의해 플러스극으로부터 마이너스극으로 전류가 흘러 전기가 발생하는 원리

를 이용한 것. 전기를 사용하면 음 · 양극판이 모두 서서히 황산납으로
변하고 묽은 황산의 농도가 낮아지며, 전기를 일으키는 힘(기전력)이
낮아지는데, 역방향의 전류가 흐르면 두 극판은 원래의 납과 2산화납
으로 환원되어, 기전력을 회복한다. 충전은 화학 반응이므로 전류는
반응 속도에 맞추어 조금씩 흐르도록 되어 있다.

배터리 카 [battery car] 축전지 전원으로 모터를 작동시켜 구동 바퀴에
동력이 전달되는 자동차로서 구내에서 부품이나 공구를 이동하는데 사
용되고 있으며 건설기계의 지게차에 사용하기도 하지만 앞으로는 더욱
더 개발하여 승용차에 이용하려 한다.

배터리 퀵 차저 [battery quick charger] 급속 충전기. 배터리를 단시간
에 충전하는 장치로서, 간단히 퀵 차저라고 하는 것이 보통. 급속한 충
전은 배터리의 수명을 단축하므로 보통의 충전도 할 수 있게 되어 있
고, 엔진에 연결하여 시동을 돕는 부스터 기능을 갖추고 있는 것이 많
다.

배튼 [batten] 비교적 크고 복잡한 곡선을 그리는 운형자로서 제도용
배튼, 현장용 배튼, 제관용(製罐用) 배튼 등이 있다.

배플 플레이트 [baffle plate] ① 머플러의 속을 작은 방으로 구획하는
판(플레이트)으로서, 음파의 간섭이나 압력 변동에 의하여 소리를 작
게 하는 효과를 얻는 것. 배플은 흐름을 방해하는 것을 의미함. ② 액
체의 저장 탱크에 칸막이 판. ③ 오일팬, 연료탱크 등에 설치되어 자동
차가 출발 또는 정지시에 한쪽으로 쏠리는 것을 방지한다.

백 기어 [reverse gear] ⇨ 리버스 기어.

백 라이트 [back light] 통상적으로 루프 패널에 위치하고 있는 백 윈도
(back window). ⇨ 백업 램프, 리어 윈도.

백 래시 [back lash] 기어 접촉면의 간극을 말함. 치형(齒形)의 가공 오
차나 조립 오차에 의한 마모 또는 눌어붙음 등을 방지하기 위하여 필
요하지만, 지나치게 크면 기어 이빨을 때리는 원인이 됨.

백 램프 [backing lamp] 후퇴등. 영어로는 배경의 조명이나 역광선을
의미하며, 후퇴등을 가리키는 경우에는 백업 램프라고 한다.

백 레스트 [back rest] 시트의 등받이에 해당하는 부분. 영어로는
「squab」라고도 한다.

백 모니터 [back monitor] 후방의 장애물을 확인하기 위하여 설치되어
있는 TV카메라. 디스플레이 시스템으로서 원맨카나 후방 시야가 좁은
대형차에 부착되는 경우가 많다.

백 미러 [rear view mirror] 후방의 상황을 확인하기 위한 후사경의 총

칭으로서, 차실 밖에 부착되어 있는 아우터 미러와 실내에 부착되는 이너 미러가 있다. 아우터 미러를 사이드 미러, 이너 미러를 백 미러라고 하는 사람이 많지만, 백 미러는 일본식 영어로서, 영어에서는 리어 뷰 미러 또는 드라이빙 미러라고 한다.

백 미러 시계 [rear vision area] 백 미러로 볼 수 있는 범위로서, 법규에 의하여 그 최저치가 결정되어 있다. 적차 상태에서 운전자가 최소 20°의 후방 수평각의 시계(視界)와 자동차 뒤쪽 61m 지점의 평탄한 노면을 확인할 수 있을 것.

백 소나 [back sonar] 초음파 센서를 자동차의 뒤에 부착하여 초음파를 발사시켜 반사되어 돌아오는 왕복 시간을 기초로 후방의 장애물과의 거리를 검지하고, 부저나 디스플레이에 의해 대강의 위치를 알려주는 것. 클리어런스 소나라고도 한다.

백 스핀 턴 [back spin turn] 빙판길(凍結路) 등에서 실수로 자동차가 스핀하여 역방향을 향했을 때 의도적으로 다시 스핀 턴을 백부터 방향을 고치는 것. 관성을 이용한 특수한 기술.

백 시트 [back seat] 뒷좌석. 영어로는 「rear seat」라고도 함.

백 윈도 [back window] ⇨ 리어 윈도.

백 파이어 [back fire] 역화(逆火). 팽창 행정에서 혼합기의 일부가 타다 남아, 배기 후 연소실에 불씨로 남아 있는 상태에서 흡기 밸브가 열렸을 때, 새로운 혼합기에 착화하여 폭음을 발생하며 연소하는 현상. 흡기 매니폴드로부터 기화기나 에어 클리너에까지 화염이 나오는 경우도 있다. 혼합기가 지나치게 옅어지거나, 점화 시기가 틀렸을 때 혹은 밸브 기구의 고장 등이 주원인.

백 플레이트 [back plate] 드럼 브레이크에서 브레이크 슈를 설치하는 배킹 플레이트로서 차축 또는 조향 너클에 볼트로 고정되어 있는 판을 말한다.

백그라운드 노이즈 [background noise] ① 자동차의 혼, 주행음 또는 배기음을 측정할 때 주위에서 발생하는 소음으로서 암소음을 말한다. 혼, 주행음 또는 배기음은 측정 대상음이다. ② 녹음 또는 재생장치에서 신호가 없을 때 발생되는 장치의 소음. ③ 반송파에 대해 신호에 의한 변조가 되지 않았을 때 수상기에 발생되는 잡음.

백금 [platinum] 은빛이 나는 백색의 금속 원소로서 은보다 단단하고 전성, 연성이 풍부하며 팽창 계수는 유리와 같다. 공기 중에서 열을 가하여도 산화되지 않으며 가성소다에는 약하다. 장식품, 도량형기(度量衡器), 전극 등 다방면에 사용되며 원자 번호는 78, 원자 기호는 Pt,

원자량은 195.23이다.

백금 플러그 〔platinum plug〕 백금 플러그는 스파크 플러그의 중심 전극에 백금을 용접한 것으로서 수명이 길어 항공기 엔진 및 무연 가솔린 엔진에 사용하며, 유연 가솔린 엔진에는 사용할 수 없다.

백본 프레임 〔®backbone frame, ®tubular frame〕 백본은 등뼈, 영어의 튜블러는 관을 의미하며, 앞이 편평한 스쿠프(scoop : 주걱)같은 모양의 프레임으로서, 스쿠프의 앞쪽에 해당하는 부분에 엔진을 탑재하고, 자루에 해당하는 부분이 관 모양으로 되어 있어 자동차의 등뼈 역할을 한다. 운전석을 프레임 옆의 낮은 위치에 설치할 수 있고, 강성도 높다. 스포츠카에 사용되고 있다.

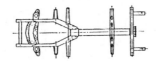

백스톱 클러치 〔back stop clutch〕 한쪽 방향으로만 동력이 전달되도록 하는 클러치로서 자동 변속기의 일방향 클러치, 토크 컨버터의 일방향 클러치, 기동 전동기의 오버런닝 클러치를 말한다.

백악화 〔白惡化〕 ⇨ 초킹

백업 라이트 〔back up light〕 ⇨ 백업 램프.

백업 램프 〔®back up lamp, ®reversing lamp〕 후퇴등. 백업 라이트, 백 라이트, 백 램프, 리버싱 램프라고도 한다. 기어를 후진에 넣음과 동시에 점등되며, 자동차가 후퇴하는 것을 표시함과 아울러 후방을 조명하는 라이트. 안전 기준에서는 너무 눈부시지 않도록 밝기 5000칸델라 이하로서, 후방 75m 이상을 비추지 않도록 정해져 있다.

백업 링 〔back up ring〕 70kg/cm² 이상의 유압이 작용하면 O링이 변화되어 틈새가 발생되므로 이러한 변형을 방지하기 위하여 유압이 작용하는 뒤쪽(O링 뒤쪽)에 넣는 링을 말한다.

백연 〔white smoke〕 디젤 엔진으로부터 배출되는 흰 연기로서, 연료의 HC와 그 산화물이 주성분. 시동시나 저온시 등 연소 상태가 나쁜 경우에 배출될 수 있다.

백열 취성 〔white brittleness〕 강에 유황의 함유량이 많을 때 1050~1100℃에서 취성이 발생되는 현상을 말한다.

백워드형 임펠러 〔backward type impeller〕 터보차저의 임펠러 플레이트가 임펠러의 회전 방향과 역방향으로(백워드) 완만한 곡선을 이루고 있는 타입으로서 오늘날 대부분의 터보차저가 백워드 타입을 사용하고 있다. 임펠러에 복잡한 구부림 응력이 작용하므로 강도 설계가 어렵고, 특수한 주조 방법이 필요하지만, 출구 공기 속도가 레이디얼 형에 비하여 균일하게 낮아, 공기량이 적은 저속회전에서도 높은 효율로 작용하는 것이 특징.

백주철 [white cast iron] 파단면이 백색을 나타내는 화합 탄소의 조직으로 된 주철로서 흑연이 거의 존재하지 않는다.

밴 [van] 상자 모양의 화물실을 갖춘 트렁크의 총칭. 운전실과 화물실이 하나로 되어 있는 것을 패널 밴, 소형의 패널 밴을 라이트 밴 또는 딜리버리 밴이라고 한다. 승용차 타입의 밴은 커머셜 밴이라고 한다.

밴 도어네식 변속기 [van doorne type transmission] ⇨ 벨트식 무단 변속기.

밴드 브레이크 [band brake] ① 자동 변속기에서 유성 기어장치의 회전을 컨트롤하는 브레이크. 유성 기어장치가 들어 있는 드럼 둘레에 띠(밴드)를 감아, 액추에이터로 밴드의 안쪽에 부착되어 있는 마찰재를 드럼에 압착시켜 브레이크가 걸리도록 되어 있다. ② 핸드 브레이크의 일종으로, 동력전달장치의 일부에 설치되어 있는 드럼의 주위에 브레이크가 걸리도록 밴드를 감은 구조. 트럭에 사용되고 있다.

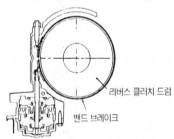

리버스 클러치 드럼

밴드 브레이크

밴조 [banjo] 미국 민요나 재즈에 사용되는 현악기의 하나로서 현은 4~9줄이며 공명동(共鳴胴)은 원형으로 되어 있다.

밴조형 [banjo type] 밴조는 현악기이다. 밴조형은 액슬 하우징의 중간 부분을 둥글게 하여 차동 기어 캐리어를 액슬 하우징에 떼어낼 수 있게 된 형식으로 종감속 기어를 조정하는데 다루기 쉽고 대량 생산에 알맞는 구조이다.

밸러스트 [ballast] ① 안정기의 뜻으로 도로의 포장용 건설기계의 로드 롤러에 다짐력을 증대시키기 위하여 탱크에 채워 넣는 물, 모래 등을 말한다. ② 선박의 중심을 낮추어 복원력을 증대시키기 위해 실는 돌, 모래, 물 등을 말한다.

밸러스트 저항 [ballast resistance] ⇨ 1차 저항(primary resistance).

밸런서 [balancer] ① 휠의 중량 언밸런스량을 측정하는 기계를 밸런서 라고 하며, 통상적으로 정적·동적의 양 밸런스를 동시에 측정하고, 밸런스 웨이트로 균형을 잡는다. 자동차에 타이어를 부착한 상태로 밸 런스를 측정하는 것을 '온더 카 타입', 자동차에서 탈거하여 측정하는 것을 '오프더 카 타입'이라고 한다. ② 방향 탐지기에서 방향지시를 정 확히 하기 위해서 사용되는 부분. ③ 단상 3선식 배선에서 부하의 불 평형을 감소시키기 위해서 배선 끝에 설치하는 단권 변압기를 말한다.

밸런스 샤프트 [balance shaft] 왕복형 엔진에 부착되며, 피스톤이나 크 랭크 샤프트의 왕복 운동에 의해 발생하는 관성력이나 관성 우력(慣性 優力)을 없애는 방향의 하중을 발생시키기 위한 회전축. 엔진의 기통 수나 배열에 따라 1개 또는 2개가 사용되며, 크랭크 샤프트와 동방향 또는 역방향으로 같은 속도 또는 2배의 속도로 회전된다.

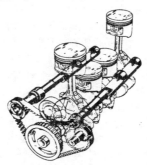

밸런스 웨이트 [balance weight] ① 질량의 균형(밸런스)을 잡기 위하 여 사용하는 웨이트. 자동차에는 회전 부분의 질량 밸런스를 잡기 위 하여 크랭크 샤프트, 프로펠러 샤프트, 브레이크 드럼 등 많은 부분에 밸런스 웨이트가 사용되고 있으나, 눈에 잘 띄는 것은 휠 밸런스의 조 정을 위해 휠에 부착되어 있는 웨이트이다. 납을 주성분으로 한 합금

으로 만들어지고, 림 플랜지에 금구(金具)로 부착하는 타입과 휠에 붙이는 타입이 있다. ② 카운터 웨이트라고도 하며 엔진의 진동을 방지하기 위하여 크랭크 샤프트의 핀과 저널 사이에 1기통당 1~2개 부착되어 있는 추. 컨로드 대단부의 왕복과 회전관성력의 밸런스를 잡는 물건.

밸런싱 디스크 [balancing disc] 냉각장치에 사용되는 물펌프의 축에는 냉각수를 퍼올릴 때 측압(thrust)이 발생된다. 이 측압에 대한 평형을 유지하기 위해서 날개 뒷면에 부착된 원판을 말한다.

밸런싱 코일식 [balancing coil type] 유압계. 계기와 엔진의 윤활장치 회로에 설치된 유닛을 전선으로 연결하고 있다. 오일 유닛은 유압에 따라 상하로 변화되는 다이어프램과 가변저항이 설치되어 있으므로 유압이 상승되면 전기 저항이 변하여 밸런싱 코일의 한쪽에 전류가 많이 흐르게 된다. 이 때, 계기 내부에 설치된 아마추어 코일의 자력(磁力)도 변화되므로 계기 바늘이 움직여 유압을 표시한다.

밸런싱 테스트 [balancing test] 회전체의 평형을 수정하기 위하여 불균형 개소를 찾아내기 위한 시험. 회전체의 상하 불균형을 찾아내는 시험을 정적 시험(靜的試驗)이라 하고, 좌우의 불균형을 찾아내는 시험을 동적 시험(動的試驗)이라 한다. 모든 회전체는 상하, 좌우의 불균형이 없어야 원활한 작동을 할 수 있다.

밸룬 타이어 [balloon tire] 타이어의 공기압을 낮게 하여 노면과 접지 면적을 넓게 한 타이어로서 저압 타이어를 말한다.

밸브 [valve] ① 기계의 부품으로서 기체나 액체의 출입을 컨트롤 하는 것. 자동차에서는 엔진의 흡·배기 밸브를 가리키는 경우가 많으나 타이어에 공기를 넣기 위한 튜브 밸브와 림 밸브를 말할 때도 있다. ② 연소실에 설치되어 공기 또는 혼합기를 실린더에 유입하고 연소 가스를 배출하는 동시에 압축 및 폭발 행정에서 밸브 시트에 밀착되어 가스의 누출을 방지한다. 흡입 밸브와 배기 밸브로 구분되며 로커암에 의해 열리고, 밸브 스프링에 의해 닫히며 포핏 밸브(poppet valve)가 사용된다. 밸브는 높은 열과 폭발력을 받으므로 열과 압력에 충분히 견딜 수 있어야 하며 부식되지 않고 열을 방출하여 이상 연소가 일어나지 않도록 하여야 한다.

밸브 가이드 [valve guide] 밸브 가이드는 밸브 면과 시트의 밀착이 바르게 되도록 밸브 스템의 안내 역할을 한다. 밸브 가이드에는 직접식과 교환식이 있다. 밸브 스템에 고무제의 실(seal)을 설치하여 윤활유가 연소실에 유입되는 것을 방지한다. ⇨ 밸브 스템 가이드.

밸브 간극 [valve clearance] 밸브 클리어런스라고도 부르며, 밸브가 닫혀진 상태일 때 밸브와 이것을 움직이는 로커암과의 사이에 0.1∼0.3mm의 간극을 말한다. 이 간극이 없으면 밸브가 열로 팽창했을 때 밸브가 밀착하지 않게 되는 등 나쁜 상태가 생긴다. 같은 엔진에서는 흡입 밸브보다 배기 밸브의 클리어런스를 크게 하는 것이 보통이다. 유압을 이용하여 밸브 클리어런스의 자동 조정을 하는 장치를 밸브제로래시 기구라고 한다.

밸브 간섭각 [valve interference angle] 작동중에 열팽창을 고려하여 밸브 면과 시트 사이에 1/4∼1° 정도의 차이를 두어 작동 온도가 되면 밸브 면과 시트의 접촉이 완전하게 되도록 한다. 그러나 이것은 직경이 작은 자동차용 엔진에서는 그 효과가 그다지 기대되는 것은 아니다.

밸브 기구 [valve mechanism] 밸브를 개폐하기 위한 장치로서 캠 축, 밸브 리프터, 푸시로드, 로커암, 밸브 등으로 구성되어 캠 축의 1회전에 흡입 및 배기 밸브가 각각 1회씩 개폐된다.

밸브 래시 기구 [hydraulic valve lash compensator] 유압식 밸브 리프터. 밸브 간극을 항상 제로로 유지하는 유압 기구의 총칭. 래시는 간극 (틈)으로서, 밸브 간극을 없게 하여 밸브와 로커 암 등을 항상 접촉시켜 간극이 없도록 하는 일. OHV의 유압 밸브 리프터나 OHC의 밸브 래시 어저스터 등이 있다.

밸브 래시 어저스터 [valve lash adjuster] 오토 래시 어저스터라고도 하며, OHC 엔진에서 밸브 클리어런스를 항상 제로로 유지하는 유압기구. 밸브 래시 어저스터를 개재시켜 캠이 밸브를 직접 구동하는 다이렉트식, 밸브 래시 어저스터가 지점으로 되어 로커 암에 의해 밸브를 움직이는 피벗식(스윙 암식), 저울식의 로커 암으로 캠에 접하는 쪽에 어저스터가 설치된 로커 암식 등이 있다. ⇨ 하이드롤릭 래시 어저스터.

플런저
체크볼
체임버

밸브 로커 샤프트 [valve rocker shaft, rocker shaft] 밸브 로커 암의 저울과 같은 운동의 지지점이 되는 중공(中空)의 샤프트로서, 작동하는 밸브 기구로 윤활유의 통로로도 사용된다.

밸브 로커 암 [valve rocker arm] 로커는 요동하는 물건을 뜻하는 말로서, OHC 엔진에서는 캠의 회전 운동을, OHV 엔진에서는 푸시 로드의 상하 운동을 밸브의 선단(밸브 스템 엔드)에 전달하여, 밸브의 개폐를 행하는 부품. 암의 중간 부근에 설치되어 있는 샤프트(밸브 로커샤프트)를 지지점으로 하여 저울과 같은 운동을 하는 중지점(中支點) 타입과, 암의 한 끝을 지지점으로 하여 상하로 운동하는 스윙 암식이 있다. 스윙 암식에는 지지점을 밸브의 내측에 두는 내지지점 타입과 외측에 두는 외지지점 타입이 있다.

밸브 로테이터 [valve rotator] 밸브 회전기구. 엔진의 운전중에 밸브 페이스와 밸브 시트의 접촉이 언제나 동일지점이 되지 않도록 밸브를 회전시키는 장치. 밸브 스프링과 시스템을 지지하는 밸브 리테이너에 설치되어 있고 주로 배기 밸브에 사용된다. 밸브가 열릴 때 강제적으로 회전시키는 포지티브 형식과 밸브가 열렸을 때 진동으로 회전하는 릴리스 형식이 있다.

밸브 리세스 [valve recess] 밸브 포켓이라고도 하며, 피스톤 크라운에 설치되어 있는 우묵한 곳(리세스)으로서, 피스톤이 상사점에서 밸브와 접촉하지 않도록 만들어져 있는 것. ⇨ 밸브 시트 리세션.

밸브 리프터 [valve lifter, lifter] 직역하면 밸브를 움직이는 물건. 캠 샤프트의 캠에 접촉되어 캠 축의 회전운동을 왕복운동으로 바꾸어 밸브를 개폐하기 위한 부품. 캠의 중심과 리프터의 중심이 약간(0. 5~3mm) 오프셋시켜 설치되기 때문에 움직일 때 리프터가 조금씩 회전하여 접촉 부분의 편마모를 방지하고 있다. 밸브 태핏, 약칭하여 태핏이라고도 한다. 영어로 「cam follower」라고도 함.

밸브 리프트 량 [valve lift quantity] 밸브 양정. 밸브 페이스가 밸브 시트로부터 얼마만큼 떨어져 있는가를 나타내는 양. 리프트 량이 클수록 흡·배기 효율이 좋아진다.

리프트 량

밸브 면 [valve face] 밸브 면은 밸브 시트에 접촉되어 기밀유지 및 밸브 헤드의 열을 시트에 전달한다. 밸브 시트와 접촉폭은 1.5~2.0mm이며, 넓을 경우에 냉각은 양호하지만 기밀유지는 불량하다. 그러나 반대로 좁을 경우 기밀유지는 양호하지만 냉각은 불량하다. 밸브 면각은 30°, 45°, 60°가 있으나 시트와 밀착이 좋고 열전도가 양호한 45°의 면각이 많이 채용되고 있다. 또한 밸브 헤드의 열을 75% 냉각한다.

밸브 보디 [valve body] 자동 변속기에서 유압 제어를 위해 유로(油路)를 전환하거나 압력을 조정하기 위한 밸브를 내장한 유압제어장치의 본체를 말함.

밸브 서징 [valve surging] 서지는 파도가 치는 것을 의미하며, 밸브가 캠에 의하여 작동하는 것과는 관계없이 심하게 움직이는 현상. 밸브의 시간당 개폐 횟수가 밸브 스프링의 고유 진동수와 같거나 그 정수배(整數倍)가 되었을 때, 스프링의 고유 진동과 밸브의 개폐 운동(진동)이 공진(共振)하여 일어나며, 심한 경우에는 관련되는 부품이 파손된다. 서징을 방지하기 위하여, 고유 진동수가 다른 스프링을 합쳐 2중으로 하거나(이중 스프링), 부등(不等) 피치의 원추형(圓錐形)의 스프링(코니컬 스프링)이 쓰일 때도 있다.

밸브 설치 각도 [valve included angle] 밸브 협각이라고도 하며 연소실에 설치되는 흡·배기 밸브의 각도를 말한다. 이 각도가 작으면 출력이 큰 엔진이 되지만, 토크의 폭이 적어진다. 같은 DOHC에서도 설치각이 큰 엔진은 토크형이라고 할 수 있다. ⇨ 밸브 협각.

밸브 스템 [valve stem] 밸브 스템은 밸브 가이드에 끼워져 밸브 운동을 보호하며 밸브 헤드의 열은 가이드를 통하여 25% 냉각한다. 밸브 스템의 지름은 흡입 밸브보다 배기 밸브가 굵다.

밸브 스템 가이드 [valve stem guide] 밸브 가이드라고도 하며, 밸브 스템(축)을 지지하는 관. 가이드와 스템의 간극은 엔진 오일로 윤활되지만, 오일이 과다하면 연소실까지 침입하므로, 이 양(量)을 조정하기 위하여 고무 제품의 오일 실(스템 실)이 부착되어 있다.

밸브 스템 엔드 [valve stem end] 밸브에 운동을 전달하는 로커 암과 충격적으로 접촉하는 곳으로 로커 암 사이에 밸브 간극이 설정된다. 그러므로 평면으로 다듬질 되어야 한다. ⇨ 밸브 로커 암.

밸브 스프링 [valve spring] ① 흡·배기 밸브를 지지하는 스프링으로서, 일반적으로 코일 스프링이 사용된다. 밸브 헤드를 밸브 시트에 밀착시켜 기밀을 유지하는 데 필요한 장력, 그리고 밸브가 캠의 형상대로 작동될 수 있는 부드러움이 요구되며, 재료로는 니켈강이나 규소－크롬강이 사용된다. ② 밸브 스프링은 밸브가 닫혀 있는 동안 시트에 밀착되어 기밀을 유지하며 캠의 형상대로 확실하게 작동되도록 하여야 한다. 밸브 스프링의 양부는 엔진의 출력과 직접 관계되므로 블로바이가 일어나지 않을 정도의 장력이 있어야 하며, 최고 회전속도에서 장시간 운전하여도 충분히 견딜 수 있는 내구성이 있어야 한다. 또한 밸브 스프링은 서징을 일으키지 않아야 한다.

밸브 스프링 리테이너 [valve spring retainer] 스프링 캡이라고도 하며, 밸브 스프링을 밸브에 고정하는 부품. 리테이너는 지지하는 것을 의미함. 밸브 스프링 리테이너는 밸브 스프링을 보호·지지하며 스프링 상단에 리테이너 로크로 밸브 스템에 고정된다.

밸브 스프링 리테이너 로크 그루브 [valve spring retainer lock groove] 밸브 스프링을 지지하는 스프링 리테이너를 고정하기 위한 로크나 키를 끼우는 홈.

밸브 스프링 컴프레서 [valve spring compressor] 밸브를 정비 또는 교환하기 위하여 분해하고자 할 때 스프링을 압축하기 위한 공구를 말한다.

밸브 스프링 테스터 [valve spring tester] ⇨ 스프링 테스터.

밸브 시트 [valve seat] ① 밸브 페이스와 밀착하여, 연소실의 기밀을 유지하는 부분. 밸브의 반복 충돌에 의한 마모를 방지하기 위하여, 소결 합금으로 만들어 실린더 헤드에 끼워져 있는 것이 보통임. 유연 가솔린에서는 연소에 의해 발생한 납화합물이 밸브의 접촉면에 부착되어 충격을 완화하는 역할을 함. ② 밸브 면과 밀착되어 연소실의 기밀작용과 밸브 헤드의 열을 냉각한다. 시트의 접촉 폭은 1.4～2.0mm이며, 시트의 각은 30°, 45°, 60°의 것이 있다. 밸브의 반복 충돌에 의한 마모를 방지하기 위하여 소결 합금(燒結合金)으로 만들어 실린더 헤드에 끼워 넣어져 있는 것이 보통이다.

밸브 시트 리머 [valve seat reamer] 밸브 시트 커터. 엔진 실린더 헤드에 밸브가 설치된 시트를 연삭 또는 마모를 수정하기 위한 공구. 리머의 테이퍼 구멍에 파일럿 스템의 테이퍼를 설치하여 파일럿부를 안내면으로 하여 핸들을 회전시키므로서 연삭이 된다.

밸브 시트 리세션 [valve seat recession] 밸브 시트가 마모되어 우묵해지는 것.

밸브 양정 [valve lift] ⇨ 밸브 리프트량.

밸브 어저스터 [valve adjuster] ⇨ 밸브 래시 어저스터.

밸브 어저스트 스크루 [valve adjusting screw] 밸브 클리어런스를 조정하기 위하여 푸시로드나 로커 암에 부착되어 있는 나사를 말함.

밸브 오버랩 [valve overlap] 4 사이클 엔진에서 배기 행정이 끝나고 흡입 행정이 시작하는 상사점 부근에서, 흡기 밸브와 배기 밸브가 동시에 열려 있는 기간을 말한다. 일반적으로 흡기 밸브는 실린더에 흡입되는 혼합기의 관성(慣性)을 이용하여 흡입효율이 향상되도록 피스톤이 상사점에 도달하기 전에 열리고 하사점을 지나서 닫힌다. 배기 밸브는 연소가스를 빨리 배출하기 위하여, 하사점에 도달하기 전에 열리고 상사점 후에서 닫힌다. 고속형 엔진일수록 오버랩을 크게 하고 있다. ⇨ 밸브 타이밍.

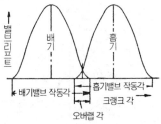

밸브 지름 [valve diameter] 밸브 헤드의 직경을 말한다. 엔진 흡·배기 효율을 높이고 출력을 증가시키는 데는 밸브 지름이 큰 것이 바람직하다. 그러나 지름을 크게 하면 밸브의 열림은 적어도 되지만 중량이 무거워지고, 냉각이 힘들어진다는 문제가 있다.

밸브 코어 [valve core insert] 타이어 속에 설치되어 있는 튜브의 밸브(튜브 밸브)나 튜브리스 타이어의 림에 부착된 림 밸브 속에 설치되어 있는 심(코어). 작은 코일 스프링이 밸브를 눌러 공기를 밀봉하는 구조로 되어 있고, 심봉으로 스프링을 되눌러 공기의 주입과 배출을 하도록 되어 있다.

밸브 크라운 [valve crown] ⇨ 밸브 헤드.

밸브 클리어런스 [valve clearance] 태핏 클리어런스라고도 하며, 밸브가 닫힌 상태일 때, 밸브와 로커 암 끝과의 사이에 설치된 0.1~0.3mm의 간극(클리어런스)을 말함. 이 간극이 없으면 밸브가 열팽창하였을 때, 밸브 시트에 밀착하지 않는 등 좋지 않은 상황이 발생한다. 같은 엔진에서는 흡입 밸브보다 배기 밸브의 클리어런스를 크게 하는 것이 보통. 유압을 이용하여 밸브 클리어런스의 자동 조정을 행하는 장치를 밸브 제로 래시 기구라고 한다. ⇨ 밸브 간극.

밸브 타이밍 [valve timing] 4사이클 엔진의 흡·배기 밸브 개폐 시간으로서, 상사점 또는 하사점으로부터 크랭크 샤프트의 회전각도(크랭크각)로 표시된다. 일반적으로 흡기 밸브는 엔진에 흡입되는 혼합기의 관성을 이용하여 흡입 효율을 향상시키기 때문에 상사점 전 15도 전후에서 열리고, 하사점 후 50도 전후에서 닫힌다. 배기 밸브는 연소 가스를 신속하게 배출하기 위하여, 하사점 전 50도 전후에서 열리고, 상사점 후 15도에서 닫힌다. 이 밸브 타이밍을 어떻게 설정하느냐에 따라 엔진의 출력이 크게 달라진다.

밸브 타이밍 다이어그램 [valve timing diagram] 밸브 타이밍을 크랭크 샤프트의 회전 각도로 도시(圖示)한 것. 흡·배기 밸브의 개폐 시간이나 밸브 오버랩을 파악하는 데 편리함.

밸브 태핏 [valve tappet] ⇨ 밸브 리프터.

밸브 페이스 [valve face] 흡·배기 밸브의 일부분으로서, 밸브 시트와 접촉하고 연소실의 기밀을 유지하는 부분으로서 30도, 45도, 60도의 원뿔 모양으로 만들어져 있다.

밸브 포켓 [valve pocket] ⇨ 밸브 리세스(valve recess).

밸브 헤드 [valve head] 접시 모양을 한 밸브의 머리(헤드) 부분을 말함. 밸브 크라운이라고도 함. 밸브 헤드는 고온 고압가스에 노출되어 높은 열적 부하를 받는다. 엔진 작동중에 흡입 밸브는 450~500℃, 배기 밸브는 700~800℃이며 흡입 밸브 헤드의 지름은 흡입 효율을 높이기 위해 배기 밸브의 지름보다 크다. 또한 배기 밸브는 열손실을 방지하기 위해 지름을 적게 한다.

밸브 협각 [valve included angle] 흡기 밸브의 축과 배기 밸브의 축이 이루는 각도를 말함. 이 각도가 크면 밸브의 사이가 넓어지고, 밸브의 지름을 크게 또는 흡·배기 포트의 구부러짐을 작게 할 수 있어서 엔진의 흡·배기 효율을 높일 수 있음. 역으로, 이 각도를 작게 하고 연소실을 얕고 아담하게 만들어, 압축비를 높여 4밸브로 함으로써 흡·배기 효율을 향상시킨 엔진도 있다. ⇨ 협각 4밸브.

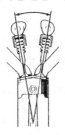 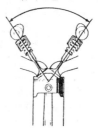

밸브 회전기구 [valve rotation compensator] ⇨ 밸브 로테이터.

밸브리스 엔진 [valveless engine] 엔진에 흡입 및 배기 밸브가 설치되지 않고 배기 포트, 흡입 포트, 소기 포트 등이 설치되어 있는 2사이클 엔진 또는 로터리 엔진을 말한다.

뱅크 [bank] ⇨ 캔트.

뱅크 각 [angle of bank] ① 오토바이를 수직으로 세운 상태에서 지면과 타이어의 바깥 둘레가 이루는 각으로서 페달이 설치된 경우에는 페달을 수평으로 유지하고 측정한다. ② 수평면을 기준으로 하여 좌우의 요동각으로 항공기는 진행 방향을 향하여 우상(右上) 뱅크각을 부여하면 좌측으로 선회하게 되고 좌상(左上) 뱅크각을 부여하면 우측으로 선회하게 된다.

버 [burr] 줄 또는 기타 절단 공구로 잘라지는 부분에 남는 깔깔한 자국.

버니어 [vernier] 버니어 캘리퍼스의 부척으로서 본척의 1눈금을 1/10 또는 1/20까지 정확히 읽을 수 있도록 하기 위하여 사용한다.

버니어 엔진 [vernier engine] 보조 로켓 엔진. 장거리 탄도 미사일의 최종 단계 추진 로켓이 모두 연소된 다음 속도를 조정함과 동시에 진로를 정확히 수정하기 위하여 작동하는 보조 엔진을 말한다.

버니어 캘리퍼스 [vernier calipers] 본척과 부척의 눈금으로 측정물의 외경, 내경, 깊이 등을 측정하는 기구. 버니어 캘리퍼스는 외경, 내경, 깊이 등을 측정할 수 있는 최소 눈금이 1/20mm 이고, 본척의 눈금이 1mm 인 M형. 외경, 내경을 측정할 수 있는 최소 눈금이 1/50mm이고, 본척의 눈금이 0.5mm인 CB형. CM형과 거의 같은 것으로 구조가 약간 다른 최소 눈금이 1/50mm이고 본척의 눈금이 1mm인 CM형이 있다.

버닝 [burning] ① 부품이 지나친 과열로 인하여 국부적으로 용해되기 시작하는 것. ② 열처리 된 감광막(感光膜)에 내산성을 더욱 증대시키는 담금질 작업.

버스 [bus] ① 일정한 노선으로 운행하며 승객을 탑승시키는 승합 자동차. ② 선박을 부두에 정박시키는 장소. ③ 몇 개의 전원 또는 공급 회로가 접속되는 공통 도체로서 동, 알루미늄 합금이 사용된다. ④ 데이터를 전송하기 위한 공통로로서 하이웨이라고도 한다.

버스트 [burst, blow-out] 카커스가 열이나 외상 등에 의하여 갑자기 파열하여 사방으로 흩어지는 현상을 말함. 타이어 공기압의 저하에 따라 스탠딩 웨이브가 발생하며, 열에 의하여 파괴될 경우가 가장 많다. 이 경우 타이어에 열 파괴의 흔적이 나타날 수 있으나, 내압 저하가 급한 경우에는 발열을 나타내는 흔적없이, 버스트의 원인을 파악하기 힘들다.

버저 [buzzer] 전자석의 코일에 전류를 단속적으로 흐르게 하여 자력으로 철편의 진동을 발생하므로서 소리를 내게 하는 장치를 말한다.

버큠 [vacuum] ⇨ 배큠.

버클 [buckles] 충격으로 인한 보디 패널의 비틀림.

버클링 [buckling] 좌굴(座屈). 봉(棒)이나 판(板) 등의 길이 방향(축방향)으로 힘을 가했을 때 옆방향으로 변형하는 현상.

버킷 시트 [bucket seat] 신체를 감싸안은 것과 같은 모양으로 만들어진 좌석으로서, 시트가 하나씩 독립되어 있는 세퍼레이트 시트의 일종. 버킷은 물 따위를 담는 그릇을 말함. 승객의 보호성이 좋은 스포츠카나 레이싱카 등 특히 코너링시에 운전자 신체의 보호가 중시되는 타입의 자동차에 많이 장착된다.

버킷 펌프 [bucket pump] 오일 주유기. 버킷형 밸브를 레버에 의해 상하 왕복운동시키면 유압이 발생되어 급유할 수 있는 펌프를 말한다.

버터플라이 밸브 [butterfly valve] ⇨ 스로틀 밸브.

버티컬 어저스터 [vertical adjuster] 시트를 상하 조정하는 기구로서, 시트 쿠션 전체 또는 앞쪽이나 뒤쪽만을 상하 조정하는 것을 총칭한 것. 버티컬은 상하 방향의 의미로 사용되는 형용사.

버티컬 어저스트 [vertical adjust] ⇨ 시트 리프터.

버티컬 플로식 라디에이터 [vertical flow radiator] ⇨ 다운 플로식 라디에이터.

버퍼 [buffer] ① 스프링이나 유압을 이용하여 기계적인 충격을 흡수하여 완화시키는 완충기로서 범퍼, 쇽업소버라고도 한다. ② 컴퓨터에서 입·출력을 위해 데이터를 일시적으로 저장하는 기억장치. ③ 엘리베이터 승강로의 하단부에 스프링 또는 유압장치를 설치하여 엘리베이터가 최하층을 넘어 하강하였을 때의 충격을 흡수 완화하는 장치. ④ 전기 회로에서 구동 회로가 반작용을 받지 않도록 중간에 설치하는 격리 회로. ⑤ 계산기의 어떤 디바이스에서 다른 디바이스로 정보를 전송할 때 흐름의 속도가 다르거나 정보의 발생 시점이 다를 때 보정하기 위하여 일시 기억시키는 장치

버퍼 스프링 [buffer spring] 완충 스프링으로서 충격을 완화하기 위해서 사용하는 코일 스프링을 말한다.

버플 플레이트 디플렉터 [buffle plate deflector] ① 공랭식 엔진에서 공기의 흐름을 유도하기 위해 설치된 냉각핀으로서 냉각 효과를 증대시키고 냉각이 균등하게 이루어지도록 한다. ② 브레이크 드럼의 외부 또는 디스크와 디스크 사이에 설치된 냉각핀.

버필드 조인트 [Birfield joint] ⇨ 파르빌레형 유니버설 조인트.

번 [burn] 소손(燒損) 피스톤과 실린더 벽, 베어링과 크랭크 축 등 접촉면이 마찰열에 의해 과열로 타거나 눌러 붙는 것.

번아웃 [burn-out] 가열체에 의해 액체가 가열되어 핵 비등이 상한선에 도달하면 가열체 온도가 급상승하여 철선이나 동선인 경우 타서 끊어지는 현상을 말한다.

번인 〔burn-in〕 신뢰성, 제작된 엔진 또는 물품을 사용하기 전에 그 특성을 안정시키고 조기에 고장을 방지하기 위하여 조작하는 길들임 작업을 말한다.

번호등 〔number-plate lamp〕 번호판 램프. 번호판을 조명하는 등화. 안전 기준에서는 등광색은 백색이고, 조도는 8Lux 이상이어야 한다. 넘버 플레이트 라이트, 라이선스 플레이트 램프 등으로 불리우기도 함. ⇨ 넘버 플레이트 램프

번호판 〔number plate〕 등록 번호, 차종, 용도, 등록 관청을 나타내기 위한 자동차의 앞뒤에 설치되어 있는 판으로서 뒤에 설치되어 있는 번호판의 좌측 부착위치에 봉인되어 있다.

번호판 램프 ⇨ 번호등.

벌룬 타이어 〔balloon tire〕 1920년대 말경에 개발되어 30년대에 보급한 낮은 공기압에서 사용 가능한 승용차용 타이어. 그 때까지 공기주입식 타이어는 3.5~4.5kg/cm²의 공기압으로 사용되고 있었으나, 구조 개량에 따라 2kg/cm²전후로 사용할 수 있도록 되어, 풍선(벌룬)처럼 부드러워 승차감이 좋은 타이어라는 데서 이같은 호칭을 얻음.

벌브 〔bulb〕 안에 광원을 가지고 있는 어셈블리로서, 일반적으로 램프에 사용된다.

벌지 〔bulge〕 일반적으로 불룩한 것을 말하며, 자동차의 표면에서 국부적으로 불룩 튀어나온 부분. 특히, 엔진의 돌출 부분을 편평한 후드로 제대로 덮을 수 없어서 일부분이 불룩하게 만들어져 있는 경우에 사용되는 용어.

벌지 타입 부시 〔bulge type bush〕 서스펜션 부시에서 안쪽의 중앙 부분을 부풀린(벌지)형식.

벌징 〔bulging〕 금형 내에 삽입된 원통형 용기 또는 관에 높은 압력을 가하여 용기의 입구보다 중앙부분이 굵은 용기를 만드는 작업을 말한다.

벌커니제이션 〔vulcanization, cure〕 고무의 성질을 가진 분자를 화학적으로 연결하는 것. 고무나무의 수액을 산(酸)으로 굳혀서 얻어진 생고무에 유황을 혼합하여 가열하면 고무 특유의 탄성을 가진 안정된 물질을 얻을 수 있다는 것이 미국의 굿디어에 의하여 발견되었다. 이 순서는 유황 → 화산(火山, volcano)이라는 연상에서 벌커니제이션이라 부른다.

벌크 헤드 〔bulk head〕 격벽. 좁은 뜻으로는 프런트 보디와 차실을 구분 짓는 격벽을 말함. ⇨ 대시 보드.

범퍼 〔bumper〕 자동차의 앞뒤에서 보디를 보호하기 위하여 설치되어 있는 장치로서 부딪혔을 때 그 충격을 흡수하는 역할을 한다. 종래는 강철 재료 보디에서 약간 튀어나온 정도였으나, 미국에서 대형 범퍼가 사용되게 되어 현재는 에너지 흡수 범퍼라고 불리우는 것이 일반화되어 있다. 우레탄 등이 쓰이며, 충격 흡수의 정도가 커져 있으나 동시에 보디와 일체화한 디자인 등에 의하여, 장식을 겸한 부품으로 되어가고 있다.

범퍼 익스텐션 〔bumper extension〕 범퍼의 아래에 보조적으로 부착되어 있는 범퍼를 말함.

범퍼 투 범퍼 라인 〔bumper to bumper line〕 자동차의 측면, 웨이스트 라인을 프런트 범퍼로부터 리어 범퍼까지 프로텍션 몰딩이나 보디 라인의 곧은 선으로 연결하여, 보디를 길고 스마트하게 보이도록 하는 것.

범프 〔bump〕 시험을 위해서 몇 번이나 반복하는 완만한 충격을 말한다.

범프 스톱 〔bump stop〕 고무나 발포 우레탄제의 충격흡수재. 서스펜션이 가동범위(스트로크)의 한계에 가깝게 휘었을 때 작용하여, 휠로부터의 충격이 보디에 직접 전달되지 않도록 하는 것. 맥퍼슨 스트럿식 서스펜션에서는 쇽업소버의 로드 상단에 부착되어 있는 것 외에, 서스펜션 암이나 리프 스프링 등에도 부착되어 있다.

범핑 해머 〔bumping hammer〕 판금용 해머. 자동차의 보디 또는 판재의 찌그러진 부분을 바르게 펴는데 사용한다.

베드식 수정장치 〔床式修正裝置〕 공장의 베드 면에 앵커나 레일을 묻고, 그것을 거점으로 하여 사고차의 고성이나 당김 작업을 수행하는 수정 장치.

베르누이 원리 〔principle of Bernoulli〕 벤투리관을 흐르는 유체가 단면적이 큰 곳과 작은 곳을 흐름에 있어서 단면적이 큰 곳은 유체의 흐름이 느리고 압력은 높다. 그러나 단면적이 작은 곳은 유체의 흐름이 빠르고 압력은 낮다. 이와 같이 속도와 압력은 일정한 관계가 있다.

베르누이의 정리 〔Bernoulli's theorem〕 흐름이 정상적으로 흐를 때 어떤 부분의 압력(유체압력)P, 유체의 밀도 ρ(로), 흐름의 속도 V 사이의 관계 $P + \rho V^2 / 2 + \rho gz$는 일정하다는 것(g는 중력의 가속도, z는 기준면부터의 높이). 유체 역학의 기본적인 방정식 하나로 1738년 스위스의 D 베르누이가 발견하였다.

베르리너 〔⑨berlina〕 이태리어로 「세단」이라는 뜻.

베르리누 〔⑨berline〕 프랑스어로 「세단」이라는 뜻.

베리어블 레이쇼 타입 스티어링 기어 〔variable ratio type steering gear〕
볼 너트(nut)식 스티어링 기어로서 섹터 기어 중앙 부분 톱니의 피치
를 작게, 끝 부분 톱니의 피치를 크게 하여, 직진시에는 스티어링 휠의
꺾음을 좋게 하고, 주차할 때 등 핸들을 크게 회전시키는 경우에는 가
볍게 움직이도록 한 것. 베리어블 레이쇼는 기어비를 바꿀 수 있음을
뜻하는 말.

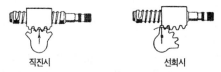

직진시   선회시

베리어블 밸브 타이밍 시스템 〔variable valve timing system〕 가변 밸브
타이밍. 엔진의 운전 상태에 따라 밸브 타이밍이나 밸브의 리프트량
등을 변화시켜, 적정한 출력을 얻음과 동시에 넓은 회전 범위에서 흡
·배기 효율을 높여 연비의 개선을 꾀하는 시스템.

베리어블 파워 스티어링 〔variable power steering〕 조향력이 변화하는
속도 감응형 파워 스티어링과 회전수 감응형 파워 스팅어링을 함께 일
컫는 말.

베벨 기어 〔bevel gear〕 원뿔의 표면에 따라 이(齒)를 새긴 톱니바퀴를
조합하여 톱니가 직선인 것을 스퍼 베벨 기어, 곡선인 것을 스파이럴
베벨 기어라고 부르며, 스퍼 베벨 기어는 원 박스카(one-boxcar : 화
물겸용 승용차)의 스티어링 계통 등에 사용하고 스파이럴 베벨기어는
파이널기어(종감속 기어)로 사용하고 있다. 베벨은 빗면(斜面)이란
뜻.

베벨 앵글 〔bevel angle〕 용접할 부분의 준비된 모서리의 V홈 각도.

베세머법 〔bessemer process〕 전로 제강법의 종류. 전로의 내면을 규소
산화물이 많은 산성 내화물을 이용하여 제강하는 방법으로 용량은 1회
에 제강할 수 있는 무게를 톤(ton)으로 나타낸다.

베어링 〔bearing〕 ① 회전 또는 직선 운동을 하는 축을 지지하면서 운동
을 부드럽게 하도록 하는 기계 부품이다. 하중이 걸리는 방향에 따라
축에 직각인 방향(횡방향)의 하중을 떠받치는 레이디얼 베어링과, 축
방향(종방향)의 하중을 떠받치는 스러스트 베어링이 있으며, 이 구조
에 따라 구름 베어링과 미끄럼 베어링으로 나누어진다. 구름 베어링은
내륜과 외륜이 마주보는 내측에 설치된 홈에 강구(鋼球)나 굴대를 넣
은 것으로, 주로 구동 계통에 사용되고 있다. 미끄럼 베어링은 메탈이

라고도 불리우며 윤활유로 뒤덮인 미끄러운 면으로 축을 떠받치는 구조이며 주로 크랭크 축 주위에 사용되고 있다. ② 베어링은 전기자를 지지하는 역할을 하는 것으로서 하중이 크고 사용 시간이 짧아 부싱을 사용한다. 또한 부싱의 내면에는 윤활이 잘 되도록 홈이 파져 있거나 오일리스 베어링을 사용한다. ③ 베어링은 DC 발전기 전기자축을 지지하는 것으로서 엔진이 정지될 때까지 전기자가 회전되므로 볼베어링을 사용한다.

베어링 노이즈 [bearing noise] 구동 계통에 사용되고 있는 베어링의 가공 정도(精度)가 불량할 때나 이물(異物)이 들어가 상처가 생겼을 때 발생하는 '샤―' 또는 '슈―' 하는 소리.

베어링 돌기 [bearing lug] 베어링 뒷면의 한쪽 끝에 돌출부를 만들고 베어링 하우징에 홈을 파서 베어링을 조립하여 작동할 때 베어링이 하우징에서 축방향이나 회전 방향으로 움직이지 않도록 한다.

베어링 두께 [bearing thickness] 베어링의 두께는 반원의 중앙부 두께로 표시한다. 베어링 양끝 부분을 중앙보다 얇게 하여 조립하기 쉽게 하고, 운전중에 유막이 갈라지는 것을 방지한다. 베어링의 두께는 스틸 볼과 외경 마이크로미터를 이용하여 측정한다.

베어링 메탈 [bearing metal] 미끄럼 베어링에서 베어링 구멍에 끼워지는 상하 두 쪽으로 갈라진 통형(筒形)의 부품, 한몸으로 된 통형의 것을 특히 부시(bush)라고 한다. 자동차용 엔진에는 배빗 메탈, 켈밋 메탈, 알루미늄 메탈 등이 사용되고 있다.

베어링 셸 [bearing shell] 강이나 동합금으로 만들어진 평면 베어링의 외사 부분을 형성하는 것으로서 베어링 합금을 융착시켜 소정의 치수로 베어링을 만든다.

베어링 스크레이퍼 [bearing scraper] 베어링을 정밀하게 다듬질하는 공구. 베어링을 교환할 때에는 축에 광면단을 바르고 접촉 검사를 하여 알맞게 다듬질한 다음 사용하여야 한다.

베어링 스프레드 [bearing spread] 스프레드는 '펴다, 펼치다, 전개하다, 늘리다'의 뜻으로 베어링을 끼우지 않았을 때 베어링 바깥쪽 지름과 베어링 하우징 안지름 차이를 0.125~0.5mm두어 작은 힘으로 눌러끼워 베어링이 제자리에 밀착되도록 한다. 따라서 조립시에 크러시가 압축됨에 따라 안쪽으로 찌그러지는 것을 방지한다.

베어링 캡 [bearing cap] 둘로 나누어진 셸 베어링의 한쪽으로서 베어링을 고정시키고 마주보는 두 개의 반원 모양의 하우징 중 축을 덮는 쪽.

베어링 크러시 [bearing crush] 크러시는 '밀어 넣다, 압착하다'의 뜻으로 베어링이 하우징에서 움직이지 못하도록 베어링 바깥 둘레를 하우징의 둘레보다 0.025~0.075mm 크게 하여 베어링을 설치하고 규정 토크로 볼트를 죄었을 때 베어링 하우징에 완전히 접촉되어 열전도가 잘 되도록 한다. 크러시가 작으면 엔진의 작동 온도에 의한 변화로 헐겁게 되어 베어링이 움직이게 되고, 크면 조립시에 찌그러져 유막이 파괴되므로 소결 현상이 발생된다.

베이스 [base] 베이스는 트랜지스터에서 이미터와 컬렉터의 중간에 위치하여 캐리어를 주입하는 전극으로서 PNP형 트랜지스터는 전류가 나오지만 NPN형 트랜지스터는 전류가 들어가는 단자이다.

베이스 밸브 [base valve] 트윈 튜브식 쇽업소버의 피스톤실에 낮게 설치되어 있는 밸브로서 쇽업소버가 압축되었을 때 감쇠력(減衰力)을 발생하는 것. ⇨ 트윈 튜브식 쇽업소버.

베이스 서클 [base circle] 베이스는 기초. 서클은 원의 뜻으로 캠의 기초가 되는 원을 말한다.

베이스 코트 [base coat] 금속표면 위에 최종적으로 칠하여질 페인트 코트.

베이크 하드성 [bake hardenable] 'BH성'이라고도 하며 금속을 도장(塗裝)하는 공정에서 가열하였을 때 항복점(降伏点)이 높아져서 견고하게 되는 성질. 베이크 하드성 강판은 이 성질을 이용한 가공성이 양호하고 덴트(dent)의 발생이 어려운 외판(外板)으로 널리 채용되고 있다. 알루미늄을 보디 재료로 사용하였을 경우 강도는 높지만 여린 성질이 있다. 그러므로 강도는 조금 낮지만 프레스로 금이 가거나 파괴되기 어려운 재료의 상태로 가공하고 이 베이크 하드성을 이용하여 최종적으로 강도가 높은 보디를 얻을 수 있다.

베이크 하드성 강판 [bake hardenable steel sheet] 'BH강판'이라고도 하며 도장(塗裝)의 공정에서 가열하는 일에 따라 경화되는 성질(硬化性)을 갖는 강판. 냉간 압연 강판의 일종으로서 프레스 성형을 실시할 때에는 비교적 부드러워 가공이 쉽고 도장 열처리 후 견고하게 되어 변형하기 어렵게 되므로 후드, 도어, 펜더 등의 외판(外板)에 사용된다. ⇨ 덴트.

베이클라이트 [bakelite] 페놀 수지에 대한 베이클라이트社의 상품명으로 일반적인 수지의 명칭으로 사용된다. 페놀계 합성 수지로서 기계적으로 강하고 내열성이 좋은 열경화성 수지의 대표적인 것. 전기 부품의 기판, 절연재, 캠 축, 타이밍 기어 등에 사용된다.

베이킹 바니시 [baking varnish] 전기 부품의 코일, 전기 철판, 에나멜선 등의 표면을 절연할 목적으로 페인팅하기 위해 사용하는 열건조성의 바니시로서 건성 유용제 등을 혼합하여 만든다.

베이퍼 로크 [vapour (vapor) lock] 액체를 사용한 계통에서 열에 의하여 액체가 증기(베이퍼)로 되어 어떤 부분이 폐쇄(lock)되므로 2계통의 기능을 상실하는 것. ① 연료 계통에서 연료 파이프 가운데 증기가 모여 연료 펌프가 연료를 공급할 수 없게 되어 엔진이 정지하는 것. ② 유압식 브레이크의 휠 실린더나 브레이크 파이프 가운데 브레이크 액이 기화하여 페달을 밟아도 스펀지를 밟는 것같이 푹신푹신하므로 브레이크가 듣지 않는 것.

베이퍼라이저 [vaporizer] 베이퍼라이저는 액체 LPG를 감압하여 기체 LPG로 전환시킨다. 베이퍼라이저는 가솔린 엔진의 기화기에 해당하며 액체 LPG를 감압시켜 기체 LPG로 변환한다. 또한 압력을 일정하게 유지하여 엔진의 부하 증감에 따라 기화량을 조절한다. LPG 봄베에 포화되어 있는 기체 LPG만을 사용하면 혹한시의 시동성은 향상시킬 수 있으나 고속시에는 엔진에서 필요로 하는 LPG량이 부족하기 때문에 베이퍼라이저를 설치하여 액체 LPG를 강제적으로 증발시켜 엔진에서 필요로 하는 기체 LPG를 공급한다.

베인 컴프레서 [vane compressor] 압축기의 일종. 베인은 풍차의 날개를 뜻하며 날개형상의 금속제 판(板 : 베인)을 사용한 컴프레서. 회전축과 편심으로 한 로터의 둘레에 몇 개의 홈(축과 평행한 슬릿)을 파 놓고 여기에 날개를 설치한 후 로터가 회전할 때 홈안의 스프링 힘에 의하여 날개는 실린더와 접촉하면서 실린더 안에는 몇 개의 칸막이가 생긴다. 편심축을 회전시키면 칸막이로 만들어진 작은 방의 용적이 변화하므로 이것을 압축기로서 이용하는 것이다. ⇨ 용적형 과급기.

베인 펌프 [vane pump] ① 베인을 사용한 펌프. 일반적으로 유체가 액체일 경우에는 펌프, 기체일 경우에는 컴프레서라고 부른다. ② 하우징에 편심으로 설치된 로터에 스프링을 사이에 두고 날개가 끼워져 있

는 펌프. 펌프축이 회전하면 날개는 보디의 안쪽면과 접촉하면서 로터
와 회전할 때 체적의 변화가 생긴다. 따라서 진공이 발생되면 오일이
흡입되고 다음에 따라오는 날개가 오일을 출구쪽으로 밀어내 송출한
다. ③ 베인 펌프는 임펠러와 펌프를 구성하는 펌프 케이싱 및 펌프 커
버로 구성되어 있으며, 흡입구에 연료 여과기가 설치되어 흡입되는 연
료속의 불순물을 여과하고 있다. 임펠러가 회전하면 바깥 둘레 홈의
앞뒤에 발생되는 유체의 마찰 작용으로 압력차가 발생되고, 모터의 회
전에 따라 펌프 내부에 와류가 발생되므로 연료의 압력이 상승되어 연
료 파이프로 송출한다. ⇨ 베인 컴프레서.

베인식 센서 〔vane type sensor〕 ⇨ 플랩식 에어 플로미터.

베즐 〔bezel〕 보디의 라이트 또는 개구부를 둘러싸고 있는 프레임 또는
림.

베테랑카 〔veteran car〕 이태리에서 초기의 클래식카로서 1906년 제1회
그랑프리 레이스 이전에 제작한 자동차 혹은 1914∼1918년까지 제1차
세계대전 이전에 제작한 자동차를 말한다. 베테랑은 경험이 풍부한 사
람을 말하는 것이 일반적이나 장기간 사용하였다라는 뜻도 있다. ⇨
클래식카.

벤딕스 스타터 〔bendix starter〕 스타터 형식의 하나로서 스타터 모터의
회전축이 일종의 웜기어(bendix scerw)가 되어 있어 스위치를 넣으
면 이 스크루가 축으로 한 피니언 기어가 슬라이드하여 링기어에 물린
다.

벤딕스 와이스형 유니버설 조인트 〔Bendix weiss type universal joint〕
등속 조인트의 일종으로서 3개의 핀과 조합한 3개의 롤러가 마주보는
튤립형의 하우징으로 유지하는 구조이며, 회전을 전달함과 동시에 축
방향으로 슬립할 수 있도록 만들어져 있는 것. 축 방향의 움직임을 고
정한 GE타입과 슬립하는 GI타입이 있으며 동력전달은 차축의 고정된
휠 측에 GE타입을 차축이 신축할 수 있도록 GI타입을 파이널 측에 조
합하여 사용된다. 유사한 기구를 스티어링 샤프트에 이용한 것으로 트
러니언 조인트가 있다.

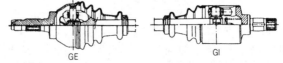

GE   GI

벤딕스식 〔bendix type〕 관성 섭동식. 벤딕스식은 피니언의 관성과 기
동 전동기가 무부하 상태에서 고속회전하는 성질을 이용하여 전동기에

서 발생한 회전력을 플라이 휠에 전달하는 방식으로서 구조가 비교적 간단하고 전기적 고장도 적은 장점이 있다. 그러나 큰 회전력을 필요로 하는 엔진에서는 내구성이 작은 단점이 있으며, 관성 섭동식이라고도 한다.

벤딩 [bending] ⇨ 굽히기.

벤딩 댐퍼 [bending damper] 크랭크 축에 발생하는 굽힘 진동을 흡수하는 장치. 회전축과 평행하게 고무를 사이에 두고 뭉치가 되는 스틸제의 링크를 장착하여 고무의 히스테리시스에 의한 진동을 흡수하는 것으로서 통상적으로 토셔널 댐퍼와 조합하여 듀얼 모터 댐퍼로 사용한다.

벤딩 모멘트 [bending moment] 굽힘 모멘트. 보에 어떤 하중이 가해질 때 발생되는 힘의 모멘트를 말한다.

벤젠 [benzen] 원유에서 정제한 무색의 휘발성 액체로서 독특한 냄새가 나며 물과는 혼합이 되지 않으나 고무, 알코올, 에테르 등이 오일을 희석시키는 성질이 있다.

벤츠 [Benz Carl Friedrich] 독일의 기계 기사. 자동차 발명의 선구자로서 다이믈러와는 독립하여 4사이클 가솔린 엔진, 전기 점화법, 기화기 등을 발명하여 삼륜 자동차를 제작하였다. 자동차 제작 공장을 설립하여 다이믈러와 합병하였다.

벤치 드릴 [bench drill] 지름 13mm 이하의 구멍 뚫기, 태핑 작업을 하기 위하여 작업대에 고정시킨 소형의 드릴링 머신을 말한다.

벤치 시트 [bench seat] 2인 이상 앉을 수 있는 긴 의자 형태의 시트. 세단에서는 칼럼 시프트 자동차가 많았던 시대에 앞좌석도 이 타입의 시트가 많았으나 현재는 압도적으로 세퍼레이트(분리형) 시트로 되어 있다.

벤치 테스트 [bench test] 엔진 등 자동차의 구성 부품을 작업대에 설치하고 가동시켜 보면서 실시하는 것. 벤치는 긴 의자의 뜻으로서 이것과 비슷한 긴 작업대나 업무대를 말한다.

벤치식 수정장치 [bench type modification system] 리프트에 의해 오르 내리도록 되어 있거나, 한쪽편을 기울여(tilt) 자동차를 싣고 들어갈 수 있는 벤치 위에 사고차를 고정하고 보디를 수리하는 수정장치. 계측장치나 당김장치도 벤치 위에 설치되어 있음.

벤투리 [venturi] 이태리의 물리학자 벤투리가 발명한 것. 일정한 크기 의 통로에서 중간 부분을 잘록하게 하여 유속(流速)을 측정하는 것. 유체가 좁은 통로를 흐르면 유속이 빨라지며 부압을 발생하는 원리를 이용하여 ① 연료를 흡입하여 안개 모양으로 한 다음 공기와 혼합한다 는 기화기(카브레터)의 역할을 적용시킨 것. 초크라고 불리우는 경우 도 있다. ② 레이싱카에서 언더 보디에 공기를 통하여 다운 포스 (down force)를 얻기 위하여 졸라맨 부분.

벤투리관 [venturi tube] 유속(流速)을 측정하는 벤투리관으로서 유명 하며 이태리의 물리학자 이름이다. 카브레터의 공기 통로가 좁게 되어 있는 부분을 말한다. 유체가 좁은 통로를 흐르면 유속이 빨라지며 부 압을 생기게 하는 원리를 이용하여 연료를 빨아내고, 안개 모양과 같 이 공기와 혼합한다. 초크라고 불리울 때도 있다. 부압은 마이너스 (−)의 압력으로 유체의 압력이 주위보다 낮은 상태를 말한다.

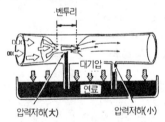

벤투리

대기압

연료

압력저하(大)   압력저하(小)

벤트 [vent] 밀폐된 공간으로부터 공기가 빠져나갈 수 있게 만들어진 구멍.

벤트 포트 [vent port] ① 대기에 개방되어 있는 배출구. ② 통기구 즉, 기화기에 설치되어 있는 브리더 포트

벤트 플러그 [vent plug] ① 축전지 커버에 설치되어 전해액 또는 물을 보충하고 막는 마개로서 중앙에 구멍이 뚫려 있어 축전지 내부에서 발 생된 수소가스나 산소가스를 방출한다. ② 디젤 엔진의 연료장치 각 부품에 설치되어 있는 공기 빼기 작업에 이용되는 플러그.

벤틸레이터 [ventilator] 실내의 공기를 불어내는 구멍을 말한다. 일반 적으로 대시보드의 양쪽 끝에 있으며, 실내의 공기를 환기시키는 것을

뜻한다. 실내의 공기는 라디에이터 그릴에서 덕트를 통하여 유도되며 리어필러 부근에서 리어펜더부로 배출되는 것이 일반적이다. 자연 환기방식과 공조 시스템의 팬을 이용하는 강제환기 방식이 있다.

벤틸레이터 윈도 [ventilator window] ⇨ 삼각창.

벤틸레이티드 디스크 [ventilated rotor] 내부에 냉각용의 통기 구멍이 있는 브레이크 디스크. 스포츠카에는 전륜(全輪)에 사용되며 일반 자동차에도 페이드 현상을 예방하고 브레이크의 효과를 좋게 하기 위하여 앞바퀴에 사용하는 경우가 많다. 벤틸레이티드는 공기를 통하는 것.

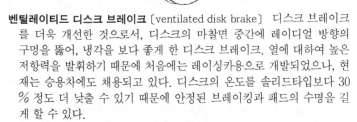

벤틸레이티드 디스크 브레이크 [ventilated disk brake] 디스크 브레이크를 더욱 개선한 것으로서, 디스크의 마찰면 중간에 레이디얼 방향의 구멍을 뚫어, 냉각을 보다 좋게 한 디스크 브레이크. 열에 대하여 높은 저항력을 발휘하기 때문에 처음에는 레이싱카용으로 개발되었으나, 현재는 승용차에도 채용되고 있다. 디스크의 온도를 솔리드타입보다 30% 정도 더 낮출 수 있기 때문에 안정된 브레이킹과 패드의 수명을 길게 할 수 있다.

벤틸레이팅 홀 [ventilating hole] 구석이나 천장, 바닥 등에 통풍을 목적으로 뚫어 놓은 구멍을 말한다.

벨 [bel] 음향 수준의 단위. 2개의 음향 파워량 비로서 10을 베이스로 한 대수값과 같다. 벨이라는 단위는 실제로 너무 크기 때문에 그 1/10인 데시벨이 사용된다.

벨 크랭크 [bell crank] 90° 각도로 꺾인 형태의 레버로 90° 점을 지지점으로 하여 그 한 끝에서 받은 운동이나 힘을 변경하여 다른 한 끝을 통하여 물체에 전달하므로서 회전 운동을 하게 된다.

벨 테스트 [bel test] 디지털 또는 아날로그 멀티 테스터에서 건전지와 벨을 사용하여 회로의 도통(導通) 상태를 음향적으로 테스트하는 것.

벨로즈 [bellows] ① 주름의 표면을 가진 용기 내부의 압력이 변화함으로서 주름이 신축하여 용기가 축방향으로 변위하게 되어 있는 압력 변위 트랜스 듀서. ② 기기의 일부에 유연성, 밀봉성 등을 필요로 할 때 사용되는 주름형의 신축이음. ③ 풀무. 대장장이 또는 주물공이 불을 피울 때 사용하는 용구.

벨로즈 형식 공기 스프링 [bellows type air spring] 벨로즈는 주름 상자의 뜻. 벨로즈 형식 공기 스프링은 공기가 들어갈 수 있는 고무 자루에 주름을 잡아 압축되거나, 늘어날 때 직경이 달라지지 않도록 밴드가 둘레에 감겨져 있는 형식으로서 제작하기 쉬우며, 옆 방향의 강성이 없기 때문에 링크 기구가 보조적으로 설치되어야 한다.

벨로즈형 서모스탯 [bellows-type thermostat] 라디에이터의 정온기(整溫器)의 일종. 황동으로 만들어진 벨로즈(초롱 형상을 한 용기)안에 에테르를 밀봉한 것으로 열에 의하여 에테르(ether)가 팽창하면 밸브가 열리고 온도가 내려가면 닫히도록 한 것. 왁스 펠릿형 서모스탯과 비교하면 수압의 영향을 받기 쉽다.

벨루어 [velours] 털이 짧고 미세한 섬유를 심어 넣은 벨벳(velvet)모양으로 직조한 천. 주로 시트의 커버로서 사용되지만 카펫에 사용하기도 한다.

벨전 로드 [Belgian road] 유럽의 옛시가지에서 흔히 볼 수 있는 돌로 깔아놓은 길. 프랑스의 북쪽에 있으며 북해와 접한 나라 벨기에의 거리에 전형적인 이 길이 많은데서 부터 이렇게 명명되었음. 대표적으로 험한 길로서 자동차 메이커나 타이어 메이커가 시험 코스에 설치하여 승차감 시험과 강도 시험 등에 이용하고 있다.

벨트 [belt] ① 감아걸기 전동장치. 벨트와 풀리의 마찰에 의해 회전력을 전달하는 것으로서 정확한 속도비를 얻을 수 없다. 동력전달 효율이 높고 구조가 간단하며 값이 저렴하다. 부하가 걸렸을 경우에는 슬립을 일으켜 안전장치의 역할을 한다. 벨트의 종류에는 가죽 벨트, 고무 벨트, 직물 벨트, 강철 벨트가 있다. ② 타이어에서 브레이커와 마찬가지로 트레드와 카커스 사이에 위치하고 코드 층으로 레이디얼 타이어 트레드부의 움직임을 제한하는 작용을 한다. 벨트의 통을 단단히 조이고 있는 데에 비유하면 벨트에 따라 발생하는 타이어 성능상의 효과를 테 효과라고 하는 경우가 있다.

벨트 구동식 [belt drive type] 캠 축 구동을 체인 대신에 벨트로 하며 벨트와 스프로킷에는 스퍼기어 모양의 돌기부를 맞물고 회전하여 동력을 전달하는 방식으로 현재 가장 많이 사용하고 있다.

벨트 라인 [belt line] 사이드 보디의 중앙 부근에 수평으로 설치되어 있는 선(라인)으로서 차체는 낮추고 전후를 길게 하여 스마트하게 보이는 효과가 있어 많은 자동차가 사용하고 있다. 웨이스트 라인이라고도 한다. ⇨ 웨이스트 라인.

벨트 레이싱 〔belt lacing〕 평 벨트의 양끝을 연결할 때 사용하는 이빨이 설치되어 있는 쇠붙이.

벨트 샌더 〔belt sander〕 둥근 띠 모양을 하고 있는 샌딩 페이퍼 (sanding paper)를 사용하는 에어 샌더(air sander)로서 스폿 용접 부의 페인팅을 벗기거나 깊숙이 들어간 좁은 장소의 샌딩에 편리함.

벨트 컨베이어 〔belt conveyer〕 연속식 운반 기계. 벨트 풀리 사이에 이음이 없는 폭이 넓은 벨트를 구동시키면서 벨트 위에 재료, 부품, 가공품, 완제품 등을 운반하는 장치.

벨트 캐치 텐셔너 〔belt catch tensioner〕 자동차가 충격시에 G(가속도)를 감지했을 때 시트 벨트를 순간적으로 잡아당겨 승객을 시트에 고정하는 장치.

벨트 풀리 〔belt pulley〕 벨트 풀리는 벨트 전동에 사용되는 원통형 쇠바퀴. 벨트 풀리는 바깥면을 편평하게 하지 않고 중앙을 볼록하게 하여 벨트가 벗겨지는 것을 방지한다.

벨트식 무단 변속기 〔continuously variable transmission〕 자동 변속기의 일종으로서 동력의 입력축과 출력축에 간격이 변하는 측판(側板)을 지닌 풀리를 부착하여 이것을 스틸벨트나 체인으로 연결한 구조. 측판에 테이퍼를 부착하고 풀리의 폭을 넓게 하면 벨트가 축 중심으로 접근한다. 그리고 기어의 지름을 작게 하고 톱니수를 적게 한 것과 같은 효과를 얻을 수 있다는 원리를 이용하여 풀리의 폭을 유압으로 조정시켜 변속을 실시한다. 벨트 타입은 네덜란드의 밴도어네(vandoorne) 社가, 체인 타입은 미국의 BWA社가 개발한 것으로서 엉어의 머리 글자를 인용하여 CVT라고 부르며, CVT에 전자 클러치를 조합하여 컨트롤 되고 있는 것은 일렉트로닉의 E자를 붙혀 ECVT라고 부른다. 어느 것이든 양측 풀리의 폭을 변화시키는 것에 의하여 감속비를 무단계로 바꿀 수 있다. V벨트는 스틸 벨트에 끼운 끼움목으로 구성되어, 구동은 도미노 넘어뜨리기처럼 누르는 방향으로 힘이 전달된다. 풀리의 폭을 바꾸는 것은 유압으로 하고 입력쪽이 넓을 때는 로, 좁을 때는 하이로 된다. 변속비는 2.5~0.5의 사이를 무단계로 변화한다. 엔진 토크가 그다지 크지 않은 대중 자동차용으로 개발된 것이다.

벨티드 바이어스 타이어 〔belted bias tire, bias belted tire〕 바이어스 타이어의 카커스 위에 벨트를 얹은 구조의 타이어. 레이디얼 타이어와 바이어스 타이어의 중간적 성능을 얻을 수 있으나 중형 이하의 승용자동차에 사용하면 노면으로부터의 충격을 흡수하기가 어려우며, 운동

성능과 승차감의 균형을 잡기 어려우므로 오늘날은 거의 사용하지 않고 있다.

변속 레버 [change lever] 변속장치나 변속기를 조작하는데 사용하는 레버로서 변속기 케이스에 설치되어 있는 직접 조작식과 조향 핸들의 칼럼에 설치되어 있는 원격 조작식이 있다.

변속 쇼크 [shift quality] 자동 변속기가 변속을 실시할 경우 느껴지는 특성. 유성 기어와 조합되는 변화에 따라 출력축의 토크 변동이 충격으로 감지되는 것.

변속기 [transmission] 트랜스미션은 '전달, 전송, 변속장치'의 뜻. 변속기는 클러치와 추진축 또는 클러치와 종감속 기어장치 사이에 설치되어 엔진의 동력을 자동차의 주행 상태에 알맞도록 회전력과 속도를 바꾸어 구동 바퀴에 전달하는 장치로 수동 변속기(manual transmission)와 자동 변속기(automatic transmission)가 있다. 변속기는 단계없이 연속적으로 변속되고 조작하기가 쉬우며, 민속(敏速), 확실, 정숙하게 이루어져야 한다. 또한 전달효율이 좋고 고장이 없으며 다루기가 쉬워야 한다.

변속기 오일 [transmission oil] ⇨ 트랜스미션 오일.

변속비 [變速比] 변속기에서 입력축과 출력축의 회전수의 비이며 주행 상태에 따라 선택할 수 있는 것. 트랜스미션이나 종감속 기어에 의하여 회전수를 얼마나 변하게 할 수 있는가를 나타내 보이는 것. ⇨ 감속비.

변속점 [變速點] ⇨ 자동 변속점.

변압기 [transform] 트랜스. 전자 유도 작용을 이용하여 직류 또는 교류 전압을 높이거나 낮추는 장치로서 철심에 1차 코일과 2차 코일을 감아서 유도 작용을 이용한다.

변태 [變態 : transformation] 용융점에서는 금속이 고체에서 액체, 액체에서 고체로 결정 격자의 변화가 되는 상태를 변태라 한다.

변태점 [transformation point] 금속이 변태를 일으키는 온도. 금속의 변태점은 열분석법, 비열법, 전기 저항법, 열팽창법, 자기 분석법, X선 분석법으로 측정한다. 철의 변태점으로는 A_0 변태점이 210℃, A_1 변태점이 721℃, A_2 변태점이 768℃, A_3 변태점이 910℃, A_4 변태점이 1400℃ 이다.

변환 [conversion] ① 변속기의 저속 기어에서 고속 기어로 또는 고속 기어에서 저속 기어로 위치를 바꾸는 것. ② 어떤 수학 관계에서 그 좌표를 변경하거나 일정한 함수를 변환하는 것. ③ 2진법에서 10진법으로 또는 그 반대로 표현 방법을 바꾸는 것. ④ 신호 또는 양을 액추에이터에 대응하는 다른 종류의 신호 또는 양으로 바꾸는 것. ⑤ 물건의 성질 또는 상태 등을 바꾸거나 바뀌는 상태를 말한다.

변환 스위치 [change-over switch, transfer switch] 아날로그 또는 디지털 멀티 테스터에서와 같이 회로를 한쪽에서 다른 쪽으로 변환하는 개폐기를 말한다.

변형 [strain] 패널 등이 변형되어 있는 것. 커다란 오목부위가 아니라 아주 작은 것을 가리킴. 이것을 수정하는 작업.

변형 경화 [變形硬化 ; strain hardening] ⇨ 가공 경화.

병렬 [parallel] ① 2개 이상의 기기를 평행하게 배열하는 것. ② 둘 이상 전기 기기의 동일 단자를 일괄하여 회로 중에 접속하는 것. ③ 선 또는 면이 어디서나 같은 간격을 유지하는 것. ④ 둘 또는 그 이상의 프로세서가 동시에 진행하는 경우에 대한 용어로서 몇 개의 장치를 필요수만큼 사용하여 동시에 처리하는 것.

병렬 접속 [parallel connection] 병렬 접속은 모든 저항을 두 단자에 공통으로 연결하는 것으로서 전류를 이용하고자 할 때 연결한다. 병렬 접속의 성질로는 다음과 같다. ① 총저항은 그 회로에 사용하는 가장 적은 저항값보다 적다. ② 각 회로에 흐르는 전류는 다른 회로의 저항에 영향을 받지 않으므로 양단에 걸리는 전류는 상승한다. ③ 각 회로에 동일한 전압이 공급된다. ④ 병렬 연결시 전압은 1개 때와 같으나 용량은 갯수의 배가 된다. ⑤ 월등히 큰 저항과 연결하면 그 중 큰 저항은 무시된다.

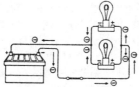

병렬식 [english system] 로프 전동에서 로프를 필요한 줄 수만큼 병렬로 배열하여 감는 방식.

병렬식 [individual system] 직렬식에 대한 상대적인 용어.

병진 운동 [translation] 질점계(質點系) 또는 강체의 운동 중에서 각 점의 동일한 평행 이동만으로 이루어지는 운동.

보 [beam] ① 이동하는 하중을 지지하는 골조식(骨組式) 구조. ② 두 기둥 사이를 가로로 설치한 철골. ③ 빛이나 전파 또는 전자 흐름의 가느다란 선의 묶음. ④ 브라운관 내의 전자 흐름이나 레이더의 전파 또는 레이저 광선 등이 가늘게 접속된 상태.

보 [baud] 변조 속도의 단위. 매초 송출되는 이상적인 신호 요소의 수.

보 [bow] 가로 방향의 하중 또는 열에 의해서 모재의 모양이 원호상으로 변형되는 현상.

보그 워너타입 싱크로 [Borg-Warner type synchromesh] 싱크로메시의 일종으로 슬리브 링과 변속 기어를 직접 연결하지 않고 그 사이에 싱크로 나이저링을 끼운 클러치로서 사용하는 것을 특징으로 한 것. 구성이 간단하여 기어가 서로 물릴 때 충격이 없고 현재 가장 많이 사용되고 있다.

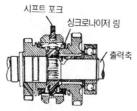

시프트 포크
싱크로나이저 링
출력축

보기 [bogie] 차체의 중량을 각 바퀴에 골고루 분할함과 동시에 차체에 대해서 자유로이 방향을 변환하여 자동차의 주행을 원활하게 하는 것.

보기 액슬 [bogie axle] 차대(車臺)가 수직축을 중심으로 둘레를 회전할 수 있는 차축을 말한다.

보닛 [bonnet] 모자의 일종에서 생긴 말. 자동차 앞부분의 엔진 룸 또는 트렁크 룸을 덮는 뚜껑을 말함. 미국에서는 후드(hood)라고 부르지만 영국에서는 후드라고 하면 지붕을 가지는 로드스타의 포장을 가리킨다. 운전석에서 레버나 노브로 로크를 해제하고 손가락으로 훅을 벗기고 열도록 되어 있는 것이 보통이다. 프런트 엔진 자동차의 경우 힌지가 뒤에 있어 보닛 앞에서 위쪽으로 올려 열도록 되어 있는 전개(前開)방식과 역으로 보닛 뒤에서 앞쪽으로 올려 열도록 한 후개(後開)방식이 있다. 그러나 앞에서 열도록 되어 있는 것은 엔진룸의 작업성은 양호하지만 주행중 열릴 경우 시야를 가리게 되므로 원하지 않는 사람도 있다.

보닛 타입 [bonnet type] 자동차의 형태. 엔진이 앞쪽에 설치되어 있는 경우, 엔진부의 보디를 영국에서는 보닛(미국에서는 후드)이라고 한다. 이 보닛이 있는 자동차를 보닛형이라고 한다. 보통은 트럭이나 버스의 구별에 쓰이는 경우가 많다.

보디 [body]　자동차에서 승객, 엔진, 화물을 위한 공간을 제공하는 일체 완비된 유닛.

보디 로크 필러 [body lock pillar]　안에 로크 스트라이커 플레이트를 가 지고 있는 보디 필러. 일반적으로 센터 필러 또는 리어 쿼터 어셈블리 의 부분이다.

보디 마운트 [body mount]　프레임 구조의 자동차로서 차체를 프레임에 고정하기 위한 부품. 차체를 보전하면서 프레임으로부터 진동을 차단 하기 위하여 스프링 정수가 낮은 고무로 제작되어 있는 것이 보통.

보디 마운팅 [body mounting]　자동차의 섀시를 보디에 설치할 때 소음 및 진동을 방지하기 위해 섀시와 보디 사이에 끼우는 쿠션 고무를 말 한다.

보디 사이드 몰딩 [body side molding]　지면과 거의 평행으로 보디의 외 부 둘레에 사용되는 장식 몰딩.

보디 사이드 트림 [body side trim]　도어패널을 싸는 부재. ⇨ 도어 트 림.

보디 셸 [body shell]　사람이 타고 내리기 위한 문. 엔진 점검을 위하여 여는 보닛, 뒤의 트렁크 리드 등, 개폐하는 부분을 제외한 외면 부분을 총칭하여 보디 셸이라고 부르고 있다. 따라서 펜더나 루프도 보디 셸 에 포함된다. 이것을 크게 분류하면 프런트 보디, 언더 보디, 사이드 보디, 리어 보디가 있다.

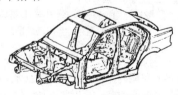

보디 수리 [body repair]　넓은 의미로는 사고차의 입고부터 출고까지의 모든 작업을 가리킴. 또 다른 의미는 종래의 판금 작업의 이미지에 보

디 수정이나 패널 교환, 퍼티 작업도 포함한 이른바 판금 일을 가리킴.

보디 수정 [body modification] 변형된 보디를 잡아당기는 등의 작업에 의하여 원래대로 복원하는 작업. 패널 교환이나 맞춤새 조정도 포함하여 넓은 의미로 사용할 수도 있음. 얼라이닝(aligning)과도 비슷한 의미.

보디 스푼 [body spoon] 보디 작업에 사용되는 수공구.

보디 얼라인먼트 [body alignment] 보디 각부의 치수를 가리킴. 이것이 새자동차와 동일한 상태로 복원되면 보디 수정은 완성.

보디 치수도 [body dimension line] 새자동차일 때 보디 치수를 기록한 도면. 보디 수정에 빼놓을 수 없는 자료이지만, 부분적인 변경이나 생산상의 오차 등으로 수치가 맞지 않는 경우도 있어 과신하는 것은 금물.

보디 트림 [body trim] 보디 및 뒤쪽 화물실의 내부를 꾸미는 데 사용되는 재료.

보디 패널 [body panels] 함께 조립되어 자동차의 보디를 이루는 금속 또는 플라스틱으로 된 판.

보디 필러 [body filler] 자동차 보디의 작은 요철이나 주름진 곳을 메우는 데 사용되며 매우 단단하게 건조되고 밀도가 큰 플라스틱 재료. ⇨ 판금 퍼티.

보디 하드웨어 [body hardware] 보디 내외부의 외관 및 기능상의 부품을 말하며, 도어 핸들, 윈도 크랭크 등이 여기에 해당된다.

보링 [boring] 실린더 보링을 약해서 말한 것. 일체식 실린더가 마멸 한계 이상으로 마모되었을 때 보링 머신으로 피스톤 오버 사이즈에 맞추어 진원으로 절삭하는 작업. 피스톤 오버 사이즈는 0.25mm 씩 6단계로 되어 있으며 제작 회사에 따라 다르나 실린더 내경이 70mm 이상인 엔진은 1.0mm 까지, 70mm 이하인 엔진은 1.25mm 까지 보링한다.

보링 머신 [boring machine] 보링 머신은 공작물에 뚫린 구멍을 확대하는데 사용하는 공작기계. ① 자동차 엔진의 실린더 보링은 바이트를 회전시키면서 상하로 이동시켜 절삭. ② 일반 공작에서는 바이트를 회전시키고 공작물을 이송시켜 절삭한다.

보메 [Baume′] ① 보메 비중계의 눈금. ② 액체의 비중을 나타내는 단위로서 물보다 무거운 액체에는 중액(重液) 보메, 물보다 가벼운 액체에는 경액(輕液) 보메를 사용하며 기호는 Be′를 사용한다.

보메 비중계 [Baume's hydrometer] ① 보메의 눈금을 가진 비중계로서 간편하게 액체의 비중을 측정하기에 편리한 기구. ② 축전지의 비중을 측정하여 충방전 상태를 판정할 수 있는 비중계.

보상 [compensation] 자동 제어계통 등에서 어떤 특정의 특성에 대하여 성능을 개선 또는 향상시키기 위해서 사용되어 수정 작동을 가지게 하는 효과를 말한다.

보상 코일 [compensating coil] 다른 코일에 의한 기자력의 일부 또는 모두를 소멸하기 위해서 역기자력을 발생하도록 설치한 코일로서 계자 코일 및 전기자 회로와 직렬로 열결된다.

보상 회로 [compensating circuit] 회로 또는 소자가 지니고 있는 오차를 보상하기 위해서 사용하는 회로로 본래의 특성과 반대 특성을 가지게 하여 본래의 특성을 유지하도록 한다.

보상장치 [compenstator] ① 온도 보상장치. 어떤 장치에서 오차나 외부의 영향으로 발생되는 오차를 방지하기 위해서 사용되는 부품이나 장치 등을 말한다. ② 무선 방향 탐지기에서 방향 지시에 대하여 자동적으로 편차의 전부 또는 일부를 수정하는 장치.

보색 [補色] 동일한 양을 혼합하면 회색으로 되는 색끼리의 관계. 빨강과 청록(靑綠), 노랑과 청자(靑紫) 등 너무 많이 가한 색의 색감을 없애는 등 조색(調色)을 응용할 수 있다.

보스 [boss] ① 보스는 '사마귀, 돌기물, 점, 장식용 조각'의 뜻. 피스톤 보스부는 비교적 두껍게 되어 있으며 피스톤 핀에 의해 피스톤과 커넥팅 로드의 소단부를 연결하는 부분으로 지름은 피스톤 핀의 마찰열에 의해 열팽창이 되므로 측압부보다 작다. ② 허브, 축머리(軸頭)라고 하며, 휠(바퀴), 기어, 풀리 등 차축이 끼워지는 구멍 주위에 살이 두툼한 부분.

보어 [bore] 둥그렇게 '구멍을 뚫다'라는 뜻으로서 ① 엔진이나 펌프의 실린더의 내경. 보어 지름이라고도 한다. ② 실린더의 내벽 ③ 실린더 모양의 구멍을 여는 것.

보어 스트로크 비 [stroke-bore ratio] 피스톤의 스트로크와 실린더 보어 지름의 비(스트로크를 보어 지름으로 나눈 것). 이 수치가 1의 엔진을 스퀘어(正方形)엔진. 1보다 큰 엔진을 보어 지름보다 행정이 길다라는 것으로 장행정 엔진. 반대로 1보다 작은 엔진을 단행정 엔진이라고 부른다. 영어로는 스트로크 보어 비라고 반대로 말하는 것이 보통이다. ⇨ 스트로크 보어 레이쇼.

보어 업 [bore-up] 보어 지름을 크게 하는 것.

보어 피치 [bore pitch] 다기통 엔진에서 각 실린더간의 간극. 실린더 중심간의 거리.

보이스 인디케이터 [voice indicator] ⇨ 음성표시 시스템.

보일—샤를의 법칙 [Boyle-Charle's law] 보일의 법칙과 샤를의 법칙을 종합한 것으로서 기체의 부피는 압력에 반비례하고 절대 온도에 정비례한다는 법칙을 말한다.

보일의 법칙 [Boyle's law] ① 기체의 비체적(단위 중량의 기체가 점유하는 체적)은 일정한 온도하에서 그 압력은 부피에 반비례하는 법칙. ② 영국의 물리학자 보일(Boyle Robert)에 의해 화학 원소의 개념을 도입하여 보일의 법칙을 발견함.

보일유 [boiled oil] 건성유의 하나로서 원유인 아마인유, 콩기름, 오동나무 기름 등에 건조제를 첨가하여 고도의 건조성을 갖게 한 오일. 페인트, 인쇄 잉크, 인주 등의 용제(溶劑)나 유지(油紙)에 사용된다.

보정 [compensation] 계기류 또는 전자제어 계통의 지시값에 오차가 있다는 것을 감지하고 올바른 측정치가 되도록 수정하는 것.

보정 시간 [correction time] 제어 계통에서 독립 변수의 변화 또는 작동 조건의 변화에 의해서 최종의 제어 목표값 범위에 가까워질 때까지 소요되는 시간으로 정정 시간이라고도 한다.

보정값 [correction] 규정값을 얻기 위하여 측정값 또는 계산값에 더해야 할 양으로서 이것은 오차와 그 크기가 같고 부호가 반대이다.

보조 가속 펌프 [auxiliary acceleration pump] 엔진의 냉간시 가속 펌프의 역할을 돕기 위하여 벤투리에 연료를 분사하는 장치. 가속 펌프와는 별도로 설치되어 인테이크 매니폴드의 부압에 따라 작동하는 다이어프램에 의하여 연료가 송출되는 구조로 되어 있다.

보조 가속 펌프 시스템 [AAP : auxiliary acceleration pump system] FBC 연료장치의 보조 가속 펌프 시스템은 저온시 가속 성능을 향상시키기 위하여 일정 온도 이하에서 가속할 때 기계식 가속 펌프의 연료 분사와 함께 보조 가속 펌프가 작동하여 연료를 추가로 분사하는 장치이다.

보조 간극 플러그 [auxiliary gap plug] 보조 간극 플러그는 중심 전극 상단부와 단자 사이에 간극을 두어 강한 스파크가 발생되도록 하는 플러그이다. 배전기에서 공급되는 고압의 전류를 일시적으로 축척하여 오손된 플러그에서도 강한 불꽃을 발생케 하여 실화되지 않도록 하며, 단자에는 구멍이 뚫려 있으므로 보조간극에서 고압의 전류가 이동할 때 불꽃 방전으로 발생된 오존(O_3)가스를 환기시킨다.

보조 변속기 [auxiliary gear box] 오토매틱 트랜스미션에서 사용되는 유성기어는 토크 컨버터를 가진 변속 기능을 보조하는 역할을 하는 것으로부터 이렇게 불리운다. 또, 매뉴얼 트랜스미션으로서 다시 변속 단수를 증가시키기 위하여 첨가한 기어장치를 말할 때도 있다.

보조 브레이크 〔auxiliary brake〕 상용(常用)브레이크 효과를 보충하는 브레이크로서 예를들면 배기 브레이크가 있다.

보조 전조등 〔補助前照燈〕 헤드 램프를 보충하기 위하여 설치한 램프. 안전기준에는 백색 또는 황색의 10,000칸델라 이하의 등화로서 3개 이상이 동시에 점등하지 않는 구조로 정해져 있다.

보조방향지시등 〔補助方向指示燈〕 ⇨ 사이드 플래셔.

보조제동장치 〔補助制動裝置〕 ⇨ 보조 브레이크.

보충전 〔recharge〕 보충전은 자기 방전에 의하거나 사용중에 소비된 용량을 보충하기 위해 실시하는 충전으로서 자동차용 축전지는 주행중에 발전기로 충전이 되므로 보충전을 할 필요가 없다. 그러나 발전기 또는 발전 조정기의 고장으로 충전이 불량할 때, 기동 전동기의 고장, 전기 회로에서의 과다 방전 등 충전이 불충분할 때에는 충전기에 의해 보충전을 실시하여야 한다. 보충전에는 정전류 충전, 정전압 충전, 단별 전류 충전, 급속 충전 등이 있으며, 정전류 충전을 가장 많이 이용한다.

보카시 ⇨ 칠날림.

보크 링 〔baulk ring〕 싱크로메시나 오버 드라이브 기구에 설치되어 있는 링으로서 기어의 회전을 방해하는 링.

보텀 데드 센터 〔bottom dead center〕 ⇨ 상사점.

보텀 링크 〔bottom link〕 2륜 자동차의 프런트 포크의 하단(보텀)에 링크 기구가 설치되어 있는 것.

보텀 바이패스 〔bottom bypass〕 라디에이터와 엔진 사이에 냉각수가 통하는 바이패스를 설치하고 서모스탯의 바닥(보텀)에 부착한 밸브의 개폐에 따라 수량(水量)의 조정을 실시하는 시스템. 고온시에는 바이패스가 닫혀서 라디에이터에 환류수량(還流水量)이 증가되어 냉각 효율을 향상시킬 수 있다.

보텍스 스태빌라이저 〔vortex stabilizer〕 날개의 양끝에 수직으로 붙어 있는 판(板). 날개에서는 아래쪽 공기가 위쪽보다 빨리 흘러 아래쪽은 부압이 되어 하향력(下向力 : 다운포스)을 발생하지만 날개 끝에는 이부압이 생긴 부분에 공기가 돌면서 소용돌이가 발생하여

보텍스 스태빌라이저

유효 면적이 작게 된다. 그래서 날개의 끝에 공기가 돌면서 몰리게 되는 것을 방지하는 판을 두어 날개의 전면을 유효하게 이용한다.

보텍스 제너레이터 〔vortex generator〕 공력적(功力的)인 연구가 집중되어 복잡한 모양을 한 포뮬러카의 프런트 윙의 엔드 플레이트(end plate : 날개 끝판)란 뜻. 단순한 판 모양의 엔드플레이트일 경우 후단 부분에 소용돌이가 발생하여 이것이 차체의 밑면을 들어 올리면서 뒤로 흐른다. 날개 끝의 형상을 기류가 외측으로 부드럽게 흘러 가도록 하면 보디 밑면에 공기의 흐름이 부드러워져 안정한 다운포스를 얻을 수 있다.

보텍스 페어 〔vortex pair〕 트레일링 보텍스란 것이며 주행중 차체의 양쪽 후방에 1조로 되어 기류의 소용돌이(보텍스)가 이루어질 수 있게 되어 이와 같이 부른다.

보통 주철 〔普通鑄鐵〕 선철에 고철(scrap) 등을 혼합 용해시킨 주철. 충격을 적게 받고 형상이 간단한 주물에 사용되며 인장 강도는 10∼20kg.mm²이다.

보호 안경 〔safety goggles〕 자외선이나 적외선을 잘 흡수하여 눈을 보호하는 황록색 계통의 안경으로서 산소 용접할 때 사용한다.

복권 〔compound-wound〕 직류기에서 분권, 직권 두 형식의 계자 코일이 감겨져 있는 것. 양 코일의 기자력이 합해지도록 작용하는 것을 화동 복권 방식이라 하고, 역방향으로 작용하는 것을 차동 복권 방식이라 한다.

복권 전동기 〔compound motor〕 복권 전동기는 분권과 직권의 두 계자 코일을 가진 전동기로서 기동할 때 회전력이 크고 기동 후에 회전 속도가 일정하므로 자동차의 윈드실드 와이퍼 모터에 저속과 고속으로 작동한다.

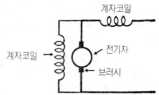

복동 2리딩 슈 브레이크 〔double acting two leading shoe brake〕 복동 2리딩 슈 브레이크는 동일 직경 휠 실린더를 배킹 플레이트 상하에 나누어 설치되어 전후진에서 브레이크를 작동할 때 강력한 제동력이 발생되도록 한 형식으로서 휠 실린더 각각 한쪽에 간극 조정기가 설치되

어 있다.

복류 발전기 [multiple current generator] 하나의 전기자에서 서로 다른 값의 전류 또는 전압을 동시에 발생할 수 있는 발전기.

복륜 [dual wheels, twin wheels, dual tires] 자동차 한 개의 차축 한쪽에 2개의 바퀴를 설치한 상태. 한 개의 타이어(바퀴)로서는 하중을 지탱할 수 없을 때나 험한 길에서 주파성(走破性)을 높일 때에 사용한다.

복사 부하 [輻射負荷] 복사 부하는 태양으로부터 복사되는 열부하(熱負荷)로서 자동차 유리를 통하여 복사되는 열에너지가 180~200Kcal / h 정도이다.

복수기 [復水器 ; condenser] ① 증기 기관, 증기 터빈에 있어서 배출된 증기를 냉각하여 물로 환원시키는 장치. ② (축전기) 전기의 도체에 다량의 전기를 저장하는 것. ③ (집광 렌즈) 광선의 방향을 원하는 방향으로 굽히기 위한 렌즈 또는 반사경.

복식 인젝터 [duplex injector] 고압 급수용으로 인젝터를 2개 직렬로 설치한 것. 제1단 인젝터로부터 분출된 물과 분사 증기의 복수가 혼합되면서 제2단 인젝터에 흡입되어 압축된다.

복실식 [double chamber type] 복실식은 주연소실 위쪽에 부연소실을 두어 부연소실에 연료를 분사하는 형식으로서 예연소실식, 와류실식, 공기실식으로 분류된다.

복스 렌치 [box wrench] 보통 오픈렌치를 사용할 수 없는 오목한 부분의 볼트, 너트를 조이고 풀 때 사용하는 렌치로서 볼트나 너트의 머리를 감쌀 수 있어 미끄러지지 않는다.

복원 토크 [self aligning torque] ⇨ 셀프 얼라이닝 토크.

복원력 [restoring force] 자동차, 선박, 비행기 등이 정상적 위치에서의 변위에 대하여 원래의 위치로 복원하려고 하는 힘을 말한다.

복원성 [stability] 정지 또는 일정한 범위 안에서 운동하고 있는 물체에 미소한 변위를 주었을 때 물체가 본래의 정지 또는 운동 상태로 되돌아가려는 성질을 말한다.

복점화 플러그 [double spark plug] 한 실린더에 2개의 점화 플러그를 사용하는 것.

복통식 쇽업소버 [twin tube shock absorber] ⇨ 트윈 튜브식 쇽업소버.

복판식 클러치 [double plate clutch] 복판 클러치는 클러치 판이 2개, 압력판이 3개 설치되어 출력이 큰 자동차에서 동력을 전달하는 방식으로 압력판 1개는 플라이 휠의 웨브에 고정되고, 1개는 중앙에서 축방향으로 이동할 수 있으며, 나머지 1개는 클러치 페달에 의해 작동된다.

복합 사이클 [composite cycle]　오토 사이클과 디젤 사이클을 합성한 이론 사이클로서 프랑스의 사바테에 의하여 발명되었다고 하여 '사바테 사이클'이라고도 부른다. 현재 디젤 엔진의 사이클은 이것에 가깝다.

복합 코너 [composite corner]　반경이 다른 커브가 같은 방향으로 2개 이상 계속되고 있을 경우에는 코너 전체를 말한다.

복합 타입 개스킷 [composite type gasket]　실린더 헤드 개스킷으로서 아스베스토, 고무, 흑연 등의 압축재를 연강판으로 싼 구조를 가진 것. 압축재로서 아스베스토와 고무를 사용한 스틸베스토 개스킷, 철사를 심재(芯材)로 한 와이어 오번 개스킷, 팽창 흑연을 압축재로 한 메탈 그래파이트 개스킷(Metal graphite gasket) 등이 있다.

복합형 카브레터 [composite type carburetor]　복수(複數)의 배럴과 스테이지를 조합한 카브레터로서 일반적으로 프라이머리 벤투리와 세컨더리 벤투리로 되어 있는 카브레터를 말함. 저속회전에서는 프라이머리쪽만 사용하고 고속회전이 되면 세컨더리쪽도 사용하여 보다 많은 공기와 연료를 엔진에 보내도록 되어 있다.

본넷 [bonnet]　엔진실의 덮개를 말함. 일반적으로 널리 사용한 말로서 본래의 표기는 '보닛'으로 한다. ⇨ 보닛.

본드 [bond]　① 접합제, 접착제. ② 다수의 원자가 집합하여 분자나 결정 등을 구성하고 있을 때 이들 원자간에 작용하는 결합력을 말한다. ③ 팽창, 수축, 진동의 흡수, 접착 등의 목적으로 물체와 물체 사이에 작은 간극에 주입하는 충전재. ④ 금속부 상호간의 비도전부의 전기 접속을 확실히 하거나 전위를 같게 하기 위한 접속.

본딩 [bonding]　① 전동기의 고정자와 엔드 실드를 시멘트로 접착 또는 용접, 납땜 등에 의해 일체화하는 것. ② 트랜지스터나 IC 소자를 기판에 접착하거나 소자의 회로를 외부로 끌어내기 위해서 리드 프레임과 회로의 전극을 금선 등으로 연결하는 것. ③ 케이블의 시스 또는 외장을 인접한 케이블의 시스 또는 외장과 전기적으로 접속시킨 것. ④ 반도체 공정에서 펠릿을 리드 프레임이나 스템 위의 도전층에 접착하거나 펠릿 전극부에 리드선을 설치 또는 펠릿에 혹 모양의 전극이나 빔 리드를 설치하고 직접 기판의 도전층에 붙이는 것.

본오프 [born off]　공작 기술이 미숙하거나 숫돌 입자의 결합도가 낮은 경우에 숫돌 입자가 탈락하는 현상을 말한다.

본체 [本體]　⇨ 셸(shell).

볼 가이드 폼 [ball guide form] 변속 레버의 하단부를 볼 조인트로 변속
기 케이스에 지지되고 볼 조인트 아래에 설치되어 있는 시프트 레버가
시프트 포크의 홈에 끼워져 레버를 좌우로 움직여 고속 기어 또는 저
속 기어를 선택할 수 있는 방식을 말한다.

볼 너트 [ball nut] 스티어링 핸들의 회전을 감속하고, 그 방향을 바꾸어
링키지에 전달하는 장치를 스티어링 기어 박스라고 하는데, 그 기어
박스의 일종으로 현재 가장 널리 사용되고 있다. 스티어링 핸들에 의
하여 회전되는 스티어링 샤프트의 선단에 웜 기어가 있어, 웜 기어가
회전하면 그것에 물린 섹터 기어가 감속되어 회전한다. 이 때 두 기어
사이에 큰 마찰력이 생기므로 그 마찰력을 줄이기 위하여 볼을 채워넣
어, 볼을 매개로 힘을 전달하도록 한 것. 리서큘레이팅 볼 또는 볼 스
크루(ball screw)라고도 한다.

볼 너트식 스티어링 기어 [ball and nut type steering gear] ⇨ 리서큘레
이팅 볼식 스티어링 기어.

볼 베어링 [ball bearing] 볼로 되어있는 베어링. 베어링 형식의 하나로
서 내륜과 외륜(레이스)또는 2장의 원판에 끼워진 홈에 간극을 유지
하는 유지기(保持器)로 지지된 강구(鋼球 : 볼)를 넣은 구조. 축에 직
각인 방향(횡방향)으로 하중을 받는 것을 레이디얼 베어링, 축방향
(세로 방향)의 하중을 지지하는 것을 스러스트 베어링이라고도 부른
다. 레이스의 형상에 따라 종횡 양방향의 하중을 지지하는 앵귤러 볼
베어링도 있다. 레이스와 볼이 점접촉을 하면서 회전하므로 마찰계수
는 작으나 내(耐)압력은 롤러 베어링보다 뒤진다.

레이디얼 베어링   스러스트 베어링

볼 벤트 밸브 [bowl vent valve] 볼 벤트 밸브는 피드백 카브레터의 뜨
개실에서 증발되는 가스를 제어한다. 엔진이 정지되었을 때 볼 벤트
밸브는 스프링 장력으로 대기 포트를 닫아 연료 증발 가스를 캐니스터
에 흡수되도록 한다. 엔진이 작동되어 흡기 다기관의 진공이 50cmHg
이상되면 체크밸브를 열어 통기 밸브가 이동되므로 캐니스터에 연결되
는 포트를 닫고 대기 포트는 열리게 된다.

볼 부시 [ball bush] 서스펜션 부시로서 내통(內筒)의 중앙 부분이 볼 (球)형태로 되어 있는 것. 필로볼 내장 부시라고도 부른다.

볼 스크루식 스티어링 기어 [recirculating ball type steering gear] ⇨ 리 서큘레이팅 볼식 스티어링 기어, 볼 너트.

볼 앤드 트러니언 자재 이음 [ball and trunion universal joint] 볼 앤드 트러니언 자재 이음은 자재 이음과 슬립 이음의 역할을 동시에 하는 형식으로 안쪽에 홈이 파져 있는 실린더형의 보디 속에 추진축의 한끝 을 끼우고 핀을 끼운 다음 핀의 양끝에 볼을 조립한 형식으로 십자형 의 자재 이음보다 마찰이 많아 전달 효율이 낮다.

볼 조인트 [ball joint, ball and socket] 볼 자재이음, 볼 스터드라고 불 리우는 원형의 돌기(突起)부분을 감싸서 자유롭게 움직이는 하우징 소켓과 접합하여 헐겁게 움직이지 않도록 스프링 역할을 하는 것을 넣 은 구조. 서스펜션이나 스티어링 계통에 많이 사용되고 스티어링 너클 과 어퍼 링크, 너클암과 트랜스퍼 스프링의 조인트 등 자유롭게 움직 이는 이음으로 이용되고 있다.

볼 타입 싱크로메시 [ball type synchromesh] 콘스턴트 로드형 싱크로라 고 불리우며 싱크로메시의 일종으로서 동기물림 기구가 개발된 초기에 사용하였던 것. 회전 속도가 다른 기어를 결합하려면 한쪽의 기어에 원추형의 싱크로나이저 콘을 설치하여 두고 스플라인 위에 설치되어 있는 같은 원추면을 가진 싱크로나이저를 실렉터로 미끄러지게 한다. 그리고 먼저 원추면끼리 접촉시켜 그 마찰력에 따라 회전속도를 일치 시키고 그 후 양쪽 주위에 새겨진 기어와 맞물리게 한 것. 실렉터와 싱 크로나이저의 움직임을 규제하기 위하여 스프링을 지지하는 볼을 사용 하므로 이 이름이 붙게 되었다.

싱크로나이저
싱크로나이저 콘
실렉터

볼러타일 [volatile] 쉽게 증발하는. 예를 들면, Refrigerant-12는 실내 온도에서 휘발성이 높다(증발이 빠름).

볼러틸러티 [volatility] 액체가 증발하기 쉬운 정도. 연료의 인화성과 직접적인 관계가 있다.

볼록 캠 [convex cam] 플랭크가 원호로 되어 있으며 제작하기가 쉬워 고속용 엔진에 많이 사용한다. 원호 캠(circular arc cam)이라고도 한다.

볼록 필릿 용접 [convex fillet weld] 볼록한 면을 가지는 T자형 용접.

볼륨 [volume] ① 부피, 체적, 용적. ② 전기 회로에서 복잡한 음성 주파수의 크기를 표준 음량 지시계로 측정하여 구한값을 말하며 그 값은 음량 단위 VU로 표시한다. ③ 하나의 단위로서 붙이거나 또는 떼어내는 기억 매체.

볼타 [Volta Alessandro] 이탈리아의 물리 학자. 처음으로 기체의 성질을 연구하여 1800년경 볼타 전지를 발명하였다. 처음으로 정상적인 전류를 얻었고 검전기의 발명 등 전기학의 창설에 많은 공헌을 하였다.

볼타 법칙 [Volta's law] 1792년에 볼타가 발견한 법칙으로 여러 종류의 금속을 순차적으로 접촉하였을 때 양끝에 발생하는 접촉 전위차는 양끝의 금속만을 직접 연결하였을 때의 전위차와 같다는 법칙.

볼타 전지 [Volta battery] 1799년 볼타가 발명한 가장 오래된 전지. 회황산을 전해액으로 하여 그 내부에 동판이 아연판을 양극(兩極)으로 세워서 만든 전지로서 동판이 양극(陽極)이 되고 아연판이 음극(陰極)이 되며 기전력은 약 1V정도이다. 분극(分極) 작용에 의한 전압 강하가 심하여 실용화되지 않았다.

볼트 [bolt] 수나사가 새겨져 있으며 너트와 조합하여 부품을 결합하거나 조이는데 사용하는 것.

볼트 [volt] 이탈리아의 물리학자 볼타(Volta Alessandro)의 이름에서 딴 것으로서 전위차, 전압, 기전력, 전위의 실용 단위로서 기호는 V로 표기한다.

볼트 미터 [volt meter] 전압계. 전원이 되는 배터리(축전지)의 단자전압을 표시하는 미터. 전압의 단위「volt」와 계기를 뜻하는 「meter」의 합성어. ⇨ 암 미터.

볼트 온 [bolt-on] 부품 따위를 볼트와 너트에 의하여 접합하는 것. 또는 접합된 것. 용접(웰딩)과 대조적으로 사용하는 말.

볼트 축력 [bolt tension] 볼트나 너트를 죄었을 때 볼트의 축에 걸리는 장력.

봄베 [bombe] 자동차의 LPG 탱크. 압축된 고압 가스, 액화 가스를 저장하거나 운반하기 위한 원통형의 내압 용기. 압력계가 상부에 설치되어 있어 내부에 저장되어 있는 압력을 나타낸다.

봄베 가스 〔cylinder gas〕 봄베에 충전하는 가스를 총칭하는 것으로서 산소, 수소, 염소, 아세틸렌, LPG 등을 말한다.

봉 게이지 〔bar gauge〕 길이를 측정하는 측정기로서 블록 게이지를 사용하여 측정하기 곤란한 길이가 긴 것을 측정하는데 사용된다.

봉 게이지 〔point gauge〕 구멍용 한계 게이지로서 250mm를 초과하는 구멍의 검사를 하는 게이지.

부도체 〔non-conductor〕 절연체(絕緣體). 전기 또는 열의 전도율이 극히 작은 물질로서 유리, 에보나이트, 다이아몬드, 고무 등은 전기의 부도체이며 솜, 석면, 회 등은 열의 부도체이다.

부동 〔浮動; floating〕 ① 축전지 단자 사이에 병렬로 연결된 부동장치에 일정한 전압을 가하여 거의 일정하고 가벼운 충전 상태를 유지하면서 축전지를 사용하는 것. ② 제어 과정에서 원인과 그에 따른 최종 제어 요소의 작동 속도 사이에 일정한 관계가 있는 제어 동작. ③ 회로 상태가 변환되었을 때 회로 전체의 전위가 대지에 대하여 변동하도록 되어 있는 것.

부동 차축 〔floating axle〕 차축의 중앙부에 종감속 기어장치를 설치하고 좌우 2축에 하중을 분산 부동(浮動)시켜 바퀴에 회전력을 전달하는 차축을 말한다.

부동 축전지 〔floating battery〕 축전지를 발전기에 병렬로 연결한 다음 축전지 1개당 2.15~2.25V의 전압을 가해주어 자체 방전을 보충하는 정도의 적은 전류로 충전하여 항상 충전 상태를 유지시키고 작은 부하는 발전기로부터 전류를 공급하고 큰 부하는 축전지로부터 전류를 공급하도록 한 축전지를 말한다.

부동 캘리퍼형 〔floating caliper type〕 ⇨ 플로팅형 디스크 브레이크.

부동액 〔antifreeze〕 물은 얼면 체적이 불어나 엔진이나 냉각계통을 파괴하므로 겨울철에는 냉각수가 얼지 않도록 빙점을 낮추는 약품을 혼입한다. 부동액에는 퍼머넌트(permanent)형과 여기에 알코올을 섞은 세미퍼머넌트형이 있으며 냉각액에는 30% 정도 혼입하여 사용한다.

부동제 〔nonfreezing solution〕 한냉시 엔진에 사용되는 냉각수의 동결을 방지하기 위하여 혼합하는 액체로서 메탄올, 에틸알코올, 글리세린, 에틸렌글리콜 등을 말한다.

부르동 튜브식 〔Bourdon tube type〕 부르동 튜브를 윤활장치의 오일 통로에 유압 파이프로 연결하여 유압이 올라가면 부르동 튜브 내의 공기가 압축되므로 직선으로 퍼지게 된다. 이 때 부르동 튜브 끝에 설치되어 있는 기어가 계기 바늘을 움직여 유압을 표시한다.

부변속기 〔副變速機〕 ⇨ 보조 변속기(補助變速機).

부분 강화 글라스 ⇨ 강화 글라스.

부분 강화 유리 〔parts strengthened glass〕 강화 유리가 파손되면, 전체 면에 균열이 발생되어 유리를 통해 외부를 볼 수 없게 된다. 프런트 글라스에 사용되는 강화 유리는 운전석의 전체 면이 커다란 파편으로 되어 있어, 사고시 전방 시계를 확보하고 있다. 이것은 부분 강화 유리이지만, 오늘날 자동차의 프런트 글라스에는 접합 유리의 사용이 의무화되어 있어서, 부분 강화 유리는 사용되지 않게 되었다.

부분 단면 〔partial section〕 ⇨ 단면도.

부분 부하 〔部分負荷〕 하프 스로틀을 말함. 전부하에 대응하여 사용하는 용어. ⇨ 전부하.

부르동관 〔bourdon tube〕 온도, 압력 등을 측정하는 구부러진 금속관. 내부의 압력이 변하면 구부러지는 상태도 변하므로 이것으로 압력의 변화를 측정하며 관 속에 알코올 같은 것을 넣어두면 온도 변화에 따라 압력의 변화가 발생되어 구부러진 각도를 변화시키므로서 온도의 변화를 알 수 있다.

부분연소 〔部分燃燒〕 연소 행정에서 화염의 전파가 충분히 진행되지 않는 상태로 행정이 종료(終了)되어 버리는 것.

부스터 〔booster〕 승압이나 증폭하는 장치. 공기압, 유압, 전압 등을 가하여 승압시키거나 증폭, 확대하는 것으로서 엔진의 터보차저, 제동장치의 배력장치, 점화장치의 점화 코일 등을 말한다.

부스터 마그네토 〔booster magneto〕 오토바이에 설치되어 있는 고압 자석 발전기를 말한다.

부스터 브레이크 〔booster brake〕 승용 자동차에 설치되어 있는 하이드로 팩 또는 대형 자동차에 설치되어 있는 에어팩 등을 이용하여 제동력을 증대시키는 브레이크 장치를 말한다.

부스터 케이블 〔booster cable〕 엔진을 시동할 때 축전지(battery)가 방전하여 자동차가 움직이지 않으면 다른 자동차로부터 전기를 얻기 위하여 사용하는 전선(케이블). 전극은 각각 플러스(赤) 또는 마이너스(黑)를 같은 극끼리 연결한다.

부스트 〔boost〕 엔진 흡기 다기관 내의 정압(靜壓)을 수은주로 나타내는 것. 스로틀 밸브의 개도와 엔진의 회전속도에 의해 흡기 다기관의 압력이 변하므로 이것을 이용하여 점화시기, 혼합기 등을 제어하는데 이용된다.

부스트 제어 [boost control] 항공기 엔진에서 흡기 다기관의 압력이 항상 일정한 규정값을 유지하도록 기화기의 스로틀 밸브를 개폐하는 것을 말한다.

부스트 컨트롤 [boost pressure control] ⇨ 과급압 컨트롤.

부시 [bush, bushing] 일반적으로 기계의 부품으로 구멍의 안쪽에 끼워 마모를 방지하는 역할을 하는 금속통을 말한다. 자동차에서는 서스펜션의 연결부분에 사용하며 부품으로는 2중으로 되어 있는 금속제 통이나 링크 사이에 고무를 봉입하여 충격과 진동을 흡수하는 러버 부시(고무 부시)를 가리키는 경우가 많다.

부식 [腐食] ⇨ 커로전.

부식 마모 [腐食磨耗 ; corrosive wear] 주로 윤활제가 윤활을 받는 부재(部材)를 부식 시킴에 따라 발생되는 마모.

부실 [prechamber] 예연소실. 부실식 디젤 엔진으로서 주연소실과는 별도로 설치된 소실(小室)을 가르키며, 연료를 분사하여 착화시키는 곳. 부실(副室)이라 하지만 모든 연소실의 40~55%부분을 점유하고 있는 것이 일반적임.

부실 용적비 [副室容積比] 부실식 디젤 엔진으로서 연소실 전체의 용적에 점유하는 부실의 용적 비율.

부실식 디젤 엔진 [㊇Precombustion engine, ㊂indirect injection diesel engine] 디젤 엔진으로서 실린더 헤드와 피스톤에 의하여 형성되는 연소실(주연소실)에 인접하여 실린더 헤드에 부연소실을 설치하고 이 부연소실에 연료를 분사하여 착화·연소와 동시에 강한 불꽃을 주연소실에 분출하는 것. 연소실의 형태나 공기의 흡입방식과 연료의 분무 방법에 따라 연소를 조정하는 방식으로서 부연소실의 형태에 의하여 예연소실식, 와류실식, 공기실식 등으로 분류한다. 직접분사식과 비교하면 낮은(100~140기압)분사압력이지만 배기가스가 서늘하여 엔진은 조용하지만 연비가 약간 불량하다. ⇔ 직접분사식 디젤 엔진.

부압 [負壓] 마이너스(負)의 압력이라는 것이며, 유체의 압력이 주위보다 낮은 상태인 것.

부의 캠버 [negative camber] ⇨ 캠버각.

부정 논리적 회로 [NAND circuit] 부정 논리적 회로는 부정 회로와 논리적 회로를 복합한 회로로서 스위치 2개 중 1개를 OFF시키면 출력을 얻을 수 있고, 스위치 2개를 동시에 ON 시키면 출력을 얻을 수 없다.

부정 논리화 회로 [NOR circuit] 부정 논리화 회로는 부정 회로와 논리화 회로를 복합한 회로로서 스위치 2개를 동시에 OFF시키면 출력을 얻을 수 있고, 스위치 2개 중 1개를 ON시키면 출력을 얻을 수 없다.

부정 분사 [不整噴射] 디젤 엔진의 저속 회전시 연료분사 펌프에서 연료 공급 속도가 늦으면 분사 노즐이 정상적으로 작동하지 않으므로 연료가 단속적(斷續的)으로 분사하는 현상.

부정 회로 [NOT circuit] 부정 회로는 1개의 입력 스위치와 1개의 출력 스위치를 병렬로 접속한 회로로서 입력 스위치가 ON일 때는 출력 스위치는 OFF되어 출력을 얻을 수 없고, 입력 스위치가 OFF이면 출력 스위치가 ON되어 출력을 얻을 수 있다.

부축 [副軸] ⇨ 카운터 샤프트.

부축식 트랜스미션 [counter transmission] 카운터 샤프트를 가진 변속기.

부칭 [areometer] 액체에 띄워 비중을 측정하는 메터. 눈금을 표시한 유리나 금속으로 만든 관의 아래쪽을 볼록하게 만들고 그 곳에 수은이나 납 덩어리의 추를 넣으면 액체에 띄우면 똑바로 서게 되어 있으며 액면강의 눈금을 보고 그 액체의 비중을 측정한다.

부탄 [butan] 메탄계 탄화수소의 하나로서 상온에서 무색 기체이다. 천연 가스나 분해 가스에 포함되어 있는 기체로서 n-부탄과 i-부탄의 두가지 이성체(異性體)가 있으나 보통은 n-부탄을 가리킨다. 석유화학 원료로 사용되며 분자식은 C_4H_{10}이다.

부트 [boot] 마스터 실린더, 휠 실린더, 케이블, 전선 또는 커넥터 등 임의의 부분을 보호하기 위해서 씌우는 고무.

부틸 고무 [IIR : isobutylene-isoprene rubber] 합성(合成)고무의 일종으로서 가스 투과성이 낮은 특징이 있으며, 타이어의 튜브로 사용되고 있다. 이소부틸렌과 이소프렌의 공중합체(共重合體)로서 정식 명칭은 이소부틸렌 이소프렌 러버라고 하며 머리글자를 이용하여 IIR로 약한다.

부품 [parts] 기계나 구조물 등을 구성하고 있는 일정한 형태의 부분품.

부품 [component] 코일, 저항, 스위치, 트랜지스터 등 어떤 전기적 특성이나 일부의 기능을 가진 것으로 다른 부품과 접속되어 회로 또는 장치를 구성하는 것.

부하 [load] ① 전력을 공급받는 장치 또는 그와 같은 장치에 주어지는 유효 전력. ② 기계나 구조물이 외부로부터 받는 힘. ③ 에너지를 소비하는 기계설비 또는 그 기계설비가 소비하는 동력의 크기 ④ 신호 전송회로에서 신호 에너지를 받는 장치 ⑤ 계산기에 있어서 내부 기억장치에 데이터를 기입하는 것.

분권 발전기 [shunt generator] 계자 코일이 전기자 코일과 병렬로 연결된 직류 발전기로서 전기자는 처음 계자 철심의 잔류자기를 기초로 하여 발전한다. 축전지의 충전에 사용하는 이외에 전기자 저항을 적게 하여 정전압(定電壓) 발생에 사용한다.

분권 전동기 [shunt motor] 분권 전동기는 전기자 코일과 계자 코일이 병렬로 접속된 전동기로서 시동 토크가 적다. 그리고 축전지의 전원을 이용하므로 전압이 일정하고 회전 속도가 거의 일정하여 자동차의 전동팬 모터, 히터팬 모터 등에 사용된다.

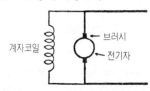

분류기 [shunt] ① 전류계의 단자 사이에 병렬로 접속하여 전류에 어떤 일정 비율로 분류시킴으로써 전류계의 측정 범위를 확대하기 위하여 사용하는 정밀한 저저항을 말한다. ② 저항 또는 임피던스를 상당히 가지고 있고 다른 디바이스 또는 장치와 병렬로 접속된 요소로서 약간의 전류를 분류하기 위한 것. ③ 일부를 다른 부분에 대하여 병렬로 접속한 것.

분류식 [by-pass filter type] 오일 펌프에서 송출된 오일의 일부만 여과하여 오일 팬으로 바이패스시키고, 나머지 여과되지 않은 오일을 윤활부에 공급하여 윤활 작용을 하는 방식으로 베어링이 손상될 우려가 있다.

분리급유 방식 [分離給油方式] 2사이클 엔진에서 가솔린에 윤활유를 혼입하는 혼합급유 방식에 대응하여 사용하는 용어로서 연료 계통과 윤활 계통을 별도로 한 시스템. 혼합급유 방식은 엔진을 소형으로 할 수 있으나 오일의 소비량이 많고 배기가스에 HC가 많은 결점이 있다. 오늘날에는 레이서 이외에는 볼 수 없게 되었다.

분리기 [separator] ① 축전지의 양극판과 음극판 사이에 끼워져 단락을 방지하는 격리판. ② 기체 속에 포함되어 있는 고형분(固形分)을 분리하는 장치. ③ 콘크리트의 형틀 간격을 일정하게 유지하기 위한 기구.

분무 노즐 [spraying nozzle] 액체를 작은 구멍으로 분출 비산시켜 미립자화하는 구조의 노즐을 말한다.

분무기 [atomizer, sprayer] 액체를 안개 모양으로 만들어 공기 속에 분출 또는 분산시키는 장치를 말한다.

분배기 [distributor] ① 점화 코일에서 발생한 고전압을 점화시기에 맞추어 스파크 플러그에 분배하는 장치. ② TV공동시청에 있어서 간선(幹線)의 임피던스를 틀어지지 않게 하고 수신 에너지를 여러 곳에 전송하기 위해서 사용된다. ③ 공통 또는 단일 회로에서 다른 복수의 회로에 적당한 시간 간격으로 신호를 분배하는 장치. ④ 주기억장치와 계산기 내의 다른 부분과의 사이에서 정보를 수수하거나 주기억장치와 외부장치의 사이에서 데이터 브레이크를 할 때 버퍼 레지스터로서 사용되는 것.

분배식 [distributor system] 분배식은 엔진의 실린더 수에 관계없이 한 개의 분사 펌프를 사용하며, 분사 펌프에 분배 밸브를 조합하여 각 실린더에 고압의 연료를 분배하는 형식. 소형 고속 디젤 엔진에 사용하며, 연료를 하나의 펌프 엘리먼트로 각 실린더에 공급하기 때문에 구조가 간단하고 조정하기가 쉬우나 다기통 엔진에는 적합치 않은 단점이 있다.

분배형 연료분사 펌프 [distributor-type, fuel-injection pump, distributor pump, fuel distributor] 디젤 엔진의 연료분사펌프 일종으로서 하나의 펌프로 연료의 압력을 높여 각 실린더에 이것을 분배하는 구조. 보슈의 인라인형 연료 분사펌프와 비교하면 소형이고 가격도 염가이며, 승용자동차용 디젤 엔진에 많이 사용되고 있다. 대표적인 분배형 펌프에는 두 개를 마주보고 조합한 플린저를 핌프축과 직각 방향으로 움직이는 루카스식(영국자동차 회사명)과 한 개의 플런저가 축방향으로 움직여 펌프 역할을 하는 보슈식(독일의 자동차 회사명)이 있다.

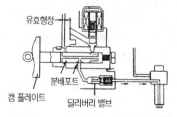

분사 [injection] 액체나 기체 따위에 압력을 가하여 분출시키는 것.

분사 개시 압력 [opening pressure] 디젤 엔진의 연료분사에서 니들 밸브가 열릴 때 분사 압력. ⇨ 자동 밸브.

분사 기간 [injection period] 분사 노즐 또는 인젝터에서 연료를 분사하기 시작에서부터 종료될 때까지 분사가 계속되고 있는 기간을 말한다.

분사 노즐 [injecting nozzle] 인젝팅은 '주입하는, 주사하는' 뜻이고, 노즐은 '대롱의 구멍, 부는 구멍'의 뜻. 분사 노즐은 분사 펌프로부터 공급된 고압의 연료를 미세한 안개 모양으로 연소실에 분사한다. 디젤 엔진은 압축된 고온 고압의 공기중에 연료를 분사하여 착화·연소시키므로 분사된 연료가 빠른 속도로 착화하여 연소되지 않으면 엔진은 고속 회전이 곤란하고 노크(knock)현상을 일으킨다. 따라서 연료를 미세한 안개 모양으로 하여 쉽게 착화할 수 있도록 하여야 하고 분무를 연소실 구석구석까지 뿌려지게 하며, 연료의 분사 끝에서 완전히 차단하여 후적이 일어나지 않게 하여야 한다. 크게 구별하면 부실식 엔진용으로는 구멍이 하나인 단공(單孔)노즐과 직접 분사식용으로는 3~6개의 구멍을 가진 다공(多孔)노즐이 있으며, 핀틀 노즐, 스로틀 노즐, 홀 노즐 등 여러가지 노즐이 개발되고 있다.

분사 시기 [噴射時期] 디젤 엔진에서 분사 노즐로부터 연료가 분출을 시작하는 시기.

분사 시기 조정기 [injection timer] 분사시기 조정기는 엔진의 회전 속도 및 부하에 따라 연료의 분사시기를 조정한다. 연료가 실린더 내에 분사되어 발화 연소하기까지 어느 정도 시간이 필요하므로 엔진의 회전 속도가 느릴 때에는 진각을 작게 하고, 회전속도가 빠를 때에는 진각을 크게 하여야 하는데 분사시기의 조절 범위는 크랭크 각도로 최대 24° 정도이면 된다. 그러나 가솔린 엔진과 같이 미세하게 조절할 필요가 없으므로 4사이클 엔진은 약 8°, 2사이클 엔진은 약 16° 정도 조절되게 한다. 엔진의 회전이 증가하면 원심추에 작용하는 원심력이 증가되어 베어링 핀이 당겨지므로 분사 펌프의 캠 축을 어느 각도만큼 회전시켜 분사 시기를 진각한다.

분사 압력 [injection pressure] 액체를 작은 구멍으로부터 분출시키는데 필요한 압력을 말한다.

분사 타이밍 [injection timing] ⇨ 분사 시기.

분사 파이프 [injection pipe] 디젤 엔진의 연료 분사펌프에서 분사 노즐까지 연결하는 고압의 파이프를 말한다.

분사각 [噴射角] 디젤 엔진에서 연료가 분사 노즐로부터 분출하는 각도.

분사량 불균율 [噴射量不均率] 분사량 불균율은 각 실린더 간의 분사량 차이의 평균차를 말하며 불균율이 크면 엔진의 진동이 발생되고 효율이 저하된다. 불균율은 분사 펌프 시험기에 의해 시험하며 불균율은 보통 ±3%이며, 제어 피니언과 제어 슬리브의 관계위치를 변경시켜 조정하여야 한다.

분사율 〔噴射率〕 디젤 엔진에서 분사되는 연료의 양이 시간에 따라 어떻게 변화하는가의 비율.

분산도 〔degree of dispersion〕 디그리는 '정도, 도, 등급', 디스퍼션은 '해산, 산포, 분산'의 뜻. 분산도는 연료가 분사 노즐로부터 분사되었을 때 분사 범위의 각 장소에서 분무의 중량을 말하며, 노즐의 형상과 설치각, 연소실의 형상, 공기의 와류 등 조건에 알맞도록 분산되어야 한다. 분산도는 수량적으로는 판단하기 어려우나 노즐의 중심 연장선상의 어떤 거리에서 중심선으로부터 여러 반경의 동심원 내에 포함되는 분량을 측정하여 전분사량을 비교하면서 그 양부를 결정한다.

분자 〔molecule〕 물질이 자신의 특성을 유지하면서 쪼개어질 수 있는 최소 단위의 입자.

분출 구멍 면적 〔噴出孔面積〕 부실식(副室式) 디젤 엔진에서 주연소실과 부연소실을 연결하는 통로의 단면적. 예연소실식은 피스톤 면적에 $0.3 \sim 0.6\%$, 와류실식은 피스톤 면적의 $1 \sim 3.5\%$로 되어 있다.

분포 〔distribution of drop size〕 디스트리뷰션은 '분배, 배급', 드롭은 '방울', 사이즈는 '크기, 넓이'의 뜻. 연료의 입자가 연소실 구석구석까지 균일하게 분포되어서 연소실 어느 곳이나 적정한 혼합기가 이루어져야 한다. 따라서 연료의 입자가 밀집된 부분은 공기가 부족하고 도달되지 않은 곳의 공기는 전혀 사용되지 못하여 불완전 연소를 일으키게 되므로 연료가 연소실에 분사되면 연소실 전체에 알맞게 분포되어야 한다.

분할 베어링 〔split bearing〕 몸체를 둘로 분리할 수 있는 평면 베어링. 베어링이 마모되면 교환이 쉽게 되도록 축받이 면, 캡, 베어링의 3부분으로 분해되고 축받이 면에 베어링을 끼운 다음 볼트로 체결하게 되어 있다.

분할 핀 〔split pin〕 너트의 풀림을 방지하는 핀으로 핀 전체가 갈라져 너트를 감쌀 수 있다. 볼트의 축에 대하여 직각으로 구멍을 뚫고 두 다리의 핀을 넣고 끝을 벌려 너트가 빠지지 않도록 하는 것. 자동차의 허브 너트에 많이 사용하고 있다.

분해 〔decomposition〕 ① 여러 개 부분의 결합으로 이루어진 한 덩어리의 사물을 그 낱낱의 부분으로 분리시키는 것. ② 화합물이 보다 간단한 두가지 이상의 물질로 나누어지는 것. ③ 합성물이 그 구성요소로 나누어지는 것.

불균형 [unbalance] 회전체의 회전축에 관한 질량분포의 균형이 잡히지 않고 어느 한쪽으로 치우쳐서 고르지 못한 상태로 상하의 균형이 잡히지 않은 것을 정적 불균형, 좌우의 균형이 잡히지 않은 것을 동적 불균형이라 한다.

불꽃 간극 [spark gap] 스파크 플러그에서 불꽃 방전을 시키기 위하여 중심 전극과 접지 전극간의 틈새를 말한다.

불꽃 시험 [spark test] ① 스파크 플러그의 성능을 검사하기 위해서 스파크 플러그 테스터기에 스파크 플러그를 설치하여 불꽃 방전을 시켜 그 상태를 점검하는 것으로서 자색의 불꽃이 발생되면 정상, 황색의 불꽃이 발생되면 양호, 적색의 불꽃이 발생되면 불량이다. ② 강재(鋼材)를 그라인더로 연삭할 때 발생되는 불꽃의 모양, 상태에 따라서 간단하게 강의 종류를 판별하는 방법을 말한다.

불꽃 점화 [spark ignition] 엔진에서 압축된 혼합기에 스파크 플러그의 방전에 의한 불꽃으로 점화하는 일. 압축 점화에 대비하여 사용되는 용어.

불꽃 점화 엔진 [spark ignition engine] 불꽃 점화에 의해 연소 행정을 시작하는 엔진의 총칭. 통상 SI 엔진이라고 하며, 압축 점화 엔진의 약칭 CI 엔진과 대조적으로 사용된다.

불림 [normalizing] A₃변태점보다 약 30~50℃ 높게 가열하여 공기 중에 방랭하는 열처리. 거칠은 조직을 미세화하고 편석이나 잔류 응력을 제거하기 위한 열처리.

불변강 [invariable steel] 온도에 의한 성질의 변화가 극히 적은 강으로서 팽창계수에 있어서는 인바강, 탄성 계수에 있어서는 엘린바 등을 말한다.

불완전 연소 [incomplete combustion] 연료 속의 탄소, 수소 등이 완전히 산화되지 않은 연소 상태를 말한다. 배기가스 속에는 일산화탄소, 알데히드, 탄소 또는 미연소 탄화수소 등의 가연 성분이 남아 있는 상태로 배출된다.

불평형 기화기 [unbalanced carburetor] 불평형 기화기는 뜨개실에 대기압이 직접 작용토록 한 형식.

불활성 가스 [inert gas] 아르곤 가스 아크 용접중에 용접 부위가 바깥 공기와 접촉하는 것을 방지하기 위하여, 토치로부터 내뿜어져 용접 부위의 공기를 차단함. 다른 물질과 결합하지 않는 성질을 가지고 있어 이너트 가스(inert gas)라고도 함. 강판의 용접에서는 탄산가스로도 대용할 수 있지만 알루미늄이나 스테인리스 스틸의 용접에는 아르곤이 필요함.

불활성 가스 용접 〔inert gas metal-arc welding〕 모재 위에 아르곤 또는 헬륨을 분출시켜 공기와 산소를 차단한 상태에서 아크를 발생시켜 접합시키는 용접으로 기공 및 산화를 방지할 수 있으므로 알루미늄, 마그네슘, 내식강, 내열강, 구리, 동합금 등의 용접에 사용된다. 불활성 가스 용접에는 텅스텐 전극을 사용하는 TIG 용접과 금속 피복봉을 사용하는 MIG 용접으로 분류된다.

붕사 〔borax〕 붕산나트륨의 결정. 천연으로는 고체로 산출되고 인공적으로는 붕산에 탄산소다를 첨가하여 중화시켜 만든다. 용도는 납땜, 금속의 검출, 접합제, 방부제 등으로 사용된다.

브라인 〔brine〕 염화칼슘 수용액, 염화나트륨 수용액, 염화마그네슘 수용액으로서 냉동장치와 냉각되는 물체 사이에 개입하여 열을 이동시키는 매체 역할을 하는 냉매를 말한다.

브라인 펌프 〔brine pump〕 브라인을 냉각기로 냉각하여 제빙장치, 냉장고, 카에어컨 등에 순환시키는 펌프를 말한다.

브래킷 〔bracket〕 건물의 기둥이나 벽에서 돌출한 보(梁)나 선반을 받치는 완목(腕木) 등 까치발을 말하는 것이다. 그러나 자동차에서는 차체 등 비교적 커다란 부분을 장착하거나 받치기 위하여 연결되는 부품을 말한다.

브러시 〔brush〕 ① 브러시는 정류자에 미끄럼 접촉을 하면서 전기자 코일에 흐르는 전류를 출입시키는 역할을 한다. 브러시는 구리 분말과 흑연을 원료로 한 금속이 50~90% 정도. 윤활성과 도선성이 우수하고 고유 저항 및 접촉 저항 등이 다른 것에 비하여 적으며, 2개의 브러시는 절연 홀더에 설치되고, 2개의 브러시는 접지 홀더에 설치되어 전류가 공급되고 방출된다. ② AC 발전기에 사용되는 브러시는 스프링의 힘으로 슬립링에 접촉되어 하나는 전류를 로터 코일에 공급하고 다른 하나는 전류가 유출된다. 또한 브러시는 로터가 작동하는 동안 슬립링과 미끄럼 접촉하고 있으므로 접촉 저항이 적고 내마멸성이 좋은 금속계 흑연을 사용한다. ③ DC 발전기 브러시는 정류자와 경사지게 설치되어 전기자에서 발생된 전류를 외부에 보내는 역할을 한다. 브러시는 엔진의 운전과 동시에 계속 작용되기 때문에 정류자의 마멸을 적게 하는 전기 흑연계이다.

브러시 스프링 〔brush spring〕 브러시 스프링은 브러시가 정류자에 압착시켜 홀더 내에서 슬라이딩 하도록 한다. 스프링의 장력은 브러시의 성질, 진동, 정류, 마멸도 등에 따라 다르나 대략 0.5~1.5Kg/cm²이다.

브러시 홀더 [brush holder] 브러시 홀더는 브러시를 지지하는 곳으로서 2개는 절연되어 있고 2개는 접지되어 계자 철심 사이의 중간 위치(자극간의 자속의 밀도가 0이 되는 위치)인 중성축상에 조립되어 있다.

브레스트 드릴 [breast drill] 가슴받이에 가슴 또는 복부를 대고 손으로 핸들을 돌려 구멍을 뚫는 핸드 드릴을 말한다.

브레이징 [brazing] 접합시킬 금속을 녹이지 않고, 보다 낮은 온도에서 녹는 금속(땜질 재료)을 접착제처럼 만들어 접착시키는 용접 방법. 사용하는 땜질 재료가 450℃ 미만에서 녹는 것을 연질 브레이징 또는 납땜(soldering)이라고 하며, 그 이상의 온도에서 녹는 땜질 재료를 사용하는 것을 경질 브레이징이라고 함. 보디 수리에서는 패널 이음새의 단차(段差)메움이나 당김 작업시 클램프의 거점으로 쓰는 박판(薄板)의 부착 등에 사용함.

브레이커 [breaker] 차단을 뜻함. ① 전기의 흐름을 차단시키는 서킷 브레이커. ② 점화장치에서 1차 회로를 차단시키는 콘택트 브레이커. ③ 크로스 플라이 타이어에서 트레드와 카커스의 사이에 들어가는 코드층으로서, 비드부에 미치지 않는 것을 가리킨다. 트레드로부터 카커스에 전달되는 노면으로부터의 충격을 완화하고, 카커스를 보호할 목적으로 사용되는 수가 많으나, 때로는 트레드부를 보강함으로써 타이어의 특성을 바꾸기 위하여(예를 들면 트레드부의 강성 제고 등)삽입되는 수도 있다. 브레이커에서 특히 테 효과를 초래하는 것을 벨트라고 한다.

브레이커 포인트 [breaker point] ⇨ 콘택트 브레이커 포인트.

브레이크 [brake] 운동체(運動體)와 정지체(靜止體)의 기계적 접촉에 의해서 운동체를 감속 또는 정지 상태를 유지하는 기능을 가진 장치. 작동부의 구조에 따라서 드럼, 디스크, 밴드, 윈뿔 브레이크 등으로 분류된다.

브레이크 더스트 커버 [brake dust cover] 디스크 브레이크의 디스크와 캘리퍼의 일부분을 덮어 씌워서 먼지(dust)나 진흙이 들어가는 것을 방지하는 커버.

브레이크 드래그 [brake drag] 운전자가 브레이크를 밟지 않아도 제동력이 발생되어 있는 상태. ① 질질 끌려간 토크의 일부분으로서 회전부분의 접촉 등으로 브레이크에 제동력이 발생한 상태. ② 주차 브레이크의 해제를 잊었거나 불충분한 까닭으로 브레이크가 걸려있는 상태로 주행하는 것.

브레이크 드럼 [brake drum] 브레이크 드럼은 휠 허브에 볼트로 설치되어 바퀴와 함께 회전하며, 라이닝과 접촉되어 제동력을 발생한다. 재질로는 알루미늄 합금, 강판, 특수 주철 등이 사용되며, 제동력 발생시 600~700℃의 마찰열이 발생되어 제동력이 저하되므로 냉각성을 향상시키고 강성을 증대시키기 위하여 원둘레 직각 방향에 냉각 핀 또는 리브(rib)가 설치되어 있다. 주철로 제작한 것이 많지만 바깥 둘레에는 알루미늄 합금을 접합한 알핀드럼도 있다.

브레이크 드리프트 [brake drift] 코너의 입구에서 의도적으로 급한 브레이크를 걸고 뒤바퀴의 중량배분을 순간적으로 바꾸어 드리프트의 실마리가 되게 하는 방법이다. 높은 테크닉을 구사하므로 일반적인 것은 아니다.

브레이크 디스크 [brake disc] 디스크 로터라고도 하며 디스크 브레이크에서 브레이크패드를 압착시켜 제동 효과를 발생하는 원판(圓板 : 디스크). 회색 주철로 제작한 것이 많으며 냉각 때문에 통풍 구멍이 설치되어 있는 벤틸레이티드 타입과 구멍이 없는 솔리드 타입이 있다. 통풍 구멍에 의하여 20~30%정도 온도 상승을 억제하여 페이드(fade) 현상을 방지함과 동시에 패드의 수명을 연장할 수 있다. 레이싱카에서는 카본 파이버를 사용한 카본 디스크도 사용되고 있다.

벤틸레이티드 타입   솔리드 타입

브레이크 라이닝 [brake lining] 브레이크 드럼과 직접 접촉하여 브레이크 드럼의 회전을 멈추고 운동 에너지를 열 에너지로 바꾸는 마찰재. 열 에너지는 브레이크 드럼으로부터 발산하지만, 브레이크 라이닝의 온도도 매우 높아지기 때문에, 고온이 되어도 연소되지 않고 마찰계수(미끄러지기 어려운 정도)의 변화가 작은 것이 좋은 라이닝이라고 할 수 있다. 석면을 반죽하여 구운 것(몰디드 아스베스토), 석면과 함께 금속분말로 혼합한 것(세미 메탈릭), 소결합금(메탈릭) 등의 라이닝이 있다.

브레이크 램프 [brake lamp] 제동등·스톱 라이트·브레이크등·브레

이크 라이트라고도 한다. 브레이크를 밟음과 동시에 점등하는 적색의
라이트.

브레이크 레버 〔brake lever〕 파킹(주차)브레이크를 조작하기 위한 손
잡이.

브레이크 로크 〔brake lock〕 브레이크를 걸었을 때 자동차가 움직이려고
해도 타이어는 회전하지 않는(로크 : lock) 상태.

브레이크 리액션 로드 〔brake reaction rod〕 ⇨ 스트럿.

브레이크 마스터 실린더 〔brake master cylinder〕 브레이크 페달의 조작
력을 유압으로 변경하는 장치로서 구조에 따라 센터 밸브식, 플런저
식, 컨벤셔널식의 3개 타입이 있다. 또한 압력실과 피스톤이 일반적으
로 1개인 것을 싱글 마스터 실린더, 2계통의 브레이크용으로 피스톤을
세로로 2개 나란히 설치한 것을 탠덤 마스터 실린더라고 한다. 탠덤은
세로(縱)로 나란히 놓은 것을 말한다.

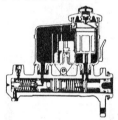

브레이크 메이크 접점 〔break make contacts〕 진동 접점식 발전 조정기
와 같이 한쪽의 회로를 닫기 전에 다른 한쪽의 회로가 열리게 되어 있
는 접점. 하나의 접점이 자력에 의해서 상대쪽 접점에서 열린 다음 제3
의 접점이 닫히도록 되어 있는 것.

브레이크 밴드 〔brake band〕 마찰 브레이크에 있어서 브레이크 드럼의
둘레를 감고 있는 띠로서 자동 변속기, 대형 자동차의 센터 브레이크
에 사용된다.

브레이크 밸브 〔brake valve〕 브레이크 밸브는 브레이크 페달에 의해 작
동되어 앞 브레이크 체임버와 릴레이 밸브의 공기 탱크에 저장되어 있
는 압축 공기를 공급하여 제동력이 발생되도록 한다. 브레이크 페달을
밟으면 푸시 버튼이 플런저를 눌러 배출 밸브를 닫고 공급 밸브를 열
어 공기를 공급한다. 또한 브레이크 페달을 놓으면 주 스프링의 장력
에 의해 플런저가 복귀되면 공급 밸브를 닫고 배출 밸브를 열어 신속
하게 공기를 배출하여 브레이크를 해제시킨다.

브레이크 부스터 〔brake booster〕 운전자가 브레이크를 밟는 힘 이외에 엔진의 부압이나 압축 공기 등의 힘을 가하여 제동력을 강하게 한 다음 브레이킹시의 밟는 힘을(踏力)가볍게 하는 장치. ⇨ 서보 브레이크.

브레이크 슈 〔brake shoe〕 브레이크 드럼의 내부에 설치된 반달 모양의 철제 부품으로서, 마찰재의 브레이크 라이닝이 첨부되어 있다. 브레이크 슈는 휠 실린더에 가해진 유압에 따라 브레이크 드럼에 압착하여 제동력을 발생하고, 유압이 해제되면 리턴 스프링에 의하여 자동적으로 원래의 위치로 복귀하도록 되어 있다.

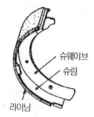

슈웨이브
슈림
라이닝

브레이크 슈 리턴 스프링 〔brake shoe return spring〕 브레이크 슈 리턴 스프링은 마스터 실린더의 유압이 해제되었을 때 브레이크 슈를 본래의 위치로 돌아오게 하며, 휠 실린더의 오일을 마스터 실린더로 되돌아가게 한다.

브레이크 스루 〔brake through〕 정류 회로에서 소자가 전류의 흐름을 차단하여야 할 때 순저지 기능을 상실하여 전류의 흐름을 차단하지 못하고 흐르는 이상 현상. 순저지 기간에 정류 소자가 전압 저지 기능을 상실하여 통전 상태로 이행하는 이상 현상을 말한다.

브레이크 스위치 〔brake switch〕 브레이크 스위치 ECS에서 브레이크의 조작 여부를 ECU에 입력하는 역할을 한다. 브레이크를 작동하면 축전지 전원이 ECU에 입력되어 자동차의 높이를 조정하게 된다.

브레이크 스퀼 〔brake squeal, brake squeak〕 브레이크에서 발생하는 잡음으로서 유별나게 높은 소리. 제동중 브레이크 부품의 공진(共振)에 따라 발생하는 1,000~15,000Hz의 '끽끽' 혹은 '찍찍'하는 소리를 스퀼(squeal), 제동하고 있지 않는 상태에서 브레이크로부터 들리는 8,000~10,000Hz의 '찍'하는 연속음을 스퀵(squeak)이라고 한다.

브레이크 스프링 플라이어 〔brake spring plier〕 드럼 브레이크에서 브레이크 슈 리턴 스프링을 끼우거나 뺄 때 사용한다.

브레이크 액 [brake fluid] 유압식 브레이크나 클러치의 작동액으로 유압 전달에 사용되는 오일 형태의 액체. 비점이 높고 빙점이 낮은 액체로서 온도에 대한 점도의 변화가 적고 화학적으로 안정되어 있는 것이 필요하며 예전에는 피마자유(油)를 사용하였으나 현재는 합성유로 바뀌어 에틸렌글리콜이나 에텔 등을 주로 사용한다. 흡습성(吸濕性)이 있으므로 수분에 의하여 비점(沸点)이 내려가므로 취급에 주의가 필요하다. '브레이크 플루이드'라고도 한다.

브레이크 접점 [break contact] 평상시에는 접점이 닫혀있다가 여자되면 열리는 접점으로 b접점이라고도 한다.

브레이크 체임버 [brake chamber] 브레이크 체임버는 공기의 압력을 제동력으로 바꾸는 역할을 한다. 브레이크 페달을 밟지 않았을 때 다이어프램이 리턴 스프링에 의해 한쪽으로 밀려져 있다가 브레이크 페달을 밟아 압축 공기가 도입되면 다이어프램이 리턴 스프링을 압축하면서 푸시로드가 브레이크 캠을 작동시켜 제동력이 발생되도록 한다. 브레이크 페달을 놓았을 때는 다이어프램의 리턴 스프링에 의해 브레이크가 해제된다.

브레이크 캘리퍼 [brake caliper] ⇨ 디스크 브레이크 캘리퍼.

브레이크 테스터 [brake tester] 주행 자동차의 제동력을 검사하기 위한 장치. 롤러 구동형과 답판 이동형이 있으며 자동차 바퀴를 롤러 또는 답판 위에 올려놓고 전동기로 회전시켜 그 반력에 의해 제동력을 측정하는 테스터.

브레이크 파이프 [brake fluid pipe] 브레이크 마스터 실린더에서 발생한 유압을 휠 실린더에 유도하는 압력관. 일반적으로 2중으로 말아 놓은 강관(鋼管)을 사용하며 도금, 코팅, 도장 등에 의하여 여러가지 방법으로 외상이나 부식으로부터 보호 대책이 되어 있다.

브레이크 패드 [brake pad] 편평한 배킹 플레이트에 마찰재로서의 브레이크 라이닝을 첨부한 것으로서, 디스크 브레이크의 캘리퍼 내에 내장되어 있다. 드럼 브레이크의 브레이크 슈와 같은 역할을 하지만, 그 면적은 브레이크 슈보다 훨씬 작고, 역으로 디스크를 누르는 힘은 몇 배 크다. 그 때문에 브레이크 슈보다 심한 일을 하여, 수명은 브레이크 슈보다 짧다. ⇨ 디스크 브레이크 패드.

브레이크 페달 [brake pedal] ① 발로 밟아 브레이크를 작동하는 것. 대시보드 아래에 설치되어 있는 펜던트 타입(현수식)과 오르간의 페달처럼 바닥에 힌지를 장착하여 상단을 누르는 오르간 타입(기립식)이 있다. 액셀, 클러치, 브레이크의 3개 페달 중에서 가장 큰 힘으로 밟으므로 운전의 정면에 설치되어 있으며 AT자동차에서는 통상적으로 오른발 뿐만 아니라 왼발로 조작하는 사람도 고려하고 있다. ② 지레의 작용을 이용하여 페달을 밟는 힘은 3~6배 정도의 힘을 마스터 실린더에 전달하는 것이 주목적이지만, 기계의 접점이기도 하다. 브레이크의 제동력과는 별도로, 페달의 스트로크가 너무 작으면 판자를 밟고 있는 것 같아서 컨트롤이 어렵고 느낌이 나쁘다. 반대로 스트로크가 너무 커도 스펀지같은 느낌이 들어 바람직하지 못하다. 또한, 드럼이 편심으로 되어 있으면 브레이크 페달에 반력(킥백)이 느껴지고 앤티 로크 브레이크도 그 작동중에는 킥백이 있다.

브레이크 풀 [brake pull] ① 브레이크를 밟았을 때 좌우 브레이크의 제동력이 다른 것. ② 이와 같은 결과로 자동차가 좌우 한쪽 방향으로 쏠리게 되므로 핸들을 빼앗기게 되는 현상. '제동 편향(偏向)'이라고도 한다.

브레이크 호스 [brake fluid hose] 브레이크 액(플루이드)의 유압을 전달하는 호스로서 차체와 서스펜션과 같이 상대적으로 움직이는 부분에 사용되고 있는 것. 내유성(耐油性)이 있는 고무 튜브에 섬유나 고무로 제작한 커버를 여러 층으로 겹쳐서 만들며, 높은 유압에 의한 팽창을 최소한으로 억제하도록 하고 있다. 플렉시블 호스라고도 한다.

브레이크 홉 [brake hop] 홉은 '획획' 혹은 '깡충깡충' 뛰는 모양의 뜻. 브레이크를 강하게 밟으면 뒷바퀴가 상하 전후로 흔들리는 현상. ⇨ 호핑.

브레이크다운 전압 [breakdown voltage] 브레이크다운 전압은 역방향으로 전류가 흐르기 시작할 때의 역방향 전압으로서 역방향 전압을 서서히 증가하면 어느 전압에 도달한 시점에서 공유 결합된 가전자는 역방향 전압의 에너지에 의해 자유 전자로 변화되어 전류가 흐르기 시작한다. 전류가 흐르기 시작하는 시점은 제너 전압보다 역방향 전압이 높게 제너 다이오드에 가해지면 급격히 전류가 흐르기 시작한다.

브레이크다운 토크 [breakdown torque] 전동기에서 정격 전압이 공급되어 규정의 작동 온도에서 발생하는 최대 축 회전력을 말한다. 회전속도가 정지속도에 가까워짐에 따라 회전력이 연속적으로 증대되는 것은 브레이크다운 토크라고 생각하지 않는다.

브레이크다운 플라스마 [breakdown plasma] 반도체 디바이스에서 항복 영역 내의 캐리어 농도가 높기 때문에 높은 도전성을 가진 영역으로 보이며 보통 역바이스된 PN 접합에서 전하의 밀도가 높아지면 이 영역은 자기 효과를 수반한 플라스마의 성질을 띠게 된다.

브레이크오버 [breakover] 사이리스터를 OFF 상태에서 애노드와 캐소드 사이에 전압을 규정 이상으로 계속 상승시키면 누설 전류가 증가하여 어떤 값에 이르면 게이트에 신호를 주는 것과 같이 ON 상태가 되어 전류가 흐르게 되는 것을 말한다.

브레이크장치 [brake system] 자동차를 감속하여 정지시키는 장치의 총칭. 드럼 브레이크와 1950년대부터 사용하기 시작한 디스크 브레이크가 있으며, 용도별로는 상용(常用)브레이크, 보조 브레이크, 비상 브레이크, 주차 브레이크로 분류한다. 또한 제어 방법으로는 풋 브레이크와 핸드 브레이크가 있으며, 조작력을 전달하는 방법에 따라 기계식과 유압식, 그리고 공기식으로 나누어진다.

브레이킹 [braking] 브레이크를 거는 것. 브레이크 페달을 밟는 것.

브레이킹 드리프트 [braking drift] 운전 테크닉의 한가지. 코너링을 시작할 때 맨처음 브레이크를 걸어 앞바퀴 타이어에 하중을 증가시키고 뒷바퀴는 코너의 바깥쪽으로 나가는 현상으로서 고도의 운전 테크닉이다.

브레이킹 인 [⑱braking-in, wearing-in, ⑳running-in] 길들이기 주행이라고도 하며, 신차 또는 엔진이나 동력전달 계통을 오버홀하여 정비한 자동차를 운행할 때 저속, 저부하로 주행하여 회전 부분이나 접촉 부분을 길들이는 일.

브레이킹 현상 [braking phenomenon] 센터 디퍼렌셜이 없는 4WD자동차가 4륜 구동 상태로 주행할 경우 작은 코너를 돌아갈 때 전후륜의 회전반경이 다르기 때문에 브레이크가 걸린 것처럼 되어 주행하기 어려워지는 현상. 정확한 말로는 '타이트 코너 브레이킹 현상'이라 한다.

브레이턴 사이클 [Brayton cycle] 압축, 팽창은 단열 변화이며 수열과 방열은 정압적으로 이루어지는 열기관의 이상적 사이클. 정압 연소를 하는 일반 가스터빈의 기본 사이클이다.

브로엄 [braugham] 리무진으로서 운전석에 지붕이 없는 것을 말함.

브로치 [broach] 원형 이외의 네모, 여섯모 또는 불규칙한 구멍이나 홈, 면을 깎는데 사용하는 막대 모양의 공구로서 바깥 둘레에 앞뒤로 겹친 날을 차례로 축에 배열한 브로치를 브로칭 머신에 설치하여 소정의 형상으로 가공한다.

브로칭 머신 [broaching machine] 공작물의 구멍 내면 또는 표면에 브로치 또는 공구를 사용하여 한번에 소정의 형상으로 가공하는 기계. 작업의 종류에 따라 내면 브로치, 외면 브로치로 분류하고 운동 방향에 따라 인발 브로치와 압출 브로치로 분류한다.

브론징 [bronzing] 안료의 변질에 따라 페인팅 위로 금속성 광택이 생기는 문제. 유기계(有機系)의 빨강, 파랑, 녹색 계통의 안료에 일어나기 쉬운 것이 있음.

브리넬 경도 [Brinell hardness] 시험편의 재료에 따라 지름이 5mm 또는 10mm의 고탄소강 볼에 500kg 또는 3000kg의 하중으로 시험편을 30초 동안 눌러 시험편에 발생된 오목한 부분을 측정하여 가공하기 전 재료의 경도를 시험한다. 하중을 오목부분의 표면적으로 나눈 값을 브리넬 경도라 한다.

브리더 [breather] 브레이크 휠 실린더, 기화기, 디젤 연료장치에 설치되어 공기를 빼거나 공기가 들어갈 수 있도록 뚫어 놓은 구멍을 말한다.

브리지 [bridge] ① 다리, 교량의 뜻으로 전기 저항을 측정하는데 사용되는 전기 회로. ② 데이터 전송 중앙국에 설치되어 다른 국에서 여러 회선을 하나로 집약하고 처리 센터에 최적의 정보를 주도록하여 회선이 데이터 세트의 절약을 도모하게 한 장치. ③ 배선이 절연 불량 등으로 인하여 단락되는 것. ④ 한 개의 전기 회로를 다른 전기 회로와 병렬로 접속하는 것.

브리지 정류기 [bridge rectifier] 교류 발전기의 실리콘. ⊕ 다이오드와 ⊖ 다이오드를 연결하여 정류작용을 하는 것과 같이 정류 소자를 브리지의 각 변에 조립하여 전파 정류를 하게 한 정류기 회로를 말한다.

브리지 회로 [bridge circuit] 4개의 정류 소자를 마름모꼴로 접속하고 대향하는 접속점을 전원입력 회로와 부하에 출력 회로로 브리지한 회로로서 교류 발전기의 실리콘 다이오드 회로를 말한다.

브리징 [bridging] ① 표면의 스크래치 등 결점이 완전히 메꾸어지지 않을 때 일어나는 언더 코트의 특징. 일반적으로 프라이머를 완전히 녹이지 않았거나 너무 빠른 용제를 사용함으로써 발생된다. ② 실렉터 스위치에서 인접한 2개의 접점에 접촉되도록 가동 접점의 폭을 넓게 하여 접점을 건너갈 때 회로가 차단되지 않도록 한 스위치 동작. ③ 진동 접점식 발전 조정기에서 브레이크 메이크 접점의 작동. ④ 접점에서 불꽃 발생으로 인하여 금속의 돌기로 인해 개방 접점끼리 단락되는 것. ⑤ 한 개의 전기회로에 다른 전기 회로와 병렬로 접속하는 것.

브릭 로드 노이즈 [brick road noise] 로드 노이즈의 일종이며 벽돌 포장 길이나 레인 그루브가 있는 노면 등을 일정한 간격으로 돌출된 노면에서 주행했을 때 서스펜션 계통과 차체가 공진하여 발생하는 소리.

V리브드 벨트 〔V-ribbed belt〕 V자형의 단면을 갖는 리브(갈빗대 : 늑골과 같은 보강재)를 부착한 벨트. V벨트를 몇 개 늘어놓아 일체로 한 것같은 형태의 벨트로서 풀리와의 접촉 면적이 넓고 동력의 전달 능력이 크다.

V벨트 〔V-belt〕 단면이 사다리꼴로 되어있는 벨트. 동력 전달은 벨트와 풀리의 마찰에 의해 전달되며 V 벨트가 풀리의 V홈 밑에 접촉되지 않아야 한다. V의 각도는 풀리보다 벨트가 커야 하며 벨트의 V의 각은 40°이다. 특징으로는 운전이 정숙하고 충격이 완화되며 미끄럼이 적어 전동효율이 95～99% 이고, 원주속도는 25m /sec이다. 축간거리가 2～5m로 평벨트보다 짧고 베어링의 부담이 적다. V 벨트의 크기는 단면의 크기와 길이로 나타내며 굵기는 M, A, B, C, D, E의 6가지 형으로 M에서 E쪽으로 갈수록 단면이 큰 벨트이다. 벨트의 길이는 단면의 중앙을 지나는 유효둘레를 인치로 나타낸다. 서펀 타인 벨트라고도 한다.

VV 엔진 〔vertical vortex〕 종와층상 희박연소(縱渦層狀稀薄燃燒)엔진. 3밸브 엔진의 흡기 2밸브 중 한쪽 포트에 연료를 분사하고 흡기 행정에서 실린더 내에 진한 혼합기와 연한 혼합기가 세로 방향으로 와류를 형성하는 것이 특징. 압축 행정 후반에 세로 방향의 와류는 붕괴되지만 진한 혼합기 부분은 남게 되어 여기에 점화하여 희박 연소를 발생시키는 것.

텀블 포트

A-A 독립 포트

편측 포트 분사

공기 혼합기

VVT 〔variable valve timing〕 가변 밸브 타이밍 시스템. 고속시에 흡기쪽 캠 샤프트의 위상을 진각(進角)시켜 밸브 오버랩을 길게 하여 흡입효율을 높여서 출력향상을 도모한 것.

V 블록 〔V-block〕 크랭크 축, 캠 축 등 둥근 축을 지지하여 점검할 수 있도록 V자형의 홈이 파여져 있는 블록을 말한다.

VCS 〔valve timing control system〕 가변 밸브 타이밍 시스템. 고속시 흡기쪽 캠 샤프트의 위상을 빠르게 하여 밸브 오버랩을 길게 하고 흡입 효율을 높여 출력의 향상을 도모하는 것. 위상을 변하게 하는 메커

니즘은 캠 풀리를 캠 샤프트 설치 부분의 축 주위에 경사진 홈이 깎여
진 헬리컬 기어로 하고, 유압으로 캠 풀리 내의 피스톤을 밀어서 쌍방
의 상대적인 회전 각도를 바꿀 수 있도록 되어 있다.

VCU [viscous coupling unit] ⇨ 비스커스 커플링 유닛.

VI [viscosity index] ⇨ 점도 지수.

VIC [variable induction control] 가변 흡기 시스템. 긴 흡입 매니폴드
중간에 쇼트 컷을 설치하고 고속 회전시에는 이 쇼트 컷을 이용하여 매
니폴드의 길이를 짧게 하면 흡기 맥동효과를 얻는 것.

VIC 밸브 위치 센서 [VIC-valve position sensor] VIC 밸브 위치 센서
는 VIC 서보에 설치되어 VIC 밸브의 열림을 감지하여 이것을 아날로
그 신호로 변환시켜 컴퓨터에 입력한 다음 가변 흡기 밸브의 열림량을
조절한다.

VIC 서보 [variable induction control servo] ⇨ 가변 흡기 조절 서보.

VICS [variable inertia charging system] 가변흡기시스템으로서 실질
적인 흡기관의 길이를 저속에서는 길게, 고속에서는 짧게 하여 흡기맥
동효과를 이용한 엔진의 흡기 효율을 높이도록 시도한 것. 실린더마다
독립되어 있는 인테이크 매니폴드의 일부에 다른 실린더의 매니폴드와
연결하는 연통관(連通管)을 설치한 다음 고속 회전시에는 전체의 다기
관(매니폴드)에 연결하여 서지 탱크로서 기능을 다하는 타입(FE); 인
테이크 매니폴드의 일부를 2개로 나누어 중저속 회전시에는 한쪽만 사
용하는 타입(B6), 중저속 회전시에는 U자형의 기다란 흡기 구멍을 이
용하여 고속시에 이 구멍이 서지 탱크 역할을 하도록 한 타입(JE)의 3
형태가 있다.

VIS [variable induction system] 가변 흡기 시스템의 하나이다. 서지탱
크와 인테이크 밸브를 연결하는 흡기관 2개로 나누어 한쪽에 밸브를
설치하여 흡기관의 단면적을 가변(可變)으로 하고, 흡기 맥동 효과(吸
氣脈動效果)를 유효하게 사용하여 체적 효율을 올리는 것.

VIN [vehicle identification number] ⇨ 차량 식별 번호.

VRIS [variable resonance induction system] V6 엔진에서 각 실린더
를 향하고 있는 6개의 다기
관을 3개씩 두 그룹으로 분
할하고 이것들을 공명실(共
鳴室)로 하여 서지 탱크 및
공명관으로서 작용하는 파
이프에 연결한 다음 각각

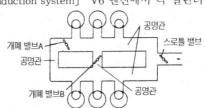

셔터 밸브를 사이에 설치한 구조로 되어 있다. 엔진 회전수에 걸맞게 셔터 밸브를 적당하게 개폐하여 기주공명(氣株共鳴)에 따라 흡기맥동 효과를 한층 높여서 엔진의 흡기 효율을 향상시키는 것.

VSV [vacuum switching valve] 진공 스위칭 밸브. 진공 스위칭 밸브 는 재시동시 인젝터 내에 베이퍼로크 발생으로 혼합기가 희박해지는 것을 방지한다. 엔진의 냉각수 온도가 100℃ 이상에서 재시동시 컴퓨 터로부터 신호를 받아 솔레노이드의 전자력에 의해 진공 스위칭 밸브 를 열어 압력 조절기의 진공 체임버에 대기압이 작용되도록 하여 인젝 터에 가해지는 연료의 압력을 상승시켜 시동이 원활하게 이루어지도록 한다.

VE형 펌프 [VE distributor-type fuel-injection pump] 보슈社의 분배형 연료분사 펌프. 구동축에 의하여 회전하는 플런저가 회전하면서 왕복 운동하여 연료를 압송하는 구조로 되어 있으며, 승용차나 소형 상용차 의 디젤 엔진에 많이 사용되고 있다.

VTD 4WD [variable torque delivery electronically controlled 4WD] 가변 토크 배분식 전자제어 4륜 구동. 토크 스플릿식 4WD의 명칭으로 서 유압 다판클러치와 복합유성 기어식 센터 디프렌셜을 조합하여 앞 뒤로 배분하는 토크를 전륜 35 : 후륜 65의 부등 비율(不等比率)로 한 다. 고속시의 조종성을 스포티하게 함과 동시에 전자제어에 의한 구동 력 배분을 변경하여 안전성도 확보하도록 겨냥한 것.

VTCS [viscous traction control system] 트랙션 컨트롤 시스템으로서 비스커스 LSD를 사용하는 것을 특징으로 한 것. 스로틀 컨트롤 이외 에 구동 바퀴의 좌우 브레이크를 독립하여 제어하며 LSD의 효과와 더 불어 안정된 주행을 할 수 있다.

VTEC [variable valve timing & lift electronic control system] 가변 밸브 타이밍 리프트 기구. 4밸브 DOHC엔진에서 각 실린더의 흡기쪽 과 배기쪽에 서로 다른 프로파일(profile)을 가진 3개씩의 캠을 설치 한 구조로서 중앙은 고속 전용, 양쪽 옆의 2개는 저속 전용으로 사용된 다. 저속시에는 저속용 캠이 개별적으로 작동하는 로커 암을 밀어 최적 (最適)의 밸브 타이밍과 리프트량으로 밸브를 개폐하게 된다. 그러나 고속이 되면 유압에 따라 작동하는 피스톤에 의하여 3개의 로커 암이 연결되어 중앙에 있는 고속용 캠에 의한 밸브 타이밍이 넓어지고(일찍 열리고 늦게 닫힘) 리프트량도 커진다. 이 결과 저속시에는 흡기가 되 돌아오지 않으므로 저속 토크의 증가와 함께 고속 성능이 우수한 엔진 을 얻게 되었다. ⇨ 가변 밸브 타이밍 시스템.

VTEC-E 흡기 밸브 정지기구의 명칭으로서 저연비와 희박한 연소를 달성하기 위하여 4밸브 엔진의 흡기쪽 밸브 2개 중 1개를 저속회전 부근에서 멈추는 시스템. 저속회전시에 2개의 흡기 밸브는 상이한 프로파일(profile:윤곽)의 캠으로 작동하는 로커 암에 의하여 따로따로 개폐되며, 한쪽 밸브의 리프트는 0.65mm의 정지상태. 다른쪽 밸브만 8mm 리프트(lift:揚程)로 작동하여 연소실에 강한 와류(swirl:渦流)를 형성한다. 고속회전이 되면 2개의 로커 암이 유압 피스톤에 의하여 일체로 되어 2개의 밸브는 함께 8mm의 리프트로 충분히 혼합기를 흡입하는 구조로 되어있다.

V형 [V-type] 다기통을 1기통별로 서로 번갈아가며 V자형으로 늘어 놓은 것이다. 다기통에서는 길이를 짧게 할 수 있다. V2, V4도 있으며 일반적으로 V6, V8, V12가 자동차에는 쓰이고 있다. 직렬보다 구조는 복잡하지만, 안전하고 견고하게 되어 있어서 우리나라에서는 고급 자동차용 엔진으로 많이 사용되고 있다.

V형 엔진 [V-engine] 엔진을 실린더 배열에 따라 분류하는 방법의 하나로서 실린더를 크랭크 축을 중심으로 V자형으로 배열한 것. 2기통 이상의 복수 기통에서 볼 수 있으며 구조는 복잡하게 되어 있지만 직렬 엔진과 비교하면 엔진의 전체 길이를 짧게 할 수 있는 장점이 있으므로 고성능 엔진에 많이 사용되고 있다.

블라인드 [blind] 눈을 가리는 물건이나 창에 달아 볕을 가리는 물건을 말한다.

블라인드 캡 [blind cap] 파이프나 구멍을 폐쇄할 목적으로 덮어 씌우는 뚜껑을 말한다.

블라인드 코너 [blind corner] 멀리까지 한눈에 바라볼 수 없는 커브. 블라인드는 앞을 바라보기 어려운 것.

블라인드 쿼터 [blind quarter] 뒷좌석 부위를 감싸는 보통 이상으로 넓은 C-필러.

블랙 라이트 [black light] 가시역에 가까운 자외선 부분으로 공학상 형광 물질에 대한 효과가 크기 때문에 조명 분야 등에 이용되고 있다.

블랙 테이프 [black tape] 면포 등에 고무성 콤파운드를 바른 절연 테이프로서 접착성이 있기 때문에 배선의 접속부를 절연시키는데 사용된다.

블랭킹 [blanking] 판재를 펀치와 다이를 사용하여 소요의 형상으로 뽑아내는 판금 가공법.

블러싱 〔blushing〕 새로운 페인트 코트에 창백한 흰 막이 형성되는 형상.

블레이드 〔blade〕 ① 유체 클러치, 토크 컨버터, 송풍기, 압축기, 터빈 등에 사용되는 날개. ② 건설기계의 불도저, 모터그레이더 등에 설치되어 있는 토공판. ③ 편평한 도체로 된 가동 접촉부에서 접촉 클립에 들어가거나 또는 이것을 둘러싸도록 클립화되어 있는 차단기.

블로 〔blow〕 ① 주물에 기포가 생기는 결함으로서 주형에 수분이 많거나 가스의 배출이 불량할 때 수증기나 가스가 발생되어 일어난다. ② 판금 작업에서 해머로 보디를 타격하는 것.

블로 다운 〔blow down〕 블로 다운은 2행정 사이클 엔진의 동력 행정 끝에서 피스톤이 소기공을 열면 연소 가스 자체의 압력으로 배출되는 것. 피스톤은 하강하지만 연소 가스 자체의 압력으로 배출되는 현상.

블로 램프 〔blow lamp〕 가솔린 또는 석유를 압축 공기로 기화 분출시켜 연소시킴으로써 납땜에서 경납을 녹여 금속을 접합하거나 낡은 페인트를 연소시켜 벗길 때 사용하는 가열용 램프를 말한다.

블로 백 〔blow back〕 압축 행정 또는 폭발 행정일 때 가스가 밸브와 밸브 시트 사이에서 누출되는 현상을 말함.

블로 홀 〔blow hole〕 ① 용접 작업에서 용착금속 내부에 배출되지 못한 가스에 의해서 발생된 기공. ② 주물 작업에서 주물속에 가스가 배출되지 못하여 발생된 구멍을 말한다.

블로바이 〔blow-by〕 블로바이는 옆으로 샌다는 뜻으로 압축 및 폭발 행정시에 혼합기 또는 연소 가스가 피스톤과 실린더 사이에서 크랭크 케이스로 새는 것을 말한다.

블로바이 가스 〔blow-by gas〕 엔진의 압축 행정과 팽창 행정에서 실린더와 피스톤의 간극으로부터 크랭크 케이스에 빠져나온 가스. 구성은 압축 행정에서 새어나온 혼합기가 75~90%를 점유하며, 10~25%가 팽창 행정에서 발생하는 연소가스이다. 엔진 오일을 열화시켜 엔진 내부를 녹슬게 하는 원인이 되므로 예전에는 신속히 외부로 나오게 하였으나 대기 오염의 문제로 흡기 계통으로 되돌려 보내게 되었다. 블로바이는 바람이 지나가는 것.

블로바이 가스 환원장치 〔positive crankcase ventilation〕 블로바이 가스의 흡기 계통으로 환원하는 장치. 크랭크 케이스와 에어클리너를 파이프로 연결한 것뿐이므로 인테이크 매니폴드의 부압을 이용하여 크랭크 케이스 내의 가스를 빨아내도록 한 것이 있으며, 후자는 포지티브(적극적인)크랭크 케이스 벤틸레이션(환기). 약해서 PCV라고 한다.

블로어 [blower] ① 실린더에 공기를 불어넣는다는 뜻에서 슈퍼차저의 임펠러를 감싸고 있는 케이스를 이르는 말. ② 에어컨의 송풍기.

블로커 링 [blocker ring] ⇨ 싱크로나이저 링.

블록 [block] ① 덩어리, 괴상(塊狀)의 금속 재료. ② 열차를 안전하게 운전하기 위하여 어떤 구간에 하나의 열차 또는 차량이 들어가 있는 동안은 다른 열차나 차량이 들어가지 못하도록 신호하는 일. ③ 데이터를 전송함에 있어 전송 목적에 따라 분류된 일련의 문자 모임. ④ 정보 처리에 있어서 한 덩어리로 취급되는 정보 단위의 그룹을 말한다. ⑤ 시가지의 한 구획을 말한다.

블록 게이지 [block gauge] 기준 게이지. 스웨덴의 요한슨에 의해 고안된 것으로서 각면의 치수가 다른 육면체로 정밀하게 다듬질되어 여러 개를 조합 밀착시켜 측정한다. 한 세트가 8개, 27개, 32개, 47개, 76개, 103개로 되어 있으며 정밀도에 따라 분류하면 AA 등급은 연구소용, A 등급은 표준용, B 등급은 검사용, C 등급은 공작용으로 되어있다.

블록 체크 [block-chek] 작동하고 있는 엔진의 라디에이터 필러 넥에 삽입하여 냉각장치로의 배기가스 누설을 탐지하는 테스터.

블록 패턴 [block pattern] 블록은 덩어리라는 뜻. 타이어의 트레드가 독립된 블록으로 되어 있는 패턴으로서 스노타이어나 스터드리스 타이어에 흔히 볼 수 있다. 눈길이나 진흙길에서 그립은 양호하지만 블록이 노면에 맞닿는 소리가 약간 크며 편마모가 되기 쉬운 것이 결점.

블리더 스크루 [bleeder screw] 유압식 클러치, 유압식 브레이크, 디젤 연료장치 등에서 회로 내에 공기가 침입되어있을 때 배출시키는 볼트를 말한다.

블리더 저항 [bleeder resistance] 전원의 전압 변동률을 개선하기 위해서 출력 끝 부분에 저항을 병렬로 연결하여 항상 약간의 전류를 흐르게 함과 동시에 전원을 차단하였을 때 필터 컨덴서의 잔류 전하를 방전하기 위한 통로로 사용되는 고저항을 말한다.

블리드 [bleed] 스며드는 것을 말함. 이것을 방지하는 실러는 블리드 실러라고도 함.

블리딩 [bleeding] 새로 칠한 톱코트(topcoat)를 통하여 나와, 그것에 착색을 하는 묵은 색.

블리스터 [blister] 화상을 입었을 때 물집이 생기는 현상. ① 도장(塗裝)의 상태가 불량한 것으로서 도료(塗料)가 보디로부터 부풀어 있는 상태를 말하며, 물이나 기름 따위의 이물질이 바닥에 붙어 있거나 홈집으로부터 공기가 침입했을 때 금속이 녹슬고 있을 경우에는 부식 브리스터라고 한다. ② 레이싱 타이어의 트레드에서 볼 수 있는 것과 같이 불에 데어 부풀어오른 것은 고무가 자신의 발열에 의하여 분해되어 기화(氣化)한 스펀지 형태로 된 것. ③ 주행을 계속하면 표면에 고무가 떨어져 화산의 분화구와 같은 모양으로 나타난다.

블리스터링 [blistering] 새로운 페인트 코트에 작은 기포들이 형성되는 상태.

비 [ratio] 비율. 혼합물에 들어 있는 둘 이상의 물질의 상대적인 양. 일반적으로 2 : 1과 같이 숫적인 상호관계로 표현된다.

BDC [bottom dead center] ⇨ 하사점.

BSFC [brake specific fuel consumption] ⇨ 정미 연료 소비율.

BH 강판 [brake hardenable steel sheet] ⇨ 베이크 하드성 강판.

BHP [brake horse power] 엔진으로부터 출력되는 동력으로서 축출력, 엔진의 크랭크 축에서 측정한 마력으로 정미 출력이라고도 하며, 엔진 연소실의 지압선도로부터 얻어진 출력(도시마력)에서 엔진 내부의 마찰 손실(기계 손실)을 뺀 것. ⇨ 축마력.

BH성 ⇨ 베이크 하드성.

B 포스트 [B-post] ⇨ 센터 필러.

BPS [barometric pressure sensor] 대기압 센서. 대기압 센서는 대기의 압력에 비례하는 아날로그 전압으로 변화시켜 컴퓨터에 보내어 자동차의 고도를 계산한 후 연료의 분사량과 점화시기를 조절한다. 자동차가 고지에 도달한 것으로 판정되면 혼합기가 희박해지므로 컴퓨터는 연료의 분사량을 조절하여 적절한 공연비가 되도록 하고 동시에 점화시기도 조절하여 준다. ⇨ 고도 보상 센서.

B-필러 [B-pillar] 4-도어 스테이션 왜건 모델에서 프런트 도어와 리어 도어 사이, 벨트 라인과 루프 사이의 지주. ⇨ 센터 필러.

비가역식 [non-reversible type] 비가역식은 앞바퀴로서는 스티어링 휠을 회전시킬 수 없는 형식으로 주행중 스티어링 휠을 놓치는 경우가 없고 노면의 충격이 스티어링 휠에 전달되지 않는 장점이 있으나 복원성을 이용할 수 없고 마멸이 많다는 단점이 있다.

비금속 [nonmetal] 금속의 성질을 가지지 않은 물질.

비금속 [base metal] 가열에 의해 산화되기 쉽고, 이온화 경향이 크며 산 등에 의해 화학 작용을 받기 쉽다. 아연, 알루미늄, 알칼리 금속, 알칼리 토금속 등을 말한다.

비닐 테이프 [vinyl tape] 압력에 민감한 접착제를 가진 플라스틱 테이프로서, 악센트 스트라이프(accent stripe)로 사용됨.

비대칭 타이어 [unsymmetrical tire] 트레드 패턴이 타이어의 중심선에 대하여 대칭으로 되어 있지 않은 타이어. 일반 타이어의 트레드 패턴도 의장이나 패턴 노이즈 등의 관계에서 대칭으로 되어 있지 않은 것이 많으므로, 자동차의 장착 방법(안팎 또는 회전 방향)을 특별히 규정할 필요가 있을 경우에 말함. 주행중 얼라인먼트 변화에 따라 트레드의 접지부분이 변화하는 것을 이용하여, 타이어의 구동·제동성능과 선회성능을 함께 제고할 목적으로 사용되는 수가 많다. 회전 방향을 일정하게 할 필요가 있는 타이어는 유니디렉셔널패턴의 타이어라고 한다.

비드 [bead] 타이어 림에 고정하는 부분의 명칭. 고무로 감싼 스틸 와이어(비드 와이어, 비드 코어)를 묶은 것과, 이 부분을 보강하는 고무(에이펙스, 필러)로 되어 있다. 비드 부분의 내경은 꽉 끼도록 림의 외경보다 약간 작게 만들어져 있어, 공기를 흡입할 때 공기압에 의해 맞물리도록 되어 있다. 영어의 염주라는 뜻에서 온 용어.

이너 라이너

비드 에이펙스

플라이

비드 와이어

비드 시트 [bead seat] 타이어의 비드 베이스가 밀착하는 림의 부분. 둘레 방향으로 어긋나지 않도록 널링 공구(knurling tool)로 가공이 되어 있는 림도 있다. ⇨ 드롭 센터림.

비드 플랜지 [bead flange] 림 플랜지.

비등냉각시스템 [evaporative cooling system] 워터 재킷 내에서 물을 비등시켜 물의 기화열을 이용하여 냉각을 행하는 것. 비등에 따라 발생한 수증기는 콘덴서에서 원래의 물이 되어 다시 엔진으로 되돌아온다. 물이 많은 기화 잠열을 이용한 것이므로 냉각계통을 간결하게 할 수 있으나 장치가 복잡하다.

비등점 〔沸騰點 ; boiling point〕 액체가 표준대기압에서 비등할 때의 온도. 물의 비등점은 100℃로 일정하지만 자동차용 가솔린은 30∼210℃, 디젤의 경유는 160∼400℃로서 범위가 넓다. 비점이라고 약하여 말한다.

비딩 〔beading〕 판금 작업에서 편평한 판금 또는 성형 판금에 줄 모양의 돌기를 만드는 가공법으로 비딩 머신에 의해서 작업할 수 있다.

비례 캠 〔proportional cam〕 볼록 캠의 일종으로 특정한 회전수에서 밸브 기구의 변형을 고려하여 설계한 캠. 캠의 가속도 변화가 원활하게 되어 밸브 기구에 충격이 없다.

비례 한계 〔proportional limit〕 물체에 외력을 가할 때 응력과 변율이 서로 정비례하는 관계를 유지하는 최대한의 비례 한계를 말한다. 물체에는 외력을 가하면 변형하여 응력과 변형이 발생되게 된다.

비막 〔沸膜〕 건조시의 용제 증발이 너무 활발하기 때문에 건조 후의 페인팅 표면이 거칠어지거나 핀홀(pin hole) 등이 생기는 문제.

비말식 〔飛沫式〕 ⇨ 유욕식 윤활방식.

비말식 윤활방식 〔飛沫式潤滑方式〕 ⇨ 유욕식 윤활방식.

비산 압력식 〔splash and forced combination lubrication system〕 비산식과 압력식을 조합하여 윤활 작용하는 방식. 크랭크 축, 캠 축, 밸브 기구 등은 압력식에 의해 윤활되고 실린더 벽, 피스톤 핀 등은 비산식에 의해 윤활되는 방식으로 자동차 엔진은 이 방식을 가장 많이 사용한다.

비산식 〔splash lubrication system〕 단기통이나 2기통 엔진에서 커넥팅 로드 대단부에 주걱(dipper)을 설치하여 윤활부에 뿌려서 윤활 작용하는 방식. ⇨ 유욕식 윤활방식.

비상 브레이크 〔emergency brake〕 상용 브레이크가 고장났을 때에 작동하는 브레이크로서, 승용차에서는 주차 브레이크로 사용되는 것이 보통.

비상 신호 시스템 〔emergency signal system〕 ⇨ 위험 경고 시스템.

비상 점멸 표시등 〔非常点滅表示燈〕 ⇨ 해저드 플래셔.

비선형 스프링 〔non-linear spring〕 스프링에 하중을 가하였을 때 힘과 휨의 관계를 그래프로 그렸을 경우, 그래프가 직선으로 되는 것을 선형 스프링이라 하고, 직선이 되지 않는 것을 비선형 스프링이라고 한다. 승차감을 좋게 하기 위하여 하중이 작은 범위에서 스프링을 휘기 쉽게 하고, 하중이 증가하였을 때에는 스프링을 단단하게 하여 차고의 변화가 적어지도록 한 것이 보통이다. 프로그레시브 스프링이라고도 한다.

비스 [vis] ⇨ 작은 나사.

비스커스 [viscous] 진하다. 흐름에 저항하는 성질이 있는 유체.

비스커스 LSD [viscous LSD] 비스커스 커플링을 사용한 차동제한장치로서 회전수 감응식 LSD의 대표적인 것. 비스커스 커플링은 양측 샤프트의 회전속도에 차이가 발생하면 실리콘 오일의 점성에 의해 차동회전수에 따른 전달 토크가 발생하므로, 이 토크를 이용하고, 디퍼렌셜 기어와 조합하여 차동제한장치로 이용하는 것.

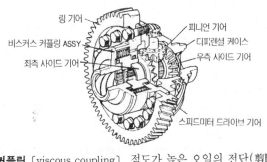

링 기어
비스커스 커플링 ASSY
좌측 사이드 기어
피니언 기어
디퍼렌셜 케이스
우측 사이드 기어
스피드미터 드라이브 기어

비스커스 커플링 [viscous coupling] 점도가 높은 오일의 전단(剪斷)을 이용하여 토크를 전달하는 장치. 원통 모양의 하우징 속에 둥근 구멍을 뚫은 아웃 플레이트와 슬릿이 새겨진 이너 플레이트라고 하는 얇은 도넛 모양의 원판을 약간의 간극을 두고 서로 겹쳐 넣어, 중심에 이너 샤프트를 통과시킨 구조로 되어 있다. 원판은 1매 걸러서 스플라인에 의해 각각 하우징과 이너 샤프트에 연결되어 있다. 그리고 내부는 점도가 높은 실리콘 오일로 채워져 있어, 하우징과 이너 샤프트의 회전속도에 차이가 발생하면, 원판 사이의 실리콘 오일의 점성에 의하여 차동회전수에 따른 전달 토크가 발생한다. 이 현상이 동력전달장치, 차동장치 및 차동제한장치로서 이용한다.

커플링 케이스
아웃 플레이터
이너 플레이터

비스커스 커플링 유닛 〔viscous coupling unit〕 비스커스 커플링을 사용한 장치. 약칭 VCU라고 한다.

비스커스 트랜스미션 〔viscous transmission〕 비스커스 커플링을 동력전달장치로 사용한 경우의 호칭. 비스커스 커플링을 일종의 트랜스미션으로 본 것.

비열 〔specific heat〕 어떤 물체 1kg의 온도를 1℃ 올리는데 필요한 열량. 단위로는 kcal /kg이 사용되며 비열은 물체를 가열하는 상태에 따라 달라진다. 특히 기체에서는 열팽창이 크기 때문에 정압비열과 정적비열로 나누어진다.

비이클 〔vehicle〕 페인트에서 안료를 제외한 모든 부분. 여기에는 용제, 희석제, 수지, 고무질, 드라이어 등이 해당된다.

비자성체 〔non-magnetic material〕 비자성체는 자기(磁氣)를 거의 느끼지 않는 물체로서 알루미늄, 황동, 백금 등이 있다.

비저항 〔比抵抗〕 ⇨ 고유 저항.

b 접점 〔b connection〕 평상시에는 접점을 닫아 폐회로 상태에 있다가 스위치를 열 때는 자력이나 그밖의 힘으로 밀어 올리거나 잡아당겼을 때만 접점이 열리는 스위치를 말한다.

비중 〔specific gravity〕 표준 대기압에서 4℃인 물의 단위 체적당 중량을 1로 하고, 다른 액체나 고체의 단위 체적당 중량의 비를 구한 것. 자동차와 관련된 물건의 비중은 강 7.85, 주철 7.21, 구리 8.93, 알루미늄 2.69, 마그네슘 1.74, 디젤 경유 0.80~0.88, 자동차 가솔린 0.71~0.75 등.

비중계 〔hydrometer〕 비중계는 전해액의 비중을 측정하여 충방전 상태를 판정하는 계기로서 흡입식과 광학식이 있다. 흡입식 비중계는 유리 튜브를 수직으로 세워 전해액을 조용히 흡입시켜 뜨개를 바르게 세운 다음 뜨개에 표시된 눈금과 전해액이 일치된 눈금을 읽는다. 광학식 비중계는 빛의 투과에 의해 전해액의 비중을 측정하는데 전해액을 점검창에 바른 다음 약 15° 경사지게 하고 밝은 쪽을 향하게 한 다음 비중계의 렌즈를 눈에 대고 보았을 때 음·양의 경계선 눈금을 읽는다. 이 때 계기판의 좌측에 표시된 눈금은 전해액 비중의 눈금이며, 우측에 표시된 눈금은 부동액 비중의 눈금이다.

뜨개

유리튜브

비커스 경도 시험 〔Vickers hardness test〕 금속의 경도를 점검하는 시험 방법의 하나. 비커스 경도는 대면각 136°의 다이아몬드로 만들어진 사각추(압입자)의 선단을 표본에 눌러붙인 다음, 표면에 생긴 오목부분의 대각선 길이를 재어 면적 S를 구하고, 가해진 하중 P는 S로 나누어 얻어진다. 비커스는 영국의 철강회사 「Vickers Armstrong LTD」의 이름. ⇨ 록웰 경도 시험.

VTEC 〔비텍〕 가변 밸브 타이밍 리프트 기구를 말한다. 4밸브 DOHC 엔진 각 실린더의 흡기쪽과 배기쪽에 각각 다른 로브를 가진 3개씩의 캠을 설치한 구조로서 중앙이 고속 전용, 양옆의 2개가 저속 전용으로 쓰인다. 저속시에는 저속용의 캠이 각각 작동하는 로커 암을 밀어 가장 적당한 밸브 타이밍과 양정으로 밸브를 개폐하다. 그러나 고속이 되면 유압으로 작동하는 리프트에 의해 3개의 로커 암이 연결되어 중앙의 고속용 캠이 작동하여 밸브 타이밍이 넓어지고(빨리 열리고 늦게 닫힌다.) 양정도 커진다. 이 결과 저속용 캠의 작용이 없어지지만 저속 토크가 증가하고 동시에 고속 성능의 우수한 엔진이 얻어지고 있다.

비트 음 〔beat noise〕 고속 도로 등 미끄러운 노면을 70~110km/h로 주행시에 감지될 수 있다. 매초 2~4회 들리는 주파수 60~120Hz의 웅웅하는 소리. 타이어가 불균형일 때 발생하는 진동의 성분과, 엔진으로부터 발생하는 진동의 진동수가 가까울 때, 쌍방의 음이 간섭하여 일어나는 것. 비트는 반복하여 두드리는 일.

비틀림 댐퍼 〔torsional damper〕 토셔널은 '비트는, 꼬이는', 댐퍼는 진동을 멈추게 하는 장치의 뜻. 비틀림 댐퍼는 중심 베어링 뒤에 설치되어 추진축의 비틀림 진동을 흡수한다. ⇨ 크랭크 댐퍼.

비틀림 모멘트 〔torsion moment〕 ⇨ 토크.

비틀림 진동 방지기 〔torsional vibration damper〕 피스톤에 작용하는 힘이 크랭크 축에 주기적으로 전달되면 크랭크 축도 탄성체이므로 진동을 발생하게 되는데 이 때 발생되는 진동을 흡수하는 작용을 한다. 폭발 압력으로 발생된 진동과 크랭크 축의 고유 진동이 일치하면 공진을 일으켜 크랭크 축과 관련되는 기어 물림에서 충격이나 소음이 발생되므로 비틀림 진동 방지기의 흡진 작용(吸振作用)에 의해 진동을 방지한다. 크랭크 축이 긴 엔진에서는 비틀림 진동 방지기를 크랭크 축 앞끝에 크랭크 축 풀리와 일체로 설치하여 진동을 흡수한다. ⇨ 크랭크 댐퍼.

비틀림 코일 스프링 〔torsional coil spring〕 토셔널은 '비트는, 꼬이는' 뜻. 비틀림 코일 스프링은 클러치판이 플라이 휠에 접속되어 동력 전달이 시작될 때 회전방향의 충격을 흡수한다.

비파괴 검사 [nondestructive test] 재료를 파괴시키지 않고 제품의 결함을 검사하는 방법. 시간이 절약되고 재료의 낭비를 막을 수 있다. 비파괴 검사는 타진법, 자기 탐상법, 유중 침지식, 형광 탐상법, 초음파 탐상법 등으로 분류한다.

비회전식 스티어링 휠 스위치 스티어링 휠에 혼 패드를 고정하고, 자동 속도 제한장치나 라디오 관계의 스위치를 부착하여 신호의 전달에 광통신 시스템을 이용한 것.

빅 엔드 [big-end, crankpin end] 대단부(大端部). 커넥팅 로드의 크랭크 샤프트에 연결되는 부분을 말함. ⇔ 스몰 엔드.

빈티지 카 [vintage car] 이태리의 클래식카로서 유럽 경제가 번영하였던 1918년부터 1931년 사이에 제작된 것을 말함. 빈티지란 어떤 해에 수확하여 채집한 포도주란 말로서 특히 당해 연도의 연호(年號)를 기입하며 판매하는 것을 빈티지 와인이라 불러온 것에서부터 유래된 것. ⇨ 클래식카.

빌드 [build] 축적된 페인트막의 깊이 또는 두께로서 단위는 마일(1/100인치).

빌드업형 [build-up type] 빌드업형은 액슬 하우징 중간 부분에 종감속 기어 및 차동장치를 압입한 형식으로 내부가 복잡하고 기계 가공도 비교적 어렵다.

빌트업 크랭크 샤프트 [built-up crankshaft] 컴포넌트를 따로 만들어 이것을 조립하여 만들어지는 크랭크 샤프트. 단기통이나 2기통 엔진에 많음.

빌트인 디스크 브레이크 [built-in disk brake] 상용의 디스크 브레이크와 주차 브레이크를 일체로 한 것. 캘리퍼의 피스톤을 상용 브레이크로 사용할 때 유압장치에 따라 주차 브레이크로 사용할 경우에는 기계적으로 작동시키는 것으로 소형 승용차에 사용되고 있다.

빔 [beam] ① 광선, 광속. 헤드 램프에는 대향차가 없는 도로를 주행할 때 사용하는 주행(high) 빔과, 맞은편 자동차와 교행할 경우와 시가지를 주행할 때 사용하는 교행(low) 빔이 갖추어져 있다. ② 가늘고 긴 모양의 물건으로서, 몇 개의 점으로 지지되어, 구부리는 힘이 작용하는 부재.

빔 액슬 [beam axle] ⇨ 리지드 액슬 서스펜션.

빗물감지식 오토 와이퍼 [raindrops sensing autowiper] 윈드실드가 젖게 되면 자동적으로 작동하는 와이퍼. 보닛 위에 설치된 센서에 빗방울이 닿게 되면 그 충격과 부착에 의하여 정전 용량의 변화 등을 감지하고, 빗물의 양에 따라 컨트롤하는 시스템의 와이퍼이다.

빙결 방지 회로 [anti-icing circuit] 빙결 방지 회로는 공전 및 저속 포트가 빙결되는 것을 방지하는 회로. 동절기는 연료가 분출되어 기화할 때 주위로부터 기화열을 흡수하므로 공기 중의 수분이 기화기 벽에 응고되어 엔진 운전이 고르지 못하게 된다. 따라서 스로틀 보디의 공전 포트 주위에 냉각수를 흐르게 하여 빙결을 방지한다.

4 WD [four wheel drive] 전후의 4륜을 동시에 구동할 수 있는 자동차. 트랜스퍼라고 불리우는 동력을 전후륜에 나뉘어 전달하는 장치를 갖추고 항상 4륜이 구동할 수 있는 풀타임 4WD와 평상시 2륜으로만 구동하는 자동차에서 필요할 때만 4륜을 구동하는 파트타임 4WD가 있다. 4개 타이어의 구동력을 전체적으로 이용할 수 있으므로 급경사진 언덕이나 凸凹(요철)이 많은 험한 길과 미끄러지기 쉬운 노면 등에서 주파성(走破性)이 양호하기 때문에 군용 자동차로 보급하였다. 랠리카용으로 우수한 시스템임이 증명되어 고속 직진 안정성이 양호한 관계로 스포츠카에도 많이 사용하게 되었다. 문제점으로는 대선회시 4륜이 다른 속도로 선회하면 이것을 등속으로 하려는 힘이 발생하여(브레이크 현상) 동력전달 계통에 무리가 발생할 수 있으며, 이것을 방지하기 위하여 트랜스퍼에 차동장치를 삽입하는 것을 고안하게 되었다. 이 차동장치를 이용하여 구동력의 전후 배분을 변경할 수 있는 것도 있다.

4WS [four wheel steering system] 4륜차의 전후륜을 동시에 조향하는 시스템.

4도어 [four door] ⇨ 2도어.

4배럴식 [four barrel carburetor] 4 배럴식 기화기는 4개의 배럴로 한 형식. 1차쪽에 2개의 배럴은 기화기의 기본 회로가 있으나 2차쪽의 2개 배럴은 고속 회로만 있어 혼합기의 분배가 우수하다.

4밸브식 [four valve type] 고속회전의 DOHC에서는 밸브의 관성중량(慣性重量)을 낮추고, 흡・배기 효율을 좋게 하기 위하여, 작은 지름의 밸브를 흡입과 배기쪽에 각각 2개씩 설치하여 4밸브로 하였다. 2밸브식에서 1개의 큰 밸브보다 같은 연소실이라면 4밸브식에서는 큰 면적이 되어 유리하지만, 밸브가 증가한만큼 기구가 복잡하게 된다. 연소실 중앙에서 점화되기 때문에 연소 효율이 좋은 것도 특징이다.

4사이클 엔진 [four cycle engine] 엔진의 크랭크 샤프트가 2회전(4스트로크)하는 동안에 1사이클이 완료되는 것이다. 2회전에 1회 연소한다. 현재 승용차용 엔진으로 가장 널리 점유하고 있다.

사각 나사 〔square thread〕 동력 전달용 나사. 나사산의 형상이 사각으로 되어 있으므로 마찰저항이 적어 잭, 나사 프레스, 선반의 이송 나사에 사용된다.

사다리꼴 나사 〔trapezoidal thread〕 동력 전달용 나사. 애크미 나사. 나사산의 각도는 미터 계열이 30°이고 휘트워드 계열이 29°이며 사각 나사보다 가공이 쉽다. 나사산의 모양은 나사산의 끝부분이 사각나사 보다 좁게 되어 있다.

사다리꼴 프레임 〔⑧ladder type frame, ⑧longitudinal frame〕 H형 프레임. 앞뒤로 통한 2개의 사이드 레일(縱材)에 여러 개의 크로스 멤버(橫材)를 사다리꼴로 연결하여 만들어진 프레임. 롤스로이스에 채용되고 있다.

4륜 구동 자동차 〔four wheel drive〕 4륜 자동차는 4륜 전부를 구동할 수 있는 자동차 ⇨ 4WD.

4륜 얼라인먼트 테스터 〔four wheel aligment tester〕 자동차 네 바퀴의 위치 관계를 전체적으로 측정할 수 있는 얼라인먼트 테스터. 컴퓨터와 연동(連動)하고 있어, 표준치와의 비교나 조정 결과를 화면에 표시할 수 있음과 함께 프린트 아웃(인쇄)도 가능함.

4륜 조향 〔four wheel steering system〕 4WS라고도 하며, 4륜 자동차의 전후륜을 함께 조향하는 시스템. 전후륜을 같은 방향으로 향하게 하여 자동차의 요잉을 적게 하고 고속 주행시의 안전성을 좋게 하는 동위상 조향과, 전후륜을 역방향으로 조향하여 중저속시의 조향성을 좋게 하고 회전 반경을 작게 한 역위상 조향이 있다.

4·5 링크식 서스펜션 〔4·5 link type suspension〕 리지드 액슬 서스펜션의 일종으로서, FR차의 리어 서스펜션에 많이 채용되어 있고, 차축을 4개 또는 5개의 링크로 지지하는 기구를 가지는 것. 4링크식은 자동차를 위에서 보았을 때 2개의 비교적 긴 로(low)컨트롤암을 八자형으로, 2개의 짧은 어퍼 컨트롤 암을 역 八자형으로 배치한 것이 많다. 어퍼 링크를 한 개로 하고, 횡방향으로의 위치 결정을 래터럴 로드에 의하여 행하는 형식도 있다. 5링크식은 4링크식의 4개 링크를 차체의 전후 방향에 거의 평행으로 배치하고, 횡방향의 위치 결정을 래터럴 로드나 와트 링크에 의하여 행하는 타입.

사면 캠 [swash plate cam] ⇨ 사판 캠.

사바테 사이클 [Sabathe cycle] 사바테 사이클은 작동 유체가 단열 압축, 정적 연소, 정압 연소, 단열 팽창, 정적 방열의 1사이클을 완성한다. 일정한 체적과 일정한 압력하에서 연소하는 사이클로서 고속 디젤 엔진에 사용하며 무기 분사식이다. 일명 합성 사이클(combination cycle)이라고 한다.

3/4 부동식 [three quater floating axle] 3/4부동식은 액슬의 바깥쪽에 바퀴 허브를 설치하고 1개의 베어링에 의해 바퀴 허브를 하우징에 지지하는 형식으로 액슬은 외력을 거의 받지 않는다.

1/4 타원판 스프링 [quarter elliptic leaf spring] 리프 스프링에서 활모양을 한 반 타원판 스프링의 절반을 사용한 형.

4속 오토매틱 [fourth speed automatic] 3속 오토매틱에 다시 1단 기어를 추가하여 4속으로 한 것. 4속은 기어비를 오버 드라이브비로 한 0.68 정도의 것. D 레인지로 주행하면, 1,2,3,4속으로 자동변속되지만, 우리나라는 OD OFF 스위치로 3속까지 제한할 수 있다. 4속에 OD의 목적은 엔진 회전수를 낮추어 연비와 정숙성을 향상시키기 위한 것. 고속도로상에서 가속에 3속이 살려져, 4속으로 정숙하게 주행할 수 있음.

사시 [斜視] 페인팅의 색을 비스듬히 보는 것. 정면에서 볼 경우와 비스듬히 볼 경우에 서로 달리 보이는 색이 있기 때문에 조색시에는 빼놓을 수 없음.

사양서 [仕樣書] ⇨ 스페시피케이션.

사운딩 [sounding] ① 초음파 등을 이용하여 물의 깊이를 측정하는 것. ② 과학적인 목적을 위하여 수중 또는 대기중에서 탐측을 하는 것.

사워 가솔린 [sour gasoline] 장기간 방치하였거나 고온에 노출된 성분의 일부가 산화 또는 산화 중합(酸化重合)되어 고무성질이 많아진 가솔린. 고무성질은 가솔린을 증발시킬 때 최후에 남는 고형물로서 엔진 기능에 악영향을 끼친다. 사워는 '시큼한' 뜻을 지니고 있다.

사이 서포트 [thigh support] 사이란 넙적다리를 말하며 시트의 전단 부분이 대퇴부를 지지하는 것을 말함. 이 부분의 지지가 나쁘면 하반신이 불안정하게 되며 강해지면 브레이크, 액셀, 클러치 등의 조작이 힘드므로 운전자의 자세에 맞는 지지(支持)방법이 구해진다. 사이 서포트가 조정되는 것을 사이 서포트 어저스트라고 한다. 허리를 서포트하는 럼버 서포트와 조합하여 사용되는 경우가 많다.

사이 서포트 어저스트 [thigh support adjust] ⇨ 사이 서포트.

사이드 간극 [side clearance] ① 피스톤 링과 랜드 사이의 간극으로서 열팽창에 의해 고착되는 것을 방지하기 위함이다. 간극이 작으면 유리판 위에 연마제를 바르고 링을 그 위에서 비벼서 연마하여 규정 간극을 유지하도록 하며 링홈에 마몰로 턱이 있으면 링홈 커터로 깎아낸다. ② 어떤 물건 또는 부품의 측면 간극을 말한다.

사이드 글라스 [side glass] ⇨ 사이드 윈도 글라스(side window glass).

사이드 노크 [side knock] ⇨ 피스톤 슬랩.

사이드 도어 강도 [side door strength] 측면 충돌사고로 사이드 도어가 차실 내에 침입하는 것을 방지하기 위하여 도어에 요구되는 강도를 말한다. 미국 등에서는 안전기준의 항목으로 규제치가 설정되어 있다.

사이드 도어 빔 [side door beam] 측면 충돌에 대한 도어의 강도를 확보하기 위하여, 도어 내부에 설치된 보강재를 말한다. 약해서 사이드 빔이라고 한다.

사이드 드래프트 [side draft] 수평방향 흡기식. 드래프트는 통풍을 뜻하며 카브레터에서 공기를 옆으로 통하게 하는 형식을 말한다. 매니폴드가 비교적 짧은 엔진에 시●되고 있다. ⇨ 다운 드래프트(down draft), 카브레터.

사이드 링 [side ring] 트럭용의 드롭 센터 림이나 광폭(廣幅), 평저(平底)림에 사용되고 있는 림 플랜지. ⇨ 세미 드롭 센터림.

사이드 마커 램프 [side marker lamp] 대형차가 야간에 크기를 알 수 있도록 차체의 전후·좌우 끝부분에 설치되어 있는 램프를 말함. 영어로는 「clearance lamp, marker lamp, position lamp」라고도 불러진다. ⇨ 클리어런스 램프.

사이드 멤버 [side member] 차체의 측면을 구성하는 부재(部材). 프런트 보디 필러에서 쿼터 패널에 이르는 부분의 총칭. ⇨ 크로스 멤버.

사이드 미러 [side mirror, side view mirror] ⇨ 도어 미러(door mirror).

사이드 밸브 엔진 [side valve engine] 흡·배기 밸브가 실린더 블록 옆(사이드)에 배치되어 있는 엔진. 초기 엔진의 표준적인 것으로서 밸브는 실린더 헤드보다 낮은 위치에 설치되어 있는 캠 샤프트에 의하여 구동되었다. 흡기 매니폴드를 구부려서 취급하는 경우도 있었으며, 체적효율이 나쁘고 압축비를 높이기 힘든 형상으로 되어 있다. L헤드 엔진이 그 형식의 엔진이다.

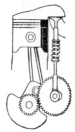 

사이드 베어링 [side bearing] 종감속 기어장치의 차동기어 케이스를 캐리어에 지지하는 베어링으로서 테이퍼 롤러 베어링이 사용된다. 캐리어 캡 볼트를 과도하게 조이면 종감속 기어장치에서 열이 발생되며 링기어의 백래시는 베어링과 캐리어 사이에 심을 넣어 조정하거나 베어링과 차동기어 케이스 전체를 이동시켜 조정한다.

사이드 보디 [side body] 보디 셸의 측면 부분을 말함. ⇨ 언더 보디.

사이드 브랜치형 서브 머플러 [side branch type sub muffler] 측면에 분기된(브랜치) 공간에 설치한 머플러로서 공간의 공명기를 이용하여 배기음의 음질을 바꾸는데 사용된다.

사이드 빔 [side beam] ⇨ 사이드 도어 빔.

사이드 서포트 [side support] 코너링시 운전자의 몸을 지지하는 목적으로 시트 백 양쪽을 앞으로 튀어나오게 한 것. 튀어나온 정도를 조정할 수 있는 형식도 있음.

사이드 스크린 [side screen] ⇨ 사이드 윈도 글라스(side window glass).

사이드 슬립 [side slip] 직진 상태에 있는 자동차 타이어의 옆으로 미끄러지는 정도를 전용 측정기(사이드 슬립 테스터)위에서 측정한 것. 통상적으로 승용차로는 1m당 몇 mm인가로 나타내는데 3mm 이내에 있는 것이 보통이며, 이것보다 커지게 나타나면 자동차의 편향(偏向)이나 타이어에 이상마모가 있을 경우이다. 또한 5mm 이상일 때는 조정할 필요가 있다고 되어 있다.

사이드 슬립 테스터 [side slip tester] 자동차 앞바퀴의 캠버, 킹핀 경사각, 토인의 불평형으로 인하여 주행중에 타이어가 옆방향으로 미끄러지는 양을 측정하는 테스터기로서 타이어가 1m의 답판을 통과할 때 옆방향으로 미끄러지는 양을 mm로 표시한다. 측정값은 좌우 타이어의 미끄럼 양의 합을 2로 나눈값으로 한다.

사이드 에어 백 [side air bag] 측면 충돌시 승객의 부상을 방지하기 위해 도어 내측에 설치되어 있는 에어 백.

사이드 월 [side wall] 트레드와 비드 사이의 타이어 측면에 해당하는 부분의 고무를 말함. 유연하고 내후성, 내노화성이 뛰어난 고무로 되어 있으나, 험한 길 주행을 목적으로 한 타이어에서는 내외상성(耐外傷性)을 중시한 고무가 사용된다. 타이어를 연석이나 노면의 돌기물로부터 보호하기 위하여 사이드 월 중앙부에 두툼한 고무의 돌출이 만들어진 경우가 있다. 이것을 프로텍트 리브라고 한다.

사이드 윈도 글라스 [side window glass] 자동차 측면의 창유리를 총칭한 것이다. 도어에 부착되어 있는 도어윈도 글라스, 필러와 필러 사이에 있고 통상적으로 개폐할 수 없는 쿼터 윈도 글라스 등이 있으며, 강화 유리가 쓰이는 것이 보통이다. 구식의 오픈카에서 쓰인 비닐제를 떼어낼 수 있는 창은 사이드 스크린이라고 불리운다.

사이드 윈도 와이퍼 [side window wiper] 사이드 윈도의 도어 미러 가까이에 설치된 와이퍼이다. 창에 부착된 물방울에 의하여 미러가 보이지 않는 것을 방지하기 위한 것.

사이드 턴 시그널 램프 [side turn signal lamp] ⇨ 사이드 플래셔(side flasher).

사이드 포스 [side force] 타이어가 어떤 슬립각으로 선회할 때 접지면에 발생하는 마찰력 중 타이어 중심면에 직각으로 작용하는 성분을 말함. 슬립각이 적은 범위에서는 타이어의 진행 방향에 직각으로 작용하는 성분의 코너링 포스와 같다고 생각해도 된다. 그러나 슬립각이 클 경우, 타이어에 구동력이나 제동력이 작용하고 있을 때 구별하여 취급할 필요가 있다. 타이어의 코너링 성능을 논할 때에는 그 힘이 쓰이는 것이 보통이며 횡력(橫力) 또는 래터럴 포스라고도 불리우며 SF라고 표기한다.

사이드 포트 [side port] 로터리 엔진의 흡기 포트를 사이드 하우징에 설치하는 방식으로서 포트를 로터 하우징에 설치하는 페리페럴 포트식과 조합으로 사용되는 용어. 로터의 회전방향에 따라 옆으로 흡기가 들어오므로 고속회전시의 흡기 효율은 저하되지만 와류(渦流)가 일어나기 쉽다. 흡·배기의 오버랩이 적기 때문에 안정된 연소가 얻어진다는 특

징이 있다. 승용차용 로터리 엔진에서는 흡기 포트로서 사이드 포트식
이 사용되며, 배기 포트는 페리페럴 포트식이 쓰이는 것이 일반적이
다.

사이드 프로텍션 몰딩 〔side protection moulding〕 ⇨ 프로텍션 몰딩
(protection moulding).

사이드 플래셔 〔side flasher〕 사이드 턴 시그널 램프라고도 부르며 보디
측면에 붙어 있는 방향 지시등으로서 측방으로 주행하고 있는 뒤차에
진행방향이 바뀌는 것을 전달하는 것.

사이드 플로식 라디에이터 〔side flow radiator〕 크로스 플로식 라디에이
터.

사이드 하우징 〔side housing〕 로터리 엔진의 하우징으로 로터를 옆으로
지지하는 것. 중앙에 로터기어와 맞물리는 고정기어가 부착되어 있으
며, 사이드 포트식에서는 흡·배기를 위한 구멍(사이드 포트)이 열려
져 있다.

사이렌 〔siren, syren〕 경보기(警報器). 신호, 경보를 알리는 음향장치
로서 1819년 프랑스의 카니아르(Cagniard)에 의해 고안되었는데 공
기 또는 증기 사이렌, 모터 사이렌이 있다. 사이렌을 설치할 수 있는
자동차는 긴급 자동차(소방 자동차, 구급 자동차, 대통령령에 정하는
자동차)에 한하여 사용할 수 있도록 규제되어 있으며 사이렌 음의 크
기는 전방 30m의 위치에서 90~120dB 이하이어야 한다.

사이리스터 〔thyrister〕 사이리스터는 PNPN 또는 NPNP의 4층 구조
로 된 제어 정류기로서 순방향으로 부성 저항을 가지고 OFF 상태의
저항은 매우 높으며, ON 상태에서는 PN 접합의 순방향과 같은 낮은
저항을 가진다. 또한 내압 허용전류도 수백 A의 것까지 있어 자동차에
서는 발전기의 여자장치, 조광장치, 통신용 전원, 각종 정류장치에 사
용되고 있으며 사용범위도 대단히 넓다.

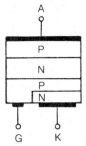

사이어미즈 [siamese] 2개의 부품이 하나로 합하여진 부품을 가리킬 때 단어에 붙혀지는 형용사. 2개의 흡·배기 포트를 Y자형으로 모은 사이어미즈 포트나 실린더를 2개 나란히 세운 사이어미즈·실린더 보어 등이 있다.

사이어미즈 실린더 보어

사이어미즈 포트

사이즈 팩터 [size factor] 타이어 폭(section width)과 타이어의 외경(outer diameter)을 가산한 것으로서 주로 미국에서 타이어의 크기를 나타내는 기준으로 사용되고 있는 수치.

사이징 [sizing] 치수를 정하는 것으로서 설계에서는 강도를 계산한 다음 치수를 정하고 판금과 같이 소성 가공에서는 형(型) 타격 교정, 다듬질 압입 등을 계산한 다음 치수를 결정한다.

사이클 [cycle] 사이클이란 주기를 말하며 엔진은 흡입, 압축, 팽창, 배기를 반복하며 회전하지만, 이것을 피스톤의 상하로 작동하는 스트로크(행정)로 표현한 것이다. 본래 2사이클 엔진은 2스트로크 사이클 엔진, 4사이클 엔진은 4스트로크 사이클 엔진이지만 이것을 약해서 4사이클, 4스트로크 등으로 말하고 있다.

사이클 펜더 [cycle fender] 자전거의 흙받이를 닮은 형태로서 타이어를 독립적으로 감싸고 있는 펜더를 말함. 클래식카에 많음.

사이클로 인버터 [cyclo inverter] 소요 출력 주파수의 10배 정도로 작동하는 인버터를 전원으로 하여 사이클 컨버터를 작동시켜 필요한 주파수와 진폭을 얻을 수 있다.

사이클로 컨버터 [cyclo converter] 교류 전원으로 작동하는 사이리스터를 사용하여 교류 전력의 주파수 변환을 하는 전력 변환장치로서 교류 전동기의 가변속도 운전 등에 사용된다.

사이클로이드 [cycloid] 수학 용어로서 원이 직선상을 구를 때 원둘레 위의 한 점이 그리는 곡선. 룰렛(roulette)이라고도 함.

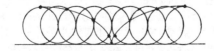

사이클로이드 기어 [cycloid gear] 사이클로이드 치형으로 만든 기어로서 정밀기계나 계측기, 시계 등에 이용되며 단점으로는 공작이 어렵고 호환성이 적으며 이뿌리가 약하다. 장점으로는 효율이 높고 소음이 적으며 마멸이 작다.

사이클로이드 치형 [cycloid tooth] 기어 이 끝을 피치원 위에 그려진 외전 사이클로이드로 하고 이뿌리를 내전 사이클로이드로 하는 기어 이(齒)를 말한다.

사이트 글라스 [sight glass] 카 에어컨의 냉매 라인에 설치되어 있는 관찰 유리 또는 윈도로서, 통상적으로 리시버 드라이어의 상단에 있다. 사이트 글라스를 이용하면 리시버로부터 증발기로 흐르는 냉매를 육안으로 점검할 수 있다.

사이트 피드 [sight feed] 윤활장치에서 오일이 급유되는 것을 육안으로 확인할 수 있는 장치를 말한다.

사이펀 [siphon] 액체를 용기 속의 액면보다 낮은 위치로 옮기기 위한 거꾸로 된 U자 모양의 굽은 관으로서 최고점의 압력이 대기압 이하인 것을 말한다.

사이프 [sipe] 타이어의 트레드면에 폭 1mm정도의 가는 홈을 말함. 깊이는 여러가지 패턴이 있으며 딱딱함을 조정하기 위하여 사용되는 것이 보통이다. 그러나 스노 타이어 등의 표면을 부드럽게 하고 노면의凹凸과 동결된 노면과의 접촉면을 넓게 함과 동시에 마찰력을 높게 하는 역할도 한다. 커프라고도 불러진다.

사인 바 [sine bar] 직삼각형의 2변의 길이로 삼각함수에 의해 각도를 구하는 것. 원통 롤러 중심의 거리는 100mm 또는 200mm이다.

사일런서 [silencer] 사일런서는 외장형 롤러 펌프의 송출구에 설치되어 펌프에서 송출된 연료의 압력이 맥동적으로 송출되므로 연료의 출구를 오리피스 통로로 만들고 여기에 다이어프램과 스프링을 설치하여 연료의 맥동을 흡수하고 소음을 방지한다.

사일런트 기어 [silent gear] 밸브장치의 캠 축 타이밍 기어와 같이 마멸 및 소음을 방지하기 위하여 금속 이외의 베클라이트를 사용하여 만든 기어를 말한다.

사일런트 체인 [silent chain] ① 삼각형 모양의 링크를 연결하여 롤러 체인의 늘어남과 소음을 방지하여 정숙하고 원활한 운전이 되도록 한 체인. 체인이 작동할 때는 삼각형 모양의 돌기부가 체인 스프로킷 이와 접촉되어 고속회전에서도 소음을 발생하지 않는다. 최고 회전 속도는 9m/sec이나 4~6m/sec가 적당하다. ② 무음(無音)체인. 체인의 링크 플레이트(롤러 링크와 핀 링크)의 스프로킷과 맞물리는 쪽을 기어 모양으로 하고 체인이 스프로킷에 물려 들어갔을 때 발생하는 진동·소음을 적게 하도록 한 것. 캠 샤프트를 구동하는 타이밍 체인이나 4WD의 트랜스퍼 등에 많이 사용되고 있다. 사일런트는 소리나지 않는다는 뜻. ⇨ 롤러 체인(roller chain).

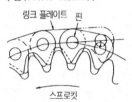

사점 〔死点 ; dead point〕 피스톤이 상사점 또는 하사점에서 정지되는 점. 크랭크 축, 커넥팅 로드, 피스톤의 중심이 일치될 때 발생되지만 실제로는 크랭크 축과 커넥팅 로드는 피스톤 중심을 기준으로 하여 좌우 각각 10°씩 움직일 수 있다. 피스톤이 움직이지 않고 커넥팅 로드 또는 크랭크 축이 작동하는 각을 동요각(動搖角)이라 한다.

사투상도 〔斜投像圖〕 이해를 돕기 위해 경사진 평행광선에 따라 투상면에 비쳐진 투상을 그린 것.

사판 캠 〔swash plate cam〕 편평한 원판을 축에 경사지게 설치한 캠으로서 캠이 회전운동을 하면 종동절인 푸시로드는 상하 왕복 운동을 하게 된다.

사판식 압축기 〔斜板式壓縮機〕 ⇨ 스와시 타입 컴프레서.

사판식 컴프레서 〔swash type compressor〕 ⇨ 스와시 타입 컴프레서 (swash type compressor)

사판식 펌프 〔swash type pump〕 용적형 회전 펌프. 원판이 회전축에 경사지게 설치되어 고정된 케이싱에 접촉되면서 회전함으로써 유체를 송출하는 펌프로 건설기계에 사용되는 유압 펌프, 에어컨 컴프레서에 사용된다.

산성법 〔酸性法〕 평로 제강법의 종류. 규사를 주성분으로 용강을 만드는 방법. 산성내화 재료를 사용하므로 제강시 석회석 때문에 인과 황을 제거하지 못하는 단점이 있으며 용량은 1회당 용해할 수 있는 쇳물의 무게를 톤(ton)으로 나타낸다.

산소 〔oxygen〕 다른 물질이 연소되는 것을 도와주는 지연성(支燃性) 가스. 비중은 1.105로 공기보다 무거운 무색, 무취, 무미의 가스이다.

산소가 저장된 용기의 취급상 주의 사항은 항상 40℃ 이하로 유지하고 직사광선을 피하며 밸브의 개폐는 조용히 하여야 한다.

산소 센서 [oxygen sensor] O₂센서라고도 함. 배기가스 중 산소를 검출하는 센서로서 공연비가 이론 공연비보다 농후한 상태를 조사하는 것. 엔진에 공급되는 혼합기의 공연비가 이론 공연비보다 다를 경우 삼원 촉매의 배기가스 정화 능력이 격감된다. 따라서 산소 센서가 배기가스 중 산소 농도를 점검하고 공연비가 이론공연비인가 아닌가를 연속적으로 점검하여 공연비를 조정한다. 지르코니아관이라고 하는 화학실험에 사용되는 시험관과 같은 모양의 지르코니아로 된 관 외측을 배기가스에, 내측을 외기에 닿도록 배기관에 설치한다. 관 내외의 전압을 측정하면 이론 공연비 부근에서 전압이 급격히 변화되는 현상을 이용하는 지르코니아 산소 센서가 널리 사용되지만 고순도의 티타니아를 사용하는 티타니아 센서도 있다. ⇨ 공연비 센서.

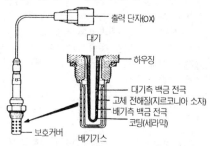

산소 절단 [oxygen cutting] 고온에서 모재 내의 원소에 산소를 화학 작용시킴으로써 철금속을 절단하는 방법.

산소수소 용접 [oxyhydrogen welding] 산소와 수소의 혼합 가스를 연소시켜 발생되는 연소열을 이용하여 금속을 융융시켜 접합하거나 절단하는데 사용된다.

산소아세틸렌 가스 용접 [oxyacetylene welding] 산소와 아세틸렌 가스를 혼합하여 연소된 열로 용접함. 구조가 간단하여 옛날부터 많이 사용되어 온 용접기이지만, 취급상 숙련도가 필요한 점, 녹 및 열에 의해 패널이 변형되기 쉬운 점 등으로 패널 교환에는 그다지 사용되지 않음.

산소아세틸렌 불꽃 [oxyacetylene flame] 산소와 아세틸렌 가스를 혼합하여 연소될 때 약 3600℃의 열이 발생되는 불꽃으로 철강의 용접 및 절단 등에 사용된다. 불꽃의 종류는 산소와 아세틸렌 가스가 1:1인 표준 불꽃, 아세틸렌이 많은 탄화 불꽃, 산소가 많은 산화 불꽃으로 분류된다.

산화 [oxidation] ① 산소가 도장면과 결합하여 페인트 피니시에 초킹 및 덜니스(dullness)를 발생시키는 것. ② 산소가 에나멜 페인트와 결합하여 페인트를 건조 및 경화시키는 것. ③ 물질이 산소와 결합하는 것. 녹스는 것은 느린 산화이며, 연소는 빠른 산화이다. 공기 중의 산소가 페인트에 흡수되어 페인트의 특정 성분과의 사이에 일어나는 화학작용.

산화 방지제 [酸化防止劑] 여러가지 자동 산화물질에 대하여 산소의 작용을 방지하는 성질을 가진 물질로서 페놀류, 아민류 등이 산화 방지제로 사용된다.

산화 불꽃 [oxidation spark] 산소가 많은 불꽃으로 산화성이 강하므로 황동 용접에 사용된다.

산화 수은 전지 [mercury oxide cell] 수은의 산화물에 의해 전지의 전동력이 분극 작용에 의해서 감쇠되는 것을 방지하는 1차 전지를 말한다.

산화 알루미늄 [aluminium oxide] 샌드페이퍼 및 샌딩 디스크를 만드는데 사용되며 가장 널리 사용되는 연삭재.

산화 은 전지 [silver oxide cell] 은의 화합물에 의해 전지의 전동력이 분극 작용에 의해서 감쇠되는 것을 방지하는 전지를 말한다.

산화 촉매 컨버터 [catalytic converter for oxidation] 배기가스를 정화하는 장치의 일종으로서 배기가스에 외기를 가하여 300℃정도의 온도로 유지된 촉매 중앙을 통과하면 유해한 CO(일산화탄소)와 HC(탄화수소)를 산화시켜 각각 무해한 CO_2(이산화탄소)와 H_2O(물)로 바꾸는 것(컨버터). 촉매는 자신은 변화하지 않고 다른 물질의 화학변화를 돕는 역할을 하는 것이다. 산화촉매로는 백금 또는 백금에 파라듐을 가한 것이 사용된다.

산화물 [酸化物 ; oxides] 산소와 다른 원소와의 화합물을 통틀어 일컫는 말.

산화제 [酸化劑 ; oxidizer] ① 산화를 일으키는 물질로서 산소, 오존, 이산화망간, 질산 등. ② 전자를 받을 수 있는 물질을 말한다.

살롱 [saloon] 살롱은 본래 영국의 승용차를 말하는 것으로, 의미는 세단과 같다.

삼각 결선 [delta connection] 삼각 결선은 전류를 이용할 때 사용되는 결선 방법으로 각 코일의 끝을 차례로 접속하여 둥글게 하고 각 코일의 접속점에서 하나씩 끌어낸 것으로 선간 전류는 상전류의 $\sqrt{3}$배가 되어 스타 결선보다 선간 전류가 많다. ⇨ ⊿ (델타) 결선.

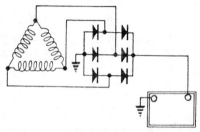

삼각 나사 [triangular thread] 결합용 나사. 부품을 고정하거나 조정하는데 사용되는 새들 키(saddle key) ⇨ 안장 키.

삼각창 [三角窓] 프런트 필러 뒤에 설치되어 있는 삼각형의 창. 창의 개폐가 회전식으로 되어 있는 것이 많고, 창을 열면 외기를 실내에 넣을 수 있는 것으로서 도어 벤틸레이터(換氣) 윈도라고도 불리운다. 도어 미러를 장착할 경우 시야에 방해가 되므로 현재는 거의 채용하는 자동차가 없다.

3도어 · 5도어 [three door · five door] 도어가 홀수일 경우 2도어 또는 4도어 후부에 있는 해치를 도어로 헤아리고 있다. 자동차 메이커에 따라 2/4도어 해치라고 하는 경우와 3/5도어라고 하는 경우가 있다. 일반적으로 유리뿐인 것, 위의 절반뿐인 해치는 도어로 포함하지 않는다.

3박스 [three box] 엔진룸, 차실, 트렁크룸의 3개가 독립되어 있는 승용차를 말하며, 각각의 공간을 상자(box)로 본 자동차 분류의 표현방법이다.

3밸브식 [three valve type] 본래는 효율이 좋은 4밸브로 하고 싶으나. 흡기 밸브만을 2개로 한 중간 방식이다. 고속회전시 흡입 효율을 높일 목적으로 개발되었으나. 4밸브 엔진과 제작비를 비교했을 때 그다지 차이가 없으므로 현재는 거의 없다.

3상 교류 [three phase alternate current] 3상 교류는 3조의 코일에서 기전력이 발생되는 것으로 고능률이고 경제성이 우수하며, 이 형식의 발전기를 3상 발전기라 한다.

3속 [third gear] ⇨ 서드 기어.

3속 오토매틱 [third speed automatic] 과거에 주류를 이루었던 풀 오토

매틱. D레인지에 1,2,3속의 자동 변속 기능이 있다. 2레인지에는 1,2
속의 자동 또는 2속 고정의 방식이 있다. 1레인지는 1속만으로 고정.
기어비는 상식적으로 1속 2.5, 2속 1.5, 3속 1.0정도로서, 자동차에 따
라 1속의 비를 크게 할 수도 있음.

삼원 촉매 컨버터 [three way catalytic converter, three way converter]
삼원은 배기가스 중 유독한 성분 CO, HC, NOx를 가리키며 이들 3개
의 성분을 동시에 감소시키는 장치. 배기관 도중에 설치되어, 촉매로
서는 백금과 로듐이 사용된다. 유해한 CO(일산화탄소)와 HC(탄화수
소)를 산화하여 각각 무해한 CO_2(이산화탄소)와 H_2O(물)로 변환시
키는데 충분한 산소가 필요하지만 NOx(산화질소)를 무해한 N_2(질
소)로 변환시키는데 산소는 방해된다. 따라서 3개의 성분을 동시에 감
소시키는데는 혼합기를 산소에 과부족이 없는 이론 공연비에 가까운
곳에서 조정할 필요가 있다.

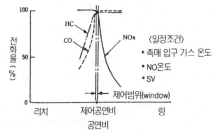

3웨이 체크 밸브 [3way check valve] 3웨이 체크 밸브는 엔진이 사동되
어 연료가 공급될 때 연료 탱크 내에 진공이 발생되거나 연료 증발에
의해 이상 고압이 발생되는 것을 방지한다. 연료 탱크 내에 진공이 발
생되면 진공 밸브가 에어 클리너를 통하여 공기를 유입하고, 연료 탱
크 내에 압력이 발생되면 압력 밸브가 열려 캐니스터에 방출되도록 한
다.

3점식 시트 벨트 [lap and diagonal belt] 일반 승용차에서 가장 널리 쓰
이고 있는 시트 벨트로서 허리 좌우에 2점과 어깨 위쪽 1점에 고정시
켜 3점을 지지하는 형식. 이것은 허리를 구속하는 랩 벨트와 상체를 구
속하는 숄더 벨트로 되어 있으며, 두 가닥이 한 줄에 연결되어 있는 형
식을 연속 3점식 시트 벨트, 따로따로 분리되어 있는 타입을 분리 3점
식 시트 벨트라고 부르고 있다. 분리식은 랩 벨트만 장착할 수 있다.
랩 벨트가 배에 걸리지 않고 골반에 고정되는 것이 중요하다.

상당 외기 온도 〔相當外氣溫度 ; solair temperature〕 일사(日射)가 가지는 효과를 외기 온도로 환산하고 평가하여 외기 온도에 가산한 값을 말한다. 상당 외기 온도=외기 온도+(수열면의 흡수율/열전달률)× 일사량(日射量)이다.

상당 외기 온도차 〔solair temperature difference〕 상당 외기 온도와 외기 온도의 차이로서 냉난방 부하의 계산에는 단순히 실내·외 온도 차이가 아니라 일사의 영향을 고려한 상당 외기 온도차를 사용하지 않으면 안된다.

상대 습도 〔relative humidity〕 단위 체적중에 포함되는 수증기의 질량과 그 온도에서의 동일 체적 중의 포화 수증기와의 비를 백분율로 나타낸 것으로서 단순히 습도라고 하면 일반적으로 상대습도를 가리키며 건습구 온도계 등으로 측정된다.

상대 운동 〔relative motion〕 2개의 물체가 운동을 하고 있는 경우에 하나의 물체를 기준으로 한 다른 물체의 운동으로서 물체의 운동은 늘 다른 물체의 상대적 위치의 변화로서 인정되며 그런 뜻에서 운동은 모두 상대적 운동이다.

상면 지상고 〔床面地上高〕 기준면에서 적재함 바닥까지의 수직 거리. 작은 돌기물 및 국부적인 요철 부분 등은 제외한다.

상사 법칙 〔相似法則〕 ⇨ 레이놀즈 수.

상사점 〔top dead center〕 피스톤이 상하 운동을 하므로써 엔진은 회전하지만, 피스톤이 최대로 올라갔을 때의 위치를 상사점(TDC), 최대로 내려갔을 때의 위치를 하사점(BDC)이라고 부르고 있다. 그 중간이 피스톤의 스트로크(행정) 길이인 것이다. 상사점은 압축과 배기행정의 끝이며, 하사점은 흡입행정과 폭발(동력)행정의 마지막을 의미한다. ⇔ 하사점.

상수 〔常數 ; constant〕 ① 어느 관계를 통해서 항상 일정 불변의 값(値)을 가진 수 또는 양, 원주율(圓周率), 탄성률(彈性率) 등. ② 물질의 물리적 화학적 성질을 표시하는 수치로서 어떤 상태에 있는 물질의 성질에 관한 일정량을 보이는 수, 비열, 비중, 굴절률 등을 말한다.

상시 교합식 변속기 〔常時咬合式變速機〕 실렉션 슬라이딩 트랜스미션에서는 기어의 맞물림을 변속시마다 행하기 때문에 기어의 회전 속도를 잘 맞추지 않으면 변속이 곤란하였다. 이것을 개량한 것이 이 변속기이며 각 기어는 맞물려 공전시켜 놓고 출력 축 스플라인에 도그 클러치를 슬라이딩시켜 출력 기어와 연결하여 변속할 수 있도록 한 것. 더욱이 변속하기 쉬운 싱크로메시가 고안되어 현재 이 방식은 레이싱카에 사용되고 있을 뿐이다.

상시 물림식 [constantmesh type] 콘스턴트는 '불변의, 끊임없이, 계속 하는'의 뜻. 상시 물림식은 주축 기어와 부축 기어가 항상 물린 상태로 회전하며, 변속 레버를 이용하여 주축상의 스플라인에 설치되어 있는 도그 클러치(dog clutch)를 주축 기어와 물리게 하여 회전력을 출력 축(주축)에 전달한다. 기어 파손이 적고 도그 클러치의 물리는 폭이 좁기 때문에 변속 조작이 쉬우며 구조가 간단하다. ⇨ 상시 교합식 변 속기.

상시 4륜 구동방식 [full time four wheel drive] ⇨ 풀타임 4WD.

상시 치합식 변속기 ⇨ 상시 교합식 변속기.

상용 브레이크 [service brake] 일반적으로 발로 밟는 식의 브레이크를 말함. 서비스 브레이크, 풋 브레이크라고도 불리운다. 유압에 의하여 힘을 전달하고 휠에 부착된 드럼이나 디스크를 압착하여 제동하는 유 압 브레이크가 가장 일반적이다.

상용성 [相溶性] ⇨ 화합성.

상전류 [相電流 ; phase current] 보통 3상 교류 발전기에서 각 상에 흐 르는 전류로서 선간 전류와 대비되는 경우가 많지만 임의의 상에 흐르 는 전류를 말한다. 전류를 이용하고자 할 때는 선간전류가 상전류보다 $\sqrt{3}$배가 되는 삼각 결선을 이용하여야 한다.

상전압 [相電壓 ; phase voltage] 3상 교류 발전기에서 각 상에 주어지 는 전압으로서 선간 전압과 대비되는 경우가 많지만 임의의 상에 주어 지는 전압을 말한다. 전압을 이용하고자 할 때에는 선간 전압이 상전 압보다 $\sqrt{3}$배가 되는 스타 결선을 이용하여야 한다.

상태변화 [change of state] 어떤 물질이 고체에서 액체로, 액체에서 기 체로 또는 그 역으로 변화되는 일.

상한선 [上限線] ⇨ 맥시멈.

상호 유도 작용 [mutual induction action] 상호 유도 작용은 직류 전기 회로에 자력선의 변화가 생겼을 때 그 변화를 방해하려고 다른 전기 회로에 기전력이 발생되는 현상이다. 즉 1차 코일에 흐르는 전류를 변 화시키면 2차 코일에 유도 기전력이 발생되며, 자동차의 점화 코일에 이용된다.

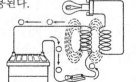

상호 인덕턴스 [mutual induction] 상호 인덕턴스는 2차 코일에 기전력의 높이를 좌우하는 것으로서 1차 코일에 흐르는 전류를 1초 동안에 1A 변화시키면 2차 코일에 1V의 기전력이 발생되는 것을 1헨리(H)라 한다.

상호 임피던스 [mutual impedance] 다단자 회로에서 한쌍의 단자간 개방 전압과 다른 한쌍의 단자에 흐르는 전류와의 비로서 입력 전류와 출력 전압의 관계에 따라 상호 임피던스의 부호는 양, 음 어느 쪽을 취한다.

상호 컨덕턴스 [mutual conductance] 진공관에서 격자 전압의 변화에 따라 발생되는 양극 전류의 변화를 나타내는 지수로 증폭관으로서의 능률이 좋은 정도를 표시하는 기준이 되며 일반적으로 g_m으로 표시한다.

새그 [sags] ① 페인트를 너무 많이 칠하기 때문에 흘러내리는 페인트 막. ② 엔진이 시동이 꺼져 마치 숨을 멈추는 것같이 고르지 못한 상태. 영어 본래의 뜻은 '가라 앉다, 꺼지다'라는 의미가 있다. ③ 펄스 파형에서 평균 경사가 시간과 더불어 베이스 라인에 근접하는 틸트를 말한다. ④ 가공 도선(架空導線)을 지지하는 최고 위치와 경간(徑間)에서 도체의 최저 위치에 대한 차를 말한다.

새그 캐리어 [sag carrier] 벨트 전동장치에서 이완측 벨트가 늘어지는 것을 방지하고 접촉각을 크게 하기 위해서 설치되어 있는 인장 풀리를 말한다.

새들 [saddle] ① 전선관(電線管) 등을 건물에 고정시키기 위해 사용하는 안장 모양의 고정 클램프를 말한다. ② 테이블, 또는 절삭 공구대 등의 사이에 위치하여 안내면을 따라서 이동하는 역할을 하는 부분을 말한다.

새들 키 [saddle key] ⇨ 안장 키.

색배합 [配配合] 원색에 일정 비율의 백색을 가했을 때 색깔이 어떻게 되는가를 나타냄.

색채 관리 [color conditioning] 색채 조화(色彩調和). 색채가 지니고 있는 성질이나 색채가 주는 감각을 이용하여 작업환경 개선, 작업효율 향상, 재해 방지 등에 효율적으로 이용하는 것. 정비공장, 사무실 등에 있어서 안전, 쾌적, 능률적인 환경을 조성하려는 기술을 말한다.

색채 조화 [色彩調和] ⇨ 색채 관리.

샌더 [sander] 연마용 공구의 총칭이나, 주로 공압식을 가리킴. 디스크

(disk), 오비탈(orbital), 더블 액션(double action) 등 여러 종류가 있으므로, 목적에 따라 적당한 것을 사용함.

샌드 블라스트 [sand blast] ① 스파크 플러그에 부착되어 있는 카본을 제거하기 위해 스파크 플러그 테스터를 사용하여 모래를 분사시켜 청소하는 작업을 말한다. ② 주물의 표면에 부착되어 있는 모래나 스케일 등을 제거하기 위하여 분사기를 이용하여 모래를 금속 표면에 분사하는 작업을 말한다.

샌드 스크래치 [sand-scratches] 통상 표면 준비의 미흡으로 야기되는 금속의 마감 자국 또는 스크래치. ⇨ 메탈 피니싱 마크.

샌드 스크래치 스웰링 [sand-scratch swelling] 칠해지는 톱코트 속의 용제에 의해 야기되는 기존 피니시 내의 샌드 스크래치 속의 스웰링.

샌드 이로전 [sand erosion] 에어 클리너의 불량으로 흡입되는 공기 속에 포함된 불순물에 의해서 실린더, 피스톤 등에 손상을 입히는 현상을 말한다.

샌드 페이퍼 [sand paper] 금강사(金剛砂) 또는 유리 분말을 접결제를 사용하여 종이나 천에 바른 것으로서 부품을 연마할 때 사용한다. 사포 또는 페이퍼라고도 부른다.

샌드위치 구조 [sandwich structure] 샌드위치와 같이 2장의 얇은 판(페이스 플레이트) 사이에 심재(芯材;코어)를 끼운 구조. 강성이 높고 가벼운 소재가 된다. 자동차에서는 레이싱카의 차체에 이용될 경우가 있으며, 페이스 플레이트로서는 알루미늄판, 코어로서는 허니콤(벌집) 구조의 알루미늄이 사용되는 일이 많았으나 현재는 카본 파이버를 비롯하여 여러 가지 신재료가 사용된다.

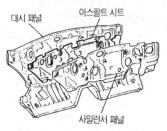

대시 패널   아스팔트 시트

사일런서 패널

샌드위치 제진 패널 [sandwich vibration damper panel] 아스팔트 시트를 2장의 강판에 끼운 다음 일체로 만들어진 대시 패널(대시보드). 패널의 진동을 감쇠시켜 소음을 감소시키는 것.

샌딩 [sanding] 홈집을 제거하고 도장할 표면을 매끄럽게 하며, 페인트 코트의 점착을 좋게 하기 위하여 연마재를 사용하여 문지르는 일.

샌딩 블록 [sanding block] 핸드 샌딩시 샌드페이퍼에 매끄럽고 균일한 배경 표면을 제공하기 위하여 사용되는 단단하고 유연성이 있는 블록.

샌딩 슬러지 [sanding sludge] 샌딩 작업중 해체되어 물 또는 미네랄 스피릿과 혼합되어 진흙 모양의 물질을 형성하는 페인트 입자.

샤를 [Charles Jacques Alexandre Ce'sar] 프랑스의 물리학 및 화학자로서 기체의 물리학적 성질을 연구하여 샤를의 법칙을 발견하고 기구에 수소를 채워 이를 최초로 탔음.

샤를의 법칙 [Charle's law] 일정한 압력에 있어서 기체의 체적은 절대온도에 비례한다는 법칙으로서 온도가 1℃ 상승할 때마다 0℃일 때의 체적이 1/273씩 팽창한다는 것임. 1787년 샤를이 발견하였으나 발표하지 아니하였는데 1801년 프랑스의 물리학자 게이뤼삭(Gay Lussac Joseph Louis)이 확립하여 게이뤼삭의 제1법칙이라고도 한다.

샤프트 드라이브 [shaft drive] 2륜차에서 뒷바퀴를 구동시키는데 체인 대신 축(샤프트)을 사용하는 방식. 변속된 엔진의 동력은 스윙암의 안쪽을 통하여 드라이브 샤프트에 전달하고 베벨 기어에 의하여 뒷바퀴를 구동하는 것으로 스윙암의 상하 작동은 유니버설 조인트로 이루어진다. 체인 드라이브에 비교하면 스프링 하중량이 무거워 충격의 흡수는 적어지지만 소음이 적고 기어 오일의 교환만으로 정비가 불필요하다는 장점이 있다.

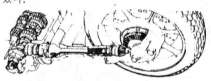

섀시 [chassis] 차대. 자동차에서 보디와 그 부속품을 제외한 부분. 즉 엔진, 동력전달장치, 서스펜션, 스티어링장치, 브레이크장치, 주행장치 등의 총칭.

섀시 다이너모 [chassis dynamo] ⇨ 섀시 다이너모미터.

섀시 다이너모미터 [chassis dynamometer] 약하여 섀시 다이너모 또는 CDY라고 불리우며, 주로 자동차의 동력을 측정하기 위한 장치로서 배기가스 측정을 실내에서 실시하기 위해서 사용된다. 롤러 위에 자동차의 구동바퀴를 올려 놓고 엔진의 동력에 의하여 롤러를 회전시켜 주행저항을 동력 흡수장치로, 가감속시의 관성저항을 플라이 휠로 대용시켜 실제의 노상주행을 재현하는 것.

섀시 스프링 〔chassis spring〕 섀시 스프링은 주행중 노면에 의해 발생되는 진동과 충격을 흡수하여 차체에 전달되지 않도록 하기 위해 프레임과 차축 사이에 설치되어 있으며, 리프 스프링, 코일 스프링, 고무 스프링, 공기 스프링 등으로 구성되어 있다.

섀클 〔shackle〕 ① 섀클은 '구속하다, 속박하다. 쇠고리'의 뜻. 섀클은 스팬의 변화를 가능케 하기 위해 한쪽은 프레임의 행어에 설치하고 다른 한쪽은 스프링 아이에 끼워져 있다. ② 리프 스프링의 한쪽 끝을 유지하는 부품으로서 2매의 장방형 강편의 양끝에 축을 통하여 한쪽에 스프링 아이를 고정하고 다른 쪽을 섀시에 부착하는 것. 섀시의 부착 방법에 따라 섀클에 장력이 작용하도록 되어 있는 텐션 섀클과 압축력이 걸리도록 배치되어 있는 컴프레션 섀클이 있다.

섕크 〔shank〕 ① 바이트, 드릴, 리머 등의 자루 부분을 말한다. ② 드롭 해머에서 금형을 램에 설치하기 위한 돌기물을 말한다. ③ 프레스의 펀치 홀더 윗부분에 튀어나온 돌기부로서 프레스의 중심과 금형의 중심을 맞추기 위한 것.

서드 기어 〔third gear〕 3속. 전진 3단(three-speed transmission)의 트랜스미션 설치 자동차에서는 톱기어로서 주행중 빈번히 사용되는 기어. 전진4단 이상의 자동차에서는 추월할 때 가속으로 사용되는 경우가 많으나 저속 주행이나 등판 또는 내리막길에서 엔진 브레이크로도 이용된다. 기어비는 전진 3단의 경우에는 엔진 직결의 1, 전진 4단 이상의 자동차에서는 1.3에서 1.5 정도가 보통이다.

서멀 〔thermal〕 열.

서멀 리액터 〔thermal reactor〕 2차 공기 공급장치를 말함. 서멀은 열, 리액터는 반응기를 말하며 이그조스트 포트 부근에 부착되어 있다. 그리고 새로운 공기를 보내어 배기가스 중의 HC나 CO를 완전히 연소시키는 장치.

서멀 릴레이 〔thermal relay〕 전류가 흐름에 따라 발열되는 히터와 히터의 열에 의해 접점을 개폐하는 바이메탈을 함께 설치하여 히터에 전류가 공급되는 것부터 개폐되기까지 시간적으로 지연시키는 릴레이이다.

서멀 밸브 〔thermal valve〕 서멀 밸브는 엔진의 온도가 정상 온도를 초과하였을 때 서지 탱크에 추가로 공기를 공급하여 냉각수 순환 속도를 빠르게 하고 공기의 강제 통풍량도 많게 하여 엔진의 온도를 낮추어 준다. 3개의 파이프를 가지고 수온 조절기 하우징에 설치되어 있으며 2개의 파이프는 서지 탱크에, 다른 하나는 스로틀 보디 안쪽에 연결되어 엔진의 냉각수 온도가 92℃에 도달하면 서서히 열리기 시작하여 110℃가 되면 완전히 열린다.

서멀 컷오프 [thermal cut off] 온도 퓨즈, 유기물 입자의 감온소자(感溫素子)를 금속 케이스 내에 저장시킨 퓨즈로서 일정 온도로 용융 액화되어 스프링을 팽창시키므로서 접점이 열리게 된다.

서모 밸브 [thermo valve] 서모 밸브는 FBC 배기가스 제어장치로 냉각수 온도를 감지하여 65℃ 이상이 되었을 때 퍼지 컨트롤 밸브를 열어주는 작용을 한다. ⇨ 서모스탯.

서모 콘택터 [thermo contactor] 냉장고의 오버로드 또는 방향지시기 플레셔 유닛에 설치되어 전류가 흐름에 따라 발생되는 열에 의해서 접점이 열리고 냉각되면 접점이 닫히는 전기회로의 접점으로서 온도 변화에 따라 자동적으로 전기 회로를 단속하는 접점을 말한다.

서모 타임 스위치 [thermo time switch] 서모 타임 스위치는 엔진의 냉각수 온도와 전열식 바이메탈에 의해 콜드 스타트 인젝터에 전원이 공급되는 시간을 결정하는 스위치이다. 서모 타임 스위치 단자 2개 중 하나는 콜드 스타트 인젝터에 연결되어 있고, 다른 하나는 점화 스위치와 연결된 서모 타임 스위치가 엔진의 냉각수와 접하도록 실린더 블록에 설치되어 있다. 점화 스위치가 ON이 되면 축전지 전류가 히팅 필라멘트에 흘러 가열될 경우 바이메탈 스위치가 열팽창하여 전원을 차단하므로 콜드 스타트 인젝터도 전원이 차단된다. 또한 엔진의 냉각수 온도가 40℃ 이상에서도 전원이 차단된다.

서모미터 [thermometer] 온도계. 물체의 온도를 측정하는 계기로서 섭씨 눈금과 화씨 눈금의 2종류가 있다.

서모스태틱 [thermostatic] ⇨ 서모스탯.

서모스태틱 코일 [thermostatic coil] 오토 초크에서 온도가 낮으면 초크 밸브를 닫게 하고 온도가 높으면 초크 밸브를 열리게 하는 것과 같이 온도 변화에 따라서 탄성이 변화되는 바이메탈 코일을 말한다.

서모스탯 [thermostat] ① 온도를 자동적으로 조절하는 장치를 말하며 여러 가지 기기에 널리 사용되고 있다. 엔진의 냉각계통에서는 엔진 시동 후 될 수 있는 한 빨리 수온을 올리기 위하여 사용되며, 수온이 80℃ 전후로 될 때까지 냉각수는 엔진에서 라디에이터에 흐르지 않고 온도가 높아지면 뉴수량 수량이 많아지도록 되어 있다. 서모 밸브라고도 부르며 펠릿형과 벨로즈형이 있다. ② 감온 디바이스로서 에어컨, 선풍기, 냉장고 등에 설치하여 공간의 온도를 조절하기 위해서 전기 회로를 자동적으로 열고 닫을 수 있도록 만든다.

서모페인트 [thermopaint] 특정 온도가 되면 변색하는 성질을 가지고 있는 시온 도료(示溫塗料)로서 온도를 감시하여야 할 장소의 페인팅에 사용된다. 냉각되면 원래의 색상으로 되돌아가고 온도가 규정 이상이 되면 변색이 된다.

서모폰 [thermophone] 입력 전류에 의해 온도가 변화하는 도체에 근접된 공기의 팽창, 수축에서부터 크기의 계산이 가능한 음파가 얻어지는 전기 음향 변환장치이다.

서미스터 [thermistor] 온도에 따라 전기 저항값이 변화하는 반도체 소자로서 열전기를 뜻하는 서모(thermo)와 저항기를 뜻하는 레지스터(resistor)를 결합하여 만든 합성어. 니켈, 코발트, 망간 등에 산화물을 적당히 혼합한 다음 1000℃ 이상의 고온에서 소결하여 만든 것으로 온도에 따라 저항값이 시간과 함께 변화되는 성질을 이용하며, 정특성 서미스터와 부특성 서미스터가 있다. 자동차에서는 연료 잔량 감지와 엔진의 수온 감지 등에 사용된다.

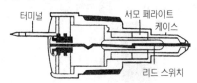

터미널   서모 페라이트
                   케이스
              리드 스위치

서보 기구 [servo mechanism] 피드 백 제어계통의 일종으로서 ① 어떤 계통 중에 있으며 물체의 위치나 그것이 움직이는 속도를 자동 제어하는 기계. 시보 브레이크가 그 예. ② 공간 조절 서보. ⇨ ISC서보. ③ 서보 모터와 같이 제어 신호에 따라 움직이는 시스템. ⇨ 피드백 제어(feedback control).

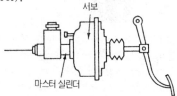

                서보
마스터 실린더

서보 모터 [servo motor] 주어진 제어신호를 조작력으로 바꾸는 전동기나 유압 모터를 말함. 일반적인 모터는 스위치를 넣었을 때 일정한 회전력이 발생하지만 서보 모터에서는 주어진 신호에 따라 빈번히 기동하거나 정지하기 때문에 큰 기동 토크로 갑자기 회전하기 시작한다.

그러므로 스위치 오프와 동시에 멈출 수 있는 응답성이 요구된다. 자동제어에는 없어서는 안될 부품이며, 자동차에서는 전기모터가 많이 쓰이고 있다.

서보 밸브 [servo valve] 기계적 또는 전기적 입력 신호에 의해서 압력 또는 유량을 제어하는 밸브를 말한다.

서보 브레이크 [servo brake] 서보는 기계장치를 조작할 때 그 조작과 연동하여 다른 동력에 따라 조작력이 강해지는 기구를 말함. 보다 작은 브레이크 페달을 밟는 힘으로 큰 제동력을 얻기 위하여 진공이나 유압의 힘을 빌어 페달의 밟는 힘을 가볍게 한 브레이크장치. 브레이크 페달을 밟으면, 서보의 컨트롤 밸브가 열려 엔진에 발생되어 있는 진공을 이용해서 다이어프램을 움직여 페달을 밟는 힘의 3~7배 정도의 힘으로 마스터 실린더를 누르도록 되어 있다. 마스터 실린더를 누르는 힘이 크면 휠 실린더에 작용하는 힘이 커지고, 큰 제동력을 발생한다. 진공은 엔진이 회전하고 있을 동안에만 발생하므로 엔진이 정지하여 진공이 없어지면 서보는 작용하지 않는다.

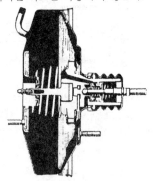

서보 어시스트 브레이크 [servo assist brake] 서보 브레이크에 공기, 유압, 진공배력 등의 장치를 설치한 브레이크를 말한다.

서보형 싱크로 [servo type synchromesh] ⇨ 포르세 타입 싱크로.

서브 콤팩트카 [sub-compact car] 미국의 자동차 분류 방법의 하나로서 자동차를 인테리어 볼륨(객실과 화물실의 용적)에 따라 나누었을 때 중간 정도 크기의 승용차를 말한다.

서브 프레임 [sub-frame] 서스펜션 멤버라고도 불리우며, 서스펜션이나 파워트레인(동력전달장치의 부품)을 조립하고 프레임이나 보디에 부착되는 자동차의 부분적인 골격을 이루는 부품이다. 진동·소음이 전달되지 않도록 고무부시를 중간에 끼우고 보디에 부착하는 예가 많으나, 자동차의 강성을 확보하기 위하여 직접 부착되는 경우도 있다. 섀시 부품을 정밀도가 좋게 조립할 수 있으므로 자동차의 운동 성능이 좋아진다.

서브 플레이트 [sub plate] 분해, 조립, 가공 등을 용이하게 할 수 있도록 덧붙인 보조판을 말한다.

서브머시블 퓨즈 [submersible fuse] 지정된 조건에서 수중에 담그어 만족하게 사용할 수 있도록 제작된 퓨즈를 말한다.

서브머지드 아크 용접 [submerged arc welding] 접합하고자 하는 두 모재 사이에 분말의 플럭스로 덮어 공기를 차단한 다음 플럭스 속에서 용접봉과 모재 사이에 아크를 발생시켜 접합하는 용접법을 말한다.

서브머지드 오리피스 [submerged orifice] 동력 조향장치의 유량조절 밸브, 유압조절 밸브 등 오일속에 잠긴 오리피스로부터 바이패스 될 수 있도록 된 장치를 말한다.

서브머지드 펌프 [submerged pump] 전자 제어식 엔진의 내장형 연료펌프와 같이 액체 속에 잠겨져 작동하는 펌프를 말한다.

서브스트레이트 [substrate] 도장할 재료의 표면. 기존의 피니시일 수도 있고, 도장이 되어 있지 않은 표면일 수도 있다.

서비스 [service] 봉사(奉仕)의 뜻으로서 자동차를 판매 후에도 정비, 수리를 책임지고 해주는 것을 애프터 서비스라고 한다.

서비스 매뉴얼 [service manual] 각 자동차 메이커에서 매년 발행하는 책으로, 각 차량 제품 및 모델에 대한 제원 및 서비스 절차가 실려 있다.

서비스 브레이크 [service brake] ⇨ 상용 브레이크.

서비스 시간 [service time] 자동차의 정비 및 수리를 하기 위하여 고객에게 서비스를 제공하기 위한 소요시간을 말한다.

서비스 카 [service car] ① 고객에 대한 정비 및 수리를 하기 위해 간단한 부품을 싣고 돌아다니는 자동차를 말한다. ② 운전 불능이 된 자동차를 견인하기 위한 자동차 또는 굴러 떨어진 자동차를 끌어 올리는데 사용하는 자동차를 말한다.

서스펜션 [suspension] 현가장치. 차체와 바퀴를 연결하는 장치로서 노면에서의 충격을 흡수하는 스프링, 스프링의 작동을 조정하는 쇽업소버, 바퀴의 작동을 제어하는 암이나 링크로 구성되어 있다. 크게 분류하면 좌우의 바퀴를 차축으로 연결한 리지드 액슬 서스펜션과 좌우 바퀴가 각각 작동하는 인디펜던트 서스펜션이 있다. 리지드 액슬 서스펜션에는 평행 리프 스프링식, 드디옹식, 링크식, 토크 튜브 드라이브식 등이 있고, 인디펜던트 서스펜션에서는 스윙 암식, 더블 위시본식, 맥퍼슨 스트럿식 등이 있다. 특수한 서스펜션으로는 유체에 의하여 힘을 전달하는 공기 스프링식이나 유체 스프링식도 있다.

서스펜션 레이트 [suspension late] ⇨ 휠 레이트(wheel late).

서스펜션 마운트 러버 [suspension mount rubber] 서스펜션 서포트에 사용되고 있는 고무를 말함. 코일 스프링에서의 압력과 쇽업소버에서의 압력은 1개의 고무가 흡수하는 일체형의 구조로 되어 있는 것과 코일 스프링에서의 큰 압력과 쇽업소버에서의 작은 진동은 서로 다른 특징을 가진 고무로 흡수하는 분리형의 구조 등이 있다. 서스펜션의 성능을 좌우하는 중요한 부품의 하나이다.

서스펜션 멤버 [suspension member] 서브 프레임이라고도 부르며 서스펜션의 골격이 되는 부재로서 암이나 로드 등이 장착되어 서스펜션이 구성된다.

서스펜션 부시 [suspension bush] 서스펜션 암이나 로드를 보디에 장착할 때, 진동이 전달되는 것을 방지하기 위하여 부시를 사용한다. 따라서 이중으로 된 금속제의 통이나 링 사이에 방진 고무를 넣는 고무 부시가 일반적이다. 형상에 따라 벌지(bulge) 타입부시나 볼 부시 등이 있고, 구조에 따라 인터링 입(入)부시 등으로 분류되어 힘이 작용하는 방향에 따라 강성(剛性)이 변하도록 만들어졌다. ⇨ 액체 봉입식 부시.

서스펜션 서포트 [suspension support] 코일 스프링과 쇽업소버를 보디에 지지하고 휠에서의 충격이나 진동이 발생되면 완충 역할을 하는 장치. 방진을 위하여 고무가 삽입되어 있으며, 맥퍼슨 스트럿식 서스펜션에 널리 사용되고 있다는 점에서 스트럿 마운트 또는 어퍼 서포트라고도 불리운다.

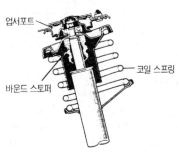

업서포트

코일 스프링

바운드 스토퍼

서스펜션 스트로크 [suspension stroke] 차륜이 밀어올려져 최대로 수축된 풀 범프로부터 최대로 확장된 풀 리바운드까지 차륜이 움직이는 거리. 스트로크가 너무 작으면 풀 범프하기 쉽게 되고, 풀 범프는 스프링이 없는 것과 같으므로 안전성도 승차감도 나빠진다. 또한, 풀 리바운드 하면 타이어가 노면으로부터 떨어져 이것도 안전성을 나쁘게 한다. 그러나 스트로크를 크게 하면 서스펜션을 위한 공간이 크게 되어 객실이 좁아진다. 보통 스트로크는 150~200mm 정도로서, 전륜보다 후륜을 크게 하고, 또한 범프보다 리바운드 스트로크를 크게 취하고 있다.

서스펜션 스프링 [suspension spring] 차축과 프레임 사이에 설치되어 자동차가 주행중 노면에 의해서 발생되는 진동과 충격을 흡수하여 승객 및 차체에 전달되는 것을 방지하는 스프링으로서 판 스프링, 코일 스프링, 토션바 스프링의 금속 스프링과 고무 스프링, 공기 스프링의 비금속 스프링이 있다.

서스펜션 암 [suspension arm] 휠의 움직임을 컨트롤하는 암(팔)의 역할을 하는 부재로서, 컨트롤 암이라고도 하며 볼 조인트, 필로 볼, 고무 부시 등에 의하여 보디 또는 액슬에 부착된다. A자 모양의 A암, I자 모양의 I암 등이 있으며, 강판을 압축하여 만든 것이 많으나 단조품도 있다. 상하 한 쌍으로 되어 있는 암에서는 위에 있는 것을 어퍼 암, 아래 것을 로 암이라고 한다.

서스펜션 지오메트리 [suspension geometry] 지오메트리란 기하학을 말함. 서스펜션의 배치/배열. 서스펜션은 링크(암)의 배치에 따라 스윙 암 길이, 롤 센터 높이 등이 결정되고, 또한 링크의 길이나 각도에 의하여 그들의 변화 정도나 캠버 변화량이 결정된다. 한편, 스티어링 링크의 배치에 의하여 앞바퀴 정렬의 변화나, 바퀴의 조향각 등도 결정된다. 이들을 총칭하여 서스펜션 지오메트리라고 한다.

서스펜션 컴플라이언스 [suspension compliance] 컴플라이언스는 물체가 변형되기 쉬운 정도를 말하며, 서스펜션의 전후 좌우 방향의 유연성을 말함. 각각 전후 컴플라이언스, 좌우(옆방향) 컴플라이언스라고 부름. 1kg의 힘이 가해졌을 때 몇mm 작동하는가를 나타낸다.

서지 [surge] ① 밸브 서징을 말함. ② 엔진의 토크 변동에 따라 자동차가 전후 방향으로 10Hz 이하의 주파수로 흔들리는 현상. 정상 주행중에 액셀 조작으로 인한 엔진 출력의 변화, 실화 등이 원인이 되어 발생되는 미세한 진동을 말하며, 급가속이나 변속에 따라 엔진에 급격한 토크가 발생하며, 동력전달 계통에 비틀림 진동이 발생하는 현상.

서지 압력 [surge pressure] 유압 회로에서 과도적으로 상승하는 오일 압력의 최대치를 말한다.

서지 전류 [surge current] 단시간 내에 심하게 변화하는 과도적인 전류로서 낙뢰 등에 의해 송전선으로 유기된 이상 전류를 말한다.

서지 전압 [surge voltage] 서지 전압은 코일에 인덕턴스가 있기 때문에 전류를 차단하였을 때 단시간에 심하게 변화되는 과도적인 전압으로서 회로 전체에 전류가 흐르려고 하는 기전력이 코일에 발생된다.

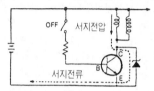

서지 킬러 [surge killer] 송전선의 이상 순간 전압이나 회로의 개폐기를 OFF시켰을 때 발생되는 순간 전압을 흡수하는 장치 또는 소자를 말한다. 전트랜지스터 점화장치에 설치되어 있는 제너 다이오드의 역할을 서지 킬러라 한다.

서지 탱크 [surge tank] 서지는 '파도처럼 밀리다, 물결치다, 소용돌이치다'의 뜻. 연료분사 엔진으로 흡기 계통에 흡기 맥동이 발생되지 않도록 인테이크 매니폴드와 스로틀 밸브와의 사이에 설치되는 탱크. 연료분사 시스템에서는 흡기 맥동이 에어플로 미터의 정도에 악영향을 줄 때가 있으며, 이것을 제거할 필요가 있을 경우에 사용된다. 흡기 기통 간섭효과를 방지하는 작용도 한다. 서지는 주기적인 변동을 말함. 컬렉터 탱크라고도 불리운다.

서징 [surging] 캠에 의한 밸브의 개폐 횟수가 밸브 스프링의 고유 진동과 같거나 또는 그 정수배(整數倍)로 되었을 때 밸브 스프링은 캠에 의한 강제 진동과 스프링 자체의 고유 진동이 공진하여 캠의 작동과 상관없이 진동을 일으킨다. 이러한 현상을 밸브 스프링 서징이라 한다. 서징을 방지하려면 부등 피치를 사용하거나 고유 진동수가 다른 2중 스프링을 사용하여 공진을 상쇄하고 정해진 양정 내에서 충분한 스프링 정수를 얻도록 하여야 한다.

서치라이트 [search-light] 강력한 광원과 반사경을 조합하여 광속을 고공까지 도달시키는 조명장치로서 조사 방향을 자유로이 바꿀 수 있는 강력한 라이트를 말한다.

서큘러 [circular] 회전 테이블로서 자동차 앞바퀴의 캠버, 캐스터, 킹핀 경사각을 측정할 수 있는 턴 테이블을 말한다.

서큘러 다이 스톡 [circular die stock] 절삭용 다이스를 결합하여 손으로 회전시켜 수나사를 절삭하는 공구로서 다이스 결합부 양쪽에 손잡이가 있다.

서큘러 디스크 캠 [circular disc cam] 밸브장치의 캠 축, 디젤 연료 분사 펌프에 설치되어 연료 펌프 또는 연료 공급 펌프를 작동시키는 편심륜을 말한다.

서큘러 피치 [circular pitch] 원주 피치로서 피치 원주의 길이를 기어 잇수로 나눈 것을 말한다. 이웃하는 기어 이(齒)에 대응하는 2점 간의 거리를 피치원을 따라 측정한 원호의 길이.

서큘레이션 [circulation] 엔진의 냉각장치, 자동 변속기, 엔진의 윤활장치, 동력 조향장치에서 냉각수나 오일이 순환하는 것을 말한다.

서큘레이팅 오일링 [circulating oiling] 엔진의 윤활 펌프에서 각 마찰부의 베어링까지 오일을 순환시켜 베어링의 온도 상승을 방지하는 주유 방식으로서 순환 주유라 한다.

서큘레이팅 펌프 [circulating pump] 유체를 순환시키기 위한 냉각장치의 물 펌프, 동력 조향장치의 유압 펌프, 자동 변속기 또는 엔진의 오일 펌프 등을 말한다.

서킷 [circuit] ① 전류가 흐를 수 있는 단일 또는 복수의 회로를 말한다. ② 필요로 하는 전기적 특성을 얻을 수 있도록 전원과 부품을 연결한 것. ③ 유체가 흐를 수 있는 통로. ④ 소자의 기능을 결합하여 요구되는 신호 또는 에너지 처리 기능을 가지게 한 것.

서킷 브레이커 [circuit breaker] ① 보통 전기회로 상태에서는 수동으로 개폐할 수 있고 단락, 고장 등의 이상 상태에서는 자동으로 차단되도록 된 개폐기 또는 퓨즈. ② 자동차의 점화 1차 회로에 흐르는 전류를 단속하는 브레이커 포인트, 파워 트랜지스터, 이그나이터 등. ③ 직류 발전기에서 발생 전압이 낮을 때 축전지에서 발전기로 역전류가 흐르지 못하도록 차단하는 컷아웃 릴레이, 교류 발전기의 실리콘 다이오드 등.

서킷 테스터 [circuit tester] 전류, 전압, 저항 등을 육안으로 바로 읽을 수 있는 측정 계기로서 아날로그 테스터와 디지털 테스터가 있으며 테스터 램프를 설치하여 점등과 소등에 의해서 간단하게 측정할 수 있는 것도 있다 ⇨ 멀티미터.

서틴 모드 [thirteen mode] 13모드. 디젤 엔진을 탑재한 중량차의 배기

가스를 측정할 때의 운동 방법으로서 13의 정상 운전으로 이루어지며 유럽에서 규격화되어 있다.

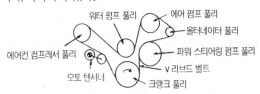

워터 펌프 풀리 / 에어 펌프 풀리 / 올터네이터 풀리 / 에어컨 컴프레서 풀리 / 파워 스티어링 펌프 풀리 / 오토 텐서너 / V 리브드 벨트 / 크랭크 풀리

서펀타인 벨트 [serpentine belt] 엔진에서 여러가지 보조 기구의 풀리를 연결하는 꼬불꼬불하게 구부러진 V벨트를 말함. 워터 펌프, 올터네이터, 파워 스티어링 펌프 등 다수의 풀리를 크랭크 풀리로 구동할 때에 쓰인다.

서포트 [support] 로커 암 축을 실린더 헤드에 볼트로 지지(支持)한다.

서폼 [surform] 판금 퍼티를 연삭하기 위하여 가늘고 긴 막대기 모양의 그물코 줄(file). 원래는 특정의 제품명이었으나, 셀로판 테이프나 지프처럼 보통 명사화하여 사용되고 있음.

서피스 게이지 [surface gauge] 정반 위에서 정반에 대해 어떤 높이의 금긋기에 사용된다.

서피스 그라인더 [surface grinder] 평면 연삭기(平面硏削機)로서 실린더 헤드의 변형을 점검하여 규정값 이상일 때는 정반에 광명단을 바르고 실린더 헤드를 접촉시킨 다음 광명단이 묻은 곳만을 연마하는 연마기를 말한다. 실린더 헤드 변형의 원인으로는 제작시의 열처리 조작의 불충분, 헤드 개스킷의 불량, 실린더 헤드 볼트의 불균일한 조임, 엔진의 과열, 냉각수의 동결 등이며 변형이 되었을 때는 냉각수나 압축 가스가 누출되어 엔진의 출력이 저하된다.

서피스 드라이 [surface dry] 페인트 층의 아래쪽은 액체로 남아 있는 상태이면서 페인트의 겉표면이 건조되는 페인트 결함.

서피스 볼륨 레이쇼 [surface volume ratio] 약해서 SV비라고도 하며, 연소실의 표면적(surface)에 대한 연소실 체적의 비를 말하며 엔진의 열효율을 나타내는 지표의 하나. 이 수치가 적을수록 열에너지의 손실이 적고 열효율이 높다. 이 비가 계산상으로 최소가 되는 것은 반구형 연소실이다.

석면 [asbest, asbestos] 사문석 또는 각섬석 등을 분해하여 규산마그네슘, 칼슘을 주성분으로 한 섬유질의 결정을 가진 광물로서 광택이 나며 부드럽고 질기다. 열과 전기의 부도체이므로 보온재, 전기 절연재,

클러치 라이닝, 브레이크 라이닝, 실린더 헤드 개스킷 등에 많이 사용되고 있다.

석션 [suction] 혼합 가스나 공기 등을 빨아들이는 것.

석션 라인 [suction line] 에어컨에서 증발기 출구와 컴프레서 입구를 연결하는 튜브. 저압의 냉매 증기가 이 라인을 통하여 흐른다.

석션 스로틀링 밸브 [suction throttling valve] 에어컨에서 증발기와 컴프레서 사이에 위치한 밸브. 증발기로부터 흘러 나오는 공기의 흐름을 제어하여, 증발기에 습기가 얼어붙는 것을 방지한다.

석유 〔石油 ; petroleum〕 원유에서 증류하여 정제된 탄화수소의 혼합물로서 물보다 가볍고 특수한 냄새가 난다. 가열, 동력, 화학 연료로서 많이 사용된다.

석유 기관 〔石油機關 ; petroleum engine〕 석유를 원료로 하는 내연 기관으로서 카브레터에서 공기와 연료를 혼합하여 실린더에 공급하면 전기 점화를 하여 엔진의 출력이 발생된다. 구조가 간단하고 조작이 용이하여 농업용, 선박용 10PS 이하의 소형 엔진에 사용된다.

선 기어 [sun gear, sun wheel] 플래니터리 기어(유성기어) 중앙에 있는 기어. 그 주위를 피니언 기어가 회전하고 그 외측에 링기어가 놓여진 구조로 되어 있는 점에서 피니언을 유성(혹성)으로 보고 선(태양) 기어로 이름이 붙혀진 것 ⇨ 플래니터리 기어(planetary gear).

선 루프 [sun roof] 햇빛의 일사량에 따라 자동차 지붕의 일부 또는 전부를 개폐할 수 있도록 한 것.

선 바이저 [sun visor] 선 셰이드라고도 함. 운전석 또는 조수석 앞에 부착되어 있는 직사광선 등을 차단하기 위한 판. 사이드 윈도 쪽으로 돌려 옆에서 빛을 차단할 수 있도록 되어 있는 것이 보통이며, 뒤에는 운전석쪽에 티켓홀더나 코션라벨, 조수석쪽에는 화장용 미러가 부착되어 있는 것이 많다. 뒤창문에서 태양을 막는 블라인드 모양의 것들도 선 바이저이다.

선간 전압 [line-to-line voltage] 3상 교류 발전기에서 한 도체와 다른 도체 사이의 전압을 말한다. 자동차에 사용하는 교류 발전기는 전압을 이용하기 위해서 선간 전압이 상전압보다 $\sqrt{3}$배가 높은 스타 결선을 사용한다.

선도 [diagram] 가로, 세로 좌표를 기준으로 하여 압력과 체적, 엔진의 출력, 엔진의 회전력, 엔진의 연료 소비율, 밸브 타이밍 등을 선으로 나타내는 그림을 말한다.

선도 계수 [diagram factor] 내연 기관이나 외연 기관에서 실제의 인디 케이터 선도의 면적과 이론적 인디케이터 선도의 면적과의 비율을 말한다.

선반 [lathe] 선반은 공작물을 회전시키면서 바이트를 이송 또는 절입 시켜 외경 절삭, 끝면 절삭, 정면 절삭, 절단, 테이퍼 절삭, 곡면 절삭, 구멍 뚫기, 보링, 널링 작업, 나사 절삭을 하는 공작기계이다. 테이퍼 절삭 작업은 복식 공구대를 회전시키는 방법, 심압대를 편위시키는 방법, 테이퍼 절삭 장치에 의한 방법, 가로깎기 이송과 세로 깎기 이송을 동시에 사용하는 방법이 있다.

선삭 [lathe turning] 선반 등의 공작기계에 절삭 공구를 사용하여 제품을 절삭하는 작업을 말한다.

선세이드 [sun－shade] 선루프로 직사굉선을 차단하기 위하여 햇빛을 가리는 것을 말함.

선택식 변속기 [selective transmission] 매뉴얼 트랜스미션의 옛날 호칭의 하나. ⇨ 실렉션 슬라이딩 트랜스미션.

선회 [turn] 자동차를 어떤 지점을 중심으로 그 원주 방향으로 회전시키는 것으로서 커브 도로 또는 좌우측으로 방향을 바꿀 때를 말한다.

설정 [設定 ; setting] ① 엔진이나 동력 전달장치, 전기장치 등에서 최적의 작동 성능을 나타내도록 조정하는 것으로서 주어진 입력량에 대하여 그 작동위치에 대하여 규칙을 정하는 것이다. 방법은 계측기의 교정 방법과 같지만 설정의 경우는 작동장치에서의 고장 부분을 발견하는 것이 주목적이다. ② 각종 테스터기를 사용할 때 계기를 0점으로 조정하는 작업을 말한다. 특히 멀티 테스터로 저항을 측정할 때 실렉터로 변경할 때마다 세팅시켜야 정확한 측정값을 얻을 수 있다.

설정값 [set value] ① 각 부품의 규정값으로서 변형, 간극, 아이들링, 타이밍 등을 결정하는 것으로서 설정값 이하나 이상일 때에는 조정하여야 정상적인 작동이 이루어진다. ② 다이얼, 스위치, 저항기 등에 의하여 기기에 규정한 값으로서 기기의 작동을 그 값으로 결정하는 것.

설퍼 [sulfur, sulphur] ⇨ 유황.

설퍼릭 애시드 [sulphuric acid] ⇨ 황산.

설페이션 [sulfation] 설페이션은 축전지 극판이 황산납으로 결정화되는 것으로서 축전지를 방전 상태로 장기간 방치하게 되면 극판은 불활성 물질로 덮여지게 되는 현상을 말한다. 원인으로는 과방전하였을 경우, 장기간 방전상태로 방치하였을 경우, 전해액의 비중이 너무 낮을 경우, 전해액의 부족으로 극판이 노출되었을 경우, 전해액에 불순물이 혼입되었을 경우, 불충분한 충전을 반복하였을 경우 등이다.

섬유 강화 금속 [fiber reinforced metal] ⇨ FRM.

섬유 강화 플라스틱 [fiber reinforced plastics] ⇨ FRP.

섬프 [sump] ① 섬프는 '웅덩이'란 뜻으로 오일팬 한쪽에 깊게 파여있는 부분을 말하며 자동차가 언덕길을 주행할 때 엔진이 기울어져도 오일이 충분히 고일 수 있도록 한다. 섬프에는 오일 펌프의 흡입구에 연결되어 있는 스트레이너가 오일 속에 잠겨있다. ② 타이어에서 발생되는 잡음의 일종으로서 주로 타이어 트레드의 국부적인 凹凸에 의하여 레이디얼·포스·베리에이션에 의하여 타이어 1회전당 1회의 충격력이 발생하고 서스펜션을 거쳐 차체 진동이나 소음으로 느껴지는 것. 섬프는 털석하는 소리를 뜻함.

섬프 가드 [sump guard] ⇨ 스키드 플레이트.

섬프식 [sump-flow filter type] 샨트식과 비슷하나 전동기에 의해 구동되는 오일 펌프를 설치한 별개의 회로 내에 오일 여과기가 설치되는 것이 다르다. 섬프식은 전동기에 의해 구동되는 오일 펌프를 사용하기 때문에 엔진이 정지된 상태에서도 오일을 여과할 수 있는 장점이 있다. 여과할 오일은 전동기로 구동되는 오일 펌프를 이용하여 여과한 다음, 오일팬으로 되돌려 보내고 윤활되는 오일은 엔진에 의해 구동되는 오일 펌프로 가압하여 윤활부에 공급된다.

섭동 기어식 ⇨ 슬라이딩 기어식.

성능 [性能 ; performance] 엔진, 동력 전달장치 등 기계장치의 작용이나 효율 등 작동상의 특징을 나타내는 특징을 말한다.

성능 곡선 [性能曲線 ; performance monitor] 기계의 여러 성능을 나타내는 곡선. 엔진의 성능 곡선에는 엔진의 회전력, 엔진의 출력, 연료 소비율을 나타내고 자동차의 주행 성능 곡선에서는 구동력, 엔진의 회전속도, 주행저항, 자동차 속도를 나타낸다.

성능 시험 [性能試驗 ; performance test] 엔진의 성능, 자동차의 주행 성능 등 기계장치의 성능을 알기 위해서 실시하는 시험을 말한다.

성층 유리 [laminated glass] 2장의 유리판 사이에 폴리비닐을 넣고 압착한 겹판 유리로서 깨어져도 유리 조각이 흩어지지 않는 안전 유리를 말한다.

성층 연소 [stratified charge combustion] 연소실 내에 혼합기의 농후한 부분과 희박한 부분을 만들어 착화하기 쉬운 농후한 부분에 점화하여 화염이 전파되도록 연소를 퍼지게 하는 방법. 희박 연소의 가장 효과적인 수단으로 이용되고 있다.

성크 키 [sunk key] 묻힘 키. 축과 보스에 키홈을 만들어 고정하는 것으로써 평 키보다 큰 회전력을 전달하는 곳에 사용한다.

성형 [radial type] 실린더가 크랭크 샤프트를 중심으로 방사선 모양으로 배치된 형식이다. 크랭크 샤프트와 크랭크핀이 1개이며 항공기 엔진에 사용된다.

성형 개스킷 [molding gasket] 액상 개스킷과 대조적으로 사용되는 용어로서 종이 등의 섬유나 금속·고무 등으로 만들어진 개스킷을 말함.

성형 결선 [星形結線] ⇨ 스타 결선.

성형 도어 트림 [melded door trim] 평면적인 도어 트림에서 팔걸이 등을 일체로 성형·조합한 입체적인 도어 트림. 내장이 호화롭고 동시에 공간의 이용이 가능하다.

세그먼트 [segment] ① 부분, 단편, 조각의 뜻으로서 점화장치의 배전기 캡 안쪽에 실린더 수 만큼 설치되어 로터가 회전하면서 고전압을 점화시기에 맞추어 세그먼트에 전달될 때 스파크 플러그에서 불꽃을 발생하게 된다. ② 컴퓨터의 데이터 세트로서 기억장치의 임의 장소에 저장되고 공통 상대 어드레스로 그 전체를 지정할 수 있게 한 것. ③ 전자제어 엔진 테스터기의 프로그램의 작성에서 프로그램을 몇 개의 소단위로 세분화한 것. 각 메이커별 센서의 데이터를 분류한 것.

세단 [sedan] 고정된 지붕과 전후에 각 1열의 좌석을 갖추고 칸막이가 없으며 2~4개의 도어가 있다. 4~6명의 승객을 수송할 수 있는 일반적인 승용차. 세단은 미국에서의 호칭이며, 영국에서는 사롱, 독일에서는 리무진, 프랑스에서는 베르리느, 이태리에서는 베르리나라고 불리운다. 형태의 정의는 그다지 엄밀하지 않고, 그 주된 용도가 승용 목적이다. 일반적으로 2도어, 4도어, 5도어 등 도어의 수로 전체의 모양을 나타낸다.

세디먼터 [sedimenter] 연료에 포함되어 있는 물이나 침전물을 제거하는 장치로서 연료분사장치를 설치한 엔진에 부착되어 있는 것이 보통. 연료분사펌프는 연료에 의하여 윤활되는 것이 일반적이며, 연료에 물이 포함되면 유막이 끊어져 고장 원인이 되며 연료 필터에서 여과되지 않는 물이나 미립자를 제거하는 것. 연료계통에 연료가 일시적으로 체류하는 용기를 설치하여 경유와 물의 비중의 차이를 이용해서 분리한다.

세디먼트 트랩 [sediment trap] 액체속의 불순물을 비중의 차이에 의해 분리시키는 장치를 말한다. ⇨ 세디먼터.

세라믹 〔ceramic〕 알루미나를 주성분으로 한 결합제와 소결시킨 공구로서 내식성, 비자성체, 비전도체이나 잘 부러지는 결점이 있다.

세라믹 글로 플러그 〔ceramic glow plug〕 금속 예열 시스템에 사용되는 예열 플러그의 일종으로서 질화규소 중에 히터 와이어를 넣고 소성한 것.

세라믹 엔진 〔ceramic engine〕 엔진의 주요부품을 세라믹으로 제작하여 가볍고 내열성이 우수하며 주철제 엔진에 비하여 중량을 30~40% 감소된다. 냉각이 우수하여 높은 온도에서 혼합기를 연소시킬 수 있으므로 연료 소비율을 30~50% 향상시킬 수 있다.

세라믹 코팅 〔ceramic coating〕 알루미나, 지르콘, 지르코늄 등을 용융시켜 금속표면에 분사하여 무기질 피복을 입히는 것으로서 발전 조정기, 전기 제품 등 기관의 절연에 많이 사용된다.

세라믹 터보 〔ceramic turbo〕 터빈 로터가 세라믹스로 만들어진 닛산의 터보차저 엔진의 호칭이다. 고온의 배기가스에 노출되는 터빈 로터를 가볍고 열에 강한 파인 세라믹스(질화규소)로 만들어 경량화에 의하여 액셀 레스폰스의 향상을 도모한 것.

세라믹 파이버 〔ceramic fiber〕 실리카-알루미나계 섬유로서 단열성, 전기 절연성, 화학 안정성이 우수하며 1000℃ 이상의 고온에서도 사용할 수 있다. 가전 제품의 기판, 발전 조정기의 기판, 연료 펌프의 인슐레이터 등에 사용되고 있다.

세라믹 히터 초크 〔ceramic heater choke〕 자동적으로 초크를 작동시키는 장치의 하나. 전열식 자동 초크의 전열 대신에 세라믹 히터를 이용한 것.

세라믹스 〔ceramics〕 도자기, 유리, 시멘트 등 높은 온도로 처리하여 만들어진 무기재료의 총칭. 특히 정제된 재료를 사용하여 정밀하게 만들어진 것을 파인 세라믹스라고 한다. 터보차저의 로터 등 고온이며 강도가 높은 성질을 이용한 구조용 세라믹스와 서미스터 온도계 등 전자기적인 특성을 이용한 기능성 세라믹스가 있다.

세레이션 〔serration〕 축에 작은 삼각형으로 홈과 돌출부를 만들어 고정하는 것으로서 스플라인에 비해 회전력의 전달이 크다. 자동차의 조향축과 핸들을 고정하거나 섹터 기어와 피트먼 암을 고정하는데 사용하고 있다. 우리 주변에는 수도꼭지의 손잡이에 사용되고 있다.

세로놓임 엔진 〔parallel engine〕 크랭크 축이 자동차의 전후 방향으로 일치하도록 세로로 놓여진 엔진을 말함. 통상적인 엔진의 탑재 방법으로 오랫동안 사용되어 왔다. ⇨ 가로 놓임 엔진.

세로놓임 판 스프링식 현가장치 [parallel leaf spring type suspension] ⇨ 평행 리프 스프링식 서스펜션.

세루 모다 셀프 모터를 일본식 발음으로 사용한 용어. ⇨ 셀프 모터.

세미 노치 백 [semi-notch back] ⇨ 세미 패스트 백(semi fast back).

세미 드롭 센터 림 [semi drop center rim] 림 형상의 하나로 기호 SDC 로 표시되며, 소형 트럭용으로 쓰이고 있다. 한쪽의 림 플랜지(귀)를 제거할 수 있도록 되어 있으며 이 플랜지를 사이드 링이라고 부름.

세미 리지드 액슬식 서스펜션 [semi rigid axle type suspension] ⇨ 토션 빔식 서스펜션.

세미 리트랙터블 헤드라이트 [semi retractable head light] 리트랙터블 헤드라이트로 헤드라이트의 아래 절반이 보이도록 되어 있는 것.

세미 메탈 개스킷 [semi-metallic gasket] ⇨ 매니폴드 개스킷(manifold gasket).

세미 메탈릭 디스크 브레이크 패드 [semi-metallic disk brake pad] 디스크 브레이크의 패드로 스틸울과 금속(주로 철)분말을 기본 재료로 하고 수지로 굳힌 것. 내마모성, 내페이드성은 좋지만 열전도가 쉬운 것이 특징이다. ⇨ 디스크 브레이크 패드.

세미 센트리퓨걸 클러치 [semi-centrifugal clutch] ⇨ 반원심력 클러치.

세미 실드 빔 [semi sealed beam unit] 렌즈와 반사경은 일체이고, 전구는 별개의 헤드 램프를 말한다. 그리고 전구가 끊어졌을 때 전구만 교환하며 설치부를 통해 공기가 유통되므로 반사경이 흐려지는 단점이 있다. ⇨ 실드 빔(sealed beam).

세미 액티브 서스펜션 [semi-active suspension] 액티브 서스펜션은 공기압이나 유압으로 작동되는 액추에이터를 주로 하여 사용되고 있는 것이다. 그러나 이와 대비하여 서스펜션에서 사용되고 있는 스프링과 댐퍼를 남겨 놓고 이들의 스프링 레이트나 감쇠 특성을 컨트롤 할 수 있도록 만들었다. 따라서 조종성, 안정성과 승차감의 밸런스를 아주 좋게 유지할 것을 겨냥한 서스펜션의 총칭.

세미 오토매틱 [semi automatic] 풀 오토매틱의 상대어. 풀 오토매틱에서는 주행중에 가속과 감속을 마음대로 자동 변속하는 기능을 가지고 있으나, 세미 오토매틱에서는 오토 클러치 기능과 토크 컨버터에 의한 무단 변속만으로 전체를 커버하든가, 또는 수동에 의해 기어를 선택하여 주행한다. 반 수동식이라고 부를 때도 있다.

세미 오토매틱 트랜스미션 〔semi-automatic transmission〕 세미는 반분 (半分)을 뜻한다. 반 자동화된 변속기를 말하며 자동변속기의 변속을 수동으로 행하는 것을 말함. ⇨ 오토매틱 트랜스미션.

세미 인티그럴형 파워 스티어링 〔semi-integral type power steering〕 파워 스티어링 형식의 하나로 인티그럴형과 같이 스티어링 기어에 컨트롤 밸브가 조합되어 있다. 그러나 파워 실린더는 다른 개소에 부착되어 있는 형식. 포크 리프트(지게차) 등에 많이 사용되고 있음.

세미 컨덕터 〔semi conductor〕 ⇨ 반도체.

세미 콘솔 〔semi console〕 시프트 레버만을 커버하고 있는 소형의 콘솔 박스를 말함. ⇨ 콘솔박스(console box).

세미 킬드강 〔semi killed steel〕 탈산이 림드강과 킬드강의 중간정도. 킬드강과 같이 기포나 편석은 없어 용접 구조물에 많이 사용된다.

세미 트랜지스터 점화장치 〔semi-transistor ignition module〕 풀 트랜지스터 점화장치와 대비하여 사용되는 용어로서 세미 트랜지스터 점화방식이라고도 불리운다. 디스트리뷰터 회전에 따라 붙었다 떨어졌다 하는 접점(콘택트 포인트)에는 트랜지스터에 신호를 보내기만 하는 약간의 전류만을 흐르게 한다. 그리고 주전류의 단속은 트랜지스터로 행하여 접점의 소손을 없게 한 것. ⇨ 반 트랜지스터 방식.

세미 트레일러 〔semi-trailer〕 트레일러와 적하 중량의 일부가 트랙터에 직접 지지되는 트레일러. 트레일러의 하중이 트랙터에 가해지기 때문에 큰 구동력이 얻어지고 주행의 자유성도 풀 트레일러보다 크다.

세미 트레일링 암식 서스펜션 〔semi-trailing arm type suspension〕 트레일링 암식 서스펜션으로서 스윙 암은 차체에 부착된 축(요동축)이 차축을 중심으로 경사지게 되어 있는 형식. 부착 각도를 적게 하면 풀 트레일링 암식에 가까운 성격이 되며, 각도를 크게 하면 스윙 액슬식에 가까운 특성을 나타냄. 보조 링크를 설치하여 횡력(橫力)이나 전후력에 대해 서스펜션의 움직임을 조정한 것도 있다. 승용차의 리어 서스펜션에 많이 사용되고 있다.

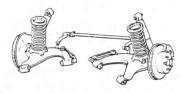

세미 패스트 백 [semi-fast back] 자동차의 지붕에서부터 뒷끝까지 걸친 곡선이 패스트 백과 노치백 중간의 기울기를 가진 스타일을 말하며 세미 노치백이라고도 함.

세미 퍼머넌트형 부동액 [semi-prmanent anti freezing solution] 부동액의 일종으로 에틸렌글리콜이나 알코올에 염료와 안정제를 가한 것. 엔진의 냉각액에 30% 정도 혼입하여 사용한다. 퍼머넌트형 부동액과 비교하면 가격은 저렴하지만 알코올이 천천히 증발하므로 사용 도중에 부동액을 보충해야 하는 불편함이 있다.

세미 플로팅 액슬 [semi-floating axle, half-floating axle] 반 부동식 차축. 리지드 액슬 서스펜션(차축현가장치)에서 휠을 액슬(차축)에 부착하는 방법에 따라 분류되는 것으로 전부동식 차축이 휠을 2개의 베어링으로 액슬 하우징(차축관) 끝에 부착. 이것을 액슬 샤프트로 구동하는 것은 휠을 직접 액슬 샤프트(구동축)에 부착하는 형식을 말하며, 승용차나 소형 트럭에 사용하는 방식. 전부동식 차축은 대형 트럭에 사용한다.

세이볼트 초 [SUS;saybolt universal system] 온도에 따라 오일의 점도가 변화되는 과정을 측정하는 방법으로 오일의 온도를 $0°F(-17.78°C)$, $100°F(38°C)$, $130°F(70°C)$, $F(100°C)$ 등의 온도를 선택하여 60cc의 시험 오일이 0.1765cm의 작은 구멍을 흐르는 시간(sec)으로 그 점도를 측정하는 방법이다. SAE 10 오일은 60cc의 오일이 10초 동안 흘렀다는 뜻이다.

세이프티 림 [safety rim] 타이어 비드가 얹히는 레지(ledge)의 안쪽 가장자리에 험프를 가진 휠 림. 험프(hump)는 타이어 파열시에 타이어를 림 상에 잡아주는 데 도움이 된다.

세이프티 밸브 [safety valve] ⇨ 안전 밸브.

세이프티 범퍼 [safety bumper, federal bumper] ⇨ 에너지 흡수 범퍼.

세이프티 벨트 [safety belt] ⇨ 시트 벨트.

세이프티 스탠드 [safety stand] 플로어 잭 또는 리프트를 사용하여 자동차를 들어올린 후 그 중량을 지지하기 위하여 자동차 밑에 받치는 핀 또는 로크가 달린 장치. 카 스탠드 또는 잭 스탠드라고도 한다.

세이프티 컬러 [safety color] 황색 또는 오렌지색으로서 상해(傷害)를 방지하기 위해서 작업장이나 교통 표지판에 사용되는 색을 말한다.

세이프티 패드 [safety pad] 인스트러먼트 패널을 형성하는 부분으로 우레탄폼을 연질염화비닐로 싸서 만들어진 것이 대부분이다. 세이프티(안전)라고 불리우고 있으나 통상의 세이프티 패드에서 충격 에너지의 흡수는 그다지 기대할 수 없다. 인스트러먼트 패널 상부 등에는 충돌이 발생했을 때 승객보호를 위하여 우레탄 등으로 뒤덮고 있다. 이것은 안전성을 위한 것뿐만 아니라 실내의 안락한 분위기를 주기 위해서다.

세척 작용 [washing action] 오일은 윤활부에 들어온 먼지, 수분, 금속 분말 등을 그 유동 과정에서 흡수하여 윤활부를 깨끗이 하는 작용. 세척 작용이 되지 않으면 윤활부에 마멸이 현저하게 촉진된다.

세컨더리 레버 [secondary lever] ⇨ 후드 로크(hood lock).

세컨더리 밸브 로크 [secondary valve lock] 엔진이 더워지지 않는 상태에서 세컨더리 스로틀 밸브가 열리지 않도록 (lock)하는 기구를 말함. 세컨더리 스로틀 밸브는 엔진을 고속회전시키는 경우에 자동적으로 작동하도록 되어 있으나, 시동 직후 1차 벤투리에 초크가 작동하고 있는 상태에서 2차 밸브를 열면 초크의 효과가 약해지므로 이와 같은 기계식이 갖추어져 있다.

세컨더리 벤투리 [secondary venturi] 2개 이상의 벤투리를 가진 복합형 카브레터에서 엔진 회전이 낮을 때에는 작동치 않고, 고속·고부하시에 다량의 공기와 연료를 공급하기 위하여 사용되는 벤투리. 통상, 1차 벤투리의 스로틀 밸브 개도(開度)가 60도 이상이 되면 2차 스로틀 밸브가 열리기 시작하도록 되어 있다. 이 밸브를 강제적으로 여는 메커니즘을 킥업 기구라고 함. 영어로는 「auxiliary venturi, booster venturi」라고 불리운다.

세컨더리 슈 [secondary shoe] 2번째의 슈라는 뜻으로 드럼식의 듀오 서보 브레이크에 사용되는 2개의 리딩 슈를 구별하기 위하여, 회선 방향에 따라 먼저 드럼에 접하는 슈를 프라이머리 슈. 이 슈에 밀려서 드럼에 접하는 슈를 세컨더리 슈라고 부르고 있다.

세컨더리 스로틀 밸브 [secondary throttle valve] 세컨더리 벤투리에 설치되어 있는 스로틀 밸브. 세컨더리 흡기 밸브라고도 부른다.

세컨더리 컵 [secondary cup] 유압 브레이크의 컨벤셔널식 마스터 실린더의 푸시로드 가장 가까운 곳에 있는 컵으로서 리저버로부터 공급되는 브레이크 액을 밀봉하는 역할을 하는 것.

세컨더리 흡기 밸브 [secondary intake valve] ⇨ 세컨더리 스로틀 밸브.

세컨드 기어 [second gear] 2속이라고도 함. 매뉴얼 시프트로 출발 후의 가속에 사용하는 것이 보통이지만 극히 저속의 주행이나 급경사를 등판할 때 이용되는 시프트 위치. 기어비는 2 정도가 일반적이다.

세탄 부스터 [cetane booster] ⇨ 세탄가 향상제.

세탄 지수 [cetane index] 디젤 엔진에 사용되는 연료(경유)가 디젤 노크 현상이 잘 발생되지 않는 정도, 착화성이 좋음을 나타내는 지수로서 연료의 비중과 증류성상(蒸溜性狀)에서 정해진 계산식에 의하여 얻어지는 지수. 세탄가와의 사이에 일정한 관계는 없다. 디젤 지수라고도 함.

세탄가 [cetane number] 세탄가는 네덜란드의 셸맥스 연구소의 버르라지(G.D.Boerlage) 및 브레제(J.J.Broeze)에 의해 발견되었다. 세탄가는 디젤 연료의 착화성을 나타내는 값으로 세탄가가 클수록 연료의 착화성이 좋고 디젤 노크를 일으키지 않는다. 세탄가는 가솔린의 옥탄가와 마찬가지로 CFR 엔진에 의해 측정되며, 착화성이 우수한 세탄($C_{16}H_{34}$)을 100으로 정하고 착화성이 나쁜 α-메틸 나프탈린($C_{10}H_7-\alpha-CH_3$)을 0으로 하여 적당한 비율로 혼합하고 시험 연료와의 착화성을 비교하여 세탄의 백분율을 그 연료의 세탄가로 한다. 경유(디젤)의 세탄가는 45~70이다.

세탄가 향상제 [cetane improver] 디젤 연료의 내노크성을 향상시키는 첨가제. 세탄가를 크게 하기 위하여 니트로 화합물이나 초산 알킬 화합물 등이 사용되며 세탄 부스터라고도 불리운다.

세트 [set] ① 조(組), 설치하다. ② 고정시키다.

세틀링 [settling] 스프레이 건 컵 안에서 안료 입자가 바인더로부터 분리되어 가라앉는 것.

세팅 타임 [setting time] 분사 직후에 용제의 증발이 활발하기 때문에, 강제 건조에서는 이 시기를 벗어나서 열을 가한다. 도장 종료로부터 열을 가할 때까지 일정한 시간 동안 방치하는 것을 세팅이라고 하며, 그 시간을 세팅 타임이라고 한다.

세팅 해머 [setting hammer] 판금용 해머. 판재의 모서리를 구부리는데 사용한다.

세퍼레이션 [separation] 일반적으로 분리하는 것을 뜻하는 말이지만 타이어 손상의 하나로 타이어를 구성하는 트레드, 카커스, 사이드 월, 비드 등의 일부가 박리(剝離)되는 것.

세퍼레이터 [separator] ⇨ 필터(filter).

세퍼레이트 시트 [separate seat] 한 사람만 앉을 좌석으로서 벤치시트와 대조적으로 사용된다. 각각 승객이 좋아하는 자세로 앉을 수 있도록 독립된 리크라이닝이나 시트 슬라이드가 자유로이 조절할 수 있도록 되어 있는 것.

세퍼레이트형 파워 스티어링 〔separate type power steering〕 링키지형 파워 스티어링으로 컨트롤 밸브와 파워 실린더가 따로따로 스티어링 링키지에 조합된 것. ⇔ 컴바인드형 파워 스티어링.

섹터 기어 〔sector gear〕 ⇨ 스티어링 섹터.

센서 〔sensor〕 ① 감지장치. 힘, 광열, 진동, 전자기 등을 감지하여 전기 신호로 바꿀 수 있는 장치로서 전자 부품 요소 중의 하나. 자동차에서는 여러 종류의 센서가 사용되고 있다. ② 직접 피측정 대상에 접촉하거나 그 가까이에서 데이터를 알아내어 필요한 정보를 신호로 전달하는 장치. ③ 빛, 압력, 변위, 온도, 습도 등의 물리량이나 가스, 이온, 생체 물질 등 화학량의 정보를 검지하여 후에 처리하기 편리한 신호로 변환하는 디바이스의 일반 명칭을 말한다.

센타리 〔CENTARI〕 듀퐁社의 1969년에 등장한 아크릴릭 에나멜의 명칭.

센터 드릴 〔center drill〕 선반으로 절삭 작업을 하기 위하여 공작물에 중심 구멍을 뚫는데 사용하는 드릴을 말한다.

센터 디퍼렌셜 〔center differential〕 전후륜의 중앙(센터)에 있는 차동 장치(디퍼렌셜)를 가리킴. 센터라 하여도 특별히 자동차의 중앙에 설치된 장치는 아니고, 트랜스미션에 부착되어 있는 것이 보통. 풀 타임 4WD 방식의 자동차는 선회시에 전후륜 각각의 선회 반경이 다르기 때문에 생기는 타이어 회전의 차이를 흡수하는 차동장치를 갖추고 있어, 이것을 2륜 구동차에 보통으로 사용되고 있는 디퍼렌셜과 구별하여 센터 디퍼렌셜이라고 함. 이 장치만으로는 노면의 요철 때문에 가끔씩 타이어 한 개가 공전하면 자동차는 움직이지 않게 되므로, 이것을 제한하는 메커니즘이 장착되어 있어, 이것을 센터 디퍼렌셜 로크 기구라고 한다.

센터 디퍼렌셜 클러치 〔center differential clutch〕 구동력을 센터 디퍼렌셜에 따라 전후로 배분하는 형식의 풀타임 4WD로 유압 다판 클러치에 의하여 차동제한을 행한다.

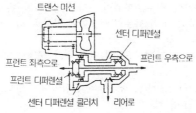

트랜스 미션

센터 디퍼렌셜

프린트 좌측으로　　　　　프린트 우측으로

프린트 디퍼렌셜

센터 디퍼렌셜 클러치　　리어로

센터 로크 [center lock] 휠의 1개 너트로 허브에 고정하는 방식. 레이싱 카에서 타이어 교환을 신속히 하기 위하여 사용되며, 허브의 연장 부분에 나사를 내어 큰 너트로 조이도록 되어있다. 스포츠카에서는 구동력이 걸렸을 때 너트가 조여지는 방향으로 나사를 만들어 주행중에 풀어지지 않도록 자동차의 좌측을 오른나사(오른쪽으로 돌리면 조여지는 나사), 우측을 왼나사로 하는 것이 보통이며, 포뮬러카에서는 반대로 브레이크를 걸었을 때에 조여지도록 좌측을 왼나사, 우측을 오른나사로 하고 있다.

센터 밸브식 마스터 실린더 [center valve type master cylinder] 브레이크 마스터 실린더 형식의 하나로서 실린더의 선단에 급유구와 밸브가 있다. 브레이크 페달을 밟고 피스톤이 실린더 내를 진행하면 밸브가 닫혀져 유압이 상승되지만 브레이크를 풀어주면 리턴 스프링으로 피스톤을 원위치에 되돌아가게 한다. 동시에 밸브가 열려 오일도 최초로 되돌아가는 구조로 되어 있다.

센터 베어링 [center bearing] ① 터보 차저에서 배기 터빈과 컴프레서를 연결하는 터빈 샤프트를 지지하는 베어링. 회전 부분에 아주 적은 중량의 언밸런스에 의한 진동을 흡수하고 초고속 회전시 윤활을 완전하게 하기 위하여 베어링 자신이 회전하는 플로팅 베어링 방식이 취해지는 것이 보통이다. ② 앞, 뒤 추진축의 중간을 지지하는 베어링.

센터 볼트 [center bolt] 센터 볼트는 여러장의 리프 스프링 중심에 고정시켜 흐트러지는 것을 방지하는 볼트이다. 센터 볼트가 파손되면 도그 트랙 현상이 발생된다.

센터 브레이크 [center brake] 센터 브레이크는 파킹 브레이크의 종류로서 변속기 출력축 뒤쪽에 설치된 외부 수축식 브레이크로 운전석에 있는 레버를 당기면 밴드로 드럼을 압착하여 정차 상태를 유지한다. 또한 운전석에 설치되어 있는 레버 아래쪽에 래칫(rachet)이 있어 브레이크 레버의 당긴 상태를 유지한다.

센터 암식 스티어링 링크장치 [center arm type steering link system] 스티어링 링키지의 하나로 차체의 중앙 고정축 주위에 움직이는 암(센터 암)을 설치하고 이 암 좌우의 너클암에 타이로드를 연결하여 조향하는 방식.

센터 캡 [center cap] 휠 중앙에 있는 허브 구멍을 덮는 뚜껑 ⇨ 휠 캡 (wheel cap).

센터 펀치 [center punch] 공작물의 중심이나 드릴링 가공의 중심을 내는데 사용하는 펀치를 말한다.

센터 포인트 스티어링 [center point steering] 킹핀 오프셋이 제로에 가까운 휠얼라인먼트를 말함. 제로 스크러브라고도 부름. 조향하면 휠은 타이어의 접지 중심을 축으로 하여 돌아가므로 주행중 핸들이 가볍고 노면에서의 킥백도 적으나 정지상태에서 조향할 때는 트레드 면을 비트는 것처럼 되어 핸들이 무거워진다.

센터 플로어식 파킹 브레이크 [center floor type parking brake] 브레이크 레버가 운전석과 조수석 중앙에 설치되어 있는 파킹 브레이크이며 세퍼레이트 타입의 앞좌석에 많이 설치되고 있음. 레버를 끌어 올리면 브레이크가 작동하고 래칫에 설치되어 있는 톱니에 의하여 브레이크가 걸린 상태로 고정된다. 브레이크의 해제는 레버끝의 버튼을 눌러 톱니를 래칫으로부터 푼다.

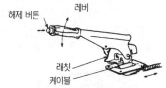

센터 필러 [center pillar] 승용차의 좌우 중앙부에 설치되어 있는 지붕을 받치고 도어를 유지하는 기둥. 필러는 지주(支柱)를 뜻하며 B필러 또는 B 포스트라고도 불리운다.

센터링 게이지 [centering gauge] 보디 하부의 좌우 대칭 구멍에 걸어, 언더 보디의 센터 라인을 나타내는 게이지. 보디 수정시에 자주 사용되지만, 보는 방법에 따라 오차가 나기도 하고, 부착 구멍의 상대에 따라 사용할 수 없는 경우도 있음.

센트리퓨걸 거버너 [centrifugal governor] 디젤 엔진의 연료분사 펌프 축에 설치된 기계식 조속기로서 원심식 조속기라고도 한다. 엔진 회전속도 변화에 따른 거버너 웨이트의 원심력 변화를 이용하여 연료 분사량을 조절한다. ⇨ 기계식 조속기.

센트리퓨걸 거버너 어드밴서 [centrifugal governor advancer] 배전기에 설치된 원심식 진각장치. 엔진의 회전속도가 빨라짐에 따라 배전기축에 설치된 거버너 웨이트의 원심력을 이용하여 배전기 캠의 위치를 배전기 로터가 회전하는 방향으로 이동시켜 점화시키를 빠르게 조정하는 장치를 말한다. ⇨ 원심식 진각장치.

센트리퓨걸 펌프 [centrifugal pump] 엔진의 냉각수 통로에 원심력을 이용하여 냉각수를 순환시키는 펌프. 밀폐된 그릇에 물을 가득 채워 넣은 다음 내부에서 날개를 회전시키면 그릇 주위의 압력은 높아지고 중앙부는 낮아진다. 중앙부와 외부에 호스를 설치하면 중앙부에는 흡입되고 외부로는 물을 송출하게 된다. ⇨ 물 펌프.

센트리퓨걸 포스 [centrifugal force] 물체가 원운동을 하고 있을 때 그 물체에 작용하는 원심력으로서 원의 중심에서 멀어지려고 하는 힘을 말한다.

센티그레이드 [centigrade] 셀시어스(celcius).

셀 [cell,shell] ① 셀은 몇 장의 극판을 접속편에 단자 기둥(terminal post)과 일체가 되도록 한 것으로서 완전 충전시 기전력은 2.1V로 셀 3개조 또는 6개조의 스트랩 포스트(strap post)를 커넥터에 의해 직렬로 연결하면 6V 또는 12V의 축전지가 된다. ② 본체, 스파크 플러그의 셀은 외각 부분을 이루고 있는 강으로서 아래 부분에는 나사 피치가 있고 접지 전극이 용접되어 있다. 또한 윗부분은 실린더 헤드에 조립할 때 렌치를 사용하기 위해 육각으로 되어있다.

셀 다이너모 [cell dynamo] 오토바이의 시동 전동기. 크랭크 축에 연결되어 시동시에는 기동 전동기의 기능을 하고 운전중에는 발전기로서의 기능을 하게 된다.

셀 커넥터 [cell connector] 납 합금으로 만들어 축전지의 각 셀을 직렬로 연결하기 위한 것. ⇨ 커넥터.

셀 테스터 [cell tester] 셀 커넥터가 외부에 노출된 축전지의 셀당 전압을 측정하는 테스터. 셀당 전압이 0.05V 이내이면 양호하고 0.05V 이상이면 불량이므로 축전지를 교환한다.

셀렉터 레버 [selector lever] ⇨ 실렉터 레버.

셀렌 [⑩selennium, ⑲selen] 희유 원소로서 원자 번호 34, 원자량 78. 96, 기호는 Se를 사용한다. 금속 셀렌은 회색의 고체로서 빛에 대한 감도가 좋으며 유황과 비슷한 성질을 가지고 공기속에서 푸른 불꽃을 일으키며 연소된다. 광전지, 유리의 탈색, 합금 재료, 사진 전송, 또는 셀렌과 철을 접합하여 정류기로서 사용된다.

셀렌 광전지 [selen photoelectric cell] 셀렌의 광전효과(光電效果)를 응용한 광전지(光電池). 셀렌을 철판에 바르고 감광시키면 전류는 빛의 세기에 따라 흐른다.

셀렌 렉티파이어 [selen rectifier] ⇨ 셀렌 정류기.

셀렌 정류기 [selenium rectifier] 셀렌 정류기는 철판이나 니켈판에 셀렌을 융착시켜 셀렌막을 만들어 교류를 가하면 전류는 셀렌막 방향으로만 흐른다. 이 성질을 이용하여 사용 전류 및 전압에 따라 셀렌막을 알맞게 겹쳐 만든 것이다.

셀프 디스차지 [self discharge] 축전지를 사용하지 않아도 자연적으로 기전력이 내부 방전에 의해서 용량이 감소되는 것을 말한다. ⇨ 자기 방전.

셀프 레벨링 시스템 [self leveling system] ⇨ 하이트 컨트롤 시스템(height control system).

셀프 로크 기구 [self lock mechanism] 도어가 열린 상태에서 실내의 노브를 로크 너트로 조이도록 되어있다. 스포츠카에서는 구동력이 걸렸을 때 너트가 조여지는 방향으로 나사를 만들어 주행중에 풀어지지 않도록 자동차의 좌측을 오른나사(오른쪽으로 돌리면 조여지는 나사), 우측을 왼나사로 하는 것이 보통이며, 포뮬러카에서는 반대로 브레이크를 걸었을 때에 조여지도록 좌측을 왼나사, 우측을 오른나사로 하고 있다.

셀프 모터 [self starter motor] ⇨ 스타터 모터.

셀프 서보 효과 [self servo effect] 자기 배력 효과. 막대걸레의 손잡이를 잡고 바닥을 비스듬히 밀면서 전후로 움직여 보면 밀 때 손의 느낌이 당길 때 손의 느낌보다 크다는 것을 알 수 있다. 이것은 밀 때의 마찰저항으로 막대걸레의 끝이 지면에 파고드는 힘(손을 지점으로 하고 막대걸레의 끝을 역점(力点)으로 한 모멘트)이 생기기 때문이며 이 원리에 의하여 얻어지는 힘의 증대 효과를 자기 배력 효과라고 한다. 이 현상을 이용하여 브레이크 힘을 크게 한 것이 셀프 서보 브레이크이다. ⇨ 리딩슈(leading shoe).

셀프 얼라이닝 토크 [self aligning torque] 코너링 상태에 있는 타이어에서는 타이어의 비틀림에 따라 마찰의 착력점이 타이어의 접지 중심보다 후방에 있으므로 접지 중심 주위에 슬립각을 적게 하는 방향으로 작용하는 토크를 말함. 영어의 얼라이닝은 똑바르게 한다는 것을 뜻하며 자기가(셀프) 원래의 진행방향으로 되돌아 가려고 하는 (얼라이닝)토크라고 하는데서 복원 토크로 번역되어 있다. 머리문자를 따서 SAT라고 약하였다.

셀프 캔슬 기구 [self cancel fixture] 도어가 열린 상태에서 실내의 노브를 로크 상태로 했을 때 도어를 닫아도 잠궈지지 않도록 되어 있는 기구. 노브를 로크(lock)한 상태에서 도어를 닫으면 그대로 로크되는 셀프로크 기구와 대조적으로 사용되는 용어.

셀프로킹 스크루 [self-locking screw] 별도의 너트 또는 로크 와셔를 사용하지 않고 스스로 제 위치에 고정되는 스크루.

셀프실 패킹 [self-seal packing] O링, 립 실(lip seal) 등과 같이 오일의 압력에 의해서 밀봉되는 패킹을 말한다.

셀프태핑 스크루 [self-tapping screw] 나사가 없는 구멍에 돌리면서 박을 때 스스로 나사를 깎으면서 들어가는 스크루.

션트 [shunt] ① 저항 또는 임피던스를 가지고 다른 장치와 병렬로 접속된 것으로서 약간의 전류를 분류하기 위한 것. ② 전류계의 단자 사이에 병렬로 접속하여 어떤 일정량의 전류를 분류시킴으로서 전류계의 측정 범위를 크게 하기 위해서 사용하는 정밀한 저저항을 말한다. ③ 일부를 다른 부분에 대하여 병렬로 접속하는 것을 말한다.

션트 레지스터 [shunt resistor] 전류계의 최대 눈금값 이상의 전류를 측정하기 위해서 피측정 전류의 일정 비율만을 전류계에 흐르도록 계기와 병렬로 연결된 저항을 말한다. 저항은 계기 내부에 내장되어 있는 것과 외부에 연결된 것이 있다.

션트식 [shunt-flow filter type] 오일 펌프에서 송출된 오일 일부만을 여과하여 오일 팬으로 바이패스되지 않고 윤활부에 공급하며, 여과되지 않은 나머지 오일도 윤활부에 공급하여 혼합되어 윤활 작용을 한다.

세이드 밴드 글라스 [shade band glass] 윈드 실드 글라스의 지붕 가까운 부분에 엷은 하늘색 등 투명한 색깔을 붙여 시야를 가리지 않고 눈부시지 않게 한 것. ⇨ 틴티드 글라스(tinted glass).

세이크 [shake] 평탄한 노면을 비교적 빠른 속도로 주행했을 때 스티어링, 시트, 보디 등이 상하 또는 좌우로 진동하는 현상. 타이어의 흔들림이나 중량의 불균형이 원인이 되어 엔진 자체 또는 스티어링 계통의 흔들림과 공진하여 발생하는 것. 엔진의 강체공진(剛體共振)에 의한 경우 70~80km/h, 보디의 차체공진에 의하여 일어나는 경우 120km/h 이상에서 발생하는 경우가 많다.

셰이크 다운 [shake down] 새롭게 만들어진 배나 비행기의 시운전을 말하지만 자동차에서는 제작된 다음 처음으로 주행하는 것. 특히, 레이싱카의 서킷에서 최초 주행을 말할 때 쓰인다.

셰이퍼 [shaper] 셰이퍼는 테이블에 공작물을 고정하여 이송시키고 램에 설치된 바이트를 좌우 왕복시켜 평면 또는 홈 등을 절삭하는 공작기계. 셰이퍼의 크기는 테이블의 최대 이동거리 또는 램의 최대 행정으로 나타낸다.

셸 몰드법 [shell moulding] 규소, 모래 또는 열경화성의 합성수지와 혼합한 분말을 가열된 금형에 뿌려 2개의 주형을 만들어 용융 금속을 넣어서 주물을 만든다. 주형을 신속히 다량 생산할 수 있고 정밀도가 높으며, 주면(鑄面)의 표면이 아름답고 기계 가공을 하지 않아도 사용할 수 있는 장점이 있다.

셸 베어링 [shell bearing] 미끄럼 베어링의 가장 일반적인 형태이다. 마주 볼 수 있도록 둘로 나누어진 반 원형의 하우징으로서 베어링 재료를 녹여 붙인다.

셸 보디 [shell body] 자동차 메이커의 조립 라인에 쓰이는 용어로서 의장품이 붙혀지지 않은 도장 전의 판금 자체를 말함. 보디 셸이라고 단어의 순서가 바뀌면 일반적인 자동차 차체의 뜻이 된다. 셸은 조가비의 뜻.

소결 [燒結 ; sintering] ① 가루를 어떤 형상으로 압축한 것을 가열하여 결합시키는 것. ② 상대하는 2개 부품 사이의 간극이 적을 때 발생되는 마찰열에 의해 결합되는 것으로서 크랭크 축과 베어링, 피스톤과 실린더 벽 등이 녹아 붙는 것.

소기 [掃氣 ; scavenging] 연소실에 흡입되는 혼합기에 의하여 연소가스를 밀어 내는 것. 2사이클 엔진에서는 어떻게 효율좋게 소기를 행하는가에 따라 엔진의 성능이 좌우된다. 영어의 스캐빈징은 소제(掃除)를 말함. 소기류(掃氣流)가 흐르게 하는 방법에 따라 실린더의 횡단 방향으로 흐르게 하는 크로스식, 종방향으로 흐르게 하는 유니 플로식, 또한 한쪽으로 들어간 새로운 공기가 반대쪽 실린더 벽으로부터 되돌아 나와서 같은 쪽으로 연소가스를 밀어내는 루프식의 3가지 타입이 있다.

소기 작용 [scavenging action] 스캐빈징은 '배기하다'는 뜻. 소기 작용은 소기 펌프에 의해 대기압 이상으로 가압된 새로운 공기를 실린더 내에 밀어 넣어지는 작용으로 폭발 행정의 끝에서 피스톤이 소기공을 열면 연소 가스의 자체 압력으로 배기가 시작되고 새로운 공기가 흡입된다. 소기 작용은 2행정 사이클 기관의 성능을 좌우하는 중요한 작용이다.

소기 포트 [scavenging port] 2사이클 엔진의 실린더 벽에 설치되어 있는 혼합기의 흡입구를 말함. 2사이클 엔진에서는 팽창행정 후 연소실로 새로운 공기의 도입과 연소가스의 배출이 동시에 이루어지기 때문에 연소실을 깨끗이 한다는 뜻에서 소기라고 말한다.

소기 효율 [scavenging efficiency] 2사이클 엔진에서 배기 종료시까지 연소실 내의 가스 전중량에 대하여 흡입된 새로운 가스 중량이 점유하는 비율을 말하며 소기 효율이 좋음에 기준이 되는 것.

소나 [sonar] 물 속이나 공기 속에서 초음파(超音波)의 충격파에 의하여 거리나 방향을 측정하는 장치. 음원(音源)으로부터 음향 에너지를 방사하여 그 에너지가 물체로부터 반사한 것을 수신하는 장치를 능동 소나라 하고 다른 음원으로부터 음향 에너지만을 수신하는 것을 수동 소나라 한다. 소나는 「sound navigation and ranging」의 약칭이다.

소다 전지 [caustic－cell] 탄소를 양극으로 하고 아연을 음극으로, 가성소다를 전해액으로 사용한 전지로서 자기 방전이 적고 전압 변동이 작으므로 신호용 전등 등에 이용된다.

소단부 [小端部 ; small end, little end] ⇨ 스몰 엔드.

소르바이트 [sorbite] 담금질 조직. 강을 가열하면 공기 중에서 방랭하여 발생된 조직으로서 트루스타이트 보다 냉각 속도가 느릴 때 형성된 조직이다.

소성 [塑性 ; plasticity] 물체를 외부에서 힘을 가하여 그 힘을 제거했을 때 원형으로 되돌아가지 않는 성질로서 원형으로 되돌아가는 성질의 탄성과 대조적으로 사용되는 말. 탄성한계 이상의 힘을 가했을 경우 물체의 변형을 소성 변형이라고 함. 자동차는 소성 가공에 의해 제작된다. ⇦ 탄성(彈性).

소성 가공 [塑性加工 ; plastic working] 소성을 가진 재료에 소성 변형을 주어 목적하는 제품을 만드는 작업 기술을 말한다. 소성가공은 성형되는 치수가 정확하고 금속의 결정조직을 개량하므로서 강한 성질을 얻게 되며, 수리가 용이하고 재료의 사용량을 경제적으로 할 수 있는 장점이 있다.

소성 변형 [塑性變形 ; plastic deformation] 가하여져 있는 힘을 제거하여도 원래의 형태로 돌아가지 않는 변형. 탄성 한계를 넘는 힘을 가할 경우에 생김.

소음 [noise] 노이즈. 시끄러운 소리. 자동차에서 발생하는 소리 중에서 듣는 사람에게 불필요한 소리.

소음 레벨 [noise level] 노이즈 레벨이라고도 하며 소리를 소음계로 측정해서 얻어지는 값으로 데시벨(dB) 또는 폰(phon)으로 나타낸다. 낮은 주파수 음에 대하여 사람 귀의 감각에 가깝도록 소음계의 회로로 음의 레벨을 수정한 것을 A 특성의 보정을 행한 소음 레벨이라고 하며 예를 들면 70dB(A) 같이 표시된다.

소음계 [noise meter, sound-level meter] 소음 레벨을 측정하는 측정계로서 어떤 기준 레벨에 대한 비를 데시벨로 나타낸다. 측정기는 실효값 지시계의 계기와 청각 보정 회로가 설치되어 있다.

소음기 [muffler] 소음기는 배기가스를 대기 중에 방출하기 전에 압력과 온도를 저하시켜 급격한 팽창과 폭음을 억제한다. 1mm 두께의 강판을 원통으로 하여 내부에 다량의 구멍이 뚫린 여러 개의 파이프와 칸막이를 설치하여 배기가스가 소음기로 들어가 칸막이와 작은 구멍을 통과할 때 서서히 팽창되고 압력과 온도가 저하되어 폭음을 방지한다. 배기가스의 온도는 600~700℃이며 음속이 340m/sec가 되므로 소음기의 체적은 행정 체적의 12~20배 정도가 좋다. ⇨ 머플러.

소자 [element] 전기 회로 중에서 그 자신의 역할이 회로 전체의 기능에 대하여 본질적인 영향을 주는 개개의 구성 요소. 코일, 콘덴서, 트랜지스터, IC 등의 총칭.

소켓 [socket] ① 전구 또는 플러그를 회로에 접속시켜 전류가 흐르도록 하는 구멍이 만들어져 있는 전기 용품을 말한다. ② 2개의 파이프를 연결하기 위하여 양쪽 끝에 나사 피치가 만들어져 있는 짧은 튜브를 말한다.

소켓 렌치 [socket wrench] 단독으로는 사용할 수 없으므로 각종 핸들과 결합하여 사용하는 공구로서 부품의 분해 조립시에 많이 사용된다.

소켓 유니버설 조인트 [socket universal joint] 플렉스 렌치와 같은 역할을 하지만 여러 종류의 소켓 렌치를 연결하여 사용한다.

소프트 개스킷 [soft gasket] ⇨ 매니폴드 개스킷.

소프트 게이트 제어 [soft gate drive] 사이리스터의 게이트에 전류의 최대값과 상승률 모두를 작은 전류가 흐르도록 하여 턴온하는 것을 말한다.

소프트톱 [softtop] 부드러운 범포(帆布)나 가죽제의 포장을 가진 컨버터블을 말함. ⇨ 컨버터블.

속도 [速度; velocity] 시간에 대한 변위(變位)의 비율. 물체의 운동을 나타내는 양으로서 크기와 방향이 있으며 크기는 단위 시간에 통과한 거리가 같고 방향은 경로(經路)의 접선(接線)과 일치한다. 단순히 빠른가 느린가의 정도를 빠르기라 하고 빠르기에 방향을 합하여 생각한 양을 속도라 한다.

속도 감응형 파워 스티어링 차속에 따라 조향력이 변화하는 타입의 파워 스티어링. 어시스트 힘을 자동차의 주행 속도에 따라 연속적으로 바꾸며, 정지 상태에서 핸들을 돌리거나 저속으로 주행하는 경우에는 핸들의 조작력을 가볍게 하고, 고속 주행시에는 손에 확고한 감각이 있도록 한 것. ⇔ 회전수 감응형 파워 스티어링.

속도 변동률 [speed regulation] ① 조속기 작동의 양부를 판단하는 척도. 디젤 엔진의 연료 분사 펌프에 설치되어 있는 조속기에서 전부하 최고 속도와 무부하 최고 속도와의 차이 정도를 나타내는 것으로서 차이가 작은 것일수록 좋은 것이다. ② 전동기에서 전원 전압, 계자 전류에 있어서 부하를 정격값으로부터 서서히 감소시켜 0으로 한 경우 전동기의 속도 변화를 정격 부하에서의 속도의 백분율로 나타낸 것.

속도 제한 [速度制限 ; speed limit] 자동차 또는 회전하는 장치의 속도가 규정을 정해 놓은 한계를 넘지 않도록 하는 제어 동작으로서 제한 값은 정격 속도의 백분율로 나타낸다.

속도 픽업 [velocity pickup] 입력 속도에 비례하는 출력을 발생하는 변환기(變換機)를 말한다. 자동차에는 트랜지스터 점화장치에서 1차 코일에 흐르는 전류를 차단하는 역할을 한다.

속도경보장치 [速度警報裝置] 자동차가 지정된 최고 속도를 넘었을 때 경보를 발생하는 장치. 경보로서는 부저, 차임, 스피커에 의한 음성 등이 있다.

속도계 [速度計] ⇨ 스피도미터.

속도비 [velocity ratio] 유체 클러치, 토크 컨버터, 터보장치 등에서 터빈의 주속도와 유입 절대속도와의 비율. 속도비는 터빈 효율을 지배하는 중요한 값으로서 각 터빈의 형식마다 최적의 속도비가 있다.

손 [sone] 음(音)의 감각적 크기를 나타내는 단위로서 40폰 레벨의 음의 크기를 1손이라 한다. 정상적인 청력을 가진 사람이 1손의 n배 크기를 판정하는 소리의 크기를 n손으로 한다.

손다듬질 [hand finishing] 스크레이퍼, 줄, 정 등을 이용하여 공작 기계를 사용하지 않고 손으로 공작물을 가공하는 것을 말한다.

손실 [損失 ; loss] ① 마찰, 냉각수, 배기가스 등으로 인해 열 에너지 또는 기계적 에너지가 유효한 일을 하지 않고 소비되는 것. ② 지정된 기준 조건하에서 부하(負荷)에 공급되어야 할 전력과 실제의 작동 조건하에서 부하에 공급된 전력과의 비를 말한다.

손실마력 [friction horse power] ⇨ 마찰마력.

솔더 [solder] 땜납. 땜납의 융접을 향상시키기 위한 전처리제(前處理劑)는 솔더 크림(solder cream)이라고도 함.

솔더링 [soldering] 땜납, 플럭스(溶劑) 및 열을 사용하여 금속끼리 붙이는 일.

솔더링 페이스트 [soldering paste] 납땜을 할 때 금속 표면의 산화를 방지하고 땜납의 유동성(流動性)을 좋게 하기 위하여 사용하는 것으로 염화아연, 염화암모니아, 페이스트 송진 등을 말한다.

솔라 배터리 [solar battery] 태양의 열 에너지를 직접 전기적 에너지로 변환하는 배터리를 말한다. 반도체 광기전 소자(光起電素子)로서 단결정 실리콘에 의한 PN 접합 소자가 사용되고 있지만 가격을 저렴하게 할 목적으로 다결정 실리콘이나 아모 퍼스 실리콘의 개발이 진행되고 있다.

솔라카 [solar car] 일반적인 연료 대신에 태양열을 이용한 자동차. 태양빛을 자동차에 부착한 집열판을 사용하여 그것으로부터 얻어진 열에너지를 동력으로 변환시켜 주행하는 자동차이다. 현재 우리나라를 비롯한 세계 각국에서 지구에 남아있는 한정된 에너지원을 대체할 목적과 환경오염 방지대책의 일환으로 꾸준히 연구되고 있다.

솔레노이드 [solenoid] 전선을 원통에 감아 전류를 흐르게 하면 자계가 발생하고 가운데에 철심을 넣으면 전자석이 되어 원통이 향한 방향으로 힘이 발생한다. 스프링과 조합하면 전류의 증감에 따라 움직이며, 전류를 끊을 경우 원래의 위치로 되돌아가는 장치를 솔레노이드라고 부름. 전장품에는 많은 솔레노이드가 사용되고 있다. 예컨대, 스타터 모터로서 스위치를 ON으로 함과 동시에 모터 선단에 설치되어 있는 피니언 기어가 솔레노이드에 의하여 밀려서 플라이 휠 링기어에 물려들어가 엔진을 회전시킨다. 그러나 스위치에서 손을 떼면 전류는 끊어져 피니언 기어는 원래의 위치로 들어간다. 이 솔레노이드는 스타터 모터의 스위치 역할을 하므로써 마그네틱 스위치라고 불리운다.

솔레노이드 밸브 [solenoid valve] ① 솔레노이드 밸브는 운전석에서 조작할 수 있는 LPG 차단 밸브. 코일에 전류가 흐르면 전자력에 의해 플런저 스프링 장력을 이기고 밸브를 열어 LPG를 공급하며, 전류를 차단하면 플런저 스프링 장력에 의해 닫혀 LPG를 차단한다. 솔레노이드 밸브는 수온 스위치에 의해 냉각수가 15℃ 이하일 때는 기체 솔레노이드 밸브를 작동시켜 시동성을 향상시키고, 15℃ 이상일 때는 액

체 솔레노이드 밸브를 작동시켜 양호한 주행 성능을 얻도록 한다. ②
ABS의 솔레노이드 밸브는 모듈레이터 내에 설치되어 전자제어 유닛
에서 보내오는 신호에 의해 플런저를 움직여 마스터 실린더, 리저브,
휠 실린더 사이의 통로를 개폐하는 역할을 한다.

솔레노이드 스위치 [solenoid switch] ⇨ 전자식 스위치.

솔렉스 카브레터 [solex carburetor] 솔렉스社도 모든 카브레터를 만들
고 있으나 웨버社와 같이 스포츠용의 트윈 초크, 사이드 드래프트 타
입이 유명하다. 우리나라에서는 이 방식을 채용하여 생산하고 있다.

솔리드 디스크 [solid disk] 브레이크 디스크로 냉각용의 구멍이 뚫려 있
는 벤틸레이트 디스크와 대비하여 사용되는 용어로서 구멍이 없는 원
판으로 된 보통의 디스크를 말함. 솔리드는 속까지 딱딱하다는 뜻임.
⇨ 브레이크 디스크.

솔리드 인젝션 [solid injection] 가솔린 엔진 또는 디젤 엔진의 연료 분
사장치에서 연료의 자체 압력으로만 분사 노즐에 공급되어 연료를 분
사하는 형식의 무기 분사식(無氣噴射式)을 말한다.

솔리드 저항 [solid resister] 고체화시킨 저항기. 저항체의 분말을 결합
제와 혼합하여 성형시킨 다음 단자를 설치한 저항으로서 피막 저항기
보다 성능은 저하되지만 가격이 싸므로 각 전기 부품에 많이 사용되고
있다.

솔리드 컬러 [solid color] 메탈릭 컬러에 대비하여 사용되는 용어로서
수지를 용제에 녹여 착색 안료를 가한 보통 도료의 색을 말함.

솔리드 타이어 [solid tire] 타이어에 공기를 사용하지 않는 단단한 고무
만으로 된 타이어. 타이어 전체가 고무로 되어 있으므로 견고하지만
진동의 흡수가 나쁘기 때문에 특수 자동차, 구내에서 사용하는 저속
차량, 항공기 등에 사용한다.

솔리드 피스톤 [solid piston] 기계적 강도가 높은 재질을 사용하여 제작
한 피스톤으로서 스커트 부에 홈이 없고 원통형으로 되어 있으며 상,
중, 하의 지름이 동일한다. 스커트부에는 보상장치가 없으며 가혹한
운전이 필요한 자동차에 사용한다.

솔리드즈 [solids] 용제가 증발한 후 도장된 표면에 남는 안료 및 바인
더.

솔벤트 탱크 [solvent tank] 거의 모든 부품을 솔질 및 세척하는 세척액
이 담긴 정비소 내의 탱크.

솔벤트 포핑 [solvent popping] 솔벤트가 고여서 페인트 막에 형성되는
블리스터.

송출 밸브 [delivery valve] 펌프의 토출측에 설치되는 밸브로서 토출 행정에서는 열려 유체를 송출하고 흡입 행정 때에는 닫혀 유체의 흐름을 차단하는 일종의 체크밸브이다.

송출 압력 [delivery pressure] 연료 펌프, 오일 펌프 등 펌프에 있어서 토출측(吐出側)의 압력을 말한다. 가솔린 엔진의 기계식 연료펌프의 송출압력은 $0.2 \sim 0.3 \text{kg}/\text{cm}^2$이고 전자제어식 연료펌프는 $3.0 \sim 6.0 \text{kg}/\text{cm}^2$이다. 디젤 엔진의 연료 공급펌프 및 엔진 오일펌프의 송출 압력은 $2 \sim 3 \text{kg}/\text{cm}^2$이다.

송풍기 [blower] ① 송풍기는 디젤 2행정 사이클 엔진에 설치되어 있으며, 소기시 엔진의 동력을 받아 회전하여 많은 공기량을 실린더에 공급하는데 사용된다. ② 에어컨의 송풍기는 저온화된 증발기에 공기를 불어넣는 역할을 하는 것으로서 대기 중의 공기 또는 실내의 공기를 모터에 의해 팬을 회전시켜 증발기 주위로 공기를 통과시킨다. 이 때 고온 다습한 공기가 저온 제습 공기로 변화되어 실내로 유입되므로서 쾌적한 환경을 유지시킨다.

쇼 스루 [show through] 페인트를 통하여 비쳐 보이는 언더코트 내의 샌드 스크래치.

쇼어 경도 [shore hardness] 작은 다이아몬드를 시험편에 낙하시켰을 때 반발되어 튀어 올라간 높이로 경도를 측정한다. 쇼어 경도 시험은 다이스, 기어, 롤러의 시험에 사용된다.

쇼크 볼트 [shock bolt] ⇨ 충격 볼트.

쇼트 서킷 [short circuit] 전기 회로 중 부하(負荷) 없이 전원의 두 극이 도중에 직접 연결되는 것으로서 단락을 말한다.

쇼트 피닝 [shot peening] ① 금속 표면에 작은 주강(鑄鋼)의 입자나 짧게 자른 강선을 공기압이나 원심력을 이용하여 분사시킨다. 따라서 표면의 산화막을 제거함과 동시에 잔류 압축력을 발생시켜 표면을 딱딱하게 함으로서 피로 강도를 향상시키는 것. 피닝은 망치의 뾰쪽한 부분으로 때리는 것. ② 쇼트 피닝은 크랭크 축, 판스프링, 커넥팅 로드, 기어, 로커 암 등에 이용하여 피로 강도나 기계적 성질은 향상시킨다.

쇽업소버 [shock absorber, shock damper] 진동을 감쇠시키는 역할을 하는 것. 댐퍼라고도 불리움. 말 그대로 풀이하자면 충격(쇽)을 흡수하는(업소버)것이라는 뜻이 되지만 충격을 받아 멈추게 하는 것은 스프링의 작용이며, 쇽업소버는 이것을 부드럽게 하거나(緩和) 충격에 의한 스프링의 진동을 감쇠시키는 일을 하는 것이다. ⇨ 댐퍼.

숄더 [shoulder] ① 마모된 실린더의 단붙이 부분(ridge)의 어깨 등 ② 용접부 밑부분의 접합면=root face.

숄더 룸 [shoulder room] 시트에 착석한 상태로 어깨(숄더)부분과 창 사이의 치수, 규격으로 측정 방법이 결정되어 있다.

숄더 벨트 [shoulder belt, shoulder harness] ⇨ 3점식 시트 벨트.

숄더 벨트 가이드 [shoulder belt guide] 3점식 벨트로 웨빙(벨트)의 어깨에 닿는 부분의 위치가 승객의 체격에 따라 조정할 수 있도록 한 가이드. 센터 필러에 부착되어 있는 것이 많고 벨트를 거는 행어(시트 벨트 행어)를 겸하고 있는 것도 있다.

숄더부 [shoulder area, shoulder part] 타이어 트레드와 사이드 월의 경계 부분을 말함. 숄더부가 모난 것을 스퀘어 숄더, 둥근 것을 라운드 숄더라고 한다. 노면에 숄더부가 파고들게 하여 그립을 얻는 스노 타이어나 랠리 타이어에는 스퀘어 숄더가 많고, 온 로드용 일반 타이어에서는 매끄러운 코너링을 얻을 수 있는 라운드 숄더가 많다. 하이 퍼포먼스 타이어에서 숄더의 그립 효과를 얻기 위하여 숄더의 둥글기를 작게 한 세미 스퀘어 숄더인 타이어도 있다.

숍 레이아웃 [shop layout] 정비공장 내부의 통로, 작업장, 공작기계 등의 위치를 나타낸 것.

수광 소자 〔受光素子〕 빛을 전기로 바꾸는 소자(光電變換素子). 태양전지가 그 대표적인 것.

수나사 [external thread] 볼트. 원통의 외면에 나사곡선이 만들어진 것을 말한다.

수냉 [water cooled] 열의 매체로서 물을 사용하는 냉각 시스템. 수냉식 엔진이나 슈퍼차저의 인터 쿨러 등에 채용되고 있다.

수냉식 [water cooling type] 실린더 블록과 실린더 헤드에 냉각수 통로를 설치하여 이곳에 냉각수를 순환시켜 냉각하는 방식. 수냉식에는 자연 순환식과 강제 순환식이 있다.

수냉식 스폿 건 [water cooled spot gun] 스폿 용접을 연속적으로 할 경우 많은 양의 전기가 흐르는 스폿 건은 뜨겁게 되어, 불충분한 용접 개소가 생긴다. 수냉식으로 하면 열의 발생이 억제되기 때문에, 보다 효율적인 연속 작업이 가능해진다. 단, 용접기 본체도 거기에 알맞는 능력을 갖추고 있지 않으면 의미가 없다.

수냉식 엔진 [water cooled type engine] 엔진을 작동 온도 범위로 유지하면서 운전하기 위해서는 냉각이 필요하므로 물을 사용하는 것. 폭발

행정에서 혼합가스가 발생하는 열에너지의 3분의 1은 운동 에너지로 변환되어 엔진 내에 남고, 방치하면 축적된 열에 의하여 엔진의 운동이 방해된다. 따라서 실린더 주위에 워터재킷을 설치하여 물을 순환시켜 냉각하고 이 물을 라디에이터에 유도하여 열을 공중에 발산시킨다. 자동차용 엔진의 냉각 방식으로서는 이것이 주류이다. ⇔ 공랭식 엔진 (air cooled engine).

수냉식 인터 쿨러 [water cooled type inter cooler] 엔진 냉각용의 라디에이터 또는 전용의 라디에이터에 순환하는 물을 이용하는 인터 쿨러. 공랭식에 비교하면 구조는 복잡하지만 저속에서도 냉각 효과가 좋다고 하는 특징이 있다.

수동 변속기 [手動變速機] ⇔ 매뉴얼 트랜스미션.

수동 조정식 쇽업소버 감쇠력 가변식 쇽업소버로 대시보드나 센터 컨트롤에 설치되어 있는 스위치에 의해서 사전에 설정되어 있는 여러 단계의 감쇠특성 중에 운전자 취향에 따라 임의의 것을 선택할 수 있도록 되어 있는 것. 어저스터블 서스펜션이라고도 불리우며 전자 제어 서스펜션에 조합되어 있는 경우도 있다.

수동 초크 [hand-operated chock] 수동 초크는 운전석에서 초크 버튼을 잡아당겨 닫고 밀어서 열게 되어있는 형식. 초크 버튼을 잡아당겨 놓고 시동을 하고 워밍업이 완료되면 버튼을 밀어서 열어 주어야 플러딩 현상을 방지할 수 있다.

수동식 승객 보호 장치 [手動式乘客保護裝置] ⇔ 패시브 레스트레인트 시스템.

수력학 [hydraulics] 힘 또는 운동을 전달하거나 가해지는 힘을 증가시키는데 가압된 액체를 이용하는 것.

수막 현상 [hydroplaning] ⇔ 애퀴 플래닝, 하이드로 플래닝.

수분 분리기 [water separator] 디젤 엔진의 연료 라인에 설치되어 연료 속에 포함되어 있는 수분을 분리시키는 장치를 말한다.

수성 도료 [water paint] 물을 사용하여 희석시키는 도료로서 취급이 용이하고 연소의 위험이 적다. 내수성이 약하고 광택이 없다.

수온 센서 [coolant temperature sensor] ① 냉각수 온도의 검출기(센서). 냉각수가 라디에이터에 들어가기 전 수온이 높은 부분에 설치되어 있으며, 소자에는 온도에 따라 전기 저항값이 변화하는 서미스터가 사용되고 있는 것이 보통. ② 수온센서는 냉각수의 온도를 감지하여 컴퓨터에 입력하는 것으로서 냉각수 온도가 40℃ 이하일 때 에어컨 스위치와 팬모터를 정지시키도록 한다.

수온 스위치 [coolant temperature switch] ① 엔진 냉각 계통의 제어에 사용되는 스위치로서 냉각수의 온도를 검지하고 미리 설정된 온도에서 접점이 개폐하도록 되어 있다. 수온 센서와 조합된 전자석이나 온도에 따라 자기 특성이 변하는 서모 페라이트를 사용하는 것과 바이메탈을 스위치로 하여 직접 사용하는 것 등이 있다. ② LPG의 수온 스위치는 냉각수의 수온을 감지하여 LPG 솔레노이드의 전류를 통전 및 차단시키는 스위치. 베이퍼라이저 내의 수온을 감지하여 15℃ 이하에서는 기체 솔레노이드 밸브에 전류를 통전시켜 기체 LPG가 공급되도록 하여 시동성을 향상시킨다. 수온이 15℃ 이상일 때 기체 솔레노이드에 흐르는 전류를 차단하고, 액체 솔레노이드 밸브에 전류를 통전시켜 액체 LPG가 공급되도록 한다. ③ 전자제어 엔진의 수온 스위치는 라디에이터에 설치되어 냉각수 온도를 검출하여 17℃ 이상이면 스위치를 ON시켜 컴퓨터에 입력하고 냉·온간 공전 속도에 알맞는 연료 분사량으로 조절한다.

수온 조절기 [thermostat] 냉각수 온도 조절기. 실린더 헤드의 냉각수 통로 출구에 설치되어 엔진 내부의 냉각수 온도 변화에 따라 자동적으로 통로를 개폐하여 냉각수 온도를 75~85℃가 되도록 조절한다. 냉각수 온도가 정상 이하이면 밸브를 닫아 냉각수가 라디에이터 쪽으로 흐르지 않도록 하고 냉각수는 바이패스 통로를 통하여 순환하도록 한다. 냉각수 온도가 76~83℃가 되면 서서히 열리기 시작하여 라디에이터 쪽으로 흐르게 하며 95℃가 되면 완전히 열린다. 종류로는 벨로즈형과 펠릿형이 있으나 현재는 펠릿형이 사용된다. ⇨ 서모스탯.

수온계 [temperature gauge] ① 실린더 헤드 냉각수 통로의 냉각수 온도를 운전석에서 알 수 있도록 한 것으로 75~85℃가 정상 운전 온도이다. 종류는 부르동 튜브식과 밸런싱 코일식이 있다. ② 엔진의 냉각을 위하여 물과 오일이 역할을 하고 있으나, 이들의 온도 정도에 따라 엔진의 상태를 판단하는 기준이 된다. 그것을 위한 게이지가 수온계 및 유온계로서 이 모두를 템퍼리처 게이지라고 부르기도 한다. 온도에 따라 저항치가 변화하는 서미스터라고 하는 반도체 소자를 이용해서 온도를 표시하고 있다. 전자회로를 사용하여 디지털로 표시할 수도 있다.

수은 [mercury] 상온에서 유일한 액체 금속으로 비등점이 356.7℃, 응고점이 −38.85℃, 비중이 13.6, 원자 번호 80, 원소기호 Hg이다. 온도계, 정류기, 수은등, 기압계 등에 사용하며 금, 은의 정련(精鍊)에도 사용한다.

수은 기압계 〔水銀氣壓計〕 가장 정확한 기압계로서 수은을 유리관에 넣어 통 속에 거꾸로 세워 놓고 그 무게와 기압이 균형을 이루도록 하여 유리관 내의 수은주 높이로서 기압을 표시한다.

수은 전지 〔mercury cell〕 아연을 양극으로, 탄소와 수은의 산화물을 음극으로 전해액은 가성칼리 또는 가성소다 액으로 사용한 전지로서 전압은 1.35~1.4V이고 전압의 안정성이 좋으며 수명이 길다. 고온 작동이 우수하며 진동이나 충격에도 강하다.

수은 정류기 〔mercury rectifier〕 진공의 유리관 안에 흑연의 양(+)극과 수은(-)의 음극을 설치하여 저압 수은 증기속의 아크 방전이 한 방향으로만 전류를 흐르게 하는 성질을 이용하여 교류를 직류로 바꾸는 장치를 말한다.

수은등 〔mercury-arc lamp〕 고압의 수은 가스 속에서 아크 방전의 양광주(陽光柱)를 광원으로 하는 방전등, 수은, 아르곤 가스를 봉입한 석영제의 발광관이 질소를 봉입한 유리로 감싸여 있으며 효율이 좋고 청백색의 강한 빛을 방사하므로 공장의 조명등, 가로등, 투광기, 복사기의 광원으로 사용되고 있다.

수은주 〔水銀柱〕 수은 기둥. 수은 온도계나 수은 기압계의 유리 막대에 수은으로 채워진 부분으로서 그 높이로 온도를 측정한다.

수지 렌즈 〔resin lens〕 렌즈 소재로 요구되는 높은 투명도와 성형 정도를 만족하는 재료로서 사용해온 유리를 대신하여 1980년대부터 수지가 사용되기 시작하였다. 유리의 약 1/2 비중으로 두께도 거의 1/2로 렌즈로서의 효과를 올릴 수 있다. 렌즈의 중량으로서는 1/3~1/4로 가볍게 할 수 있으므로 앞으로 가격이 저렴할 경우 널리 보급될 것으로 예상된다.

수지 리프 〔resin leaf〕 ⇨ FRP 리프 스프링(fiber reinforced plastics leaf spring).

수지 범퍼 〔resin bumper〕 ① 우레탄, 폴리프로필렌, 폴리카보네이트 등 합성수지로 만들어진 범퍼의 총칭. ② 에너지 흡수 범퍼(5마일 : 8km/h의 충돌에너지 흡수)만큼의 성능은 없으나 4km/h정도의 충돌에서는 차체가 손상을 받지 않도록 강관의 보강재 위에 폴리프로필렌이나 폴리카보네이트 등 충격에 강한 수지로 성형한 범퍼.

수축 끼워맞춤 〔shrink fit〕 한쪽 것을 가열 또는 냉각시킨 후 그것을 다른 것과 조립하여 서로 단단히 끼워지도록 하는 끼워맞춤 방식. 가열된 것은 냉각하면서 끼워맞춤을 단단하게 하고, 냉각된 것은 더워지면서 단단하게 끼워 맞추는 것을 말한다.

수축 여유 〔shrinkage allowance〕 수축을 고려하여 둔 여유량. 주물에서 냉각, 수축을 고려하여 목형을 제작할 때 수축량만큼 크게 만든다. 수축 여유는 주철은 8.5~10.5mm, 주강은 18~21mm, 황동은 10.6~18mm, 청동은 13~20mm, 알루미늄은 20mm이다.

수축 작업 〔收縮作業〕 강판을 해머로 두드리면 강판은 늘어난다. 패널 수정의 최후 공정에서 늘어난 강판을 줄이는 작업. 수축 작업은 작은 범위에 열을 가하여 그 부분에 강판이 늘어남을 집중시켜 시행함. 열을 가하기 위해서는 가스 용접기를 많이 사용하지만, 저항 용접기나 스폿 용접기 능력의 하나로서, 전기의 열을 이용하는 형식도 사용되고 있음.

수축측 감쇠력 〔收縮側減衰力〕 ⇨ 확장측 감쇠력.

수평 대향형 엔진 〔horizontally opposed engine〕 엔진을 실린더 배열에 따라 분류하는 방법의 하나로서 복수 기통의 엔진으로 실린더가 크랭크 샤프트를 중심으로 좌우 나란히 배치되어 있는 것. 실린더가 편평하게(플랫) 놓여져 있는 4기통 엔진을 플랫 포(flat four), 6기통 엔진을 플랫 식스(flat six)라고 부를 때도 있다. 영어로는 「opposed cylinder engine, opposed piston engine, horizontal engine, flat engine, boxer engine」등 여러 가지로 부른다.

수평 방향 흡기식 〔horizontal draft type〕 수평 방향 흡기식은 혼합기를 수평 방향으로 흐르게 하는 형식. 엔진의 높이를 낮게 할 수 있으며 흡입시 혼합기 흐름에 대한 저항이 적어 흡입효율이 향상된다. ⇨ 카브레터, 드래프트.

순 브레이크 오버 전압 〔forward brake over voltage〕 순 브레이크 오버 전압은 사이리스터에서 애노드와 캐소드 사이에 전압을 규정 전압 이상으로 계속 상승시키면 각각의 트랜지스터는 누설 전류가 증가하여 어떤 값에 이르면 게이트에 신호를 주는 것과 같은 효과를 가지게 되어 전류가 흐르게 되는 전압을 말한다.

순간 중심 — 355

순간 중심 〔instantaneous center〕 ① 물체가 평면 운동을 할 때 각 순간의 회전 중심을 말한다. ② 자동차의 롤링을 논할 때 쓰이는 말. 예컨대, 위시본 서스펜션의 정면도에서 자동차 바퀴의 상하 운동은 어퍼 컨트롤 암과 로어 컨트롤 암의 연장선 교차점을 중심으로 하는 회전 운동이다. 그러나 이 교차점은 바퀴의 위치에 따라 변하므로 어느 순간의 중심을 생각하는 것을 순간 중심이라고 부름. ⇨ 롤 센터(roll center).

순간 최고 속도 〔instantaneous maximum speed〕 디젤 엔진에서 정격 부하로부터 임의 부하로, 임의 부하에서 정격 부하로 갑자기 변환시킬 때 순간적으로 도달하는 최고 속도를 말한다.

순간 최저 속도 〔instantaneous minimum speed〕 디젤 엔진에서 임의 부하로부터 정격 부하로, 정격 부하에서 임의 부하로 갑자기 변환시킬 때 순간적으로 도달하는 최저 속도를 말한다.

순간 피스톤 속도 〔instantaneous piston speed〕 피스톤이 실린더 내의 어느 특정된 위치에서의 속도.

순방향 바이어스 〔forward bias〕 순방향 바이어스는 전류가 흐르기 쉬운 방향으로 가해지는 외부 전압으로서 애노드에 ⊕, 캐소드에 ⊖ 전압을 공급하면 애노드(P형 반도체)의 정공은 ⊕에, 캐소드(N형 반도체)의 전자는 ⊖에 반발 당하여 전류가 애노드에서 캐소드로 흐르게 된다.

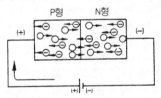

순차 분사 〔順次噴射〕 ⇨ 동기분사.

순철 〔純鐵〕 탄소 함유량이 0.035% 이하의 철. 전연성이 풍부하여 전기 제품에 사용한다.

쉬레이더 밸브 〔schrader valve〕 스프링이 로드된 밸브로서, 이것을 통해 냉동 시스템으로 연결할 수 있다. 타이어에도 사용된다.

슈라우드 〔shroud〕 라디에이터와 냉각 팬을 감싸고 있는 판. 공기의 흐름을 도와 냉각 효과를 증대시키고 배기 다기관의 과열을 방지한다.

슈퍼 소닉 서스펜션 〔super sonic suspension〕 주행중 자동차의 자세 변화를 초음파(超音波;슈퍼 소닉) 소너에 의하여 검지하고 다른 센서로부터 정보를 받아서 주행상태를 판단하여 속업소버의 감쇠력을 마이컴으로 제어하는 것. 감쇠력은 「soft, medium, hard」의 3단계로 절환 (切換)되며, 자동제어는 「auto」로 행하지만 스위치의 절환에 의하여 어느쪽 모드도 선택할 수 있도록 되어 있다.

슈퍼 스트럿 서스펜션 [super strut suspension] 프런트 서스펜션의 명 칭. 맥퍼슨 스트럿 서스펜션에서 스트럿 아랫부분을 2등분하여 컨트롤 암과 로(low)암으로 지지되어 있다. 킹핀 축의 길이가 스트럿 서스펜 션의 절반 이하로 되어 있으므로 선회시 캠버의 변화를 적게 하고 있 는데서 선회성(性)이 좋게 되어 있다. 또 킹핀 축이 타이어 중심에 가 까운 곳에서 출발, 가속시 토크 스티어가 적고 조향력 변화가 적다.

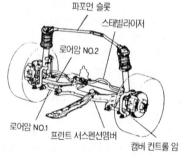

파포먼 슬롯
스태빌라이저
로어암 NO.2
로어암 NO.1
프런트 서스펜션맴버
캠버 컨트롤 암

슈퍼 엔지니어링 플라스틱 [super engineering plastics] 공업용 플라스 틱에 비교하면 강도, 탄성, 내열성 등이 상회하며 금속이나 세라믹스 에 가까운 특성을 지닌 플라스틱을 말함.

슈퍼 차저 [super charger] 컴프레서를 사용하여 엔진에 흡입되는 혼합 기의 압력을 높이는 장치의 총칭. 컴프레서를 회전시키는데 엔진의 축 출력을 이용하는 메커니컬 슈퍼 차저와 배기가스의 압력을 이용하는 터보 차저가 있으며 구조에 따라서 원심형, 축류형, 용적형으로 분류 된다. 일반적으로 메커니컬 슈퍼 차저를 단순히 슈퍼 차저라고 하며, 맨처음 레이싱카나 항공기 엔진용으로 개발되어 지금은 일반 자동차에 도 사용되게 되었다. 과대한 공기를 공급하는 기계라고 하는데서 과급 기라고 불리운다. 정확하게 표현하자면 기계구동 과급기(mechani- cally driven supercharger)라고 부른다.

슈퍼 터보 〔super turbo〕 루트식의 슈퍼 차저와 터보 차저가 직렬로 배치되어 있는 형식.

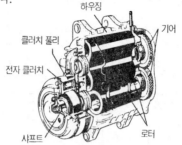

슈퍼 트랙션 패턴 〔super traction pattern〕 ⇨ 트랙션 패턴.

스냅 게이지 〔snap gauge〕 축용 한계 게이지. 축의 지름을 측정하는 게이지로서 단형, C형, A형으로 분류된다.

스냅 스위치 〔snap switch〕 조작 버튼 또는 지레의 아주 작은 움직임으로 접점을 어떤 위치로부터 다른 위치로 순동적(瞬動的)으로 변화시키는 스위치를 말한다.

스냅링 〔snap ring〕 축 또는 보스에 구멍을 파놓은 홈에 끼워 핀이나 축에 설치한 부품의 이동을 방지하는 고리 모양의 링으로서 자동차의 부품에는 많이 사용된다.

스냅링 플라이어 〔snap ring plier〕 피스톤 핀 또는 변속기 등에 설치된 스냅링을 확장 또는 축소시켜 빼거나 끼울 때 사용하는 플라이어를 말한다.

스노 블레이드 〔snow blade〕 한랭지에서 와이퍼 블레이드가 동결되거나 블레이드에 눈이 부착되는 것을 방지하기 위하여 전체를 고무로 덮은 와이퍼.

스노 체인 〔snow chain〕 눈길이나 빙판 등 미끄러지기 쉬운 도로를 주행할 때 일반 타이어에 장착하여 미끄럼을 방지하는 체인을 말한다. 스노 타이어의 홈 깊이가 50% 이상일 때는 스노 체인을 장착하고 주행하여야 한다.

스노 타이어 〔snow tire〕 윈터 타이어라고도 하며 사이드 월에 「SNOW」의 표시가 있는 눈길(雪路)주행용 타이어. 설상에서의 부상성(浮上性)을 좋게 하기 위하여 폭이 넓은 트레드를 지니며 홈에 긴 눈과 노면상의 눈 사이에서 선단력이나 마찰력에 의한 마찰력을 얻는다. 홈의 깊이가 절반이 되면 트레드 홈밑에 설치된 웨어 인디케이터가 보이면 스노 타이어로서의 사용 한계에 도달된 것이다.

스러스트 [thrust] 회전축 또는 회전체가 축방향으로 작용하는 외력을 말한다.

스러스트 베어링 [thrust bearing] 회전축의 축 방향에 걸리는 하중(스러스트 하중)을 받는 곳에 사용하는 베어링으로 강구(鋼球, 볼)를 사용하는 스러스트 볼 베어링, 구름을 이용한 스러스트 롤러 베어링과 원판형으로 표면에 베어링합금을 쓰는 스러스트 와셔가 있다.

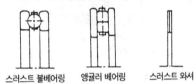

스러스트 볼베어링   앵귤러 베어링   스러스트 와셔

스레드 체이서 [thread chaser] 나사 부분을 세척하는 데 사용하는 다이 (die) 비슷한 도구.

스레디드 인서트 [threaded insert] 나사 부분이 손상된 구멍을 원래의 나사 사이즈로 복구하여 주는 데 사용하는 나사를 가진 코일. 구멍은 오버사이즈로 드릴링 및 태핑을 한 후, 태핑된 구멍에 인서트를 돌려 끼운다.

스로트 [throat] 목을 뜻하는 말로서 카브레터의 입구나 벤투리가 좁아지는 부분을 말함.

스로틀 노즐 [throttle nozzle] 디젤 엔진 분사 노즐의 일종. 핀틀 노즐의 니들 밸브를 개량하여 노즐의 입구를 좁힌 것으로 분사 초기의 연료를 적게 하고 미립화하도록 한 것. 부연소실식 엔진에 많이 사용되고 있다.

스로틀 레버 [throttle lever] 스로틀 밸브를 움직이는 레버로서 링키지나 와이어로 액셀 페달에 연결되어 있다.

스로틀 리턴 대시포트 [throttle return dashpot] 스로틀 리턴 제어장치에서 사용되는 대시포트. 가솔린 엔진에서 액셀 페달을 놓았을 때 스로틀 밸브는 이것과 연동해서 닫히지만 어떤 각도가 되면 공기를 완충재로 이용한 대시포트가 작용하여 아이들 위치까지 천천히 되돌리게 되어 있다.

스로틀 리턴 제어장치 [throttle return control system] 액셀 페달을 놓았을 때 스로틀을 아이들링 위치 직전의 상태로 머물게 하고 잠시 후 통상의 아이들링 상태로 하는 장치. 정상운전 또는 가속중에 갑자기 스로틀 밸브를 닫으면 공기가 부족하여 실화나 미연소가스가 증가되는 등의 원인이 발생되므로 이와같은 장치가 장착되어 있다. 스로틀 포지셔너, 스로틀 오프너, 믹스처 컨트롤 밸브 등이 있다.

스로틀 리턴 체크 [throttle return check] 스로틀 리턴 체크는 자동 변속기를 장착한 자동차에서 액셀러레이팅 페달을 놓았을 때 스로틀 밸브가 급격히 닫혀 엔진이 머뭇거리게 되어 토크 컨버터에서 미끄러지는 것을 방지한다. 액셀러레이팅 페달을 놓으면 다이어프램 뒷면에 있던 공기가 서서히 유출되면서 스로틀 밸브가 급격히 닫히는 것을 방지한다.

스로틀 밸브 [throttle valve] ① 스로틀은 '흐름을 막다. 감속하다'의 뜻. 링키지나 와이어로 액셀 페달에 연결되어 있으며 엔진에 흡입되는 공기 또는 혼합기의 양을 컨트롤하는 밸브이다. 얇은 원판을 중앙에 설치한 축을 중심으로 회전시켜서 밸브를 개폐하는 버터플라이 밸브와 밸브가 슬라이드식으로 개폐하는 슬라이드 밸브가 있다. ② 자동 변속기의 스로틀 밸브는 액셀러레이터 페달을 밟는 정도에 따라 엔진의 부하에 알맞는 유압으로 변화시키는 밸브이다.

스로틀 보디 [throttle body] 가솔린 인젝션에서 엔진으로 흡입되는 공기량을 조절하는 장치. 액셀 페달과 연동하는 스로틀 밸브, 밸브의 빠른 움직임을 컨트롤하는 스로틀 리턴 대시포트, 밸브의 열림 정도를 검출하는 스로틀 포지션 센서, 스로틀 포지션 스위치, 감속시에 연료를 일시 차단하는 대시 포트로 구성되어 있다.

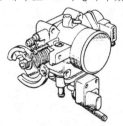

스로틀 보디 인젝션 [throttle body injection] GM의 싱글 포인트 인젝션(SPI)의 호칭이며 TBI로 약해진다. 스로틀 보디에 연료가 분사되

는 데서 이름이 붙혀졌다.

스로틀 센서〔throttle sensor〕 ⇨ 스로틀 포지션 센서.

스로틀 스피드 방식〔throttle speed〕 연료분사장치로서 엔진에 흡입된 공기량을 스로틀 개도(開度)와 엔진의 회전 속도(스피드)에서 마이컴으로 계산하여 구하는 방식을 말함.

스로틀 어저스팅 스크루〔throttle adjusting screw〕 스로틀 밸브의 개도 (開度)를 조정하는 나사로서 아이들링시에 스로틀 밸브를 어느 정도 열어 놓는가를 정하는 것. 약해서 TAS(타스)라고도 불리운다. ⇨ 아이들 어저스트(idle adjust).

스로틀 오프너〔throttle opener〕 스로틀 리턴 제어장치의 하나. 감속시 흡입 매니폴드에 발생하는 부압을 이용하여 다이어프램에 연결된 로드에 의해 스로틀 밸브를 조금 열린 상태로 유지하는 것.

스로틀 위치 센서〔throttle position sensor〕 TPS. 스로틀 위치 센서는 ECS에서 액셀러레이팅 페달의 조작 상태를 ECU에 입력하여 스프링의 상수 및 감쇄력의 조정을 하게 된다. 또한 TPS는 전자제어 연료분사장치 및 전자제어 자동 변속기에도 이용된다. ⇨ 스로틀 포지션 센서.

스로틀 위치 스위치〔throttle position switch〕 스로틀 위치 스위치는 인젝터의 분사 시간을 정확하게 제어한다. 여러 개의 콘택트 스트립(여러 개의 접점이 설치된 원판)과 한 개의 슬라이딩 콘택트(접점)로 구성되어 있다. 스로틀 밸브의 열림 각도에 따라 슬라이딩 콘택트가 해당 스트립과 접촉되어 전기적 신호를 컴퓨터에 보내면 이 신호를 기초로 하여 연료의 분사량이 조절된다. ⇨ 스로틀 포지션 스위치.

스로틀 체임버〔throttle chamber〕 ⇨ 스로틀 보디(throttle body).

스로틀 크래커〔throttle cracker〕 엔진을 시동할 때 카브레터의 스로틀 밸브를 조금 열고 기동에 필요한 공기를 공급하기 위한 장치로서 기동 전동기 스위치 레버와 스로틀 링키지 사이에 연결된 링키지로 구성되어 있다. 지금 현재는 사용되지 않고 있다.

스로틀 페달〔throttle pedal〕 ⇨ 액셀 페달.

스로틀 포지셔너〔throttle positioner〕 스로틀 리턴 제어장치의 하나. 포지셔너는 어떤 위치를 결정한다는 뜻으로 부압을 감지하는 스위치와 다이어프램을 이용해서 감속시에 스로틀 밸브를 아이들 위치보다 조금 오픈한 상태로 일단 멈추게 하는 장치. 액셀 페달을 빨리 놓았을 때 혼합기 부족으로 인한 실화나 이것에 수반되는 미연소 혼합가스의 배출을 방지하기 위하여 설치되어 있는 것.

스로틀 포지션 센서 [throttle position sensor] TPS. 스로틀 밸브가 열린 정도를 검출하는 센서. 밸브의 회전축(스로틀 샤프트)의 회전량을 포텐쇼미터나 차동 트랜스를 사용하여 전기 신호로 바꿔 개도(開度)를 점검하는 것이 보통이며 스로틀 포지션 센서라고도 불리운다.

스로틀 포지션 스위치 [throttle position switch] 가솔린 인젝션에서 스로틀 밸브의 위치를 검출하는 센서. 스로틀 밸브가 아이들링 위치나 어떤 정해진 위치(고부하 상태)이상으로 되어 있을 때 작동한다. 그리고 중간 상태에서는 전기 신호를 보내지 않고 중립 위치에 있으며 스로틀 밸브의 위치를 3단계로 나누는 역할을 한다.

스로틀형 노즐 [throttle type nozzle] 스로틀은 '증기의 흐름을 막다, 죄어 좁히다'의 뜻. 스로틀형 노즐은 핀틀형 노즐을 개량한 것으로서 니들 밸브의 끝이 길고 2단으로 되어 있으며, 니들 밸브 끝은 나팔 모양을 하고 있다. 분사 초기는 니들 밸브와 시트와의 틈새가 작아 분무가 교축되어 소량의 연료만이 분사되므로 노크(knock)의 발생이 적고 착화 후에는 다량의 연료가 분사된다. 연료의 분사 각도는 45~60° 정도이고 분사 개시 압력은 80~150kg/cm²이다.

스로틀형 인젝터 [throttle type injector] 스로틀형 인젝터는 연료의 분공이 하나이고 니들 밸브가 외부로 노출되어 있으며 흡입 밸브가 하나인 전자제어연료분사 엔진에 사용한다.

스리 도어 차 [three door car] 해치 백을 가진 2도어 자동차를 말하며, 해치백을 제3의 도어로 본 것이다.

3D 게이지 [3D gauge] 입체 계측 게이지라고도 함. 보디의 아래쪽 뿐만 아니라, 위쪽의 넓은 범위를 계측할 수 있는 것이 특징. 가로, 세로, 높이의 3방향을 입체적으로 계측할 수 있음.

스리 로터 로터리 엔진 [three rotor rotary engine] 로터 3개를 일렬로 설치한 로터리 엔진. 4사이클 왕복형 엔진의 6기통 엔진에 해당한다. ⇨ 투 로터 로터리 엔진.

스리 링크식 서스펜션 [three link type suspension] 링크식 리지드 액슬 서스펜션에서 가장 간단한 구조로서 2개의 리딩 암과 트레일링 암 또는 래터럴 로드 3개의 링크로 구성되어 있으며, 스프링으로는 코일 스프링이 사용되는 것이 보통. 오프로드용의 4×4 등에 사용되고 있다.

스리 박스 [three box] 엔진 룸, 차실, 트렁크 룸의 3개가 독립되어 있는 보통의 승용차를 말하며, 각각의 공간을 상자(box)로 본 것으로서 자동차를 분류할 때 사용하는 표현.

스리 밸브 엔진 [three valve engine] 흡기 밸브 2개와 배기 밸브 1개가 설치된 엔진. 고속 회전시의 흡입 효과와 흡입 효율을 높일 목적으로 개발되었으나 4밸브 엔진과 제작 단가가 크게 다르지 않다. 그러므로 3밸브를 살리는 연소실의 모양을 만들기가 어렵고 배기 밸브가 상대적으로 커져서 무거우며, 리프트도 크다는 단점 때문에 현재는 거의 볼 수 없게 되었다.

스리 빔 전조등 시스템 [three beam headlight system] 헤드 램프에 3단계의 조정시스템을 갖추고 대향차나 선행차의 유무를 센서로 검지하여 자동적으로 그 상황에 따라 변환하는 시스템.

스리 조인트 프로펠러 샤프트 [three joint propeller shaft] 조인트를 3개 사용한 추진축.

스리 피스 휠 [three piece wheel] 디스크를 2장의 림으로 양측에서 끼운 구조의 휠. 피스는 부분품(parts)의 뜻.

스모그 [smog] 스모크(smoke;연기)와 포그(fog;안개)를 합쳐서 만들어진 말. 질소산화물이나 탄화수소가 강한 태양 광선에 의하여 화학 반응을 일으킴으로서 발생하는 광화학 스모그(로스앤젤레스형 스모그)와 난방 등의 배연(排煙)중 아황산가스나 그을음 등과 안개가 원인이 되어 발생하는 스모그(런던형 스모그)가 있으며 광화학 스모그는 자동차의 배기가스와 관계가 있다고 생각되고 있다.

스모크 미터 [smoke meter] 매연 테스터. 엔진에서 배출되는 가스의 농도를 측정하는 계기. 배기가스 중 흑연을 여과하여 여과지에 빛을 쬐어 반사율을 측정하는 반사식과 흑연이나 백연(白煙)에 직접 빛을 쬐고 그 투과량에 따라 농도를 측정하는 방법이 있다.

스몰 라이트 [small light] ⇨ 차폭등.

스몰 스크러브 [small scrub] 휠 얼라인먼트로 스크러브 반경이 15mm 이하의 비교적 적은 값으로 설정되어 있는 것을 말함. ⇨ 센터 포인트 스티어링(center point steering).

스몰 엔드 [small end, little end] 소단(小端)부. 커넥팅로드에 피스톤 핀이 설치되는 부분을 말함. ⇦ 빅 엔드(big end).

스와시 타입 컴프레서 [swash type compressor] 사판식 압축기. 카 쿨러의 냉매를 압축하는데 사용되는 왕복형 컴프레서의 일종. 회전축에 대하여 경사지게 부착된 판[스와시:사판(斜板)]을 회전시키면 판의 끝이 축에 평행한 왕복 운동을 행하는 원리를 이용하여 스와시 양쪽에 피스톤을 설치하여 냉매의 흡입·압축을 행하는 것.

스워브 [swerve] 자동차를 주행중에 브레이크를 작동시켰을 때 차체의 뒤쪽이 흔들리는 현상. 제동시에 바퀴의 회전이 정지되면 자동차는 관성에 의해서 미끄럼이 발생되어 뒤쪽은 자동차의 진행 방향에서 벗어나는 현상을 말한다.

스월 [swirl] 와류(渦流).

스월 체임버 타입 [swirl chamber type diesel engine] ⇨ 와류실식 디젤 엔진.

스웨이 바 [sway bar] ⇨ 스태빌라이저 바.

스웨징 [swaging] 단조 작업의 일종으로서 재료의 길이 방향으로 압축하여 그 일부 또는 전체의 단면을 크게 하는 작업.

스웰링 [swelling] 마스터 실린더 또는 휠 실린더의 고무 컵이 액체를 흡수하여 그 구조의 조직은 변화하지 않고 용적이 팽창되는 현상으로서 팽윤(膨潤)이라고도 한다.

스위블 시트 [swivel seat] 회전 대좌 시트.

스위블 앵글 [swivel angle] ⇨ 킹핀 경사각.

스위치 [switch] ① 회로나 장치 등을 개폐 또는 접속, 변환을 하기 위하여 사용되는 기구 또는 장치로서 30A 이하의 개폐기를 말한다. 스위치는 정격 부하 전류를 개폐할 수 있는 기계적인 개폐장치로 정의되는 경우가 많다. ② 흐름도에서 가변 결합자 또는 이에 대응하는 컴퓨터 프로그램에서 가능한 몇 개의 루트 중 어느 것이든 한 개를 선택할 수 있도록 프로그램 내에 놓여진 명령을 말한다.

스위칭 회로 [switching circuit] 스위칭 회로는 베이스 전류를 단속하여 컬렉터 전류를 단속하는 회로이다.

스위퍼 [sweeper] 2개의 촉매 변환기를 연결, 배기가스 정화를 2단(二段)으로 하는 타입의 촉매 컨버터이며 2번째의 촉매 변환기를 말함. 첫번째의 촉매 변환기로 제거하지 못한 유해가스 성분을 2번째의 컨버터에서 처리하는 것으로 이 부분을 스위퍼(청소인)라고 부름. ⇨ 듀얼 베드 모놀리스(dual bed monolith).

스윙 암 [swing arm] ① 스윙은 진자(振子). 암은 팔을 뜻함. 어떤 한정된 길이의 막대로 한쪽을 지점으로 하고, 다른 쪽을 움직여서 사용되는 기계 요소. 자동차에서는 서스펜션의 스윙 암이나 엔진의 로크 암 등에 사용되고 있다. ② 바퀴가 상하로 움직였을 때 회전 중심과 바퀴 접촉면 중심의 바퀴가 스윙 암 길이는 스윙 액슬의 경우에는 짧고, 위시본의 경우에는 길다. 위시본의 경우 바퀴의 상하운동에 의하여 짧아지기도 하고 길어지기도 한다. 스윙 암 길이는 바퀴의 캠버 변화를 결정짓기 때문에 서스펜션을 설계함에 있어서 중요한 요소이다.

스윙 암식 서스펜션 〔swing arm type suspension〕 독립현가장치 중에서 가장 간단한 구조의 서스펜션으로 암이 A자형이거나 이것과 비슷한 형태를 하고 있으며 A자의 정점에 차축을 연결하고, 2개의 발을 차체에 설치하는 형식. 스윙은 흔들리며 움직이는 것을 뜻한다. 차체에 설치하는 방법에 따라 리딩 암식, 트레일링 암식, 스윙 액슬식, 더블 트레일링 암식이 있다.

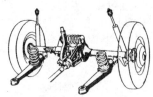

스윙 액슬식 서스펜션 〔swing axle type suspension〕 스윙 암식 서스펜션의 일종으로 소형 승용차의 뒷바퀴에 많이 사용하였지만 현재는 사용되고 있지 않다. 종감속 기어 장치의 좌우에 유니버설 조인트를 개재시켜 상하로 스윙되는 하프 샤프트가 있고, 선단에 차륜을 부착한 심플한 구조. 스윙의 반경이 작으므로 타이어 상하 진동시에 캠버 변화, 트레드 변화가 큰 특징이 있다. 이것은 통상의 코너링에서는 바퀴를 항상 수직으로 유지하므로 상당한 가능성을 가지고 있으나, 심한 코너링이 되면 바깥쪽 바퀴의 정의 캠버가 지나치게 커져, 그 결과 차체를 들어올려 갑자기 오버스티어로 변화함.

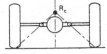

스캐너 〔scanner〕 ① 자동차가 야간 주행시에 대향 자동차의 불빛이 검출용 거울에 조사되면 헤드라이트를 자동적으로 하향되도록 하는 헤드라이트 조사방향 자동 변환기의 조사 검출용 거울을 말한다. ② 팩시밀리의 송신장치에서 화소(畫素)의 옅고 짙음에 비례하는 전기 신호로 변환하는 부분을 말한다. ③ 프로세서 제어에서 여러가지 양이나 상태를 순차적으로 자동 샘플하고 측정하여 체크하기 위한 장치를 말한다.

스캐빈징 〔scavenging〕 ⇨ 소기(掃氣).

스커트 〔skirt〕 여성이 입는 스커트 모양이라는 데서 ① 엔진의 피스톤 측면의 하부, 끝부분. ② 차체의 아래쪽에 설치되는 스커트의 형을 한 것으로서 공기의 흐름을 조정하거나 물이나 진흙이 튀는 것을 방지하는 역할을 하는 것.

스커트부 〔skirt section〕 스커트는 '끝, 가장자리, 변두리'의 뜻. 피스톤의 아래쪽 끝부분으로 피스톤이 상하 왕복 운동할 때 측압을 받는 일을 한다. 피스톤 헤드는 열팽창이 많아 지름을 작게 하고 스커트는 열팽창이 적어 지름을 크게 한다. 그러므로 피스톤의 지름을 측정할 때는 외경 마이크로미터를 이용하여 스커트에서 약 10mm 상단을 측정한다.

스커핑 〔scuffing〕 ① 도장된 표면의 먼지 등을 제거하기 위하여 아주 가볍게 행하는 연마작업. ② 높은 압력으로 접촉하여 통상 오일로 윤활되고 있는 금속 표면의 국부적인 융착에 의하여 발생되는 상처로서 스코링(scoring)이라고도 함. 일반적으로 엔진의 피스톤 주위나 캠에서 볼 수 있는 상처를 스커핑, 기어에 의하여 발생하는 상처를 스코링이라고 한다.

스코링 〔scoring〕 ⇨ 스커핑(scuffing).

스쿼브 〔squab〕 ⇨ 백 레스트.

스퀘어 엔진 〔square engine〕 정방행정 엔진. 실린더의 보어 지름과 피스톤의 스트로크가 같은 치수의 엔진을 말함. ⇨ 보어 스트로크 비(比).

스퀠치 〔squelch〕 타이어의 트레드 형상(tread contour)이 둥글고 특히 레이디얼 타이어에 발생하는 경우가 있는 패턴 노이즈로서, 트레드의 숄더 부분이 노면에 접촉될 때 발생되는 소리를 말함. 영어의 일반적인 의미는 물이나 진흙 사이를 걸어갈 때 '칠컥칠컥' 또는 '철석철석' 하고 나는 소리를 말함.

스퀴브 〔squib〕 전기식 에어백 시스템의 인플레이터에 장치되어 있는 점화장치이다. 통전(通電)에 의하여 필라멘트가 발열하여 점화제에 착화시킨다. 스퀴브는 의성어(擬聲語)로서 '폭'하고 불붙는 형태를 말한다.

스퀴시 〔squish〕 연소실 내에서 혼합기를 좁은 틈새로 밀어붙이는 것. 피스톤이 상사점에 가까워졌을 때 실린더 헤드와의 틈새가 특히 좁아지도록 한 부분(스퀴시 에어리어)을 설치해 두면 압축 행정에서 이 부분에 화염이 흡입된 혼합기가 밀려나 다음의 팽창 행정에서 흡입되므로(역 스퀴시) 혼합기의 연소 속도가 높아지고 연비가 좋아지는 효과가 있다. 단, 스퀴시 에어리어가 크면 이 부분에 화염이 전파되지 않고 퀜치 에어리어가 되는 경우가 있다.

스퀴지 [squeegee] 젖은 모래가 묻어 있는 부분을 닦아내거나 퍼티를 바르는 데 사용하는 유연성 고무 또는 플라스틱으로 된 블록.

스퀵 [squeak] 주행중에 브레이크에서 '끽―'하는 소리로서 주파수가 높은 연속음.

스퀼 [squeal] ① 타이어에서 발생하는 끽 또는 찍하는 소리를 말함. 급제동이나 급격한 코너링을 할 때 트레드 고무와 노면 사이에서 스틱 슬립이 일어나므로써 발생하는 것. ② 브레이크 계통에서 발생하는 끽 하는 소리로 드럼, 슈, 백 플레이트 등이 공진하여 발생한다.

스크라이버 [scriber] ① 자동차의 토인을 측정할 때 타이어에 중심선을 긋는 금긋기 바늘. ② 공작물에 중심선이나 다듬질의 기준선을 긋는 금긋기 바늘을 말한다.

스크래치 [scratched] 날카로운 물체가 자동차 보디에 파고들어 손상되었을 때 보디의 손상부분.

스크램블 과급 [scramble turbo charger] 급가속시에 일시적으로 터보 압력을 높이는 것. 스크램블은 내습한 적기의 요격을 위해 긴급 발진시키는 것을 말한다.

스크러브 [scrub] ⇨ 타이어 스크러브.

스크러브 레이디어스 [scrub radius] ⇨ 캠버 오프셋.

스크러브 반경 [scrub radius] 자동차를 옆에서 보았을 때 킹핀 중심선이 노면과 교차하는 점과 타이어 접지면에 걸리는 힘의 작용점과의 거리. 스트럿의 정점과 로 볼 조인트를 연결한 선을 스위블 축이라 하고, 핸들을 돌리면 이 축을 중심으로 방향을 바꾼다. 이 축이 노면과 접하는 점과 바퀴의 접지면 중심과의 거리를 스크러브 반경이라고 한다. 이 거리가 제로, 즉 스위블 축의 연장선과 타이어의 접지면 중심이 합친 것을 제로 스크러브라고 하며, 바퀴의 접지면 중심이 스위블 축보다도 바깥쪽에 있는 것을 포지티브 스크러브, 타이어의 안쪽에 있는 것을 네거티브 스크러브라고 한다. 최근에는 직진시나 제동시의 안정성을 향상시키기 위하여 제로 스크러브나 네거티브 스크러브가 많아지고 있다. ⇨ 킹핀 경사각.

스크레이퍼 [scraper] 면을 조금씩 절삭하여 더욱 정밀도가 높은 면으로 다듬질하는 가공법으로 평면 절삭에 사용하는 평면 스크레이퍼와 절삭력도 크고 곡면을 절삭하는 곡면 스크레이퍼로 분류한다.

스크롤 에어리어 [scroll area] 터빈 하우징의 단면적을 말함. 스크롤은 소용돌이를 말하며 터보차저에서 배기가스의 통로(터빈 하우징)가 소용돌이 모양으로 형성된다는 데서 온 단어.

스크롤 컴프레서 [scroll compressor] 카 쿨러의 냉매를 압축하는데 사용되는 로터리 컴프레서의 일종. 2개 소용돌이 모양의 가이드가 회전 중심점을 벗어나 설치되어 있으며 한쪽 가이드가 고정되고 다른 쪽 가이드가 돌게 되어 있다. 소용돌이 외측에서 냉매를 넣으면 2개 가이드의 틈새가 중심을 향해서 좁게 압축되며 중심으로부터 압력이 높은 냉매가 흡인된다.

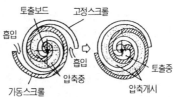

스크루 [screw] 나사 부분에 있어서 통상 스크루드라이버를 사용하여 나사를 가진 구멍에 돌려 끼울 수 있게 되어 있는 금속 파스너의 일종. 많은 종류 및 크기의 스크루가 있다.

스크루 드라이버 [screw driver] 스크루를 풀거나 조이는 데 사용하는 수공구로서 일자형과 십자형이 있다.

스크린 [screens] 금속으로 된 고운 망사 모양의 천 조각. 고체 입자가 액체 또는 증기 시스템을 순환하여 중요한 운동 부품을 손상하는 것을 방지하는 데 사용된다. 에어컨에서 스크린들은 리시버 드라이어, 서머스태틱 익스팬션 밸브 또는 오리피스 튜브 및 컴프레서 내에 위치한다.

스크린 인쇄 [screen printing] 스테인리스 등으로 만든 소정의 패턴이 스크린을 통하여 후막(厚膜) 페이스트를 기판상에 칠하여 후막 패턴을 만드는 것으로서 공정은 자동화가 가능하고 대량생산에 적합하다. 자동차의 계기판, IC 조정기 등 많은 전기 부품에 사용되고 있다.

스키닝 [skinning] 페인트 용기 내에서 액체의 상단에 막이 형성되는 것. 또한, 중후한 톱코트의 언더레이어 내의 용제가 증발하기 전에 그 톱코트에 막이 형성되는 것.

스키드 [skid] 타이어가 회전을 멈추거나 거의 정지된 상태에서 미끄러지는 것. 주로 옆으로 미끄러짐을 말하지만 진행 방향으로의 미끄러짐을 말할 경우도 있다. 타이어가 회전하면서 옆으로 미끄러지는 현상을 드리프트라고 부르면서 구별하고 있다.

스키드 컨트롤 브레이크 [skid control brake] ⇨ LSPV.

스키드 플레이트 [skid plate] 언더 가드 또는 언더 프로텍터라고도 부르
며 험한 길을 주행하는 자동차의 엔진 하부를 노면에서 보호하기 위한
판(플레이트). 알루미늄이나 듀랄루민을 사용하는 경우가 많으며 가
볍고 강인한 카본 파이버가 사용될 때도 있다. 오일팬을 보호하기 위
하여 부착되는 것은 섬프 가드라고도 불리운다. 스키드는 '미끄럼, 질
질 끌림'의 뜻.

스타 결선 [star connection] Y결선. 스타 결선은 전압을 이용할 때 사
용되는 결선 방법으로 각 코일의 한끝을 공통점에 접속하고 다른 한
끝 셋을 끌어낸 것으로서 선간 전압은 상전압의 $\sqrt{3}$배가 되어 삼각 결
선보다 선간 전압이 높다. 자동차용 발전기에 스타 결선을 사용하는
것은 선간 전압을 이용하기 때문이며, 저속 회전에서도 높은 전압과
중성점의 전압을 사용할 수 있는 장점이 있다.

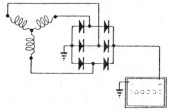

스타 휠 형식 조정장치 [star wheel type adjuster] 스타 휠 형식 조정장
치는 브레이크 드럼 간극이 클 때 후진에서 브레이크를 작동시키면 브
레이크 슈의 움직임을 이용하여 조정 레버로 간극 조정기를 돌려 드럼
간극을 자동적으로 조정하는 장치이다. 브레이크 슈가 드럼에 밀착될
때 2차 슈는 앵커 핀에서 떨어지며 케이블을 잡아당기면 조정기와 접
촉된 레버가 위쪽으로 끌려 올라가게 된다. 이 때 브레이크를 해제하
면 조정 레버는 스프링 장력에 의해 제자리로 복귀되면서 조정기의 노
치를 회전시켜 간극이 조정된다.

스타터 [starter] 엔진의 시동장치. 스타터 모터의 피니언 기어로 플라
이휠에 설치된 링기어를 회전시킴으로써 시동시킨다. 피니언은 스타터
스위치를 ON으로 함과 동시에 링기어와 맞물리게 되어 있으며, 마그
네틱 스위치의 흡인력으로 피니언이 튀어나와 맞물리는 피니언 시프트
식과 피니언 회전에 의한 관성력에 따라 맞물리는 벤딕스식(벤딕스 드
라이브)이 있으나 대부분의 엔진은 피니언 시프트식을 채용하고 있다.

스타터 모터 [® starter motor, ® cranking motor] 엔진을 시동하는 모

터로서 이그니션 스위치에 의하여 작동된다. 모터가 회전을 시작함과 동시에 마그네틱 스위치가 선단에 부착된 피니언 기어를 밀어서, 피니언이 플라이휠의 링기어와 맞물려 엔진을 회전시키도록 설계되어 있다. 시동 모터라고도 불리운다. 엔진이 시동되면 역으로 엔진이 스타터 모터를 회전시키게 되어 과회전으로 파손될 위험이 있으므로, 모터와 피니언 사이에 힘이 한 방향으로만 전달되는 오버런닝 클러치를 넣어 이것을 방지하고 있다. ⇨ 기동 전동기.

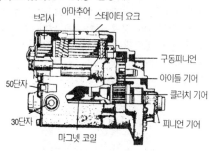

스타터 스위치 [starter switch] ⇨ 이그니션 스위치(ignition switch).
스타트 솔레노이드 밸브 [start solenoid valve] 스타트 솔레노이드 밸브는 냉간 시동시 부족한 LPG를 공급하는 밸브이다. 냉간 시동시에는 기체 LPG로 시동하지만, 압력이 충분하지 못해 시동이 어렵게 된다. 따라서 시동 스위치(ST위치)를 넣으면 1차 감압실에서 2차 감압실로 통하는 별도의 통로를 열어 LPG를 추가로 공급되도록 한다. 시동이 되면 스타트 솔레노이드 밸브에 공급되던 전류가 차단되어 통로가 닫히게 된다.
스타팅 그리드 [starting grid] ⇨ 그리드(grid).
스타팅 크랭크 [starting crank] 소형 엔진을 시동하기 위하여 크랭크 축을 손으로 회전시키는 핸들로서 단기통 또는 2기통 소형 건설기계 엔진의 시동에 일부 사용된다.
스타팅 핸들 [starting handle] ⇨ 스타팅 크랭크.
스태거드 그리드 [staggered grid] ⇨ 그리드(grid)
스태그네이션 포인트 [stagnation point] 정체점. 둥근 면을 지닌 물체를 유체(流體) 가운데에 놓았을 때 선단에서 유속이 0이 된 부분을 말함. 자동차의 정면 방향에서 공기를 끌어 넣을 경우 압력이 가장 높은 점이므로 공기의 흡입구로서는 이상적인 장소이다.

스태빌라이저 [stabilizer] 차체의 기울어짐을 줄이기 위하여 부착되어 있는 '비틀림 봉 스프링(토션 바)'으로서 앞뒤 바퀴 모두에 사용된다. 토션 바의 양끝을 좌우의 서스펜션(보통은 로 암)에 부착하고 좌우 바퀴의 움직임에 차이가 있을 때만 작용한다. 예를 들면, 코너링을 할 때 바깥쪽 바퀴가 부딪히거나 안쪽 바퀴가 튀어오르는데 이 때 좌우 바퀴의 움직임을 같게 하는 작용을 하여, 차체의 기울기를 줄인다. 그러나 좌우바퀴가 동시에 충격 또는 리바운드 할 때는 작용하지 않는다. 앞바퀴에 스태빌라이저를 부착하면 언더 스티어를 증가시키고, 뒷바퀴에 부착하면 오버 스티어의 경향을 가지게 된다. 앤티롤 바 또는 스웨이 바라고도 한다. 레이싱카에는 불가결한 것이지만, 시판용 자동차에도 장착되는 것이 많다. ⇨ 앤티롤 바.

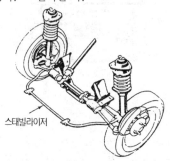

스태빌라이저

스태틱 마진 [static margin] 자동차의 정적 방향 안정성을 나타내는 양(量). 자동차의 중심(重心) 위치에서 뉴트럴 스티어 포인트까지의 수평 거리를 휠 베이스로 나눈 값. 약하여 SM이라고 함. 스태틱은 움직이지 않는다는 것을 의미하는 형용사. 마진은 한계의 뜻. ⇨ 정적 방향 안정성(靜的方向安定性).

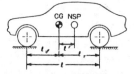

스탠더드 [standard] 기술적인 사항에 대하여 제정된 표준 규격으로서 단체 규격, 국가 규격, 국제 규격 등이 있다.

스탠딩 가속 [standing 400meter] 정지 상태에서 출발하여 400미터를 주행하는데 소요되는 시간으로서 자동차의 가속성능을 나타낼 때 사용되는 용어.

스탠딩 스타트 [standing start] 경기용 자동차가 정지 상태에서의 출발을 말함. 주행도중에 가속을 하는 스타트는 플라잉 스타트 또는 롤링 스타트라고 한다.

스탠딩 웨이브 [standing wave] 물리에서는 정재파(定在波) 또는 정상파(定常波)라고 말함. 자동차에서 고속 주행중 타이어의 접지부 후방에서 발생하는 정상파를 가리킴. 타이어가 자신의 휨에 의한 변형보다 빠르게 회전할 경우 변형이 중복되어 정상파가 된다. 눈으로 볼 수 있을 정도의 스탠팅 웨이브가 발생하면 타이어의 발열이 급속히 증가하고 단시간에 한계값에 도달한다. 타이어 표면에 발생한 진동으로 차축이 흔들리는 것이 아니므로 그 진동을 운전자는 감지할 수 없다.

스터드 볼트 [stud bolt] 볼트 양쪽 끝에 나사산을 만들어 한쪽의 부품에 고정시킨다. 연결하고자 하는 부품을 관통시켜 결합하고 너트를 조여서 결합한다. 자동차의 종감속기어장치의 캐리어를 하우징에 설치할 때 사용하는 볼트가 이 형식이다.

스터드 익스트랙터 [stud extractor] 부러진 스터드나 볼트를 제거하는 데 사용하는 특수 공구.

스터드 타이어 [studded tire] ⇨ 스파이크 타이어(spike tire).

스터드리스 타이어 [studless tire] 눈길에서 스파이크를 사용하지 않고 스파이크 타이어만큼의 성능을 목표로 한 타이어. 스파이크 타이어에 의한 노면의 손상, 소음, 분진 등이 환경 문제로 말미암아 스파이크를 사용하지 않는 타이어라는 데서 이렇게 불리운다. 스파이크리스 타이어라고도 부른다.

스터브 필러 [stub pillar] 4도어 하드톱 모델에서 로커 패널로부터 벨트라인까지만 뻗어 있는 리어 도어 힌지 필러.

스터빌리티 팩터 [stability factor] 일정하게 선회하고 있는 자동차의 원심력과 구심력 밑 중심 모멘트의 균형에서 스티어 특성을 수식에 의하여 구할 경우에 이용되는 계수. 자동차의 질량을 m, 전륜과 후륜의 코너링 파워를 각각 kf와 kr, 휠베이스를 ℓ로 할 경우 $(kf+kr)/kf$, $kr\ell$로 계산된 수치에 스태틱 마진을 곱하면 얻어진다. 이 수치가 정(+)일 경우는 언더 스티어, 부(−)의 경우는 오버 스티어, 0의 경우는 뉴트럴 스티어로 각각 나타낸다. SF로 약한다. ⇨ 스티어 특성 (steer individuality).

스턱 [stuck] 진흙이나 모래 안에 타이어가 빠져서 자동차가 움직이지 못하게 된 상태. 영어에서 스틱(stick)의 과거형.

스턴트카 [stunt car] 자동차를 이용하여 곡예에 가까운 묘기나 위험도
가 높은 묘기를 행하는 자동차나 오토바이를 말함.

스털링 엔진 [stirling engine] 1816년에 발명되었지만 사용되고 있지 않
다. 원리는 왕복운동하는 피스톤 양측에 기체를 밀폐한 방(室)을 설치
한 다음, 한쪽 방은 가열하고, 다른 쪽을 냉각하면 방의 압력차로 인하
여 피스톤은 저온쪽으로 움직이는 것을 동력으로 축출한 것이다.

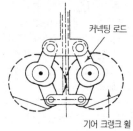

커넥팅 로드

기어 크랭크 휠

스텀블 [stumble] 자동차가 울컥거리는 현상. 엔진의 출력 저하로 가속
을 받지 못하는 상태.

스테이 볼트 [stay bolt] 기계의 부품을 일정한 간격으로 유지하면서 결
합하는 데 사용되는 것으로 일정 거리만큼의 파이프를 잘라서 사용하
기도 한다.

스테이션 왜건 [station wagon] 왜건은 짐마차의 뜻으로 세단의 차실을
후방으로 늘려 짐을 싣도록 하기 위해 도어를 설치한 승용차를 말함.
영국에서는 에스테드카라고 부름. 약하여 왜건이라고도 하며 같은 스
타일의 밴에 비하면 승객의 거주성을 우선으로 하여 제작되어 있다.
대형의 왜건에는 뒤로 꺾어 접는 식의 좌석을 설치한 것도 있다. ⇨ 왜
건.

스테이지 [stage] 무대를 가리킬 때 사용되는 말로서 단계라는 뜻도 있
다. 자동차에서는 카브레터에서 스로틀 밸브가 작용하는 통풍의 단계
를 말한다. 예컨대, 3배럴 2스테이지 카브레터라고 하면 스로틀 밸브
를 가진 배럴이 3개 있고 그 중 2개의 스로틀 밸브가 동시에 움직이며,
1개의 배럴만 작용하는 경우도 3개의 배럴이 동시에 작용하는 경우 2
단계의 통풍을 행하는 카브레터인 것을 나타냄.

스테이터 [stator] 스테이터는 AC 발전기에서 3상 교류가 유기되는 곳
으로 스테이터 코어와 스테이터 코일로 구성되어 있으며, DC 발전기
의 전기자에 해당한다.

스테이터 코어 [stator core] 스테이터 코어는 얇은 강판을 여러장 겹쳐 고정하고 그 안쪽에는 코일이 끼워지는 홈이 24~36개가 마련되어 스테이터 코일을 지지하며, 로터 자극에서 나오는 자력선의 통로 역할을 한다.

스테이터 코일 [stator coil] 스테이터 코일은 유도 기전력이 유기되는 코일로서 코어의 홈에 끼워 넣고 이것을 차례로 연결한 것을 한 쌍으로 하고 있다. 코일 피치는 자극 간격과 같게 하여 코일군(群)을 서로 전기의 각도로 120°씩 떼어서 3쌍을 감아 스타 결선이 되어 있다.

스테인 [stains] 피니시의 색상에 영향을 준 표면 오염의 결과.

스테인리스강 [stainless steel] ⇨ 니켈-크롬강.

스텔라이트계 [stellite] 밸브 스템 엔드에 사용하는 코발트 40~55%, 크롬 15~33%, 텅스텐 10~18%의 합금강으로 경도가 크고 내열성 및 내마멸성이 크다.

스템 [stem] ① 줄기, 대의 뜻으로 자동차에서는 일반적으로 밸브 스템을 말한다. ② 전구나 전자관 밸브의 리드선이 연결되고 있는 부분으로 전극을 지지하는 구조로 되어 있다.

스템 실 [stem seal] 밸브 스템과 스템 가이드 사이에 넣어져 있는 고무제의 실(seal)로 엔진오일이 연소실에 유입되는 것을 방지하기 위한 것.

스텝 [step] ① '계단, 발판, 축받이'의 뜻으로 승합 자동차의 승차용 계단을 말한다. ② 전자제어 엔진의 컴퓨터 테스터를 작동시키는 경우 프로그램 조작의 하나 또는 그와 같은 조직을 실행하는 것.

스텝 램프 [step lamp] 승합 자동차의 승차용 계단에 설치되어 야간에 승차를 원활하게 할 수 있도록 조명하는 램프를 말한다.

스텝 모터 [step motor] 펄스 입력에 작동하는 일종의 디지털 전동기로서 회전 각도, 회전 속도는 입력된 펄스의 수나 펄스 반복 레이트에 비례한다. 자동차의 ISC 서보 모터는 전기 부하, 에어컨, 동력 조향장치를 작동시킬 때 컴퓨터의 제어 신호에 의해서 공전속도를 조절할 수 있도록 정방향과 역방향 회전이 가능하다.

스텝 보상 [step compensation] 미리 정하여진 작동 조건에 이르렀을 때 다른 기능에 일정한 스텝변화를 발생되게 하는 제어효과를 말한다.

스텝 온 [step on] 액셀러레이터 페달을 밟아 엔진의 회전속도를 상승시켜 출력을 증대시키는 것을 말한다.

스텝 응답 [step response] ① 입력 신호가 어떤 일정한 값에서 다른 일정한 값으로 갑자기 변화되었을 때의 반응을 말한다. ② 계측장치, 제어장치 등에 있어서 입력값에서 다른 값으로 그 레벨을 스텝 모양으로 변화하였을 때 출력쪽에 생기는 반응을 말한다.

스텝 회로 [step circuit] 스텝은 '단계, 계단'의 뜻이며, 스텝 회로는 엔진의 회전수를 증가시키기 위해 액셀러레이팅 페달을 밟아 2차 스로틀 밸브가 열릴 때 엔진 회전의 맥동을 방지하기 위해 연료를 추가로 분출하는 회로. 2차 스로틀 밸브가 열리기 시작할 때 스텝 통로로 연료를 분출하며 2차 스로틀 밸브가 스텝 포트 위치보다 많이 열리면 연료 공급이 중단된다.

스텝드 시크니스 게이지 [stepped thickness gauge] 미리 알고 있는 치수의 가느다란 팁을 가지고 있으며 뒤로 갈수록 굵어지는 게이지. 「고 ─노─고(go─no─go)」 필러 게이지.

스토리지 배터리 [storage battery] ⇨ 축전지.

스토리지 탱크 [storage tank] 필요한 시간동안 공급하는데 충분한 양의 연료나 오일 등을 저장하는 탱크를 말한다.

스토이키 [stoichiometric ratio] 영어의 스토이키오메트릭 레이쇼를 약한 것으로 이론 공연비를 말함. 스토이키오메트릭은 철학의 스토아파에 유래되어 금욕적인 것을 의미하는 스토익이라고 하는 말에서 온 용어로 문자 그대로 번역하면 연소에 최소로 필요한 것이라는 말이 되지만 물론 이 수치보다도 적은 공연비로도 연소는 일어난다.

스토퍼 [stopper] ① 기계의 정지장치. 변속기 부축의 움직임을 방지하거나 브레이크 페달을 놓았을 때 멈추게 하는 장치를 말한다. ② 판금의 굽힘 가공에서 판의 위치를 정하는데 사용하는 조작을 말한다.

스톤 브루즈 [stone bruise] ⇨ 치핑.

스톨 [stall] 출발하려고 할 때 엔진의 회전을 충분히 올리지 않은 채 클러치를 연결하였을 때 엔진에 발생하는 토크가 부하에 미치지 못하여 엔진이 정지되는 것. AT차에서는 엔진의 난기가 충분하지 않을 때 발생되기 쉽고 아이들링 설정이 없는 레이싱 엔진에서는 회전을 높이 유지하고 있지 않으면 스톨되기 쉽다.

스톨 스타트 [stall start] 주행중에 클러치, 변속기 조작의 미숙으로 엔진의 작동이 정지되었을 때 다시 시동을 거는 것을 말한다.

스톨 스피드 [stall speed] 자동 변속기를 설치한 자동차에서 브레이크를 작동시킨 상태에서 각 레인지별 엔진의 최고 회전속도를 말한다. 각 레인지에서의 회전속도는 같으나 전체적으로 낮을 때는 엔진의 출력 부족, 토크 컨버터의 일방향 클러치의 작동이 불량하다. 각 레인지에서 모두 회전속도가 높을 때는 제어 압력이 낮거나 변속기 오일이 불량하다. 특정의 레인지에서만 회전속도가 높을 때는 해당 클러치 및 브레이크 밴드가 미끄러지거나 오일의 누출이 있다.

스톨 테스트 [stall test] 자동 변속기를 설치한 자동차에서 브레이크를 작동시킨 상태에서 각 레인지별 엔진의 최고 회전속도를 측정하여 토크 컨버터, 프런트 및 리어 브레이크 밴드, 프런트 및 리어 클러치, 엔진 등의 전체 성능을 알아보기 위한 시험을 말한다. ⇨ 스톨 스피드.

스톨 토크 [stall torque] 유체 클러치, 토크 컨버터를 설치한 자동차에서 엔진이 공회전할 때 펌프 임펠러가 터빈 런너에 전달하는 회전력을 말한다. 이 때 터빈 런너는 회전하지 않는 상태로서 회전력이 가장 크다.

스톨 토크비 [stall torque ratio] AT차의 출발시에 토크비를 말함. 토크 컨버터의 입력 토크와 출력 토크의 비(출력 토크/입력 토크)를 토크비라고 하고 특히 출력축이 정지(스톨)하고 있는 상태에서의 토크비를 스톨 토크비라고 한다. 승용차에서는 2.0~2.6이 보통.

스톨 포인트 [stall point] 유체 클러치 토크 컨버터를 설치한 자동차에서 터빈 런너가 회전하지 않을 때 펌프 임펠러에서 전달되는 회전력으로서 펌프 임펠러의 회전수와 터빈 런너의 회전비가 0인 점으로 회전력이 최대인 점을 말한다. 드래그 토크(drag torque)라고도 한다.

스톱 라이트 [stop light] ⇨ 스톱 램프.

스톱 램프 [stop lamp] 정지등. 브레이크 램프라고도 하며, 브레이크를 밟으면 점등되는 적색의 라이트. 교통 신호의 적색 램프를 영어에서는 스톱 라이트 또는 스톱 램프라고 함.

스톱 링 [stop ring] 멈춤바퀴. 축에 끼워져 있는 부품이 빠지지 않게 하기 위하여 사용되는 바퀴 모양을 한 것. 끼워져 있는 부품이나 축에 홈을 새겨 놓고 C모양의 바퀴를, 축용은 전용의 공구를 사용하여 벌려서, 구멍용은 오그려서 홈에 끼워서 사용한다.

스톱 밸브 [stop valve] 유체의 흐름 방향과 평행하게 개폐되는 밸브. 입구와 출구가 일직선상에 있어 유체의 흐름이 동일한 방향인 글러브 밸브와 유체의 흐름 방향이 90°로 바뀌는 앵글 밸브로서 정지 밸브 또는 리프트 밸브라고도 한다.

스톱 스위치 [stop switch] 브레이크 페달에 의해 ON, OFF되는 스위치. 브레이크 페달을 밟으면 페달에 눌려있던 스위치 푸시로드가 해방되기 때문에 접점이 연결되어 제동등을 점등하게 되고 브레이크 페달을 놓으면 푸시로드가 눌려 접점이 차단되어 제동등은 소등된다.

스트래들 캐리어 [straddle carrier] 스트래들은 '걸터 앉다, 벌리다', 캐리어는 '운반차, 짐받이'의 뜻으로서 산악 지역에서 길고 큰 나무를 좌우 바퀴 사이에 매달고 운반하는 특수 자동차를 말한다.

스트랜드 [strand] ① 실 또는 철사를 꼬아서 만든 줄. 케이블(와이어 로프)은 코어, 소선, 가닥으로 구성되어 있는데 스트랜드는 가닥을 말한다. ② 선재(線材) 압연에 있어서 동시에 2개 이상의 선재를 압연하는 경우에 압연재(壓延材)가 통과하는 통로를 말한다.

스트랜드 와이어 [strand wire] 철사를 꼬아서 만든 케이블. 자동차에서는 자동 변속기의 시프트 레버와 매뉴얼 밸브, 액셀러레이터와 스로틀 레버, 클러치 페달과 릴리스 포크, 핸드 브레이크 케이블 등에 사용되고 있으며 건설기계에도 많이 사용되고 있다.

스트랩 [strap] ① 가죽끈, 손잡이의 뜻으로 승합자동차 또는 전철의 손잡이를 말한다. ② 축전지에서 각 셀마다 여러 장의 극판을 하나의 접속편에 연결하여 극판군이 형성되며 극판군을 형성하기 위한 접속편을 말한다. ③ 전주에 애자 등을 설치하기 위하여 사용하는 가늘고 긴 철판 조각을 말한다.

스트랩 와이어 [strap wire] 직류 발전기 또는 기동 전동기의 계자 코일에 사용하는 평각 동선을 말한다.

스트럿 마운트 [strut mount] ⇨ 서스펜션 서포트(suspension support).

스트럿 바 [strut bar] 맥퍼슨 스트럿식 서스펜션에서 스트럿이 전후로 움직이지 않도록 지지하는 봉(棒).

스트럿 바

스트럿식 서스펜션 [strut type suspension] ⇨ 맥퍼슨 스트럿식 서스펜션.

스트레스 [stress] ① 응력(應力). 물체에 외력이 가해졌을 때 그 물체 속에서 발생되는 저항력을 말한다. ② 부품, 장치 또는 그들 시스템에 가해지는 전기적, 열적 또는 기계적인 작용력으로 그들 장치 등의 작동 성능이나 수명에 영향을 주는 요인이 되는 것을 말한다.

스트레스 라인 [stress lines] 손상된 패널이 들어간 부분. 일반적으로 충격에 의해 발생함.

스트레이너 [strainer] 분무 전에 페인트에 섞여 있는 불순 입자를 걸러 내는 데 사용되는 고운 스크린. ⇨ 필터(filter).

스트레이너 스크린 [strainer screen] 엔진 오일펌프와 연결되어 오일의 굵은 불순물을 여과하는 철망 또는 자동 변속기의 오일 필터에 설치되어 있는 철망을 말한다.

스트레이트 에지 [straight edge] 판금 작업에서 금긋기 작업을 할 때 또는 실린더 블록, 실린더 헤드의 변형도를 검사할 때 사용하는 직정규(直定規)를 말한다.

스트레이트 엔진 [straight engine] 실린더가 직렬로 배열된 직렬형 엔진을 말한다.

스트레인 게이지 [strain gauge] ① 변형되는 대상물에 설치하도록 만들어진 변형 예감 요소. 금속 저항체에 변형이 가해지면 그 저항치가 변화하는 압력 저항 효과를 이용한 것으로서 토크 렌치에 사용된다. ② 왜곡 감응 소자를 휘트스톤 브리지의 한 변 또는 복수 변에 사용하여 왜곡에 의한 저항 변화를 따라서 브리지의 불평형에 의한 전압을 직접 또는 증폭 측정하는 저항선 스트레인 게이지로 압력 센서, 대기압 센서 등에 사용한다.

스트레치니스 [stretchness] 액셀 페달을 세게 밟고 가속하려고 할 때 스피드가 생각한 대로 올라가지 않는 현상.

스트로보관 [stroboscopic tube] 타이밍 라이트에 설치되어 짧은 섬광을 주기적으로 발생하도록 만들어진 가스가 내장되어 있는 방전관을 말한다.

스트로보스코프 [stroboscope] 타이밍 라이트. 주기적으로 섬광(閃光)을 발생하는 장치를 말한다. 발광(發光)의 주기를 조사(照射)하여 엔진의 크랭크 축 풀리에 정지해 있는 것처럼 보이는 곳에서 마크를 관찰하여 진각도를 측정하거나 점화시기를 점검할 수 있다.

스트로브 [strobe] 반복 현상함으로써 원하는 점 또는 위치를 선택하는 것 또는 선택한 장소를 확인하는 장치로서 회전기의 회전축에 회전수의 배수인 섬광(閃光)을 비추어 회전수를 측정하는 것이나 주기파에 대하여 주파수가 같고 좁은 펄스를 비트시켜 선택점에 대한 주기파의 진폭을 측정한다.

스트로크 [stroke] 행정을 말함. 자동차에서는 ① 피스톤이 움직이는 거리. 행정 길이. ② 피스톤이 한 방향으로 움직인 거리를 뜻한다.

스트로크 보어 레이쇼 [stroke-bore ratio] 왕복형 엔진의 피스톤 행정 (스트로크)과 실린더 내경(보어)의 비를 약하여 L/D비라고 부름. 엔진의 형상과 성능을 좌우하는 가장 기본적인 요소의 하나로서 중요시 된다. 일반적으로 출력은 L/D비의 평방근에 역비례하므로 같은 기통 용적의 엔진과 비교하면 L/D비는 적을수록 출력은 커지지만, 연소실의 표면적과 용적의 비(S/V)가 커짐으로 냉각 손실은 많아지고, 연비는 나빠지는 경향이 된다. ⇨ 보어 스트로크 비.

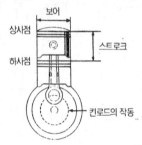

스트리에이션 [striation] 반도체 결정의 반지름 방향 및 성장 방향에서 볼 수 있는 불순물 농도의 얼룩이며 결정 성장면의 요철(凹凸), 성장 속도의 불균일 등 때문에 발생된다.

스트리퍼 [stripper] ① 전선의 피복을 벗기는데 사용하는 공구. ② 판금 프레스 가공에서 판재가 블랭킹한 다이의 일부에 부착되어 판금 펀치가 위로 올라갈 때 떨어지게 하는 장치를 말한다.

스트림라이닝 [streamlining] 승용차의 보디나 트럭의 캡 등의 모양은 공기 저항이 최소화되고 공기 속을 더 적은 에너지로도 이동할 수 있도록 만드는 것.

스트림라인 밸브 [streamline valve] 밸브 헤드의 종류로서 튤립형 헤드를 말한다. 헤드의 모양이 튤립 모양으로 되어 견고하고 가벼우며 가스 흐름에 대한 유동저항이 적다. 유연성이 있어 밸브 시트의 변형에 잘 적응하여 고출력 엔진이나 경주용 엔진에 사용한다. 열을 받는 면적이 넓다는 것이 단점이다.

스트립 단자 [strip terminal] ① 전기자 코일의 끝 부분에 정류자 편을 연결하여 접속하는 단자로서 브러시를 말한다. ② 회전기에서 코일의 끝을 끌어내어 접속하는 단자부로서 회전기의 바깥쪽에 고정하거나 어셈블리와 일체로 되어 있는 단자를 말한다.

스티어 특성 [steer individuality] 자동차의 코너링 특성을 핸들 조작과 자동차의 움직임의 관계를 나타낸 것. 언더 스티어, 오버 스티어, 뉴트럴 스티어의 3개로 나누어진다. 일반적으로 일정한 조향각으로 선회하며 속도를 높일 때 선회 반경이 커지는 것을 언더 스티어, 선회반경이 적어지는 것을 오버 스티어, 변하지 않는 것을 뉴트럴 스티어라고 한다. US-OS 특성이라고 부른다. ⇨ 스터빌리터 팩터.

스티어링 [steering] 조향장치. 타이어의 방향을 조정하는 장치를 말하며, 스티어링 휠(핸들)을 가리킬 때도 있다. 스티어링 샤프트의 회전을 링크기구에 전달하는 기어 타입에 따라 리서큘레이팅 볼식, 래크 앤드 피니언식, 웜 섹터식, 웜 섹터 롤러식 등으로 분류된다.

스티어링 기어 [ⓐ steering gear, ⓑ steering box] 조향기어. 스티어링 휠의 회전운동을 직진 운동으로 바꿈과 동시에 조향력을 증대시켜, 링크 기구에 의하여 타이어의 방향을 변경시키는 장치. 구조에 따라 래크 앤드 피니언식 스티어링 기어, 웜 섹터식 스티어링 기어, 볼너트식 스티어링 기어로 분류되며, 각각 핸들을 돌리는 팔의 힘만으로 조향하는 매뉴얼 스티어링 기어와 유압 펌프의 동력을 이용하는 파워 스티어링 기어가 있다.

스티어링 기어 박스 효율 [steering gear box efficiency] 스티어링 기어의 전달 효율을 말함. 스티어링 기어의 핸들쪽에서의 입력과 타이어쪽

으로의 출력의 비를 정효율(正效率)이라고 한다. 타이어쪽의 축 토크를 핸들쪽의 축 토크에 스티어링 기어 비를 곱한 수치로 나눈 것으로 기어가 얼마만큼의 비율의 힘을 전달했는가를 나타낸다. 역으로 핸들쪽의 축 토크에 스티어링 기어비를 곱하고 타이어쪽의 축 토크로 나눈 것을 역효율이라고 말하며 핸들이 되돌아오거나 반력으로 타이어쪽 축 토크의 영향으로 보는 기준이 된다.

스티어링 기어 백래시 [steering gear backlash] 조향기어 백래시. 리서큘레이팅 볼식 스티어링 기어에서는 볼너트 측면의 이빨(래크)과 섹터 기어(부채형의 기어)와의 사이, 래크 앤드 피니언식 스티어링 기어에서는 피니언과 래크와의 틈새를 말함.

스티어링 기어 프리로드 [steering gear preload] 조향기어 프리로드. 리서큘레이팅 볼식 스티어링 기어로 기어의 백래시를 없애고, 직진 주행시 휘청거림을 없애기 위하여 이빨의 측면을 눌러 맞추는 것같이 힘을 가해주는 것. 프리는 '사전(事前)'을 의미하는 접두어이고 로드는 하중의 뜻.

스티어링 기어 박스 [steering gear box] 스티어링 기어를 말하는 것이 보통이지만 스티어링 기어가 들어있는 케이스를 가리킬 때도 있다.

스티어링 기어비 [steering gear ratio] 조향 기어비. 스티어링 기어의 감속비. 스티어링 휠의 회전각을 피트면 암의 회전각(방향이 어느 정도 변했는가의 각도)으로 나누어 얻어지는 수치로서 승용차에서는 15~24, 트럭이나 버스에서는 25~30 정도가 보통. 기어비가 크면 핸들을 가볍게 움직이지만 응답성(應答性)은 둔해진다. 승용차의 핸들을 한쪽에서 다른 쪽으로 완전히 꺾었을 때의 회전수는 3~3.5회전 정도이지만 기어비가 적은 레이싱카에서는 2회전도 안되는 것이 보통이다.

스티어링 너클 [steering knuckle] 조향 너클. 앞바퀴에 중심이 되는 부품으로서 축과 너클암이 설치되어 있으며, 킹핀 축을 중심으로 회전한다. 크롬강 등의 단조품이 일반적이다.

스티어링 댐퍼 [steering damper] 스티어링 링키지와 차체와의 사이에 부착되어 있는 댐퍼로서 노면의 충격으로부터 스티어링 계통의 급한 움직임을 완화하고 진동을 억제하는 것. 시미의 발생을 억제하기 위해 설치되는 경우가 많으며 시미 댐퍼라고도 불리운다.

스티어링 로크 [steering lock] 스티어링 휠의 회전을 잠금시켜 도난을 방지한 장치. 이그니션 키를 빼면 스티어링 샤프트가 바로 고정되어 전기회로를 연결하여 엔진을 시동시켜도 조향이 되지 않도록 한 것.

스티어링 링키지 〔steering linkage〕 조향 링키지. 자동차의 진행 방향을 바꾸는 장치의 하나로 스티어링 기어에서의 힘을 프런트 휠에 전달하는 메커니즘의 총칭. 리지드 액슬 서스펜션에 사용되고 있는 크로스 링크식, 독립현가장치에 사용되는 대칭 링크식, 래크 앤드 피니언 링크식, 센터 암식 등으로 분류된다. 링키지는 연결, 연동(連動)을 뜻한다.

스티어링 샤프트 〔steering shaft〕 스티어링 휠의 조작력을 스티어링 기어에 전달하는 샤프트. 노면에서 스티어링 휠에 전해져 오는 진동을 차단하기 위하여 스티어링 기어 사이에 플렉시블 커플링이 부착되어 있는 것도 있음.

스티어링 섹터 〔steering sector〕 섹터 기어. 섹터는 부채형을 말하며, 부채끝에 해당되는 위치에 기어가 있는 리서큘레이팅 볼식 스티어링 기어에서는 볼너트 측면의 래크와, 웜 섹터식 스티어링 기어에서는 스티어링 샤프트 끝의 웜기어와 각각 교합된다. 부채살에 해당되는 샤프트에 의하여 피트먼 암을 움직이는 것.

스티어링 액시스 〔steering axis〕 ⇨ 킹핀 중심선.

스티어링 액시스 인클리네이션 〔steering axis inclination〕 ⇨ 킹핀 경사각.

스티어링 앤드 이그니션 로크 〔steering and ignition lock〕 점화 스위치를 OFF위치로 하고 스티어링 휠이 회전하지 못하도록 잠그는 장치.

스티어링 오프 센터 〔steering off center〕 자동차가 직진 상태에 있고 타이어가 곧바로 정지한 상태에서 스티어링 휠이 직진 위치에서 벗어나 있는 것.

스티어링 인터미디에이트 샤프트 〔steering intermediate shaft〕 레이아웃의 관계로 스티어링 샤프트를 2등분할 경우, 스티어링 휠 가까운 쪽을 스티어링 메인 샤프트, 기어박스와 연결된 쪽을 인터미디에이트 샤프트라고 부름.

스티어링 지름 〔steering diameter〕 스티어링 핸들의 지름이 크면 조작에 필요한 힘은 작아지지만, 스티어링을 돌리는 손의 움직임은 바빠진다. 한편, 지름이 작으면 재빨리 돌릴 수 있으나 조작력은 커지고, 노면으로부터의 킥백도 강하게 느껴지게 된다. 레이싱카에는 지름이 작은 스티어링 핸들이 사용되나, 그것은 빠른 조작을 가능하게 하기 위한 것과 조향시에 생기는 스티어링 핸들의 관성력을 줄이기 위해서다. 최근, 승용차에서도 지름이 작아지는 경향이 있으나, 스티어링 핸들은 작다고 좋은 것만은 아니다. 그 이유는 조작력이 커지는 점, 킥백이 커지는 점, 보통의 주행에서 너무 예민한 점 등이다.

스티어링 지오메트리 [steering geometry] 스티어링 기구에서 부품의 배치를 말하며 각 부품의 치수나 위치 관계를 수치로 나타낸 것의 총칭. 대표적인 것은 애커먼 장토 방식이 있다. 래크 & 피니언식에서는 비교적 그 자유도는 작으나 래크 & 피니언의 높이, 전후 위치, 타이로드의 길이, 너클 암의 길이, 각도 등의 설계에 따라 그 성능이 달라진다. 리서큘레이팅 볼식과 같은 링크를 사용한 것은 더욱 설계의 자유도가 늘어나고, 래크 & 피니언과 같은 감각으로 마무리한 링키지식 스티어링도 있다.

스티어링 칼럼 [steering column] 조향 칼럼. 스티어링 샤프트가 들어있는 통상의 튜브로서 컬랩서블 핸들 또는 일부분을 망상(網狀)으로 하고 충격을 받았을 때 축방향으로 오그라들게 되어 있다. 칼럼은 원주상의 것을 의미한다.

스티어링 칼럼 기어 체인지 [steering column gear change] 변속기의 시프트 레버가 스티어링 칼럼에 설치되어 있는 형식. ⇨ 원격 조작 기구, 칼럼 시프트.

스티어링 칼럼 커버 [steering column cover] 스티어링 칼럼의 커버로휠 가까이에 부착되어 있으며 턴 시그널 스위치와 키 실린더 등을 감싸는 것.

스티어링 핸들 [steering handle] 자동차의 진행 방향을 바꾸기 위한 조향 핸들. 스티어링 핸들은 브레이크 페달과 함께 기계의 접점이다. 운전자는 앞바퀴가 어떤 움직임을 하고 있는가를 스티어링 핸들로부터 감지하고, 타이어의 그립을 감지하면서 코너링을 행한다. 예를 들면, 미끄러지기 쉬운 노면에서는 손에 핸들 반응이 느껴지지 않게 되고, 험한 길에서는 타이어로부터 핸들에 킥백이 되돌아온다. 운전자에게 보다 정확한 자동차의 상태를 전달하기 위하여 스티어링 핸들은 그 자체의 무게, 크기, 굵기 등이 결정되고, 또한 운전자로부터의 거리나 각도가 설계된다. 모양에 따라 진원 또는 타원이 있으며, 스포크의 수도 통상적으로 2개, 3개인 것부터 4개인 것 또는 1개인 것도 있다. ⇨ 스티어링 휠.

스티어링 휠 〔steering wheel〕 스티어링 핸들이라고도 하며 영어에서는 「driving wheel」이라고도 함. 자동차의 진행방향을 바꾸기 위하여 운전자가 조작하는 부품. 외측의 림, 중앙 부분의 허브, 림과 허브를 연결하는 스포크로 구성되어 있으며 허브와 스포크에 혼(경적) 기구를 조합한 것이 많다. 림의 지름이 크면 조향조작을 가볍게 할 수 있으나 크게 움직여야 할 필요가 있으며, 지름이 적으면 빠르게 돌릴 수 있으나 조작력은 무거워지므로 자동차의 성격에 따라 일치되는 크기가 선택된다. 림의 굵기나 재질도 운전 감각에 큰 영향을 준다. 스티어는 키를 잡는 것, 핸들은 손잡이의 뜻. ⇨ 스티어링 핸들.

스티어링 휠 감도 센서 〔steering wheel sensitivity sensor〕 스티어링 휠 감도 센서는 스티어링 휠의 작동 속도를 ECU에 입력하여 쇽업소버의 감쇠력 및 스프링의 상수를 조절하며, 스티어링 휠을 급히 조작하면 스프링의 상수와 쇽업소버의 감쇠력이 하드(hard)로 조정된다. 스티어링 휠 감도 센서는 발광 다이오드와 포토 트랜지스터 사이에 설치된 디스크가 스티어링 휠과 같이 회전되어 스티어링 휠의 각속도에 따른 신호가 발생된다.

스티킹 〔sticking〕 2개의 부품이 작동하는 미끄럼 면이 마찰열에 의해 늘어붙어 움직이지 않게 되는 교착 상태를 말한다. ⇨ 스틱.

스틱 〔stick〕 피스톤. 크랭크 축 등과 같이 슬라이딩되어 움직이는 부품에서 작동중 열팽창 및 마찰열에 의해 눌어붙는 상태. 스틱은 '달라붙다, 고착하다, 빠져서 움직이지 못한다'는 뜻.

스틱 슬립 〔stick slip〕 고체의 마찰면에 부착(stick)과 미끄럼(slip)이 번갈아 발생하는 자려 진동(自勵振動)으로 자동차에서는 타이어의 스킬, 와이퍼의 흔들림, 클러치의 흔들림 진동 등에 그 예를 볼 수 있다.

스틸 레이디얼 타이어 〔steel radial tire〕 벨트에 스틸 와이어를 사용하고 있는 레이디얼 타이어를 말함.

스틸 벨트 피스톤 〔steel belt piston〕 미국의 졸더社의 특유의 것으로 강제의 링을 맨 밑의 링홈과 피스톤 보스 사이에 넣고 일체 주조하여 열팽창을 억제하는 피스톤이다.

스틸베스토 개스킷 〔steelbestos gasket〕 '메탈 아스베스토 개스킷'이라고 부름. 실린더 헤드 개스킷의 일종으로서 현재까지 가장 널리 사용되고 있으며, 연강판의 심재에 아스베스토와 특수 고무를 압축재로 사용한 것. 아스베스토의 발암성이 문제가 되어 다른 재료로의 전환이 추진되고 있다.

스팀 클리너 [steam cleaner] 스팀을(간혹 비누를 혼합한 것을 사용하기도 함) 분무하여 큰 부분을 세척하는 데 사용하는 기계.

스파이더 [spider] 거미의 뜻. ① 허브 등 중심이 되는 것에서 막대 형태의 방사상으로 배치되어 있는 기계 부품. ② 크기가 다른 여러 종류의 복스 스패너를 십자형으로 연결된 봉의 선단에 취부한 휠 렌치(휠 너트를 조이거나 푸는 공구). ③ 독일에서는 주로 스포츠카를 이렇게 부름. ④ 유니버설 조인트의 십자축.

스파이럴 베벨 기어 [spiral bevel gear] 베벨 기어의 이빨 모양을 곡선으로 하고 회전을 미끄럽게 전달하도록 한 것. 이빨 모양으로는 원(圓), 인벌류트, 트로코이드 등이 사용되고 있다. 같은 베벨 기어의 스퍼 베벨 기어에 비교하면 맞물림의 비율이 크고 전달 효율이 좋은 장점이 있으며, 종감속 기어로서 사용되고 있다. 스파이럴은 '소용돌이, 감기'의 뜻.

스파이럴 베벨 기어 형식 [spiral bevel gear type] 스파이럴은 '나선형의, 맴도는', 베벨은 '사각, 경사'의 뜻. 스파이럴 베벨 기어 형식은 원뿔면에 기어 이(齒)가 선회하는 형태로 만든 것으로서 기어이의 물림률이 크고 회전이 원활하며, 동력 전달 효율이 높고 마멸도 적으나 회전할 때 축방향으로 측압이 발생되므로 테이퍼 롤러 베어링을 사용하여야 한다.

스파이크 타이어 [spiked tire] 트레드에 금속 등의 경질 핀(스파이크, 스터드)을 박아넣어, 빙상 또는 빙판길에서의 그립을 얻을 목적으로 만들어진 타이어. 스파이크 타이어의 원형은 1890년대에 공기주입식 타이어의 실용화와 동시에 북구에서 출현하게 되었다. 빙설상의 랠리용으로 발달하여 1950년대에 현재의 스파이크에 사용되고 있는 텅스텐 카바이트 등 초경합금의 출현에 따라 본격적으로 보급되기 시작하였다. 눈이 없는 포장로에서 사용하면 노면을 손상하고 분진에 의한 환경오염의 원인이 되기 때문에 세계적으로 사용이 제한되며, 우리나라에서는 법적으로 사용이 규제되고 있다.

스파이크리스 타이어 [spikeless tire] ⇨ 스터드리스 타이어(studless tire).

스파크 갭 [spark gap] 스파크 갭은 중심 전극과 접지 전극 사이의 간극으로서 엔진의 압축비라든가 스파크 전압에 의하여 정해지며, 간극은 대략 0.5~0.8mm이다. 불꽃에 의한 소손으로 간극이 커지거나 작아진 경우는 접지 전극으로 조정하여야 한다.

스파크 딜레이 시스템 [spark delay system] 가솔린 엔진에서 가속시에 점화시기를 늦추는 장치로서 점화시기 제어장치의 하나임. 가속을 위하여 다량의 혼합기가 공급되었을 때 점화시기가 같으면 연소가스의 온도가 높아져 질소 산화물이 많아지므로 점화시기를 늦게 하고 연소가스의 온도를 낮춤과 동시에 연료를 완전 연소하여 배출가스 중의 탄화수소도 적게 하는 것.

스파크 리타더 [spark retarder] 점화 시기를 지각(遲角)시키는 장치로서 저옥탄가의 연료를 사용할 때 연료의 연소 속도가 빠르므로 점화시기가 지각되도록 배전기에 설치되어 있는 옥탄 실렉터로 조정한다.

스파크 어드밴스 [spark advance] 점화 시기를 진각(進角)시키는 장치로서 엔진의 회전속도가 빠를 때는 원심식 진각장치와 진공식 진각장치로 자동 조정되지만 고옥탄가의 연료를 사용할 때는 연료의 연소 속도가 느리므로 점화 시기가 진각 되도록 배전기에 설치되어 있는 옥탄 실렉터로 조정하여야 한다.

스파크 컨트롤 [spark control] 점화 시기를 엔진의 회전 속도와 부하에 따라 자동적으로 진각시키거나 지각시키는 것으로서 엔진의 회전 속도에 따라 작용하는 원심식 진각장치와 엔진의 부하에 따라서 작용하는 진공식 진각장치가 있다.

스파크 플러그 [spark plug] 플러그, 점화 플러그 등 여러가지 호칭이 있다. 혼합기에 전기 불꽃으로 착화하는 부품. 중심을 관통하는 플러스 전극(중심 전극)의 주의를 세라믹으로 덮어 절연시키고 엔진에 접촉되는 나사부에 마이너스 전극(접지 전극)을 설치하여 두 전극간에 스파크를 발생시키는 구조로 되어 있다. 치수형상과 열가(내열성)에 따라 많은 종류가 있으며, 엔진의 특성과 사용 조건에 일치되는 것을 선택할 필요가 있다.

스파크 플러그 테스터 [spark plug tester] 스파크 플러그에서 발생되는 불꽃 상태의 점검과 스파크 플러그에 부착된 카본을 청소하는 테스터. 스파크 플러그를 청소한 다음 스파크 갭을 규정으로 조정하여 테스터기에 설치하여 시험한 결과 불꽃 상태가 자색이면 정상이고, 황색이면 양호하지만 적색이면 스파크 플러그를 교환하여야 한다.

스패너 [spanner] 좁은 공간에서 볼트 너트를 풀거나 조이는데 사용하는 공구로서 오픈 앤드 렌치라고도 한다. 특히 연료 파이프, 브레이크 파이프, 각종 유압계통에 사용하는 파이프의 피팅을 풀거나 조일 때 사용한다.

스패츠 [spats] 서스펜션이나 타이어를 덮어 씌우는 것을 말함. 고정각(固定脚)의 비행기에서 각주(脚柱)를 덮는 것을 가리키는 말에서 온 것.

스패터 [spatter] 미그(MIG)용접시 생기는 용접 가스. 용해된 금속의 산화물 등이 용접중에 비산하는 슬래그 또는 금속입자를 말함.

스패터링 [spattering] 전기 부품 및 전자 부품의 기판을 음극에 연결하여 진공 용기 속에서 방전시키면 기판에 금속, 금속의 산화물, 질화물 등의 얇은 막으로 피복하는 방법으로서 진공 증차보다 강하다.

스팬 [span] ① 두 지지점간의 거리, 간격의 뜻으로서 판 스프링의 아이와 아이의 중심간의 거리를 말한다. ② 측정장치에 있어서 측정 범위의 상하 한계값 차이를 말한다. ③ 가공 도체의 구조에 있어서 두 도체의 인접한 지지 장소 사이의 수평거리를 말한다.

스퍼 기어 [spur gear] 평 기어. 기어 이가 축에 평행하게 만들어진 두 축이 평행한 기어. 모양이 간단하여 공작하기가 쉬우므로 많이 사용하지만 소음이 발생되는 단점이 있다. 기어의 회전은 외접기어의 경우 서로 반대방향이고 내접인 경우는 같은 방향이다. 자동차 변속기, 오일 펌프, 플라이 휠의 링기어 등에 사용하고 있다. ⇨ 평기어.

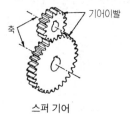

스퍼 기어

스퍼 베벨기어

스퍼 베벨 기어 [spur bevel gear] 원추형으로 펼쳐진 우산 모양을 하고 있으며, 두 개의 곧은 이를 가진 기어를 직각으로 맞물린 것으로 감속과 동시에 회전의 방향을 바꾸는 작용을 한다. 베벨 기어의 일종으로 이전에는 종감속 기어로서 많이 사용하였으나 근래에는 사용예가 적다.

스퍼 베벨 기어 형식 [spur bevel gear type] 스퍼는 '가시, 바늘, 돌출부', 베벨은 '사각, 경사'의 뜻. 스퍼 베벨 기어 형식은 원뿔면에서 기어이가 축선 방향으로 평행하게 만든 것으로서 이의 물림률이 적고 마멸이 많다.

스퍼터링 [sputtering] 글로 방전에서의 가스 이온이 충돌하므로써 전극 재료가 방출되고 다른 물질의 표면에 부착되어 막을 형성하는 것. 금속 마스터를 만들 때 사용되며 오리지널 위에 스퍼터링에 의해 만든 도전층 위에 다시 도금 처리하여 두꺼운 막을 형성한다.

스펀지 브레이크 [spongy brake] 브레이크 페달을 밟았을 때의 느낌이 스펀지(해면상의 고무)를 밟는 것 같이 부드러운 것. 브레이크의 감각을 수치화했을 때 페달에 밟는 힘을 페달 스트로크(밟는 거리)로 나눈 값이 적으면(같은 스트로크로 밟는 힘이 적을 경우) 스펀지라고 함. 역으로 딱딱한 경우를 판 브레이크라고 할 경우도 있다.

스페어 타이어 [spare tire] 스페어는 '예비품, 여분'의 뜻으로 자동차가 주행중 타이어가 파손되었을 때 교환하기 위하여 트렁크나 차체에 보관하는 예비 타이어를 말한다.

스페리컬 조인트 [spherical joint] 구상(球狀)의 조인트를 말하며 로드엔드, 필로볼 또는 로즈 조인트라고도 불리우며 레이싱카에 서스펜션의 피벗으로서 많이 사용되고 있는 조인트. 중앙에 축을 통과시키기 위한 구멍을 가진 이너볼을 이것보다 큰 원형의 고리에 끼워 넣고, 사이에 플라스틱의 라이너(interliner)를 넣어 유격을 없앰과 동시에 원활히 움직이도록 만들어져 있다.

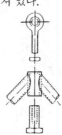

스페셜리티 카 [speciality car] 쿠페나 컨버터블 등 스포츠카와 같은 모양으로 동력 성능이 좋은 엔진을 설치하고 있으나 주행성능보다 쾌적성이나 사치스러움을 중시한 자동차. 64년의 포드 무스탕이 최초라고 한다.

스페시피케이션 [specification] 사양서. 일반적으로 자동차의 상세한 설계사양을 말함.

스페어 타이어 캐리어 [spare tire carrier] 스페어 타이어를 자동차 외부에 부착하는 장치. 4륜 구동차의 리어 도어나 트럭의 상하에 설치되어 있는 것.

스페이서 [spacer] ① 나란히 조립되는 부품과 부품이 직접 접촉되지 않고 일정한 간격을 유지하기 위하여 중간에 설치하는 부품으로서 변속기의 메인 샤프트 지지 베어링과 기어 사이 또는 종감속 기어장치에서 구동 피니언 기어의 이너 베어링과 아웃 베어링 사이에 설치된다. ② 계자 코일 또는 전기자 코일 사이에 끼우는 절연물, 자성체와 자성체 사이를 격리시키는 비자성체의 금속 조각 등을 말한다. ③ 기계의 부품을 일정한 간격을 유지하면서 결합하는데 사용하는 스테이볼트(stay bolt)에 끼워진 파이프 등을 말한다.

스페이스 [space] ① 부품과 부품 사이의 공간으로서 차축과 보디 사이의 공간, 지면과 자동차의 가장 낮은 부분의 공간 등을 말한다. ② 센서의 신호에서 두 신호 사이 또는 컴퓨터 테스터에서 단어와 단어 사이의 어간을 말한다.

스페이스 비전 미터 [space vision meter] 허상 표시(虛像表示) 미터의 명칭.

스페이스 세이버 타이어 [space saver tire] 미국의 굿리치社에서 개발한 접어서 개는 식의 응급용 타이어. 바이어스 구조의 타이어로 사이드월을 접어 일반 타이어의 절반 정도의 크기로 하여 보관하고 봄베나 컴프레서로 부풀려서 사용한다. 트렁크 스페이스가 작은 스포츠카용으로 사용되고 있다.

스페이스 프레임 [space frame] 사각형이나 둥근 단면의 강관을 용접하여 골격으로 한 프레임. 강성이 높고 가벼우므로 1960년대까지 레이싱 카에 널리 사용되었다.

스펙 [specs] 스페시피케이션(specifications)의 약어.

스포일러 [spoiler] 스포일은 물건을 못쓰게 만드는 것을 말하며, 스포일러는 공기의 흐름을 방해하므로써 차체 주변의 기류를 컨트롤하는 역할을 하는 것. 날개 양면에 공기를 흐르게 하여 효과를 얻는 것에 비해 스포일러는 한면에만 공력 효과(空力效果)를 구한다. 설치되어 있는 장소에 따라 자동차 전단은 노즈 스포일러, 루프 또는 루프 스포일러, 후단에 있는 것은 테일 스포일러라고 부름.

스포츠 프로토 타입 카 [sport proto type car] 자동차 전체를 덮는 보디를 가진 2개 좌석의 레이싱카로서 모터 스포크의 차량 분류에서는 그룹 C라고 불리우며, 24시간 레이스에 출장하는 차량으로 잘 알려져 있다. 주로 내구 레이스용의 레이싱카로서 긴 역사를 지니고 있으며, 1982년부터 레이스 중에 사용할 수 있는 연료의 양만을 규제하고 머신 사양에 대해서는 비교적 인기가 높은 레이스였으나 91년 이후 엔진이 F1과 같은 규정이 되어 세계선수권(SWC) 참가수가 적어졌다.

스포츠카 [sports car] 스포티카. 명확한 정의는 없으나, 일반적으로 2/3도어 쿠페 또는 컨버터블로 거주성과 경제성보다 주행 성능을 중시한 설계로 되어 있는 자동차. 실내의 넓이나 승차감보다도 중심이 낮거나 공기저항이 적은 쪽이 선택된다. 엔진도 파워나 가속성이 중시된다.

스포크 [spoke] 자전거 타이어에서 림과 보스 또는 스포크 휠에서 림과 보스를 연결하는 가늘고 둥근 봉의 강선(鋼線)을 말한다.

스포크 휠 [wire wheel] ⇨ 와이어 스포크 휠(wire spoke wheel).

스포티카 [sporty car] 일반적인 승용차에 운전을 즐길 수 있게 하기 위해 장비를 장착하여 스포티한 분위기로 만들어진 자동차. ⇨ 스포츠카.

스포팅 [spotting] 도금 또는 페인팅한 금속 표면에 반점이 나타나는 현상을 말한다.

스폴링 [spalling] ① 금속에서 표면층이 자연적으로 부식하여 벗겨지는 현상. ② 자동차의 보디 페인팅에서 표면의 균열이나 기재물 등이 있는 곳에서 하중이 가해져 표면이 서서히 벗겨지는 현상. ③ 내화 재료(耐火材料)가 고열 상태에서 급냉하였을 때 표면이 거칠어지는 현상을 말한다.

스폿 글레이징 [spot glazing] 페인트 내의 대수롭지 않은 결함 및 스크래치를 글레이징 콤파운드로 메우는 일.

스폿 라이트 [spot light] 렌즈가 부착되어 있는 투광기(投光器)로서 먼 곳으로부터 강한 빛을 대상물에 투광하는 것.

스폿 리페어 [spot repair] 패널 하나보다 작은 차량의 일부분을 수리 및 재도장하는 일. 덴트 앤드 '딩' 리페어(dent and 'ding' repairs)라고 도 한다.

스폿 실러 [spot sealer] 스폿 용접시 사용하는 방청제. 전기를 잘 통과 시키는 성질을 지니고 있으며, 일반적으로 수성을 물에 풀어 패널의 이음매에 솔을 이용하여 바름.

스폿 용접 [spot welding] 점 용접(点鎔接). 2개의 모재를 겹쳐놓고 대 전류를 흐르게 하면 접촉저항 열에 의해 용융될 때 압력을 가하여 접 합하는 용접으로서 자동차, 항공기에 많이 사용되고 있다. 스폿 용접 은 6mm 이하의 판재 용접에 적합하며 0.4~3.2mm가 가장 능률적이 다.

스폿 용접기 [spot welding machine] 패널을 겹치고 극히 좁은 곳에 큰 전류를 집중시키고, 압력도 가하여 용접함. 작업이 간단하고, 녹이나 열에 의한 패널 변형도 잘 일어나지 않기 때문에, 패널 교환에는 최적 의 용접기이다. 신차(新車) 라인의 패널 용접도 대부분 이 용접기를 사용하고 있다.

스폿 커터 [spot cutter] 스폿 용접한 부분을 깎아내는 데 사용하는 드릴 (drill) 날(刃). 통상적인 드릴 날은 끝이 뾰족하게 되어 있지만, 이것 은 평탄한 모양을 하고 있는 것이 특징.

스푼 [spoon] 리벳 홀더를 갸름하게 한 것과 같은 모양. 손이 잘 들어가 지 않는 장소에 리벳 홀더 대신 사용하기도 하고, 지레의 원리로 패널 을 비집어 들어올리는 등에 사용함.

스풀 [spool] ① 원통형의 미끄럼 면을 축방향으로 이동하면서 유체의 흐름 방향을 바꾸거나 개폐하는 원통형 표면에 여러 개의 홈이 파져 있는 스핀들을 말한다. ② 보통, 원통형 절연물에 있어서 축방향으로 설치된 구멍에 도선이 끼워지는 것을 말한다.

스풀 밸브 [spool valve] 스풀은 실 등을 감을 수 있는 원통 모양. 스풀 밸브는 하나의 밸브 보디 외부에 여러 개의 홈이 파여 있는 밸브로서 축방향으로 이동하여 오일의 흐름을 제어한다.

스퓨잉 [spewing] 카브레터의 플로트 실에서 가솔린이 뿜어나오는 것. 플로트식의 온도가 높을 때 급출발이나 급선회로 인하여 뜨개가 내려 가서 가솔린이 다량으로 유입되면 플로트실에 충만되어 벤투리에 뿜어내는 현상으로 엔진 회전이 일정하지 않고 스톨을 일으키는 경우도 있다.

스프래그 〔sprag〕 일방향 클러치의 이너 레이스와 아웃 레이스 사이에 끼워져 한쪽 방향으로만 회전력을 전달하는 누에고치 모양으로 만들어진 특수한 캠을 말한다.

스프래그식 〔sprag type〕 오버런닝 클러치의 스프래그식은 전기자 축과 연결되어 있는 아웃 레이스와 피니언 기어에 연결되어 있는 이너 레이스 사이에 스프래그를 설치하여 플라이 휠의 회전력이 전동기에 전달되지 않도록 하는 형식이다. 전기자 축이 회전하게 되면 이너 레이스는 플라이 휠의 링기어에 의해 저항을 받게 되므로 아웃 레이스가 스프래그를 밀어 일으켜 세워 2개의 레이스가 고정되어 전동기의 회전력이 전달된다. 그러나 엔진이 시동되면 피니언 기어가 플라이 휠의 회전력을 받게 되므로 이너 레이스가 스프래그를 밀어 넘어지게 되므로 2개의 레이스가 분리되어 엔진의 회전력이 차단된다.

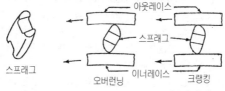

아웃레이스 스프래그 스프래그 오버런닝 이너레이스 크랭킹

스프링 웨이트 〔sprung weight〕 스프링에 의해 지지되는 자동차 부분(엔진, 프레임, 보디 등).

스프레딩 〔spreading〕 자동차에 사용하는 교류 발전기의 실리콘 다이오드를 다이오드 홀더에 납땜을 할 때 땜납을 홀더에 놓고 아래에서 가열하면 땜납이 녹아서 금속 표면에 퍼져가는 현상을 말한다.

스프레이 〔spray〕 '분무기(噴霧器), 분사기(噴射器)'의 뜻으로서 물, 살충제, 소독약, 페인트 등을 뿌리는 것을 말한다.

스프레이 건 〔spray gun〕 공기압을 이용하여 페인트를 무화시켜 분무하는 공구.

스프레이 부스 〔spray booth〕 페인트의 분사를 적당하게 하기 위하여 요구되는 적절한 조명과 환기를 제공하는 방.

스프레이 패턴 〔spray pattern〕 ① 스프레이 건을 정지시킨 상태에서 분사하면, 도장면에는 타원형 또는 원형으로 도료가 부착됨. 이 모양이 스프레이 패턴으로서, 자동차 도장에서는 통상적으로 스프레이 건의 진행 방향에 대하여 직각인 장원(長圓)을 가지는 패턴으로 분사함. ②

디젤 엔진의 분사 노즐에서 연료가 분사되는 방법을 말함. 분사형상 특성이라고도 하며 연소실 내에서 연소가 어떻게 신행되는가를 정하는 중요한 요소의 하나.

스프로킷 [sprocket] 체인용의 기어. 벨트용의 기어. OHC엔진의 캠 샤 프트를 체인 또는 벨트로 구동하는 경우에 사용되는 크랭크 스프로킷 이나 캠 스프로킷이 대표적인 예이다. 체인 또는 벨트를 구동하는 쪽 의 스프로킷을 드라이브 스프로킷, 구동되는 쪽의 스프로킷을 드리븐 스프로킷이라고 부름. 스프로킷은 사슬에 물리는 바퀴의 돌기란 뜻.

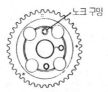

노크 구멍

스프링 [spring] 로커암이 축을 기준으로 하여 원호 운동을 하기 때문에 축방향으로 이동하게 된다. 그러므로 로커암과 로커암 사이에 스프링 을 설치하여 로커암이 축방향으로 이동하는 것을 방지한다.

스프링 라이너 [spring liner] 판 스프링의 스프링 판 사이에 넣어서 마 찰이나 진동을 완화시키는 완충재.

스프링 레이트 [spring rate] 스프링 정수. 스프링의 단단함, 연함을 나 타내는 말로서 스프링 상수라고도 한다. 보통 1mm 수축하는데 몇 kg 의 힘이 필요한가를 kg /mm로 나타낸다. 스프링은 서스펜션 형식에 따라 부착 장소가 다르며, 같은 경도의 스프링이라도 바퀴에 대하여 어느 만큼의 경도로 되어 있는가는 각각 다르다. 이것을 휠 레이트라 고 하는데, 스트럿용 스프링은 위시본 타입에 비하여 반 이하의 스프 링 경도로서 같은 휠 레이트를 얻을 수 있다. 이것은 지레의 원리에 의 한 것이다.

스프링 리치 시트 [spring rich seat] 시트 패드에 주로 우레탄 폼을 사용 한 풀 폼 시트와 대비하여 사용되는 용어로서, 스프링을 많이(리치) 사용한 시트를 말함.

스프링 백 [spring back] 판재나 철선을 굽혔다가 놓으면 변형이 남아있 는 상태에서 약간 본래의 위치로 되돌아오는 상태. 스프링 백은 경도 가 높을수록, 두께가 얇을수록, 굽힘 반지름이 클수록, 굽힘 각도가 클 수록 크다.

스프링 버클 [spring buckle] 판스프링이 흐트러지는 것을 방지하기 위하여 묶어 체결하는 클립을 말한다.

스프링 부싱 [spring bushing] 스프링 아이 속에 넣는 베어링이며 트럭
이나 버스에서는 메탈(메탈부시)이 쓰이지만 소형 트럭이나 승용차에
서는 고무(러버부시)가 사용되고 있다.

스프링 상 중량 ⇨ 스프링 위 중량.

스프링 아래 중량 [spring down weight] ⇨ 스프링 위 중량.

스프링 아이 [spring eye] ① 판스프링 양끝에 있는 눈(eye)의 모양으
로 감겨져 있는 부분. 스프링 부시를 넣고 한쪽 끝을 스프링 행어(브
래킷)에 스프링 핀으로 다른 한쪽 끝을 스프링 새클에 의하여 설치한
다. ② 스프링 아이는 메인 스프링의 양끝에 동그란 고리로서 핀을 통
해 프레임이나 차체에 지지되는 부분을 말한다.

스프링 오프셋 [spring offset] 맥퍼슨 스트럿식 서스펜션에서는 코일 스
프링 내에 쇽업소버를 넣어 일체로 사용하기 때문에 레이아웃에 의해
서 스프링의 중심과 쇽업소버축의 중심을 일치시키면, 쇽업소버의 피
스톤 로드에 옆으로 향한 힘이 걸려 피스톤 슬라이딩 부분에 여분의
마찰력이 발생하고 승차감의 저하를 가져온다. 따라서 마찰력을 될 수
있는대로 적게 하기 위하여 양자의 중심 위치를 어긋나게(오프셋) 설
치한다.

스프링 와셔 [spring washer] 스프링 강으로 이루어진 와셔로서 진동이
많이 발생하는 곳의 너트 풀림 방지를 위하여 사용된다.

스프링 위중량 [spring up weight] 스프링 아래 중량이란 타이어, 휠, 액
슬, 브레이크 부품 등 스프링보다 아래쪽에 있는 부품의 중량을 말하
며, 이것 외에 보디, 엔진 등을 스프링 위 중량이라고 한다. 스프링 아
래 중량은 가벼우면 가벼울수록 바퀴가 노면을 따라 움직이고, 그것이
진동하여도 스프링 위의 보디에 동요를 전달하는 정도가 작다. 가벼운
알루미늄 휠이나 알루미늄으로 된 브레이크 부품은 스프링 아래 중량
을 줄이는 것이 목적이며, 종감속 장치나 브레이크를 차체측에 부착하
는 것도 스프링 아래 중량을 가볍게 하기 위해서다.

스프링 저울 [spring balance, spring weigher] ① 훅의 법칙을 이용하여 물체의 중량을 스프링이 늘어나는 정도로 측정하는 저울로서 사용하기에는 간편하나 정도(精度)가 낮고 온도에 의한 오차가 크다. ② 피측정물의 무게를 훅에 매달아서 눈금을 읽는 저울로서 자동차에서는 피스톤 간극 측정, 조향 핸들의 프리로드, 종감속장치의 구동 피니언의 프리로드 측정 등에 사용된다.

스프링 정수 [spring rate] ⇨ 스프링 레이트.

스프링 캠버 [spring camber] 판스프링에서 스프링의 휨양을 말한다.

스프링 캡 [spring cap] ⇨ 밸브 스프링 리테이너.

스프링 테스터 [valve spring tester] 밸브 스프링, 클러치 스프링 등 코일 스프링의 장력, 자유고, 휨을 점검하기 위한 테스터를 말한다. 장력은 규정값의 15% 이상 감소, 자유고는 규정에서 3% 이상 감소, 휨은 자유고에서 3% 이상 변형될 경우 스프링을 교환한다.

스프링 플랜지 [spring flange] ⇨ 사이드 링(side ring).

스프링 핀 [spring pin] 판 스프링을 행어에 부착하는 핀.

스프링 하 중량 [unspring weight. unspring mass] ⇨ 스프링 위 중량.

스프링 행어 [spring hanger] 판 스프링을 부착하는 브래킷을 말함. 행어는 베어링 등을 매다는 쪽을 가리킴.

스플라인 [spline] 축의 주위와 원통의 내측에 축방향으로 기어를 만들어 조합함으로써 힘을 전달하는 기계 요소. 축방향으로 미끄러지며 움직이는 것, 활동(滑動)또는 슬라이딩(sliding)과 고정하여 사용되는 것 등이 있으며, 자동차에서는 트랜스미션이나 추진축 등 활동(滑動) 타입이 사용되는 예가 많다. 이의 측면이 평행한 것을 각형(角形)스플라인이라고 하며, 일반기계에 인벌류트 곡선을 사용한 것을 인벌류트 스플라인이라고 하며 자동차에 많이 사용되고 있다.

스플라인 축 [spline shaft] 축에 평행하게 4~20개의 홈을 만들어 놓은 축으로서 보스에도 축과 조립이 될 수 있도록 홈을 만들어 서로 결합된다. 클러치 입력축, 변속기 출력축, 추진축, 구동축 등에 만들어져 축방향으로 이동과 동시에 회전력이 전달된다.

스플릿 시트 [split seat] 벤치 시트로서 등받이(시트백)가 분할되어 있는 시트.

스플릿 피스톤 [split piston] 스커트부에 열이 전달되는 것을 억제하기 위해 측압이 적은 쪽의 스커트 윗부분에 세로 홈을 만들어 피스톤에 탄성을 주고, 실린더 벽과 무리하게 압착되지 않게 한다. 피스톤의 강도는 좋지 않으나 피스톤 간극을 적게 하므로 슬랩이 적으며 제작이 용이하다. 홈의 모양에 따라 U 슬롯 피스톤, T 슬롯 피스톤이라고도 한다.

스플릿 핀 [split pin] ⇨ 분할 핀.

스플릿형 [split type] 스플릿은 '쪼개다, 분할시키다'의 뜻. 스플릿형은 액슬 하우징을 구동축의 직각 방향으로 2 또는 3곳으로 분할된 형식으로 종감속 기어와 차동기어장치를 견고하게 설치할 수 있으나 공작이나 다루기가 어렵다.

스피너 [spinner] ① 휠 밸런스 테스터에서 모터의 회전을 이용하여 바퀴를 회전시키는 장치를 말한다. ② 안테나의 회전부분으로서 빔의 회전 동작에 보조 동작을 주기 위한 관련 장치도 포함되어 일체로 되어 있는 부분을 말한다.

스피도미터 [speedometer] 속도계. 지침으로 속도를 나타내는 아날로그식과 숫자가 표시되는 디지털식이 있다. 아날로그식은 트랜스미션의 출력축 회전을 웜기어에서 끌어내어 플렉시블 샤프트에서 이것을 미터로 유도하는 기계식이 가장 많다. 미터 내에 자동차의 적산 주행거리를 나타내는 오도미터와 버튼으로 0에 되돌리고 주행거리를 표시하는 트립 미터가 있는 것이 보통.

스피드 [speed] ① 회전체 또는 회전축의 각속도를 말한다. ② 어떤 작동을 하는 경우에 빠르기 또는 그 시간율을 말한다.

스피드 덴시티 방식 [speed density type] 연료분사장치로 엔진에 흡입되는 공기량을 엔진 회전속도(스피드)와 흡기관 내의 압력에서 마이컴으로 계산하여 구하는 방식. 덴시티는 공기의 밀도를 말함.

스피드 리미터 [speed limitter] 스포츠카 등에서 잘못하여 엔진이 과회전하는 것을 방지하기 위하여, 허용 회전수를 넘으면 그 이상 회전하지 않도록 점화계통을 단절하는 안전장치이다. 연료 계통을 차단하는 방법도 있다.

스피드 스프레드 [speed spread] 브레이크의 제동 능력이 자동차 속도에 따라 변화하는 것. 일반적으로 디스크 브레이크는 드럼 브레이크보다 자동차 속도의 변화에 대한 브레이크 제동 능력의 변화가 적고 이러한 경우에 스피드 스프레드가 적다고 한다.

스피드 인디케이터 〔speed indicater〕 자동차 운전석 계기판에 설치되어 자동차의 주행속도를 나타내주는 속도계 또는 rpm 미터를 말한다.

스피드 핸들 〔speed handle〕 복스 소켓을 결합하여 볼트나 너트를 빠른 속도로 풀고 조이는데 사용하는 공구를 말한다.

스피드미터 〔speedmeter〕 우리나라에서는 km/h, 미국에서는 마일/h 의 표시가 보통이다. 스피드 표시의 오차는 정5%, 부10%이지만, 실제의 스피드보다 빠른 수치가 표시되는 일이 많다. 스피드미터에는 주행거리의 합계를 나타내는 적산계와 속도 경보장치가 내장되어 있다. ⇨ 스피도미터.

스피드미터 마인드 〔speedmeter minder〕 자동차가 규정 속도 이상으로 주행하게 되면 부저가 울려 운전자에게 경고하는 장치를 말한다.

스피드미터 테스터 〔speedmeter tester〕 자동차가 주행할 때 실제 속도와 운전석 계기판 속도와의 오차를 측정하기 위한 시험으로서 자동차를 롤러 중앙에 위치하도록 진입시킨 다음 변속 레버를 톱기어에 놓고 액셀러레이터 페달을 밟아 속도계의 눈금이 40km/h가 되었을 때 테스터의 눈금을 읽어 판독한다. 속도계는 평탄한 수평 노면에서의 속도가 40km/h인 경우 그 지시 오차가 정 15%, 부10%이하이어야 한다.

스핀 〔spin〕 ① 코너링중에 후륜 타이어가 마찰력을 잃고 운전자가 컨트롤 할 수 없는 상태로 자동차가 중심점(重心点)을 지나는 연직축(鉛直軸) 주위로 회전하는 것. ② 휠이 차축을 중심으로 공전하는 휠 스핀을 말한다.

스핀 턴 〔spin turn〕 운전자가 고의적으로 후륜 타이어를 옆으로 미끄러지게 하여 자동차의 진행 방향을 크게 바꾸는 기술. 후륜을 옆으로 미끄러지게 하는데는 먼저 핸들을 꺾어 자동차의 방향을 바꾸고 즉시 사이드 브레이크를 당겨서 뒷바퀴를 정지시키는 방법이 가장 일반적이다. 훌륭하게 스핀 턴을 행하는데는 자동차 속도와 핸들 조작, 브레이크의 타이밍이 일치되는 것이 포인트이다.

스핀들 〔spindle〕 자동차 앞바퀴를 설치하기 위하여 허브가 설치되는 부분 또는 공작 기계의 주축 등과 같이 비교적 짧은 축을 말한다.

스핀들 오프셋 〔spindle offset〕 휠 센터 높이에서의 킹 핀축과 휠 중심면과의 거리. 이 값이 적으면 스핀들(차축) 전후에 힘이 작용하여도 스티어링 축 주위의 모멘트가 적음으로 스티어링의 조향력 변화나 킥백이 적고, FF차에 있어서는 좋은 특성이 얻어진다.

스핏 홀 〔spit hole〕 실린더 벽에 윤활을 하기 위하여 커넥팅 로드 대단부 위쪽에 뚫려있는 오일 공급 통로를 말한다.

슬라이더 [slider] 4개위 링크 중에서 미끄럼 운동을 하는 부분을 말한다. 기구는 회전운동을 하는 크랭크, 각 운동을 하는 레버, 미끄럼 운동을 하는 피스톤, 고정되는 부분의 실린더로 구성된다. 모든 기구는 4절 링크로 되어있다.

슬라이더 크랭크 기구[slider crank mechanism] 4개의 링크 중에서 1개가 미끄럼 운동을 하는 슬라이더가 있어 회전 운동을 직선 왕복 운동 또는 직선 왕복 운동을 회전 운동으로 바꾸는데 사용하는 기구를 말한다.

슬라이드 [slide] 하나의 물체가 다른 물체의 표면을 따라서 미끄럼 접촉하며 운동하는 것으로서 엔진의 실린더와 피스톤에서 피스톤, 크랭크 축과 베어링에서 크랭크 축 등을 말한다.

슬라이드 도어 [slide door] 소형 승합. 즉 봉고, 베스타, 그레이스 차량 등에서 볼 수 있는 보디 측면의 문을 후방으로 여닫는 미닫이 형식의 도어. 개구부가 넓고 자동차 측면의 스페이스가 적은 장소에서 승강이 편리한 도어.

슬라이드 밸브 [slide valve] 원통 내에서 직선 왕복 운동에 의해 흡입구와 배기구를 개폐하는 밸브로서 1개의 밸브에 의해 피스톤 양측의 흡입 및 배기를 할 수 있다.

슬라이드 해머 [slide hammer] 자루에 달린 추의 반동으로 인장력(引張力)을 발생시키는 해머. 와셔나 핀을 뽑기도 하고, 패널에 직접 걸어 힘을 가하는 등 인출판금(引出板金)에 사용함.

슬라이딩 기어식 [sliding–mesh type] 슬라이딩은 '미끄러지는, 이동하는, 변화하는', 메시는 '맞물리다'의 뜻. 슬라이딩 기어식은 1832년 영국인 제임스(W.H.James)가 발명한 것으로 주축상의 스플라인에 슬라이딩 기어가 설치되어 있으므로 슬라이딩 기어를 변속 레버로 이동시켜 부축의 해당 기어에 자유로이 물리게 된 형식. 구조가 간단하고 다루기가 쉬우나 변속시에 더블 클러치를 사용하여야 하며, 소음을 발생하는 단점이 있다.

슬라이딩 루프 [sliding roof] 선루프의 일종으로 수동 또는 전동으로 루프의 일부를 옮기는(슬라이드) 형식. 루프의 강도는 거의 원상태와 같으며 실내가 밝고 쾌적함을 얻을 수 있는 것이 특징. 선루프와 같은 재료로 만들어지는 경우가 많으며 스모크드 글라스로 열선을 자른 형식이 있으며 이것을 문 루프라고 불리운다.

슬라이딩 방진 고무부시 서스펜션 암의 연결부분에 사용되는 부시의 일종. 부시의 외측에 수지를 넣어 그 부분의 움직임을 매끈매끈하게 함으로써 자동차의 승차감을 좋게 하는 것.

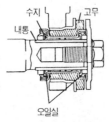

슬라이딩 베어링 〔sliding bearing〕 축과 베어링의 면이 직접 접촉하여 축의 회전과 함께 미끄럼이 발생하는 베어링으로서 부시와 분할 베어링이 있다. 분할 베어링은 2개로 나뉘어 실린더 쪽을 베이스, 나머지 하나를 캡이라 하며 압력 분포가 낮은 부분에 미끄럼 면에 공급하는 오일 구멍을 만든다. 베어링의 수리가 용이하고 충격에 대하여 견디는 힘이 큰 장점이 있으며 베어링에 작용하는 하중이 클 때 사용하는 베어링이다. 단점으로는 시동시 마찰 저항이 크고 윤활유의 주유에 주의하여야 한다.

슬랄롬 〔slalom〕 스키의 회전 경기를 말하며 자동차를 S형태로 운전하는 것. 슬랄롬에 의해서 자동차의 조종성 및 안정성을 평가하는 것을 슬랄롬 시험이라고 하며 몇 개의 폴을 세워놓고 코스를 설정한 다음 주행 능력 및 통과 속도를 테스트한다.

슬래그 〔slag〕 전기 용접에서 용착 금속 표면에 덮여 있는 비금속 물질의 총칭을 말한다.

슬랜트 노즈 〔slant nose〕 슬랜트는 기울어지는 것을 뜻하며 자동차의 앞부분에 공기저항을 적게 하기 위하여 뒤로 기울게 한 디자인을 말함. 역으로 노즈를 앞에 기울게 한 것을 역슬랜트라고 부른다.

슬랜트 노즈   역 슬랜트

슬랜트 엔진 〔⑱slant engine, sloper, ⑱inclined engine〕 종형(縱型) 엔진으로 실린더가 차체의 상하방향 중심선에 대하여 기울어지게 (slant) 설치되어 있는 것. 엔진룸 내의 부품 배치나 작업성을 고려하여 엔진 본체는 약간 기울어지게 부착되어 있는 것.

슬랩 〔slap〕 ⇨ 피스톤 슬랩.

슬랫 [slat] ⇨ 슬롯(slot).

슬러시 성형 인패널 [slush molding instrument panel] 슬러시 성형에 의하여 만들어진 인스트러먼트 패널을 말함. 슬러시 성형은 플라스틱 성형 방법의 하나로 두껍게 한 금형에 플라스틱의 분말을 넣어 금형에 접한 부분을 녹혀서 여분의 분말을 제거하고 경화시킨 후 추출하는 방법.

슬러지 [sludge] 일반적으로 보일러나 탱크에 모인 침전물. 앙금을 말하는데 자동차에서는 연료나 윤활유가 변질해서 생기는 덩어리를 가리키는 것이 보통. 필터나 윤활계통을 막히게 하여 고장의 원인을 제공하는 것.

슬레이브 실린더 [slave cylinder] ⇨ 클러치 릴리스 실린더.

슬로 제트 [slow running jet, idling jet] 저속 제트. 아이들링 등 엔진이 저속으로 운전하고 있을 때 공급되는 연료의 양을 컨트롤하는 것을 말함. ⇨ 미터링 제트(metering jet).

슬로 조정 나사 [slow adjust screw] 믹스처 어저스트 스크루를 다르게 부르는 방법으로서 영어의 머리 글자를 따서 「SAS(사스)」라고 약한다. ⇨ 아이들 어저스트(idle adjust).

슬로인 패스트 아웃 [slow-in fast-out] 코너링 테크닉의 이론. 코너에 들어가기 전에 감속하고, 코너의 출구 가까이에 오면 액셀을 충분히 밟고 빠져나갈 것. 코너를 돌아갈 때 테크닉의 차이가 생기는데, 경주에서 노련한 운전자가 초보자보다 슬로인을 지키지 않아서 뒤로 밀리는 경향이 있다.

슬로터 [slotter] 슬로터는 공작물을 테이블에 고정하여 바이트를 고정한 램을 수직 왕복 운동시켜 키 홈, 평면 절삭, 특수 형상, 곡면 절삭하는 공작기계. 슬로터의 크기는 램의 최대 행정으로 나타낸다.

슬롯 [slot] ① 날개의 양력(揚力)을 크게 하기 위하여 설치된 틈새를 말함. 틈새를 만들기 위한 작은 날개는 슬랫이라고 불리운다. ② 좁고 긴 홈을 가리키는 일반적인 명칭으로서 피스톤 스커트부에 열이 전달되는 것을 방지하기 위하여 측압이 적은 쪽에 만들어진 T자 또는 U자형의 홈을 말한다. ③ 전기자 축에 평행하게 설치된 홈으로서 전기자 코일에 끼워진다.

슬루스 밸브 [sluice valve] 원판상의 밸브를 유체의 흐름에 직각 방향으로 개폐되는 밸브로서 수문 밸브라고도 한다. 완전히 열렸을 때는 저항이 적고 반쯤 열렸을 때는 배면(背面)에 와류가 발생되므로 저항이 커지는 단점이 있다. 유체의 흐름 방향은 동일하며 유량이 많은 경우에 사용한다. 밸브의 조작이 빈번하거나 유량을 감소시키는 곳에는 사용하지 않는다.

슬리브 [sleeve] ① 실린더 라이너를 말한다. ② 전선 또는 부품을 씌우는 절연용 튜브를 말한다. ③ 축 등의 외부에 끼워 사용하는 길쭉한 통 모양의 부품을 말한다. ④ 변속기에서 허브에 설치되어 축방향으로 이동하여 스피드 기어와 출력축의 연결을 단속하는 부품을 말한다.

슬리브 요크 [sleeve yoke] 신축하는 슬리브 조인트를 가진 Y자형의 조인트(요크)를 말함. 추진축의 유니버설 조인트에 연결되어 있는 부품이며 조인트로서의 역할과 동시에 자동차의 흔들림 때문에 프로펠러 샤프트의 신축(伸縮)에 대응하는 역할도 한다.

슬리브 이음 [sleeve coupling] 원통 속에 두 축을 넣고 키로서 고정하여 회전력을 전달한다.

슬리퍼 스커트 피스톤 [slipper skirt piston, partial skirt piston] 피스톤 형상의 하나로 측압이 걸리지 않는 보스 방향의 양쪽 스커트 부분을 깎아내어 측압이 걸리는 쪽의 면적을 넓게 한 것으로서 피스톤 슬랩을 적게 한 것. 고속 엔진용으로 많이 사용되고 있으며 슬리퍼 피스톤이라고도 함.

슬리퍼 피스톤 [slipper piston] 측압을 받지 않는 스커트부를 떼어내어 무게를 가볍게 하고 측압부에 접촉 면적을 크게 하여 피스톤 슬랩을 감소시키는 피스톤. 스커트를 떼어낸 부분에 오일이 고이므로 오일 제어가 불량하지만 피스톤을 경량화하였기 때문에 고속용 엔진에 많이 사용한다. ⇨ 슬리퍼 스커트 피스톤.

슬리퍼형 피스톤 [slipper type piston] 경량화를 확실하게 하기 위하여 스커트 부분을 골격(骨格 ; skeleton)구조로 하고 경량화와 동시에 접촉면을 될 수 있는대로 적게 한 타입의 피스톤. X형 피스톤이라고도 함.

슬릭 타이어 [slick tire] 슬릭은 미끄러운 것을 의미하며, 트레드 패턴이 없는 타이어를 가리키는 말로서 레이스용으로 사용되고 있다. 홈이 전혀 없는 것은 아니고, 여기저기 작은 구멍이 만들어져 있어 트레드 고무의 두께를 알 수 있도록 되어 있다. 건조하고 깨끗한 노면에서는 트레드와 노면 사이의 마찰력은 고무의 접촉 면적에 비례하기 때문에 슬릭 타이어가 가장 큰 그립력을 나타낸다. 그러나 물이 고인 노면 등에서는 트레드와 노면 사이의 물이 빠져나가지 않아 그립력은 극단적으로 저하되어 버린다. 드라이 타이어라고도 한다.

슬립 〔slip〕 ① 마찰차, 클러치, 브레이크, 타이어 등 접촉면에서 발생되는 미끄럼을 말한다. ② 전동기의 전기자 속도는 계자가 만드는 회전자장에 대해서 얼마 만큼의 시간적 지연이 발생되는 데 이 지연의 정도를 나타내는 것을 말한다. ③ 회전 자기장의 속도와 회전자의 속도 차이를 매분 회전수로 나타내는 것을 말한다.

슬립 링 〔slip-ring〕 AC발전기의 슬립링은 브러시와 접촉되어 회전중인 로터 코일에 축전지 전류를 공급 또는 유출되는 것으로서 로터 코일과 접속되어 있으며, 정류 작용을 하지 않기 때문에 불꽃 발생에 의한 소손이 거의 없다.

슬립 비 〔slip ratio〕 타이어에 구동력이나 제동력이 걸려 있는 상태로서 타이어와 노면 사이에 생겨있는 미끄럼 정도를 나타내는 것. 차속과 타이어 주속(周速)의 차이를 타이어 주속으로 나눈 수치. 100배하여 %로 나타낸 것을 슬립률이라고 한다. ⇨ μ-s특성(뮤에스 특성).

슬립 사인 〔slip sign〕 트레드의 홈 깊이가 1.6mm까지 마모된 것을 나타내기 위하여 홈바닥의 일부를 얕게 한 부분. 승용차용 타이어에서는 트레드 둘레에 4개소 이상 만들어져 있으며, 그 위치를 나타내는 「△」 기호가 타이어의 양 측면에 표시되어 있다. 홈이 얕아지면 젖은 노면에서의 배수가 나빠져 타이어가 미끄러지거나 하이드로플레이닝이 발생하기 쉽게 되어 위험하므로, 도로교통법에 의하여 슬립 사인이 노출된 타이어를 장착한 자동차는 정비불량차로 운전이 금지되고 있다. 전문적으로는 트레드 웨어 인디케이터라고 한다. ⇨ 트레드 인디케이터.

슬립사인

슬립 사인을 나타내는 △마크

슬립 스트림 〔slip stream〕 고속으로 주행중인 자동차의 후미에 기류가 흐트러져 기압이 낮은 상태의 영역을 말함. 이 공간에 후속차가 진입하면 공기저항이 적어지고 엔진의 파워를 얻어 선행차를 따라 갈 수 있다. 그러므로 슬립 스트림을 교묘하게 사용하는 것이 레이싱 테크닉의 하나로 되어 있다.

슬립 앵글 [slip angle] 선회 상태에 있는 타이어를 위에서 보았을 때 타이어의 진행 방향과 타이어의 중심면이 이루는 각도를 말함. 통상의 코너링에서는 타이어의 슬립각은 5도 이하이며, 5도를 넘는 일은 드물다. 슬립각은 차체의 중심면과 타이어의 중심면이 이루는 각도 「조향각」과 혼동되는 수가 많다. 스티어링 휠이 멈추어질 정도의 큰 조향각이 선회에서도 극저속이면 슬립각이 제로가 되는 경우도 있을 수 있다. 횡미끄러짐각이라고도 한다.

슬립 이음 [slip joint] 슬립은 '미끄러지다, 미끄러져 내려가다', 조인트는 '이음매'의 뜻. 슬립 이음은 변속기 출력축의 스플라인에 설치되어 축방향으로 이동되면서 드라이브 라인의 길이 변화에 대응하는 것. 변속기는 엔진과 함께 프레임에 고정되어 있고 뒤차축은 스프링에 의해 프레임에 설치되어 있으므로 노면으로부터 진동이나 적하 상태에 따라 변동된다.

슬립 조인트 [slip joint] 슬립 조인트는 드라이브 라인의 길이 변화에 대응하는 조인트. 변속기 출력축의 스플라인에 연결되어 자동차가 바운드될 때 미끄러진다. 이 때 추진축의 길이를 짧게 하고 보통 주행에서는 길이를 길게 한다. 단, 뒷바퀴 구동 방식에만 사용된다.

슬립각 [slip angle, distortion angle] 옆으로 미끄러지는 각이라고도 하며 선회상태에 있는 타이어를 위에서 볼 때 타이어의 진행 방향과 타이어 중심면의 방향이 이루는 각도를 말함. 통상 코너링에서는 몇 도이하이며 5도를 넘는 경우는 거의 없다. SA라고 약한다.

슬립률 [slip efficiency] ⇨ 슬립 비.

슬릿 [slit] ① 전자제어 계통의 TDC 센서, 크랭크각 센서, 스티어링 휠 감도 센서, 차고 센서 등 발광 다이오드에서 발생된 빛을 포토 다이오드 또는 포토 트랜지스터에 전달 또는 차단하기 위해서 디스크에 만들어진 가늘고 긴 홈을 말한다. ② 광선속(光線束)의 단면을 적당하게 제한하여 통과시킬 목적으로 2개의 디스크를 나란히 마주보게 설치한 좁은 틈새를 말한다.

슬링어 [slinger] 크랭크 축 뒷 부분에 설치되어 회전함과 동시에 그 원심 작용에 의하여 윤활유의 누출 또는 이물질의 침입을 방지하는 회전 링을 말한다.

습기 [moisture] 습한 것, 축축한 것, 젖어 있는 것, 또는 미세한 물방울들.

습도 [humidity] 공기 중의 습기의 양. 상대 습도는 주어진 온도에서 최대가능 습기량에 대한 실제습기량의 비이다.

습식 라이너 [⑧wet liner, ⑧wet sleeve] 실린더 라이너와 냉각수가 직접 접촉되며 두께는 5~8mm로서 상부에는 플랜지를 설치하여 실린더 블록에 고정하고 하부에는 2~3개의 실링(seal ring)을 설치하여 냉각수의 누출을 방지하며 디젤 엔진에 사용한다. ⇨ 웨트 라이너.

습식 에어 클리너 [wet type air cleaner] 습식 에어 클리너는 엔진 오일을 사용하여 공기를 여과하는 형식. 철망의 엘리먼트와 엔진 오일을 사용하고, 공기는 아래쪽으로 흡입되어 유면에 접촉되며 흐름 방향을 바꾸어 위로 올라갈 때 비교적 무거운 모래나 먼지는 오일에 떨어진다. 이 때 미세한 불순물은 오일이 묻어 있는 엘리먼트 사이를 통과할 때 여과되어 실린더에 공급된다. ⇨ 에어 클리너, 오일 배스 에어 클리너.

습식 충전형 축전지 [wet charge type storage battery] 습식 충전형 축전지는 제작 회사에서 출고시 양극판과 음극판을 활성화시키지 않은 상태의 축전지로서 전해액을 넣지 않은 것과 전해액을 넣은 것이 있으나 어느 것이나 사용할 때는 장시간 충전하여야 한다.

습식 클러치 [wet clutch] 습식 클러치는 오일 속에서 클러치 판을 접속시켜 동력을 전달하는 방식으로서 구조는 복잡하지만 작동이 원활하고 마찰면을 보호할 수 있는 특징이 있으며, 주로 자동 변속기의 프런트 클러치와 리어 클러치에 사용한다.

승객 보호 시스템 [occupant restraint system] 자동차가 충돌하거나 전복 등의 사고가 발생하였을 때 시트에 앉아 있는 승객을 보호하고 부상을 방지 또는 경감하기 위한 시스템의 총칭. 대표적인 것은 시트 벨트와 에어백이지만, 충격을 흡수하는 윈드실드나 내장 실내의 비품 등을 포함하여 말함.

승객 부하 [乘客負荷] 승객 부하는 인체에 의해서 발생되는 열 부하(熱負荷)로서 승객 1인당 발생되는 열에너지가 보통 80~100kcal/h 정도이다.

승객실 [cabin] 캐빈이라고 함. 자동차는 일반적으로 엔진 룸, 캐빈, 러기지, 스페이스의 3가지로 구성된 시트가 있으며 승객이 타는 스페이스를 승객실이라고 함.

승압 변압기 [step-up transformer] ① 1차 코일에 공급되는 전압을 적당한 비율로 승압하여 2차 코일에 공급하여 주는 변압기로서 부스터라고도 한다. ② 1차 코일에 흐르는 전류를 단속하여 12V의 전압을 20000V로 승압하여 배전기에 공급한다. ⇨ 점화 코일.

CD [commercial oil D등급] 고온, 고부하, 유황분이 많은 저질 연료를 사용하는 차량 및 터보차저가 설치된 고출력 엔진에 사용되는 오일. 다량의 부식 방지제가 첨가된 가장 가혹한 조건에서 사용되는 디젤 엔진 오일.

CD-ROM [compact disc-read only memory] 오디오용으로 알려져 있는 CD(compact disc)를 이용하여 컴퓨터의 데이터 등에 정보를 기록·재생하는 장치. 컴퓨터와 조합하여 화상과 음성을 기록하거나, 기록되어 있는 정보를 디스플레이에 표시할 수 있으므로 내비게이션 시스템이나 자동차 상태에 관한 각종 정보 표시 등에 이용되고 있다. ROM은 (read only memory) 읽기전용의 기록장치 머리 문자를 인용한 것이다.

CDI [condenser(capacitor) discharge ignition system] 축전기(용량) 방전식 점화장치. CDI 점화장치는 12V의 축전지 전압을 DC-DC 컨버터로 승압시키는 원리를 이용하여 축전기에 200~500V 정도의 직류 전압을 콘덴서에 충전시켜 놓고 점화시기에 맞추어 1차 코일에 통하여 방전시켜 2차 코일에 고전압을 발생시키는 점화장치이다. 점화 스위치를 닫으면 축전지의 전압은 DC-DC 컨버터에 의하여 200~500V의 직류 전압으로 승압되어 축전기에 충전된다. 이 때 점화 신호가 전달되면 축전된 전기 에너지를 1차 코일에 방전시키면 1차 코일의 급격한 전류의 변화에 따라 2차 코일은 빠른 속도로 고전압이 유기된다. 따라서 축전기의 충방전 시간이 극히 짧은 시간에 이루어지기 때문에 고속 회전에서도 2차 고전압의 변화가 적고 저속 회전에서는 안정성과 신뢰성이 높다.

CDI 점화 [capacitive discharge ignition] 점화 코일에 가하는 전압은 배터리의 12볼트를 사용하는 것이 보통이며, 이것을 전기회로에서 200~500 볼트로 상승시켜 용량이 큰 콘덴서에 충전한 다음 점화시기에 맞추어 1차 코일에 방전하고 2차 코일에 좋은 2차 전압을 얻는 것. 일반적으로 코일 점화에서 1만분의 1초로 발생되는 시간이 50만분의 1초보다 빠르고 정확한 점화가 이루어지므로 레이스용 엔진에 쓰이고 있다.

CDY [chassis dynamometer] ⇨ 섀시 다이너모미터.

CVCC [compound vortex controlled combustion] 배출가스 정화 시스템을 설치한 가솔린 엔진의 명칭으로서 복합 와류 조정 연소 방식이라는 영어의 머리 문자에서 인용한 것. 부흡기 밸브와 점화 플러그를 갖추고 부연소실을 설치한 것이 특징. 착화성이 좋은 부흡기 밸브에서

흡입된 농후한 혼합기에 점화하여 화염 분류를 토치 구멍에서 주연소
실로 분출시킨다. 따라서 주흡기 밸브로부터 흡입된 희박한 혼합기를
연소시키는데 결과적으로 대기 오염 물질이 적은 배출가스와 양호한
연비를 얻는 것.

CV 자재이음 〔constant velocity ratio universal joint〕 등속 자재 이음.
콘스턴트는 '불변의, 끊임없이 계속하는', 빌러시티는 '속도, 속력', 레
이쇼는 '비, 비율'의 뜻. 추진축은 경사각이 작을수록 좋으나 FF자동
차 또는 RR자동차에서는 그 구조상 설치각이 커지므로 피동축의 회전
각속도가 일정치 않아 진동이 발생되는 것을 방지하기 위해 이용되는
자재 이음이다. 설치 경사각은 $29°〜45°$이며, 볼과 안내 홈을 이용하여
설치 경사각에 관계없이 구동축과 피동축이 항상 일정하게 회전되도록
한다.

CVT 〔continuously variable transmission〕 ⇨ 벨트식 무단 변속기.

CB 〔commercial oil B등급〕 침전물이나 마멸, 유황분이 많은 연료 사
용, 운전 온도가 약간 높은 차량에 사용되는 오일로 부식 방지제가 첨
가되었다. 중간 조건에서 사용되는 디젤 엔진 오일.

CC 〔commercial oil C등급〕 터보차저가 설치된 차량 및 유황분이 많은
연료를 사용하는 차량에 사용되는 오일. 부식 방지제, 방청제가 첨가
된 오일로 중간 조건에서 사용되는 디젤 엔진 오일.

CCRO 〔catalytic converter for reduction and oxidation〕 ⇨ 삼원 촉매
(三元觸媒) 컨버터.

CCO 〔catalytic converter for oxidation〕 ⇨ 산화촉매(酸化觸媒) 컨버
터.

CI 엔진 〔compression ignition engine〕 압축 점화 엔진을 말함. 컴프레
션 이그니션의 머리 문자를 인용한 것으로서 불꽃점화 엔진의 SI 엔진
과 대비하여 쓰이는 용어. ⇨ 디젤엔진.

CRS 〔child restraint system〕 ⇨ 어린이용 보호장치.

CA 〔commercial oil A등급〕 유황분이 적은 연료를 사용하는 차량 및
정상 운전 온도 유지와 경부하 차량에 사용하는 오일. 가장 좋은 조건
에서 사용되는 디젤 엔진 오일.

CAD 〔computer aided design〕 컴퓨터 지원 설계(computer aided
design)의 머리문자 CAD를 따서 만든 용어. 자동차나 부품 설계에
있어서 필요한 기본적인 데이터 계산식 등 미리 정해져 있는 설계요소
를 모두 컴퓨터에 기억시켜 놓고 설계자가 이 데이터를 구사하여 자신
의 경험과 생각을 조합한 다음 설계를 진행하는 기술과 방법을 말함.

자동차 관계뿐 아니라 일반의 공업제품 설계에도 널리 쓰이고 있다. ⇨ CAM(computer aided manufacturing), 캐드.

CAS [crank angle sensor] 크랭크각 센서는 발광 다이오드와 포토 다이오드를 이용하여 디지털 신호로 바꾸어 컴퓨터에 입력하면 엔진의 회전수를 연산하여 점화시기를 조절한다. 배전기의 디스크 원판에 크랭크각 검출용 슬릿이 4실린더는 4개, 6실린더는 6개 설치되어 엔진의 회전수를 검출한다.

CAFE [corporate average fuel economy] 미국에서 사용되고 있는 메이커 평균 연비. C는 코퍼레이트로 자동차 회사를 의미하고 메이커가 제조하는 각종 차량의 연비를 평균한 수치. 미국에는 가솔린을 많이 소비하는 대형차를 대량으로 생산되지 않도록 메이커 단위로 자동차의 평균 연비가 규정되어 있다. 매년(모델마다) 판매 대수를 근거로 규정된 방법에 따라 평균 연비가 계산되어 규정치가 넘을 경우 메이커에 벌금이 부과된다. ⇨ 컴바인드 연료.

CAM [computer aided manufacturing] 컴퓨터를 활용하여 공업제품을 제조하는 기술 또는 방법을 말함. ⇨ 캠.

CA-JET 가솔린 엔진으로서 통상의 흡·배기 밸브 외에 제트 밸브라고 하는 흡기 밸브가 있으며, 흡입 행정에서 흡기 밸브와 같이 이 밸브가 열려 공기만 흡입되는 시스템. 제트 밸브에서 공기 흐름에 따라 연소실 내에 강한 스월(와류)이 생겨 연료의 기화가 촉진되므로 혼합기의 효율이 좋게 연소된다.

CF [cornering force] ⇨ 코너링 포스.

CFI [central fuel injection] 포드社의 싱글포인트 인젝션(SPI)의 호칭.

CFR [cooperative fuel research] 미국연료 연구 단체의 약칭으로 현재 사용하고 있는 연료의 옥탄가를 제정하였다.

CFR 엔진 [cooperative fuel research engine] CFR 엔진은 연료의 옥탄가를 측정하기 위해 임의로 압축비를 변화시킬 수 있는 엔진. 실제로 사용되는 연료를 이용하여 엔진을 운전하면서 압축비를 점차 증가시켜 노킹이 발생되는 시점에서 엔진을 정지시킨다. 또한 이소옥탄과 노멀 헵탄을 혼합한 비교 연료를 사용하여 엔진을 운전하면서 이소옥탄의 혼합 비율을 점차로 감소시켜 실제 사용 연료에서 발생한 노킹이 얻어지면 엔진을 정지시킨다. 이 때 비교 연료의 이소옥탄 함유율이 실제 사용 연료의 옥탄가이다.

CFRP [carbon fiber reinforced plastics] 탄성 섬유 강화 수지(炭性纖維強化樹脂).

CNG 자동차 [compressed natural gas automobile] 봄베에 넣은 천연가스를 연료로 하여 주행하는 자동차. 구미에서는 실용화되어 있고 가솔린에 비교하면 탄산가스의 배출량이 적지만 35 ℓ 봄베 2개를 사용하여 약 200km 정도로 주행할 수 있으며 널리 보급되어 있지 않다. CNG는 압축천연가스를 말함.

CLCC [closed loop carbureter control] GM의 카브레터식 엔진의 배기정화시스템으로 산소 센서에서 산소 농도를 감지한 신호에 의해 전자제어됨에 따라 공연비를 조정하는 것. 이와 같은 원리를 이용하는 포드의 시스템은 FB(feed back)카브레터라고 불리운다.

CO [carbon mono oxide] 일산화탄소. 산소가 부족한 상태에서 연료가 연소할 경우 발생하는 무색무취의 기체로서 가솔린 엔진에서 공연비가 거의 16이상이 되면, 계산상 연료가 완전히 연소되는 이론 공연비보다 공기가 충분하여 배기 중에 CO는 없고 16이하가 되면 급격히 증가한다. 혈액 중에 포함되는 헤모글로빈 [폐에서 조직으로 산소를 운반하고, 조직에서 폐에 탄산가스(이산화탄소)를 운반하는 작용을 한다]과 결합하면 일산화탄소 헤모글로빈이 되므로 이 가스를 호흡하면 산소 결핍증이 된다.

CTS [coolant temperature sensor] ⇨ WTS.

CPU [central processing unit] 중앙처리장치. 중앙처리장치는 ECU의 두뇌에 해당하는 것으로서 기억장치로부터 읽어들인 프로그램 및 입력장치로부터 입력된 데이터를 중앙처리장치에 일시적으로 저장해 두고 명령의 해독, 논리합, 논리곱 및 판정 등을 실행하고 있다.

C-필러 [C-pillar] 리어 쿼터 패널에 루프를 연결하는 지주. ⇨ 리어 필러(rear pillar).

시각 속도 [視覺速度 ; speed of vision] 어떤 것을 눈으로 인식하는데 필요한 노출 시간의 역수로서 주어지는 시각의 반응속도를 말한다.

시그널 [signal] 신호기의 뜻으로서 배전기에서의 점화신호 또는 자동차의 주행 방향을 바꾸기 위한 턴 시그널 등을 말한다.

시그널 디스크 플레이트 [signal disk plate] ⇨ 펄스 휠(pulse wheel).

시그널 로터 [signal rotor] 기계식 배전기에서 배전기 캠과 접점의 역할을 하는 것으로서 전트랜지스터식 점화장치의 배전기에 설치되어 엔진이 작동하면 배전기축에 의해 회전되어 시그널 제너레이터의 픽업 코일에 통과하는 자속을 단속하여 자속의 변화량에 따른 유도 전압이 발생되도록 한다.

시그널 제너레이터 〔signal generator〕 시그널 제너레이터는 점화 신호 발생기구로서 브레이커 플레이트 위에 마그넷과 픽업 코일을 고정하고 배전기축에 시그널 로터를 고정하여 엔진에 의해 시그널 로터가 회전하면 픽업 코일에 통과하는 자속을 변화시켜 자속의 변화량에 따른 유도 전압이 발생되도록 한다. 따라서 점화 코일의 1차 전류를 단속하는 점화 신호를 픽업 코일의 유도 전압으로 이그나이터에 공급하면 배전기 접점과 같은 작용을 하게 된다.

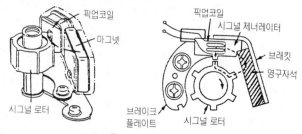

시너 〔thinner〕 래커 페인트를 묽게 하거나 희석시키는데 사용하는 용제로서 초산에틸, 부타놀, 톨루엔 등의 혼합물이 사용된다.

시닐레식 소기 〔schnurle system〕 2사이클 엔진 소기방식의 하나. 실린더 벽에 소기포트(掃氣口)를 설치하여 여기에서 배기 포트와 반대쪽 실린더 벽을 향하여 새로운 공기를 보내 반전시켜 연소가스를 배출하는 것. 루프 소기 또는 반전 소기라고도 불리우고 있음. ⇨ 소기(掃氣).

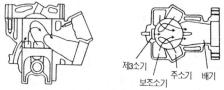

시동 모터 〔starting motor〕 ⇨ 스타터 모터, 기동 전동기.

시동 보조장치 〔starting assist system〕 시동 보조장치는 한냉한 곳에서 엔진의 시동이 쉽게 이루어지도록 한 장치로서 연소 촉진제 공급장치, 감압장치, 예열장치가 있으며, 연소 촉진제는 아초산에틸($C_2H_5NO_2$), 아초산아밀($C_5H_{11}NO_2$), 초산아밀($C_5H_{11}NO_3$), 초산에틸($C_2H_5NO_3$)등이 있다.

시동 엔진 [starting engine] 대형 고속 디젤 엔진을 시동하기 위해서 설치된 소형 가솔린 엔진을 말한다. 시동 엔진을 기동 전동기로 시동시킨 다음 다시 이 엔진으로 대형 엔진을 구동시켜 시동한다.

시동 저항 [starting resistance] ① 기동 전동기에 과대 전류가 흐르는 것을 방지하기 위하여 사용하는 가변 저항을 말한다. ② 정지하고 있는 물체가 작동을 시작할 때 마찰력, 점성 등에 의해서 작동 방향과 반대 방향으로 작용하는 반발력을 말한다.

시동 토크 [starting torque] 엔진, 기동 전동기, 평면 베어링 등 정지하고 있는 상태에서 작동을 시작할 때 관성 또는 시동 저항을 이기기 위해 필요한 회전력을 말한다.

시동 증량 [start enrichment] 연료분사장치에서 시동시에 통상 운전시보다 연료의 분사량을 증가시키는 것. 시동 후 잠깐 동안 공회전을 안정시키기 위하여 행하여진다.

시동 핸들 [starting handle] 엔진을 기동할 때 크랭크 샤프트를 손으로 돌리기 위한 크랭크형의 핸들. 스타터의 고장이 발생되었을 경우에 이를 위한 핸들로서 1970년대에 없어졌다.

시동장치 [starting system] ⇨ 기동장치.

시라우드 [shroud] ⇨ 슈라우드. 팬 슈라우드.

시라이언 인디케이터 [sealion indicator] 커넥팅 로드의 휨 또는 비틀림을 점검하는 커넥팅 로드 얼라이너를 말한다. ⇨ 커넥팅 로드 얼라이너.

시랜드 비 [sea-land ratio] 타이어의 트레드 면에서 홈의 부분이 트레드 전체의 얼마 정도 점유하는가를 나타내는 수치. 홈 부분을 바다 (sea), 리브나 블록을 육지(land)로 보고 그 비율을 나타내는 것이다. 일반 타이어에서는 30~40%가 보통이지만 스노 타이어나 레이디얼용 타이어에서는 50% 이상의 것도 있다. 수치가 크고 홈부분이 많은 패턴을 오픈 패턴, 적은 것을 클로즈드 패턴이라고 한다. 네거티브 비 比)라고도 불리운다.

시료 [試料;sample] 어떤 물질의 조성, 품질 등을 알기 위해서 검사 또는 시험에 제공되는 원료나 재료를 말한다.

시리얼 [serial] ① 시간적인 순차 처리를 뜻하는 것으로서 전체를 구성하는 개개의 부분을 순서적으로 취급하는 것. ② 둘 또는 그 이상의 같은 장치 또는 비슷한 장치를 사용하여 시간적으로 순서를 붙여서 실행하는 것.

시리얼 넘버 [serial number] 타이어의 제조번호로서 사이드 월에 표시되어 있으며 자동차의 프레임 넘버나 엔진 넘버에 상당하는 것. 시리얼은 연속된 것의 의미로 자동차 부품의 제조번호에 사용될 때가 있다.

시멘타이트 [cementite] 시멘타이트(Fe_3C)는 상온에서 강자성체이며 경도가 높고 취성이 크며 6.68%의 탄소를 함유한 탄화철을 말한다.

시뮬레이션 [simulation] 실물에 의한 실험이 의도적, 경제적, 시간적으로 곤란하거나 불가능 할 때 물리적 또는 논리적 모델을 사용한 모의 실험을 말한다.

시뮬레이터 [simulator] 실제 자동차와 똑같이 만들어진 운전실과 모션실로 구성되어 자동차의 움직임이나 엔진의 소리 등 실제 주행 상황을 인공적으로 만들어내며 실제 자동차의 주행에서는 할 수 없는 화재나 고장 등의 긴급 사태에 대한 훈련을 할 수 있는 자동차 또는 항공기 등의 지상 훈련 장치를 말한다.

시미 [shimmy] 좌우로 흔들리는 현상. ① 회전축의 동적 언밸런스 ② 휠의 동적 언밸런스 ③ 스티어링 휠이 회전방향의 좌우로 흔들리는 현상으로 60km/h 이하에서 발생되는 저속 시미, 60km/h 이상에서 발생하는 고속시미가 있다. ⇨ 휠 와블.

시미 댐퍼 [shimmy damper] ⇨ 스티어링 댐퍼(steering damper).

시보리 [絞り] 현장 용어로는 흔히 '불침 놓는다'라고 함. ⇨ 수축작업.

시스드형 예열 플러그 [sheathed type glow plug] 시스드는 '씌워진, 상자에 넣어진'의 뜻. 시스드형 예열 플러그는 발열부의 코일이 가는 열선으로 보호금속 튜브 속에 넣어 병렬로 결선되어 있다. 전류가 흐르면 보호 금속 튜브 전체가 적열되어 예열 작용을 하게 되며, 적열 시간이 길고 발열량도 크다. 히트 코일이 연소열의 영향을 적게 받으므로 내구성이 향상되고 플러그 하나가 단선되어도 나머지 예열 플러그가 작용한다. 발열량은 60~100W이고 예열 시간은 60~90초이다.

시스템 [system] 계통, 체계의 뜻으로서 하나 또는 복수의 것이 서로 연결되면서 전체적으로 어떤 목적을 가지고 작동하는 부품의 집합체를 말한다.

시안화법 [cyaniding] ⇨ 청화법.

시어 [shear] ① 판금 작업에서 금속판을 절단하는데 사용하는 절단기로서 윗날과 아랫날이 맞물리면서 직선 또는 곡선으로 절단된다. ② 탄성체의 변형에 있어서 체적은 변화되지 않고 형상만 변화되는 것을 말한다.

시이드형 예열 플러그 [sheath type glow plug] ⇨ 시스드형 예열 플러그.

시일 [seal] ⇨ 실.

시일드형 예열 플러그 [sheathed type glow plug] ⇨ 시스드형 예열 플러그.

시저 [seizure] 금속의 미끄럼면이 마찰열에 의하여 고온이 되어 융착하는 현상. 대표적인 예는 피스톤의 일부가 용융되어 실린더에 눌어붙는 현상 등이다.

시저스 기어 [scissors gear] 시저스는 가위를 뜻하며, 기어의 측면에 같은 기어 수의 보조 기어를 설치하여 톱니가 맞물리는 상대의 톱니를 꼭 끼워서 기어의 틈새를 없게 하는 것. 기어의 맞물림 부분에 백래시가 있으면 엔진의 회전이 변동할 때마다 기어가 덜거덕거리는 소리가 발생된다. 그러므로 스프링으로 힘이 작용하는 방향과 역방향에 힘을 가해주고 계속 기어 본체와 보조 기어로 이것을 방지하는 장치로서 고안된 것.

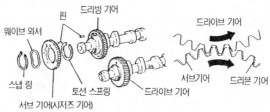

시즈 [seize] 엔진이 과열 또는 과부하에 의해서 작동을 정지하는 상태를 말한다.

시징 [seizing] 고온이나 저온으로 부품이 팽창 또는 수축, 부품 사이의 간극이 적거나 피스톤과 실린더 사이 또는 피스톤 링과 링홈 사이에 카본이 침입 등의 원인으로 녹아 붙거나 고착되어 움직이지 않게 되는 현상을 말한다.

시케인 [chicane] 경기용 자동차에서 감속 또는 서행시킬 목적으로 코스 위에 설치된 장애물을 말함. 평균 속도가 매년 상승하기 때문에 고

속시에 시케인을 설치하여 평균속도를 떨어뜨려 안전성을 높이려고 하
고 있다.

시퀀서 [sequencer] 마이크로 컴퓨터를 사용하여 미리 정해진 순서에
따라 기계의 작동 순서를 제어하는 장치를 말한다.

시퀀셜 인젝션 [sequential injection] ⇨ 동기 분사(同期噴射).

시퀀셜 트윈 터보 시스템 [sequential twin turbo system] 과급 시스템의
명칭으로서 2개의 터보차저를 평행하게 병렬로 설치하여 저속에서는
1개의 과급기를 작동시켜 적은 회전부분의 관성모멘트로 과급 효율을
향상시키며 고속에서는 2개의 과급기를 모두 작동시키는 것. 과급기
작동의 변화는 마이컴에 의하여 이루어지고 저속에서 고속까지 순조로
운 가속성능이 얻어지도록 제어한다.

시퀀스 [sequence] 순서를 뜻하는 것으로서 몇 가지 작동을 어떤 기준
에 따라 공간적 또는 시간적으로 순서를 정해 놓는 것을 말한다.

시퀀스 밸브 [sequence valve] 액추에이터의 작동순서를 제어하는 밸브
이다. 여러 개의 액추에이터에서 하나의 액추에이터가 작동을 완료한
후 다음 작동이 이루어지도록 하는 밸브를 말한다.

시크니스 게이지 [thickness gauge] 간극 게이지. 틈새 게이지. ① 자동
차의 밸브 간극, 접점 간극 등을 측정. ② 기계 조립시 부품 사이의 틈
새 측정. ③ 기계 부품의 좁은 홈 및 폭을 측정하는 게이지.

시킨스 밸브 [sequence valve] ⇨ 시퀀스 밸브.

시트 [seat] 좌석. 한정된 공간과 중량의 범위 내에서 안전하고 쾌적하
게 승객을 지지할 수 있도록 되어 있다. 배치에 따라 운전석, 조수석,
뒷좌석으로 되어 있다. 모양에 따라 긴 의자 형태의 벤치시트와 각각
분리할 수 있는 형태로 되어 있는 세퍼레이트 시트로 분류한다.

시트 리프터 [seat lifter] 시트의 높이를 조절하는 장치. 하이드 어저스
트, 버티컬 어저스트라고도 한다.

시트 메탈 [sheet metal] 범퍼, 그릴, 후드, 프런트 펜더, 그래블 가드
등과 같이 보디와 일체로 되어 있지 않은 부품들.

시트 백 [squab] 시트의 등받이를 지지하는 부분.

시트 벨트 [seat belt] 승객을 시트에 고정시키기 위한 벨트. 세계적으로 주행중에는 시트 벨트를 착용하도록 의무화되어 있다. 운전 조작에 불편함이 없고, 긴급시에는 확실하게 승객을 보호한다는 것이 요구되고 있다. 지지하는 점의 수에 따라 2점식에서 레이스용에 사용되는 6점식까지 있으며, 안전상 허리와 어깨를 지지하는 3점식 이상의 장비가 바람직하다고 되어 있다.

어깨 벨트 가이드 / 리트랙터

시트 벨트

텅플레이트

버클

시트 벨트 리처 [seat belt reacher] 3점식 시트 벨트로서 승객이 착용하기 쉬운 위치까지 이동하는 장치. 미리 손으로 고정시켜 놓은 것이 많으며 전동식도 있다.

시트 벨트 리트랙터 [seat belt retractor] 시트 벨트를 풀었을 때 자동적으로 감는 장치. 벨트의 종류로는 벨트를 잠그지 않는 NLR과 잠근 장치가 달린 ALR, ELR이 있다. 리트랙터는 '끌어당기다, 줄이다'는 뜻.

시트 벨트 버클 [seat belt buckle] 시트 벨트 텅 플레이트를 끼워 넣고 시트 벨트를 신체에 고정하기 위한 금속으로 만든 장식. 로크(lock) 해제 버튼을 누르면 열리도록 되어 있다.

시트 벨트 성능 [seat belt performance] 충돌이나 전복 등의 긴급시에 시트 벨트가 기능을 발휘하면 어느 정도 승객을 보호할 수 있는 성능을 말한다. 그 성능의 척도를 가늠하는 방법에는 더미(dummy ; 기계적인 작동을 인간과 유사하게 만든 인형)의 상해 정도나 이동량 등으로 측정된다.

시트 벨트 앵커리지 [seat belt anchorage] 앵커리지란 고정시켜 두는 곳을 뜻하는 영어. 시트 벨트가 부착되어 있는 개소를 말하며 수, 위치, 강도 등은 해당 국가의 법규로 자세히 규정되어 있다.

시트 벨트 텅 플레이트 [seat belt tongue plate] 텅(tongue)은 혀의 모

양을 한 것이고 플레이트는 판(板)을 뜻하며 시트 벨트의 버클 (buckle)에 끼워 넣고 시트 벨트를 고정하는 것.

시트 사이드 실드 [seat side shield] 세퍼레이터 시트의 시트 트랙이나 리크라이닝 장치를 덮는 커버.

시트 슬라이드 [seat slide] 운전자가 최적의 운전자세를 취하는데는 시트를 전후로 옮겨서 조절하는 것이 가장 손쉽다. 따라서 시트 밑에 전후 방향으로 레일을 설치하고 시트를 미끄러지게 하여 고정되는 위치까지 조절한다. 시트 트랙(seat track)이라고도 함.

시트 어저스터 [seat adjuster] 시트를 승객이 만족할 수 있는 자세로 조절하기 위한 장치. 일반적으로 시트 슬라이드를 말함.

시트 커버 [seat cover] 시트는 프레임, 스프링 등에 의하여 형성되어 있으나 가죽, 비닐, 천으로 입힌 시트의 외피를 커버라고 한다.

시트 쿠션 [seat cushion] 승객의 엉덩이에서 허벅다리를 지지하는 시트의 부분.

시트 트랙 [seat track] ⇨ 시트 슬라이드.

시트 패드 [seat pad] 시트 속에 채워넣는 것을 말함. 발포고무가 사용되는 경우가 많다.

시트 패브릭 [seat fabric] 패브릭은 직물을 말함. 시트의 표면을 덮는 직물이나 편물(編物)의 총칭. 소재로는 폴리에스텔을 사용한 것이 많으며 고급 자동차에는 울(wool)등 천연의 소재도 사용되고 있다. 정전기가 발생되지 않도록 가공한 것도 있다.

시트 프레임 [seat frame] 시트의 골격으로서 파이프, 와이어, 금속이나 플라스틱 판으로 만들어진 부분.

시트 히터 [seat heater] 한냉시에 시트를 따뜻하게 하기 위한 장치로서 전기 모포나 전기 카펫과 같이 전기를 통하면 발열하는 재료가 사용되고 있다.

시트벨트 보조승객 구속장치 [supplemental restraint system] ⇨ SRS 에어백 시스템.

시티 연비 [city fuel economy] 미국의 시가지를 주행했을 때 연비의 기준으로 사용되는 LA4 모드로서의 연비.

시프트 [shift] '이동시키다, 옮기다'의 뜻으로서 변속기에서 기어의 위치를 이동시켜 변속하거나 레인지 위치를 이동시키는 것을 말한다.

시프트 노브 [shift knob] 노브란 머리가 둥근 손잡이를 말함. 시프트 레버 끝에 붙어 있는 손잡이 부분. 이 모양은 조작하기 쉽도록 여러가지 디자인으로 되어 있다.

시프트 다운 〔⑧down shift, ⑧change down〕 시프트 레버를 조작하여 기어를 저속쪽으로 넣는 것.

시프트 레버 〔shift lever〕 기어 체인지 레버(gear change lever). 운전 석에서 엔진이 있는 곳에 트랜스미션의 기어를 자유로이 선택할 수 있 도록 연장되어 있는 조작 레버. 트랜스미션과 레버의 사이는 로드 또 는 케이블로 연결되어 있다. 스페이스 관계로 좁은 장소를 통과하고, 엔진의 진동을 방지하는 것 외에 조작이 정확하지 않으면 안되므로 복 잡한 구조로 되어 있다.

시프트 로크 기구 〔shift lock structure〕 오토매틱 트랜스미션 자동차의 시프트 로크 시스템의 하나로서 브레이크 페달과 액셀 페달의 오동작 을 피하기 위한 장치. 출발시 파킹(P)위치에서 시프트를 조작할 때 브 레이크 페달을 밟고 있지 않으면 시프트 할 수 없는 기구.

시프트 로크 시스템 〔shift lock system〕 AT 차의 급출발 사고를 방지하 기 위한 시스템으로서 시프트 로크 기구, 키 인터 로크 기구, 리버스 위치 워닝 등이 있다.

시프트 밸브 〔shift valve〕 시프트는 '이동하다, 이전하다, 위치를 옮기 다'의 뜻. 시프트 밸브는 자동차의 속도와 액셀러레이터 페달을 밟는 정도에 따라 프런트, 리어 클러치나 프런트, 리어 브레이크 등에 오일 을 유도하여 자동 변속이 되도록 하는 밸브이다.

시프트 스케줄 〔shift schedule〕 AT에서는 차속과 엔진회전수 및 액셀 개도에 따라 기어의 선택이 자동적으로 이루어지지만 이들의 조합이 어떤 상태일 때 기어 변화를 행하는 시기가 결정되어 있는데 이것을 시프트 스케줄이라고 함. 기어가 변하는 점을 자동 변속점이라고 하며 그 설정은 자동차의 종합적인 성능에 큰 영향을 준다.

시프트 임펄스 〔shift impulse〕 임펄스는 역적(力積)이란 뜻으로서 힘과 시간을 곱한 것으로 kg·s(킬로그램·초)의 단위로 나타낸다. 시프 트 역적은 매뉴얼 시프트의 작동이 용이한 정도를 조작 시간과 조작력 의 곱으로 나타낸 것. 이 값이 적을 경우 같은 조작 시간이면 적은 힘 으로 시프트 할 수 있다.

시프트 패턴 〔shift pattern〕 매뉴얼 시프트 자동차의 트랜스미션 레버를 조작하는 도형. 레버는 기본적으로 H형으로 움직이며, 세로 방향이 선 택, 가로 방향이 시프트의 기능을 가진다. 중앙의 선택 홈은 중립이라 고 하며, 어느 기어에도 들어가지 않는다. 1-2, 3-4, R 중 어느 한 위치로 레버를 이동시키고 나서 전 또는 후방향으로 시프트한다. 5단 식은 R의 앞에 5속이 있으나, 레이스용은 좌측에 설치되어 있는 것이 있다.

시프트 포크 [change speed fork, shift fork] 포크는 나무의 가랑이라는 뜻으로서 변속기 내부의 메인 샤프트에 가랑이를 벌린 형태로 부착되어 있는 C자형의 부품. 기어나 싱크로메시에 조립되어 있는 슬리브 바깥쪽에 설치된 홈에 포크의 선단을 끼워넣고 슬리브를 회전시킴과 동시에 축방향으로 작동하게 하는 역할을 한다.

시프트 필링 [shift feeling] 시프트 레버를 조작하는 감각을 말함. 주로 싱크로메시의 기구와 작동 정도에 따라 결정된다고 말하며 시프트 노브의 위치, 무게, 유연함, 절도(節度)등 손의 느낌이나 조작음을 종합해서 말한다. ⇨ 싱크로나이저키.

시효 [時效:aging] ① 부품이나 재료가 일정 기간이 경과됨에 따라 차츰 기능이나 특성이 노화되는 것을 말한다. ② 시간이 경과함에 따라 재료의 성질이 변화되는 것을 말한다.

시효 경화 [時效硬化 ; age hardening] 금속을 열처리한 후 시간이 경과함에 따라 단단해지는 현상을 말한다.

신 페인트 [thin paint] 페인트가 불충분하게 칠하여졌거나, 마멸 또는 부식에 의해 페인트가 과도하게 벗겨져 나간 상태.

신 PPS [new progressive power steering] 차속 감응형 파워 스티어링의 하나로 스티어링 계통에 유압에 의한 반력압(反力壓)제어 기구를 설치. 이 유압을 차속(車速)센서에서의 신호에 따라 컴퓨터로 제어하여 운전자가 항상 적당한 조향력을 느끼면서 스티어링 조작이 될 수 있도록 한 것. ⇨ 프로그레시브 파워 스티어링(progressive power steering).

신나 [thinner] ⇨ 시너.

신냉매 [新冷媒] 현재 쓰이고 있는 프레온 가스(CFC-11, 12, 113, 114, 115 또한 하론 111, 1301, 2402)로부터 방출되는 염소원자는 오존층을 파괴하고 있다. 프레온 대신에 사용할 수 있는 물질로서 염소를 함유하지 않는 하이드로 플루오로 카본과 성층권에 이르는 동안 분해되는 하이드로 클로로 플루오로 카본 등 각종 화합물이 개발되고 있다. 따라서 우리나라는 프랑스 듀퐁사에서 개발한 'R-134-a'라는 신냉매를 수입하여 1993년 하반기부터 새롭게 시판한 자동차에는 이 가스와 함께 새로운 에어컨 장치로 장착하여 출고하고 있다.

신뢰성 [信賴性:reliability] 신빙성, 확실성의 뜻으로서 자동차의 모든 계통 또는 부품이 규정된 작동 조건에서 의도하는 기간, 규정된 기능을 원활하게 수행하는 확률, 믿음을 말한다.

실 [seal] 기체나 액체를 밀봉하는 역할의 총칭. 밀봉 부분이 고정되어 있을 경우 개스킷, 밀폐 부분에 움직일 여유가 있는 경우 패킹이라고 부름.

실내 길이 [interior length] 차량 중앙에서 인스트러먼트 패널이 가장 튀어나온 선단(부속품은 제외)에서 뒷좌석의 시트백 후단까지의 길이를 말하며, 같은 길이라도 실내의 배열에 따라 거주성에 차이가 있다.

실내 너비 [interior width] 시트보다 윗 부분의 차실 중앙부위에서 측정한 최대의 넓이. 수치상에서는 약간의 차이가 있더라도 실제 차량에서는 더 많은 차이를 보일 경우가 많다.

실내 목업 [interior mock-up] 자동차 개발에서 차실 내의 부품 배치를 결정하거나 거주성을 구체적으로 검토하기 위하여 만들어진 실물 크기의 실내 모형.

실내 온도 센서 [passenger compartment senrud] 실내 온도 센서는 차실 내의 공기를 흡입한 후 온도를 감지하여 컴퓨터에 입력하는 것으로서 공기 혼합 액추에이터에 의해 공기 혼합 패널이 자동으로 움직이면서 실내 온도를 제어한다.

실내 잡음 [room noise] 차실 내에서 발생하거나 유리창 등을 통하여 차실 내로 들어오는 소음을 말한다.

실내 치수 [interior measurement] 자동차 실내의 여러가지 치수를 말한다. 실내의 길이, 폭, 높이 등의 헤드 클리어런스, 니(knee)클리어런스, 래그(leg) 룸이라고 하는 시트 주위의 치수도 포함된다.

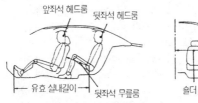

앞좌석 헤드룸   뒷좌석 헤드룸

유효 실내길이   뒷좌석 무릎룸   숄더 룸

실내고 [interior height] 자동차 바닥의 표면에서부터 천장 사이의 수직 최대거리를 말함. 공식적인 만찬회 등을 위하여 모자를 착용한 사람이 승차할 기회가 있으므로 리무진 등은 실내고가 확보되어 있다.

실내등 [⑧ rome light, ⑧ roof light] 실내 천장의 중앙이나 윈드실드 가까운 장소에 실내를 조명하기 위한 등. 룸 라이트 또는 룸 램프라고도 불리운다.

실드 베어링 [shield bearing] 실드는 '가리다, 차폐하다'의 뜻으로서 클러치에서 사용되는 릴리스 베어링과 같이 외부로부터 이물질의 침입을 방지하고 오일이 누출되지 않도록 실드 판을 베어링 아웃 레이스에 설치한 베어링을 말한다.

실드 빔 〔sealed beam〕 헤드 램프에는 램프 내의 전구를 교환할 수 있는 형식도 있으나 램프유닛 전부를 일체로 한 것을 실드 빔이라고 부르고 있다. 이것은 렌즈와 반사경을 용접하고 내부에 필라멘트를 봉입한 것으로 전체가 유리로 만들어져 있다. 내구성이 있으며, 밝기가 사용중에 흐려지지 않는 장점이 있다.

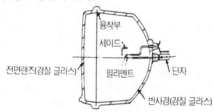

실드 형식 〔sealed type〕 크랭크 케이스와 연결된 통로에 PCV(positive crankcase ventilation) 파이프를 설치하고 에어 클리너에 고무 호스를 연결하여 엔진이 작동할 때 크랭크 케이스 안에 있는 블로바이 가스를 실린더로 흡입하여 재연소시키는 형식.

실러 〔sealer〕 ① 도장용 실러도 있지만, 판금 공정에서는 용접 패널의 접착부(이음매)에 바르는 코킹제(劑)를 가리킴. ② 최대의 점착력 및 홀드아웃을 주고 샌드 스크래치 스웰링을 방지하기 위하여 프라이머, 프라이머서피서, 또는 기존의 피니시와 새로운 페인트 코트 사이에 칠하는 특수한 언더코트.

실러 건 〔sealer gun〕 실러를 도포(塗布)하는데 사용하는 도구. 실러가 충전되어 있는 카트리지의 밑바닥에 힘을 가하여 필요한 장소에 실러를 압출(壓出)함. 에어식과 수동식의 두 가지가 있음.

실러 언더 페인트 〔sealer under paint〕 페인팅전 세정 작업이 미흡하여 야기되는 더트 언더 페인트(dirt under paint)의 타입.

실런트 타이어 〔sealant tire〕 펑크에 견디는 성능을 향상시킨 튜브리스 타이어로서 타이어의 트레드 내벽에 설치되어 있는 이너 라이너라고 부르는 얇은 고무층에 특별한 고무층을 부착시켜 놓은 것. 이 고무층의 역할로 못 등이 트레드를 관통하여도 못의 주위를 에워싸며 또한 못이 빠져도 상처 구멍을 자연적으로 밀봉함으로써 공기가 새지 않는다.

실렉션 슬라이딩 트랜스미션 [selection sliding transmission] 치수(齒
數)가 다른 기어의 조합을 직접 바꾸어 변속을 행하는 변속기를 말함.
변속기는 트랜스미션이라고 영어로 불리우는 것이 보통이다. 또한 트
랜스미션은 속도를 바꾸는 기어라는 데서 변속장치라고 불리우게 되었
다. 오늘의 트랜스미션의 원형은 슬라이딩 기어식(sliding gear
type) 또는 선택 실렉티브 트랜스미션 기어식(selective gear type)
이라고 불리우는 것으로 양쪽 이름을 합쳐서 실렉션 슬라이딩 트랜스
미션이라는 명칭으로 굳어진 것으로 추정된다. 미끄러진다는 것. 슬라
이딩은 미끄러진다는 뜻. ⇨ 트랜스미션(transmission).

실렉터 레버 [selector lever] ① 실렉터는 「선택한다」는 의미. AT차에
서 주행 조건에 맞는 기어를 고르기 위한 레버로 MT차의 시프트 레버
에 상당하는 것. 약해서 실렉터라고도 함. 보통 고를 수 있는 위치(포
지션)로서는 앞에서부터 P(파킹:주차), R(리버스:후퇴), N(뉴트럴
:중립), D(드라이브:통상 주행용으로 모든 기어와 자동변속), 2(세컨
드:등판이나 엔진브레이크 용으로 2속까지 자동변속), L(로:특히 구
동력이 필요할 경우에 사용)이 있으며 이것을 레인지라고 부름. 전진
중 실수로 후진에 넣지 않도록 하기 위하여 R에 시프트 할 때에는 옆
에 부착되어 있는 버튼을 누루도록 되어 있다. ② 파트 타임 4WD에서
2륜 구동과 4륜 구동을 절환(切換)하기 위한 레버를 말한다.

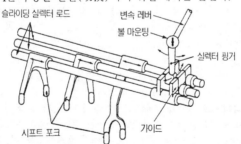

실렉터 스위치 [selector switch] ① 하나의 도체를 여러 개의 도체 중에
서 조건에 알맞는 하나에 접속하도록 설치한 스위치로서 로터리 스위
치를 말한다. ② 각종 테스터에서 제어 기능이 서로 다른 제어회로를
선택하기 위한 여러 기능의 수동조작 스위치를 말한다.

실렉트 로 제어 [select low control] ABS에서 뒷바퀴의 좌우 브레이크
힘이 같아지도록 제어하는 기구의 하나. 좌우 타이어의 마찰계수(μ:
뮤)가 다른 노면을 주행하고 있을 때 브레이크를 걸면 μ가 낮은 쪽의

타이어가 먼저 정지되어 자동차가 옆으로 흔들린다. 이 때 ABS의 제어를 μ가 낮은(로) 쪽에 맞추어 (실렉트하고), 좌우 타이어의 제동력을 같도록 하여 안정성을 회복하는 것.

실렉티브 4WD [selective four wheel drive] 파트타임 4WD를 말함. 일반 도로에서는 2륜 구동으로 주행하고, 젖은 포장도로, 눈길, 흙탕길, 자갈길 등 미끄러지기 쉬운 노면에서는 4륜 구동을 선택할 수 있는 방식을 말함.

실렉팅 [selecting] ① 어떤 조건을 기초로 하여 여러 개 중에서 하나를 선택하는 것. 자동차에 사용하는 변속기에서 주행 조건에 알맞은 변속 기어를 선택하는 것. ② 각종 테스터기에서 점검하고자 하는 기능을 선택하는 것. ③ 자동차의 전자 제어 테스터기에서 커다란 데이터 그룹 속에서 필요한 아이템을 선택하여 사용하는 것.

실루민 [silumin] 알루미늄, 규소, 마그네슘의 합금으로서 주조성이 우수하고 수축이 비교적 작으며 기계적 성질이 우수하여 실린더 헤드, 크랭크 케이스, 다이케스팅에 사용되고 있다.

실리콘 [silicone] ① 왁스 및 폴리시에 들어 있는 성분의 하나로서, 감촉을 매끄럽게 해 줌. 제거되지 않으면 리피니시 코팅 내의 피시아이의 주요 원인이 됨. ② 규소에 탄소, 수소 등을 결합시켜 만드는 유기 규소 화합물의 중합체(重合體)로서 수지, 기름, 고무, 가스 등 자유로운 모양으로 만들 수 있으며 내열성, 절연성이 크고 물을 흡수하지 않으므로 응용 범위가 넓다.

실리콘 광전지 [silicone photo cell] 실리콘에 비소를 첨가시켜 N형 반도체층을 형성하고 그 위에서 붕소를 씌워 P형 반도체를 만들어 PN 접합층에 빛을 투과하면 광자가 이 부분을 여기(勵起)시켜 전류의 흐름을 만든다.

실리콘 다이오드 [silicone diode] 실리콘 다이오드는 P형 반도체와 N형 반도체를 결합한 것으로서 정방향에는 작은 전압으로도 전류가 흐르지만 역방향으로는 수백 V에서도 전류가 흐르지 않는다. 따라서 정방향에 대해선 저저항으로 되어 전류를 흐르게 하지만 역방향으로는 고저항이 되어 전류가 흐르지 않기 때문에 정류 작용과 축전지에서 발전기로 전류가 역류하는 것을 방지하는 역할을 한다. 자동차의 교류 발전기에 설치할 때에는 다이오드 모양은 같으나 전류의 흐름 방향이 다르기 때문에 결선이 틀리지 않도록 하여야 하며, 스테이터 코일에서 발생한 3상 교류를 전파 정류하기 위해 ⊖ 측 다이오드 3개, ⊕ 측 다이오드 3개가 엔드프레임에 조립되어 있다.

실리콘 및 왁스 제거제 [silicone and wax remover] 표면 준비중 페인트
로부터 그리스, 타르 및 왁스를 제거하는 데 사용하는 화학 용액.

실린더 [cylinder] ① 영어로 원통을 뜻하며, 엔진의 실린더 블록에 설
치된 구멍을 말함. 그 안을 피스톤이 왕복하므로써 엔진의 동력이 발
생된다. 실린더에는 내면이 실린더 블록과 같은 재료로 만들어진 일체
형과 다른 재료로 만들어진 실린더 라이너를 끼워넣은 것이 있다. 일
체형에서는 피스톤과의 사이에 기밀을 유지하기 위하여 내면이 정밀하
게 연마되어 있고 마모를 적게 하기 위하여 크롬도금이 되어 있는 경
우도 있음. ② 압축된 기체를 저장하는데 사용되는 이동식 용기.

실린더 게이지 [cylinder gauge] 다이얼 인디케이터와 조합하여 실린더
의 내경, 마멸량, 테이퍼 마모량을 측정하는 게이지. 측정 부위는 실린
더의 축방향 상, 중, 하와 축직각 방향의 상, 중, 하 도합 6군데를 측정
한다.

실린더 내경 [cylinder bore] 실린더의 안지름으로서 실린더 지름이라고
도 한다.

실린더 내경 행정비 [cylinder stroke – bore ratio] ⇨ 보어 스트로크 비
(bore stroke ratio).

실린더 라이너 [⑱ cylinder liner, ⑱ cylinder sleeve] 실린더 라이너는
실린더 블록과 실린더를 별개로 제작한 실린더. 실린더 블록과 별개의
재료로 원심 주조하여 제작된 실린더로서 보통 주철의 실린더 블록에
특수 주철의 라이너, 경합금 실린더 블록에 주철의 실린더 라이너를
끼워 사용한다. 실린더 라이너에는 가솔린 엔진에 사용하는 건식 라이
너와 디젤 엔진에 사용하는 습식 라이너가 있다. 실린더 라이너를 실
린더 슬리브라고도 한다.

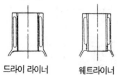

드라이 라이너   웨트라이너

실린더 벽 [cylinder wall] 실린더 내면의 피스톤 링 또는 피스톤과 접촉
되는 미끄럼 면을 말한다.

실린더 보링 머신 [cylinder boring machine] 편마모가 된 실린더를 피
스톤 오버 사이즈에 맞추어 진원으로 절삭하는데 사용하는 기계.

실린더 블록 [cylinder block] 주철이나 알루미늄 합금으로 만들어진 엔
진의 중심이 되는 부분으로서 주철제는 그대로 피스톤을 넣는 실린더

로 되어 있는 것이 많다. 또한 알루미늄 합금으로 만들어져 있을 경우에는 원통형 구멍에 실린더 라이너가 압입 또는 주입(鑄入)되어 있는 것이 보통. 실린더 블록과 함께 실린더 헤드와 크랭크 케이스가 부착되어 있으며, 이 3가지로 엔진의 본체를 구성한다. 엔진을 구성하는 부품 중 실린더 블록이 점유하는 중량의 비율은 보통 승용차로 약 4분의 1이 되며 알루미늄화하여 경량화가 계획되고 있다.

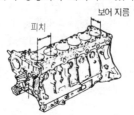

실린더 슬리브 [cylinder sleeve] ⇨ 실린더 라이너.

실린더 용적 [cylinder volume] 실린더 헤드의 연소실 용적과 행정 용적을 합한 것을 말한다.

실린더 피치 [cylinder pitch] 엔진 실린더의 간격을 말하며 보어 지름과 보어 사이의 벽에 해당되는 부분의 두께의 합.

실린더 핀 [cylinder fin] ⇨ 엔진 핀(engine fin).

실린더 헤드 [cylinder head] 실린더 헤드는 엔진의 머리부분으로 실린더 윗면에 설치되어 기밀과 수밀을 유지하여 열에너지를 얻을 수 있는 곳이다. 안쪽의 연소실에 스파크 플러그, 흡입 밸브, 배기 밸브가 설치되어 있으며 실린더, 피스톤, 실린더 헤드와 함께 연소실을 형성한다. 수냉식 엔진은 전체 실린더를 하나로 주조한 일체식 실린더 헤드를 사용하고, 공랭식 엔진은 실린더마다 별개로 주조한 실린더 헤드를 사용하여 냉각을 돕도록 한다.

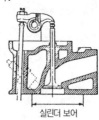

실린더 헤드 개스킷 〔cylinder head gasket〕 실린더 블록과 실린더 헤드 사이에 설치되어 혼합기의 밀봉과 냉각수 및 오일의 누출을 방지한다. 실린더 헤드 개스킷의 재료는 내열성 및 내압성이 만족되어야 하며 그 종류는 동판이나 강판으로 석면(asbestos)을 싸서 만든 보통 개스킷, 강판 양면에 돌출물을 만들고 흑연을 혼합한 석면을 압착하고 표면에 흑연을 발라 만든 스틸베스토 개스킷, 강판만으로 얇게 만든 스틸 개스킷으로 분류된다.

실린더 호닝 머신 〔cylinder honing machine〕 실린더를 보링한 후 바이트 자국을 숫돌로 연마하여 평면이 되도록 다듬질하는 기계를 말한다.

실링 〔sealing〕 ① 외부로부터 침입이나 내부로부터 누출을 방지하는 밀봉 처리. ② 양극판(陽極板)이 산화에 의해 다공질 피막(多孔質被膜)의 내식성 및 물리적 성질을 개선하기 위한 처리를 말한다.

실링 콤파운드 〔sealing compound〕 점화 코일과 케이스 사이를 절연하기 위해서 메우는 합성물을 말한다. 실링 콤파운드 대신에 절연유를 넣어 냉각효과를 증대시킨 것도 있다.

실분무 〔絲噴霧〕 도료의 점도가 지나치게 높아서 도료가 미립화(微粒化)되지 않고, 실을 뽑은 것과 같은 상태로 도장면에 부착되는 것. 거미집 모양을 형성함.

실용 연비 〔fuel economy in actual traffic〕 정지(定地)연비에 대하여 사용되는 용어로서 자동차를 보통 속도로 주행했을 때의 연비.

실험실 옥탄가 압축비를 바꿀 수 있는 단기통 엔진(CFR 엔진)을 사용하여 구한 옥탄가. 시험 방법에는 리서치법과 모터법이 있으며, 이에 따라 얻어진 옥탄가를 각각 리서치 옥탄가, 모터 옥탄가라고 부름. 시험 조건은 모터법이 과혹하며 리서치 옥탄가가 저속 운전시의 앤티노크성을, 모터 옥탄가가 고속 또는 고부하 운전을 하고 있을 때 앤티 노크성을 나타낸다고 함.

실화 〔失火 ; misfire〕 압축이 불완전하거나 혼합기가 희박하거나 또는 전기 점화장치의 결함으로 점화가 안되거나 불완전하여 폭발하지 않는 현상을 말한다.

심 〔shim〕 틈새를 조정하기 위한 판. 부품을 조립할 때 위치 결정을 정확히 행하거나 조립시의 견고함을 조정할 때 사용된다. 1mm 정도의 두께보다 얇은 것을 말하며 비교적 두꺼운 것은 스페이서라고 불리운다.

심볼 [symbol] ① 상징, 기호의 뜻으로 어떤 것을 관련, 결합, 약속 또는 양식, 도형 등으로 대표하도록 한 것을 말한다. ② 정보원(情報原)이 갖는 전체 정보 단위 세트의 하나를 말한다.

심저 림 [深低 rim] ⇨ 드롭 센터림.

10·15 모드 텐(10)모드 대신 연비 테스트의 운전 방법(mode)으로 종래의 일반도로 주행을 기준으로 한 텐(10)모드와 고속도로 주행을 상정(想定)하여 40~70km/h의 가감속을 포함 15모드의 주행 패턴이 추가된 것.

10모드 연비 배출가스 테스트의 주행조건에 설정된 모드로서, 배출된 가솔린 성분에서 계산으로 산출한 가솔린 소비율을 말한다. 90년까지는 10모드, 91년부터는 10·15모드가 적용되고 있다. ⇨ 10·15모드 연비.

13모드 [thirteen mode] ⇨ 서틴 모드.

15도 킬로칼로리 표준 기압하에서 순수한 물 1kg의 온도를 14.5℃에서 15.5℃까지 올리는데 필요한 열량.

12웨이 어저스터블 시트 [12way adjustable seat] 스포츠 타입의 시트에 채용되고 있으며, 12방향으로 조정이 가능하다는 시트이다. 시트의 슬라이드, 리크라이닝을 비롯하여 운전자가 쾌적하고 홀드성이 좋은 상태로 앉아 있을 수 있도록 되어 있다. 사치스러운 기구로서 고급차에 채용되고 있다.

십자계수 [十字繼手] ⇨ 카르단 조인트.

십자형 자재이음 [cross and roller universal joint] 십자형 자재 이음은 2개의 요크를 니들 롤러 베어링과 십자축으로 연결하는 방식으로 구동축이 등속도 회전을 하여도 피동축은 90°마다 변동하므로 자재 이음을 한쪽만 연결하면 1회전마다 2회의 감속과 2회의 가속이 발생되어 진동이 발생된다. 따라서 진동을 작게 하려면 설치각을 12~18° 이하로 하여야 하며, 추진축 앞뒤에 자재 이음을 설치하여 회전 속도의 변화를 상쇄하도록 한다 .⇨ 카르단 조인트.

싱글 그레이드 오일 [single grade oil] SAE 점도 번호의 규정 범위 안에 있는 오일로서 광범위한 규정치를 만족시키는 멀티 그레이드 오일에 대하여 쓰이는 용어.

싱글 기화기식 [single carburetor type] 싱글 기화기식은 엔진에 기화기가 1개 설치된 형식. 1개의 기화기로서 각 실린더에 혼합기를 공급하며 현재 가장 많이 채용되고 있다.

싱글 마스터 실린더 [single master cylinder] 브레이크 마스터 실린더로서 압력실과 피스톤을 1개씩 보유한 것.

싱글 배럴 카브레터 [single barrel carburetor] 혼합기의 통로(배럴)가 1가닥(싱글)인 카브레터.

싱글 배럴식 [single barrel carburetor] 배럴은 중간이 불룩한 통을 의미한다. 싱글 배럴식 기화기는 배럴이 1개로 되어 구조가 간단하며 스로틀 밸브의 열림 정도에 따라 공전에서부터 고속까지 작용한다.

싱글 서킷 브레이크 [single circuit brake] ⇨ 듀얼 서킷 브레이크(dual circuit brake).

싱글 실린더 캘리퍼형 디스트리뷰터 [single cylinder caliper type distributor] ⇨ 플로팅형 디스크 브레이크(floating type disk brake).

싱글 오버헤드 캠 샤프트 [single over head camshaft] 엔진에 1개(싱글)의 캠 샤프트가 실린더 헤드에 설치되어 흡·배기 밸브를 개폐하는 방식. 밸브를 실린더 배열에 따라 나란히 세우고, 캠 샤프트로 직접 구동하는 인라인 타입과, 흡·배기 밸브를 V자형으로 배치하고 로커 암을 거쳐 구동하는 크로스 플로 타입이 있다. SOHC라고도 함.

싱글 와이어 시스템 [single wire system] ⇨ 그라운드 리턴 시스템.

싱글 이그조스트 [single exhaust] 각 실린더의 배기구를 1가닥으로 모은 것. ⇨ 듀얼 이그조스트(dual exhaust).

싱글 카브레터 [single carburetor] 엔진에 1개(싱글)인 카브레터가 설치되어 있는 것.

싱글 코트 [single coat] 스프레이 패턴을 중첩시키면서 필요 범위에 따라 1회만 분사 도장하는 것.

싱글 포인트 인젝션 [single point injection] 연료 분사 시스템으로 흡기 매니폴드 집합 부분의 1점에 연료를 분사하는 것. 약해서 SPI라고 부르며 각 기통마다 연료분사를 하는 멀티 포인트 인젝션(MPI)에 비교하면 컴퓨터 제어가 용이하고, 아이들링시 소량의 연료 공급을 좋게 할 수 있다는 장점이 있음.

싱글 픽 [single pick] 하대(화물실)의 덮개가 없고 사이드 패널이 운전실과 일체로 만들어져 있는 소형의 트럭(픽업)으로 운전실 내의 시트가 1렬(列)인 것을 말함. ⇨ 픽업(pick up).

싱크 [sink] ① '우묵함, 배출되게 하다'의 뜻으로서 에너지원에서의 에너지가 궁극적으로 배출되는 장소 또는 장치.

싱크 [sync] 동기(동조)화하는 것. 또한 동기화 신호를 말한다.

싱크로나이저 [synchronizer] ⇨ 싱크로메시(synchromesh).

싱크로나이저 링 [synchronizer ring] 싱크로메시 기구에 있는 링 모양의 부품이며 보그워너 타입 싱크로에서는 링의 내면에 싱크로나이저 콘과 접촉하여 마찰력을 전달하는 원추형의 마찰면을 외주(外周)에 슬리브와 연결되는 스플라인이 있다. 마찰력에 견딜 수 있도록 특수한 동합금으로 구성되어 있음. 포르세 타입 싱크로에서는 안쪽에 고정된 브레이크 밴드와 접하여 마찰력을 발생하는 링을 싱크로나이저 링이라고 부름.

싱크로나이저 슬리브 [synchronizer sleeve] 클러치 슬리브(clutch sleeve). 슬리브는 둘러 씌우는 관의 뜻. 싱크로나이저는 변속 레버에 의해 전후 방향으로 미끄럼 이동하여 기어 클러치 역할을 한다. 싱크로나이저 슬리브는 싱크로나이저 허브의 스플라인에 설치되고 슬리브 바깥 둘레의 홈에는 시프트 포크가 설치된다.

싱크로나이저 콘 [synchronizer cone] 싱크로메시의 변속 기어에 부착되어 있는 부품으로서 원추형의 면을 가지며, 싱크로나이저 링의 원추형 마찰면과 접촉하여 기어의 회전속도를 일치(동기)시키는 역할을 하는 것.

싱크로나이저 키 [synchronizer key] 시프팅 키(shifting key). 키는 '쇠를 잠그다, 그때 그때의 분위기에 맞추다', 시프팅은 '이동하는, 이전하는, 위치를 옮기는'의 뜻. 싱크로나이저 키는 싱크로나이저 슬리브를 고정하여 기어물림이 빠지지 않게 하는 역할을 한다. 싱크로나이저 허브 3개의 홈에 끼워져 싱크로나이저 스프링에 의해 항상 싱크로나이저 슬리브 안쪽면에 압착되어 있다. 또한 변속 레버에 의해 슬리브를 이동시키면 싱크로나이저 키도 이동되어 싱크로나이저 링을 기어의 콘부에 압착시킨다.

싱크로나이저 허브 [synchronizer hub] 클러치 허브(clutch hub). 싱크로나이저는 '동시성을 가지게 하다, 동시에 일어나게 하다. 허브는 활동의 중심, 중추'의 뜻. 싱크로나이저 허브의 안쪽은 주축의 세레이션에 끼워져 고정되고 3개의 홈에 싱크로나이저 키가 끼워지며, 바깥둘레의 스플라인에 슬리브가 설치된다. 또한 싱크로나이저 허브를 클러치 허브라고도 한다.

싱크로메시 [synchromesh] 싱크로나이저. 동기교합(동기물림) 기구라고도 불리운다. 싱크로나이저는 2개 이상의 일이 동시에 발생됨을 뜻하며 트랜스미션 기어의 동일한 속도에서 교합되는 장치를 말함. 싱크로라고 약하는 수가 많다. 트랜스미션의 메인샤프트와 카운트 샤프트는 엔진에 의해 회전되고 있으므로 기어의 물림을 갑자기 하게 되면 회전 속도가 맞지 않기 때문에 기어가 잡음을 발생하거나 파손되는 일이 있다. 그래서 기어 그 자체는 최초부터 맞물림을 시켜 놓고(상시교합)싱크로나이저 콘이나 싱크로나이저 링 등을 클러치로서 사용하여 기어의 회전을 거의 일치시킨 후 슬리브에 의하여 상호 결합시켜 회전을 전달하도록 한 것. 볼타입 싱크로, 보그워너 타입 싱크로, 포르세 타입 싱크로 등이 있다.

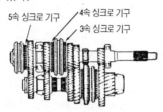

쐐기형 〔wedge type〕 웨지형. 옆에서 보면 쐐기 모양으로 보이기 때문에 이렇게 부른다. 배스터브형과 같이 흡기 밸브와 배기 밸브는 평행하게 설치되어 있다. 그러나 배스터브형보다 흡배기 포트의 휘어짐이 완만하게 될 수 있으므로, 혼합기나 배기가스의 흐름이 유연하게 되며 그만큼, 출력을 크게 할 수 있다.

쐐기형 연소실 〔wedge combustion chamber〕 ⇨ 웨지형 연소실.

아공석강 〔亞共析鋼〕 탄소 함유량이 0.8% 이하의 강으로서 페라이트와 펄라이트의 조직을 말한다.

아교 〔glue〕 짐승의 가죽 또는 뼈 등을 고아서 그 액체를 고체화시킨 딱딱한 접착제(接着劑). 나무 기구를 접합시키거나 지혈제(止血劑)로도 사용한다. 정제한 백색의 것을 젤라틴이라 한다.

아날로그 〔analog〕 아날로그는 연속적이라는 뜻으로서 디지털의 상대 용어로 사용된다. ① 연속적으로 변화하는 물리량 또는 그와 같은 양에 의해 작동하는 장치로서 지침식의 계기에 사용되고 있다. ② 연속적으로 변화하는 물리량에 의해 표현된 데이터에 대해 사용되는 형용사.

아날로그 디지털 변환기 〔analog digital convertor〕 아날로그 디지털 변환기는 전압으로 나타난 아날로그 양을 중앙처리장치에 의해 디지털량으로 변환하는 장치로서, 입력처리 회로는 디지털 입력이 0~5V의 범위를 넘는 것과 아날로그 입력에서 접점 노이즈가 큰 것 등을 중앙처리장치에 입력이 적합하도록 처리하는 회로이다.

아날로그 멀티테스터 〔analog multitester〕 자동차에 관계되는 전기장치 또는 가전 제품의 저항, 전압, 전류를 한 개의 장치로서 점검하기 위한 계기로서 물리량의 변화를 지침으로 나타내는 것을 말한다.

아날로그 미터 〔analog meter, analogue meter〕 문자판과 지침을 가지고 수량을 연속적으로 나타내는 미터. 아날로그는 '닮은 것'을 뜻하며 '손 꼽아 헤아리는 것'을 뜻하는 디지털과 대조적으로 쓰이는 말로서 우리들의 일상 생활처럼 연속적으로 변화하는 것을 말함. ⇨ 디지털 미터.

아날로그 비교기 〔analog comparator〕 2개의 아날로그 전압을 비교하여 그 대소(大小)에 의해 디지털의 1 또는 0의 출력이 발생되도록 하는 비교장치를 말한다.

아날로그 스피도미터 〔analog speedometer〕 연속적으로 변화되는 자동차의 속도 및 엔진의 회전수를 미터의 지침으로 나타낸 것을 말한다.

아날로그 컴퓨터 [analog computer] ① 연속적으로 변화하는 물리량을 오실로스코프상의 파형이 정지되어 보이도록 형상을 일정한 주기로 반복하며 회로의 구성 요소는 적분기, 계수기, 가산기 등으로 연산 증폭기에 의해 만들어진다. ② 풀어야 할 문제의 미분 방정식과 등가적인 전기 회로를 구성하여 적당한 초기 조건의 첫 회로를 작동시켜 방정식의 해(解)에 상당하는 회로 전압의 시간적 변화를 오실로스코프나 플로터상에 그리게 한 것.

아네로이드 고도계 [aneroid altimeter] 아네로이드는 '수은을 사용하지 않는'의 뜻으로서 대기압을 측정하여 고도로 나타내는 계기이다. 얇은 탄성의 금속판을 진공 용기에 설치하여 기압의 변화에 따라 팽창, 수축하면 조그만 레버를 통하여 계기의 바늘이 눈금을 가리키게 된다.

아네로이드 컨트롤 [aneroid control] 전자제어 엔진을 탑재한 자동차 또는 자동 변속기를 설치한 자동차에서 고도에 따라 대기압의 변화를 감지하여 공연비 또는 변속 포인트를 자동으로 제어하는 장치를 말한다.

아데방 [當乙盤] 받침대. ⇨ 리벳 홀더(rivet holder).

아라기리 [粗功] ⇨ 점 따냄.

아라미드 섬유 [aramid fiber] 방향족(放香族) 폴리아미드 섬유. 매우 강하고 곧은 분자 구조를 가지고 있으며 원액을 방출하는 것만으로 연신공정(延伸工程)없이 고배향(高配向), 고강력(高强力)의 섬유가 얻어진다. 자동차에서는 레이디얼 타이어의 벨트와 호스류의 심재(芯材)로써 많이 쓰이고 있음. 미국의 듀퐁社가 개발하여 고기능 신소재로 각광받고 있다.

아래 방향 흡기식 [down draft type] 아래 방향 흡기식은 혼합기가 위에서 아래로 흐르도록 한 형식. 공기의 흐름 속도가 느려도 혼합기의 흐름에 중력이 작용하므로 흡입 효율이 양호하여 출력이 증가된다. ⇨ 카브레터.

아르 [R] 곡면. 크게 휘어 있으면 급한 곡면, 휨이 적으면 완만한 곡면이 됨.

아르곤 [argon] 아르곤은 '활동하지 않는다'는 뜻. 무색, 무취, 무미의 불활성 가스로서 공기 중에 약 1%가 포함되어 있다. 다른 원소와 화합하지 않으므로 약간의 질소와 함께 전구에 넣어 이온화하면 자색의 빛이 발생되며 높은 온도에서 텅스텐의 기화와 필라멘트의 증발 및 전구가 검게 되는 것을 방지하는 데 이용한다. 원소 기호는 Ar, 원소 번호는 18, 원소량은 39.944이다.

아르곤 아크 용접 〔argon arc welding〕 모재에 아르곤 가스를 분출시키면서 전극봉과 모재 사이에서 발생되는 아크 열로 용융시켜 접합하는 방법을 말한다.

아르키메데스 〔Archimedes〕 고대 그리스의 물리학자, 수학자로서 왕관의 금의 순도를 부력의 원리로 측정하였으며 원 또는 타원이나 방물선 (放物線)의 체적과 그 외접 원주와의 관계 등을 구하였다.

아르키메데스 원리 〔Archimede's principle〕 기원전 220년경에 아르키메데스가 발견한 상대성의 원리. 액체나 기체 속에 정지되고 있는 물체는 그것이 배제된 유체의 무게와 동등한 부력을 받는다는 법칙.

아마추어 〔armature〕 ① 전동기, 발전기, 모터의 전기자를 말한다. ② 금전의 보수를 받지 않는 비직업적인 운동가. ③ 마그네틱 스피커, 픽업의 가동편, 부저의 진동편, 릴레이의 진동자 등 자기회로에 있는 가동 부분의 총칭. ⇨ 전기자.

아몽통 〔Amontons Guillaume〕 프랑스의 물리학자로서 마찰력이 접촉면적이나 속도와는 상관없이 접촉면 사이에 수직으로 작용하는 힘에 비례한다는 것을 발견하였으며 기체를 연구하여 처음으로 절대 영도 (絶對零度)를 추정하였다.

아몽통 법칙 〔Amonton's law〕 마찰면에 관한 법칙으로서 「마찰력은 접촉면의 전면적에 의해 좌우되지 않는다」는 제1법칙과 「마찰력은 하중에 비례하고 마찰계수는 하중에 의해 좌우되지 않는다」는 제2법칙이 있다.

아베의 원리 〔Abbe's principle〕 독일의 아베(E. Abbe : 1893)가 제창한 이론. 길이를 측정할 때 측정자로 사용할 눈금자를 측정할 길이와 일직선상으로 배치함으로써 오차(誤差)를 미세한 값으로 줄이는 원리.

아보가드로 〔Avogadro Amedeo〕 이탈리아의 물리학자, 수학자로서 1811년 아보가드로 법칙을 발표하여 분자의 개념을 밝혀 돌턴 (Dalton)원자설의 결함을 보충하였다.

아보가드로 법칙 〔Avogadro law〕 모든 기체는 동일한 온도와 압력하에서 같은 부피 속에는 동일한 수의 분자를 함유한다는 법칙을 말한다.

아세톤 〔acetone〕 탄수화물의 발효에 의해서 얻어지는 특이한 냄새가나는 무색의 액체로서 인화성 및 용해성이 크다. 화학 실험, 화학 공업, 셀룰로이드 접착제, 아세틸렌의 용해에 사용되고 있다.

아세틸렌 〔acetylene〕 탄소와 수소의 화합물. 순수한 가스는 비중이 0.91로 공기보다 가볍고 냄새가 없는 가스로서 화학기호는 C_2H_2로 표시된다. 아세틸렌 가스는 불순물과 혼합되면 악취가 발생하며, 405~408℃에서 자연 발화되고 505~515℃가 되면 폭발한다. 아세틸렌은 15℃ 1기압에서 물에는 같은 량, 석유에는 2배, 벤젠에는 4배, 아세톤에는 25배가 용해된다. 1.5기압 이상이 되면 폭발의 위험이 있고 2기압 이상으로 압축하면 폭발하게 된다.

아스베스토 [asbestos] 석면. 섬유 형태로 된 광물의 총칭. 자동차에는 디스크 브레이크 패드, 브레이크 슈의 라이닝, 클러치 페이싱 등의 마찰재, 언더 코딩 등의 단열재나 소음을 흡수하는 재질로서 여러가지 부품에 쓰이고 있음. 다량을 흡입하면 폐의 기능을 나쁘게 하며, 발암성이 있으므로 그 사용량도 서서히 적어지고 있음.

아스베스토 프리 [asbestos free] 개스킷이나 브레이크 슈 등의 소재로서 석면을 쓰지 않는 것. ⇨ 논 아스베스토.

아스피레이션 노이즈 [aspiration noise] 고속 주행중 차실에서 공기가 새어 나갈 때 발생되는 흡기음. 도어가 자동차 측면에서 발생되는 부압으로 인하여 빨려 나가 웨더스 트립과 보디 사이에 틈새가 생겨 공기가 빨려나가는 소리.

아연 [zinc] 상온에서 무르고 광택이 나는 청백색의 금속 원소로서 원소 기호는 Zₙ, 원자번호 30, 원자량 65.37이다. 강판에 도금하여 함석판을 만들며 평면 베어링 재료, 축전지 극판의 격자, 금속의 합금 재료 등으로 사용된다.

아연 도금 강판 [亞鉛塗金鋼板 : galvanijed sheet iron] 차체의 녹을 방지하기 위하여 아연 도금을 한 강판. 강판을 음극으로 하고 전기를 사용하여 도금하는 전기 아연 도금 강판, 아연을 녹인 상태에서 강판을 담구어 만들어지는 용융(熔融) 아연 도금 강판, 아연 도금한 강판을 열처리하여 표면을 철과 아연의 합금으로 만든 합금화 아연 도금 강판 등이 있음.

아우터 레이스 [outer ball race] 볼 베어링이나 니들 베어링 등의 구름 베어링으로서 볼이나 굴대를 끼우고 구루는 바퀴 중 바깥 바퀴이다. 안쪽 바퀴는 이너 레이스라고 부름.

아우터 미러 [outer mirror] 후방의 상황을 확인하기 위한 후사경으로서 차량의 바깥쪽에 설치된 것. ⇨ 백미러(back mirror).

아우토반 [⑧autobahn] 히틀러가 자동차 정책의 일환으로 1933년에 착공된 독일의 자동차 전용도로. 군사적인 이용뿐만 아니라 도로망 정비 작업을 함으로써 경제 효과와 실업자 구제가 그 목적이었다고 함. 여

러 나라의 고속도로는 최고 제한 속도가 있지만 아우토반은 제한 속도
가 없다는 것이 유명함.

아웃 인 아웃 〔out-in-out〕 코너를 선회할 때 원심력의 영향을 받지만,
같은 속도라면 코너링 할 때의 선회반경이 클수록 이 영향은 약하게
할 수 있다. 따라서 같은 도로폭이라면 코너의 입구에서 바깥쪽(out),
중앙에서 안쪽(in), 출구에서 또는 바깥쪽(out)을 지나면 반경은 가
장 커진다. 이 최대원의 코스를 선회하는 것이 손실은 없지만, 대향차
가 있는 도로에서 하는 것은 위험하다.

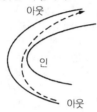

아웃 풋 샤프트 〔out put shaft〕 출력축. 엔진과 변속기에서 동력을 전달
하는 축.

아웃보드 다이어그노시스 〔outboard diagnosis〕 ⇨ 다이어그노시스.

아웃보드 브레이크 〔outboard brake〕 아웃보드는 배의 뱃전보다 밖이라
는 뜻으로서 자동차에서는 차체의 외측(外側)을 말하며 서스펜션에
설치되어 있는 일반적인 브레이크와 대비해서 쓰임.

아웃보드 조인트 〔outboard joint〕 독립현가장치의 구동축에 쓰이는 2개
의 등속 조인트 중 휠 쪽에 쓰이는 조인트. 보디쪽에 쓰이는 인보드 조
인트와 대비하여 불리운다.

아이 〔eye〕 ① 1번 판스프링의 양 끝에 만들어진 둥근 고리로서 섀클
또는 핀으로서 차체에 설치하기 위한 구멍을 말한다. ② 크레인에 화
물을 매달기 위해서 와이어 로프 양 끝에 만들어진 둥근 고리 모양으
로 만들어진 걸이 구멍을 말한다. ③ 엔진을 체인 블럭으로 들어 올리
기 위해서 와이어 로프를 연결하는 볼트 머리에 만들어진 걸이 구멍을
말한다.

아이 볼트 〔eye bolt〕 물체를 끌어 올리는데 사용되는 것으로 머리부분
이 둥근 가락지 모양으로 되어 있어 로프나 훅(hook)을 걸기에 알맞
다.

IC 〔integrated circuit〕 집적(集積)회로(回路)의 약칭. 1개의 전기회로

중 트랜지스터나 다이오드 등의 소자를 집약하여 만든 것으로서 발진, 정류, 증폭 등의 작용을 함. 1개의 IC에 수천 개의 소자를 조합한 것을 LSI(대규모 집적 회로), 수mm 각의 실리콘 기판 위에 십만 개 이상의 소자를 조합한 것을 초 LSI라고 함. 컴퓨터의 두뇌로서 없어서는 안될 부품. IC는 초소형, 신뢰성, 내진성, 내구성, 경제성이 우수하고 양산성은 있으나 회로의 선택 및 설계의 자유가 제한된다.

ICS [induction control system] 가변 흡기 시스템의 하나. 실린더마다 길고 짧은 2개의 흡기 매니폴드를 설치하여 저속시에는 긴 쪽의 매니폴드만을, 고속시에는 양쪽을 사용하여 흡기의 맥동 효과를 얻는 것.

ICS [intelligent cockpit system] 운전 환경 자동 조정 시스템. 운전자의 좌석을 운전자에게 알맞는 위치로 조정하면 시트의 높이, 리크 라이닝 각, 룸 미러, 도어 미러, 핸들 등이 인간 공학 데이터에 준하여 자동적으로 조정된다. 이러한 기능을 중심으로 승차시 시트의 이동이나 키리스 엔트리(keyless entry)등을 설치하여 단시간에 운전자에게 최적의 운전 환경을 만드는 것.

IC엔진 [internal combustion engine] ⇨ 내연 기관.

IC조정기 [integral circuit regulator] IC 조정기는 집적 회로에 의해 로터 코일에 흐르는 여자 전류를 제어하여 발생 전압을 엔진 회전수와 관계없이 일정하게 유지하는 조정기로서 특징은 집적 회로 자체에서 증폭 작용으로 인한 발전기의 출력이 증대되고 진동 접점이 없으므로 스파크에 의한 전파 방해가 없으며, 조정 전압의 변동이 적다. 또한 내구성 및 내진성이 양호하다.

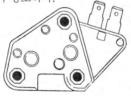

IIR [isobutylene-isoprene rubber] ⇨ 부틸 고무(butyl rubber).

IRS [independent rear suspension] 뒷바퀴(後輪) 독립현가장치.

IRA [inter rim advanced] ⇨ 광폭 인터림.

ISC 서보 [idle speed control servo] 공전 조절 서보. 공전 조절 서보는 컴퓨터의 신호에 의해 ISC 모터가 회전되어 스로틀 밸브의 열림량을 조절하여 공전 속도를 제어한다. ISC모터, 웜기어, 웜휠, 모터 위치 센서, 공전 스위치로 구성되어 엔진 시동 후 워밍업, 에어컨 작동시,

전기 부하시 컴퓨터가 ISC 모터를 회전시키면 플런저가 상하 직선 운동을 하여 ISC 레버를 밀어 엔진의 회전속도를 약간 상승시킨다. ⇨ 아이들 스피드 컨트롤

ISO [international standardization for organization] 국제표준화기구. 공학의 모든 분야에서 단위나 규격의 국제적인 통일을 도모하는 목적으로 결성되어 있는 조직. ⇨ 국제표준화 기구.

IHP [indicated horse power] ⇨ 도시 마력(圖示馬力).

INVECS [intelligent and innovative vehicle electric control system] 퍼지 제어를 응용한 전자제어 시스템의 명칭. 퍼지 시프트 4속 AT, 퍼지 TCL(트랙션 컨트롤), 전자제어 풀타임 4WD, 액티브 4WS, 액티브 ECS 예지(豫知) 센서를 가진 공압식 액티브 서스펜션, 에어퓨리파이어 퍼지 에어컨(공기 청정기가 부착된 에어컨)등을 합쳐서 부르는 말.

INTRAC [innovative traction control system] 비스커스 커플링을 이용한 4WD용 트랙션 제어시스템의 명칭. 뒤차축에 사용되는 극히 일반적인 차동장치의 디퍼렌셜 케이스를 비스커스 커플링의 하우징으로 사이드 링과 차축을 이너 플레이트와 이너 샤프트로 바꾸어 놓은 구조로 되어 있다. 차동, 차동의 제한, 전륜과 좌우 후륜으로 토크 배분의 3개의 작용을 동시에 행할 수가 있다.

IMEP [indicated mean effective pressure] ⇨ 도시 평균 유효 압력(圖示平均有效壓力).

I-TEC [(Isuzu) total electronic control] 자동차 엔진 전자제어 시스템으로서 가솔린용과 디젤용이 있음. 가솔린 엔진의 전자제어 시스템은 MPI방식. 열선식 공기 유량계에 따라 공기량을 측정하는 것이 특징이며 공연비, 점화시기, 아이들 속도 등의 컨트롤을 행함. 디젤 엔진의 전자제어는 연료분사와 아이들 회전 외에 오토크루즈 제어를 행하는 것이 특징.(우리나라에서는 쌍용자동차 코란도에 이 방식을 채택하고 있음＝I-TEC).

IPS [idle position switch] 공전스위치. IPS 스위치는 액셀러레이팅 페달을 밟았는지 놓았는지를 검출하여 컴퓨터에 보내어 ISC 서보를 작동시킨다. 접점식으로 ISC 서보의 끝부분에 설치되어 스로틀 밸브가 닫혀 공회전 위치이면 ISC 레버에 눌려 ON 상태가 되고, 스로틀 밸브가 열려 엔진의 회전 속도가 증가하면 OFF가 된다.

l 헤드 엔진 [I head engine] 흡입 및 배기 밸브가 실린더 헤드에 설치되어 있어 오버 헤드 밸브 엔진이라고도 한다. L 헤드 엔진에 비하면 밸

브 기구가 복잡하지만 고압축비로 하여 열효율을 증대시킬 수 있어 현재 가장 많이 사용하고 있다. ⇨ OHV 엔진.

아이들 [idle] 공전(空轉)하는 것.

아디들 기어 [idle gear] 공회전 하는 기어를 말한다. ⇨ 아이들러 기어

아이들 러프니스 [idle roughness] 엔진의 아이들링시에 발생하는 헌팅(hunting). ⇨ 헌팅.

아이들 리미터 [idle limiter] ⇨ 믹스 어저스트 스크루.

아이들 리타더 시스템 [idle retader system] 배전기에 설치되어 있는 진공 진각장치에 다이어프램을 이중으로 설치하여 엔진이 공회전시에 점화시기를 지각시켜 일산화탄소나 탄화수소의 발생량을 감소시키는 장치를 말한다.

아이들 스피드 [idle speed] 공전 속도. 아이들링시에 엔진 회전수.

아이들 스피드 컨트롤 [idle speed control] 공전 조정 속도. 아이들링시에 엔진 회전수를 제어하는 것. 전자제어식 엔진에서 아이들 회전수를 미리 마이크로컴퓨터에 기억시켜 각 센서의 신호에 따라 엔진의 상태를 검지하고 그 목표 회전수를 자동적으로 조정하는 것을 말함. ISC로 줄여서 표기함.

아이들 시스템 [idle system, idle circuit] 공전 시스템. 아이들 계통. 아이들 어저스트를 행하는 장치의 총칭.

아이들 CO [idle CO concentration] 공전 CO. 아이들링시에 배출되는 일산화탄소. 아이들링 상태의 엔진에서는 스로틀 밸브가 약간 열려 있으므로 가솔린이 불완전 연소되어 일산화탄소(CO)가 발생하기 쉽다.

아이들 어저스트 [idle adjust] 공회전(공전)조정. 아이들링시의 엔진 회전수를 조정하는 것. 아이들링 상태의 엔진에서는 스로틀 밸브가 약간 열려 있으므로 가솔린이 불완전 연소하여 일산화탄소(CO)가 발생하기 쉽다. 따라서 연료를 메인 제트와 다른 작은 구멍(아이들 포트)에서 믹스, 어저스트 스크루로 조정하여 엔진에 공급하며 CO의 발생을 될 수 있는 한 적게, 그리고 엔진이 안정되게 회전할 수 있도록 조정한다. 또한 스로틀 밸브의 열림을 조정하는 나사는 스로틀 어저스트 스크루라고 불리운다.

믹스셔 어저스트 스크루

아이들 어저스트 스크루 [idle adjusting screw] 공전 조정 스크루 ⇨ 믹스 어저스트 스크루.

아이들 업 [idle up] 아이들링시의 엔진 회전을 일시적으로 높이는 장치. 에어컨을 쓰고 있거나 정체 등으로 아이들링 상태가 계속되면 쿨러용 컴프레서의 부하로 인하여 엔진의 회전이 저하되고 엔진 정지가 될 가능성이 있으므로 이 장치에 의하여 회전을 높인다.

아이들 진동 [idle vibration] ⇨ 아이들링 진동. 공전진동(空轉振動).

아이들 컴펜세이터 [idle compensator] 공전보상장치(空轉補償裝置). 아이들링의 조정장치. 컴펜세이터는 보상한다는 뜻으로 기온과 기압 등의 변화에 따라 엔진의 아이들링 회전수가 변하지 않도록 자동적으로 조정하는 장치. 기온이 높을 때 기화기 뜨개실의 온도가 올라가면 연료증기가 연료를 메인 노즐에서 밀어내어 혼합기가 농후해질 수 있다. 이때, 스로틀 밸브를 알맞게 열어 적정한 농도로 조절하는 장치를 핫 아이들 컴펜세이터라고 부름.

아이들 포트 [idle port] 아이들링시 스로틀 밸브가 닫혔을 때 연료가 흐를 수 있도록 설치된 구멍.

아이들러 [idler] 엔진에서 밸트나 체인의 장력을 조정하기 위하여 부착된 풀리나 스프로킷. 캠 축을 구동하는 타이밍 벨트나 타이밍 체인, 보조 기계류를 구동하는 벨트 등을 누르면 회전 중심이 움직이게 되어 있으며, 각각 아이들러 풀리, 아이들러 스프로킷 이라고도 칭함.

아이들러 기어 [idler gear, idle gear] 아이들 기어 또는 유동 기어라고도 하며, 2개의 메인 기어 사이에 놓여져 그 위치를 조정하거나 회전 방향을 변환시키는 목적으로 사용되는 기어. 이 기어에서 동력을 변화시켜주는 일이 없으므로 아이들러(일을 안하는 사람. 쓸모 없는)라고 칭한다. 후퇴할 때 쓰이는 리버스 기어로 회전 방향을 역으로 하는 리버스 아이들러 기어가 그 예.

아이들러 스프로킷 [idler sprocket] ⇨ 아이들러.

아이들러 암 [idler arm] 리서큘레이팅 볼식 스티어링 기어 등, 릴레이 로드를 이용한 스티어링 장치에 사용되는 로드를 평행으로 유지하기 위한 암. 인디펜던트 서스펜션에서는 스티어링 링키지가 길어서 핸들 쪽을 피트먼 암으로, 반대쪽은 아이들러 암으로 지지되어 있음. 아이들러는 '게으름뱅이'라는 의미로서 링키지를 지지할 뿐 힘을 전달하지 않는 작용을 함으로써 그 이름이 붙여졌다. 차체의 설치 방법에 따라 미끄럼식과 비틀림식이 있으며, 미끄럼식은 베어링에 플라스틱 부싱을 사용한 것이고 비틀림식은 베어링에 고무 부싱을 사용한 것이다. 핸들을 돌렸을 때 고무가 비틀려서 힘을 저축하게 하고, 반대로 핸들을 되돌릴 때 힘이 적게 들게 한 것.

아이들러 풀리 [idler pulley] ⇨ 아이들러.

아이들링 [idling] 공회전(空回轉). 공전. 아이들은 일을 하지 않고 있다는 뜻으로 가속 페달을 밟지 않고 엔진이 공회전하고 있는 상태. 이 때 엔진의 회전수는 엔진이 안정 되어 회전할 수 있는 최저속도이다.

아이들링 진동 [idling vibration] 아이들링시에 플로, 시트, 핸들 등이 엔진의 진동과 공진하여 흔들리는 현상으로서, 엔진의 팽창 행정마다 일어나는 4기통 차량의 $20\sim35Hz$, 6기통 차량의 $30\sim50Hz$의 진동과 실린더 사이 또는 사이클 사이의 연소가 일정치 않을 때 일어나는 진동이 있음. 엔진의 토크 변동이 일정하지 않으므로 발생하는 경우가 많다. 그리고 엔진의 연소가 일정하지 않을 때 혹은 엔진이나 변속기의 회전 부분에 언밸런스가 되어 발생하는 경우도 있음.

아이디어 스케치 [idea sketch] 자동차의 외관이나 내장 등의 디자인을 할 때 디자이너가 자유로운 발상으로 자동차의 개념도에 자신의 아이디어를 가하여 시각화한 것을 이미지 스케치라고 한다. 따라서 여러가지 차종에서 필요한 내용을 그림으로 완성시킨 것을 아이디어 스케치라고 하며 여러가지 스케치 중 선택된 스타일이 검토된다.

아이소바 [isobar] 물체의 상태량 중에서 압력을 일정하게 유지하면서 온도, 체적관계 등을 나타내는 등압선을 말한다.

아이솔레이션 [isolation] 전기장치가 모든 전기 에너지원에서 전기적, 기계적으로 분리되어 있는 것.

아이솔레이터 [isolator] ① 전기 절연체를 말한다. ② 순방향에 대해서는 전자파를 거의 감쇠없이 전송시키고 그 반대 방향에 대해서는 전력을 흡수하는 비가역적인 전송회로 소자(轉送回路素子).

아이스반 [⑩eisbahn] 독일어로 스케이트나 썰매가 지나는 길을 의미하며, 따라서 얼음이 얼어붙은 노면을 말함. 특히, 쌓인 눈이 타이어로 다져져 딱딱하게 얼어붙은 상태를 가리키는 경우가 많음.

아이싱 [icing] 기화기 구멍 주위에 수분이 결빙되는 현상. 기화기 내에 분무된 가솔린은 기화될 때 주위의 열을 흡수하여(기화열) 빙점에 가까운 온도가 되므로 습도가 높으면 기화기의 가동 부분에 얼음이 붙어 작동 불량을 일으킬 때가 있다.

아이언 로스 [iron loss] 전기에서 히스테리시스 손실과 와전류 손실을 합한 것으로서 철심이 발열되는 원인이 된다.

아크 [arc] 조건이 갖추어지면 아무 것도 없는 공중에서도 전기는 전극 사이를 점프하는데 이 때 소리, 열, 빛을 동반하는 불꽃을 발생한다. 이 불꽃을 아크라고 하며, 용접의 열원(熱源)으로도 이용된다. 또한, 미그(MIG) 용접기의 약칭으로 사용되기도 한다.

아크 브레이징 [arc brazing] 미그 용접의 원리를 이용한 납땜. 열에 의한 뒤틀림 및 녹의 발생을 억제할 수 있다. 메이커의 생산 라인에서 사용되고 있다.

아크 용접 [arc welding] 전기의 스파크 열을 이용하여 2개의 모재를 용융시켜 접합하는 방법으로 ⊕극에서 발생하는 열량이 60~70%, ⊖극에서 발생하는 열량이 30~40%인 직류 아크 용접과, ⊕, ⊖극에서 발생하는 열량이 각각 50%인 교류 아크 용접이 있다. 직류 아크 용접은 모재가 두꺼울 때 모재에는 ⊕극, 용접봉에는 ⊖극을 연결하여 용접하는 정극성(正極性) 용접과, 이와는 반대로 연결하여 얇은 판의 용접에 사용하는 역극성(逆極性) 용접으로 분류된다.

아크릴 수지 [acryl resin] 대부분 자동차 도장용 도료에 사용되는 수지. 투명하고 내후성(耐候性)이 강함. 부착력이 강력하므로 경금속용 도료에 적합하며 산소, 오존 등에 의한 분해나 변질을 받지 않는다.

아크릴릭 [acrylic] 래커와 에나멜 페인트 바인더에 사용되는 투명한 화합물. 페인트의 내구성을 향상시키고, 원래의 색상과 광택을 유지하여 준다.

안내 풀리 [guide pulley] 벨트, 로프, 체인 등의 전동에서 벨트가 벗겨지거나 느슨해지는 것을 방지하는 역할을 한다.

안료 [pigment] 페인트로 하여금 색상을 띠게 하는 미세한 색소 입자로서, 무기(無機), 유기(有機)의 화합물이다.

안장 키 [saddle key] 새들 키. 보스에만 키 홈을 만들어 고정하므로 마찰에 의해 회전력을 전달한다. 작은 힘을 전달하는 곳에 사용한다.

안전 [safety] 부상 또는 위험으로부터 자유로운 것.

안전 밸브 [safety valve] ① 터보차저 엔진에서 웨이스트 게이트 밸브가 고장이 발생되어 과급압이 이상하게 상승될 경우, 흡기 매니폴드에 설치된 안전 밸브가 열려서 엔진을 보호한다. ② LPG의 안전 밸브는 봄베 외측의 충전 밸브와 일체로 조립되어 봄베 내의 압력을 항상 일정하게 유지한다. 안전 밸브는 항상 스프링의 장력에 의해 닫혀 있지만 봄베의 내압이 상승하여 $20.8 \sim 24.8 Kg/cm^2$ 이상이 되면 밸브가 열려 대기중에 방출된다. 또한, 봄베의 내압이 $18.6 \sim 18.8 Kg/cm^2$가 되면 밸브가 닫혀 LPG의 방출이 중단되므로 봄베 내의 압력을 항상 일정하게 유지하여 폭발의 위험을 미연에 방지한다.

안전 유리 [safety glass] 유리의 예리한 조각으로부터 사람의 손상을 방지하기 위하여 유리가 쉽게 파손되지 않게 하거나, 만약 파손되었더라도 작은 알맹이(예리한 모서리가 없는 조각)가 되도록 하는 등의 안전성을 높인 유리의 총칭. 강화 유리, 부분 강화 유리, 합판 유리 등이 있다.

안전 자동차 [safety car] 자동차가 주행중에 출돌시 승객이나 운전자에게 상해를 입지 않는 것을 목표로 제작된 자동차로서 범퍼의 강화, 좌석의 강성 향상, 충격에너지 흡수부 설치 등을 한 자동차를 말한다.

안전 저항 [ballast resistor] 전류가 증가하면 저항값이 증가하여 회로에 흐르는 전류를 항상 일정하게 유지하도록 작동하는 것으로서 점화장치의 1차 회로에 설치되어 있는 1차 저항을 말한다.

안전 체크 밸브 [safety check valve] 동력조향장치의 안전 체크 밸브는 엔진의 정지, 오일 펌프의 고장 및 유압 계통에 고장이 발생되었을 때 스티어링 휠의 조작이 기계적으로 이루어지도록 한다. 유압 계통에 고장이 발생되었을 때 스티어링 휠을 조작하면 동력 실린더가 연동되어 실린더의 한쪽은 오일이 압축되고 다른 한쪽은 부압 상태가 된다. 이때 안전 체크 밸브가 그 압력 차이에 의해 자동적으로 열려 압력이 가해진 쪽의 오일을 부압쪽으로 유입시켜 수동으로 조향 조작이 이루어지도록 한다.

안전 클러치 [safety clutch] 일정 한도 이상의 하중이 부가되면 자동적으로 연결이 차단되는 클러치를 말한다.

안전 하중 [safe load] 기계나 구조물 기타 일반 부품에 있어서 기능이나 형상 및 품질을 저해하지 않고 작용할 수 있는 범위의 하중으로서 안전율을 고려한 것이다.

안전장치 [safety device] 기어, 벨트, 고압 전기 등에 의한 재해를 방지하기 위해서 설치된 장치를 말한다.

안전성 [安全性] ⇨ 조종성.

안정도 [stability] ① 시스템이나 장치에 있어서 외부로부터의 방해를 이겨내고 이것을 안정상태로 되돌리는 복원력을 발생하는 능력을 말한다. ② 불규칙한 진동이나 변화를 일으키기 어려운 성질을 말한다. ③ 자동 제어장치에서 헌팅을 일으키기 어려운 정도를 말한다.

안테나 [antenna] 자동차에 설치된 라디오에 필요한 전파를 수신하는 장치. 강철에 도금을 한 가는 철사의 로드 안테나가 많으나 형식과 작동 방식에 따라 루프 톱 안테나, 모터 안테나, 윈도 글라스 안테나 등 많은 종류가 있다.

안티몬 [antimon] 은백색의 금속 원소로서 휘안광(輝安鑛)으로부터 얻어지며 원소 기호는 Sb, 원자 번호는 51, 원자량은 121.76이다. 용융점이 630.5℃이며 금속의 합금 재료 및 베어링 재료로 사용된다.

R [radius] ① 코너의 반경. 일반적으로 도로의 중심선 또는 내측선의 반경이 10m 단위로 표시됨. ② 자동차나 부품의 모서리 부분이 둥그스름한 모양. 도면에 「R」이라고 쓰여진데서 옴.

RV [recreational vehicle] 레크리에이셔널 비이클.

RBS [recirculating ball type steering gear] ⇨ 리서큘레이팅 볼 타입 스티어링 기어.

RR [rolling resistance] ⇨ 구름 저항.

RR 방식 [rear engine rear wheel drive] 2개의 R은 어느 것이나 뒤(後)를 의미하며, 차량 뒷부분에 엔진을 탑재하고 뒷바퀴로 구동하는 방식. FF방식, FR방식과 대조적으로 쓰이는 용어. ⇨ 리어 엔진 리어 드라이브.

RRO [radial run out] ⇨ 런아웃.

RR 자동차 [rear engine rear drive] ⇨ 리어 엔진 자동차.

R&I [remove and install] 어떤 부품 또는 어셈블리를 다른 작업을 용이하게 하기 위하여 차량으로부터 탈거하였다가 다시 장착하는 일. 그 부품 또는 어셈블리를 이동시킴으로써 수행이 가능해지는 정렬을 포함한다.

R&R [remove and reinstall] 어떤 부품 또는 어셈블리를 차량으로부터 탈거하고 볼트, 리벳, 클립 등으로 장착했던 부품은 새 것으로 교환하고, 부품 또는 어셈블리를 차량에 장착하는 일. 그 부품 또는 어셈블리를 이동시킴으로써 수행이 가능해지는 정렬 또는 조정을 포함한다.

RSV [research safety vehicle] 연구 안전차. 1973년 미국 운수성(DOT)이 발표. 자동차 제조회사에 개발을 요청한 자동차로서 ESV가 충돌 안전성에 주안점을 두고 배기정화를 위한 방법도 겸하여 개발한 것.

RAM [random access memory] RAM은 전원이 OFF되면 기억 내용이 지워지지만 임의의 회로에서 데이터를 읽어들이기도 하고 읽어내기도 하는 것이 가능하기 때문에 자동차의 각 센서로부터 시시각각으로 변화하는 데이터를 읽어들이는데 사용된다. 그러므로 정비를 완료한 다음 축전지 전원을 차단하여 기억하고 있는 고장 데이터를 지워야 한다.

RFV [radial force variation] ⇨ 레이디얼 포스 베리에이션.

ROSCO 시스템 [rotating stratified combustion system] 2층 흡기방식 로터리 엔진으로서 페리패럴 포트(peripheral port)와 사이드 포트 2개의 흡기 포트를 가지고 있다. 부하(負荷)가 낮은 상태에서는 페리패럴 포트에서 흡입된 공기에 연료를 분사·연소시키고, 고부하가 되면 다시 사이드 포트에서도 다량의 공기를 흡입하여 출력을 높이는 것.

RON [research octane number] ⇨ 리서치 옥탄가.

ROM [read only memory] ROM은 읽기 전용 기억 장치로 전원이 OFF 되더라도 기억 내용이 지워지지 않기 때문에 프로그램 및 고정 데이터를 저장시켜 놓는데 자동차의 정비제원을 장기적으로 기억하는 것이다.

REAPS [rotary engine anti-pollution system] 로터리 엔진 배출가스 정화장치의 명칭. 로터리 엔진 배출가스에서 NOx는 적으나 HC가 많다는 특징이 있으며, 그 HC 및 CO를 서멀 리액터(thermal reactor)로 연소시키는 시스템.

RPM [revolution per minute] '1분당 회전수'의 머리문자를 딴 약자. 크랭크 샤프트의 1분당(當)회전수를 말한다. 엔진의 출력과 토크 등을 나타낼 경우 그 출력과 토크를 발생하는 회전수를 나타낼 때 쓰임. 일반적으로 rpm(알피엠)의 소문자로 사용할 경우가 많음. ⇨ 엔진 회전수.

알렌 렌치 [allen wrench] 볼트 머리 속에 각으로 구성된 것을 조이거나 풀 때 사용하는 공구이다.

알루미나 [Al₂O₃] 알루미나의 숫돌은 담금질 강을 연삭할 때 사용하는 WA 입자의 숫돌과 일반 강재에 사용하는 A 입자의 숫돌이 있다.

알루미늄 [aluminium] 은백색으로 가볍고 전연성이 풍부하며 전기 및 열의 양도체로서 표면에 산화막이 형성되어 내식성이 우수한 금속으로 A1의 원소 기호를 사용한다. 비중이 2.7이고 용융점이 660℃로 변태점이 없어 석출 경화나 시효 경화에 의해 기계적 성질을 개선한다. 자동차, 건축자재, 항공기 등에 많이 사용되는 금속이다.

알루미늄
알루미늄 코어
알루미늄

알루미늄 도금 강판 [aluminium coated steel sheet] 내열, 내식성이 뛰어난 강판으로 냉간 압연 강판에 알루미늄의 용융 도금을 한 것으로서 머플러나 배출가스 제어장치 등의 배기 계통에 쓰이고 있음.

알루미늄 메탈 [aluminium metal] 베어링에 쓰이는 알루미늄과 주석의 합금. 베어링의 재료로 쓰이고 있는 것으로서 연하고 길들임성이 좋은 화이트 메탈과 단단하고 내피로성이 좋은 켈밋메탈의 중간적인 성질을 가지고 있으므로 사용되는 경우가 많아지고 있다.

알루미늄 모노코크 보디 [aluminium monocock body] 보디를 구성하고 있는 모노코크 전체가 알루미늄으로 구성되어 있는 것. 알루미늄은 철에 비하여 잘 늘어나지 않기 때문에 프레스 가공이 힘들며 또한 전기 저항이 적음으로 용접하는데 특수한 전극과 철의 2~3배의 전류가 필요한 것이 문제점이다.

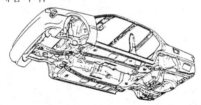

알루미늄 블록 [aluminium cylinder block] 알루미늄 합금으로 만들어진 실린더 블록. 실린더에 주철재의 라이너를 넣고 실린더 표면이 피스톤 슬라이딩에 의하여 마모되는 알루미늄의 결점을 보완한 것과 실린더 라이너를 쓰지 않는 올 알루미늄 실린더 블록이 있다.

알루미늄 합금 [aluminium alloy] ① 알루미늄은 그 자체만으로 약하기 때문에, 자동차의 재료로서는 철 및 마그네슘을 가한 합금의 형태로 쓰인다. 엔진, 휠 서스펜션, 보디 패널 등에 사용되며 철에 비하여 가볍게 만들 수 있다. ② 알루미늄 합금의 베어링은 Al과 Sn의 합금으로 길들임성과 매립성은 배빗과 켈밋 메탈의 중간 정도이며 내피로성은 켈밋 메탈보다 우수하다. 실제 사용에 있어 길들임성이나 매립성은 배빗 메탈을 코팅하여 개선하였으므로 배빗 메탈과 켈밋 메탈이 가지는 각각의 장점을 구비한 베어링이다.

알루미늄 허니콤 [aluminium honeycomb] 경량이며 강성이 높은 구조물의 소재로서 항공기나 레이싱카에 쓰이고 있는 샌드위치 구조의 대표적인 것. 벌집 모양으로 만들어진 심재의 재료로서 알루미늄을 사용한 것. ⇨ 샌드위치 구조.

알루미늄 휠 [aluminium wheel] 경량이며 강성이 높은 알루미늄 합금을 소재로 만들어진 휠로 주조나 단조에 의하여 만들어진 단체 구조의 원피스 휠과 알루미늄 판을 눌러 가공한 림과 주조 또는 단조에 의하여 만들어진 디스크를 조립한 투피스 휠 및 스리피스 휠이 있다.

알칼리 축전지 [alkali storage battery] 알칼리 축전지는 전해액으로 수산화칼륨(KOH) 용액을, ⊕ 극판에는 수산화2니켈($2Ni(OH)_3$)을, ⊖ 극판에는 카드뮴(Cd)을 사용하는 축전지로서 수명이 길고 관리가 용이하나 가격이 비싸고 니켈의 수요량을 충족시킬 수 없는 단점이 있다. 셀당 기전력이 1.2V로 방전시 화학 반응은 $2Ni(OH)_3+KOH+Cd$ ➡ $2Ni(OH)_2+KOH+Cd(OH)_2$로 변화되어 기전력이 낮아지며, 충전시의 화학반응은 $2Ni(OH)_2+KOH+Cd(OH)_2$ ➡ $2Ni(OH)_3+KOH+Cd$로 변화되어 기전력이 증대된다. 납산 축전지는 방전시 전해액에 포함되어 있는 황산이 직접 반응에 관여하지만 알칼리 축전지는 양극에서 음극으로 전류만 흐르고 수산화칼리 용액은 반응하지 않으므로 충방전시 비중은 변화되지 않는다.

알코올 연료 [alcohol fuel] 메탄올(메틸알코올), 에탄올(에틸알코올) 등 식물의 발효나 천연가스 등에서 만들어지는 알코올을 자동차 엔진의 연료로 쓰이는 것. 석유자원에 한계가 있으므로 대체연료의 하나로 연구한 것이다. ⇨ 메탄올 연료.

알코올 혼합 가솔린 [alcohol blended gasoline] 알코올을 소량 혼합한 가솔린. 알코올은 옥탄가가 높기 때문에 가솔린의 옥탄가 향상제로서 가솔린의 경제적인 소비를 위하여 메탄올 5% 정도, 에탄올 10% 이하가 혼합되어 유럽에서 사용되고 있음. ⇨ 메탄올 연료.

알키드 [alkyd] 페인트 바인더에 사용되는 화합물.

알킬레이트 가솔린 [alkylate gasoline] 석유에서 얻어지는 오레핀과 이소파라핀을 반응시켜 만든 알킬레이트를 포함한 가솔린. 옥탄가가 높고, 무연 프리미엄 가솔린에 혼입되어 있다.

α-n 제어 방식 [throttle speed type] α-n 제어 방식은 컴퓨터에 입력되어 있는 엔진의 회전속도 (n)와 스로틀 밸브의 열림 각도 (α) 특성에 의해 현재 엔진의 회전속도 및 스로틀 밸브 열림 정도의 신호를 비교하여 분사량을 결정하고 산소 센서의 신호를 이용하여 분사량을 조절한다.

알핀 드럼 [aluminium fin drum] 브레이크 드럼의 일종. 주철의 브레이크 드럼 외주에 알루미늄 합금의 냉각핀을 설치한 것. 방열 효과가 좋고 페이드 현상이 일어나지 않는다.

암 〔arm〕 팔. 힘을 전달하는 팔로서 작용하며, 부품을 연결하는 것. 똑바른 것을 로드(rod)라고 부른다.

암 레스트 〔arm rest〕 팔걸이. 도어에 부착되어 있으며 도어 개폐에 쓰이는 손잡이와 일체구조로 만들어진 것이 많고, 각종 스위치나 재털이를 내장한 것도 있다. 뒷좌석 중앙에 암 레스트가 불필요할 경우 시트 뒤쪽에 담배재를 받을 수 있도록 되어 있는 것이 보통.

암나사 〔internal thread〕 너트. 원통 내면에 나사곡선이 만들어진 것을 말한다.

암미터 〔ammeter〕 배터리의 충전전류나 방전전류의 크기를 표시하는 계기가 암미터, 전원의 전압을 표시하는 것이 볼트미터이다. 어느 것이든 주행중에 이상이 발생할 가능성이 적은 것으로, 발전기가 발전하고 있는 것을 나타내는 충전 램프로 족하다고 할 수 있다. 따라서 일반적으로 차지램프(충전 램프)가 장착되어 있는 예가 많다. ⇨ 볼트 미터.

암소음 〔ground noise〕 각종의 음을 찾아 듣거나 계측할 경우, 대상이 되는 음 이외의 환경에 존재하는 소음.

암스트롱식 쇽업소버 ⇨ 다이얼 조정식 쇽업소버.

암전류 〔parasitic current〕 이그니션 스위치를 끈 상태에서 회로에 흐르고 있는 전류. 스위치가 들어오면 즉시 작동이 시작되도록 적은 전류를 흐르게 하고 있는 컴퓨터의 예비 전류나 시계, 서큘레이트 시스템 등의 전류. 자동차의 장기 보존에는 암전류를 멈추기 위하여 배터리의 플러스 (＋)쪽을 떼어놓는 것이 바람직하다.

암페어 〔ampere〕 프랑스의 물리학자 앙페르(Ampere)에서 온 말로서 전류의 실용 단위이다. 1Ω의 저항에 1V의 전압을 가하였을 때 흐르는 전류를 말하며 기호는 A이다. 1A는 진공 중에 1m의 간격으로 평행하게 놓인 작은 원형 단면적을 가진 긴 두개의 직선상 도체에 각각 흘러 이동 도체의 길이 1m마다 2×10^{-7}N(뉴턴)의 힘을 서로 미치게 하는 일정 전류이다.

암페어 시간 〔ampere hour〕 암페어 시(時). 배터리의 용량으로 어떤 시간이 경과된 전류의 적산치. Ah로 표시됨. 1암페어의 전류가 1시간 흐르면 1Ah.

암페어 용량 〔ampere capacity〕 지정된 열적 조건의 기초로 전선이나 케이블에 흐를 수 있는 전류의 용량을 말한다.

압력 〔壓力 ; pressure〕 접촉면에 수직으로 작용하는 힘을 말한다.

압력 계수 [pressure coefficient] 차체 표면의 압력 분포를 나타낼 때 쓰이는 수치로서 어떤 측정 부분의 압력과 차체의 영향을 받지 않는 다른 장소에서의 압력(정압 또는 공기압)과의 차(差)를 같은 기류의 동압(動壓)으로 나누어 얻어진 계수.

압력 변환기 [pressure converter] 물리량인 압력을 전류, 전압으로 변환하는 장치를 말한다.

압력 분포 [pressure distribution] 자동차 주위의 압력 분포를 압력계수로 환산하여 나타낸 것. 일반적으로 자동차의 전후 방향 종단면(縱斷面)을 그림으로 나타냄.

압력 센서 [pressure sensor] 기체 또는 액체의 압력 검출기 감지장치의 총칭. 압력 센서는 반도체의 단결정이 압력을 받게 되면 결정 자체의 고유저항이 변화되는 현상을 이용하여 압력 변화를 전기 저항의 변화로 바꾸어서 검출하는 센서이다. 진공이나 대기압을 기준으로 하고 그 압력의 차이가 측정된다. 검출기로서는 불돈관, 벨로즈형, 다이어프램(薄膜), 스트레인 게이지 등 여러 가지가 쓰여지고 있음. 자동차에서도 가솔린 인젝션의 배큠 센서, 엔진의 제어에 쓰이는 고도 보상 센서, 터보차저의 흡기압 센서 등에 쓰인 예가 있다.

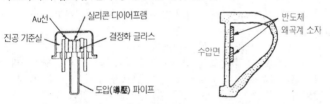

압력 셀 [pressure cell] 압력을 전기 저항으로 변환하는 장치로서 카본 파일이나 반도체를 사용한 것으로 변환 특성이 비직선적이고 온도에 의한 오차가 크다.

압력 순환식 [pressure water circulation type] 냉각계통의 회로를 밀봉하고 냉각수가 가열되어 팽창할 때 압력으로 냉각수를 가압하여 냉각수가 비등하지 않도록 한 방식. 냉각수를 가압하였을 때 액체의 비등 온도는 액면에 가하는 압력에 따라 변화되며 액체에 따라 차이는 있으나 일반적으로 압력을 높이면 온도는 상승하고 감압하면 온도는 내려간다. 냉각장치 내의 압력 조절은 라디에이터 캡에 설치되어 있는 밸브로 자동 조절된다. 엔진의 열효율이 향상되고 라디에이터를 소형으로 할 수 있는 장점이 있다. ⇨ 가압 냉각 시스템.

압력 제어 밸브 [pressure control valve] 유압, 공기압의 회로에서 압력을 제어하는 밸브를 말하며 1차 압력 설정용 릴리프 밸브, 2차 압력 설정용 감압 밸브, 안전 밸브 등이 있다.

압력 제어 회로 [pressure control circuit] 공기 또는 유압회로에서 회로의 최대 압력 이상으로 되지 않도록 하거나 실린더의 압력을 바꾸거나 분기 회로의 압력을 유압원의 압력보다 낮은 어떤 압력으로 유지하게 하는 등의 여러가지 회로를 말한다.

압력 조정기 [air pressure regulator] 공기식 브레이크 장치의 압력 조정기는 공기 탱크 내의 압력이 5~7Kg/cm² 이상이 되면 언로더 밸브를 열어 공기가 압축되지 않도록 하므로 탱크 내에 압력이 항상 5~7Kg/cm²가 유지되도록 하는 역할을 한다.

압력 체적 선도 [壓力體積線圖 ; pressure volume diagram] PV 선도. 일정한 가스나 증기가 실린더 내에서 압력이 변화될 때 압력을 세로축, 체적을 가로축에 놓고 그 상태 변화를 나타낸 선도를 말한다.

압력식 [forced lubrication system] 엔진 오일이 오일 펌프에 의하여 실린더 블록이나 헤드 가운데 파이프를 통하여 베어링 등에 압송되고 있는 방식이다. 엔진의 유압이란 이 압력을 말한다. 아이들링시에는 저압이지만, 고속회전에서는 최저 3Kg/cm²가 소요된다고 한다.

압력식 캡 [pressure type cap] 압력 조절용 밸브가 설치된 캡. 냉각장치 내의 압력을 0.3~1.05Kg/cm²가 되도록 하여 냉각수의 비점이 112℃로 높여 냉각 성능을 향상시키고 냉각수의 증발을 방지한다. 압력식 캡 내면에는 공기 밸브와 진공 밸브가 설치되어 냉각장치 내의 압력이 규정보다 낮으면, 스프링의 장력에 의해 압력 및 진공 밸브가 닫혀 있다. 압력이 규정보다 높으면 공기 밸브가 열려 오버 플로 파이프를 거쳐 대기와 통한다. 또한 진공 밸브는 라디에이터 내의 압력이 대기압보다 낮으면 열려 공기를 흡입한다. ⇨ 라디에이터 캡.

압력판 [pressure plate] 압력판은 클러치 커버에 지지되어 클러치 페달을 놓았을 때 클러치 스프링의 장력에 의해 클러치 판을 플라이 휠에 압착시키는 작용을 한다. 압력판은 클러치가 접촉될 때 클러치 판과 미끄럼이 발생되므로 내마멸성, 내열성, 열전도성이 좋은 특수 주철로 만들고 마찰면은 평면으로 가공되어 있다. ⇨ 클러치 프레셔 플레이트.

압송식 윤활방식 [forced lubrication system] 엔진 오일을 펌프로 윤활 부분에 압송하여 윤활하는 방식.

압연 〔rolling〕 회전하는 2개의 롤러 사이에 재료를 통과시켜 판재나 형재를 만드는 가공. 압연은 재료의 수축공이나 기공 등을 압착하여 수지상 조직을 미세화하고 균질화하여 우수한 제품을 얻을 수 있는 장점이 있으며, 압연시 고온으로 가열하여 작업하는 열간 압연(hot rolling)과 상온에서 작업하는 냉간 압연(cold rolling)이 있다.

압전 세라믹스 〔piezoelectric ceramics〕 지르콘 티탄산 납계 세라믹스나 투광성 세라믹스 등을 사용한 압전 물질로서 압전 착화 소자(壓電着火素子), 초음파 진동자, 기계 필터 등에 사용된다.

압전 소자 〔piezo electric effect element〕 압력을 가하면 전압이 변화하고 (압전 효과), 반대로 전압을 가하면 팽창되거나 수축되는 성질을 가진 소자. 옛날부터 알려져 있는 수정이나 티탄산바륨을 소결한 압전 세라믹도 있지만, 가장 널리 쓰이고 있는 것은 티탄산지르콘산납 (약하여 PZT)이며 라이터나 가스기구의 점화장치에서 볼 수 있는 것. 자동차에서는 노크 센서나 각종 압력 센서로 쓰여지고 있다.

압전 저항 소자 〔piezoresistive element〕 압력을 가함으로써 저항이 변화되는 감압 소자로서 실리콘이나 게르마늄의 얇은 조각을 이용한 것 또는 기판상에 반도체의 얇은 막을 형성시키는 것이 있다.

압전 효과 〔piezoelectric effect〕 ① 압전 결정에 압력 또는 비틀림이 작용하므로서 상대하는 2개의 면에 전압이 발생하는 현상을 말한다. ② 결정이 상대하는 2개의 면 사이에 전압을 가하면 그 전압의 주파수에 해당하는 비틀림이 발생하는 현상을 말한다.

압전기 〔壓電氣 ; piezo-electricity〕 석영, 방해석(方解石), 전기석(電氣石) 등의 광물에 어떤 방향에서 압력을 가하였을 때 일정한 방향으로 ⊕⊖의 전기가 발생되며 반대로 당길 때는 ⊕⊖의 방향이 거꾸로 되는 전기를 말한다. 1880년에 졸리오 퀴리가 발견하여 마이크로폰, 수화기, 발진기의 주파수 제어, 노크 센서, 대기압 센서 등에 사용된다.

압접 〔壓接〕 용접 방법의 하나. 열에 의해 용융된 금속에 다시 압력을 가하여 단단히 결합시킴. 스폿 용접기가 그 예(例)

압접법 〔壓接法 ; pressure welding〕 모재(母材)에 전기 저항열 및 스파크 열을 이용하여 가열한 다음 압력을 가하여 2개의 모재를 접합시키는 방법. 압접은 스폿 용접, 심 용접, 프로젝션 용접, 맞대기 용접으로 분류한다. 모재를 맞대거나 겹쳐놓고 다량의 전류를 흐르게 하면 접촉 저항으로 인해 반용융 상태가 되면 압력을 가해 접합하므로 용접 시간이 짧고 용접의 정밀도가 높으며 열에 의한 변형이 적고 용접부의 중량을 가볍게 할 수 있는 장점이 있다.

압착 단자 〔pressure connection terminal〕 단자의 동체부에 리드선을 삽입하고 전용의 압착공구로 압착한 단자로서 리드선의 70% 이상의 인장 강도가 있다.

압축링 〔compression ring〕 압축링은 피스톤 헤드에 가까운 쪽의 링 홈에 2~3개가 끼워져 피스톤과 실린더 벽 사이에서 압축 행정시 혼합기의 누출 및 폭발 행정에서 연소 가스의 누출을 방지하며 동시에 실린더 벽의 오일도 긁어내리는 작용을 한다. 따라서 피스톤 링의 장력은 매우 중요하다. 링의 장력이 작으면 블로바이 현상이 발생되고 열전도가 감소되어 피스톤이 과열되며, 장력이 크면 실린더 벽과 마찰에 의한 동력의 손실 및 마멸이 증대된다. 압축링의 종류는 테이퍼형, 챔퍼형, 카운터 보어형, 스크레이퍼형, 플레인 형, 홈형이 있으나 현재 1번 압축링은 챔퍼 및 카운터 보어형을, 2번 압축링은 스크레이퍼형 또는 플레인형을 많이 사용한다.

압축 새클 〔compression shackle〕 압축 새클은 프레임의 행어와 스프링 아이에 직접 설치되어 진동을 받게 되면 압축력이 작용한다.

압축 점화 〔compression ignition〕 압축 착화라고도 하며, 디젤 엔진의 연소실에서의 착화를 말함. 디젤 엔진에서는 압축 행정의 끝부분에서 공기가 압축에 의하여 700℃정도의 고온으로 되어 상승된다. 이 공기 중에 발화 온도 200~300℃의 연료를 분무하면 단시간에 기화되어 자연 발화가 일어난다. 가솔린 엔진의 불꽃 점화에 대비하여 쓰이는 용어.

압축 점화 엔진 〔compression ignition engine〕 압축 점화에 의하여 연소 행정을 시작하는 엔진의 총칭. 일반적으로 CI 엔진이라고 하며, 불꽃 점화 엔진(약칭 SI엔진)과 대조적으로 쓰인다. ⇨ 디젤 엔진, CI 엔진.

압축 착화 〔compression ignition〕 ⇨ 압축 점화.

압축 행정 〔compression stroke〕 피스톤이 실린더 내의 혼합기를 압축하는 움직임. 피스톤이 하사점에서 상사점으로 상승하면서 실린더에 유입된 공기 또는 혼합기를 연소실에 압축하는 행정으로 흡입 및 배기 밸브가 모두 닫혀 있다. 혼합기를 압축하는 것은 공기와 연료의 입자 간 거리를 가까이 하고 온도를 높여 쉽게 연소되도록 하여 연소 압력을 높이기 위함이다.

압축기 〔壓縮機〕 ⇨ 컴프레서.

압축링 〔compression ring〕 ⇨ 컴프레션 링.

압축비 [compression ratio] 엔진의 압축 행정에서 연소실의 압축 전 최대 용적과 압축 후의 최소 용적의 비를 나타내는 것. 하사점과 상사점에 있어서 연소실 용적비로, 가솔린 엔진에서는 압축비가 높을수록 출력이 증대되지만 노킹이 발생되므로 7~11 : 1이 일반적이며, 디젤 엔진에서는 2배 이상의 15~22 : 1이 보통.

압출 [extrusion] 소재를 압출 컨테이너에 넣고 한쪽에 다이를 설치하여 램을 강력한 힘으로 이동시켜 다이로 소재를 빼내는 가공. 압출 가공으로 봉, 선, 파이프, 치약 튜브, 크림 튜브, 건전지 케이스 등을 가공한다. 램의 진행 방향과 반대 방향으로 소재가 압출되는 직접 압출(直接壓出)과 램의 진행 방향과 반대 방향으로 소재가 압출되는 간접 압출(間接壓出)이 있다.

앙페르 법칙 [Ampere's law] ⇨ 앙페르의 오른나사 법칙.

앙페르의 오른나사 법칙 [Ampere's law] 앙페르의 오른나사 법칙은 프랑스의 물리학자 앙페르(Andre Marie Ampere)에 의해 전류와 자석과의 관련을 연구하여 발견한 법칙. 전선에서 언제나 오른나사가 진행하는 방향으로 흐르면 자력선은 오른 나사가 회전하는 방향으로 만들어진다는 원리이다. 또한 전류의 단위 암페어(Amper)는 앙페르의 이름에서 인용한 것이다.

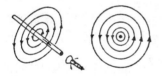 

　전류가 나오는 표시　　　　　　　전류가 들어가는 표시

앞 오버행 [front overhang] ⇨ 차체 오버행.

앞 차대 오버행 [front frame overhang] ⇨ 차대 오버행.

앞바퀴 얼라인먼트 [front wheel alignment] 자동차가 공차 상태에서 직진 위치에 있을 때 앞바퀴의 캠버, 캐스터, 토인, 킹핀 경사각을 말한다.

애널라이저 [analyzer] '분석하다'의 뜻으로서 엔진의 작동상태를 종합적으로 분석하는 테스터. 연료의 혼합 비율, 배기가스의 HC · CO 점검, 배전기의 드웰각 점검, 진공 진각 점검, 연료 펌프의 송출압력 점검, 점화 코일의 2차 전압 점검, 엔진의 회전수에 의한 진각상태 점검, 콘덴서의 직렬 저항, 용량, 누설시험, 점화시기 점검, 파형에 의한 작동 상태 등 엔진에 관계되는 부품의 작동상태를 종합적으로 점검하는 테스터를 말한다.

애노드 [anode] 다이오드에서 캐소드에 대비되는 말로서 ⊕ 전기를 흐르게 하는 양극을 말한다.

애디어배틱 익스팬션 [adiabatic expansion] 외부와 열의 출입이 없는 상태에서 이루어지는 기체의 상태 변화가 변화되는 단열 팽창을 말한다.

애디어배틱 컴프레션 [adiabatic compression] 고체, 액체, 기체가 외부와 열의 수수(授受) 없이 압축되는 단열 압축을 말한다.

애벌란시 [avalanche] 단일 입자 또는 광양자(光量子)가 복수의 이온을 만들고 이들 이온이 가속 전기장에 의해 충분한 에너지를 얻어 많은 이온을 만들어 낼 수 있게 이온화가 누적적으로 행해지는 것을 말한다.

애벌란시 포토다이오드 [avalanche photodiode] 항복 전압 이상의 전압으로 역바이어스를 주는 PN 접합형 포토다이오드를 말한다.

애블레이터 [ablator] 표면이 고온에 노출되면 표면이 용융 기화하여 열을 빼앗음으로써 내부에 열이 전달되는 것을 방지하는 역할을 한다.

애스트로 벤틸레이션 [astro ventilation] 차실 내의 공기를 배출하는 방법의 하나로 쿼터 패널 등 도어 주위의 보디에 개구부를 설치하여 여기서 공기를 빠지게 하는 방법. ⇨ 벤틸레이터.

애스퍼레이터 [aspirator] 화학 분석이나 의료에 사용하는 흡기, 흡출기의 일종으로서 물의 흐름에 따라 공기 또는 기체를 흡인하는 기구를 말한다.

애스펙트 레이쇼 [aspect ratio] 타이어의 단면폭에 대한 높이의 비율을 가리키며, 편평률이라고도 한다. 초기의 타이어는 도넛 모양의 공기주입 물체로서 가장 자연스런 원형의 단면, 요컨대 폭과 높이가 같은 100%의 편평률이었다. 그 후 애스펙트 레이쇼를 작게 함으로써 타이어의 일반적인 성능 특성이 향상되는 것을 알게 되어, 현재 70~60%의 편평률을 가진 타이어가 가장 널리 사용되고 있다. 레이싱 타이어에서 애스펙트 레이쇼가 30% 전후인 것도 있다.

애스펙트 비 [aspect ratio] ⇨ 편평률(偏平率), 애스펙트 레이쇼.

애시트레이 [ashtray] 담배 재털이. 내열성이 있는 페놀계의 수지로 만들어진 것이 보통.

애자 [碍子] ⇨ 인슐레이터.

애지테이터 [agitator] ⇨ 교반기.

애커먼 스티어 각 [ackerman steer angle] 애커먼 스티어링에서 자동차의 휠 베이스(L)와 뒷바퀴 차축의 중심에서 바퀴의 선회 중심까지의 거리(R)의 비(比)를 정점으로 하는 각(δ). 즉 tan δ=L/R을 만족하는 δ.

애커먼 스티어링 [ackerman steering] 자동차가 선회할 때 타이어에 가능한한 무리가 없도록 앞바퀴가 그리는 원이 같은 중심을 가지는 동심원이어야 한다. 이 관계를 만족시키기 위하여 애커먼·장토식을 기초로 하여 실제로 자동차가 사용 조건에 맞도록 개량한 조향 기구를 말한다. 자동차가 코너를 선회할 때, 바깥쪽 바퀴보다 안쪽 바퀴가 큰 조향각을 가지도록 설정된 지오메트리. 이유는 코너링시 외측 바퀴가 내측 바퀴보다 큰 원을 그리기 때문에 그것에 맞춰 바퀴의 조향각을 결정한 것으로서, 이것은 저속에서 코너를 선회할 때만 성립한다. 최근에는 내·외륜의 조향각이 같은 패럴렐 스티어에 가까운데, 이것은 타이어의 슬립 앵글과의 영향으로 이루어진다.

애커먼 장토 방식 [ackerman-jeantaud type] 영국의 애커먼(R. Ackerman)이 특허를 얻고, 다시 1878년 프랑스의 장토(C. Jeantaud)에 의하여 개량된 스티어링 기구의 이론이다. 원심력을 무시할 수 있는 최저 속도로 타이어에 사이드 슬립이 발생하지 않고 자동차가 선회하기 위해서 각 바퀴가 공통의 선회중심을 가져야 한다. 그리고 좌우 앞바퀴의 차축 연장선이 리지드 액슬의 뒷바퀴 차축 연장선상에서 교차토록 한 것. 실제로는 모든 조향상태에서 이 이론을 만족시킬 수 없다. 독립현가장치면 레이아웃이 보다 복잡해짐과 동시에 어느 정도 이상의 속도로 선회하는데는 원심력에 걸맞는 코너링 포스가 필요하며, 이를 위하여 타이어에 슬립 앵글이 붙는 수도 있다. 실제로는 현실에 맞도록 배치되어 있다.

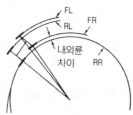

애쿼플래닝 [⑱hydroplaning, ⑱aquaplaning] 수막현상. 애쿼는 물이라는 뜻으로 타이어가 노면 위를 주행할 때 수막에 의해 제동력을 상실하여 미끄러지는 현상 ⇨ 하이드로 플래닝.

애크미 나사 [acme thread] ⇨ 사다리꼴 나사.

애터마이저 [atomizer] 액체를 기계적 압력이나 또는 다른 유체의 압력에 의해서 안개 모양으로 내뿜는 장치를 말한다.

애프터 글로 시스템 [after glow system] 디젤 엔진에서 저온시의 시동 직후에 착화가 늦어짐으로써 발생하는 디젤 노크(knock)를 방지하기 위하여, 시동 후 잠시 동안 예열 플러그를 작동시켜 착화를 좋게 하는 시스템.

애프터 드롭 [after drop] 디젤 엔진에 사용하는 분사 노즐이 불량하여 연료 분사가 완료된 후에 떨어지는 연료 방울로서 후적(後滴)을 말한다.

애프터 런 [after run] 자동차 엔진의 점화 스위치를 OFF시킨 후에도 엔진이 정지되지 않고 계속 회전되는 현상을 말한다.

애프터 버너 [after burner] 배기관에 공기를 보내서 배기가스 중에 포함된 유해한 탄화수소나 일산화탄소를 연소시키는 2차 공기공급장치.

애프터 버닝 [after burning] 애프터 파이어라고도 하며, 연소실에서 타다 남은 가스가 배기 계통 안에서 폭음과 함께 폭발적으로 연소하는 현상. 흡기 계통에 이상이 있을 때나 급감속시에 일어날 수 있으며, 머플러나 촉매 변환기 등을 손상할 경우도 있다.

애프터 번 [after burn] 연소실에서 완전 연소되지 않는 가스가 배기 가스관 내에서 폭발적으로 연소되는 현상을 말한다. ⇨ 애프터 파이어.

애프터 서비스 [after service] 자동차를 매도, 납품한 후에도 일정 기간 동안 무료로 자동차의 성능에 대해 책임을 지고 정비 등을 해주는 것을 말한다.

애프터 파이어 [after fire] 엔진 내에서 완전히 연소하지 않은 가스가 배기 가스관 안에서 폭발적으로 연소하는 현상. 소리가 대단히 크며 심할 때는 머플러나 배기장치를 손상시킨다. 공기와 가솔린의 혼합비율과 점화진각의 부적합이 원인이며, 급가감속시에 일어나기 쉽다. 애프터 번(after burn)이라고 한다. ⇨ 애프터 버닝.

액면계 [liquid level meter] 카브레터의 유면 또는 LPG 연료 탱크의 액면 레벨을 외부에서 측정하는 장치로서 게이지 유리, 버저식이나, 튜브로 플로트 체임버나 탱크 내의 연료량을 측정하는 일반적인 방법을 말한다.

액상 개스킷 [liquid gasket] 부품의 접합 부분을 밀봉하는 개스킷으로 사용할 때 액상의 것을 총칭해서 말함. 이전에는 유기 용제에 수지나 고무를 녹인 것이 일반적이였으나 수성 이멀션이나 실리콘, 혐기성 실

(seal)재라고 하는 신소재가 쓰이게 됐다. 또 모양이 있는 개스킷(성형 개스킷)의 접착제로서 보조적으로 쓰이는 것이 보통이었으나 단독으로도 쓰이게 되었다.

액세서리 [accessories] 라디오, 카 히터, 일렉트릭 윈도 리프트 등과 같이 자동차의 작동에 필수적이라고 할 수 없는 장치들을 가리킴.

액세스 [access] 컴퓨터의 기억장치에 정보를 입·출력하는 것을 말한다.

액세스 타임 [access time] ① 제어장치가 기억장치에 대해 데이터를 요구하기 때문에 데이터가 얻어질 때까지의 소요 시간으로서 읽어내는 시간, 실제로 적어 넣기가 완료할 때까지의 소요 시간을 말한다. ② 기억장치 특성의 하나로 기억장치와 정보를 교환하기 위한 소요 시간을 말한다.

액셀 [accelerator] ⇨ 스로틀 밸브.

액셀 워크 [accel work] 액셀은 영어에서는 「스로틀」이라고도 하며, 주행중에 액셀러레이터 페달을 밟는 기술은 운전기술이 기본이다. 다만, 속도만을 변하게 할뿐 아니라, 구동력을 조절하므로써 자동차의 방향까지 바꿀 수 있다. 세밀한 조절이 될 수 있다는 것이 중요하다.

액셀 페달 [accelerator pedal] 가속 페달. 스로틀 페달이라고도 함. 가솔린 엔진에서는 혼합기의 흡입량을, 디젤 엔진에서는 연료의 분사량을 조절하여 엔진의 회전수를 조정하기 위한 페달. 대시 패널에 매달아 설치하는 펜던트 타입과 바닥에 설치하는 오르간 타입이 있다.

액셀러레이션 [acceleration] 시간에 대한 속도 변화의 비율을 나타내는 양으로서 가속도(加速度)를 말한다.

액셀러레이션 테스트 [acceleration test] 엔진의 가속 상황을 점검하기 위한 시험. 엔진을 저속회전 상태에서 갑자기 스로틀 밸브를 열어 그 때의 회전속도 상승에 소요되는 시간, 부스트 압력, 배기, 진동, 기타의 변화에 대해서 검사하는 가속 시험으로서 엔진은 무부하 상태에서 시험한다.

액셀러레이션 펌프 [acceleration pump] 자동차를 가속하는 순간 혼합기가 일시적으로 희박해지는 것을 방지하기 위해서 가솔린을 강제적으로 적당량 분출시키는 가속 펌프를 말한다.

액셀러레이션 픽업 [acceleration pick-up] 입력 가속도에 비례하는 출력을 발생하는 변환기를 말한다.

액셀러레이터 [accelerator] ① 자동차 엔진의 회전 속도를 조정하기 위해서 스로틀 밸브를 조정하는 페달을 말한다. ② 높은 전압은 전기장

에서 전자, 양자, 중성자, 헬륨 이온 등을 가속하여 인공적으로 높은
에너지의 방사선을 얻는 장치를 말한다.

액셀러레이터 위치 센서 [accelerator position sensor] 액셀러레이터 위
치 센서는 액셀러레이터 페달의 밟힘량을 전압으로 변환하여 TCS의
컴퓨터에 입력하여 엔진의 출력을 제어하므로써 미끄러지기 쉬운 노면
에서 타이어의 슬립 방지와 선회시의 조향 성능을 향상시킨다.

액슬 [axle] 액슬은 '굴대, 차축'의 뜻. 액슬은 안쪽의 스플라인을 통해
차동기어장치의 사이드 기어 스플라인에 끼워지고 바깥쪽은 구동 바퀴
에 연결되어 엔진의 동력을 바퀴에 전달한다. 앞 차축을 프런트 액슬,
뒤 차축을 리어 액슬이라고 한다.

액슬 빔식 서스펜션 [axle beam type suspension] 후단 빔식이라고도 하
는 토션 빔식 서스펜션의 한 형식으로서, 차축 위치에 크로스 빔(액슬
빔)이 설치되어 있는 타입. 강판을 성형(成形)하여 만든 트레일링 암
에 의하여 지지되는 경우가 많고, 횡강성을 확보하기 위하여 래터럴
로드가 부착된다.

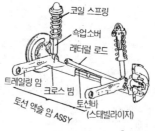

액슬 샤프트 [axle shaft, axle] 휠을 구동하는 차축. 리지드 액슬에서는
액슬 하우징내에 설치되어 있으며, 보디쪽은 디퍼렌셜 기어에, 휠쪽은
전부동식(全浮動式) 액슬의 경우 액슬 하우징 끝에 설치되어 있고 반
부동식 액슬의 경우 허브에 설치된다.

액슬 스티어 [axle steer] 자동차가 주행중 진동으로 인해 차축의 방향
이 변화되어 횡력(橫力)이 발생되는 것. ⇨ 로드 스티어.

액슬 트램프 [axle tramp] ① 급발진시 급격한 구동력이 전달되었을 때,
구동축과 구동륜이 진동하는 것에 따라 생기는 차체의 심한 상하진동.
스프링 밑의 상하진동, 구동축의 뒤틀림 진동, 타이어와 노면과의 마
찰 등에 관계가 있다. ② 주로, 리지드 액슬 서스펜션에서 좌·우의 타
이어가 상하로 진동하는 것을 트램핑이라 한다. ⇨ 트램핑
(tramping).

액슬 하우징 〔⑧axle housing, ⑨axle casing〕 종감속장치와 차동기어장치, 액슬 샤프트를 감싸는 튜브. 종감속장치가 들어있는 부분의 형식에 따라 밴조 악기 모양과 비슷한 밴조형(banjo axle), 하우징을 거의 중앙에서 좌우로 분할한 스플릿형(split type), 종감속장치와 캐리어(하우징)에 액슬 샤프트의 케이스를 붙인 형식의 빌드업형(build-up type)이 있다.

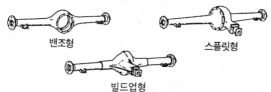

밴조형   스플릿형

빌드업형

액슬 허브 〔axle hub〕 FR차의 전륜(前輪)이나 FF차의 후륜과 같이 구동하지 않는 바퀴가 설치되어 있는 원통형의 부품으로서 액슬(차축)의 역할을 하는 것.

액슬축 〔axle shaft〕 ⇨ 드라이브 샤프트.

액시던트 〔accident〕 액시던트는 '뜻밖의 일, 불의(不意)의 사고'의 뜻으로서 자동차를 운행하던 중에 발생된 교통사고를 말한다.

액시얼 〔axial〕 '축(軸) 방향의, 축 방향으로의' 뜻으로서 레이디얼(축직각 방향)의 상대어이다.

액시얼 앙가주망 스타터 〔axial engagement starter〕 기동 전동기의 동력 전달 방식에서 계자철심과 전기자를 오프셋시켜 점화 스위치를 ON 시켰을 때 자력선이 가까운 거리로 이동하려는 성질을 이용하여 전기자가 축방향으로 이동함으로서 엔진 플라이 휠 링기어에 회전력을 전달하는 기동 전동기를 말한다. ⇨ 전기자 슬라이딩식

액시얼 팬 〔axial fan〕 유체(流體)가 팬의 회전축에 따라 유입되어 축방향으로 유출되는 형식으로서 엔진의 냉각 팬이 그 대표적인 것. ⇔ 크로스 플로 팬.

액시얼 플런저 펌프 〔axial plunger pump〕 플런저의 왕복 운동이 실린더 블록의 중심축과 평행을 이루는 플런저 펌프로서 구동축과 실린더 블록이 일직선인 것과 경사진 것이 있다.

액시얼 플로 〔axial flow〕 유체 또는 기체가 축 방향으로 흐르는 것을 말한다.

액시얼형 과급기 〔axial flow type super charger〕 과급기의 일종. 원통의 안쪽을 양끝이 뚫린 벌집모양의 통로(셀)로 칸막이 하고, 한쪽에

공기의 흡입구와 인테이크 포트를, 다른쪽에 배기구와 이그조스트 포트를 설치하고 원통을 엔진 동력에 따라 회전시키면, 셀 내에 흡입된 공기가 이그조스트 포트에서 도입된 배기가스에 의하여 압축되어 인테이크 포트로 밀어내는 구조.

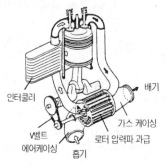

인터쿨러
배기
가스 케이싱
V벨트
에어케이싱
로터 압력파 과급
흡기

액정 [liquid crystal] 유동성이 있는 흐린 액체로 고체와 액체의 중간 성질을 가진 유기물. 가늘고 긴 분자 모양으로서 분자가 배열된 모양에 따라 광선의 투과율이 달라진다. 그 성질을 이용하여 액정 디스플레이나 액정 방현 미러가 만들어졌다.

액정 디스플레이 [liquid crystal display] 전자 디스플레이의 일종으로 액정을 사용한 표시장치. 투명한 전극이 접촉된 2매의 유리 사이에 액정을 끼우고 전압을 가하면 빛의 투과율이 변화하는 현상을 이용한다. 발광이 없으므로 야간에는 백라이트나 미러로 조명하는 일이 필요. ⇨ 전자표시(電子表示).

액정 미터 [liquid crystal display meter] 시계나 계산기 등에서 칼라 표시에 쓰이고 있는 신기술의 하나로, 자동차에도 응용하고 있다. 액정이라고 하는 광학적 특성이 변화하는 물질을 써서 문자나 숫자, 또는 일러스트 등 각종 표시를 행하는 것으로 대시보드 내의 미터나 표시의 모양새가 새롭게 달라지고 있다.

액정 방현 미러 [liquid crystal glare proof mirror] 방현(防眩)미러의 일종으로서 거울과 액정을 조합하여 액정에 통전(通電)하였을 때 빛의 투과율이 변하는 것을 이용하여 방현 효과를 얻는 것.

액체 배출 밸브 [liquid exhaust valve] LPG의 액체 배출 밸브는 봄베의 액체 상태 부분에 설치되어 있는 적색 핸들의 밸브. 액체 솔레노이드 밸브와 연결되어 엔진 시동 후에 냉각수 온도가 15℃ 이상이 되면 수온 스위치에 의해 작동되어 연료를 공급한다.

액체 봉입식 마운트 [hydro-mount] 엔진 마운트나 보디 마운트로서 금속으로 보강된 고무제의 용기 내에 액체를 봉입한 2개의 방을 설치하고, 이들의 방을 오리피스로 연결한 구조. 고무제의 마운트에 비교하면 스프링 정수가 낮아서 현재 많이 채용되고 있다.

액체 봉입식 부시 [hydro bush] 서스펜션 부시. 고무 부시 내에 액실(液室)과 오리피스를 설치하고 액체를 봉입한 구조. 부시에 외력이 가해지면 액체와 오리피스를 통하여 액실 사이를 이동할 수 있도록 되어 있으며, 이 때 점성 저항을 이용하여 높은 효과를 얻을 수 있게 된다.

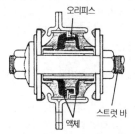

액체 패킹 [liquid packing] 배관용 파이프의 나사부 또는 액체, 기체의 기밀을 요하는 부분에 발라서 사용하는 액체를 말한다.

액추에이터 [actuator] ① 기계 등을 작용시키는 뜻으로 모터, 유압 실린더, 솔레노이드 등의 장치를 움직이게 하는 것의 총칭. ② 동력조향장치의 액추에이터는 스티어링 휠의 조작력을 볼 조인트를 통해 제어밸브 스프링에 전달하여 동력 실린더를 작동시킴과 동시에 앞바퀴에 조향하는 힘을 전달한다. 액추에이터는 제어 밸브를 사이에 두고 동력 실린더에 결합되어 있으며, 하우징, 볼 조인트 및 리액션 스프링으로 구성되어 있다. ③ 자동 에어컨장치의 액추에이터는 컴퓨터의 제어 신

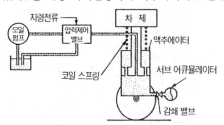

호를 받아 공기 혼합 패널의 위치를 조절하는 역할을 한다. 컴퓨터에서 각 센서의 입력 신호를 연산하고 공기 혼합 패널의 위치가 결정되면 출력 신호를 액추에이터에 설치되어 있는 모터를 회전시켜 공기 혼합 패널의 위치를 조절한다.

액티브 노이즈 컨트롤 시스템 [active noise control system] 자동차 실내에 소음 저감장치의 명칭으로서 ANC로 표기한다. 직렬 4기통 엔진에서 엔진회전 2배의 주파수로 발생하는 100~200Hz의 잡음을 적게 하기 위하여 4명의 승객 머리 부분에서 음향계 테스터의 마이크를 들고 잡음의 정도가 검출되면 컨트롤러에 의하여 잡음(雜音)을 좌우 앞좌석 밑에 설치된 스피커로 보내어 순간적으로 저감시키는 장치.

액티브 레스트레인트 시스템 [active restraint system] 패시브 레스트레인트 시스템과 대조적으로 쓰이는 용어로서 일반적으로 시트 벨트처럼 승객이 스스로 착용하는 보호장치.

액티브 머플러 [active muffler] 배기음 저감장치로 머플러 내에 스피커를 넣어 배기소음 중의 기류음과 역위상의 음을 내면 음파가 서로 상쇄되어 기류음이 적어진다는 원리를 이용한 것.

액티브 서스펜션 [active suspension] 스프링과 쇽업소버 대신 공기압이나 유압으로 작동하는 액추에이터를 사용. 각종 센서로 자동차와 노면 상태를 컴퓨터에 의하여 감지하여 주행 상태를 조정하고 서스펜션으로서 작용시키는 시스템. 컴퓨터가 짧은 순간에 상황을 판단하고, 가장 적합한 상태로 유지하도록 자동 조절하는 것으로서 액티브라 불린다. 일반적으로 스프링과 쇽업소버로 구성되어 있으며 스프링 상수나 쇽업소버의 감쇠력을 변화시키는 세미 액티브 서스펜션이 있다. 또한 공기나 가스를 사용하여 스프링 작용을 하는 저주파 진동만을 액티브에 제어하는 저주파 액티브 서스펜션 등도 있다. 그리고 유압 실린더와 서브 밸브만으로 작용하는 서스펜션을 풀 액티브 서스펜션이라 한다.

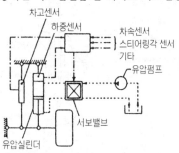

차고센서
하중센서
차속센서
스티어링각 센서
기타
유압펌프
서보밸브
유압실린더

액티브 세이프티 [active safety] ⇨ 패시브 세이프티.

액티브 세이프티 시스템 [active safety system] 자동차 사고가 발생하지 않도록 예방 안전을 위한 시스템. 브레이크 성능, 조향 안정성 등 자동차의 사고회피 성능을 좋게 하기 위한 시스템을 말한다. 사고가 발생하였을 때 승객의 부상을 예방하거나 경상 정도로 줄일 수 있도록 패시브 세이프티와 대조적으로 사용되는 용어. 액티브 세이프티의 낱말 자체의 뜻은 능동적 안전성.

액티브 이그조스트 시스템 [active exhaust system] 가변 배기 시스템의 호칭.

액티브 컨트롤 서스펜션 [active control suspension] 각종 센서로서 자동차의 주행 상태를 감지하여 하이드로 뉴매틱 서스펜션 실린더 내의 오일량과 압력을 조정하여 자동차가 노면 상태에 따라 흔들림이나 충격을 최소한으로 억제시키는 것.

액티브 토크 스플릿 [active torque split] ⇨ 토크 스플릿(torque split).

액화 석유 가스 [liquefied petroleum gas] 상온에서 가스 상태의 석유계 또는 천연 가스계의 탄화수소에 압력을 가하여 액체화한 것. 프로판, 프로필렌, 부탄, 부틸렌 등이 주성분으로서 감압하면 가스가 된다. 자동차 연료, 가스 라이터 연료 등으로 사용한다. ⇨ LPG

앤드 회로 [AND circuit] ⇨ 논리적 회로.

앤빌 [anvil] 자유 단조할 때 금석을 타격하거나 가공 변형시키는데 사용하는 받침대.

앤티 노즈 [anti nose] 앤티 다이브.

앤티 노크 [anti knock] 가솔린 연료에서 노크 현상을 일으키기 어려운 성질을 말한다.

앤티 노크 지수 [anti knock index] 북미에서 시판되는 가솔린의 옥탄가 표시 방법은 리서치 옥탄가와 모터 옥탄가의 산술 평균치로 표시되며, 자동차가 일반적으로 주행할 때의 옥탄가에 가깝다고 한다.

앤티 노크성 [anti knock property] 내폭성. 엔진의 연소실에서 노킹이 잘 일어나지 않는 가솔린의 성질. 옥탄가가 높은 가솔린일수록 앤티 노크성이 높다.

앤티 노크제 [anti knock additive] 가솔린의 옥탄가를 크게 하는 목적으로 첨가하는 약제. 납이나 망간을 포함하는 유기화합물이나 아민화합물을 가솔린에 가하면 옥탄가가 높아지고 노킹이 잘 일어나지 않게 된다.

앤티 다이브 [anti dive] 다이브는 잠수의 뜻으로 브레이크를 밟았을 때 하중 이동에 따라 차체 앞부분이 숙여지는 현상을 말하며 노즈 다운이라고 한다. 중심을 낮게, 서스펜션 작동의 순간 중심을 높게 설정하여 노즈 다운을 적게 하는 것을 앤티 다이브 또는 앤티 노즈라고 한다.

앤티 리프트 [anti lift] ⇨ 앤티 스쿼트.

앤티 백 파이어 밸브 [anti backfire valve] 감속 밸브라고도 불리우며 감속시의 백파이어를 방지하기 위하여 설치된 밸브로서 액셀을 놓았을 때 에어 펌프에서 흡입 매니폴드로 공기를 보내는 작용을 하는 것.

앤티 스모그 디바이스 [anti smog device] 자동차에서 배출되는 가스를 제어하여 대기 오염을 방지하는 장치를 말한다. 연료 증발가스를 엔진이 정지되었을 때 캐니스터에 일시 저장하였다가 시동이 되면 연소실에 공급하여 재연소시키거나 블로바이가스를 연소실에 공급하여 재연소시킨 다음 배출한다. 배기가스에 포함되어 있는 일산화탄소나 탄화수소량이 증가되면 배기가스 일부를 연소실에 피드백시켜 재연소시킴으로써 대기 오염을 방지한다.

앤티 스쿼트 [anti squat] 스쿼트는 웅크리고 앉아 있는 상태. 출발, 가속시에 타이어에 걸리는 구동 토크로 내려가는 현상을 말함. FR차에서 어느 정도의 하중 이동은 뒷바퀴의 구동력을 증가시킴이 바람직하지만 FF차에서는 앞바퀴 하중이 적어지므로 불편해진다. 서스펜션 스트로크의 순간 중심을 뒷차축 앞에서 높이를 설정하여 스쿼트가 적어지도록 하는 것을 앤티 스쿼트라고 한다. 노즈의 리프트를 억제하는 효과가 얻어지는 것으로 보고 앤티 리프트라고 부른다.

앤티 스키드 [anti skid] 미끄러운 노면에서 브레이크 페달을 밟았을 때 타이어가 로크(lock)되지 않도록 조정하는 장치를 말한다. ⇨ ABS

앤티 스키드 체인 [anti skid chain] 눈길에서 타이어의 슬립을 방지하기 위하여 타이어에 감는 체인을 말한다. 스노 타이어의 트레드 홈 깊이가 50% 이상 마멸되면 기능이 상실되므로 앤티 스키드 체인을 타이어에 감고 주행하여야 한다.

앤티 스키드 타이어 [anti skid tire] 눈길에서 타이어의 슬립을 방지하기 위하여 트레드 부분을 여러가지 패턴으로 조합하여 홈이 깊고 트레드가 넓은 타이어로서 눈길에서 체인없이도 주행할 수 있는 타이어를 말한다. ⇨ 스노 타이어.

앤티 스톨 대시포트 [anti stall dashpot] 자동차의 속도를 감속시키기 위해서 액셀러레이터를 놓았을 때 스로틀 밸브가 급격히 닫히는 것을 방지하는 완충장치를 말한다. 컴퓨터는 감속시에 연료를 일시 차단함과 동시에 충격을 방지하기 위하여 감속 조건에 알맞게 대시포트를 조절한다. ⇨ 대시 포트.

앤티 스톨 세팅 [anti stall setting] ⇨ 앤티 스톨 대시포트, 대시포트.

앤티 퍼컬레이터 [anti percolator] 카브레터에 퍼컬레이션이 일어나지 않도록 여분의 가솔린을 연료 계통에 되돌리는 파이프나 밸브. 앤티 퍼컬레이터는 격심한 주행 직후 고속 회로에서 비등이 되는 것을 방지한다. 기화기는 엔진의 열 속에 노출되어 있으므로 격심한 주행 직후의 공전 운전에서는 상당히 큰 열이 축척되어 고속회로 내에 비등이 발생된다. 앤티 퍼컬레이터는 고속 회로 내에 작은 구멍으로 스로틀 밸브가 닫혔을 때 열려 비등을 방지한다.

앤티 프리즈 [anti freeze] ⇨ 부동액.

앤티로크 브레이크 [anti-lock brake] 전자제어에 의하여 미끄러운 노면에서 브레이킹하여도 타이어가 로크되지 않고, 차체의 방향 안정을 유지하는 장치. 노면이 젖어 있을 때 급브레이크를 걸면 바퀴가 로크되어 차체가 옆으로 미끄러질 수 있는데, 이것은 타이어가 로크되어 회전을 멈추면 타이어에 방향성이 없어지기 때문이다. 이것을 방지하기 위하여 타이어를 로크시키지 않고, 로크 직전에 회전을 계속하도록 한 장치. 그 때문에 차체의 감속도와 타이어의 회전을 감지하고 양쪽의 감속도를 비교하여, 타이어의 감속도가 커지면 휠 실린더에 작용되는 유압을 감소시켜 로크를 방지하도록 되어 있다. 바퀴가 로크되지 않으므로 제동 거리도 짧아진다.

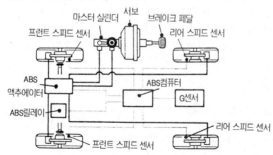

앤티롤 바 [antiroll bar] 자동차의 롤링을 적게 하는 장치. 선회하는 자동차가 하중 이동으로 외측 서스펜션이 크게 휘어져 옆으로 쏠리는 것처럼 기우는데 앤티는 반대의 뜻으로 좌우 서스펜션을 바(bar)로 연결하여 롤링 현상을 적게 하려고 하는 것. 앤티롤 바는 굵을수록 롤 강

성이 커지며, 선회중에는 토션바(bar)로도 작용하므로 서스펜션은 지
나치게 딱딱해져 조정성을 잃어버리는 경우도 있다. 자동차의 안정성
을 좋게 한다는 뜻으로 스태빌라이저, 영어에서는 앤티스웨이 바
(anti-sway bar)라고도 부른다.

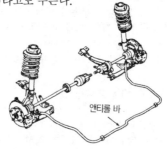

앤티롤 바.

앤티롤 장치 [antiroll system]   앤티롤 장치는 마스터 실린더와 휠 실린
더 사이에 설치되어 자동차가 오르막길에서 일시 정지하였다가 다시
출발할 때 뒤로 구르는 것을 방지하는 장치로 힐 홀더라고도 한다. 오
르막길에서 브레이크를 작동할 때 클러치 페달도 함께 작동시키므로
클러치 페달에 연동되는 링키지에 의해 볼키지를 움직이면 볼이 중력
에 의해 굴러가 브레이크 오일 통로를 막아 클러치 페달을 밟고 있는
동안은 브레이크 페달을 놓아도 브레이크가 해제되지 않는다. 따라서
자동차를 출발하기 위해 브레이크 페달을 놓아도 자동차는 뒤로 구르
지 않는다. 이 때 클러치 페달을 서서히 놓으면 링키지에 의해 볼키지
가 본래의 위치로 복귀되면서 브레이크도 서서히 해제된다. 또한 내리
막길이나 수평로에서는 클러치 페달을 놓아도 볼이 브레이크 오일 통
로에 접촉되지 않으므로 작용할 수 없다.

앤티스웨이 바 [anti-sway bar]   ⇨ 앤티롤 바.

앵귤러 [angular]   '각을 이룬, 모서리에 있는, 모서리진'의 뜻.

앵귤러 볼 베어링 [angular contact ball bearing]   표준 접촉각이 30°이고
자동 중심 조절을 할 수 없는 레이디얼 볼 베어링으로서 자동차 엔진
의 동력을 구동 바퀴에 전달 및 차단을 하는 클러치의 릴리스 베어링
에 사용된다.

앵귤러 브러시 [angular brush]   직류 발전기의 브러시와 같이 각을 두고
설치된 브러시를 말한다. 직류 발전기의 브러시는 엔진의 운전과 함께
항상 작용되고 회전 속도의 범위도 상당히 넓기 때문에 브러시를 경사
지게 설치하여 마모를 방지하고 소음을 방지한다.

앵귤러 액셀러레이션 〔angular acceieration〕 각속도(角速度)의 시간에 대한 비율로서 각속도를 시간으로 나눈 값을 말하며 각가속도(角加速度)라고도 한다.

앵귤러 점도 〔angular viscosity〕 20℃의 물 200cc가 흐르는데 52초가 소요되는 유출구로부터 같은 양의 오일이나 기타 액체가 유출되는데 소요되는 시간을 물의 유출 시간으로 나누어 그 점도를 측정하는 방법이다.

앵글 〔angle〕 ① 각(角), 각도(角度). ② 여러가지 단면의 형강(形鋼)

앵글 게이지 〔angle gauge〕 여러가지 각도로 정확히 다듬질된 강편을 조합하여 표준 각도를 형성하는 게이지로서 각도의 측정에 사용된다.

앵글 기어 〔angle gear〕 기어의 두축이 90° 이외의 각도로 맞물려 회전이 되는 베벨기어로서 스큐어 베벨기어, 하이포이드 기어 등을 말한다.

앵글 밸브 〔angle valve〕 스톱 밸브의 종류로서 유체 흐름의 방향을 직각으로 변환하는 밸브를 말한다. ⇨ 스톱 밸브

앵글 조인트 〔angle joint〕 ① 피스톤 링 이음의 종류로서 엔드 부분이 경사지게 되어있는 것. ② 용접이음의 종류로서 접합하고자 하는 2개의 모재를 직각으로 맞붙여 용접하는 것.

앵글라이히 장치 〔angleichen device〕 앵글라이히는 독일어의 평균이라는 뜻. 앵글라이히 장치는 제어 래크가 동일한 위치에 있어도 모든 범위에서 공기와 연료의 비율을 균일하게 유지한다. 기계식 조속기의 앵글라이히 장치는 시프터가 접촉되는 부분에 앵글라이히 스프링을 설치하여, 저속시에는 스프링이 제어 래크를 최대 분사량 위치에 있도록 하고, 고속시에는 원심추에 의해 시프터가 스프링을 압축하여 제어 래크를 감소 방향으로 당겨 공기와 연료의 비율을 균일하게 유지한다. 또한 공기식 조속기의 앵글라이히 장치는 대기실에 설치되어 저속시에는 주스프링에 의해 제어 래크를 최대 분사량 위치에 있도록 하고, 고속시에는 진공실의 진공에 의해 스프링이 팽창되어 제어 래크를 감소 방향으로 당겨 공기와 연료의 비율을 균일하게 유지한다.

앵커 〔anchor〕 '정착시키다, 고정시키다'의 뜻. ① 액셀러레이터, 핸드 브레이크, 클러치 등 케이블을 연결하는 끝과 같이 큰 장력이 미치는 장소에서 기계적으로 강하게 당길 수 있도록 사용하는 고정장치를 말한다. ② 헤드라이트, 각종 전구나 진공관에서 필라멘트를 지지하기 위해서 세워진 기둥을 말한다.

앵커 볼트 [anchor bolt] ① 기계나 구조물을 토대로 고정하기 위한 기초용 볼트를 말한다. ② 센터 브레이크의 밴드를 고정하기 위한 볼트를 말한다.

앵커 암 [anchor arm] 토션바의 한쪽 끝을 고정한 암으로서 그 설치 위치를 변화시켜 차고(車高)를 조정할 수 있도록 되어 있다.

앵커 어저스트 볼트 [anchor adjust bolt] 센터 브레이크의 밴드 브레이크 또는 자동 변속기의 앞뒤 브레이크에서 드럼과 밴드 사이의 간극을 조정하는 볼트를 말한다.

앵커 핀 [anchor pin] 핸드 브레이크에서 작용력을 좌우 바퀴에 균등하게 분배하는 이퀄라이저를 지지하는 핀 또는 드럼 브레이크에서 라이닝을 작동 방향에 대해 지지하는 핀을 말한다.

야광 페인트 [luminous paint] 발광 재료를 혼합하여 만든 페인트로서 어두운 곳에서 잘 보이도록 표지나 계기의 눈금 등에 사용한다.

양 [陽 ; positive] ① 전지에서 정상 상태보다 전자의 수가 작은 전극으로서 ⊕명암을 표현하는 것을 말한다. ③ 음(陰)에 대하여 능동적, 적극적인 면을 상징하는 것을 말한다.

양 리드 플런저 ⇨ 조합 리드 플런저.

양극 [陽極 ; positive pole] 전지, 진공관과 같은 장치의 직류 전원에서 전류가 흘러나오는 전위가 높은 ⊕전극으로서 애노드라고도 한다.

양극판 [positive plate] 양극판은 과산화납을 묽은 황산에 반죽하여 격자에 발라 놓은 것으로서 화학 작용에 의해 ⊕이온이 발생되며, 다공성(多孔性)으로 전해액의 확산 및 침투가 잘 되고 결합력이 약하다. 사용함에 따라 결정성 입자가 탈락되므로 축전지의 수명이 단축되며, 극판의 수가 많으면 용량이 증대되어 이용 전류가 많아진다.

양력 [揚力 ; lift] ⇨ 공력 6분력(空力6分力).

양면 방청 강판 [兩面防錆鋼板] 패널의 앞뒤 양면에 아연을 도금한 방청 강판. 외관(外觀)이 중요한 표면은 철분을 많이 포함시키는 등 도장성(塗裝性)을 좋게 하는 연구가 진행되고 있음.

양생 [養生] 마스킹(masking)을 가리킴. 마스킹 페이퍼는 양생지(養生紙)라고도 함.

양이온 [cation] 양(陽)에 대전한 이온으로서 캐소드에 부착하며 보통의 정전류와 동일한 방향으로 이동한다. Na^+, H^+와 같이 표기한다.

양자 [proton] 프로톤은 원자핵을 구성하는 소립자의 하나. 양자는 최소량의 ⊕전기를 가지는 미립자로서 중성자와 함께 원자핵을 구성하며 질량은 전자의 양 1847배에 해당한다. 또한 원자핵 내의 양자수는 그 원자의 원자 번호를 나타낸다.

양전자 [陽電子 : positron] 1932년 앤더슨이 우주선을 연구하다 발견한 것으로서 전자와 동일한 질량을 갖는 정전하의 소립자. 전자와 충돌하면 광자를 발생하고 소멸한다.

양정 [lift] 리프트는 '들어 올리다, 올리다'의 뜻. 캠의 기초원과 노즈와의 거리를 말하며 양정이라고도 한다.

어덴덤 [addendum] 피치 원에서 이끝 원까지의 거리.

어뎁터 [adapter] ① 본래 적합하지 않은 두 개의 부분을 전기적 또는 기계적으로 접속하기 위한 장치 또는 도구를 말한다. 스파크 플러그 테스터에서 스파크 플러그를 청소할 때 크기에 따라 설치하거나 휠 밸런스 테스터에서 타이어를 축에 설치할 때 축과 타이어 허브를 고정하기 위해 사용하는 장치. ② 레이디얼 볼 베어링, 롤 베어링을 축 위의 임의의 장소에 고정시키기 위해 사용하는 원뿔형 키를 말한다.

어뎁터 커넥터 [adapter connector] 2개 또는 그 이상의 결합기 사이에서 기계적으로 직접 결합할 수 없는 경우에 전기적 접속을 가능케 하는 고정형 또는 자유형의 중간 접속기를 말한다.

어드미션 스트로크 [admission stroke] ⇨ 흡입행정.

어드미턴스 [admittance] 교류 회로에 있어서 전압을 가했을 때 전류가 흐르기 쉽도록 공급되는 양으로서 임피던스의 역수이다.

어드밴스 [advance] ① '전진(前進) 시키다, 앞으로 내보내다'의 뜻으로 배전기의 진각 장치에서 엔진의 회전 속도가 빨라지면 점화시기를 빠르게 하는 것. 옥탄 실렉터에 A의 표시가 진각되는 방향을 말한다. ② 구리, 니켈 합금의 상품명으로서 저항 온도계수가 매우 작기 때문에 계측기의 구조 부분 등에 사용한다.

어드밴스 카 [advance car] 신기술로 자동차를 개발하여 실질적으로 채용할 수 있는지의 여부를 검토하거나 새로운 디자인을 추구하기 위하여 만들어진 실험차를 말함.

어드히전 [adhesion] 점착력(點着力). 자동차의 하중에 타이어와 노면 간의 정지 마찰 계수를 곱한 것. ⇨ 그립(grip).

어린이용 보호장치 [child restraint system] 성인용의 안전 벨트로는 보호할 수 없는 어린이나 유아를 시트에 고정하는 장치. CRS로 약해서 말함.

어브레시브 마모 [abrasive wear] 연마재(研磨材)마모. 마모 형태의 하나로 상대적으로 무른 고체의 표면을 더욱 경화된 고체의 표면으로부터 깎이는 현상. 어브레전(abrasion)이라고도 함.

어브레전 [abrasion] ⇨ 어브레시브 마모.

어세이 [ass'y] 영어의 어셈블리(assembly)를 줄인 것. ⇨ 어셈블리.

어셈블리 [assembly] 일반적으로 기계나 기계 부품을 조립하는 것. 또 는 조립한 것을 말하며 자동차에서는 복수의 부품을 조립하여 일체가 된 부품의 집합체를 말하는 것이 보통.

어스 [earth, ground] 전기장치 또는 전기 회로의 적당한 곳을 대지에 접지(接地)하는 것으로서 전압의 기준점을 설치하고 인체의 안전을 확보하거나 기기의 확실한 작동이 되도록 한다. 기호는 E 또는 GND 로 표기한다.

어시스트 그립 [assist grip] 어시스트는 '돕는다'는 뜻으로 자동차의 흔 들림이 클 때, 자동차가 요동할 때 승객이 잡고 몸의 균형을 유지할 수 있도록 한 것. 머리 위치에 가까운 천장에 설치되어 있는 것이 많으나 도어나 조수석 앞의 대시보드, 시트의 뒷면 등에 설치된 경우도 있다. 손잡이가 똑바른 바형과 바퀴 모양으로 되어 있는 링형이 있다.

어저스터블 [adjustable] ⇨ 다이얼 조정식 쇽업소버.

어저스터블 서스펜션 [adjustable suspension] 대시보드나 센터 콘솔에 설치되어 있는 스위치에 의하여 쇽업소버의 감쇠력을 2~3단계로 선 택하게 되어 있는 것. 감쇠력이 강한쪽을 하드, 약한 쪽을 노멀 또는 소프트 등으로 표시되어 있다. ⇨ 감쇠력 가변식 쇽업소버.

어저스터블 쇽업소버 [adjustable shock absorber] 감쇠력을 변화시키는 것이 쇽업소버로서, 밸브가 열린 정도 또는 오리피스나 포트의 크기를 변화시킴으로써 감쇠력을 조정할 수 있는 구조. 통상적으로 피스톤 속 도가 늦은 영역을 오리피스에 의하여 제어하고, 빠른 속도에 영역의 밸브를 컨트롤하는 스프링과 포트의 형상에 의하여 제어한다. 조정 방 법에 따라, 쇽업소버의 조정 다이얼을 직접 조작하는 다이얼 조정식, 운전석으로부터 스위치에 의하여 얼마간의 감쇠력 레벨을 선택할 수 있는 수동 조정식, 전자 제어에 의하여 자동적으로 감쇠력을 컨트롤하 는 자동 조정식으로 분류된다. 이 업소버를 채용한 서스펜션을 어저스 터블 서스펜션이라고도 하지만 조정 가능한 것은 쇽업소버 뿐이라는 것이 일반적이다. 감쇠력의 선택은 2~3단으로 되어 있는 것이 보통이 며, 예를 들어 2단의 경우에는 감쇠력이 강한 쪽을 스포츠 또는 하드, 약한 쪽을 노멀 또는 소프트로 부르고 있다. 감쇠력을 강하게 함으로 써 자동차가 어느 정도 왕성한 주행을 할 수 있으나 본격적인 스포츠 주행을 할 수 있는 수준까지 기대할 수 없다.

어저스트 − **467**

어저스트 〔adjust〕 어떤 구성품 또는 시스템의 부품들이 규정된 관계, 치수 또는 압력을 가지도록 하다.

어저스트 기구 〔adjust mechanism〕 어저스트는 조정하는 뜻으로서 시트의 위치, 쇽업소버의 강도 등을 조정하기 위하여 설치된 기계들을 말함. ⇨ 감쇠력 가변식 쇽업소버.

어저스트 너트 〔adjust nut〕 너트를 돌림으로써 길이와 압력 등을 조정할 경우, 그 너트를 어저스트 너트라고 함.

어저스트 스크루 〔adjust screw〕 조정나사. 부품의 위치 결정을 하기 위하여 쓰이는 나사로서 엔진의 밸브 간극 조정을 위한 나사 등이 있으며, 자동차에는 많은 어저스트 스크루가 쓰이고 있다.

어큐뮬레이터 〔accumulator〕 ① 전자제어 연료 분사장치의 어큐뮬레이터는 엔진이 정지되더라도 연료 라인에 잔압을 유지시켜 재시동성이 용이하도록 하고 베이퍼로크를 방지한다. 연료 펌프와 연료여과기 사이에 설치되어 엔진이 정지되면 연료 체임버에 저장되어 있던 연료가 다이어프램 스프링의 장력으로 플레이트 밸브에 설치되어 있는 잔압 유지 포트로 서서히 유출되어 연료 라인의 잔압을 유지한다. ② ABS의 어큐뮬레이터는 모듈레이터 내에 설치되어 솔레노이드의 감압 신호와 유지 신호가 전달될 때 일시적으로 브레이크 오일을 저장하고, 증압시에는 스프링의 힘으로 휠 실린더 쪽으로 브레이크 오일을 배출하는 역할을 한다.

어태치먼트 〔attachment〕 어떤 기계에 장착하여 그 기계의 작동 범위를 넓히는 부속품 또는 부속장치 등의 총칭을 말한다.

어태치먼트 플러그 〔attachment plug〕 교류 전원을 이용하여 자동차를 테스팅할 때 전선의 코드 끝에 설치하여 콘센트나 소켓 등에 연결하는 삽입형 플러그를 말한다.

어택 앵글 〔attack angle〕 자동차의 공력특성(空力特性)을 나타내는 용어의 하나로 옆에서 보았을 때 자동차가 받는 풍속을 합성한 벡터가 스프링 위 중심점을 통하는 전후축(X축)과 이루는 각도.

어퍼 링 〔upper ring〕 ⇨ 어퍼 암.

어퍼 백 패널 〔upper back panel〕 리어 윈도의 하단 가장자리와 트렁크 리드의 앞쪽 가장자리 사이의 보디 시트 메탈.

어퍼 빔 〔upper beam〕 먼 곳을 비추기 위한 헤드라이트 빔. 다른 자동차와 교행하거나 다른 자동차를 뒤따를 경우에는 사용하지 않는다.

어퍼 서포트 〔upper suport〕 ⇨ 서스펜션 서포트.

어퍼 암 [upper arm] 상하의 한 쌍으로 되어 있는 서스펜션 암 중 위에 설치되어 있는 것. 어퍼 컨트롤 암 또는 어퍼 링이라고도 함.

어퍼 컨트롤 암 [upper control arm] ⇨ 어퍼 암.

어프로치 [approach] 접근한다는 뜻으로서 자동차 용어에서는 어떤 코너에서 브레이크를 밟고 핸들을 꺾을 때까지의 경우와, 코너 입구에서 핸들을 꺾은 장소로부터 클리핑 포인트까지의 구간을 말하는 경우가 있다.

어프로치 앵글 [approach angle] 어프로치 앵글은 자동차가 급경사를 오를 때나, 돌기물을 타고 넘을 때, 범퍼 아랫 부분이 닿는 기준 수치로서, 자동차의 선단 하부와 타이어의 트레드면에 접하는 가상 평면과, 노면이 이루는 각도를 말함. 반대로 자동차가 급경사나 돌기물에서 내려가려고 할 때, 리어 범퍼의 아랫부분이 닿는지의 여부에 따라 기준이 되는 수치로서, 자동차 후단의 하부와 타이어의 트레드 면에 접하는 가상평면과, 노면이 이루는 각도를 디파처 앵글이라고 함. 또한, 자동차의 중심점을 통과하는 연직선이 바닥과 교차하는 점과 전륜과 후륜의 트레드 면을 각각 연결하는 선이 교차하는 각도를 램프 브레이크 오버 앵글이라고 함. 이 각도는 기복이 큰 노면을 주행할 때 바닥이 닿지 않는 정도를 나타내고, 큰 만큼 주파성이 좋다.

어프로치앵글   디퍼처앵글

램프 브레이크 오버앵글

억셉터 [acceptor] 억셉터는 P형 반도체에서 정공을 만들기 위해 혼합하는 3가의 가전자를 가지는 붕소, 알루미늄, 인듐 등을 말한다.

언더 가드 [under guard] 엔진 하부 및 바닥의 주행장치를 노면의 돌기나 튀어오른 돌로부터 보호하기 위한 판. ⇨ 스키드 플레이트(skid plate).

언더 댐핑 [under damping] 언더는 '~의 아래에, 미달의, 미만의', 댐핑은 '감폭(減幅)하다'는 뜻. 언더 댐핑 감쇄력이 너무 적어 승차감이 저하되는 현상을 말한다.

언더 라이드 [under ride] 자동차끼리 추돌했을 때 한쪽 자동차 일부가 다른 자동차 밑으로 박힌 것. 대형 트럭에서는 승용차와 추돌했을 때 언더 라이드를 방지하기 위하여 후부 아래쪽에 리어가드가 설치되어 있다. ⇔ 오버 라이드(over ride).

언더 범퍼 에이프런 〔under bumper apron〕 ⇨ 노즈 스포일러.

언더 보디 〔under body〕 보디 밑면, 즉 바닥 부분이 언더 보디이고, 리어 서스펜션이나 종감속 기어 등의 구동장치가 부착되어 있으며 보디 강성(剛性)이라는 점에서 중요한 역할을 하고 있다. 서스펜션의 움직임이나 진동의 대책으로서, 멤버나 보강재가 있다. ⇨ 보디 셸(body shell).

언더 사이즈 〔under size〕 베어링 저널에 긁힘이 있거나 한계를 넘어서 마멸되었으면 크랭크 샤프트 연마기로 베어링 언더사이즈의 기준에 따라 연마하여 수정하며, 수정 연마하면 표준 사이즈보다 작아지므로 US라고도 한다.

언더 스퀘어 엔진 〔under square engine〕 ⇨ 장행정 엔진.

언더 스티어 〔under steer〕 ① 일정한 방향으로 선회하여 속도가 상승했을 때, 선회반경이 커지는 것. ② 일정한 반경으로 선회를 계속할 경우 핸들을 더 꺾어야 할 상태. ③ 스티어링 조작에 대한 자동차의 반응으로 앞바퀴의 미끄럼각이 뒷바퀴의 미끄럼각 보다 커지는 경향. US라고도 부른다. ⇨ 스티어 특성.

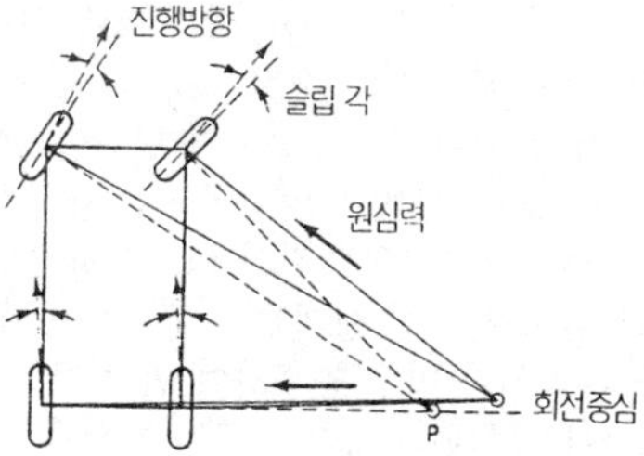

언더 코팅 〔㊣undercoating, ㊐underseal〕 보디의 밑부분(휠 하우스 및 플로)에 칠하는 도료. 유연성이 강한 페인팅(塗膜)을 형성하여 방청, 방음, 방진(防振)의 역할을 함. 단, 소지 도료(素地塗料)의 의미로 사용되는 수도 있음.

언더 크라운 〔under crown〕 피스톤 크라운 뒷면, 볼록면 피스톤 헤드의 뒷면.

언더 프로텍터 〔under protector〕 엔진 하부나 바닥의 주행장치를 노면의 돌기 또는 튀어오르는 돌로부터 보호하기 위하여 설치된 보드. ⇨ 스키드 플레이트(skid plate).

언더 플로어 앵글 [under floor angle] 자동차가 요철(凹凸)이 심한 험한 길을 주행할 때 플로어나 차체의 전후와 노면과의 간섭(干涉)이 되기 쉬운 것을 수치로 나타내는 것으로서 어프로치 앵글, 디파처 앵글, 램프 브레이크 오버 앵글의 3종류가 있다.

언더대시 유닛 [under-dash unit] 대시 밑에 설치하는 방식의 에어컨 시스템으로서, 일반적으로 자동차 공장에서 출고된 이후에 설치됨. 공기 출구는 증발기 케이스에 있으며, 시스템은 보통 순환되는 공기만을 이용함. 배출 공기의 온도는 사이클링 서모스태틱 익스팬션 스위치 또는 석션 스로틀링 밸브에 의하여 조절된다.

언더보디 어셈블리 [underbody assembly] 주로 플로어 팬, 리어 시트 팬, 리어 컴파트먼트 팬으로 구성되어 있는 금속 스탬핑의 용접된 조립체.

언더컷 [undercut] ① 정류자편과 정류자편 사이에 만들어진 홈으로서 깊이가 0.5~0.8mm이고 한계값은 0.2mm이다. ② 용접에서 용접 전류가 과대하거나 용접봉이 가늘 때 용착 금속과 모재의 경계에 오목 부분이 생기는 현상 ③ 기어 절삭을 할 때 래크 또는 호브의 이의 수가 적으면 간섭이 일어나 이뿌리가 깎인 것을 말한다.

언더헝 현가방식 [underhung suspension] 언더헝은 '아래에 걸린, 아래가 위보다 튀어나온'의 뜻. 언더헝 현가방식은 액슬 하우징 아래에 스프링을 설치한 현가방식이다.

언로더 기구 [unloader structure] 초크 밸브가 닫혀진 상태에서 스로틀 밸브를 전개시켰을 때, 초크 밸브를 일시적으로 규정량을 열고 흡입 공기량을 증가시키는 메커니즘, 또 엔진이 더워지지 않고 초크가 작용하고 있는 상태(초크 밸브가 닫힌 상태)에서 급가속했을 경우(스로틀 밸브를 전개로 한다)혼합기가 너무 농후하여 엔진 회전이 일정하지 못하므로 이와같은 기구가 설치된다.

언로더 밸브 [unloader valve] ① 유압 펌프가 무부하 운동을 하도록 유압회로의 규정 압력을 유지하도록 한다. 모든 유압회로에 규정 압력이 되면 오일을 유압 탱크로 리턴 시키는 밸브이다. ② 공기 압축기의 언로더 밸브는 공기 탱크 내의 압력이 규정값 이상이 되면 압축 공기가 압력 조정기를 통하여 언로더 밸브에 가해지면 언로더 밸브는 공기 압축기의 흡기 밸브를 열어 공기가 압축되지 않도록 한다. 또한 공기 탱크 내의 압력이 규정값 이하가 되면 언로더 밸브에 가해지는 압력도 저하되기 때문에 흡기 밸브가 닫혀 압축을 하여 엔진의 회전수와 관계 없이 탱크 내의 압력이 항상 일정값을 유지하도록 한다.

언스프링 웨이트 [unsprung weight] 스프링으로 지지되지 않는 자동차 부분의 중량. 예를 들면, 휠과 타이어.

얼라이너 [aligner] 휨 및 비틀림을 점검하는 테스터로서 커넥팅 로드, 크랭크 축, 플라이 휠 등의 점검에 사용한다.

얼라이닝 [aligning] 손상된 보디에 밀고당기는 힘을 가하여 보디의 치수를 복원하는 작업. 보디 수정 작업 전체 또는 일부의 의미로 쓰인다.

얼라인먼트 [alignment] 휠이 차체에 대하여 어떻게 설치되어 있는가를 나타내는 것. ⇨ 휠 얼라인먼트.

얼라인먼트 게이지 [alignment gauge] 자동차 앞바퀴의 캠버, 캐스터, 토인, 킹핀 경사각, 최소 회전 반경을 측정하는 게이지로서 캠버 캐스터 게이지, 토인 게이지, 텐테이블로 나뉘어져 있다.

얼룩 현상 [stain phenomenon] 도장된 상태에서 안료가 페인팅(塗膜) 중에 일정하게 분산되지 않고, 색이 얼룩진 현상.

엄버 [umber] 천연의 갈색 안료로서 이산화망간과 규산염이 포함되어 있는 수산화철을 구어서 그림 물감, 페인트 등에 사용한다.

업 드래프트 [up draft] 카브레터에서 벤투리를 길이로 배치하고 공기를 밑에서 위로 통하게 하는 것. ⇦ 다운 드래프트.

업 라이트 [up right] 경주용 자동차의 허브 캐리어를 말함. 퍼뮬러카에서는 허브를 중심으로 어퍼 암, 로 암, 브레이크 캘리퍼 등을 설치하기 위한 경합금으로 만들어진 구조. 전체의 형태가 직립(直立)형으로 보이는 것을 업 라이트라고 불리운다.

업세팅 [up-setting] ⇨ 눌러 붙이기.

에나멜 [enamel] ① 착색 안료를 포함하는 원색 도료. ② 메탈릭 도장 시 최초에 바르는 원색과 메탈릭 베이스(metallic base)를 혼합한 것. ③ 아크릴 또는 알키드(alkyd)를 주성분으로 한 산화중합형(酸化重合型) 도료.

에나멜 페인트 [enamel paint] 바니시와 안료를 섞어 만든 도료로서 빠른 시간에 건조되며 광택이 나는 페인트를 말한다.

에나멜선 [enameled wire] 도선의 표면에 절연 바니시를 입혀서 고온도로 가열하여 만든 전선으로서 기동 전동기, 발전기, 와이퍼 모터 등 전지 제품의 코일로 사용한다.

에너자이즈 [energize] '주입하다, 활기를 돋우다, 전압을 가하다'의 뜻으로서 정격 전압을 공급하는 것을 말한다. 전원에 접속된 상태의 코일에 여자 전류를 공급되도록 한 상태의 것을 말한다.

에너자이징 [energizing] ⇨ 자기작동작용.

에너지 [energy] 일을 할 수 있는 능력으로서 어떤 물체가 지니는 기계적인 일 또는 그 것과 동등한 가치가 있는 것을 공급할 수 있는 능력을 표시하는 물리학적인 양을 말한다.

에너지 보존 법칙 [principle conservation energy] 에너지는 그 형태를 바꾸며 이동하지만 에너지의 총량은 변하지 않는다는 법칙으로서 1840년대에 헬름홀츠(Helmholtz, H.L.F.von), 마이어(Mayer, J. R), 줄(Joule, J. P) 등에 의해 확립되었다. 에너지에 증감없이 항상 일정하기 때문에 에너지 불변의 법칙이라고도 한다.

에너지 흡수 범퍼 [energy absorbent bumper] 저속으로 충돌했을 때 차체가 손상받지 않도록, 또는 자동차가 충돌했을 때 기계적 에너지를 흡수하는 범퍼. 북미에서는 8km/h 충돌 에너지 흡수 범퍼의 설치가 법으로 의무화되어 있었으나 현재는 4km/h로 완화되었다. 각 메이커가 여러가지 범퍼를 개발하고 있으나, 크게 나누어 우레탄 등의 완충재를 쓰는 것(예 : 우레탄 범퍼)과 오일의 점도를 이용한 것(예 : 메나스코식 범퍼)이 있다. 영어로「federal bumper, safety bumper」라고도 함.

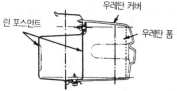

우레탄 커버

린 포스먼트

우레탄 폼

에너지 흡수 스티어링 [energy absorbent steering] ⇨ 충격 흡수 스티어링.

에디슨 [Edison Thomas Alva] 미국의 발명가로서 1879년에 탄소 필라멘트를 사용한 백열전구(白熱電球)를 발명, 1901년 에디슨 전지를 발명 등 생애 1300여종이 넘는 특허를 얻었다.

에디슨 나사 [Edison screw thread] 백열 전구에 만들어진 나사로서 둥근 나사 또는 너클 나사라고도 한다. ⇨ 둥근 나사.

에디슨 전지 [Edison battery] 양극에 수산화니켈, 음극에 철을 사용하여 알칼리 용액을 전해액으로 한 축전지로서 기전력이 1.35V인 니켈 —철전지를 말한다. 알칼리 전지의 대표적인 것.

에디슨 효과 [Edison effect] 고온의 물체에서 전자가 방출되는 현상으로서 텅거 벌브 정류기, 진공관 등에서 입력 회로와 출력 회로가 서로 연결되지 않는 상태에서 필라멘트가 적열되면 출력회로에 전류가 흐르는 것을 말한다. 진공관 속에 필라멘트와 일정 간격으로 전극을 설치하여 필라멘트를 적열시켜 필라멘트에 ⊖를, 새로운 전극에 ⊕로 하여 전지를 연결하면 필라멘트로부터 열전자가 방출되어 ⊕에 흡인되어 전류가 흐르게 된다.

에르고노믹스 디자인 [ergonomics design] 줄여서 '엘고 디자인'이라고도 함. 자동차에서 운전자(인간)와 자동차(기계)와의 관계를 하나의 시스템으로 생각하고 여러가지 면에서 과학적으로 연구(에르고노믹스)하여 그 성과를 안전하고 쾌적한 운전 상태로 할 수 있는 설계 방법을 말함. 에르고노믹스는 인간공학(human engineering)이라고도 부름.

에르그 [erg] 일의 CGS 단위로서 물체에 1다인의 힘이 작용하고 그 물체가 힘의 작용 방향으로 1cm 움직였을 때 힘이 한 일을 1에르그라 한다.

에릭슨 [Ericsson John] 미국의 발명가로서 터빈 사이클, 스크루(screw)를 실용화하여 장갑함(裝甲艦)의 건조 등 선박의 개량에 공헌함

에릭슨 사이클 [Ericsson cycle] 가스 터빈의 사이클로서 등온 압축, 등온 연소, 등온 팽창을 시키는 사이클을 말한다.

에머리 [emery] 연마용 숫돌 입자로 사용되는 금강사(金剛砂)로서 SiO_2 8~13%, Fe_2O_3 4~10%, Al_2O_3 77% 되어있는 산화알루미늄이 주성분이다.

에머리 페이퍼 [emery paper] 금강사나 유리 가루를 아교로 종이에 접착한 샌드 페이퍼를 말한다.

에멀션 [emulsion] 기화기의 연료 노즐에 에어 블리더를 설치하여 연료가 빨려나갈 때 공기가 흡입되어 거품과 같은 상태로 만들어 적은 부압으로도 쉽게 유출되고 무화가 잘 이루어지도록 연료에 공기를 혼입시키는 것을 말한다.

에보나이트 [ebonite] 생고무에 30~50%의 유황을 장시간 가류(加硫)하여 만든 단단하고 탄성이 적은 흑색 수지 모양의 물질로서 산, 알칼리에 강하며 부도체이므로 전기의 절연물, 개폐기의 손잡이, 축전지 케이스 등에 사용되는 경질 고무를 말한다.

SD [service station oil D등급] 블로바이 가스 환원장치가 설치된 차량 및 고속, 고온, 고부하 차량에 사용하는 오일. 가장 가혹한 조건에서 사용되는 가솔린 엔진 오일.

SDC 림 [semi drop center rim] ⇨ 세미 드롭 센터 림.

SV [side valve] 사이드 밸브. 엔진의 약칭.

SV 비 [surface volume ratio] 엔진 연소실의 표면적(s : 서피스)에 대한 체적(v : 볼륨)의 비. ⇨ 서피스 볼륨 레이쇼

SV 엔진 [side valve engine] ⇨ L헤드 엔진.

SB [service station oil B등급] 긁힘, 산화, 부식 방지가 요구되는 엔진용의 오일로 산화 방지제가 소량으로 첨가된 오일. 중간 조건에서 사용되는 가솔린 엔진 오일.

S/ B 비 [stroke-bore ratio] 스트로크 보어의 비율 ⇨ 보어, 스트로크 비(比).

SBR [styrene butadiene rubber] 석유에서 얻어지는 스티렌과 부타디엔을 혼합한 합성고무. 스티렌과 부타디엔의 혼합 비율과 합성 방법에 따라 많은 종류로 나눌 수 있다. 타이어에 쓰이는 합성고무 중에서도 가장 사용량이 많다.

SC [service station oil C등급] 고온, 고부하 때문에 오일의 온도가 높아 산화가 격렬하게 발생되므로 슬러지 및 마모, 방청, 부식을 방지할 수 있는 오일. 가장 가혹한 조건에서 사용되는 가솔린 엔진 오일.

SCR [silicon controled rectifier] SCR은 사이리스터의 별명으로 실리콘 제어 정류기라고도 부른다.

SI [⊕le system internationale d'unites] ⇨ 국제단위계(國際單位系).

SI 엔진 [spark ignition engine] 불꽃 점화 엔진을 말함. 영어의 머리 글자를 인용한 것으로 압축점화엔진의 CI엔진과 대비하여 쓰이는 용어.

SI PS [side impact protection system] 측면 충격 흡수 시스템의 명칭. 충돌시 측면에서의 충격을 보디의 넓은 범위에 분산시켜 흡수하고. 필러나 도어 등 승객에 가까운 부분으로 집중하지 않도록 구성한 차체구조.

SRS 에어백 시스템 [supplemental restraint system] 시트벨트 보조 구속장치. 시트 벨트와 겸용되는 에어백 시스템으로 스티어링 휠에 설치되어 있다. 센서가 충돌을 감지하면 에어백이 순간적으로 부풀어 튀어나와 운전자의 안면을 보호하는 것. 운전자가 시트 벨트를 착용하고 있다는 것을 전제로 하고 있는데서 보조적인 보조장치(SRS)라고 이름 붙여졌다. 시트 벨트와 에어백이 부담하는 충격력은 거의 반반이라고 함. ⇨ 에어백 시스템.

SS 1/ 4마일 가속 [standing 1/4mile] 정지 상태에서 발진(ss : 스탠딩 스타트)하여 1/4마일(402.3미터)을 주행하는데 필요한 시간으로 자

동차의 가속 성능을 나타내는 것. 미국에서는 이 가속 성능을 겨루는 트랙 경주가 빈번히 행해지고 있음.

SA [slip angle] ⇨ 슬립 각.

SA [service station oil A등급] 순수한 광물성 오일로 정상 운전 온도 유지 차량 및 경부하 운전차량에 사용하는 오일. 가장 좋은 조건에서 사용되는 가솔린 엔진의 오일.

SAS [secondary air supplier] ⇨ 2차 공기공급장치.

SAS [slow adjust screw] ⇨ 슬로 조정 나사.

SAE [society of automotive engineers, inc.] 미국자동차기술협회. 1905년에 설립된 것으로서 자동차를 중심으로 하는 수송 기술에 관한 학술 단체. 자동차에 관한 규격(SAE standard)의 제정을 비롯하여 각종 회보 발행 및 학술회의 개최 등의 활동을 하고 있음.

SAE 마력 [society of automotive engineers horse power] 미국자동차기술협회에서 제정된 것으로 엔진의 제원을 이용하여 간단히 계산되는 이론상의 마력으로 자동차의 등록 및 과세 기준으로 이용된다. SAE 마력은 엔진 동력계로 실제 측정한 마력보다 적다.

SAE 분류 미국자동차기술협회에서 제정한 것으로 오일의 점도에 따라 분류하며, SAE 번호가 클수록 점도가 높다. 계절별 오일을 분류하면 봄, 가을에는 SAE 30, 여름은 SAE 40, 겨울은 SAE 20을 사용한다. 근래에는 4계절용 오일로 가솔린 엔진은 10W-30 오일을, 디젤 엔진은 20W-40 오일을 사용하는데 저온에서 엔진의 기동이 쉽도록 점도가 낮고 고온에서도 오일의 기능을 나타낼 수 있도록 조성하였다. 엔진 오일은 세이볼트로 점도를 측정하여 분류하며 W 문자 표시는 겨울철용 오일로서 −17.78℃ 에서 측정한 것이며, 문자가 없는 것은 100℃ 에서 측정한 오일이다.

SAE 신 분류 미국자동차기술협회(SAE)는 미국재료시험협회(AST-M)와 미국석유협회(API) 등과 협력하여 엔진 오일의 품질 및 신규 격품 보급, 기술적 분류, 기술용어 발전과 시장에서의 서비스 분류를 기본적 취지로 두고 분류한다. 가솔린 엔진용의 SA, SB, SC, SD 오일과 디젤 엔진용의 CA, CB, CC, CD, CE 오일이 있다.

SAE 점도 번호 SAE(미국자동차기술협회)에서 윤활유를 분류할 때 규정으로서 엔진 오일과 기어 오일을 그 점도에 따라 분류하는 것. 숫자에 W를 붙이고 0°F의 점도(저온 점도)를 규정한 번호와 210°F의 점도(고온 점도)를 규정한 숫자만으로 된 번호가 클수록 점도가 높다.

SAT [self aligning torque] ⇨ 셀프 얼라이닝 토크.

SF [side force] ⇨ 사이드 포스.

SF [stability factor] ⇨ 스태빌리티 펙터.

SFC [specific fuel consumption] ⇨ 연료 소비율.

S/N 비 [signal /noise ratio] S는 시그널(signal : 신호), N은 노이즈 (noise : 소음)를 말하며, S와 N의 비. 즉 신호의 크기를 소음의 크기 로 나눈 것. 오디오 기기에서 잡음의 크기를 나타내는 양으로 그 수치 가 클수록 잡음이 적은 것을 나타냄.

SLA 위시본 형식 [short song arm wishbone type] SLA 위시본 형식은 위 컨트롤 암보다 아래 컨트롤 암이 길게 되어 있는 형식으로 바퀴가 상하운동을 하면 위 컨트롤 암은 작은 원호운동을 하고, 아래 컨트롤 암은 큰 원호운동을 하므로 캠버가 변화되고 윤거는 변화되지 않는다.

SM [static margin] ⇨ 스태틱 마진.

SOHC [single over head cam shaft] 실린더 헤드에 1개의 캠 축을 설 치하여 흡입 및 배기 밸브를 작용시키는 엔진으로 푸시로드와 밸브 리 프터가 없다. ⇨ 싱글 오버 헤드 캠 샤프트.

SOF [soluble organic fraction] 가용 유기 성분(可溶有機成分). 주로 카본 숫(carbon soot)에 부착되어 있는 탄화수소로서 연료나 엔진 오 일의 미연소분이 대부분을 차지함.

SU 카브레터 [SU carburetor] 영국의 Skiner Union社의 가변 벤투리 식 카브레터. 특징은 사이드 드래프트식으로 , 매니폴드의 부압에 의 거 부하에 따라 부압 탱크 내에서 석션 피스톤이 상하로 작동하며, 여 기에 설치된 니들 밸브가 공기와 가솔린의 비율을 조절한다. 스트럼 버그 회사의 것은 석션 다이어프램을 지니고 있다.

S 플랜 조인트 [S plan joint] 스리포드형. 유니버설 조인트의 일종으로 3가닥의 핀(스리포드 축)으로 롤러 베어링을 가진 캐리어로 싸고 이 캐리어가 축 방향으로 움직일 수 있도록 안쪽에 3가닥의 홈을 설치하 는 튤립 모양의 하우징으로 유지하는 구조.

SPI [single point injection] ⇨ 싱글 포인트 인젝션.

SPI 방식 [single point injection type] TBI (throttle body injec- tion). 연료분사 시스템에서 카브레터와 같이 흡입 매니폴드의 집합 (集合)부분의 한 곳에 연료를 분사하는 것이다. 약해서 SPI라고 부르 며, 각 기통마다 분사를 행하는 멀티 포인트 인젝션에 비교하여 컴퓨 터 제어가 용이하며, 아이들링시 미량의 연료공급을 알맞게 할 수 있 다는 장점이 있다.

에어 〔air〕 공기를 뜻하지만 보디 수리에 관련된 경우에는 압축 공기의 의미로 사용되는 수가 많다.

에어 갭 〔air gap〕 ① 기동 전동기, 발전기 등에서 전기자와 계자 철심간의 공간으로서 전기자가 작동할 수 있는 공간을 제공함과 동시에 직류 전류에 의해 포화하는 것을 방지한다. ② 발전 조정기, 전자석 등의 아마추어와 전자석의 작동으로 접점이 ON, OFF 될 수 있는 공간을 말한다. ③ 스파크 플러그와 같이 2개의 전극에 의해 사이가 벌어진 공간으로서 불꽃 간극을 말한다.

에어 대시포트 〔air dashpot〕 기화기의 2차 스로틀 밸브측에 연결되어 액셀러레이터를 놓았을 때 다이어프램 뒤쪽에 작용하는 공기에 의해서 스로틀 밸브가 급격히 닫히는 것을 방지하는 장치를 말한다. ⇨ 스로틀 포지셔너.

에어 댐 〔air dam〕 ⇨ 노즈 스포일러, 테일 스포일러.

에어 댐 스커트 〔air dam skirt〕 ⇨ 노즈 스포일러(nose spoiler).

에어 댐퍼 〔air damper〕 ① 공조 시스템에서 공기 흐름을 제어하는 장치. 바깥 공기를 도입하기 위한 내・외기 교환 댐퍼. 에어 믹스 히터로 난기와 외기의 양을 컨트롤하는 에어믹스 댐퍼 등이 있다. ② 트윈 튜브식 쇽업소버의 로드 측의 외통(보통은 더스트 커버가 목적)을 고무 부시로 커버하고, 압축 공기를 주입하여 자동차 높이를 조정하도록 한 쇽업소버. 압축 공기는 자동차에 실려 있는 소형 컴프레서를 사용하여 주입하므로, 순간적으로 자동차의 높이를 높이지는 못하지만 공차시 또는 무거운 물건을 실었을 때 자동차의 높이를 일정하게 유지할 수 있다.

에어 덕트 〔air duct〕 공기의 통로. 공기를 흡입하는 구멍(흡입구 : 에어 인렛)에서 필요한 개소(個所)까지 공기를 유도하기 위한 파이프. 엔진에 흡입되어 공기를 유도하는 에어 덕트나 브레이크를 냉각시키기 위한 브레이크 에어 덕트 등이 그 예.

에어 드라이 〔air dry〕 건조 오븐 속에 굽지 않고 외기 온도에서 건조하는 페인트.

에어 디플렉터 〔air deflector〕 ⇨ 정류판(整流板).

에어 럼버 서포트 어저스터 〔air lumber support adjuster〕 ⇨ 럼버 서포트(lumber support).

에어 레지스터 〔air register〕 레지스터는 온도 조절장치, 통풍 조절장치의 뜻으로서 실린더에 공급되는 공기를 연소에 적합한 흐름 및 양으로 조절하는 장치로서 스로틀 밸브를 말한다.

에어 레지스턴스 [air registance] 주행저항의 하나로서 자동차가 주행할 때 받는 공기에 의해 동력의 손실이 일어나는 것을 말한다. 공기 저항의 크기는 진행 방향에 대하여 공기가 접촉되는 면적에 비례하며 자동차 속도의 2승에 비례한다.

에어 믹스 댐퍼 [air mix damper] ⇨ 에어 댐퍼(air damper).

에어 믹스 온도 컨트롤 [air mix temperature control] 공조 시스템의 일부를 이루는 장치로서 대시보드의 온도 조절 레버와 연동된 에어 댐퍼를 작동시킴으로써 온풍, 냉풍, 외기 등을 적절히 혼합하여 쾌적한 바람으로 조정하는 것.

에어 믹스 히터 [air mix heater] 온수식 히터의 일종으로서 엔진의 냉각수로 덥혀진 난기와 냉기를 혼합하여 적당한 온도로 조정하는 것. ⇨ 히터(heater).

에어 박스 패널 [air box panel] 카울 톱(cowl top). 약해서 카울이라고도 부르며, 좌우 프런트 필러를 연결하는 부재로서 윈드실드 밑에 있고, 그 구조와 강도는 차체 강성에 큰 영향을 준다. 차실 내에 외기를 도입하기 위한 장치나 스티어링 칼럼을 유지하기 위한 브래킷이 설치되어 있는 것이 보통이다.

에어 백 센서 [air bag sensor] 에어 백 시스템을 작동시키기 위하여 충돌을 감지하는 센서. 스프링을 사용하는 기계식과 뒤틀림계 등을 사용한 전기식이 있으며, 감속도가 미리 설정된 값보다 클 경우에만 ON이 된다.

에어 백 시스템 [air bag system] 자동차 충돌시에 운전자와 스티어링 휠 사이 또는 조수석의 승객과 인스트러먼트 패널 사이에 순간적으로 에어 백(공기 주머니)을 부풀게 하여 부상을 최소한도로 줄이기 위한 장치. 운전자용은 스티어링 휠에 장착되어 있으며, 시트 벨트를 장착하고 있지 않는 운전자를 생각해서 대형 에어 백을 사용하는 시스템과 3점식 벨트의 장착을 전제로 한 SRS 에어 백 시스템이라고 불리우는 2종류가 있다. 또 에어 백을 부풀게 하는 방식에는 충돌시 센서가 전기적으로 감지하여 인플레이터에 통전·착화하는 전기식과 감지장치가 충돌을 검지하고 격침이 점화제를 발화시키는 기계식이 있다. 보다 수리시에는 오작동(誤作動)을 방지하기 위하여 떼어놓고 작업을 하여야 함.

에어 밸브 [air valve] EGI 방식 엔진에서 냉간시에 흡입되는 공기량을 증량시키고 워밍업 후에는 감소시키는 밸브. 스로틀 밸브가 닫혀 있어도 에어 밸브의 게이트가 열려 있기 때문에 피스톤의 흡입 행정에 의해 진공도가 증가하므로서 메저링 플레이트가 많이 열리게 되어 흡입 공기량이 증가하여 ECU가 연료의 분사량이 많아지도록 작용한다. 위밍업 후에는 에어 밸브의 게이트가 닫혀 엔진은 공회전 상태를 유지하게 하는 보조 밸브를 말한다. ⇨ 공기 밸브

에어 벤트 튜브 [air vent tube] 기화기의 플로트 체임버에 연결된 튜브로서 공기가 연료면에 작용하는 항력에 의하여 메인 노즐이나 공전 및 저속 포트에서 연료의 유출을 향상시키는 작용을 한다. 기화기의 에어혼 내에 설치되어 플로트 체임버에 대기압이 작용하는 형식을 평형 기화기라고 하며 튜브가 에어혼 밖에 설치되어 대기압이 작용하는 형식을 불평형 기화기라고 한다. ⇨ 평형 기화기, 불평형 기화기.

에어 브레이크 [air brake] 1955년의 르망 24시간 레이스에서 메르세데스 벤츠가 사용한 것으로 유명. 조종실 바로 뒤쪽 보디 패널을 유압의 힘으로 열어, 공기 저항을 극단적으로 증대시켜 브레이크의 효과를 가지도록 한 것. 그밖에도, 드래그스터나 제트 전투기가 사용하는 파라슈트도 제동거리를 단축하므로 에어 브레이크의 일종이라고 할 수 있다. 그러나 자동차용 브레이크로서는 엔진으로 공기 압축기를 구동하여 발생한 압축 공기(5~7kg/cm²)를 동력원으로 브레이크 페달을 밟으면 브레이크 밸브로부터 유입된 공기는 브레이트 체임버로 들어가 브레이크 슈를 드럼에 압축하여 제동력이 발생된다. 현재 대형트럭 및 버스에 사용되고 있다.

에어 블리드 [⑧ air bleed passage, ⑨ compensating jet] 블리드에는 기체와 액체를 누설한다는 의미가 있으며 메인 노즐에 공급되는 가솔린에 공기를 조금씩 넣는 장치. 가솔린에 공기를 혼합하면 파이프 내를 흐르기 쉽고, 메인 노즐에서 흡입하였을 때 안개모양으로 되기 쉽다.

에어 사일런서 [air silencer] 흡기 계통 입구에 설치되어 있는 흡기 소음을 적게 하는 장치.

에어 서보 브레이크 [air servo brake] ⇨ 서보 브레이크(servo brake).

에어 서스펜션 [air suspension] 공기 스프링을 사용한 서스펜션이며 '에어서스'라고도 약하여 부르기도 한다. 공기의 탄성을 이용하기 때문에 작은 진동을 흡수하여 승차감이 좋은 것과 압력의 컨트롤에 의하여 차고(車高)를 일정하게 할 수 있다는 특징이 있다. 뛰어난 서스펜션이지만 컴프레서를 비롯한 주변기기가 필요하므로 고가(高價)인 것이 단점.

에어 석션 시스템 [air suction system] 2차 공기 도입장치. 배기 매니폴드 내의 압력은 배기 밸브가 열렸을 때 높아지고 닫혔을 때 부압으로 된다. 이 부압을 이용하여 매니 폴드 내에 공기를 흡입하여(에어석션) 연소실에서 나온 배기가스 중 HC나 CO를 완전히 연소하여 정화하는 것. 공기는 에어클리너에서 취하고, 입구의 매니폴드 쪽에만 공기가 흐르도록 금속의 얇은 판(리드 밸브)이 설치되어 있다. 2차 공기 공급장치의 하나로 ASS라고 약칭한다.

에어 스위칭 밸브 [air switching valve] 2차 공기 공급장치의 부품으로서 흡기 포트에 공급되는 2차 공기를 컨트롤 하는 밸브.

에어 스쿠프 [air scoop] 공기를 흡입하는 구멍. 예컨대, 디스크 브레이크의 디스트 커버에는 브레이크의 냉각을 좋게 하기 위한 에어 스쿠프가 설치되어 있다. 스쿠프는 뜬다는 뜻.

에어 스타터 [air starter] 압축 공기나 고압의 질소가스로 구동되는 엔진의 시동장치. ⇨ 크랭킹(cranking).

에어 스트레이너 [air strainer] ⇨ 에어 클리너.

에어 스포일러 [air spoiler] ⇨ 스포일러(spoiler).

에어 스폿 건 [air spot gun] 스폿 용접기의 암을 압축 공기의 힘으로 개폐하는 건. 손의 힘에만 의존하지 않고 용접에 필요한 가압력(加壓力)이 충분히 가하여짐. 연속 작업이 쉽기 때문에, 용접기의 능력 이상으로 스폿을 찍지 않도록 주의할 필요가 있음.

에어 실 리저브 [air seal reserve] 브레이크 액을 저장하는 용기로서 브레이크 액이 외기와 접촉되지 않도록 다이어프램(고무막) 등으로 밀봉되어 있는 것. 브레이크 액에는 흡습성이 있으므로 수분을 함유하면 비점(沸点)이 저하되어 베이퍼로크 현상이 발생되지 않도록 미연에 방지함.

에어 어저스트 스크루 [air adjust screw] 엔진이 아이들 상태에 있을 때 공기의 공급을 바이패스시켜 작동하는 타입의 카브레터에서는 아이들 어저스트를 통상의 연료량 외에 공기량의 조절도 행할 수 있다. 이 바이패스에서 엔진에 공급되는 공기량을 조정하는 나사를 말함. 약하여 AAS라고도 부름.

에어 인젝션 리액터 [air injection reactor] 에어 인젝션의 다른 호칭. 리액터는 화학 반응 장치이며 AIR로 약하여 씀.

에어 인젝션 시스템 [air injection system] 2차 공기 분사장치. 약하여 AIS라고 부름. 2차 공기 공급장치의 하나로 엔진에 의하여 구동되는 펌프로서 배기 매니폴드에 공기를 보내고 배기가스를 재연소시켜 정화하는 시스템. 공기의 압력은 중간에 부착되어 있는 에어컨트롤 유닛에 의하여 제어된다.

에어 컨디셔너 [air conditioner] 주위의 각종 변화에 따른 자동차 실내 공기의 온도 및 습도와 공기의 환경을 자동적으로 조절함으로써 승차한 사람에게 쾌적한 느낌을 줄 수 있도록 하기 위한 장치를 말한다. ⇨ 냉·난방 장치.

에어 컴프레서 [air compressure] ⇨ 공기 압축기.

에어 클리너 [air cleaner] 공기청정기. 에어필터. 에어스트레이너라고도 불리우며 엔진에 흡입되는 공기 중의 먼지를 제거하는 필터로 흡기음을 적게 하는 역할도 한다. 에어 클리너 속에 내장된 엘리먼트에는 종이나 섬유를 쓰는 건식과 오일을 사용하는 습식이 있다. 일반적으로 건식이지만 설치 장소나 서비스상의 문제 등으로 엘리먼트의 교환이 어려울 경우 습식이 쓰인다.

에어 클리너 스토리지 방지 [air cleaner storage system] 연료 증발가스 배출 억제장치의 하나로 연료 증발가스를 에어 클리너 케이스에 유도하여 엔진의 작동과 같이 흡기 계통에 흡수시키는 방식.

에어 툴 [air tools] 압축 공기를 동력으로 하는 공구. 연마용, 절단용, 탈착용 등 널리 사용되고 있다.

에어 트랜스포머 [air transformer] 공기압축기로부터 나오는 공기의 압력을 감쇄 및 제어하는 데 사용되는 장치. 또한 트랜스포머는 자신을 통과하는 공기를 정화하는 필터도 가지고 있다.

에어 퍼널 [air funnel] 연료 분사식 엔진에서 관악기의 개구부를 닮은 공기 흡입구. 그 길이에 따라 흡입 효율이 좋은 엔진 회전수가 있으며 (흡기 맥동 효과) 일반적으로 고속회전용에는 짧은 것이 좋고, 저속 토크를 중시하는 경우에는 긴 쪽이 좋다고 함. 약하여 퍼늘이라고 함. 퍼늘은 깔대기를 말함.

에어 펌프 [air pump] 공기의 압력을 높여서 밀어내는 장치. 에어 서스펜션 및 에어 브레이크의 압축 공기를 만드는 것 외에 배기가스를 완전히 연소시키기 위하여 배기계통으로 공기를 보내는 2차 공기공급장치 등으로 쓰인다.

에어 퓨리파이어 [air purifier] 공기정화장치. 실내의 먼지나 냄새를 제거하는 장치이며, 블로어로 공기를 보내고, 필터로 먼지를 제거한 후 활성탄으로 냄새를 흡착시키거나 방전에 의하여 공기를 정화하는 것.

에어 플로미터 [air flow meter] 가솔린 인젝션에 사용되는 센서로서 엔진에 흡입되는 공기량을 미터 내에 흐르는 공기의 흐름(流量)으로 검출하는 것. L제트로닉에 채용된 시스템이므로 L방식이라고도 불리우며, 계량 방식으로는 오리지널의 플랩식, 후에 개발된 열선식과 카르만 와류식이 있다.

에어 필터 [air filter] 엔진의 실린더에 흡입되는 공기속의 불순물을 여과시키는 장치. ⇨ 에어 클리너.

에어 해머 [air hammer] 압축 공기의 압력을 이용하여 타격력을 얻는 해머로서 단조 작업에 사용한다.

에어 혼 [air hone] 압축 공기를 사용하여 진동판을 떨리게 하여 소리를 내는 것으로서 대형 자동차, 건설기계의 굴삭기에 경보용으로 사용된다.

에어러솔 스프레이 [aerosol spray] 페인트를 안개 모양으로 분무하는 작은 금속 용기.

에어레이션 [aeration] ① 액체에 공기를 불어 넣고 공기에 노출시키는 것. ② 액체에 공기가 혼합되는 것. 예컨대, 쇽업소버가 세게 흔들려서 오일 중에 공기가 섞이면 에어레이션이 발생되고, 감쇠력이 저하된다.

에어로 다이내믹 포트 [aerodynamic port] 인테이크 포트의 명칭. 흡입 매니폴드의 엔진쪽 지름을 좁혀 들어가 흡기의 유속(流速)을 빠르게 한다. 그리고 피스톤 속도가 늦은 중저속시의 회전역(回轉域)에서 충분한 공기를 실린더로 도입하도록 한 것. 약해서 AD포트라고 부른다.

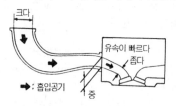

에어로 다이내믹스 [aerodynamics] ⇨ 공력 특성(空力特性).

에어로 스태빌라이저 [aero stabilizer] 자동차의 주행 속도가 빨라지면 차체가 양력(揚力)에 의하여 보디가 떠오르는 상태가 되어 주행의 안정성이 불안전하게 되므로 자동차의 뒤쪽에 바람받이를 설치하여 주행에서 받는 공기의 항력(抗力)으로 보디를 아래로 밀어내려 주행의 안정성을 향상시키는 장치를 말한다. ⇨ 스포일러.

에어리스 인젝션 [airless injection] 전자제어 가솔린 연료 분사장치와 디젤 엔진의 연료 분사장치에서 연료를 분사할 때 공기의 압력을 이용하지 않고 연료 자체의 압력으로 분사하는 방법으로 무기 분사식을 말한다.

에어컨 [aircon] 에어 컨디셔너를 줄인 말. ⇨ 에어 컨디셔너, 냉・난방 장치.

에어컨 스위치 및 릴레이 [air-con switch or relay] 에어컨 스위치는 에어컨의 ON・OFF 신호를 컴퓨터에 입력하여 에어컨을 ON 시키면 ISC 서보를 작동시켜 엔진의 공회전수를 설정치까지 상승시킨다. 에어컨 릴레이는 컴퓨터에 제어되어 에어컨 컴프레서에 축전지 전원을 ON・OFF 시키는 스위치 역할을 한다. 또한 급가속하는 순간 5초 동안 에어컨 릴레이 회로를 차단하여 양호한 가속 성능을 유지시킨다.

에어컨 컴프레서 [air-con compressor] 에어컨 컴프레서는 엔진에 의해 구동되며, 증발기에서 저압 기체로 된 냉매를 고압으로 압축하여 응축기로 보내는 작용을 한다. 컴프레서는 증발기 내의 냉매 압력을 낮은 상태로 유지시키며, 냉매의 온도가 0℃가 되더라도 계속 증발하려는 성질이 있으므로 상온에서도 쉽게 액화할 수 있는 압력까지 냉매를 흡입하여 압축시킨다.

에어플로센서 [air flow sensor] ⇨ 카르만 와류 에어플로미터.

AD 변환기 [analog digital convertor] A는 아날로그(analog), D는 디지털(digital)을 뜻하며 각종 센서의 아날로그 신호(연속적으로 변하는 물리량)를 컴퓨터로 처리하기 위하여 디지털 신호(숫자로 나타내는 물리량)로 변환시키는 것. 변환을 행하는 장치를 AD컨버터라고 함.

ADS [adaptive damper system] 메르세데스 벤츠(w 140)에 사용되고 있는 전자제어 가변 감쇠력 쇽업소버의 명칭.

AD 컨버터 [AD convertor] ⇨ AD 변환기.

AD 포트 [AD port] ⇨ 에어로 다이내믹스 포트(aerodynamics port).

ABC 나사 [unified thread] 인치용 삼각 나사로서 나사산의 각도는 60° 이며 나사산의 단면이 정삼각형에 가까운 나사로 부품을 결합하는 데 사용하는 체결용 나사이다.

ABS 〔antilock brake system〕 미끄러운 노면에서 브레이크를 밟았을 때 타이어가 로크(lock) 되지 않도록 조정하는 시스템. 앤티는 반대를 뜻하는 접두어. 브레이크를 밟았을 때 타이어와 노면 사이에 작용하는 마찰력은 주행할 때보다 크다. 또 타이어가 구르고 있으면 타이어가 향하고 있는 방향으로 진행되지만 로크 상태에서는 관성이 향하는 방향으로 미끄러지기 때문에 핸들이 듣지 않는다. 최대 마찰력을 얻는 일과 위험을 회피할 수 있다는 것으로 ABS는 이중의 효과가 있다.

AC 〔alternator current〕 ⇨ 교류.

AC 발전기 〔alternate current generators〕 AC 발전기는 자계를 형성하는 로터 코일에 축전지 전류를 공급하여 도체를 고정하고 자석을 회전시켜 발전(發電)하는 타려자식 발전기로서 저속에서도 충전할 수 있고 출력이 크다. 특징으로는 속도 변화에 따른 적용 범위가 넓고 소형, 경량이며, 반도체 정류기를 사용하기 때문에 정류 특성이 양호하다. 또한 조정기는 전압 조정기만 필요하고 저속 회전에서도 발생 전압이 높기 때문에 축전지를 확실하게 충전할 수 있으며, 고속 회전에서 안정된 성능을 발휘한다. ⇨ 올터네이터.

ACIS 〔acoustic control induction system〕 가변 흡기장치의 하나. 흡기 맥동을 흡기관의 공기 진동, 즉 소리를 측정하여 흡기관의 길이를 달리하면 소리가 공명하는 주파수를 이용하여 엔진의 넓은 회전수 범위에 걸쳐 흡기 맥동 효과를 얻는 것. 흡기관 길이의 변경에는 흡기 매니폴드에 인접하여 서지 탱크를 설치하고, 이 탱크 통로를 개폐하는 방법, 또는 서지 탱크를 분할하고, 제어 밸브의 개폐에 따라 유효하게 작용하는 흡기관의 길이를 바꾸는 방법, 그리고 흡기관에 바이패스를 설치하고 중저속 회전 범위에서는 제어 밸브에 의하여 이것을 닫는 방법이 취해지고 있다. 「어쿠스틱」이란 음파 또는 음향에 의한다는 뜻.

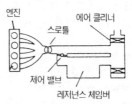

AC 제너레이터 〔alternating current generator〕 교류 발전기를 말하며 '올터네이터'라고 부르는 것이 보통.

AIR [air injection reactor] ⇨ 에어 인젝션 리액터.

AIS [air injection system] ⇨ 에어 인젝션 시스템.

A/ R 터보차저에서 터빈 하우징의 배기 입구에 가장 좁은 부분의 면적을 A, 터빈 샤프트 중심에서 배출구 중심까지의 거리를 R로하고 A를 R로 나눈 값. 이 값이 적으면 반응은 좋으나 최고출력이 낮은 엔진(저회전형)이 되고, 반대로 커질 경우 회전이 낮을 때 터보 압력은 쉽게 상승하지 않지만 고속회전시의 출력이 큰 엔진(고회전형)이 된다.

터빈 축 중심

ASC [automatic stability control] BMW의 구동력 제어 시스템의 상품명. 스로틀 밸브와 점화시기의 제어 및 연료 차단을 겸용한 것.

ASR [anti-slip regulator] 구동력 제어 시스템의 명칭. 4륜의 휠 스핀을 검출하고 컨트롤 유닛이 주행 상태에 맞추어 엔진 출력을 제어하는 것.

ASR [⑧antriebs schlupf ragelung, ⑧acceleration skid control] 벤츠의 구동륜 제어 시스템의 명칭. 엔진의 스로틀과 브레이크를 제어하여 가속시 구동륜의 스키드를 억제하는 것이 특징.

ASS [air suction system] ⇨ 에어 석션 시스템

ASTM [american society of testing material] 미국재료시험협회의 약칭으로 기술적 분류, 시험법의 명확한 분류를 토대로 한 기술 용어의 발전 및 여러가지 재료의 표준 규격을 제정 발표하고 있다.

AAS [auto adjusting suspension] 1987년 카펠러(일본의 자동차 명칭)에 채용된 서스펜션으로서 쇽업소버의 감쇠력을 소프트, 하드, 베리하드의 3단계로 조정할 수 있도록 하고 수동 스위치와 전자제어에 의하여 전후 쇽업소버 감쇠력의 조합을 골라 9종류의 주행 모드가 선택 가능한 것.

AAP [auxiliary acceleration pump system] ⇨ 보조 가속 펌프 시스템.

A/ F [air /fuel ratio] 공연비(空燃費). A는 공기, F는 연료를 말하며, 엔진에 흡입되는 혼합기의 성분 중 공기의 중량을 연료의 중량으로 나눈 수치.

AFC 방식 [air flow controlled injection type]　AFC 방식은 연소실에 유입되는 공기량을 각종 센서에서 감지하여 이 신호를 기초로 하여 기본 분사량이 결정되는 방식이다. 흡입되는 공기량을 공기 흐름 센서로 감지한 후 컴퓨터에서 연산되어 연료를 분사한다.

AFS [air flow sensor]　공기 흐름 센서. 공기 흐름 센서는 실린더에 흡입되는 공기량을 전압비로 변환시켜 컴퓨터에 신호를 보내 연료의 분사량을 결정하다. 흡입되는 공기량을 검출하는 방식으로 카르만 와류식과 메저링 플레이트식은 체적 유량으로 검출하고 핫 와이어식은 질량 유량으로 검출하여 연료의 분사량을 증감한다. ⇨ 흡입 공기량 센서.

AND 회로 [AND circuit]　⇨ 논리적 회로.

ANC [active noise control system]　⇨ 액티브 노이즈 컨트롤 시스템.

ALR [automatic locking retractor]　시트 벨트의 감아넣기 장치로서 웨빙(벨트)을 끌어내어 장착하면 신체에 꼭 맞는 위치에 고정시키고 그 이상 끌어내지 못하게 되어 있는 것. 주로 허리 벨트용으로 쓰인다.

ALU [arthmetic and logical unit]　연산부. 연산부는 중앙처리장치 내에 연산이 중심이 되는 가장 중요한 부분으로 마이크로 컴퓨터의 연산은 출력을 내지 않고 오히려 그 출력이 되는 다른 것과 비교하여 결론을 내리는 방식으로 스위치의 ON·OFF를 0 또는 1로 나타내는 2진법과 0~9까지의 10진접으로 나타내어 계산한다.

a 접점 [a connection point]　평상시에는 접점이 OFF 상태에 있다가 자력 및 그밖의 힘으로 당기거나 눌렀을 때만 회로가 ON되는 접점으로 프런트 접점이라고도 한다.

AT [automatic transmission]　⇨ 오토매틱 트랜스미션(자동변속기)

ATS [air temperature sensor]　흡기 온도 센서. 흡기 온도 센서는 흡입 공기 온도를 검출하여 전기적 신호를 컴퓨터에 보내면 흡입 공기에 알맞는 연료 분사량을 조절한다. 컴퓨터에서 5V의 전압을 공급받아 서미스터(가변 저항기)를 통하여 전류가 흐를 때, 온도가 높으면 저항이 감소하여 출력 전압이 낮아지므로 연료 분사량을 감소시킨다. 또한 온도가 낮으면 저항이 증가하여 출력 전압이 높아지므로 연료의 분사량을 많게 한다. ⇨ 흡기온 센서.

ATM [automatic transmission]　⇨ 오토매틱 트랜스미션.

AT 오조작 방지책[誤操作防止策]　AT차가 보급됨에 따라 시동시 급발진하거나, 운전자는 전진하고자 하는데 후진하는 등 AT차 특유의 사고가 빈번하게 발생되고 있다. 따라서 자동차 메이커는 시프트 토크 시스템이나 레버를 R(후진 위치)에 넣으면 전자음이 발생되게 하는 등 안전장치나 경보장치를 설치하게 되었다. 이들의 장치나 잘못된 조작을 하지 않도록 운전자에게 철저하게 방지하는 대책을 총칭해서 말한다.

AT 카 [automatic transmission car] 변속장치로서 AT(자동변속기)를 장착하고 있는 자동차를 말함.

ATTESA [advanced total traction engineering system for all] 비스커스 커플링이 부착된 센터 디퍼렌셜을 보유한 일종의 4WD시스템의 명칭. 베벨기어식의 센터 디퍼렌셜 비스커스 커플링을 병렬로 장착한 앞뒤바퀴에 50:50의 토크 배분을 행하는 것. 어느쪽 휠이든 공전할 경우에 비스커스 커플링이 차동을 제한한다.

ATTESA E—TS [electronic-torque split] 전자제어의 습식 다판 클러치에 의하여 전후륜의 구동력 배분을 행하는 4WD시스템의 호칭. FR 베이스 뒷바퀴 구동을 기본으로 하고 필요에 따라 전후 50:50까지의 구동력 배분을 전자제어에 의하여 행하는 것. 4륜에 설치된 속도 센서와 전후, 좌우 방향의 G센서에서 얻어진 신호에 의하여 구동, 제동, 선회를 각각 자동차의 상태에 적합한 구동력의 배분을 컴퓨터가 판단한다. 유압 제어로 클러치의 전달 토크를 변환시켜주는 구조로 되어 있으며, 1989년 스카이라 인용으로서 등장했다.

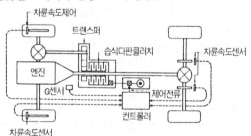

A 포스트 [A-post; A-pillar] 프런트 필러를 말함. A필러라고도 함.

API [american petroleum institute] 미국석유협회의 약칭으로 시장에서 서비스 분류, 가격, 언의 보급, 원유의 분류 등을 판정하여 OPEC 원유 가격의 기본이 되도록 한다.

API 분류 미국석유협회에서 제정한 것으로 엔진의 운전 조건에 따라 오일을 분류한다. 가솔린 엔진용의 ML, MM, MS 세 종류와 디젤 엔진용의 DG, DM, DS 세 종류로 분류되어 있다.

API 서비스 분류 〔API service classification〕 API(미국석유협회)가 제정하고 있는 엔진 오일과 기어 오일의 분류로서 용도나 과혹도(過酷度)등 서비스 조건에 따라 분류한 것. 엔진 오일은 가솔린 엔진이 SA~SE의 5종류, 디젤 엔진용이 CA~CD의 4종류, 기어오일이 GL-1~GL-6의 6종류로 분류되어 있다. 더욱이 이 분류는 1947년에 제정되어 여러번 개정을 거쳐 1956년에 상기의 분류로 재편성되었다.

A 필러 〔A-pillar〕 윈드실드 지주. ⇨ A포스트, 프런트 필러.

에이머 〔aimer〕 에이머는 '조준기, 겨냥하는 물건'의 뜻으로서 렌즈에 설치되어 있는 3개의 에이밍 보스에 설치하여 헤드라이트의 조사 방향을 점검, 조정하기 위한 조준기를 말한다.

에이밍 보스 〔aiming boss〕 헤드라이트 렌즈에 설치되어 있는 3개의 돌기물로서 에이머를 설치하는 기준점을 말한다.

에이밍 스크루 〔aiming screws〕 전조드의 방향을 조정하고 조정된 위치를 유지하여 주는데 사용되는 수평 및 수직의 셀프로킹 어저스팅 스크루.

에이트 웨이 어저스터블 시트 〔eight way adjustable seat〕 8방향으로 조정이 가능한 시트로서 밑에서부터 순차적으로 시트 리프트, 시트 슬라이드, 리클 라이닝, 사이 서포트, 랩버 서포트, 사이드 서포트, 헤드 레스트레인트를 전후와 상하로 조정할 수 있음. 고급차에서 운전자의 기호가 가장 적합한 운전자세를 얻을 수 있음을 겨냥하여 만들어 진 것.

에이펙스 실 〔apex-seal〕 로터리 엔진 로터의 삼각형 정점(apex)에 설치되어 있는 부품으로서 로터 하우징 내면의 기밀을 유지하 면서 미끄러져, 흡·배기 밸브의 작용도 행하는 것

에이프런 〔apron〕 ⇨ 노즈 스포일러.

에지 라이트 조명 〔edge light〕 계기판 조명 방법의 하나로 투명한 플라스틱 판에 문자나 눈금을 인쇄 뜬느 색을 넣어 판 끝(plate edge)에서 플라스틱 속으로 빛을 넣어 문자나 눈금이 튀어나오게 보이는 것.

HWFET 〔highway fuel economy test〕 미국의 환경보호청(EPA)이 연료 측정을 위하여 제정한 주행 시험으로서 미국의 하이웨이 주행을 상정한 것. 이 모드에서 주행 했을 때의 연비를 하이웨이 연비라고 함.

HC 〔hydro carbon〕 ⇨ 탄화수소.

HCU 〔hydraulic coupling unit〕 회전 펌프와 닮은 구조의 풀 타임 4WD용 커플링의 명칭. 안쪽에 3개의 작동실이 있으며 주먹 모양으로 되어 있는 하우징 안에는 그 주위에 10개의 벤을 가진 로터를 놓고 오

일을 넣은 구조로 되어 있다. 하우징은 뒤쪽 추진축에, 로터는 앞쪽 변속기의 추진축 쪽에 연결되어 있다. 앞뒤 바퀴에 회전차가 생기면 하우징과 로터 사이에 회전 운동이 일어나 토크의 전달이 이루어진다.

HID 헤드 램프 [high intensity discharge headlight] 고휘도(高輝度) 방전등. 고압 수은등에 메탈할로이드(금속의 할로겐 화합물)를 봉입한 구조의 램프로서 할로겐 램프의 2~3배의 밝기와 3배 이상의 수명을 가지고 있음.

HIC AS (하이카스) [high capacity actively controlled suspension] 차속감응식 4륜 조향 시스템의 명칭. 스티어링 조작에 의하여 발생되는 횡방향의 가속도를 파워 스티어링의 래크 축에 작용하는 힘으로 감지하고, 후륜의 세미트레일링식 서스펜션의 서스펜션 멤버를 유압에 의해 최대 0.5도까지 변위시켜 저속으로부터 고속까지 뛰어난 핸드링을 얻는 것. ⇨ 후륜 위상 반전 제어 시스템.

HIC AS−Ⅱ(하이카스 투) 차속감응식 4륜 조향 시스템의 명칭. 멀티링크 리어 서스펜션의 래터럴 리크를 유압식 파워 실린더에 의해 작동하는 타이로드로 하여 후륜을 조향하는 것.

HEI 방식 [high energy ignition] HEI 방식은 엔진의 회전 상태, 부하, 온도를 검출하여 컴퓨터에 입력하면 점화 시기를 자동적으로 조절하여 1차 전류를 차단하는 파워 트랜지스터에 점화 신호를 보내어 2차 고전압이 유기되도록 하는 점화장치이다. HEI 방식은 원심진각장치와 진공진각장치가 없으므로 컴퓨터에 의해 진각이 이루어지고 폐자로형 점화 코일을 사용하여 2차 고전압을 얻도록 한다.

HP [horse power] ⇨ 마력

HPR 합판 유리 두께가 0.38mm인 것과 0.76mm로 되어 있는 것이 있으며 중간 막으로 형성되어 있음. 표준 합판 유리보다 충격 강도가 높다.

H형 프레임 [ladder type frame] 사다리형 프레임이라고도 한다. 이것은 제조하기가 비교적 간단하며, 강서(剛性)이 있다는 장점이 있는 반면, 프레임의 사이드 멤버가 보다 바닥 밑에 오기 때문에, 바닥이 그만큼 높아지므로 현재는 거의 사용되지 않고 있다. ⇨ 사다리꼴 프레임.

에코 [echo] ① '메아리치다, 반향하다'의 뜻으로서 한 관측점에서 직접파와 구별할 수 있는 강도와 시간의 지연을 갖는 반사파를 말하며, 자동차에서는 차간 거리를 판독하는 장치에 사용한다. ② 반사 또는 기타의 작용으로 충분한 진폭과 명확한 지연 시간을 갖고 되돌아온 파(波)로서 1차 파와 확실히 구별할 수 있는 것. ③ 레이더에 있어서 표적에서 반사되어 되돌아온 신호 또는 스코프 스크린상에 나타난 반복

잔향을 말한다.

에탄올 [ethanol] ⇨ 에틸 알코올.

에테르 [ether] ⇨ 에틸 에테르

에틸 알코올 [ethyl alkohol] 특유한 향내와 맛을 가진 무색 투명한 액체로서 휘발하거나 타기 쉬우며 당류의 알코올 발효에 의해 얻어진다. 주류(酒類)의 성분, 화학 약품의 합성 원료, 부동액, 브레이크 오일, 클러치 오일 등으로 사용된다.

에틸 에테르 [ethyl ether] 에틸 알코올에 진한 황산을 혼합하여 증류시킨 무색의 액체로서 특유한 향기가 있으며 휘발하거나 연소되기 쉽다. 벨로즈형 수온 조절기의 작동액, 수온계의 감열 작동액으로 사용된다.

에틸렌 [ethylen] 무색 가연성의 기체로서 에틸 알코올에 진한 황산을 혼합하여 증류시킨 것으로서 플라스틱, 합성 고무 등 석유 화학 공업의 기초 원료가 된다.

에틸렌 글리콜 [ethylene glycol] 무취, 불연성의 액체. 비등점이 19.2℃이고 응고점이 −50℃로 냉각수가 감소되었을 때 물만 보충한다. 증발이 없는 불연성으로 물에 잘 용해되는 성질이 있으며 금속을 부식하며 팽창계수가 큰 단점이 있다. 따라서 방청제를 넣어 사용하며 엔진 내부에서 누출되면 침전물이 생기고 쉽게 교착된다.

에폭시 [epoxy] 금속에 발생한 일부 타입의 균열을 수리하는데 사용할 수 있는 플라스틱 콤파운드.

에피사이클로이드 [epicycloid] 하나의 원주상을 외접하면서 원을 굴릴 때 한점이 그리는 곡선을 말하며 내접하면서 그리는 곡선을 하이포사이클로이드라 한다.

FWD [front wheel drive] 프런트 엔진·프런트 드라이브.

FV [force variation] ⇨ 포스 베리에이션.

FBC [feed-back carburetor] 피드백 기화기, FBC는 에어 블리더나 연료 통로를 커퓨터가 조절하여 공연비를 적절하게 유지하여 배기 가스 중에 함유된 유해성분을 최소한으로 감소시키기 위한 기화기이다. 각종 센서에서 보내오는 신호를 컴퓨터가 판독하여 연료의 통로나 에어 블리더의 통로에 흐르는 공기량 또는 연료량을 조절하여 운전 상태에 알맞는 공연비의 혼합기를 실린더에 공급한다.

FBM [feed back mixer system] FBM은 전자제어식 LPG 연효장치로서 유해한 배기 가스를 최소한으로 감소하여 적정한 공연비를 공급한다. 컴퓨터는 각종 센서로 부터 신호를 받은 다음 판독하여 각종 제어 밸브를 적절히 ON·OFF시켜 공연비를 조절한다.

FB 카브레터 [feed back carburetor control] 포드의 배기 정화 시스템에 쓰이는 카브레터의 명칭. ⇨ CLCC.

FIS A [⊛federation internationale du sport automobile] 국제자동차스포츠연맹. 국제자동차연맹 산하로 모터 스포츠에 관한 국제적인 결정을 행하는 최고기관. 각국의 모터 스포츠를 통괄하는 단체.

FIA [⊛Federation Internationale de I'Automobile] 국제자동차연맹. 세계 각국의 자동차연맹이 참가하고 있는 연합 조직으로서 파리에 본부가 있음.

FIM [⊛Federation Internationale Motocycliste] 국제 모터 사이클리스트 연맹의 약칭. 국제 연합 산하의 유네스코에 소속하고 있는 국제 기관으로 세계 각국에서 개최되는 모터사이클 스포츠를 통괄하고 있음.

FR [Front engine Rear drive] 영어에서는 컨벤셔널(conventional)이라고 하는 겨우가 많다. 엔진이 앞쪽에 설치되어 있고, 뒷바퀴를 구동하는 형식으로서 달리기로 비유하자면 FF보다 FR쪽이 유리하다고 한다.

FR 방식 [front-rear system] F는 플런트, R은 리어를 뜻하며, 엔진을 차량 앞쪽에 탑재하고 뒷바퀴로 구동하는 방식. RR방식과 대조적으로 쓰이는 용어. ⇨ 플런트 엔진 · 리어 드라이브.

FRM [fiber reinforced metal] 파이버 린포스트 메탈(섬유 강화 금속)의 약칭. 금속을 모재(매트릭스)로 하고 각종 섬유상 강화재를 가한 것으로 특히 높은 강도와 탄성, 내열성, 내마모성 등을 갖는 복합재료, 매트릭스로서는 철, 구리, 알루미늄, 마그네슘, 티탄, 니켈 등이 있으며, 보강섬유로서 다른 금속, 탄소, 붕소, 알루미나 등이 장 · 단 섬유나 위스커가 가해진다. ⇨ MMC.

FRM 실린더 블록 [FRM cylinder block] 실린더 내면에 FRM(섬유 강화 금속)을 사용한 모든 재료가 알루미나 실린더 블록으로 개발한 것. 알루미나 섬유와 탄소섬유 등 강화 섬유 재료를 원통의 실린더형으로 하고 이것을 금형으로 설치한 후 알루미나 합금을 넣어 제작된다.

FR 자동차 [front engine rear drive car] ⇨ FR.

FRTP [fiber reinforced thermo plastics] 유리 섬유 강화 열가소성 수지. 열을 가하면 부드러워지는 성질(열가소성)을 가진 플라스틱(수지)으로 3~4mm이하의 유리 단섬유를 혼입 · 성형한다. 그리고 혼입하지 않은 경우와 비교하면 인장강도 또는 탄성률이 크고 안정성이 좋은 부품을 얻을 수 있다.

FRP [fiber reinforced plastics] 파이버 린포스드 플라스틱(섬유강화 플라스틱)의 약칭. 섬유로 보강된 고분자 재료의 총칭이지만 자동차에 서는 유리섬유와 폴리에스텔수지나 에폭시수지 등의 열경화성(가열하면 굳어짐) 수지를 조합한 재료를 말하며 보디나 커버 등 여러가지 부품에 쓰이고 있다.

FRP 리프 스프링 [fiber reinforced plastics leaf spring] FRP(섬유 강화 플라스틱)를 판 스프링으로 쓴 것. 수지 리프라고도 함. 섬유로서 유리 섬유를 쓴 GFRP(glass FRP)나 탄소 섬유를 쓴 CFRP(carbon FRP)가 있으며 가볍고 내구성은 좋지만 값이 매우 비싸다는 것이 단점.

FHP [friction horse power] ⇨ 마찰 마력.

FF [Front engine Front drive] 영어로는 Front Wheel Drive라고 하며 약해서 FWD라고 한다. 엔진이 앞쪽에 설치되어 있고, 앞바퀴를 구동하는 형식으로 같은 치수의 차량에서는 실내 공간을 넓게 이용할 수 있는 장점이 있기 때문에 소형차는 이 형식이 많다.

FF 방식 [front-front system] F는 프런트를 뜻하며, 차량 앞쪽에 엔진을 탑재하고 앞바퀴로 구동하는 방식. 영어에서는 프런트 휠 드라이브 라고 하며 FWD라고 약칭한다. FR방식, RR방식과 대조적으로 쓰이는 용어.

FF 자동차 [front engine front drive car] ⇨ FF.

F 헤드 엔진 [⑧F−head engine, ⑧overhead inlet, side exhaust] 흡입 밸브를 실린더 헤드에, 배기 밸브를 실린더 측면에 설치한 것. 밸브 면적을 넓게 할 수 있으나 작동 밸브 기구가 복잡하다는 것이 난점이다. 연소실의 단면을 옆에서 보면 F자형으로 되어 있으므로 이와같이 이름을 붙였다.

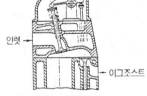

인렛←　　　　　→이그조스트

X 셰이프 [X−shape] ⇨ X형 프레임.

엑사이테이션 [excitation] ① 트랜지스터 등에서 제어 전극에 공급되는 신호 전압이며 드라이브라고도 한다. ② 철심의 작동 자속을 유지하기 위해서 코일에 공급되는 전류를 말한다. ③ 외부로부터 에너지를 공급하여 원자를 고에너지 상태로 변화시키는 것으로서 여기(勵起)라고도 한다.

엑사이테이션 커런트 [excitation current] 변압기, 전압 조정기 등에서 자계를 형성하기 위해서 흐르는 전류로서 적당히 선택한 코일에 정격전류의 백분율로 공급된다.

X축/ Y축/ Z축 자동차의 자세 변화를 나타낼 때 사용하는 예상의 중심축. 전후 방향의 축을 X축, 이 축 둘레의 운동을 롤링이라고 하고, 좌우 방향으로 뻗은 축을 Y축, 이 축 둘레의 움직임을 피칭이라고 하며, 상하 방향의 축을 Z축, 이 Z축 둘레의 운동을 요잉이라고 한다. 미드십 엔진을 가진 자동차는 이 요잉 모멘트가 작다.

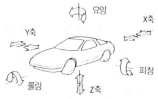

X형 프레임 [(美)X－shape type frame. (英)cruciform frame] 이것은 2개의 사이드 멤버를 X자 모양으로 만들었다. 비틀림에 대해 강하고, 사다리형 프레임보다 바닥을 낮게 할 수 있으나, 정면 충돌시 충격흡수에 문제가 있고, 프레임이 차체의 중앙부를 지나기 때문에 프로펠러 샤프트의 설치나, 서스펜션 등의 부착에 문제가 있어 현재는 거의 사용되지 않는다. ⇨ 슬리퍼형 피스톤

N/V 비 [N/V ratio] 엔진 회전수 N(rpm)과 차속 V(km/h)의 비(比)로 자동차가 어떤 속도로 주행하고 있을 때 엔진이 어느 정도 회전하고 있는가를 나타내며 이것이 적으면 연비가 좋은 것이 보통이다.

NVH [noise vibration harshness] 노이즈(noise : 소음), 바이브레이션(vibration : 진동)의 영어의 머리문자를 인용한 것. 자동차의 거주성(居住性)이나 쾌적성을 말할 때 중시되는 특성 항목.

NS [neutral steer] ⇨ 뉴트럴 스티어.

NSP [neutral steer point] ⇨ 뉴트럴 스티어 포인트.

NA [naturally aspirated engine] ⇨ 내추럴리 아스피레이티드 엔진.

NAVI(나비)-5 [new advanced vehicle with intelligence-5] 종래의 토크 컨버터를 사용하지 않는 자동변속기. 통상의 매뉴얼 시프트인 5속 변속기와 클러치를 사용하고, 발진 변속을 마이크로컴퓨터로 제어된 유압에 의해 조작하는 것. 조작의 타이밍은 노련한 운전자의 습관을 컴퓨터에 기억시켜 둔 것이 사용되고 있다.

NAVI-5·D4 [new advanced vehicle with intelligence-5·D4] 종래의 NAVI-5의 레인지는 1(1속), 2(2속), D3(1속부터 3속까지 자동변속), D5(1속부터 5속까지 자동변속)와 R(후진)이었으나, 여기에 D4(1속부터 4속까지 자동변속)를 추가하여 5속 수동 변속기 감각을 가지게 한 것. 그밖의 개량도 추가되어 1988년에 등장하였다.

NAND 회로 [NAND circuit] ⇨ 부정 논리적 회로.

NHTSA [national highway traffic safety administration] 국가고속도로 교통안전관리.

NLR [non locking retractor] 시트 벨트의 감아넣기장치(retractor)로서 벨트의 로크 기구가 장착되어 있지 않고 사용할 때마다 벨트를 잡아당겨 신체에 맞도록 길이를 조절하는 형식. 로크 기구가 달린 리트랙터에는 ALR과 ELR이 있다.

NOR 회로 [NOR circuit] ⇨ 부정 논리화 회로.

NOx [nitrogen oxides] 질소산화물. 배기가스 중에 포함되는 질소산화물로서, x는 통상 1 또는 2, 즉 NO(일산화질소)와 NO_2(이산화질소)를 말한다. 혼합기 중 질소가스(N_2)는 산소가스(O_2)와 결합(산화)하기 어려운 안정된 기체이지만, 혼합기가 고온에서 연소할 때 일부가 산화하여 NO로 되어 배출되고, 외기 중에서 다시 산화되어 NO_2가 된다. 배기가스 중의 질소산화물은 95%가 NO_2, 3~4%가 NO이다. NO_2는 냄새가 자극적인 유해한 기체로서 광화학 스모그의 주원인으로 일컬어지고 있다. NOx의 발생은 연소 온도와 압력이 함께 최고로 되는 이론 공연비 부근에서 가장 많이 발생하므로, 이것을 적게 하는 데는 엔진의 압축비를 작게 하기도 하고 EGR에 의하여 연소 온도를 낮추는 등의 대책이 강구된다.

엔드 캠 [end cam] 입체 캠의 종류로서 원통의 가장자리 면을 특수 형상의 접촉면으로 만들어 캠을 회전운동시키면 피동절은 상하 직선운동을 하게 된다.

엔드 플레이트 [end plate] 엔진 전후에 설치되어 있는 판으로서 엔진에 먼지나 물이 들어가 오일이 새는 것을 방지하는 역할을 하는 것. 앞에 있는 것을 프런트 엔드 플레이트, 뒤에 있는 것을 리어 엔드 플레이트 라고 부름.

엔리치먼트 시스템 [enrichment system] 엔리치먼트는 진하게 하는 것 으로 기화기나 연료분사장치에서 혼합기를 진하게 하는 장치의 총칭. ⇨ 시동 증량(始動增量).

엔벨러핑 특성 [enveloping] 타이어가 작은 돌기를 넘을 때 트레드가 이 돌기를 감싸는 성질을 말하며, 그 능력을 엔벨러핑 파워(enveloping power)라고 한다. 레이디얼 타이어는 트레드 내부에 구부림 강성이 높은 벨트가 있기 때문에 바이어스 타이어에 비교하여 엔벨러핑 파워 가 적다.

엔벨러핑 파워 [enveloping power] ⇨ 엔벨러핑 특성.

엔지니어링 플라스틱 [engineering plastics] 기계적 강도, 내열성, 내마 모성 등이 뛰어나 자동차를 비롯하여 여러가지 기기에 쓰이고 있는 공 업용 플라스틱. 그 중에서도 대량으로 쓰이고 있는 나일론(PA), 폴리 아세탈(POM), 폴리카보네이트(PC) 등이 있다.

엔진 [engine] 기관. 화력, 풍력, 수력, 전력 등의 각종 에너지를 단속적 으로 기계적인 에너지(동력)로 바꾸고 다른 것을 움직이게 하는 장치 의 총칭. 자동차의 동력으로서는 열에너지를 이용한 열기관, 전기 에너 지를 이용한 모터가 쓰여져 왔지만 현재 열기관 중 화력을 이용한 연소 기관이 주류를 이루고 있다. 연소 기관은 증기 엔진과 스털링엔진 등의 외연 기관과 가솔린 엔진, 디젤 엔진, 터빈 엔진 등의 내연 기관으로 분 류되며 가솔린 엔진은 불꽃점화, 디젤 엔진은 압축점화, 터빈 엔진은 연속적인 연소를 특징으로 하고 있다. 또 가솔린 엔진에는 피스톤의 왕 복 운동을 회전 운동으로 변환하는 리시프로 엔진과 혼합기의 폭발력 을 로터에 의하여 직접 회전력으로 바꾸는 로터리 엔진이 있다. 장래의 엔진으로는 전기 모터와 가스 터빈이 기대되고 있으며, 연료로는 천연 가스, 알코올, 수소 태양광선 등을 사용한 엔진의 일부가 실용화되고 있다.

엔진 노이즈 [engine noise] 엔진에서 발생하는 소음의 총칭으로 흡기 계통에서 발생하는 흡기 소음, 배기 파이프에서 나는 배기 소음, 엔진 의 기계적인 작동에서 발생하는 기계 소음 등을 말함.

엔진 노크 [engine knock] 엔진에서 발생하는 잡음을 노킹이라 말하며, 베어링 손상 등의 원인으로 이와 같은 소리가 날 때도 있음.

엔진 레이싱 [engine racing] 엔진의 배기가스, 엔진의 급가속 상태 등을 측정하기 위하여 무부하 상태에서 고속으로 공회전시키는 상태를 말한다.

엔진 룸 [engine room] 엔진이 장착되어 있는 공간(룸) ⇨ 엔진 컴파트먼트.

엔진 마운트 [engine mount] ⇨ 엔진 마운팅.

엔진 마운팅 [engine mounting] 엔진 마운트 또는 엔진 서포트라고도 부르며 엔진을 지지하며 차체에 고정된 부품. 엔진의 진동을 차체에 전달하지 못하도록 방진 기능을 가지며, 고무로 만들어진 러버 마운팅이나 고무 내에 액체를 봉입하여 진동의 감쇠력을 크게 한 액체 봉입 엔진 마운팅 등이 있다.

리어 마운트

프런트 마운트 인슐레이터

엔진 베어링 [engine bearing] 피스톤 핀과 커넥팅 로드, 커넥팅 로드와 크랭크 핀 및 크랭크 축 메인 저널 사이에는 서로 관계 운동을 하므로 베어링을 설치하여 부품을 지지하고 슬라이딩 회전시켜 마찰을 감소시키기 위하여 사용한다. 엔진 베어링은 평면 분할형과 부시형이 있다.

엔진 브레이크 [engine brake] 이른바 브레이크 장치로서 브레이크는 아니지만, 엔진의 압축 압력을 이용하여 제동력을 얻는 것. 예를 들면, 비탈길을 내려갈 때 2단기어를 선택하고, 엔진을 타이어쪽으로부터 구동하는 상태로서 엔진에 의하여 생기는 제동력을 이용하고, 속도를 조종하는 것을 말함. 트럭 등 대형차의 디젤 엔진에서는 배기 파이프를 닫아 큰 엔진 브레이크를 발생하는 시스템을 가지고 있다. 이것은 배기 브레이크라고도 하는데, 이것도 엔진 브레이크의 일종이라고 할 수 있다. 2행정 엔진에는 4행정 엔진의 압축행정에 상당하는 행정이 없으므로 엔진 브레이크의 효력이 적다.

엔진 블로 [engine blow] 실린더 내벽과 피스톤 사이의 메탈 등에 윤활하는 오일의 막이 없어지고 부품 서로가 직접 마찰하여 눌어붙는 것을 말한다. 유막이 끊어지는 원인으로는 여러가지 경우가 있으나, 오버히

트되어 오일의 점도가 낮아지거나 허용회전수 이상으로 엔진을 작동시
켜 유막이 없어지는 것 등을 생각할 수 있다.

엔진 서포트 [engine support] ⇨ 엔진 마운팅.

엔진 성능 곡선 [engine performance curves] ① 엔진 출력 곡선이라고
도 하며 엔진회전수에 대한 축 출력, 축 토크, 연료 소비율의 3가지를
그래프로 나타낸 것. 엔진 특성을 나타내는데 가장 많이 쓰이고 있으
나 ISO, SAE 등 규격에 따라 시험 방법이 다르다. ② 엔진이 전부하
상태(스로틀 밸브 全開)의 토크, 마력, 1시간당의 연료소비율을 회전
수에 대해서 나타낸 그래프. 토크의 그래프에서는 정상이 되어 있는
곳이 최대 토크이며, 토크 곡선이 급경사로 되어 있으면 결함이 있는
엔진이며, 완만한 곡선으로 되어 있을 경우에는 정상적인 엔진이라고
볼 수 있다. 출력은 회전수에 거의 비례하여 커지며, 엔진이 최고 회전
수보다 조금 낮은 정점이 온다.

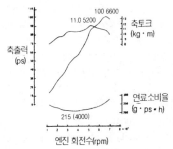

엔진 셰이크 [engine shake] 엔진이 보디나 서스펜션과 같이 7~20Hz
의 낮은 주파수로 흔들리는 현상 중 노면의 요철이나 타이어 휠의 중
량 언밸런스 또한 강성 변동에 따라 발생하는 스프링 밑 진동이 원인
이 되는 것을 말함.

엔진 스코프 [engine scope] 엔진 오실로스코프의 약칭으로 엔진 점화
장치의 비정상적인 작용을 브라운관을 사용하여 그 상태를 파형으로
나타내는 시험기를 말한다. ⇨ 엔진 오실로스코프.

엔진 스톨 [engine stall] ⇨ 엔진 킬.

엔진 애널라이저 [engine analyzer] 엔진의 비정상적인 작동 상태를 각
종 미터와 스코프상에 나타내는 종합 테스터기로서 축전지의 전압, 시
동시 전압 강하, 충전 전압, 점화 코일, 축전기, 드웰각, 점화 시기, 실
린더 밸런스 시험, 발전기, 스파크 플러그의 스파크 전압 등을 미터와

스코프의 파형에 의해서 점검 및 측정을 할 수 있는 테스터기를 말한다.

엔진 업소버 [engine absorber] 엔진과 엔진 마운팅을 연결하는 속엽소버로 엔진의 낮은 주파수에서 진동을 억제하는 역할을 하는 것.

엔진 오실로스코프 [engine oscilloscope] 점화장치의 비정상적인 작동 상태를 브라운관에 파형으로 나타내는 시험기로서 스파크 플러그의 성능시험, 캠각의 변동시험 등을 알 수 있다. 수평축에 시간을 나타내고 수직축에 입력의 파형 진폭에 비례한 양을 나타낸다.

엔진 오일 [engine oil] 엔진의 윤활유. 윤활뿐 아니라 각 부분의 냉각, 청소, 방청 및 연소실에서의 가스 누출을 방지하는 작용도 한다. 점도에 따라 분류되며 세계적으로 쓰이고 있는 SAE 점도 번호에서는 숫자가 클수록 점도가 높고 고온에서의 사용에 적합하다. 미국에서는 API 서비스 분류도 이용되고 있으며 사용 조건에 따라 가솔린 엔진용은 SA~SE, 디젤 엔진용은 CA~CD로 분류 사용된다.

엔진 전자 제어시스템 [engine electronic control module] 엔진 운전의 컨트롤을 컴퓨터로 하는 시스템의 총칭.

엔진 제어 [engine control] 엔진의 출력의 향상, 연료 소비량의 향상, 주행 성능의 향상, 유해 배출가스의 감소 등을 얻기 위해서 엔진이 작동하는 동안 공전 속도, EGR 밸브, 점화시기, 좋은 혼합기의 공급 등을 정밀하게 조절하는 것을 말한다.

엔진 출력 곡선 [engine performance curves] ⇨ 엔진성능곡선.

엔진 커패시티 [engine capacity] ⇨ 배기량(displacement).

엔진 컴파트먼트 [engine compartment] 엔진룸(engine room). 엔진이 앉아 있는 방을 말함. 엔진실. 기관실이라고도 부름.

엔진 킬 [engine kill] 엔진 스톨이라고도 함. 엔진이 정지하는 현상을 말한다.

엔진 튜업 [engine tune-up] ① 사용하던 엔진의 성능을 그 본래의 성능으로 회복시키기 위한 조정 작업으로서 실린더의 압축 압력, 점화장치, 연료장치 등의 점검 조정작업을 말한다. ② 엔진의 부품을 교환하여 엔진의 성능을 처음 상태로 회복시키는 작업을 말한다.

엔진 튜업 테스터 [engine tune-up tester] 엔진의 성능을 향상시키기 위해서 점검하는 테스터로서 압축 압력 테스터, 타이밍 라이트, 진공 테스터, 매연 테스터, CO HC 테스터, 엔진 태코미터, 엔진 애널라이저 등을 말한다.

엔진 핀 〔engine fin〕 공랭식 엔진에서 실린더 헤드에 부착되어 엔진을 냉각하기 위한 지느러미 모양의 핀. 쿨링 핀, 냉각 핀, 실린더 핀이라고도 부른다.

엔진 회전계 〔tachometer〕 ⇨ 태코미터.

엔진 회전력 〔engine torque〕 혼합기를 연소시켜 크랭크 축을 회전시키려는 힘으로서 폭발력 또는 배기량에 의해서 결정된다.

엔진 회전수 〔revolution per minute〕 크랭크 샤프트의 1분간 회전수를 말한다. RPM으로 나타내는데 이것은 「revolution per minute」의 약자이다. 엔진 회전수가 높으면 그만큼 고성능이라는 것이 되며 그 열쇠를 쥐고 있는 것이 엔진의 동력밸브 계통이라고 할 수 있다.

엔진실 〔engine room〕 ⇨ 엔진 컴파트먼트.

엔탈피 〔enthalpy〕 가스나 증기 또는 일반 물체의 상태량으로서 내부 열(熱) 에너지와 일량으로서의 외부 에너지를 합한 전체 열에너지를 말한다. 보통 적당히 정해진 기준 상태에 대한 상대값으로 표현된다.

엔트로피 〔entropy〕 ① 열의 이동과 더불어 유효하게 이용할 수 있는 에너지의 감소 정도 또는 무효 에너지의 증가 정도를 나타내는 것을 말한다. ② 가스나 증기 등의 열역학적 진행 과정에 있어서 에너지, 절대 온도, 분자의 운동량 등이 어떤 상태를 취한 확률 또는 에너지가 이용 가능한 에너지로 되지 않도록 하는 현상 등을 기술하기 위한 일종의 상태량을 말한다.

엔트로피 선도 〔entropy diagram〕 수직축에 절대 온도를 수평축에 엔트로피로 나타내어 그린 선도로서 TS 선도라고도 한다. 선도상의 면적은 가역 변화에 대해서 열량을 나타낸다.

N형 반도체 〔negative type semiconductors〕 N형 반도체는 과잉 전자가 전기를 운반하는 불순 반도체로서 순도가 99.99%인 실리콘이나 게르마늄의 결정속에 극히 적은 양의 비소나 인 등 5가의 원소를 혼합하면 공유 결합한다. 이 과정에서 실리콘의 4가 원자안에 5가의 전자가 끼어들어 나머지 1개는 공유 결합할 수 없게 되므로 과잉 전자가 발생된다. 과잉 전자는 원자에 구속되는 힘이 약하기 때문에 자유롭게 이동할 수 있어 전기를 운반하게 된다.

LCD 〔liquid crystal display〕 ⇨ 액정 디스플레이.

L₃ 제트로닉 〔L₃-jetronic〕 L₃ 제트로닉은 유럽 지역의 자동차에 적용하는 전자제어 연료분사장치로서 컴퓨터와 에어 플로 센서가 내부에서 연결되어 하나로 결합되어 있으며 모든 계통이 L 제트로닉과 같다.

LRO [lateral run out] (타이어의)옆 흔들림. ⇨ 런아웃.

LSD [limited slip differential] ⇨ 리미티드 슬립 디퍼렌셜.

LSD 오일 [limited slip differential oil] LSD에 쓰이는 윤활유이다. 극압제를 가한 하이포이드 기어 오일에 기어의 스틱 슬립을 방지하는 것으로서 마찰 조정제 등을 첨가한 것.

LSI [large scale integration] 대규모 집적 회로(大規模集積回路)⇨ IC.

LSPV [load sensing proportioning valve] 로드 센싱 프로포셔닝 밸브는 뒷바퀴측 유압제어 개시점을 하중에 의하여 변동되어 앞뒤 바퀴의 제동력이 평형을 유지하도록 한 밸브이다. LSPV는 마스터 실린더와 뒷바퀴 휠 실린더 사이의 판스프링에 레버를 설치하여 자동차의 중량을 감지하므로써 제동시 뒷바퀴의 휠 실린더 유압을 증압하여 앞뒤 바퀴의 제동력이 평형을 이룬다.

LA 4모드 [LA#4 mode] LA는 로스앤젤레스, 4는 모드를 정할 때 내놓은 안건 중 4번째라는 뜻으로 배기가스 측정을 위한 주행패턴(모드)의 하나. 로스앤젤레스의 번화가를 러시아워에 주행하여 결정된 방법으로서 시내 주행을 중심으로 고속도로의 주행도 포함되어 있다.

LH 제트로닉 [LH-jetronic] LH 제트로닉은 흡입 공기량을 질량·유량으로 검출하는 방식으로서 2개의 핫 와이어를 설치하여 흡입 공기가 통과할 때 냉각되어 저항값이 작아지는 원리를 이용하여 컴퓨터가 인젝터에 흐르는 전류를 제어하여 연료의 분사량을 증감한다.

LFD [lateral force deviation] ⇨ 래터럴 포스 디비에이션.

LFV [lateral force variation] ⇨ 래터럴 포스 베리에이션.

LNG [liquefied natural gas] 액체 천연 가스. 주로 메탄가스에서 이루어지는 천연가스를 액화 수송하여 연료로 쓰는 것. 자동차용으로 쓰이는 예는 적다.

LED [light emitting diode] ⇨ 발광 다이오드.

L 제트로닉 [L-jetronic] 전자제어 연료분사장치의 하나로「Luft : 공기」와 분사를 뜻하는「jetronic」을 연결하여 만들어진 독일의 보슈社의 상표. 흡입 공기량 센서에 에어 플로미터를 사용하여 전자제어로 연료 분사량을 컨트롤하는 시스템. 흡입 공기량을 체적 유량으로 검출하는 방식이며, 메저링 플레이트식과 카르만 와류식이 있다. 스로틀 밸브가 열리는 정도에 따라 흐르는 공기량을 전기적 신호로 컴퓨터에 보내면 연산된 후 인젝터에 공급되는 전류의 흐름시간을 제어하여 연료의 분사량이 증감된다.

LT 브레이크 [leading trailing brake] 브레이크 슈가 드럼 내면에 설치 되어 브레이크를 작동시키면 유압에 의해 브레이크 슈가 바깥쪽으로 벌어져 제동되는 브레이크. ⇨ 리딩 트레일링 브레이크.

LTL [long tapered leaf spring] 중앙 부분을 두껍게 하고 양끝을 서서 히 얇게 한 리프 스프링. 같은 두께의 스프링을 합친 스프링에 비하면 가볍고 승차감이 좋다.

LPG [liquefied petroleum gas] LPG는 액화석유가스의 첫글자를 딴 약어. LPG는 원유를 정제하는 도중에 나오는 부산물의 하나로 프로판 과 부탄이 주성분이며, 프로필렌과 부틸렌 등이 포함된 혼합물. 냉각이 나 가압에 의해 쉽게 액화되고 가열이나 감압하면 기화되는 성질로서 기체 상태의 무게는 공기보다 1.5~2배 정도 무겁다. 자동차용으로서 는 연료비가 저렴하지만 봄베의 탑재와 연료 보급 등의 문제점 때문에 국내에서는 택시나 영업용 자동차에 쓰이고 있다.

LPG 봄베 [liquefied petroleum gas bombe] LPG 봄베는 1일 주행에 필요한 LPG를 저장하기 위한 탱크. 봄베에는 기체 LPG 밸브와 액체 LPG 배출 밸브 및 충전 밸브가 설치되어 있다. 또는 안전 장치인 안전 밸브와 과류 방지 밸브가 설치되어 있다. 용량은 엔진의 출력, 주행거 리, 연료 소비량, 설치 장소에 따라 다르며 액체로 유지하기 위한 압력 은 7~10Kg/cm²이다.

LPG 여과기 [liquefied petroleum gas filter] LPG 여과기는 기체 · 액 체 솔레노이드 밸브 아래 부분에 설치되어 LPG속에 포함된 불순물을 여과한다. LPG 압력에 충분히 견딜 수 있는 다공질의 여과 엘리먼트 와 영구 자석을 설치하여 금속 분말 및 불순물을 여과하여 베이퍼라이 저에 공급한다.

L 헤드 엔진 [L-head engine] SV엔진. 직렬형의 사이드 밸브 엔진으로 서 실린더 한쪽에 흡 · 배기 밸브를 설치한 형식. 연소실이 역L자형으 로 되어 있으므로 이와같은 이름이 붙여졌다.

엘고 디자인 [ergonomics design] ⇨ 에르고노믹스 디자인.

엘리먼트 레스트 [element rest] 엘리먼트 레스트는 셀의 아래 부분에 칸막이가 되어 있는 곳으로 극판의 작용 물질이 탈락되었을 때 축적되 도록 하여 축전지 내면에서 양극판과 음극판이 단락되는 것을 방지한 다.

엘리베이션 [elevation] ① 자동차가 주행하는 고도를 말한다. ② 차간 거리를 측정하기 위하여 전파를 방사하였을 때 빔이 수평면과의 사이 에 만드는 각도를 말한다. ③ 제도에서 입면도 또는 정면도를 말한다.

엘리베이터 [elevator] 운반용 기계로서 광산, 공장에서 화물, 고층 건물에서의 사람, 입체식 주차장에서의 자동차를 실어나르는 승강기를 말한다.

엘리옷형 [Elliot type] 엘리옷형 조향 너클과 킹핀 설치방식의 하나로 앞차축 양끝 부분의 요크에 조향 너클을 끼워 킹핀을 통해서 차축에 설치된다. 이 때 킹핀은 조향 너클에 고정되므로 차축에 부싱을 삽입하여 회전 운동을 할 수 있도록 하여야 한다.

MD 엔진 [modulated displacement engine] 가변 배기량 엔진. 4기통 엔진으로서 컴퓨터 제어에 따라 아이들링시, 감속시 및 4속으로 70km/h이하의 저부하 운전중에 2기통만으로 운전하므로써 연비를 좋게 하고자 하는 엔진.

MIN [minimum] ⇨ 미니멈.

MIL [navy or military symbol oil] 윤활유에 대한 미국의 군용 규격의 약칭이며, 이 규격은 실용상의 성능에 중점을 두고 분류한다. 규격은 네자리 숫자로 표기하는데 첫자리는 오일의 종류를 표시하고 나머지 세자리는 평균 점도를 표시한다.

MIG 용접 [MIG welding] 메탈(M) 이너트(I) 가스(G)용접의 약칭. 가스로 공기와 용접부를 차단하면서 단속적(斷續的)인 아크(불꽃 방전)의 열로 금속을 녹여 용접하는 방법. 본래는 아르곤 가스를 사용하는 용접을 가리키는 말이지만, 탄산가스를 사용하는 용접도 포함시켜 관습적으로 이렇게 부르고 있음. ⇨ 불활성 가스 용접.

MR ⇨ 미드십 엔진(midship engine).

MS [motor severe] 고온 고부하로 인한 엔진 오일의 온도가 높고, 출발·정지의 반복으로 인한 슬러지 발생 과다 차량 및 연료에 의한 오일의 희석이 많은 차량에 사용되는 오일. 가장 가혹한 조건에서 사용되는 가솔린 엔진 오일.

MAX [maximum] ⇨ 맥시멈.

MAG 용접 [MAG welding] 메탈(M) 액티브(A) 가스(G) 용접의 약칭. 공기와 용접부를 차단하는 가스로 탄산 가스를 사용하는 미그 용접을 특별히 구분할 때 사용함.

MAP [mechanical acceleration pump] ⇨ 기계식 가속펌프.

MAP 센서 [manifold absolute pressure sensor] MAP 센서는 흡기 다기관의 진공 변동에 따른 흡입 공기량을 간접적으로 검출하여 컴퓨터에 입력하면 엔진의 부하에 따른 연료의 분사량 및 점화시기를 조절한다. 3개의 단자와 하우징, 실리콘 칩으로 구성되어 진공셀과 흡기 다기관 사이의 압력차이를 코팅에 걸리는 힘으로 피에조 엘리먼트의 저항이 변화되어 펄스 신호를 컴퓨터에 입력한다. 스로틀 밸브가 적게 열리면 흡기 다기관의 진공이 높아지므로 MAP 센서의 출력 전압이 낮게 발생되어 연료 분사량을 감소시키고, 스로틀 밸브가 많이 열리면 진공이 낮아져 MAP 센서의 출력 전압이 높게 발생되어 연료의 분사량을 증대시킨다. ⇨ 배큠 센서.

MF 축전지 [maintenance free battery] MF 축전지는 자기 방전이나 전해액의 감소를 적게 하기 위한 축전지로서 충방전시 황산의 영향을 적게 받는 납과 저안티몬 합금 또는 납과 칼슘합금의 극판을 사용하여 자기 방전을 적게 한다. 촉매장치를 이용하여 충전시 발생하는 수소 가스 및 산소 가스를 물로 환원하여 전해액의 감소를 최소화한다. 특징으로는 증류수를 보충할 필요가 없으며, 자기 방전이 적기 때문에 장기간 보관할 수 있다.

ML [motor light] 엔진의 운전 상태를 경부하로 하여 보통의 속도와 정상 운전 온도를 유지하는 차량과 슬러지, 마멸, 부식 등이 없고 연료에 유황분이 적은 연료를 사용하는 차량에 사용되는 오일. 가장 좋은 조건에서 사용되는 가솔린 엔진 오일.

MM [motor moderate] 크랭크 케이스의 온도가 높으면 침전물이나 베어링 부식의 문제가 발생될 우려가 있으므로 운전 온도가 약간 높은 차량 및 엔진 부하 상태가 중간 정도인 차량에 사용되는 오일. 중간 조건에서 사용되는 가솔린 엔진의 오일.

MMC [metal matrix composite] 메탈 매트릭스 콤퍼지트(금속기 복합재료)의 약칭. 금속(메탈)을 기재(매트릭스)로 하여 여러 종류의 강화재를 가하면 1개의 금속에서 얻을 수 없는 특성이나 기능을 갖는 복합재료. 매트릭스로서는 철, 구리, 알루미늄, 마그네슘, 티탄, 니켈 등이 있고, 강화재로서는 다른 금속, 세라믹, 탄소 등이 쓰이고 있다. 그 조직에서 강화재가 섬유 모양으로 되어 있는 것을 섬유 강화 금속(FRM), 입자모양으로 되어 있는 것을 입자 강화 금속이라고 함. 콤퍼지트는 합성물, 혼성물을 말함. 현재는 단가면에서 이러한 재료의 실용화가 힘드므로 일부 레이싱카에 쓰이고 있을 정도이다.

M 연소 방식 [M-combustion system] 독일의 MAN社에서 개발한 직접 분사식 디젤 엔진으로서 연소실은 공모양으로 설계되어 강한 와류를 만들며, 1개의 분사구에서 벽을 따라서 연료를 분사하는 것이 특징.

MON [motor octane number] ⇨ 모터 옥탄가.

MT 노이즈 [rattling noise] 수동식 변속기의 2속 또는 3속이 1/2 스로

틀(액셀이 절반 이하로 열림)로 주행하고 있을 때 발생하는 소리. 엔진의 토크 변동이 변속기의 기어 물림을 유발케 하여 일어나는 것.

MT 림 [MT-rim] 이륜 자동차용 드롭센터 림(DC림)의 단면 모양의 하나. 캐스트 휠이나 콤스타 휠에 사용되며 튜브리스 타이어용으로 쓰이고 있음.

MTBE [methyl tertiary butyl ether] 무연 가솔린의 옥탄가 향상 재료의 하나로서, 석유와 천연가스를 혼합하여 만들어짐. 분자 중에 에테르의 모양으로 산소를 지니고 있으므로 연소성이 좋음과 동시에 휘발성이 좋은 것이 특징.

MPC 방식 [manifold pressure controlled fuel injection type] MPC 방식은 에어혼 부분에 가해지는 대기압에 의해 센서 플레이트의 움직임을 레버에 전달하여 연료 분배기의 컨트롤 플런저 행정을 변화시키므로 기본 분사량이 결정되는 방식이다. ⇨ 기계식 연료 분사.

MPI 방식 [multi point injection type] 연료분사에서 각 기통마다 인젝터를 설치하여, 흡기 포트에 따로따로 연료를 분사하는 방식. 약해서 MPI라고 부르며, 흡기 매니폴드의 집합점에 분사하는 싱글 포인트 인젝션(SPI)과 비교해서 단가는 높지만 성능이 좋은 엔진을 얻을 수 있다. ⇨ 멀티 포인트 인젝션.

MPS [motor position sensor] 모터 위치 센서. 모터 위치 센서는 ISC 서보의 플런저 위치를 검출한 신호를 컴퓨터에 보내 공전 및 냉각수 온도, 에어컨, 차속 신호를 이용하여 스로틀 밸브를 제어함으로써 공전 속도를 조절한다. 가변 저항으로 센서의 슬라이딩핀은 플런저 끝부분에 접촉되어 플런저가 작동할 때 내부 저항이 변화되므로 출력 전압도 변화된다. 이 때 변화된 전압이 컴퓨터에 보내지면 모터를 회전시켜 엔진의 회전속도를 약간 상승시킨다.

MPG [mile per gallon] 평탄한 포장도로를 일정한 속도로 직진했을 때 연료 소비율을 1갤런(3.79ℓ)의 연료로 몇 마일 주행할 수 있는가를 나타낸 것. ⇨ 정지연비(定地燃費).

MP-T·4WD [multi plate transfer] 트랜스퍼에 유압 다판 클러치를 사용한 4WD 시스템의 명칭. 클러치 판을 사용한 드럼 내의 피스톤에 작용하는 유압을 변동시킴으로써 FF상태에서 직접 4WD까지의 토크 배분이 적절히 이루어진다. 유압은 AT의 오일을 사용하며 자동차 속도와 스로틀 개도에 따라 제어된다.

엠보싱 [embossing] 상하형이 서로 대응하는 다이 사이에 판재를 넣고 압축력을 가하여 올록볼록한 홈을 만드는 가공법.

엠블럼 〔emblem〕 일반적으로 표장(標章)을 말하지만, 메이커명이나 차명 등을 디자인하여 마크로 한 것을 말한다. 롤스로이스나 벤츠 등 라디에이터 그릴 위에 있는 엠블럼이 메이커의 심볼로 되어있다. 최근에는 GTR, GSR, TURBO라고 하는 문자를 디자인한 엠블럼도 눈에 띄게 되었다.

엠프티 〔empty〕 엠프티는 '비어있는'의 뜻으로서 연료 미터에 F와 E의 표기에서 지침이 E에 있을 때를 말한다. E는 「empty scale value」으로 연료가 없는 상태를 나타내고 F는 「full scale value」으로 연료가 가득 들어 있는 상태를 말한다.

엠프티 웨이트 〔empty weight〕 사람이 승차하지 않고 냉각수, 오일, 90% 이상의 연료 등 주행에 필요한 장비를 포함한 공차 중량을 말한다. ⇨ 차량 중량.

여과기 〔filter〕 ① 연료, 오일, 공기 등에 포함되어 있는 불순물을 분리시키는 장치를 말한다. ② 흡수장치나 거칠기가 다른 여과망에 의해 혼합물 속에서 화학적 또는 물리적 성질이 서로 다른 물질을 분리하는 것을 말한다.

여과지 〔filter paper〕 페이퍼는 '종이, 신문지'의 뜻으로서 연료 또는 오일 및 실린더에 흡입되는 공기 속에 포함되어 있는 금속 분말, 수분, 먼지 등 미세한 불순물을 걸러내기 위해서 사용하는 종이를 말한다.

여과지식 〔paper filter element type〕 종이로 된 엘리먼트를 이용하여 오일에 함유된 불순물을 여과하는 형식. 오일 여과기에 들어온 오일은 다공질 엘리먼트를 통과할 때 불순물이 여과되어 중앙으로 들어간 다음 출구로 송출되게 된다.

여과포 〔filter cloth〕 클로스는 '천, 헝겊, 직물'의 뜻으로서 연료 또는 오일 속에 포함되어 있는 금속 분말, 먼지, 수분 등 미세나 불순물을 걸러내기 위해서 사용하는 천을 말한다.

여유 출력 〔capability〕 ① 엔진에서의 여유출력은 엔진이 실제 발생하는 출력과 자동차가 주행에 필요한 출력과의 차이로서 오버 드라이브 장치에 이용되어 추진축의 회전속도를 엔진의 회전속도 보다 빠르게 한다. ② 전력에서 전원 부하에 대한 용량과 계통 부하와의 차이로서 계획 보전, 긴급 정전, 예정 외의 수요 부하 등에 이용할 수 있는 여유 분을 말한다.

여자 〔excite〕 여자(勵磁)는 발전기의 계자 코일에 전류를 흐르게 하여 자속이 발생되게 하는 것을 말하며, 발전기 자체에서 발생한 전압으로 여자하는 자려자와 따로 설치한 전원으로 여자하는 타려자가 있다.

역 뱅크 〔reverse bank〕 곡선로에서 국부적으로 횡단 방향의 기울기가 뱅크와는 반대로서 커브의 외측이 낮고 내측이 높게 되어 있는 것. ⇨ 캔트(cant).

역 스크러브 〔reverse scrub〕 ⇨ 네거티브 킹핀 오프셋(negative king-pin offset).

역 슬랜트 〔reverse slant〕 자동차의 선단 부분을 뒤로 기울게 한 슬랜트. 노즈와 대조적으로 쓰이는 용어로서 선단이 앞으로 숙여진 형태로 되어 있는 것.

역 엘리옷형 〔reverse Elliot type〕 역 엘리옷형은 조향 너클과 킹핀 설치방식의 하나로 조향 너클의 요크에 T자 모양의 앞차축을 조향 너클에 끼워 킹핀을 통해서 설치된다. 이 때 킹핀은 차축에 고정되므로 조향 너클에 부싱을 삽입하여 회전 운동을 할 수 있도록 하여야 한다.

역 핸들 〔reverse handle〕 ⇨ 카운터 스티어(counter steer).

역극성 〔reverse polarity〕 직류 아크 용접에서 두께가 얇은 모재를 용접할 때 용접봉에 ⊕전극을 연결하고 모재에 ⊖전극을 연결하여 용접하는 방법. 직류 아크 용접은 ⊕ 극에서 60~70%열이 발생하고 ⊖ 극에서는 30~40%의 열이 발생된다.

역기전력 〔back electromotive force〕 ① 기동 전동기의 전기자가 자장 속을 회전함으로써 전자 유도 작용에 의해서 전기자 회로에 공급되는 전압에 대한 역방향으로 발생하는 기전력을 말한다. ② 전 트랜지스터 점화장치의 내부에서 정해진 방향으로 전류가 흐르는 것을 저지하도록 작용하는 실효 기전력을 말한다.

역다이오드 〔backward diode〕 양자의 역학적 터널 효과를 이용한 다이오드로서 역방향의 저항이 극히 작고 전하의 축척효과가 작은 다이오드를 말한다. ⇨ 제너 다이오드.

역류 〔逆流 ; contra flow〕 ① 산소가 압력이 낮은 아세틸렌 호스로 흘러 들어가는 현상. 역류의 원인으로는 팁이 과열되었거나, 토치의 취급이 불량하거나, 팁 끝에 불순물이 부착되었거나, 토치의 성능이 불량할 때 발생된다. ② 자동차의 충전장치에서 발전기의 발생 전압이 낮을 축전지의 기전력이 발전기로 흐르는 것을 말한다. ③ 디젤 엔진의 연료장치에서 연료가 분사 노즐에서 분사 펌프로 흐르는 것을 말한다.

역류 방지(逆流防止) **밸브** ⇨ 체크 밸브.

역률 〔moment〕 생각한 점에서 힘의 작용선에 내린 수선의 길이와 그 힘을 곱한 것을 말한다.

역률 [power factor] 교류 회로에서 유효 전력을 외관상의 전력으로 나눈 값을 말한다. 회로 저항을 작동 주파수에서의 회로 임피던스로 나눈 값을 의미하기도 한다.

역리드 플런저 [reverse lead plunger] 역리드 플런저는 상단면 한쪽에 도 리드 홈이 파져있어 연료의 송출 초기는 변화되고 말기에는 일정한 플런저로서 분사 개시 시기가 변화된다.

역바이어스 게이트 전류 [reverse gate current] 사이리스터에서 게이트와 인접한 P형 또는 N형 접합부가 역바이어스 되었을 때 흐르는 게이트 전류를 말한다.

역바이어스 게이트 전압 [reverse gate voltage] 사이리스터에서 역바이어스 게이트 전류가 흐를 때 게이트 단자와 인접한 단자 사이의 전압을 말한다.

역방향 바이어스 [reverse bias] 역방향 바이어스는 전류가 흐르지 않는 방향으로 가해지는 전압으로서 애노드에 ⊖, 캐소드에 ⊕전압을 가하면 애노드의 정공은 ⊖에, 캐소드의 전자는 ⊕에 끌려 PN 접합부에 공핍층이 생겨 전류는 흐르지 않는다.

역방향 브레이크다운 전압 [reverse breakdown voltage] 역저지 사이리스터에서 음극에 가해지는 양극 전압으로서 양극과 음극 사이에 저항이 높은 값에서 현저하게 작은 값으로 급격히 변화됨과 동시에 브레이크다운 전류가 흐르는 것을 말한다.

역위상 조향 [逆位相操向] 4륜 조향 시스템에서 후륜의 조향 방향이 전륜과 반대(역위상)인 경우를 말한다. 자동차의 조종성이나 회전이 작은 것이 중시되는 중저속 주행시에, 일반적인 전륜 조향의 경우에 비하여 양호한 조향성을 얻을 수 있고, 주차나 입고시에 자동차를 다루기가 쉽다. ⇔ 동위상 조향(同位相操向)

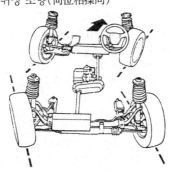

역저지 상태 〔reverse blocking state〕 역저지 사이리스터에서 음극에 대한 양극 전압과 전류와의 관계를 나타내는 특성이 역방향 브레이크 다운 전류에 미치지 않는 약간의 역전류가 흐르고 있는 상태를 말한다.

역전류 〔reverse current〕 정상 작동 전류의 흐름 방향과 반대로 흐르는 전류로서 정류기에서 역방향으로 흐르는 전류 또는 발전기에서 발생되는 기전력이 낮을 때 축전지에서 발전기로 흐르는 전류를 말한다.

역전압 〔backward voltage〕 다이오드, 사이리스터, 트랜지스터 등에 있어서 전류의 흐름을 차단하기 위해서 역저지 방향으로 가해지는 전압으로서 이때는 약간의 역전류만 흐르게 된다.

역풍 〔blow-back〕 연소실에서 카브레터(氣化器)쪽으로 혼합기가 역류하는 것. 이그니션 타이밍이나 밸브 타이밍이 이상이 생겼을 때 발생할 때가 있다.

역학 〔dynamics mechanical〕 물체간에 작용하는 힘과 물체의 운동과의 관계를 연구하는 물리학의 기초 학문을 말한다.

역학적 에너지 〔mechanical〕 역학적인 양에 의하여 정해지는 에너지의 일종으로서 보통 운동 에너지와 위치 에너지를 생각할 수 있으며 기계적 에너지라고도 한다.

역화 〔逆火 : back fire〕 산소 아세틸렌의 혼합가스가 토치 팁 끝에서 연소되지 않고 호스를 따라서 타 들어가는 현상. 역화의 원인으로는 팁이 과열되었거나, 토치의 취급이 불량하거나, 팁 끝에 불순물이 부착되었거나, 토치의 성능이 불량할 때 발생된다. ⇨ 백 파이어.

연강 〔soft steel〕 탄소 함유량이 0.12~0.2%인 탄소강으로서 무르고 탄성이 적다. 가단성과 인성이 풍부하여 가공하기에 알맞다.

연구안전차 〔research safety vehicle〕 ⇨ RSV.

연납 〔soft solder〕 450℃ 이하에서 녹는 납으로서 주석, 납, 납카드뮴 합금으로 전선을 단자에 연결할 때 사용한다.

연료 게이지 〔fuel gauge〕 연료의 잔량을 나타내는 계기로서 운전자가 가장 주의할 필요가 있는 게이지이다. 연료의 액면에 뜨개(float)에 의하여, 잔량을 나타내는 시스템이지만, 가감속시나 코너링 등에 따라 액면이 흔들려 플로트가 상하로 진동하여 지침이 흔들려서 정확함을 유지하지 못한다.

연료 공급 차단 밸브 〔fuel cut-off valve〕 연료 공급 차단 밸브는 자동차가 주행시 감속 또는 가속시 일시적으로 연료를 차단할 때 사용되는 밸브로서 엔진의 작동 온도가 35℃ 이상이고 엔진의 회전수가 1500rpm 이상에서만 작용한다. 주행중 가속 페달을 놓으면 스로틀 밸브가 닫히므로 스로틀 밸브 스위치에 의해 연료 공급 차단 밸브의 솔레노이드 코일에 전류가 흘러 밸브가 열리게 되므로 연료의 공급이 차단된다. 엔진의 회전 속도가 1500rpm 이하가 되면 연료 차단 밸브의 솔레노이드에 흐르는 전류를 차단하여 밸브를 닫아 본래의 작동으로 복원된다.

연료 공급 파이프 [fuel supply pipe] 연료 공급 파이프는 모든 인젝터에 동일한 압력과 연료의 양을 공급하며 연료가 저장되는 어큐뮬레이터의 역할을 하게 된다. 엔진의 사이클당 분사되는 연료의 양에 비하여 연료 공급 파이프의 체적은 압력의 변동을 억제할 수 있을 만큼 충분하므로 모든 인젝터에 동일한 압력이 작용한다는 것을 의미한다.

연료 공급 펌프 [fuel feed pump] 연료 공급 펌프는 엔진이 작동중에 연료 탱크 내의 연료를 흡입·가압하여 분사 펌프에 공급하는 역할을 한다. 밸브를 작동시키는 캠 축 또는 연료 분사 펌프의 편심캠에 의해 작동되어 연료를 연료 분사 펌프에 공급하며, 송출 압력은 3kg/cm²이다.

연료 마력 [petrol horse power] PHP. 엔진의 성능을 시험할 때 사용하여 소비되는 연료의 연소 열 에너지를 마력으로 환산한 것으로 시간당 연료 소모에 의하여 측정되고 최대 출력으로 산출한다.

연료 분배기 [fuel distributor] 연료 분배기는 센서 플레이트에 의해 작동되어 흡기 다기관에 설치된 연료 인젝터에 연료를 분배하는 역할을 한다. 연료 분배기는 플런저 배럴, 플런저, 디퍼렌셜 밸브로 구성되어 있다.

연료 분사 파이프 [fuel injection pipe] 연료 분사 파이프는 분사 펌프와 분사 노즐을 연결하는 고압 파이프로 모든 실린더의 분사 간격이 같아지도록 같은 길이의 파이프를 구부려 연결한다.

연료 분사 펌프 [fuel injection pump] 디젤 엔진에 공급하는 연료의 압력을 높이는 펌프. 디젤 엔진에서는 고압의 연소실에 연료를 분무하기 때문에 부연소실식에서 100~300기압, 직접 분사식에서는 200~400기압으로 분사압을 높일 필요가 있으므로 분사 노즐과 직결한 펌프로부터 연료가 압송되는 것이 보통이며, 펌프로서는 실린더마다 플런저를 갖춘 직렬형 연료분사 펌프와, 하나의 펌프로 압력을 높인 연료를 각 실린더에 보내는 분배형 연료분사 펌프가 있다. 분사 펌프에는 분사량을 조절하는 조속기와 분사시기를 조절하는 타이머가 설치되어 있다.

연료 분사장치 [fuel injection] 압력을 높인 연료를 흡기 매니폴드 또는 연료실에 분사하는 장치로서, 가솔린 엔진은 흡기 매니폴드에, 디젤 엔진은 연소실에 분사하는 것이 대부분으로서, 단지 연료 분사라고 할 때는 가솔린 엔진의 연료 분사를 가리키며, 디젤 엔진의 경우 디젤 분사라고 한다. 연료의 계량과 분사를 기계적인 메커니즘을 사용하는 기계식과, 마이크로컴퓨터를 이용하여 전기적으로 하는 전자제어식이 있는데, 새롭게 개발되는 가솔린 엔진은 거의가 전자제어식으로 되어 있다.

연료 소비율 [specific fuel consumption] 엔진의 경제성을 나타내는 척도로서, 단위 시간에 단위 출력당 얼마만큼의 연료를 소비하는가로 표시된다. 실용 단위로는 엔진이 어느 회전수에서 1마력당 1시간에 몇 그램의 연료를 소비하는가를 g/ps·h로, SI 단위에서는 출력에 킬로와트를 사용하여 g/kW·h로 표시된다. 연료 소비율을 계산할 때 엔진 출력으로서 어떠한 수치를 사용하는가에 따라 도시연료소비율과 정미연료소비율이 있으며, 카탈로그 등에는 정미연료소비율이 표시되어 있다. 엔진 성능곡선에 축 출력, 축 토크와 함께 도시된다. 약칭 SFC라고도 한다.

연료 압력 조절기 [fuel pressure regulator] 연료 압력 조절기는 흡기 다기관 내의 압력 변화에 대응하여 연료 분사량을 항상 일정하게 유지한다. 고속시에는 연료 분사량이 많기 때문에 작동하지 않으나 저속 회전시에는 연료 소비량이 적으므로 과잉의 연료는 연료 탱크로 되돌려 보내 엔진의 회전 속도와 관계없이 연료의 압력이 일정하게 유지된다.

연료 여과기 [fuel filter] 연료 속에 포함되어 있는 먼지, 수분 등을 여과하며 연료 탱크와 연료 펌프 사이에 설치되어 있다. 연료 속에 불순물이 혼합되어 있으면 기화기의 노즐 및 제트 등이 막혀 정상적으로 작동하지 못하므로 이것을 방지하기 위해 불순물을 여과한다. 또한 연료 분사장치의 정상적인 기능을 유지하도록 한다. 여과지 및 슬러프 스트레이너는 $10\mu m$의 아주 작은 구멍으로 되어 있으므로 고도의 여과 성능을 유지한다.

연료 전지 [fuel cell, fuel battery] 연료를 연소시킬 때 발생되는 화학 에너지를 직접 전기 에너지로 바꾸는 장치. 수산화칼륨의 전해액을 사이에 두고 다공성의 양극과 음극이 있고 외부에서 양극측에 산소, 음극측에 수소가 보내지면 화학 반응에 의하여 약 1V의 지속적인 기전력이 발생된다. 연료로서는 수소, 메탄, 메탄올, 히드라진 등이 사용되고 연소제로는 산소나 공기가 사용된다.

연료 전지 자동차 [fuel battery car] 연료 전지를 사용하여 주행하는 자동차를 말한다.

연료 제어 기구 [fuel control structure] 연료 제어 기구는 액셀러레이팅 페달과 조속기의 움직임을 플런저에 전달하는 기구로서 제어 래크, 제어 피니언, 제어 슬리브로 구성되어 연료의 분사량을 조절한다.

연료 제트 [fuel jet] 제트는 연료를 계량한다. 제트는 플로트 체임버에 설치되어 연료량을 알맞게 공급하는 곳으로 공전 및 저속 회로에서 계량하는 저속 제트와 고속 회로에서 계량하는 고속 제트가 있다.

연료 증발 가스 [fuel evaporation gas] 연료 증발 가스는 기화기나 연료 탱크 내의 가솔린이 증발하여 대기 중에 방출되는 가스이다. 이 가스는 연료의 탄화수소와 같은 조성을 하며 자동차로부터 배출되는 모든 탄화수소량의 15%를 차지하고 있다. 따라서 엔진이 정지하고 있을 때 포집하여 재연소시키도록 의무화하고 있다. ⇨ 연료 증발 가스 배출 억제장치.

연료 차단 솔레노이드 밸브 [fuel cut solenoid valve] 연료 차단 솔레노이드 밸브는 급감속시에 컴퓨터로부터 제어 신호를 받아 작동하여 연료를 차단하므로서 공연비를 조절한다.

연료 차단 시스템 [fuel cut system] 연료 차단 시스템은 감속시에 컴퓨터가 공회전 회로 내의 연료 차단 솔레노이드 밸브를 작동시켜 연료를 차단하므로 유해한 배출가스량을 감소시킨다.

연료 청정제 [fuel detergent additive] 연료에 첨가되어 엔진의 흡기 계통에 부착된 오물을 떨어지게 하는 역할을 하는 약품으로, 계면활성제(합성세제)가 주성분. 석유를 정제하여 가솔린을 만드는 단계에서 첨가되지만, 연료 탱크의 가솔린에 첨가하여 사용하는 경우도 있다.

연료 체크 밸브 [fuel check valve] 연료 체크 밸브는 리미터와 캐니스터 사이에 설치되어 자동차가 주행중 심하게 흔들리거나 전복되었을 때 기화기에서 연료가 누출되는 것을 방지한다. 2개의 볼이 설치되어 평상시에는 연료 증발 가스 통로를 열고 있다가 자동차가 전복되면 2개의 볼 중 1개가 증발 가스 통로를 차단하여 연료가 누출되지 않도록 한다.

연료 컷 [fuel cut] ⇨ 퓨얼 컷.

연료 탱크 [fuel tank ⑱ gas tank, ⑱ petrol tank] 연료를 저장하는 탱크. 강판으로 만들고 내부에는 연료의 출렁임을 방지함과 동시에 강성과 강도를 높이기 위한 배플 플레이트가 설치되어 있으며 주석 또는 아연 도금을 하여 방청 처리되어 있다. 탱크의 용량은 1일 소요량을 기준하기 때문에 배기량이 클수록 크다. ⇨ 퓨얼 탱크.

연료 파이프 [fuel pipe] 연료의 통로. 5~8mm의 지름으로 구리 또는 강제(鋼製)의 파이프로 연료계통의 부품을 서로 연결하며 연결부는 구형 및 플레어로 하고 피팅으로 조인다.

연료 펌프 [fuel pump] ① 연료 탱크에 저장되어 있는 연료를 기화기에 공급한다. 캠 축에 설치된 편심륜에 의해 작동되며 송출 압력은 0.2~0.3kg/cm²이다. 편심륜이 회전하면서 레버를 밀면 다이어프램이 아래로 당겨지면서 연료를 흡입하고 레버를 놓으면 다이어프램 스프링의 장력으로 연료를 송출한다. ② 연료 펌프는 DC 모터로 축전지 전원을 공급받아 구동되어 연료 탱크에 저장되어 있는 연료를 인젝터에 공급한다. 종류로는 엔진룸에 설치되어 있는 외장형과 연료 탱크 내에 설치되어 있는 내장형이 있으나 연료 펌프의 소음을 억제하고 베이퍼 로크 및 연료의 맥동을 방지하는 내장형이 많이 사용된다. 연료 펌프의 회전수는 1700~2500rpm이고 압력은 3.0~6.0kg/cm²이다. ⇨ 퓨얼 펌프.

연료 펌프 스위치 [fuel pump switch] 연료 펌프 스위치는 포텐쇼미터 내에 설치되어 메저링 플레이트축과 연결되어 있는 슬라이더에 의해 연료 펌프에 전원을 ON·OFF시킨다. 메저링 플레이트가 닫혀 있으면 전원은 차단되고, 열리면 연결하여 연료 펌프에 전원이 공급된다.

연료 피드백 컨트롤 [fuel system feedback] 공연비 피드백 시스템이라고도 하며, 가솔린 엔진의 배기가스 정화시스템의 하나임. O₂ 센서에 의하여 배기가스 중 산소농도를 검출하여, 엔진에 공급되는 혼합기가 삼원촉매의 정화율이 가장 높은 이론 공연비가 되도록 컴퓨터를 사용하여 컨트롤하는 장치

연료 필러 캡 [fuel filler cap] 연료 필러 캡은 연료 탱크의 연료 주입구 캡으로서 진공 해제 밸브가 설치되어 엔진이 정지되었을 때는 스프링 장력으로 닫아 연료의 증발 가스가 대기 중으로 방출 되는 것을 방지한다. 엔진이 작동되어 연료를 사용하게 되면 연료 탱크 내에 진공이 발생되므로 밸브가 열려 대기압이 작용하도록 한다.

연료 히터 [fuel heater] 디젤 엔진에 사용되는 경유를 따뜻하게 가열하는 장치. 한랭시에 경유 구성 성분의 일부가 굳어져 연료 필터의 막힘이 발생될 수 있으므로 연료 라인내에 히터를 설치하여 이를 방지하는 것.

연료계 [fuel level gauge] ⇨ 퓨얼 미터.

연료증발가스 배출 억제장치 〔evaporative emission control system〕 연료 탱크 내에서 증발하는 연료 증기에는 탄화수소가 포함되어 있어 인체에 유해하므로, 이것이 대기중에 방출되지 않도록 하는 장치. 활성탄을 사용하는 차콜 캐니스터 방식, 연료 증발가스를 크랭크 케이스에 끌어들이는 크랭크 케이스 스토리지 방식, 에어 클리너에 끌어들이는 에어 클리너 스토리지 방식이 있다.

연마 〔研磨 ; polish〕 폴리시는 '닦다, 윤을 내다, 다듬다'의 뜻으로서 쇠붙이 등을 반들반들 빛이나게 갈고 닦는 것을 말한다.

연마 작업 〔研磨作業 ; polishing〕 금속 표면 또는 자동차에 페인팅을 완료한 후 광택을 내는 작업을 말한다.

연마기 〔研磨機 ; polishing machine〕 금속 표면 또는 자동차의 페인팅을 완료한 후 광택을 내는 기계로서 미세한 연마재를 아교 또는 열경화성 플라스틱 등으로 부착시킨 원판, 롤 모양의 공구를 사용하여 연마작업을 한다.

연마재 〔研磨材 ; polishing powder〕 연마 작업을 하기 위하여 사용되는 높은 경도의 분말로 된 물질을 말한다.

연마재 마모 〔研磨材磨耗〕 ⇨ 어브레시브 마모.

연비 〔fuel consumption〕 연료 소비. 자동차의 주행에 따라 소비되는 연료의 양으로서, 주행 거리를 사용한 연료의 양으로 나누어, 연료 1리터당 주행 킬로미터 또는 1갤런당 마일로 표시한다.

연삭 〔研削 ; grinding〕 숫돌 입자로 금속의 표면을 갈아내어 가공면을 편평하게 다듬질하는 작업을 말한다.

연삭기 〔研削機 ; grinder〕 연삭기는 천연 또는 인조의 숫돌입자로 만들어진 숫돌바퀴를 고속회전시켜 정밀 다듬질하는 공작기계. 숫돌입자는 알루미나(Al_2O_3)와 탄화규소(SIC)가 사용된다.

연삭액 〔研削液 ; grinding lubricant〕 금속의 연삭 작업을 할 때 연삭 부분에 공급하는 액체로서 마찰을 적게 하고 금속 분말 및 탈락된 숫돌 입자를 씻어내어 숫돌 입자가 막히는 것을 방지한다.

연삭재 〔abrasive〕 ① 금속을 절삭, 연마, 래핑, 폴리싱하는 데 사용되는 물질. ② 샌딩, 그라인딩, 커팅 등에 사용하는 모래같은 물질.

연삭장치 〔althmetic and logical unit〕 컴퓨터의 중앙처리장치 내에 설치되어 정보에 대해 산술연산(算術演算), 비교, 논리연산(論理演算) 등을 하는 장치이다. ⇨ ALU.

연산부 〔arthmetic and logical unit〕 ⇨ ALU.

연색성 〔演色性〕 조명에 의하여 색이 달라 보이는 것. 이것이 큰 만큼 색의 차이도 심하게 되어 조건등색(條件等色)이 생김.

연성 〔延性 ; ductility〕 금속을 가느다란 선으로 늘일 수 있는 성질로서 연성이 좋은 순서로 나열하면 금, 은, 알루미늄, 구리, 백금, 납, 아연, 철, 니켈이다.

연소 〔燃燒 ; combustion〕 ① 불에 타는 것으로서 연료 성분의 탄소, 수소, 유황 등이 공기 중의 산소와 화합하여 탄산 가스, 수증기, 이산화유황 등으로 되는 과정에서 다량의 열을 발생하는 현상을 말한다. ② 빛과 열의 발생이 수반되는 심한 산화 반응이나 빛과 열을 수반하지 않는 산화반응을 말한다.

연소 변동 〔burning change〕 연소실에서 혼합기의 연소 상태가 실린더마다, 사이클마다 변화하는 현상. 주로 혼합비나 실린더 내의 혼합기의 혼합 상태의 불균일에 의하여 발생하며, 엔진의 출력이 변화하기 때문에 큰 연소변동이 있으면 자동차가 앞뒤로 흔들리는 서지가 발생할 수 있다.

연소 속도 〔burning velocity〕 혼합기에 화염이 확산되어 연소되는 속도로서, 화염면에 직각 방향의 속도로 표시한다. 혼합기의 조성, 압력, 반응 속도 등이 결정되면 거의 일정한 값을 나타내며, 연료와 공기 중의 산소가 섞이는 속도와 연소 반응 속도 중 늦은 쪽의 속도에 의하여 결정된다. ⇨ 화염 전파 속도.

연소 준비 기간 〔ignition delay period〕 ⇨ 착화 지연 기간.

연소 행정 〔combustion stroke〕 ⇨ 팽창 행정.

연소 효율 〔combustion efficiency〕 연료가 연소하였을 때 발열 효율. 연료가 완전 연소하였을 때 진발열량을 H로 하고, 불완전 연소에서 미연소 연료의 진발열량을 h로 하였을 때, (H−h)/H로 표시된다.

연소기관 〔燃燒機關〕 ⇨ 열기관.

연소실 〔combustion chamber〕 실린더 헤드, 피스톤, 실린더 라이너로 둘러싸여, 혼합기가 기화하고 연소하는 공간. 그 형상에 따라 가솔린 엔진에서는 반구형, 다구형, 욕조형, 웨지형, 펜트 루프형 등으로 분류하고, 디젤 엔진에서는 와류실식, 예연소실식, 공기실식 등으로 분류된다. 하나의 방으로 된 것과, 셀 또는 부연소실이라고 하는 작은 방을 가진 것이 있는데, 통상 이들 작은 방도 연소실에 포함된다.

연소압 센서 〔combustion pressure sensor〕 실린더 내의 연소 압력을 검출하는 센서. 실린더 내의 연소 상태를 직접 검지하여 공연비를 정밀하게 제어하고, 안정된 희박 연소를 얻기 위하여 개발된 것. 1992년 도요다 카리나의 신세대 희박 연소 엔진에 최초로 사용되었다.

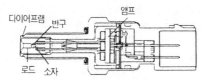

연소율 [burning ratio] 혼합기의 연소 진행 상태를 나타내는 양으로서, 혼합기 전체의 질량에 대한 연소된 부분의 질량 비율(연소 질량 비율)이 단위 시간당 얼마만큼 변화하는가로 표시된다. 연소질량비율을 X, 연소 시간을 t로 나타내면 연소율은 dX /dt이다.

연소음 [combustion noise] 실린더 내에서 연료의 연소에 따라 발생하는 음으로서, 실린더 벽 및 실린더 블록이 연소에 의하여 진동하는 것. 연소시에 압력이 높은 디젤 엔진에서 문제가 될 수 있음.

연소점 [firing point, burning point] 연료에 불꽃을 가까이 하였을 때 인화된 후 연료에서 발생되는 불꽃이 지속되어 연소할 때의 최저온도로서 인화점보다 20~30℃ 높다.

연수 [soft water] 산이나 염분이 포함되지 않은 물. 자동차의 냉각수로 사용하며 증류수, 수도물, 빗물이 여기에 속한다.

연직선 [鉛直線 ; vertical line] ① 어떤 점에서 어떤 직선에 대하여 수직 방향으로 그은 수직선. ② 추를 매달아 실을 늘어뜨릴 때에 그 실이 지평선과 직각을 이루는 수직선을 말한다.

연철 [軟鐵 ; soft iron, wrought iron] 탄소의 함유량이 0.03% 이하인 순철에 가까운 강으로서 전성(展性)과 연성이 풍부하며 자화하기 쉬워 전자기용(電磁氣用)으로사용하지만 강도가 약하다.

연화제 [軟化劑] 플라스틱 부품에 도장할 때 등, 상도(上塗) 도료의 유연성을 향상시키기 위하여 첨가함.사용에 임할 때 지정된 혼합 비율을 지키고, 혼합 후에는 10분 정도 시간을 두고 약품의 반응을 기다린다. 피마자 기름, 아마인유가 여기에 속한다.

열가 [heat value] ⇨ 플러그 열가.

열가소성 [thermo plastic] ① 가열하면 가소성(可塑性)이 되고 냉각하면 다시 탄성체가 되며 또한 용융성과 용해성을 가지는 성질. 즉 온도에 따라 가소성과 탄성의 가역성(可逆性)을 나타내는 성질. ② 상온에서는 단단하지만 열을 가하면 유연해져 변형시킬 수 있는 성질을 말한다.

열가소성수지 [thermo plastic resin] 상온에서는 단단하게 되고, 열을 가하면 물러지는 성질(열가소성)을 가진 플라스틱(수지). 가열하여 물러진 동안에 모양을 만들어 냉각시키면 제품이 되므로, 주위의 온도가 높아지는 일이 없는 환경에서 사용되는 부품의 재료로 많이 사용되고 있다. 염화비닐, 초산비닐, 폴리스틸렌, 폴리에틸렌, 폴리프로필렌 등이 그 대표적인 것. ⇔ 열경화성수지.

열간 가공 [熱間加工 ; hot working] 재결정 온도 이상에서 작업하는 가공. 재질의 균일화가 이루어지며, 작은 동력으로 커다란 변형을 줄 수 있고 거친 가공에 적합한 장점이 있지만 가공면이 거칠고 산화되기 쉬워 정밀 가공이 곤란한 단점이 있다.

열간 압연 [hot rolling] ⇒ 압연(壓延).

열간 압연 강판 [hot rolled steel sheet] 프레임, 멤버, 디스크 휠 등에 사용되고 있는 1.6~6mm 두께의 비교적 두꺼운 강판으로서, 800℃ 이상의 온도에서 열간 압연된 것. 약칭 열연강판이라고도 한다.

열경화성 [thermo setting] 가열하면 경화되거나 가류되는 성질. 대표적인 경화성 수지에는 페놀레진, 요소레진 등이 있다.

열경화성수지 [thermo setting resin] 일반적으로 상온에서는 단단하지만 열을 가하면 일단 물러졌다가 시간이 흐를수록 단단해지는 성질을 가진 플라스틱(수지). 처리 전에는 비교적 분자량이 작은 재료가 가열에 의해 화학 반응을 일으켜, 분자가 입체적으로 연결되어 경화하는 것으로, 화학 반응을 돕기 위하여 촉매나 경화제를 사용하는 것이 보통. 열가소성수지에 비하여 내열성이나 내약품성이 좋고, 기계적인 강도도 크므로 자동차의 부품으로서 여러가지 용도에 사용되고 있다. 페놀수지, 유리아수지, 에폭시수지, 폴리우레탄수지 등이 그 대표적인 것.

열기관 [combustion engine] 연소 기관이라고도 하며, 연료를 연소시킴으로써 발생하는 열에너지를 기계적인 일(운동 에너지)로 바꾸는 장치의 총칭. 내연 기관과 외연 기관이 있다. ⇒ 엔진.

열대류 [熱帶流 : heat convection] 기체나 액체 내부에서 가열된 입자의 이동에 의해 열이 전달되는 것으로서 온도가 불균일한 부분의 비중차에 의해 대류가 생겨 열이 이동하는 현상을 말한다.

열량 [calorific value] 일반적으로 물체가 뜨겁고 차가운 것은 일반적으로 그 물체가 가지고 있는 열량의 정도에 따라 다르다. 열량의 단위로는 킬로칼로리(kcal)를 사용하며, 평균 킬로칼로리, 15도 킬로칼로리 및 국제 킬로칼로리가 있다.

열범위 [heat range] 스파크 플러그의 기능을 발휘시키는 데 적합한 온도 범위를 말함. 플러그 발화부의 가장 적당한 운전 온도는 C의 범위로서, 800℃이상에서는 발화부가 과열되어 조기 점화를 일으켜 엔진의 출력이 저하된다. 반대로 450℃ 이하에서는 젖거나 그을리는 현상에 따라 발화부에 카본이 부착되어 불꽃이 약해지거나 실화현상이 발생된다.

열선 반사 글라스 ⇨ 열선 반사 유리.

열선 반사 유리 [solar－energy reflecting glass] 태양으로부터 열선(近赤外線)을 반사하여 실내의 온도 상승을 억제하는 기능을 가진 유리로서, 얇은 금속막을 붙인 반경(半鏡)처럼 보이는 타입과, 굴절률이 다른 플라스틱의 막을 몇 매 정도 붙여, 빛의 간섭에 의하여 열선을 반사하는 타입이 있다. 후자는 밖에서 보면 방향에 따라 붉은 색깔을 띤 보라색으로 보임.

열선 유리 [windshield heater] 접합 유리의 중간막에 미세한 텅스텐선을 넣어, 통전하여 유리를 따뜻하게 하므로써, 물방울이나 서리에 의한 흐림을 제거하도록 한 것. 리어 윈도에 사용되는 것이 보통이지만, 한랭지에서 사용되는 랠리 자동차나 스포츠카에서는 윈드 실드에 사용될 경우도 있다.

열선식 에어 플로미터 [hot wire type air－flow meter] 가솔린 인젝션에 사용되는 에어 플로미터의 일종으로서 핫 와이어식이라고도 한다. 엔진에 흡입되는 공기 중에 전류로 가열한 백금선을 설치하고 기류에 따라 냉각되는 백금선의 온도를 일정하게 유지하는데 필요한 전류에 의해 공기의 유량을 측정하는 것. 공기 저항이 거의 없고, 반응도 좋아서 많은 엔진이 이것을 사용하고 있다. ⇨ 핫 와이어 방식.

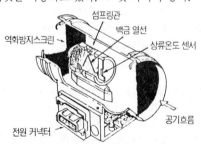

열손실 [heat loss] 엔진에 공급된 열에너지 가운데 정미 출력으로 나오지 않고 손실되는 것. 일반적으로 배기가스와 함께 손실되는 배기가스

손실과 엔진의 냉각에 소비되는 냉각 손실이 크고, 엔진 내부의 마찰 손실이나 보조 기기류의 구동에 의한 손실 외에 엔진으로부터 방사되는 열도 포함된다. 보통 배기가스에 의한 열손실은 30~35%이고 냉각수에 의한 열손실이 30~35%, 마찰손실은 5~10%이다. ⇨ 히트 밸런스.

열에너지 〔thermal energy, heat energy〕 물체가 상태 변화 또는 온도 변화를 하는 경우에 물체가 얻거나 잃는 에너지를 말한다.

열역학 〔熱力學 ; thermodynamics〕 열과 역학적 일이나 열현상 및 열평형 상태 등을 연구하는 학문을 말한다.

열역학 제3법칙 〔熱力學第三法則 ; third law of thermodynamics〕 독일의 물리학자 네른스트(Nernst Welther Hermann)의 열정리로서 어떠한 계에서도 엔트로피의 변화는 0°K의 극한에서 0으로 된다는 것. 모든 계는 유한의 양(陽) 엔트로피를 보유하고 절대온도 0°에서 0으로 된다는 법칙을 말한다.

열역학 제0법칙 〔熱力學第0法則 ; zero law of thermodynamics〕 온도가 서로 다른 물체를 접촉시키면 높은 온도의 물체는 온도가 내려가고 낮은 온도의 물체는 온도가 올라가서 두 물체의 온도 차이는 없어지는 열평형이 되는 것. 어떤 밀폐된 계(系)내의 복수 부분에 있어서 그들 사이에 실제로 열교환이 없는 경우에는 이들 부분은 모두 같다는 법칙을 말한다.

열역학 제2법칙 〔熱力學第二法則 ; second law of thermodynamics〕 ① 프랑스의 물리학자 카르노(Nicolas Leonard Sadi C)와 영국의 물리 및 수학자 켈빈(Kelvin lst Baron)에 의해 확립된 것으로서 하나의 열원에서 얻어지는 열을 모두 역학적인 일로 바꿀 수 없다는 것. 열은 저온계로부터 고온계로 계의 상태 변화를 수반하지 않고서는 이동할수 없다는 법칙을 말한다. ② 열은 고온의 물체에서 저온의 물체로 흐르지만 역으로는 자연 그대로 불가능하다. 따라서 열이 기계적 일로 변화되는 것은 고온의 물체에서 열이 공급되는 경우에 이루어진다는 법칙.

열역학 제1법칙 〔熱力學第一法則 ; first law of thermodynamics〕 ① 독일의 물리학자 마이어(Mayer Julius Robert von)와 영국의 물리학자 줄(Joule James Prescott)에 의해 확립된 것으로서 에너지 보존법칙을 열 현상에까지 확대한 것. 임의의 계(系)에 열 형태로 주어지는 에너지는 계가 실시하는 일과 계 내부 에너지 변화의 합과 같다는 법칙을 말한다. ② 열은 기계적 일로 변환되고 또 기계적 일은 열로 변환될 수 있으며 이 때 기계적 일과 열의 비가 일정한 법칙.

열연강판 [熱延鋼板] ⇨ 열간 압연 강판(熱間壓延鋼板).

열용량 [thermal capacity, heat capacity] 물체의 온도를 1℃ 상승시키는데 필요한 열량으로서 균질(均質)한 물체의 경우에는 물체의 비열(比熱)과 중량을 곱한 값으로 표시한다.

열전달 [heat transfer] 고체와 유체로 된 벽과의 사이에서 열에너지가 교환되는 현상을 말한다.

열전달률 [heat transfer rate] 열전달에 있어서 전달되는 열량은 실린더 벽면의 경우 벽의 면적, 온도차, 시간에 비례하며 비례의 정수(定數)를 열전달률이라 한다. 열전달률은 단위 시간에 단위면적당 온도차 C에 대하여 전달되는 열량과 같다.

열전대 [thermocuple] 두가지 금속선의 양끝을 접합하였을 때 두접점의 온도가 동일하면 전류가 흐르지 않지만 온도의 차이가 생기면 회로에 전류가 흐르므로 두 접점간의 온도 차이를 알 수 있다. 이 열전기의 현상을 이용하여 온도의 측정 또는 방사 에너지를 측정하는데 사용한다. 종류로는 동-콘스탄탄 열전대, 백금-백금 로듐 열전대, 철-콘스탄탄 열전대 등이 있다.

열전도 [thermal conduction] 열이 이동하는 형식으로서 물질은 이동하지 않으면서 열이 물질 속을 고온부에서 저온부로 옮겨가는 현상을 말한다.

열전도율 [熱傳導率 ; thermal conduction rate] 길이 1cm에 대하여 C의 온도 차이가 있을 때 1cm²의 단면을 통과하여 전달되는 열의 이동률을 말한다. 열전도율은 순도가 높은 금속일수록 좋고 불순물이 함유되어 있으면 나쁘다. 금속의 열전도율이 큰 것부터 나열하면 은〉구리〉백금〉알루미늄〉아연〉니켈〉철 순이다.

열처리 [heat treatment] 금속을 적당한 온도로 가열하여 냉각시키므로서 특별한 성질을 부여하여 금속 재료를 사용 목적에 따라 충분한 기능을 발휘하도록 하는 작업. 금속의 열처리에는 담금질, 뜨임, 풀림, 불림 등이 있다.

열팽창 [thermal expansion] 물체의 온도가 상승됨에 따라 길이, 부피가 늘어나는 것을 말한다.

열형 연료분사펌프 [in-line injector pump] 디젤 엔진의 연료분사펌프의 일종으로서 각 실린더마다 플런저형의 펌프를 설치하여 연료를 압송(壓送)하는 것. 현재 사용되고 있는 열형(列型)펌프는 보슈社의 기본 설계에 의하여 제작한 것이 대부분이며, 세부사양(仕樣)에 따라 A

형, B형, P형 등이 있으며 대형 트럭이나 버스용 디젤 엔진은 이것을 널리 사용함. ⇨ 연료분사펌프.

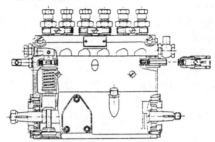

열형 플러그 [hot type spark plug] 발화부의 열이 발산되기 힘들고, 연소되기 쉬운 타입의 플러그를 말한다. 소형(燒型) 플러그라고도 한다. 시내에서 저속 주행이 많고, 저속 회전 운전차량에 적합한 플러그이며, 고속 주행을 계속하면 발화부가 타서 점화가 빨라지며, 엔진 상태가 나빠진다. ⇨ 핫 타입 스파크 플러그.

열효율 [thermal efficiency] 엔진의 운전에 사용된 연료의 열량에 대하여 엔진이 작동한 일의 비율. 엔진에 주어진 열량 가운데 얼마만큼의 일로 변하였는가를 엔진의 효율로 나타내는 것으로서, 일로 변환된 열량을 공급된 열량으로 나누어 얻어짐. 주어진 열량은 공급된 연료가 완전히 연소하였을 때의 발열량으로서, 이 때 발생하는 물은 기체 상태인 채 계산된다(저발열량). 열량과 일의 SI 단위는 똑같이 J(줄)을 사용하며 가솔린 엔진의 열효율은 25~32%이고 디젤 엔진의 열효율은 32~38%이다.

염기성법 [鹽基性法] 평로 제강법의 종류. 도로마이트 또는 마그네사이트를 주성분으로 용강을 만드는 방법으로 염기성 내화 재료를 사용하므로 제강시 인과 황을 제거할 수 있는 장점이 있으며 용량은 1회당 용해할 수 있는 쇳물의 무게를 톤(ton)으로 나타낸다.

옆미끄럼각 [slip angle, distortion angle] ⇨ 슬립각.

옆방향 통풍형 카브레터 ⇨ 사이드 드래프트.

예방 정비 [preventive maintenance] 자동차를 체계적으로 검사하여, 고장이 일어나기 전이나 혹은 고장이 더 큰 문제로 발전하기 전에 고장을 탐지 및 교정하는 것. 자동차를 만족스런 작동 상태로 유지하는 경제적인 방법임.

예압식 LSD 리미티드 슬립 디퍼렌셜의 일종으로서 코일 스프링이나 코니컬 스프링의 하중에 따라 다판 클러치나 콘(원추)클러치를 밀어 차동 제한력을 발생시켜 LSD로서의 역할을 하는 타입. ⇨ 리미티드 슬립 디퍼렌셜.

예연소실식 [precombustion chamber type] 예연소실식은 주연소실 위쪽에 설치된 예연소실에 연료를 분사하므로써 일부가 연소되어 고온 고압의 가스를 발생시키며, 나머지 연료가 주연소실에 분출되어 공기와 잘 혼합하여 완전 연소시키는 형식이다. 예연소실 체적은 모든 압축 체적의 30~40%이고 분출구멍은 피스톤 면적의 0.3~0.6%이며, 연료 분사개시 압력은 100~120kg/cm²이다. 장점으로는 단공 노즐을 사용할 수 있고 분사개시 압력이 낮아 고장이 적으며, 연료의 사용 범위가 넓어 착화성이 낮은 연료를 사용할 수 있다. 또한 작동이 부드럽고 진동 소음이 적으며 디젤 노크가 적다.

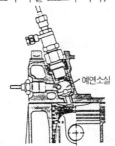

예연소실

예열 [preheating] 용접 또는 절단 작업 전에 열을 가하는 것.

예열 플러그 [glow plug] ⇨ 글로 플러그.

예열 플러그 저항기 [glow plug resister] 레지스터는 '저항하다, 방해하다, 저지하다'의 뜻. 예열 플러그 저항기는 전류가 많이 흐르는 코일형 예열 플러그를 작용하는 경우 예열 플러그에 규정의 전압이 가해지도록(규정값의 전류가 흐르도록) 예열 회로에 직렬로 결선하여 축전지 전압과 예열 플러그 전압의 차이만큼 전압을 강하시킨다. 저항기는 예열 및 시동에 대응하는 2개의 저항이 설치되어, 예열에서는 2개 모두 작용하고 시동에서는 시동용 저항만이 작용한다. 시스드형 예열 플러그는 단자 전압을 축전지 전압과 같게 선정할 수 있기 때문에 저항기를 사용하지 않는다.

예열 플러그 파일럿 [glow plug pilot] 파일럿은 표시의 뜻. 예열 플러그 파일럿은 운전석의 계기판에 부착되어 예열 회로에 전류가 흐르게 되면 예열 플러그와 동시에 적열되어 예열 플러그의 적열 상태를 나타낸 다.

예열 플러그식 〔glow plug type〕 글로는 '시뻘겋게 되다, 달아 오르다'라 는 뜻이고, 플러그는 '구멍을 막는 마개'의 뜻. 예연소실식과 와류실식 에 사용하는 것으로서 연소실 내에 압축 공기를 직접 예열하여 착화가 쉽게 되도록 하며, 예열 플러그, 예열 플러그 파일럿, 예열 플러그 저 항으로 구성되어 있다.

예열장치 〔preheating system〕 예열장치는 디젤 엔진에만 설치되어 한 냉한 곳에서 시동시 흡입 공기를 가열하여 시동이 쉽도록 한 장치이 다. 디젤 엔진은 흡입된 공기를 압축할 때 발생한 열로 착화 연소하기 때문에 시동이 쉽게 되도록 예열장치를 설치하여야 하며, 예열장치는 연소실 내에 압축 공기를 직접 예열하는 예열 플러그식과 실린더에 흡 입되는 공기를 미리 예열하여 예열된 공기를 실린더에 공급되도록 한 흡기 가열식이 있다.

예행정 〔prestroke〕 예행정은 연료를 압송하기 위한 예비 행정으로서 플런저 하사점으로부터 플런저 상단면이 플런저 배럴의 연료 공급 구 멍을 막을 때까지의 행정을 말한다.

예혼합 연소 〔豫混合燃燒〕 가솔린 엔진의 연소와 같이 미리 공기와 혼합 된 연료가 연소 확산하여 가는 연소 형태. 연료가 타면서 퍼져가는 확 산연소와 비교하여 사용되는 용어. ⇨ 확산연소.

옐로 존 〔yellow zone〕 엔진 회전계의 노랗게 칠해진 부분을 말하며, 이 이상 엔진 회전을 상승시키면 위험하다고 하는 회전 범위를 뜻한다. ⇨ 레드 존(red zone).

5도어 ⇨ 3도어.

OD 〔over drive〕 ⇨ 오버 드라이브, 오버 톱.

OD컷 스위치 〔over drive cut switch〕 4속, 5속의 오버 드라이브(OD) 장치의 AT에서 날렵한 주행을 하고 싶을 때 기어가 오버 드라이브에 들어가지 않도록 하기 위한 스위치로서 선택 레버가 설치된 것도 많 다.

오 링 〔O-ring〕 기체나 액체를 밀봉하기 위하여 쓰이는 O자형의 둥근 단면을 가진 고무로 만든 링.

OR 회로 〔OR circuit〕 ⇨ 논리화 회로.

OS 〔over steer〕 ⇨ 오버 스티어.

OHV 〔over head valve〕 ⇨ 오버 헤드 밸브, I 헤드 엔진.

OHV 엔진 〔over head valve engine〕 ⇨ I 헤드 엔진.

OHC [over head camshaft] ⇨ 오버 헤드 캠샤프트.

OEM [original equipment manufacturer] 주문자 상표에 의한 생산(생산자).

오그질리어리 연료 탱크 [auxiliary fuel tank] 보조 연료 탱크를 말함.

오너드라이버 [owner-driver] 자동차의 소유자가 직접 운전하는 손수 운전자를 말한다.

오너먼트 [ornament] 장식. 자동차 선단에 붙여진 엠블럼(紋章)을 가리킬 때가 많지만, 라디에이터 그릴이나 보디 장식으로 쓰이는 몰딩 등을 포함하여 일반적으로 자동차를 장식하기 위해 설치하는 부품을 말함.

오도미터 [⊛odometer, ⊛mileometer] 주행 거리계. 구간 거리를 나타내는 트립미터에 비하여 이것은 총주행 거리를 나타냄. ⇨ 스피도미터 (speedometer), 적산계.

오렌지 필 [orange peel] 직역을 하면 '오렌지 껍질'이라는 뜻. 편평한 금속판에 굽힘이나 드로잉 가공 등을 했을 때 표면이 감귤 껍질과 같은 현상이 되는 것을 말함.

오른 나사 [right handed screw] 볼트나 너트를 축방향에서 볼 때 오른쪽으로 회전시켜 조여지는 나사, 자동차의 타이로드는 한쪽에 오른나사, 다른 쪽에는 왼나사로 되어 있다.

오른손 엄지 손가락 법칙 [right hand rule] 오른손 엄지 손가락 법칙은 코일이나 전자석에서 자계의 방향을 알려고 할 때 사용되는 법칙으로서 오른손 엄지 손가락을 다른 네 개의 손가락과 직각이 되게 한 다음 네 손가락을 전류가 흐르는 방향으로 코일을 잡으면 엄지 손가락의 방향이 자력선의 방향으로 N극 방향이 된다.

전류의 방향

오리엔테이션 [orientation] 새로운 작업, 교육훈련, 강습회 등을 개시함에 있어서 기본적인 사고방식, 진행, 운영 방법에 대하여 설명하는 것을 말한다.

오리지널 피니시 [original finish] 제조시에 차량에 칠해지는 피니시.

오리피스 [orifice] 오리피스는 '관, 굴뚝, 구멍, 뚫린데'의 뜻. 오리피스

는 통로의 일부분을 좁게 하여 오일의 흐름을 제어하는 것으로서 길이
에 비하여 비교적 짧은 경우의 흐름에 저항을 갖게 한다.

오리피스 LSD [orifice LSD]   오리피스(구멍)를 통하는 오일의 점성과
유압을 이용하여 구동력의 전달 제어를 행하는 오리피스 커플링을 사
용한 차동 제한장치. 오리피스 커플링은 각이 둥근 4각형의 캠면을 가
진 하우징과 피스톤을 내장한 선단이 둥근 실린더를 마주 보는 쪽에 2
개씩 짝으로 하여 3조를 6각 별모양으로 배치하고 있다. 중앙에 오일
을 채운 어큐뮬레이터를 설치하고 실린더와 어큐뮬레이터를 오리피스
에 연결한 구조의 로터로 이루어지며, 하우징은 좌측의 구동축에, 로
터는 우측의 구동축에 연결되어 있다. 구동축에 회전차가 생기면 로터
는 하우징 내에서 회전하고 피스톤이 아래 위로 작동하여 어큐뮬레이
터와 실린더 사이에서 이동하려고 하지만 오리피스로 인하여 그 흐름
이 제한되므로 오리피스의 지름을 적당한 것으로 하면 좌우의 회전 속
도차를 조정할 수 있다.

5 링크식 서스펜션 [5 link type suspension]   ⇨ 4링크식 서스펜션.

오목 캠 [concave cam]   플랭크가 오목하게 되어 있으며 밸브의 가속도
를 일정하게 할 수 있다. 롤러 리프터를 사용하여야 하며 일정 속도 캠
이라고도 한다.

오버 댐핑 [over damping]   오버 댐핑은 감쇠력이 너무 커서 승차감이
저하되는 현상을 말한다.

오버 드라이브 [over drive]   ① 변속기어의 기어비가 1보다 적게 설정된
기어로 엔진의 회전수보다 높은 회전수로 구동축을 돌리는 것. 단, 구
동축의 회전은 다시 디퍼렌셜 기어에서 감속되어 휠에 전달되므로 타
이어가 엔진보다 빨리 회전하는 일은 없다. 주행속도에 대하여 엔진의
회전을 적게 하고, 소음의 저감과 연비의 향상을 꾀하는 것이 목적.
OD로 약하며, 오버 톱이라고 불리우기도 한다. ② 오버 드라이브는 평
탄한 도로를 주행할 때 엔진의 여유 출력을 이용하여 추진축의 회전
속도를 엔진의 회전 속도보다 빠르게 하는 장치이다. 여유 출력은 엔
진에 실제 발생하는 출력과 자동차의 주행에 필요한 출력과의 차이를
말하며, 오버 드라이브를 설치한 자동차는 속도를 30% 정도 빠르게
할 수 있고, 평탄한 도로 주행시에는 연료를 약 20% 절약할 수 있다.
또한 엔진의 운전이 정숙하고 수명이 연장된다.

오버 라이드 [over ride]   자동차가 서로 충돌했을 때 차체의 일부가 상
대 자동차 위에 올라간 것. 반대로 상대 자동차보다 밑으로 들어간 상
태를 언더 라이드라고 한다. ⇔ 언더 라이드(under ride).

오버 런 [over run] ⇨ 오버 레벌루션.

오버 레벌루션 [over revolution] 오버 런. 엔진의 회전을 의미하는 영어. 엔진을 허용 회전수 이상으로 돌리는 것으로 엔진 회전계(타코미터)가 설치되어 있을 경우, 적색으로 표시된 레드존까지 엔진 회전을 높이는 것을 말함. 레이싱(空回轉)이나 시프트다운 시에 일어나기 쉽다.

오버 레브 [over−rev] 엔진의 과회전을 말한다. rev는 revolution의 약자이다. 액셀을 계속 밟으면 오버 레브가 되지만 일반적으로 시프트다운에 의한 오버 레브 쪽이 많다.

오버 로드 [over−load] ① 과부하(過負荷). 기계를 정상으로 운전하는 데 허용하는 양보다 큰 일의 양을 말함. 예컨대, 어떤 기계에서 운전중인 모터에 규정 이상의 전류가 흘렀을 때 기계에 오버로드 되었다고 한다. ② 과적. 지나치게 많이 실은 것. ⇨ 과적(過積).

오버 사이즈 [over size] 실린더에 긁힘이 있거나 한계를 넘어서 마멸되었으면 보링 머신으로 피스톤의 오버사이즈 기준에 따라 연마 수정하면 표준 사이즈보다 실린더 지름이 커지므로 OS라고도 한다.

오버 스퀘어 엔진 [over−square engine] ⇨ 쇼트 스트로크 엔진, 단행정 엔진.

오버 스티어 [over−steer] ① 일정한 조향각으로 선회하여 속도를 높였을 때 선회 반경이 적어지는 것. ② 일정한 반경으로 선회를 계속하는 데 핸들을 되돌릴 필요가 있는 상태. ③ 스티어링 조작에 대한 자동차의 반응으로 앞바퀴의 슬립 각보다 뒷바퀴의 슬립 각이 커지는 경향. OS라고 약한다. ⇨ 언더 스티어.

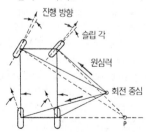

오버 스프레이 [over spray] 도장시에 필요 이상의 범위까지 도료가 부착되는 것.

오버 초크 [over choke] ⇨ 플러딩.

오버 터닝 모멘트 [over turning moment] 어떤 슬립 각이나 캠버 각이 일치되어 굴러가고 있는 타이어의 중심면과 노면이 교차되어 생기는 직선(타이어 좌표계의 X축)의 주위에 작용하는 모멘트. 타이어에 가해진 하중이 X축상에 없기 때문에 생기는 것으로서 선회중 2륜차를 옆으로 기울였을 때 반대로 일으키려는 방향의 힘으로 작용한다.

오버 톱 [over top] 트랜스미션의 기어비가 1:1보다 작게 되어 있는 것. 보통 톱 기어는 1:1 정도인데, 그보다 오버되어 있다 해서 이와 같이 호칭됨. 8:1의 감속은 엔진 회전보다 증속되지만 감속비라고 하기 때문에 오버드라이브(OD : over drive)라고도 함. 고속 주행시의 경제적인 연비와 정숙성 때문에 이와 같이 한다. ⇨ 오버 드라이브.

오버 펜더 [over fender] 폭이 넓은 타이어를 장착하면 타이어가 휠 하우스에서 밖으로 튀어나올 수 있다. 타이어가 돌출되는 것은 자동차 안전 기준에 위반되므로 종래의 펜더에 다시 타이어를 덮기 위해 펜더를 추가한 때를 오버 펜더라고 한다. 와이드 타이어와 옆으로 돌출되어 나온 오버 펜더는 자동차에 정예(精銳)한 인상을 준다.

오버 헤드 밸브 [over head valve] 흡 · 배기 밸브가 실린더 헤드에 설치되어 있는 것. 약해서 OHV라고 함. OHV에는 캠 샤프트를 밸브에 가까운 실린더 헤드 내에 배치한 오버 헤드 캠 샤프트(OHC)방식과 캠 샤프트를 실린더 헤드보다 낮은 위치에 놓고 푸시로드와 로커 암으로 밸브를 작동시키는 푸시로드 방식이 있으며, 일반적으로 OHV라고 하면 푸시로드 방식을 가리킴. 역사적으로 보면 많은 엔진이 푸시로드 방식의 OHV를 채용하였으나 승용차 엔진은 고속회전에 적합한 OHC가 주류로 되어 있다.

오버 헤드 캠 샤프트 [over head camshaft] OHC로 약하며, 캠 샤프트가 실린더 헤드 내에 배치되어 있는 것. 작동 밸브 기구가 안전하고 가동 부분이 가벼우며 고속에서도 안정된 밸브 개폐가 가능한 것이 특징. OHC에서 1개(싱글)의 캠 샤프트로 로커암을 거쳐 흡 · 배기 밸브를 움직이는 형식을 싱글 오버 헤드 캠 샤프트(SOHC), 캠 샤프트 2개로 흡기 밸브와 배기 밸브 각각 구동시키는 것을 더블 오버 헤드 캠 샤프트(DOHC)라고 부름. ⇨ 오버 헤드 밸브(over head valve).

오버 홀 [over haul] 기계를 분해하여 점검, 수리 조정 등을 하는 것.

오버 히트 [over heat] 과열. 운전중 엔진의 냉각수나 냉각핀의 온도가 정상 온도 이상으로 높아지는 것. 일반적으로 수냉식 엔진에서는 75~85℃가 정상 온도로 되어 있지만, 압력식 냉각 시스템에서는 정상 온도의 범위가 넓고 100℃ 이상에서도 정상으로 작동한다. 또한 엔진

뿐 아니라 브레이크나 타이어 등의 과열도 오버 히트라고 한다.

오버랩 [overlap] 페인트 층을 앞서 칠한 페인트 층과 부분적으로 겹치
도록 하는 스프레이 패턴.

오버런닝 클러치 [over running clutch] 오버런닝 클러치는 기동 전동기
의 회전력을 플라이 휠 링기어에 전달하지만 플라이 휠의 회전력은 기
동 전동기에 전달되지 않도록 하는 장치이다. 엔진이 기동되면 피니언
과 링 기어가 물린 상태이므로 기동 전동기는 엔진에 의해 고속으로
회전되어 전기자, 베어링, 브러시 등이 파손된다. 따라서 엔진이 기동
된 다음에는 피니언 기어가 공전하여 엔진에 의해 기동 전동기가 회전
되지 않도록 하며, 종류로는 롤러식, 스프래그식, 다판 클러치식이 있
다. ⇨ 일방향 클러치.

오버로드 [over load] 짐을 많이 실음. 자동차에 지정된 중량 이상을 적
재한 것으로서 정원 이상의 승객을 승차시키거나 최대 적재량 이상 적
재시키는 것을 말함.

오버스퀘어 엔진 [oversquare engine] ⇨ 단행정 엔진.

오버스프레이 [overspray] 스프레이 건으로부터 원하지 않는 부위에 떨
어지는 페인트 방울.

오버올 리페인팅 [overall repainting] 전체 차량을 도장하는 도장작업
형식.

오버올 스티어링 기어비 [overall steering gear ratio] 조향 기어비. 스티
어링 휠에서 타이어까지 스티어링 계통 전체의 기어비(比)를 말함. 스
티어링 휠의 회전각과 타이어 회전각의 비로 나타낸다. ⇨ 스티어링
기어비.

오버플로 [overflow] 물질이 과도하여 넘치는 것. 또한, 일반적으로 과
충전에 의해 용기의 측면으로 넘쳐 흐르는 것.

오버플로 밸브 [overflow valve] 오버플로 밸브는 연료 여과기 내의 압
력이 $1.5kg/cm^2$ 이상으로 높아지면 열려 과잉의 연료를 탱크로 되돌
려보내 연료 여과기 내의 압력을 일정하게 유지한다. 분사 펌프까지
송유압이 높아지는 것을 방지하여 펌프 엘리먼트 등 각부가 받는 응력
을 제거하거나 보호하며, 연료 탱크 내에 기포가 발생되는 것을 방지
한다.

오버플로 탱크 [overflow tank] ⇨ 익스팬션 탱크.

오버플로 파이프 [overflow pipe] 라디에이터 상부에 설치되어 넘치는
냉각수가 밖으로 흐르도록 하는 파이프를 말한다.

오버필 리미터 〔overfill limiter〕 오버필 리미터는 연료 증발가스를 캐니 스터에 공급하고, 연료 탱크에 대기압을 공급한다. 압력 밸브와 진공 밸브가 설치되어 있으며, 압력 밸브는 연료 탱크 내의 압력이 규정 압력보다 높게 되면 열려져 캐니스터에 연료의 증발가스를 공급한다. 또한 진공 밸브는 연료 탱크 내에 진공이 형성되었을 때 열려 대기압이 공급되도록 한다.

오버행 〔overhang〕 이 말의 뜻은 「튀어나온다」는 것이지만 자동차에서 말할 경우 프런트 액슬보다 앞부분, 즉 측면에서 볼 때 타이어 중간에서 범퍼 선단까지의 직선 길이를 말한다. 뒤에도 같은 모양으로 뒷바퀴 중심에서 뒷범퍼까지의 치수를 말한다. 전장이 같은 자동차라고 휠 베이스가 커져 있을 경우 그 길이만큼 오버행이 작아져 있다.

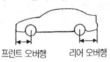

프런트 오버행   리어 오버행

오버헝 현가 방식 〔overhung suspension〕 오버헝은 '위에 걸린, 위가 아래보다 튀어나온'의 뜻. 오버헝 현가 방식은 액슬 하우징 위에 스프링을 설치한 현가 방식이다.

오버홀 〔overhaul〕 유닛을 완전 분해하여, 모든 부품을 세정 검사 후, 원래의 부품 또는 새 부품을 사용하여 조립하고, 정상적인 작동에 필요한 모든 조정을 하는 것.

오벌 섹션 피스톤 엔진 〔oval section piston engine〕 ⇨ 타원 피스톤 엔진.

오빗 다이어 〔orbit dia〕 더블액션 샌더나 오비탈 샌더 등 패드(pad)가 편심 운동하는 샌더의 편심도(偏心度)를 나타냄. 자동차 도장에 사용하는 샌더에서는 5~10mm가 표준. 숫자가 클수록 깎는 힘은 강해지지만 연마 흔적은 거칠게 됨.

오스테나이트 〔austenite〕 비자성체는 전기 저항이 크고 경도는 낮으나 연신율이 큰 γ철에 탄소를 고용한 γ고용체이다.

오스테나이트계 〔austenite〕 밸브 헤드에 사용하는 크롬 14~26%, 니켈 13~22%, 텅스텐 2~3%의 합금강으로 800℃까지 기계적 성질은 변함없으나, 경도가 낮아진다.

오실레이션 〔oscillation〕 ① 물체가 일정한 시간마다 동일한 운동을 되풀이하는 것으로서 진동(振動)을 말한다. ② 발진현상으로 전기적 진동을 발생하는 것. 어떤 양의 크기가 시간에 따라 어떤 기준값보다 크게 되거나 작게 되는 변동 현상을 말한다.

오실레이터 〔發振器 ; oscillator〕 ① 기계식 발전 조정기와 같이 전자력에 의해 회로를 단속하는 진동 접점을 말한다. ② 트랜지스터식 점화장치 등과 같이 회로 부품의 값에 의해서 결정되는 일정 주파수의 교류를 발생하는 이그나이터를 말한다.

오실로그래프 〔oscillograph〕 전류나 전압의 상태 변화를 지시 또는 기록하는 장치. 오실로스코프에 전류나 전압의 상태 변화 표시를 필름상 또는 자기 감응성(磁氣感應性)의 페이퍼에 영구 기억으로 처리되는 장치를 부수적으로 설치한 장치를 말한다.

오실로스코프 〔oscilloscope〕 브라운관을 사용하여 변화가 빠른 전기 현상을 신호 파형(信號波形)으로 관측하는 장치로서 수평축에 시간에 비례한 양을, 수직축에 입력파의 진폭에 비례한 양을 나타내어 전기 현상의 시간 경과를 판독하게 된다.

오어 회로 〔OR circuit〕 ⇨ 논리화 회로.

오염물 〔contaminants〕 ① 냉동 시스템 냉매 내의 이물질. 녹, 오물, 수분, 공기 등이 여기에 해당된다. (에어컨디셔닝 용어) ② 피니시에 나쁜 영향을 줄 수 있는 도장 대상 표면의 이물질. 광택제, 왁스, 오물, 수액 및 타르 등이 그 예이다 (페인팅 용어).

오일 〔oil〕 부품의 마찰 및 마멸을 방지하기 위해 사용하는 엔진 오일과 기어오일, 부품의 작동에 대한 보조력을 발생하는 유압 오일 등을 말한다.

오일 간극 〔oil clearance〕 ⇨ 오일 클리어런스.

오일 갤러리 〔oil gallery〕 엔진의 실린더 블록에 설치되어 오일을 각 부품에 전달하는 오일 통로를 말한다.

오일 건 〔oil gun〕 마찰부에 오일을 손으로 주유하는 주유기를 말한다.

오일 게이지 〔oil gauge〕 오일 레벨 게이지 또는 오일 압력 게이지를 말함.

오일 교환 〔oil change〕 엔진 오일은 윤활뿐 아니라 각 부분의 냉각, 청소, 방청이나 연소실에서의 가스 누출을 방지하는 역할을 한다. 장기간 사용하면 열화(劣化)되므로 정기적으로 교환한다는 것이 바람직하다. 특히, 새 차에서는 엔진의 가공, 조립시에 들어간 먼지를 제거하기 위하여 1,000km정도 주행하면 오일 교환을 해야 된다.

오일 교환기 〔oil merchandiser〕 엔진 및 변속기, 종감속 기어의 오일을 교환시기에 맞추어 교환할 때, 사용하던 오일을 빼내고 새로운 오일로 갈아넣는 장치를 말한다.

오일 글루브 [oil gloove] 주유의 목적을 달성할 수 있도록 베어링, 부싱 등 마찰면에 오일이 흘러가도록 파놓은 오일 홈을 말한다.

오일 냉각기 [oil cooler] 오일의 온도가 125~130℃ 이상이 되면 오일 의 성능이 급격히 저하되어 유막이 형성되지 않으므로 슬라이딩 부분 이 소결된다. 그러므로 오일의 높은 온도를 냉각시켜 70~80℃ 정도로 유지하여야 하므로 오일 냉각기를 설치한다. 오일 냉각기는 소형 라디 에이터와 같은 모양으로 만들어져 있다.

오일 댐퍼 [oil damper] 오일이 포트나 오리피스를 통과할 때 저항력에 의하여 감쇠력을 얻는 일반적인 쇽업소버를 말함. 감쇠력으로서 마찰 력을 이용하는 마찰 댐퍼나, 추를 사용하는 매스 댐퍼 등에 쓰이는 용 어.

오일 드레인 콕 [oil drain cock] 엔진의 오일팬, 자동 변속기의 오일팬, 변속기, 종감속 기어장치 등 오일을 저장하는 부분의 하부에 설치되어 오일을 교환할 때 사용하는 오일 배유 플러그를 말한다.

오일 디퍼 [oil dipper] 디퍼는 '퍼내는 도구, 국자, 버킷'의 뜻으로서 2행 정 사이클 엔진의 커넥팅로드 대단부에 설치되어 피스톤이 하사점에 내려오면 오일 속에 잠겨 상사점으로 올라갈 때 오일을 퍼올려 마찰부 에 뿌려주는 버킷을 말한다.

오일 디플렉터 [oil deflector] ⇨ 오일 슬링거.

오일 딜루션 [oil dilution] 엔진의 오일에 가솔린 등의 연료가 혼입되어 묽어지는 희석 현상을 말한다.

오일 딥 스틱 [oil dip stick] 딥은 '담그다, 적시다'의 뜻. 스틱은 '막대, 변속 레버'의 뜻으로서 엔진 오일 또는 자동변속기 오일에 잠겨 오일량 을 점검하는 오일 레벨 게이지를 말한다. 엔진의 오일량의 점검은 엔 진을 정지시킨 후 실시하여야 하지만 자동 변속기 오일량은 엔진을 공 회전 시킨 상태에서 점검하여야 한다. ⇨ 유면 표시기, 오일 레벨 게이 지.

오일 라이트 [oil lite] 구리, 주석, 흑연의 분말을 혼합하여 성형한 후 윤 활유를 4~5% 침투시켜 소결한 구리 합금으로 주유가 곤란한 곳에 사 용하는 오일리스 베어링이다.

오일 라인 [oil line] 각종 오일이 흘러가도록 설치된 오일의 통로를 말한 다.

오일 램프 [oil lamp] 엔진을 윤활하는 오일의 유압이 정상값보다 저하 되고 있음을 나타내는 적색등으로서 메인 스위치를 넣으면 점등되고 엔진이 정상으로 작동하고 있는 상태에서는 꺼진다.

오일 레벨 게이지 [⑱oil level gauge, oil gauge, ⑲dipstick] 엔진 오일의 양이나 상태를 파악하기 위한 게이지를 말하며, 크랭크 케이스에서 오일 팬에 꽂혀져 있는 것이 보통. 게이지에는 오일량의 최대와 최저를 나타내는 표시가 새겨져 있으며 이 범위 내에 오일량이 유지되어야 한다. 최대와 최저 사이에는 대략 1ℓ로 되어 있는 것이 많다. ⇨ 유면 표시기.

오일 리저버 [oil reservoir] 리저버는 '저장소, 탱크'의 뜻으로서 브레이크 오일, 동력 조향장치의 유압오일을 저장하는 오일 탱크를 말한다. 리저버의 크기는 유압 펌프의 토출량에 약 3배 정도로 만들어야 한다.

오일 릴리프 밸브 [oil relief valve] ⇨ 유압 조절 밸브.

오일 링 [oil control ring] 오일 링은 압축링 밑의 링 홈에 1~2개가 끼워져 실린더 벽을 윤활하고 과잉의 오일을 긁어내려 실린더 벽의 유막을 조절한다. 링의 전둘레에 걸쳐 홈이 있기 때문에 긁어내린 오일을 피스톤 안쪽으로 보내므로써 되어 피스톤 핀의 윤활도 한다. 또한 엔진의 회전 속도가 증가됨에 따라 링의 유연성 및 장력을 유지하기 위해 오일링 안쪽에 익스펜더를 넣은 것도 있다. 종류는 드릴형, 슬롯형, 레이디어스 슬롯형, 웨지 슬롯형, U 플렉스형이 있다.

오일 바니시 [oil varnish] 페인트를 만드는 재료. 건성유와 수지 등을 가열 융합시키고 탄화수소계 용제로 희석하여 만든 페인트를 말한다.

오일 배스 에어 클리너[oil bath air cleaner] 습식 에어 클리너. 엔진에 흡입되는 공기를 오일로 깨끗하게 하는 습식 필터의 대표적인 것. 흡입된 공기가 우선적으로 오일 배스에 닿게 하여 큰 먼지를 제거하고 다시 스틸울(섬유 모양의 그물망)을 통과하여 작은 먼지를 제거한다.

오일 배스 형식 [oil bath type] 배스는 '입욕(入浴), 흠뻑 젖음'의 뜻으로서 부품이 오일 속에 잠겨 윤활되는 방식을 말한다. 변속기, 종감속기 등과 같이 기어가 오일 속에 반쯤 잠겨 회전하면서 기어에 묻혀 올라간 오일로 윤활되는 것을 말한다.

오일 섬프 [oil sump] ⇨ 섬프.

오일 세퍼레이터 [oil separator] 원심력을 이용하여 오일 속에 함유된 불순물을 분리하는 분리기를 말한다. ⇨ 원심식.

오일 소비량 [oil consumption] 엔진이 단위 시간당 소비하는 오일의 양으로 g/h 또는 cm^3/h로 표시된다.

오일 소비율 [specific oil consumption] 단위 시간 또는 단위 출력당 엔진 오일의 소비량으로 g/ps 또는 cm^3/ps.h로 나타낸다.

오일 스크레이핑 링 [oil scraping ring] 엔진의 실린더 벽에 부착된 오일이 연소실에 유입되지 않도록 긁어내리는 링으로서 피스톤 아래쪽에 1~2개가 설치되어 있다. 일반적으로 오일 링이라고 하는 것은 오일 스크레이핑 링을 약해서 부르는 명칭이다. ⇨ 오일 링.

오일 스크린 [oil screen] 오일 속에 포함되어 있는 금속 분말, 먼지 등 불순물을 걸러주는 철망으로 된 여과망을 말한다. 엔진, 자동 변속기에 설치되어 있다. ⇨ 오일 스트레이너.

오일 스트레이너 [oil strainer] 엔진 오일의 여과기. 오일 펌프의 흡입 파이프 선단에 설치되어 있으며, 20 메시(mesh) 전후의 그물망으로서 비교적 윤활유에서 큰 이물질을 제거하는 것.

오일 슬링거 [oil slinger] ① 슬링거는 축과 같이 회전하며 윤활유가 누출되거나 이물질의 침입을 방지하는 역할을 하는 링으로서, 특히 오일이 누출되는 것을 방지하는 역할을 담당한다. ② 엔진 오일이 크랭크축을 따라 다량으로 외부에 누출되는 것을 방지하는 판으로 플랜지 바로 앞에 설치되어 있으며, 오일 디플렉터라고도 한다.

오일 실 [oil seal] ①변속기나 차축 등의 회전축 주위에서 오일이나 그리스가 새지 않도록 하는 것으로 금속과 고무를 일체로 성형하여 만든다. ② 엔진 오일 등이 누출되는 것을 방지하는 기능을 한다. 개스킷도 오일 실의 기능을 하고 있으며 패킹, O링, 액체 실제(劑)등이 쓰이고 있다. 예전에 이 오일을 밀봉(密封 ; 실)하는 일은 제조상에 중요한 문제였다.

오일 압력 게이지 [oil pressure gauge] 유압계를 말한다. 윤활 작용을 하는 엔진 오일의 순환 압력을 표시하는 게이지로 구성되어 있다. 일반 자동차에서 오일 압력이 내려가는 경우는 거의 없고, 이 계기가 붙어 있지 않는 자동차도 있다. 유압이 저하되었을 경우 오일 램프가 대시보드에 점등되는 것이 일반적이다. ⇨ 오일 프레셔 게이지.

오일 여과기 [oil filter] 오일 여과기는 오일 속에 포함된 수분, 연소 생성물, 금속 분말, 슬러지 등의 미세한 불순물을 제거한다. 엘리먼트는 여과지를 많이 사용하며 5000km 주행마다 교환한다. 오일 펌프에서 공급된 오일은 엘리먼트 외부를 통하여 중앙으로 들어간 다음 출구로 송출될 때 불순물은 아래로 침전된다.

오일 워닝 램프 [oil warning lamp] 엔진의 오일이 순환되지 않을 때 점등되어 운전자에게 알려주는 경고등을 말한다. ⇨ 유압 경고등.

오일 유입 [oil inflow] 피스톤 왕복 운동에 따라 피스톤 링이나 피스톤과 실린더 사이에서 연소실로 엔진 오일이 들어가는 것. 일반적으로 엔진이 소비하는 오일의 60% 전후는 오일 유압에 의한 연소라고 할 수 있다. ⇔ 오일 유출.

오일 유출 [oil outflow] 흡입 밸브나 배기 배브를 자연스럽게 작동시키기 위해 작동 밸브 계통은 엔진 오일로 윤활시키고 있다. 그러나 밸브 개폐에 따라 붙어있는 밸브 스템과 이것을 유지하는 밸브 스템가이드 사이의 포트에 엔진 오일이 새는 것. 엔진이 소비하는 오일의 30% 정도가 오일 유출에 의한 것이라고 한다. ⇔ 오일 유입(流入).

오일 첨가제 [oil additive] 엔진 오일의 역할을 좋게 하거나, 수명을 연장시키기 위하여 가해지는 것을 말한다. 기본이 되는 오일에 따라 광물유 계통과 식물유 계통이 있다. 오일의 품질 향상으로 경주용 차량 등 특히 과혹(過酷)한 사용 조건 외에는 별로 쓰이지 않게 되었다.

오일 쿨러 [oil cooler] 오일은 엔진 가동 부분을 윤활함과 동시에 냉각시키는 역할도 한다. 경주용 차량의 고출력 엔진이나 디젤 엔진에서는 오일 팬에 의한 냉각 효과만으로는 오일의 온도를 적당한 온도로 유지할 수 없으므로 파이프나 팬을 설치하여 만들어진 오일 쿨러에 오일을 통과시켜 냉각한다. 오일 쿨러는 엔진 오일을 냉각시키는 장치를 말하는 것이 보통이지만 이 외에 토크 컨버터나 동력전달 계통의 오일을 냉각시키는 것도 있으며 라디에이터를 사용하는 공랭식과 엔진의 냉각수로 식히는 수냉식이 있다.

오일 클리너 [oil cleaner] ⇨ 오일 필터.

오일 클리어런스 [oil clearance] 크랭크 축 저널과 베어링 사이의 윤활 간극을 말한다. 마찰면에 유막을 형성할 수 있는 간극으로 축 저널의 외경을 베어링 내경보다 적게 한 것. 규정보다 간극이 크면 유압이 저하되고 오일 소모율이 증대되며, 간극이 적으면 유막이 파괴되어 스틱 현상이 발생된다.

오일 태핏 [oil tappet] 엔진 오일의 유압을 이용하여 온도 변화에 관계 없이 밸브 간극을 항상 제로(0)가 되도록 함으로써 밸브 개폐시기가 정확하게 유지되도록 한다. ⇨ 유압식 리프터.

오일 탱크 [oil tank] 엔진 오일을 저장하는 탱크로서 드라이 섬프식의 윤활 계통에 쓰인다.

오일 팬 [⊛oil pan, ⊛oil sump, sump] 팬은 요리에 쓰는 프라이 팬과 같은 편평한 냄비를 말하며, 실린더 블록 밑에 설치되어 엔진 오일을 저장해 두는 부분. 일반적으로 철판으로 만들어지지만 오일을 냉각시키는 역할도 하므로 그 효과를 얻기 위하여 알루미늄 주물로 만들어지거나 오일 냉각기를 설치하는 경우도 있다. 종감속장치를 제외하고는 가장 아래 쪽에 있으므로 돌 등으로 인한 변형이나 균열을 방지하기 위하여 언더 가드가 설치되어 있다. ⇨ 웨트 섬프.

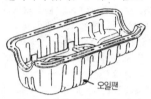

오일팬

오일 펌프 [oil pump]　크랭크 축 또는 캠 축에 의해 구동되어 오일 팬 내의 오일을 흡입·가압하여 각 윤활부에 공급한다. 펌프의 능력은 송유량과 송유 압력으로 표시한다. 저속시 송유 압력은 1~2kg/cm²이고, 고속시 송유 압력은 2~3kg/cm²이다. 맞물려 있는 2개의 기어와 이것을 둘러싼 케이스 사이에 오일을 흡입하여 보내는 외접 기어식과 내접한 기어를 쓰는 내접 기어식이 있다. 외접 기어식에는 인벌류트 치형이, 내접 기어식에는 트로코이드 치형이 널리 사용된다. 크랭크 샤프트나 캠 샤프트의 회전을 체인이나 기어로 전달하여 구동한다.

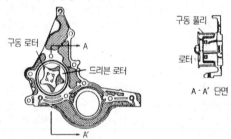

구동 로터　　　A
드리븐 로터

구동 풀리
로터
A·A' 단면

오일 펌프 스트레이너 [oil pump strainer]　고운 스크린으로 되어 있으므로 섬프 내에 오일을 흡입할 때 입자가 큰 불순물을 제거하여 오일 펌프에 유도하는 작용을 한다. 스크린이 불순물에 의해 막히면 바이 패스 통로를 통하여 순환할 수 있도록 한다.

오일 프레셔 게이지 [oil pressure gauge]　유압계. 엔진 각부에 압송된 윤활유의 압력을 나타내는 계기. 유압은 엔진이 더워지기 전에 오일 점도의 영향으로 조금 높은 값을 나타내고 온도가 거의 일정하게 되면 엔진 회전수에 따라 지침이 조금씩 상하로 움직이는 것이 보통. ⇨ 오일 압력 게이지.

오일 프레셔 레귤레이터 [oil pressure regulator]　윤활계의 유압을 일정 범위 내에 유지하기 위한 장치. 오일의 점도는 온도오일에 따라 변화하며, 또 오일 펌프에서 보내지는 오일량이 엔진 회전수에 비례하여 많아지므로 알맞는 온도의 윤활을 위하여 유압 컨트롤이 되고 있다. 일반적으로 유압이 일정 이상이 되면 스프링에 의하여 닫혀져 있는 밸브가 유압에 의하여 열려져 오일이 원위치로 되돌아가게 되어 있다.

오일 피트 [oil pit] 피트는 '구덩이, 구멍'의 뜻으로서 커넥팅 로드의 대단부 위쪽에 설치되어 피스톤이 상사점에 거의 이르게 되면 크랭크 축의 오일 홀과 일치되어 실린더 벽에 오일을 뿜어주는 작은 구멍을 말한다.

오일 필름 [oil film] 오일의 얇은 막으로서 유막을 말한다. 실린더 벽, 크랭크 축과 베어링 사이에 형성된 유막에 의하여 직접적인 접촉을 방지함으로써 마모의 감소 및 기밀을 유지한다. 강인한 유막을 형성하기 위해서는 엔진이 정상적인 작동 온도가 되어야 한다.

오일 필터 [oil filter] 오일 클리너라고도 하며 엔진 오일을 여과하고, 금속 등 마모된 찌꺼기나 카본 덩어리 등의 이물질을 제거하는 장치. 오일 여과 방법에는 계통에 있는 오일의 전량을 여과하는 풀 플로식, 바이패스가 설치되어 오일의 일부를 여과하는 바이패스 플로식, 두가지 방법을 조합한 콤비네이션 방식이 있다.

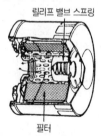

릴리프 밸브 스프링

필터

오일 필터 렌치 [oil filter wrench] 엔진 오일 필터를 교환할 때 오일 필터를 감아서 풀거나 조이는데 사용한다.

오일 필터 엘리먼트 [oil filter element] 엔진 오일을 여과하는 오일 필터 안의 여과재료로서 오일 또는 통과하는 면을 넓게 한 여과지나 철선 등을 말함.

오일 홀 [oil hole] 크랭크 축의 메인 저널 및 저널에 윤활하기 위한 오일 통로로서 오일 펌프에서 메인 저널에 공급된 오일은 크랭크 축이 회전할 때 원심력에 의해 핀 저널에 보내어 윤활하고 피스톤이 상사점 부근에 이르면 커넥팅 로드의 오일 홀과 핀 저널의 오일 홀이 일치되므로 실린더 벽에 오일을 분사하여 윤활되도록 한다.

오일 홈 [oil groove] ⇨ 오일 글루브.

오일리스 베어링 [oilless bearing] 오일리스는 '오일이 없는, 주유할 필요없는'의 뜻으로서 주유가 필요없는 베어링을 말한다. 구리, 주석, 흑연의 분말을 혼합시켜 성형을 한 후 가열하고 윤활유를 4~5% 침투시킨 후 소결한 베어링으로서 주유가 곤란한 장소에 사용한다.

오일의 내림 ⇨ 오일의 오름.

오일의 오름 피스톤의 왕복 운동과 더불어 피스톤 링 또는 실린더나 피스톤의 틈새에서 연소실에 엔진오일이 유입되는 것을 오일의 오름이라고 한다. 또 흡입 밸브나 배기 밸브를 원활히 작동시키기 위해, 밸브 계통은 엔진오일로 윤활되고 있다. 밸브의 개폐에 따라 밸브에 묻어 있는 봉(奉 ; 밸브 스템)과 이것을 유지하는 통(筒 ; 밸브 스템 가이드)의 틈새에서 포트에 엔진 오일이 유입되는 것을 오일의 내림이라고 한다. 통상적으로 엔진이 소비하는 오일의 60% 정도는 오일의 오름에 의한 것이고, 30% 정도는 오일의 내림에 의한 것이라고 한다.

오존 [ozone] 대기오염 물질의 하나. 화학기호 O_3로 나타내는데 화학적으로 불안정한 기체로서 쉽게 O_2와 O로 분해된다. O_2는 산소분자로 안정된 기체이지만 O는 발생기의 산소라고 불리우며 강한 산화작용을 갖는다. 오존은 대기 중의 탄화수소와 질소산화물이 강한 햇빛에 의하여 반응을 일으키므로써 발생하고, 전기 방전에 의하여도 발생한다.

오토 [Otto Nikolaus August] 독일의 물리학자로서 1876년 오토사이클을 창안함. 다이뮬러(Daimler, G)와 공동으로 내연기관(內燃機關) 회사를 설립하여 최초로 실용적인 4사이클 엔진을 제작하였다.

오토 [auto] ① 「automobile」의 약어로서 자동차를 뜻한다. ② 자신의, 자기…. 자동차의 뜻.

오토 드라이브 [auto driver] 크루즈 컨트롤의 호칭으로서 액셀러레이터를 조작하지 않고 자동차를 주행할 수 있는 정속 주행장치를 말한다. 운전자가 자동차의 속도를 설정하면 액추에이터가 설정한 속도로 일정하게 주행할 수 있도록 액셀러레이터를 제어하는 장치이다. ⇨ 크루즈 컨트롤.

오토 라이트 시스템 [auto light system] 조명장치의 명칭. 라이트 스위치를 오토로 설정하면 자동차 이외의 밝기에 따라 헤드 램프나 테일 램프의 조명이 자동적으로 점등, 소등되는 것. 오토 라이트 컨트롤이라고도 함.

오토 라이트 컨트롤 [auto light control] ⇨ 오토 라이트 시스템.

오토 래시 어저스트 [auto lash adjust] ⇨ 밸브 래시 어저스트(valve lash adjust).

오토 레벨러 [auto leveler] 자동차 높이 조정장치. EHC라고 이름지어진 시스템에서는 뒷바퀴의 쇽업소버 머리부분에 공기실을 설치하고 프레임과 리어 서스펜션과의 사이에 거리를 센서로 감지한다. 마이컴에 의하여 압축 공기를 컨트롤하여 차체 후부의 차고(車庫)를 일정하게 유지하도록 되어있다.

오토 레벨링 전조등 시스템 [Auto leveling head light system] 자동차의 위치 변화에 따라 전조등의 조준을 자동적으로 조정(오토 레벨링)하는 시스템. ⇨ 헤드 램프 레벨링.

오토 리프트 [auto lift] 자동차를 정비하기 위하여 자동적으로 들어올리고 내리는 승강기로서 자동차 정비 공장에 필수적으로 설치한다.

오토 사이클 [Otto cycle] 가솔린 엔진의 순환 운동으로서 내연기관의 열 사이클의 하나이다. 정적 사이클이라고도 하며 1876년에 독일의 A 오토가 고안한 사이클이다. 엔진의 작동에서부터 압축 행정까지 열의 출입이 없는 압축(단열 압축), 연소 행정에 상당하는 체적은 일정하고 압력만 상승하는 폭발(등용 폭발)과 열의 출입이 없는 팽창(단열 팽창)을 되풀이하는 것이다. 일반적으로 세로축에 연소실의 압력, 가로축에 체적을 나타낸 그림으로 표시한다. 가스 엔진, 가솔린 엔진이 이 사이클을 기준으로 하여 작동한다.

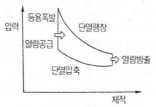

오토 에어컨 [automatic air conditioner] ⇨ 오토매틱 에어 컨디셔너.

오토 초크 [automatic choke] ⇨ 오토매틱 초크.

오토 크루즈 [automatic cruise] 정속주행 ⇨ 크루즈 컨트롤(cruise control).

오토 텐셔너 [automatic tensioner] 캠 샤프트 구동에 체인을 사용한 엔진에서 체인의 장력을 자동적으로 조정하는 장치. 체인 텐셔너라고도 부름 ⇨ 텐셔너.

오토 파킹 [auto parking] 와이퍼 블레이드가 스위치를 차단하는 순간 어느 위치에 있어도 지정된 위치까지 자동적으로 정지하도록 한 것.

오토매틱 [automatic] '자동의, 자동적인, 자동장치'의 뜻.

오토매틱 도어 [automatic door] 전철 또는 승합 자동차 등과 같이 승강구의 문을 공기의 압력, 진공, 유압, 전동 모터를 이용하여 운전석에서 원격 조작으로 개폐하는 것을 말한다.

오토매틱 디머 [automatic dimmer] 대향 자동차의 헤드 라이트 불빛이 감지되면 자동적으로 상향에서 하향으로 변환되는 자동 감광 장치를 말한다.

오토매틱 레벨 컨트롤 [automatic level control] 자동차의 뒤쪽에 실은 하중의 변화를 보정하는 현가장치. 자동차 뒷부분의 위치를 하중에 관계없이 사전 설계된 수준으로 유지하여 준다.

오토매틱 로크 허브 [automatic lock hub] 4WD 차륜의 허브로서 프런트 액슬(앞차축)과 휠의 접촉 및 해제를 자동적으로 행하는 장치. 드라이브 샤프트의 구동력은 휠에 전달하지만 휠에서의 압력은 드라이브 샤프트에 전달하지 않도록 되어있다.

오토매틱 벨트 [automatic belt] 자동차에 승차하면 자동적으로 시트 벨트가 장착되는 시스템으로서, 미국에서는 90년도 모델 이후 이 시스템의 설치가 의무화되었다. 패시브 레스트 레이트 시스템의 일종으로 패시브 시트 벨트 시스템을 약해서 패시브 벨트라고도 부름.

오토매틱 스피드 컨트롤 [automatic speed control] ⇨ 크루즈 컨트롤.

오토매틱 에어 컨디셔너 [automatic air conditioner] 공조기(에어 컨디셔너)로서 차실 내의 설정 온도를 자동적으로 유지하는 장치. 온도 센서에 의하여 외기 온도와 실내 온도를 검출하여 마이컴으로 설정 온도가 되도록 공기를 배출하는 온도나 풍량을 조절한다. 따라서 마이컴이 엔진의 수온이나 냉방용의 컴프레서 작동 상태 등을 조사하여 웜업을 적절히 이행한다. 그리고 컴프레서의 ON-OFF나 난기와 냉기의 혼합을 자동적으로 행하도록 되어있다.

오토매틱 윈도 [automatic window] 승용 자동차의 도어에 설치된 글라스를 스위치의 조작으로 전동 모터를 작동케 하여 개폐하는 창을 말하며 파워 윈도라고 한다. ⇨ 파워 윈도.

오토매틱 초크 [automatic choke] 카브레터의 초크를 자동적으로 설정하여 냉각 수온이 상승하면 자동적으로 해제하는 장치. 전기식 자동초크, 배기가열식 자동초크, 세라믹 초크 등이 있다.

오토매틱 클러치 [automatic clutch] 클러치 페달의 조작없이 동력을 전달하거나 차단하는 클러치로서 유체의 운동 에너지를 이용하여 클러치를 단속하는 유체 클러치, 토크 컨버터와 전자력을 이용하여 클러치를 단속하는 전자식 클러치가 있다.

오토매틱 트랜스미션 [automatic transmission] 자동 변속기. 수동 변속기 장치에서 필요한 클러치와 트랜스미션의 조작을 자동적으로 행하는 장치. 영어의 머리문자를 인용하여 흔히 AT라고 부른다. 클러치의 역할을 하는 토크 컨버터와 변속을 위한 플래니터리 기어 등의 작동을 컨트롤하는 습식 다판 클러치와 브레이크로 되어 있는 것이 보통이다. 이 모든 것을 갖춘 것을 풀 오토매틱 트랜스미션이라고 부르며, 변속을 수동으로 행하는 것을 세미 오토매틱 트랜스미션이라고 부름. 힘의 매체로서 오일을 사용하는 유체식 외에 벨트와 풀리를 쓰는 벨트식 무단 변속기 등 기계식의 자동변속기도 있다.

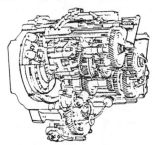

오토매틱 트랜스미션 플루이드 [automatic transmission fluid] AT전용의 작동유이며 윤활유의 일종. GM 타입의 「Dexron」이나 포드 타입의 「Mercon」 등이 잘 알려져 있다.

오토모빌 [automobile] 원동기를 설치하고 도로를 주행하여 사람이나 화물을 운반하는 것을 말한다. ⇨ 자동차.

오토바이 [autobi] ⇨ 오토바이시클.

오토바이시클 [autobicycle] 엔진을 설치한 2륜 자동차로서 오토바이라고도 한다.

오토서믹 피스톤 [auto-thermic piston] 알루미늄과 인바의 열팽창 차이에 원인하는 바이메탈 작용을 이용하여 스커트부의 스러스트 방향에 열팽창을 억제하기 위하여 피스톤 보스부에 인바제의 강편을 넣고 주조한 피스톤.

O₂ 센서 [oxygen sensor] 산소 센서는 이론적 공연비를 중심으로 출력 전압이 급격히 변화되는 것을 이용하여 피드백의 기준 신호를 공급해 주는 역할을 한다. 산화 지르코니아를 사이에 둔 백금 표면을 이용하여 배기 가스 속에 포함된 산소와 대기 중의 산소 농도 차이를 비교하여 기전력이 발생된다. 혼합기가 농후하면 약 0.9V, 희박하면 약 0.1V 의 기전력이 발생되어 컴퓨터에 입력하면 농후할 때는 약간 희박하게 제어되고 EGR밸브를 작동시켜 배기가스 일부를 피드백시킨다. 최저의 작동 온도는 300℃이며 600℃가 최적 상태이고, 850℃ 이상이 되면 기능이 저하된다. 아날로그 테스터를 사용하여 점검하면 손상된다. ➪ 공연비 센서, 산소 센서.

오퍼랜드 [operand] 자동차의 전자제어에서 명령을 실행하기 위해서 사용되는 데이터나 정보를 말한다.

오퍼레이션 [operation] ① 일정한 규칙 또는 명령에 의해서 실시되는 전자제어장치의 작동을 말한다. ② 운전, 조작의 뜻으로서 자동차의 운전이나 브레이크 페달의 조작, 변속 레버의 조작, 액셀러레이터의 조작 등을 말한다.

오퍼레이터 [operator] ① 자동차의 조작, 조정, 정비 등에 종사하는 사람을 말한다. ② 컴퓨터의 명령에 있어서 명령부를 말한다. ③ 수학적인 연산 내용을 표시하는 심벌을 말한다.

오퍼레이팅 볼티지 [operating voltage] 부품이 작동하기 위해서 필요한 전압 또는 전자석이 작동하여 접점이 닫힐 때나 열릴 때의 작동 전압을 말한다.

오퍼레이팅 실린더 [operating cylinder] 릴리스 실린더. 오퍼레이팅은 '움직이기 위한, 작용하기 위한'의 뜻. 오퍼레이팅 실린더는 클러치 마스터 실린더에서 보내진 유압으로 피스톤과 푸시로드에 작용시켜 릴리스 포크를 미는 작용을 하며, 피스톤, 피스톤 컵, 오일 속에 포함된 공기를 빼내기 위한 에어 브리더 스크류로 구성되어 있다.

오퍼레이팅 커런트 [operating current] 기동 전동기, 헤드라이트, 릴레이 등이 작동하기 위해서 필요한 작동 전류를 말한다.

오퍼짓 실린더형 디스크 브레이크 [opposite cylinder type disk brake] 디스크 브레이크의 한 형식. 디스크를 끼고 마주보는 (opposite) 2개의 실린더에 유압을 보내 양측에서 패드로 디스크를 사이에 꼭 끼워붙이는 구조로 되어 있는 것. 피스톤이 마주보고 있다고 하여 대향 피스톤형 디스크 브레이크, 캘리퍼가 고정되어 있다고 하여 캘리퍼 고정형 디스크 브레이크라고 부른다. ⇔ 플로팅형 디스크 브레이크(floating type disk brake).

오프 [off] '끊어져, 끊기어, 멈추어'의 뜻으로서 전기 회로에서 전원을 차단하는 것. 또는 엔진의 작동을 정지시키기 위해 키 스위치로 회로를 끊는 것을 말한다. ⇨ 온(on).

오프 돌리 [off dolly] 해머 및 돌리를 사용하여 패널을 수정할 때의 테크닉의 하나로서, 돌리와 해머의 위치를 겹치지 않도록 비켜서 작업하는 것을 말함. 해머 오프 돌리(hamer off dolly)라고도 함. 돌리는 '리벳 홀더'라고도 함.

오프너 레버 [opener lever] 연료 탱크 마개의 잠김을 해제하는 레버 ⇔ 퓨얼 로드 오프너(fuel rod opener).

오프더 카 밸런서 [off the car balancer] 타이어의 질량 언밸런스를 측정하는 테스터로서 휠을 자동차에서 떼어내어 테스터에 고정하고 계측하는 형식이다. ⇔ 온더 카 밸런서(on the car balancer).

오프셋 [offset] ① 작동하는 2개의 부품에서 중심이 일치하지 않고 서로 엇갈리게 설치된 것을 말한다. ② 오실로스코프에서 어떤 파형의 기준 레벨이 0점 레벨과 일치되지 않는 경우에 이 2개의 레벨 차이를 말한다. ③ 멀티 미터에서 지침이 0점에 일치되지 않을 때 오차를 말한다.

오프셋 리프터 [offset lifter] 작동중에 밸브 리프터를 회전시켜 편마모를 방지하기 위하여 캠 축의 캠에 중심과 밸브 리프터의 중심을 일치시키지 않는 상태로서 리프터가 상승 행정을 할 때만 회전하게 된다.

오프셋 실린더 [offset cylinder] 피스톤이 상하 왕복 운동을 할 때 받는 측압을 감소시킬 목적으로 크랭크 축의 중심에 대해서 실린더의 중심을 일치시키지 않는 실린더를 말한다.

오프셋 초크 밸브 [offset choke valve] 엔진이 작동할 때 흡기 다기관의 진공에 의해서 자동적으로 열릴 수 있도록 초크 밸브의 중심과 초크 밸브축 중심을 일치시키지 않고 한쪽으로 치우치게 설치된 상태를 말한다.

오프셋 충돌 [offset crush] ⇨ 랩 충돌, 오프셋 크러시.

오프셋 캠 [offset cam] ⇨ 오프셋 리프터.

오프셋 크러시 [offset crush] 오프셋 충돌 또는 랩 충돌이라고도 하며 장애물에 대한 자동차의 부분적인 충돌을 말한다. 충돌 실험에서는 자동차의 전폭 중 얼마만큼의 폭이 충돌했는가를 백분율로 나타내어 ○○% 오프셋 충돌이라고 표현한다. 오프셋은 중심을 벗어나 있는 것으로 대형차와의 충돌이나 사고를 회피하면서의 충돌을 생각한 것.

오프셋 피스톤 [offset piston] 피스톤의 중심을 실린더 중심에서 약 1.5mm 떨어지게 한 피스톤. 보통 크랭크 샤프트의 회전 방향, 즉 팽창 행정에서 피스톤이 밀어붙이는 쪽(스러스트쪽)에 오프셋 되어 피스톤 슬랩을 방지한다.

오픈 노즐 [open nozzle] 연료가 유출되는 노즐에 니들 밸브없이 항상 열려 있는 개방형 노즐로서 FBC, LPG, 카브레터에 이용되고 있다. ⇨ 개방형 노즐.

오픈 루프 제어 [open loop control] ① 출력을 제어할 때 입력만 고려하고 출력을 전혀 고려하지 않는 개회로 제어(開回路制御)방식을 말한다. O_2센서는 정상 작동시 센서부의 온도가 400~800℃ 정도이며 시동시와 공회전에는 컴퓨터의 자체 보상 회로에 의해서 개회로 제어되어 임의 보정하게 된다. ② 제어 계통에 있어서 출력의 변수가 직접 입력 변수에 의해서 제어하는 방식으로 피드백 루프는 가지고 있지 않다.

오픈 벨트 [open belt] 풀리의 회전 방향을 동일하게 하는 전동 방식으로서 바로걸기 벨트 방식 또는 평행걸기 방식이라고도 한다. 벨트와 풀리 사이의 마찰력에 의해 회전력을 전달하는 것으로서 하중이 갑자기 증가하는 경우는 미끄러져 안전장치의 역할을 하고 구조가 간단하며 효율도 높으나 정확한 속도비를 얻을 수 없다.

오픈 보디 [open body] 초기의 자동차 차체로서 차실에 고정된 지붕이 없는 것을 말하며, 상자 모양의 차실을 가진 클로즈드 보디와 대조적으로 쓰이는 용어. ⇨ 클로즈드 보디(closed body).

오픈 사이클 [open cycle] 작동을 완료한 유체가 외부로 방출되는 사이클로서 내연기관 등이 이에 속한다. ⇨ 개방 사이클.

오픈 서킷 [open circuit] 연결이 단절되어 전류가 통과하지 못하는 전기 회로.

오픈 서킷 볼티지 [open circuit voltage] ① 축전지의 부하에 전류가 흐르지 않는 상태에서 단자간의 전압으로서 개로 전압(開路電壓)을 말한다. ② 용접기에 있어서 용접 회로에 전류가 흐르지 않을 때 용접기 공급 단자간에서의 전압을 말한다.

오픈 스토퍼 [open stopper] 도어를 전개(全開) 또는 반개(半開)한 상태를 유지하는 장치. 자동차를 경사지게 주차할 때나 바람이 불 때 도어가 저절로 움직여서 자동차에 승하차시 방해가 되지 않도록 하는 것. 도어의 힌지에 노치나 스프링과 조합되어 있다. ⇨ 도어 체크 링크 (door check link).

오픈 엔드 렌치 [open end wrench] 볼트나 너트를 감싸는 부분의 양쪽이 열려있어 연료 파이프의 피팅(fitting) 및 브레이크 파이프의 피팅 등을 풀거나 조일 때 사용하는 렌치이다. 좁은 공간에서 볼트 또는 너트를 풀거나 조일 때 사용하는 공구로 복스 렌치보다 미끄러지기 쉽다.

오픈 엔트리 [open entry] CO, HC 테스터의 프로브나 멀티 테스터의 프로브 등 다른 삽입물에 따라서 생기는 손상이나 접속 부위가 보호되어 있지 않은 암 콘택트 결함부 또는 절연체의 콘택트 삽입구의 구조를 말한다.

오픈 체임버 [open chamber] 부연소실이 없는 보통의 연소실을 말하며, 부연소실과 비교해서 쓰이는 용어.

오픈 카 [open car] 컨버터블(convertible), 로드스터 등으로 지붕을 접을 수 있거나 지붕이 없는 상태의 자동차를 말함.

오픈 코트 [open coat] 샌딩 페이퍼(sanding paper)에서 눈메꿈을 방지하기 위하여 연마 입자끼리의 간격을 좀 넓게 잡은 타입. 거칠은 번수(番手)의 샌드 페이퍼에 많음.

오픈 패턴 [open pattern] 타이어의 트레드 패턴(모양)으로 홈 부분이 많은 것. ⇨ 시랜드 비(sea land ratio).

옥시던트 [oxidant] 오존, PAN(판)이나 알데히드류 등의 산화력이 강한 물질로서 대기 오염물질의 하나. 눈(眼)이나 목에 자극을 주고 고무제품의 열화나 식물의 성장을 방해하는 원인이라고 알려져 있다. 대기 중의 질소산화물과 탄화수소가 태양열에 의해 반응하여 생긴다고 되어있지만 학술적으로는 그것의 생성 과정이 완전히 확인되어 있지 않다.

옥탄 실렉터 [octane selector] 옥탄 실렉터는 연료의 옥탄가에 따라 수동으로 조정하는 장치이다. 연료의 옥탄가가 고옥탄일 때에는 조정 스크루를 A(Advance)방향으로 돌려 점화 시기를 빠르게 하고 저옥탄일 때는 R(Retard)방향으로 돌려 점화 시기를 늦추어 주어야 한다. 옥탄 실렉터는 단속기 판과 링크로 연결되어 회전의 위치에 따라 러빙 블록이 배전기 캠과 만나는 시기를 엔진이 정지된 상태에서 수동으로 조정하며, 1눈금 움직이면 크랭크 각도로 2° 진각되거나 늦추어진다.

옥탄가 [octane number] ① 가솔린의 앤티노녹크성을 나타내는 지표로서 수치가 클수록 노킹이 일어나기 힘든 가솔린이라는 것을 나타냄. 지표는 일정한 조건에서 엔진을 운전했을 때 그것과 같은 앤티노크성을 나타내는 정표준 연료(이소옥탄과 노멀헵탄의 혼합물)중 이소옥탄의 용량을 %로 나타낸다. 옥탄가에는 이것을 구하는데 전용의 단기통 엔진을 사용하는 실험실 옥탄가와 실차에 쓰는 주행 옥탄가가 있으며, 측정 방법에 따라 다른 값이 얻어지지만, 통상 가솔린의 옥탄가라고 하면 실험실 옥탄가의 하나인 리서치법으로 측정된 리서치 옥탄가를 말한다. ② 옥탄가는 이소옥탄과 노말헵탄의 혼합 연료 속에 포함되어 있는 이소옥탄의 용량비. 옥탄가는 내폭성이 높은 이소옥탄과 내폭성이 낮은 노멀헵탄을 선택하여 옥탄가를 각각 100과 0으로 정하고 이 두 연료를 적당히 혼합하여 만든 혼합 연료와 실제로 사용되는 가솔린을 C.F.R 엔진에 의해 비교하여 그 연료의 옥탄가를 결정한다.

온 돌리 [on dolly] 오프 돌리와는 달리, 돌리의 바로 위를 해머로 두드려 패널을 수정하는 것. 해머 온 돌리(hammer on dolly)라고도 함.

온 더 카 밸런서 [on the car balancer] 타이어의 질량 언밸런스를 측정하는 테스터로서 휠을 자동차에 설치한 상태로 측정할 수 있는 형식이다. ⇔ 오프더 카 밸런서(off the car balancer).

온 상태 [on state] 사이리스터에 있어서 양(陽)방향의 전압, 전류 특성을 가진 상태로서 브레이크 오버점 이상에서 저전압으로 대전류가 흐르고 있는 상태를 말한다.

온 컨디션 메인티넌스 [on condition maintenance] 자동차를 정기적으로 점검 또는 테스팅하여 작동 상태의 이상 유무를 판정하여 이상이 발견되면 부품을 교환 또는 수리 등 적절한 정비를 하는 것을 말한다.

온-오프 동작 [on-off action] 작동 신호의 값에 따라 제어량이 미리 정해진 2개의 값 중에서 하나가 선택되어 작동되는 제어를 말한다.

온-오프 제어 [on-off control] 제어하는 동작이 ON, OFF 2개뿐인 제어로서 서모 스탯에 의한 온도 제어를 말한다.

온간 가공 [溫間加工 ; warm working] 재결정 온도 이하의 온도 사이에서 소성 가공하는 것. ⇨ 냉간 가공.

온도 센서 [humidity sensor] 수증기의 양에 따라 전기 저항이나 유전율(誘電率)이 변하는 성질을 가진 고분자나 세라믹을 사용하여 온도를 검지하는 센서. 뒤창문의 흐림 방지를 제어하는 장치 등에 사용된다.

온도 센서 [temperature sensor] 온도 센서는 고체, 액체, 기체의 온도를 검출하는 센서로서 접촉형과 비접촉성으로 분류된다. 접촉형 온도 센서는 고체, 액체, 기체 등에 센서를 직접 접촉하여 온도를 측정하며, 비접촉형 온도센서는 측정하려는 물체에 방사되는 적외선을 검출하여 온도를 측정한다. 자동차에서는 배기 정화장치, 냉각장치, 전자식 연료 분사장치 등의 서모 스위치로 이용되고 있다.

온도계 [thermometer] 열의 강도(온도) 측정에 액체의 열팽창을 이용하는 계기.

온라인 [online] ① 직결된 양 장치간에 데이터 전송을 하는 과정에서 사람의 개입이 필요없는 상태를 말한다. ② 주어진 장치의 제어에 의해 작동하는 또다른 장치 또는 주어진 장치로 움직이기 시작하고 직접 데이터를 교환하는 다른 장치에 대해 사용되는 용어로서 직결이라고도 한다. ③ 프린터와 같은 단말장치가 중앙처리장치에 의해 제어되기나 또는 중앙처리장치에 의해 작동하기 시작하여 데이터를 교환하고 있는 상태를 말한다.

온라인 시스템 [online system] 컴퓨터에 의한 데이터 처리의 한 방법으로서 입출력장치 등 컴퓨터의 단말장치와 중앙 연산 처리장치를 통신 회선으로 연결시켜 정보를 처리함과 동시에 그 처리 결과도 사용 장소로 직접 전송하는 방식을 말한다. 데이터의 발생과 동시에 처리되는 리얼 타임(즉시 처리)과 한 대의 컴퓨터를 동시에 여러 사람이 다른 목적으로 사용하는 타임 셰어링 시스템(TSS : time sharing system)으로 분류된다.

온보드 다이어그노시스 [onboard diagnosis] ⇨ 다이어그노시스.

온보드 베이퍼 리커버리 [onboard vapor recovery] 급유중에 급유구로 나오는 가솔린 증기를 자동차에 설치되어 있는(온보드) 장치로 회수하는(리커버리) 것. 미국 EPA(환경보호청)가 급유중의 가솔린 증기 방출에 대한 규제를 제한하고 있으며, 자동차 메이커 측과 베이퍼의 회수장치는 주유소에 설치하여야 한다고 주장하고 있다.

온비이클 다이어그노시스 [on-vehicle diagnosis] 주행중에 결함이 발생된 자동차를 점검하기 위해서 자동차에 싣고 다니는 결함 진단장치로서 이동 정비차에 싣고 다니는 테스터를 말한다.

온스 [ounce] 야드 파운드법의 중량 단위로서 1온스는 28.53g이며 기호는 OZ을 사용한다. 참고로 금, 은, 약제용의 금량(金量) 온스는 31.104g이다.

올 글라스 실드 빔 [all glass sealed beam] 렌즈뿐 아니라 반사 거울도 유리로 되어있는 실드 빔 ⇨ 실드 빔.

올 스피드 거버너 [all speed governor] 디젤 엔진의 연료 분사량을 조절하는 거버너로서 아이들 회전에서 최고 회전까지 어떤 회전속도에서도 연료분사량을 조절하는 형식.

올 시즌 타이어 [all-season tire] 레이디얼 타이어가 벨트의 효과에 의하여 어느 정도 눈길에서 주행성을 가지므로, 레이디얼 타이어의 트레드 패턴을 눈길용으로 약간 개량하여 적설(積雪)이 적은 지방에서 스노 타이어로 교환함이 없이 연중 사용할 수 있도록 한 타이어. 북미에서 개발되어 미국제 신형 자동차용 타이어로서 채용되고 있고, 국내의 4WD차에 신형 자동차용으로 장착되고 있다.

올 알루미늄 모노코크 보디 [all aluminium monocock body] ⇨ 알루미늄 모노코크 보디(aluminium monocock body)

올 알루미늄 실린더 블록 [all aluminium cylinder block] 실린더 라이너를 쓰지 않고 알루미늄 합금만으로 만들어진 실린더 블록을 말한다. 일반적으로 엔진에서 쓰이고 있는 주철 라이너 부분을 실리콘 입자로 강화한 과공정 알루미늄 블록과 하이브리드 섬유를 복합재로 강화한 FRM 실린더 블록이 있다.

올 플랫 시트 [all flat seat] ⇨ 풀 플랫 시트(full flat seat).

올덤 커플링 [Oldham's coupling] 두 축의 거리가 비교적 짧고 평행한 경우에 사용하는 이음을 말한다. 한쪽에는 돌기부를 만들고 다른 한쪽에는 홈을 파서 조립하는 형식의 연결로 접촉면의 마찰 저항이 크기 때문에 윤활이 필요하다.

올레오 댐퍼 [oleo damper] 유압을 이용하여 충격을 흡수하는 쇽업소버 및 완충장치를 말한다.

올터네이터 [alternator] 교류발전기. 자동차용의 발전기는 직류식이었으나 1970년대에 다이오드를 사용한 소형의 교류 발전기가 개발되어 보급되었다. 전파장해가 없고 내구성이 뛰어나며 저회전에서도 발전력이 강하다. 배터리에 의해 여자되는 자극을 회전시켜 고정된 코일에 3상 교류를 발생시키고 이것을 다이오드로 정류하여 직류로 빼내게 되어 있다. ⇨ AC 제너레이터.

옴 [Ohm Georg Simon] 독일의 물리학자로서 1827년 금속의 전기 저항 실험에서 옴의 법칙을 발견하였다.

옴 [Ohm] ① 전기 저항의 단위로서 도체의 2점 사이에 1V의 전압을 가하여 1A의 전류를 흐르게 하였을 때 그 2점 사이의 전기 저항을 1옴으로 한다. 독일의 물리학자 옴의 이름을 딴 것으로 기호는 Ω으로 표시한다. ② 임피던스의 단위로서 저항에 1A의 전류가 흘렀을 때 1V의 전압 강하를 만드는 저항값을 말한다.

옴 손실 [ohmic loss] 저항 내에서 소비되는 전력의 손실로서 저항 R을 통하여 흐르는 전류를 I라고 하면 I^2R(w)의 열이 발생하므로 손실이 발생된다.

옴 접촉 [ohmic contact] ① 순 저항성 접촉으로서 작동 범위 전체에 걸쳐 전압 및 전류의 특성이 직선 비례 관계를 가지고 있는 접촉을 말한다. ② 반도체를 사용하는 경우에 P형과 N형 재료의 접촉부의 전압 강하가 그 곳에 흐르는 전류에 직선 비례하는 경우의 접촉을 말한다.

옴미터 [ohmmeter] 전기 저항을 측정하기 위한 계기로서 저항 한 가지만 측정할 수 있는 단독형과 전압, 전류, 저항을 한 개의 회로로서 만들어진 멀티미터가 있다. 전지의 전원을 내장하고 평균값형 전류계에서 눈금을 읽도록 되어 있으며, 눈금의 교정은 저항값에서 하도록 되어 있다.

옴의 법칙 [Ohm's law] 옴의 법칙은 1827년 독일의 물리학자 옴 (George Simon Ohm)이 실험적으로 증명한 법칙으로서 도체에 흐르는 전류(I)는 도체에 가해진 전압(E)에 정비례하고 그 도체의 저항 (R)에는 반비례한다.

옵셔널 파트 [optional parts] 맨처음 메이커가 자동차를 생산할 때 기본적으로 장착하는 이외의 것을 사용자의 희망에 따라 설치하는 것. 자동차의 장비품은 그 자동차에 기본적으로 필요로 하는 표준 장비와 에어컨, 선루프, CD 플레이어 등 사용자에 따라 꼭 필요치 않는 것도 있다. 이들 중 자동차를 구입하는 사람의 희망에 따라 메이커가 공장에서 설치하는 것을 '딜러 옵션', 대리점이나 판매점에서 설치하는 것을 '메이커 옵션'이라고 한다. 영어의 옵션은 선택의 뜻이다.

옵션 [option] 옵션은 선택의 뜻으로서 자동차의 구입 예산으로 사용자가 자유 선택에 의해 추가할 수 있는 장치 또는 부품을 말한다.

옵토 커플러 [opto coupler] 발광원(입력)과 광검출기(출력)로 구성된 고체의 스위칭 소자로서 광원은 갈륨, 비소나 발광 다이오드를 사용하고 광검출기는 포토 다이오드나 포토 트랜지스터가 사용되어 TDC 센서, 크랭크각 센서, 스티어링 휠 감도 센서, 차고 센서 등에 이용되고 있다.

옵토 일렉트로닉스 [optoelectronics] ① 광학 현상과 전자 현상의 양쪽을 이용하여 정보를 모아서 처리하거나 전달하는 것에 관련된 기술 또는 공학을 말한다. ② 빛과 전기의 경계부분의 기술분야로서 광전 변화계를 통하여 빛과 전기의 부분을 연결하고 한쪽 영역만으로는 실현시키기 어려운 기능이나 성능을 얻는 데 목적을 두고 있다. ③ 광학과 전자 양쪽 모두에 관계된 디바이스의 개발 및 그것의 응용에 관한 과학 기술로서 광전자 공학이라고도 한다.

옵티미터 [optimeter] 컴퍼레이터의 일종으로서 측정자의 미세한 움직임을 광학적으로 800배 확대하는 장치를 말한다.

옵티컬 액시스 [optical axis] 옵티컬은 '광학의', 액시스는 '축선(軸線), 축(軸), 지축(地軸)'의 뜻으로서 헤드라이트의 광축을 말한다. 헤드라이트의 불빛을 피조면에 조사(照射)하였을 때 조사광선의 중심이 되는 주광축을 뜻한다.

옵티컬 얼라이너 [optical aligner] 광학식의 전차륜 정렬의 얼라인먼트 테스터 또는 공학식 헤드라이트 테스터를 말한다.

옵티컬 인디케이터 [optical indicator] 내연 기관의 실린더 내에서 가스의 연소 상태를 기록하는 장치로서 광레버 또는 광전관을 이용하여 광학적 방법으로 확대하도록 한 것을 말한다.

옵티컬 패럴렐 [optical parallel] 광학 유리를 연마하여 만든 매우 정확한 평행 평면판으로서 평면도, 평행도 및 주위 오차를 측정하는데 사용된다.

와류 [eddy flow] 여러가지의 크기, 강도, 방향을 가진 소용돌이를 수반하는 흐름을 말한다.

와류 [eddy] 유체의 흐름 속에 유체의 작은 부분의 덩어리가 회전 운동을 하면서 흐를 때를 말한다. 이 덩어리의 크기, 회전속도, 회전 방향은 일정하지 않다.

와류 [swirl] 연소실 내의 공기, 혼합기, 연소가스 등의 소용돌이를 말함. 모든 엔진에서 와류(渦流)는 중요한 역할을 하지만 특히 디젤 엔진에서는 압축된 공기 중에 연료를 분사하고 자연 발화에 의하여 혼합가스를 완전 연소시키는데는 공기와 연료가 잘 혼합될 필요가 있다. 흡입·압축 행정을 통해서 연소실 내에 어떻게 하면 강한 와류가 발생시킬 수 있는가의 기술적인 문제는 엔진을 설계하는데 중요한 포인트로 되어 있다. 또 일부의 가솔린 엔진에서는 연비를 좋게 하기 위하여 농후한 혼합가스와 희박한 혼합가스를 연소실에 보내어 농후한 혼합가스에 착화한 다음 와류를 이용하여 희박한 혼합기와 섞어 완전연소가 이루어지도록 연구하고 있다.

와류 비 [swirl ratio] 와류의 강도를 나타내는 지수로서 나타내는 방법이 2가지가 있다. ① 와류의 회전수와 엔진 회전수의 비로 나타낸다. 흡입 행정에서 피스톤이 내려가고, 계속하여 압축 행정에서 피스톤이 올라가는 사이(엔진의 1회전)에 와류가 1회전하는 경우의 와류비를 1로 하는 것. ② 와류의 수평 방향의 속도 성분과 수직 방향의 속도 성분의 비로 나타낸다.

와류 컨트롤 밸브 [swirl control valve] 흡기 구멍 내에 설치되어 있는 밸브로서 밸브의 방향을 바꾸어 흡기 포트를 와류 포트로 변화시키거나, 보통의 흡기 포트로 사용하고 출력의 향상과 연비의 개선을 꾀하는데 사용할 수 있도록 양립을 도모한 것.

와류 포트 〔swirl port〕 흡기 포트로서 특히 와류의 생성(生成)을 의식하며 만들어진 형상. 피스톤 엔진에서 혼합기의 연소를 좋게 하기 위하여 흡입된 공기와 혼합가스의 소용돌이를 만드는 것이 고안되어 기류의 흐름을 될 수 있는 한 방해하지 않고 강한 와류를 만드는 방법이 있다. 그러므로 흡기 포트를 연소실에 대하여 편심되게 설치하거나 밸브의 모양을 고안하는 방법(예 : 슈라우드 밸브)이 개발되었다. 디젤 엔진용으로 접선(接線) 포트나 헬리컬 포트 등이 있다.

와류실 〔swirl chamber〕 가솔린 엔진의 연소실로서 흡기 구멍에서 특히 와류의 생성을 의식하여 만들어진 모양. 엔진에서 혼합기의 연소를 좋게 하기 위하여 흡입되는 공기나 혼합기의 와류를 만드는 것이 고안되었다. 기류의 흐름이 될 수 있는 대로 방해하지 않고 강한 와류를 만드는 방법으로서 흡기 포트를 연소실에 대해 편심으로 설치하거나, 밸브의 형태를 고안하는 방법이 개발되었다.

와류실식 〔swirl chamber type〕 디젤 엔진의 연소실로서 와류실식은 실린더 헤드에 와류실을 두어 압축 행정중 강한 와류가 발생되도록 한 다음 연료를 분사시켜 연소하는 형식으로 직접 분사실식과 예연소실식의 중간 효과가 있다. 와류실은 주연소실과 접선위치에 분출 구멍으로 연결되어 있으며, 체적은 전압축 체적의 50~70%가 되고 분출 구멍은 피스톤 면적의 1~3.5%이다. 연료 분사개시 압력은 100~140kg / cm^2이고 장점으로는 엔진의 회전속도 및 평균 유효 압력이 높으며, 열효율이 예연소실보다 높고 운전이 정숙하다.

와류실식 디젤 엔진 〔swirl chamber type diesel engine〕 부연소실식 디젤 엔진의 일종으로서 부실용적비(副室容積比) 45~60%의 조금 큰 부연소실 내에 압축 행정 중 주연소실에서 흘러들어 가는 공기의 강한 소용돌이(渦流)를 만든다. 따라서 이 소용돌이 내에 연료를 분사하여 완전 연소를 꾀하는 형식.

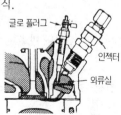

글로 플러그

인젝터

와류실

와벌 〔wobble〕 ⇨ 위브(weave).

와셔 〔washer〕 ① 볼트, 너트, 작은 나사 등을 조일 때 머리면에 끼우는 고리. 너트는 볼트의 구멍이 클 때, 내압력이 작은 목재, 고무, 경합금 등에 볼트를 사용할 때, 볼트 또는 너트의 접촉면에 요철이 심할 때, 개스킷을 조일 때는 평와셔를 사용하고 너트의 풀림을 방지할 때는 스프링 와셔를 볼트 또는 너트의 아래면에 끼워 사용한다. ② 유리창에 세정액을 분사하는 장치. 탱크에 저장된 세정액을 펌프로 보내 노즐에서 분사한다. 유리면 전체에 균일하게 액을 발산하기 위하여 분사점을 많게 하거나 부채꼴로 발산하는 (확산 노즐)것 이외에도 암이나 블레이드에 노즐을 설치한 것 등의 형식이 있다. 와이퍼와 연동하여 블레이드가 작동하는 시간에 맞추어 작용하는 것도 있다.

와셔 세정액 〔washer fluid〕 와셔에 사용되는 세정액으로서 동결되지 않도록 알코올계 계면 활성제가 혼합되는 외에 세제와 방청제도 첨가되어 있다.

와셔 용접기 〔washer welding machine〕 인출 판금의 거점이 되는 와셔를 용접하는 도구. 핀이나 특수한 형상의 플레이트를 사용하는 경우도 있음. 스폿 용접기와 겸용으로 된 타입도 많음.

와이 결선 〔Y connection〕 ⇨ 스타 결선.

Y축 〔Y軸〕 차량의 운동을 3차원으로 기술할 때 중심점(重心点)을 기준으로 좌우방향의 좌표축을 말한다 ⇨ X축.

Y 파이프 〔Y pipe, breeches pipe〕 배기 계통에 설치하는 Y형의 파이프로서 배기다기관에서 2개로 합친 파이프를 다시 하나로 합친다. V형 엔진에서 볼 수 있다.

Y 합금 〔Y-alloy〕 Y합금은 피스톤의 재질로서 최초로 영국의 물리 연구소에서 발표한 것으로 표준 조직은 Cu 4.0%, Ni 2.0%, Mg 1.5%, 나머지가 Al이며 열전도성이 좋고, 내열성이 우수한 장점이 있으나 비중과 열팽창 계수가 크다는 단점이 있다. 피스톤, 실린더 헤드에 사용되고 있다.

와이드 레이쇼 〔wide ratio〕 크로스 레이쇼와 대비(對比)하여 사용하는 용어. 변속기의 기어비가 각 단마다 비교적 격리되어 있는 것. ⇨ 크로스 레이쇼.

와이드 타이어 〔wide tire〕 ⇨ 로 프로파일 타이어.

와이어 〔wire〕 철사, 전선, 길게 이어진 금속선으로 굵기 및 용도에 따라 여러가지 종류가 있다.

와이어 게이지 〔wire gauge〕 원형의 강판 둘레에 작은 치수에서부터 큰 치수까지 구멍과 폭이 만들어져 있어 철선의 굵기와 강판의 두께를 측정하는 게이지.

와이어 로프 〔wire rope〕 몇 개의 철사를 꼬아서 1줄의 스트랜드(strand)를 만들고 다시 6가닥의 스트랜드를 1줄의 마(麻)로 된 로프를 중심으로 꼬아서 만든 줄로서 액셀러레이터, 브레이크, 클러치 등에 사용한다.

와이어 브러시 〔wire brush〕 털 대신에 가느다란 강철선으로 만든 솔로서 자동차 부품의 녹, 페인트, 먼지 등을 제거하는데 사용한다.

와이어 스트립퍼 〔wire stripper〕 전선의 피복을 벗기는데 사용하며 피복 절단 부분에는 전선의 크기가 여러 종류가 있기 때문에 규격에 맞는 홈을 이용한다.

와이어 스포크 〔wire spoke〕 자동차, 오토바이, 자전거의 휠과 허브를 연결하는 강철선을 말한다.

와이어 스포크 휠 〔wire spoke wheel〕 림과 허브를 36개의 철사(와이어)로 연결하여 만든 휠(차륜). 예전에는 승용차용으로도 사용되었으나, 현재는 경량이며 값이 싼 이유로 2륜자동차, 충격흡수성이 있는 이유로 고급 승용차에만 사용되게 되었다. 진원도를 정확히 내는데는 조립에 숙련도가 필요하며, 장시간 사용하면 비틀어지기 쉬운 것이 단점.

와이어 오번 개스킷 〔wire woven gasket〕 실린더 헤드 개스킷의 일종으로서 스틸베스토 개스킷과 같은 압축재에 아스베스토(석면)와 고무를 사용하여 심재(芯材)로 철사망을 사용한 구조.

와이어 와운드 피스톤 〔wire wound piston〕 피스톤의 열팽창을 고려하여 피스톤 보스부와 맨 밑의 피스톤 링 홈 사이에 강선으로 띠를 두르고 일체 주조한 피스톤을 말한다. ⇨ 스틸 벨트 피스톤.

와이어 하니스 〔wire harness〕 ⇨ 와이어링 하니스.

와이어링 다이어그램 〔wiring diagram〕 자동차 배선을 상세하게 그림으로 나타낸 것으로서 배선도를 말한다. 배선도에는 부분 배선도와 전 배선도가 있다.

와이어링 하니스 〔wiring harness〕 ① 개별적으로 절연된 여러가닥의 전선을 함께 피복하여 간편하고 말끔하게 묶음을 이룬 것. ② 자동차의 점화, 등화, 충전 등을 위하여 배선을 하나로 묶은 것.

와이어형 간극 게이지 〔wire thickness gauge〕 점화 플러그의 간극을 측정하는 게이지로서 플레이트 끝부분에 굵기가 다른 철사를 고정시켜 접지 전극과 중심 전극 사이의 간극을 측정한다.

와이퍼 〔wiper〕 윈드실드를 시작으로 하여 리어 윈도, 사이드 윈도, 사이드 미러, 헤드 램프 등에 묻은 눈, 비 또는 흙탕물 등을 닦아내는 총칭. 간단하게 와이퍼라고 하면 윈드실드 와이퍼를 가리키는 것이 일반적임.

와이퍼 고속부상 〔wiper lifting〕 고속주행시 와이퍼가 풍압에 의하여 전면(前面) 유리로부터 떠오르는 현상. 고성능 자동차에서는 와이퍼를 누르는 압력을 높이거나 와이퍼에 핀(fin)을 부착하여 풍압(風壓)을 제한하는 방법으로 와이퍼 부상을 방지한다.

와이퍼 모터 〔wiper motor〕 직류 복권식 전동기로서 전기자 축의 회전을 약 $1/90 \sim 1/100$의 회전수로 감속하는 웜기어와 블레이드가 항상 윈드실드 아래 쪽에 위치하였을 때 정지되게 하기 위한 자동 정지장치 등이 모두 함께 조립되어 있다.

와이퍼 불식률 〔拂拭率〕 와이퍼가 유리를 닦는 면적. 윈드실드의 전체 면적에 대하여 비율로 나타낸 것.

와이퍼 블레이드 〔wiper blade〕 유리면과 접촉된 물방울이나 더러워진 것을 닦는 것. 고무 부분을 레버 엘리먼트라 부른다. 엘리먼트의 날 부분은 장기간 사용하면 마모되어 닦는 기능이 쇠퇴하므로 교환할 필요가 있다.

와이퍼 암 〔wiper arm〕 와이퍼 블레이드를 움직이는 팔(arm). 윈드실드에는 여러가지 형태의 곡면 유리를 사용하고 있으므로 깨끗이 닦아내기 위해 그의 모양이나 장착하는 각도에 신중한 검토가 필요하다.

와이퍼 압력 가변 시스템 〔wiper pressure variable system〕 자동차가 고속으로 주행할 때 와이퍼가 유리창으로부터 떠오르는 것을 방지하기 위하여 차속에 맞추어 와이퍼를 누르는 압력을 변화시키는 시스템.

와이퍼 채터링 〔wiper chattering〕 와이퍼 블레이드가 윈드실드를 닦은 흔적이 남아 있어 시계(視界)를 방해하는 현상. 지붕의 왁스 등 물에 용해가 잘 안되는 것이 앞유리 표면에 부착되어 있을 때 발생될 우려가 있으며, 와셔 액량이 적거나 앞차의 뒷바퀴로부터 튀어오른 물로 인해 오염될 경우 발생하기 쉽다. 일반적으로 와셔액으로 해소할 수 있으나 블레이드와 유리의 청소가 필요할 때도 있다. 채터링 (chattering)은 기계 따위가 덜컹덜컹 진동하는 것.

와인드 업 〔axle wind-up〕 ① 차축의 휨. 휠에 급격한 구동력이나 제동력을 가할 때 차축에 발생하는 비틀림. ② 후차축과 평행 리프스프링식 서스펜션의 FR차로서 구동시에 액슬 샤프트에 걸리는 토크의 반력 (反力)에 의하여 리프 스프링이 휘어져 발생하는 상하 진동 ③ 와인드 업은 감아 올린다는 뜻. 와인드 업은 좌우 방향으로 뻗은 축(Y축)을 중심으로 하여 회전 운동하는 진동을 말한다.

와인딩 로드 〔winding road〕 커브가 연속된 도로. 커브가 연속되어 S자 모양으로 되어 있는 지형을 가리킨다. 트위스티 로드(twisty road)라고도 한다.

와전류 〔eddy current〕 도체 내부의 자속 변화에 의해 유도된 전압에 의해 흐르는 전류를 말한다.

와전류 리타더 〔eddy current retarder〕 와전류 리타더는 감속 브레이크로서 스테이터 코일에 전류가 흐르면 자장(磁場)이 발생되며, 이 속에서 디스크를 회전시키면 와전류가 흘러 자장과의 상호 작용으로 제동력이 발생된다. 와전류 리타더는 추진축과 함께 회전하는 로터 디스크와 축전지의 직류 전류에 의해 여자(勵磁)되는 전자석을 가진 스테이터로 구성되어 있다. ⇨ 전자식 리타더.

와전류 브레이크 〔eddy current brake〕 영구 자석 또는 직류 전자석으로 만든 자계 내에서 도체가 운동함으로써 생기는 와전류와 자계 사이에 작용하는 전자력에 의해 도체의 운동에 제동력을 발생하는 것을 말한다.

와전류 손실 〔eddy current loss〕 와전류에 의해 손실되는 전력으로서 자속의 밀도, 주파수의 곱에 비례한다.

와트 〔Watt James〕 영국의 발명가로서 1774년 증기 기관을 개량 완성하여 산업 혁명에 이바지 함. 복사용 잉크, 조속기(調速機), 압력계 등을 발명함.

와트 〔watt〕 전력의 단위로서 증기 기관의 발명자 와트(Watt James)의 이름에서 인용한 것. 1V의 전위차를 가진 두 점 사이를 1A의 전류가 흐를 때 매초 0.24cal의 열을 발생하는 것을 1와트라 하며 1와트는 1/746 마력에 해당한다.

와트 링크 〔watt link〕 래터럴 로드는 액슬과 차체를 연결하여 횡방향의 힘을 지지하고 횡방향의 힘이란 차체가 가로로 흔들리는 움직임이므로, 그것을 지지하기 위하여 차체와 액슬을 핀으로 결합하고 있다. 액슬이 상하로 움직이면 래터럴 로드는 차체측 피벗을 중심으로 원호를 그리지만, 이 움직임이 직선이 아니므로 그 만큼 보디가 가로로 움직인다. 그것을 방지하기 위하여 래터럴 로드는 가능한한 길게 되지만, 1개 링크로는 변함이 없고 횡방향의 움직임은 남는다. 그래서 이것을 3개 링크로 하고, 차체-액슬-차체를 결합하여 액슬이 상하로 움직여도 횡방향의 움직임이 제로가 되도록 한 시스템을 와트링크라고 한다.

와트 링크 타입 서스펜션 〔Watts link type suspension〕 링크식 리지드 액슬 서스펜션의 일종으로서 파이프 링크식 서스펜션의 래터럴 로드를 Z자형 와트 링크식(watt's linkage)으로 한 것. 링크를 2개로 분할함에 따라 위치 결정이 보다 정확하게 되며 차축의 옆방향 움직임을 적게 할 수 있는 특징이 있다. FF차의 후륜에서는 좌우 어퍼 링크와 로(low) 링크로 와트 링크를 구성하여 좌우 위치 결정을 래터럴 로드로 한다. 어느 것이나 영국의 와트에 의하여 고안한 링크 기구를 자동차의 서스펜션에 이용한 것.

어퍼암

스태빌라이저
와트링크식 레터럴 로드

로어암

와트 아워 〔watt hour〕 ① 에너지의 실용 단위로서 기호는 Wh를 사용한다. 1와트 아워는 3600 줄(joule)이다. ② 축전지의 용량을 나타내는 단위로서 완전 충전된 축전지를 일정한 전류로 연속 방전하여 방전 중의 단자 전압이 규정의 방전 종지 전압이 될 때까지 꺼낼 수 있는 전기량을 뜻한다.

왁스 〔wax〕 일반적으로 밀랍(蜜蠟)을 가리키는 말. 도장의 마감이나 손질에 사용하는 왁스는 천연 또는 합성의 밀랍 및 실리콘(포함하지 않는 것도 있음) 외에, 콤파운드 성분이나 사용성을 높이는 첨가제를 혼합하여 만듦. 오래된 타입의 판금 퍼티는 반건조시(半乾燥時) 표면에 끈적끈적한 층이 생기는데, 이것도 왁스라고 함.

왁스 펠릿 서모스탯 〔wax pellet thermostat〕 라디에이터의 서모스탯 일종. 어떤 종류의 와스를 캡슐(펠릿)안에 밀봉하고 열에 의하여 와스가 팽창하면 밸브가 열려 온도가 내려가도록 한 것. 이외에 벨로즈형 서모스탯이 있다.

완전 연소 〔完全燃燒 ; complete combustion〕 연소하여 생성된 가스 속에 가연물이 전혀 남아 있지 않은 경우를 말한다.

완충 고무 〔rubber buffer〕 자동차가 주행중에 발생되는 진동 및 충격을 흡수하는데 사용하는 고무로서 모양이 간단하고 중량도 가벼우나 내구성이 약하다. 주 스프링으로는 하중에 견디지 못하기 때문에 보조 스프링으로서 사용된다.

완충 스프링 〔buffer spring〕 자동차의 중량을 지지함과 동시에 주행중에 발생되는 진동 또는 충격을 완화하는 스프링으로서 프레임과 액슬 사이에 설치된다. ⇨ 섀시 스프링.

왕복동 운동 〔reciprocating motion〕 두 제한된 위치 사이의 물체 운동. 전후 또는 상하의 직선 운동.

왕복형 압축기 〔recipro type compressor〕 카쿨러의 컴프레서로서 피스톤의 왕복운동에 따라 냉매를 흡입·압축하는 형태. 용량이 크고 비교적 대형의 승용차에 사용되며 사판식(斜板式)타입 컴프레서가 그의 대표적인 것이다.

왕복형 엔진 〔reciprocating engine〕 리시프로케이션(reciprocation)을 간단히 말한 것으로서 기계가 왕복 운동하는 것. 피스톤의 왕복 직선 운동을 회전운동으로 바꾸는 크랭크 기구를 이용하여 혼합기의 폭발력을 회전운동으로 변환하여 동력을 얻는 엔진. 자동차용으로서는 가장 일반적인 것이다.

왜건 〔wagon〕 스테이션 왜건. 왜건은 짐마차, 스테이션 왜건은 역마차이지만, 어느 것이든 미국풍의 사람과 화물을 싣는 다용도의 보디를 가진 자동차를 말한다. 차격(車格)으로서는 승용차에 속한다. 일반적으로 보디를 늘려서 스테이션 왜건을 만든다. 주로 업무용으로 쓰이고 있으나 스키, 캠프, 스쿠버 다이빙 등 레저용으로 이용되는 수도 많다.

외경 〔outer diameter〕 원통형의 물체에 있어서 바깥 둘레의 지름을 말한다.

외기 온도 〔ambient temperature〕 자동차를 둘러싸고 있는 공기의 온도.

외기 온도 센서 〔ambient sensor〕 외기 온도 센서는 차실 외부의 온도를 감지하여 컴퓨터에 입력하는 것으로서 공기 혼합 액추에이터에 의해 공기 혼합 패널이 자동으로 움직이면서 실내 온도를 제어한다.

외면 오프셋 트럭의 복륜(復輪)에서 림의 중심면과 디스크 외면 사이의 거리. ⇨ 휠 오프셋(wheel offset).

외부 수축식 브레이크 [external contract type brake] 둥글게 된 브레이크 밴드가 드럼 외면에 설치되어 브레이크를 작동시키면 밴드가 드럼을 조이게 되어 제동되는 브레이크.

외연 기관 [external combustion engine] 증기 기관이나 스털링 엔진과 같이 외부에서 연료를 연소시켜 발생하는 열에너지를 작동 유체(열을 일로 바꾸는 역할을 하는 유체)에 전달하고 그 작동 유체의 작용에 의하여 동력을 얻는 형식의 엔진. 내연 기관과 대조적으로 쓰이는 용어.

왼 나사 [left handed screw] 볼트나 너트를 축방향에서 볼 때 왼쪽으로 회전시켜 조여지는 나사를 말한다.

왼발 브레이크 [left foot brake] 운전 테크닉의 하나로서, 오른발로 가속 페달 조작을 하면서 왼발로 브레이크를 밟는 것. AT차의 비탈길 출발에 많이 사용되지만, MT차에서도 코너의 직전이나 코너링중 브레이킹에 의해 전륜 하중을 증가시킨다. 그리고 자동차의 자세를 바꿀 계기를 만드는 테크닉으로 사용되며, 엔진의 회전을 될수록 높게 유지하고, 스피드를 유지하면서 코너링을 할 수 있다.

요 레이트 [yaw rate] 요 각속도라고 말하며 자동차의 중심을 통하는 수직선 주위에 회전각(요각)이 변하는 속도.

요구 공연비 [要求空燃費] 어떤 운전 상태에 있는 엔진에 필요한 성능을 얻기 위하여 요구되는 공연비. 저출력으로서 정상 주행을 실시하는 경우 연비가 최소로 되려는 공연비를 말한다.

요구 옥탄가 [demand octane number] 어떤 엔진에 필요로 하는 가솔린의 옥탄가로서 엔진에 노킹을 발생하지 않기 위하여 필요한 최소의 옥탄가를 말하며, 이 값은 작은 엔진일수록 낮은 옥탄가의 연료를 사용할 수 있다. 톱 기어로 전개 가속(全開加速)을 실시하여 일반 주행시나 고속 주행시에 필요한 옥탄가를 구할 수 있다. 메커니컬 옥탄가와는 측정방법이 다르다.

요동 [搖動] ⇨ 롤링.

요동식 [ascillating type] ⇨ 반부동식.

요잉 [yawing] 자동차가 커브를 돌 때 일어나는 움직임으로서, 차체에 대하여 수직인 축(Z축) 둘레에 발생하는 운동. 때로는 고의로 타이어의 슬립 앵글을 늘려 그립을 상실시킴으로써, 요잉을 발생시켜 재빠르게 턴을 행하는 수도 있다.

요잉 공진 주파수 〔yawing resonance frequency〕 직진중인 자동차에 횡풍이 부딪히거나 핸들이 듣지 않는 등에 따라 옆방향으로 힘이 가해져 요잉이 발생하여도 이 힘이 없어지면 자동차는 원래의 직진 상태로 되돌아오도록 제작되어 있다. 가해진 힘이 없어지면 원위치로 되돌아오는 운동을 진동으로 생각하여 자동차가 요잉할 때의 진동 주파수를 요잉 공진 주파수라 한다. 주파수가 높으면 빨리 원위치로 되돌아오므로 조향안전성이 양호하다고 느껴진다.

요잉 모멘트 계수 〔yawing moment coefficient〕 모멘트는 축의 주위에 작용하는 회전력으로서 요잉모멘트는 자동차의 중심(重心)을 통하는 수직선 주위의 회전력을 말한다. 바람에 의한 요잉 모멘트를 동압(動壓)과 전면 투영 면적, 휠 베이스로 나눈 것을 요잉 모멘트 계수라고 말하며 모멘트 계수가 적을수록 요잉이 생기기 어렵다.

요크 〔yoke〕 ① 전동기에서 자기회로를 형성하는 전동기 케이스로서 주철 또는 주강으로 되어 있다. ② 조향장치에서 조향 너클을 차축에 연결할 때 차축이나 너클이 U자형으로 되어 있는 것을 말한다. ③ 추진축에서 십자축으로 연결하기 위해 양쪽을 U자형으로 만들어진 부분을 말한다.

욕조형 연소실 〔bathtub type combustion chamber, bathtub〕 배스터브형 연소실. 실린더 헤드 내면에 욕조형의 우묵한 곳을 만들어 놓아 연소실로 하고, 흡배기 밸브를 나란히 부착한 모양. 편평한 헤드를 가진 피스톤과 조합하여 사용되며, 다른 연소실에 비하여 실린더 헤드의 제작은 간단하지만 흡배기 밸브가 우묵한 곳에 들어가므로 고속에서 체적 효율이 나빠지는 것이 단점이다. ⇨ 배스터브형 연소실.

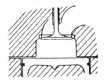

용가재 〔鎔加材 ; filler metal〕 용접봉. 2개의 모재를 용융시켜 접합할 때 보충재로서 모재와 동일한 재료를 사용한다. 아크 용접 및 비철금속 용접에는 피복되어 있다.

용광로 〔blast furnace〕 자철광, 적철광, 갈철광, 능철광, 코크스, 석회석, 망간철 등을 넣어 정련하여 선철을 만드는 노(爐). 용광로의 크기는 24시간 동안 산출할 수 있는 선철의 무게를 톤(ton)으로 표시한다.

용량 〔容量 ; capacity〕 ① 기계장치 또는 응용 제품에서의 정격 부하나 운전할 수 있는 최대 부하를 말한다. ② 일정한 상태에서 일정한 물질이 가질 수 있는 열량이나 전기량을 말한다. ③ 기구나 용기에 넣거나 담을 수 있는 분량을 말한다.

용량 방전형 점화 방식 〔capacitive discharge ignition〕 CDI점화.

용융 아연 도금 강판 〔熔融亞鉛鍍金鋼板〕 ⇨ 아연도금강판.

용융점 〔熔融点; melting point〕 금속에 열을 가하면 그 금속이 녹아서 액체로 될 때의 온도로서 용융점이 가장 높은 것은 텅스텐(3400℃)이고 가장 낮은 것은 수은(-38.8℃)이다.

용입 〔熔入〕 금속이 녹아 들어간 깊이. 용착부의 용입(융해 깊이)은 모재의 원래 표면으로부터 용해가 끝나는 곳까지의 거리이다.

용적 표시계 〔容積表示系〕 용적 표시계는 LPG 봄베에 설치되어 충전시 충전율을 나타내는 계기로 85% 까지만 충전하여야 한다. 또한 용적 표시계에는 주위의 온도 및 성분을 나타내게 되며, 링크로 연결된 플로트가 봄베 내면의 액면에 따라 움직이므로 저항값의 변동에 따라 운전석의 계기판에 있는 연료계에도 신호를 보내어 연료량을 나타낸다.

용적형 과급기 〔容積型過給機〕 메커니컬 슈퍼차저라고도 불리우며 압축기에 용적형 컴프레서를 이용하는 과급기.

용적형 컴프레서 〔volumetric compressor〕 압축기의 일종. 하우징의 볼륨(용적)을 변화시켜 공기를 압축하는 것으로 베인 컴프레서를 사용하는 베인식, 두 개의 누에고치형의 단면을 가진 로터를 하우징 안에서 회전하는 루츠식, 피스톤을 사용하는 피스톤식이 있다.

용접 〔welding〕 2개 또는 여러개의 금속을 가연성 가스 또는 아크 열을 이용하여 국부적으로 용융시켜 접착시키는 야금적인 접합법과 볼트, 너트, 키 등으로 접합시키는 기계적인 접합법이 있다. 주로 용접이라고 하는 것은 야금적인 접합법을 말한다.

용접 헬멧 〔welding helmet〕 얼굴 전체를 커버함과 동시에, 눈 부분에는 진하게 착색된 유리가 부착되어 있음. 미그용접의 강한 광선으로부터 눈을 보호하고 비산(飛散)하는 불꽃으로부터 얼굴을 보호함.

용접법 〔welding procedure〕 용접 구조물의 생산과 관련한 상세하고 구체적인 방법.

용접봉 〔welding rod〕 용접에 사용되는 선 또는 봉 형태의 용가재.

용제 〔solvents〕 다른 액체를 용해시키거나 희석시키는 데 사용하는 시너(thinners).

용제 재생장치 〔溶劑再生裝置〕 스프레이 건이나 도료 컵 등을 세척하여 더러워진 시너를 증류법(蒸溜法)에 의하여 재생하는 장치. 깨끗해진 시너는 세정용으로 사용함. 시너값이 절약될 뿐만 아니라, 폐액(廢液)에 대한 대책(對策)도 됨.

용착 금속 〔deposited metal, weld metal〕 용접에 의해 용가된 금속.

용착 비드 〔bead weld〕 용접봉이 한 번 지나가면서 만들어진 용착부의 모양.

용착부 〔weld〕 용접에 의하여 국부적으로 응고된 금속.

용해 아세틸렌 〔dissolved acetylene〕 아세틸렌 용기에 석면, 규조토, 목탄, 석회 등의 다공성 물질을 넣고 아세톤을 포화될 때까지 넣은 다음 아세틸렌 가스를 충전시킨 것. 순도가 높아 고온의 불꽃을 얻을 수 있고 폭발의 위험성이 없으며 용접부의 강도도 저하가 없다.

우드러프 키 〔woodruff key〕 ⇨ 반달 키.

우량 부품 〔優良部品〕 자동차 메이커로부터가 아니라 다른 경로를 통하여 판매되는 신품 부품. 자동차 메이커의 순정 부품에 비교하면 3~4할 정도 싼 것이 특징.

우레탄 〔urethane〕 우레탄 반응이라고 하는 2개 액체의 반응에 의해 만들어지는 수지(樹脂)의 총칭. 여러가지 종류가 있으며 경질(硬質)타입은 범퍼 및 몰딩류, 발포 타입은 시트 등의 쿠션재료로 사용된다.

우레탄 범퍼 〔urethane bumper〕 에너지 흡수 범퍼의 일종으로서 강판의 범퍼에 발포(發泡)우레탄의 충격 흡수재를 우레탄 고무로 사용하여 충격을 적게 하는 것.

우력 〔偶力 : couple〕 물체의 2점에 역방향으로 평행하게 작용하는 크기의 같은 힘. 물체에 회전 운동을 발생시킨다.

운동 〔運動〕 ① 물체가 자리를 바꾸어 움직이는 일을 말한다. ② 물질의 존재와 불가분으로 맺어진 온갖 변화를 말한다.

운동 법칙 〔運動法則〕 물체의 운동을 기술하는 데 있어서 근본이 되는 법칙으로 뉴톤이 운동의 3법칙이라 하여 처음으로 확립함. ① 외적인 힘이 작용하지 않는 한 정지하여 있거나 직선 운동을 하는 물체는 그 상태를 지속한다는 관성의 법칙. ② 물체 운동의 변화도는 그 물체에 작용하는 외적인 힘의 방향으로 일어나고 이 외적인 힘의 크기에 비례한다는 가속도의 법칙. ③ 어떤 물체가 다른 물체에 힘을 미치게 할 때에는 다른 물체도 이 물체에 힘을 미치게 하며, 그 힘들은 서로 크기가 같고 방향은 반대인 작용 반작용의 법칙을 말한다.

운동량 〔momentum〕 물체의 질량과 그 속도와의 곱(相乘積)에 해당하는 물리량을 말한다.

운동량 보존 법칙 〔運動量保存法則〕 뉴톤의 제3법칙에서 이끌어 낸 것으로서 두 물체가 서로 힘을 미치고 있는 경우 양쪽의 속도가 변하더라도 운동량의 합은 언제나 일정하게 보존된다는 법칙을 말한다.

운동 에너지 〔kinetic energy〕 ① 운동하는 물체에 그 운동량을 통하여 저장된 에너지. 예를 들어, 회전하는 플라이휠에 저장된 운동 에너지. ② 물체가 운동을 계속하기 위하여 갖는 에너지로서 물체의 질량을 m, 속도를 v라고 하면 물체의 운동 에너지는 $1/2mv^2$이 된다.

운모 〔雲母 ; mica〕 펄(pearl) 도장시에 사용하는 안료로서, 메탈릭 도장의 알루미늄 입자에 해당함. 운모를 산화티타늄으로 코팅해 두고 있음. 티타나이즈드 마이카(titanized mica)라고도 함.

운전석 〔運轉席〕 ⇨ 콕 피트.

운행 기록계 〔tacho graph〕 자동차의 운행 상태를 기록하여 무모한 운전을 방지하는 동시에 관리에 이용하기 위한 것으로서 원형 또는 좁고 긴 기록 용지에 속도, 운행거리, 정지 시간 등이 기록된다. 운행 기록계는 일반 시외버스 및 시내버스를 제외한 운송사업용 승합자동차, 고압가스를 운송하기 위한 탱크를 설치한 화물자동차에는 법적으로 설치하도록 되어 있다.

운행 시험 〔運行試驗 : road test〕 자동차를 장거리 도로상에서 주행하여 평지, 완만한 경사길, 급경사길, 험한 도로 등을 포함한 지형에서 성능, 조작의 난이성, 내구성 시험을 하는 것. 목적에 따라 각부의 온도, 연료의 소비량, 가속도, 속도, 브레이크 성능 등을 시험한다.

운행 연비 〔運行燃費〕 한정된 도로를 동일한 주행 방법으로 운행하였을 때의 연료 소비율을 말하며, 연료 1리터당 몇 킬로미터(kg / ℓ)로 주행할 수 있는가를 나타낸다.

워닝 램프 〔warning lamp〕 경고등. 자동차에 이상이 있을 경우 점등되며 이것을 운전자에게 알리는 경고등. ⇨ 텔테일.

워밍 〔warming〕 운전 개시에 앞서 엔진을 어느 정도 예열하여 과대한 열응력이나 불균일한 열팽창을 방지하는 것을 말한다.

워밍 업 〔warming-up〕 난기(暖機)라고도 한다. 냉각되어 있는 엔진을 따뜻하게 한다는 의미이다. 엔진이 냉각되어 있으면 가솔린의 기화도 나쁘고, 엔진 오일도 점성이 높아져서 세세한 곳까지 윤활이 잘 안된다. 냉각되어 있는 엔진으로 고속회전이나 전부하를 걸면 엔진은 손상될 위험이 있다.

워셔 [washer] ⇨ 와셔.

워크 스루 밴 [walk through van] 상자형의 화물실을 가진 밴으로서 운전석과 화물실 사이에 칸막이가 없고 자유로이 이동할 수 있도록 되어 있으며, 자동차 바깥으로 나갈 필요없이 화물을 취급할 수 있도록 되어 있는 것.

워크 인 [walk in] 기구. 2도어 자동차에서 뒷좌석에 승차하는 승객이 승하차가 용이하도록 한 장치이다. 앞 시트에 설치되어 있는 기구로서 앞좌석의 시트백을 앞으로 넘어뜨림과 동시에 시트 쪽이 해제되어 시트 전체가 전방으로 미끄러지게 하여 뒷좌석의 공간이 넓어지도록 한 것. 이 기구를 가진 시트를 워크 인 시트(walk in seat)라고 함. 시트백을 되돌리면 원위치로 알맞게 들어가도록 한 기억장치를 가진 것도 있다.

워크 인 기구 [walk in structure] 2도어 자동차에서 뒷승객이 타고 내리기를 쉽게 하기 위하여 앞시트에 설치되어 있는 장치. 앞좌석의 시트를 앞으로 넘어뜨림과 동시에 시트의 잠금이 해제되어 시트 전체가 전방으로 밀어 뒷좌석의 공간이 넓어지게 한 것을 말한다.

워크 인 시트 [walk in seat] ⇨ 워크 인.

워킹 프레셔 [working pressure] 유압식 브레이크, 동력 조향장치. 유압식 클러치 엔진 오일 등 작동 유체의 오일의 압력을 말한다.

워터 리커버리 [water recovery] ⇨ 워터 페이드(water fade).

워터 밸브 [water valve] 엔진의 냉각수를 이용하여 차실 내를 따뜻하게 하는 타입의 히터로서 열교환기 안으로 흐르는 물의 양을 조절하는 밸브.

워터 서큘레이팅 펌프 [water circulating pump] 실린더와 라디에이터 사이에 설치되어 냉각수를 순환시키는 물 펌프를 말한다.

워터 세퍼레이터 [water separator] 자동차의 연료에 포함되어 있는 수분을 분리하는 장치로서 수분 분리기(水分分離器)라고도 한다.

워터 스케일 [water scale] 실린더 블록, 라디에이터, 실린더 헤드의 물 통로에 산화 부식에 의해 퇴적된 물때로서 과다하면 엔진이 과열되는 원인이 된다.

워터 스포팅 [water spotting] 완전히 건조되지 않은 페인트 막이 눈, 비, 이슬 등에 노출되어 야기되는 손상. 도장면에 거친 부분으로 나타나거나, 표면 속에 들어 있는 둥글고 희끄무레한 잔류물로 나타난다.

워터 스폿 [water spot] 건조가 충분히 되지 않은 페인팅(塗膜)이 비를 맞거나, 물방울이 묻은 페인팅이 직사 일광(日光)을 받아서 생기는 페인팅상의 흰 반점.

워터 인젝션 [water injection] 가스 터빈의 연소실 또는 압축기의 실린 더 속에 무화(霧化)상태로 분사하여 가스 또는 공기의 온도를 저하시 키는 것을 말한다. ⇨ 물 분사.

워터 재킷 [water jacket] 재킷은 감싸는 것을 뜻하며 실린더 주위에 설 치되어 있는 냉각수의 통로를 말함. 실린더 블록과 실린더 헤드 사이 에 설치되어 있으며, 실린더와 연소실을 주로 냉각한다. 물은 엔진의 아래에서 위로 흐른다.

워터 펌프 [water pump] 수냉식 엔진에서 냉각수를 순환시키기 위한 펌프. 통상적으로 엔진 앞부분에 놓이며 원심식의 소용돌이형 펌프로 크랭크 풀리에서 V벨트로 구동된다.

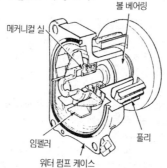

볼 베어링

메커니컬 실

임펠러   풀리

워터 펌프 케이스

워터 페이드 [water fade] ① 브레이크의 마찰재가 물에 젖으면 마찰계 수가 적어져 브레이크의 작용이 일시적으로 저하되는 현상. 물이 많은 도로에 자동차를 주차시켰거나, 물속을 주행하였을 때 브레이크가 제 동력을 상실할 경우가 있다. 그러나 브레이크를 자주 밟은 다음 천천 히 발을 떼면 열에 의하여 제동력이 서서히 회복된다. 이것을 워터 리 커버리라고도 한다. ② 수냉식 엔진에서 냉각액이 끓어 기포가 발생되 기 때문에 냉각 효과를 현격하게 저하시키는 상태를 말함.

워터 프로프 [water proof] '방수의 또는 내수(耐水)의' 뜻으로서 자동 차의 창유리, 도어 등에 실링재를 설치하여 비나 눈이 올 때 실내로 물 이 새어들지 않도록 하는 것을 말한다.

워터 헤드 [water head] 수압(水壓), 물의 속도 또는 위치의 조건에서 가지는 에너지의 크기를 물의 기둥(水柱) 높이로 나타낸 것으로서 수 두(水頭)라고도 한다.

워터타이트 [watertight] 엔진의 냉각 계통에 채워진 냉각수가 외부로 누출되지 않고 밀봉되어 있는 상태로서 수밀(水密)이라고도 한다.

원 박스 [one box] 차실을 하나의 상자(박스)로 볼 때 엔진, 승객, 화물들이 차실 안에 수용되어 있는 자동차. 캡 오버형의 밴과 왜건은 그 대표적인 것.

원 웨이 클러치 [one-way clutch] 자전거 뒷바퀴 허브에 설치되어 있는 클러치와 같이 일방향만으로 회전력을 전달하고 역방향으로는 공전하는 구조. 자전거에는 2중으로 되어 있는 링크의 내륜을 톱니형으로 하여 스프링으로 눌려 있는 갈고리가 전진방향으로만 작동하는 기구(래킷)로 되어 있다. 자동차 부품으로 사용하는 것에는 멈춤쇠 대신 스프링으로 눌려진 원통형 롤러가 작용하는 롤러형과 스프래그형이 있다. 스프래그형은 내륜(이너 레이스)과 외륜(아웃 레이스)과의 사이에 속이 빈 콩을 닮은 단면형상의 스프래그(sprag:바퀴 고임목)라고 불리우는 캠을 설치하여 일방향으로 회전할 때는 스프래그가 일어나 내륜과 외륜을 연결하고, 역방향으로 회전할 때는 스프래그가 뉘어져서 공전하도록 되어 있으므로 자동 변속기에 많이 사용된다.

원가 계산 [cost accounting] 생산에 소요되는 여러가지 경비, 노무비, 기타 여러가지 경비로 분석 계산하는 것으로서 자동차의 정비 또는 판금 작업에서 견적(見積)을 산출하는 것을 말한다.

원격 계기 [telemeter] 측정 대상물로부터 멀리 떨어진 위치에서 측정량을 검출할 수 있도록 만들어진 계기를 총칭하는 것으로서 일반적으로는 측정량을 전기량으로 변환하여 계기에 전달하므로 전기적 계측법을 사용하는 계기가 많다. 자동차에서는 연료계, 유압계, 수온계 등이 이에 속한다.

원격 제어 [遠隔制御 ; remote control] 어떤 장치를 멀리 떨어진 곳에서 유선 또는 음파, 초음파, 전파, 빛(光) 등을 사용하여 물체, 기기, 장치 등을 제어(制御), 운전, 조종을 하는 것을 말한다.

원격 조작 기구 [remote control system] 칼럼 시프트. 시프트 레버(변속 레버)가 핸들(스티어링)의 기둥(칼럼)에 설치되어 있는 것. 핸들로부터 그다지 손을 멀리 떼지 않고도 기어 변환을 할 수 있는 장점이 있음. 또한, 앞 좌석을 벤치 시트로 하여 3인용으로 할 때 밑판의 위쪽에 방해물이 없으므로, 트럭 등에는 현재도 사용되고 있음. 플로 시프트에 대한 반대어.

원격 조정 [distant control] ⇨ 원격 제어(遠隔制御)

원격 측정 [telemetering] 측정할 필요가 있는 물질량을 먼 곳에서 관측하여 중앙 통제실에 전송하는 측정 방법으로서 차량 주행 정보 시스템에 이용한다. 운행중인 자동차의 위치를 2100Km 상공의 인공 위성과 교신을 통해 도로 환경에 알맞는 최단 주행 경로를 자동으로 추출할 수 있도록 한 것이다.

원더 [wander] 원더는 '헤매다, 옆으로 빗나가다'의 뜻으로서 자동차가 주행중 커브길을 선회시에 차체가 한쪽으로 쏠렸다가 직진 상태로 되돌아오는 현상을 말한다.

원더링 [wandering] 자동차가 직진중에 주로 노면의 구배에 영향을 받아 비틀거리거나 편향되는 현상. 얼라인먼트가 바르지 못하거나 타이어의 공기압이 일정하지 않을 때 또는 스티어링 계통의 마모 등에 따라 발생될 수 있다.

원동기 [原動機 ; prime mover] 열기관, 전동기 등과 같이 천연적으로 비축된 수력, 전력, 화력의 열 에너지나 전기 에너지를 기계적 에너지로 바꾸어 기계류(機械類)를 구동시키는 장치를 말한다.

원동력 [原動力 ; motive power] 활동이나 운동을 일으키는 근본이 되는 힘으로서 열, 수력, 풍력 등과 같이 물체나 기계의 운동을 일으키는 힘을 말한다.

원동절 [原動節 ; driver] 한쌍의 동력 전달장치에 있어서 운동 또는 동력을 전달하는 쪽을 말한다. 밸브 장치의 캠 축에 동력을 전달할 때 크랭크 축은 원동절이며 물펌프 풀리를 회전시킬 때 크랭크쪽 풀리가 원동절로서 원동차(原動車)라고도 한다.

원동차 [原動車 ; driving pulley] ⇨ 원동절.

원동축 [driving shaft] 기어, 벨트 등 각종 전동장치를 사용하여 동력을 전달할 때 원동기에 가까이 있는 축으로서 자동차의 엔진에서는 원동차를 설치할 수 있는 크랭크 축을 말하며 구동축이라고도 한다.

원방 감시 제어 [遠方監視制御 ; supervisory remote control] 중앙 통제소와 먼거리(遠方)의 피제어소 사이에 소수의 전송 회선을 통하여 감시, 계측 및 제어를 하는 것 또는 감시, 계측 및 제어하는 장치를 말한다.

원방 초점 표시 ⇨ 허상표시미터.

원뿔 롤러 베어링 [tapered roller bearing] ⇨ 테이퍼 롤러 베어링.

원뿔 마찰차 [cone friction wheel] 원뿔형의 바퀴를 서로 밀어 붙여서 양 바퀴 접촉면의 마찰력으로 동력을 전달하는 것으로서 두 개의 축이 교차하는 배전기 테스터에서 모터가 회전판을 구동하는 데 사용된다.

원뿔 클러치 [cone clutch] 원뿔면의 마찰에 의해 회전력을 단속하는 클러치로서 부하 상태에서도 탈착이 되고 소음이 없이 원활하게 작동이 된다. 동기 물림식 변속기의 기어에 설치되어 있는 싱크로나이저 링의 접촉과 차단에 의해서 변속기 출력축에 동력을 전달 또는 차단하는 클러치를 말한다. 싱크로나이저 링의 마멸이 심하면 동력의 단속(동기작용)이 불량하여 기어 변속을 할 때 소음을 발생하고 변속이 이루어지지 않는다.

원뿔 키 [cone key] 축이 설치되는 구멍에 원뿔통을 끼워 마찰로서 축과 보스를 고정하는 키이다.

원뿔형 스프링 [conical spring] ⇨ 코니컬 스프링.

원소 기호 [元素記號 ; symbols for element] 원소의 명칭을 간단히 표시하는 데 사용되는 기호로서 라틴 문자의 머리 글자로써 나타낸다. 머리 글자가 동일한 원소의 경우에는 소문자 헌 자를 덧붙여서 구별한다.

원숏 루브리케이션 [one-shot lubrication] 단 한번의 조작으로서 새시 각 부에 급유할 수 있는 집중 급유 장치를 말한다.

원색 [原色] 한 종류의 안료를 사용한 도료. 상도(上塗) 도료의 한 부분에서, 착색 안료를 포함하는 착색 원색(에나멜)만을 가리키는 경우와 메탈릭 베이스와 클리어까지 포함시켜 말할 수도 있음.

원색 배합표 [原色配合表] 계량 조색(計量調色)에 주로 쓰이는 자료. 신차의 주(主) 보디 컬러의 칠판과 그 조색에 필요한 원색의 배합률이 조합되어 있음.

원심 과급기 [turbo supercharger] 원심 압축기를 사용한 과급기로서 배기가스 터빈에 의하여 구동된다. ⇨ 터보차저.

원심 분리기 [centrifugal separator] 로터의 원심력을 이용하여 고체와 액체 또는 비중을 달리하는 두 가지의 액체를 분리하는 장치로서 각종의 실험, 설탕 정제, 엔진 오일의 여과 등에 사용한다. ⇨ 원심식.

원심 압축기 [centrifugal compressor] 기체를 고속으로 회전하는 임펠러 속에 인도하면 임펠러의 회전력에 의해 발생되는 원심력을 이용하여 필요로 하는 압력을 기하는 방식의 압축기를 말한다.

원심 여과기 [centrifugal filter] 여과 및 탈수를 함께 하는 원심 분리기를 말한다. ⇨ 원심식.

원심 조속기 [centrifugal governor] ⇨ 메커니컬 거버너.

원심 주유기 [centrifugal lubricator] 회전축 중앙에 공급된 윤활유를 원심력에 의해서 회전축으로부터 떨어져 있는 마찰 부분에 공급하는 장치를 말한다.

원심 주조법 [遠心鑄造法 ; centrifugal casting] 고속으로 회전하는 원통형의 주형내부에 용융금속을 주입하면 원심력에 의해 원통 내면에 균일하게 붙게 되며, 이것을 그대로 냉각시키면 속이 빈 중공(中空)의 주물로서 피스톤링, 실린더 라이너 등에 이용된다.

원심 펌프 [centrifugal pump] 물을 임펠러에 의해 고속으로 회전시키면 그 원심력에 의해서 물을 퍼올리는 펌프로서 자동차 엔진의 워터 펌프에 사용한다. 물을 고속으로 회전시키면 원심력에 의해서 펌프의 중앙에는 진공이 형성되어 물을 흡입하게 되고 임펠러 주위에는 원심력에 의해 압력이 높아져 배출하게 되어 목적하는 부분으로 순환시키는 펌프를 말한다.

원심기 [centrifuge] 원심력을 이용하여 액체 속에 포함된 불순물을 분리하거나 비중이 서로 다른 혼합액을 분리하는 원심 분리기를 말한다.

원심력 [遠心力 ; centrifugal force] 물체가 원운동을 하고 있을 때 그 물체에 작용하는 원의 중심에서 멀어지려고 하는 힘으로써 구심력과 반대 방향으로 작용하여 균형을 이루게 하는 힘을 말한다.

원심식 [遠心式] 엔진오일을 로터의 원심력을 이용하여 불순물을 여과하는 형식. 분류식에 사용하며 오일 펌프에서 공급된 오일은 컷오프 밸브를 거쳐 스핀들 중심을 통과하여 로터에 들어간다. 로터에 공급된 오일은 분사 노즐을 통하여 다시 로터 보디에 분사하면 분사되는 오일의 반동으로 로터가 고속회전 한다. 이 때 로터 내의 불순물은 로터의 원심력으로 옆벽에 침전되고 여과된 오일은 출구를 통하여 오일 팬으로 되돌아간다.

원심식 거버너 [centrifugal governor] ⇨ 메커니컬 거버너.

원심식 슈퍼차저 [centrifugal supercharger] ⇨ 원심형 과급기.

원심식 진각장치 [governor advancer] 거버너는 조속기(調速機)의 뜻. 원심식 진각 장치는 엔진의 회전 속도가 빨라짐에 따라 원심력(遠心力)을 이용하여 배전기 캠의 위치를 캠이 회전하는 방향으로 이동시켜 점화 시기를 빠르게 조절하는 장치이다. 배전기 캠 아래에 설치되어 있는 원심추가 엔진의 회전속도가 빨라짐에 따라 바깥쪽으로 벌어져 캠의 위치를 회전 방향으로 이동시켜 러빙 블록과 만나는 위치를 빠르게 조정한다. 이 때 단속기 암 접점은 단속기 판에 설치되어 있기 때문에 정지된 상태이다. 또한 엔진의 회전 속도가 낮아지면 원심추는 스프링의 장력에 의해 제자리로 돌아가기 때문에 배전기 캠도 본래의 위

치로 되돌아가 점화 시기도 늦어지게 된다. 따라서 엔진의 회전 속도
에 알맞는 점화 시기를 자동적으로 조정하게 된다.

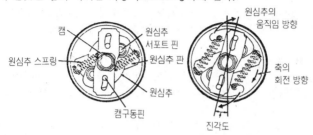

원심식 컴프레서 〔centrifugal type compressor〕 압축기의 일종. 방사상
으로 배치된 날개를 가진 컴프레서 휠을 도넛형의 하우징 내에서 돌려
차축 부근에서 공기를 흡입하여 날개로 압력이 높아진 공기를 외부에
서 끌어내는 것.

원심형 과급기 〔centrifugal turbocharger〕 터보차저에서 쓰이고 있는 과
급기로서 압축기에 원심식 컴프레서를 쓰는 형식.

원유 〔crude oil〕 땅속에서 천연적으로 산출된 그대로의 광유로서 아직
깨끗하게 정제하지 않은 불순물이 많이 함유된 광유를 말한다. 주성분
은 탄화수소로서 정제하면 가솔린, 등유, 경유, 증유 등이 얻어진다.

원자 〔atom〕 애텀은 그리스어로 이 이상 더 잘게 나눌 수 없는 것이라
는 뜻. 원자는 물질의 기본적 구성 단위로서 원자핵과 전자로 이루어
지는 입자를 말한다.

원자 번호 〔atomic number〕 원자핵이 가지고 있는 양자의 개수이며 주
기율표에서 그 원소의 순위를 나타낸다.

원자가 〔valence〕 어떤 원자의 원소 1개가 다른 특정한 원자 몇 개와 결
합하는가를 나타내는 수로서 원자가 다른 원자와 직접 결합할 수 있는
정도를 주는 수이며 일반적으로 원자의 최외각 궤도를 차지한 전자의
수에 관계된다.

원자량 〔atomic weight〕 질량수 12인 탄소의 원자량을 12로 하고 이것
을 기준으로 하여 다른 원자나 분자의 질량을 상대량으로 나타낸 것을
말한다. 종래에는 천연 산소의 원자량을 16으로 정한 화학적 원자량이
나 물리적 원자량이 사용되고 있었지만 1961년 탄소 12를 기준으로 하
는 것이 국제적으로 규정되었다.

원자핵 〔atomic nucleus〕 원자의 핵은 원자의 중핵(中核)이 되는 ⊕ 전

기를 띤 입자로서 양자와 중성자가 결합되어 있으며, 핵의 직경은 10^{-12}cm이고 무게는 원자무게의 전부를 차지하고 있다. 핵 안에 양자의 수가 많아지면 양자 상호간의 전기적 반발력이 핵의 힘보다 크게 되어 원자핵은 불안정하게 되므로 방사선을 방출하여 안정된 원자핵으로 변화된다.

원적외선〔遠赤外線〕 빨강보다 파장이 긴 빛의 적외선으로서, 그 중에서도 파장이 1.5μ 이상인 것을 원적외선이라고 함. 적외선은 물체에 흡수되어 열로 변하지만, 원적외선은 도료에 흡수되기 쉬운 성질을 가지고 있음.

원주 피치〔circular pitch〕 피치원 위에서 서로 인접하고 있는 이까지의 거리. 같은 기어에서는 원주 피치가 작을수록 잇수는 많아지고 이는 작아진다.

원통형 소음기〔cylindrical muffler〕 원통형 소음기는 3개의 원통을 동심이 되도록 조합한 소음기. 원통의 중앙으로 들어간 배기 가스는 작은 파이프를 통하여 다음 원통으로 이동하고 원통의 외곽에 설치되어 있는 파이프로 나간다. 이 때 압력과 온도가 저하되어 폭음을 방지한다.

원판 캠〔circular disc cam〕 원판을 축의 중심으로부터 편심시켜 만든 판캠으로서 캠이 회전 운동을 하면 레버나 핀이 직선 운동을 하는 것. 자동차에서는 엔진의 밸브를 개폐시키는 캠과 연료펌프를 작동시키는 편심륜 등을 말한다.

원피스 휠〔one piece wheel〕 림과 디스플레이가 일체(원 피스)로 되어 있는 휠. ⇨ 휠.

원호캠〔circular arc cam〕 ⇨ 볼록 캠.

월 플로 타입 필터〔wall flow type filter〕 ⇨ 필터 트랩(filter trap).

월링〔whirling〕 프로펠러 샤프트(추진축)가 고속 회전할 때 발생하는 휨 진동. 월(whirl)은 '빙빙돌다'라는 뜻.

웜 기어〔worm gear〕 나선 기어. 맞물리는 기어의 회전축이 교차하지도 평행하지도 않는 것으로서 축 기어의 일종이며 나사의 모양을 한 웜(회전하고 있으면 벌레가 기어가는 형태에서 인용한 용어)과 이것과 맞물리는 웜 휠로 되어 있다. 웜이 원통형인 것을 원통 웜기어, 장구 모양인 것을 힌들리 웜기어라고 하며 종전에는 종감속 기어로 사용하였으나 전동 효율이 좋지 않으므로 현재는 별로 쓰이지 않는다.

웜 섹터 롤러 형식〔worm sector roller type〕 웜 섹터 롤러 형식은 웜 섹터 형식을 개량한 것으로서 섹터 대신에 롤러를 설치하여 마찰을 적게 한 것이다. 또한 스티어링 휠의 회전을 직각에 가까운 각도로 바꿈과 도시에 조향력을 증대시킨다.

웜 섹터 형식 [worm and sector gear type] 웜 섹터 형식은 스티어링 샤프트 끝에 힌들리 웜을 설치하여 섹터 기어와 맞물려 스티어링 휠의 회전 운동을 직각에 가까운 각도로 바꿈과 동시에 감속하여 조향력을 증대시킨다. 구조는 간단하지만 마찰에 의한 조향 조작력이 커야 되는 단점이 있다.

웜 섹터식 스티어링 기어 [worm and sector type steering gear] 스티어링 기어 형식의 일종. 스티어링 샤프트 끝에 웜 기어를 설치하고 섹터 (부채꼴 기어)에 설치되어 있는 피트먼 암을 움직여서 조향을 행하는 것. 웜의 중간 부분이 가는 장구 모양으로 되어 있는 힌들리 웜 (힌들리는 발명자의 이름)이 쓰이는 것이 보통이며, 섹터 대신 롤러를 설치하여 마찰을 적게 한 웜 섹터 롤러식도 있으나 오늘날에는 그다지 사용하지 않는다.

웜 앤드 웜 기어 형식 [worm and worm gear type] 웜 앤드 웜 기어 형식은 추진축 끝에 설치한 웜 기어로 구성되어 감속비가 크고, 전고 (overall height)를 낮게 할 수 있는 장점이 있으나 동력 전달 효율이 낮고 열이 많이 발생되는 단점이 있다.

웜 핀 형식 [worm pin type] 웜 핀 형식은 섹터축에 핀을 설치하여 핀이 웜에 만들어진 홈을 따라 움직여 조향력을 증대시키고 스티어링 휠의 회전을 직각에 가까운 각도로 바꾼다. 웜과 핀의 접촉면은 압력에 의해 마멸이 촉진되는 단점이 있다.

웜업 [warm-up] 엔진이나 동력전달 계통 등을 본격적으로 작용시키기 전에 소정의 온도까지 올리는 것. 난기(暖氣)라고도 씀.

웜업 조정기 [warm-up regulator] 웜업 조정기는 엔진이 시동되어 정상적인 작동 온도에 이르기 전까지 농후한 혼합기가 공급되도록 조절하는 작용을 한다. 엔진의 냉각수 온도를 감지하여 연료 분배기의 플런저 상단에 작용하는 제어 압력을 낮게 함으로써 배출구가 많이 열리도록 하여 농후한 혼합기가 공급되도록 한다.

웨더 스트립 [weather strip] 스트립은 가늘고 길다라는 뜻이다. 차실과 트렁크 룸을 밀폐하고 외부 공기나 소리가 들어오지 않게 하기 위하여 도어 또는 트렁크 리드(화물실 덮개) 가장자리에 설치되어 있는 고무 패킹을 말함. 도어를 닫았을 때 충격을 흡수하거나 주행중 도어 트렁크 리드의 진동을 억제하는 역할도 한다.

웨더로미터 [weatherometer] 대기 부식(大氣腐蝕)의 가속 시험기로서 페인트의 내후성(耐候性)을 테스트하기 위해서 개발되었다.

웨버 카브레터 [weber carburetor] 이태리의 웨버社 제품의 기화기로서 고출력·고회전 엔진용의 사이드 드래프트의 듀얼 카브레터가 유명함. 벤투리나 제트류를 간단히 교환할 수 있는 것이 특징. 그리고 레이싱카나 스포츠카에 널리 사용됨.

웨브 [web] 웨브는 브레이크 슈가 드럼에 압착될 때 슈의 곡률이 변형되지 않도록 강성을 증대시키는 역할을 하며, 브레이크 슈의 설치나 브레이크 드럼 간극의 조정 등의 목적에도 사용된다.

웨빙 [webbing] 시트 벨트의 벨트 부분이 나일론 등의 직물로 만들어진 것. 웨브는 직포(織布) 또는 피류을 말함.

웨빙 감응식 [webbing sensitive type] 충돌시 시트 벨트의 인출 속도를 감지하는 장치가 붙어있는 것. ⇨ WSIR(Webbing Sensitive Inertia Reel).

웨빙 로크 [webbing lock] 시트 벨트 부품의 하나로 충돌시에 벨트를 끼우고 잠그는 장치. 웨빙 클램프(webbing clamp)라고도 부름. '클램프'는 조이는 것.

웨빙 클램프 [webbing clamp] ⇨ 웨빙 로크.

웨어 인디케이터 [wear indicator] ⇨ 트레드 웨어 인디케이터(tread wear indicator).

웨이스트 게이트 밸브 [waste gate valve] 과급압을 컨트롤하는 장치이다. 웨이스트는 낭비한다는 의미이다. 배기 터빈의 바로 앞에서 열리는 방출 밸브를 웨이스트 게이트라고 부른다. 터보차저에서 여분의 배기가스를 배출하기 위하여 바이패스 포트를 개폐하는 밸브. 만약, 과급압이 설정된 압력 이상이 되었을 경우 밸브가 열려 터빈에 유입되는 배기가스를 터빈 출구로 바이패스시켜 터빈의 출력을 제어하고 과급압을 조정하는 것. ⇨ 과급압 컨트롤.

웨이스트 라인 [waist line] 보디 옆면 중앙 부근에 수평으로 설치된 선으로서 차체를 낮게 하고 맵시있게 보이는 효과가 있으므로 많은 자동차가 이것을 채용하고 있다. 벨트 라인이라고도 함. ⇨ 벨트 라인.

웨이스트 몰딩 〔waist molding〕 자동차의 웨이스트 라인에 따라 설치되어 있고 도금한 금속이나 수지 제품의 벨트 모양의 부품을 말함. ⇨ 몰딩(molding).

웨이스트 실 〔waist seal〕 도어의 상단과 유리 사이에 설치되어 있는 고무제품의 실. 실내에 먼지나 잡음이 들어오지 않도록 기밀성을 유지하고 도어를 닫았을 때 진동을 흡수하는 기능 외에 창유리의 개폐시마다 유리에 묻은 물방울이나 오물을 닦는 역할도 한다. 일반적으로 연질염화비닐로 만든 것이 보통이고 유리와의 접촉면에 나일론 섬유를 사용한 것이 많다.

웨이트 디스트리뷰션 〔weight distribution〕 각 차축에 걸리는 차량 총중량의 퍼센티지.

웨지 〔wedge〕 ① 일체식 차축의 캐스터를 수정하기 위해서 차축과 스프링 사이에 끼우는 V자형 단면을 가진 쇠붙이를 깎아 만든 것으로서 끝이 뾰족한 조각을 말한다. ② 물건 사이나 틈새 또는 해머와 해머자루에 끼워 이동하거나 빠지지 않도록 하는 V자형의 단면 나무를 깎아 만든 것으로서 끝이 뾰족한 쐐기를 말한다.

웨지 블록 게이지 〔wedge block gauge〕 길이 100mm, 폭 15mm의 쐐기형 블록 게이지를 몇 개 조합하여 필요한 각도를 만든다. 보통 12개가 한 조로 되어 있다.

웨지 셰이프 〔wedge shape〕 웨지는 쐐기형을 말한다. 옆에서 자동차를 보았을 때, 프런트 후드(보닛)가 앞으로 갈수록 내려가 있는 스타일. 공기저항을 감소시키며 경쾌한 스타일로 하기 위하여 채용되지만 엔진 높이, 프런트 서스펜션 형식 등이 제한된다.

웨지형 연소실 〔wedge combustion chamber〕 단면이 쐐기 형태의 연소실로서 쐐기 한쪽면에 흡배기 밸브를 나란히 배치한 형식. 주위를 스퀴스 에리어(squish area)로 할 수 있으므로 압축 와류를 얻기 쉽고 흡배기 기구가 간단하여 많은 엔진에 채용되고 있음. 연소실 용적당 표면적이 크므로 열손실로 볼 때 불리하다고 함. ⇨ 쐐기형.

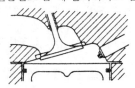

웨트 그립 [wet grip] 젖은 노면에서의 타이어 마찰력. 타이어 마찰력은 타이어와 노면의 마찰면에서 발생하는 점착 마찰과 트레드 고무의 히스테리시스 마찰에 의하여 얻어진다. 그러나 젖은 노면에서는 물로 인하여 점착 마찰이 매우 적어지므로 히스테리시스 로스가 큰 고무일수록 웨트 그립이 좋다. 따라서 구름 저항이 적은 (히스테리시스로스가 적은 고무가 쓰이고 있는) 저연비쪽의 타이어는 웨트 그립이 낮은 경향이 있다.

웨트 라이너 [⑱wet sleeve, ⑱wet liner] 수냉식 엔진의 실린더 라이너로서 그 외측이 직접 냉각수를 접하는 형식. 라이너 자체는 물에 닿지 않고 실린더 블록을 거쳐 냉각되는 것을 드라이 라이너라고 부른다.

웨트 섬프 [wet sump] 오일 팬. 엔진의 일반적인 윤활 방식으로 섬프에 떨어지는 엔진 오일을 모은 다음 펌프를 이용하여 엔진 각부로 보내어 윤활하는 것을 반복하는 시스템. 섬프는 엔진 하부에 있는 오일을 모으는 곳으로 보통 오일 팬이라고 부른다. 대부분 모든 차량의 엔진은 이 방식을 채용하고 있으나 고속 코너링중 오일은 원심력 때문에 기울어져 오일 펌프가 공기를 흡입하는 경우가 있으므로 레이싱카나 일부 스포츠카는 드라이 섬프를 채용하고 있다. ⇔ 드라이 섬프(dry sump).

웨트 스폿 [wet spots] 페인트가 균일하게 건조 점착하지 못하는 부위. 일반적으로 그리스, 손자국에 의해 일어나는 변색.

웨트 온 웨트 [wet on wet] 먼저 바른 도료가 마르기 전에 다음의 도료를 바르는 것. 메탈릭 도장시 메탈릭 에나멜(metallic enamel)과 클리어(clear)의 관계가 이것에 해당됨. 동일한 도료의 경우에는 플래시 오프 타임(flash off time)을 짧게 하여 도장하는 것을 가리킴.

웨트 타이어 [wet tire] ⇨ 레인 타이어(rain tire).

웨트코트 [wetcoat] 분사한 상태에서 페인팅(塗膜)중에 용제분(溶劑分)이 많고 유동성이 강하여 고운 표면이 형성되는 도장 방법을 가리킴.

웰더 [welder] 금속 재료를 용접하기 위해서 만들어진 직류 아크 용접기 또는 교류 아크 용접기 등을 말한다.

웰딩 [welding] 2개 또는 여러 개의 금속을 국부적으로 용융 접합시키는 방법을 말한다.

웰딩 토치 [welding torch] 가스 용접에서 가스의 혼합 및 조절에 사용되는 토치.

웰딩 팁 [welding tip] 용접 전용의 가스 토치 팁.

위 방향 흡기식 [up draft type] 위 방향 흡기식은 혼합기를 아래에서 위 방향으로 흐르게 하는 형식. 벤투리의 지름을 적게하고 혼합기의 유속이 빠르게 하여야 하므로 흡입 효율이 불량하다. ⇨ 카브레터, 업 드래프트.

위브 [weave] 이륜차가 고속으로 코너링을 선회할 때 뒤에서 발생하는 요잉과 롤링이 복합된 1~3Hz의 완만한 흔들림. '워블'이라고도 부른다. ⇨ 휠 와블(wheel wobble).

위빙 라이닝 [weaving lining] 위브은 '짜서 만들다, 엮어 만들다', 라이닝은 '안받침, 알맹이'의 뜻. 위빙 라이닝은 장섬유의 석면을 황동, 납, 아연선 등을 심으로 하여 실을 만들어 짠 다음 광물성 오일과 합성수지로 가공하여 성형한 것으로서 유연하고 마찰계수가 크다.

위상 치차 기구 [位相齒車機構] 로터리 엔진에서 로터의 회전 운동을 규제하기 위한 기구로 방켈형 엔진에서는 익센트릭 샤프트에 고정되어 있는 외측 기어와 로터에 설치되어 있는 내측 기어의 기어수의 비를 2:3으로 하고 로터와 익센트릭 샤프트의 비가 1:3이 되도록 설정되어 있다.

위상차 (位相差) **캠 샤프트** 가변 흡기 시스템을 가진 4밸브 엔진의 흡기측 캠 샤프트의 명칭. 2개의 흡입 밸브의 개폐 시기를 늦추고 저속 회전력과 고속 회전력을 혼합기의 흡입량과 그 증감의 타이밍을 적절히 하기 위해 각각의 밸브를 구동하는 캠의 형상과 로브의 위치를 바꾼 것.

위성 항법 시스템 [衛星航法構造] 항해나 항공시에 전파 항법을 이용한 시스템. 복수의 인공 위성에서 발사되는 시간 신호를 전파의 수신 시간차에서 현재의 위치를 파악하는 것으로 미국의 국방부를 중심으로 개발되어 있다. 위성측위 시스템. GPS 등으로도 불리움. ⇨ 내비게이션 시스템(navigation system).

위스커 [whisker] 성숙한 남자의 턱 주위에 나는 '수염 결정'이라고도 부르며, 직경이 수 μ(미크론)에서 수mm의 침상(針狀) 또는 극히 강도가 높은 모발상의 결정체이다. 1952년 미국의 벨 연구소에서 전화선을 단락시키는 물질로서 우연히 발견된 것. 금속, 세라믹, 고분자 화합물 등에서 만들어져 다른 금속과 고분자 재료의 보강용 소재로서 이용되고 있으며, 위스커를 보강재로 사용한 것을 총칭하여 위스커 강화 복합재료라고 한다. ⇨ FRM.

위시본 [wishbone] V형태를 한 서스펜션 암. 위시본이라고 칭한 동기는 새의 가슴이 V자 형을 하고 있는데서 유래된 것. ⇨ 더블 위시본식 서스펜션.

위치 에너지 [potential energy] 운동 또는 그밖의 동적 상태로 나타나지 않는 에너지. 어떤 특수한 위치에 인력, 척력 등 일정한 힘을 받고 있는 물체가 표준 위치로 돌아갈 때까지 일을 할 수 있는 능력을 말한다.

위험 경고 시스템 [hazard – warning system] 비상 신호 시스템(emergency signal system)이라고도 함. 자동차가 비상 정지하였을 때 접근하는 다른 자동차들에게 경고하는데 사용됨. 운전자가 제어하며 앞뒤의 라이트를 모두 점멸함.

위험 경고 플래셔 유닛 [hazardous warning flasher unit] 위험 경고 플래셔 유닛은 고속도로나 터널 등에서 자동차의 고장 또는 타이어 펑크 등으로 긴급 정차하였을 때 앞뒤, 좌우 방향지시등 모두에 흐르는 전류를 일정한 주기로 단속하여 램프를 점멸시키므로서 뒤따라 오는 자동차에 알리어 충돌하는 것을 방지한다.

위험 속도 [critical speed] ⇨ 임계 속도.

윈도 글라스 안테나 [window glass antenna] 라디오의 안테나로서 리어 윈도 글라스에 프린트되어 있는 것. 전파의 수신량이 약하기 때문에 이것을 증폭하는 앰프가 필요할 경우가 많다.

윈도 디프로스터 [window defroster] 자동차의 전면 윈도 글라스의 성에를 제거하기 위한 장치로서 히터의 온풍을 글라스의 내면에 따라 보내게 하는 장치를 말한다.

윈도 레귤레이터 [window regulator] 레귤레이터는 조정하는 도구의 뜻으로 창문을 아래 위로 여닫는 장치. 일반적으로 크랭크에 의해 작동된다. 도어 패널 내부에 도어핸들의 회전 운동을 직선 운동으로 바꾸는 암과 와이어가 조합되어 있다. 도어 핸들을 사용하지 않고, 운전자가 손이 닿을 수 있는 곳에 스위치를 눌러서 도어 글라스를 승강시키는 것을 파워윈도라고 한다.

윈도 레귤레이터

윈도 벤틸레이터 [window ventilator] 자동차 실내의 환기를 위하여 프런트 도어 앞쪽에 설치된 삼각유리를 말한다.

윈도 와셔 [window washer] 자동차의 전면 및 후면에 설치된 윈도 글라스에 세척액을 분사하는 소형의 전동기를 말한다.

윈드 노이즈 [wind noise] 바람소리. 자동차가 고속으로 주행할 때 자동차 주위에서 기류가 흐트러지며 발생하는 잡음이 창이나 보디 패널을 스치면서 발생하는 소리.

윈드 디플렉터 [wind deflector] 선루프를 열고 주행할 때 실내에 공기를 끌어들이거나 윈드 스로브라고 불리우는 저주파수의 불쾌한 공기 진동이 발생하는 것을 방지하기 위하여 설치된 날개 모양을 한 것. 디플렉터는 바람의 진로를 비껴가게 하거나 한쪽으로 기울게 한다는 뜻. ⇨ 정류판(整流板).

윈드 스로브 [wind throb] 윈드 플러터라고도 하며 창이나 선루프를 열고 고속주행했을 때 발생할 수 있는 15~20Hz정도의 낮은 주파수의 음. 차실내로 바람이 밀려들어 오는 관계로 차실 공간의 공기 진동으로 귀에 압박감이 있는 현상으로 느껴짐. 스로브(throb)란 심장의 고동을 말함.

윈드 스크린 [wind screen] ⇨ 윈드 실드.

윈드 실드 [wind shield] 본래는 윈드 실드 글라스를 말하지만, 일반적으로 프런트 글라스(또는 프런트 윈도)를 말한다. 실드는 차단한다는 뜻이다. 종래는 윈드 실드의 경사가 심했으나 공기저항을 적게 하기 위하여 최근에는 제법 완만해지고 있다.

윈드 플러터 [wind flutter] 윈드 스로브를 말함. 플러터는 새가 날개짓을 할 때 '탁탁' 하는 움직임의 형태를 나타낸 뜻.

윈드스크린 앵글 [windscreen angle] ⇨ 윈드 실드 앵글.

윈드실드 글라스 [windshield glass] ⇨ 윈드실드.

윈드실드 앵글 [windshield angle] 윈드스크린 앵글이라고 불리우며 윈드실드와 수평 또는 연직선과 이루는 각. 자동차의 디자인 상으로는 벌써부터 공력(쏘力) 특성상 중요한 요소. 영어로는 연직선에 대한 각도라고도 부름.

윈드실드 와이퍼 [⑱ windshield wiper, ⑱ windscreen wiper] 눈, 비가 내렸을 때 윈드실드 글라스가 시야를 가릴 경우 이것을 닦는 장치. 설치법과 작동 방향에 따라 평행 연동식, 대향식, 단독 요동식 등으로 분류된다. 뒤창문이나 헤드라이트 등에도 와이퍼가 설치되어 있는 것이 있다.

윈드실드 필러 [windshield pillar] 슈라우드 어셈블리를 루프 패널에 결합하여 윈드실드 개구부의 측면을 이루는 구조재.

윈치 [winch] 권양기(捲揚機). 감아올리는 기계. 주로 4WD차에 장착되어 있으며, 자동차가 수렁에 빠졌을 때의 탈출이나, 수렁에 빠진 다른 자동차를 끌어내는데 사용되는 것. 배터리를 전원으로 하는 전동 윈치와 엔진을 동력으로 하는 기계적인 윈치가 있다.

윈터 타이어 [winter tire] ⇨ 스노 타이어(snow tire).

윙 너트 [wing nut] 공구를 사용하지 않고 손으로 돌려서 조이고 풀 수 있도록 만든 나비 너트를 말한다. 자동차에는 에어 클리너의 커버를 탈부착하는 곳에 사용.

윙 카 [wing car] F1 카로서 사이드 보디를 상하 역(逆)으로 한 비행기 날개 형태로 하고 공기 저항을 적게 함과 동시에 노면에 누르는 힘을 얻어 코너링 스피드를 높인 것. 다운 포스(down force)는 벤투리 효과에 의하여 얻어진 관계로 벤투리카라고도 불리운다. 처음의 윙카는 로터스 78로 1977년에 등장 1978년 이후의 모든 F1 머신이 이 형식이고, 83년에 차체 하부를 편평하게 하는 규정(플랫 보텀규제)이 적용될 때까지 이어짐.

윙 터보 [wing turbo] 가변 A/R 터보 시스템. 터빈 블레이드 주변에 이것을 둘러싼 4매의 날개를 배치하고 그 방향을 바꾸어 A/R을 변화시키는 것.

윙커 [winker] ⇨ 턴 시그널 램프(turn signal lamp).

유 볼트 [U-bolt] 자동차에서 리프 스프링을 차축에 장치할 때 사용되는 U자형 볼트.

U슬롯 피스톤 [U-slot piston] 스플릿 피스톤에서 슬릿이 U자형으로 되어 있는 것. ⇨ 스플릿 피스톤.

US [under steer, under size] ⇨ 언더 스티어. 언더사이즈.

US-OS 특성 [under steer over steer individuality] 자동차의 스티어 특성에 관한 것. 특성을 나타내는 US(under steer), OS(over steer)라는 용어로 표현한 것. ⇨ 스티어 특성.

U턴 플로 [U-turn flow] ⇨ 크로스 플로식 라디에이터.

유냉 시스템 [oil cooling system] 엔진이 운전중 고온이 되면 실린더에 냉각용의 오일을 보내어 연소실 상부의 냉각 효과를 높이는 장치.

유니디렉셔널 패턴 [unidirectional pattern] 타이어의 회전방향에 따라 특성이 달라져 지정방향으로 타이어가 회전하도록 자동차에 설치할 필요가 있는 트레드 패턴. 유니디렉셔널은 일방향을 뜻한다.

유니버설 조인트 〔universal joint〕 자재이음. 두 축이 일직선상에 있지 않고 어떤 각도를 가진 두 개의 축 사이에 동력을 전달할 때 사용하는 조인트로서 주로 트랜스미션에서 구동바퀴까지 동력전달 계통의 연결부에 사용되고 있다. 구조에 따라 플렉시블 조인트, 카르단 조인트, 트랙터 조인트, 등속 조인트 등으로 분류한다. ⇨ 자재이음.

요크　　요크

크로스

조립시

유니버설 커플링 〔universal coupling〕 ⇨ 유니버설 조인트.

유니서보 브레이크 〔uni-servo brake〕 유니서보 브레이크는 1개의 단일 직경 휠 실린더와 2개의 슈를 조정기로 연결하여 전진에서 브레이크가 작동할 때, 2개의 슈 모두가 자기 작동하여 큰 제동력이 발생되지만 후진에서는 2개 모두가 트레일링 슈가 되어 제동력이 감소된다.

유니언 〔union〕 관용 나사의 파이프에 연결하는 데 사용하는 이음쇠를 말한다.

유니언 이음 〔union joint〕 연료, 브레이크, 유압 파이프 등 유니언 너트를 사용하여 연결하는 방법을 말한다. 한쪽 파이프에 결부되는 피팅과 다른쪽 파이프에 유니언 스위블 엔드, 피팅과 유니언 스위블 엔드를 연결하는 유니언 너트로 구성되어 있다.

유니언 조인트 〔union joint〕 나사를 이용하여 관(管)과 관을 연결하는 부품.

유니타이즈드 컨스트럭션 〔unitized construction〕 프레임과 보디 부품들이 함께 용접되어 하나의 단체(單體)를 형성하는 자동차 구조의 한 형식.

유니터리 컨스트럭션 〔⊛ unitary construction, ⊛ unitized construction〕 ⇨ 모노코크 구조.

유니파이 나사 〔unified thread〕 ⇨ ABC 나사.

유니포미티 〔uniformity〕 영어로 균등하다는 것을 뜻하며 자동차에서는 타이어의 균일성을 말한다. 타이어의 토러스(도넛형)로서의 균일성을 나타내려면 흔들림, 중량의 불균형, 포스 베리에이션, 래터럴 포스 디비에이션 등을 이용하지만 일반적으로 유니포미티라고 말하면 포스 베리에이션을 가리킨다.

유니폴러 〔unipolar〕 ① 전자와 정공 중 한쪽의 캐리어만으로 작동하는 것을 말한다. ② 펄스 부호전송 회로에서 양(陽), 음(陰) 어느 한쪽 극성의 펄스만을 사용하는 것을 말한다.

유니플로 엔진 〔uniflow engine〕 2사이클 디젤 엔진에서 혼합기를 실린더 하부에 설치되어 있는 흡기공으로 흡입하고 연소된 가스는 실린더 헤드에 설치되어 있는 밸브에 의해서 배출되도록 하는 엔진을 말한다.

유니플로 스캐빈징 〔uniflow scavenging〕 2스트로크 엔진의 소기방식 (掃氣方式)으로서 가스를 실린더 내의 세로 방향으로 흐르게 하는 방식을 말한다. 유니는 하나라는 뜻. ⇨ 소기.

유닛 〔unit〕 더 이상 분해되지 않았을 경우에만 그 기능을 수행하는 조립체 또는 장치.

유닛 분사식 〔unit injection system〕 유닛 분사식은 분사 펌프와 노즐이 하나의 유닛으로 조합된 형식으로 연료 분사 펌프와 분사 노즐을 연결하는 고압 파이프가 필요치 않다. 유닛 분사기는 보통 푸시 로드와 로커암에 의해 작동된다.

유닛 인젝터 〔unit injector〕 유닛은 하나, 편성, 구성의 뜻이고, 인젝터는 분사식 급수기의 뜻. 유닛 인젝터는 펌프, 인젝터, 분사 밸브를 일체로 하여 실린더 헤드에 설치되어 있으며, 공급 펌프에 의해 인젝터까지 압송된 연료는 로커암이 펌프를 누를 때 연료를 분사한다. 1개의 연료 공급 파이프에 각 실린더로 공급하는 분배 파이프가 연결되어 있으며, 인젝터에 분사 펌프가 설치되어 있으므로 고압 파이프는 필요치 않다. 연료 분사량 조절장치는 인젝터의 플런저를 회전시키는 제어 래크에 의해 연료 분사량이 조절된다. 캠으로 플런저를 밀어 연료를 송출하는 캠 구동식과 한번 압력을 높인 연료를 배관의 일부(common rail)에 저축하여 두고 증압 피스톤으로 다시 압력을 높여 분사하는 코먼 레일식이 있다.

유닛 쿨러 〔unit cooler〕 증발기(냉각관)와 송풍기로 구성된 냉방장치로서 냉매는 증발기를 거쳐 송풍기에 의해 통풍되는 공기를 냉각하여 실내로 보냄과 동시에 실내 공기를 흡입하여 냉각 및 습도를 감소시켜 다시 실내로 방출시키는 냉방장치를 말한다.

유닛 파워 플랜트 〔unit power plant〕 오토바이와 같이 실린더 블록에 클러치와 변속기가 일체로 되어 있는 엔진으로서 결합식 원동장치를 말한다.

유닛 히터 〔unit heater〕 가열장치와 송풍기로 구성된 난방장치로서 온수가 흐르는 가열관에 송풍기로부터 통풍되는 공기를 가열하여 실내로 보냄과 동시에 실내의 공기를 유도 흡입하여 가열시켜 다시 실내로 방출시키는 난방장치를 말한다.

유도 〔誘導 ; induction〕 목적한 일정한 방향으로 이끌어 들이거나 이끌어 나가는 것을 말한다.

유도 기전력 〔誘導起電力 ; induced electromotive force〕 전자 유도작용에 의하여 발생되는 기전력으로서 회로에 생기는 자속의 변화가 심할수록 유도 기전력은 커진다.

유도 단위 〔derived unit〕 기본 단위에서 유도한 단위를 말한다. M,K,S에서 예를들면 m, kg, sec가 기본 단위이고 보조 단위 m에서는 μ, mm, cm, km 등이며 유도 단위는 m^2, m^3, m/sec 등이다.

유도 대전 〔誘導帶電 ; induced electrification〕 다른 물체의 전하가 접근하므로써 양(陽)과 음(陰)의 전하가 분리되어 도체 표면의 별도 장소에 생기는 것을 말한다.

유도 발전기 〔induction generator〕 ① 유도 기전력을 이용하여 전력을 발생하는 회전기를 말한다. ② 유도 전동기를 전동기로서 사용할 때의 방향과 동일한 방향으로 동기속도 이상의 속도로 회전시켜 전력을 얻는 발전기를 말한다.

유도 저항 〔induced drag〕 기류 가운데 놓여 있는 날개의 뒷면에 생기는 소용돌이에 따라 발생하는 저항력을 말하며, 또한 자동차의 후방에 발생하는 소용돌이에 따라 발생하는 공기 저항을 말함.

유도 전동기 〔induction motor〕 교류 전동기로서 단상식(單相式)과 삼상식(三相式)이 있다. ① 정류자가 없는 교류 전동기로서 전기자 또는 계자코일의 한쪽만이 전원에 접속되어 있고 다른 쪽은 유도 전류에 의해서 작동하는 전동기를 말한다. ② 삼상 유도 전동기는 계자 철심에 감겨져 있는 삼상 코일에 전류가 흐르면 회전 자계가 형성되어 전기자 코일에 생기는 유도 전류의 상호 작용에 의해 전기자를 회전시키는 전동기를 말한다. 제동력 테스터 등 공업용에 많이 사용된다. ③ 단상식은 계자 철심에 감겨져 있는 코일이 단상으로 되어 있는 것으로서 전기자가 회전하는 것은 삼상과 같은 작용으로 이루어진다. 선풍기, 전기 세탁기 등 가정용 전기 기기에 사용한다.

유도 전류 〔誘導電流 ; induced current〕 ① 전자 유도에 의한 기전력으로 흐르는 전류를 말한다. ② 진공관의 양극(陽極)전류처럼 정전 유도(靜電誘導)에 의하여 흐르는 전류를 말한다. ③ 시간적으로 변화하는 자력선을 부여하므로써 도체 내부에 유도되는 전류를 말한다.

유도형 마그넷 [inductor type magnet] 전원이 필요없이 유도자(誘導子) 또는 배전자(配電子)를 고속으로 회전시켜 고압의 전류를 발생하는 발전기로서 자동차의 점화 장치에 이용된다. ⇨ 고압자석 점화 방식.

유동 기어 [idler gear] ⇨ 아이들러 기어.

유동성 [流動性 ; liquidness, fluidity] ① 액체가 흐름을 이루어 움직이는 성질을 말한다. ② 액체와 같이 쉽게 흘러 움직이는 성질을 말한다. ③ 이리저리 다니며 자리를 옮기는 성질을 말한다.

유동식 미러 [folding type side mirror] 물건에 부딪히면 젖혀지도록 되어있는 미러. 아웃 미러는 차체에서 돌출되어 있으므로 보행자나 물건에 접촉하였을 때 사람 또는 물건에 손상이 가지 않도록 된 미러. 좁은 공간에 주차할 때 방해가 되지 않도록 접어넣는 구조도 있다.

유동점 [流動點 ; pour point] 증류를 분류할 때 사용되는 특정치로서 응고 온도보다 2.5℃ 높은 온도를 말한다.

유량 [流量 ; flow rate, quantity of flow] 액체나 기체가 흘러가는 양을 말한다.

유량 조절 밸브 [flow control valve] 플로는 '흐르다, 흘러나오다', 컨트롤은 '제어, 조정, 억제'의 뜻. 유량 조절 밸브는 오일 라인에 일정한 유량으로 흐르도록 하는 밸브로서 오리피스를 통과하는 유량을 항상 일정하게 조절한다.

유량계 [油量計 ; oil gauge] 오일 배관속을 흐르는 유량을 적산(積算)하여 표시하는 계기를 말한다.

유량계 [流量計 ; flow meter] 액체나 기체의 단위 시간당 흐르는 양을 측정하는 계기로서 이것을 시간에 대해서 적분하면 전체적인 유량을 얻을 수 있다.

유럽 타이어 림 기술기구 [european tyre and rim technical organization] 통상 ETRTO(에트르토)라고 불리우는 유럽의 타이어 메이커와 휠 메이커를 중심으로 한 관계 단체에 의하여 구성된 조직. 유럽 각국에 공통으로 적용되는 타이어와 휠에 관한 「ETRTO규격」의 발행으로 알린다.

유로 [油路 ; oil groove] 마찰면에 윤활의 목적을 달성할 수 있도록 베어링 면에 축과 직각 방향으로 오일이 흘러갈 수 있게 파놓은 홈을 말한다.

유리 섬유 [glass fiber] 섬유 모양으로 만든 유리로서 섬유 강화 플라스틱에 가장 많이 사용되는 섬유이다. 열을 차단하거나 소음을 흡수하므

로 보온, 여과, 직물 등의 재료로 사용되며 자동차의 경량화에 이바지
하고 있다.

유막 〔oil film〕 ⇨ 오일 필름.

유면 표시기 〔dip stick〕 오일 레벨 게이지. 크랭크 케이스 내의 오일량
을 점검하는 금속 막대. 오일량을 점검할 때 자동차는 수평면에 있어
야 하고 엔진이 정지된 상태에서 측정하여야 한다. 금속 막대 끝부분
에 표기되어 있는 MAX(F)과 MIN(L)의 중간 이상 MAX 위치에
있으면 정상이다. ⇨ 오일 레벨 게이지.

유면계 〔油面計〕 엔진 오일, 자동 변속기 오일, 동력 조향장치의 유압
오일 등의 오일량을 측정하는 막대형의 표시기를 말한다. ⇨ 유면 표
시기.

유밀 〔油密 ; oiltight〕 기계 또는 장치의 오일 통로에서 어느 부분으로
부터 오일이 누출되지 않도록 하는 장치를 말한다.

유산 〔硫酸 ; sulfuric acid〕 무색 유상(油狀)의 무거운 액체로서 수용액
은 강산성(強酸性)이며 아황산가스를 산화하여 만든 황산을 말한다.
용도는 염료, 폭약의 제조나 석유 정제, 자동차에 사용하는 축전지의
전해액, 유기화합물의 합성 등에 사용한다.

유선형 〔流線型 ; streamline shape〕 물체가 유체속을 운동할 때 그 앞뒤
에서 와류가 적고 유체로부터 받는 저항[停滯]을 가장 적게 받도록 만
든 모양으로서 자동차, 로켓, 항공기의 동체 등 고속도를 위주로 하는
물체에 이용된다.

유성 〔oiliness〕 오일이 금속 마찰면에 유막을 형성하는 성질.

유성기어 〔遊星齒車〕 ⇨ 플래니터리 기어.

유성기어장치 〔planetary–gear system〕 플래니터리는 '유성의, 떠돌다'
는 뜻. 유성기어장치는 선기어, 유성기어, 유성기어 캐리어, 링기어로
구성되어 엔진에서 나오는 동력을 변속하여 추진축에 전달하는 장치로
서 오버 드라이브장치와 자동 변속기에 이용되는 가장 중요한 부분이
다.

유성기어식 변속장치 〔planetary type transmission〕 플래니터리 기어를
사용한 변속장치.

유압 〔油壓 ; oil pressure〕 오일의 토출 압력으로서 윤활 상태가 좋고 나
쁨을 판정하는 기준이 된다. 각 작동 기기에 따라서 다르지만 엔진을
예로들면 저속 회전에서는 $1\sim2kg/cm^2$이고 고속 회전에서는
$2\sim3kg/cm^2$가 정상이다. 유압이 정상보다 낮은 것은 엔진 오일이 부

족하거나 펌프의 작동이 불량할 때 등이며, 유압이 높은 것은 오일 통로의 일부가 막혔을 때이다.

유압 경고등 〔油壓警告燈〕 엔진이 작동중에 오일이 순환되지 않으면 운전석의 계기판에 점등되어 운전자에게 알려준다. 오일 회로에 전기의 스위치 역할을 하는 유닛을 설치하여 유압이 상승되면 유닛의 다이어프램이 팽창되므로 접점을 열어 전류를 차단하여 소등된다. 그러나 펌프의 고장으로 오일이 유닛에 공급되지 않으면 접점이 계속 연결되어 있으므로 점등되어 있다. 소등되는 유압은 $0.9\text{kg}/\text{cm}^2$이다.

유압 구동 〔hydraulic transmission〕 동력을 전달하는 방법의 하나로 유압을 발생하는 유압 펌프와 유압으로 움직이는 유압 모터를 조합하여 동력을 전달하는 것.

유압 구동 자동차 〔hydrodynamic drive of automobile〕 전동기로 유압 펌프를 작동시켜 발생된 유압이 각 바퀴에 설치된 유압 모터에 공급되어 바퀴를 구동시키는 것으로서, 변속비가 연속적으로 변화하고 효율이 높으며 소음이 없을 뿐만아니라 여러가지 작업을 위한 힘의 인출이 용이하다. 정비 공장, 실내 작업장 등에서 많이 사용되고 있다.

유압 다판 클러치 〔hydraulic multiple-disc clutch〕 ⇨ 멀티플 디스크 클러치.

유압 램 〔hydraulic ram〕 유압이라고 하여도 실제로는 오일이 아니고 브레이크액과 같은 특수한 액체를 사용하고 있음. 이 액체를 에어 펌프나 수동(手動)으로 밀어내어 튜브(tube)의 길이를 변화시킴. 파스칼의 원리로 커다란 힘을 내기 때문에, 각종 어태치먼트와 결합하여 광범위하게 사용하고 있음. 패널 수정이나 보디 수정에서 힘을 가하는 일은 물론, 잭(jack), 리프트(lift) 등 큰 힘을 필요로 하는 기계류에서는 대부분 유압 램이 사용되고 있음.

유압 모터 〔oil hydraulic motor〕 작동 유압의 에너지에 의해 연속적으로 회전 운동을 하므로써 기계적인 일을 하는 모터로서 유압 구동 자동차, 건설기계의 굴삭기 주행 모터, 스윙 모터 등으로 많이 사용된다.

유압 밸브 리프터 〔hydraulic lifters, hydraulic tappet〕 OHV 엔진에서 밸브 리프터의 밸브 클리어런스를 없게 하여 밸브 개폐시 소음을 저감(低減)하기 위한 장치의 하나. 밸브 리프터와 푸시로드 사이에 유압실을 설치하여, 리프터의 운동은 유압을 사이에 두고 푸시로드에 전달하는 구조로 되어 있으며, 밸브의 열팽창은 유압실에서 흡수되어 밸브 클리어런스는 영(zero)이 된다. ⇨ 하이드롤릭 래시 어저스터.

유압 브레이크 [hydraulic brake] 가장 일반적인 브레이크장치로서, 액체(브레이크 플루이드)를 이용하여 각 바퀴에 평균적인 제동력을 전달하는 브레이크. 이에 비하여, 파킹 브레이크에 사용되고 있는 와이어나 링키지를 사용하여 작동시키는 기계식 브레이크, 트럭 등에 사용되고 있는 공기식 브레이크가 있다. 유압 브레이크는 파스칼의 원리를 이용한 것으로 그 작용은, ① 지레를 이용한 브레이크 페달을 밟음으로써 밟는 힘의 3~5배의 힘으로 마스터 실린더를 눌러 유압을 발생시킨다. ② 마스터 실린더에서 발생한 유압은 강 파이프나 호스를 통하여 각 바퀴에 설치된 캘리퍼나 캘리퍼나 휠 실린더에 전달된다. ③ 전달된 유압은 캘리퍼나 휠 실린더 내에 있는 피스톤을 누르고, 피스톤은 패드나 브레이크 슈를 디스크 또는 드럼에 압착시켜 제동력을 발생한다. ④ 마스터 실린더로부터의 유압은 각각의 휠 실린더에 균일하게 전달되므로, 한쪽으로 쏠린다든가 브레이크가 끌리는 법이 없다. 또한, 각 휠 실린더의 면적을 달리함으로써 제동력의 배분을 변경하는 것도 용이하다. ⇨ 하이드롤릭 래시 어저스터.

유압 서보 기구 [hydraulic servo mechanism] 기계적 위치를 제어량으로 하는 유압을 사용한 폐회로의 제어 기구로서 입력의 기계적 위치 변화에 따라 출력의 유압이 변화되도록 하는 기구를 말한다.

유압 액티브 서스펜션 [hydraulic active suspension] 각종 센서에 의하여 자동차의 주행 상태를 감지한다. 그리고 마이크로 컴퓨터로 전후좌우의 서스펜션에 장착한 액추에이터의 유압을 컨트롤하여 차고(車高), 롤링, 피칭과 바운싱의 제어를 실시하는 것.

유압 조절 밸브 [oil pressure relief valve] 유압회로 내에 압력이 과도하게 상승하는 것을 방지하는 역할을 한다. 밸브는 스프링의 장력이 유압보다 크면 닫혀 있다가 유압이 장력보다 높아지면 열려 과잉 압력의 오일이 흡입쪽으로 바이패스된다. 엔진의 회전이 고속 또는 저속에 관계없이 항상 일정한 압력이 되도록 조절한다. ⇨ 오일 프레셔 레귤레이터.

유압 클러치 [hydraulic clutch] 오일의 압력을 이용하여 엔진의 회전력을 단속하는 장치. 운전석에 있는 클러치 페달을 조작하는 힘은 엔진의 크기에 비례하여 커진다. 이것은 주행시에 필요한 회전력이 커지면 그만큼 강력한 클러치의 압력이 필요해지기 때문에, 클러치를 끊을 때의 조작력도 무거워진다. 그러므로 지레를 응용하여 직접 와이어로 단속하는 방법은 발이 피곤해지므로, 유압의 배력에 의하여 조작력을 가볍게 하는 장치가 이것이다. 페달을 가볍게 밟는 것만으로도, 오일의 압력으로 클러치를 단속할 수 있게 되어 있다.

유압 펌프 [oil pump] ⇨ 오일 펌프.

유압 회로 [油壓回路] 액체를 매개체로 하여 힘이나 에너지를 다른 곳에 전달하는 회로를 말한다. 브레이크장치에서는 페달의 밟는 힘을 작은 실린더에 입력하여, 유압 회로의 브레이크 액을 매개체로 4륜에 있는 출력 실린더에 그 힘을 균등히 전달한다. 브레이크의 유압 회로는 보통 전륜, 후륜의 2계통으로 나뉘어져 있다. 어느 쪽이든 한 쪽이 손상을 입어도 다른 쪽이 백업하도록 되어 있다. FF차의 경우 전우(前右) + 후좌(後左)처럼 X자형으로 분할되어 있는데, 이것은 제동시 앞바퀴에 중량이 많이 가해지기 때문에 앞바퀴의 제동력이 커야 하며, 전후 분할식의 뒤쪽 만으로는 제동력이 너무 작아 유압을 보완하기 위한 방법이다.

유압경보장치 [油壓警報裝置] 엔진유압이 이상하게 저하되는 것을 경고하는 장치. 유압이 0.2~0.3Kg까지 하강하면 적색 경보등(워닝 램프)이 점등되도록 한 것이 보통이다.

유압계 [oil pressure gauge] '오일 프레셔 게이지'라고도 부른다. 오일 펌프에 의하여 압송된 오일이 오일 계통을 순환하고 있는 압력을 표시하는 계기. 유압은 온도에 따라 변화하는 것이 유온계와 짝(pair)을 이루어 사용되는 것이 보통이다. 유압계는 부르동 튜브식, 전기식의 밸런싱 코일식과 바이메탈 서머스탯식이 있다. ⇨ 오일 프레셔 게이지.

유압식 리프터 [hydraulic type valve lifter] 유압식 리프터는 엔진 오일의 압력을 이용하여 온도 변화에 관계없이 밸브 간극을 항상 제로(0)가 되도록 하므로 밸브 개폐 시기가 정확하게 유지되도록 한다. 밸브 간극의 점검 및 조정이 필요없으며, 작동중에 발생되는 충격을 흡수하여 밸브 기구의 내구성이 향상된다. 오일 회로 또는 오일 펌프의 고장이 발생되면 작동이 불량하고 구조가 복잡한 단점이 있다.

유압식 밸브 리프터 [hydraulic type valve lifter] ⇨ 밸브 래시 기구.

유압제어장치 [hydraulic control units] 자동 변속기에서 유성 기어의 기어비를 유압에 의하여 컨트롤하는 장치. 출력축의 토크 변동의 제어도 아울러 실시하여 원활한 변속을 하게 한다.

유어로 백 [eurobag] 벤츠가 1981년부터 사용한 에어백 시스템으로서 1976년에 이튼사(社)가 시트벨트를 착용하지 않은 운전자를 대상으로 한 에어백 시스템에 대응하여 시트벨트를 착용한 운전자의 안면의 상해를 예방할 목적으로 설치하는 시스템.

유연 가솔린 [leaded gasoline] ⇨ 가연(加鉛) 가솔린.

유연 연료 〔有燃燃料〕 유연 연료는 내폭제로 4에틸납을 혼합한 가솔린. 4에틸납은 내폭제로서 효과가 크지만 납의 산화물이 연소실이나 배기 밸브, 스파크 플러그 등에 퇴적을 시키고 대기 오염의 원인이 된다. 또한 약간의 향기가 있고 독성이 매우 강하여 신경 계통에 자극을 주기 때문에 빨강색 또는 오렌지색 등으로 착색하여 독성이 있음을 표시하고 있으므로 취급에 주의하여야 한다.

유온 조절기 [oil temperature regulator] 엔진 오일의 온도가 계절에 따라 과도하게 높아지고 낮아지는 것을 방지한다. 유온 조절기는 냉각장치의 냉각수를 이용한다. 코어를 하우징에 설치하여 냉각수를 흐르게 하였을 때 코어에 흐르는 오일은 냉각수에 열을 방출하거나 열을 받아 유온을 일정하게 유지한다.

유온계 [oil temperature gauge] 엔진 슬라이딩부분의 윤활과 냉각을 실시하는 엔진 오일의 온도를 표시하는 계기로서 서미스터에 의한 온도를 검지(檢知)한다.

유욕식 윤활방식 [oil bath lubrication] 비말식, 비산식, 엔진 오일의 윤활 방식으로서, 오일 팬에 담겨 있는 오일을 크랭크 샤프트로 끌어올려, 그 비말로 엔진을 윤활하는 것. 윤활 효율이 좋지 않아서 현재는 사용되지 않게 되었다. ⇔ 압송식 윤활방식.

유자피막 〔柚子皮膜〕 페인팅 표면에 밀감이나 유자의 껍질과 같은 요철(凹凸)이 생기는 것. 새로운 자동차의 페인팅은 표면의 거칠기가 가벼우므로, 부분 도장시에는 거기에 알맞게 표면 만들기를 한다.

유중 침지식 〔油中浸漬式〕 석회의 흡수성을 이용하여 제품을 검사하는 방법. 검사할 제품을 경유 속에 넣었다가 꺼내어 표면을 닦은 다음 석회분말을 바르면 균열부에 침투된 경유에 의해 석회분말의 색이 변화된 부분을 찾아내는 시험 방법.

유체 〔fluid〕 액체나 기체를 말함.

유체 마찰 [fluid friction] 상대 운동하는 2개의 접촉면 사이에 충분한 오일량이 존재할 때 오일층 사이의 점성에 기인하는 저항. 유체 마찰은 마찰 저항이 가장 적고 마멸도 가장 적으며, 엔진이 정상운전 온도에서 일으키는 마찰이다.

유체 압력 [fluid pressure] 용기 내에 들어있는 유체가 정지 또는 운동하고 있을 때 유체 각 부분이 서로 밀어붙이는 힘을 말한다.

유체 역학 [fluid mechanics] 유체가 정지하고 있거나 운동하고 있을 때의 상태 또는 유체가 그 안에 있는 물체에 미치는 힘 등을 연구하는 학문을 말한다. 흐름의 문제를 역학적으로 다루는 유체 정역학과 유체 동역학이 있으며 좁은 뜻의 유체 역학은 흐름의 문제를 순수학적 함수론을 사용하여 다루는 것으로서 2차원적인 흐름을 다루는 것이다.

유체 윤활 [fluid lubrication] 접촉하여 상대적으로 운동하고 있는 고체 사이에 액체나 기체의 막(膜)을 만들어, 이 유체막을 압력에 의하여 고체 표면끼리 직접 접촉하지 않도록 하는 것. 윤활되고 있는데도 불구하고 유체막의 두께가 엷고 고체끼리 직접 접촉되고 있는 상태를 고체 윤활. 접촉면의 일부분이 경계 윤활, 다른 부분이 유체 윤활되어 있는 상태를 혼합 윤활이라고 구별한다.

유체 이음 [fluid coupling] ⇨ 유체 클러치.

유체 전동 [fluid drive] 유체를 매개체로 하여 엔진의 동력을 구동바퀴에 전달하는 방식을 말한다.

유체 커플링 [hydraulic coupling] 원동축에 펌프의 날개가 회전하면 에너지의 공급을 받은 유체가 회전한다. 따라서 종동축에 있는 터빈의 날개에 부딪혀 터빈을 회전시킴으로서 종동축에 동력을 전달하게 되는 커플링을 말한다.

유체 커플링 팬 [temperature controlled auto coupling fan] 팬 커플링의 명칭으로서 팬의 회전수를 제어하는 실리콘 오일을 커플링 앞에 설치된 소용돌이 모양의 바이메탈에 의하여 컨트롤하는 것. 바이메탈은 라디에이터 후방의 기류 온도를 검출하여 실리콘 오일의 통로를 개폐한다. 유체 마찰을 이용하여 2000rpm 이상에서 냉각 팬과 물펌프를 분리회전시키는 팬. 고속으로 주행할 때 필요 이상의 회전을 제한하여 팬의 소음과 소비 마력의 감소 및 벨트의 내구성 향상을 위해 실리콘 오일을 사용한다. 2000rpm 이하일 때는 물 펌프와 냉각 팬이 일체로 되어 회전한다.

유체 클러치 [fluid coupling] 영어로는 플루이드 커플링이라 한다. 도넛 모양으로 된 케이스 안에 날개를 가진 바퀴를 마주보고 조합한 후 오일을 채우고 한쪽(펌프 날개)을 회전시키면 오일(流體)의 힘에 따라 다른쪽(터빈 날개)도 회전하는 구조로 된 장치. AT차량에 사용되는 토크 컨버터(torque convertor)와 유사한 구조로 되어 있어 혼동되기 쉽지만 토크 컨버터는 펌프 바퀴와 터빈 바퀴 사이에 오일의 흐름을 조정하는 제3의 날개(스테이터)가 있다. 초기의 AT차량이나 경자동차에 사용되었으나 회전차가 큰 오일의 난류(亂流)를 발생하여 전달하는 손실(loss)이 크므로 오늘날은 그다지 사용하지 않는다.

펌프 임펠러 ― 터빈런너
입력축 ― 출력축

유체식 리타더 [fluid type retarder] 대형차의 보조 브레이크로서 사용되는 리타더의 일종. 트랜스미션 브레이크라고도 불리우며 유체 클러치와 비슷한 구조의 로터와 스테이터를 마주보고 조합한 곳에 오일을 채운 구조이며, 로터를 회전시켜 오일을 스테이터로 보내면 로터에 회전 저항이 발생되어 제동력이 발생하는 것.

유한 요소법 [finite element method] 연속된 구조를 가진 물체를 삼각형, 사각형 등의 단순한 요소로 세분화하고, 각각 요소의 거동을 연립 방정식에 조립하여 계통 전체의 상태를 계산에 따라 해석하는 것. 컴퓨터를 이용한 구조물의 강도와 진동 등의 해석 수법으로 항공우주 분야에서 개발되어 자동차에는 차체의 강성이나 변형을 도면 단계에서 검토하는 수법으로 알려져 있다. 그러나 현재는 구조 해석뿐만 아니라 유체의 움직임이나 열전도 및 전자기(電磁氣) 관계의 해석 등에도 널리 응용되고 있다.

유효 동력 [effective power] ⇨ 제동 마력.

유효 마력 [effective horsepower] ⇨ 제동 마력.

유효 벨트 장력 [effective belt tension] 벨트 전동에서는 풀리에서 벨트로, 벨트에서 풀리로 전해지는 힘의 크기는 인장측 장력과 이완측 장력의 차(差)와 같다. 이것을 유효 벨트 장력 또는 유효 장력이라 한다.

유효 압력 [effective pressure] 피스톤 양측의 압력차와 같이 실제로 유효한 힘으로 일하는 압력을 말한다.

유효 압축비 [effective compression] 엔진에 있어서 실제 압축비. 4사이클 엔진에서는 배기구멍, 2사이클 엔진에서는 소기구멍이 닫히는 순간 연소실의 용적과 피스톤이 상사점에 도달했을 때 연소실의 용적비로 나타낸다. 통상의 압축비와 비교하면 4사이클 엔진에서는 10%정도, 2사이클 엔진에서는 15~25% 작다.

유효 온도 [effective temperature] 실내의 온도는 실내 공기의 건구 온도, 상대 습도, 실내의 기류에 따라서 다르다. 그러나 이것을 하나의 지표로서 나타낸 온도로서 실내 온도와 같은 정지 상태의 포화 공기의 온도를 말한다.

유효 장력 [effective tension] 벨트나 로프 등의 전동에서 인장쪽의 장력과 이완쪽의 장력의 차이를 말한다.

유효 조광 면적 〔有效照光面積〕 렌즈의 바깥둘레를 기준으로 산정한 단면적에서 반사기렌즈의 면적과 등화 부착용 나사 머리부의 면적 등을 제외한 렌즈의 면적.

유효 지름 [effective diameter] 수나사와 암나사가 접촉하고 있는 부분의 평균 지름으로서 수나사의 골지름과 바깥지름의 중간 지름을 말한다.

유효 출력 [effective power] ⇨ 제동 마력.

유효 행정 [available stroke] 유효 행정은 연료를 분사 노즐로 송출하는 행정으로서 플런저 상단면이 플런저 배럴의 연료 공급 구멍을 막은 다음부터 리드 홈이 연료 공급 구멍과 일치될 때까지의 행정이다. 연료의 송출량은 유효 행정에 의해 좌우되며, 유효 행정이 크면 연료의 송출량이 많아지고 유효 행정이 적으면 연료의 송출량이 적어진다. 펌프 엘리먼트에서 연료의 송출이 시작될 때 분사 노즐에서도 연료의 분사가 시작된다.

6모드 〔six mode〕 중량차의 배출가스 측정을 행할 때 운전 방법으로서 엔진회전수와 매니폴드의 부압을 일정하게 하고 3분간 정상(定常)운전을 6개의 모드(방법)로 행한 다음 각각의 운전 조건으로 CO, HC, NOx의 농도를 측정하여 평균 농도를 구하는 것.

6밸브 엔진 [six valve engine] 하나의 기통당 흡기용과 배기용의 밸브를 각 3개씩 6개의 밸브를 가진 엔진.

6포트 인덕션 [six port induction] 로터리 엔진의 가변 흡기 기구로서 1개의 로터에 2개의 흡기 구멍(1차와 2차)을 가진 흡기 시스템에서 2차쪽에 밸브로 개폐하는 보조 포트를 설치한 것. 저속 회전에서는 1차 구멍(primary port)만을 사용하고 고속 또는 고부하가 되면 점진적으로 2차 구멍과 보조 포트를 개방하는 구조로 되어 있다. 6PI라고 약한다.

6 PI 〔six port induction〕 ⇨ 6포트 인덕션.

60킬로 정속연비 〔定速燃比〕 바람이 거의 없는 날씨에 건조하고 평탄한 포장 도로를 차량 총중량의 상태로, 60km/h를 유지하며 실제로 주행하여 시험한 연비율이다. 잘 정비된 자동차로 베테랑 운전자가 주행했을 때 제법 좋은 수치가 나온다. 교통부의 형식 승인을 받을 때 제작회사에서 제출하는 것으로 카탈로그의 연료 소비율란에 기재되는 것이 일반적이다.

윤간 거리 〔輪間距離〕 윤거(輪距). 좌우의 바퀴가 지면에 접하는 수평면에서 바퀴의 중심선과 직각인 바퀴의 중심간 거리. 복륜(復輪)일 경우에는 복륜 중심간 거리.

윤거 〔tread〕 윤거는 좌우 타이어의 접지면 중심간 수평 거리를 말하며, 복륜인 경우는 복륜 간격의 중심에서 중심까지의 거리이다. ⇨ 트레드, 윤간거리.

윤중 〔輪重〕 자동차가 수평 상태에 있을 때 1개의 바퀴가 수직으로 지면을 누르는 중량을 말한다.

윤활 〔lubrication〕 표면이 직접 접촉되지 않도록 고체간에 유체의 막을 만들어 미끄럼 마찰(건조 마찰)을 유체 마찰(윤활 마찰)로 바꾸어 마찰력을 적게 하는 것을 윤활이라고 하며, 윤활에 사용되는 오일을 윤활유, 유막(oil flim)을 유지하기 위한 장치를 윤활장치라고 함.

윤활 방식 〔lubricating system〕 엔진의 각 마찰 부분에 윤활유를 공급하여 마찰을 감소시켜 마멸을 방지하고 기계효율을 향상시키기 위하여 윤활하는 방식으로서 커넥팅 로드 대단부에 설치된 디퍼(dipper)에 의해 오일을 뿌려서 윤활하는 비산식, 오일 펌프에서 송출되는 오일의 압력으로 윤활하는 압력식, 실린더벽에는 비산시켜 윤활하고 그 외는 오일의 압력으로 윤활하는 비산 압력식, 연료와 오일을 혼합하여 일부는 연소시키고 일부는 윤활하는 혼기식 등이 있다.

윤활유 〔lubricating oil〕 부품의 마찰면에 윤활을 하기 위하여 사용하는 오일로서 광물성 석유 제품의 스핀들유, 다이너모유, 머신유, 실린더유 등이 가장 많이 사용되며 지방성 제품으로는 평지유, 경유 등이 있고 또 반고체 제품으로서는 그리스, 지방, 왁스 등이 있다.

윤활유 냉각기 〔oil cooler〕 엔진 또는 변속기 등의 윤활에 사용하는 오일의 온도가 상승되는 것을 방지하기 위하여 라디에이터의 물 또는 별도로 설치된 오일 라디에이터를 공기로 냉각하는 장치를 말한다.

윤활재 [lubricant] 마찰부를 윤활하기 위하여 사용되는 물질로서 광물질, 식물질, 동물질의 3종류가 있다.

융점 [fusing point] 고체가 융해하여 액체로 될 때의 온도로서 융해섬이라고도 한다.

융접 [融接 ; fusion welding] 모재(철판)에 전기 스파크 열, 산소 아세틸렌 불꽃 등을 이용하여 금속을 용융(熔融)시키고 여기에 용접봉을 녹여 2개의 모재(母材)를 접합시키는 방법. 용접에는 가스 용접, 아크 용접, 테르밋 용접 등으로 분류한다.

융착 마모 [融着磨耗] 윤활유의 유막이 끊어져 발생하는 스커핑이나 스코링과 같은 융착마모에 어브레시브 마모가 첨가되어 발생하는 마모.

융해 [fusion] 녹음. 고체가 액체 상태로 바뀌는 것.

은폐력 [隱蔽力] 주로 상도(上塗) 도료가 소지(素地)나 바로 전에 칠한 색깔을 감추는 능력을 가리키는 말. 도마리라고도 함. 이것이 나쁘면 아무리 겹쳐 발라도 소지의 색이 들여다 보임.

음 [陰 ; negative] 두 개가 상반되는 성질에서 한 쪽을 나타내기 위해 다른 한 쪽의 양(positive)과 1조로 하여 사용되는 것으로서 관습으로 결정된 것이 많다. 자연계에서 볼 수 있는 두 종류의 전하중 전자에 의해 보유되는 전하는 음(陰)이고 양자에 의해 보유되는 것이 양(陽)이다. 전지에 있어서 전자가 과잉하게 존재하고 있는 전극은 음전극이고, 전자가 결핍되어 있는 전극은 양전극이다.

음 [音 ; sound] 압력, 입자의 변위, 속도 등의 변화로서 탄성 매체 내를 전파하는 현상이 청각에 주는 효과로서 소리 또는 음향 감각이라고 한다.

음 단자 [negative terminal] 전지 등의 전원에서 전자가 과잉 상태에 있는 단자를 말한다. 음단자와 양단자 사이의 전류는 양단자에서 음단자로 흐르고, 전자는 음단자에서 양단자로 흐른다.

음극 [cathode] ① 다이오드에서 전류가 흘러 들어가는 전극을 양극(애노드)이라 하고 나오는 전극을 음극(캐소드)이라 한다. ② 진공관에 있어서 전류를 방출하는 전극을 말한다. ③ 한쌍의 전극을 이용하는 전해계에서 용액으로부터 전극으로 향해 양전하가 흐르는 쪽을 말한다.

음극 [negative pole] 전지, 진공관 등 전기를 발생하는 장치에서 전류가 흘러 들어가는 극으로서 ⊖ 기호로 표시하며 전류가 흘러 나오는 극은 양극으로서 ⊕ 기호로 표시한다.

음극 단자 [cathode terminal] ① 정전류가 외부 회로에서 흘러 들어가는 단자로서 축전지에서는 음극 단자 기둥이라고 한다. 일반적으로 음극 단자에는 ⊖ 부호로 표기하지만 반도체 정류 부품의 경우에는 음극 단자에 ⊕ 의 부호로 표기한다. ② 사이리스터에 있어서 캐소드에 접속되는 단자로서 2방향성 사이리스터인 경우에는 적용할 수 없다.

음극판 [negative plate] 음극판은 납분말을 묽은 황산에 반죽하여 격자에 발라 놓은 것으로서 화학 작용에 의해 ⊖ 이온이 발생되며, 다공성(多孔性)이고 반응성이 풍부하다. 또한 결합력이 강하기 때문에 결정성 입자가 탈락되지는 않으나 사용함에 따라 결정이 성장하여 다공도가 감소되어 수명이 단축된다. 또한 양극판이 음극판보다 활성적이기 때문에 화학적 평형을 고려하여 음극판을 양극판보다 1장 더 많게 한다.

음량 [sound volume] 음의 세기를 막연하게 말하는 속어로서 볼륨이라고도 한다.

음량계 [sound volume indicator] 소리의 최소, 최대의 좁은 범위를 측정하는 계기로서 지정된 전기 특성 및 계기의 동특성을 가지고 음성이나 음악에 대응하는 복잡한 전기 파형의 볼륨을 지정하기 위해 특별히 지정된 눈금을 붙인 계측기를 말한다.

음색 [timbre] 음파의 파형 차이에 따른 음의 느낌으로서 같은 세기, 같은 높이의 음이라 할지라도 악기에 따라 느낌의 차이가 생기는 것은 배음(背音)의 구성이 각각 특유하며 파형이 다르기 때문이다.

음성 표시 시스템 [音聲表示裝置] 자동차의 이상을 음성으로 경고하는 장치. 예컨대 도어의 반열림, 핸드 브레이크를 잠근 채 출발, 라이트 점등의 방치. 키를 꽂은 채로 문을 닫았을 때, 연료 부족 등의 5개 항목에 대하여 여성의 음성으로 주위를 환기시켜주는 장치.

음속 [sound velocity] 음파의 전파 속도로서 1기압 15℃의 대기 중에서는 340㎧, 해수 중에서는 1500㎧이다. 0℃의 건조한 공기 중에서는 331.5㎧이고, 기온이 1℃ 증가마다 0.6㎧늘어난다.

음이온 [anion] 전해질 성분의 하나로서 음전하를 떠맡는 규약상의 전류와 역방향으로 이동하는 이온을 말한다. 전기 화학 반응식에 있어서 기호의 뒤에 음이온이 운반된 전하의 수를 음의 부호를 붙여서 나타낸다. 표기는 cl⁻, So₄², OH⁻와 같이 표기한다.

음이온 [negative ion] 음전하를 운반하는 이온을 말한다.

음전기 [negative electricity] 전자가 가진 전기와 같은 성질의 전기를 말한다.

음전자 [negatron] ① 포지트론(양전자)과 구분하는 경우의 전자를 말한다. ② 음성 저항 특성을 가지고 있는 4극관을 말한다.

음전하 [negative charge] 전하란 물질이 띠고 있는 전기라는 의미이지만 물질이 음전기를 띠고 있는 경우에 음전하를 지닌다고 한다.

응고 [freezing] 액체 또는 기체가 고체로 변화하는 것으로서 한냉시에 엔진의 냉각수가 얼음으로, 이산화탄소가 드라이 아이스로 되는 것과 같은 것.

응고점 [setting point, congealing] 연료를 적당한 방법으로 냉각할 때 점차로 응고하여 유동성을 잃기 시작하였을 때의 온도를 말함.

응급용 타이어 [temporary use spare tire, emergency tire] T타입 타이어. 템퍼 타이어라고도 불리우는 승용차용의 스페어 전용 타이어. 표준 장착 타이어가 펑크 등으로 사용하지 못하게 되었을 때 일시적으로 사용하는 타이어로서 휠이 황색 또는 등색이 칠해져 있다. 스페어 타이어를 가볍게 하여 보관 장소의 공간을 적게 할 목적으로 개발된 것. 응급용 타이어는 두 종류가 있으며, 그중 T 타입 타이어는 표준 타이어보다 작은 타이어를 높은 공기압(4.2kg / cm²)으로 사용하는 것으로서, 이 타이어를 개발한 파이어스톤사의 브랜드명인 템퍼 타이어가 잘 알려져 있다. 다른 하나인 스페이스 세이버 타이어는 굿리치사에서 개발된 접는식 타이어로서, 사용시에 컴프레서 또는 봄베에 의하여 공기를 충전한다. 어느 것이든 긴급용으로서 임시로 장착하는 타이어이므로 장시간 사용하면 안된다.

응답 [應答 ; response] 어떤 장치 또는 시스템의 입력 신호에 대해서 출력 신호가 대응하는 시간적 변화를 말한다.

응답 시간 [應答時間 ; response time] ① 제어 계통 또는 제어 요소에서 입력 신호를 주었을 때 출력량이 새로운 정상값의 어떤 비율로 변화할 때까지 소요되는 시간을 말한다. ② 테스터에서 입력에 대응하여 지침이 새로운 위치에서 정지할 때까지의 소요 시간(최종 위치를 포함한 일정폭의 범위 내에 들어갈 때까지 시간)으로 정정 시간이라고도 한다.

응력 [應力 ; stress] ① 물체 내부의 면에 작용하는 내력(內力). 그 면에서 서로 당기는 것과 같은 힘이 작용하는 것을 장력(張力), 서로 미는 것처럼 작용할 때를 압력(壓力), 면에 따른 방향에 힘의 성분을 마찰 응력이라 한다. ② 물체가 외부로부터 힘을 받았을 때, 그 힘에 저항하는 힘이 물체의 내부에 생긴다. 이 저항력이 응력으로서 예를 들면, 패널이 손상을 받았을 때 변형의 상태에 따라 응력이 남아 있는 채로 되어 있는 수도 있음. 이 응력을 이용하면, 약간의 작업으로 패널을 복원할 수도 있음.

응력 도장 [應力塗裝 ; brittle coating for stress] 재료의 표면에 강한 페인트를 칠하여 피막에 생기는 균열로 금속의 주된 변형의 방향과 크기를 알아내는 방법을 말한다.

응력 변형 선도 [應力變形線圖 ; stress strain diagram] 재료에 대하여 인장 시험을 하였을 때의 응력과 변형의 관계를 나타내는 선도로서 탄성한계, 비례한계, 항복점, 인장강도, 파괴점을 나타낸다.

응력 분산 작용 [stress brake-up action] 윤활유는 액체의 성질로서 국부 압력을 액 전체에 분산시켜 평균화시키는 작용. 엔진과 같이 진동과 충격 하중이 작용하는 윤활에서는 매우 중요한 성질이다.

응력 집중 [應力集中] 물체의 단면에 급격한 변화가 있을 경우, 즉 단면적의 변화나 휨, 펀치 구멍 등이 있으며 외부로부터 힘에 대한 응력은 균일하게 생성되지 않게 되어 특정 부분에 집중한다. 이것을 응력 집중이라고 한다. 응력이 집중하는 부분은 변형이 쉽다.

응축 [condensation] 일반적으로 온도나 압력의 변화에 따라 기체가 액체로 변하는 상태변화. 또한, 공기 중의 습기가 차가운 표면에 축적되는 것을 말한다.

응축기 [condenser] 응축기는 컴프레서에서 공급된 기체 냉매의 열을 대기 중으로 방출시켜 액체 냉매로 만드는 일종의 방열기로서 내압 45kg/cm² 정도에 견딜 수 있어야 하며, 방출열이 많을수록 좋다. 컴프레서에서 보내진 고온·고압의 냉매는 외기의 온도에 의해 냉각되어 액화시킨 다음 리시버 드라이어에 보내진다.

응축막 [凝縮膜] 용제의 증발에 의하여 페인팅의 두꺼운 막이 감소하는 것. 어떠한 도료에서도 일어나지만, 이것이 적은 것이 살집이 좋은 도료. 또한, 극단적으로 심한 경우에는 광택 불량이나 색깔이 안좋아지는 문제가 생김.

의장 [艤裝] 본래의 의미는 배가 진수한 후 항해에 필요한 장비를 갖추는 것. 자동차 용어에서는 대형 자동차에 특수한 부품이나 장치를 설치하는 것을 말함.

2도어·4도어 4도어는 뒷좌석으로 들어가는 도어가 있으나, 2도어 자동차는 앞도어에서 시트를 눕히고 뒷좌석으로 승차하기 때문에 불편하다.

2박스 [two box] 엔진과 차실이 2개의 자동차를 연결한 모양. 승용차에서는 해치 백의 유행에서 받아들인 형식이며 밴, 왜건에서는 예전부터

2박스는 상식이다. FF의 소형 승용차에 이 형식이 많으므로 잘 쓰여지는 용어이다.

2 배럴식 [two barrel carburetor] 2 배럴식 기화기는 2개의 배럴을 일체로 한 형식. 저속시에는 1개의 배럴이 작용하고 고속에서는 2개의 배럴이 모두 작용하므로 연료 소비의 경제성과 출력이 향상되어 현재 가장 많이 사용되고 있다.

2 밸브식 [two valve type] 하나의 기통(氣筒 ; 실린더)에 흡기, 배기 각 1개씩의 2밸브를 말하는 것으로서, 극히 일반적인 형식이다. 흡기 밸브는 피스톤이 하강할 때 진공으로 혼합기가 연소실에 들어가므로, 피스톤 상승에 의하여 배출되는 배기가스용의 배기 밸브보다 크게 되어 있는 것이 보통이다.

2 사이클 엔진 [two cycle engine] 엔진의 크랭크 샤프트가 1회전하면 피스톤은 2행정 움직인다. 이 사이에 흡입, 압축, 폭발, 배기까지의 1 사이클이 완료되는 것이다. 1회 폭발하여 동력을 전달한다. 소형 엔진에서 유리하며 모터 사이클용으로 널리 쓰이고 있다.

ECD [electronic controlled diesel] 전자 제어식 디젤 엔진. 차속, 엔진 회전, 액셀 위치, 흡기압, 흡기온, 수온 등을 각종 센서로 감지하여 연료 분사 시기와 분사량을 컴퓨터로 제어한다. 흡기매니폴드의 공기 통로를 대소(大小)로 2분할하고, 엔진회전이 낮을 때는 흡입 공기량을 적게 하고 연소실 내의 연소 압력을 낮추어 진동이나 소음을 낮게 하는 것이 특징.

ECVT [electronic continuously variable transmission] ⇨ 벨트식 무단 변속기.

ECCS [electronic concentrated engine control system] 전자식 엔진 집중제어 시스템의 영어 머리 문자를 인용한 전자 제어 엔진 시스템. EGR과 삼원촉매를 사용하는 공연비 피드백 제어의 연료분사, 점화시기, 아이들 회전수 등 엔진의 종합적인 제어를 행하는 것.

ECI [electronic controlled injection] 전자 제어식 가솔린 인젝션의 명칭. 싱글 포인트 인젝션으로 카르만와류 에어플로미터를 채용하고 있음. ⇨ EGI.

ECS [electronic controll suspension system] 전자제어 현가장치. 전자 제어 현가장치는 운전자의 스위치 선택, 주행조건 및 노면 상태에 따라 자동차의 높이와 스프링의 상수 및 완충 능력이 ECU에 의해 자동으로 조절되는 현가장치이다. 자동차의 각부에 설치된 센서에서 감지한 자동차 운행 상태의 정보와 운전자가 선택하는 운행 등을 종합하여

ECU가 작동부를 제어하므로서 승차감을 향상하고 조향성 및 안정성을 향상시켜 보다 안전하고 안락한 운행이 되도록 한다.

EC-AT [electronic controlled automatic transmission] 전자 제어 4단 오토매틱 트랜스미션의 명칭으로서 이코노미와 파워 모드가 선택 가능하며, 이코노미 모드에서는 엔진 회전이 저속일 때 조금 빠르게 시프트 업이 되어 연비(燃費)가 향상됨.

ECU [electronic control unit] ECM (electronic control module). ECU 또는 ECM은 각종 센서들로부터 정보를 받아서 각종 회로와 시스템을 가동하도록 짜여진 반도체 장치로서 컴퓨터라고도 한다. 사람의 두뇌와 같은 기능을 갖도록 IC 등의 전자 회로를 결합한 장치로 엔진 제어, 정속 주행 장치, 브레이크 계통, 변속기 제어 등에 사용된다. ⇨ 전자제어 유닛.

ECGI [electronically controlled gasoline injection] 전자 제어식 가솔린 인젝션의 명칭 중 하나. ⇨ EGI.

ECT [electronic controlled transmission] 전자 제어식 4속 오토매틱 트랜스미션. 이것은 로크 업 클러치의 온 오프가 컴퓨터에 의한 제어 밸브의 조정으로 오일이 두 방향으로 흐르는 점에서 2웨이 OD부 4속 AT라고도 부름. ⇨ EAT.

ECT-i [electronic controlled transmission intelligent] i는 인텔리 전트를 약한 것으로 컴퓨터가 정보처리 기능을 가진다는 뜻. ECT(전자 제어식 4속 AT)를 발전시켜, TCCS(엔진, 동력전달계통, 브레이크 등을 종합적으로 컨트롤 하는 시스템)에 의하여 AT를 포함한 자동차의 운행을 종합적으로 제어하는 시스템.

ECT-S [electronic controlled transmission-s] ECT(전자 제어식 4속 AT)를 멋진 주행이 가능한 것.

ECPS [electronic control power steering] 전동파워 스티어링의 명칭. 스티어링 기어 박스에 전자 클러치를 지닌 전동 모터를 배치하여 차속, 엔진 회전수, 기어 박스에 걸리는 토크 등의 신호에 의하여 컨트롤러가 전달하는 힘을 조정하고 전자 클러치의 개폐와 모터 회전에 의하여 파워 스티어링이 작동한다.

EC 하이매틱 [electronic controlled hydraulic multiplate active traction intelligent control] 풀타임 4WD 시스템의 하이매틱(HYMATIC)에 마이컴을 부착하여 전자 제어화한 것. 전후륜의 회전수를 검출하는 등 많은 신호에 의하여 고도의 제어가 행하여 짐.

ERS [economy running system] ⇨ 이코노미 런닝 시스템.

ESV [experimental safety vehicle] 실험 안전차. 1970년 미국 운수성 (DOT)이 발표. 자동차 메이커에게 개발을 요청한 자동차로서 주로 승용차의 충돌 안전성의 추구를 목적으로 개발되었다.

ESC [electronic skid control] 앤티 로크 브레이크 시스템의 명칭.

EA 범퍼 [energy absorbent bumper] ⇨ 에너지 흡수 범퍼.

EAI 방식 [exhaust air induce] ⇨ 에어 석션 시스템(air suction system).

EAT [electronic automatic transmission] 전자제어 AT. 전자 제어식 3속 오토매틱 트랜스미션으로 일본에서 도요다 자동차가 처음 개발. 차속, 액셀 개도(開度)와 시프트 위치를 검출하고 컴퓨터 제어에 의하여 유압제어장치의 솔레노이드를 작동시켜 변속을 행하는 것으로 78년까지 생산된 후에 ECT로 개량.

EHC [electronic hight control] 자동차 높이 조정장치 ⇨ 오토 레벨러 (auto leveler).

EHPS [electro hydraulic power steering] 차속 감응형 파워 스티어링의 일종으로서 파워 스티어링의 유압 펌프 구동을 엔진에 의하지 않고 전동 모터로 행하는 것. 차속 센서나 조향각 센서에서의 신호를 컨트롤러로 처리하여, 모터의 회전 속도를 변하게 함과 동시에 펌프의 발생 유압도 조정된다.

EFI [electronic fuel injection] 전자 제어식 가솔린 인젝션의 명칭으로, 각 기통에 인젝터가 있는 멀티 포인트 인젝션이 EFI, 하나의 인젝터로 분사를 행하는 싱글 포인트 인젝션은 CI로 불리운다. ⇨ EGI.

ELR [emergency locking retractor] 시트 벨트를 감는 장치로서 평상시에는 벨트를 자유로이 사용할 수 있으나 충돌이나 급제동 등에서는 시트 벨트가 현상태 이상으로 나올 수 없도록 잠그는 장치. 가속도의 감지 방식으로서는 펜절럼(振子) 등의 기계적인 작용을 감지하는 차체 감응식, 웨빙(벨트)의 급격한 인출을 감지하는 웨빙 감응식, 양자를 겸용하는 이중 감응식 등이 있다.

EL 조명 [electro luminescence] EL을 사용한 계기판의 조명. 형광체나 미세한 전압을 가하여 발광시키는 것.

EMS [electronic modulated suspension] ⇨ 전자제어 서스펜션.

EEC [electronic engine control] 포드 자동차의 엔진 전자제어 시스템으로, 점화시기와 EGR 및 2차 공기를 동시에 제어하는 것. 1977년형 링컨·베르사이유에 처음 장착되었음. 78년 모델에서는 공연비 피드 백이나 페일 세이프를 위한 백업 회로 등을 장치한 EEC·Ⅱ가 장착되고,

79년에는 이것을 더 개량한 EEC·Ⅲ이 발표되었다. EGI. FI. CI. CGI. 어떤 것이든 전자 제어 연료분사의 약칭이다. E는 Electronic, EC는 「Electronicaly Controlled」, F는 「Fuel」, I는 「Injection」, G는 「Gasoline」의 약자이다. 자동차 메이커에 따라 호칭이 다르지만, 시스템으로서는 동일하다.

EGR [exhaust gas recirculation] 배기가스 재순환장치를 말한다. 배기가스 중의 질소산화물을 저감하는 수단으로 배기가스(이그조스트 가스)의 일부를 흡기 계통에 되돌려(리서큘레이트), 혼합기가 연소할 때 최고 온도를 낮게 하고 NOx의 생성량을 적게 하는 것. 흡기관으로 되돌려지는 배기가스량의 컨트롤은 스로틀 밸브 부근의 부압이나 배기관 내의 배기압에 따라 제어되는 컨트롤 밸브(EGR 밸브)에 의하여 행해진다. ⇨ 배기가스 재순환장치.

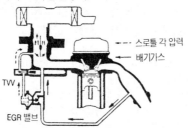

EGR 률 [exhaust gas recirculation ratio] 배기가스 재순환에서 연소실로 되돌아가는 가스를 배기가스 전체에 대한 점유 비율(%)로 표시한 것. 배기가스 환류량(還流量)/(흡입공기량+배기가스 환류량)에 100을 곱해서 계산한다.

EGR 모듈레이터 밸브 [EGR modulator valve] EGR 모듈레이터 밸브는 배기가스의 압력과 흡기 다기관의 진공 신호에 의해 다이어프램이 작동하여 EGR 컨트롤 밸브에 작용되는 진공을 조절한다.

EGRV [exhaust gas recirculation valve] EGRV는 배기 다기관과 서지 탱크 사이에 설치되어 공전 및 워밍업 이외의 회전에서만 EGR 컨트롤 솔레노이드 밸브의 제어에 의해 통로를 개폐한다. 공전 및 워밍업 전에는 작동되지 않다가 공전 및 워밍업 이외의 회전에서 스로틀 밸브가 열리는 양에 따라 EGRV를 열어 엔진의 흡기에 배기가스 일부를 재순환시켜 가능한한 출력의 감소를 최소로 하면서 연소 온도를 낮추어 질소산화물(NOx)의 배출량을 감소시킨다.

EGRSV 〔EGR solenoid valve〕 EGRSV는 컴퓨터에 의해 제어신호를 받아 작동되어 EGRV를 제어한다. 산소 센서가 피드백 기준 신호를 컴퓨터에 보내면 컴퓨터는 이론 공연비를 기준으로 하여 EGRSV에 전류를 흐르게 하여 EGRV를 열어 배기가스가 재순환되도록 한다.

EGR 컨트롤 밸브 〔EGR control valve〕 EGR 컨트롤 밸브는 EGR 모듈레이터에 의해 제어되어 실린더 내로 재순환하는 배기가스의 양을 조절한다.

EGR 쿨러 〔EGR cooler〕 EGR로 연소실에 되돌아가는 가스를 냉각시키는 장치. EGR로 온도가 높은 배기가스를 그대로 흡기관에 보내면 컨트롤 밸브의 성능이나 내구성이 손실되므로 엔진의 냉각수가 외기에 의하여 냉각시키는 것.

ETC 〔electronic traction control system〕 볼보의 트랙션 컨트롤 시스템의 상품명. 과급압을 조정하여 엔진의 출력을 낮추어 구동륜의 공전을 멈춘다. 트랙션 컨트롤 시스템은 1985년 볼보 760에서 처음 실용화되었다.

ETRTO 〔european tire and rim technical organization〕 ⇨ 유럽 타이어 · 림 기술기구.

2 플러스 2 〔2 by 2〕 이 경우 「2」는 승객을 말하지만, 처음의 「2」는 앞좌석에서 느긋하게 앉을 수 있는 2시트를 말하며, 뒷좌석을 대강 2인이 탈 수 있는 좁은 시트가 덧붙혀져 있다는 의미이다.

EPI 〔electronic petrol injection〕 전자 제어식 가솔린 인젝션의 명칭.

EPA 〔environmental protection agency〕 미국환경보호청.

EPA 하이웨이 사이클 〔EPA highway cycle〕 미국의 환경보호청(EPA)이 연비 측정을 위하여 정한 주행 형식의 하나. ⇨ HWFET.

2계통 브레이크 시스템 〔dual circuit brake〕 브레이크를 2계통으로 나누어, 한쪽이 고장났을 경우에도 제어력을 확보할 수 있도록 한 것. ⇨ 듀얼 서킷 브레이크.

2구형 연소실 〔二球型燃燒室〕 반구형 연소실의 흡배기 밸브 위치 주변을 두 개의 반구형으로 만든 연소실을 말함.

이그나이터 〔igniter〕 TI (transistor igniter). 이그나이터는 전 트랜지스터식 점화 장치에서 전자 제어회로의 역할을 하는 부품을 총칭하는 것으로서 픽업 코일에 유도된 전압을 이용하여 점화 코일의 1차 전류를 단속하는 부분, 유도 전압을 증폭하는 부분, 유도 전압으로 점화 신호를 검출하는 부분으로 구성되어 있다. 또한 기능은 신호 검출, 신호 증폭, 1차 전류 단속 외에 캠각 제어 및 정전류 제어를 한다.

이그니션 [ignition] 점화. 가솔린 엔진에서 압축 행정이 거의 끝난 단계에서 혼합기에 스파크 플러그의 불꽃에 의하여 불을 붙이는 것. 점화장치를 말할 경우도 있다.

이그니션 거버너 [ignition governor] 배전기의 원심식 진각용 원심추로서 배전기 축에 설치되어 엔진의 회전수가 빨라지면 원심력에 의해 원심추가 바깥쪽으로 벌어지면서 배전기 캠을 회전방향으로 이동시켜 접점이 열리는 시기를 빠르게 한다. 엔진의 회전 속도가 감소하면 거버너 스프링의 장력에 따라 본래의 위치로 되돌아 오면서 점화시기를 조절한다.

이그니션 딜레이 [ignition delay] ① 점화 대기시간. 가솔린 엔진에서는 압축행정이 끝나고 스파크 플러그에서 스파크가 발생되어 실린더 압력이 올라가기 시작할 때까지의 시간을 말함. ② 착화 지연시간. 디젤엔진에서는 연료가 분사되어 연소를 일으킬 때까지의 기간으로 $1/1000 \sim 4/1000$초 정도의 짧은 시간.

이그니션 래그 [ignition lag] ⇨ 착화지연.

이그니션 서킷 [ignition circuit] 자동차의 점화 회로로서 저전압의 1차 회로와 고전압의 2차 회로로 구분된다. 점화 1차 회로는 축전지에서부터 점화 코일, 배전기 단자에까지 12~220V의 전압으로 공급되어 2차 고전압을 발생토록 하는 회로를 말한다. 2차 회로는 혼합기를 연소시키는데 필요한 고전압의 전류가 흐르는 회로로서 점화 코일의 중심 단자, 배전기 로터, 배전기 캡, 하이텐션 케이블, 스파크 플러그까지에 연결되는 회로를 말한다.

이그니션 스위치 [ignition switch] 이그니션은 불을 붙이는 것을 뜻한다. 엔진을 시동하기 위한 스위치로서 스타트 스위치라고도 불리운다. 레이싱카 등과 같이 스위치가 별도로 되어 있는 자동차도 있으나 일반적으로 엔진의 시동뿐 아니라 메인 스위치로서도 작용하며 도난 방지용의 스티어링 로크장치와 일체로 되어 있다. ⇨ 점화장치.

이그니션 시스템 [ignition system] ⇨ 점화장치.

이그니션 어드밴서 [ignition advancer] ⇨ 진각장치.

이그니션 컷 오프 스위치 [ignition cut off switch] 경주용 자동차에 안전 장비의 하나로 장착이 의무화되어 있는 전원개폐장치. 메인 스위치라고도 불리우며, 모든 전기회로를 차단할 수 있는 것. 운전석과 운전석의 반대쪽에 있으며 외부에서도 조작할 수 있도록 되어 있고 빨간 번개불의 마크를 청색 삼각으로 둘러싼 기호가 붙어 있다.

이그니션 코일 [ignition coil] 점화 코일. 스파크 플러그에 불꽃을 튀기기 위한 고전압 전류를 발생시키는 장치로서 철심에 에나멜선을 200~500회 정도로 감은 1차 코일과 그 위에 보다 가는 에나멜선을 15000~25000회 감은 2차 코일로 되어 있다. 배터리의 12V 전류를 코일에 단속적으로 흐르게 하면, 2차 코일에 약 2만볼트의 유도 기전력이 발생하므로 이것을 하이텐션 코드로 스파크 플러그에 유도한다. ⇨ 점화코일.

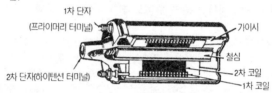

이그니션 타이밍 [ignition timing] ⇨ 점화 시기(点火時期).
이그니션 포인트 [ignition point] ⇨ 발화점.
이그니션 플러그 [ignition plug] ⇨ 스파크 플러그(spark plug).
이그조스트 가스 [exhaust gas] ⇨ 배출가스.
이그조스트 가스 리서큘레이션 [exhaust gas recirculation] 연소 온도가 높을 때 발생되는 질소산화물을 감소시키는 장치. 배기가스의 일부를 흡입 계통에 피드백시켜 혼합기가 연소할 때 발생되는 최고 온도를 낮게 함으로써 질소산화물의 생성량이 감소되도록 하는 장치를 말한다. ⇨ EGR.
이그조스트 가스 리서큘레이션 시스템 [exhaust gas recirculation system] ⇨ EGR.
이그조스트 노이즈 [exhaust noise] ⇨ 배기소음.
이그조스트 노트 [exhaust note] 자동차의 배기음이 소음으로서가 아니라 드라이빙을 즐기는 요소의 하나로 받아들일 경우에 쓰이는 말. 노트는 악기에서 나는 음을 뜻한다.
이그조스트 리타더 [exhaust retarder] 대형 자동차에서 배기 계통에 밸브를 설치하여 긴 내리막 길에서 제동 효과를 향상시키는 장치. 배기 계통에 설치된 밸브를 닫아 배기 통로에 배압을 형성시키므로써 엔진의 회전에 저항이 걸리므로 감속이 되도록 하는 배기 브레이크를 말한다.
이그조스트 매니폴드 [exhaust manifold] 매니폴드는 다기관, 가지가 나누어진 파이프의 뜻. 각 실린더에서 배출된 배기가스를 모아 이그조스트 파이프로 보내는 관으로서 자동차의 고출력 엔진에서는 배기가스 온도가 1000℃ 이상이 되므로 내열 초합금이 쓰인다.

이그조스트 밸브 [exhaust valve] 연소가스를 배출하기 위한 밸브. 내열 성이 뛰어난 특수강으로 만들어지며, 밸브 시트에 밀착하여 기밀을 유 지하는 형상이 중요. 흡입 밸브와 반대로 쓰이며 배기 밸브라고도 불리 운다.

이그조스트 브레이크 [exhaust brake] 배기 브레이크. 이그조스트 리타 더(exhaust retarder)라고도 함.

이그조스트 스트로크 [exhaust stroke] 연소 가스를 실린더 밖으로 배출 시키는 배기 행정을 말한다.

이그조스트 시스템 [exhaust system] 엔진의 연소가스를 배출하는 장치 나 시스템의 총칭.

이그조스트 이미션 컨트롤 시스템 [exhaust emission control system] ⇨ 배기가스 정화장치.

이그조스트 터보 차저 [exhaust turbo charger] ⇨ 터보 차저.

이그조스트 파이프 [exhaust pipe] 이그조스트 매니폴드, 머플러, 테일 파이프 등 배기 계통의 부품을 연결하여 배기가스를 통과시키는 파이 프.

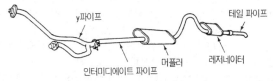

이끝원 [addendum circle] 기어의 이끝을 연결하는 원.

이너 데드 센터 [inner dead center] ⇨ 하사점.

이너 라이너 [inner liner] 튜브리스 타이어 내면에 붙어 있는 것으로 기 밀성이 높은 고무의 층을 말함. 재료로는 일반적으로 공기를 잘 통과시 키지 않는 할로겐화 부틸고무(X-IIR : halogenated isobutylene-isoprene rubber)가 사용되고 있다.

이너 레이스 [inner ball race] 볼 베어링이나 니들 베어링, 구름 베어링으로서 볼이나 니들을 끼우는 안쪽 바퀴를 말함. 바깥쪽 바퀴를 아웃 레이스라고 부름.

이너 미러 [inner mirror] 운전자 좌석 앞에 있는 백미러를 '인사이드 미러'라고도 함. 판유리에 금속의 반사막을 붙인 것으로 야간 운행시 현란함을 방지하기 위하여 반사율을 40~50%로 억제한 크롬 거울이 많다.

이너셔 [inertia] 관성(慣性). 정지하고 있는 물체가 외부로부터 힘이 작용하지 않는 한 움직이지 않지만 운동하고 있는 물체가 외부로부터 힘을 받지 않고도 그 운동을 계속하고자 하는 성질. 물리에서는 이것을 「관성의 법칙」 또는 「운동의 제1법칙」이라고 함.

이너셔 로크 형식 [inertia lock type] 관성 고정형. 이너셔는 '관성, 타성, 탄력', 로크는 '맞물려서 움직이게 하다, 붙잡다'의 뜻. 이너셔 로크 형식은 동기되지 않으면 기어가 물려지지 않으므로 변속이 정숙하게 이루어지는 형식으로서 관성 고정형이라고도 한다. 클러치 페달을 밟고 변속 레버로 싱크로 나이저 허브를 이동시켜 싱크로나이저 링을 기어의 콘(cone) 부에 압착시키므로 동기작용(원주속도를 일치시키는 작용)이 되어 변속이 이루어진다.

이너셔 로크 형 싱크로메시 [inertia lock type synchromesh] ⇨ 보그 워너 타입 싱크로메시(borg-Warner synchromesh).

이너트 가스 [inert gas] ⇨ 불활성 가스.

이니셜 [initial] 영어로 '최초'라는 뜻으로 스프링과 댐퍼로 된 서스펜션 유닛에 미리 힘을 가하여 압축상태로 되어 있는 것을 말한다. 고정 상태에서의 반발력을 이니셜 하중 [세트(set)하중], 힘을 가하지 않는 상태에서의 줄어든 양을 이니셜 세트량, 이니셜 하중이나 세트량을 어떤 값에 조정하는 것을 이니셜 조정이라고 함.

이니셜 차지 [initial charge] 축전지를 개조한 후 최초 전해액을 넣고 음극판을 활성화시키는 충전을 말한다. ⇨ 초충전.

2단 감속 방식 [二段減速方式] OHC 엔진에서는 크랭크 샤프트의 회전수를 절반으로 감속하여 캠 샤프트를 회전할 필요가 있으나, 쌍방의 샤프트를 타이밍 체인이나 타이밍 벨트로 직접 연결하지 않고, 그 사이에 감속용 아이들러 기어를 설치하여 2단으로 감속하는 것. 벨트 구동에서 크랭크 샤프트의 타이밍 풀리로 흡기 또는 배기용의 어느 한쪽 캠 샤프트를 구동하고, 다른쪽의 샤프트를 체인이나 기어로 구동하는 타입도 있다.

2단 스로틀 포지셔너 [2 stage throttle positioner] 2단 스로틀 포지셔너는 감속시에 스로틀 밸브가 급격히 닫히는 것을 방지한다. 기화기의 스로틀 포지셔너 포트와 1단 스로틀 포지셔너에 연결된 배큠 트랜스미팅 밸브의 배큠 릴레이에 의해 1단 스로틀 포지셔너를 천천히 작동시켜 스로틀 밸브가 천천히 닫히도록 한다. 또한 2단 스로틀 포지셔너는 에어컨 작동시에 2단 스로틀 포지셔너의 공기를 배출시켜 공회전 속도를 상승시키는 역할을 한다.

2단 초크 브레이크 시스템 [two-stage breaker system] 2단 초크 브레이크 시스템은 1단 초크 브레이커와 2단 초크 브레이커로 분류되는데 1단 초크 브레이커는 엔진 시동 후 혼합기가 너무 농후하여지는 것을 방지하기 위해 시동 후 흡기 다기관에 걸리는 진공에 의해 즉시 일정량의 초크 밸브를 연다. 2단 초크 브레이커는 냉간시 어느 정도 워밍업이 되면 초크 밸브를 2단계로 열어 공연비를 적절하게 조절하여 일산화탄소, 탄화수소량을 감소시킨다.

이로전 [erosion] 재료의 표면에 충격적인 힘을 받아 국부적인 손상을 입는 현상. 고체뿐 아니라 액체 중의 기포나 기체 중의 물방울 등의 충돌에 의하여 발생할 수도 있음. 커로전(부식)과 유사한 뜻의 용어이지만 이로전은 단독으로 발생하는 일이 드물며 기체나 액체에 의한 커로전을 수반하는 경우가 많다. 엔진의 냉각 계통에 발생하는 부식을 수반한 커로전을 이로전 커로전이라고 부름.

이론 공기량 [theoretical amount of air] 연료의 조성(造成) 및 연소의 방정식에 의해서 계산된 연료를 완전 연소시키는 데 필요한 최소의 공기량을 말한다.

이론 공연비 [stoichiometric ratio] 연료가 완전연소되기 위한 이론상 필요한 공기와 연료의 중량비(空燃比). 엔진에 사용되는 연료는 각종 탄화수소의 혼합물로서 연료에 따라 비중이 다르므로 이론상 공연비도 변하며 가솔린의 경우 14.7:1이다.

이론 열효율 [theoretical thermal efficiency] 이론 계산상의 열효율로서 엔진에 공급된 열량과 얻어진 열량(이론상 일)의 차이를 공급된 열량으로 나눈 것.

이론 일 [work] ⇨ 이론 열효율.

이론 평균 유효 압력 [theoretical mean effective pressure] 엔진의 1사이클로서 이론계산상 얻어지는 일을 행정 용적으로 나눈 것. ⇨ 평균 유효 압력.

이론 혼합비 [stoichiometric air-fuel ratio] ⇨ 이론 공연비.

이머전시 로 기어 [emergency low gear] 트럭이나 4륜 구동차의 1속(로 기어)을 말함. 트럭이 적차 상태에서 언덕길 출발시 혹은 4륜 구동차로 급커브나 진흙탕길을 주행할 때 등 큰 구동력이나 엔진 브레이크가 필요할 경우에 쓰인다. 더욱이 이런 자동차에서는 2단 기어로 출발한다. 이머전시는 비상사태의 뜻.

이미션 [emission, exhaust emission] 가스나 연기 등의 배출물을 뜻하며 자동차의 배기가스를 말함. 배기관에서 나오는 가스나 연기 외에 블로바이가스와 연료증발가스도 포함됨.

이미션 시스템 [emission system] 자동차에서 배출되는 가스를 정화하는 장치로서 블로바이가스, 연료 증발가스, 배기가스를 억제하여 대기의 오염을 방지하는 장치를 말한다. ① 블로바이가스는 엔진이 작동중에 실린더에 흡입하여 재연소시킨 후 방출시키기 위하여 설치된 PCV 파이프 및 호스, PCV 밸브 등을 말한다. ② 엔진이 정지된 후 연료의 증발가스가 대기 중으로 방출되는 것을 방지하기 위하여 설치된 캐니스터, PCSV, 볼 벤트 밸브, 퍼지 컨트롤 밸브 등을 말한다. ③ 배기가스 속에 포함된 인체에 유해한 가스를 무해한 가스로 환원시키거나 감소시키기 위해서 설치된 EGR 밸브, 촉매 변환기, 2차 공기 공급장치 등을 말한다.

이미션 컨트롤 디바이스 [emission control device] 디바이스는 장치로서 이미션 컨트롤 시스템을 구성하는 장치 또는 장치의 일부나 부품을 가리키는 용어.

이미션 컨트롤 시스템 [emission control system] 배출가스를 정화하는 시스템. 자동차의 배출가스를 정화하는 배기가스 정화장치, 블로바이가스 환원장치, 연료증발 가스 배출억제장치의 총칭. 이미션은 '발산, 방산'을 뜻한다.

이미지 스케치 [image sketch] 자동차의 외관이나 내장 등의 디자인을 행함에 있어서 디자이너가 자유로운 발상으로 자동차의 개념도에 자신의 아이디어를 가하여 시각화한 것.

이미터 [emitter] 이미터는 트랜지스터에서 캐리어를 주입하는 전극으로서 PNP형 트랜지스터는 전류가 들어가지만 NPN형 트랜지스터는 전류가 나오는 단자이다.

이배큐에이트 [evacuate] 진공 펌프를 사용하여 공기 및 수분을 에어컨의 냉동 시스템으로부터 뽑아낸다. 냉동 시스템의 부분품을 탈거 교체할 경우에 필요함.

이배퍼 이미션 〔evaporative emissions〕 연료증발가스를 말함. '이배퍼'
는 이배퍼레이티브를 줄인 것이며, 이미션은 방출한다는 뜻이다.

이배퍼레이터 〔evaporator〕 에어컨에서의 증발 잠열을 차실 내에서 흡
수하여 실내 공기를 차갑게 하는 증발기를 말한다. ⇨ 증발기.

이분할 림 〔divided type rim〕 휠(wheel)의 일종으로서 강판을 프레스
가공하여 림과 디스크를 일체로 제작한 다음 2매를 합쳐서 볼트와 너
트로 고정한 것. 기호 DT로 표시하며 경자동차나 산업자동차에 많이
사용된다.

이뿌리 원 〔tooth circle〕 기어 이 뿌리를 연결하는 원.

이상 연소 〔abnormal combustion〕 가솔린 엔진의 폭발 행정에서 발생하
는 불완전 연소 상태의 총칭. 연소 상태에 따라 자세히 분류하면 프리
이그니션, 표면 착화 등 여러가지 현상이 있다.

이상 제동력 배분 〔理想制動力配分〕 ⇨ 제동력 배분.

이소 〔iso〕 그리스어로 '같은'이란 뜻으로서 이성체(異性體)를 나타낸
다. 주로 학술용 명사 또는 형용사에 사용된다.

이소시안산 〔isocyanate〕 시안계(系)의 화합물로서, 우레탄계 도료의
경화제(硬化劑)로 사용됨. 인체에 유해하므로 취급시에는 안전 및 위
생면에서 세심한 주의를 요함.

이소옥탄 〔iso octane〕 앤티 노크성이 뚜렷한 가솔린 엔진의 연료로서
내폭성이 큰 성분을 말한다.

2속 오토매틱 〔second speed automatic〕 D 레인지와 L 레인지의 2단이
선택 가능한 자동변속기. 경자동차나 일반적인 자동차에서는 오토매틱
트랜스미션의 가격이 자동차에서 차지하는 비중이 높기 때문에, 원가
절감을 위하여 손쉬운 오토매틱 기구를 그 수단으로 삼아, 2속식의 것
이 사용되고 있다. 풀, 세미 모두 2속 오토매틱이 있다.

이스커천 〔escutcheon〕 다른 부분을 가리기 위해 사용되는 패널 또는
부품.

20시간율 〔20 hour rate〕 점등 용량(點燈容量). 20시간율은 축전지를 일
정한 전류로 방전하였을 경우 방전 종지 전압(1.75V)으로 강하될 때
까지 방전할 수 있는 전류의 총량을 말한다. 또한 자동차의 점등장치
와 같은 전기 부하에는 보통 10A 정도의 전류가 흐르므로 20시간 방
전율로 표시되는 Ah 용량을 점등 용량이라고도 한다.

25 A율 〔25 Ampere rate〕 25A율은 80°F에서 25A의 전류로 연속 방전
하였을 경우 방전 종지전압(1.75V)으로 강하될 때까지 방전할 수 있
는 시간을 말한다.

2점식 시트 벨트 [lap belt] 시트 벨트에서 허리의 좌우 2점을 지지하는 형식. 랩벨트라고도 함. 랩은 걸터앉은 자세에서 허리로부터 무릎까지의 부분을 말함.

2.5 박스 [2.5box] 차실을 하나의 상자(박스)로 보고, 여기에 트렁크 룸과 보통의 절반 정도 크기의 아담한 엔진 룸이 설치된 자동차를 말함. 3박스의 승용차에서 엔진룸이 작은 자동차를 이렇게 표현할 경우가 있음.

이젝터 [ejector] ① 압력이 있는 공기, 증기, 물을 노즐로부터 분사시켜 주위의 증기나 물을 배출하거나 응축시키는 장치를 말한다. ② 건설기계의 스크레이퍼 보울에 설치되어 토사를 밀어내는 장치를 말한다. ③ 진공 배력장치에서 흡입 다기관의 진공도를 이용하기 위하여 스로틀 보디에 설치되어 제동시에 액셀러레이팅을 놓으면 작동되어 배력장치 내의 진공력을 크게 하는 장치를 말한다.

이중 레버 기구 [double lever mechanism] 4절의 회전 기구에서 중간 링크를 고정하고 움직이면 긴 링크 2개가 왕복 각 운동을 하는 기구를 말한다.

2중 스프링 [double spring] 밸브 스프링에서 고유 진동수가 다른 2개의 스프링을 짝지은 것으로서 서징현상을 방지하기 위해 사용한다. ⇨ 밸브서징.

이중 크랭크 기구 [double crank mechanism] 4절의 회전 기구에서 가장 짧은 링크를 고정하고 움직이면 긴 링크 2개가 회전 운동을 하는 크랭크 기구를 말한다.

이중물림 방지장치 [interlock] ⇨ 인터로크.

이지 액세스 도어 [easy access door] '이지 액세스'란 출입하기 쉬운 것을 영어로 말한 것으로 도어 개폐 기구의 하나. 도어를 열면 문 전체가 앞으로 이동하여 타고 내림을 용이하게 한 것.

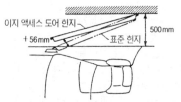

2차 감압실 [secondary chamber] 2차 감압실은 1차 감압실에서 0.3kg /cm²로 감압된 LPG를 대기압에 가깝도록 감압하여 기체 상태의

LPG로 변환한다. 엔진이 회전하면 믹서의 벤투리부에서 발생된 부압에 의하여 2차 다이어프램이 잡아 당겨짐과 동시에 2차 페이스 밸브가 열려 2차 감압실에 LPG가 유입되어 감압한다. 엔진이 정지하면 진공로크 다이어프램 스프링 장력에 의해 2차 페이스 밸브를 닫아 LPG의 유입을 차단한다.

2차 공기 공급장치 [secondary air supplier] 배기관에 신선한 공기를 보내어 배기가스 중에 포함되는 유해한 탄화수소(HC)와 일산화탄소(CO)를 연소시켜, 무해한 수증기(H_6O)와 이산화탄소(CO_6)로 바꾸기 위한 시스템. 엔진에 혼합기로서 흡입되는 공기를 1차로 생각하고, 배기관에 공급되는 공기를 2차로 하는 것으로, 펌프에 의하여 공기를 주입하는 에어 인젝션 시스템과, 배기 맥동을 이용하여 공기를 흡입하는 에어 석션 시스템이 있다. 영어의 머리 글자를 인용하여 SAS라고도 하며, 서멀 리액터 또는 애프터 버너라고도 한다.

2차 공기 도입장치 [二次空氣導入裝置] ⇨ 에어 석션 시스템.

2차 공기 분사장치 [二次空氣噴射裝置] ⇨ 에어 인젝션 시스템.

2차 분사 [二次噴射] 디젤 엔진에서 연료를 분사한 직후에 다시 노즐이 열려 분사가 이루어지는 현상. 분사에 의하여 분사관 내에 주기적인 압력 변화(맥동)가 생겨 발생하는 것으로서, 배기가스 중의 HC가 증가하여 배기온이 상승하고, 연비가 악화됨.

2차 전지 [secondary cell] 2차 전지는 화학적 에너지를 전기적 에너지로 변환시켜 외부의 회로에 전원을 공급하기도 하고 방전되었을 때 외부의 전원을 공급받아 전기적 에너지를 화학적 에너지로 바꾸어 전기를 저장할 수 있는 전지로서 일반적인 축전지라고 부른다.

2차 충돌 [二次衝突] 자동차가 가드레일 또는 다른 자동차 등과 충돌하고, 그 충격에 의하여 승객이 스티어링 앞유리 등과 충돌할 경우, 맨처음의 충돌을 1차 충돌, 두번째 충돌을 2차 충돌이라고 한다. 1차 충돌에서는 주로 자동차의 손상이, 2차 충돌에서는 주로 승객의 부상 정도가 문제가 됨.

2차 피스톤 [secondary piston] ⇨ 1차 피스톤.

2층 흡기 방식 [二層吸氣方式] 엔진의 흡기 방식의 하나로서, 두 흡기구로부터 농도가 다른 혼합기를 따로따로 공급하는 것. ROSCO 시스템 또는 SCRE 방식이 그 예임.

이코노마이저 [economizer] 가솔린 엔진의 기화기에서 부분 부하시에는 경제적인 혼합기를 공급하고, 고출력시에는 일시적으로 농후한 혼합기를 공급하는 장치를 말한다.

이코노마이저 밸브 [economizer valve] 가솔린 엔진의 기화기에서 고속 전부하 운전 상태에 따라 메인 노즐에 공급되는 연료량을 증감시키는 밸브로서 파워 밸브를 말한다.

이코노마이저 제트 [economizer jet] 이코노마이저 제트는 엔진이 고속으로 회전할 때 농후한 혼합기를 공급하여 연소 온도를 낮게 하므로 이상 연소를 방지하는 제트다.

이코노미 런닝 시스템 [economy running system] 이코런 시스템이라고 불리우는 엔진의 자동정지와 시동장치를 말함. 신호대기 등 정차 시간이 긴 시내 주행에서 연비 향상을 목적으로 개발된 엔진이다. 자동차가 정차하면 엔진이 자동적으로 꺼지고 액셀을 깊이 밟으면 시동되도록 한 것. 1981년에 일본에서 제품화되었으나 그 후 사용되지 않음.

이코런 시스템 [eco-run system] ⇨ 이코노미 런닝 시스템.

이퀄라이저 [equalizer] 주차 브레이크의 부품으로 브레이크 레버 조작력을 좌우 뒷바퀴에 균등하게 배분하는 장치. 이퀄라이저는 같게 한다는 뜻.

이형(異形) 헤드 램프 일반적으로 헤드 램프라고 하면 종전에는 둥근 것이 태반이었으나, 보디가 다양해짐에 따라 그것에 맞는 헤드 램프가 장착하게 되었다. 그러므로 그 자동차에만 부착되는 특별한 형을 이형 램프라고 부르고 있다. 공기저항을 적게 하기 위하여 램프가 부착되는 그릴 높이가 작아지는 경향에 따라 이형 램프의 사용이 많아지고 둥근 램프의 사용이 줄어 들고 있다.

익센트릭 [eccentric] 회전 운동을 왕복 운동으로 바꾸는 데 사용되는 축의 오프셋된 부분. 캠이라고도 한다.

익센트릭 샤프트 [eccentric shaft] 로터리 엔진에서 회전력을 얻는 축으로 로터-베어링과 접합되는 로터 저널부와, 사이드 하우징의 메인 베어링에 지지되는 메인 저널부로 되어 있다. 회전 운동에 의한 관성력과 균형을 잡기 위한 평형추가 설치되어 있다. 또 출력축의 전단에는 V벨트를 구동하기 위한 풀리가 있고, 후단에는 플라이 휠이 조합되어 있다.

익스터널 컨트랙팅 브레이크 [external contracting brake] 대형 자동차의 주차 브레이크, 자동 변속기의 프런트 및 리어 브레이크 등과 같이 드럼 주위에 감겨진 밴드를 잡아당겨 조이는 상태로 제동력을 발생하는 외부 수축식 브레이크를 말한다.

익스텐션 [extension] '늘리다' 라는 뜻. 부품의 일부를 늘리거나 잇거나 하기 위한 부품을 말함.

익스텐션 바 [extension bar] 볼트나 너트가 깊은 곳에 있을 때 핸들과 소켓 렌치를 연결하는 공구이다.

익스텐션 하우징 [extension housing] 익스텐션은 늘린 부분, 하우징은 기계 등의 덮개 또는 케이스의 뜻으로서 FR차에서 트랜스미션 케이스 뒤에 설치되어 아웃 풋 샤프트(변속기의 출력축)를 덮고 있는 커버를 말함. 리어커버라고도 부름.

익스티어리어 [exterior] 자동차의 외관을 말함. 내장을 뜻하는 인테리어와 대조적으로 쓰이는 용어.

익스팬더 [expander] 익스팬더는 '넓히는 것, 확장하는'의 뜻으로서 브레이크 휠실린더 내에 피스톤 사이에 설치되어 제동력을 발생할 때 유압에 보조력을 발생하는 스프링을 말한다.

익스팬딩 브레이크 [expanding brake] 브레이크 드럼 내부에 슈를 설치하여 브레이크 페달을 밟았을 때 브레이크 슈가 바깥쪽으로 벌어지면서 드럼에 접촉되어 제동력을 발생하는 내부 확장식 브레이크를 말한다.

익스팬션 스트로크 [expansion stroke] 혼합기가 연소하여 팽창하는 행정으로서 열에너지를 기계적 에너지로 변화시키는 폭발행정 또는 동력행정을 말한다.

익스팬션 체임버 [expansion chamber] 팽창실. 2행정 엔진의 배기관은 럭비공같은 모양으로 되어있다. 배기가스의 압력 변동을 이용하여 연소실에서 연소가스를 따라 나가려고 하는 새로운 가스를 밀어서 되돌리는 역할을 하는 것.

익스팬션 탱크 [expansion tank] 자동차 라디에이터에 있는 탱크로서, 가열된 냉각액이 팽창할 수 있는 공간을 제공하고, 냉각액에 섞여 있는 공기를 방출할 공간을 제공한다. 또한, 팽창으로 인해 연료가 탱크로부터 흘러나오는 것을 방지하기 위하여 일부 연료 탱크에 사용되는 유사한 탱크 ⇨ 리저버 탱크.

인 [phosphorus] 비금속의 원소로 기호는 P를 사용한다. ① 인회석, 남철광에 코크스와 규석을 섞어 전기로에 의해 석출하며 공기중에서 발화하기 쉬워 성냥, 비료, 살충제 등에 사용된다. ② 탄소강에 함유되어 강의 경도와 강도를 증가시키며 가공시 균열을 일으키고 상온의 취성이 발생된다. 강의 결정립을 거칠게 하고 기공이 없는 주물을 만들 수 있다.

인가 전압 [applied voltage] 전기 회로의 단자간에 공급되는 직류, 교류 의 공급 전압 또는 전원 전압을 말한다.

인간공학 [human engineering] ⇨ 에르고노믹스 디자인.

인덕션 모터 [induction motor] ⇨ 유도 전동기.

인덕션 스트로크 [induction stroke] ⇨ 흡입 행정.

인덕션 커런트 [induction current] ⇨ 유도 전류.

인덕션 코일 [induction coil] ⇨ 점화 코일.

인덕션 포트 [induction port] ⇨ 인테이크 포트(intake port).

인덕터 [inductor] 전기 회로에서 인덕턴스를 얻기 위한 목적으로 이용 되는 부품으로서 한 개 또는 여러 개의 코일로 구성되어 있다.

인덕턴스 [inductance] ① 전류를 코일에 흐르게 하면 자력선이 발생되 고 전류를 증감하면 자력선의 발생도 증감되면서 자력선의 변화가 역 방향으로 생겨 주위의 코일에 기전력이 발생된다. 코일에 발생되는 기 전력은 전류의 증감을 방해하는 전류로서 이 작용을 자기 유도라 하며 자기 유도의 정도를 자기 인덕턴스 또는 간단하게 인덕턴스라 한다. ② 하나의 회로 안에서 단위 시간에 전류의 세기가 변화할 때 그 회로 또는 가까이 있는 다른 회로 안에 발생되는 기전력과 전류가 변화하는 속도와의 비를 말한다.

인디케이터 [indicator] ① 지침에 의하여 계량 또는 계측을 하는 계기 의 총칭으로서 작동 또는 결과에 대응하여 소정의 상태로 세트되거나 기록되는 신호, 표시 또는 장치를 말한다. 고장의 상태가 어떤 기계 중 에 생기고 있는가 없는가를 지시하는 것을 체크 인디케이터라 한다. ② 내연기관, 공기 압축기 등에서 피스톤의 위치와 실린더 내의 압력 변화와의 관계를 그래프로 나타내는 지압계(指壓計)를 말한다.

인디케이터 다이어그램 [indicator diagram] 인디케이터를 사용하여 왕 복 기관의 실린더 내 압력이 피스톤의 이동에 따라 체적이 변화하는 모양을 그린 선도로서 지압선도 또는 PV선도라 한다. ⇨ 지압선도.

인디케이터 램프 [indicator lamp] 인디케이터라는 것은 표시라는 의미 이며, 오일램프나 차지램프와 같이 정보를 알리는 역할을 하는 램프를 인디케이터 램프라고 한다.

인디케이티드 마이크로미터 [indicated micrometer] 인디케이터가 내장 되어 측정물에 마이크로미터를 접촉시킬 때 측정력을 일정하게 유지하 기 위하여 제작된 특수 마이크로미터를 말한다.

인디케이티드 호스 파워 [indicated horse power] ⇨ 지시 마력.

인디펜던트 서스펜션 [independent suspension] ⇨ 독립현가장치.

인라인 [inline] ① 일직선으로 연결되어 작동하는 장치나 기기를 말한다. ② 데이터 처리에 있어서 미리 분류하지 않고 손에 닿는 대로 직접 처리하는 것을 말한다.

인라인 방식 [inline system] 데이터가 발생되는 즉시 입력하여 데이터를 처리하는 컴퓨터의 형식으로서 자기 드럼이나 자기 디스크에 의해 실시된다.

인라인 형 [inline type] 동력 조향장치에서 스티어링 기어 하우징과 볼 너트를 직접 동력 실린더로 이용하여 보조력을 얻는 장치를 말한다. ⇨ 일체형.

인렛 매니폴드 [inlet manifold] ⇨ 인테이크 매니폴드(intake manifold).

인렛 밸브 [inlet valve] ⇨ 인테이크 밸브(intake valve).

인렛 스트로크 [inlet stroke] ⇨ 흡입 행정.

인바 [invar] 불변강. 철 60%, 니켈 36%의 합금 ⇨ 인바 스트럿 피스톤(invar strut piston).

인바 스트럿 피스톤 [invar strut piston] 엔진에 쓰이는 피스톤의 일종으로서 인바라고 불리우는 철과 니켈 합금을 핀보스의 지지(스트럿)나 스커트 내에 링으로 일체 주조한 것. 인바는 불변강이라고도 하며 열에 의한 선팽창 계수가 철의 $1/10$이며 온도에 관계없이 대부분 일정한 피스톤 간극을 유지할 수 있고 열팽창이 적은 피스톤을 만들 수 있다.

인바강 [invar steel] 니켈, 탄소, 망간의 합금강으로 열팽창이 적어 줄자, 피스톤의 보강재료, 시계의 진자. 바이메탈 등에 사용된다.

인발 [drawing] 다이(die)에 소재를 통과시켜 기계력에 의해 잡아당겨 단면적을 줄이고 길이 방향으로 늘리는 가공으로 다이 구멍의 형상과 같은 단면의 봉, 파이프, 선 등을 만드는 작업.

인버스 커런트 [inverse current] 제너 다이오드에서와 같이 역방향으로 전류가 흐르는 것으로서 음극에서 양극으로 흐르는 역방향 전류를 말한다.

인버전 [inversion] ① 정류의 반대로 직류를 교류로 역변환(逆變換)하는 것을 말한다. ② 광학적인 활성 물질이 화학 조성을 바꾸지 않고 반대의 회전 효과를 가진 것으로 변환되는 것을 말한다. ③ 자계의 영향에 의해 반도체 내부의 표면 가까이에 반전층(反轉層)이 형성되는 현상을 말한다.

인버터 [inverter] ① 직류 전력을 교류 전력으로 변환하는 장치를 말한다. ② 입력 신호의 극성을 반전(反轉)하여 출력하는 회로로서 NOT 논리 회로를 말한다.

인벌류트 곡선 [involute] 예컨대, 원통에 감은 실을 풀 때 실의 끝이 그리는 곡선을 인벌류트 곡선, 신개선(伸開線) 또는 점개선(漸開線)이라 한다. 인벌류트 기어의 치형으로 이용됨.

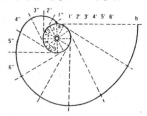

인벌류트 기어 [involute gear] 치형(齒形)에 인벌류트 곡선을 사용한 기어. 맞물린 기어의 중심간 거리가 다소 변화하여도 속도비가 일정하게 유지할 수 있다는 특징을 가짐. 똑바른 날의 공구로 쉽게 가공할 수 있으므로 대부분의 기어는 이 형태로 만들어진다.

인벌류트 치형[involute tooth] ⇨ 스플라인(spline).

인베스트먼트법 [investment casting] 왁스와 같은 재료로 모형을 만들어 내화 물질을 바른 다음 용융된 내화성 주형재를 부착시켜 응고시킨다. 이것을 가열하면 왁스가 녹아서 흘러내려 중공(中空)의 주물이 된다. 주형에 쇳물을 주입시켜 주물을 만드는데 칫수가 매우 정확하고 표면이 깨끗하며 복잡한 형상의 제품을 만들기가 쉽다.

인보드 로터 [inboard rotor] AC 발전기의 로터와 같이 로터의 중심이 2개의 베어링으로 지지하는 중심에 오도록 설치된 로터를 말한다.

인보드 브레이크 [inboard brake] 주로 레이싱카 뒷바퀴에 채용되는 브레이크 시스템으로서 보드는 자동차의 측면을 가리키며, 차체 내에 디스크 브레이크를 배치한 것. 휠에서 브레이크 시스템을 제거하므로써 스프링 밑 하중을 경감하고, 조정성 향상을 겨냥한 것. ⇔ 아웃 보드 브레이크(outboard brake).

인보드 조인트 [inboard joint] ⇨ 아웃 보드 조인트(outboard joint).

인사이드 미러 [inside mirror] 운전자 전방에 설치되어 있는 실내 백미러. ⇨ 이너 미러(inner mirror).

인서트 [insert] 인서트는 '끼워넣다, 삽입하다'의 뜻. ① 변속기에 설치되어 동기작용을 도와주는 싱크로나이저 키를 말한다. ② 성형품 사이에 삽입된 금속이나 재료를 말한다. ③ 부품의 일부로서 수명이 짧은 부분만을 교환식으로 바꿔 끼울 수 있도록 만들어진 실린더 라이너. 밸브 시트링, 밸브 가이드, 엔진 베어링 등을 기계적인 용어로서 일컫는 말이다.

인성 [靭性 ; toughness] 끈기가 있고 질긴 성질. 금속에 굽힘이나 비틀림을 반복하여 가할 때 외력에 저항하는 성질. ⇔ 취성(脆性).

인쇄회로 [printed circuit] 절연기판에 일정한 모양으로 전도성 물질을 발라 만든 전기회로로서 기판에 장착 또는 연결된 부분품 사이에 전류의 경로를 제공함.

인슐레이션 [insulation] 전기의 전달(전기절연재) 또는 열의 전달(단열재)을 차단하는 단열재.

인슐레이션 레지스턴스 [insulation resistance] 절연체에 전압을 가하였을 때 나타나는 저항으로서 절연 전선, 모터의 코일 등에 대해 표면과의 사이에 존재하는 전기 저항을 말한다.

인슐레이터 [insulator] 애자(碍子). 열이나 진동, 전기 등을 차단하는 단열, 방진, 절연 작용을 하는 것의 총칭. 기화기나 배기관 사이에 끼워지는 히트 인슐레이터, 엔진과 보디 또는 프레임 사이에 놓여지는 인슐레이터(엔진 마운트) 등 자동차에는 많은 인슐레이터(碍子)가 쓰여지고 있다.

인슐레이티드 개스킷 [insulated gasket] 가솔린 엔진에 사용하는 연료의 증발을 방지하기 위하여 연료 펌프와 실린더 헤드의 접촉부 또는 기화기의 스로틀 보디와 흡기 다기관의 접촉부에 설치되어 실린더 헤드에서 전달되는 열을 차단하는 개스킷을 말한다.

인슐레이티드 와이어 [insulated wire] 철사를 전선으로 사용할 때 외부와의 접지 및 단락을 방지하기 위하여 전기적 절연 피복을 입힌 전선을 말한다. 절연선(絶緣線)의 종류로는 면(綿)절연 전선, 고무 절연 전선, 비닐 절연 전선 등이 있다.

인슐레이팅 머티어리얼 [insulating material] 열 및 전기의 전도율이 작은 절연재로서 열과 전기의 흐름을 방지 또는 차단하는데 사용하는 재료를 말한다.

인슐레이팅 테이프 [insulating tape] 전선의 접속부를 절연하기 위하여 사용하는 전기 절연용 테이프로서 플라스틱 테이프와 고무 테이프의 2종류가 있다.

인스톨 [install] 자동차의 일부분이 아니었거나 자동차에 부착되어 있지 않았던 부품, 액세서리, 옵션, 키트 등을 설치하는 일.

인스트러먼트 [instrument] 인간의 기능을 확대하기 위한 보조장치나 보조 기구로서 일을 하지 않는 장치 또는 도구를 말한다. 자동차에서는 인스트러먼트 패널에 설치되어 있는 계기를 말한다.

인스트러먼트 램프 [instrument lamp] 인스트러먼트 패널을 조명하기 위해 설치된 계기등을 말한다.

인스트러먼트 보드 [instrument board] ⇨ 인스트러먼트 패널.

인스트러먼트 클러스터 [instrument cluster] 인스트러먼트는 계기, 클러스터는 유사품의 집합을 뜻하며, 인스트러먼트 패널에 미터류(콤비네이션 미터)의 주위를 둘러싸고 있는 부품.

인스트러먼트 패널 [instrument panel] 계기판. 인스트러먼트는 계기, 패널은 제어판을 뜻함. 약해서 패널. 영국에서는 대시보드, 미국에서는 대시패널이라고 부름. 합성수지의 성형품이 대부분이며 미터류나 스위치가 들어있는 부분뿐 아니라 오디오 시스템이나 에어컨 유닛 등의 부착 장소도 포함해서 말하며, 패드로 감싸져 있는 것이 보통이다.

인스트럭션 [instruction] 자동차의 취급 설명서(取扱說明書), 지시서(指示書), 지도서(指導書) 등을 뜻한다.

인스트럭션 시트 [instruction sheet] 작업 방법, 작업 시간, 생산 수량, 기계 설비, 공구의 종류와 조작 등을 기록한 지도표(指導票)를 말한다.

인스펙션 [inspection] 자동차의 각 장치에 대한 성능을 점검하거나 검사하는 것을 말한다.

인스펙션 해머 [inspection hammer] 부품의 균열 여부, 볼트의 체결 여부를 음향으로 검사하기 위하여 가볍게 타격하는 테스터 해머를 말한다. 청음(淸音)이 발생하면 정상이고, 탁음(濁音)이 발생되면 균열이나 볼트가 풀린 상태이다.

인스펙트 [inspect] 구성품 또는 시스템의 표면, 상태, 기능 등이 정상인지를 점검하는 것.

인장 [tension] 잡아당기거나 팽팽하게 하는 것.

인장 강도 [引張強度 ; tensile intensity] 인장력에 견딜 수 있는 강도. 인장 시험 결과 인장력에 의해 시험편이 절단되었을 때 최대 하중을 처음 시험편의 단면적으로 나눈 값으로 단위는 kg/mm^2를 사용한다.

인장 동력계 [tension dynamometer] 견인력(牽引力)을 측정하는 동력계를 말한다.

인장 섀클 [tension shackle] 인장 섀클은 프레임에 스프링을 U 자형으로 구부려 행어를 만들고 여기에 섀클을 설치하여 진동을 받게 되면 인장력이 작용된다.

인장 시험 [引張試驗 : tensile test] 만능 재료 시험기. 인장 시험기를 이용하여 시험편에 인장하중을 작용시켜 절단될 때 하중에 대한 변형을 측정한다. 인장 시험은 재료의 인장 강도, 연신율, 탄성 한도, 항복점이 측정된다.

인장 응력 [tensile stress] 재료가 외력을 받아 축방향으로 작용하는 하중에 대해서 그 반대쪽으로 반발하는 힘을 말한다. 재료 내부에서 일어나는 응력.

인장 풀리 [tension pulley] 캠 축 구동방식에서 벨트 또는 체인 전동에는 적당한 장력을 유지하기 위해 크랭크 축과 캠 축의 중간 부분에 설치되어 있는 풀리로서 스프링의 장력으로 벨트나 체인을 누르게 되어 있다.

인장 하중 [tensile load] 축방향으로 잡아 당기는 듯이 작용하는 하중을 말한다.

인젝션 [injection] 인젝션은 '분사 또는 투입시키는 것'의 뜻으로서 가솔린 엔진의 인젝터, 디젤 엔진의 분사 노즐, 기화기의 가속 펌프 노즐에서 연료를 흡기 다기관 또는 연소실에 안개 모양으로 분사시키는 것을 말한다.

인젝션 노즐 [injection nozzle] 인젝션은 '분사', 노즐은 '끝이 가느다란 대롱, 주둥이'의 뜻으로서 연료를 분출하는 분사구를 말한다. 액체 또는 기체가 분사될 수 있도록 끝이 가늘게 된 모든 분출구를 노즐이라 한다.

인젝션 밸브 [injection valve] 디젤 엔진에 사용하는 구멍형 노즐, 핀틀형 노즐, 스로틀형 노즐에 설치되어 연료의 압력으로 분공을 개폐하는 니들 밸브를 말한다.

인젝션 카브레이션 [injection carburation] 카브레이터 대신에 인젝터를 설치하여 연료를 흡기밸브 부근이나 흡기 다기관에 분사하여 공기와 혼합되도록 한 다음 실린더에 흡입하는 가솔린 연료 분사 방식을 말한다.

인젝션 펌프 [injection pump] 각 실린더수에 해당하는 독립적인 펌프 엘리먼트가 설치되어 연료 공급 펌프에서 송출된 저압의 연료를 고압으로 바꾸어 분사 순서에 따라 각 실린더의 분사노즐에 연료를 분배하는 펌프를 말한다. ⇨ 연료 분사 펌프.

인젝터 [injector] ① 압력을 가진 액체를 노즐에서 분사시키는 장치. ② 디젤 엔진에서는 니들 밸브에 의하여 연료의 압력이 설정된 값에 도달하면 분사구가 열리고 연료를 분사하는 것이 보통이다. ③ 가솔린 인젝션에서 인젝터는 컴퓨터에서 보내오는 분사신호에 의해 연료를 분사하는 솔레노이드가 내장되어 있는 분사 노즐이다. 니들 밸브는 플런저와 일체로 되어 있어 인젝터에 분사 신호가 전달되면 전자석에 의해 플런저와 함께 당겨져 분공이 열리므로 연료가 분사된다. 연료의 분사량은 니들 밸브의 개방시간, 즉 솔레노이드 코일의 통전시간에 의해 결정된다.

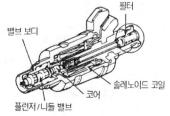

인젝터 노즐 [injector nozzle] 인젝터 선단의 분사구. 인젝션 노즐이라고도 함.

인젝터 선도 [injector line picture] 엔진의 성능을 나타내는 그림의 하나로서 운전중 엔진의 실린더 내의 압력과 체적의 관계를 나타내는 것.

인젝터 저항 [injector resistor] 인젝터 저항은 인젝터 코일에 흐르는 전류를 일정하게 유지하는 역할을 한다. 엔진의 회전 속도가 빠를 경우 인젝터 코일에 흐르는 전류의 흐름 시간이 길어 저항열이 발생되므로 전류가 적게 흐른다. 회전속도가 느리면 전류의 흐름 시간이 짧아 전류가 많이 흐르게 되어 인젝터의 성능이 저하된다. 이러한 현상을 방지하기 위해 20℃에서 6Ω의 저항을 설치한다.

인청동 [燐靑銅 : phosphor bronze] 청동(구리+주석)에 인을 0.05~0.5% 혼합한 합금강으로 베어링, 밸브 시트에 사용하며 탄성, 내식성, 내마멸성이 크다.

인치 나사 [inch thread] 나사의 피치를 1인치당 나사산의 수로 나타낸 것으로서 휘트워드 나사, 유니파이 나사 등이 이에 속한다.

인치사이즈 공구 [inch-size tool] 볼트 · 너트에는 밀리미터 규격의 것과 인치 규격이 있으며, 복스 렌치 및 스패너는 각각의 규격에 맞는 것

외에는 사용할 수 없다. 인치 규격의 공구는 치수 표시가 3/8이라든가 1/2과 같이 분수로 표기되어 구별된다. 1인치는 약 25.4mm에 해당된다.

인컨데슨트 [incandescent] 인컨데슨트는 '백열의, 백열광을 내는'의 뜻으로서 물체가 매우 높은 고온으로 가열되면 백광(白光)을 발생한다. 이와 같은 상태가 되는 것을 백열(白熱)이라 한다.

인코넬 [inconel] 니켈에 크롬과 철을 혼합한 합금강으로서 내식성 및 내열성이 우수하며, 고온 강도에 잘 견디는 특성을 가지고 있다. 전열기(電熱器), 고온계(高溫計)의 보호관, 자동차 또는 항공기의 배기 밸브에 사용한다.

인터 로크 [inter lock] 이중물림 방지장치. 기어의 이중 교합을 방지하는 기구. 매뉴얼 트랜스미션에서 기어 변환시 기어가 이중으로 동시에 교합되는 일이 없도록 하기 위하여 핀이나 볼을 시프트 포크나 시프트 레일 사이에 넣어 동시 물림을 방지한다.

인터 로크 볼 [inter lock ball] 변속 기어의 이중 물림을 방지하는 볼. ⇨ 인터 로크.

인터 로크 핀 [inter lock pin] 변속 기어의 이중 물림을 방지하는 핀. ⇨ 인터 로크.

인터 쿨러 [inter cooler] 과급기가 부착된 엔진으로서 컴프레서와 흡기 매니폴드 사이에 설치되어 있는 공기를 냉각시키는 장치. 가솔린 엔진에서는 공기를 압축하면 온도가 상승함과 동시에 노킹이 발생하기 쉬우므로 이것을 냉각(인터쿨링)하여 공기 온도를 낮추면 노킹을 방지할 수 있다. 디젤 엔진에서는 공기밀도의 저하로 인한 출력 감소를 막기 위하여 이것을 냉각하여 밀도를 회복시킨다. 냉각 방법에 따라 공랭식 인터쿨러와 수냉식 인터쿨러가 있다.

인터널 기어 [internal gear] 기어 이가 축에 평행하게 만들어진 내접 기어로서 두축이 평행한 기어. 두 기어의 회전방향이 같고 감속비가 큰 경우에 사용한다. 자동차의 오일 펌프, 유성기어장치, 자동 변속기의 오일 펌프 등에 사용되고 있다.

인터널 레지스턴스 [internal resistance] 인터널은 '내부의, 안의'. 레지스터는 '저항, 반항'의 뜻으로서 전장품(電裝品)의 내부 저항을 말한다.

인터럽트 [interrupt] '저지하다, 차단하다'의 뜻. 점화장치 또는 조향장치에 설치되어 발광 다이오드에서 발생되는 빛을 차단하는 장치로 크랭크각 센서, 1번 실린더 TDC 센서, 조향각 센서 등에 사용된다.

인터링 부시 [intering bush] 서스펜션에 쓰이는 부시의 일종으로서 외통(外筒)과 내통(內筒)의 이중으로 만들어진 금속제의 부시 사이에 인터링이라고 불리우는 금속봉을 넣는 것

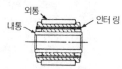

인터미디에이트 레버[intermediate lever] 주차 브레이크의 부품으로서 브레이크 레버의 조작력을 브레이크 본체에 전달하는 와이어 계통의 중간에 설치되어 있으며, 지렛대의 원리를 사용하여 조작력을 크게 하는 장치.

인터미디에이트 타이어 [intermediate tire] 인터미디에이트는 '중간적인'이라는 뜻이며 레이싱 타이어로서 습한 정도 또는 약간 물이 고인 노면을 주행하는 목적으로 만들어진 타이어.

인터미디에이트 플레이트 [intermediate plate] 트랜스미션 케이스와 익스텐션 하우징 사이, 즉 인터미디에이트(중간)에 놓여 있는 판. 아웃풋 샤프트와 카운터 샤프트를 지지하는 베어링이 설치되어 있다.

인터미디에이트 하우징 [intermediate housing] 2개 이상의 로터를 가진 로터리 엔진의 사이드 하우징으로서 각 로터의 칸막이로 사용되는 것.

인터미턴스 와이퍼 [intermittence wiper] 보통 와이퍼의 움직임은 비가 많이 내릴 때는 고속, 비가 보통으로 내릴 때는 저속이라는 2단계로 되어있다. 그러나 비가 적게 내릴 때 와이퍼가 계속 움직이고 있는 것보다 일시 정지했다가 간헐적으로 작동하는 와이퍼를 말한다. 최초에는 고급차에만 부착하였으나 현재는 일반화되었다.

인터미턴트 [intermittent] 인터미턴트는 '간헐적인, 때때로 중단되는'의 뜻으로서 와이퍼 스위치를 INT에 놓았을 때 윈드실드 와이퍼가 간헐적으로 작동하는 것을 말한다. ⇨ 간헐 와이퍼, 인터미턴스 와이퍼

인터미턴트 커런트 [intermittent current] 교류 전기 회로에 정류기를 1개 사용하여 반파 정류시켰을 때 맥동적으로 흐르는 전류(맥류 : 脈流)로서 형광등에 이용한다.

인터셉트 포인트 [intercept point] 터보 차저 엔진에서 액셀 전부하시 과급압 컨트롤이 시작하여 더 이상 과급압이 높아지지 않는 포인트. 이 때 엔진 회전수를 '인터셉트 포인트 회전'이라고 함. ⇨ 과급압 컨트롤.

인터쿨링 [intercooling] 차저쿨링이라고도 하며 터보차저에 쓰이는 용어로서 압축된 온도가 높아지고 밀도가 낮아진 공기를 냉각하는 것.

인터페이스 [interface] 경계면의 뜻으로 메커트로닉스에서 쓰이는 언어. 컨트롤러에서 액추에이터를 움직이게 할 때 마이크로 컴퓨터의 전기 신호가 액추에이터를 움직이는 신호로 변화하거나 센서에서의 신호를 처리하여 마이크로컴퓨터에 전달함과 동시에 미약한 신호를 증폭하는 등 서로 다른 것을 조화·작동시키는 장치.

인테리어 디자인 [interior design] 차실내 전체의 설계를 뜻함.

인테리어 볼륨 [interior volume] 객실과 화물실(인테리어)의 면적(볼륨)이라는 뜻으로 미국의 자동차 분류 방법의 하나. 1976년에 EPA(미국환경보호청)가 자동차 크기에 따라 연비의 규제를 제정하였으며, 그때 자동차의 등급을 분류하는 방법으로 객실과 화물실의 길이와 차폭 등에서 정해진 방식에 따라 계산 등급이 결정된다. 승용차는 6개의 등급이 있으며 작은 것부터 그 시트, 미니 컴팩트카, 서브 컴팩트카, 컴팩트카, 미드 사이즈카, 라지카로 되어 있다.

인테리어 스페이스 [interior space] 자동차 내부 공간. 승용차에서는 승객이 앉을 수 있는 실내(캐빈)의 크기를 말할 때가 많지만 화물실의 면적을 더할 경우도 있다.

인테이크 매니폴드 [intake manifold] 흡기 다기관. 매니폴드는 다기관, 즉 여러가지가 갈라져 있는 파이프의 뜻. 공기나 혼합기를 실린더에 혼합하는 파이프로서 주철이나강관 또는 알루미늄합금으로 만들어지며, 흡입 저항이 적고 각 실린더에 균등하게 배분되도록 구성되어 있다. 영어로는 「inlet manifold, induction manifold, suction manifold」라고도 부른다.

인테이크 밸브 [intake valve] 흡기 밸브. 혼합기나 공기를 엔진에 흡입시키기 위한 밸브. 특수강으로 만들어지며 밸브시트에 밀착하여 기밀을 유지하는 형태가 중요. 배기 밸브와 짝을 이루어 쓰인다. 인렛 밸브, 또는 흡기 밸브라고도 부름.

인테이크 사일런서 [intake silencer] 전자제어 연료 분사장치 엔진의 에어클리너에 설치되어 흡입되는 공기에 의해 발생되는 소음을 방지하는 장치를 말한다.

인테이크 셔터 [intake shutter] 운전중 디젤 엔진을 멈추는 장치의 하나. 인테이크 매니폴드 입구에 설치된 셔터를 닫아 공기를 차단하고 엔진을 멈춘다. 인테이크는 흡입하는 입구를 말함.

인테이크 스트로크 [intake stroke] ⇨ 흡입 행정.

인테이크 포트 [intake port] 흡기 구멍. 흡기 포트. 혼합기나 공기를 연소실에 흡입시키기 위한 구멍. 그 치수나 모양은 엔진의 흡입 효율에 큰 영향을 미치므로 포트 연마는 엔진튜닝의 시작이라고 말한다. 인덕션 포트라고도 부름.

딜리버리 밸브
인젝터
흡입밸브
인테이크 매니폴드
인테이크 포트

인테이크 히터 [intake heater] 디젤 엔진의 시동을 자연스럽게 하기 위해 시동시에 흡입될 공기를 덥혀주는 장치. 인테이크 매니폴드에 설치되어 있고 전열식과 버너로 가열하는 방식이 있으며 직접 분사식 엔진에 널리 사용된다.

인티그럴 [integral] 전체의 일부로서 내장된 부품.

인티그럴 타입 파워 스티어링 [integral type power steering] 파워 스티어링 형식의 하나로 조향 기어에 파워 실린더와 컨트롤 밸브가 조립되어 있는 것. 스티어링 샤프트로 컨트롤 밸브를 직접 움직이기 때문에 응답성이 좋고 완벽한 구조로 승용차에 많이 채용되고 있음.

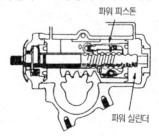

파워 피스톤
파워 실린더

인티그레이티드 서킷 [integrated circuit] 1개의 기판에 여러 개의 트랜지스터, 다이오드, 콘덴서, 저항 등의 회로 소자를 집적(集積)하여 고체화한 전기 회로로서 전압 조정기, 트랜지스터식 점화장치, 연료 분사장치 등에 사용되고 있다. ⇨ IC.

인패널 [instrument panel] ⇨ 인스트러먼트 패널.

인패널 린포스먼터 [instrument panel reinforcement] 계기판(패널)을 보강(포스)하는 것. 일반적으로 강관이 사용되고 있으며 스티어링을 지지하는 것이 주된 역할이다.

인패널 세이프티 패널 [inpanel safety panel] ⇨ 일체 발포 인패널.

인패널 클러스터 [instrument panel cluster] 미터류 주위를 둘러싼 부분을 말함. ⇨ 인스트러먼트 클러스터.

인풋 샤프트 [input shaft] 입력축. 트랜스미션, 디퍼렌셜 등 동력전달장치에 동력을 끌어들이는 축(軸).

인플레이터 [inflater, inflator] 부풀게 하는 것. 자동차에서는 타이어의 공기 주입기를 말할 때도 있지만 통상적으로 에어 백 시스템의 가스 발생장치를 말함. 점화장치에 의하여 가스 발생제(아질산나트륨이 일반적)를 순간적으로 연소시키고 질소가스를 발생시켜 에어 백을 부풀게 함.

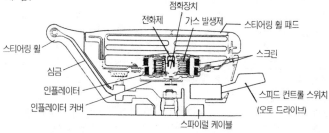

인화성 [引火性 ; inflammability] 낮은 온도에서도 쉽게 불을 당기어 불길이 일어나는 성질을 말한다.

인화점 [flash point] 불꽃을 접근시켰을 때 물건이 타기 시작하는 최저 온도. 액체나 고체의 표면에서 가연성 기체가 증발하기 시작하는 온도. 일정한 용기 속에 연료를 넣고 가열하면 증기가 발생되어 공기와 혼합된다. 이 때 혼합기가 가연 한계 내이면 불꽃에 의해 쉽게 인화되는데 이 때의 최저 온도를 말함. 가솔린의 인화점은 −42.8℃이고 경유는 69~88℃이다. ⇨ 발화점(發火点).

인히비터 [inhibitor] 인히비터는 '억제제(抑制劑), 억제하다, 방해하다' 의 뜻. ① 자동 변속기에 사용하고 있는 유압제지 밸브를 말한다. ② 액체에 미소한 양을 첨가함으로써 산화 부식을 억제하는 성질을 가진 물질을 말한다.

인히비터 밸브 [inhibitor valve] 자동 변속기의 작동에 있어서 거버너 압력에 의해 변속이 이루어지는 경우, 고속에서 저속으로 변속이 되는 것을 방지하는 밸브를 말한다.

인히비터 스위치 [inhibitor switch] 인히비터 스위치는 P 레인지와 N 레인지에서 기동 전동기가 작동될 수 있도록 회로를 연결함과 동시에, 신호를 컴퓨터에 입력하여 P 레인지와 N 레인지에서 알맞은 공전 속도가 되도록 공전속도 제어 서보를 조절한다. 또한 자동 변속기의 각 위치에 따른 12V 전압을 컴퓨터에 보낸다.

일 [work] 힘의 크기와 힘의 방향에서 이동거리의 곱으로 정의되는 것. 현재까지 일반적으로 kg·m로 나타냈지만 SI 단위에서는 힘 N(뉴톤) ×거리 m(미터)로 에너지와 같은 J(줄)로 나타낸다. 줄은 19세기 영국의 물리학자의 이름. 1kg·m=9.80665J.

1V [1 Volt] 1 볼트는 1옴의 도체에 1암페어의 전류를 흐르게 할 수 있는 전압을 말한다.

1A [1 Amper] 1 암페어는 도체의 단면에 임의의 한점을 매초 1쿨롱(2. 998×10⁹cm-g/sec esu의 전하)의 전하가 이동할 때 흐르는 전류의 크기이다. 이 때 전자는 매초 6×10^{18}개의 전자가 이동한다.

1옴 [1Ω] 1옴은 1 암페어의 전류를 흐르게 하는 1 볼트의 전압을 필요로 하는 도체의 저항을 말한다.

일드 포인트 [yield point] ⇨ 항복점.

일래스토머 [elastomer] 상온에서 고무 탄성을 나타내는 고분자 물질의 총칭. 고무 탄성은 물질이 작은 응력으로 크게 변형하며(저탄성률, 고신장률)열을 가하면 장력도 커지는(열탄성) 성질을 말함. 타이어나 웨더 스트립, 패킹 등에 쓰이는 합성고무가 대표적인 것.

일레븐 랩 패턴 [eleven laps pattern] 북미의 배출가스 시험 중 내구(耐久)시험에 쓰이는 주행 패턴으로서 정해진 주행법을 11회 되풀이 하는 것.

일레븐 모드 [eleven mode] 배기가스의 농도를 측정하기 위한 주행 패턴으로서 교외의 주택지에 사는 사람이 간선도로를 경유하여 시가지에 진입하려고 할 경우에 측정한다. 냉각된 상태의 엔진을 시동하여 25초

동안 공회전시키고 11의 모드(운전방법)를 4회 되풀이 하여 배출가스에 포함된 성분의 중량을 측정한다.

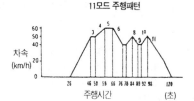

동안 공회전시키고 11의 모드(운전방법)를 4회 되풀이 하여 배출가스에 포함된 성분의 중량을 측정한다.

일렉트로 뉴매틱 서스펜션 [electro pneumatic suspension] 전자 제어 에어 서스펜션의 명칭.

일렉트로 라이트 [electrolyte] 물 등에 용해되어 전기 전도성을 가지게 하는 묽은 황산으로서 축전지의 전해액을 말한다. 전류를 흐르게 하면 전기 분해 현상을 일으키게 하는 물질.

일렉트로 루미너선스 [electro luminescence] 전장 발광. 형광체에 전장을 작용시켰을 때, 전장에 의하여 가속된 전자가 충돌하여 발광하는 현상. 이 현상은 미터류의 디스플레이에 이용되는 수도 있다.

일렉트로 마그넷 [electro magnet] 철심에 코일을 감고 전류를 흐르게 하면 자력을 발생하는 전자석(인공 자석)을 말한다. 전자력은 코일의 감은 수와 흐르는 전류에 비례한다.

일렉트로 모빌 [electro mobile] 전기적 에너지에 의해서 바퀴를 구동하여 주행하는 전기 자동차를 말한다. ⇨ 일렉트릭 모터 카. 전기 자동차.

일렉트로닉 이그니션 [electronic ignition] 점화장치의 1차 회로에 흐르는 전류의 단속을 접점 대신에 전자적으로 제어하는 점화장치를 총칭하는 용어이다.

일렉트로닉스 [electronics] 반도체 또는 진공이나 기체 속을 전자가 움직이는 것에 관하여 연구하는 전자 공학 또는 실용면에 응용하는 전자 응용 기술을 말한다.

일렉트로드 [electrode] ① 전류를 유입, 유출시키는 전극으로서 양극(陽極)과 음극(陰極)이 있다. 축전지의 전극, 진공관의 전극, 콘덴서의 전극, 다이오드의 전극, 트랜지스터의 전극 등 여러가지가 있다. ② 전기 용접이나 가스 용접에서 용접부에 용융시켜 첨가하는 용접봉으로서 피복 용접봉과 비피복 용접봉이 있다.

일렉트로크로믹식 방현 미러 [electrochromic type glare proof mirror] 방현미러의 거울면에 일렉트로크로믹을 사용하여 야간에 후속차에 의한 눈부심을 방지한 것. 일렉트로크로믹(electrochromic)에는 전압을 가하면 전기·화학적인 반응을 일으켜 빛의 투과도가 변화하는 성질을 가지고 있으며, 이 현상을 방현에 이용한 것.

일렉트론 [electron] ① 물질의 조성에서 가장 궁극적인 인자로서 일정한 부(負) 전하를 가지고 질량 효과를 주는 전자를 말한다. ② 마그네슘에 알루미늄과 아연을 합금한 것으로서 주조, 압연에 적합하여 자동차, 항공기 등에 사용된다.

일렉트릭 모터 카 [electric motor car] 연료의 열에너지를 이용하지 않고 전기적 에너지를 이용하여 주행하는 자동차로서 각 바퀴에 설치되어 있는 주행 모터에 축전지 전원을 공급하여 주행하는 자동차를 말한다. 무공해 자동차로서 축전지의 중량이 증가되고 운전 시간의 어려움이 많은 것이 단점이다.

일렉트릭 퓨얼 펌프 [electric fuel pump] ⇨ 전기식 연료 펌프.

일루미넌스 [illuminance] 피조면의 단위 면적이 단위 시간에 받는 빛의 양으로서 조도(照度)를 말한다. 실용 단위로는 럭스(lux) 포토 (photo)가 있다.

일루미네이션 [illumination] 조명 작용 또는 조명된 상태 등을 일반적으로 부르는 용어를 말한다.

일리미네이터 [eliminator] ① 전지에 의하지 않고 교류 전류에서 직접 전력을 얻는 장치로서 교류 전원으로부터 진공관에서 정류하여 직류 전원을 얻는 수신기나 전자장치를 말한다. ② 수분 분리기의 일종으로서 공기의 통로를 지그재그로 흐를 수 있도록 만들어 공기 속에 포함된 물방울을 분리하는 장치를 말한다. ③ 발전기의 브러시와 슬립링의 접촉부에서 발생되는 스파크 또는 배전기의 하이텐션 코드 등에서 발생되는 고주파 등을 흡수하여 라디오의 잡음을 방지하는 장치를 말한다.

일루미네이티드 엔트리 시스템 [illuminated entry system] 일루미네이트는 밝게 하는 것. 엔트리는 들어가다는 뜻으로서 야간에 도어의 손잡이를 당기면 라이트가 켜지고, 도어의 키구멍 또는 점화의 키구멍과 발밑이 조명되는 시스템. 라이트의 점등은 약 5초이며 자동적으로 꺼진다.

일률 [work ratio] 단위 시간에 행하는 일을 말하며 출력·공률 또는 동력이라고도 불리운다. 여러가지 단위로 표기하지만 최초에 이 개념을 생각한 것은 증기기관으로 유명한 스코틀랜드의 와트이며 증기기관의 동력을 탄광에서 배수작업을 하는 말(馬)의 동력을 기준으로 550ft · 1b/s를 마력 (HP:horsepower−영마력)으로 하였다. 후에 미터법이 사용되었을 때 독일어로 말(馬)−증기를 뜻하는 「pferdestarke」에서 PS(불마력)가 단위로서 사용되는 것이 오늘에 이르렀다. 우리나라에서는 계량법으로 SI단위의 W(와트)가 쓰이고 있으며 PS도 병용되고 있다. 자동차용 엔진의 일률은 출력이라고 부르며 이 PS도 병용되고 있다. 일반적으로 사용되고 있는 단위는 kg·m/s=9.80665W, 1HP=746W, 1PS=735.5W. 더욱이 1W=1J/s(줄/초).

일방향 클러치 [one−way clutch] 오버런닝 클러치. 자전거 뒷바퀴의 허브에 부착되어 있는 프리 휠처럼, 한 방향으로만 회전력을 전달하고, 역방향으로 공전하는 구조. 자전거에서 이중으로 되어 있는 링의 내륜을 톱니와 같은 모양으로 하여, 스프링에 눌린 클러치 캠이 전진 방향으로만 작용하게 되어 있는 기구(래칫)로 구성되어 있다. 그러나 자동차 부품으로 사용되고 있는 것은 클러치 캠 대신에 스프링에 눌린 원통형 롤러가 그 역할을 하는 롤러 타입과, 스프래그 타입이 있다. 스프래그 타입은 이너 레이스와 아웃 레이스 사이에 단면이 누에고치 모양의 스프래그(바퀴멈춤)라고 하는 캠을 설치시킨다. 따라서 정방향으로 회전할 경우는 스프래그가 세워져 이너레이스와 아웃 레이스를 고정시키고, 역방향으로 회전할 때에 스프래그가 누워 분리되므로 공전한다. 자동변속기에 많이 사용되고 있다.

일본공업규격 [日本工業規格] ⇨ JIS.

일사 센서 [solar radiation sensor] 일사 센서는 태양의 일사량을 감지하여 컴퓨터에 입력하는 것으로서 팬 모터 스위치가 AUTO 위치일 때 팬 모터의 회전수를 증가시켜 실내 온도를 조절하도록 한다.

일산화탄소 [carbon mono oxide] ⇨ CO.

1선 시스템 [one−wire system] 자동차에서 자동차 보디, 엔진 및 프레임을 전기 회로의 접지측 경로로 사용하는 것. 배터리 또는 올터네이터로의 복귀 경로로 또 하나의 배선을 사용하지 않아도 됨.

1.5 박스 [1.5 box] 2박스와 같으나 차실에 대하여 엔진부가 특히 작은 것을 1.5박스라고 하는 수도 있다.

일정 부하형 [一定負荷型] ⇨ 콘스턴트 로드 형식.

일정 웨브형 브레이크 슈 [constant web type brake shoe] 일정 웨브형 브레이크 슈는 웨브의 너비가 전체 길이에 대하여 동일하게 되어있는 형식의 브레이크 슈이다.

1차 감압실 [primary chamber] 1차 감압실은 2~8kg /cm²의 압력으로 공급된 LPG를 0.3kg /cm²로 감압하여 기체 LPG를 만든다. LPG 봄베에서 공급되는 LPG는 1차 페이스 밸브를 열고 유입되어 감압실 내의 압력이 0.3kg /cm²이상이 되면 1차 다이어프램이 스프링 장력을 이기고 이동한다. 이 때 다이어프램에 고정되어 있는 혹이 1차 페이스 밸브 레버를 당겨 밸브를 닫아 LPG의 유입을 차단한다. 압력이 0. 3kg /cm² 이하가 되면 스프링 장력에 의해 혹이 당기고 있던 1차 페이스 밸브를 밀어 LPG가 다시 유입된다.

1차 저항 [primary resistance] 밸러스트 저항. 1차 저항은 점화 코일의 1차 쪽에 긴 시간 많은 전류가 흘러 코일의 온도가 상승되어 점화 성능 이 저하되는 것을 방지하는 것으로서 1차 회로에 직렬로 접속되어 있 는 온도에 민감한 가변 저항이다. 엔진이 저속 회전할 때에는 긴 시간 많은 전류가 흐르게 되어 저항에 열이 발생되므로 1차 저항값은 증가 하게 된다. 따라서 1차 코일에 흐르는 전류가 적게 흐르므로 코일의 발 열을 방지한다. 또한 엔진이 고속 회전할 때에는 짧은 시간 동안 전류 가 흘러 1차 저항값은 감소하게 되어 1차 코일에 전류가 많이 흐르도 록 한다.

1차 전지 [primary cell] 1차 전지는 화학적 에너지를 전기적 에너지로 변환시켜 외부의 회로에 전원을 공급할 수 있지만, 방전되었을 때 다 시 충전할 수 없는 전지로서 알칼리 전지, 수은 전지, 리튬 전지 등이 있다.

1차 충돌 [一次衝突] ⇨ 2차 충돌.

1차 코일 [primary coil] ① 전동기에서 입력 전력의 전류, 전압을 맡고 있는 계자 코일을 말한다. ② 발전기에서 출력 전력의 전류, 전압을 맡 고 있는 스테이터 코일을 말한다. ③ 점화 코일에서 축전지에서 전류 가 유입되는 코일과 전압 조정기에 대한 분로 코일을 만든다.

1차 피스톤 [primary piston] 피스톤은 브레이크 페달의 힘을 받아 실린 더 내를 움직여 유압을 발생시킨다. 푸시로드와 연결되는 피스톤이 1 차 피스톤이고, 1차 피스톤의 압력에 의해 작용되는 피스톤이 2차 피 스톤이다. 또한 각각의 피스톤에는 2개 또는 3개의 피스톤 컵을 설치 하여 유압 발생실의 유밀을 유지하고 외부로 오일이 누출되는 것을 방 지한다.

일차 회로 [primary circuit] 점화장치 회로 중 축전지에서 접점에 이르 기까지 저압의 전류가 흐르는 회로를 말한다.

일체 발포 인 패널 [instrument panel] 인패널은 인스트러먼트 패널을 말하며 어떤 모양 내에 표면과 심(芯)이 되는 재료를 사용하여 우레탄을 넣고 발포(發泡)시켜 성형한 패널. 발포 우레탄은 충격 흡수성이 뛰어나지만, 두께가 얇음으로 충격 에너지의 흡수는 그다지 기대할 수 없다. 인패널 세이프티 패드라고도 함.

일체 차축식 현가장치 [一體車軸式縣架裝置] ⇨ 리지드 액슬 서스펜션.

일체식 현가장치 [rigid axle suspension] ⇨ 리지드 액슬 서스펜션.

일체형 [integral type] 일체형은 스티어링 기어 박스 내부에 동력 실린더를 설치하여 스티어링 휠의 조작력을 보조하는 형식으로 스티어링 기어 하우징과 볼너트를 직접 동력 실린더로 이용하는 인라인형과 동력 실린더를 별도로 설치한 오프셋형이 있다.

임계 [臨界 ; criticality] 크리티캘러터는 '위험한 상태, 경계'의 뜻으로서 핵분열이 지속적으로 진행되기 시작하는 경계를 말한다.

임계 상승 속도 [critical build-up speed] 전동기는 주어진 계자 저항의 조건하에서 그 이하에서는 회전할 수 있는 전압을 확립하지 못하는 한계의 회전속도를 말한다.

임계 상태 [臨界狀態 ; critical state] ① 임의의 물리계(物理係)에서 한 개 또는 복수의 피라미드를 변화해갔을 때 계(係)의 상태가 그 곳을 경계로 하여 현저하게 변화되는 점을 말한다. ② 일정 온도하에서 증기를 압축할 때 압력을 세로축에, 용적을 가로축으로 하여 증기 곡선을 그리면 어떤 온도 이하에서는 압력이 포화 증기압에 도달한다. 이 때 액화가 시작되어 증기 곡선은 가로축에 평행한 직선이 되고 액화가 완료되면 다시 증기 곡선은 하강한다. 그러나 고온에서는 액화의 진행을 표시하는 수평선 위의 한 점으로 수축하고 이 점에서 물질의 상태가 기체에서 액체로 변화하는 임계점 상태를 말한다.

임계 속도 [critical velocity] ① 회전하는 축에 결합되어 회전체는 일체로 회전하고 있으나 고유 진동수와 축의 회전수가 일치 또는 배수가 되면 공진하여 축의 변형이 무한대로 커지려고 한다. 그러므로 진폭이 급증하여 위험한 상태에 도달하는 속도를 위험 속도라고 한다. ② 터빈의 회전수가 그 고유 진동수에 공진하여 회전체가 심하게 진동하고 때에 따라서는 파괴되는 한계 상태의 위험 회전속도를 말한다. ③ 회전체의 회전축이 가로로 흔들리기 때문에 진동의 진폭이 최대가 되는 회전 속도를 말한다.

임계 압력 [critical pressure] ① 크리티컬은 '경계의, 위급한, 위험한,

임계의' 뜻으로서 임계 온도에서 기체가 액체로 변화되는 최소의 한계 압력을 말한다. ② 물을 가열하여 증기를 만드는 프로세서에서 압력의 증가에 수반하여 증발의 잠열이 점차로 감소하여 0으로 되는 한계점의 압력을 말한다.

임계 온도 [critical temperature] ① 압축에 의하여 기체를 액화할 경우 어떤 온도 이하가 아니면 압력을 아무리 높여도 액체로 되지 않는데 이 한계의 온도를 말한다. ② 물을 가열하여 증기를 만드는 프로세서에서 압력의 증가에 따라 증발의 잠열이 점차로 감소하여 0으로 되는 한계점으로 도달된 때의 온도를 말한다. ③ 축전지에서 축전지의 용량이 갑자기 변화하는 경계의 전해액 온도를 말한다. ④ 초전도(超傳導) 물질에서 전류가 흐르지 않고 외부에서 자계가 주어지지 않은 상태에서 그 온도 이상에서는 물질은 일반 저항으로 되고, 그 온도 이하에서는 초전도성을 나타내는 경계의 온도를 말한다.

임계 임펄스 [critical impulse] 계전기(繼電器)에서 픽업 동작이 발생됨 없이 주어질 수 있는 돌발적인 임펄스의 최대 진폭 및 지속시간을 말한다.

임계 전류 [critical current] 초전도체(超傳導體)는 주어진 온도에서 외부의 자계가 미치지 않는 상태에서 전도성을 유지하거나 일반적인 저항으로 작동하는 한계 전류를 말한다. 임계 전류 이하에서는 초전도체가 된다.

임계 전압 [critical voltage] ① 주어진 정상의 자계에서 음극으로부터 방출된 전자가 양극에 도달하지 못하는 한계 상태에서의 최고 양극 전압으로서 컷오프 전압을 말한다. ② 다이오드나 사이리스터의 전류, 전압 특성이 순방향 특성에 있어서 전류가 현저히 상승되는 부분으로 끌어주는 접선이 전압축과 교차되는 점의 전압을 말한다.

임계 제어 전류 [critical controlling current] 지정된 온도에서 게이트 전류가 없을 때 게이트에서 마치 직류 저항이 나타난 것처럼 되는 전류를 말한다.

임계 하중 [critical load] 기다란 기둥이 압축 하중을 받으면 재료의 비례 한도 이하의 하중으로 휨을 일으키게 하는 최소의 압축 하중을 말한다.

임계점 [critical point] ① 임계 압력에 이르게 되는 한계 온도로서 타이어의 임계점은 120~130℃이다. ② 피드백 제어계(制御係)에서 안전 작동 한계를 나타내는 점을 말한다.

임팩트 드라이버 [impact drive] 임팩트는 충격이란 뜻으로서 압축 공기의 압력을 이용하여 드라이버에 타격을 주게 되면 회전력이 발생되어 볼트를 풀거나 조이는 충격식 드라이버를 말한다.

임팩트 렌치 [impact wrench] 압축 공기의 압력을 이용하여 충격적으로 볼트나 너트를 풀고 조이는 렌치를 말한다.

임펄스 [impulse] 극히 짧은 시간에 큰 진폭으로 나오는 전압이나 전류 또는 충격파를 말한다. 1개만인 것을 특히 임펄스라고 하여 주기적인 충격파를 일컫는 펄스(pulse)와 구별하여 부르기도 하였지만 현재는 일반적으로 펄스라고 총칭하는 경우가 많다.

임펄스 스타터 [impulse starter] ⇨ 임펄스 커플링.

임펄스 응답 [impulse response] 입력 신호가 충격적으로 변화하였을 때 이에 대응하는 시간적인 변화를 말한다.

임펄스 커플링 [impulse coupling] 오토바이 엔진을 시동할 때 고압 자석 발전기를 충격적으로 회전시켜 발생 전압을 높임과 동시에 자동적으로 진각 작용을 하는 장치로서 임펄스 스타터라고도 한다.

임펠러 [impeller] 임펠러는 공기를 가압하는 날개로 터빈에 의해 회전한다. 임펠러가 회전하면 축중심의 공기는 임펠러에 의해 원심력을 받아 바깥 둘레 방향으로 가속되어 디퓨저로 보낸다. ⇨ 컴프레서 임펠러.

임펠러 블레이드 [impeller blade] 터보 차저의 임펠러에 설치되어 있는 날개. 복잡한 삼차원 곡면에 따라 구성된 12~20매의 날개가 방사상(放射狀)으로 설치되어 있으며 컴프레서쪽은 알루미늄제, 터빈쪽은 내열 합금제가 주종을 이루지만 세라믹 등의 신재료도 개발되어 있다. 블레이드가 샤프트 중심에서 방사(放射)방향으로 똑바로 되어 있는 레이디얼형 임펠러와 회전 방향과 반대 방향으로 왜곡된 백워드형 임펠러가 있다.

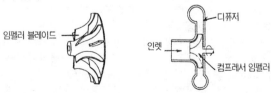

임펠러 블레이드

디퓨저

인렛

컴프레서 임펠러

임피던스 [impedance] 임피던스는 전기 회로에 교류가 흘렀을 때의 전압과 전류와의 비를 말한다.

입·출력장치 〔入出力裝置 ; input-output equipment〕 ① 컴퓨터의 입력장치 및 출력장치 또는 입력과 출력의 양 기능을 겸한 장치의 총칭. ② 전자 교환기에 있어서 프로그램이나 정보 교환에 필요한 데이터의 입력, 과금(課金) 데이터의 출력 등을 다루는 부분을 말한다. ③ 데이터 통신 시스템에 대해 데이터를 넣거나 끄집어 내기 위한 가입자(加入者) 장치를 말한다. ④ 입·출력장치는 센서로부터 입력신호 전압 및 기기를 작동시키는 것으로서 액추에이터에 가해지는 전압을 CPU의 작동 전압으로 바꾸어 액추에이터의 작동에 적합하도록 중계를 하며, 인터페이스라고 한다.

입도 〔粒度〕 ⇨ 그릿.

입력 〔入力 ; input〕 ① 전기 기기의 회로에 외부로부터 들어오는 신호를 말한다. ② 컴퓨터에 있어서 외부의 센서로부터 내부의 기억장치로 정보(데이터)를 보내는 것을 말한다. ③ 정보를 거두어 들이고 이것을 다른 장치로 송부하는 기능을 가진 장치를 말한다. ④ 변속기에 엔진의 출력이 들어오는 것을 말한다.

입력 회로 〔入力回路 ; input circuit〕 임의의 장치 입력 포트에 연결된 외부 회로로서 전원의 공급 또는 센서에서 컴퓨터로 정보를 공급하기 위하여 부품에 설치된 접속 단자와 연결되어 입력량이 공급되는 회로를 말한다.

입력축 〔input shaft〕 ⇨ 인풋 샤프트.

입사 〔入射 ; incidence〕 하나의 매질(媒質)속을 통과하는 광파(光波)가 다른 매질의 경계면에 도달하는 것을 말한다.

입사 광선 〔入射光線〕 제1의 매질(媒質)속을 통과하여 제2의 매질과의 경계면에 들어오는 광선을 말한다.

입사각 〔入射角 ; angle of incidence〕 입사 광선이 입사점에서 경계면의 법선(法線)과 이루는 각을 말한다.

입자 〔particle〕 금속, 오물 또는 기타 불순물의 미세한 덩어리.

입체 계측 게이지 ⇨ 3D 게이지.

입체 캠 〔solid cam〕 원통, 원뿔 또는 원형 등 회전체의 곡면에 홈을 만들어 종동절의 롤러 또는 핀을 끼워 작동시키면 종동절이 좌우 직선 왕복운동, 회전운동, 상하 왕복운동을 하는 캠을 말한다.

잉여 용량 〔剩餘容量〕 축전지를 휴지(休止) 후에 다시 사용할 수 있는 전기량을 말한다.

잉킹 〔inking〕 제도(製圖)에서 연필로 그린 원도(原圖) 위를 다시 먹물로 그리는 것을 말한다.

자경성 〔self hardening〕 기경성(氣硬性). 니켈강과 같이 가열한 후 공기 중에 방치하여도 담금질 효과가 나타나는 성질을 말한다.

자계 〔magnetic field〕 자장. 자계는 자석의 둘레나 전류가 흐르는 가느다란 철심의 둘레에 이미 자기력이 미치는 성질을 가진 공간이 존재하는 것으로 보고 이 공간을 자장(磁場), 또는 자계(磁界)라 하며, 시간적으로 변하지 않는 자장을 정자장(靜磁場), 시간적으로 변하는 자장을 전자장(電磁場)이라 한다.

자극 〔magnetic pole〕 자극은 자석의 양 끝을 말하며 N극과 S극이 있고 단독으로는 존재하지 않는다. 이 2개의 자극은 다른 부분보다 흡인력과 반발력이 더 강하며, 전기의 ⊕, ⊖ 와 같이 서로 다른 자극은 흡인하고 동일한 자극은 반발한다.

자기 〔magnetism〕 자기는 자석과 자석의 공간 또는 자석과 전류의 사이에서 작용하는 힘의 근원이 되는 것으로서 철편 등을 잡아당기는 작용을 말한다.

자기 〔磁器 ; porcelain〕 광물질 재료의 분말을 압축 성형하여 고온으로 소결(燒結)한 것으로서 기계적으로 강하고 내열성이 좋기 때문에 전기의 절연 물질로 사용된다. 사기 그릇, 애자(碍子), 스파크 플러그의 절연체 등으로 사용된다.

자기 가열 〔自己加熱 ; self-heating〕 예열 플러그와 같이 코일에 전류가 흘렀을 때 내부의 전력 손실 때문에 발생하는 열에 의해서 온도가 상승되는 현상으로서 디젤 엔진의 예열 플러그에 전류를 흐르게 하여 각 부분의 온도가 일정하게 될 때까지 적열(赤熱)이 되도록 한 다음 엔진의 시동작업을 하여야 한다.

자기 감응 〔磁氣感應〕 자성을 가진 물체 주위에 있는 다른 물체가 자성체의 영향을 받아 자성을 가지게 되는 현상으로서 자기 유도를 말한다.

자기 돌출형 〔瓷器突出型〕 ⇨ 프로젝티드 코어 노즈 플러그.

자기 바이어스 〔auto bias〕 소자에 흐르는 전류를 이용하여 바이어스 전압, 전류를 얻는 것을 말한다.

자기 방전 〔self discharge〕 내부방전(內部放電). 자기방전은 축전지를 사용하지 않아도 자연적으로 방전이 되어 용량이 감소하는 것으로서 내부 방전이라고도 한다. 기온이 10℃ 상승할 때마다 방전량은 배가 되며, 장기간 방치하면 배터리의 수명은 짧아진다. 자기 방전의 원인으로는 전해액 중 불순물에 의해 국부 전지가 형성되거나 극판의 작용물질의 탈락에 의한 단락, 파손 또는 음극판의 작용물질이 황산과의 화학 작용으로 누설 전류가 흐르기 때문이다. 축전지를 사용하지 않고 장기간 보관할 때에는 극판이 자기 방전으로 인하여 황산화 현상이 발생되므로 15~30일마다 보충전을 하여야 하며, 자기 방전량은 24시간 동안 실용량의 0.3~1.5% 정도이다.

자기 배력 효과 〔自己倍力效果〕 ⇨ 셀프 서보 효과.

자기 변태 〔磁氣變態 ; magnetic transformation〕 자장에 놓인 순철에서 자기(磁氣)의 세기가 실온에서 온도를 상승시킴에 따라 서서히 변화되지만 768℃ 부근에서 자기의 세기가 급격히 변화되는 상태. 자기 변태가 일어날 때의 온도를 자기 변태점 또는 퀴리 포인트라 한다.

자기 변태점 〔磁氣變態点 ; magnetic transformation point〕 ⇨ 자기 변태.

자기 부상 열차 〔磁氣浮上列車 ; magnetic levitated train〕 유도 전동기를 축에 평행하게 절개하여 평면상에 펼친 구조로서 고정자와 리액션 코일로 구성되어 레일 방향에 직선적인 구동력을 발생케 한 것. 고정자와 리액션 코일 한쪽을 차체에 설치하고 다른 한쪽을 지상에 부착하여 차륜을 자기력에 의해 레일에서 약간 부상(浮上)시킴으로서 고속 운전이 가능하다.

자기 유도 〔magnetic induction〕 자기 유도는 자성체를 자계 속에 넣으면 새로운 자석이 되는 현상을 말한다.

자기 유도 작용 〔self-induction action〕 자기 유도 작용은 코일 자신에 흐르는 전류를 변화시키면 코일과 교차하는 자력선도 변화되기 때문에 코일에 그 변화를 방해하는 방향으로 유도 기전력이 발생되는 작용을 말한다. 코일에 전류가 흐르면 코일 속에 자속이 발생되고 코일에는 렌츠의 법칙에 의해 기전력이 발생되어 전류의 흐름을 방해한다. 또한 코일에 흐르는 전류를 차단하면 자속이 급격히 감소하면서 다시 코일에 역기전력이 발생한다.

자기 인덕턴스 [self-induction] 자기 인덕턴스는 유도 기전력의 크기를 나타내는 값으로서 기호는 L로 표시하고 단위는 헨리(H)를 사용한다. 자기 유도 작용의 크기는 코일에 흐르는 전류를 1초에 1A의 비율로 변화시킬 때 그 코일에 유도되는 기전력의 크기로 나타내며, 기전력의 크기는 코일의 권수가 많을수록 크다. 또한 코일 내부에 철심이 들어 있으면 더욱 증대되며, 전류의 변화에 비례하여 증가한다.

자기 임피던스 [self-impedance] 회로망에서 임의 한쌍의 단자에 대한 전압과 그 단자로부터 유입되는 전류와의 비를 말한다.

자기 작동 작용 [self-energizing action] 브레이크를 작동시키면 회전 방향 앞쪽에 있는 슈는 드럼과 함께 회전하려는 경향이 생겨 앵커핀을 중심으로 바깥쪽으로 벌어지려는 작용력으로 드럼을 강하게 압박하여 제동력을 증가시키는 작용을 자기 작동 작용이라 한다. 뒤쪽의 슈는 브레이크 드럼으로부터 안쪽으로 향하는 선회력이 작용하므로 제동력이 감소된다. 자기 작동 작용하는 앞쪽 슈를 리딩슈, 제동력이 감소되는 슈를 트레일링슈라 한다.

자기 작용 [magnetic action] 자기 작용은 전선이나 코일에 전류를 흐르게 하였을 때 그 주위 공간에는 자기(磁氣)현상이 발생되는 것. 자기 현상을 이용하여 기동 전동기, 발전기, 솔레노이드 등에 자기 작용을 응용하여 이용된다.

자기 점화 [自己點火 ; self-ignition] 공기와 연료의 입자가 혼합된 상태에서 어떤 온도 이상으로 상승시키면 외부에서 불꽃이나 불길을 가까이 하지 않아도 스스로 발화 연소하는 상태로서 자연 발화 또는 자기 착화라고도 한다.

자기 제동 [磁氣制動 ; magnetic braking] ① 자계 내의 도체가 자계와 직각으로 운동함으로써 도체에 유도되는 전류와의 상호 작용으로 도체의 운동에 제동력을 발생하는 상태를 말한다. ② 자기 부상 열차에서 레일에 극히 가까운 위치에 전자석을 설치하여 코일에 전류를 흐르게 하였을 때 레일에 발생되는 와전류(渦電流)에 의한 힘을 이용하여 제동력이 발생되도록 하는 장치를 말한다.

자기 착화 [自己着火] ⇨ 자기 점화.

자기 청정 온도 [self cleaning temperature] 스파크 플러그의 기능을 발휘시키는데 적합한 온도 범위를 자기 청정 온도(열범위)라고 한다. 플러그의 발화부 최적 운전 온도는 450℃에서 800℃ 사이이며 이것보다 높은 온도에서는 과열되어 조기 점화가 발생됨과 동시에 엔진에 출력이 저하된다. 반대로 450℃ 이하에서는 젖어 있으므로 카본이 퇴적되어 실화 현상이 발생된다.

자기 클러치 [magnetic clutch] 힌쪽의 회전축에서 다른쪽으로 자극의 흡인 작용에 의해 동력을 전달하는 클러치로서 플라이 휠에 여자 코일과 철분을 내장시켜 여자 코일에 전류를 흐르게 하였을 때 진자력에 의해 엔진의 동력을 변속기 입력축에 전달하는 클러치를 말한다.

자기 탐상법 [磁氣探傷法] 산화철분과 자력선을 이용하여 제품을 검사하는 방법. 검사할 제품에 석유에 녹인 산화철분을 표면에 바르고 자화시키면 균열 부분으로 자력선이 누설되어 산화철분이 붙게 되는 부분을 찾아내는 검사 방법.

자기 포화 [magnetic saturation] 자기포화는 자계 속에 놓여진 철편의 분자 자석이 바르게 배열된 다음에는 강한 자석을 가까이 하여도 철편의 자석은 강하게 할 수 없듯이 자화력을 세게 하여도 자기가 증가되지 않는 현상을 말한다.

자기 회로 [磁氣回路 ; magnetic circuit] 코일이나 영구 자석에 의하여 만들어진 자력선의 통로를 말한다. 전자장치에 대한 자속의 대부분을 수용한 공간 영역으로서 구조 자체가 자기 회로를 구성하고 있다.

자기장 [磁氣場 ; magnetic field] 운동하는 전하에 대하여 전자력이 미치는 공간으로서 자석 또는 전류가 흐르는 도체의 부근에 발생되는 자장, 또는 자계를 말한다.

자동 구속장치 [自動拘束裝置] 패시브 레스트레인트 시스템.

자동 노즐 [automatic nozzle] 연료의 압력이 일정값 이상으로 되었을 때 니들 밸브가 연료의 압력으로 밀려 올라가 열리게 되어 연료를 분사하고 압력이 저하되면 스프링 장력으로 밸브가 닫혀 연료의 분사가 완료되는 노즐로서 디젤 엔진에 사용하는 구멍형 노즐, 핀틀형 노즐, 스로틀형 노즐을 말한다.

자동 높이 조정 밸브 [automatic height control valve] 대형 자동차에 사용하는 공기 스프링 현가장치의 심장부가 되는 중요한 부분으로서 주행중의 작은 진동으로는 작동하지 않지만 하중에 따라 높이가 변화되면 압축 공기를 공급하거나 배출하여 자동차의 높이를 항상 일정하게 유지하도록 자동적으로 조절하는 장치로서 레벨링 밸브를 말한다.

자동 방현미러 [自動防眩鏡] 야간 운행시 뒤에서 강한 빛이 거울에 닿을 경우 자동적으로 반사율이 낮아지는 미러.

자동 밸브 [self valve] 디젤 엔진의 분사 노즐이며 항상 밸브 스프링이 니들(축침)을 밀고 있으며, 분사관 내의 압력이 어떤 값 이상이 되었을 때 분사구가 열리고 어떤 값이하가 되면 닫히는 구조로 되어 있는 것.

자동 변속 선도 〔自動變速線圖〕 AT의 자동변속을 그래프로 나타낸 것. 횡축에는 차속이나 AT 출력축의 회전수를, 종축에는 액셀의 개도(開度)나 흡기관의 부압을 나타내며 시프트 업과 시프트 다운이 행하여지는 점이 표시되어 있다.

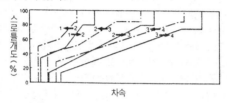

자동 변속기 〔自動變速機〕 ⇨ 오토매틱 트랜스미션.

자동 변속점 〔自動變速点〕 AT의 시프트 스케줄에서 기어비가 변하는 점을 말함.

자동 브레이크 〔automatic brake〕 전방의 자동차나 장애물과의 거리를 측정하고 어느 결정된 값 이하가 되면 자동적으로 브레이크가 걸리는 시스템.

자동 소화장치 〔自動消火裝置〕 스피드 경기에 출장하는 자동차에 탑재하는 소화장치로서 차재(車載)소화장치라고도 함. 충격을 감지하고 자동적으로 엔진룸과 콕 피트에 약재를 방사(放射)하는 것으로서 소화 약재로서는 할론 1301을 사용하는 가스식과 ABC분말을 사용하는 분말식이 있다.

자동 속도 제어장치 〔automatic speed control〕 자동차의 주행 속도만을 제어하는 장치로서 계기판에 설치된 스위치를 이용하여 주행하고자 하는 속도를 지정하면 거버너의 작용에 의해 노면의 상황에 관계없이 일정한 속도가 유지되도록 하는 장치를 말한다. 해제시에는 브레이크 페달을 밟거나 액셀러레이터를 놓으면 된다.

자동 에어컨장치 〔auto air-con system〕 자동 에어컨장치는 일사 센서, 외기 온도 센서, 내기 온도 센서, 수온 센서를 설치하여 정보를 컴퓨터에 입력하고 차실 내의 온도 조절 스위치의 세팅 온도를 유지하도록 자동으로 풍량과 온도를 제어하는 에어컨이다.

자동 연소 제어 〔自動燃燒制御 ; automatic combustion control〕 엔진의 부하 변동에 따라 연소의 조건을 일정하게 유지하는 것을 목적으로 연료와 공기량을 자동적으로 제어하여 연소실 내의 연소 상태를 적정하게 유지하도록 하는 공연비 제어시스템을 말한다.

자동 제어 〔自動制御 ; automatic control〕 자동차에 사용되는 전자제어 장치를 총괄하여 부르는 용어로서 물체에 위치, 온도, 압력, 속도 등을 외부로부터 부여된 목표값과 일치시키기 위해서 그들의 양을 직접 또는 간접적으로 검출하여 목표값 또는 그와 관련된 양과 비교하여 오차가 없도록 자동으로 작동하는 것을 말한다.

자동 조절계 〔自動調節計 ; automatic controller〕 양을 표시함과 동시에 자동적으로 조절하는 기계로서 제어량과 규정값과의 편차 신호에 의해 연산에 따르는 조작량을 자동적으로 결정하는 장치를 말한다. 일반적으로 설정 기구, 연산 기구 및 지시기록 기구로 구성되어 있다.

자동 조정 베어링 〔self centering bearing〕 베어링 일종으로서 구름 베어링 외륜의 궤도면이 구면으로 되어 있고, 베어링의 중심과 축의 중심을 자동적으로 일치시키는 기능을 가진 것. 각종 기계장치에 사용되지만 자동차에서는 클러치 릴리스 베어링에 사용되고 있다. ⇨ 클러치 오프 센터(clutch off center).

자동 조정식 속업소버 〔automatic control type shock absorber〕 감쇠력 가변식 속업소버로서 속업소버의 감쇠 특성을 전자 제어에 의하여 주행 조건에 가장 적합한 상태로 자동적으로 조정하는 것. 전자 제어 서스펜션의 일부로서 다른 서스펜션 요소와 같이 사용되는 것이 보통.

자동 조종 자동차 〔automatic control of automobile〕 운전자의 피로 경감과 안전성의 향상을 위하여 노면 또는 차선에서 자장이나 반사체를 이용하여 주행할 수 있도록 자동 조종되는 자동차를 말한다. 차선에 따라 설치된 반사체를 극초단파 빔으로 검출하여 광반사체를 광전식으로 검출하여 자동 조종되는 기계적 유도 방식과 노면을 따라 자장을 만들어 이를 검출하여 자동 조종하는 방식 등이 있다.

자동 진각 〔automatic advance〕 자동 진각은 엔진의 회전 속도에 따라 스파크 플러그의 불꽃 발생시기를 자동적으로 조정하여 엔진의 효율을 가장 높게 하는 최고 폭발압력을 상사점 후 12°에서 얻도록 한다. 점화 시기는 저속 회전시 빠르게 할 필요가 없고 고속 회전이 되면 조금씩 빠르게 하는 것이 좋다. 따라서 엔진은 저속 회전을 기준으로 점화 시기가 정해지기 때문에 회전 속도가 빨라지면 점화 시기도 빨라지는 자동 진각 장치를 가지고 있다. 진각은 배전기 단속기 암의 러빙 블록과 캠이 만나는 위치를 바꾸는 것으로 조정한다.

자동 초크 [automatic chock] 자동 초크는 엔진 온도에 따라 자동으로 초크 밸브를 개폐하는 형식. 서머스태틱 코일과 히팅 코일이 하우징 내에 설치되어 15~25℃의 기온에서는 초크 밸브가 서머스태틱 코일의 장력에 의해 완전히 닫히게 된다. 엔진을 기동하면 히팅 코일에 전류가 흘러 서머스태틱 코일이 가열되면 장력이 약해져 초크 밸브와 연결되어 있는 진공 피스톤에 의해 열리게 된다. ⇨ 오토매틱 초크.

자동 클러치 [automatic clutch] 운전자의 운전 조작으로부터 미세한 조절을 요하는 클러치 조작을 없애고, 액셀을 밟는 만큼 출발 또는 기어 변속이 되도록 고안된 것이 자동 클러치이다. 이 클러치를 장착한 자동차를 오토매틱 자동차라고 한다. 이른바 오토매틱 자동차(AT차)의 클러치도 자동 클러치의 기능을 가지고 있으나, 여기에다 자동변속 기능을 추가한 것이라 할 수 있다. 현재의 오토매틱 자동차에는 오일 등에 의하여 동력을 전달하는 유체 클러치, 전자석의 원리를 이용한 전자 클러치 등이 사용되고 있다.

자동제한 차동기어장치 [limited slip differential gear] 리미티드는 한정된, 슬립은 미끄러지다의 뜻. 자동제한 차동기어장치는 슬립으로 공전하고 있는 바퀴의 동력을 감소시키고 반대쪽의 저항이 큰 바퀴에 감소된 만큼의 동력이 더 전달되게 함으로서 슬립에 따른 공전없이 주행할 수 있게 한다. 또한 미끄러운 노면에서 출발을 용이하게 하고 타이어의 슬립을 방지하여 수명을 연장하며, 급가속할 때 안정성이 양호하다.

자동차 [moter vehicle] 근력 이외의 힘으로 추진되는 탈 것으로서, 일반적으로 고무 타이어를 가지고 있으며, 레일이나 트랙 위에서 주행하지 않는 것을 말함.

자동차 검사증 〔自動車檢査證〕 자동차 등록증에 기재된 자동차의 구조 및 장치가 교통부령이 정하는 안전기준에 관한 규칙에 적합하다고 인정된 때에 관할관청에서 자동차 사용자에게 교부하는 확인 증명서를 말한다.

자동차 길이 [overall length] 자동차의 최전단과 최후단을 기준면에 투영시켜 차량 중심선에 평행한 방향의 최대 거리.

자동차 난방장치 [car heater] 자동차 냉각수의 열을 이용하여 차실 내에 따뜻한 공기를 순환시키는 장치를 말한다. 엔진의 냉각수를 난방장치의 열교환기(라디에이터)에 흐르도록 하고 전동팬을 회전시켜 온풍을 실내로 순환시킴으로써 적정한 온도를 유지하도록 하는 장치를 말한다.

자동차 너비 〔overall width〕 자동차의 전면 또는 후면을 투영시켜 차량 중심선에 직각인 방향의 최대 거리.

자동차 높이 〔overall height〕 자동차의 전면과 후면 또는 측면을 투영시켜 차량 중심선에 수직 방향의 최대거리.

자동차 보험 〔自動車保險〕 자동차가 사고를 내거나, 도난을 당하거나, 사고로 인하여 운전자나 승객의 부상 또는 사람이나 물건에 손해를 끼쳤을 때와 같은 경우의 손해를 배상해주는 보험을 말한다.

자동차 전화 〔mobile telephone〕 수화기를 손에 들고 통화하는 핸드셋 방식과 수화기를 가지지 않는 핸드 프리 방식이 있으며, 핸드 프리 방식에서는 스위치를 스티어링 휠 주위에 부착하고 마이크를 프런트 필러나 스티어링 패드에 부착하는 경우가 많다.

자동차 주행 성능 곡선 〔automobile performance diagram〕 자동차의 주행속도에 대한 구동력, 주행저항, 각 변속에 대한 엔진의 회전속도 등을 선도로 나타낸 것.

자려 진동 〔self-induced vibration〕 어떤 자극이 원인이 되어 기계 내부에 발생하는 자신의 진동.

자력 〔magnetic force〕 자력은 물질에 작용하는 힘으로서 자석의 흡인과 반발하는 것을 말한다.

자력선 〔magnetic line of force〕 자력선은 눈에 보이지 않으나 자석의 N극에서 S극으로 자기의 힘을 가진 선으로서 편의상 자력선은 N극에서 S극으로 들어가는 것이라고 방향을 정하였다. 또한 자력선은 자극의 근처에서는 밀집하고 자극으로부터 멀어짐에 따라 적어진다.

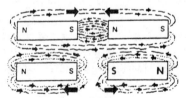

자생작용 〔自生作用〕 숫돌 입자가 연삭 과정에서 마멸 → 파쇄 → 탈락 → 생성 과정이 되풀이 되어 새로운 숫돌의 입자가 생성되는 작용을 말한다.

자석 〔magnet〕 자석은 자기를 가지고 있는 물체로서 자연계에 있는 천연 자석과 기동 전동기의 솔레노이드와 같이 코일에 전류를 흐르게 하여 자석이 되는 인공 자석이 있다. 자동차의 전기 장치에는 주로 인공

자석을 사용하고 있는데 그 예를 들면 기동 전동기의 계자 코일과 계자 철심, 솔레노이드, 각종 릴레이, 팬모터 등이며, 와이퍼 모터와 전자제어 엔진의 연료 펌프는 영구 자석과 인공 자석을 병용하고 있다.

자성 〔magnetic〕 자성은 철이나 니켈 등을 끌어당기는 성질을 말한다.

자성체 〔magnetic substance〕 자성체는 자계에 놓으면 자성을 가지게 되는 물체로서 철, 니켈, 코발트, 텅스텐, 크롬 등이 있다.

자속 〔magnetic flux〕 자속은 자력선의 방향과 직각되는 $1cm^2$를 통과하는 전체의 자력선을 말한다.

자연 순환방식 〔自然循環方式〕 수냉식 엔진은 엔진과 라디에이터 사이에 물을 순환시켜 엔진에 의하여 더워진 물을 라디에이터에서 냉각하는데 이 순환은 물의 대류를 이용해서 이루어진다. 물은 라디에이터 내에서 냉각되면 아래로 흐른 다음 호스를 통하여 엔진으로 들어가 위터재킷 내에서 더워지면 위로 올라가고 다시 라디에이터에 들어가는 순환을 반복한다. 외기 온도나 주행 조건의 영향을 많이 받으며, 냉각수의 온도 변화가 크고 냉각효율도 좋지 않으므로 현재는 사용되지 않고 있다. ⇔ 강제 순환식.

자연 순환식 〔natural water circulation type〕 ⇨ 자연 순환방식.

자연 통풍식 〔natural air cooling type〕 실린더 밑 실린더 헤드와 같이 과열되기 쉬운 부분에 냉각 핀을 설치하여 주행할 때 받는 공기로서 냉각시키는 방식. 엔진은 공기가 잘 소통되는 장소에 설치하여야 한다. ⇨ 공랭식 인터쿨러.

자연 환기방식 〔natural ventilation type〕 크랭크 케이스 환기 방식의 하나로서 크랭크축의 회전에 의한 공기의 와류나 냉각팬과 자동차의 주행에 따른 공기의 이동을 응용하여 환기시키는 방식. 엔진 윗부분에 설치된 필러캡을 통하여 공기가 도입되어 엔진 내부를 순환한 다음 브리더 파이프를 통하여 대기중에 방출한다. 자연환기 방식은 대기를 오염시키므로 현재는 사용하지 않는다.

자연 흡기 엔진 〔naturally aspirated engine〕 ⇨ 내추럴리 아스피레이티드 엔진(naturally aspirated engine).

자연 흡입방식 〔naturally aspirated engine〕 엔진은 피스톤이 하강할 때 진공이 발생되어 공기를 흡입한다. 시동에서 스타팅 모터를 돌릴 때부터 이 작용이 시작되며, 회전중에도 계속되지만, 이것은 대기를 그대로 흡입한다. 고속회전이 될수록 흡배기의 저항이 증가되고 효율은 대략 70%로 내려가며, 고지, 고온시에는 공기 밀도가 엷어짐으로 성능에 영향이 있다. 약해서 NA엔진이라고도 불리운다.

자유 단조 〔free forging〕 재료의 크기나 형상을 자유롭게 할 수 있는 작업으로서 자르기, 눌러 붙이기, 늘리기, 굽히기 등이 있다.

자유 전자 〔free electron〕 자유 전자는 궤도를 이탈한 전자이다. 가전자는 원자핵과 거리가 멀어서 결합력이 약하고 외부의 영향을 가장 많이 받아 쉽게 궤도를 이탈하게 되며, 자유 전자의 이동이 전류가 된다.

자이로 효과 〔gyro effect〕 고속으로 회전하는 로터(회전체)가 그 회전축을 일정하게 유지하려고 하는 성질. 기본적으로 2륜차가 직진하면서 고속이 될수록 그 안정성이 높아지는 것은 자이로 효과에 의한 것이 크다.

자이로스코프 〔gyroscope〕 고속으로 회전하는 팽이와 그 축을 지지하는 3개의 바퀴로 되어 있으며, 이 축이 공간에 대하여 항상 일정한 방향을 가리키도록 만들어진 장치. 대칭으로 만들어진 팽이 축을 그 양끝의 직경으로 하는 바퀴를 지지하고 이 바퀴의 외측 팽이 축에 대하여 직각인 2점을 지지한 제2의 바퀴를 놓고 다시 그 외측에 팽이 축과 제2의 바퀴를 지지하는 축에 직각인 2점으로 지지된 제3의 바퀴를 놓으면 팽이는 3개의 축에 대하여 자유로이 움직일 수 있게 된다(딤블). 이와 같이 설치된 팽이를 고속으로 회전시키면, 팽이의 축은 공간에 대하여 항상 일정한 방향을 유지한다. 이 성질을 이용하여 자동차의 운동을 살피는 계측장치를 자이로미터라고 한다.

자장 〔磁場〕 ⇨ 자계.

자재 이음 〔universal joint〕 유니버설 조인트. 유니버설은 '전세계의, 보편적인, 자재(自在)커플링, 연결기'의 뜻. 자재 이음은 두축이 일직선 상에 있지 않고 어떤 각도를 가진 두 개의 축 사이에 동력을 전달할 때 사용하여 각도 변화에 대응한다. ⇨ 카르단 조인트(cardan universal joint), 유니버설 조인트.

자키 〔jack〕 ⇨ 잭.

자화 〔magnetization〕 자화는 자계내에 자성체를 넣었을 때 자기의 현상이 나타나는 것을 말한다.

작업대 [work bench] ① 자동차 엔진, 변속기, 전기장치 등의 정비 작업에 사용하는 테이블로서 공구나 부품을 놓고 분해 및 조립을 할 수 있도록 제작된 테이블을 말한다. ② 일반 공작 작업에 필요한 바이스를 설치하고 공구나 공작물을 진열하여 손 작업을 할 수 있는 테이블을 말한다.

작은 나사 [machine screw] 프랑스어의 비스(vis)라는 말로 불리우는 것이 보통. 암나사는 뚫린 구멍에 조여 박거나 너트(nut)와 조합하여 사용한다. 드라이버로 조이는것은 작은 나사라고 하며 머리 모양에 따라 둥근 나사, 납작 나사, 남비 나사 등으로 구분한다. 암나사를 사용하지 않고 구멍에 비틀어 박는 것은 태핑 나사라고도 한다. 지름이 8mm 이하인 나사로서 판재에 구멍만 뚫고 조이는 나사. 기계의 작은 부품이나 커버 같은 얇은 판을 결합하는데 사용한다. 머리는 드라이버로 돌릴 수 있게 되어 있다.

잔류 가스 [residual gas] 2행정 사이클 엔진의 소기 행정 끝 또는 4행정 사이클 엔진의 배기 행정이 완료된 후에도 연소 가스가 완전히 배출되지 않고 실린더 내에 남아 있는 연소 가스를 말한다.

잔류 응력 [residual stress] 외부에서의 힘을 제거한 후 물체에 남는 응력 또는 외부의 힘에 관계없이 물체 내부의 변형에 따라 존재하는 응력. 금속의 열처리나 가공한 후 발생되기 쉽고 변형이나 피로에 의한 강도 저하의 원인이 될 수 있다.

잔류 자기 [residual magnetism, remanence] 강자성체를 자화시킨 후에 자화력을 제거하여도 그대로 남아있는 자기로서 강철에 있어서는 특히 현저하므로 영구 자석이나 자기 녹음에 이용된다. 자려자 발전기는 맨 처음 발전을 시작할 때 잔류 자기를 기초로 하여 발전을 시작한다.

잔압 [residual pressure] 제동력을 해제할 때 브레이크 오일이 휠 실린더에서 리저브 탱크로 리턴되고 난 후 브레이크 오일라인에 남아있는 압력으로서 0.6~0.8kg /㎠이다. 잔압을 두는 이유로는 휠 실린더에서 오일의 누출을 방지하고 베이퍼로크를 방지하며 브레이크 작용을 신속하게 하기 위해서이다.

잠열 [潛熱 ; latent heat] ① 내부에 잠기어 있어 외부로 나타나지 않는 열을 말한다. ② 고체가 액체로, 액체가 기체로 변할 때 그 물질의 온도는 더 높이지 못하고 물질의 상태를 변화시키는데 소비되는 융해열 또는 기화열을 말한다. ③ 임의 물질의 평형 상태에 있어서 물리적 상태의 등온, 등압 변화로 결합된 열 에너지로서 융해, 증발 또는 기화 및 그 반대 과정에서 열은 포함하지만 흡수, 흡착, 반응 또는 혼합에 수반하는 열은 포함하지 않는다.

장력 [張力 ; tension] ① 무엇을 당기거나 또는 당기는 힘을 말한다. ② 물체 안에 임의의 면에 있어서 그 면을 경계로 양쪽 부분이 수직으로 서로 끌어당기는 힘으로서 크기는 단위 면적에 작용하는 힘으로 나타낸다.

장애 진단 [trouble diagnosis] 장애의 원인을 찾아내는 일.

장치 [device] 특수한 목적으로 또는 특수한 기능을 수행하도록 고안된 메커니즘, 공구 또는 기타 장치.

장행정 엔진 [long stroke engine] 언더 스퀘어 엔진. 보어 /스트로크 비가 1보다 큰 엔진. 같은 배기량의 단행정 엔진과 비교하면 같은 회전수일 때 피스톤 평균속도가 빠르게 되므로 저속회전에서 큰 토크를 얻을 수 있으므로 사용이 용이한 엔진이지만 최대회전수를 높이기가 어렵다. ⇔ 단행정 엔진. ⇨ 롱 스트로크 엔진.

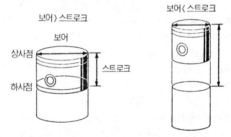

재결정 [再結晶 ; recrystallization] 가공 경화 전 상태의 결정 조직으로 변화되는 현상. 가공 경화된 금속 재료를 가열하였을 경우 내부 응력이 감소되어 어느 온도에 도달하면 내부 응력이 없는 상태의 결정립으로 변화되는 것을 재결정이라 한다.

재결정 온도 [再結晶溫度 ; recrystallization temperature] 재료가 가공 경화 전 상태의 결정 조직으로 변화될 때의 온도. 마그네슘 150℃, 알루미늄 150℃, 철 450℃, 니켈 600℃, 구리 200℃, 아연 30℃, 텅스텐 1200℃, 백금 450℃, 금 200℃, 은 200℃, 납 -3℃이다.

재료 [材料 ; material] 그 본질을 바꾸지 않고 물건을 만드는 바탕으로 소재가 물리적으로 변화하는 것을 말한다.

재료 시험 [材料試驗 ; material testing] 기계 부품에 사용된 재료의 여러가지 성질을 검사하는 것으로서 물리적 또는 화학적 성질의 모두가 대상이 되지만 일반적으로는 기계적 성질인 경도, 충격, 압축, 인장 시험 등을 말한다.

재료 시험기 〔材料試驗機；material testing machine〕 재료의 기계적 성질을 시험하는 기계로서 시험편이나 가하는 하중에 따라서 인장, 피로, 충격, 굽힘, 압축, 비틀림을 시험하는 시험기가 있으며 이러한 것들을 모두 시험하는 만능 시험기도 있다.

재료 역학 〔材料力學；mechanics of materials〕 기계, 건축물, 교량 따위의 구조물을 형성하는 재료에 대하여 그 역학적인 성질을 연구하는 학문을 말한다.

재생 사이클 〔regenerative cycle〕 랭킨 사이클에서 사이클 밖으로 방출되는 열량의 일부를 사이클 내에 회수하므로서 열효율 향상을 도모한 사이클로서 증기 터빈에서 팽창 과정의 증기 일부를 몇 번에 걸쳐 인출하여 복수기에서부터 보일러로 공급되는 급수를 예열하는 사이클을 말한다.

재생 타이어 〔⊛remold tire, ⊛remould tyre〕 마모된 타이어의 카커스를 사용하여 트레드 고무만을 새롭게 한 타이어. 마모된 타이어의 트레드 고무를 잘라내고, 새로이 고무를 붙여서 신품 타이어로 만들었을 때 금형과 거의 같은 크기의 금형에 넣어 만든다. 리몰드 타이어, 리트레드 타이어, 리캡 타이어라고도 함.

재열 〔再熱；reheating〕 증기 터빈의 열효율 향상과 습증기에 의한 터빈의 침식 경감을 목적으로 고압 터빈을 나온 증기가 포화 온도에 가까운 상태까지 팽창한 증기를 보일러로 유도하여 다시 적당한 온도로 재가열하는 것을 말한다.

재열 사이클 〔reheating cycle〕 증기 터빈에서 증기가 팽창하는 도중에 재가열하여 다시 팽창시키는 사이클. 증기 터빈의 증기 압력이 높아지면 이것을 터빈 안에서 진공까지 팽창시키기 위해서 큰 날개와 대용량의 복수기가 필요하므로 터빈의 팽창 단계 도중에 증기를 추출하여 재가열하므로써 증기 터빈의 열효율을 높일 수 있다.

재조립 〔reassembly〕 어떤 장치의 부품들을 다시 조립하는 것.

재킷 〔jacket〕 ① 실린더 등을 2중벽으로 만들어 그 속에 증기나 물을 순환하도록 하여 보온 또는 냉각 작용을 하도록 한 공간을 말한다. ② 1차 전지에 있어서 그 외부를 덮은 절연 외피를 말한다. ③ 케이블의 금속 시스나 외장의 바깥쪽에 덮어서 사용하는 열가소성 또는 열경화성 외피로서 경우에 따라서는 편포(編布)로 강화하고 있다.

재킹 플레이트 〔jacking plate〕 자동차를 점검 또는 정비하고자 잭을 설치할 때 접촉 포인트에 설치되어 있는 판으로서 잭업시킬 때 재킹 플레이드 이외에 설치하면 보디가 찌그러지고 위험하므로 정비 지침서에 표기된 위치를 참고하여 잭을 설치하여야 한다.

재해 〔災害 ; accident〕 ① 기계 조작에 있어서의 안전 사고 또는 자동차의 돌발적인 사고를 말한다. ② 자연 현상이나 인위적인 원인으로 인하여 사람의 사회 생활이나 인명이 받는 피해를 말한다.

재해보상 〔災害補償〕 근로자가 업무상 재해를 입은 경우에 근로 기준법에 의하여 사용자가 지불하는 보상으로서 요양 보상, 휴업 보상, 장해 보상, 유족 보상, 장사비, 일시 보상 등이 있다.

잭 〔jack〕 현장 용어로는 '자키'라고 부름. 지레의 원리나 유압 등을 이용하여 무거운 물건을 들어 올리는 도구. 잭을 사용하여 물건을 들어 올리는 것을 잭업이라고 한다.

잭 나이프 〔jack knife〕 칼을 꺾어 접는 것. 자동차 용어로서는 견인 자동차가 주행중에 제동력을 상실하여 트랙터와 트레일러의 연결부분을 축으로 하여 구부러지는 것. 트랙터의 구동바퀴가 정지할 경우 미끄러질 때 가장 일어나기 쉽다고 한다. 잭 나이핑 또는 잭 나이프 현상이라고도 함.

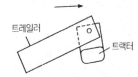

잭 다운 〔jack-down〕 자동차 정비를 완료한 후 잭을 내리는 것을 말한다.

잭 스탠드 〔jack stand〕 ⇨ 세이프티 스탠드.

잭 업 〔jack-up〕 자동차를 정비하기 위해서 차대에 잭을 설치하여 들어 올리는 것을 말한다. 잭업을 완료한 후에는 스탠드로 차대를 고이고 작업을 하여야 하며 잭은 지면이 단단하고 평탄한 곳에 설치하여야 한다.

잭 업 현상 〔jack-up state〕 자동차가 코너를 회전할 때 차체가 떠오르는 현상. 선회로 인하여 타이어에 발생한 횡력(橫力)이 서스펜션·지오메트리의 관계에서 차체를 들어올리는 힘으로 작용하는 것으로서 스윙 액슬식 서스펜션과 같은 형식의 현가장치에 일어나기 쉽다.

저널 〔journal〕 크랭크 축, 캠 축 등과 같이 베어링으로 지지되는 부분을 말한다.

저널 베어링 [journal bearing] 크랭크 축, 캠 축, 자재이음의 십자축 등과 같이 축에 대하여 수직으로 작용하는 하중을 받는 곳에 사용하는 미끄럼 또는 구름 베어링을 말한다.

저더 [juder] 중고속 주행에서 브레이크 페달을 밟았을 때 핸들이나 인스트러먼트 패널에서 진동 및 소음이 발생되는 현상. 디스크나 브레이크 드럼의 흔들림, 편마모에 의한 유압의 변동 및 서스펜션이 진동하여 발생하는 일이 많다. 진동수는 평균적으로 15~60Hz 정도이고 저속의 브레이킹에서 발생하는 25~100Hz의 주파수를 가진 서스펜션이나 동력전달계통의 진동을 말하는 경우도 있다.

저발열량 [low caloric value] 연소할 때 발생된 증발열을 뺀 열량으로서 열기관의 사이클에서 계산할 때 사용된다.

저속 기어 [low gear] 급출발, 급경사, 저속 주행 등 회전력을 가장 많이 필요로 할 때 사용되는 기어로서, 엔진 회전수가 높고 경제성은 떨어진다. 기어비는 가장 커서 3.0:1 이상이다.

저속 제트 [slow running jet] ⇨ 슬로 제트.

저속 차단 솔레노이드 밸브 [low speed cut solenoid valve] 저속 차단 솔레노이드 밸브는 컴퓨터에 의해 10Hz 동안 ON·OFF 되는 시간 비율을 제어하여 저속 계통의 연료 흐름을 조절한다.

저압 [低壓] ① 낮은 압력을 말한다. ② 직류에서는 700V 이하의 전압, 교류에서는 300V 이하의 전압을 말한다.

저압 가스 봉입식 쇽업소버 트윈 튜브식 쇽업소버로 오일이 고여 있는 이너 튜브와 아웃 튜브 사이(리저버실)에 3~15 기압(0.3~1.5MPa)의 질소가스를 봉입하여, 일반적으로 트윈 튜브식에 발생하기 쉬운 에어레이션을 발생되기 어렵게 한 것.

저연비 타이어 [low fuel consumption tire] 자동차의 연비(燃費)를 좋게 하기 위하여 구름 저항을 적게 한 타이어. 철저한 경량화를 행한 레이디얼 타이어로서 히스테리시스 로스가 적은 고무를 사용하고 있으며, 공기압이 높을 정도로 사용하여도 진동이나 승차감이 변화없도록 만들어져있다. 트레드의 홈이 얕게 되어 있으므로 젖은 노면의 주행시는 신중히 할 필요가 있다.

저온 용접 [low temperature welding] 실린더 블록에 균열이 발생되었을 때 사용되는 용접으로서 융점이 가장 낮은 합금 용접봉을 사용하여 500~1000℃ 정도의 가스 불꽃 또는 아크 용접으로 실린더 블록을 수리하는 것을 말한다.

저온 취성 [低溫脆性] 강이 상온 이하로 내려가면 취성이 발생되어 충격이나 피로에 약해지는 취성을 말한다.

저온 풀림 [low temperature annealing] 금속의 연성을 회복시키기 위해서 변태점 이하의 온도로 가열하여 서서히 냉각시키는 금속의 열처리를 말한다.

저위 발열량 [低位發熱量] 단위량의 연료가 완전 연소되었을 때 발생하는 총발열량(고위 발열량 : 高位發熱量)에서 연료에 포함되는 수분과 연소에 의하여 생기는 수분을 증발시키는데 필요한 열량을 뺀 것. 진발열량(眞發熱量)이라고도 함. 가솔린은 10,500kcal /kg, 디젤은 11,000kcal /kg, LPG는 13,800kcal /kg으로 되어 있다. ⇨ 발열량.

저저항 인젝터 [low resistor injector] 저저항 인젝터는 인젝터 솔레노이드 코일의 저항이 적기 때문에 표준형 인젝터 또는 전압 제어식 인젝터라 한다. 규정 전압보다 높을 경우 인젝터 코일이 소손되므로 인젝터 저항을 사용하여야 한다. 인젝터를 구분하는 방법은 커넥터는 백색이고 2단자가 중앙에 설치되어 있으며, 성능면에서는 고저항 인젝터보다 뒤떨어지지만 컴퓨터의 내부 회로가 간단하여 가격이 저렴하다.

저주파 [low frequency] 진동수가 적은 것으로서 고주파에 대하여 낮은 주파수를 일반적으로 저주파라 한다. 전력 관계에서는 상용 주파수를 말하며 통신 부문에서는 가청 주파수를 말한다.

저주파 액티브 서스펜션 [low frequency active suspension] 공기나 가스를 스프링에 이용한 서스펜션으로서 고주파수의 진동은 스프링에 의하여 흡수되고, 저주파 진동은 액티브에 제어되어 진동의 처리와 자동차 자세 제어를 행하는 시스템.

저항 [resistance] 저항은 전자가 물질 속을 이동할 때에 흐르기 쉬운가 또는 어려운가를 나타내는 정도를 표시하는 것으로서 전압이 같아도 도선의 단면적이 작으면 잘 흐르지 못하고 단면적이 크면 전류가 잘 흐른다. 저항의 단위로는 옴(Ohm, 기호는 Ω)이 사용되며, 저항에는 고유 저항, 형상에 의한 저항, 접촉 저항 등이 있다. 또한 전기회로에서 저항들을 사용하는 목적은 전압을 낮추려고 할 때 또는 전류를 적게 흐르도록 하거나 변동되는 전류나 전압을 얻는데 사용된다. 도체의 저항은 온도에 따라서 변화되며, 전해액, 탄소, 절연체, 반도체는 온도가 상승하면 저항이 적어지지만 보통의 금속은 온도가 상승하면 저항이 증가된다. 그러므로 반도체를 이용하여 제작된 다이오드, 트랜지스터는 온도가 상승하면 저항이 적어지므로 과대 전류가 흘러 파손되기 쉬우므로 낮은 온도에서 사용하여야 한다.

저항 용접 [resistance welding] 압접법의 일종으로서 접합하고자 하는 두 모재를 접촉시킨 다음 대전류를 흐르게 하면 저항열에 의해 접촉부분이 용융되었을 때 기계적으로 압력을 가하여 접합하는 용접법을 말한다. 저항 용접으로는 점 용접, 심 용접, 프로젝션 용접, 맞대기 용접이 있다.

저항 플러그 [resistor plug] 저항 플러그는 중심 전극에 약 10,000Ω의 저항을 넣어 라디오, 카폰 등의 전파 방해를 방지하는 플러그이다. 스파크 플러그에서 발생되는 불꽃은 용량 불꽃과 유도 불꽃으로 분류하게 되는데 유도 불꽃은 용량 불꽃 이후에 일어나며, 유도 불꽃 기간이 길어 전파를 방해하므로 저항으로 인한 유도 불꽃 기간을 짧게 하여 전파 방해를 방지한다.

저항기 [resistor] 전기 회로에서 전류를 제한하고 전압의 강하를 주기 위해 일정량의 저항값을 갖도록 설계, 제조된 디바이스로서 점화장치의 1차 저항, 전압 조정기의 계자 저항 등을 말한다.

적기법 [赤旗法 ; red flag act] 1865년에 제정되어 1896년까지 이어진 영국의 교통규제법. 보행자를 보호하기 위하여 자동차의 주행속도를 시내에서 시속 3.2km/h, 교외에서 6.5km/h로 제한하였음. 자동차의 전방에 적기(赤旗)를 든 사람이 유도하지 않으면 안된다는 것. 이 법률로 말미암아 영국에서의 자동차 발달은 독일, 프랑스에 비하여 매우 뒤떨어지게 되었다.

적산계 [積算計 ; integrating instrument] ① 주행 거리계를 말하며, 아날로그의 경우 스피드미터 내에 설치되어 있다. 변속기 출력축의 회전이 스피드미터 케이블에 의하여 유도되어 기어를 구동하고 카운트하는 시스템으로 되어 있다. ② 계속되는 현상을 과거의 어떤 시각부터 현재까지 계속 누계로 계산한 값을 나타내는 계기로서 일정 기간 동안의 전력 소비량을 나타내는 적산 전력계, 자동차의 주행거리를 나타내는 적산계, 유량을 나타내는 적산 유량계, 축의 회전수를 나타내는 적산 회전계, 진동수를 나타내는 적산 진동계 등이 있다. ⇨ 오도미터.

적열 [赤熱 ; red heat] 물체를 가열하여 빨갛게 달구어진 상태를 말한다.

적열 취성 [赤熱脆性 ; hot shortness] 강이 900℃ 이상에서 황이나 산소가 철과 화합하여 취성이 발생되는 성질.

적외선 [赤外線 ; infrared rays] 눈에 보이지 않으나 파장이 가시광선(可視光線)보다 긴 전자파로서 열선이라 불릴 만큼 열적 작용이 강하다. 일반적으로 공기 중에서 산란율(散亂率)이 작고 가시광선보다 투과력이 강하여 사진 작용, 형광 작용, 광전 작용이 있다.

적외선 건조 〔赤外線乾燥〕 적외선 방사에 의하여 건조에 필요한 열량을 주어 자동차의 페인팅을 건조시키는 방법을 말한다. 에나멜 도장(塗裝) 등에서 건조와 밀착이 동시에 이루어지고 도장 표면에만 가열 효과가 있으며, 내부에는 열에 대한 영향이 미치지 않는 것이 특징이다.

적외선 전구 〔赤外線電球〕 적외선의 방사를 목적으로 한 전구로서 자동차 보디의 페인팅을 건조시킬 때 사용한다. 필라멘트의 온도를 낮게 하여 적외선 방사를 좋게 하며, 유리는 적외선 흡수를 적게하는 것을 사용한다. 적외선 방사에 의하여 건조에 필요한 열량을 공급함으로써 건조 밀착이 동시에 이루어지도록 하는 전구를 말한다.

적재 중량 〔積載重量 ; loading capacity〕 자동차가 적재할 수 있는 최대 중량으로서 적재함에 적재 하중이 표기되어 있다.

적재량 〔積載量〕 자동차에 물건을 실은 분량 또는 중량을 말한다.

적재장치 내측 길이 〔積載裝置內側全長〕 ① 일반형 화물 자동차는 차량 중심선에 평행한 적재함 내부 앞, 뒤 끝면 사이의 최단거리. ② 밴형 자동차의 경우 격벽 또는 칸막이를 기준점으로 하여 적재함 뒷면과의 거리.

적재장치 내측 너비 〔積載裝置內側全幅〕 차량 중심선에 직각인 좌우 내측 측벽 사이의 최단거리. 밴형 및 상자형은 적재장치 내측높이의 1 / 2 위치에서 차량 중심선에 직각인 내측 직선간 수평거리.

적재장치 내측 높이 〔積載裝置內側全高〕 ① 일반형 화물 자동차는 적재함 바닥면으로부터 측벽 상단까지의 수직거리. ② 밴형 또는 상자형 자동차는 적재함 바닥면으로부터 천장까지의 최대 수직거리.

적차 상태 〔積車狀態〕 공차 상태의 자동차에 승차 정원의 인원이 승차하고 최대 적재량의 물품이 적재된 상태. 승차 정원 1인의 중량은 55kg으로 계산하고, 좌석 정원의 인원은 정위치에, 입석정원의 인원은 입석에 균등하게 승차시키며, 물품은 물품적재장치에 균등하게 적재시킨 상태이어야 한다.

적층 광전지 〔積層光電池 ; block layer photocell〕 실리콘 포토다이오드 등과 같이 반도체 전위장벽의 광기전력 효과(내부 광전 효과)를 이용하는 광전지로서 셀렌 광전지를 말한다.

전 트랜지스터 방식 〔full transistor type〕 풀 트랜지스터 방식. 전 트랜지스터 방식 점화장치는 1차 코일에 흐르는 전류의 단속 기구를 접점이 없는 전자 픽업으로 점화 신호를 트랜지스터에 보낸다. 따라서 접점의 채터링에 의한 엔진의 실화나 접점의 소손으로 인한 점화시기 변화, 1차 전류 흐름 시간의 감소 등이 발생되는 것을 방지할 수 있다. 전 트랜지스터 방식은 점화 신호를 전기적으로 제어하기 때문에 점화 능력의 향상과 고속 회전에서도 2차 전압이 안정되며, 내구성 및 신뢰성이 높다.

시그널 로터 / 크랭크각 픽업 센서 / 트리거 휠 / 에어갭 조정볼트 / 크랭크각 픽업 커넥터 / 상사점 픽업 커넥터

전 트랜지스터식 조정기 [full transistor type regulator] 전 트랜지스터식 조정기는 반 트랜지스터식 조정기에서 사용하는 릴레이 대신에 제너 다이오드를 이용하여 로터 코일에 흐르는 전류를 조절하므로써 발생 전압을 제어하는 조정기이며, TR₂는 로터 전류 제어용이고 TR₂의 베이스 전류는 TR₁이 제어한다. 또한 TR₁의 베이스 전류는 Dz에 의하여 제어하며, 제너 다이오드에 가해지는 전압이 낮을 때는 역방향으로 전류가 흐르지 못하기 때문에 TR₁은 OFF 상태가 되므로 TR₂의 베이스에 전류가 공급되어 TR₂는 통전 상태가 된다. 따라서 로터에 공급되는 여자 전류는 TR₂의 이미터와 컬렉터를 통하여 흐르므로 발생 전압이 높아진다. 발생 전압이 상승하여 제너 다이오드에 가해지는 전압이 높아지면 역방향으로 전류가 흐르므로 TR₁은 통전 상태가 되어 전류가 흐르므로 TR₂의 베이스 전류가 차단되어 로터 코일에 공급되는 여자 전류가 흐르지 못한다. 엔진의 회전수가 증가하면 트랜지스터의 통전 시간은 짧게 되어 로터에 공급되는 여자 전류의 평균값이 감소하므로 발생 전압을 일정하게 유지한다. TR : Transistor, Dz : Zener Diod.

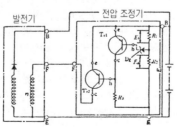

발전기 / 전압 조정기

전감속비 [全減速比] ⇨ 토털 기어 레이쇼, 토털 기어비.

전격 [電擊] 전기 쇼크로서 강한 전류를 갑자기 몸에 느꼈을 때 일어나는 충격을 말한다.

전격 방지장치 [voltage reducing device] 전기 용접을 할 때 전격(電擊)에 의한 위험을 방지하기 위하여 부착하는 안전장치를 말한다.

전계 [electric field] 전계는 전기력이 작용하는 공간을 말한다.

전고 [全高] ⇨ 자동차 높이.

전구 [電球 : electric lamp] 전류의 발열작용을 이용하여 필라멘트를 가열 발광시키는 것으로서 백열 전구, 네온 전구, 수은등이 있다.

전극 [electrode] 스파크 플러그의 전극은 절연된 중심 전극(center electrode)과 접지 전극(side electrode)으로 분류되며, 중심 전극의 지름은 보통 2.5mm로 하지만 최근에는 불꽃 전압의 강하를 방지하기 위해 1mm정도로 가늘게 한다. 중심 전극의 재질로는 내열성, 내식성, 내산화성이 큰 니켈 합금이나 백금으로 사용하며, 접지 전극은 셀 하단부에 용접되어 있다.

전기 [電氣 : electricity] 자연계에 있어서 기본적인 물리량으로 건조한 유리 막대를 비단으로 문지르면 종이 조각과 같은 가벼운 물질을 끌어 당기는 현상을 일으키게 하는 주원인이 되는 것으로서 전하나 전기 에너지를 가리켜 말할 경우가 많다. 정지 상태에 있어서는 전기장과 위치 에너지를 가지고 있으며 운동을 하는 경우에는 전기장과 자기장의 양쪽을 수반하고 위치 및 운동 에너지를 가진 힘이 미친다.

전기 모터 [electric motor] 전차와 같이 전기 모터로 자동차를 작동할 수 있다. 골프장이나 유원지에서 볼 수 있는데, 에너지를 발생하는 전기를 배터리로부터 얻으려면, 모터보다 무겁고 큰 배터리로 가볍고 완전한 성능의 배터리를 만드는 것이 과제이다. 가솔린 엔진 등은 언제든지 얻을 수 있는 공기를 이용하여 에너지로 바꾸고 있으나, 전기 자동차 에너지는 자기가 모두 운반하지 않으면 안되는 결점이 있다. 그러므로 조용하고, 배출가스도 없으며, 운전하기에도 편하지만, 주행 가능거리도 가솔린 자동차보다 짧고, 배터리의 발명이 획기적인 것이 없는 한 가솔린 엔진을 대신할 수는 없을 것이다.

전기 부하 스위치 [electric load switch] 전기 부하 스위치는 전기적인 부하가 큰 몇 개의 입력 신호를 검출하여 공전 제어 서보를 작동시켜 엔진의 회전 속도를 상승시킨다.

전기 아연 도금 강판 [electric galvanized steel sheet] ⇨ 아연 도금 강판.

전기 용접 [電氣鎔接] 전기 저항이나 불꽃 방전(아크)에 의하여 발생하는 열을 이용한 용접. 스폿 용접과 미그 용접도 여기에 해당됨.

전기 자동차 [electric vehicle] 전력에 의하여 움직이는 자동차의 총칭. 납전지(鉛電池)와 직류 모터를 사용하여 골프카나 정비공장 내를 이동하기 위한 소형차에 사용되고 있다. 석유를 원료로 사용하지 않아서 배기가스가 없고 소음이 낮은 무공해차로서 이러한 승용차를 세계 각국에서 개발하고 있으나, 전원(電源)이 되는 배터리가 무겁고, 부피가 크며 1회의 충전으로 주행할 수 있는 거리가 짧은 것이 기술상의 걸림돌이 되어 보급이 지연되고 있다.

전기 저항 [electric resistance] ⇨ 저항.

전기 제어 [electric control] 기계나 장치를 개폐기, 계전기, 저항기 등으로 작동을 제어하는 것을 말하며 트랜지스터, 전자관 등으로 제어하는 것을 전자 제어라 한다.

전기 전도율 [電氣傳導率 ; electricity conduction rate] 물질의 1cm^2 단면을 통과하여 전달되는 전류의 이동률로서 전기에 대한 전도성이 크고 작음을 나타내는 양을 말한다. 전기 전도율이 큰 것부터 나열하면 은＞구리＞알루미늄＞마그네슘＞아연＞니켈＞철＞납＞주석이다.

전기 진동 [electric oscillation] 전류가 시간적으로 진동하는 현상으로서 전하에 의해 발생되는 전기장 또는 전류에 의해 생기는 자기장이 전하, 전류의 시간 변화에 수반하여 변화하는 것을 말한다. 전기 진동은 주기 진동과 비주기 진동이 있으며 진폭이 일정한 지속 진동과 진폭이 차차 작아지는 감쇠 진동이 있다.

전기 차량 [電氣車輛 ; electric motor vehicle] 전력을 동력원으로 사용하여 주행하는 차량의 총칭으로서 전기 자동차, 전동차, 전차, 전기 기관차 등을 말한다.

전기 회로 [electric circuit] 도체에 의해 만들어진 전류의 통로로서 전기장치, 시스템 등의 작동을 해석하거나 설계하기 위해서 그들이 가지고 있는 전기 파라미터에 의해 구성한 모델을 말한다.

전기력 [電氣力] ⇨ 정전력.

전기로 제강법 [electric process] 전기의 스파크 열로서 파쇠, 선철을 용해시켜 탄소가 제거된 강철, 합금강을 만든다. 용량은 1회에 용해할 수 있는 무게 톤(ton)으로 표시한다.

전기식 에어 백 시스템 [electric air-bag system] ⇨ 에어 백 시스템 (air-bag system).

전기식 연료펌프 [electric fuel pump] 전기에 의해 작동되는 연료 펌프. 코일을 이용하여 전자력에 의해서 플런저를 펌프 운동시키는 플런저식, 롤러 모터를 이용하는 롤러식, 원주상에 날개 홈을 설치하여 로터를 회전시켜 연료를 송출하는 베인식 등이 있다.

전기식 자동 변속기 [electric type automatic transmission] ⇨ 전자 제어식 AT.

전기자 [armature] ① 기동 전동기의 전기자는 회전력을 발생하는 부분으로서 전기자 철심, 전기자 코일, 정류자, 전기자 축으로 구성되어 있으며, 전기자 축 양쪽이 베어링으로 지지되어 자계 내에서 회전한다. ② DC 발전기 전기자는 자계 내에서 회전되어 잔류 자기를 기초로 하여 유도 전류를 발생시키는 것으로서 중앙에 축을 중심으로 전기자 코일이 전기자 철심의 홈 속에 수개씩 감겨져 정류자 편에 납땜되어 있다.

전기자 철심 전기자축
전기자 코일 정류자

전기자 슬라이딩식 [armature shift type] 전기자 슬라이딩은 계자 철심의 중심과 전기자 철심의 중심을 오프셋시켜 자력선이 가까운 거리를 통과하려는 성질을 이용하여 전동기에서 발생한 회전력을 플라이 휠에 전달한다. 피니언 기어는 전기자 축의 끝부분에 설치되어 계자 코일과 전기자 코일에 전류가 흐르면 피니언과 전기자가 일체로 슬라이딩하여 플라이 휠 링기어와 맞물리게 된다. 엔진이 기동된 후 스위치를 열면 전기자의 리턴 스프링의 힘으로 리턴되어 이탈된다.

전기자 철심 [armature core] ① 기동 전동기의 전기자 철심은 전기자 코일을 유지하며, 계자 철심에서 발생된 자력선을 잘 통과시키고 동시에 맴돌이 전류를 감소시키기 위하여 0.35~1.0mm의 규소 강판이 성층되어 있다. 전기자가 회전하면 역기전력이 유기되기 때문에 열이 발생되어 전동기의 효율이 저하되므로 바깥 둘레에 전기자 코일이 들어가는 홈이 파져 있어 사용중에 열이 발생되지 않도록 되어 있다. ② DC 발전기 전기자 철심은 전기자 코일을 지지하며, 자력선을 잘 통과시키고 동시에 맴돌이 전류를 감소시키는 역할을 한다.

전기자 축 [armature shaft] 기동 전동기의 전기자 축은 큰 회전력을 받기 때문에 절손, 변형, 굽힘 등이 발생되지 않도록 특수강으로 되어 있으며, 베어링 지지부는 내마멸성 향상을 위하여 담금질이 되어 있고 피니언의 슬라이딩 부분에는 스플라인이 만들어져 있다.

전기자 코일 [armature coil] 전기자 코일은 정류자편에 납땜이 되어 있으므로 모든 코일의 전류가 흘러 각각에 발생되는 전자력이 합하여 전기자를 회전시킨다. 전기자 코일은 하나의 홈에 2개씩 설치되어 있으며, 많은 전류가 흐를 수 있도록 평각 동선을 운모 종이(mica paper), 파이버(fiber), 합성수지 등으로 절연하여 코일의 한쪽은 N극 쪽에, 다른 한쪽은 S극이 되도록 전기자 철심의 홈에 끼워져 정류자편에 납땜되어 있다.

전단 응력 〔剪斷應力〕 가위로 물건을 자르거나 철판 등을 절단기로 자를 때 절단면에 작용하는 힘. 고체 내부에 포개어 합쳐진 층을 생각할 때 각각의 층이 역방향의 힘을 받아 층 사이에서 미끄러짐이 생기는 것 같은 변형을 틀어짐이라고 한다. 틀어짐에 수반하여 층 사이에서 서로 평행하며 역방향으로 작용하는 응력을 전단 응력이라고 함.

전단면 [full section] ⇨ 단면도.

전도 〔傳導 ; conduction〕 열이나 전기가 물질의 한 부분으로부터 차차 다른 부분으로 옮기는 현상을 말한다.

전도체 프린트 글라스 [electro conductor print glass] 리어 윈도에 사용하는 강화유리. 전도성(電導性)있는 금속 분말을 유리면에 가로 또는 세로로 배열하여 프린트한 다음 열처리시킨 강화(强化)유리. 전류를 통전시켜 유리를 따뜻하게 하면 유리의 흐림을 제거하는데 이용한다.

전동 〔傳動 ; transmission〕 엔진의 동력을 전달하는 것으로서 전동장치 및 변속기 등을 말한다.

전동 〔電動〕 전기의 에너지를 이용하여 작동하는 것을 말한다.

전동 격납식(電動格納式) **도어 미러** 폴딩 타입 사이드 미러에 모터를 조합하여, 폭이 좁은 리프트식 주차장이나 좁은 장소에 주차할 때 운전석의 스위치에 의하여 미러를 접어 넣도록 한 것.

전동 공구 〔電動工具〕 전기를 동력으로 하는 공구. 모터가 내장되어 있어 무겁기 때문에 그라인더(grinder)와 폴리셔(polisher) 외에는 그다지 사용하지 않음.

전동 발전기 〔電動發電機 ; motor generator〕 전동기로서 발전기를 회전시켜 직류를 교류로 또는 교류를 직류로 변환하는 장치로서 전동기와 발전기를 직결하여 사용한다.

전동 윈치 [electric winch] 4WD 자동차의 앞부분에 설치되어 있는 윈
치로서 배터리를 전원으로 하고 모터의 회전을 감속기로 감속하여 사
용된다.

전동 파워 스티어링 [electric power steering] 조향력의 어시스트에 전
동 모터의 구동력을 직접 이용하는 시스템. 랙 & 피니언을 기본으로
하여 구성되어 있고, 피니언을 구동하는 피니언 어시스트 방식과 랩을
움직이는 랙 어시스트 방식이 있으며, 스티어링의 토크나 회전속도,
차속 등에 대한 센서의 신호에 의하여 전자제어된다. 일반적인 유압식
의 경우 엔진으로 유압 펌프를 구동하고 있으나, 전동식에서는 이것에
의한 마력 손실이 없고, 유압 배관도 필요치 않다. 단, 어시스트력은
유압식만큼 크지 않다.

전동모터

전동 팬 [motor fan] 배터리 전원으로 회전하는 팬. 수온 센서가 라디에
이터에 설치되어 냉각수 온도를 감지하여 약 90℃ 정도가 되면 모터에
배터리 전원을 연결하여 회전한다. 라디에이터 설치 위치가 자유롭고
히터의 난방이 빨리되며 일정한 풍량을 항상 확보할 수 있는 장점이
있으나 값이 비싸고 소비 전력이 많으며 소음이 크다는 단점이 있다.

전동기 〔電動機 : electric motor〕 전기적 에너지를 기계적 에너지로 변
환하는 회전기로서 자계에 의한 자력선과 전기자 코일에 흐르는 전류
에 의하여 회전력을 발생하는 기계로 직류용과 교류용으로 분류된다.

전동력 〔電動力〕 전기 회로에 전류를 흐르게 하여 기계를 움직이게 하는
힘으로써 동전력(動電力) 또는 기전력(起電力)이라고도 한다.

전동식 냉각 팬 [electric fan] 냉각 팬을 모터로 구동하는 것. 라디에이
터 후방의 기류온도나 냉각 수온을 센서로 검출하여 규정 이상의 온도
가 되면 팬이 회전된다. 엔진룸 내의 통풍을 고려하여, 엔진 위치에 관

계없이 라디에이터를 설치할 수 있는 장점이 있다.

전동식 로크 〔power door lock〕 ⇨ 전자식 도어 로크(power door lock).

전력 〔electric power〕 전력은 전류가 단위 시간 동안에 하는 일의 양으로서 전구, 전동기 등에 전류를 흐르게 하면 열이나 기계적 에너지를 발생시켜 여러가지 일을 하는 것을 말한다. 또한 전류가 흐르면 모터를 회전시키는 일은 전류(I)가 하지만 전류가 흐르면 일을 하도록 압력을 가하는 것은 전압(E)이다. 이와 같이 전력은 전압과 전류를 곱한 것에 비례하며, 전력의 단위로는 와트(Watt, 기호 W)를 사용한다.

전력량 〔electric energy〕 전력량은 전류가 어떤 시간 동안에 한 일의 총량으로서 전력과 사용 시간에 비례한다. 전력량은 전력에 사용한 시간을 곱한 것으로 나타낸다.

전력용 트랜지스터 〔power transistor〕 대전류 고출력을 가지고 있는 트랜지스터로서 주로 점화장치의 스위칭 회로나 오디오 회로로 사용된다.

전로 제강법 〔bessemer process〕 노(爐)속에 선철을 넣고 공기를 1kg /cm² 이내의 압력으로 불어 넣어 규소, 망간, 탄소를 산화시켜 용강을 만든다. 용량은 1회에 제강할 수 있는 무게 톤(ton)으로 표시하며, 제강 시간은 30분이다. 산성 내화물을 이용한 베세머법과 염기성 내화물을 이용한 토머스법이 있다.

전류 〔current〕 전류는 전자의 이동을 말한다. ⊕ 대전체에서 ⊖ 대전체를 전기가 잘 흐르는 도선으로 연결하면 ⊕ 쪽에서는 도선에 있는 전자를 흡인하고 ⊖ 쪽의 전자는 반발당하여 도선 내부에 들어가기 때문에 전자는 ⊖ 쪽에서 ⊕ 쪽으로 이동한다. 이 때에 이동한 전자는 중화되며, ⊕ 전하의 이동 방향을 전류의 방향으로 정하고 있기 때문에 전류의 방향과 전자의 이동 방향은 반대로 된다. 또한 전류의 단위는 암페어(amper, 약호 A)를 사용한다.

전류 검출 저항 〔current sensing resistor〕 부하에 직렬로 연결된 저항으로서 저항의 양끝에 부하 전류에 비례하는 전압이 발생된다. 발전기의 계자 저항은 저항의 양 끝 전압을 이용하여 로터 또는 계자 코일에 흐르는 전류를 조정하여 발전기의 발전 전압을 조정하게 된다.

전류 제한기 〔current limiter〕 ⇨ 전류 조정기.

전류 조정기 〔current regulator〕 전류 조정기는 DC 발전 조정기에만 설치되어 발전기 출력 전류를 제한하여 전장품 및 발전기의 계자 코일에 과대 전류가 흐르는 것을 방지한다. 발전기의 출력 전류가 조정 전류보다 많아지면 전자석의 자력으로 접점이 열리게 되므로 계자 전류가 저항으로 흐르기 때문에 발생 전압 및 전류가 감소된다. 또한 발전기의 출력 전류가 조정전류보다 낮아지면 스프링 장력으로 접점이 닫혀 발생 전류가 회복된다. 또한 전류 조정기를 전류 제한기라고도 한다.

전류계 〔電流計〕 ⇨ 암미터.

전류식 〔full-flow filter type〕 오일 펌프에서 송출된 오일 모두를 여과하여 윤활부에 공급하는 방식으로서 깨끗한 오일로 윤활 작용을 하므로 베어링 손상이 없는 장점이 있다. 엘리먼트가 막혔을 때 공급부족 현상을 방지하기 위해 바이패스 밸브가 설치되어 있다.

전륜 구동장치 〔front wheel drive〕 전륜(前輪) 구동장치는 변속기 및 종감속 기어장치를 하나의 케이스 내에 설치하고 있어 후륜 구동장치보다 엔진 룸을 작게 할 수 있다. 따라서 실내와 트렁크에 그 여유 공간을 크게 이용할 수 있을 뿐만 아니라 추진축이 없으므로 자동차의 중량을 가볍게 할 수 있다. 또한 구동 바퀴와 조향 바퀴가 동일하여 직진성, 횡풍에 대한 안정성, 방향성, 제동 안정성 및 연료 소비량을 향상시킬 수 있다.

전면 투영 면적 〔全面投影面積〕 자동차의 공력(空力) 특성을 나타내는 기준치의 하나로, 자동차를 앞에서 볼 때의 횡단면의 면적. 상세히 말하자면 수평면에 놓여진 자동차의 종중심면(縱中心面)에 직각인 연직면에 자동차의 최외연(最外緣)의 형상을 투영했을 때 생기는 도형(圖形)이 점유하는 면적. 이것이 적은 쪽이 공기 저항이 적다.

전부동식 〔full-floating type〕 ① 피스톤 핀 설치 방법의 하나로 피스톤 핀이 피스톤과 커넥팅 로드 어느 곳에도 고정되지 않고 자유롭게 움직일 수 있는 형식. 피스톤 보스에 홈을 파고 스냅링으로 끼워 피스톤 핀이 이탈되는 것을 방지한다. ② 액슬 하우징에 2개의 베어링으로 허부가 지지되고 액슬은 허브에 고정되어 동력만을 전달하는 형식으로 액슬은 외력을 받지 않는다. 또한 액슬은 바퀴를 떼어내지 않고 분해할 수 있다.

전부동식 차축 〔full-floating axle, fully-floating axle, non-floating axle〕 ⇨ 풀 플로팅 액슬.

전부하 〔全負荷〕 전부하는 풀 스로틀이라고도 하며, 부분부하는 파셜 스로틀, 또는 파트 스로틀이라고도 한다. 엔진의 성능은 보통 전부하로 표시되어 있으나 실제로 운전에서 필요한 것은 파셜 스로틀 시의 조종 성능쪽이다. 액셀을 밟는 방법에 따라 가속, 감속 모두 완벽하게 반응하는 엔진이 달리기 쉽다. 이것은 부분 부하의 토크 성능에 의한다. ⇨ 풀 스로틀.

전부하 효율 〔全負荷效率 ; full load efficiency〕 엔진에 허용되어 있는 최고의 부하가 걸린 상태에서의 효율을 말한다.

전선 〔電線 ; electrical wire〕 전류를 흐르게 하기 위해 전기의 도체로 만들어진 동선, 철선 등을 말한다. 전선에는 절연 전선과 코일로 대별되는데 절연 전선 중 보호 외장을 한 것을 케이블이라 한다. 도체는 일부 알루미늄을 사용하는 것이 있으나 대부분이 동선을 사용하며 일반적으로 절연재는 종이, 고무, 합성 수지 등이 사용된다.

전성 〔展性 : malleability〕 타격 또는 압연에 의해 금속을 압출할 경우 얇은 판으로 넓게 펴지는 성질로서 전성이 좋은 순서는 금, 은, 백금, 알루미늄, 철, 니켈, 구리, 아연이다.

전압 〔electric pressure〕 전압은 전하가 이동하려는 힘으로서 물체에 전하를 많이 담아두면 같은 전하끼리 반발력이 작용하여 다른 종류의 전하가 있는 쪽으로 또는 전하가 적은 쪽으로 이동한다. 이 때 이동하는 힘을 전압이라 한다. 전류는 전압이 높을수록 많이 흐르며, 실용 단위는 볼트(volt, 약호 V)를 사용한다.

전압 강하 〔voltage drop〕 전압 강하는 도체에 전류를 흐르게 하였을 때 사용하고 있는 전선의 저항 또는 접촉 저항 등에 의해 소비되는 전압으로 직렬 접속시에 많이 발생되며, 축전지 단자, 스위치, 배선 접속부 등에서 발생되기 쉽다. 또한 저항이 있는 전기 회로에 전류가 흐르면 그 저항의 양끝에 걸리는 전압이 낮아지므로 부하 저항에 의해 소비된 전압의 총합은 전원의 전압과 같다.

전압 검출형 센서 〔voltage detection type sensor〕 전압 검출형 차속 센서는 발전기의 발생 전압이 회전수에 비례하는 특성을 이용하여 전압을 검출하는 형식. 영구 자석이 케이블과 연결되어 회전하면, 고정되어 있는 스테이터 코일에 교류 전압이 유기되고 정류기에 의해 직류 전기로 바꾸어 컴퓨터에 입력하여 연료 분사량을 조절한다. 오버 드라이브장치의 차속 센서로 이용된다.

전압 제한기 〔電壓制限器 ; voltage limiter〕 전원의 전압 변동에 의해서 계기의 눈금이 일정값을 지시하기 위해서 게이지에 설치된 전압 제한 장치를 말한다.

전압 조정기 〔voltage regulator〕 전압 조정기는 발전기에서 발생되는 전압을 일정하게 되도록 조정하는 것으로서 엔진의 회전속도가 증가되어 발생 전압이 규정값보다 높아지면 조정기에 전자석의 자력이 강하

게 되어 접점이 열린다. 이 때 계자 코일에 흐르는 여자 전류가 저항을
통하여 흐르게 되므로서 발생 전압이 낮게 된다. 또한 발생 전압이 규
정보다 낮아지면 조정기에 전자석의 자력도 약하게 되어 접점이 스프
링 장력으로 닫혀 계자코일에 흐르는 여자 전류는 저항을 피하여 흐르
므로 발생 전압이 정상으로 회복된다.

전압계 〔電壓計 ; voltmeter〕 전압을 측정하는 계기로서 원리나 구조상
전류계와 같지만 전압계는 계기에 흐르는 전류를 감소시킬 필요가 있
으므로 직렬의 고저항이 연결되어 있다.

전압력 〔全壓力 ; total pressure〕 서로 접해있는 전체 면적에 작용하는
압력의 합계로서 유동하는 유체의 정압(靜壓)과 동압(動壓)을 합한
값을 말한다.

전열 〔電熱〕 전류가 흐를 때 전기 저항에 의해서 발생되는 열로서 줄열
을 말한다.

전열기 〔電熱器 ; electric heater〕 저항선에 전류를 흐르게 하여 줄열이
발생되도록 하여 이용하는 기구를 말한다. 니크롬선과 같이 저항이 높
고 산화 부식이 되지 않는 금속으로 코일이나 판상(板狀)의 전로(電
路)를 만들어 전류를 흐르도록 한 것으로 발열기(發熱器), 전기열로
난방을 하는 난방장치 등을 말한다.

전열식 자동 초크 〔electric heat type auto-choke〕 자동적으로 초크를
작동시키는 장치의 하나. 바이메탈의 주위를 전열 코일로 둘러싼 구조
로 되어 있다. 냉각된 상태의 엔진에서 닫혀 있는 초크 밸브가 엔진이
작동하여 발전기에서 보내진 전기에 의해서 바이메탈이 가열됨과 동시
에 늘어나 초크 밸브가 서서히 열리는 구조로 되어 있다.

전위 〔電位 ; electric potential〕 전장(電場) 내의 임의의 한 점에 어떤
표준점으로부터 단위의 전기량을 옮기는데 필요한 두 점 사이의 전압
차를 말한다. 전류는 전위가 높은 곳으로부터 낮은 곳으로 흐르므로
양전기(陽電氣)가 A점에서 B점으로 흐른다면 A점의 전위는 B점보
다 전위가 높다고 할 수 있다.

전위차 〔電位差 ; potential difference〕 전장(電場)이나 도체 가운데의
두점 사이의 전위 차이를 전위차(電位差) 또는 전압(電壓)이라고 한
다.

전원 〔power supply〕 기전력을 발생시켜 전력을 공급하는 근원으로서
발전기, 축전지, 건전지 등이 있으며, 전류의 성질에 의해서 직류 전원
과 교류 전원이 있다.

전자 [electron] 일렉트론은 원자를 구성하고 있는 소립자의 하나. 전자는 최소량의 ⊖ 전기를 가지고 빛의 1/10정도의 빠른 속도로서 원자핵 주위를 돌고 있는 미립자이다. 소립자 중에서 가장 가벼우며 안정된 것으로서 정지(靜止) 질량은 9.108×10^{-28}g이다. 또한 전자 1개가 가진 전기량이나 양자 1개가 가진 전기량은 전기로 존재할 수 있는 가장 적은 양으로 4.803×10^{-10}cm - g/sec esu이다.

전자 개폐기 〔電磁開閉器; electromagnetic switch〕 전자력(電磁力)에 의해 작동되는 접점과 과부하 보호장치 등을 하나의 케이스 내에 수용한 것으로서 전동기 회로 등에 사용한다.

전자 계전기 [magnetic relay] ⇨ 전자 릴레이.

전자 릴레이 [electromagnetic relay] 전자력(電磁力)에 의해서 접점을 ON, OFF시켜 전류를 흐르게 하거나 차단하는 장치로서 전압 조정기, 혼 릴레이, 턴 시그널 릴레이 등으로서 전자 계전기라고도 한다.

전자 브레이크 [electromagnetic brake] 회전하는 원판에 전자력을 작용시켜 브레이크 슈를 압착하므로써 제동력이 발생되도록 하는 장치를 말한다.

전자 빔 [electron beam] 단일원에서 만들어진 작은 단면을 가지고 있는 전자의 흐름으로서 원하는 부분을 향해 거의 동일한 속도로 평행하게 방출되는 것을 말한다.

전자 유도 작용 [electro magnetic induction] 전자 유도 작용은 자계속에 도체를 자력선과 직각으로 넣고 도체를 자력선과 교차시키면 도체에 유도 기전력이 발생되는 현상으로 전자유도에 의해 발생하는 유도 기전력의 크기는 단위 시간 동안에 자속의 변화량과 코일의 권수를 곱한 값으로 결정된다.

전자 제어 서스펜션 [electronic modulated suspension] 쇽업소버의 감쇠력을 자동차의 움직임에 따라 감지하는 각종 센서의 정보에 근거하여 전자로 제어한 것이다. 주행 성능과 승차감의 균형을 바로 잡기 위한 서스펜션. ⇨ 감쇠력 가변식 쇽업소버.

전자 제어 에어 서스펜션 〔electronic controlled air suspension〕 에어 서스펜션의 일종으로서 컴퓨터 제어에 의하여 공기 스프링의 스프링 정수(定數), 차고(車高)에 따른 쇽업소버의 감쇠력 등으로 조정하여 운전자의 취향에 따라 몇 개의 모드를 선택할 수 있도록 한 것.

전자 제어 유닛 [electronic control unit] ECU. 전자 제어 유닛은 앞뒤 바퀴의 휠 속도 센서와 브레이크 스위치에서 입력 신호를 받아 각 휠의 제동상태를 감지하여 모듈레이터 신호를 보내 적절한 브레이크 유압으로 조절한다. 입력장치는 4개의 휠 속도 센서, 브레이크 스위치이며, 출력으로는 6개의 솔레노이드 밸브, ABS 경고등, ABS 경고등 릴레이, 모터 릴레이 등을 제어한다.

전자 제어 현가장치 [electronic controlled suspension system] ⇨ ECS.

전자 제어식 AT [electronic controlled automatic transmission] 오토매틱 트랜스미션(AT)의 자동변속은 유성기어(遊星齒車)의 클러치와 브레이크의 ON·OFF. 로크업을 장착한 AT에서는 토크 컨버터 내의 클러치를 연결 또는 차단도 차속과 액셀 페달에 연동하는 작동 유압으로 자동적으로 컨트롤하고 있으나 이들 제어 모두 컴퓨터에 의하여 행하는 것. ⇨ EAT.

전자 제어식 연료분사 [electronic controlled type fuel injection] 가솔린 엔진에 흡입되는 연료를 미립화(微粒化)하여 공기와 혼합하는 작용을 컴퓨터 제어에 따라 연료를 분사시키는 것. 흡입 공기량, 흡기온, 스로틀 개도(開度), 수온, 엔진 회전수, 배출가스 중 산소 농도 등 많은 데이터에 준하여 행한다. 주행상태에 따라 가장 적합한 연료가 공급되어, 종래의 기화기에 비교하면 연비(燃費), 배출가스 정화 등이 뛰어난 것이 장점이다.

전자 진각장치 [electronic spark advancer] ESA. 전자 진각장치는 점화 시기의 제어를 컴퓨터에 의하여 이루어지는 장치로서 엔진의 회전수, 흡입 공기량 등 엔진의 운전상태를 센서로 검지하고 컴퓨터로 가장 적합한 점화 시기를 연산하여 점화 시기를 전기적 신호로 발생하는 장치이다.

전자 클러치 [electronic clutch] 클러치의 일종으로서 전자석이 철분을 흡착하는 성질을 이용한 것이다. 시프트 레버에 스위치를 설치하고 통상적으로 전기를 통전시켜 연결한 클러치가 변속을 위하여 시프트 레버에 접촉되면 차단되도록 한 것. 클러치의 간극에 철분을 넣어 만든 디스크를 설치하여 자력에 따라 고정되는 현상을 이용한 것.

전자동 변속기 [full automatic transmission] ⇨ 풀 오토매틱 트랜스미션.

전자력 [electro magnetic force] 전자력은 자계속에 도체를 직각으로 놓고 전류를 흐르게 하면 자계와 전류 사이에서 발생되는 힘을 말한다. 전자력의 크기는 자계의 방향과 전류의 방향이 직각이 될 때 가장 크며 자계의 세기, 도체의 길이, 도체에 흐르는 전류의 크기에 비례하여 증가한다.

전자석 [電磁石 ; electromagnet] ① 연철심의 둘레에 절연 동선을 감아 전류를 흐르게 하면 연철이 자기 유도에 의해서 자석이 되는 인공 자석을 말한다. ② 강자성자심(强磁性磁心)과 코일을 가지고 있는 장치로서 코일에 전류를 흐르게 하여 가동 철심부를 작동시키거나 다른 물체에 흡입 또는 반발시켜 기계 작업을 하는 장치로서 전원은 직류, 교류가 모두 사용되고 있다.

전자식 [electronic type] 전자식 연료분사장치는 공기 흐름 센서, 대기압 센서, 흡기온도 센서 등 각종 센서로 감지하여 컴퓨터에서 연산된 후 인젝터를 작동시켜 연료를 분사하는 방식이다.

전자식 도어 로크 [power door lock] 도어의 잠금과 풀림을 솔레노이드나 모터에 의하여 행하는 장치. 도어 키 및 도어나 콘솔 등에 부착된 스위치에 의하여 모든 도어의 잠금과 해제는 되지만 자동차가 어느 정도의 속도로 주행하면 자동적으로 모든 도어가 잠기는 것.

전자식 리타더 [electronic type retarder] 대형 자동차에서 보조 브레이크로 사용되는 리타더의 일종. 자계(磁界)중에서 도체를 회전시키면, 도체에 와전류(渦電流)가 생겨서 발열되어, 기계에너지가 열에너지로 변하기 때문에 도체의 회전이 늦어지는 현상을 브레이크로서 이용한 것. 트랜스미션의 뒤나 추진축 중간에 회전하는 디스크를 설치한 다음 코일에 통전(通電)시켜 자계를 만들고 디스크에서 발생된 열은 냉각핀에 의해서 발산시킨다.

전자식 백미러 [electronic mirror] 뒤따라 오는 자동차의 헤드라이트 불빛이 미러에 비치면 전자장치의 작용으로 인하여 미러가 한쪽으로 기울어짐으로써 운전자의 눈을 부시지 않도록 하는 미러를 말한다.

전자식 스위치 [magnetic switch] 전자식 스위치는 기동 전동기 스위치를 전자석으로 개폐하는 형식으로서 2개의 코일과 플런저, 접촉판, 2개의 접점으로 구성되어 있다. 운전석에서 스위치를 닫으면 풀인 코일과 홀드인 코일에 전류가 흘러 전자석이 되므로 플런저를 잡아당겨 접촉판이 주접점(B단자와 F단자)을 닫아 전동기에 전류를 공급함과 동시에 시프트 레버를 당겨 피니언 기어를 링기어에 물리게 한다. 이 때 시동되어 스위치를 열면 플런저의 리턴 스프링의 장력에 의해 주접점을 닫는 코일이며, 홀드인 코일은 주접점이 연결된 후에도 전자력을 유지시켜 플런저가 잡아당겨져 있는 상태를 유지하기 위한 코일이다.

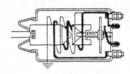

전자식 연료 압력 조절기 [electronic type fuel pressure regulator] 전자식 연료 압력 조절기는 고온 재시동에는 인젝터 내의 베이퍼로크 발생으로 혼합기가 희박해지는 것을 방지하기 위하여 진공식 연료 압력 조절기에 대기압 솔레노이드 밸브를 추가로 설치한 것이다. 평상시에는 진공식으로 작용하지만 냉각수 온도 70℃ 이상과 흡기 온도 20℃ 이상에서 재시동할 경우 컴퓨터의 신호를 받아 진공 체임버에 대기압이 작용하여 연료가 바이패스되지 않으므로 인젝터에 가해지는 연료의 압력을 상승시킨다.

전자식 이그나이터 [electronic igniter] 점화장치에서 IC, 트랜지스터 등의 반도체를 사용하여 점화 코일의 1차 회로에 흐르는 전류를 단속하여 스파크 플러그에서 불꽃을 발생하게 하는 점화장치를 말한다.

전자식 퓨얼 펌프 [electronic type fuel pump] 접점을 사용하여 전자석에 흐르는 전류를 단속하여 플런저를 왕복 운동시키므로서 연료 탱크의 연료를 엔진에 공급하는 펌프 ⇨ 퓨얼 펌프(fuel pump).

전자장 [電磁場] 전류, 이동하는 전하, 움직이는 자석의 둘레에서 전장(電場)과 자장(磁場)이 함께 존재하는 곳으로서, 전장이 변화되면 자장이 발생되고 자장이 변화되면 전장이 발생되어 전장과 자장은 서로 연관적으로 발생된다. 전장과 자장은 시간적 변화가 없을 때에는 각각 단독적으로 존재하게 된다.

전자파 [電磁波 ; electromagnetic wave] 전장(電場) 및 자장(磁場)의 변화에 따른 특성을 지니는 전자 방사의 파를 말한다. 그 주파수에 따라 파장이 긴 쪽으로부터 나열하면 전파, 적외선, 가시광선, 자외선, x선, γ선 순이며 속도는 진공 중에서 광속도와 같으며 물질 중에서는 느리고 굴절이 생긴다.

전자표시 [電子表示] 정보표시 시스템에 있어서, 각종의 정보를 형광표시관(螢光表示管), 발광 다이오드, 액정 디스플레이 등 전자 디스플레이를 이용하여 표시하는 것.

전장 〔全長〕 ⇨ 자동차 길이.

전장 〔電場 ; electric field〕 대전체의 전기 작용이 존재하고 있는 공간으로서 전계라고도 한다.

전조 〔轉造 ; roll forming〕 다이 또는 롤러 사이에 소재를 넣어 국부적으로 압력을 가함과 동시에 회전시키므로써 나사, 기어, 볼을 만드는 가공.

전조등 〔headlight, headlamp〕 ⇨ 헤드 램프.

전조등 레벨링 장치 〔headlight leveling system〕 ⇨ 헤드 램프 레벨링.

전조등 시험기 〔前照燈試驗機 ; heading tester〕 자동차의 전면에 설치되어 있는 헤드라이트의 상하 진폭과 좌우 진폭 및 광도를 검사하여 자동차관리법 안전기준에 관한 규칙과 주행중에 발생된 편차를 조정할 수 있도록 하는 테스터를 말한다. 집광식 헤드라이트 테스터는 렌즈로부터 1m 앞에 설치하여 측정하고, 광학식 헤드라이트 테스터는 렌즈로부터 3m 앞에 설치하여 측정한다.

전조등 조사각 조정장치 〔head lamp leveling mechanism〕 전조등 조사각 조정장치는 승차 인원과 화물의 적재량에 따라 자동차가 기울게 되거나 경사로 주행시 전조등의 조사 각도를 바르게 조정하는 장치이다. 조사각 조정장치는 앞 · 뒤 현가 스프링의 변화에서 오는 차체의 기울기를 검출하여 전조등의 주광축을 조정하는 자동식과 교정이 필요할 때 손으로 직접 조정하는 수동식이 있다.

전조등 클리너 〔head lamp cleaner〕 전조등 클리너는 전조등의 렌즈를 닦는 장치로서 비나 눈이 내릴 때 흙탕물이 튀어 렌즈의 빛이 분산되므로 전조등의 렌즈를 와이퍼 블레이드로 닦거나 물을 분사시켜 깨끗이 한다.

전지 〔cell〕 화학적인 반응에 의하여 전기적 에너지로 변환하는 장치로서 다니엘 전지나 건전지와 같은 1차 전지와 축전지와 같은 2차 전지가 있다. 그밖에도 광선을 받아 전류를 얻는 광전지, 열에 의하여 전류를 얻는 열전지, 연소에 의하여 발생되는 화학 에너지를 열로 바꾸지 않고 직접 전기 에너지로 바꾸는 연료 전지도 있다. ⇨ 축전지.

전착 〔電着 ; electro deposition〕 전해질이 전기 분해에 의하여 석출되어 그 표면에 달라 붙는 것으로서 전기 도금 또는 전주(電鑄)에 의해 물질을 전극으로 부착시키는 것을 말한다.

전착 도장 〔電着塗裝〕 전류가 플러스로부터 마이너스로 흐르는 힘을 이용하여 도료를 도장물에 부착시키는 방법. 도장물은 도료층(塗料層)

에 담근다[디핑(dipping)]. 전류는 식류로서, 도장물을 (＋), 도료를 (－)로 하면 음이온 전착, 그 반대는 양이온 전착이 됨. 방청력이 우수한 양이온 전착이 보편화되고 있는 중임. ED 도장이라고도 함.

전파 [電波 ; radio wave] 도체 중의 전류가 3KHz～3THz의 범위로 진동함으로써 방사되는 전자파를 말한다.

전파 정류 [full－wave rectification] 전파 정류는 4개의 정류기를 브리지에 접속하여 역방향(－)쪽의 반파 전류를 정방향(＋)쪽으로 변환하여 이용하기 때문에 연속파를 얻을 수 있어 직류로 알맞다.

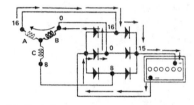

전폭 [全幅] ⇨ 자동차 너비.

전하 [電荷] ⇨ 대전.

전해 [電解 ; electrolysis] ① 전류를 흐르게 함으로써 용액이 전기 분해되어 가스 또는 금속을 분리시키는 것을 말한다. ② 전극에서 전해질로 또는 전해질에서 전극으로 전류를 흐르게 함으로써 화학 변화를 일으키는 것. 양극(陽極)에서 화학 변화는 양극 금속의 용해, 산소, 염소 등의 가스 발생이고 음극(陰極)에서 화학 변화는 수소 가스 발생과 전해질이 금속염 용액인 경우에는 금속 성분이 석출된다.

전해 연마 [electrolytic polishing] 전기의 화학작용을 이용하여 표면을 다듬질하는 가공법. 재료를 ⊕ 극에 연결하여 인산이나 황산 등의 전해액 속에 넣어 짧은 시간에 많은 전류를 흐르게 하여 표면을 용융시켜 매끈하게 광택을 낸다.

전해액 [electrolyte] 전해액은 황산을 증류수로 희석시킨 무색, 무취의 묽은 황산으로 극판과 접촉하여 셀 내부의 전류 전도 작용과 전류를 발생시키거나 저장하는 역할을 한다. 전해액 비중은 20℃를 기준으로 하여 완전 충전되었을 때 1.280을 표준으로 하고 있으며, 1.200이면 보충전하여야 한다. 또한 페러데이 법칙에 의하면 1Ah의 방전량에 대해 전해액 중의 황산은 3.66g 소비되며 0.67g의 물이 생성된다.

전해질 [電解質 ; electrolyte] ① 용액이 전류를 유도하는 성질을 가지고 있는 물질로서 전해질의 농도가 증가하면 전도성이 급격히 저하되는 강전해질과 전도성이 서서히 저하되는 약전해질이 있다. ② 물에 녹아서 그 용액이 전기 전도성을 가지게 되는 물질로서 전류를 흐르게 하면 전기 분해(電解)를 일으키는 물질을 말한다. ③ 전류를 잘 유도하는 용액을 말한다.

절단 [cutting off] 자유 단조 작업으로서 재료를 자르는 작업.

절대 단위 [absolute unit] 질량, 길이, 시간 등의 기본 단위로부터 물리 방정식을 사용하여 조립한 단위로서 그 가치가 어떠한 곳이나 어떠한 때라도 항상 일정하여 변함이 없으며 길이에 cm, 질량에 g, 시간에 sec 등을 말한다.

절대 압력 [absolute pressure] 절대 압력은 진공을 0으로 한 압력이다. 대기압은 장소 및 일기에 따라 항상 변화하므로 진공 센서로 측정한 경우는 절대 압력을 검출하므로써 항상 바른 흡기 다기관 압력을 검출할 수 있다.

절대 영도 [absolute zero-degree] 열역학상 생각할 수 있는 최적 온도로는 절대 온도의 기준 온도로서 $-273.15℃(-459.69℉)$를 말한다. 물질 내부의 원자는 무질서한 운동을 하고 있는데 온도를 강하시켜 영하 $273.15℃$에 이르면 모든 물질의 분자 운동은 정지하게 된다.

절대 온도 [absolute temperature] 기체는 그 종류에 관계없이 모두 팽창하고 수축할 때는 온도 $1℃$ 변화할 때마다 $0℃$일 때의 부피에 $1/273$만큼 부피가 변화한다. $-273℃$에서는 모든 기체의 부피는 0이 되어 소멸된다고 할 수 있다. 실제로는 물이 소멸하는 일이 없고 그 온도가 되기까지 기체는 액체 또는 고체로 변하여 기체의 팽창 수축 법칙에 따르지 않는다. 이와같은 $-273℃$를 기점으로 섭씨의 눈금을 정한 온도를 말함.

절대 측정 [absolute measurement] 수은 압력계를 사용하여 압력을 수은주의 높이, 밀도, 중력 가속도 등의 측정으로부터 유도하여 측정하는 것과 같이 조립량의 측정을 기본량만의 측정으로부터 유도하는 것을 말한다.

절삭 [切削 ; cut] 금속 재료를 잘라내거나 깎아내는 것을 말한다.

절삭 공구 [切削工具 ; cutter, cutting tool] 공작기계에 설치하여 금속 절삭에 사용하는 공구로서 보링 머신의 바이트, 밀링 머신의 커터, 드릴링 머신의 드릴 등을 말한다.

절삭 저항 [切削抵抗 ; cutting resistance] 공작기계에 의해 금속을 절삭할 때 절삭 공구에 작용하는 반력을 말한다.

절연 〔絶緣 ; insulation〕 도체 사이에 끼워져 전기나 열을 차단하는 것을 말한다.

절연 도료 〔絶緣塗料〕 전기 절연성이 있는 도료로서 페놀 수지 바니시, 규소 수지 바니시 등의 합성 수지계를 말한다.

절연 저항 〔insulation resistance〕 절연된 두 도체 사이의 전기 저항으로 서 전압을 가하였을 때 전류에 대하여 절연물에 의해 발생되는 저항값 을 말한다. 전압을 가한 후 상당한 시간이 경과되어도 전류가 정상 상 태로 되지 않을 때는 절연 저항값이 크기 때문이며 온도, 습도 등에 따 라 절연 저항값은 다르게 되고 절연 정도의 좋고 나쁨을 알 수 있다.

절연 테이프 〔insulating tape〕 전선의 연결 부분을 피복시켜 전기를 절 연하는데 사용하는 테이프로서 고무 테이프와 플라스틱 테이프의 2종 류가 있다.

절연선 〔絶緣線 ; insulated wire〕 면, 고무, 비닐 등으로 덮어 씌운 절연 피복 전선을 말한다.

절연재 〔絶緣材 ; insulating material〕 전기 또는 열의 도체를 절연하기 위해 열전달률이나 전도율이 작고 열 또는 전기의 흐름을 방지하는데 사용하는 재료로서 공기, 견사, 면사, 유리, 종이, 에보나이트, 파라핀, 운모, 오일, 바니시 등을 말한다.

절연체 〔insulator, nonconductor〕 ① 절연체는 전류가 흐르지 않는 성 질을 가진 물체로서 건조한 공기, 유리, 에보나이트, 운모(mica), 오 일, 종이, 명주, 무명, 비닐, 고무 등이 이에 속한다. ② 스파크 플러그 의 절연체는 중심 전극에 가해지는 고압의 전류를 절연하는 것으로서 내열성, 절연성, 기계적 강도, 화학적 안정성이 우수한 자기(ceramic) 로 되어 있다. 또한 절연체 위쪽에는 고압 전류의 플래시오버 (flashover)를 방지하기 위한 리브가 설치되어 있다.

점 따냄 손상을 입은 패널의 교환 작업에서 탈거할 때, 용접부를 남기 고 안쪽을 잘라내는 작업. 일어로는 아라기리(粗功)라고 함.

점 용접 〔点鎔接〕 ⇨ 스폿 용접.

점검 〔點檢 ; inspection〕 자동차의 각 부품 및 장치의 이상 유무를 파악 하여 정비를 함으로써 안전 운행에 지장이 없도록 실시하는 검사로서 교통부령이 정하는 바에 따라 매일 운행을 하기 전에 실시하는 일상 점검과 일정기간 동안 운행한 후에 실시하는 정기 점검을 이행하여야 한다. 점검 결과 안전기준에 적합하지 않거나 안전 운행에 지장이 있 을 때에는 정비를 하여야 한다.

점도 [consistency] 점도계(粘度計)에 의하여 얻어지는 윤활유의 묽고 진한 상태를 나타내는 수치. 25℃의 그리스에 어떤 중량·모양의 원추가 5초간에 들어가는 깊이(mm)를 10배한 수치로 나타낸다. 자동차용으로는 통상적으로 점도 265~385의 그리스가 사용되며 그 종류로는 컵 그리스, 파이버 그리스, 기어 그리스 등이 있다.

점도 지수 [viscosity index] 오일이 온도의 변화에 따라 점도가 변하는 정도를 수치로 표시하는 것. 윤활유 점도의 온도 의존성을 나타내는 지수로서, 값이 클수록 온도에 의한 점도의 변화가 적은 것을 나타낸다. 40℃와 100℃에서의 동점도(動粘度;점도를 밀도로 나눈 것)로부터 결정된 계산식에 의해 산출되며, 약칭 VI라고도 한다. 엔진오일의 점도 지수는 120~140 정도이다.

점도 지수 향상제 [viscosity index improver] 윤활유의 점도 지수를 크게 하는 첨가제(添加劑). 자동차에 사용되는 윤활유의 점도지수는 큰(온도에 의한 점도 변화가 적은)편이 사용하기 좋으므로, 폴리이소부틸렌이나 폴리알킬메타크릴레이트 등 분자량이 수만인 고분자 화합물이 점도지수 향상제로 첨가되고 있다.

점도계 [viscosimeter] 액체의 점성 계수(粘性係數)를 측정하는 계기를 말한다. 종류로는 레드우드 점도계, 세이볼트 점도계, 앵글러 점도계, 오스트월드 점도계가 있다.

점등 용량 [點燈容量] ⇨ 20시간율.

점등장치 [點燈裝置 : lighting device] 자동차 내외에 설치되어 있는 조명 기구의 총칭으로서 주행 방향, 실내, 계기를 조명하는 조명등, 선회 방향이나 제동을 알리는 신호등, 유압이나 충전, 브레이크 오일, 연료가 부족할 때 점등되는 경고등, 자동차의 후미, 주차, 번호판, 자동차의 폭을 알리는 표시등을 말한다.

점성 [viscosity] 유체 내에서 서로 접촉하는 두 층이 서로 떨어지지 않으려는 성질. 유체의 변형에 대한 저항, 즉 끈끈한 성질을 점성(粘性)이라고 하며, 그 정도를 점도(粘度)라고 한다. 유체 중 흐름이 다른 부분에 작용하는 전단력(剪斷力)은 경계면의 면적과 엇갈리는 속도에 비례한다. 이 때의 비례 정수를 점도라고 정의하며 점성률 또는 점성계수라고도 한다.

점성 계수 [粘性係數] ⇨ 점도.

점성률 [點性率] ⇨ 점도.

점식 [點蝕] ⇨ 피팅.

점접촉 다이오드 〔point contact diode〕 점(点) 접촉으로 정류 작용을 하는 반도체 다이오드로서 전류는 접촉점으로부터 방사상으로 흘러가게 된다.

점진 기어식 〔progressive gear type〕 프로그레시브는 전진하는, 진보적인의 뜻. 점진 기어식은 주행중 제1속에서 톱기어로 제1속으로 변속할 수 없는 형식이다.

점진식 변속기 〔漸進式變速機〕 ⇨ 프로그레시브 변속기.

점착 〔adhesion〕 피도장면에 달라붙는 페인트의 능력. ⇨ 어드히전.

점착 마모 〔adhesive wear〕 접촉 부분에서 점착 결합의 파괴에 따른 마모. 고체의 표면이 아무리 매끈하게 하여도 미소한 凹凸이 있으며, 고체의 접촉면에서는 각각의 돌기 부분이 높은 압력으로 점착하고 있다. 미끄럼 마찰에 의하여 이 점착 결합이 전단 파괴되어 깎이는 것을 말함.

점착력 〔adhesion〕 어떤 물질의 표면에 달라붙는 능력. ⇨ 어드히전.

점퍼 〔jumper〕 회로의 두 점 또는 단자간을 접속시키기 위한 짧은 접속 도선을 말한다.

점퍼 와이어 〔jumper wire〕 축전지의 방전으로 엔진이 시동되지 않을 때 다른 자동차의 축전지에 연결하여 전원을 공급받을 수 있도록 만들어진 짧은 케이블을 말한다.

점프 아웃 〔jump out〕 수동 트랜스미션으로 험한 길을 주행할 때 기어가 빠져 중립 위치로 되는 것. 기어가 빠지지 않도록 이빨에 테이퍼를 붙이거나 스플라인에 단차(段差)를 넣거나 한다.

점핑 〔jumping〕 유량 제어 밸브 등에서 유체가 처음 흐르기 시작할 때 유량이 과도하게 규정량 이상으로 흐르는 현상을 말한다.

점화 〔點火 ; ignition〕 점화는 불을 붙이거나 킴, 채화의 뜻으로서 내연기관에서 압축된 혼합가스를 연소시키기 위하여 불꽃을 접촉시키는 일을 말한다. ⇨ 이그니션.

점화 계통 〔點火系統 ; ignition system〕 가솔린 엔진, LPG 엔진, 석유 엔진에서 연소실에 압축된 혼합가스를 연소시키기 위하여 필요한 모든 장치로서 전원을 공급하는 축전지, 저압의 전류를 고압의 전류로 승압시키는 점화 코일, 점화순서에 맞추어 고압의 전류를 분배하는 배전기, 연소실에 불꽃을 발생시키는 스파크 플러그, 점화 코일에서 배전기로 배전기에서 스파크 플러그에 고압의 전류를 흐르게 하는 하이텐션 케이블 등을 말한다.

점화 불량 〔miss ignition〕 점화는 혼합기의 일부가 연소를 시작하여, 화염이 퍼져나가서 혼합기의 대부분이 연소되는 것을 말하며 점화 플러그에 불꽃이 튀어도 점화가 일어나지 않는 것을 점화 불량이라고 함. ⇨ 미스 파이어(miss fire).

점화 순서 〔點火順序 ; ignition order〕 여러 개의 실린더로 구성된 엔진에서 연소가 일정한 간격으로 이루어지고 크랭크 축에 비틀림 진동이 일어나지 않게 하여야 한다. 혼합기가 각 실린더에 균일하게 분배되도록 하고 하나의 메인 저널 베어링에 연속하여 하중이 걸리지 않도록 하기 위하여 인접한 실린더에 연이어 점화되지 않도록 하는 등을 고려하여 점화 순서와 크랭크 축의 설계를 하여야 한다. 직렬형 4실린더 엔진의 점화순서는 1-3-4-2와 1-2-4-3이 있으며 6실린더 엔진에서는 우수식인 경우 1-5-3-6-2-4이고 좌수식인 경우에는 1-4-2-6-3-5이다.

점화 스위치 〔ignition switch〕 점화 스위치는 축전지의 ⊕ 단자와 점화 코일 1차 단자 사이에 설치되어 운전석에서 1차 회로의 전류를 개폐하기 위한 스위치로서 스타터 모터의 스위치도 겸하고 있다. 또한 운전자가 시트에 앉아 엔진 키를 돌리는 스위치로서 스티어링 로크 기구도 일체로 되어있다. ⇨ 이그니션 스위치.

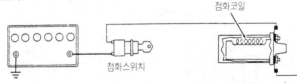
점화코일
점화스위치

점화 시기 〔ignition timing〕 이그니션 타이밍이라고 영어를 그대로 사용하는 경우가 많다. 압축 행정이 거의 끝나고, 점화하는 시기를 말한다. 고속으로 회전하고 있는 엔진에서 압축 행정이 끝나고 피스톤이 상사점에 왔을 때 점화하여도, 혼합기가 연소되는 것은 피스톤이 내려가기 시작해서 압축압이 낮아질 때이므로 폭발력이 적어진다. 따라서 피스톤이 상사점에 달하기 조금 전에 점화(점화진각)하는 것이다. 그러나 타이밍이 빨라지면 엔진에 손상을 주므로 그 시기를 엔진 회전 속도에 맞추어서 조정할 필요가 있다. 통상, 상사점의 몇 도 전인가를 크랭크 샤프트의 회전 각도로 나타낸다. 점화시기의 조정은 배전기의 하우징을 좌우로 회전시켜 조정하며, 배전기 하우징을 로터의 회전 방향으로 돌리면 점화시기는 늦어지고, 로터의 회전 반대방향으로 돌리면 점화시기는 빨라진다.

점화 지각 제어 〔点火遲角制御〕 ⇨ 스파크 딜레이 시스템(spark delay system).

점화 코일 〔ignition coil〕 이그니션 코일. 점화 코일은 스파크 플러그에 불꽃 방전을 일으켜 연소실 내에 압축된 혼합기를 연소할 수 있도록 자기유도작용과 상호유도작용을 이용하여 높은 전압의 전류로 승압시키는 승압 변압기로서 1차 코일, 2차 코일, 중심 철심으로 구성되어 있다. 단면적이 2.5cm², 길이가 약 12cm 정도의 규소 강판을 여러 장 겹쳐 만든 중심 철심 위에 지름이 0.05~0.1mm의 2차 코일을 20,000회 정도 먼저 감아 1차 코일 끝에 연결하여 절연지를 넣은 다음, 그 위에 0.4~1.0mm의 1차 코일을 200~300회 정도 감았으며, 1차 코일의 감기 시작은 ⊕ 단자에, 감기 끝은 ⊖ 단자에 접속되어 있다. 점화 스위치를 닫으면 1차 코일에 전류가 흘러 자력이 발생되어 2개의 코일 주위에 작용하게 되며, 1차 코일의 전류는 콘택트 브레이커 포인트가 열릴 때 자기 유도 작용에 의해 1차 코일에 200~250V가 유기되고 이것이 2차 코일에 작용됨과 동시에 상호유도작용으로 20,000~25,000V가 유기되어 배전기에 공급된다. 점화 코일에는 개자로(開磁路)형과 폐자로(閉磁路)형이 있다. ⇨ 이그니션 코일.

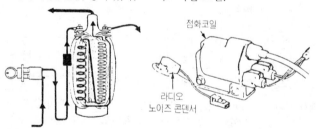

점화코일

라디오
노이즈 콘덴서

점화 플러그 〔spark plug,sparking plug〕 ⇨ 스파크 플러그.

점화장치 〔ignition sytem〕 가솔린이나 LPG 등의 연료를 사용하는 엔진에서 압축된 혼합기를 폭발적으로 연소시키기 위하여 스파크 플러그로 점화하는 장치로서 시스템 전체를 점화계통이라고 부른다. 타이밍의 좋은 방전에 따라 강한 불꽃을 얻는 것은 엔진에 필수적인 요소이며, 엔진의 전자식 점화방식은 1960년대 이그나이터나 레귤레이터 등의 점화장치에서 시작되었다. 종류로는 축전지 점화방식, 고압자석 점화방식, CDI방식, 세미트랜지스터 방식, 풀 트랜지스터 방식, 디스트리뷰터리스 점화방식 등으로 분류된다.

점화전 〔spark plug, sparking plug〕 ⇨ 스파크 플러그.

접선 〔接線 ; tangential〕 곡면상(曲面上)의 임의 곡선을 가정하고 그 위에 임의 한 점을 지나는 선을 그을 때 접촉된 선을 말한다. 곡선상의 두점 a, b를 연결하는 직선을 가정하고 점 b가 곡선에 따라 한없이 점 a에 접근할 때 점 a에 대하여 a, b의 곡선을 접선이라 한다.

접선 캠 〔tangential cam〕 플랭크가 기초원과 노즈원이 접선으로 되어 있으며, 제작은 쉬우나 밸브의 개폐가 급격히 이루어지기 때문에 밸브 운동이 캠의 속도를 따라가지 못하므로 장력이 큰 스프링을 사용하여야 한다. 밸브 리프터는 접촉면이 원호로 되어야 하며 밸브 시트에 침하가 생기는 단점이 있다.

접선 키 〔tangential key〕 역전을 가능케 하기위해 $120°$ 각도로 2곳에 키를 설치하여 고정한 키. 축 둘레의 접선 방향으로 힘이 작용하기 때문에 큰 회전력을 전달할 수 있다.

접선(接線)포트 와류 포트의 일종으로서 흡기 포트의 한 끝을 실린더에 접하도록 부착한 것. 소용돌이의 강도에 분사되는 것이 많고 최근에는 사용되지 않게 되었다.

접선 하중 〔接線荷重 ; tangential load〕 두 물체가 표면에 접촉되었을 때 표면에 접선 방향으로 작용하는 하중을 말한다.

접속 〔接續 ; junction, connection〕 여러 개의 전기장치를 사용할 목적으로 도선(導線)으로 연결하는 것으로서 직렬 접속, 병렬 접속, 직병렬 접속 등을 말한다.

접속 〔接續 ; splice〕 2개의 도선 또는 케이블을 이어서 연결하는 데에 사용하는 부품을 말한다.

접점 〔接點 ; contact〕 동일한 상대의 부분과 접촉 또는 분리하여 회로를 개폐하는 것으로써 배전기 접점과 같이 보통 한쪽은 고정되어 있고 다른 한쪽이 운동하는 것이 많다. 전자력에 의해 접점이 닫히는 것을 a접점, 열리는 것을 b접점이라 하며 2개의 고정 접점과 1개의 가동 접점을 가지고 전자력에 의해 한쪽 접점을 열어서 다른쪽 접점을 닫히게 작동하는 c접점이 있다.

접점 간극 〔point gap〕 접점 간극은 접점이 완전히 열렸을 때 단속기 암 접점과 접지 접점 사이의 간극으로서 엔진에 따라 다르지만 대략 0.5mm 정도이며, 접점간극에 따라 점화시기가 달라진다. 접점 간극이 크면 점화 시기는 빨라지고 간극이 적으면 점화 시기는 늦어진다.

접점 단속기 〔contact breaker〕 ⇨ 콘택트 브레이커.

접지 〔接地 ; earth, ground〕 전기 회로 또는 전기장치의 적당한 곳을 대지에 의도적으로 접속하는 것으로서 300V 이하의 전선관, 저압 기기의 광체(筐體) 등은 감전 방지를 위하여 접지를 하도록 규정되어 있으며 부품 또는 회로도에는 GND의 기호를 사용한다. 접지의 목적은 전압의 기준점을 설치하고 인체의 안전도를 확보하거나 기기의 확실한 작동을 위해서이다.

접지 접점 [grounded contact point] 접지 접점은 단속기판에 직접 설치되어 접점 간극을 조정할 때 이외는 움직이지 않게 되어 있다.

접착식 유리 [adhesive type glass] 접착제로 고정되어 있는 윈도 글라스. 탈착 작업이 좀 어렵고, 재료나 공구도 특수한 것이 필요하지만, 웨더 스트립(weather strip)으로 고정된 유리처럼 고무의 열화(劣火)에 의한 문제가 생기지 않으며, 패널과의 단차(段差)도 적게 할 수 있다.

접착제 [adhesive] 두 표면이 서로 달라붙게 하는 물질.

접촉 저항 [contact resistance] 접촉 저항은 두 도체를 접촉시켜 전류를 흐르게 하였을 때 그 접촉면에서 발생되는 저항으로서 접촉 압력과 면적의 증가에 따라 감소한다. 따라서 헐겁게 접촉되거나 녹, 페인트를 떼어내지 않고 도체를 연결하면 접촉면 사이에 저항이 발생되어 전류의 흐름을 방해하게 된다.

접합 [接合 ; junction] 반도체 디바이스에서 PN형 접합과 같이 2개의 서로 다른 반도체를 한 곳에 붙였을 때 경계의 부분을 말하는 것으로서 다이오드 홀더에 다이오드를 설치한 것과 같이 반도체와 금속의 경계 부분도 포함된다.

접합 다이오드 [junction diode] P형의 반도체와 N형의 반도체를 접합시킨 다이오드로서 정류 작용은 P형과 N형 2개의 반도체 접합 부분이 작용하는 것에 따라 이루어진다.

접합 트랜지스터 [junction transistor] 베이스 부분이 둘 또는 그 이상의 접합 전극에 샌드위치 모양으로 끼워진 구조의 트랜지스터로서, 베이스 부분이 N형이면 접합되는 반도체는 P형으로서 PNP형 트랜지스터이고 베이스 부분이 P형이면 접합되는 반도체는 N형으로서 NPN형 트랜지스터이다.

정 [chisel] 0.8~1.2%의 탄소가 함유된 공구강으로 만들어 금속 및 물질을 절단하거나 절삭할 때 사용하는 것. 금속의 절삭 또는 절단하는 작업에 사용하는 평정, 구멍 뚫기 또는 V홈 및 구멍확대 작업에 사용하는 다이아몬드 포인트 정, 키 홈이나 공작물을 분할할 때 사용하는 케이프 정, 구멍뚫기 또는 오일홈을 파내는데 사용하는 둥근정으로 분류된다. 날끝은 담금질 또는 뜨임을 하여 단단하게 되어 있으며, 날끝

각은 표준이 60°이지만 연한 소재를 절단할 때에는 날끝 각을 작게 하고, 강한 소재를 절단할 때에는 날끝 각을 크게 하여 절단한다.

정격 [定格 ; rating] 발전기, 전동기, 변압기 등 전기 기기를 사용함에 있어서 제조자가 규정한 가장 적당한 용량, 전압, 전류, 출력, 회전수 등을 수치로 나타낸 값을 말한다.

정격 마력 [rating horse power] 엔진의 정격 출력을 마력의 단위로 나타낸 것을 말한다.

정격 전류 [rated current] ① 전기 기기 및 장치가 정격 출력을 발생하기 위해 필요한 전류로서 표준 시험 조건에서 정격 출력으로 운전하고 있을 때 흐르는 전류를 말한다. ② 전기 기기 및 장치에 정전압을 가하였을 때 초기에 흐르는 전류의 실효값을 말한다.

정격 출력 [nominal power] ① 규정된 조건하에서 운전이 보장된 최대의 출력으로 1시간 동안 연속하여 발생할 수 있는 최대 출력을 1시간 정격 출력, 장시간 연속하여 발생할 수 있는 최대 출력을 연속 정격 출력이라 한다. ② 규정된 조건하에서 엔진, 전동기, 발전기 등의 외부에 공급하는 기계적 또는 전기적인 힘을 제조자가 규정한 운전이 보장된 최대의 출력을 수치로 나타낸 값을 말한다.

정격 회전속도 [rated speed] 규정된 조건하에서 엔진, 전동기, 발전기 등이 정격 출력을 발생하는 상태의 회전 속도를 말한다.

정격값 [rated value] 전기 기기 및 장치를 사용함에 있어서 정상적으로 작동할 수 있는 상태를 제조 회사에서 규정한 수치로서 정격 전류, 정격 전압, 정격 출력 등을 말한다.

정공 [正孔 ; hole] 원자와 전자의 공유 결합에서 전자가 없는 빈자리를 말한다. 4가인 실리콘 또는 게르마늄에 3가인 알루미늄 또는 비소를 혼합하면 4가의 원자안에 3가의 전자가 공유 결합하게 되지만 1개의 원자는 전자가 없는 빈자리가 생기게 되는데 이 빈자리를 정공 또는 홀이라 한다. ⇨ 정공 전도.

정공 전도 [正孔傳導 ; hole conduction] P형 불순 반도체에 전압을 가하면 결정 내의 전자가 정공 흡인되고 그 전자를 잃은 장소에 새롭게 정공을 남김으로써 정공 위치가 외부로부터 주어진 전기장 방향으로 이동하므로 양(陽) 전하가 흐르는 것같이 되는 것을 말한다.

정기 정비 [定期整備 ; periodic maintenance] 고장과 관계없이 보전(保全)이나 성능의 유지를 위하여 오일 교환, 각종 필터 교환, 밸브 간극 조정 등 일정한 시기 또는 주행 거리에 따라 정비하는 작업으로서 정기적으로 주요 부분을 개방하여 실시하는 점검 및 수리를 말한다.

정도 〔精度 ; accuracy〕 측정치의 오차가 적은 정도를 나타내는 것으로 서 정확도 또는 정밀도를 말한다.

정도 검사 〔精度檢査 ; alignment test〕 신규로 제작하거나 자동차 검사 소 또는 정비 사업체에 설치된 자동차 검사용 기계, 기구가 정도 검사 기준의 정밀도에 대하여 적합여부를 검사하는 것을 말한다.

정류 〔整流 ; rectification〕 교류 전류를 한방향으로 흐르는 직류로 변환 하는 것을 말한다.

정류 〔整流 ; uniforming of flow〕 물 또는 공기와 같은 유체(流體)의 흐 름을 고르게 하여 혼란이 없는 흐름이 이루어지도록 하는 것으로서 흐 름과 직각을 이루는 방향으로 속도 변화가 큰 와류가 정류 격자를 통 과하도록 하여 일정한 속도의 흐름으로 바꾸는 것을 말한다.

정류 다이오드 〔rectification diode〕 정류 다이오드는 실리콘 또는 게르 마늄의 단결정 속에서 PN형을 접합하여 P형쪽에 애노드, N형쪽에 캐 소드 두 단자로 구성되어 순방향 접속에서는 전류가 흐르고 역방향 접 속에서는 전류가 흐르지 않는다. 따라서 자동차에서는 교류 발전기, 축전지의 충전기 등에 사용하여 교류를 직류로 변환한다. 또한 다이오 드 규격표의 값은 특수한 것 이외에는 주위 온도를 25℃로 한다.

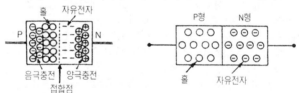

정류 작용 〔整流作用 ; rectifying action〕 교류를 직류로 바꾸는 작용으 로서 전류의 흐름 방향에 따라 한쪽 방향으로는 전류가 잘 흐르지만, 반대 방향으로는 전류가 흐르지 않게 하는 성질을 말한다.

정류기 〔rectifier〕 정류기는 발전기에서 발전되는 교류를 직류로 바꾸 는 장치로서 교류전원의 회로에 반도체 정류기를 설치하여 교류를 한 쪽 방향으로만 흐르게 한다.

정류자 〔commutator bar or segment〕 ① DC 발전기 정류자는 전기자 코일에서 발생된 교류를 직류로 정류하는 작용을 하며, 전기자 코일과 납땜되어 전기자축 끝에 절연체를 사이에 두고 원형으로 되어 있다. ② 기동 전동기의 정류자는 브러시에서 공급되는 전류를 일정 방향으 로만 흐르게 하는 것으로서 경동판을 절연체로 싸서 원형으로 한 것이 다. 정류자편 사이는 1mm 정도 두께의 운모로 절연되어 있으며, 정류자편보다 0.5~0.8mm 언더컷되어 있다. 또한 정류자 편의 아래 부분을 V형 링으로 조여 회전중 원심력에 의해 빠져나오지 않도록 되어 있다.

정류자 편 [commutator bar] 세그먼트(segment)또는 시그먼트(배전기에서의 부품 명칭은 이렇게 부르는 것이 있는데 일종의 관용어로 본다).

정류판 [整流板] ① 선루프 앞에 설치되어 있는 차양 모양인 것으로서 선루프를 열었을 때 바람에 휘말리거나 소음 발생을 적게 하는 것. 윈드 디플렉터라고도 함. ② 캐브 오버형 트럭의 캐빈 지붕에 부착하여 공기 저항을 적게 하는 것. 에어 디플렉터라고도 함.

정리드 플런저 [normal lead plunger] 정리드 플런저는 상단면이 편평하여 연료의 송출 초기는 일정하고 말기에는 변화되는 플런저로서 분사 개시 시기가 항상 일정하다.

정미 마력 [brake horsepower, brake power] 엔진의 크랭크 축에서 끌어낸 일률을 마력으로 나타낸 것 ⇨ 도시 마력(圖示馬力), 축마력.

정미 연료 소비율 [brake specific fuel consumption] 일반적으로 불리우는 연료 소비율을 말하며, 연료 소비율을 계산할 때 엔진 출력으로서 정미 마력을 쓴 것.

정미 열효율 [net thermal efficiency] 엔진 축출력에서 계산된 열효율로 엔진의 제동 열효율. 출력축에서 얻어지는 일(정미 일)을 엔진에 공급된 열량으로 나눈 것. 정미 일은 도시일보다 엔진 운동 부분의 마찰에 의하여 잃어버리는 일과 보조 기계류를 구동하는데 필요한 일(마찰 일)을 뺀 것을 말함. 정미 열효율은 크랭크 축이 한 일, 즉 제동 마력으로 변화된 열량과 총 공급된 열량과의 비를 말하며 제동 열효율이라고도 한다.

정미 출력 [net power] 엔진에서 출력되는 축출력을 말하며 엔진 연소실의 지압선도에서 구해진 출력(도시 출력)에서 엔진 내부의 마찰 손실(기계손실)을 뺀 것.

정미 평균 유효 압력 [brake mean effective pressure] 실제로 엔진에서 얻어지는 일(도시 일에서 엔진의 운동 부분이나 보조 기계류를 작동시키는데 사용되는 일을 뺀 것)을 행정 용적으로 나눈 것.

정미 효율 [正味效率；net efficiency] ① 주어진 압력 중 여러가지 손실을 뺀 다음 정미 유효 작업으로서 이용된 에너지를 입력 에너지로 나눈 값을 말한다. ② 실린더 내에서 발생된 동력으로부터 여러가지 손실을 모두 제외하고 크랭크 축에서 유효하게 이용된 동력과 실린더에서 발생된 동력과의 비율을 말한다.

정밀 삽입식 베어링 [precision insert type bearing] 강이나 동합금의 셸에 베어링을 녹여 붙이고 특정의 크기로 정밀하게 다듬질 한 베어링으로 교환할 때 가공하지 않아도 된다. 베어링은 특수 공구를 이용하여 베어링 캡을 떼어내고, 크랭크 축을 그대로 설치된 상태에서 베어링을 교환할 수 있다.

정반 [surface plate] 정밀하게 다듬질되어 있으며 편평하고 두꺼운 판. 평면 가공, 금긋기, 실린더 헤드 변형, 클러치 압력판 변형도 등을 측정할 수 있는 기준면으로서 주철이나 석재로 만든다.

정방행정 엔진 [square engine] ⇨ 스퀘어 엔진.

정보 〔情報 ; information〕 ① 각 부품에 설치되어 있는 센서로부터 ECU에 입력되는 전기적인 신호로서 알고 있는 법칙에 따라 데이터에 부여된 내용을 말한다. 데이터란 정보의 내용을 나타내기 위한 기호, 문자, 심벌, 부호, 펄스 등이다. ② 통신에 있어서 말이나 음성 및 전기적 충격 전류 등으로 전달된 신호 중 어떤 종류의 질서나 규칙성을 갖춘 것을 말한다.

정보 처리 〔情報處理 ; information processing〕 필요한 정보를 얻거나 정리하기 위해 데이터를 일목요연하게 실시하는 일련의 작업으로서 자동적인 데이터 처리를 막연히 말할 때 사용하는 용어이다.

정보 표시 시스템 〔情報表示裝置〕 운전에 필요한 정보를 마이컴을 이용하여 전자 표시나 음성 표시로 행하는 장치. 전자 표시는 시각, 도착 예정 시각, 주행 거리, 평균 차속, 연료 소비량 등을 디지털로 표시하고 설정 시각의 경보음 등을 행하는 것. ⇨ 음성 표시 시스템.

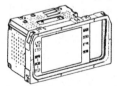

정비 〔整備 ; maintenance〕 자동차의 수명 연장과 경비 절감 및 고장시 수리를 위하여 점검, 측정, 수정, 조립을 거쳐 성능의 회복과 성능의 향상을 위한 작업으로서 고장과 관계없이 일정한 시기 또는 주행 거리에 따라 실시하는 정기 정비, 주행 중 고장이 발생되었을 때 원인 분석, 사용 가부, 조정, 교환하여 원래의 상태로 성능을 유지시키는 수리 정비, 고장 또는 성능의 저하에 의하여 장치를 분해하여 수리하는 해

체 정비 등이 있다.

정비용 기기 〔整備用機器 ; maintenance equipment〕 자동차의 점검 및 수리 등 정비에 필요한 기기로서 오토 리프트, 잭, 바이스, 공기 압축기, 급유기, 라이닝 교환기, 연마기, 라인 보링머신, 크랭크 축 연마기, 보링 머신, 프레스, 차체 수리장치 등을 말한다. 검사용 기기로는 엔진 스코프, 브레이크 테스터, 사이드슬립 테스터, 휠얼라인먼트 인디케이터, 헤드라이트 테스터, 음량계, 휠밸런서 등이 있다.

정상 상태 〔定常狀態 ; stationary state〕 전류나 유체의 흐름 등의 변동 현상에서 그 상태를 결정하는 여러 양이 시간의 흐름과 더불어 변화하지 않는 상태에 있는 것을 말한다. 유체나 열전도 등의 경우에는 정상류(定常流)라고 한다.

정상 상태 〔定常狀態 ; steady state〕 ① 엔진 또는 각 장치가 시간의 변화에 대하여 작동 상태가 변화되지 않는 것을 말한다. ② 전송 선로, 회로 등에서 진폭, 주기, 변화율이 장기간에 걸쳐서 상태나 변화의 양상을 바꾸지 않는 것을 말한다.

정상파 〔定常波〕 ⇨ 스탠딩 웨이브.

정션 〔junction〕 ⇨ 접합.

정션 다이오드 〔junction diode〕 ⇨ 접합 다이오드.

정압 〔靜壓 ; static pressure〕 정지하고 있는 유체 내의 압력으로서 액체의 흐름 가운데, 놓여진 물체에 걸리는 압력 중 흐름에 직각 방향의 성분 ⇨ 동압(動壓).

정압 〔靜壓 ; static sound pressure〕 음파가 존재하지 않을 때 생각하고 있는 장소에 존재하는 음압을 말한다.

정압 비열 〔定壓比熱 ; specific heat under constant pressure〕 일정한 압력하에서 가열하는 경우의 비열이며 Cp로 표시한다. 단위 질량의 가스 압력을 일정하게 유지한 상태로 1g의 물체의 온도를 1℃ 올리는데 필요한 열량과 이와 동일한 양의 물의 온도를 1℃ 올리는데 필요한 열량과의 비를 말한다.

정압 사이클 〔constant pressure cycle〕 이론 사이클로서 일정 압력하에서 열의 주고받음이 이루어지는 것. R. 디젤에 의하여 고안된 최초의 디젤 엔진이 이 사이클에 해당됨 ⇨ 디젤 사이클.

정온기 〔整溫器〕 ⇨ 서모스탯.

정의 캠버 〔positive camber〕 ⇨ 캠버각.

정재파 〔定在波〕 ⇨ 스탠딩 웨이브.

정적 〔靜的 ; static〕 시간과 함께 변화하지 않는 양 또는 정지되어 있는 상태를 말한다.

정적 방향 안정성 〔靜的方向安定性〕 자동차의 주행 안정성을 나타내는 용어. 횡풍(橫風)을 받거나, 한쪽 타이어가 볼록면에 올라가는 순간에 옆방향의 외력을 받았을 경우 운전자가 핸들 조작을 하지 않아도 자동차 스스로가 원래 진로에 되돌아가려는 성질을 말함. 반대로, 진로가 빗나가는 성질을 정적 방향 불안정성이라고 한다. 일반적으로 중심이 앞에 있고 코너링 파워가 앞바퀴 보다 뒷바퀴 크면 자동차는 정적 방향 안정성이 좋다. 이것을 양(量)으로 나타낼 경우 스태틱 마진이 사용된다. ⇨ 스태틱 마진(static margin).

정적 비열 〔定績比熱 ; specific heat under constant volume〕 일정한 체적하에서 가열하는 경우의 비열이며 Ca로 표시한다. 어떤 질량의 기체 용적을 일정하게 유지하면서 1g의 온도를 1℃ 상승시키는데 필요한 열량과 동일한 양의 물을 1℃ 상승시키는데 소요되는 열량과의 비를 말한다.

정적 사이클 〔constant volume cycle〕 가솔린 엔진의 이론 사이클로서 일정한 용적 안에서 열의 주고받음이 행하여진다. 오토사이클이 그 대표적이다. ⇨ 오토 사이클.

정적 언밸런스 〔static unbalance〕 휠 밸런스 중 회전축 주위의 상하 방향의 불균형을 말함. 정적 언밸런스가 되면 타이어가 상하로 진동하는 트램핑 현상이 발생된다.

정적피로파괴 〔靜的疲勞破壞〕 고강도강이 일정한 부하가 걸린 상태에서 어떤 시간을 경과한 후 돌연 파괴되는 현상. 강에 포함되는 수소가 원인이라고 하며 되풀이 된 응력에 의하여 일어나는 피로파괴에 대해서 정적피로파괴라고 한다.

정전 도장 〔靜電塗裝 ; electrostatic painting〕 도료 분무(塗料噴霧) 장치에 ⊖(陰)의 직류 고전압으로 도료의 미립자를 대전(帶電)시켜 금속판에 접속한 ⊕ 극과의 사이에 정전기적(靜電氣的)인 힘을 이용하여 도장하는 방법을 말한다. 도료가 절약되며 도장면이 고르고 대량 생산에 적합하다.

정전 용량 〔靜電容量 ; electrostatic capacity〕 어떤 전기량을 절연된 도체에 흐르게 하였을 때 발생되는 전위의 변화정도를 나타내는 양으로서 축전기에 저장되는 전기량을 말한다. 정전 용량은 가해지는 전압에 비례하고 상대하는 금속판의 면적에 정비례하며 금속판 사이의 절연도에 정비례한다. 금속판 사이의 거리에는 반비례하며 단위는 패럿

(farad)으로서 1V의 전압을 가하였을 때 1쿨롱의 전기가 저장되는 축전기의 용량을 1패럿이라 한다.

정전 유도 〔靜電誘導〕 정전 유도는 ⊕ 의 대전체를 전기적으로 중성인 도체에 가까이 하였을 때 대전체의 가까운 쪽에 ⊖ 의 전하를, 면쪽에 ⊕ 의 전하를 발생케 하는 현상을 말한다. 정전 유도는 대전체를 가까이 하면 정전력에 의해 발생되기 때문에 대전체를 없애면 도체에 나타났던 전하는 중화되어 소멸된다.

정전기 〔static electricity〕 정전기는 마찰 전기와 대전체에 정지되어 있는 전기로서 이동하더라고 그 속도가 느리며, 자기 작용 또는 주울열의 현상은 일어나지 않는다. 정전기는 ⊕, ⊖ 의 전기가 있으며, ⊕, ⊖ 사이에는 쿨롱의 법칙에 따른 반발력과 흡인력이 작용한다.

정전력 〔靜電力〕 정전력은 정전 유도 작용과 같이 같은 종류의 전기는 반발하고 서로 다른 전기는 흡인하게 되는데 이 흡인력과 반발력을 말하며 전기력이라고도 한다.

정전류 제어 〔constant−current control〕 정전류 제어는 점화 코일의 1차 전류를 항상 6A로 제어하는 것으로서 점화 코일에 접속하는 1차 저항을 폐지하여 1차 전류의 흐름을 좋게 한다. 또한 정전류 컨트롤 회로가 이그나이터 내에 설치되어 1차 전류의 값을 일정하게 한다.

정전류 충전 〔constant−current charging〕 정전류 충전은 충전 초기에서부터 끝날 때까지 일정 전류로 충전하는 방법으로서 충전 초기에는 전압을 낮게 하였다가 점차로 높여서 축전지와 충전기의 전위차를 일정하게 하는 충전이다. 충전 표준 전류로는 축전지 용량의 10%, 최소 전류는 축전지 용량의 5%, 최대 전류는 축전지 용량의 20%이며, 전해액의 비중은 가스가 발생할 때까지 완만하게 상승하지만 가스가 발생되기 시작하면 급상승하여 1.280 부근에서 일정값을 유지한다.

정전압 다이오드 〔voltage regulating diode〕 일정한 기준 전압을 가하기 위하여 역방향 전압, 전류 특성의 항복 영역으로 이행하는 일정 전압을 이용하는 전압 기준용 다이오드를 말한다.

정전압 충전 〔constant−voltage charging〕 정전압 충전은 충전 초기에서 충전이 끝날 때까지 일정 전압을 가하여 충전하는 방법으로서 자동차의 주행중 발전기에서 발생되는 전압을 이용하여 축전지를 충전하는 것이다. 또한 충전 말기에는 거의 전류가 흐르지 않기 때문에 가스의 발생이 없고 충전 능률이 우수하지만 충전 초기에 큰 전류가 흘러 축전지의 수명에 영향을 주는 큰 단점이 있다.

정지 거리 〔停止距離〕 자동차의 제동시험에서 운전자가 자동차를 멈추고 액셀 페달에서 발을 뗀 순간부터 정지될 때까지 자동차가 진행한 거리. 액셀페달을 놓고 브레이크가 듣기 시작할 때까지의 공주거리(초走距離)와, 실제로 브레이크가 듣고 있는 사이에 자동차가 진행하는 거리(制動距離)를 나누어 생각하면, 양자를 더한 것을 정지 거리라고 정의한다. ⇨ 제동거리(制動距離).

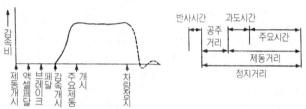

정지등 〔停止燈〕 ⇨ 스톱 램프.

정지(定地) **시험** 〔proving ground test〕 테스트 코스에서 실시하는 조종 안정성 시험, 브레이크 시험, 연비 시험 등 자동차의 성능 테스트의 총칭.

정지(定地) **연비** 〔fuel economy at constant speed〕 평탄한 포장도로를 일정한 속도로 직진했을 때의 연료 소비율. 우리나라에서는 1ℓ의 연료로 몇 킬로미터 주행할 수 있는가를 km/ℓ로 나타내는 것이 보통이다. 구미에서는 1갈론의 연료로 몇 마일 주행할 수 있는가를 나타내는 MPG(마일/갈론)가 쓰이고 있으며, 100km 주행하는데 몇 ℓ의 연료가 필요한가(ℓ/100km)로 표시되는 경우도 있다.

정투상도 〔正投像圖〕 물체가 직사하는 평행광선에 의해 투상면에 비쳐진 투상을 그린 것. 물체를 직각으로 교차하는 화면의 중앙에 놓고 3방향에서 평행광선을 투상하여 각각의 화면에 그림을 그린 것으로 정면도, 평면도, 측면도라고 한다.

정표준 연료 〔primary reference fuel〕 가솔린의 옥탄가를 측정하는데 사용되는 표준 연료이며, 옥탄가 100의 이소옥탄과 0의 노멀헵탄의 혼합물. 옥탄가는 이소옥탄의 용량 %로 나타낸다.

정하중 〔static load〕 ① 시간과 더불어 크기와 방향이 변하지 않는 하중. ② 기계나 구조물 등에 가해진 외력이 장소나 시간적으로 정지하여 움직이지 않는 하중을 말한다.

정화 밸브 〔purification valve〕 정화 밸브는 캐니스터 내부에 설치되어 흡기 다기관과 연결된 통로를 개폐한다. 엔진이 작동하면 흡기 다기관의 진공이 정화 밸브의 다이어프램을 잡아당겨 통로를 열게 되므로 캐니스터에 저장되어 있는 연료 증발가스를 흡기 다기관에 흡입되도록 한다.

제너 다이오드 [zener diode] 제너 다이오드는 PN형 반도체에 불순물의 양을 증가시켜 제너 전압보다 높은 역방향의 전압을 가하면 역방향으로 전류가 급격히 흐르지만 전압은 일정하게 되는 정전압 작용이 있다. 자동차에서는 트랜지스터식 점화장치 및 트랜지스터식 발전 조정기 등에 사용된다.

제너 전압 [zener voltage] 제너 다이오드에서 역방향으로 흐르는 전류가 정방향 특성과 같이 급격히 흐르도록 하는 전압으로서 항복 전압이라고도 한다. 제너 전압은 온도 및 사용에 의한 변화가 적어 자동차용 전압조정기의 전압 검출이나 정전압 회로에 이용된다. ⇨ 브레이크 다운 전압.

제너 현상 [zener phenomena] 제너 다이오드에서 역방향의 전압이 증가하면 전류는 극히 조금씩 증가하다가 제너 전압 이상이 되면 급격히 역방향의 전류가 증가하는 현상을 말한다.

제너레이터 [generator] 발전기를 말함. 승용차의 전원은 배터리에서 공급되는 12V의 직류이다. 종전에는 직류식이 많았으나 오늘날에는 소형이며 저속회전으로도 발전할 수 있는 교류식으로 되어 레귤레이터에서 12~14V의 직류로 배터리에 저장된다. 다이나모 또는 올터네이터라고도 불리운다.

제동 거리 [stopping distance] 운전자가 브레이크 페달을 밟아 제동이 되는 순간부터 정지될 때까지 주행한 거리. 또한 운전자가 액셀 페달에서 발을 뗀 순간부터 제동이 시작할 때까지 주행한 거리를 공주(空走) 거리라 한다. 정지 거리는 공주거리＋제동거리. 자동차의 제동성능을 나타낼 때는 제동 거리가 쓰인다.

제동 마력 [brake horse power] BHP. 연소된 열 에너지를 기계적 에너지로 변화된 에너지 중에서 마찰에 의해 손실된 손실 마력을 제외한 크랭크 축에서 실제 활용될 수 있는 마력으로 엔진의 정격 속도에서 전달할 수 있는 동력의 양. 크랭크 축에서 직접 측정한 마력으로 축마력 또는 정미 마력이라고도 한다.

제동 시험기 [brake tester] 브레이크의 성능을 롤러 위에서 테스트하는 장치. 전륜 또는 후륜의 제동력을 따로따로 조사하는 장치와 4륜을 동시에 테스트할 수 있는 장치가 있음. 어떤 것이든 자동차를 시험기에 올려놓고 롤러를 회전시켜 브레이크 페달을 밟았을 때 롤러에 걸리는 반력(反力)으로 측정한다.

제동 열효율 [brake thermal efficiency] ⇨정미 열효율.

제동 장치 [brake system] 제동 장치는 주행하고 있는 자동차의 속도를 감속 또는 정지시키며,정차중인 자동차가 스스로 움직이지 않도록 하기 위한 장치로서,최고 속도와 자동차 중량에 대하여 충분한 제동 작용을 하여야 한다. 또한 신뢰성 및 내구성이 커야 하고 작동이 확실하며 운전자에 피로감을 주지 않아야 한다.

제동 토크[braking torque] 제동력을 마찰력×힘의 작용점과 회전축과의 거리라고 하는 모멘트로 나타낸 것.

제동등 [brake lamp] ⇨ 브레이크 램프.

제동력 [brake force] 자동차를 감속하고 멈추게 하기 위한 힘. 감속하는 물체의 질량×감속도로 정의되며 타이어에 걸리는 하중, 타이어와 노면의 마찰계수, 속도 등의 영향을 받는다.

제동력 배분 [brake force distribution] 제동력의 전후 배분. 자동차의 제동력은 4륜이 동시에 멈출 때 최대가 되므로 이 때 제동력 배분을 이상 제동력 배분이라고 함. 일반적으로 브레이크를 밟으면 앞바퀴의 하중이 증가하고 뒷바퀴의 하중이 감소하기 때문에 프런트에 브레이크가 강하게 걸리도록 제동력 배분의 비율은 일정하게 되어 있다. 그러나 스포츠카에서 고속 주행시 뒷바퀴의 로크를 방지하기 위하여 유압제어에 의한 제동력 배분을 바꿀 수 있는 것도 있다.

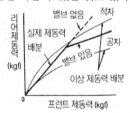

제동시 진동 [brake vibration] 브레이크를 걸었을 때 브레이크 페달이나 스티어링 휠 때로는 보디가 타이어 회전수와 같은 주기로 진동하는 현상. 디스크 로터나 브레이크 드럼의 흔들림은 편마모로 인하여 발생할 수 있으며 60~120km/h에서 가장 일어나기 쉽다.

제동편향 〔制動偏向 ; stopping bias〕 ⇨ 브레이크 풀. 브레이크의 편제동.

제로 스크러브 〔zero scrub〕 킹핀 오프셋(스크러브 반경)이 제로에 가까운 휠얼라인먼트를 말함. 센터 포인트 스티어링이라고도 함. ⇨ 센터 포인트 스티어링, 킹핀 오프셋.

제로 캐스터 [zero caster] 자동차의 앞바퀴를 옆에서 보았을 때 차축에 설치하는 킹핀의 중심선이 수직선과 일치된 상태로서 주행중에 방향성이 불량하고 조향 핸들의 복원력을 상실하게 된다.

제로 캠버 [zero camber] 자동차의 앞바퀴를 앞에서 보았을 때 타이어 중심선이 수직선과 일치된 상태로서 주행을 하게 되면 부의 캠버가 되어 차축이 휘거나 타이어의 편마모 및 조향 조작이 힘들게 된다.

제벡 효과 [seebeck effect] 2개가 서로 다른 금속 접합부의 온도차에 따라서 기전력이 발생되는 것을 말한다.

제3각법 [third angle projection] 물체를 3각내의 투상면 뒤쪽에 놓고 투상하여 정면도를 중심으로 위쪽에 평면도, 오른쪽에 우측면도를 그리는 방법.

제어 [制御 ; control] 자동차의 각 장치가 목적에 알맞는 작동을 하도록 조절하는 것을 말한다.

제어 동작 [制御動作 ; control action] 자동 제어에 있어서 입력량의 어떤 함수로서 출력량을 만들어 기기 또는 장치의 작동을 제어하는 것을 말한다. 제어 동작은 입력과 출력량이 정상적인 동작 범위에 있을 때 양자가 비례적 관계에 결합되어 있는 것과 같은 비례 동작, 제어의 정확도를 개선하기 위한 적분 제어 동작, 응답 속도를 향상시키기 위한 미분 제어 동작으로 분류된다.

제어 래크 [control rack] 제어 래크는 액셀러레이팅 페달과 조속기의 움직임을 좌·우 직선 운동으로 바꾸어 제어 피니언을 회전시킨다. 래크의 한쪽 끝은 링크나 핀으로 조속기의 레버나 다이어프램에 연결되어 액셀러레이팅 페달의 움직임이 조속기를 통하여 제어 래크에 전달되며, 무송출에서 전송출까지 래크의 이동량은 21~25mm이다. 또한 다른 한끝은 리미트 슬리브에 끼워져 최대 송출량 이상으로 움직이는 것을 방지한다.

제어 밸브 [control vavle] 제어 밸브는 오일 흐름의 위치를 변환시켜 동력 실린더의 작동방향을 제어한다. 제어 밸브 보디에 3개의 홈이 파여 있는 스풀이 스티어링 휠의 힘을 받아 축방향으로 이동되어 동력 실린더에 공급되는 오일의 통로를 바꾸어 준다. 또한 유압계통에 고장이 발생하였을 때 수동으로 조향 조작을 쉽게 할 수 있도록 안전 체크 밸브가 설치되어 있다.

제어 슬리브 [control sleeve] 제어 슬리브는 위쪽에 피니언과 연결되어 있고 아래쪽은 플런저의 구동 플랜지에 끼워져 제어 피니언의 회전 운동을 플런저에 진달하여 상하 운동을 하면서 연료의 송출량을 증감할 수 있도록 한다.

제어 연소기간 〔制御燃燒期間〕 ⇨ 직접연소기간.

제어 플런저 〔control plunger〕 ⇨ 플런저.

제어 플런저 배럴 〔control plunger barrel〕 ⇨ 플런저 배럴.

제어 피니언 〔control pinion〕 제어 피니언은 제어 래크의 좌우 직선 운동을 회전 운동으로 바꾸어 제어 슬리브를 회전시킨다. 또한 피니언 내면은 제어 슬리브에 클램프로 고정되어 있으므로 각 실린더의 연료 분사량이 3%이상 차이가 나면 클램프 볼트를 풀고 피니언과 슬리브 상대 위치를 변화시켜 펌프 엘리먼트마다 분사량을 조정한다.

제어량 〔制御量 ; controlled variable〕 제어 대상에 속하는 양 중에서 기기 또는 장치를 제어하는 목적으로 되어 있는 양을 말한다.

제어부 〔制御部 ; control〕 ① 엔진의 시동, 정지 또는 ISC 모터, 동력 조향장치 등과 같이 조정을 하기 위해서 사용되는 부분을 말한다. ② ECU 또는 ECM에서 프로그램을 적정한 순서로 실행하기 위해 각 명령을 해독하고 연산하여 입·출력장치 등에 적당한 신호를 보내어 전체의 움직임을 제어하는 부분을 말한다.

제어장치 〔制御裝置 ; control device〕 작동을 제어하기 위해 제어 대상에 부가되는 장치로서 엔진의 전자 제어, 전자 제어 현가장치, 전자 제어 자동 변속기 등 각종 장치를 조절할 수 있는 장치를 말한다.

제5륜 〔第五輪〕 시험용 자동차에 견인되는 구름 반경의 변화가 적은 계측용 자동차 바퀴를 말함. 4륜차에 붙혀지는 5번째의 차륜이라는데서 이와 같이 불리우는 것으로 가속시험과 제동시험 등을 행할 경우 타이어의 미끄럼이나 하중 변동 등에 따라 자동차의 속도계나 거리계에 오차를 생기게 하여 바퀴의 회전수에서 올바른 수치를 얻는 것.

제원 〔specifications〕 자동차의 각 장치, 구성품, 작동 및 간극 등을 설명하고 있는 것으로서 제조회사가 제공한 정보. 또한 장치의 정상적인 작동을 위하여 지켜야 할 서비스 절차.

JIS 〔japanese industrial standards〕 일본공업규격. 일본의 광공업에 관한 규격으로서, 공업표준화법에 정하여져 있는 것. 자동차에 관련한 규격은 D에 4자리의 번호가 붙어 있음.

제1각법 〔first angle projection〕 물체를 1각 내의 투상면 앞쪽에 놓고 투상하여 정면도를 중심으로 아래에 평면도, 왼쪽에 우측면도를 그리는 방법.

제조자 〔manufacturer〕 자동차 또는 기타 제품의 생산 또는 조립에 종사하고 있는 개인, 기업, 또는 법인.

제진(制振)강판 〔vibration damping steel plate〕 방진 강판이라고도 하며 2장의 강판 사이에 합성 수지를 끼운 구조로 되어 있으며, 그 수지의 층에 따라 강판의 진동을 흡수하고 자동차 실내에서의 소음을 적게 하는 것.

제진기 〔制振器；dash pot〕 기계장치의 충격을 완화하거나 브레이크장치 등과 아울러 사용하여 충격의 완화가 동시에 작용 시간의 여유를 갖게 하는데 사용하는 기구를 말한다.

제진기 〔制振器；vibration damper〕 진동하고 있는 물체나 운동하고 있는 물체를 정지시키기 위하여 물체가 가진 에너지의 일부 또는 모두를 흡수하여 그 목적을 달성하는 장치를 말한다.

제진재 〔制振材〕 진동을 약하게 하고 감쇠시키는 소재. 진동 에너지는 열 에너지로 변한다. 자동차의 제진재에는 각종 고무가 많이 사용되지만 바닥에 부착되어 있는 아스팔트 시트도 제진재로써 작용한다.

제트 〔jet〕 일반적으로 유체가 혈(穴)이나 구멍(孔)에서 연속적으로 분사하는 것을 말하지만, 자동차에서는 카브레터의 연료 통로에 삽입하여 연료의 양을 조정하는 메터링 제트를 말함.

Z축 〔Z-shaft〕 자동차의 운동을 3차원에서 기술할 경우 중심점을 원점으로 한 상하 방향의 좌표축을 말함. ⇨ X축.

제트 터보 〔jet turbo〕 가변 A/R 터보 시스템의 명칭.

제트로닉 〔jetronic〕 제트로닉은 분사(injection)와 전자(electronic)의 합성어로서 전자제어 분사장치를 말하며, 제트로닉(jetronic)은 독일의 보슈사의 상품명이기도 하다.

제파 자재 이음 〔Rzeppa universal joint〕 제파 자재 이음은 2개의 축이 만나는 각도에 따라 볼 리테이너가 움직여 볼 위치를 바른 곳에 유지하며, 동력 전달용 볼과 안내 홈을 사용하는 것은 벤딕스 와이스 자재 이음과 같다.

제파형 유니버설 조인트 〔Rzeppa universal joint〕 등속 조인트의 일종. 파르빌레형 유니버설 조인트와 비슷한 구조로 6개의 스틸볼을 이너 레이스(홈)와 아웃 레이스로 유지하고 볼의 접촉점으로 토크를 전달하지만 볼을 유지하는 조인트 하우징의 형상은 다르다. ⇨ 버필드형 유니버설 조인트.

조건 등색 〔條件等色〕 특정한 조명하에서만 동일한 색으로 보이는 현상. 연색성이 큰 원색이 사용되었을 때 일어남.

조광기 〔調光器〕 ⇨ 리어스탯.

조광장치 〔照光裝置 ; dimmer〕 램프나 기타 광원의 조도나 색채를 연속적으로 변화시키는 것을 말한다.

조기 점화 〔pre-ignition〕 조기 점화는 가솔린 엔진에서 압축된 혼합기가 스파크 플러그에서 스파크가 발생되기 이전에 열점에 의해 연소되는 현상으로 밸브, 스파크 플러그, 카본 등에 연소열이 누적되었을 때 발생된다. 연소실 내에 과열된 부분이 있으면 저온 산화를 촉진하므로 발화 늦음 시간이 단축되어 자연 발화가 쉽게 발생된다. 특히 과열부의 온도가 높거나 가솔린의 발화성이 높을 때에는 스파크 플러그의 점화 이전에 자연발화가 일어난다.

조도 〔Lux〕 조도는 어떤 면의 단위 면적당에 들어오는 광속의 밀도로서 피조면의 밝기를 표시하며, 단위는 럭스(lux 또는 Lx)이다. 피조면의 조도는 광원의 광도에 비례하고 광원으로부터 거리의 2승에 반비례한다.

조속기 〔governor〕 거버너는 '다스리는 자. 조절기, 정압기'의 뜻, 조속기는 엔진의 회전속도나 부하 변동에 따라 자동적으로 제어 래크를 움직여 분사량을 가감하여 운전이 안정되게 한다. 따라서 엔진의 최고 회전 속도를 제어하고 동시에 전속도 운전을 안정되게 하며, 특히 저속 운전에서는 분사량이 상당히 미소량이고 제어 래크의 작은 움직임에 대해 분사량의 변화가 크기 때문에 조속기를 설치하여 자동적으로 조절한다. ⇨ 거버너.

조인트 〔joint, coupling〕 물체와 물체를 이어서 붙이는 부분. 부품에 이어지는 부분과 맞추어지는 부분 또는 물체에서 축으로 동력을 전달하는 부분을 가리키며 이어지는 부분을 조인트, 동력을 전달하는 부분을 커플링이라고 불리우는 수가 많다. 트랜스미션과 샤프트, 샤프트로부터 파이널 드라이브로 동력을 전달하기 위하여 연결해 주어야 한다. 그러나 엔진은 진동하고 리어 액슬은 위아래로 진동하므로 고정하는 것은 불가능하다. 그 때문에, 각 연결 부위에는 회전하면서 자유롭게 움직이는 이음이 있다. 크게 나누어 조인트가 축 방향으로 슬라이드하는 슬립 조인트와 고정된 유니버설 조인트가 있다. ⇨ 커플링, 계수.

조인트리스 벨트 〔jointless belt〕 레이디얼 타이어의 벨트로서 여러 가닥의 코드를 연속하여 감은 구조. 통상적인 벨트는 한 방향으로 세운 코드를 경사지게 재단하고 이것을 카커스에 붙혀서 만들어지므로 이음새가 있다. '리스'는 없다는 뜻. ⇨ 모노스파이럴 벨트(mono spiral belt)

조임새 도어나 펜더, 보닛 등 볼트 온 패널(bolt-on panel)사이의 틈.

조정 〔調整 ; adjustment〕 ① 기기 또는 장치 등에서 간극, 장력, 형상, 위치 등을 바꾸어 작동 특성에 대하여 원활하게 이루어지도록 하는 것으로서 제어 스프링, 접촉 압력, 갭 등이 조정에 의해 이루어진다. ② 전기 계기 또는 보조장치의 회로나 기구의 요소값을 약간 변경하여 측정 할 양의 어떤 값에 대해 지정된 허용범위 내에서 계기의 지시를 바람직한 값으로 하는 것을 말한다.

조정 나사〔adjust screw〕 ⇨ 어저스트 스크루

조정 너트〔adjust nut〕 ⇨ 어저스트 너트.

조정 렌치 〔adjustable wrench〕 볼트나 너트의 크기에 따라서 조의 크기를 임의로 조절하여 사용할 수 있다. 볼트 또는 너트를 조이거나 풀 때 고정 조에 힘이 가해지도록 사용하여야 한다.

조정기 〔調整器 ; regulator〕 기기나 장치의 작동값을 미리 정해진 값으로 유지하거나 또는 미리 정해진 계획에 따라 변화하도록 하는 장치로서 압력 조정기, 속도 조정기, 전압 조정기, 유량 조정기 등으로 분류된다.

조종성 · 안정성〔操縱性,安定性〕 조종성은 핸들 조작을 할 때 운전자의 의사대로 자동차가 움직이는가 어떤가의 성능을 말하며, 안정성은 주행하고 있는 자동차 이외에서 힘이 작용했을 때 그 때까지의 운동이 얼마만큼 유지되는가의 성능을 말함. 일반적으로 조종성이 좋고 회전하기 쉬운 자동차는 안정성이 결여되어 있고 반대로 안정성이 좋은 자동차는 운동성능이 떨어지는 경향이 있다. 조종성과 안정성의 균형이 적절히 잘 잡혀 있을 경우 조종성과 안정성이 뛰어난 자동차라고 한다.

조종성 시험〔操縱性試驗 ; maneuverability test〕 조향성의 난이도, 확실성, 안정성 등을 검사하기 위해서 여러가지 조건을 설정하여 테스트하는 것을 말한다.

조합 리드 플런저 〔combination lead plunger〕 양 리드 플런저. 조합 리드 플런저는 위 · 아래에 리드 홈을 만들고 측면에서 위 · 아래를 연결하는 리드를 추가로 만들어 연료의 송출 초기와 말기가 변화되도록 한 플런저로서 분사개시 시기와 종료가 변화된다.

조합 플라이어 〔combination plier〕 지지점의 구멍이 2단으로 되어 있어 큰 것과 작은 것 모두 잡을 수 있으며 조에 세레이션이 있기 때문에 미끄러지지 않는다. 지지점 부근 안쪽에는 철사를 절단할 수 있도록 되어 있다.

조향 기어 〔steering gear〕 ⇨ 스티어링 기어.

조향 기어 백래시 [steering gear backlash] ⇨ 스티어링 기어 백래시.

조향 기어 프리로드 [steering gear preload] ⇨ 스티어링 기어 프리로드.

조향 기어비 [steering gear ratio] ⇨ 스티어링 기어비, 오버올 스티어링 기어비.

조향 너클 [steering knuckle] 너클 암(knuckle arm). 타이로드에 연결되어 타이 로드로부터 힘을 너클에 전달하는 암. 전륜은 스티어링 휠을 회전시킴으로써 방향을 전환하나, 전륜의 서스펜션을 구성하는 부분 가운데 좌우방향으로 흔드는 부분을 너클이라고 한다. 너클을 좌우로 움직이는 것은 스티어링 장치로부터의 힘인데, 그 힘을 받아 너클을 움직이기 위한 팔이 너클 암이다. 스티어링 시스템의 배치에 따라, 앞을 향한 것과 뒤를 향한 것이 있으며, 부착 각도에 따라 스티어링의 특성도 달라진다. ⇨ 스티어링 너클.

조향 링키지 [steering linkage] ⇨ 스티어링 링키지.

조향 칼럼 [steering column] ⇨ 스티어링 칼럼.

조향장치 [steering system] 조향장치는 스티어링 휠을 회전시켜 주행 방향을 임의로 바꾸는 장치로서 스티어링 휠, 스티어링 샤프트, 스티어링 기어, 스티어링 링키지 등으로 구성되어 있다. ⇨ 스티어링.

종감속 기어 [final reduction gear] 디퍼렌셜 기어(differential gear). 파이널은 '최종의, 최후의', 리덕션은 '삭감, 축소'의 뜻. 종감속 기어는 구동 피니언과 링 기어로 구성되어 변속기 및 추진축에서 전달되는 회전력을 직각 또는 직각에 가까운 각도로 바꾸어 앞차축 또는 뒤차축에 전달함과 동시에 최종적으로 감속하는 역할을 한다. FR차의 경우 파이널 드라이브 기어는 베벨 기어로서 엔진으로부터의 회전을 자동차 진행 방향에 직각으로 수정함과 동시에 최종 감속을 하고 있음. 횡치 배열 FF차에서는 엔진의 회전 방향이 같으므로 스퍼 기어이다. 디퍼렌셜 기어는 파이널 드라이브 기어의 내부에 있는 차동 기어로서, 감속용의 기어는 아니다. 그 목적은 자동차가 커브를 선회할 때에 생기는 내외륜 차(差)로 인하여 좌우 타이어의 회전하는 거리가 다르기 때문에, 외측 및 내측 타이어의 회전수를 자동적으로 서로 다르게 하여 동력을 전달하는 장치이다. 디퍼런스란 차이를 의미함. 구조는 4개의 베벨 기어를 물려 놓은 것으로서, 그 양 끝에 좌우의 차륜이 연결되어 있다. 이 4개의 베벨 기어 케이스는 파이널 드라이브의 크라운 기어에 부착되어 함께 회전한다. 커브를 선회할 때 한 쪽 타이어의 차축 회전이 늦어지면, 반대쪽은 상대적으로 빨리 회전한다. 이 장치가 없으면 어느 쪽이든 한쪽 타이어는 회전이 되지 않아서 브레이크가 되어 버린다.

종감속기 〔終減速機〕 ⇨ 파이널 드라이브(final drive).

종감속비 〔final reduction gear ratio〕 종감속비는 링 기어 이의 수와 구동 피니언 이의 수 비로서 엔진의 출력, 자동차의 중량, 가속 성능, 등판 능력 등에 의해 정해지며 감속비를 크게 하면 고속 성능이 저하되고 가속 성능 및 등판 능력은 향상된다. 또한 감속비를 적게 하면 고속 성능이 향상되고 가속 성능 및 등판 능력이 저하된다. 따라서 종감속비는 승용 자동차의 경우 4~6, 버스 및 트럭은 5~8로 되어 있다.

종감속장치 〔終減速裝置〕 ⇨ 파이널 드라이브(final drive).

종치식 배치 〔縱置式配置〕 자동차의 진행 방향에 따라 엔진을 길이 방향(縱方向)으로 배치한 방식을 말한다. 이 경우 크랭크 축의 방향이 세로 방향으로 되어 있는 것을 의미하고 있다. 일반적인 엔진의 설치 방법으로 쓰여지고 있으며 엔진룸의 양쪽에 여유공간이 있으며 정비성이 좋다.

종형 엔진 〔vertical engine〕 종형(縱型) 기관이라고도 하며, 실린더가 세로로 놓여져 있는 가장 일반적인 엔진을 말하며 횡형(橫型)엔진과 대조적으로 사용되는 용어.

좌굴 〔座屈〕 ⇨ 버클링.

좌석 〔座席〕 ⇨ 시트.

좌석 높이 〔seat height〕 실내 바닥에서부터 좌석 가로부 중앙부분의 최고점까지의 수직 높이.

주 운동 계통 〔主運動系統〕 엔진을 구성하는 부품 등에서 동력을 발생하기 위하여 왕복운동이나 회전 운동을 하는 중요한 부분인 피스톤, 컨로드, 크랭크 샤프트, 크랭크 풀리, 플라이 휠과 그 부속품을 말함.

주 축 〔main shaft〕 ⇨ 메인 샤프트.

주물 〔鑄物 ; cast-iron ware〕 주조하여 만든 제품.

주물자 〔cast-iron ware scale〕 주물에서 용융금속의 수축을 고려하여 수축량(수축여유)만큼 크게 만든 자(尺) ⇨ 수축여유.

주입 〔注入 ; injection〕 반도체에서 소수 캐리어의 밀도를 열평형 상태에서의 값보다도 증가시켜 주는 것을 말한다.

주입구 〔注入口 ; gate〕 주형의 탕도(湯道)에서 용융금속이 분리되어 주형에 직접 흘러 들어가도록 한다.

주조 〔鑄造 ; casting〕 주형에 용융된 금속을 넣고 냉각시킨 목형과 동일한 형상의 제품을 만드는 과정을 말한다.

주조 베어링 [poured bearing] 베어링을 끼우는 곳에 베어링 대신 베어링 재료를 녹여 붙인 다음, 기계 가공하여 완성하는 베어링으로 초기에는 사용하였으나 현재는 사용하지 않는다.

주조 휠 ⇨ 캐스팅 휠.

주차 브레이크 [parking brake] ⇨ 파킹 브레이크.

주차등 [parking light] 야간 또는 주차중일 때 자동차의 존재를 알리는 것을 목적으로 설치된 라이트. 등광의 색은 앞이 백, 담황색 또는 등색이며 뒤는 적색으로 규정되어 있다. 차폭등을 어둡게 하고 주차등으로 하는 경우도 많다.

주철 [鑄鐵 ; cast-iron] 선철을 용해시켜 주조용 재료로 사용할 수 있도록 탄소를 2.5~4.5%가 함유되도록 한 철. 주철은 용융점이 낮고 유동성이 우수하며 산화가 잘 되지 않는다. 압축 강도가 크고 마찰 저항이 우수한 장점이 있다.

주파수 [frequency] 주파수는 교류 파형에서 ⊕ 파형과 ⊖ 파형이 각각 1개씩 끝난 상태를 1주파 또는 1사이클이라 하며, 1초 동안에 포함되는 사이클 수를 말한다. 주파수의 기호는 Hz(Hertz)를 사용하며, 일반 가정용의 전기는 1초 동안에 이 변화를 60회 반복하여 ⊕와 ⊖ 쪽에 각각 60개의 파형을 그리므로 주파수는 60 또는 60Hz라 한다.

주파수 검출형 센서 [cycle detection type sensor] 주파수 검출형 차속 센서는 주파수에 비례하는 전압의 변화를 바꾸어 자동차의 속도를 검출하는 형식. 추진축 등의 회전부와 연결한 기어에 펄스픽업을 접근시켜 회전하면 기어의 끝이 펄스픽업 쪽으로 접근하거나 멀어질 때 펄스픽업은 회전수에 비례하는 주파수의 교류전압이 발생된다. 이때 발생된 교류 전압을 직류 전압으로 바꾸어 컴퓨터에 입력하여 연료 분사량을 조절한다. 자동 변속기의 차속 센서에 이용한다.

주행 거리계 [走行距離計] ⇨ 적산계, 오도미터.

주행 빔 [driving beam] 헤드 램프로서 대향차가 없는 도로를 주행할 때 사용되는 빔으로 영어로는 하이빔. 메인빔 외에 「upper beam」이라고도 함.

주행 성능 곡선 [走行性能曲線] 주행성능선도라고도 하며 어떤 속도로 주행하고 있는 자동차에 있어서 타이어의 구동력과 주행 저항의 밸런스가 어떻게 되어있는가를 나타내는 그래프를 말함. 횡축에 차속, 종축에 시프트마다 엔진의 회전수와 타이어 접지부에서는 구동력, 더욱이 노면 구배마다 주행저항이 표시되며 각 시프트 위치에서의 엔진회전수와 동력성능, 최고 속도, 등판 성능, 가속능력 등을 읽어낼 수 있다.

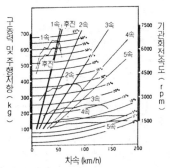

주행 성능 선도 [走行性能線圖] 그 자동차가 전부하로 낼 수 있는 변속 단수별의 구동력이 속도와 주행저항을 가미해서 나타낸 그림이다. 일반적으로 각 기어의 회전수당 속도(직선)도 병행한다. 횡축에 차속, 종축에는 엔진 회전수, 타이어의 구동력, 주행저항이 제시되어 있다. 이러한 그래프에서는 변속 단수별 위치에서의 엔진 회전수와 동력성능, 최고속도, 등판성능, 가속능력 등을 읽어 낼 수 있다.

주행 안정성 [走行安定性] 주행중인 자동차에 횡풍(橫風)이나 노면의 요철 등에서 오는 외력이 작용했을 때 그 때까지의 운동이 얼마만큼 유지될 수 있는가의 성능을 말하며 운전자가 주행하고 싶은 라인을 유지하지 못하거나 주행방향의 수정이 힘들었을 때 주행 안정성이 나쁘다고 한다. ⇨ 조종성, 안정성.

주행 저항 [running resistance] 자동차가 주행할 때 구동력의 반력(反力)으로 생기는 저항력의 총칭. 구름 저항, 공기 저항, 가속 저항, 구배 저항 등이 있으며 이들의 저항력을 적절히 가산하여 주행 저항으로 한다.

주형 [鑄型 : mold] 어떤 제품을 만들기 위해 목형을 모래속에 넣고 던진 다음 목형을 빼내면 모래중에 목형과 동일한 형의 공간이 생긴다. 이 형을 주형이라 한다.

줄 [file] 탄소 공구강 또는 합금 공구강으로 만들어 공작물을 다듬질하는데 사용한다. 줄질하는 방법에는 앞으로 밀어서 다듬질하는 직진법(直進法)과 줄을 오른쪽으로 기울여 앞으로 밀어서 절삭하는 사진법(斜進法), 공작물의 길이 방향과 직각 방향으로 밀어서 다듬질하는 횡진법(橫進法)이 있다. 직진법은 다듬질의 최후에 하는 것이고 사진법은 거칠은 다듬질 또는 면깎기 작업에 이용되며 횡진법은 좁은 곳의 최종 다듬질에 이용한다.

줄 〔Joule James Prescott〕 영국의 물리학자로서 1840년에 전류를 통하여 발생되는 열량에 관한 법칙을 밝히고 1843년 열과 일의 당량(當量) 관계를 연구하여 열의 일당량을 산출하여 독일의 물리학자 마이어 (Mayer Julius Robert von)와 함께 에너지 보존의 법칙을 발표하였다.

줄 〔joule〕 일 및 에너지의 MKS 단위로서 기호는 J로 표기한다. 1뉴톤의 힘으로 물체를 힘의 방향으로 1m 움직였을 때에 한 일을 1J이라 하며, 1J은 10^7 에르그이고 1cal는 4.18J 이다.

줄 열 〔Joule's heat〕 줄열은 전류가 도체에 흐를 때 전기 저항에 의하여 도체에 발생하는 열로서 전선에 전류가 흐르면 전류의 2승에 비례하는 줄열이 발생된다.

줄의 법칙 〔Joule's law〕 줄의 법칙은 1840년에 영국의 물리학자 줄 (James Prescott Joule)에 의해 전류를 흐르게 하여 발생되는 열량에 관한 법칙을 밝힌 것으로서 도체 내에 흐르는 정상 전류에 의하여 일정한 시간 내에 발생하는 줄열의 양은 전류의 2승과 도체의 저항에 비례한다는 법칙이다.

중간 빔식 서스펜션 〔coupled beam type suspension〕 ⇨ 커플드 빔식 서스펜션.

중고 부품 〔中古部品〕 다른 자동차에서 사용했던 부품을 떼어내어, 그 상태대로 거래되는 부품. 일부 손을 보아 재생한 재생 부품도 여기에 포함시켜 말하기도 한다.

중공 캠 샤프트 〔hollow cam shaft〕 캠 샤프트가 속이 비어있는 것으로서, 중량이 가벼울 뿐만 아니라 중공(中空) 부분은 엔진 오일의 통로로서 이용될 수 있다.

중력 〔重力 ; gravity〕 지구와의 사이에 작용하는 만유 인력과 지구 자전에 의한 원심력과의 합력으로서 지구가 물체를 끌어당기는 힘(引力)을 말한다. 물체의 무게는 물체에 작용하는 중력의 크기이다.

중력 가속도 〔重力加速度〕 물체에 작용하는 중력을 그 물체의 질량으로 나눈 것으로서 지구의 위치에 따라 다르나 대략 9.80665 m /sec²이다.

중력 단위 〔重力單位 ; gravimeter unit〕 기본 단위로서 길이, 시간 및 중량을 채택하여 다른 여러 단위를 유도하는 실용적인 단위로서 동일한 물체의 중량이 지구의 장소에 따라 다소 차이가 있으므로 절대적인 것은 아니나 실제적이므로 공학에 사용된다. 힘의 단위로는 질량(質量) 1kg의 물체에 9.80665m/sec²의 가속도를 주는 힘을 1kg으로 처리하는 단위를 말한다.

중력 전지 [重力電池 ; gravity cell]   황산아연의 용액으로 된 기둥 상하에 아연극을 설치하여 중력의 차이로 기전력을 발생하는 전지를 말한다.

중력 질량 [重力質量]   물체에 작용하는 만유 인력의 크기를 비교함으로써 구할 수 있는 질량으로 관성의 비교에서 구할 수 있는 관성 질량과 엄밀하게 비례한다.

중립 [neutral]   변속기에서 모든 기어의 접속이 해제되어 있고 출력축이 구동 바퀴로부터 분리되어 있는 세팅. ⇨ 뉴트럴.

중성자 [neutron]   중성자는 전기를 가지고 있지 않은 미립자로서 양자와 거의 같은 질량으로 양자와 함께 원자핵을 구성한다. 또한 중성자는 물질 속을 뚫고 나가는 투과성(透過性)이 강하며, 1932년 차드윅 (Chadwick)이 알파 입자를 베릴륨(beryllium)에 부딪쳤을 때 발견되었다.

중심 높이 [height of gravitational center]   접지면에서 자동차 중심까지의 높이.

중심 베어링 [center bearing]   센터 베어링은 앞뒤 추진축의 중간을 지지하는 것으로서 베어링을 앞 추진축 뒤끝에 설치하고 고무 부싱으로 감싸 차체에 고정시키고 있다.

중앙 제어 방식 [中央制御方式 ; central system]   자동차의 파워장치에 있어서 스티어링, 브레이크, 현가장치, 시트, 시동 전동기 등 공통의 에너지원과 전달 방식을 사용함으로써 구조의 간소화와 장치의 합리화를 시키는 것을 말한다.

중앙 처리 장치 [中央處理裝置]   ⇨ cpu.

중화 [中和 ; neutralization]   ① 서로 다른 물질이 서로 융합하여 각각의 그 특징이나 작용을 상실하는 것을 말한다. ② 산과 알칼리의 용액을 당량(當量)씩 혼합할 때 각각의 특성을 상실하는 것. ③ 동일한 분량의 음(陰) 전기와 양(陽) 전기가 만날 때 전기의 현상을 나타내지 않는 것을 말한다.

증기 [vapor]   기체. 액체 또는 고체 상태와 구별되는 기체 상태의 어떤 물질.

증류 [蒸溜 ; distillation]   액체를 가열하여 발생된 증기를 냉각시켜 다시 액체로 만들어 정제 또는 분리하는 것을 말한다.

증류성상 [蒸溜性狀 ; distillation characteristics] 액체의 기본적인 성질의 하나로 액체 혼합물을 증류할 때 온도와 증류되는 액체 양의 관계를 말함. 증류가 시작될 때의 온도(초류점 ; 初留点), 반량(半量)이 증류되는 50% 유출온도, 유출이 끝나는 종점 등이 있다. 자동차용의 가솔린이나 경유의 성질을 나타내는데 쓰이며, 유출 온도가 높아질수록 휘발의 어려움을 나타냄.

증발 [evaporation] 액체가 기체로 바뀌는 일. 도장에서는 페인트의 용제가 기체로 변화하여 증발하는 과정을 말함.

증발 잠열 [蒸發潛熱] 증발 잠열은 액체가 기화하기 위해서 비점까지 가열하는 열 또는 기체로 변화하기 위한 흡수열을 말한다.

증발가스 방지장치 ⇨ 연료 증발가스 배출억제장치.

증발기 [evaporator] 증발기는 액체의 냉매가 기체의 냉매로 변화되는 곳으로서 기화열에 의해 증발기가 저온이 된다. 저온이 된 증발기 주위를 공기가 통과하면서 낮은 온도로 열교환을 가져오게 되며, 낮은 온도의 공기를 차실내로 강제 압송시켜 쾌적한 온도를 유지하게 한다.

증착 [蒸着 ; evaporation] 금속을 고온으로 증발시키고 이것을 저온의 물체 표면에 박막으로 부착시키는 것으로서 진공속에서 텅스텐 필라멘트 위에 증발시킬 금속을 두고 전류를 공급하면 증착이 된다. 일반적으로 진공속에서 이루어지므로 진공 증착이라고도 한다.

증폭 [增幅 ; amplification] 약한 입력 신호를 증대시켜 큰 출력 신호로 보내는 것으로서 일반적으로 전기적인 신호를 대상으로 하는 경우에 사용되는데 전류의 증폭, 전압의 증폭, 전력의 증폭 등이 있으며 증폭기를 사용하여 이루어진다.

증폭 회로 [amplify circuit] 증폭 회로는 적은 베이스 전류를 이용하여 큰 컬렉터 전류로 만드는 회로이다.

증폭기 [增幅器 ; amplifier] 전류, 전압, 전력 등의 진폭을 크게 하는 장치로서 증폭하는 대상에 따라 전류 증폭기, 전압 증폭기, 전력 증폭기 등이 있으며 신호의 주파수 대역(帶域)에 따라 저주파 증폭기와 고주파 증폭기로 분류된다. 보통 진공관 또는 트랜지스터를 이용한다.

GVW [gross vehicle weight] 보디, 화물, 연료, 운전자 등을 포함하는 차량의 총중량.

GVWR [gross vehicle weight rating] 미국의 법규에 정의되어 있는 차량 총중량으로서 자동차 메어커가 지정하는 최대 적재 상태의 차량 중량을 말함.

GI 〔glaenzer inboard joint〕 트리포드형 유니버설 조인트로서 조인트가 미끄러져 신축(伸縮)하는 형식. ⇨ 트리포드형 유니버설 조인트, 글랜저 인보드 조인트.

GFRP 〔glass fiber reinforced plastics〕 영어의 유리 섬유강화 플라스틱의 머리 문자를 인용한 것. 글라스 섬유를 수지에 혼입하여 보강한 것으로서 수지의 온도를 상승시키면 중합반응(重合反應)이 일어나 경화되는 열경화성 수지가 된다. 그러나 자동차용에는 FRTP(글라스 섬유 강화 열가소성 수지)와 같이 온도를 상승시키면 부드럽게 되는 열가소성수지를 사용한 것이 많다. ⇨ FRIP.

GE 〔glaenzer external joint〕 트리포드형 유니버설 조인트로서 조인트의 좌우 움직임이 고정된 것. ⇨ 글랜저 익스터널 조인트.

GT 〔grand touring car〕 ⇨ 그랜드 투어링 카.

GPS 〔global positioning system〕 ⇨ 위성 항법(衛星航法) 시스템.

지그 〔jig〕 보디 수리에 사용되는 지그는 보디 밑에 설치하여 10여 개소의 특정 포인트를 가리키며, 따라서 보디의 이상을 점검할 수 있음. 특정 차종 전용으로 만들어진 브래킷 지그(bracket jig)와 세트 방식으로 어떠한 차종에도 사용할 수 있는 유니버설 지그(universal jig)의 두 가지가 있음. 지그를 세트하기 위한 받침을 지그 벤치(jig bench)라고 함.

지글 밸브 〔jiggle valve〕 라디에이터의 서모스탯에 설치되어 있는 밸브로서 엔진에 냉각액을 넣을 때 공기를 빼고 난기중에 냉각액이 라디에이터에 흐르지 않도록 하는 작용을 하는 것.

지글 핀 〔jiggle pin〕 ⇨ 지글 밸브.

지르코니아 산소 센서 〔jirconia oxygen sensor〕 ⇨ 산소 센서(oxygen sensor).

지면 효과 〔ground effect〕 지표면 가까이에 물체가 이동하므로써 발생하는 현상. 자동차의 풍동(風洞)실험 결과를 실차 주행에 적용할 경우 문제가 될 수 있다. 레이싱카에서는 차체 일부에 노면과의 사이가 좁아지는 부분을 설치하고 벤투리 효과에 의한 다운포스를 얻는 그라운드 이펙트카가 있다. ⇨ 그라운드 시뮬레이션(ground simulation).

지붕형 〔pent roof type〕 지붕 모양을 한 연소실. 이 모양으로 하면 밸브가 일정한 각도로 대향(對向)하고 있다. 쐐기형보다 밸브 면적을 크게 할 수 있으므로, 그만큼의 출력 향상을 기대할 수 있다. 연소실 용적을 적게 하고 고압 압축비를 도모하기 위하여 피스톤 헤드부에 디플렉터를 설치한 것도 있다. 4밸브 엔진에서 중앙에 점화 플러그를 설치하고, 지붕 양쪽에 2개씩 흡배기 밸브를 배치한 형식이 전형적이다. ⇨ 펜트루프형.

지수 〔指數〕 표준 작업 지수를 가리키며, 견적시 공임을 계산하는 데 이용됨. 어떠한 종류의 작업에 어느 정도의 시간이 필요한지는 작업자나 설비 공구의 차이에 따라 달라지지만, 일정 조건을 설정하여 반복된 데이터를 집계하여 결정하는 것이 표준 작업 시간. 여기에 다시 검토 작업을 거쳐, 60진법(1시간=60분)으로 된 시간을 일반적인 10진법으로 고치면 표준 작업 지수가 됨. 1.25란 1시간 25분이 아니라 1시간 15분이 됨.

지시 마력 〔indicated horse power〕 도시마력. IHP. 실린더 내에 공급된 연료가 연소하여 나타나는 압력과 피스톤이 왕복 운동으로 변화된 체적 관계를 지압계로 측정하여 지압 선도에서 계산한 마력. 엔진 실린더 내부에서 실제로 발생한 마력, 즉 혼합기가 연소할 때 폭발 압력에서 측정한 마력으로 도시 마력이라고도 한다. 지시 마력을 측정하는 것은 실린더 내의 출력, 연료의 연소 상태, 밸브 타이밍의 적부 및 회전 속도에 대한 점화 시기의 양부 등을 연구하는데 이용된다. ⇨ 도시 마력.

지압계 〔指壓計 ; pressure indicator〕 엔진 연소실의 압력을 측정하는 계기로서 스트레인 게이지를 설치한 통이 압력에 의하여 변형됨. 스트레인 게이지의 저항값이 변화하는 것을 이용하거나 압전소자에 압력을 가하면 이것에 비례하여 전압이 커지는 피에조 효과를 이용한 것 등이 있다.

지압선도 〔indicator diagram〕 엔진 연소실 내의 압력(지압)과 용적의 관계를 도면화하여 엔진의 작동상태를 나타낸 것. PV 선도라고도 함. ⇨ PV 선도.

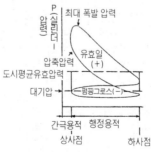

지연 회로 [delay circuit] 트랜지스터의 스위칭 작용을 일시적으로 지연시키는 회로로서 자동차에 사람이 승차하고 문을 닫아도 잠시동안 룸 램프가 점등되었다가 소등되는 것과 같이 자동차에서는 없어서는 안된다.

지오메트리 [geometry] 영어로 기하학을 뜻하지만 자동차에서는 캠버, 캐스터, 토인, 토 아웃 등의 휠 얼라인먼트를 말함.

지오메트리 컨트롤 [geometry control] 현가장치의 지오메트리 변화를 암, 링크 등의 배치나 부시, 필로 볼 등의 작동을 이용하여 조종성·안전성의 향상을 도모하는 것. 특히 캠버 변화에 주목할 경우를 캠버 컨트롤, 토 변화에 주목할 경우를 토 컨트롤이라고 한다.

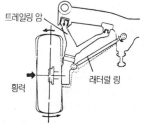

트레일링 암
래터럴 링
횡력

지촉 건조 [指觸乾燥] 도료가 건조하기 시작한 초기 단계를 나타내는 말로서, 손가락으로 가볍게 접촉해도 도료가 손가락 끝에 달라붙지 않는 상태. 이러한 상태가 되면 먼지 등도 잘 달라붙지 않는다.

지프 [Jeep] 아메리칸 모터스의 소형 4륜 구동차의 상품명. 같은 형식으로 군용에 사용할 목적으로 만들어진 자동차의 호칭이었으나 일반적으로 사용되고 있다.

직·병렬 접속 [series·parallel connection] 직·병렬 접속은 직렬 접속과 병렬 접속을 혼합한 연결로서 특징은 다음과 같다. ① 총저항은 직렬 총저항과 병렬 총저항을 더한 값이 된다. ② 회로에 흐르는 전압과 전류는 상승한다.

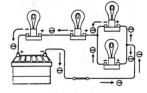

직각 정규 〔直角定規 ; square〕 경질의 강을 사용하여 정확한 직각으로 가공되어 실린더 블록 및 실린더 헤드의 변형도 또는 공작물의 직각도를 검사하거나 금긋기에 사용한다.

직결 클러치 〔lock - up clutch〕 로크업 클러치라고도 함. AT의 토크 컨버터의 입력축과 출력축을 직결(로크업)하기 위하여 사용되는 클러치. ⇨ 로크업.

직권 전동기 〔series motor〕 직권 전동기는 전기자 코일과 계자 코일이 직렬로 접속된 전동기로서 전기자 전류는 속도에 역비례하여 증감하므로 부하에 따라 회전속도의 변화가 크고 시동 토크도 크기 때문에 자동차용 기동 전동기에 많이 사용된다.

직동 캠 〔translation〕 평면 캠의 종류. 캠을 직선 왕복 운동을 시키면 리프터가 상하 왕복 운동이 되는 캠을 말한다.

직렬 4기통 〔straight four〕 기통수(실린더수)가 4개인 직렬 엔진.

직렬 엔진 〔in - line engine, straight engine〕 엔진을 실린더 배열에 따라 분류하는 방법의 하나로서 실린더가 엔진의 전후 방향으로 나란히 배치된 것. 일반적으로 가장 널리 볼 수 있는 배열로서 4기통 및 6기통 엔진에 많다.

직렬 접속 〔series connection〕 직렬 접속은 저항의 한쪽 리드에 다른 저항의 한쪽을 일렬로 연결하는 것으로서 전압을 이용하고자 할 때 연결한다. 직렬 접속의 성질로는 다음과 같다. ① 총 저항은 각 저항의 합과 같다. ② 각 저항에 흐르는 전류는 일정하다. ③ 각 저항에 걸리는 전압의 합은 전원의 합과 같다. ④ 동일한 전원을 연결하였을 때 전압은 갯수의 배가 되고 용량은 1개일 때와 같다. ⑤ 서로 다른 전원을 연결하였을 때 전압은 각 전압의 합과 같고 용량은 평균치가 된다. ⑥ 큰 저항과 월등히 적은 저항을 연결하면 월등히 적은 저항은 무시된다.

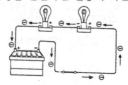

직렬형 〔直列形〕 실린더를 배열하는 방법은 자동차에 탑재할 공간부터 중요하지만, 이것은 다기통을 1렬로 늘어놓은 것이다. 우리나라에서는 이 형식이 많으며, 4기통까지는 문제없지만 6기통 이상이 되면 엔진이 길어지고, 보닛 내에 설치하기가 힘들게 된다. 그러나 V형 등에 비교하면 구조적으로 간단하며, 소형차의 엔진에는 이것이 주류이다.

직류 〔direct current〕 D.C. 직류는 시간의 경과에 대해서 전압 또는 전류가 일정값을 유지하고 전류의 흐름 방향도 일정한 전류로서 자동차에 사용하는 전류도 직류이다. 따라서 자동차의 축전지를 충전하는 충전기는 입력을 교류로 사용하지만 정류용 다이오드를 사용하여 직류로 출력되어 충전을 하고 있다.

직류 발전기 〔direct current generator〕 ⇨ DC 발전기.

직류 전동기 〔direct current motor〕 직류 전원을 이용하여 회전하는 모터로서 기동 전동기에 사용하는 직권 전동기, 전동팬에 사용하는 분권 전동기, 윈드실드 와이퍼에 사용하는 복권 전동기가 있다.

직립형 엔진 〔vertical engine〕 엔진의 실린더가 수직으로 설치되어 있는 엔진을 말한다.

직물 벨트 〔textile belt〕 무명, 대마, 털 등의 섬유로 만든 벨트로서 마찰열에 의해 마찰계수가 저하되는 관계로 왁스를 마찰면에 바르고 사용하여야 한다. 폭, 길이, 두께를 임의로 정할 수 있는 장점이 있다.

직선 가위 〔straight snip〕 판금용 가위. 판재를 직선 또는 곡선으로 자르는데 사용하므로 가위날이 직선으로 되어 있다.

직접 분사 방식 〔direct injection type〕 직접 분사 방식은 디젤 엔진의 직접 분사실식과 같이 연소실에 인젝터를 설치하고 연료를 분사하여 연소시키는 방식이다.

직접 분사실식 〔direct injection chamber type〕 직접 분사실식은 실린더 헤드와 피스톤 헤드에 설치된 요철에 의해 연소실이 형성되어 연료를 연소실에 직접 분사하는 형식으로 공기와 연료가 잘 혼합되도록 다공형 노즐을 사용한다. 흡입 공기에 방향성을 주어 실린더에 흡입될 때 와류를 일으키게 하고 또 피스톤이 상사점에 근접하였을 때 스퀴시부가 있어 압축 행정 끝부분에 강한 와류를 일으키게 한다. 연료 분사 개시 압력은 $150 \sim 300 kg/cm^2$이며, 장점으로는 열효율이 높고 실린더 헤드의 구조가 간단하여 열변형 및 열손실이 적으며 예열 플러그가 필요없다. 그러나 피스톤의 강도가 약하고 분사 펌프 및 노즐의 수명이 짧으며 사용 연료의 변화에 민감하여 노크를 일으키기 쉬운 단점이 있다.

직접 손상 [direct damage] 충격 지점에 발생하는 손상.

직접 연료 분사식 디젤 엔진 [direct injection diesel engine] 디젤 엔진에서 하나의 연소실에 노즐로부터 연료를 직접 분사하는 방식. 부연소실식과 비교하여 열손실이 적고 10~15% 연비가 좋으나, 150~300기압이라고 하는 초고압에서 연료를 분사하기 위해서는 대형이어야 한다. 고가(高價)인 장치가 필요하며 소음도 크고, 현재 대형 엔진에 한해서 쓰이고 있다. 연소실의 모양에 따라 하트형, 구형, 반구형이 있다. ⇔ 부연소실식 디젤 엔진.

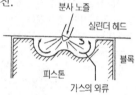

분사 노즐
실린더 헤드
블록
피스톤
가스의 와류

직접 연소 기간 [direct combustion period] 제어 연소 기간. 직접 연소 기간은 화염 전파 기간에 생긴 화염 때문에 분사된 연료가 분사와 거의 동시에 연소하는 기간으로서 연료 분사가 계속되어도 정압 상태로 연소된다. 직접 연소 기간에서 압력의 변화는 연료의 분사량을 조절하여 어느 정도 조절할 수 있으므로 제어 연소 기간이라고도 부른다.

직접 조작 기구 [direct control system] 플로 시프트. 운전석 옆의 바닥 (floor)에 시프트 레버(변속 레버)가 장착된 타입의 변속기 조작 방식. 시프트 레버가 직접 변속기에 장착되어 있는 다이렉트 타입과 링크와 연결되어 있는 리모트 컨트롤 타입이 있다.

직진 안정성 [直進安定性] 직진중인 자동차의 주행 안정성을 말함. ⇨ 주행 안정성.

진각장치 [advancer] 디스트리뷰터에 설치되어 있는 장치로서 엔진 회전이 높아짐에 따라 점화시기를 빠르게 하는 역할을 한다. 점화시기를 빠르게 하는 것은 회전의 각도를 전진시키는 것으로 생각하고 진각이라고 함. 진각 방법에 따라 원심식 진각장치. 진공식 진각장치, 전자 진각장치 등이 있음.

진공 [眞空 : vacuum] ⇨ 배큠.

진공 게이지 [vacuum gauge] 대기압 이하의 기체 압력을 측정하는 게이지로서 회전중인 엔진의 흡기 다기관에 생기는 진공도를 측정하여 기화기의 조정 상태, 점화시기, 밸브 작동상태, 배기장치의 막힘, 압축 압력의 누출 등을 판단하기 위해 사용된다.

진공 로크 체임버 〔vacuum lock chamber〕 베이퍼라이저의 진공 로크 체임버는 2차 페이스 밸브를 열거나 닫는 작용을 한다. 엔진이 회전하기 시작하면 진공 로크 다이어프램에는 엔진의 부압이 작용하여 2차 페이스 밸브 레버를 밀고 있는 다이어프램이 당겨지므로 2차 페이스 밸브가 열린다. 엔진이 정지하면 부압이 작용하지 않으므로 진공 로크 다이어프램 스프링 장력으로 2차 페이스 밸브가 닫힌다.

진공 스위치 〔vacuum switch〕 ① 전자제어 연료분사장치의 진공 스위치는 흡기 다기관의 진공도를 검출하여 진공이 100 ± 120mmHg일 경우에만 ON이 되고, 그 외에서는 OFF 되어 컴퓨터에 입력하면 이 신호를 기초로 하여 연료 증발 가스를 제어한다. ② FBC의 진공 스위치는 엔진의 공회전 위치를 감지한다. 접점식 스위치로 흡기 다기관의 진공에 의해 작동되는데 스로틀 밸브가 닫혀 있으면 흡기 다기관의 진공에 의해 스위치가 ON되어 공회전임을 감지하여 컴퓨터에 입력한다.

진공 스위칭 밸브 〔vacuum switching valve〕 ⇨ VSV.

진공 증착 〔眞空蒸着 ; vacuum evaporation〕 진공 속에서 분자의 운동 속도가 빠른 것을 이용하여 진공 용기 내에서 금속 또는 그 화합물을 가열 증발시켜 다른 물체의 표면에 얇은 막을 부착시키는 방법으로서 반사경이나 렌즈의 코팅, 전기 회로 부품의 저조 등에 이용된다.

진공 펌프 〔vacuum pump〕 진공을 만들기 위한 펌프로서 기계적으로 공기를 뽑아내는 회전 진공 펌프와 기름의 증기류를 사용하여 공기를 뽑아내는 유확산 펌프가 사용된다.

진공관 〔眞空管 ; vacuum tube〕 내부를 높은 진공 상태로 하여 전극을 넣고 밀폐한 것으로서 증폭(增幅), 검파(檢波), 정류(整流), 발진(發振) 등과 유선 또는 무선 통신에도 사용되었지만 다이오드나 트랜지스터의 출현으로 현재는 극히 일부에 사용된다.

진공도 〔眞空度〕 진공 상태의 정도를 말한다. 보통 잔류 기체에 의해 나타나는 압력으로 표시하며 그 단위로는 mmHg, cmHg 등이 쓰인다.

진공식 연료 압력 조절기 〔vacuum type fuel pressure regulator〕 진공식 연료 압력 조절기는 흡기 다기관의 진공에 의해 연료의 압력을 조절하는 방식. 스프링 체임버가 서지 탱크와 진공 호스로 연결되어 항상 흡기 다기관의 진공이 작용하게 된다. 따라서 저속 회전 및 공회전 때에는 스로틀 밸브가 적게 열려 진공이 스프링 장력을 이기고 밸브를 열어 과잉의 연료를 연료 탱크로 되돌려보내 연료의 압력을 조절한다. 고속시에는 연료 소비량이 많아 작용하지 않는다.

진공식 진각장치 〔vacuum advancer〕 진공식 진각장치는 흡기 다기관의 진공도에 따라 단속기 판을 배전기 캠의 회전 반대 방향으로 이동시켜 점화 시기를 빠르게 조정하는 장치이다. 기화기의 스로틀 밸브를 조금 열게 되면 다이어프램에 미치는 흡기 다기관의 진공도가 크기 때문에 다이어프램을 잡아당기므로 링크에 연결되어 있는 단속기 판이 배전기 캠의 회전 반대 방향으로 끌려가게 된다. 이 때 단속기 판에 설치되어 있는 단속기 암도 이동하므로 러빙 블록과 배전기 캠이 만나는 시기가 빠르게 되어 점화 시기가 빨라진다. 엔진의 부하가 커져 스로틀 밸브를 많이 열게 되면 다이어프램에 미치는 흡기 다기관의 진공도가 작아 스프링 장력으로 다이어프램이 본래의 위치로 되돌아 가면서 점화 시기가 늦어지게 된다. ⇨ 배큠 진각장치.

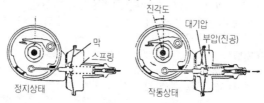

진단 [diagnosis] 기능 불량의 원인을 찾아내는 절차.

진동 [振動 ; oscillation, vibration] ① 물체가 일정한 시간마다 동일한 운동으로 흔들리며 움직이는 현상을 말한다. ② 하나의 물리적인 양으로서 물체의 위치, 전류의 양, 전계, 자계, 기체의 밀도 등이 일정한 시간마다 반복하여 변화하는 현상을 말한다.

진동수 [frequency] 진동에 있어서 단위 시간마다 동일한 상태를 되풀이하는 횟수로서 보통 Hz를 단위로 사용한다.

진동자 [振動子 ; trembler, oscillator] 자동차에 사용하는 전압 조정기의 진동 접점과 같이 전자력에 의해 진동하는 철편을 말한다.

진동판 [振動板 ; diaphragm] ① 자동차에 사용하는 혼의 떨림판으로서 전자력에 의해 발생되는 진동에 따라서 음파를 방사하는 얇은 철판을 말한다. ② 전신장치에 있어 송화기에 설치되어 진동에 따라서 음파를 방사하기도 하고 반대로 수화기에서 보내온 전파를 음파로 재생하는 얇은 철판을 말한다.

진성 반도체 [眞性半導體 ; intrinsic semiconductor] 캐리어의 농도가 결정 중의 불순물이나 격자 결함 등에 영향받지 않는 반도체로서 양전하의 정공과 음전하인 전자수가 동일한 P형 또는 N형 어느 쪽도 아닌 것을 말한다. 진성 반도체는 절대 0°에서는 절연물이고 온도의 상승에 따라 도전성이 증가한다.

질량 〔質量 ; mass〕 ① 물체가 가지는 물질의 분량으로서 힘이 물체를 움직이려고 할 때에 물체의 타성(惰性)에 의하여 발생되는 저항의 정도를 나타내는 양을 말한다. ② 물체가 가지고 있는 관성의 크기를 표시하는 양으로서 물체에 작용하는 힘과 가속도와의 비율을 말한다. 물체의 중량은 질량과 항상 비례하며 단위는 g으로 표시한다. 지구의 중력에 의해 물체의 중량을 가지고 있지만 물체의 중량을 중력 가속도로 나눈 것을 말한다.

질량 속도 〔質量速度〕 단위 단면적에 대하여 단위 시간 동안에 흐르는 질량으로서 유로의 단면에 관한 평균 유속과 밀도와의 곱(積)한 수에 동등하게 된다.

질소산화물 〔nitrogen oxides〕 ⇨ NOx.

질화 〔窒化 ; nitration〕 암모니아나 암모니아염의 질소를 산화하여 질산, 아질산 또는 질산염, 아질산염으로 변화시키는 것을 말한다.

질화강 〔nitriding steel〕 특수강의 하나로 표면을 질화 처리하여 경도를 증가시킨 강으로서 보통 알루미늄 0.7~1.2%, 크롬 0.7~1.3%가 포함되어 있으며 엔진의 부품에 사용된다.

질화법 〔窒化法 ; nitriding〕 합금강의 표면을 암모니아 가스를 이용하여 경도를 증가시키는 표면 경화법. 합금강을 암모니아 가스 속에서 약 500~550℃로 50~100시간 동안 가열하여 표면에 질화물이 형성되도록 하는 방법으로 경도 및 내마멸성과 내식성이 크다. 질화법은 크랭크 축, 피스톤 핀 등에 이용된다.

집적 회로 〔集積回路 ; integrated circuit〕 트랜지스터, 저항, 다이오드 등 다수의 회로 소자가 한장의 기판(基板)에 분리할 수 없는 상태로 연결되어 있는 초소형의 전자 회로를 말한다. 집적회로의 종류에는 반도체, 박막(薄膜), 후막(厚膜), 혼성(混成) 집적 회로가 있으며 소형이면서 소비 전력이 적기 때문에 자동차 및 전기 기기에 이용된다. ⇨ IC

집적형 점화장치 〔integrated ignition assembly〕 엔진의 점화장치로서 이그니션 코일, 이그나이터, 디스트리뷰터, 하이텐션 코드를 일체로 한 것으로 부품수를 적게 하여 신뢰성을 높일 목적으로 만들어졌다.

집적화 〔集積化 ; integration〕 기능을 직결하는 것을 목적으로 많은 구성 부분은 설계로부터 제조, 시험, 운용에 이르기까지 각 단계별로 하나의 단위로서 회로 기기 등을 만드는 것을 말한다.

집중 제어 시스템 [centralized control system] 여러 개의 제어 대상을 하나의 제어장치로 제어 관리하는 장치를 말한다.

짝 [kinematic pair] 축과 베어링, 피스톤과 실린더, 한쌍의 기어 등과 같이 서로 접촉하는 2개의 요소가 조합된 것으로서 면과 접촉되어 작동되는 면짝과 점 또는 선으로 접촉하여 작동하는 점선짝으로 분류된 다.

차 〔差 ; differential〕 ① 둘 이상의 사물을 비교할 때 서로 어긋나거나 틀리는 것으로서 어떤 양에 대하여 약간의 레벨 변화를 말한다. ② 둘 또는 그 이상의 작용이 서로 반대 방향으로 작용하는 것을 말한다.

차 〔車 ; car〕 바퀴를 회전시켜 주행할 수 있도록 제작한 운수 수단을 통틀어 이르는 용어로서 자동차, 기차, 전차 등을 말한다.

차고 센서 〔automobile — high sensor〕 차고 센서는 ECS에서 로(low) 컨트롤 암과 센서 보디에 레버와 로드로 연결되어 자동차의 앞뒤에 각각 1개씩 설치되어 레버의 회전량이 센서에 전달되므로 자동차의 높이 변화에 따른 액슬과 차체의 위치를 감지한다. 앞에 설치되어 있는 차고 센서는 4개의 광단속기(광단속기 1개마다 발광 다이오드와 포토 트랜지스터가 1조)가 설치되고 뒤에 설치되어 있는 차고 센서는 광단속기 3개가 설치되어 있다.

차고조정장치 〔車庫調整裝置〕 ⇨ 하이 컨트롤 시스템(high control system).

차단기 〔遮斷器 ; circuit breaker〕 전기 회로에서 수동으로 회로를 개폐 (開閉)할 수 있고 단락, 접지 등의 이상 상태에서는 회로를 자동으로 차단하여 전류를 흐르지 않도록 하는 장치를 말한다.

차단판식 소음기 〔breaker plate type muffler〕 차단판식 소음기는 원통의 내면에 수직방향으로 여러 개의 차단판으로 칸을 막은 소음기. 배기가스는 차단판의 작은 구멍을 통과하여 다음 칸으로 유출되며 차단판의 구멍은 서로 엇갈리게 뚫어져 있다. 따라서 배기가스는 원통 내부를 돌면서 서서히 냉각되고 압력이 저하되어 폭음을 방지한다.

차대 〔chassis〕 ⇨ 섀시.

차대 번호 〔車臺番號〕 ⇨ 프레임 넘버(flame number).

차대 오버행 〔frame overhang〕 앞차축의 중심에서 차대 전단까지의 거리를 앞 차대 오버행, 뒤차축의 중심에서 차대 후단까지의 거리를 뒤차대 오버행이라 한다.

차동 〔差動 ; differential〕 기기 또는 장치가 작동하는 과정에서 속도가 스스로 변화되면서 이루어지는 운동을 말한다.

차동 기어장치 〔differential gear〕 디퍼렌셜은 '특이한, 차별적인, 차동의' 뜻. 차동 기어장치는 자동차의 좌우 바퀴 회전수 변화를 가능케 하여 울퉁불퉁한 도로 및 선회할 때 무리없이 원활히 회전하게 하는 장치로서 차동 기어 케이스, 차동 피니언, 차동 피니언 샤프트, 사이드 기어로 구성되어 있다. 자동차가 평탄한 도로를 직진할 때는 좌우 구동 바퀴의 회전 저항이 동일하기 때문에, 차동 기어 전체가 한덩어리가 되어 회전하게 된다. 선회시 안쪽 바퀴는 저항을 느껴 바깥쪽 바퀴보다 회전수가 감소되고, 안쪽 바퀴의 회전수가 감소한 만큼 차동 피니언 기어가 회전하여 바깥쪽 바퀴를 증속시킨다. ⇨ 디퍼렌셜 기어.

차동 기어 케이스 〔differential case〕 ⇨ 디퍼렌셜 케이스.

차동 변압기 〔differential transformer〕 ⇨ 차동 트랜스포머.

차동 복권 〔差動複捲 ; differential compound〕 직권 계자 코일의 기자력이 분권 계자 코일의 기자력에 대해 차동적으로 작용하는 차동 복권 전동기로서 직권 계자 코일의 기자력이 분권 계자 코일의 기자력을 상쇄시키므로 과부하시에 회전 속도가 상승하거나 역전할 위험이 있다.

차동 복권 전동기 〔差動複捲電動機 ; differential compound motor〕 직권 전동기와 복권 전동기를 합한 구조로 되어 있는 전동기를 말한다. ⇨ 차동 복권.

차동 토크비 〔bias ratio〕 차동제한장치로서 토크의 높은 쪽과 낮은 쪽 토크의 비(比)를 말함. 바이어스 비라고도 함.

차동 트랜스포머 〔differential transformer〕 차동 변압기. 기계적인 변위량을 이것에 비례한 전압으로 변환하는 장치. 각각 1차 코일, 2차 코일이라고 불리우는 1조의 코일을 포개어 넣은 다음 중심에 가동 철심(코어)을 통한 구조로 되어 있고 1차 코일에 일정한 교류 전압을 가한 상태로 설치되어 있다. 코어가 작동하면 움직인 거리에 비례하여 2차 코일의 전압이 변화하므로 이것을 읽으면 코어의 변위량을 알 수 있다. 주위의 공기압의 변화에 따라 작동하는 벨로즈와 조합되어 압력 센서로서 이용되고 있다.

차동제한장치 〔車動制限裝置〕 ⇨ 리미티드 슬립 디퍼렌셜.

차량 〔車輛 ; vehicle〕 사람 또는 화물을 운송할 목적으로 바퀴를 구동시켜 주행하는 장치의 총칭을 말한다.

차량 식별 번호 〔vehicle identification number〕 등록 및 식별을 주목적으로 하여 제조회사가 각 차량에 부여한 번호.

차량 열부하 〔車輛熱負荷〕 차량의 열부하는 차실 내외에서 여러가지 형태의 열을 받는 것으로서 냉난방 장치의 능력이 정해진다. 열부하는 환기 부하, 관류 부하, 복사 부하, 승객 부하가 있다.

차량 주행 정보장치 〔車輛走行情報裝置〕 인공 위성과 교신하여 도로 환경에 알맞는 최단 주행경로를 자동으로 추출할 수 있도록 만든 장치로서 운전자가 목적지와 중간 경유지를 입력하면 자동으로 좌우 회전이나 U턴 여부 등 도로상황을 고려하여 목적지까지의 최단 거리를 액정화면의 도로상황 지도에 나타내준다.

차량 중량 〔vehicle weight〕 일반적으로 공차 중량과 차량 총중량이 있다. 공차 중량은 승객이 타지 않고 냉각수 및 오일, 여기에 90%이상의 연료 등 주행에 필요한 장비를 포함한 중량을 말한다. 따라서 차량총중량은 승차정원 모두(1명당 65kg)를 합한 중량을 말하며, 성능을 표시할 경우에는 단서가 없는 한 이 총중량을 말한다. 물이나 오일, 연료 등을 제외할 경우에는 건조중량이라고 하는 경우도 있다.

차량 중심선 〔車輛中心線〕 직진 상태의 자동차가 수평 상태에 있을 때 앞차축의 중심점과 뒤차축의 중심점을 통과하는 직선을 말한다.

차량 총중량 〔gross vehicle weight〕 적차 상태의 자동차 중량을 말한다. 자동차관리법에서는 「차량 중량, 최대 적재량, 승차정원×65kg」을 가한 것으로 되어 있다. 영어의 머리 문자를 따서 GVW로 약한다.

차륜 〔車輪 ; wheel〕 차축에 설치되어 차량의 하중을 지지하면서 회전하는 바퀴를 말한다.

차속 감응형 파워 스티어링 〔velocity induction type power steering〕 파워 스티어링으로 자동차 속도가 올라감에 따라 핸들이 무거워지도록 한 것. 파워 스티어링의 효과가 일정할 경우 저속에서 핸들의 조작을 좋게 하면 고속 주행에서는 지나치게 가벼워 주행이 불안정하게 된다. 그러므로 보통의 파워 스티어링 시스템에 자동차의 속도를 검출하는 기구와 조작력을 보충하는 어시스트 기구를 추가로 설치하여 자동차의 속도 변화에 대응한 최적의 조향력을 얻을 수 있도록 한 것.

차속 센서 〔vehicle speed sensor〕 ① 차속 센서는 스피드미터 케이블 1회전당 4개의 디지털 펄스가 컴퓨터에 입력되면 이 신호를 기초로 하여 공전 속도 및 연료 분사량을 조절한다. 리드식 스위치로 운전석 계기 패널에 설치되어 있는 스피드미터에 내장되어 있다. ② 차속 센서는 ECS에서 변속기 출력축의 회전을 전기적인 펄스 신호로 변환하여 ECU에 입력하여 자동차의 높이 및 스프링 상수, 속업소버의 감쇄력 조정을 한다.

차일드 로크 [child lock] 4도어의 승용차에서 뒷좌석의 어린이가 주행 중 도어의 잠김을 해제하고 레버를 조작하여도 도어가 열리지 않도록 되어 있는 장치. 차일드(어린이)와 로크(잠금장치)를 연결하여 만들어진 말로 영어의 표현으로는 적절하지 못하다. 차일드 프로텍터 (child protector), 차일드 프루프, 차일드 세이프티 로크라고도 불리운다.

차일드 세이프티 로크 [child safety lock] ⇨ 차일드 로크.

차일드 프로텍터 [child protector] ⇨ 차일드 로크.

차일드 프루프 [child proof] ⇨ 차일드 로크.

차재소화장치 [車載消火裝置] ⇨ 자동소화장치(自動消火裝置).

차저 [charger] ① 방전된 축전지에 전기적 에너지를 공급하여 충전시키는 충전기로서 정전류 충전기와 급속 충전기가 있다. ② 엔진의 출력과 회전력, 흡기 효율 등을 향상시키기 위하여 흡기계통에 설치된 과급기로서 슈퍼 차저와 터보 차저가 있다.

차저 쿨링 [charger cooling] ⇨ 인터 쿨링.

차지 [charge] ① 자동차, 항공기 등에 연료를 채우는 것을 말한다. ② 콘덴서, 전지, 또는 절연물 등의 내부에 축적되는 전기 에너지의 양을 말한다. ③ 축전지에 외부로부터 전기 에너지를 공급하여 화학적 에너지로 축척하는 것을 말한다. ④ 금속 용해 작업에서 용해로에 연료, 용제 등을 투입하는 것을 말한다.

차지 워닝 램프 [charge warning lamp] 발전기 또는 발전 조정기의 고장으로 인하여 축전지에 충전이 이루어지지 않을 때 점등되어 운전자에게 알려주는 충전 경고등을 말한다. ⇨ 충전 경고등.

차징 [charging] ① 엔진의 실린더에 새로운 공기를 공급하여 축척하는 것을 말한다. ② 축전지에 외부로부터 전기 에너지를 공급하여 화학적 에너지로 축척하는 것을 말한다. ③ 축전기에 전압을 가하여 정전 용량을 축척하는 것을 말한다. ④ 정전 사진법에서 절연 물질의 표면에 정전하를 확립하는 작용을 말한다.

차징 레이트 [charging rate] ⇨ 충전율.

차징 스트로크 [charging stroke] ⇨ 흡입행정.

차징 시스템 [charging system] 자동차가 운행중 각종 전기장치에 전력의 공급과 동시에 축전지에 충전 전류를 공급하는 장치로서 발전기, 발전 조정기로 구성되어 있다. ⇨ 충전장치.

차체 [body work] ⇨ 보디(body).

차체 〔車體 ; car body〕 자동차의 외면을 형성하고 있는 부분으로서 엔진 및 동력 전달장치 등은 포함되지 않는다. ⇨ 보디.

차체 오버행 〔body overhang〕 앞차축의 중심에서 차체 전단까지의 거리를 앞 오버행, 뒤차축의 중심에서 차체 후단까지의 거리를 뒤 오버행이라 한다.

차축 〔車軸 ; axle〕 ① 2개의 바퀴를 연결하는 축을 말한다. ② 종감속기어 장치의 사이드 기어 스플라인과 바퀴의 허브를 연결하여 엔진의 동력을 전달하여 구동 바퀴를 회전시키는 축을 말한다.

차콜 캐니스터 〔charcoal canister〕 활성탄이 채워져 있는 용기로서, 엔진이 정지되어 있을 때 연료 탱크 및 기화기로부터 발생하는 가솔린 증기를 포집하는 데 사용됨.

차콜 캐니스터 방식 〔charcoal canister type〕 연료증발가스 배출억제장치의 일종. 엔진이 정지중에 연료 탱크에서 증발한 연료가스를 활성탄(차콜)을 넣은 원통(캐니스터)으로 유도하여 흡착시켜 두었다가 엔진이 작동중에 흡기 계통에 가스를 빨아내게 하여 활성탄의 흡착 능력을 회복시키도록 한 것.

차폭등 〔position lamp〕 야간 주행중 앞뒤에서 보았을 때 자동차 존재를 알 수 있도록 부착된 라이트, 클리어런스 램프, 스몰라이트라고도 불리우며 영어로는 「side marker light, side lamp」라고도 함. ⇨ 사이드 마커 램프, 클리어런스 램프.

착색 〔着色 ; coloring〕 ① 적당한 화학 작용으로 금속 표면에 색을 코팅시키는 것을 말한다. ② 금속 표면에 강한 광택이 나도록 하기 위해서 가볍게 연마하는 것을 말한다.

착색력 〔着色力〕 원색의 색을 착색하는 힘. 원색을 혼합하였을 때 원색의 착색력이 클수록, 같은 양을 가하여도 색의 변화는 커진다.

착화 〔着火 ; firing〕 연료를 공기 또는 산소와 함께 가열하면 어느 온도에서 점화를 하지 않아도 연소하기 시작하는 것으로서 디젤 엔진은 공기만 압축한 다음 연료를 분사하면 착화되어 열에너지를 얻는 자기 착화(自己着火)방식이고, 가솔린 엔진은 전기점화(電氣點火)이다.

착화 대기 시간 〔ignition lag〕 ⇨ 이그니션 딜레이.

착화 불량 〔miss ignition〕 연료가 연소실에 분사되어 연료의 입자가 압축열을 받아 증기로 변화되어도 착화되지 않는 것.

착화 온도 〔着火溫度〕 ⇨ 발화점.

착화 지연 〔着火遲延 ; ignition delay〕 디젤 엔진에서 압축된 고온의 공기 속에 연료를 분사하더라도 곧 착화되지 않아 폭발하기까지 다소 시간이 걸리는 것을 말한다. ⇨ 착화 지연 기간.

착화 지연 기간 [ignition delay period] 연소 준비 기간. 착화 지연 기간은 연소실에 연료가 분사되어 연소를 일으킬 때까지의 기간을 말한다. 연료의 입자가 압축열을 받아 증기로 변화되어 자기 착화를 일으킬 때까지 시간적으로는 1/1000~4/1000초 정도의 짧은 기간이다. 착화 지연의 원인으로는 연료의 착화성, 실린더 내의 압력 및 온도, 연료의 미립도, 분사 상태, 공기의 와류 등에 의해 좌우된다.

착화점 [ignition point] 자연 발화점. 연료는 그 온도가 높아지면 외부로부터 불꽃을 가까이 하지 않아도 자연 발화하여 연소될 때의 최저온도를 말함. 가솔린의 착화점은 500~550℃, 디젤은 350~450℃, 프로판은 450~550℃, 부탄은 470~540℃이다.

채널 [channel] ① 실린더 헤드에 설치된 로커암에 윤활한 오일이 다시 오일팬으로 흘러갈 수 있도록 실린더 블록에 관통된 구멍 및 각 마찰 부분에 오일이 흐르도록 설치된 오일 통로를 말한다. ② 전기 통신이나 장치 등의 디지털 또는 정보 및 입력 신호 통로를 말한다. ③ 컴퓨터의 기억장치에 있어서 주어진 판독장치에 대해 접근할 수 있는 부분을 말한다. ④ 특정의 통신 목적에 대해 할당된 주파수 대역으로서 표준 라디오 방송의 대역은 9KHz이고 텔레비전의 경우는 6MHz이다.

채널 바 [channel bar] 단면에 홈이 파여진 형상으로 되어 있는 구조용 금속재료의 형재(形材)를 말한다.

채널 용량 [channel capacity] 특정의 채널을 통하여 흐르는 정보의 최대 시간율로서 채널 내를 단위 시간 동안에 흐르는 최대의 정보 단위의 수를 말한다.

채터 [chatter] 오토바이에서 비교적 고속으로 주행했을 때 앞바퀴가 상하로 흔들리는 현상. 프런트 포크나 프레임의 특성[주로 강성(剛性)]과 타이어 특성의 조화가 나쁠 때 발생하기 쉽고 일반적으로 수리가 어렵다. 본래의 뜻은 추위에 이가 덜거덕거리는 현상을 말하며, 기계적인 것에서는 덜거덕 거림을 나타낸다.

채터 마크 [chatter mark] 맨 처음 방켈형 로터리 엔진을 개발했을 때 로터 하우징 내주(內周)에 발생한 물결 모양의 마모 흔적을 말함. 트로코이드 면에서 아펙스실이 일종의 마찰 진동(채터)을 일으키므로 생기는 것인데 이 마크의 발생을 멈추게 한다는 것이 로터리 엔진 개발을 위한 중요 과제의 하나였다.

채터링 — **711**

채터링 [chattering] 고속으로 엔진이 회전할 때 접점의 개폐속도가 대단히 빠르므로 접점이 닫힐 때의 충격으로 인한 접점의 불규칙한 떨림 현상. 이 현상이 발생되면 1차 전류가 감소되므로 2차 전압이 감소한다. 채터링을 방지하기 위해서는 단속기 암 스프링 장력을 크게 하여 단속기 암의 관성을 작게 하고 배전기 캠의 모양을 적정하게 만들어 접점이 닫힐 때 속도를 느리게 하여야 한다. 또는 풀 트랜지스터식 점화장치를 이용하는 방법도 있다.

채프먼 스트럿식 서스펜션 [Chapman strut type suspension] 맥퍼슨 스트럿식 서스펜션의 일종으로서 구동축을 옆방향의 힘을 받치는 암으로 이용하고, 이 구동축과 트레일링 암에 의하여 A암을 구성하는 서스펜션. 영국의 채프먼에 의하여 고안되어 로터스에 쓰여져서 이 명칭이 불리어졌다.

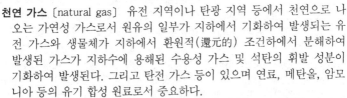

구동축

A암

천연 가스 [natural gas] 유전 지역이나 탄광 지역 등에서 천연으로 나오는 가연성 가스로서 원유의 일부가 지하에서 기화하여 발생되는 유전 가스와 생물체가 지하에서 환원적(還元的) 조건하에서 분해하여 발생된 가스가 지하수에 용해된 수용성 가스 및 석탄의 휘발 성분이 기화하여 발생된다. 그리고 탄전 가스 등이 있으며 연료, 메탄올, 암모니아 등의 유기 합성 원료로서 중요하다.

천이 [遷移 ; transient] 트랜선트 또는 트랜지언트는 '일시적인, 순간적인, 변하기 쉬운'의 뜻으로서 양자의 역학에서 어떤 장치가 정상 상태에서 다른 정상 상태로 어떤 확률을 가지고 변하는 것을 말한다.

천이 온도 [遷移溫度 ; transition temperature] 트랜지션은 '변이(變移), 변천'의 뜻. 금속이 연성에서 취성으로 또는 취성에서 연성으로 변화되어 갈 때의 온도를 말한다.

철 [鐵 ; iron] 연성, 전성이 크고 강한 자성을 가지며 습기가 있는 곳에서는 산화가 되기 쉽고 염소, 유황, 인과는 격렬하게 작용하지만 질소와는 화합하지 않는 금속의 원소로서 원자 번호 26, 원자량 55.847, 원소 기호 Fe, 융점 1539℃이다. 탄소의 함유량에 따라서 주철에서부터 강철에 이르기까지 여러가지 특성을 나타낸다.

ㅊ

철심〔鐵心 ; iron core〕 점화 코일, 전기자 등에서 자기 회로를 형성하는 네 사용되는 얇은 규소 강판을 말한다.

첨가제〔additives〕 ① 바람직한 특성을 부여하거나 개선하기 위하여 비교적 소량으로 페인트에 첨가하는 화학 물질. ② 연료, 윤활유, 냉각수 등에 각각의 기능을 높일 목적으로 사용되는 것.

청동〔靑銅 ; bronze〕 구리에 주석을 혼합한 합금강으로 강도가 크고 내마멸성, 주조성, 내식성, 탄성이 우수하다. 청동은 포금, 인청동, 켈밋, 오일라이트 등으로 분류한다.

청동 부싱 섀클〔bronze bushed shackle〕 청동 부싱 섀클은 스프링 아이와 섀클 사이에 청동 부싱을 끼워 지지하며, 그리스를 주기적으로 주유하여야 한다.

청열〔靑熱 ; blue heat〕 철강재를 200~300℃ 정도로 가열하면 산화하여 청색을 띠게되므로 청열이라 한다.

청열 취성〔靑熱脆性 ; blue shortness〕 강이 200~300℃정도에서 취성이 발생되는 성질.

청음기〔sound detector〕 엔진이 작동하고 있는 상태에서 실린더 블록에 가까이 대어 소리를 청취하여 고장을 탐지하는 장치를 말한다.

청킹〔chunking〕 주행중 타이어 트레드의 일부분이 찢어져서 흩어지는 것. 트레드 고무의 발열에 의하여 발생되는 손상으로, 고무가 카커스에서 분리될 경우와 트레드 고무가 외력의 힘으로 갈기갈기 찢어지는 경우가 있다.

청화법〔靑化法 ; cyanidation〕 시안화법. 금속 표면에 질소와 탄소를 침투시켜 경도를 증가시키는 표면 경화법. 시안화칼륨(KCN), 시안화나트륨(NaCN)의 청화물에 염화물 또는 탄산염을 40~50% 첨가하여 소금물 속에서 600~900℃로 용해시켜 금속을 담가두면 표면에 탄소와 질소가 침투된다. 청화법은 킹핀이나 스패너 등에 이용된다.

체이서〔chaser〕 몇 개의 나사산을 가진 절삭 공구로서 나사를 절삭할 때 이용된다.

체이핑〔摺動磨耗 ; chafing〕 2개의 부품이 접촉되어 작동할 때 발생되는 마모로서 피스톤과 실린더 등과 같이 한정된 상대 운동을 하는 2개의 부품간에 접동(摺動)에 의한 마모를 말한다.

체인〔chain〕 체인은 강판의 링크나 연강봉을 타원형으로 구부려 이은 것. 벨트, 로프의 동력전달이 마찰력에 의해 이루어지지만 체인 전동은 스프로킷에 맞물리어 전달된다. 축간 거리가 짧고 기어 전동이 불가능한 경우에 사용한다. 체인의 특징은 스프로킷을 감는 각도는 90°

이상으로 초장력을 줄 필요가 없고 유지 및 수리가 용이하다. 동력 전달효율이 95%이고 미끄럼없이 일정한 속도비를 얻을 수 있으며 내열, 내유, 내습에 강하다. 체인의 종류로는 롤러 체인, 사일런트 체인, 링크 체인이 있다.

체인 가드 [chain guard] 체인을 덮는 케이스나 커버로서 오일과 그리스로 주위가 더러워지는 것을 방지하는 것.

체인 구동 [chain drive] 롤러 체인과 스프로킷에 의하여 회전력을 전달하는 시스템. 모터 사이클에 많이 사용되고 있다.

체인 구동식 [chain drive type] 캠 축 구동을 체인으로 하며 크랭크 축과 캠 축에는 기어 대신 체인 스프로킷이 설치되어 있으며, 캠 축의 위치를 임의로 정할 수 있고 소음이 적다. 체인 스프로킷의 비는 2:1이며, 체인이 늘어나 헐거워지면 밸브 개폐시기가 틀려지므로 유격을 자동 조절하는 텐셔너와 진동을 흡수하는 댐퍼가 설치되어 있다.

체인 블록 [chain block] 작은 힘으로 엔진 등을 들어올리고 내리는데 사용하는 장치로서 여러 개의 기어, 도르래, 체인을 조합시켜서 정비할 때 엔진 또는 무거운 부품을 달아올리고 내리는 데 사용된다.

체인 스프로킷 [chain sprocket] 엔진의 밸브장치, 오토바이시클, 자전거 등과 같이 체인 전동장치에 있어서 체인이 미끄러지는 것을 방지하고 원활한 동력의 전달을 위하여 체인의 링크와 링크 사이에 끼워지도록 뾰족한 이빨이 원둘레에 만들어져 있는 휠을 말한다.

체인 텐셔너 [chain tensioner] 체인의 장력을 자동적으로 조종하는 장치이며 단지 텐셔너라고 부를 때도 있다. 스프링의 반발력과 유압을 이용하여 체인의 일부를 누르고, 체인의 진동에 의한 소음 발생이나 마모를 방지하는 것. ⇨ 텐셔너(tensioner).

체인 풀러 [chain puller] 윤축(輪軸)과 도르래의 원리를 이용하여 체인을 당기고, 큰 힘을 발생시킴. 보디 수정시 당김장치의 하나로서 사용됨.

체인 호이스트 [chain hoist] 정비 공장이나 자동차 생산 라인의 천장에 레일을 설치하고 체인 블록을 장착하여 엔진이나 무거운 부품 등을 들어 올리고 내리거나, 부품을 매달아 전동 모터의 동력을 이용하여 다른 곳으로 이동할 수 있는 장치를 말한다.

체인지 레버 [change lever] ⇨ 시프트 레버.

체임버 [chamber] 방, 침실 등의 뜻으로서 실린더 헤드에 설치되어 있는 연소실, 하이드로 팩의 공기실과 진공실, 베이퍼라이저의 진공실 등을 말한다.

체임퍼 [chamfer] 피스톤 링의 체임퍼형과 같이 모서리가 각이 진 부분을 깎아 경사지게 한 것을 말한다.

체적 효율 [volumetric efficiency] 엔진의 흡입 효율. 용적 효율. 엔진에 흡수되는 혼합기나 공기의 양은 이론상으로 배기량과 엔진의 회전수에 따라 산출할 수 있지만 실제로는 흡입시의 저항 등에 따라 이것보다 적은 양밖에 흡입할 수 없다. 따라서 실제로 흡입되는 대기 중량을 엔진 1사이클당의 행적 용적에서 계산된 흡입 가능한 대기 중량으로 나누어 흡입 효율을 나타냄. 일반적으로 엔진의 체적 효율이 좋은 경우라도 85~90%라고 한다. ⇨ 충전 효율(充塡效率).

체크 [check] ① 산화 또는 극심한 추위로 인한 수축에 의해 야기된 톱 코트 표면상의 갈라진 틈. (페인트 용어) ② 구성품, 장치 또는 측정치가 규정치와 부합하는지 확인한다.

체크 밸브 [check valve] ① 체크 밸브는 한쪽 방향으로만 오일을 흐르게 하는 방향성을 가진 밸브. 밸브의 지름에 따라 유량을 제어한다. 일반적으로 체크 밸브는 한쪽 방향으로 흐르는 것을 허용하는 싱글 액티브 밸브, 반대로 2개의 통로에서 제3의 통로로 흘러 역류를 방지하는 더블 액티브 밸브라 한다. ② 브레이크 계통에서 어큐뮬레이터에 저장된 오일을 컨트롤 밸브에 보낸다. 그리고 연료 탱크에서 연료증발 가스를 차콜 캐니스터나 에어클리너에 유도하는 경우 등 자동차에는 많은 체크 밸브가 쓰이고 있다. ③ 체크 밸브는 연료를 한 방향으로만 흐르게 하는 밸브로서 엔진이 정지하면 체크 밸브 스프링에 의해 자동적으로 닫혀 연료 라인에 잔압을 유지시킨다. 따라서 하절기나 엔진이 정지한 직후의 온도 상승으로 인한 베이퍼로크 현상을 방지하고 엔진의 재시동성을 향상시킨다. 엔진이 작동하고 있을 때 연료 라인의 과대 압력으로 인한 연료의 역류를 방지하기도 한다. ④ 오일을 한쪽 방향으로만 흐르게 하는 밸브로서 작동유의 역류 방지를 위하여 흐름 방향을 제어하는 방향 제어 밸브이다. ⑤ 브레이크가 풀릴 때는 회로 내의 유압과 스프링 장력이 평형 상태가 될 때까지 시트에서 떨어져 오일이 마스터 실린더로 복귀되도록 하지만 유압과 장력이 평형이 되면 체크 밸브와 시트가 접촉되어 오일 라인에 잔압이 형성되도록 한다. ⑥ 모듈레이터 내에 설치되어 브레이크가 해제되거나 운전자가 ABS 작동중 브레이크 페달에서 발을 떼었을 때 브레이크 오일이 휠 실린더에서 마스터 실린더로 되돌아가도록 하며, 휠 실린더의 압력이 마스터 실린더 압력보다 높게 되는 것을 방지하는 역할도 한다. ⑦ 하이드로 백과 흡기 다기관 사이에 수직으로 설치되어 주행중 흡기 다기관 내의 진공 변화가 하이드로 백에 영향을 받지 않도록 하며, 엔진이 만드는 최고의 진공을 유지한다.

체킹 [checking] 페인트 톱코트에 미세하게 갈라진 틈 또는 균열이 나타나는 현상.

초경질 합금 [超硬質合金] 비철재료로 코발트, 텅스텐, 탄소 등 분말형의 탄화물을 프레스로 형성하여 소결한 합금. 경도가 크고, 내열성, 내마멸성이 크며 상품명은 비디아, 탕갈로이 등으로 불린다.

초두랄루민 [super duralumin] 알루미늄, 구리, 마그네슘, 망간, 아연, 크롬을 혼합한 합금강으로서 강인하여 리벳, 기계 기구류, 구조용 재료로 많이 사용된다.

초음파 [超音波；ultrasonic wave] 진동수가 너무 크기 때문에 사람의 귀에는 들리지 않는 약 15000~20000Hz 이하의 음파로서 깊이 측정, 금속의 손상 탐지, 물질의 탄성률 자동차의 빗물 제거장치 등에 이용된다. 초음파는 수정(水晶)이나 로셀염(rochelle salt)을 사용한 발진기로 만들어진다.

초음파 빗물 제거장치 도어 미러에 부착된 큰 빗방울을 압전 진동자의 진동에 의하여 몇 초 동안 튕겨버린 뒤 남은 물방울은 히터의 열로 증발시키는 장치.

초음파 탐상법 [超音波探傷法] 검사할 제품의 한 면에서 초음파를 투과시켜 반대면에 도달한 초음파의 세기에 의해 결함을 찾아내는 검사 방법.

초전도 [超傳導；superconductivity] 어떤 종류의 금속, 합금, 화합물 등의 전기 저항이 절대 영도에 가까운 낮은 온도에서 불연속적으로 0(零)이 되는 현상으로 1911년 네덜란드의 물리학자 카메를링그 오네스(Kamerlingh Onnes)가 발견하였다.

초충전 [initial charge] 초충전은 축전지를 제조 후 처음으로 사용할 때 최초 전해액을 넣고 음극판을 활성화시키는 충전이다. 양극판의 과산화납은 보관 중 공기와 접촉되어도 거의 변질되지 않으나 음극판의 작용 물질은 공기 중의 산소나 탄산 가스에 의해 산화납 또는 탄산납으로 변화되기 때문에 초충전을 실시하여 음극판을 다시 해면상납으로 활성화시키는 작업이다. 초충전은 축전지 용량의 20시간율 전류로서 약 60~70 시간 연속하여 충전하여야 한다.

초크 [choke] 카브레터에 흡입되는 공기량을 적게 하여 혼합기를 농후하게 하는 것. 초크에는 목을 조여 숨을 끊는다는 뜻이 있으며, 공기의 양을 적게 한다는 데서 쓰이는 용어. 엔진이 냉각되어 있을 때 시동성을 좋게 하고 따뜻해질 때까지 안정된 운전을 행하기 위한 장치로서 수동식과 자동식이 있음. 수동식에서는 카브레터 입구에 설치되어 있는 밸브(초크 밸브)를 운전석의 초크 버튼을 당겨 닫음으로써 작동시킨다. 자동식에서는 전열식 자동 초크, 배기 가열식 자동 초크, 세라믹 초크 등이 있으며 현재는 대부분의 자동차가 자동 초크로 되어 있다. 더욱이 벤투리가 초크라고 불리우는 일이 있다.

초크 밸브 [choke valve] 카브레터 상단의 초크 보디에 설치되어 에어 혼에 들어오는 공기량을 조절하는 밸브로서 엔진의 시동시에는 밸브를 닫아 공기량을 적게 공급되도록 하고 워밍업 후에는 밸브를 열어 공기량을 많게 조절한다.

초크 버튼 [choke button] 수동식 초크를 작동시키기 위하여 손가락으로 조작하는 노브. 버튼은 포르투칼 말이며, 영어로는 초크라고 한다. 버튼을 조작할 경우에는 토크를 당긴다는 뜻「pull the choke out」이라고 표현한다.

초크 브레이커 [choke breaker] 엔진 시동시에 혼합기를 농후하게 하기 위해서는 초크 밸브는 닫혀 있으나 시동 직후에는 그 농도를 가감할 필요가 있으므로 흡기매니폴드에서 부압을 다이어프램으로 유도하여 매니폴드의 부압량에 따라 초크 밸브가 열리는 시스템.

초크 시스템 [choke system] 초크 시스템은 전기식 자동 초크로 초크 밸브를 나선형의 바이메탈로 조정하여 냉간시 초크 밸브를 닫아 엔진을 시동할 때 일시적으로 농후한 혼합기를 공급한다. 엔진이 작동하여 바이메탈 주위를 히터로 가열하여 엔진의 워밍업에 따라 초크 밸브를 열어 유해한 배출 가스량을 감소시키고 연비를 향상시킨다.

초크 오프너 [choke opener] 난기 후에 초크 밸브를 전개(全開)하는 장치. 다이어프램을 이용하여 한쪽은 외기에, 다른 쪽은 흡입 매니폴드에 연결해 놓고 냉각수가 어느 온도 이상이 되면 온도 감지밸브가 외기를 차단하고 부압으로 초크 밸브를 여는 구조로 되어 있음.

초크 오프너 다이어프램   온도 제어밸브

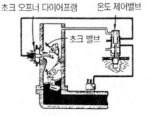

초크 코일 [choke coil] 특정 주파수 이상의 고주파 전류를 저지하기 위해 사용되는 인덕턴스 요소로서 교류의 고주파 제어를 위해 사용하는 코일을 말한다. 직류나 저주파 전류에 대해서는 임피던스를 갖지 않으며 형광등 회로의 안정기 등에 사용한다.

초크 회로 [choke circuit] 초크 회로는 진한 혼합기가 필요할 때 작동되는 회로. 대기 온도가 낮을 때 엔진의 기동시는 유출된 연료가 잘 기화되지 않으므로 엔진의 워밍업을 완료할 때까지 농후한 혼합기를 공급하여야 한다. 따라서 초크 밸브를 닫고 엔진을 기동하거나 운전을 하면, 초크 밸브 아래쪽에 강한 진공이 발생되어 노즐에서 다량의 연료가 유출되어 기동 또는 워밍업에 필요한 진한 혼합기가 공급된다.

초킹 [chalking] 백악화(白堊化)라고도 함. 페인팅이 열화(劣化)되어, 강하게 문지르면 분말 형태로 벗겨져 떨어지는 현상.

초퍼 [chopper] 전류 또는 광 빔을 규칙적인 시간 간격으로 단속하는 디바이스를 말한다. 때때로 직류 신호를 증폭하기 위한 전단 처리로서 사용된다.

촉매 [catalyst] 자신은 변화하지 않고 다른 물질의 화학변화를 돕는 역할을 하는 것. 자동차에서는 주로 배기가스 정화에 쓰이는 것을 가리킴. ⇨ 캐털라이저.

촉매 변환기 [catalytic converter] 촉매란 자신은 변하지 않고 적당한 조건하에서 반응 물질이 산화 및 환원 반응을 일으키도록 도와주는 반응 촉진제이다. 촉매 변환기는 반응 물질로 백금, 로듐, 파라듐을 이용하여 배기가스 중에 포함된 일산화탄소(CO), 탄화수소(HC), 질소산화물(NOx)을 이산화탄소(CO_2), 수증기(H_2O), 산소(O_2), 질소(N_2)로 환원시켜 대기 중으로 방출한다.

촉매 컨버터 [catalytic converter] 석유를 연료로 하는 엔진의 배기가스 등에 포함되는 유해한 CO, HC, NOx을 촉매를 사용하여 감소시키는 장치. CO와 HC를 산화하는 산화촉매 컨버터와 NOx도 처리하는 삼원 촉매 컨버터가 있다. 촉매의 모양에 따라 펠릿(작은 입자)을 쓰는 펠릿 촉매 컨버터와 모노리스(벌의 집을 닮은 구조체)를 사용하는 모노리스 촉매 컨버터로 분류된다.

셀　와이어 네트　배기온 센서　모놀리스 형태촉매

총감속비 〔總減速比〕 ⇨ 토털 기어비(total geal ratio).

총발열량 〔總發熱量〕 단위량의 연료가 완전 연소했을 때 발생하는 열량. 고위 발열량이라고도 함. ⇨ 발열량.

최고 속도 시험 〔maximum speed test〕 스톱 워치, 광전관, 전파 등을 이용하여 자동차가 연속적으로 주행할 수 있는 최고 속도 및 그 때 각 부의 작동상태를 점검하는 것으로서 보통 2㎞ 이상의 평탄한 직선 도로에서 최소한 2구간의 주행 속도를 측정한다.

최고 출력 〔maximum power〕 엔진에서 발생될 수 있는 최대 동력. 최대 마력이라고도 하며 1분당 엔진 회전수(rpm)가 몇 회전을 하면 몇 마력(ps)의 최고 출력을 얻을 수 있는가를 나타낸다. 엔진의 동력은 연소가스의 압력에 의하여 발생하므로 출력은 총배기량과, 피스톤이 받는 압력 및 회전수에 비례하여 커지지만, 고속회전이 되면 충전효율이 저하되고 엔진 자신의 마찰에 소모되는 마력이 커져서 그 이상의 출력은 발생되지 않게 된다. 따라서 어떤 엔진의 최고 출력은 허용 최고 회전수와 이 때 연소가스의 압력을 어떻게 높일 수 있는가에 따라 정해진다고 할 수 있다.

최고속 기어 〔top gear〕 자동차의 변속기에서 가장 빠른 속도의 기어로서 변속비가 가장 작은 기어의 물림을 말한다. 보통 5단의 변속기에서 5단이 최고속 기어가 된다.

최대 등판 능력 〔最大登坂能力〕 자동차가 오를 수 있는 최대 구배를 말한다. 이것은 엔진의 힘과 중량에 관계가 있으나 $\tan\theta$(시타)로 표시한다. 따라서 1.0이 45°의 경사각이므로 0.4라고 하면 18°의 경사각이 되고, 그 자동차가 오를 수 있는 한계의 언덕이 된다. ⇨ 등판 성능.

최대 마력 〔maximum horse power〕 ⇨ 최고 출력.

최대 서지 전류 〔maximum surge current〕 정류회로에서 지정된 파형이 짧은 시간 동안만 지속되는 최대의 정방향 전류를 말한다.

최대 안전 경사 각도 〔limit angle of vehicle turn over〕 공차 상태의 자동차를 측정대 위에서 좌 또는 우로 기울게 할 경우, 반대쪽의 바퀴 전부가 접지면에 떨어질 때 접지면과 수평면이 이루는 각.

최대 안정 경사각 〔最大安定傾斜角〕 ⇨ 최대 안전 경사 각도.

최대 적재량 〔maximum payload〕 자동차관리법의 정의는 안전기준에 적합한 안전운행을 확보할 수 있는 범위 내에서 허용된 물품의 최대 중량을 자동차에 적재할 수 있도록 되어 있다. 차체 구조 등을 변경하여도 표준 자동차의 최대 적재량을 넘는 적재량은 인정할 수 없다.

최대 접지압 [maximum ground contact pressure] 자동차가 최대 적재 상태일 때 타이어에 걸리는 하중을 접지 면적으로 나눈 값으로서 접지 부분의 두께가 2.5cm 이상인 고체의 고무 타이어의 접지 압력은 접지 부 1cm당 150kg을 초과하여서는 안된다.

최대 출력 [maximum power] ⇨ 최고 출력(最高出力).

최대 토크 [maximum torque] 엔진에 따라 발생되는 최대의 토크(회전력)는 kg-m의 단위로 나타내며, 통상적으로 토크를 발생할 때 엔진 1분당 회전수(rpm)를 합쳐서 표시한다. 일반적으로 엔진의 회전수가 낮은 범위에서는 주로 밸브의 타이밍이 맞지 않거나 또한 회전수가 높아지면 흡배기의 타이밍이 맞지 않기 때문에 각각 토크가 적어진다. 그러므로 최대 토크를 크게 하면 토크가 큰 회전수의 범위가 좁아지는 경향이 있다.

최소 연료 소비율 [minimum specific fuel consumption] 엔진 성능 곡선에 나타나는 연료 소비율의 최소값. 일반적으로 최대 토크 부근에서 연료 소비율이 최소가 되는 경향이 있다.

최소 온 상태 전압 [minimum ON-state voltage] 사이리스터에서 게이트 단자를 개방 상태로 해 두고 전압을 주전극에 가했을 때 미분 저항이 0(零)으로 되는 최소의 순방향 주전압을 말한다.

최소 회전 반경 [minimum turning radius] 조향각을 최대로 하고 선회하였을 때 앞바퀴 외측 타이어가 회전할 수 있는 최소 반경을 말하며, 실제로 자동차가 장애물과 접촉하지 않고 회전할 수 있는 것은 보다 외측이므로 그만큼 여분의 공간이 필요하게 된다. 승용차에서는 4.3~5.0m가 보통

최저 지상고 [ground clearance. road clearance] 기준면과 자동차 중앙 부분의 최하부와의 거리. 이 경우 중앙부분은 바퀴 내측 너비의 80%를 포함하는 너비로서 차량중심선에 좌우가 대칭이 되는 너비를 말한다. ⇨ 로드 클리어런스

추월 가속 성능 [追越加速性能] 자동차의 가속성능 표시 방법의 하나로, 어떤 속도에서 최대로 가속하였을 경우 목표 속도에 다다르는 시간을 나타내는 것. 기어를 일정하게 행하는 방법과 변속하는 방법이 있다.

추종 유동성 [conformability] 금속의 유동성(流動性). 베어링을 설치한 후에 크랭크축에 변형이 생겼다고 하면 축과 베어링이 접촉되는 부분만 과부하가 걸리기 때문에 소결, 균열 등이 일어나게 된다. 그러나 유동성이 있으면 과부하 부분이 경부하 쪽으로 흘러 균일한 부하상태가 되도록 하여 소결 및 균열 등을 방지할 수 있다.

추진 〔推進 ; propulsion〕 어떤 일이 이루어지도록 밀고 나가는 것으로서 자동차의 구동 바퀴가 노면에서 회전할 때 공기의 반작용을 이기고 차체를 밀어 앞으로 전진할 수 있도록 하는 것을 말한다.

추진력 〔推進力 ; propulsive force〕 자동차가 주행할 수 있도록 밀고 나가는 힘으로서 구동 바퀴가 공기의 저항을 이기고 차체를 밀거나 끌어당겨 주행할 수 있도록 하는 구동력을 말한다.

추진축 〔推進軸 ; propeller shaft〕 4륜 구동 방식 또는 후륜 구동 방식의 자동차에 설치되어 변속기에서 종감속 기어 장치에 동력을 전달하는 축을 말한다. ⇨ 프로펠러 샤프트.

축 토크 〔brake torque〕 엔진의 크랭크 샤프트 등 엔진의 동력을 인출하는 축이 토크. 측정에는 동력계를 사용하며 엔진회전에 역행하는 힘, 즉 브레이크를 걸었을 때 반력(反力)에서 얻어지므로 영어에서는 브레이크 토크라고 함.

축간 거리 〔wheel base〕 축거(軸距). 앞, 뒤차축 중심간의 수평거리. 3축 이상의 자동차에 있어서는 제1축, 제2축간 거리 등으로 분리한다.

축거 〔wheel base〕 ⇨ 축간 거리. 휠 베이스(wheel base).

축류 〔軸流 ; axial flow〕 액시얼은 '축의, 축둘레의, 축방향의' 뜻, 플로는 '흐르다, 흘러가다'의 뜻으로서 송풍기, 압축기 펌프 등에서 공기 또는 오일이 축방향으로 흐르는 것을 말한다.

축류 컴프레서 〔axial flow compressor〕 압축기의 일종. 제트 엔진에서 볼 수 있으며 회전하는 로터의 주위를 원통형의 하우징으로 덮고 있다. 로터에 부착된 여러 단(段)의 컴프레서 블레이드(압축 날개)와 하우징에 고정된 컴프레서 블레이드가 서로 교차하여 배치된 스테이터 블레이드에 의하여 공기를 압축하는 장치.

축류 터빈 〔axial flow turbine〕 제트 엔진이나 발전소의 증기 터빈에서 볼 수 있듯이 유체를 회전축에 나란히 흐르게 하는 방식의 터빈. 터빈은 유체를 회전체에 부착한 날개에 닿게 하여 유체의 운동 에너지를 회전 운동으로 변화시키는 장치 ⇨ 축류 컴프레서.

축류식 에어 클리너 〔axial flow air cleaner〕 에어 클리너를 조금 두꺼운 원판형태로 만들고 필터 엘리먼트의 접은 눈금을 동심원 형태로 가공하여 공기를 엘리먼트 축에 따라 흐르게 하는 형식. 일반적으로 사용되고 있는 아코디온 형의 접은 눈금을 넣고 원통 형태로 만든 필터 엘리먼트보다 가볍고 통기(通氣)저항이 적다는 특징이 있다.

축류형 엘리먼트

축류형 과급기 [axial flow type super charger] 과급기의 일종으로서 압축기에 축류 컴프레서를 사용하는 형식.

축마력 [brake horse power] 정미 마력(正味馬力)이라고도 하며 약자로는 BHP이다. 엔진의 크랭크 샤프트에서 동력을 직접 인출한 마력으로서 엔진이 단위 시간에 얼마만큼의 일을 할 수 있는가를 일률로 나타낸다. 축 토크와 엔진 회전수의 곱에 비례하여 커지지만 최대치(최고마력)가 있다. 측정에는 동력계가 사용되며 여러 가지 형식이 있으며 엔진의 회전에 역행하는 힘, 말하자면 브레이크를 밟았을 때의 반력(反力)으로 구해지며 영어에서는 브레이크 마력이라고 함.

축전기 [condenser] 콘덴서. 콘덴서는 정전 유도 작용을 이용하여 많은 전기량을 저장하기 위해서 만든 장치로서 접점과 병렬로 연결되어 있다. 접점이 열려 점화 코일의 1차 전류가 차단되면 1차 코일에서 유도된 고압의 전류에 의해 접점 사이에서 강한 불꽃이 발생되고 1차 코일에서 자력선이 완만하게 변화되어 2차 유도 전압이 낮아진다. 따라서 콘덴서는 접점이 열릴 때 접점에서 발생되는 스파크를 흡수하여 접점의 소손을 방지하고 1차 전류의 차단 시간을 단축시켜 2차 전압을 높인다. 또한 접점이 닫힐 때는 축전된 전하를 방출하여 1차 전류의 회복을 신속하게 하는 역할도 있다.

축전기 방전식 점화장치 [condenser discharge ignition system] ⇨ CPI.

축전지 [storage battery] 배터리. 스토리지는 '보관, 저장', 배터리는 전지의 뜻. 축전지는 화학적 에너지를 전기적 에너지로, 전기적 에너지를 화학적 에너지로 바꿀 수 있도록 만든 장치로서 1859년 프랑스의 물리학자 가스통 쁠랑떼(Gaston Plante)에 의해 발명되어 1920년대에 처음으로 자동차에 사용되었다. 축전지는 자동차에 설치되어 엔진을 시동할 때와 발전량이 부족할 때 점화장치, 등화장치 등의 전원으로 사용되며, 납산 축전지와 알칼리 축전지가 있다.

축전지 용량 [storage battery capacity] 축전지 용량은 완전 충전된 축전지를 일정한 전류로 연속 방전시켜서 방전중의 단자 전압이 방전 종지 전압에 이를 때까지 사용할 수 있는 전기량으로서 자동차용 축전지의 용량 표시는 25℃를 기준으로 한다. 축전지 용량은 극판의 크기, 극판의 수, 셀의 크기, 전해액의 양(황산의 양)에 의해 결정된다.

축전지 점화 방식 [battery ignition system] 축전지 점화 방식은 축전지의 전원을 이용하여 연소실 내의 압축된 혼합가스에 고온의 전기적 불꽃으로 점화하는 방식으로서 점화시기 조정 범위가 넓고 고속 회전시에 점화 불꽃이 약하며, 구조가 복잡하다. 축전지 점화 방식은 축전지, 점화 스위치, 점화 코일, 배전기, 스파크 플러그 등으로 구성되어 있다.

축중 〔軸重〕 자동차가 수평 상태에 있을 때 1개의 차축에 연결된 모든 바퀴의 윤중을 합한 것을 말한다.

축척 〔縮尺 ; contraction scale〕 제도에서 물체의 크기와 복잡한 정도에 따라 척도를 선택하여 실물의 크기보다 적게 그린 것. 축척은 1/2, 1/2.5, 1/5, 1/10, 1/20, 1/50, 1/100, 1/200 등이 있다.

출력 〔power output〕 일반적으로 기관에서 인출하는 동력이나 동력을 인수하는 장치에서 외부로부터 나오는 동력을 말하지만 자동차에서는 엔진의 동력, 즉 엔진의 단위시간당의 일(일률)을 말함. ⇨ 일률.

출력 〔出力 ; output〕 ① 회로 또는 장치에 있어서 신호나 전력이 나오는 장소를 말한다. ② 컴퓨터의 데이터를 내부 기억장치로부터 외부의 장치에 보내는 동작을 말한다.

출력 공연비 〔output air fuel ratio〕 가솔린 엔진에서 출력이 최대가 되는 공연비로서 이론 공연비보다 농후한 12.5 전후의 공연비를 말함.

출력 축 〔output shaft〕 ⇨ 아웃풋 샤프트.

출력 혼합비 〔出力混合比〕 최대 회전력이 얻어지는 혼합비. 엔진의 회전력은 13:1 부근에서 최대가 되고 그보다 크거나 작아도 저하된다.

출발 가속 성능 〔出發加速性能〕 정지 상태로부터 가속을 행할 때 자동차의 성능으로서, SS1/4 마일 가속이나, 0~400m 가속 등 일정한 거리를 주행하는 데 필요한 시간으로 나타내는 방법과, 출발하여 일정한 차속에 도달하기까지의 소요 시간으로 나타내는 방법이 있다.

충격 볼트 〔shock bolt〕 쇼크 볼트. 몸체 부분을 가늘게 하거나 구멍을 뚫어 단면적을 작게하여 충격력을 흡수하는데 사용한다.

충격 시험 〔impact test〕 해머를 시험편에 낙하시켜 반발된 높이로 인성을 시험한다. 충격 시험기에는 단순보의 시험편이 사용되는 샤르피식과 내다 지지보의 시험편이 사용되는 아이조드식이 있다.

충격 하중 〔impact load〕 동하중의 일종. 하중이 순간적으로 짧은 시간에 한방향으로 격렬하게 작용하는 하중을 말한다. ⇨ 동하중.

충격 흡수 보디 〔impact absorption body〕 사고시에 승객을 보호하기 위해 쉽게 찌그러지기 쉬운 부분을 설정하여, 보디가 변형하므로써 충격력을 흡수하도록 되어 있는 구조. 오늘날 대부분의 자동차는 이러한 구조로 되어 있다. ⇨ 크러셔블 보디(crushable body)

충격 흡수 스티어링 [energy absorbing steering] 컬랩서블 핸들. 운전자가 스티어링 휠에 부딪혔을 때 충격을 완화함과 동시에 차체의 앞부분이 충돌했을 때 스티어링 칼럼이 차실을 뚫고 나오지 않도록 하기 위한 장치. 구조에 따라 칼럼을 유지하고 있는 브래킷이 휘어지는 밴딩식, 칼럼이나 샤프트에 설치되어 있는 벨로즈식, 2분할된 칼럼 사이에 끼워져 있는 여러 개의 강구(鋼球)가 충격을 흡수하는 볼식, 샤프트 내에 실리콘을 넣어두고 이것이 작은 구멍으로 분사할 때의 저항을 이용한 실리콘 봉입식, 칼럼의 일부가 망으로 되어 있어 그 부분이 찌그러드는 메시식 등이 있다.

스티어링 샤프트

충격 흡수식 핸들 [shock absorber type handle] ⇨ 컬랩서블 핸들.

충격력 [衝擊力 ; impact force] 타격(打擊), 충돌(衝突) 등의 경우에 발생하는 물체간의 심한 접촉력(충격에 의한 힘)으로서 힘이 작용하는 시간은 매우 짧지만 힘의 크기는 매우 크다.

충전 [充電] ① 축전지에 전류를 공급하여 전기적 에너지를 화학적 에너지로 바꾸어 축적시킴으로써 축전지의 기능을 회복시키는 것을 말한다. ② LPG 엔진의 연료 탱크에 연료를 보충하는 것을 말한다. ③ 축전기에 전압을 가하여 전기적 에너지를 축적시키는 것을 말한다. ⇨ 차지.

충전 경고등 [charge warning lamp] 배터리의 단자 전압이 이상하게 저하되고 있음을 나타내는 램프.

충전 밸브 [charge valve] 충전 밸브는 봄베에 설치된 녹색 핸들의 밸브로 LPG를 충전할 때 사용한다. 봄베의 기체 상태 부분에 설치되어 보충할 때만 열어 연료를 보충하고 그 외에는 닫아야 하며 안전 밸브가 아래쪽에 설치되어 있다.

충전 장치 [charging system] 충전 장치는 자동차가 운행중 각종 전기 장치에 전력을 공급하는 전원인 동시에 축전지에 충전 전류를 공급하는 장치로서 엔진에 의해 구동되는 발전기, 발전 전압 및 전류를 조정하는 발전 조정기, 충전 상태를 알려주는 전류계 및 충전 경고등으로 구성되어 있다.

충전 전류 〔充電電流 ; charging current〕 축전지를 보충전할 때에 공급되는 전류로서 초충전에는 축전지 용량의 20시간율 전류로 60~70시간 충전하며 정전류 충전에서는 축전지 용량의 10% 전류, 급속 충전에서는 축전지 용량의 50% 전류로 충전한다.

충전 전류계 〔ammeter〕 ⇨ 암미터.

충전 회로 〔充電回路 ; charging circuit〕 발전기에서부터 축전지까지 전선으로 연결하여 충전전류가 공급되도록 하는 회로를 말한다.

충전 효율 〔charging efficiency〕 다른 대기 상태에서 엔진의 흡입 효율을 나타내는 것으로서 어떤 온도와 기압의 대기 상태에서 흡입되는 대기의 중량을 표준 대기 상태에서 흡입 가능한 대기의 중량으로 나눈 것. 유사한 표기 방법으로는 체적 효율이 있다.

충전기 〔充電器〕 축전지에 충전을 하기 위하여 교류 전원을 정류하여 충전에 적합한 직류 전압을 발생하는 장치로서 정전류 충전기, 정전압 충전기, 급속 충전기 등이 있다.

충전율 〔充電率 ; charging rate〕 ① 축전지를 충전하는 충전 전류를 나타낸 것을 말한다. ② 축전지를 시간에 의하여 충전율이라 할 때도 있지만 이 경우에도 충전 전류값을 지정하는 것이 바람직하다.

취성 〔脆性 ; brittleness〕 여린 성질. 금속에 외력을 가했을 때 잘 부스러지고 잘 깨지는 성질로서 인성에 반대되는 성질. ⇔ 인성.

취화 온도 〔brittle point temperature〕 「취화(脆化)」란 물체가 부서지기 쉽게 되는 것. 물체의 온도가 내려갔을 때 점차 여리게 되어 취성 파괴가 시작되는 온도를 말함. 취성 파괴란 물체가 가해진 힘을 비례하여 변형하고 힘을 잃어 원형으로 되돌아가는 범위(탄성 변형 한계)를 넘으면 일시에 파괴되는 것을 말함. 탄성 변형이 진행되어 변형이 원형으로 되돌아가지 않는 상태의 변형을 소성(塑性)변형이라 한다. 그러나 취화온도는 물체가 소성변형을 하지 않는 온도라고도 할 수 있음.

측면 충격 흡수 시스템 〔側面衝擊吸收裝置〕 ⇨ SIPS.

측방 조사등 〔側方照射燈〕 ⇨ 코너링 램프(cornering lamp).

측압 〔側壓〕 ① 물체의 측면에 가해지는 압력. ② 폭발 행정 또는 압축 행정을 할 때 피스톤의 측면이 실린더 벽에 접촉되어 가하는 압력으로 장행정 엔진보다 단행정 엔진이 많다. 폭발 압력이 커넥팅로드를 통해 전달되어 크랭크 축을 회전할 때 크랭크 축의 회전 저항과 커넥팅 로드의 작용 각도 때문에 피스톤은 실린더 벽으로 압력을 가하면서 하강 행정을 한다. 또한 압축 행정시에 발생되는 저항과 커넥팅 로드의 작용 각도에 의해 피스톤은 폭발 행정할 때의 반대 쪽으로 압력을 가하면서 상승 행정을 하게 된다. 이 때 측압이 많으면 실린더의 마멸이 증대되므로 적게 되도록 설계하여야 한다. ③ 유체가 용기나 물체 내부의 측면에 작용하는 압력.

측정 〔measuring〕 대상물의 크기, 용량, 양 등을 판단하는 행위.

층간 단락 〔層間短絡 : layer short〕 전동기, 발전기, 전자석 등에서 코일의 절연이 불량하여 코일과 코일이 접지되어 있는 현상을 말한다. 층간 단락의 점검을 그로울러 테스터기로 할 경우 전기자를 V블록에 올려놓고 회전시키면서 철편을 전기자에 가까이 하였을 때 층간 단락이 되었으면 흡인되거나 떨리는 현상이 발생되며, 멀티 테스터로 점검하는 경우에는 저항값이 규정값보다 적다.

층간 박리 〔層間剝離〕 클리어와 메탈릭 에나멜 등, 겹쳐 바른 페인팅과 페인팅의 사이에 틈이 생기거나 벗겨지는 현상. 도료의 밀착 불량이나 도장면에 오염 등의 원인이 되어 일어남.

층상급기 〔層狀給氣 ; stratified charge〕 희박 연소(lean burn)를 하기 위하여 연료를 적게 공급하면 전체적으로 혼합기는 희박한 상태로 착화를 좋게 하기 위하여 스파크 플러그 부근에만 농후하게 하는 흡기 방법.

치즐 〔chisel〕 패널을 절단하기도 하고 용접 패널을 떼어낼 때 사용하는 도구. 장방형(長方形)으로 한쪽에 날이 서 있어서, 반대편을 두드려 사용하게 되어 있음. 현장 용어로 널리 쓰이는 것은 일본어로 「다가네(タがネ)」라고 표현한다.

치핑 〔chipping〕 자동차 주행중에 노면의 작은 돌이나 모래알이 타이어에서 튕겨 올라와 휠 하우스나 로커 패널에 충돌하는 현상. 치핑에 의한 페인팅의 손상을 방지하기 위하여 유연성을 지닌 내(耐)치핑 도료가 도장됨. 스톤 브루즈(stone bruise)라고도 함.

치합 〔齒合〕 ⇨ 교합(嚙合).

치형 벨트 〔cogged belt〕 ⇨ 코그 벨트.

친 스포일러 〔chin spoiler〕 친은 턱을 말하며 자동차의 전면 하부에 붙혀진 턱 모양을 닮은 스포일러를 말함. 보디 밑에 들어오는 기류를 적게 하고 차체 앞부분에 하향의 힘(다운포스)을 얻는 것.

칠날림 부분 보수시 새로 칠한 페인팅과 원래 페인팅의 색이나 표면이 달라 보이지 않도록 시너의 희석을 많이 한 도료로서 경제 부분이 잘 융합되도록 분사한다. 이 작업이 칠을 날리는 분사이며 막의 두께가 서서히 얇아지도록 분사한다. 페인팅의 성능이 불안정해지기 쉽기 때문에 가능한한 좁은 범위에서 행하는 것이 좋다. 일반적으로 '보카시'라고 한다.

칠드 주물 [chilled castings] 주형의 일부가 금형으로 되어 있는 주조법으로서 주철을 급냉하면 표면은 단단한 탄화철이 되어 경도가 높고 내부는 서서히 냉각되어 경도가 낮은 주물을 말한다.

칠드 주철 [chilled cast-iron] 주철을 급냉시켜 표면은 경도(硬度)가 높고 다른 부분은 인성(靭性)을 증가시킨 주철로서 롤러, 차축, 실린더 라이너 등에 사용된다.

침탄법 [浸炭法 : carburizing] 저탄소강의 표면에 탄소를 침투시켜 경도를 증가시키는 표면 경화법. 목탄, 골탄, 혁탄으로 저탄소강의 표면을 감싼 뒤 가열노 속에 밀폐시켜 900~950℃로 약 8~9시간 동안 가열하여 저탄소강의 표면에 약 1mm의 탄소가 침투되도록 한다. 이것을 급랭시키면 표면은 경도가 증가되고 내부는 원 재료의 재질대로 있으므로 충격에 견딜 수 있다. 크랭크 축의 저널, 캠 축의 캠, 피스톤 핀 등에 이용되고 있다.

칩 [chip] 금속을 절삭할 때 발생되는 가루 또는 부스러기를 말한다.

칩 브레이커 [chip breaker] 절삭 가공할 때 발생되는 긴 칩의 처리를 용이하게 하기 위해 바이트에 만들어진 홈이나 단(段)을 말한다. 칩 브레이커가 설치된 바이트로 절삭하게 되면 칩이 나선형으로 감기거나 짧게 절단된다.

ㅋ

카 [car] 자동차, 차량의 뜻.

카 노크 [car knock] 착화가 일정하지 않거나 카브레터의 동요 등으로 엔진 출력에 변동이 생겨 이것이 원인이 되어 차체가 앞뒤로 흔들리는 현상.

카 레이싱 [car racing] 자동차의 경주(競走)로서 미국 등 선진국에서는 오래 전부터 다양한 자동차 모델로 실시되어 왔으나 국내에서는 승용차로 경주하고 있다.

카 스탠드 [car stand] ⇨ 세이프티 스탠드.

카 에어컨 [car air conditioner] 에어컨은 에어(공기)와 컨디셔너(조정기)를 약한 것. 차실 내의 쾌적한 상태로 유지하기 위한 냉·난방이나 환기를 행하는 장치. 난방용의 히터와 냉방용의 카 쿨러를 병용한 것도 있으나 마이컴을 설치하여 실내를 운전자가 요구한 온도로 유지하는 기능을 가진 오토매틱 에어컨도 많아졌다.

카 컴포넌트 [car component stereo] 카 컴포넌트 스테레오를 줄인 것. 앰프, 튜너, 카세트 등의 구성 부품(컴포넌트)을 조합하여 만들어진 오디오 장치.

카 쿨러 [car cooler] ① 자동차용 냉방장치. 컴프레서로 압축한 냉매(freon)를 컨덴서로 냉각·액화시키고 이것을 이배퍼레이터로 보내어 증발시킬 때의 흡열작용(吸熱作用)을 이용하여 냉방이 되는 기기. ② 히터와 장착되어 카 에어컨으로 쓰이는 수가 많다. 모터로 구동되며 전력을 가장 많이 소모하는 부품의 하나이다. 공기 중의 수분이 컨덴서에 부착하므로 제습 기능이 있으며 또한 윈드실드에 성에가 끼면 제거해 주는 역할도 한다.

카드뮴 [cadmium] 원자 번호 48, 원자량 112.40, 원소 기호 Cd, 용융점이 321℃의 엷은 은백색의 금속으로서 연성(延性) 및 전성(展性)이 크다. 중성자에 대한 흡수 능력이 우수하기 때문에 원자로에 흡수체 또는 차단장치, 금속의 합금 재료, 도금, 전지 등에 사용된다.

카드뮴 테스터 [cadmium test] 전용 전압계와 카드뮴 봉을 사용하여 자동차의 축전지를 시험하는 것을 말한다.

카드뮴 표준 전지 [cadmium standard cell] 황산카드뮴을 사용한 기전력의 표준값을 제공하는 전지로서 기전력은 20℃에 있어서 1.01836V로 전압의 표준이 된다. 미국의 전기 및 물리학자 웨스턴(Weston)에 의해 발견된 전지로서 양극에 수은을, 음극에 카드뮴을 사용하고 전해액에 황산카드뮴 수용액 및 황산수은을 사용한 전지로 웨스턴 전지라고도 한다. 온도에 따라 기전력이 거의 변하지 않으므로 표준 전지로 사용된다.

카드뮴 합금 [cadmium yellow] 황화카드뮴을 주성분으로 하는 노랑빛의 안료(顔料)로서 카드뮴염의 수용액에 황화수소 또는 황화나트륨을 넣어 침전시켜 만든다. 플라스틱, 래커 등의 착색에 많이 사용한다.

카로체리아 [⑩carrozzeria] 다른 자동차 메이커 의뢰에 따라 자동차 디자인을 제공하거나, 시험차를 만들면서 소수의 자동차 생산도 하는 이태리의 자동차 메이커.

카르노 [Carnot Nicolas Leonard Sadi] 프랑스의 물리학자로서 카르노 사이클을 발표하여 열역학의 바탕을 이룩하였다.

카르노 사이클 [Carnot cycle] 카르노가 생각한 가상적인 열기관 사이클로서 저온체에서 고온체로 열을 전달할 때 등온 팽창, 단열 팽창, 등온 압축, 단열 압축의 과정을 가역적(可逆的)으로 행하는 사이클을 말한다. 일종의 이상(理想) 기관으로 증기 기관의 개량 진보에 이바지했으며 열역학 제2법칙의 바탕이 되었다.

카르단 샤프트 [cardan shaft] 유니버설 조인트가 설치된 축으로서 자동차의 드라이브 라인을 말한다.

카르단 조인트 [cardan universal joint] 유니버설 조인트의 일종이며 훅 조인트, 크로스 조인트, 십자계수(十字繼手)라고도 부름. 카르단은 그 조인트의 발명자로서 16세기의 이태리 사람. 십자형 핀(크로스 스파이더)의 선단에 Y자형의 요크를 마주보게 설치한 형태를 하고 있으며, 간단한 구조로서 염가로 만들 수 있으므로 추진축이나 스티어링 샤프트에 많이 사용된다. 조인트는 설치각에 의해 회전 받는 축의 회전 속도가 증가되므로 2조를 세트로 사용하는 것이 필요하며, 이 속도 변화를 카르단 조인트의 각속도 변동 또는 카르단 조인트의 불등속성이라고 함.

카르만 와류 에어플로미터 [karman vortices air flow meter] 가솔린 인젝션에 사용되는 에어플로미터의 일종으로서, 엔진에 흡입되는 공기량을 카르만 와류의 주파수에 따라 측정하는 것. 카르만 와류는 유체의 흐름 중간에 놓인 기둥의 하류에 발생하는 유속에 비례한 주파수를 가진 와류의 열(列)(카르만 보텍스)을 말함. 와류수의 카운트에는 와류의 통과를 압력 변동으로 감지하는 것과 와류의 압력을 미러의 진동으로 하여 빛(光)으로 감지하는 것이 있다.

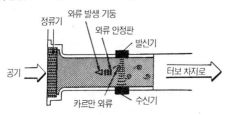

카르만 와류식 [karman vortex type] 카르만 와류식은 공기 흐름속에 발생된 소용돌이를 이용하여 흡입 공기량을 검출하는 방식이다. 발신기로부터 발신되는 초음파가 카르만 와류에 의해 잘려질 때 카르만 와류수만큼 밀집되거나 분산된 후 수신기에 전달되면 변조기에 의해 전기적 신호로 컴퓨터에 전달되어 연료 분사량을 증감한다.

카바이드 [calcium carbide] 석회석과 석탄 또는 코크스를 혼합하여 고온으로 용융화합시킨 칼슘과 탄소의 화합물을 카바이드라 한다. 순수한 카바이드 1kg을 물과 작용하면 348ℓ의 아세틸렌 가스를 발생한다.

카버라이징 플레임 [carburizing flame] 가열되는 금속에 탄소를 침투시키는 특성을 가진 가스 화염.

카버런덤 [carborundum] 탄화규소(SiC)의 상품명. 전기 저항로에서 규사와 코크스를 약 2000℃로 가열하여 만든 결정체로서 융점이 높고 경도가 높으므로 연마재나 내화용 재료로 사용된다.

카본 [carbon] ⇨ 파티큘레이터.

카본 노크 [carbon knock] 피스톤 헤드 또는 연소실벽에 카본의 퇴적으로 인하여 조기 점화가 발생될 때 일어나는 노킹 현상을 말한다.

카본 디포짓 [carbon deposit] 디포짓은 '퇴적물'을 말함. 디젤 엔진에서 연소실 내의 벽이나 인테이크 밸브 등에 단단히 고착된 흑갈색을 나타내는데 이것은 연료가 연소된 찌꺼기나 카본(탄소)등이 주성분이다. 핫 스폿(hot spot)이 되어 이상 연소의 원인이 될 수도 있다.

카본 브러시 [carbon brush] 회전 부분과 미끄럼 접촉으로 전류를 흐르게 하기 위한 탄소의 블럭으로서 직류 발전기는 정류자 편과 접촉되어

ㅋ

교류를 직류로 정류 작용을 하고, 교류 발전기에서는 슬립링과 접촉되어 축전지 전류를 로터 코일에 공급한다. 기동 전동기에서는 정류자와 접촉되어 전류의 흐름을 한쪽 방향으로만 흐르게 하는 작용을 한다.

카본 블랙 [carbon black] 탄소를 포함한 가스 또는 기름을 불완전 연소시키거나 열분해로 발생되는 탄소의 작은 분말로서 그 조제방법과 입자의 크기, 입자의 연결 방법 등에 따라 많은 종류가 있다. 흑색 안료의 재료로서 옛부터 알려져 왔으나 1906~10년경에 고무의 보강작용이 있는 것이 발견되었다. 따라서 1915년경부터 타이어의 보강재료로서 이용되기 시작하여 고무 특성에 큰 영향을 주는 중요한 재료로 쓰여져 왔다.

카본 섬유강화 복합재료 ⇨ 탄성섬유 강화수지.

카본 숫 [carbon soot] 디젤 엔진에서 배출되는 매연. 가솔린 엔진에서는 혼합기가 지나치게 진할 경우에 발생하기 쉽고, 디젤 엔진에서는 압축된 공기와 분무된 연료가 충분히 혼합되지 않고 국부적인 불완전 연소가 일어났을 때 발생하기 쉽다. 숫(soot)은 연료나 오일이 불완전 연소 때문에 발생하는 '매연'을 뜻함. ⇨ 디젤 스모크(diesel smoke).

카본 스러스트 베어링 [carbon thrust bearing] 엔진의 동력을 전달하거나 차단하는 릴리스 베어링의 일종으로서 흑연을 사용한 베어링을 말한다.

카본 아크 램프 [carbon arc lamp] 2개의 탄소봉을 전극으로 사용하여 그 사이에서 발광(發光)하도록 한 전등을 말한다.

카본 캐니스터 [carbon canister] 엔진이 정지되었을 때 기화기의 뜨개실과 연료 탱크에서 증발하는 연료 가스를 활성탄에 포집(佈集)하여 대기 중으로 방출되는 것을 억제시킴. ⇨ 캐니스터.

카본 트럼펫 [carbon trumpet] 노즐의 분공(噴孔) 주위에 카본이 나팔 모양으로 퇴적되어 있는 현상을 말한다.

카본 파울링 [carbon fouling] 스파크 플러그, 피스톤 헤드, 밸브 헤드, 연소실 등에서 혼합기의 불완전연소 등에 의하여 카본이 퇴적된 현상. 따라서 혼합기의 불완전연소에 따라 그을음이 발생되어 발화하기 어렵고, 엔진 시동이 안되며, 상태가 불량하게 된다.

카본 파이버 [carbon fiber] ⇨ 탄성섬유 강화수지.

카본 파이버 콤퍼지트 [carbon fiber reinforced plastics] ⇨ 탄소섬유 강화수지.

카본 파일 [carbon pile] 탄소판을 여러장 겹쳐 압축하면 전기의 저항이 감소하는 성질을 이용하여 힘, 스트레인, 미소량의 변위 등을 측정하는데 사용되는 테스터의 가변 저항과 발전기의 발생전압을 조정하는 가변 저항을 말한다.

카본 플로어 [carbon flower] 디젤 엔진의 연료분사구멍 주위에 꽃잎 모양으로 부착된 카본을 말함. 연료의 불완전 연소가 자주 겹쳐서 만들어진 것.

카브레터 [⊛carburetor, ⊛carburettor, carburetter] 기화기. 가솔린을 미립화하여 공기와 적당한 비율로 혼합한 다음 운전 상태에 따라 엔진에 공급하는 장치. 일정량의 가솔린을 저축해 두는 부분(플로트 체임버)과, 가솔린과 공기를 혼합하는 부분(벤투리)으로 되어 있으며 분무의 원리로 가솔린을 미립화한다. 벤투리의 지름이 일정하여 공기유량(空氣流量)을 스로틀 밸브로 조정하는 고정 벤투리와, 피스톤 밸브(스로틀 밸브)로 벤투리의 지름을 바꾸는 가변 벤투리가 있으며, 공기가 흐르는 방향에 따라 하향으로 통풍하는 다운 드래프트, 옆으로 향하게 통풍하는 사이드 드래프트, 상향으로 통풍하는 업 드래프트로 분류된다. 승용차용 엔진에서는 카브레터 대신 가솔린 인젝션이 많아지고 있다. ⇨ 기화기.

카브레터 밸런서 [carburetor balancer] 1개의 엔진에 2개의 카브레터를 사용하여 작동하는 경우에 2개의 카브레터를 동조(同調)시키는 조정기를 말한다.

카세트 [cassette] 카세트는 작은 통의 뜻으로서 하나의 케이스에 총합하여 넣어져 있으므로 자유롭게 끼우고 뺄 수 있는 카트리지 조정기를 말한다.

카세트 테이프 [cassette tape] 자기 테이프를 용기에 넣어 그대로 테이프 레코더에 끼워 사용할 수 있도록 한 것으로, 필립스社가 녹음용으로 소형 카세트를 개발하였고 그 후 마이크로 컴퓨터의 소프트 분야에도 사용하고 있다.

카운터 [counter] ① 입력의 신호를 받음으로써 수치가 하나씩 증가하거나 감소하는 계산기 또는 속도계를 말한다. ② 미리 정해진 일정한 수의 펄스 입력을 주므로써 한 개의 출력 펄스로 만드는 것을 말한다.

카운터 기어 [counter gear] ⇨ 카운터 샤프트.

카운터 밸런스 밸브 [counter balance valve] 유압 실린더 등이 중력에 의한 자유 낙하를 방지하기 위하여 배압(背壓)을 유지하는 압력 제어 밸브를 말한다.

카운터 보링 [counter boring] 볼트의 머리가 표면으로 튀어나온 것을 묻히게 하기 위해서 표면을 접시 모양으로 깎아내는 작업을 말한다.

카운터 샤프트 [counter shaft] 트랜스미션에서 메인 샤프트와 평행하게 놓여져 역방향으로 회전하는 샤프트로서 부축 또는 반전축(反轉軸)이라고 번역되고 있다. 2종류의 구조로서 샤프트를 고정하고 이것에 설치한 기어가 회전하는 타입을 카운터 샤프트라고 부르지만 기어를 샤프트에 고정하고 샤프트와 같이 회전하는 형식을 카운터 기어라고 부른다. 카운터 샤프트를 가진 변속기를 부축식 트랜스미션이라고 한다.

카운터 스티어 [counter steer] 코너링에서 선회 방향과 역방향(카운터)으로 핸들을 회전시키는 조작. 자동차가 오버스티어 상태로 되었을 때 운전자가 스핀을 회피하기 위하여 반사적으로 행하는 조작이지만, 미리 뒷바퀴의 옆미끄러짐을 예측하고 행하는 조작이기도 하며 고속 코너링을 위한 테크닉의 하나이다.

카운터 싱크 [counter sink] 접시 머리 볼트나 작은 나사의 머리가 표면으로 돌출되는 것을 방지하기 위해서 구멍의 입구를 접시 모양으로 가공한 구멍을 말한다.

카운터 싱킹 [counter sinking] 접시 머리 볼트나 작은 나사를 사용하는 경우 공작물에 구멍의 입구 주위를 경사지게 가공하여 접시 모양으로 만드는 것으로서 구멍의 가장자리를 원뿔형으로 절삭 가공하는 작업을 말한다.

카운터 웨이트 [counter weight] ⇨ 밸런스 웨이트(balance weight).

카운터 플로 엔진 [counter flow engine] 흡기 계통과 배기 계통을 실린더 헤드 한쪽에 설치하여 흡입된 혼합기가 연소된 후 흡입된 쪽으로 되돌아가도록 (카운터 플로)배출되는 형식의 엔진. 실린더 헤드가 간결하고 흡기를 가열하기 쉬운 이점이 있다. 턴 플로 엔진이라고도 함. ⇔ 크로스 플로 엔진(cross flow engine).

카울 [cowl] 프런트 윈도와 연결되는 앞부분의 패널 부분을 말한다. 단, 경주용 차량 등의 경우, 보디를 형성하고 있는 FRP제가 탈착(脫着)이 가능하도록 되어 있으며, 이것들을 총칭해서 말하고 있다. 카울링이라고도 한다. 오토바이나 프로펠러용 비행기 엔진 부분을 덮고 있는 것도 카울이다. 카울 형상은 공기의 흐름, 특히 공기저항을 적게 하기 위해서 만들어졌다. ⇨ 에어 박스 패널.

카울 사이드 패널 [cowl side panel] 대시보드 양쪽에 있는 대시보드와 프런트 필러를 연결하는 패널.

카카스 [carcass] ⇨ 카커스.

카커스 [carcass] 타이어의 골격을 이루는 플라이와 비드 부분의 총칭으로서, 타이어로부터 트레드, 사이드 월, 벨트(브레이커)를 제외한 것. 케이싱이라고도 한다.

카탈로그 [catalog] 아이템을 기술한 것을 순서대로 편집하여 그 제품에 대한 내용을 설명한 작은 책자를 말한다.

카트리지 [cartridge] 카트리지는 '탄약통, 필름통'의 뜻으로서 녹음기의 테이프, 퓨즈가 내장되어 있는 유리 용기, 픽업 헤드 등과 같이 교환 및 조작하기 쉽도록 끼우는 방식의 용기를 말한다.

카트리지 다이오드 [cartridge diode] PN 전압을 가진 다이오드를 여러 개 겹쳐 하나의 케이스에 밀봉한 단일의 다이오드로서 작동하도록 한 것. 고전압 소전류의 정류요소로서 직류 고전압 전원을 만드는 경우 등에 사용된다.

카트리지형 퓨즈 [cartridge type fuse] 유리관 또는 에보나이트 속에 밀봉되어 있는 퓨즈로서 클립에 끼워 회로에 직렬로 연결된 것을 말한다.

칸델라 [candela] 1948년 국제도량형 총회에서 정해진 광도의 단위. 백금의 응고점에 있어서 흑체(黑體)의 $1cm^2$당 광도 $1/60$을 1칸델라라고 한다. 기호는 cd를 사용하며 1.0067cd가 1촉광이다.

칼라 [collar] ① 슬리브 이음새의 원통 부분과 같이 2축을 맞댄 끝에서 각 축에 꼭 맞아 2축을 접속하는 역할을 하는 둥근 테를 말한다. ② 축이나 파이프를 연결할 때 끼워 넣는 둥근 테 모양의 이음쇠를 말한다.

칼럼 [column] 칼럼은 '기둥, 원주, 지주'의 뜻으로서 스티어링 샤프트를 감싸고 있는 원통, 드릴링머신의 굵은 기둥 등과 같은 것을 말한다.

칼럼 시프트 [column shift] 스티어링 칼럼에 부착된 레버로서 트랜스미션을 조작하는 방법. 플로 시프트에 비교하면 핸들 가까이에 시프트 레버가 있으므로 조작은 편리하지만 링크기구가 길기 때문에 유격이

ㅋ

넓으며 시프트의 김각이 좋지 않음. ⇨ 리모트 컨트롤, 원격 조작 기구.

칼로리 [calory] 열량의 단위. 순수한 물 1g을 1기압하에서 1℃ 높이는 데 필요한 열량을 말한다. 계량법에 있어서 1cal는 4.18605J이다.

캐니스터 [canister] 차(茶)나 담배를 넣는 소형의 금속 용기란 뜻이지만 자동차에서는 엔진이 정지되었을 때 기화기의 뜨개실과 연료 탱크에서 증발하는 연료가스를 포집하여 대기중으로 방출되는 것을 방지하기 위하여 설치해 놓은 활성탄을 넣은 관(차콜 캐니스터)을 말함. 엔진 시동을 하면 PCSV의 제어에 의해 흡기 다기관을 통해 연소실로 유입되어 연소가 이루어진다.

캐리어 [carrier] 캐리어는 '운반하는, 운반차, 반송파'의 뜻. ① 불순 반도체 속에서 전류를 흐르게 하는 정공 또는 전자를 말한다. ② 선재(線材)를 묶어서 운반하는 장치를 말한다. ③ 종감속 기어장치에서 차동기어 케이스의 사이드 베어링과 구동 피니언을 지지하고 기어장치를 보호하는 하우징을 말한다.

캐리지 [carriage] 캐리지는 '차, 객차, 운반대'의 뜻. ① 선반에서 절삭 공구를 부착시켜 이송 운동에 의해 공작물을 절삭하는 왕복대로서 에이프런(apron), 새들(saddle), 공구대로 구성되어 있다. ② 철도 차량에 있어서 객차를 말한다. ③ 정해진 경로로 이동 또는 운반하는 자동차를 말한다.

캐릭터 [character] 캐릭터는 '특성, 성질, 문자, 기호'의 뜻으로서 데이터의 표현이나 제어 기능의 표시에 사용되며, 수치 제어 테이프를 가로지르는 일렬 정보에 의해 표시되는 기호를 말한다. 문자는 도형 문자(숫자, 영자, 한자, 특수 문자)와 제어 문자(전송 제어, 서식 제어, 장치 제어) 및 펄스 음파 등으로 분류된다.

캐릭터 라인 [character line] ① 펜더와 도어의 어퍼 섹션과 로어 섹션을 구분하는 자동차 측면의 디자인 라인 또는 밴드. ② 주로 보디의 측면에 凹凸로 만들어진 선(라인)을 말하며, 보디 형태에 나오고 들어가고를 붙이기 위하여 설치되는 것.

캐릭터 모드 [character mode] 컴퓨터가 처리하는 데이터 형식으로서 데이터를 문자 단위로 다룬 것을 말한다. 한 개의 문자가 8비트로 처리되는 경우에는 8비트를 단위로 하여 처리되거나 전송된다.

캐브 [cab] 캐브는 '택시, 기관사실, 운전대'의 뜻. ① 기관차의 운전실을 말한다. ② 차량을 운전하기 위해서 특별히 설치되어 있는 운전실을 말한다. ③ 기중기, 트럭의 운전대를 말한다.

캐브 서스펜션 [cab suspension] 캐브 오버 트럭(cab over truck)으로 서 캐빈(운전대)을 스프링과 쇽업소버를 사이에 두고 프레임에 걸치 게 장치하여 승차감을 좋게 한 것.

캐브 오버 엔진 [cab over engine] 캐브(캐빈 : 운전실)가 엔진 위에 있 는 것으로서 엔진이 운전실이나 차실 밑에 놓여지는 타입의 자동차 총 칭.

캐브리얼레 [cabriolet] 승용 자동차의 한 형식. 지붕을 접을 수 있도록 포장한 승용차 ⇨ 컨버터블(convertible).

캐브타이어 케이블 [cabtyre cable] 정비 공장에서 전동 공구를 사용하 기 위해 전원에서 공구까지 연결하는 중간 코드와 피복된 것으로 전선 2줄 또는 3줄을 합한 다음 그 둘레를 다시 고무로 피복한 것으로서 유 연성이 있는 전선을 말한다.

캐비테이션 [cavitation] 외부에서 가해진 기계적인 힘에 의하여 유체 중에 기포가 생기는 것. 유체 중에 국부적으로 속도가 빠른 부분이 생 기면 그 부분의 압력이 내려가 액체 중에 녹아 있던 기체가 기포가 되 어 나타나는 것. 랠리 등 가혹한 조건하에서 쓰이는 쇽업소버 등에 그 예를 볼 수 있음.

캐비테이션 노이즈 [cavitation noise] 유압장치 또는 자동 변속기 등에 서 오일의 압력이 국부적으로 저하되어 포화 증기압(飽和蒸氣壓)에 이르면 증기를 발생하거나 용해 공기 등이 분리되어 기포가 발생된다. 이 상태로 오일이 흐르면 기포가 파괴되면서 국부적인 초고압의 발생 으로 소음이 발생되는 것을 말한다.

캐비테이션 이로전 [cavitation erosion] 캐비테이션에 의하여 고체(금 속)의 표면에 손상을 받는 것. 자동차에서는 워터 펌프나 크랭크 샤프 트 베어링 등에 발생하는 경우가 있으며 이로전(침식)이 확인되었을 경우, 캐비테이션이 잘 일어나지 않는 구조로 하거나 보다 굳은 재료 로 변경하는 등의 대책을 세워야 한다.

캐빈 [cabin] ⇨ 승무원 실.

캐빈 스페이스 [cabin space] 캐빈이란 객실을 말하며 승용차의 경우 실 내의 넓이를 말한다. 앞좌석은 운전자가 앉기 때문에 공간이 좁으면 안된다. 따라서 실내가 좁으면 뒷좌석이 좁아진다. 그러나 FF차는 FR차와 비교해서 넓게 잡을 수 있으므로, 캐빈 스페이스는 같은 크기 의 자동차보다 유리하게 된다.

캐소드 [cathode] ① 한 쌍의 전극을 이용하는 전해계에서 용액으로부 터 양전하가 흘러 들어가는 음극을 말한다. ② 반도체 소자 등에서 전류가 흘러 들어가는 전위가 낮은쪽의 음극을 말한다. ③ 전자관에 있어서 전자를 방출하는 음극을 말한다. ④ 모든 전기 계통에서 전류가 흘러 들어가는 쪽의 음극을 말한다.

캐소드 레이 [cathode ray] 전자관의 가열 필라멘트에서 방출되는 전자 또는 가스가 내장된 방전관의 음극이 양이온의 충격을 받아 방출하는 전자(음극선)를 말한다.

캐소드 터미널 [cathode terminal] ① 사이리스터에서 캐소드에 접속된 단자를 말한다. ② 정전류가 외부로 흘러나가는 단자로서 반도체 정류 부품의 경우에는 음극 단자에 양(陽)의 부호를 붙인다.

캐스케이드 [cascade] 캐스케이드는 '계단 모양의 분기(分岐), 익렬(翼列), 폭포'의 뜻으로서 터빈 또는 펌프 등의 날개와 같이 동일 간격의 날개를 말한다.

캐스케이드 효과 [cascade effect] 어떤 현상이 분기 폭포와 같이 순차적으로 증가되어 가는 것을 말한다.

캐스터 [caster] ① 사무용 의자나 자동차 정비기기 등에 설치되어 있는 작은 바퀴(caster wheel)로서 자유롭게 회전되고 임의의 방향으로 이동할 수 있는 것이 특징. ② 자동차의 조향바퀴를 옆에서 보았을 때 차축에 설치하는 킹핀의 중심선이 수직선에 대하여 어떤 각도를 두고 설치된 상태.

캐스터 각 [caster angle] 캐스터 앵글. 자동차를 옆에서 보았을 때 킹핀 축의 연직선과 이루는 각도로서 축의 기운 방향이 뒤인 경우를 플러스(정의 캐스터), 앞을 마이너스(부의 캐스터)로 한다. 캐스터 각을 두게 함으로써 트레일(trail；끌고가다)이 생겨 자동차가 전진하면 타이어의 구름 저항으로 킹핀 축 주위에 타이어를 직진시키려고 하는 토크가 작용한다. 이 현상을 캐스터 효과라고 하며 캐스터 효과는 정의 캐스터에만 얻을 수 있다.

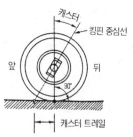

캐스터 앵글 [caster angle] ⇨ 캐스터 각.

캐스터 오프셋 [caster offset] 자동차 앞바퀴를 앞에서 보았을 때 킹핀 축의 중심선과 노면상에서 타이어의 중심선이 노면과 교차하는 사이의 거리 ⇨ 캐스터 각.

캐스터 웨지 [caster wedge] 일체 차축 현가장치에서 스프링과 차축 사이에 넣어 캐스터를 조정하는 쐐기를 말한다.

캐스터 조정 심 [caster adjust shim] 독립현가장치의 위시본 형식에서 프레임과 위 컨트롤암 샤프트 고정부 사이에 넣어 캐스터를 조정하는 심을 말한다. 심 1장에 캐스터의 변화량은 $1/2°$이다.

캐스터 효과 [caster effect] 구동 바퀴에서 발생된 추진력은 차체를 통하여 킹핀의 방향으로 작용하므로, 킹핀의 중심선이 지면에서 만나는 0점은 타이어와 노면이 만나는 P점을 잡아당기는 것과 같이 작용하여 주행중 조향 바퀴에 방향성을 준다. 자동차가 선회할 때 현가장치를 통하여 한쪽의 차체는 위쪽으로 올라가고 다른 한쪽은 내려가게 되어 조향 핸들에 가한 힘을 풀면 차체가 원위치되어 직진방향으로 되돌아가는 복원력이 발생되도록 한 것을 말한다. 캐스터의 효과는 정의 캐스터에서만 얻을 수 있다.

캐스트 [cast] 캐스트는 '주조(鑄造), 만들다'의 뜻으로서 용융 금속 또는 수지를 주형에 주입하여 소정의 제품으로 성형하는 것을 말한다.

캐스팅 [casting] ⇨ 캐스트.

캐스팅 트레일 [casting trail] 자동차 앞바퀴를 옆에서 보았을 때 킹핀 축의 중심선이 노면을 가로지른 점과 타이어의 중심선이 노면과 교차하는 점과의 거리. 이 값이 크면 자동차의 전진 및 안전성은 좋아지지만 핸들은 무거워진다. 메커니컬 트레일이라고 한다.

캐스팅 휠 [casting wheel] 주조 휠. 알루미늄이나 마그네슘 등의 경합금을 주조하여 만들어진 휠이며 림과 디스크가 일체로 되었으므로 원피스 휠, 디스크 휠이라고도 부른다.

캐슬 너트 [castle nut] 홈 파인 너트. 볼트 구멍에 분할핀을 통하여 고정하기 위한 홈이 파여져 있는 것.

캐츠아이 [catseye] ① 야간에 자동차의 뒤쪽 100m의 거리에서 헤드라이트 불빛이 비추어지면 적색의 빛이 반사되도록 한 후부 반사기를 말한다. ② 도로의 중앙선에 묻어 야간 주행시에 헤드라이트 불빛이 비추어지면 반사되는 반사장치 또는 커브 길의 가드 레일에 설치되어 있는 반사경을 말한다.

ㅋ

캐치 [catch] 캐치는 '붙잡다, 걸리게 하다'의 뜻으로 자동차 도어의 걸쇠, 고리, 손잡이를 말한다.

캐터필러 [caterpillar] 캐터필러는 '무한궤도(無限軌道)'의 뜻으로서 전후(前後)륜에 바퀴 대신 벨트 모양의 트랙으로 회전시켜 주행하는 장치로 요철(凹凸)이 심한 곳이나 습한 지역에서 사용하기에 용이하다. 주로 건설기계에 많이 사용된다.

캐털라이저 [catalyzer] 캐털라이저는 '촉매(觸媒)'의 뜻. 화학 반응의 전후에서 볼 때 그 자체는 아무런 변화도 없이 적당한 조건하에서 산화 및 환원 반응을 일으키도록 도와주는 반응 촉진제 물질로서 반응을 촉진시키는 정촉매와 반응을 늦추는 부촉매가 있다. 작용을 감퇴시키는 물질을 촉매독이라 부른다.

캐털리틱 컨버터 [catalytic converter] 촉매제로 백금, 로듐, 파라듐 등을 사용하여 배기가스 중에 포함된 유해 가스 일산화탄소, 탄화수소, 질소산화물을 수증기, 산소, 질소의 무해한 가스로 환원시켜 대기 중에 방출시키는 촉매 변환기를 말한다. ⇨ 촉매 변환기, 삼원 촉매장치, 산화촉매장치.

캔버스 톱 [canvas top] 선루프의 일종으로 지붕이 면(綿) 또는 마(麻)로 만들어져 접을 수 있도록 되어 있는 것. 전동(電動)으로 개폐할 수 있는 형태도 있다.

캔버스 후드 [canvas hood] ⇨ 캔버스 톤.

캔서 [cancer] 보디의 녹 구멍.

캔슬 [cancel] 캔슬은 '지우다, 삭제하다, 취소하다, 상쇄하다'의 뜻. ① 데이터 전송에 있어서 지정된 데이터의 오차로서 삭제되어야 한다는 것으로 CNCL의 제어 부호로 사용된다. ② 수치 제어 공작 기계에 있어서 고정 사이클 또는 시퀀스 명령을 부정하는 명령을 말한다.

캔트 [cant] 도로의 커브에서 외측이 높고, 내측이 낮은 각도를 말한다. 원심력과 균형이 잡혀, 설계상의 스피드라면 핸들을 꺾지 않아도 돌아갈 수 있다. 서킷이나 테스트 코스에 있는 것은 뱅크(bank)라고 한다. 커브의 안쪽이 높게 되어 있는 것 같은 지형을 역뱅크라고 할 때도 있다. bank에는 둑이라든가 경사의 뜻도 있다.

캘리브레이션 가스 [calibration gas] 캘리브레이션은 '눈금 수정'의 뜻. 자동차의 배기가스에 함유된 일산화탄소와 탄화수소를 측정하는 테스터기의 눈금을 교정할 때 사용되는 표준가스를 말한다. 일산화탄소의 눈금을 교정할 때에는 표준가스 컨테이너에 표기된 CO 볼륨을 이용하는데 보통 1.5% 전후의 것이 많으므로 2%의 눈금으로 한다. 탄화수소의 눈금을 교정할 때에도 표준가스 컨테이너에 표기된 C_3H_8(프로판)농도와 계기표시 환산치를 이용하여 헥산 환산농도를 계산한 수치로 해당 레인지 절환 스위치를 사용하여 눈금을 교정한다. 헥산 환산농도의 계산 방법은 프로판 농도가 5320ppm이고 계기표시 환산치가 0.510일 때 헥산 농도는 $5320 \times 0.51 = 2713.2$ppm이다.

캘리브레이트 [calibrate] 시험 기구의 최초 설정치를 점검 교정.

캘리퍼 [caliper] 디스크 브레이크의 주요 부분으로서, 디스크에 안장을 걸친 모양으로 설치되어, 브레이크를 걸면 패드가 디스크를 양쪽에서 압착하여 제동력을 발생시킨다. 캘리퍼에는 실린더와 피스톤, 브레이크 패드가 내장되어 있어, 브레이크 페달을 밟으면 브레이크 오일에 유압이 발생하여 실린더 내에 있는 피스톤을 압출한다. 피스톤은 패드를 디스크에 압착하여 제동력을 발생하도록 되어 있다. 브레이크 페달을 놓으면 유압이 제로(0)로 되므로, 디스크의 작은 흔들림에 의하여 패드는 디스크로부터 떨어지도록 되어 있다. ⇨ 디스크 브레이크 캘리퍼(disk brake caliper).

캘리퍼 고정형 디스크 브레이크 [caliper fixed type disk brake] ⇨ 오퍼짓 실린더형 디스크 브레이크

캘리퍼 부동형 디스크 브레이크 [caliper floating type disk brake] ⇨ 플로팅형 디스크 브레이크(floating type disk brake).

캘리퍼스 [calipers] 외경이나 내경을 측정하는 데 사용하는 것으로서 외경 캘리퍼스와 내경 캘리퍼스가 있다. 두 다리를 벌려 측정부를 계측한 다음 그 벌린 끝을 별도의 스케일에 맞추어 눈금을 읽는다.

캠 [cam] ① 회전운동을 왕복운동 또는 진동으로 바꾸는 것으로서 물체의 표면을 곡면형(曲面型)으로 만들고, 이것을 원동체(原動體)로 하여 곡면으로 종동체(從動體)를 밀듯이 해서 종동체에 왕복운동 또는 진동을 하게 하는 장치. 자동차 부품에는 여러가지의 캠이 쓰이고 있으나 대표적인 것은 엔진의 캠 샤프트에 설치되어 있는 것. ② 밸브 리프터나 로커암에 직접 접촉되어 흡입 및 배기 밸브의 개폐 작용을 하기 때문에 마찰과 마멸을 적게 하기 위하여 접촉면은 원호로 한다. 캠의 표면 곡선은 약간의 변화가 생겨도 밸브 개폐 시기나 밸브 양정이 달라져 엔진의 성능에 크게 영향을 주게 된다. ⇨ 익센트릭.

캠 [CAM] 컴퓨터 지원생산(computer aided manufacturing)의 머리문자 CAM을 따서 만든 용어. 공장의 생산 과정의 수치 제어, 생산 관리 등에 컴퓨터를 활용하여 공업 제품을 제조하는 기술 또는 수법. 컴퓨터를 사용한 설계 시스템의 CAD와 조합한 것을 캐드·캠

(CAD/CAM)이라고 부르며, 현재 공업제품의 대량 생산에 없어서는 안될 시스템으로 되어있다. ⇨ 캐드(CAD).

캠 노즈 [cam nose] 캠의 돌출된 부분을 말함. 캠에 코를 뜻하는 말로 만들어진 용어.

캠 로브 [cam lobe] 로브는 둥근 돌출부의 뜻. 밸브가 열리기 시작하여 완전히 닫힐 때까지의 거리로서 캠의 기초원보다 둥글게 튀어나온 부분을 말한다.

캠 브레이크 [cam brake] 회전축에 부착되어 있으며 캠의 작용으로 인하여 한쪽 방향으로는 브레이크 작용을 하고, 반대 방향으로는 회전을 자유롭게 하는 브레이크를 말한다.

캠 샤프트 [cam shaft] 캠 축. 4사이클 왕복형 엔진에서 흡·배기 밸브를 개폐하기 위한 캠이 설치되어 있는 샤프트. 흡배기 밸브는 크랭크 샤프트가 2회전하는 사이에 각각 1회씩 개폐하므로 크랭크 샤프트의 1/2속도로 회전한다. 주철을 사용하므로서 내마모성을 좋게 하기 위하여 캠 표면만을 경화시킨 것이 보통. 앞부분에 설치되어 있는 타이밍 기어 또는 타이밍 체인 및 타이밍 벨트에 의하여 회전되며 디스트리뷰터를 구동하는 기어나 퓨얼 펌프를 움직이는 캠 등이 설치되어 있다. 엔진은 캠 샤프트와 밸브의 위치에 따라 OHC, DOHC, OHV 등으로 분류된다.

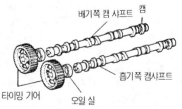

배기쪽 캠 샤프트 캠
흡기쪽 캠샤프트
타이밍 기어   오일 실

캠 스프로킷 [cam sprocket] 캠 샤프트 선단에 설치되어 있는 스프로킷으로서 크랭크 스프로킷과 체인으로 연결되며 크랭크 샤프트의 1/2속도로 회전한다.

캠 앵글 [cam angle] ⇨ 캠각.

캠 축 [cam shaft] 연료 분사 펌프의 캠 축은 엔진의 크랭크 축에 의해 회전되며, 플런저를 작동시키는 캠과 연료 공급 펌프를 구동하는 편심캠이 설치되어 있다. 플런저를 작동시키는 캠의 수는 실린더 수와 같으며, 캠 축의 구동쪽에는 분사시기 조정 장치가 설치되고, 다른 한쪽에는 연료 분사량을 조절하는 조속기가 설치된다. 또한 크랭크 축이 2

회전하면 캠 축은 1회전한다. ⇨ 캠 샤프트

캠 팔로어 [cam follower] ⇨ 밸브 리프터.

캠 프로파일 [cam profile, cam contour] 캠 단면(프로파일)의 모양을 말함. 엔진의 캠 샤프트에서는 캠의 크기와 모양에 따라 밸브의 개폐 타이밍이나 속도와 시간 등이 결정된다.

캠각 [cam angle] 캠각은 접점이 닫혀 있는 동안 배전기 캠이 회전한 각도로서 보통 한 실린더에 주어지는 캠각은 전체 캠각의 60% 정도로 되어있으며, 캠각의 조정은 접점 간극으로 조정된다. 캠각이 클 때는 점화 시기가 느리고 접점 간극이 적으며, 1차 전류의 흐르는 시간이 길고 점화 코일이 발열한다. 또한 캠각이 적을 때는 점화 시기가 빠르고 접점 간극이 크며, 1차 전류의 흐르는 시간이 짧고 고속에서 실화의 원인이 된다. 캠각을 드웰각이라고도 한다. ⇨ 드웰 앵글.

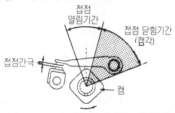

캠각 제어 [cam angle control] 캠각 제어는 전 트랜지스터 점화장치에서 저속 회전시에 여분의 1차 전류가 흐르지 않도록 캠각을 작게 하고 회전 속도가 점차 빨라지면 캠각을 크게 하여 1차 전류의 저하를 방지하는 역할을 한다. 따라서 고속으로 회전할 때 트랜지스터가 ON으로 되는 시간이 짧아지기 때문에 1차 전류가 점차로 저하되어 2차 전압이 낮아지는 것을 방지한다.

캠그라운드 피스톤 [cam ground piston, oval piston] 횡단면의 모양이 약간 타원형을 하고 있는 피스톤. 피스톤은 핀을 통하는 보스의 부하로 말미암아 변형이나 핀과의 마찰로 인한 보스 방향으로 열팽창이 조금 크다. 따라서 피스톤을 상온에서 가공할 때 보스 방향을 단경(短徑)으로 한 타원형으로 하고, 온도가 높아졌을 때 진원에 가까운 모양으로 되도록 한다. 알루미늄 합금 피스톤의 대부분이 이 형으로 되어 있다.

캠버 [camber] 중앙 부분이 위로 불룩하게 휘어 있는 상태. 자동차와 관련된 것은 ① 도로 중앙 부분이 불룩하며 갓길이 내려가 있는 상태. ② 날개 모양을 하고 있는 공력(空力)부품에서 중심부분의 휨. 현(弦)

의 길이를 백분율로 나타냄. ③ 앞바퀴를 앞에서 보았을 때 타이어 중심선이 연직선에 대하여 어떤 각도를 두고 설치된 것. ④ 리프(leaf) 스프링의 휘어짐 등을 나타냄.

캠버 각 [camber angle] 캠버 앵글. 자동차를 정면에서 보았을 때 타이어의 중심선이 연직선과 이루는 각으로서 위가 벌어져 있는 상태를 정(포지티브)의 캠버, 밑이 벌어져 있는 것을 부(네거티브)의 캠버라고 함. 타이어에 캠버 각이 주어지면 기운 쪽으로 '캠버 스러스트'라고 불리우며 옆방향으로 굴러가려고 하는 힘이 발생한다. 그러므로 이것을 방지하기 위해서 정의 캠버인 경우 토인을, 부의 캠버인 경우 토 아웃을 붙이는 것이 보통이다.

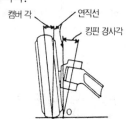

캠버 마모 [camber wear] 타이어의 이상 마모(편 마모)의 일종으로서 타이어에 캠버각을 붙인 채 장기간 주행한 것같이 트레드의 한쪽만 마모되는 것.

캠버 스러스트 [camber thrust] 타이어를 기울게 하고(캠버 각을 주고) 굴렸을 때 접지면에 발생되는 타이어의 기울어진 방향에 행하는 힘(스러스트)을 말함. 부드러운 사이드월을 가진 레이디얼 타이어는 바이어스 타이어에 비교하면 캠버 스러스트가 적다.

캠버 스티프니스 [camber stiffness] 캠버 스러스트는 캠버 각에 비례해서 증가한다. 이 때의 비례정수(단위 캠버 각당(當)의 캠버 스러스트)를 말함.

캠버 앵글 [camber angle] ⇨ 캠버 각.

캠버 오프셋 [camber offset] 스크러브 레이디어스. 앞바퀴를 앞에서 보았을 때 타이어 중심선과 킹핀 중심선이 지면에서 만나는 거리. 킹핀 경사각과 함께 조향핸들의 조작을 가볍게 하기 위해서는 캠버의 오프셋이 작아야 한다.

캠버 캐스터 게이지 [camber caster gauge] 자동차의 전차륜 정렬을 할 때 캠버, 캐스터, 킹핀의 경사각을 측정하는 게이지로서 정치식(定置

式)과 가반식(可搬式)이 있다.

캠버 컨트롤 [camber control] ⇨ 지오메트리 컨트롤(geometry control).

캠식 다판 LSD ⇨ 다판 클러치식 LSD.

캠연마 피스톤 [cam ground piston] 피스톤 측압부의 지름을 보스부보다 크게 하기 때문에 타원형 피스톤이라고도 한다. 엔진이 정상운전 온도에 이르면 진원에 가깝게 되어 전면에 접촉되며, 경합금 피스톤은 거의 이 피스톤을 사용한다. 장경과 단경의 차이는 0.125~0.325mm 이다.

커넥터 [connector] ① 커넥터는 납합금으로 만들어 각 셀을 직렬로 연결하기 위한 것으로서 축전지 커버의 외면에서 셀을 연결하는 커넥터 노출식과 셀의 벽을 관통시켜 연결하는 격벽 관통식이 있다. ② 하나의 회로와 다른 회로를 전기적으로 결합시키기 위해서 사용되는 접속부품을 말한다. ③ 둘 또는 그 이상의 전선이나 케이블 끝에 설치된 부품으로서 영구적인 이음을 사용하지 않고 전기적으로 결합되는 것을 말한다. ④ 전기에서 전선이나 회로, 기기 등을 전기적으로 접속하기 위한 연결기를 말한다.

셀커넥터

커넥팅 로드 [connecting rod] 보통 '컨로드'라고도 부른다. 커넥트는 맺는다. 로드는 봉으로서 연결봉 또는 연접봉이라고도 부르며, 피스톤과 크랭크 샤프트를 연결하는 것. 가볍고 강도가 높은 것이 요구되며 일반적으로 엔진용은 특수강을 단조하여 만들지만 레이스용 엔진에서는 티탄이 쓰일 때가 많다. 컨로드의 양끝은 각각의 크기에서 피스톤과 피스톤 핀으로 연결되는 부분을 스몰엔드 크랭크 샤프트와 크랭크 핀으로 맺어진 부분을 빅 엔드라고 부름. 커넥팅 로드의 길이는 소단부의 중심과 대단부 중심간의 거리로서 피스톤 행정의 1.5~2.3배이며 길이가 길면 측압은 적어지지만 강성이 적고 엔진이 높아진다. 길이가 짧으면 측압이 많아지며 엔진의 높이가 낮고 무게가 가벼워진다.

ㅋ

커넥팅 로드 얼라이너 [connecting rod aligner] 커넥팅 로드의 휨이너 비틀림을 측정하는 것으로서 얼라이너에 피스톤 핀을 끼운 상태로 커넥팅 로드를 설치한 다음 V블록을 커넥팅 로드 소단부에 올려놓고 블록의 핀과 정반 사이의 공간을 시크니스 게이지로 측정한다. 휨의 측정은 블록의 판이 상하로 접촉되도록 하여 2개가 모두 접촉되면 정상이며, 비틀림의 측정은 블록의 판이 좌우로 접촉되도록 하여 2개의 핀이 모두 접촉되면 정상이다.

커로전 [corrosion] 부식. 금속이 화학적인 작용을 받고 표면에서부터 변질(일반적으로 열화)되어 가는 현상. ⇨ 이로전.

커머셜 밴 [commercial van] 승용차 타입의 밴을 말함. 왜건과 비슷한 구조의 자동차이지만 왜건은 승객의 거주성을 중시하는 것에 비하여 밴은 화물 운반에 중점을 두고 만들어진 상용차.

커버 [cover] 일반적으로 덮개를 의미하는 말로서, 자동차용 타이어를 타이어와 튜브로 나누어 말할 때 튜브를 덮은 것으로 타이어 전체를 커버라고 부름. 승용차용 타이어가 대부분 튜브리스 타이어로 된 지금은 사용되지 않는 용어.

커버 톱 [cover top] 트럭의 화물실 덮개나 밴의 지붕으로서 이것을 금속 혹은 플라스틱, 직물 등으로 만들어 탈착이 가능하도록 되어있는 것.

커버리지 [coverage] 주어진 양의 페인트가 커버할 표면적.

커브 슬라이드식 시트 [curve slide type seat] 앉은 키가 낮은 운전자가 적당한 운전 자세를 취하기 위하여 시트 슬라이드의 레일을 활모양으로 구부려 시트가 앞에 올수록 앉은키의 위치가 높아져 무릎의 위치가 낮아지도록 되어 있는 것. ⇨ 시트 슬라이드(seat slide).

커브 웨이트 [curb weight] 적재물이나 운전자는 타고 있지 않으나 연료, 냉각액, 오일 및 표준 장비의 모든 품목을 포함하는 빈 차량의 무게.

커스텀 카 [custom car] 자동차 메이커가 시판한 상태의 자동차를 '스톡카(stock car)'라고 한다. 이것을 산 사람이 후에 자기 마음에 들도록 개조하는 것을 '커스트마이즈'라고 한다. 커스텀 카란 자기만의 특별 주문한 자동차를 말한다. 우리나라에서는 법으로 이것을 규제하고 있다.

커티시 라이트 [courtesy light] 야간에 도어를 열었을 때 자동적으로 점등되어 발밑을 조명하는 램프. 후속차에 도어가 열렸음을 알리는 경고등으로서의 역할도 한다. 커티시는 '우대, 호의'의 뜻.

커팅 어태치먼트 [cutting attachment] 웰딩 토치에 부착되어 그것을 커팅 토치로 바꾸는 기구.

커팅 팁 [cutting tip] 절단 전용의 토치 팁.

커팅 플라이어 [cutting plier] 전선의 피복을 벗기거나 절단할 때 사용한다.

커패시터 [capacitor] 2장의 도체판 사이에 종이, 운모, 유리 등의 절연체를 넣어 만든 축전기로서 일정한 용량으로 작동하는 것을 말한다.

커패시티 [capacity] 커패시티는 '용량, 용적, 받아 들이는 능력'의 뜻. ① 어떤 물질이 일정한 상태에 있어서 받아들일 수 있는 열량 또는 전기량을 말한다. ② 엔진, 오일 펌프, 유압 펌프 등이 발생할 수 있는 가동 능력을 말한다.

커프 [kerf] 자국, 절단의 의미. 절삭에 의해 금속이 제거된 공간. ⇨ 사이프(sipe).

커플드 빔식 서스펜션 [coupled beam type suspension] 중간 빔식 서스펜션. 토션빔식 서스펜션의 형식으로서 크로스 빔이 트레일링 암의 피벗과 차축과의 중간에 놓여져 있는 것. 상하 작동은 풀 트레일링 형식과 같지만 선회시에는 세미트레일링식과 유사한 작동을 함으로써 양자의 장점을 지니고 있다.

커플러 [coupler] ① 센서에서 어떤 종류의 신호를 수신하여 다른 종류의 신호로 조작장치에 보내도록 할 결합부를 말한다. ② 한 개의 회로에서 다른 회로로 에너지를 주고받기 위해서 사용되는 부품을 말한다. ③ 트랙터와 트레일러를 연결하는 장치를 말한다.

커플링 [coupling] ① 조인트. 물건과 물건을 접속시키는 부분. 축에서 축으로 동력을 전달하는 부분에 널리 쓰인다. ② 한 개의 회로와 다른 회로를 연결하여 한쪽에서 다른쪽으로 에너지를 주고 받도록 결합된 부분을 말한다. ③ 어떤 회로에서 다른 회로로 들어가는 상태로 양자가 배치되어 있는 것을 말한다.

컨덕터 [conductor] 열 또는 전류를 흐르도록 하는 전도성의 물체를 말한다.

컨덕턴스 [conductance] 소자, 디바이스, 부품, 회로 또는 장치 등 전류의 전도성을 나타내는 용어로서 전기를 전도하는 능력을 말한다. 직류 회로에서는 저항의 역수로 기호도 Ω를 거꾸로 한 $\mho$(mho)를 사용한다.

컨덴세이트 [condensate] 공기로부터 제거되는 물. 에어컨 증발기의 외부 표면에 형성된다.

컨디션 미터 [condition meter] 자동차에 설치된 각종 장치의 작동상태 를 점검하는 미터로서 타코미터, 진공계, 오실로스코프 등을 말한다.

컨로드 [con—rod] 일반적으로 잘 쓰이고 있으며, 커넥팅 로드를 줄여 서 하는 말이다. ⇨ 커넥팅 로드(connecting rod).

컨로드 베어링 [connecting rod bearing] 커넥팅 로드와 크랭크 샤프트 를 연결하는 미끄럼 베어링.

컨버전 [conversion] 컨버전은 '전환, 변환'의 뜻. ① 데이터를 2진법에 서 10진법으로 또는 120진법에서 2진법으로 표현 방식을 변환하는 것 을 말한다. ② 축전지에서 화학적 에너지를 전기적 에너지로 또는 전 기적 에너지를 화학적 에너지로 변환하는 것을 말한다. ③ 신호 또는 양을 장치에 대응하는 다른 종류의 신호 또는 양으로 바꾸는 것을 말 한다.

컨버전 코팅 [conversion coating] 피니시의 점착을 향상시키기 위하여 메탈 컨디셔너 다음에 금속 표면에 바르는 화학물질.

컨버전 호이스트 [conversion hoist] 덤프 트럭에서 토사를 목적지에 운 반한 후 덤핑하기 위해 평상(平床) 적재함을 덤프로 변환할 때 사용되 는 승강장치를 말한다.

컨버전시 [convergency] 컨버전시는 '점차로 접합하는 , 집중성'의 뜻으 로서 촉매에 의해 배기 가스를 청정시키는 촉매 변환기를 말한다.

컨버터 [converter] ① 엔진의 플라이 휠에 설치되어 회전력을 변환시 키는 토크 변환기를 말한다. ② 발전기에 발전되는 교류를 직류로 변 환시키는 정류기를 말한다. ③ 정보 또는 에너지 형태를 변환하는 장 치 또는 회로를 말한다. ④ 자동차에서 배출되는 유해 가스를 무해 가 스로 변환시키는 촉매 변환기를 말한다. ⑤ 축전기 방전식 점화장치에 서 축전지 직류 전류를 발진 회로에 공급하면 교류로 변환하여 승압시 킨 다음 다이오드에 의해 다시 직류로 변환시키는 DC-DC를 말한다.

컨버터블 [convertible] 직역하면 '바꿀수 있다'라는 뜻이나, 승용차에서 는 지붕을 임의대로 접을 수 있는 자동차를 말함. 포장된 지붕이 부드 럽고 질긴 천이나 가죽으로 되어 있기 때문에 소프트 톱이라고도 불리 운다. ⇨ 카브리올레(carbiolet).

컨벡션 [convection] 컨벡션은 '전달, 대류, 환류'의 뜻으로 공기 또는 유체 내에 온도차가 발생되면 밀도의 변화가 생겨 유체는 온도가 높은 곳에서 낮은 곳으로 순환 운동을 하게 된다. 유체의 순환 운동이 열에 의해 이루어지는 현상으로서 대류를 말한다.

컨스트럭터 [constructor] 일반적으로 건물이나 배 등을 건설하는 사람을 말하지만 자동차에서는 레이싱카의 메이커를 말함.

컨실드 [concealed] 컨실드는 '숨겨진, 보이지 않게 한'의 뜻으로서 자동차에 설치된 컨실드 헤드라이트. 컨실드 와이퍼와 같이 사용하지 않을 때에는 설치된 부분의 속으로 들어가도록 하고 사용할 때만 표면으로 노출되게 하는 것을 말한다.

컨실드 와이퍼 [concealed wiper] 윈드실드 와이퍼로서 사용하지 않을 때는 후드 패널 밑에 장착된 타입. 전방의 시계를 좋게 하고 자동차 모양을 깔끔하게 하기 위하여 고급차에 많이 채용되어 있다.

컨실드 헤드 램프 [concealed head lamp] ⇨ 리트랙터블 헤드 램프(retractable head lamp).

컨테이너 [container] ① 기계, 기구 등의 용기를 말한다. ② 일산화탄소, 탄화수소 테스터기에 주입하는 표준가스 저장 용기처럼 가스, 페인트 등을 저장하는 용기를 말한다. ③ 화물을 수송하는 데 사용되는 금속의 짐을 꾸리는 상자를 말한다.

컨트랙팅 브레이크 [contracting brake] 컨트랙팅은 '수축성이 있는'의 뜻. 자동 변속기에서 유성기어장치를 제어하는 프런트, 리어 브레이크, 자동차가 정차중에 자유이동을 방지하는 센터 브레이크로서 드럼을 밴드로 조이는 외부 수축식 브레이크를 말한다.

컨트롤 [control] 컨트롤은 '조절, 제어, 단속, 조종장치'의 뜻으로서 어떤 장치의 시동, 정지 또는 조정을 하기 위해서 사용되는 것을 말한다.

컨트롤 노브 [control knobe] 컨트롤은 '조절, 제어'. 노브는 '혹, 기둥의 손잡이' 뜻으로서 변속 레버 또는 컨트롤 레버 끝에 설치된 손잡이를 말한다. ⇨ 시프트 노브.

컨트롤 레버 [control lever] ⇨ 시프트 레버.

컨트롤 릴레이 [control relay] 컨트롤 릴레이는 컴퓨터, 연료 펌프, 인젝터, 공기 흐름 센서 등에 축전지 전원을 공급하는 전자제어 연료분사 장치의 메인 전원 공급 장치이며 서킷 릴레이라고도 한다.

컨트롤 암 [control arm] ⇨ 서스펜션 암(suspension arm).

컨트롤 유닛 [control unit] ⇨ ECU. 컴퓨터.

컨트롤 콘솔 [control console] 기기를 원격으로 조작하기 위해서 필요한 조작 기구 및 감시, 경보장치를 설치한 판을 말한다.

컨트롤 패널 [control panel] 집중 관리를 하기 위해 한 곳에 제어 계기를 모아서 조작 및 관리하기 쉬운 위치로 설치한 계기판을 말한다.

컨트롤러 [controller] 통제하는 것을 뜻하며 센서에서 들어오는 정보 (신호)를 메모리에 비추어 판단하고 액추에이터에 지시하는 장치로서 마이크로 컴퓨터가 쓰이는 것이 보통.

컬랩서블 스티어링 [collapsible steering] ⇨ 컬랩서블 핸들.

컬랩서블 스티어링 칼럼 [collapsible steering column] 심한 충돌에 의해 운전자가 부딪칠 때 쭈그러들도록 고안된 에너지 흡수식 스티어링 칼럼.

컬랩서블 핸들 [collapsible steering post] 충격 흡수식 핸들. 컬랩스는 '붕괴되다, 무너지다'의 뜻. 컬랩서블 스티어링이라고도 함. ⇨ 충격 흡수 스티어링.

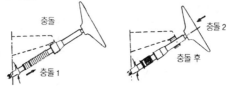

컬러 디자인 [color design] 자동차의 외관(exterior)이나 내장(interior)등의 색체 디자인. 자동차가 놓이는 환경과 보는 사람, 타는 사람의 마음이 흡족하게 느낄 수 있도록 색깔의 배열을 훌륭하게 배치하는 것.

컬러 실러 [color sealer] ⇨ 공색도장.

컬렉터 [collector] 컬렉터는 트랜지스터에서 캐리어를 주입하는 전극으로서 PNP형 트랜지스터는 전류가 나오지만 NPN형 트랜지스터는 전류가 들어가는 단자이다.

컬렉터 링 [collector ring] 교류 발전기의 로터축 끝에 설치되어 브러시에 의해 회전중인 로터 코일에 축전지 전류를 공급 또는 유출하는 슬립링을 말한다. ⇨ 슬립 링.

컬렉터 접합 [collector junction] 트랜지스터의 베이스와 컬렉터 사이에 있는 접합부로서 보통 역바이어스 되고 있으며, 여기를 통과하는 전류는 소수 캐리어를 주입함으로써 제어된다.

컬렉터 차단 전류 [collector cutoff current] 트랜지스터에서 컬렉터 다이오드의 접합부를 지나 흐르는 역방향 포화 전류를 말한다.

컬렉터 탱크 [collector tank] ⇨ 서지탱크.

컴버션 체임버 [combustion chamber] ⇨ 연소실(燃燒室).

컴파트먼트 [compartment] 컴파트먼트는 '구획, 실내의 사이를 가로질러 막다'의 뜻으로서 프런트의 객석 앞에 설치되어 자동차의 사용 설명서, 지도 등을 넣을 수 있는 곳을 말한다. ⇨ 글러브 박스.

컴파트먼트 셸프 패널 〔compartment shelf panel〕 리어 시트백(rear seat-back)과 백윈도 사이에 위치한 수평의 패널.

컴패니언 플랜지 〔companion flange〕 컴패니언은 '짝, 상대'. 플랜지는 '테두리, 가장자리'의 뜻으로서 파이프의 플랜지 이음, 종감속 기어와 추진축을 연결하는 플랜지 이음과 같이 2개의 플랜지가 동일한 모양으로 되어 있는 플랜지를 말한다.

컴팩트 디스크 〔compact disk〕 광신호(光信號)로 기록되어 음악을 재생시키는 음향 기기로서 지름이 12cm 수지로 만든 소형의 원반을 말한다. 레이저 광선으로 조사(照射)하기 때문에 접촉 부분이 없으므로 디스크의 마모가 없고 디지털 녹음으로 조그만 소리에서 큰 소리까지 재생할 수 있는 음의 폭이 넓으며, 잡음이 거의 없는 등 뛰어난 특성을 가지고 있다.

컴팩트 카 〔compact car〕 컴팩트는 '치밀한, 간결한, 꽉 들어찬'의 뜻으로서 간결하게 제작된 소형 자동차를 말한다.

컴펜세이션 〔compensation〕 컴펜세이션은 '보충, 보상, 보정'의 뜻. 자동 제어 계통에서 어떤 특성에 관하여 성능을 향상시키기 위하여 사용되는 수정 및 보상의 기능 또는 그와 동등한 기능을 가지게 하는 효과를 말한다.

컴펜세이터 〔compensator〕 ① 오차(誤差) 또는 불안전한 작동을 수정하기 위해서 사용되는 장치 또는 부품을 말한다. ② 어떤 장치에서 오차나 외부의 영향으로 불안전하게 되는 것을 없애기 위해 사용하는 부품이나 장치로서 엔진의 냉각수 온도, 흡입 공기의 온도, 대기압 등으로 공회전이 불안전하게 되면 자동적으로 연료를 보상하여 엔진의 회전이 원활하게 되도록 하는 장치를 말한다. ③ 무선 방향 지시기에서 방향 지시에 대하여 오차의 일부 또는 모두를 수정하는 장치를 말한다.

컴펜세이팅 서킷 〔compensating circuit〕 회로 또는 소자가 가지고 있는 바람직하지 않은 특성을 보상하기 위한 회로로서, 그 특성과 반대의 특성을 가지게 하여 본래의 특성으로 발생되는 영향을 상쇄시키는 보상 회로를 말한다.

컴펜세이팅 코일 〔compensating coil〕 다른 코일에 의한 기자력의 일부 또는 모두를 소멸시키기 위해 역기자력을 발생하도록 설치한 코일을 말한다. 보상 직권 전동기에서 전기자의 반작용을 소멸시키기 위해 전기자와 마주 보고 있는 계자 철심에 감겨진 코일을 말한다.

컴펜세이팅 포트 [compensating port] ⇨ 마스터 실린더 릴리프 포트 (master cylinder relief port).

컴포넌트 [component] ① 기계 또는 자동차를 구성하는 하나하나의 구성 부분품을 말한다. ② 코일, 저항, 다이오드, 트랜지스터 등 어떤 전기적 특성이나 일부 기능을 가진 것으로 다른 부품과 접속하여 회로 또는 장치를 구성하는 부품을 말한다.

컴퓨터 [computer] 정보를 받아들여 미리 정해진 조작을 데이터에 가해 그 결과를 제공할 수 있는 장치로서 입·출력 장치, 기억 장치, 연산 장치 및 이들을 전체로 하여 제어하는 제어 장치가 주요부분으로 구성된 전자 계산기를 말한다. 정보 처리에 있어서는 보통 프로그램 내장형 전자 계산기를 의미한다. 복잡한 계산 방법이나 많은 데이터를 기억할 수 있고 논리 연산(論理演算)이 가능하여 판단 능력에 있어서 과학 기술 계산 뿐만 아니라 사무처리를 짧은 시간에 끝내며, 기계 또는 자동차의 자동 제어(自動制御), 자동 번역(自動飜譯) 등의 복잡한 정보 처리에도 사용된다.

컴퓨터 그래픽스 [computer graphics] 그래픽스는 제도법(製圖法)의 뜻으로서 컴퓨터를 이용하여 작도법(作圖法) 및 도형을 처리하는 기술을 말한다. 자동차의 설계자는 부분적으로 여러장 스케치한 다음 스케치를 입력 수치로 바꾸어 컴퓨터에 입력시키면 투시도가 브라운관에 영상으로 나타난다. 설계자는 라이트펜으로 투시도를 수정해 가면서 더 한층 아름다운 스타일을 창출하는 제도 방법을 말한다.

컴퓨터 논리 회로 [computer logic circuit] 컴퓨터의 논리 회로는 입력 처리를 출력 처리로 변환할 때 기본적인 전기 회로이며, 기본 회로와 복합 회로를 결합하여 데이터의 해독, 데이터의 기억, 데이터의 연산, 액추에이터에 명령을 한다.

컴퓨터 설계 [computer aided design] 디자인은 '모형 도안, 설계, 구상'의 뜻으로서 컴퓨터를 이용하여 최적의 설계를 단시간에 실행하는 방법을 말한다. 설계자는 라이트펜(light pen)으로 도형에서 정보를 얻어 컴퓨터에 입력시키면 계산 결과를 도형으로 반영시킨다. 이와 같은 방법을 되풀이하면서 설계를 진행하는 것을 말한다.

컴퓨터 시뮬레이션 [computer simulation] 실물에 의해 실험이 도의적, 경제적, 시간적으로 곤란 또는 불가능할 때 논리적 모델을 프로그램으로 하여 컴퓨터로 조작하는 모의 실험을 말한다.

컴프레서 [compressor] 압축기. 자동차에는 여러가지의 컴프레서가 사용되지만 일반적으로 터보차저나 슈퍼차저의 부품으로서의 압축기를 말함. 터보차저의 컴프레서는 배기 터빈에 직결된 임펠러라고 하는 블레이드(날개)를 가진 휠을 돌리는 원심형 컴프레서가 있다. 슈퍼차저에는 2개의 누에고치 모양의 단면을 가진 로터를 하우징 내에서 회전시키는 용적형 과급기가 많고, 어느 것이든 엔진에 흡입되는 공기를 압축하고 압력을 높이는 작용을 한다.

컴프레서 임펠러 [compressor impeller] 임펠러는 '추진하는 것'이라는 뜻으로서 펌프나 선풍기의 날개 바퀴를 뜻하지만 터보차저에서는 컴프레서의 날개(블레이드)를 가리킬 때도 있음.

컴프레서 휠 [compressor wheel] ⇨ 컴프레서 임펠러(compressor impeller).

컴프레션 로드 [compression rod] 서스펜션 암으로 I암을 사용하는 서스펜션으로서 I암의 선단과 액슬보다 후방의 보디를 연결하여 휠에 걸리는 전후 방향의 힘을 뒤에서 지지하는 로드. 주행중 타이어의 구름 저항에 의하여 로드에 압축력(컴프레션)이 발생하므로 이 명칭이 불리어짐. ⇦ 텐션 로드(tension rod).

컴프레션 링 [compression ring] 압축링이라고도 함. 피스톤 링으로 혼합기나 연소가스가 크랭크 케이스가 누출되지 않도록 방지하는 작용을 하는 것. 기밀을 완전히 보존하고 마모를 적게 하기 위하여 컴프레션 링은 2개가 쓰이는 것이 보통이며, 피스톤 헤드에 가까운 쪽에서부터 톱, 세컨드 혹은 NO1, NO2와 같이 불리운다.

컴프레션 스트로크 [compression stroke] ⇨ 압축 행정(壓縮行程).

컴플라이언스 [compliance] 스프링 정수(定數)의 역수(逆數). 예를 들면, 스프링을 어떤 힘 F로 당겼을 때 늘어난 길이 L이 F에 비례하는 경우 비례정수를 C로 하면 L=CF의 관계가 성립되지만, 이 C를 컴플라이언스라고 한다. 물체가 변형되기 쉬운 정도를 나타내며 자동차에서는 서스펜션의 부시가 부드러울 때 컴플라이언스가 크다고 하는 것같이 쓰인다.

컴플라이언스 스티어 [compliance steer] 서스펜션은 타이어에서 발생되는 진동을 흡수하기 위한 고무의 부시를 거쳐 보디에 장착되어 있는 것이 일반적이다. 타이어의 전후 또는 좌우 방향으로 힘이 가해지면 고무가 변형하여 얼라인먼트가 변하고 핸들을 조향한 것 같은 효과가 생긴다. 모양이 변하기 쉬운 정도를 컴플라이언스라고 하며 이 현상을 컴플라이언스 스티어라고 부른다. 1kg의 힘이 가해졌을 때 스티어 각 deg로 나타낸다. ⇨ 서스펜션 컴플라이언스(suspension compliance).

컵 그리스 [cup grease] 석회 비누에 광물성 오일을 70~80% 혼합한 것으로서 융점이 80~100℃이며 60℃이하에서 사용하는 일반 기계의 베어링에 사용한다.

컷 공법 [cutting method] 용접 패널의 교환 작업시, 패널 전체를 교환하지 않고 일부를 잘라(cut) 붙이는 방법. 구(舊) 패널과의 접합부는 겹치기 용접 또는 맞대기 용접(butt welding)을 함.

컷 보디 [cut body] 보디의 구조를 알기쉽게 나타내거나, 부분적인 테스트를 하기 위하여 화이트 보디의 일부를 잘라낸 것.

컷 슬릭 타이어 [grooving tire] 젖어 있는 진흙길을 주행할 때 마른 노면의 전용 타이어에 홈을 파서 만든 타이어. 노면의 물의 양이 적을 때는 좁은 홈을 여러 가닥 놓은 정도의 타이어가, 물웅덩이가 많은 경우에는 폭이 넓고 깊은 홈이 많이 새겨진 타이어가 쓰인다.

컷아웃 [cut-out] 릴레이의 진동 접점 또는 배전기 접점 등이 열려 전류의 흐름을 차단하는 것을 말한다.

컷아웃 릴레이 [cut-out relay] 컷아웃 릴레이는 DC 발전 조정기에만 설치되어 발전기의 출력 전압이 낮을 때 축전지 전류가 발전기로 역류하는 것을 방지하는 역할을 한다. 발전기의 출력 전압이 낮을 때는 스프링 장력으로 접점이 열려 있으므로 축전지 전류가 역류하는 것을 방지하고, 발전기의 출력 전압이 높아지면 전자석의 자력으로 접점을 닫아서 충전 전류가 흐르도록 한다.

컷오프 전압 [cut-off voltage] ① 릴레이에서 전자석의 자력이 약하여 접점이 열릴 때의 전압을 말한다. ② 축전지에서 방전이 완료되었다고 간주되는 전압으로서 축전지의 종류, 방전율, 온도, 사용 조건 등에 영향을 준다. ③ 전자관에서 종속 변량이 규정값 이하로 낮아질 때 전극 전압으로서 음극에서 전류에 대한 양극의 차단 전압을 말한다. ④ 주어진 정상 자속의 밀도하에서 음극의 방출 전자가 양극에 도달할 수 없는 경우의 최고 양극 전압으로 임계 전압을 말한다.

컷인 [cut-in] 릴레이의 전동 접점 또는 배전기의 접점 등이 닫혀 전류가 흐르는 것을 말한다.

컷인 전압 [cut-in voltage] 컷아웃 릴레이 등과 같이 발전기에서 발전 전류를 외부의 회로에 보내도록 전자석의 자력이 스프링 장력을 이기고 접점이 닫힐 때의 전압으로서 12V용에서는 보통 13~14V이다.

케네디 키 〔kennedy key〕 정사각형 단면의 키를 90°로 설치한 키.

케미컬 스테이닝 〔chemical staining〕 공업지역에서 공기 오염에 의해 야기되는 페인트의 반점 모양의 탈색.

케블라 〔kevlar〕 미국 듀퐁社에서 개발한 고탄성률의 고강도 섬유를 일컫는 말. ⇨ 아라미드 섬유(aramid fiber).

KD 〔kick down〕 ⇨ 킥 다운.

KS 〔korean industrial standard〕 한국공업규격.

KE 제트로닉 〔KE-jetronic〕 KE 제트로닉은 흡입 공기량을 검출하는 방법에서 K 제트로닉과 같지만, 나머지는 각종 센서로부터 검출하면 컴퓨터가 연산 처리하여 엔진의 작동 상태에 알맞는 전압으로 보내어 연료의 제어 압력을 조절하는 방식이다. K 제트로닉에 비하면 엔진의 출력이 증가하고 가속 성능이 좋으며, 연료 소비가 적은 장점이 있다. 센서로는 스로틀 위치 센서, 산소 센서, 수온 센서, 대기압 센서, 1번 TDC 센서가 설치되어 있다.

K 제트로닉 〔K-jetronic〕 K는 독일어의 kontinuierlich(코티뉴리치) 머리 글자로서 '연속적이다'라는 뜻이다. K 제트로닉은 연료 분사량의 제어 방식을 기계식으로 행하는 것으로서 연속적인 분사장치이다. 흡입 공기량을 검출하는 방법이 기계-유압식으로 에어혼에 설치되어 있는 센서 플레이트와 연료 분배기가 레버에 의해 연결되어 있다. 흡입 공기량에 따라 변화되는 센서 플레이트에 의해 연료 분배기의 플런저 행정을 변화시켜 연료 분사량이 조절된다.

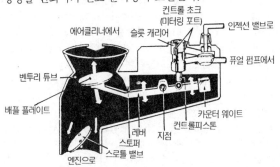

케이블 〔cable〕 ① 섬유나 철사를 꼬아서 만든 로프. ② 전선. 통상적으로 여러 가닥을 모아서 피복한 것.

케이블 그로밋 〔cable grommet〕 엔진룸의 전장품에서 차실의 제어 장치에 연결되는 전선이 보디를 관통할 때 진선을 보호하기 위해 보디의 관통 구멍에 끼우는 고리를 말한다.

케이블 클램프 [cable clamp] 결선된 전선과 그 결선부에 가해지는 충격, 진동, 인장력 등에 대하여 보호하고 전선을 고정하며 잘 보전할 목적으로 커넥터 뒷부분에 장치하는 부속품을 말한다.

케이블식 클러치 [cable type clutch] 클러치 페달로부터 클러치까지를 와이어 케이블로 연결하여 작동시키는 방식의 클러치. 일반적으로 유압 클러치가 많이 이용되지만, 클러치 케이블을 부착할 공간이 있고 클러치의 조작력이 가벼운 소형차에서는 정비가 간단한 케이블식이 사용되고 있다. 변속기에서 변속할 때 주축상의 스플라인에 설치된 도그 클러치를 주축 기어와 물리게 하여 회전력을 주축에 전달한다.

케이스 [case or container] 축전지 케이스는 합성수지 또는 에보나이트 등으로 제작되어 극판과 전해액을 보관하는 통으로서 6V용 축전지는 3개의 셀, 12V용은 6개의 셀로 나누어져 극판을 넣고 케이스와 동일한 재료로 만든 커버를 접착제로 케이스에 접착시켜 밀봉시킨다.

케이스 리드 [case reed] 2사이클 엔진의 리드 밸브 흡입방식을 약해서 하는 말. 크랭크 케이스에 부착되어 있는 리드 밸브를 통하여 혼합기를 흡입하는 타입. ⇨ 리드 밸브 방식(reed valve type).

케이싱 [casing] ① 펌프나 토크 컨버터 등 기계를 밀폐하는 것. ② 타이어의 골격을 형성하는 카커스를 말함. ⇨ 카커스(carcase).

케이지 [cage] ① 볼 베어링이나 롤러 베어링에서 레이스에 설치된 볼 또는 롤러의 간격이 항상 일정하게 유지하도록 설치되어 있는 리테이너를 말한다. ② 엘리베이터에서 사람을 실어나르는 운반실을 말한다.

켈밋 [kelmet] 구리 60~70%에 납 30~40%를 혼합한 합금강으로 최고 사용온도가 250°C, 부하능력이 200~300kg/cm², 주속도가 10~12m/sec로 평면 베어링에 사용한다. 열 전도성이 좋으며 반응착성이 높고 고속, 고온, 고하중에 잘 견디지만 경도가 크기 때문에 매입성, 길들임성 및 내식성이 적다.

켈밋 메탈 [kelmet metal] 베어링에 쓰이는 구리와 납의 합금. 베어링 재료로서 가장 일반적인 화이트 메탈에 비교하면 단단하고 내피로성이 뛰어나며, 구리의 열전도가 좋은 점에서 납의 윤활작용을 겸비하고 있다는 점에서 고속·고하중용의 베어링으로 사용되고 있다.

켈빈 [Kelvin lst Baron of] 영국의 물리, 수학자로서 절대 온도의 개념을 도입하여 열역학(熱力學)을 개척하는 한편 전기학(電氣學)을 연구하였으며 대서양 해저 전선의 부설 연구와 지도를 맡음.

켈빈 〔Kelvin〕 ① 1879년 켈빈이 내세운 전력의 단위로서 1000V 암페어시(時)와 같다. ② 열역학적(熱力學的) 온도의 단위로서 기호는 K를 사용한다. 1K=1/273.16이며 일반적으로 사용되고 있는 온도와의 관계는 t℃=(t+273.16)K이다.

코그 벨트 〔cogged belt〕 톱니 벨트, 치형 벨트라고도 하며 단면이 이(齒)를 가진 벨트로서 치형에 맞춘 외주(外周)형상을 가진 전용의 풀리와 조합되어 사용된다. 왕복형 엔진의 타이밍벨트가 그 대표적인 것이다. 유리섬유나 아라미드 섬유의 심을 고무나 플라스틱으로 싸서 성형하여 만들며, 경량이고 윤활이 필요없는 것이 특징.

코너링 〔cornering〕 자동차가 커브길을 선회하는 것을 말한다.

코너링 드래그 〔cornering drag〕 드래그는 저항을 의미하는 말로서, 타이어가 코너링할 때 발생하는 구름저항을 가리킴. 타이어가 똑바로 주행하고 있을 때보다 커브를 선회할 경우가 저항이 크다.

코너링 램프 〔cornering lamp〕 자동차의 선회 방향을 밝히는 램프로서 앞쪽 측면에 부착되어 있으며 턴 시그널 램프와 연동하여 점등된다.

코너링 스티프니스 〔cornering stiffness〕 타이어의 슬립각과 사이드 포스의 관계에 따른 슬립각 0도에서 사이드 포스가 일어서는 구배(미분값)를 말함. 계속 진행하고 있는 타이어의 방향을 바꿀 경우 발생하는 힘의 크기에 기준이 되는 것으로 자동차의 조종·안정성에 미치는 영향 중 큰 요소의 하나. ⇨ 코너링 파워(cornering power).

코너링 파워 〔cornering power〕 타이어의 슬립각과 코너링 포스의 관계를 그래프로 나타내면 슬립각이 적은 범위에서는 직선이 된다. 거기서 ① 슬립각 1도에서의 코너링 포스를 코너링 파워라고 하는 것이 보통이지만 이것은 관용(慣用)이고 ② 슬립각 0도에서 코너링 포스가 일어나는 구배(미분값)를 말하는 경우와 ③ 직선 부분의 구배를 말할 경우도 있다. ⇨ 코너링 스티프니스(cornering stiffness).

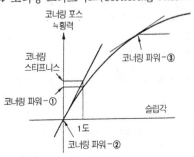

코너링 포스 [cornering force] 다이어가 어느 슬립각을 가지고 선회할 때 접지면에 발생하는 마찰력 중 타이어의 진행 방향에 직각으로 작용하는 성분을 말함. 슬립각을 일정하게 코너링할 때, 원의 접선 방향에 직각이며 원심력과 밸런스된 힘이므로 자동차의 운동을 논할 경우에 이 힘이 쓰이는 것이 보통. 영어로는 「lateral control force」라고 부르며 CF로 약할 때도 있음. ⇨ 사이드 포스(side force).

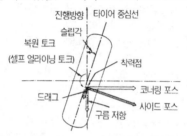

코니시티 [conicity] 래터럴 포스 디비에이션 성분의 하나로서 타이어를 굴렸을 때 회전방향에 관계없이 한쪽 방향으로만 발생하는 힘. 접지면에 발생하는 힘이 원추(콘)를 굴렸을 때와 같이 타이어를 한쪽으로 향하는 힘에서 온 것.

코니컬 베어링 [conical bearing] 원뿔 베어링. 축 방향 및 축에 직각으로 하중을 동시에 받는 곳에 사용하는 베어링.

코니컬 스프링 [conical spring] 밸브 스프링의 일종으로서 밸브 서징을 방지하기 위하여 스프링을 부등(不等)피치의 원추형으로 한 것.

코드 [cord] 타이어의 플라이를 구성하기 위해 꼬은 섬유나 금속선을 말함. 코드 재료로서는 현재 폴리에스테르, 나일론, 아라미드, 레이온, 스틸이 주로 사용되고 있다. 정확하게 카커스 코드라고 한다.

코로나 [corona] ① 도체에 주어지는 전압이 높아졌을 때 두 도체의 표면에 불꽃이 생기기 전에 발생되는 엷은 자색으로 발광하는 것을 말한다. ② 태양이 개기 일식을 할 때 자색의 광관(光冠)을 말한다.

코로나 방전 [corona discharge] 공기 중에서 두 도체 사이에 전압을 점차로 높여 불꽃 방전을 시킬 때 불꽃이 생기기 전에 두 도체 표면이 엷은 자색으로 발광하기 시작하는 미약한 방전 상태를 말한다. 도체 둘레의 부분적으로 절연이 깨어지기 때문에 공기가 전리(電離)하여 발생된다.

코루게이티드 핀 [corrugated fin] 라디에이터 코어의 워터 튜브에 부착되어 주름이 잡혀 포개져 있는 금속판. 코루게이트는 파형을 붙이는 것. 파도 모양으로 된 냉각 핀. 제작하기 쉽고 플레이트 핀보다 방열량이 크고 가벼워 현재 가장 많이 사용하고 있다.

코르크 [cork] 코르크 나무의 겉껍질과 속껍질 사이의 두꺼운 껍질로서 매우 가볍고 탄성이 있으며, 공기나 액체가 누출되지 않고 열을 전달하지 않으며, 압축성이 풍부하여 합성 고무와 혼합하여 개스킷, 패킹, 기화기에 사용되는 뜨개 등에 사용한다.

코리올리 [Coriolis, Gustave Gaspard] 프랑스의 물리학자. 물체가 회전운동을 할 때 외관상의 힘 「코리올리의 힘」이 발생된다는 것을 제창함.

코먼 레일식 [common rail type] 디젤 엔진의 연료분사 펌프와 노즐을 일체로 한 것으로서 한번 압력을 높인 연료를 배관의 일부에 저축하여 두고 압력이 증가한 피스톤으로 다시 압력을 높여 분사하는 방식.

코밋 헤드 [comet head] 와류실식 디젤 엔진의 연소실을 말함.

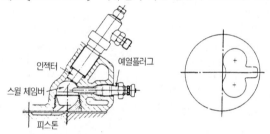

인젝터 예열플러그
스월 체임버
피스톤

코발트 [cobalt] 1735년 브란트(Brandt G)가 발견한 회백색의 금속으로서 강자성체이다. 주로 비소나 유황의 화합물로서 청색의 안료, 각종 합금, 도금, 자성 자료, 촉매 등으로 사용하며, 원소 기호는 Co, 원자 번호 27, 원자량은 58.9332이다.

코스터 브레이크 [coaster brake] 자전거 뒷바퀴에 설치된 밴드 브레이크를 말한다.

코스트 사이드 [cost side] 종감속 기어장치에서 구동 피니언과 링 기어가 맞물려 회전할 때 회전력이 걸리는 반대쪽 잇면을 말한다.

코스팅 [coasting] 자동차를 주행중 엔진의 동력을 받지 않고 관성에 의해서 주행하는 것으로서 엔진은 아이들링 상태에 있기 때문에 연료의 소비는 작으나 엔진 브레이크가 작동되지 않으므로 안전상 바람직하지 못하다.

코스팅 오퍼레이션 [coasting operation] 자동차를 주행할 때 엔진의 동력을 받지 않고 타력에 의해서 운전을 계속하는 타력운전을 말한다.

코스팅 테스트 [coasting test] 자동차의 주행 저항을 구하기 위하여 실시하는 시험으로서 일정한 초속도로 주행한 다음 변속기를 중립에 놓고 타력(관성)으로 주행하면서 속도의 저하 상황을 기록하여 각 속도마다 감속도에서 저항을 구하는 타행 시험(惰行試驗)을 말한다.

코어 [core] ① 속이 텅 빈 모양의 주물을 만들 때 공동(空洞)이 되는 부분에 넣는 형(型)을 말함. ② 라디에이터의 냉각핀과 튜브를 이르는 말.

코어 서포트 [core support] 라디에이터 및 에어컨 응축기 어셈블리를 지지하며, 프런트 펜더, 그릴 어셈블리, 후드 래치(hood latch) 등을 위한 부착점 역할도 하는 골조.

코이닝 [coining] 상하형의 표면에 모양을 조각한 다이를 사용하여 판재를 넣고 압축력을 가하면 동전이나 메달의 장식과 같이 표면에 무늬를 만드는 가공법.

코일 [coil] 철사를 둥글게 고리 모양으로 감은 것을 말한다.

코일 스프링 [coil spring] 스프링강의 환봉을 원통형으로 감아서 만들어진 스프링. 힘이 가해지면 각 부분이 비틀려서 탄성이 생기고 환봉의 굵기, 감은 수와 감은 지름으로 이것을 컨트롤한다. 서스펜션에 사용되는 스프링의 주된 작용은 충격력의 흡수이지만 자동차의 조종성, 안정성, 승차감이나 진동소음 특성 등 기본적인 특성을 정하는데 중요한 부품이다.

코일 스프링 형식 [coil spring type] 코일은 '똘똘 감다', 스프링은 '용수철'의 뜻. 코일 스프링 형식은 스프링강의 막대를 원형으로 감아서 만든 것으로 클러치 커버와 압력판 사이에 설치되어 있다. 스프링의 수와 클러치 용량은 설계에 따라 다르지만 대개 3~9개로 되어 있다.

코일 스프링의 유효 권수 코일 스프링의 유효 권수는 스프링 시트와 접촉하는 부분을 뺀 나머지 부분의 코일이 감긴 수로서 유효 권수에 따라 장력이 달라지므로 교환시에는 주의하여야 한다.

코일형 예열 플러그 [coil type glow plug] 코일형 예열 플러그는 코일이 굵은 열선으로 직접 노출되어 있으므로 적열될 때까지의 시간이 짧으며, 히트 코일, 커넥팅 하우징, 홀딩 핀, 플러그 하우징으로 구성되어 직렬로 결선되어 있다. 코일이 연소 가스와 직접 접촉되기 때문에 기계적 강도와 가스에 의한 부식에 약하며, 발열부의 온도는 950℃이고 예열 시간은 40~60초이다. 또한 발열량은 30~40W이고 전류는

30~60A 전압은 0.9~1.4V이다.

코치 빌더 [coach builder] 영국에서 다른 회사의 엔진이나 섀시를 기본적으로 하여 고객들의 특별 주문한 자동차를 설계·제작하는 메이커를 말함.

코치 조인트 [coach joint] 보디의 외부 표면상의 핀치웰드 조인트(pinchweld joint).

코크 보틀 라인 [coke bottle line] 자동차를 옆에서 볼 때 코카콜라(코크) 병(보틀)과 같이 전후가 부풀어 있고 중앙부가 잘록한 실루엣 모양을 지닌 디자인을 말함. 1960년대의 미국 자동차에서 많이 볼 수 있었음.

코킹 [caulking] 강판의 두께 5mm 이상의 리벳 작업에서 기밀, 유밀, 수밀을 유지하기 위해서 날끝이 무딘 정을 사용하여 리벳 머리, 판의 이음부, 가장자리 등을 쪼아서 틈새를 없애는 작업을 말한다.

코킹 콤파운드 [caulking compound] 균열된 곳을 채워 막는 데 사용되는 밀봉재.

코터 [cotter] 축방향으로 인장 또는 압축이 작용하는 두 축을 연결하는 것.

코트 [coat] ① 두 코트 사이에 플래시 타임을 두지 않거나 적게 두고 칠해지는 프라이머 또는 페인트의 두 싱글 코트(더블). ② 스프레이 건이 두 번 지나가면서(two passes) 만들어내는 프라이머 또는 페인트의 코트로서, 패스와 패스는 50퍼센트 겹쳐진다(싱글).

코팅 [coating] 금속, 직물, 종이 등을 공기, 물, 약품으로부터 보호하기 위해 표면을 다른 물질로 입히는 것을 말한다.

콕피트 [cockpit] 비행기에서는 소위 조종석을 말하며, 자동차에서는 운전석 주위를 말한다. 시트를 비롯하여 핸들, 대시보드 등이 포함된다. 다만, 페밀리카보다 스포츠카나 레이싱카와 같이 드라이빙을 주목적으로 한 자동차일 때 이 말이 적합하다.

콘 [cone] ① 팁의 구멍에 인접한 가스 불꽃의 원뿔 모양의 부분. ② 변속기의 싱크로나이저 링이 기어에 접촉되는 원뿔.

콘 클러치 [cone clutch] 원추면(콘)의 마찰력으로 동력 전달을 행하는 클러치. 같은 크기로서 접촉면이 원판으로 되어 있는 통상적인 클러치와 비교하면 밀어붙임 하중이 같을 경우 전달할 수 있는 동력은 크지만, 관성력이 크고 정도(精度)가 높은 가공이나 조정이 필요. 변속기의 싱크로메시에 사용하고 있다.

콘덴서 〔condenser〕 ① 정전 유도 작용을 이용하여 많은 전기량을 저장하기 위한 장치로서 2장의 은박지 사이에 절연체를 넣어 외부에서 전압을 가하였을 때 전기량을 받아들이는 장치를 말한다. ② 증기를 냉각하여 액화시키는 장치로서 냉동기의 냉매를 냉각수 또는 공기로 냉각하여 액화시키는 응축기를 말한다. ③ 광선이 한 점으로 집속(集束)하도록 설계한 광학 렌즈(집광 렌즈)를 말한다.

콘덴서 테스터 〔condenser tester〕 콘덴서의 직렬저항, 누설(절연저항), 용량을 점검하기 위해 사용하는 테스터를 말한다.

콘딧 라인 〔conduit line〕 콘딧은 '도관, 도랑'의 뜻으로서 케이블을 수용하기 위하여 지하에 매설하는 관로(管路)를 말한다.

콘센트릭 링 〔concentric ring〕 콘센트릭은 '중심이 같은, 동심원'의 뜻. 자동차 엔진의 피스톤 링에 사용되는 동심형 링으로서 두께와 너비 모두 전둘레가 동일한 링을 말한다.

콘솔 〔console〕 ① 컴퓨터의 오퍼레이터가 컴퓨터의 동작을 제어하기 위한 장치로서 키보드를 말한다. ② 각종 기기를 운전 또는 제어하기 편리하도록 키, 버튼, 미터, 지시기, 스위치 등을 하나의 판에 모은 것을 말한다.

콘솔 박스 〔console box〕 세퍼레이트 시트 사이의 플로어 패널에 놓여져 있는 상자 모양의 것. 시프트 레버를 덮을 정도의 간단한 것에서부터 인스트러먼트 패널의 일부로 된 오디오 시스템이나 에어컨의 장착. 심지어는 간단한 물건을 보관하는 장소, 재털이 등을 부착한 것도 있다.

콘스탄탄 〔constantan〕 니켈 45%, 구리 55%로 된 합금을 철사로 만들어 동선과 연결하여 열전대(熱電對)나 전기 저항선으로 사용된다.

콘스탄탄 빌로시티 조인트 〔constantan velocity joint〕 ⇨ CV 자재이음.

콘스턴트 디프레션 카브레터 〔constant depression carburetor〕 ⇨ 가변 벤투리 카브레터.

콘스턴트 로드 형식 〔constant load type〕 콘스턴트는 '불변의, 끊임없이, 계속하는', 로드는 '하중, 부하'의 뜻. 콘스턴트 로드 형식은 싱크로나이저 허브를 변속 레버로 이동시켜 부하를 줌으로써 동기되지 않은 상태로 무리한 변속이 가능한 형식으로 일정 부하형이라고도 한다.

콘스턴트 로드형 싱크로 〔constant load type synchromesh〕 ⇨ 볼 타입 싱크로(ball type synchromesh).

콘스턴트 배큠 카브레터 〔constant vacuum carburetor〕 ⇨ 가변 벤투리 카브레터.

콘택트 브레이커 [contact breaker] 단속기 암. 콘택트 브레이커 암. 점화 코일에 흐르는 전류를 단속하여 점화 플러그에 불꽃을 튀게 하는 장치. 배전기 샤프트의 회전에 따라 붙었다, 떨어졌다 하는 접점(콘택트 브레이커 포인트)으로 전류를 단속한다.

콘택트 브레이커 암 [contact breaker arm] ⇨ 콘택트 브레이커, 단속기 암.

콘택트 브레이커 포인트 [contact breaker point] 디스트리뷰터 내에 있으며 샤프트의 회전축에 부착되어 있는 캠에 의하여 전류의 단속을 행하는 콘택트 브레이커의 접점(포인트)을 말함. 콘택트 포인트, 브레이커 포인트 또는 포인트라고도 불리운다. ⇨ 풀 트랜지스터 점화장치.

콘택트 컨트롤드 트랜지스터 이그나이터 [contact controlled transister igniter] ⇨ 반 트랜지스터 방식.

콘택트 포인트 [contact point] ⇨ 콘택트 브레이커 포인트.

콘튜어 웨브형 브레이크 슈 [contoured web type brake shoe] 콘튜어 웨브형 브레이크 슈는 웨브의 너비가 서로 다르게 되어있는 형식의 브레이크 슈이다.

콜드 [cold] 열이 없는 것. 온도가 37°C의 체온보다 낮은 물체는 접촉하기에 차가운 것으로 여겨진다.

콜드 스타트 [cold start] 배기가스 시험에서 엔진이 평상온도의 상태(냉각되어 있다 : 콜드)에서 시동하여 테스트를 시작하는 것. 일반적으로 엔진이 냉각되어 있는 상태에서는 공연비가 농후하고 연소 상태도 불량하며 정화장치가 충분히 작용하지 않으므로 HC나 CO가 많이 배출되는 경향이다.

콜드 스타트 밸브 [cold start valve] ⇨ 콜드 스타트 인젝터.

콜드 스타트 인젝터 [cold start injector] 전자제어 가솔린 분사에서 기온이 낮을 때 엔진의 시동을 좋게 하기 위해 엔진 온도에 따라 시동시에만 서지 탱크에 연료를 분사하는 장치. 한냉시 기화열에 의해 응축되어 부족한 연료를 스로틀 밸브 뒤에서 분사하여 시동을 쉽게 하며 엔진이 워밍업 전까지 분사하도록 하여 워밍업 운전을 원활하게 한다. 한냉시 인젝터에서 분사된 연료가 기화될 때 주위로부터 기화열을 흡수하여 공기 속의 수분이 흡기 다기관 및 실린더 벽에 응축되어, 빙결되면 엔진의 운전 상태가 고르지 않게 되므로 콜드 스타트 인젝터에서 연료를 분사하여 워밍업 운전을 원활하게 한다.

콜드 스티킹 [cold sticking] 엔진이 냉각되어 있는 상태에서 피스톤 링이 링홈에 고착되어 있는 것. ⇦ 핫 스티킹(hot sticking).

콜드 타입 플러그 [cold type spark plug] ⇨ 냉형 플러그.

콜레슨스 [coalescence] 융합. 또는 무화된 페인트 입자로서 함께 흐름.

콤바인 [combine] ① 콤바인은 '결합하다, 병용하다, 화합시키다'의 뜻으로서 여러가지 성질을 겸비한 것을 말한다. ② 농기계에서 수확, 탈곡의 기능을 겸비한 기계를 말한다.

콤바인드 [combined] 콤바인드는 '결합한, 화합한' 것을 말한다.

콤바인드 거버너 [combined governor] 디젤 엔진의 연료 분사량을 조절하는 거버너의 일종으로서 뉴매틱 거버너와 메커니컬 거버너를 조합하여 저속 회전에서는 뉴매틱 거버너를 주로 사용하고 최고 회전시에는 메커니컬 거버너를 이용한 것.

콤바인드 링 [combined ring] 유연성이 있는 U플렉스 또는 익스팬더 상하에 레일을 결합하여 하나의 링으로 만든 것으로서 피스톤 오일링의 U플렉스 링, 익스팬더 링을 말한다.

콤바인드 사이클 엔진 [combined cycle engine] 일정한 체적하에서 연소하는 정적 사이클과 일정한 압력하에서 연소하는 정압 사이클을 혼합한 합성 사이클을 사용하는 고속 디젤 엔진으로서 무기 분사식이다.

콤바인드 연료 [combined fuel economy] 미국에서 CAFE(카페 : 메이커 평균연비)를 계산하는 방법. 일반적으로 자동차를 사용하였을 때의 연비로서 도시 내의 주행시 연비 55%와 고속도로 주행시 고속도로 연비 45%를 합쳐 양쪽 연비의 조화평균으로 계산한다.

콤바인드 인스트루먼트 [combined instrument] 인스트루먼트는 기계, 기구, 계기의 뜻으로서 하나의 패널에 속도계, 엔진 회전계, 전류계 등 여러가지 계기를 운전자가 작동 상태를 확인할 수 있도록 설치한 것을 말한다.

콤바인드형 파워 스티어링 [combined type power steering] 링키지형 파워 스티어링으로서 컨트롤 밸브와 파워 실린더가 일체가 되어 스티어링 링키지 도중에 조합된 타입. ⇔ 세퍼레이트형 파워 스티어링.

콤비네이션 렌치 [combination wrench] 렌치의 한쪽은 오픈렌치로 되어 있고 다른 한쪽은 동일 규격의 박스 렌치로 되어 있는 렌치를 말한다.

콤비네이션 미터 [combination meter] 전자가 발달됨에 따라 미터류의 배치나 디자인도 크게 변하고 있으나 필요한 정보나 경고를 운전자에게 정확하게 전달하기 위해 한데 모여져 있는 미터류를 말한다. 속도계, 엔진회전계, 연료계 등의 계기류나 각종 경고등이 부착되어 있다.

콤비네이션 스위치 [combination switch] 콤비네이션은 조화를 뜻하며 몇 개의 스위치를 하나로 모은 것을 뜻함. 일반적으로 스티어링 칼럼에 설치되어 있는 레버로서 턴시그널 위치, 라이트 컨트롤 스위치, 프런트 파워 스위치 등이 일체로 되어 있는 것을 말함.

콤비네이션 플라이어 [combination plier] 지지점의 구멍이 2단으로 되어 있어 큰 것과 작은 것을 잡을 수 있으며 조(jaw)에 세레이션이 있기 때문에 미끄러지지 않는다. 지지점 근처의 안쪽에 철사를 자를 수 있도록 되어 있다.

콤스타 휠 [com-star wheel] 튜브리스 타이어용 휠의 명칭. 압출(押出)의 고장력(高張力)알루미늄으로 만들어진 림에 알루미늄 판재로 만든 5매의 스포크를 성형으로 배치하고 리벳으로 고정시킨 구조에 콤퍼지트와 스타를 조합하여 스타로 명명됐다.

콤파운드 [compound] 콤파운드는 '혼합하다, 합성하다'의 뜻. ① 밸브 등 접촉면의 연마에 사용하는 배합 연마재를 말한다. ② 특정의 금속 원소를 일정 비율로 혼합하여 얻는 합금을 말한다. ③ 수지를 충전제, 연화제, 가소제, 촉매, 안료, 염료 등의 성분과 혼합하여 만든 혼합물을 말한다. ④ 플라스틱으로 제품을 성형 가공하기 위해서 첨가되는 첨가제를 말한다.

콤파운딩 [compounding] ⇨ 폴리싱(polishing).

콤퍼지트 케이블 [composite cable] 콤퍼지트는 '혼성의, 합성의' 뜻으로서 하나의 피복 내에 다른 타입이나 다른 굵기의 도선이 들어있는 케이블을 말한다.

콤퍼지트 펄스 [composite pulse] 동일 신호원에서 발생한 것이지만 다른 경로를 통하여 수신된 몇 개의 펄스가 겹친 복합 펄스를 말한다.

콤퍼지트 프로펠러 샤프트 [composite propeller shaft] 추진축(프로펠러 샤프트)은 철재가 일반적이나, CFRP(탄소 섬유강화수지)나 FRTP(글라스 섬유강화수지) 등의 복합재료를 튜브에 사용한 프로펠러 샤프트가 개발되어 있다. 가볍고 구부림과 비틀림의 공진점(共振點)을 조정할 수 있다는 특징이 있으나 현재는 비싸다는 것이 단점.

콰이슨트 체임버 [quiescent chamber] 직접 연료분사식 디젤 엔진의 연소실을 말하며, 저속으로 사용되는 대형 엔진에 채용되고 있는 것. 중앙에 놓인 8~12개의 다공(多孔)노즐에서 800기압 이상의 초고압으로 연료가 분사된다. '콰이슨트'란 연소실내에 와류가 없고 공기가 움직이지 않는 것을 뜻함.

콸리파이 타이어 [qualifying tire] 자동차 경주에서 예선(콸리파이)전용의 타이어. 예선이 한정된 주횟수(周回數)중에서 최고의 시간을 내기 위하여 내구성이나 발열 등을 무시하여 만들어진 타이어로서 레이스용과 거의 같은 크기. 구조는 트레드 패턴의 성능을 극한까지 높인 것이 보통. 영어의 머리글자를 따서 Q타이어라고도 한다.

쿠션 스프링 [cushion spring] 쿠션은 충격을 덜기 위한이라는 뜻. 쿠션 스프링은 파도 모양으로 된 판스프링을 라이닝과 라이닝 사이에 설치하여 클러치를 급격히 접속시켰을 때에 스프링이 변형되어 동력의 전달을 원활히 하며 클러치 판의 변형, 편마멸, 파손을 방지한다.

쿠페 [coupe] 문이 두 개인 2인승 상자 모양의 자동차. 오늘날 2인승으로 2도어의 쿠페라고 함. 또한 현재도 4~5인승으로 뒤 시트 부분에서 루프가 짧고 경사가 큰 것은 쿠페라고 부르고 있다. 모양으로 볼 때 뒷좌석 부분의 지붕이 짧거나 또는 경사져 있는 승용차를 총칭한 것이다. 기능상으로는 앞좌석을 우선하여 캐주얼 분위기로 디자인한 자동차를 말한다. 스포츠카 등 전형적인 모양이지만 세단의 뒷부분을 바꾸어 쿠페로 한 것도 있다. 모양상으로 트렁크가 있는 노치드 쿠페 (notched coupe)와 최후부(最後部)까지 가파르지 않게 되어 있는 페스트 백 쿠페가 있다.

쿨 다운 성능 [cool down performance] 차실 내를 냉방할 때 에어컨을 시동한 후 쾌적한 온도로 될 때까지의 시간을 말하며, 온도 저하가 빠른 에어컨일수록 쿨다운 성능이 좋다고 한다.

쿨 박스 [cool box] 에어컨의 냉풍을 이용하여 음료수나 물수건 등을 차갑게 하는 상자.

쿨 에어 인테이크 시스템 [cool air intake system] 외기를 직접 에어클리너에 유도하여 흡기계통에 공급하는 시스템. 엔진룸 내부가 고온이 되어 있을 경우 따뜻한 공기를 엔진에 흡입하면 출력이 저하되므로 외기를 도입하는 것. 한냉시에 대비하여 핫 에어 인테이크 시스템과 조합하여 사용되는 수가 많다.

쿨런트 [coolant] 냉각액. 냉각 시스템에 쓰이는 열의 매개체를 일반적으로 쿨런트라고 하며, 자동차에서는 수냉식 엔진의 냉각에 사용하는 부동액과 방청제 등을 더한 물을 가리키는 것이 보통.

쿨롱 [coulomb] 전기량의 실용 단위로서 1초간에 1암페어의 전류에 의하여 운반되는 전기량을 말한다. 기호는 C를 사용하며 도체의 단면을 통하여 1쿨롱의 전하가 이동할 때를 1A라 한다.

쿨롱의 법칙 [Coulomb's law] 쿨롱의 법칙은 1785년 프랑스의 물리학자 쿨롱(Charles Augustinde Coulomb)에 의해 발견한 전기력 및 자기력에 관한 법칙으로서 2개의 대전체나 자석의 자극 사이에 작용하는 힘의 세기는 그 거리의 2승에 반비례하고 2개의 자극이 지닌 전기량 또는 자기량의 곱에는 비례한다는 법칙이다.

쿨링 시스템 [cooling system] ⇨ 냉각장치.

쿨링 팬 [cooling fan] ⇨ 냉각 팬.

쿨링 팬 모터 [cooling fan motor] 냉각 팬을 구동하는 모터로서 직류 모터가 사용된다.

쿨링 팬 컴퓨터 [cooling fan computer] 전동식 냉각 팬을 제어하는 컴퓨터. 엔진의 냉각액의 온도와 라디에이터 주위의 온도를 온도 센서에 의하여 검지하고 냉각 팬을 효율있게 운전하는 장치.

쿨링 핀 [cooling fin] ⇨ 엔진 핀.

쿼드 [quad] 쿼드는 '사각형, 사변형, 4중의, 4개 한벌의' 뜻. 자동차 앞에 설치되어 있는 헤드라이트가 사각형으로 되어 있는 것이나 또는 4등식 헤드라이트를 설치한 것을 말한다. 케이블에 있어서 4개의 심선을 꼬아서 만든 케이블을 말한다.

쿼드리 사이클 [quadri cycle] 자동차의 바퀴가 4륜으로 되어 있는 자동차를 말한다.

쿼터 윈도 글라스 [quarter window glass] 사이드 윈도 글라스의 하나로 쿼터필러와 리어필러 사이에 고정되어 있고 개폐할 수 없는 것이 보통.

쿼터 패널 [quarter panel] 보디의 뒤쪽 코너 부분을 이루는 주요 패널. 이 패널의 앞쪽 끝은 리어 보디 로크 필러를 이룬다.

쿼터 필러 [quarter pillar] 리어 필러와 센터 필러 사이에 설치되어 있는 기둥. 도어에 설치되어 있는 경우도 있다.

퀀치 [quench] 영어로 냉각시키는 것을 의미하며, 팽창 행정에서 화염이 실린더 측면 등 연소실 내에 비교적 온도가 낮은 부분에 의하여 냉각되는 것을 말함. 특히 피스톤이 상사점에 가까워졌을 때 실린더 헤드와의 사이가 좁아지는 스쿼시 에리어가 있는 엔진에서는 이 부분에 화염이 전파되지 않는 경우가 있어 배출되는 미연소 탄화수소가 많아지는 결과가 된다. 퀀치작용에 의한 화염이 전파되지 않는 영역을 퀀치 에리어라고 한다.

퀴뇨 [Cugnot Nicolas Joseph] 프랑스의 기술자로서 1770년 증기 기관을 사용한 세계 최초의 3륜 자동차를 제작하여 시속 4km로 주행하였다.

퀴뇨의 증기자동차 [J. Cugnot] 현존하는 자동차로서는 가장 오래된 것으로 1770년 루이 15세 휘하의 포병장교 퀴뇨가 포차(砲車)로 만든 것. 전장 7.3미터, 2실린더의 증기기관을 시니고 있으며, 프랑스 파리의 프랑스 기술 박물관에 보존되어 있다.

퀴리 [Curie Pierre] 프랑스의 물리 학자로서 피에조 전기를 발견하였고 마리(Marie)와 공동으로 우란광으로부터 라듐, 플로늄을 발견하였다.

퀴리 온도 [curie temperature] 강자성체를 상자성체로 변화시키는 온도로서 강유전체(强誘電體)로 하여금 자발 분극(自發分極)을 잃게 하는 온도를 말한다. 저온에 있는 물체 내의 규칙적인 배열이 온도의 상승에 의한 열운동이 증대함에 따라 산란되어 퀴리 온도에서 급격히 불규칙한 배열로 바뀜에 따라서 물리량이 급격히 변화하며 큰 비열이 나타난다.

퀴리 포인트 [curie point] ⇨ 자기 변태.

퀵 릴리스 밸브 [quick release valve] 퀵 릴리스 밸브는 브레이크 밸브와 앞브레이크 체임버 사이에 설치되어 앞브레이크 체임버에 공기를 신속하게 공급하여 제동력을 발생하게 하거나 배출하여 브레이크를 해제하는 역할을 한다. 브레이크 페달을 밟아 브레이크 밸브에서 압축 공기가 공급되면 릴리스 밸브를 열어 앞브레이크 체임버에 공기를 공급하여 제동력이 발생되도록 하고 브레이크 페달을 놓으면 릴리스 밸브 스프링의 장력으로 릴리스를 닫고 배출 포트를 열어 브레이크 체임버에서 작용된 공기를 신속하게 배출하여 브레이크를 해제한다.

퀵 스타트 시스템 [quick start system] ⇨ 급속 글로 시스템.

퀵 온 스타트 시스템 [quick on start system] ⇨ 급속 글로 시스템 (quick glow system).

퀵 차저 [quick charger] ⇨ 배터리 퀵 차저(battery quick charger).

QOS [quick on start system] 급속 예열 시스템의 명칭.

Q 타이어 [Q-tire] ⇨ 콸리파이 타이어.

큐어링 [curing] 용제의 증발 및 화학 변화에 의하여 페인트가 최고의 강도에 도달하게 되는 완전 또는 최종 건조 단계.

큐폴라 [cupola] 주철을 용해하는데 사용하는 노(爐)를 말한다.

크라우닝 [crowning] 기어의 이빨 부근을 균일하게 하기 위하여 이(齒) 줄기 방향으로 붙혀진 기어면(齒面)의 부푼 곳.

크라운 [crown] 벨트가 벗겨지지 않도록 풀리의 중앙부를 볼록하게 만든 부분을 말한다.

크라운 기어 [crown gear] 피치의 원뿔각이 90°이고 피치면이 평면인 베벨 기어를 말한다.

크라운 프레셔 스프링 형식 [crown pressure spring type] 크라운은 '최고부, 꼭대기, 둥근 꼭대기'. 프레셔는 '누름, 내리밀기, 압력, 압박'의 뜻. 크라운 프레셔 스프링 형식은 다이어프램 형식과 비슷하나 원판 스프링을 물결 모양의 주름을 잡아(corrugated plate) 설치된 한 개의 스프링 강으로 되어 있으며, 작용은 다이어프램 스프링 형식과 같다.

크라이슬러 [Chrysler Walter Percy] 미국의 실업가로서 크라이슬러 자동차 회사의 창립자. 기사로서 기관차 제조에 종사한 뒤 1923년 자동차 회사를 설립하여 세계적인 회사로 키웠다.

크라이슬러 [chrysler] 미국 크라이슬러 자동차 회사에서 만든 고급 승용차의 상품명.

크라이슬러 슈어 그립 형식 [chrysler sure−grip type] 크라이슬러는 미국자동차 상표명. 슈어는 '확실한, 틀림없는'. 그립은 '잡음'의 뜻. 크라이슬러 슈어 그립 형식은 마찰 클러치를 차동 기어 케이스 양쪽에 설치하여 좌우 구동 바퀴의 회전력 차이를 제한하는 형식. 양쪽의 클러치가 자동 피니언 샤프트에 의해 생기는 압착력하에서 미끄러지면서 회전하게 되며, 회전이 빠른 바퀴의 액슬축은 차동기어 케이스에 의해 구동되고 반대쪽 바퀴는 사이드 기어를 통해 액슬축이 회전되어 양쪽 바퀴가 동일하게 회전한다.

크래킹 [cracking] ① 금속 표면 또는 언더코트까지 뻗어 내려가는 페인트막의 균열. ② 원유의 분류에 의하여 얻어지는 증유, 경유를 다시 가열·분해하여 가솔린을 제조하는 열분해증류법을 말한다.

크랙 [crack] 비교적 큰 균열을 말함. 탄성이 많은 하도(下塗)위에 탄성이 적은 바니시를 칠하였을 경우에 일어나는 현상.

크랭크 [crank] 왕복 운동을 회전 운동으로, 반대로 회전 운동을 왕복 운동으로 변화시켜주는 기계로서 자전거의 페달과 같은 것. 일반적인 엔진에서 혼합기의 폭발에 의하여 얻어지는 왕복 운동을 회전 운동으로 바꾸는 축을 '크랭크 샤프트'라고 함.

크랭크 각 센서 [crank angle sensor] 가솔린 분사장치에서 주로 점화시기 제어에 필요한 크랭크 축의 회전각도를 점검하기 위한 센서(檢知器). 크랭크 샤프트에 부착된 외주(外周)에 이를 가진 철제의 원판(필

스 휠)가까이에 자기(磁氣)를 띤 철심에 코일을 감은 헤드를 놓으면
펄스 휠 회전에 따라 헤드를 동과하는 이(齒)수에 따라 교류전압이 코
일에 발생한다. 이것을 펄스 신호로 바꾸어 크랭크 축의 회전 각도를
파악하는 것.

크랭크 기구 [crank mechanism] 링크장치의 일종으로서 회전축과 회전
축에 연결된 암으로 이루어져 있는 것으로서 회전 운동을 하는 크랭
크, 각 운동을 하는 레버, 미끄럼 운동을 하는 슬라이더를 포함한 기구
를 말한다.

크랭크 댐퍼 [crankshaft damper] ① 비틀림 진동 방지기. 크랭크 샤프
트 전단에 부착되어 있는 토셔널 댐퍼. 엔진의 팽창 행정에 의하여 회
전력이 크랭크 샤프트와 공진(共振)하여 발생하는 비틀림 진동을 억
제하는 역할도 한다. ② 추진축의 비틀림 진동흡수.

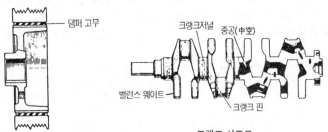

크랭크 댐퍼   크랭크 샤프트

크랭크 샤프트 [crank shaft] 크랭크 축. 일반적인 엔진에서 피스톤의
왕복 운동을 회전 운동으로 바꾸는 축. 메인 베어링에 지지되고 있으
며 크랭크 저널이라고 불리우는 주축과 커넥팅 로드가 부착되어 있는
크랭크 핀과 암. 이것과 중량 밸런스를 잡기 위한 카운터 웨이트로 되
어 있다. 엔진의 주주(主柱)라고 할 수 있는 부품이고 고탄소강으로
만들어지며, 작은 엔진에는 주조품도 있으나 대부분 단조품이다.

크랭크 스로 [crank throw] 크랭크 축의 핀저널 중심과 메인 저널의 중
심간 거리로서 피스톤 행정의 0.5배이다. 크랭크 축의 회전 반경을 말
한다.

크랭크 스프로킷 [crank sprocket] 크랭크 샤프트 선단에 취부되는 스프
로킷으로 체인에 의하여 캠 축을 구동하는 타입의 엔진에 사용된다.

크랭크 암 [crank arm] 크랭크 축을 3개의 메인 베어링으로 지지할 때
크랭크 핀과 크랭크 핀을 연결하는 부분이다.

크랭크 저널 [crankshaft journal] 메인 저널. 크랭크 샤프트가 베어링으로 지지되는 부분. 저널은 기계용어로서 샤프트가 베어링으로 지지되어 있는 부분을 가리킴.

크랭크 축 [crank shaft] 크랭크 축은 크랭크 케이스 내에 설치되며 각 실린더의 폭발 행정에서 받는 피스톤의 힘을 회전 운동으로 바꾸어, 엔진의 회전력으로 외부에 전달하고 흡입, 압축, 배기의 행정에서는 피스톤에 운동을 전달한다. 크랭크 축은 큰 하중을 받으면서 고속 회전을 하기 때문에 강도나 강성이 충분하고 내마멸성이 크며 정적 및 동적평형이 잡혀 원활하게 회전되어야 한다. 재질은 고탄소강(S45C), Cr-Mo강, Ni-Cr강 등이 사용되며 형타 단조로 제작한다. ⇨ 크랭크 샤프트.

크랭크 축 베어링 [crank shaft bearing] 크랭크 축을 지지하는 베어링으로서 메인 저널 베어링을 말한다. 크랭크 축 베어링의 종류에는 배빗 메탈, 켈밋 메탈, 트리 메탈, 알루미늄 합금 등으로 분류된다.

크랭크 축 연삭기 [crank shaft grinder] 크랭크 축의 메인 저널 및 핀 저널을 연마하기 위한 그라인더를 말한다.

크랭크 축 오버 랩 [crank shaft over lap] 크랭크 축 오버랩은 메인 저널과 핀저널이 겹쳐지는 상태로 엔진의 고속화 및 크랭크 축의 성질을 강하게 할 수 있어 미하나이트 주철 또는 구상 흑연 주철제의 크랭크 축도 사용하게 되었다. 핀저널과 메인 저널의 중심간 거리는 피스톤 행정의 1/2이다.

크랭크 축 위상각 [crank shaft phase angle] 다기통 엔진의 크랭크 축에서 크랭크핀의 설치 각도를 말한다. 4실린더 엔진의 위상각은 180°, 6실린더 엔진의 위상각은 직렬형 또는 V형 관계없이 120°, 8실린더 엔진의 위상각은 직렬형 또는 V형 관계없이 90°이다.

크랭크 케이스 [crank case] 크랭크 케이스는 실린더 블록에 있는 어퍼 크랭크 케이스와 실린더 블록에서 분해할 수 있는 로(low) 크랭크 케이스로 구분된다. 실린더 블록 하부의 어퍼 크랭크 케이스는 각 부분품을 장착하며 리브가 설치되어 강성을 증대시킨다.

크랭크 케이스 딜류션 [crankcase dilution] 블로바이가스에 의하여 엔진 오일이 묽게 변질되는 것. 딜류션은 묽게 한다는 뜻.

크랭크 케이스 벤틸레이션 [crankcase ventilation] 강제환기방식. 크랭크 케이스 내의 환기(벤틸레이션). 블로바이가스를 포함한 크랭크 케이스 내의 공기를 흡기 계통으로 보내어 크랭크 케이스에서 블로바이가스가 직접 밖으로 누출되지 않도록 하는 것.

크랭크 케이스 스토리지 방식 [crankcase storage system] 연료 증발가스 배출 억제장치의 하나로 연료탱크 내의 증발가스가 크랭크 케이스에 흐르게 하고 엔진이 작동하고 있을 때 블로바이가스와 같이 흡기계통에 흡입하게 하는 방식.

크랭크 케이스 이미션 [crankcase emission] 크랭크 케이스 내에 엔진이 작동중에 발생된 오일의 증발가스와 블로바이가스를 방출하여 환기시키는 장치를 말한다. ⇨ 크랭크 케이스 환기.

크랭크 케이스 환기 [crankcase ventilation] 엔진이 작동할 때 크랭크 케이스 안에는 피스톤과 실린더 사이에서 누출되는 미연소 가스인 블로바이가스가 체류하게 되어 엔진 내부의 부식, 오일의 열화 등을 초래하므로 이것을 방지하기 위해 환기를 시켜야 한다. 환기 방법에는 자연 환기 방식과 강제 환기 방식이 있다.

크랭크 풀리 [crankshaft pulley] 크랭크 샤프트의 선단에 부착되어 있는 풀리로서 여기에 벨트를 걸고 발전기 등의 보조기계 등을 구동한다.

크랭크 핀 [crank pin] 핀저널. 커넥팅 로드의 대단부에 평면 분할 베어링을 사이에 두고 연결되어 피스톤의 힘을 받거나 역으로 힘을 전달하는 부분이다. ⇨ 커넥팅 로드(connecting rod).

크랭크 핀 베어링 [big end bearing] 크랭크 축 핀저널과 연결되는 커넥팅 로드 대단부 베어링으로서 핀 저널 베어링 또는 커넥팅 로드 베어링이라고도 한다.

크랭크 핀 엔드 [crankpin end] ⇨ 대단부.

크랭크 핸들 [crank handle] ⇨ 시동 핸들.

크랭크각 센서 [crank angle sensor] ⇨ CAS.

크랭크리스 엔진 [crankless engine] 로터리 엔진과 같이 크랭크 기구가 없는 엔진을 말한다.

크랭킹 [cranking] 엔진의 크랭크 축을 돌려 엔진을 시동시키는 것. 오래전에는 '乙'자형의 핸들로 직접 크랭크 축을 돌리는 기계식도 있었으나 현재는 스타터 모터로 플라이 휠을 돌려 시동하는 것이 보통. 선박 기관에서는 압축 공기나 고압 질소가스로 구동하는 에어 스타터가 쓰인다.

크랭킹 모터 [cranking motor] 크랭킹은 '크랭크 축을 회전시키다'의 뜻으로서 엔진을 시동하기 위한 기동 전동기를 말한다.

크랭킹 진동 [cranking vibration] 엔진 시동 직후에 보디가 5~15Hz의 낮은 주파수로 흔들리는 현상. 시동 직후에 각 실린더의 압력 및 토크 변동에 따라 엔진의 회전 역방향으로 반력이 생겨 보디에 진동이 발생하는 것.

크랭킹 토크 [cranking torque] 엔진 시동시에 크랭크 축을 돌리는데 필요한 회전력. 엔진을 시동하는데는 최초의 압축행정에서 혼합가스를 압축하는 힘과 각 부분이 움직이기 시작할 때 마찰력 이상의 힘이 필요하며, 특히 저온시에는 윤활유의 점도가 높아 큰 크랭킹 토크가 필요하다.

크러셔블 보디 [crushable body] 모노코크 보디의 승용차로서 충격에 대비하여 운전실을 튼튼하게 하여 자동차의 전후를 크러시 존으로서 부서지기 쉽게 함과 동시에 충격 흡수성이 높은 구조로 하여 승객이 받는 충격을 경감하도록 만들어진 것.

크러셔블 존 [crushable zone] ⇨ 크러시 존.

크러시 [crush] ① 베어링 메탈의 조임여유. 베어링 메탈의 바깥둘레와 이것을 유지하는 하우징 안둘레와의 치수차를 말함. 일반적으로 베어링 캡(부착된 쪽 하우징)의 볼트를 규정의 토크로 조인 후 한쪽의 볼트를 완전히 느슨하게 했을 때 캡의 맞은편에 0.1~0.2mm의 틈새가 생길 정도가 적당하다고 함. 크러시 하이트라고도 함. ② 충돌하는 것.

크러시 스트로크 [crush stroke] 자동차가 충돌했을 때 충돌 방향의 변형량(길이).

크러시 워디니스 [crush worthiness] 자동차 충돌에 대한 안전 성능을 말하며, 충돌했을 때 승객을 보호하는 성능. 워디니스는 가치가 있는 것을 뜻하는 워디(worthy)에서 온 말로 항공에 견딜 수 있는 에어워디(airworthy), 항해에 견딜 수 있는 시워디(seaworthy)와 같이 견딘다는 뜻으로 쓰이고 있다.

크러시 존 [crush zone] 자동차가 충돌했을 때 찌그러지면 그 변형에 따라 운동에너지를 흡수하여 승객에게 충격을 완화하는 부분(존). 크러셔블 존이라고도 함. ⇨ 크러셔블 보디(crushable body).

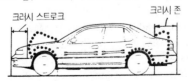

크러시 스트로크　　　　　　크러시 존

크러시 하이트 [crush hight] ⇨ 크러시.

크레이징 [crazing] 페인트에 미세한 선 또는 균열이 나타나는 것으로서, 체킹과 유사하나 그보다는 심한 흔적이 나타나는 현상.

크레이터 [craters] ① 페인트가 마르기 전에 오염된 부분으로부터 페인트가 흘러나가 야기되는 페인트막의 구멍. ② 용접 작업에서 아크 또는 가스의 불꽃 작용과 용융 금속의 수축 작용에 의하여 비드 끝에 발생되는 오목하게 들어간 부분을 말한다. ③ 배전기의 접점에서 축전기 용량이 크거나 작을 때 접점에 발생되는 오목한 부분을 말한다.

크레이터링 [cratering] 분화구(crater)모양의 오목한 부분이 생기는 데서 나온 말. 표면의 오염으로 인하여 페인트 코트에 작은 구멍들이 생기는 것.

크로스 링크식 스티어링 시스템 [cross link type steering system] 리지드 액슬 서스펜션에 쓰이는 스티어링 링키지로서 좌우의 너클암을 타이로드(크로스 링크)로 연결하여 피트먼 암의 움직임을 한쪽 너클암에게만 전달하여 다른 쪽의 너클암도 동시에 움직이게 하는 방식.

크로스 멤버 [cross member] 사이드 멤버. 언더 보디 등에 쓰여지고 있는 골격으로 강도나 강성을 높이기 위하여 쓰여지고 있다. 전후나, 좌우방향의 비틀림이나 휘어짐을 방지하기 위하여 쓰이고 있으며 자동차 진행방향에 대하여 직각으로 설치되어 있는 것을 크로스 멤버, 전후방향으로 설치되어 있는 것을 사이드 멤버라고 불리운다.

크로스 빔 [cross beam] 건물의 받침으로 쓰이는 대들보 중에서 특히 큰 대들보를 말하며 자동차에서는 빔 중에서 비교적 큰 것을 말함.

크로스 샤프트 [cross shaft] 십자축. 유니버설 조인트에 쓰이는 십자형의 핀. 크로스 스파이더라고 불리우는 경우가 많다. ⇨ 카르단 조인트 (cardan joint).

크로스 스캐빈징 [cross scavenging] 2사이클 엔진의 소기(掃氣)를 행하는데 연소실의 한 방향에서 혼합기를 넣고, 반대쪽에서 연소가스를 배출하는 방식. 가스가 연소실을 가로지르는(크로스)데서 명명된 것으로, 소기를 효율높게 행하기 위하여 피스톤 헤드에 쐐기형의 리플렉터(기류를 유도하는 것)가 설치되어 있는 것이 보통. ⇨ 루프 스캐빈징(loop scavenging).

크로스 스파이더 [cross spider] ⇨ 크로스 샤프트.

크로스 업 형식 [cross-up type] ⇨ PCV.

크로스 조인트 [cross joint] ⇨ 카르단 조인트(cardan joint).

크로스 컨트리 레이스 [cross-country race] 주로 황야, 사막, 산악지 등에서 모험적인 요소의 강한 장거리 경주.

크로스 플로 스캐빈징 [cross flow scavenging] ⇨ 크로스 스캐빈징 (cross scavenging).

크로스 플로 엔진 [cross flow engine] 흡기 계통과 배기 계통을 서로 실린더헤드 반대쪽에 배치하고 흡입된 혼합기가 연소실을 가로질러(크로스 플로)연소가스로서 배출되는 엔진. 밸브 시트를 크게 할 수 있기 때문에 흡배기 효율이 좋다. ⇔ 카운터 플로 엔진(counter flow engine).

크로스 플로

크로스 플로 팬 [cross flow fan] 액셀 팬에 대하여 쓰이는 용어로서 유체가 날개 바퀴와 교차(크로스)하며 흐르는 형식의 팬을 말함. 터보차저의 팬에 그 예를 볼 수 있다.

크로스 플로식 라디에이터 [cross flow radiator] '사이드 플로식 라디에이터'라고도 불리우며, 라디에이터 좌우에 탱크를 놓고 물을 옆으로 흐르게 하는 방식. 다운 플로식과 비교하면 라디에이터의 높이를 낮게 할 수 있는 장점이 있으나 냉각수의 흐름 저항이 크다. 냉각수를 한 방향으로 흐르게 하는 것이 보통이나 라디에이터를 거의 중앙에서 상하로 구분, 한쪽 위에서 물을 넣고 밑에서 뽑아내는 U턴 플로라고 불리우는 방식도 있다.

크로스업 형식 [cross-up type] 에어 클리너에 브리더 호스로 PCV 파이프를 연결하고, 흡기 다기관에 PCV 밸브를 고무호스로 연결하여 블로바이 가스를 재연소시키는 형식. 엔진의 경·중부하 운전시 크랭크 케이스의 블로바이가스는 PCV 밸브를 통하여 환기시키고 급가속 및 고부하 운전에서는 에어 클리너의 진공을 이용하여 PCV 파이프를 통해 환기시킨다.

크로스플라이 타이어 [ⓐ crossply tyre] 바이어스 타이어라고도 부르며 카커스 코드가 타이어의 둘레방향 중심선에 대하여 어떤 각도(코드각 :통상 25~40도)로 교차(크로스)되도록 플라이를 얇은 고무층을 사이에 두고 서로 번갈아 맞붙인 구조의 타이어. 포개진 플라이가 접지면에서 마치 전차의 팬터그래프가 작용하는 것같은 형태가 되어 이것에 따라 충격을 흡수한다. 레이디얼 타이어에 비교하면 성능 특성이 순조로우며 승차감은 좋으나 마모가 쉽게 된다.

크롬-몰리브덴강 [chrome-molybdenum steel] 크롬과 몰리브덴의 합금강으로 담금질이 잘 되고 고온 강도가 크며 크랭크 축, 기어 등에 사용된다.

크롬강 [chrome steel] 탄소강에 3% 이하의 크롬이 첨가된 강으로 크랭크 축, 밸브, 커넥팅 로드 등에 사용한다. 크롬강은 내마모성, 내식성, 내마멸성, 경도, 인성이 크고 자경성이 있으며 담금질하면 쉽게 경화된다.

크루즈 컨트롤 [cruise control] ① 정속주행장치. 희망하는 속도로 고정하면 운전자가 액셀 조작을 하지 않아도 그 속도를 유지하면서 주행하는 장치. 오토 드라이브, 오토매틱 스피드 컨트롤, 오토 크루즈 등 부르는 방법이 여러가지 있다. 크루즈는 자동차로 장거리를 주행하는 것. ② 차속제어와 함께 차간 거리도 컨트롤하는 시스템. 선행차와의 차간 거리를 센서로 감지하여 스로틀과 브레이크를 컴퓨터로 제어함과 동시에 안전거리를 유지하여 주행할 수 있다.

크루즈 컴퓨터 [cruise computer] 운행 정보 표시 장치로서 일시, 주행거리, 연료 소비량, 기타 운행에 필요한 정보를 제공하는 장치를 말한다.

크루즈 컴퓨터 시스템 [cruise computer system] 정보표시 시스템의 명칭.

크루징 스피드 [cruising speed] 연료의 소비가 적고 토크 발생이 유리한 속도로서 경제 속도를 말한다.

크리스 라인 [crease line] 보디의 주름 또는 균열에 의해 야기되는 보디 상의 선(線).

크리스마스 트리 [christmas tree] 자동차 경주시에 출발 신호기의 뜻으로 쓰인다. 특히 트럭 경기의 스타트에 쓰이는 신호기는 출발 직전에 1초마다 점등하는 3개의 램프밑에 녹색과 적색 램프가 붙어 있어 크리스마스 트리 명칭에 상응한다. 단지, 트리라고 불리우기도 한다.

크리티컬 스피드 [critical speed] ⇨ 위험 속도.

크리프 [creep] 영어로 '천천히 진행한다'는 뜻으로서 AT차에서 선택 레버가 D 또는 R등 주행할 수 있는 위치에 있을 때 액셀을 밟지 않아도 자동차가 기는 것처럼 천천히 움직이는 것. 엔진의 공회전시에도 토크 컨버터가 작용하고 있기 때문에 일어나는 현상으로 정체중 잠깐 사이에 추돌하는 위험이 있다. 그러나 브레이크를 늦추는 것만으로도 자동차를 조금 앞으로 전진시키거나 후진으로 차고에 주차시킬 때 편리하다.

크리프 서지 〔creep surge〕 AT차가 크리프하여 천천히 움직이고 있는 상태로서 엔진의 토크 변동에 따라 발생하는 서지를 말함. 서지는 자동차가 앞·뒤 방향으로 꿀럭꿀럭 흔들리는 현상.

크리프 현상 〔creep development〕 오토매틱 자동차가 엔진 시동에 걸려 있을 때 R, D, 2, 1의 레인지에 선택 레버를 넣으면 자동차가 조금씩 미끄러져 나가는 현상을 크리프라고 함. 이렇게 되는 원인은 토크 컨버터의 유체 클러치 기능에서 엔진이 공회전의 약한 회전력을 전달하기 때문에 클러치가 완전히 끊어지지 않는 것과 같기 때문이다.

클라우지우스 〔Clausius Rudolf Julius Emanuel〕 독일의 물리학자로서 엔트로피의 개념을 창안하여 열역학과 기체 분자 운동론에 이바지함.

클라우지우스 사이클 〔Clausius cycle〕 ⇨ 랭킨 사이클 엔진(Rankine cycle engine).

클라크 〔Clark Dugald〕 영국의 기술자로서 2사이클 엔진을 발명함.

클라크 사이클 엔진 〔Clark cycle engine〕 2사이클 엔진의 발명자인 영국인 클라크와 연관지어 부르는 것.

클래식카 〔classic car〕 제2차 세계대전에 만들어져 자동차 본래의 상태가 유지되어 있는 자동차의 총칭. 제조 연대의 구분은 여러 설(說)이 있어 명확하지는 않으나 미국 등 여러나라에서 제1차, 제2차의 양 세계대전 사이(1919~1939년)에 만들어진 승용차를 말하는 것이 일반적이다. 영국에서는 1906년 제1회 그랑프리 레이스 이전, 또는 1914~1918년의 제1차 세계대전 이전에 만들어진 자동차를 베테랑카, 1918년에서 1931년 영국의 경제 공황까지 만들어진 자동차를 빈테이지카(vintage car)라고 부르며 구별하고 있다.

클램프 〔clamp〕 조이는 장식을 말함. ① 부품을 부착 및 고정시키기 위한 조임 장식. ② 판금 등의 손작업을 할 때 재료의 일부를 잡아주는 가위를 닮은 공구. ③ 바이스라고 불리우는 고정구(固定具). ④ 꺽쇠.

클러치 〔clutch〕 클러치의 일반적인 뜻은 꽉 잡는다는 의미이지만 기계에서는 동력의 전달을 단속하는 기계요소를 말함. 자동차 부품에는 많은 클러치가 사용되고 있지만 보편적으로 클러치라고 하면 엔진의 동력을 동력전달 계통에 전달하거나 차단하기 위한 장치를 가리킨다. 엔진이 회전할 때 고르지 못함을 흡수하는 역할을 한다. 운전석의 클러치 페달에 의하여 작동되며 구조에 따라 마찰 클러치, 유체 클러치, 전자 클러치로 분류되고, 마찰 클러치에는 건식과 습식, 단판 클러치와 다판 클러치가 있다. 일반적으로 사용되는 것이 건식 단판 클러치이며, 엔진의 플라이 휠에 압력판으로 클리치 니스크를 눌러 동력을 변속기에 전달하며 클러치 페달을 밟으면 동력을 차단한다.

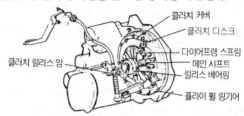

클러치 커버
클러치 디스크
다이어프램 스프링
메인 샤프트
릴리스 베어링
플라이 휠 링기어
클러치 릴리스 암

클러치 디스크 [clutch disc] 클러치 판. 플라이 휠과 압력판 사이에 있으며 플라이 휠의 회전력을 클러치 샤프트에 전달하는 원판 모양의 부품. 중심에 클러치 샤프트(변속기 입력축)와 연결된 클러치 허브, 그 외측에 서보 플레이트와 디스크 플레이트가 있다. 이들 사이에 코일 스프링이나 고무를 넣거나 프릭션 와셔를 끼우고 엔진에서 오는 회전 방향의 진동을 부드럽게 하는 역할도 한다. 이 진동(소음)의 완충 특성을 클러치 디스크 비틀림 특성이라고 한다.

클러치 라이닝 [clutch lining] 라이닝은 내장의 뜻으로 클러치 디스크 양면에 붙어있는 석면 등을 수지(樹脂)로 굳혀 만들어진 원판 모양. 플라이 휠이나 프레셔 플레이트에 접하여 동력을 전달하는 것으로서 마찰열의 영향을 받기 힘들고 내마모성이 뛰어난 재료가 요구된다.

클러치 리저버 탱크 [clutch reservoir tank] 유압 클러치에서 사용되는 오일을 모아두는 용기로서 일반적으로 클러치 마스터 실린더 앞에 붙혀지며 액량을 알 수 있도록 반투명의 수지로 만들어져 있다.

클러치 릴리스 레버 [clutch release lever] ⇨ 릴리스 레버.

클러치 릴리스 베어링 [clutch release bearing] ⇨ 릴리스 베어링.

클러치 릴리스 실린더 [clutch release cylinder] 슬레이브 실린더. 마스터 실린더 내에서 유압이 높아진 오일로 피스톤을 움직여 클러치 릴리스 포크를 미는 유압 클러치의 부품 ⇨ 유압 클러치(hydraulic clutch).

클러치 릴리스 포크 [clutch release fork] 포크는 '갈퀴, 가랑이'의 뜻. 유압 클러치의 부품으로서 클러치 릴리스 베어링을 움직이는 레버. 클러치 릴리스 포크는 강판을 프레스 성형하여 베어링 칼라에 설치되어 클러치 페달의 밟는 힘을 레버비에 의해 증대시켜 릴리스 베어링에 전달한다. 또한 끝부분에 리턴 스프링을 설치하여 클러치 페달을 놓았을 때 신속하게 본래의 위치로 복귀된다. ⇨ 유압 클러치(hydraulic clutch).

클러치 페달

릴리스 베어링

클러치 릴리스 포크

클러치 마스터 실린더 [clutch master cylinder] 마스터는 '지배하다, 억제하다, 정복하다'. 실린더는 '원통'의 뜻. 클러치 마스터 실린더는 클러치 페달의 조작에 따라 피스톤이 실린더 내를 움직여 유압을 발생한다. 클러치 페달을 밟으면 유압이 발생되어 릴리스 실린더에 공급하여 클러치를 차단하고 페달을 놓으면 유압이 해제되어 클러치가 연결되며, 마스터 실린더는 오일탱크, 피스톤, 피스톤 컵, 리턴 스프링 등으로 구성되어 있다.

클러치 미트 [clutch meet] 미트는 접속하는 것을 의미하며, 마찰 클러치에서 페달을 밟은 상태로부터 힘을 이완시켜 클러치를 연결하는 동작을 말함. 레이싱카와 같이 가속력을 겨루는 경우, 이 테크닉이 중요시되고 있음.

클러치 부스터 [clutch booster] 부압이나 압축 공기를 사용하여 클러치의 밟는 힘을 가볍게 하는 장치.

클러치 스프링 [clutch spring] 클러치 스프링은 클러치 커버와 압력판 사이에 설치되어 압력판과 클러치 판을 가압하는 스프링으로 코일 스프링이나 다이어프램 스프링이 사용된다. 코일 스프링은 원심력에 의해 장력의 변화가 일어나 압력판을 누르는 힘이 약해지는 단점이 있으며, 다이어프램 스프링은 원판에 슬릿을 방사선상으로 만든 것으로서 클러치의 중량 분포나 압력판을 미는 힘이 비교적 균일하게 작용하므로 많이 사용된다.

클러치 슬리브 [clutch sleeve] ⇨ 싱크로나이저 슬리브.

클러치 슬립 [clutch slip] 본래는 클러치의 고장이다. 급가속하였을 때 또는 비탈을 오를 경우, 엔진이 공전하는 것처럼 가속이 되지 않는 상태. 이것은 클러치의 마찰력이 부족하여, 엔진의 동력을 전달하지 않기 때문에 일어남. 원인은 클러치 라이닝의 마모 또는 스프링의 압력이 부족해졌기 때문이다. 반 클러치 상태에서 슬립을 하는 기회가 많으면 라이닝은 빨리 마모됨. 연비가 급격히 나빠지므로 수리를 요함.

클러치 슬립 현상 [clutch slipping] 어떤 원인으로 클러치 디스크와 라이닝이 미끄러지기 쉽게 되어 있는 상태. 압력판이 압착하는 힘이 약할 때 급발진이나 등판시에 클러치가 연결되어 있어도 엔진의 동력이 트랜스미션에 충분히 전달되지 못하는 상태.

클러치 연결점 [clutch meeting point] 클러치 페달의 스트로크에서 어떤 가속도로 출발하려고 할 때 클러치가 연결되는 점(위치)을 말한다. 예컨대 0.3G 연결점이라고 하면 0.3G로 출발할 때 페달의 위치를 말함. 급출발이나 화물이 많을 때의 출발에서는 연결점이 높은 위치가 된다. ⇨ 클러치 차단점(clutch off point).

클러치 오프 센터 [clutch off center] 클러치 중에서 크랭크 샤프트의 축 중심과 트랜스미션의 메인 샤프트의 축 중심이 실린더 블록이나 클러치 하우징의 가공 정도 또는 조립 정도의 관계가 일치하지 않고 편심되어 있는 것. 관계부품이 마찰하여 잡음을 발생하거나 이상 마모가 되는 경우가 있으므로 클러치 릴리스 베어링에 편심을 자동적으로 수정하는 기구를 가진 자동 조정 클러치 릴리스 베어링을 많이 사용한다.

클러치 용량 [clutch capacity] 커패시티는 '용적 용량, 수용 능력'의 뜻. 클러치 용량은 클러치가 전달할 수 있는 회전력을 말하며, 용량이 너무 크면 마찰판이 접촉할 때 충격이 커져 엔진이 정지되기 쉽고, 용량이 작으면 클러치가 미끄러져 마찰면의 마멸이 빨라진다. 따라서 클러치 용량은 엔진의 최고 회전력보다 사용되는 엔진 토크의 1.5~2.5배이어야 한다.

클러치 저더 [clutch judder] 「저더」는 진동의 일종으로서 출발할 때 반클러치 상태로 자동차가 10~20Hz의 주기로 전후에 흔들리는 현상을 말함. 클러치 디스크의 표면에서 단속되는 미끄럼(스틱 슬립)이 일어나거나 접촉 불량이 발생했을 때 이 현상이 일어나기도 한다.

클러치 전달 효율 [clutch delivery efficiency] 클러치 전달 효율은 클러치로 들어간 동력에서 클러치로 나온 동력의 백분율. 전달 효율은 엔진의 회전수 및 발생 회전력에 반비례하고, 클러치 출력 회전수 및 출력 회전력에 비례한다. 따라서 주행중인 자동차의 주행 저항은 도로의 조건에 따라 변화되므로 클러치가 접속된 때에는 미끄럼이 일어나지 않아야 한다.

클러치 진동 [clutch vibration] 클러치를 연결할 경우, 차체에 진동이 전달될 수 있다. 이것은 클러치 디스크의 압력이 일정하지 못하기 때문이다. 단, 클러치의 진동은 클러치에만 원인이 있는 것은 아니고, 엔진의 지지부에 원인이 있을 경우가 많다.

클러치 차단 불량 [clutch drag] 클러치는 플라이 휠에 클러치 디스크를 압력판으로 밀어붙이는 구조로 되어 있지만 압력판이 클러치 디스크에서 떨어져 있어도 플라이 휠과 클러치 디스크가 같이 회전하고 있는 상태. 클러치 디스크 라이닝의 미끄럼 저항이 크면 발생하기 쉽고 시프트가 곤란해지거나 클러치 페달을 밟고 있는데도 클러치가 차단되지 않게 된다.

클러치 차단점 [clutch off point] 클러치 페달의 스트로크(움직이기 시작하는 점에서 완전히 밟는 점까지의 거리)사이에서 클러치가 끊기는 포인트.

클러치 축 [clutch shaft] 클러치 축은 클러치 판이 받은 동력을 변속기에 전달함과 동시에 클러치 판을 지지하는 축으로 선단 지지부, 스플라인부, 기어부로 구성되어 있다. 선단 지지부는 플라이 휠에 설치되어 있는 파일럿 베어링에 끼워지고 스플라인부는 클러치 판 허브의 스플라인이 끼워져 축방향으로 슬라이딩하면서 동력을 전달하거나 차단하며, 기어부는 변속기 부축 기어에 맞물려 있다.

클러치 커버 [clutch cover] 클러치 커버는 강판을 프레스로 성형한 것으로서 플라이 휠에 설치하기 위한 플랜지부와 릴리스 레버 지지부가 있으며, 클러치 커버 어셈블리의 종류로는 오번형, 이너 레버형, 아웃 레버형, 세미센투리퓨걸형, 다이어프램형이 있다. 클러치 디스크를 덮고 플라이 휠에 설치되어 있는 커버로서 클러치 스프링과 클러치 압력판을 지지하고 있으며, 이 스프링의 힘으로 클러치 디스크를 플라이 휠에 압착한다. 클러치 스프링에는 다이어프램식과 스프링식이 있지만 승용차에는 다이어프램 스프링식이 많다.

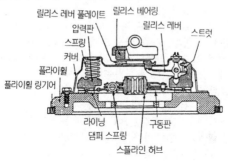

클러치 판 [clutch plate] ⇨ 클러치 디스크.

클러치 페달 [clutch pedal] 페달은 발을 뜻하는 라틴어의 「pedis」에서 유래된 말. 운전석에서 클러치를 조작하기 위한 페달. 보통은 왼발로 밟는다. 이 페달은 유압 피스톤을 밀든가 케이블을 당겨 클러치를 차단한다. 페달을 밟으면 클러치가 끊어지며, 밟는 힘을 느슨히 하여 이것을 연결하는 것을 클러치 미트라고 한다.

클러치 페이싱 [clutch facing] ⇨ 클러치 라이닝.

클러치 포인트 [clutch point] 토크 컨버터에서 터빈 런너의 회전 속도가 펌프 임펠러의 회전 속도에 가까워져서 스테이터가 공전하기 시작하는 점을 말한다.

클러치 포크 [clutch fork] ⇨ 클러치 릴리스 포크.

클러치 프레셔 플레이트 [clutch pressure plate] 압력판. 클러치 커버에 부착되어 있는 부품으로서 클러치 스프링의 힘으로 플라이 휠에 클러치 디스크를 압착하는 역할을 한다. 반클러치 상태일 때 발생하는 마찰열은 대부분 프레셔 플레이트에서 발산된다.

클러치 플레이트 [clutch plate] ⇨ 클러치 디스크.

클러치 하우징 [clutch housing] 실린더 블록과 트랜스미션 케이스 사이에 있으며, 클러치 전체를 덮는 케이스는 주철이나 알루미늄 합금으로 만들어짐. 엔진과 트랜스미션의 무거운 것을 연결하기 때문에 동력전달 계통의 강성(剛性)에 주는 영향이 크다.

클러치 허브 [clutch hub] ⇨ 싱크로나이저 허브.

클레비스 [clevis] 클레비스는 U자형의 갈구리, U자형의 링크의 뜻으로서 클러치 페달 또는 브레이크 페달에서 밟는 힘을 마스터 실린더 피스톤에 전달하는 푸시로드 한쪽을 U자형의 링크로 만들어 페달과 연결시키는 부분을 말한다.

클레이 모델 [clay model] 자동차의 외장이나 실내 등을 검토하기 위하여 점토(粘土)로 만든 모형. 실물 크기 또는 축소 모델을 철재나 목재, 발포 스치로폴 등으로 만들면 평상시 온도에서는 딱딱하지만 가열하면 부드러워지는 공업용 점토를 사용하여 정밀하게 마무리하는 것. 때로는 도장을 하거나 실제로 쓰이는 부품을 부착하는 경우도 있음. 종합적으로 디자인을 검토할 때 만들어본다.

클레임 [claim] 매수인(買手人)이 구입한 물품의 품질에 불만이 있을 때 매도인(賣渡人)에 대하여 불만과 불평을 호소하거나 물품의 교환 및 무상수리를 청구하는 것.

클로 클러치 [claw clutch] 플랜지 면에 스플라인을 만들어 클러치를 전후로 이동시켜 스피드 기어의 내면에 만들어진 스플라인과 맞물려 동력을 전달하는 클러치로서 도그 클러치를 말한다.

클로버리프 헤드 [cloverleaf head] 3밸브 또는 4밸브 엔진의 실린더 헤드로 중앙에 스파크 플러그가 놓여져 클로버잎과 같이 주위에 흡·배기 밸브가 배치되어 있는 것.

클로즈 레이쇼 [close ratio] 클로즈는 접근하는 것을 의미하며, 스포츠카나 경주용 자동차에서 엔진을 가능한한 최고 출력 회전에 가까운 범위로 사용하기 위하여 각 단의 기어비를 가능한한 근접하게 설정한 것. 반대로 각 기어비의 차이가 큰 것을 와이드 레이쇼라고 함. 이것은 클로즈 레이쇼에 대비하여 사용되는 용어로서, 트랜스미션의 기어비 차이가 각 단마다 비교적 큰 것. 일반적인 자동차에서는 출발할 때나 비탈길에서는 큰 힘이 필요하지만, 일정 스피드가 되면 힘은 그다지 필요하지 않고, 오히려 기어 체인지 때마다 회전수가 크게 변화되면 부드러운 주행이 어렵다. 따라서 큰 힘이 있는 로 기어에서는 기어비를 크게 하고, 로와 세컨드는 와이드 쪽으로, 그 이상을 클로즈 쪽으로 한 것이 많음. ⇔ 와이드 레이쇼.

클로즈 코트 [close coat] 샌딩 페이퍼의 연마 입자가 밀집하여 접착되어 있는 타입. 고운 번수(番手)의 샌드 페이퍼를 말함.

클로즈드 PCV [closed positive crankcase ventilation] ⇨ PCV.

클로즈드 보디 [closed body] 상자 모양의 차실을 가진 차체를 말하며 차실에 고정된 지붕이 없는 오픈 보디와 대조적으로 쓰이는 용어. 자동차가 보급되기 시작한 1910년대에는 엔진 파워에 무거운 차체를 움직일 수 있는 여유가 없어서, 투어링이라고 불리우는 오픈 보디의 자동차만이 만들어졌으나, 1920년대에 들어가면서 상자형을 인용하여 차실이 있는 자동차가 생산되어 클로즈드 보디라고 부르게 되었다.

클로즈드 패턴 [closed pattern] 타이어의 트레드 모양으로 홈 부분이 적은 것. ⇨ 시랜드 비(sea land ratio).

클로징 프레셔 [closing pressure] 디젤 엔진에서 연료 분사시에 노즐이 닫힐 때 분사관 내의 압력. ⇨ 자동 밸브.

클록 발생기 [clock generator] 기준 신호 발생기. 클록 발생기는 CPU, RAM 및 ROM을 모아놓은 하나의 패키지로 마이크로 컴퓨터라고 하는 것이며, CPU의 기준 타이밍을 부여하기 위해 1초간에 2,048,000회의 펄스를 발생하고 있다.

클리어 [clear] 착색 안료를 포함하지 않는 상도(上塗) 도료의 원색(原色). 도장하면 투명한 페인팅을 형성함.

클리어 컷 [clear cut] 주로 솔리드 컬러(solid color)의 마감 단계에서, 보다 투명감이 강한 색깔을 내기 위하여 에나멜에 클리어를 혼합하여 시행하는 도장.

클리어 코트 [clear coat] 컬러 코트 위에 스프레이 되는 클리어 피니시.

클리어런스 [clearance] 클리어런스는 '틈새, 여유, 간극'의 뜻으로서 축과 구멍의 차이나 로커암과 밸브 사이의 공간, 피스톤과 실린더 사이의 틈새 등을 말한다.

클리어런스 램프 [clearance lamp] 차폭등을 뜻하지만 영어에서는 차폭등 외에 대형차일 경우 야간 주행시 그 크기를 알 수 있도록 차체의 전후·좌우 끝에 부착하는 램프를 가리킬 때도 있다. 따라서 「marker lamp, position lamp, side marker lamp」라고 불리운다.

클리어런스 볼륨 [clearance volume] 엔진 연소실의 체적.

클리어런스 소나 [clearance sonar] 초음파 센서를 자동차 후방에 설치하고 초음파를 발사하면 반사되어 돌아오는 왕복 시간에서 후방의 장애물과의 거리를 감지함과 동시에 부저나 디스플레이로 이것을 알리는 장치. 백소나라고도 부른다. 클리어런스는 자동차의 장애물과의 간극을 의미한다. ⇨ 백소나.

클리핑 포인트 [clipping point] 아웃·인·아웃의 코너를 돌 때 코너 안쪽에 가장 가까운 포인트. 클리핑은 닿을락 말락하게 지난다는 뜻으로서 클립(clip)에서 온 말.

클리핑 포인트

클립 [clip] 클립은 '집게, 꽂이, 둘러싸다'의 뜻. ① 기계적인 개폐장치에 있어서 날이 삽입되는 부분을 말한다. ② 플레이너의 테이블에 공작물을 고정시키는 데 사용하는 고정판을 말한다. ③ 퓨즈를 지지함과 동시에 회로에 대한 통전 부분으로 되어 있는 지지부를 말한다.

키 [key] ① 2개 이상의 부품을 결합하기 위해 사용하는 것으로서 구배가 1/100 정도인 때려박음 키와 구배가 없는 꽂아놓음 키가 있다. 회전력의 전달과 동시에 축방향으로 이동할 수 있도록 할 때 또는 기어나 벨트 풀리 등을 회전축에 고정할 때 사용한다. 키는 전단력을 받기 때문에 축보다 약한 재료를 사용한다. 키의 종류는 안장 키, 평 키, 성크 키, 접선 키, 페더 키, 반달 키, 원뿔 키, 세레이션, 핀 키 등으로 분류한다. ② 자동차 문을 여는 열쇠. ③ 자동차의 점화 스위치.

키 링 조명 [key ring light] 야간에 운전석 쪽의 도어를 열면 이그니션 키를 꽂는 개소에 라이트가 점등되도록 한 것.

키 실린더 [key cylinder] 도어, 점화 스위치, 트렁크 리드, 백도어, 글러브 박스에 설치되어 있는 키를 꽂고 돌림으로써 자물쇠가 열리는 것. 키로서는 모든 키 실린더에 유효한 마스터 키와, 이그니션 스위치에만 유효한 서브키의 조합으로 되어 있는 것이 많다.

키 인터로크 기구 [key interlock device] AT차의 키에 설치되어 있는 기구로서 인터로크는 서로 맞물림하고 있는 뜻으로, 주차했을 때 시프트 레버를 파킹(P)위치에 넣지 않으면 키가 빠지지 않아 고정되지 않고 시프트 레버가 P위치에서만 키가 빠져나와 고정되는 구조. AT차가 주차중에 움직이지 못하도록 하기 위한 것.

키르히호프 [Kirchhoff Gustav Robert] 독일의 물리학자로서 정상 전류에 관한 키르히호프 법칙을 발견하여 복사론(輻射論)의 선구(先驅)를 이루었으며, 분젠(Bunsen)과 함께 스펙트럼 분석을 창시하여 분광학(分光學)의 기초를 이루었고 탄성론(彈性論), 음향학(音響學), 열학(熱學) 등에 공적을 남김.

키르히호프의 법칙 [Kirchhoff's law] 키르히호프 법칙은 복잡한 회로의 전압, 전류, 저항을 다룰 때 이용되는 법칙으로 독일의 물리학자 키르히호프(Gustav Robert Kirchhoff)에 의해 전류(電流)와 열방사(熱放射)에 관한 법칙을 발견하였으며, 제1법칙인 전하의 보존 법칙과 제2법칙인 에너지 보존 법칙이 있다.

키르히호프의 제2법칙 키르히호프의 제2법칙은 에너지 보존 법칙으로 임의의 폐회로에 있어 전압 강하의 총합은 발생하는 기전력의 총합과 같다.

키르히호프의 제1법칙 키르히호프의 제1법칙은 전하의 보존 법칙으로 복잡한 회로에서 임의의 한점으로 흘러 들어간 전류의 총합과 유출된 전류의 총합은 같다.

키리스 로크 [keyless lock] 키를 사용하지 않고 도어를 잠그는 것. 안쪽의 로크 버튼을 ON으로 한 상태에서 바깥쪽의 핸들을 당기면서 도어를 닫으면 도어가 잠겨지도록 되어 있는 것.

키리스 엔트리 시스템 [keyless entry system] 엔트리는 넣는다는 뜻. 키를 쓰지 않고 도어나 트렁크 룸을 잠그거나 여는 시스템. 전파나 적외선을 이용한 와이어리스 방식이나 도어에 키보드를 설치하고 암호 번호를 입력하는 방식 등이 있다. 설정 코드와 일치되었을 때만 잠겨지거나 해제된다.

킥 다운 [kick down] AT차에서 일정한 속도로 달리고 있을 때나 추월 등으로 급가속을 하고 싶을 때 가속페달을 힘껏 밟고 (킥)기어를 한단 밑으로 내리는(down)것. 약하여 KD라고 할 때도 있음. 추월을 위하여 기어를 넣는다고 해서 패싱 기어라고도 함.

킥 백 [kick back] 강한 반동. ① 凹凸이 심한 노면을 주행할 때 핸들에 느껴지는 충격을 말함. 래크 앤드 피니언식 스티어링이 다른 형식보다 킥 백이 큰 경향이 있음. ② 종전에 엔진을 수동으로 시동하고 있을 무렵 크랭크 샤프트를 돌렸을 때 엔진에서 오는 강한 반발력을 킥 백이라고 하였음.

킥 스타터 [kick starter] 모터 사이클 엔진의 시동 방식의 하나로 운전자가 발로 스타터레버(크랭크 암, 킥 암)를 밟고 그 회전력을 크랭크 축에 전달하여 엔진을 기동하는 것. 클러치를 끊고 시동하는 1차 킥 방식과, 클러치를 끊으면 시동되지 않으므로 기어를 중립으로 하고 클러치를 연결한 상태에서 시동하는 2차 킥 방식이 있다.

킥 스탠드 [kick stand] 오토바이나 자전거를 세워둘 때 넘어지지 않도록 지지하는 막대나 지지봉.

킥업 [kick up] 승용차나 버스 등에서 승하차를 편리하게 하고 자동차의 중심을 낮게 하기 위하여 차축이 설치되는 부분의 프레임을 위쪽으로 굽힌 것을 말한다.

킥업 기구 [kick up mechanism] 1차 스로틀 밸브와 2차 스로틀 밸브가 설치된 복합형 카브레터이다. 엔진의 회전이 낮고 1차 벤투리만이 작동하고 있는 상태에서 엔진의 부하가 커지거나 가속 페달을 깊이 밟았을 때 2차 벤투리의 스로틀 밸브를 강제로 여는 기구를 말함. 킥업은 발을 차올리는 것을 의미함.

킬 [kill] 킬은 '소멸시키다, 억제하다, 회로를 끊다'의 뜻으로서 엔진의 종합 테스터의 킬 버튼을 사용하여 일시적으로 테스터 전원의 회로를 차단하여 파형을 변형시키거나 엔진에 테스터를 연결한 상태에서 점화 스위치를 사용하지 않고 작동을 멈추게 한다.

킬 스위치 [kill switch] ⇨ 이그니션 컷 오프 스위치(ignition cut off switch).

킬드강 [killed steel] 가열노 속에서 강탈산제인 페로실리콘, 알루미늄 등을 이용하여 충분히 탈산한 용강. 탈산이 충분히 되어 용강의 내면 에는 기공이나 편석은 없으나 헤어크랙이 생기기 쉽다.

킬로 [kilo] 천(千)이라는 뜻으로서 연결형, 킬로그램, 킬로사이클, 킬 로미터, 킬로볼트, 킬로와트 등 각종 단위로 사용된다.

킹핀 [kingpin] 킹핀은 조향 너클을 차축에 설치하는 핀으로서 일체식 현가 방식의 차축에 볼트로 고정된다. 또한 킹핀은 앞차축에 5~8°의 각도를 두고 설치되어 있으며, 마멸을 방지하기 위하여 크롬(Cr)강과 특수강으로 만들어진다.

킹핀 경사각 [kingpin inclination] 자동차를 정면에서 보았을 때 킹핀 중심선이 수직선에 대하여 이루는 각도는 휠 얼라인먼트 요소 중의 하나. 일반적으로 자동차에 대하여 아래가 넓게 되어 있으며, 킹핀 중심선이 노면에서 교차하는 점과 타이어의 접지면에 걸리는 힘의 작용점 사이의 거리(스크러브 반경)는 자동차의 조종성 및 안정성에 큰 영향을 준다. 단지, 킹핀 각이라고도 하며 영어로는 「kingpin axis, king-pin angle, swivel angle, steering axis inclination」라고도 불리운다. ⇨ 캠버 각(camber angle).

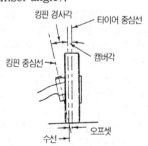

킹핀 슬랜트 [kingpin slant] 슬랜트는 '기울어진, 경사, 기울기, 빗나가다'의 뜻. ⇨ 킹핀 오프셋.

킹핀 액시스 [kingpin axis] ⇨ 킹핀 경사각.

킹핀 앵글 [kingpin angle] ⇨ 킹핀 경사각.

킹핀 오프셋 [kingpin offset] 자동차를 앞에서 보았을 때 킹핀 중심선과 타이어 중심선이 교차하는 점 사이의 거리. 타이어의 접지 중심과 킹핀 중심선이 노면과의 교차점에서 외측에 있는 것이 보통이있으나, 역으로 내측에 오도록 한 네거티브 킹핀 오프셋이나 제로(0)오프셋에 가까운 센터 포인트 스티어링이 주류가 되어가고 있다. 또 조향했을 때 타이어는 킹핀 중심선이 노면과의 교차점을 축으로 회전하고 킹핀 오프셋은 이때의 회전반경과 거의 일치하므로 스크러브 반경이라고도 부르며, 센터 포인트 스티어링을 제로 스크러브라고도 부른다. 또한 휠의 중심과 휠 중심을 통하는 수평선이 킹핀 중심선과 교차하는 점과의 사이의 거리를 휠 센터에서 킹핀 오프셋이라고 하며, 핸들 쪽의 반력이나 진동 등은 그 수치가 적을수록 작다.

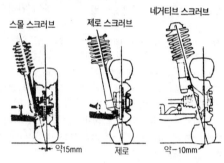

킹핀 중심선 [kingpin axis] 킹핀 축의 중심선. 킹핀이 없는 볼 조인트를 사용하는 서스펜션에서는 어퍼 볼 조인트와 로 볼 조인트의 회전중심을 맺는 직선을 킹핀 중심선으로 한다. 이 중심선은 핸들을 돌렸을 때 타이어 회전의 중심축이 되므로 스티어링 액시스라고도 부른다. 커버는 강판을 프레스로 성형한 것으로서 플라이 휠에 설치하기 위한 플랜지부와 릴리스 레버 지지부가 있으며, 클러치 커버 어셈블리의 종류로는 오번형, 이너 레버형, 아웃 레버형, 세미센투리퓨걸형, 다이어프램형이 있다. 클러치 디스크를 덮고 플라이 휠에 설치되어 있는 커버로서 클러치 스프링과 클러치 압력판을 지지하고 있으며, 이 스프링의 힘으로 클러치 디스크를 플라이 휠에 압착한다. 클러치 스프링에는 다이어프램식과 스프링식이 있지만 승용차에는 다이어프램 스프링식이 많다.

타려자(他勵磁) **발전기** 〔separately excited generator〕 별도로 설치한 전원(電源)으로 여자(勵磁)하여 발전을 하는 교류 발전기를 말한다. ⇨ AC 발전기.

타력 운전 〔惰力運轉 ; costing operation〕 엔진의 동력으로 주행하지 않고 주행 관성을 이용하여 운전을 계속하는 것을 말한다. 엔진의 회전은 아이들링 상태에 있기 때문에 연료의 소비는 적으나 엔진 브레이크가 작동되지 않으므로 위험하다.

타력 제어 〔他力制御 ; power actuated control〕 작동부를 컨트롤하는데 필요한 에너지를 보조 에너지원으로부터 얻어 제어하는 것을 말한다.

타르 〔tar〕 유기물을 열 분해할 때 발생되는 끈적끈적한 흑색 또는 갈색의 액체로서, 일반적으로 콜타르를 말한다. 베이퍼라이저나 배기관의 안쪽벽에 부착되는 경우가 많다.

타르가 루프 〔targa roof〕 선 루프의 일종으로서 루프의 뒤쪽 일부를 남기고 캐빈의 윗부분을 드러낼 수 있도록 한 것. 타르는 톱이라고도 함.

타성 〔惰性〕 ⇨ 관성.

타원 피스톤 엔진 〔oval section piston engine〕 피스톤과 실린더가 타원으로 된 엔진. 단행정으로 압축비, 체적 효율, 출력이 높아 고속용 엔진으로 적합하다.

타원형 피스톤 〔oval piston〕 ⇨ 캠그라운드 피스톤.

타이로드 〔tie rod〕 래크&피니언의 래크와 너클 암의 사이, 리서큘레이팅 볼의 경우에는 인터미디어트(중간) 링크와 너클 암 사이의 링크를 말한다. 좌우에 1개씩 있어, 토인 조정을 위하여 길이를 조절할 수 있도록 되어 있다. 타이로드의 길이나 위치는 설계 단계에서 충분히 생각하여 결정되는데, 그 이유는 이것이 범프 스티어(차륜의 상하에 의한 토 〈toe〉각 변화)에 큰 영향을 미치기 때문이다.

타이로드 엔드 [tie rod end] 타이로드의 양끝을 말함. 일반적으로 볼 조인트가 부착되어 있음.

타이머 [timer] ① 디젤 엔진의 연료 분사 펌프에 설치되어 자동적으로 연료 분사시기를 조절한다. ② 타이밍을 정하기 위하여 사용되는 시간 측정 장치로서 시계를 사용한 것. 대시 포트를 사용한 것. IC회로로 만들어진 것 등이 있다.

타이밍 기어 [timing gear] ① 크랭크 샤프트와 캠 샤프트 전단에 부착되며 밸브 개폐의 타이밍을 크랭크 샤프트 회전과 동기(同期)시키기 위한 기어의 총칭. 양자를 연결하는데 타이밍 체인을 사용한 체인식, 코그 벨트를 사용한 벨트식, 전달이 확실한 스퍼기어로 연결하는 기어식이 있으나 일반적으로 체인식과 벨트식이 많이 사용되고 있다. 캠 샤프트는 크랭크 샤프트의 2분의 1의 회전수로 돈다. ② 기어식의 타이밍 기어. 크랭크 샤프트에서 캠 샤프트를 구동하는 일련의 기어(기어 트레인)로 레이싱카용 엔진에 쓰이고 10매 이상의 기어가 쓰일 때도 있으며, 중량은 무겁지만 고회전 부분에서의 정확성과 신뢰성이 뛰어나다.

타이밍 라이트 [timing light] 엔진의 점화시기 및 진각 상태를 점검하기 위한 램프로서 타이밍 라이트의 픽업 장치를 1번의 고압 케이블에 연결하고 엔진 시동을 걸면, 1번 실린더에 고전압이 전달될 때마다 섬광 라이트가 발광한다. 섬광 라이트 불빛을 타이밍 마크 위치에 비추면, I마크가 정지되어 있는 것과 같이 보이므로 점화 시기 및 진각 상태를 점검할 수 있다.

타이밍 마크 [timing mark] 엔진의 점화, 연료의 인젝션, 밸브의 개폐 등 타이밍을 알기 위하여 엔진 회전부분에 붙어 있는 마크. 타이밍 기어와 연결된 부품에 붙어 있는 경우가 많다.

타이밍 벨트 [timing belt] 크랭크 샤프트에 장착되어 있는 타이밍 기어와 캠 샤프트의 타이밍 기어를 연결하는 벨트로서 오일 펌프 등 보조 기기의 구동에도 사용된다. 기어와 맞물리는 이(齒, cog:코그)가 설치되어 있다하여 코그 벨트(이붙임 벨트)라고도 불리운다. 벨트는 고무와 글라스 파이버 등 잘 신축되지 않는 섬유로 만들어지며 가볍고 조용하고 윤활도 불필요하다는 점으로 왕복형 엔진에 널리 사용되고 있다.

타이밍 스프로킷 [timing sprocket] 타이밍 기어로서 사용되고 있는 스프로킷을 말함. 캠 샤프트 구동에 타이밍 체인을 사용할 때 타이밍 기어에 체인용의 스프로킷이 사용되며 이것을 타이밍 스프로킷이라고 부른다.

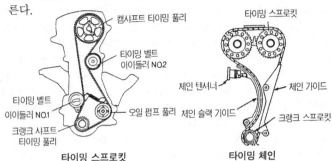

타이밍 스프로킷   **타이밍 체인**

타이밍 체인 [timing chain] 크랭크 샤프트에 장착된 타이밍 스프로킷 (크랭크 스프로킷)과 캠 샤프트를 돌리는 타이밍 스프로킷을 연결하는 체인으로서 롤러 체인이나, 사일런트 체인이 사용되고 있다. 체인의 이 완을 방지하고 진동이나 소음을 억제하기 위하여 체인 텐셔너(장력을 주는 것)가 설치되는 경우가 많다.

타이어 [tire] 휠 주위에 끼워져 있는 고무나 철 등으로 만들어진 것. 산 업 차량 등에 사용되는 고무만으로 된 타이어(솔리드 타이어)도 있으나, 자동차에서는 휠과 조합되어 사용되며 공기를 넣은 타이어(pneumatic tire)를 말하는 것이 보통. 자동차와 노면과 맞닿는 유일한 부품 이며 차중을 받치고, 구동·제동력, 횡력(橫力) 등의 힘을 전달하고, 노면에서의 충격을 완화하는 스프링과 댐퍼의 역할도 한다. 크로스 플 라이 타이어도 있으나 현재는 레이디얼 타이어가 주류.

타이어 게이지 [tire gauge] 타이어 공기압을 측정하는 타이어 압력 게이 지. 타이어 트레드 마모를 측정하는 트레드 웨어 인디케이터 등을 총괄 하여 부르는 용어이다. 일반적으로 타이어 게이지는 공기압을 측정하 는 타이어 압력 게이지를 말한다.

타이어 공기 밸브 [tire tube valve] 타이어에 공기를 넣고 빼기 위한 자 동 밸브로서 중앙의 돌출부를 누름으로써 공기가 주입되고, 놓으면 내 압으로 밀봉되는 밸브를 말한다.

타이어 로테이션 [tire rotation] 타이어의 위치 교환을 가리키는 말. 타 이어는 동일한 위치에 장착한 채 사용을 계속하면 사용 조건에 따라 편 마모를 일으키기 쉽다. 예를 들면, 프런트 타이어에서는 외측 숄더부가 마모되기 쉽다. 스페어 타이어도 포함하여 3000~5000km마다 타이어의 위치를 교환하면 5개 다이어를 가장 유효하게 사용할 수 있다. 그러나 처근 스페어 전용 타이어가 등장한 점, FF차에서는 앞바퀴 타이어의 마모가 빠른 점, 로테이션이 귀찮은 점 등으로 위치 교환없이 타이어를 끝까지 사용하고, 마모된 타이어만 교환하는 경우가 많아지고 있다. 이 경우 타이어 교환에 의하여 자동차의 조향 특성이 변화하므로 주행 초기에 주의를 하여야 한다. 또한 레이디얼 타이어는 위치 교환을 같은 쪽의 전후에서 하도록 되어 있지만, 이것은 벨트 회전 방향으로 길이 들어 역회전으로 사용하면 진동이 발생할 수 있기 때문이다. 고성능 스포츠카에서는 전후의 타이어 사이즈가 다르거나, 같은 사이즈라도 트레드 패턴에 방향성이 있는 타이어가 사용될 수 있다. 이러한 경우에는 당연히 로테이션이 불가능하다.

타이어 림 협회 [The Tire & Rim Association] 통상 TRA라고 불리우는 미국의 타이어 메이커와 휠 메이커들 중심으로 한 관련 단체들끼리 구성한 조직.

타이어 부하율 [tire load ratio] 타이어가 그 허용 하중에 대하여 어느 정도의 하중을 부담하고 있는가를 비율로 나타낸 것. 어떤 사이즈의 타이어가 설계상 부담할 수 있는 하중은 공기압에 의하여 결정되며, 그 값은 규격으로 정해져 있음. 거기서 어떤 공기압의 타이어에 걸려있는 하중을 그 공기압으로 규격상 허용되는 하중으로 나누어 100배하면 부하율이 얻어진다.

타이어 부착 확인장치 [tire trueing equipment] 타이어를 휠에 설치한 후에 림에 대하여 바르게 부착되었는지 확인하는 장치를 말한다

타이어 비드 [tire bead] ⇨ 비드.

타이어 사이즈 [tire size] 타이어 사이즈 표시에는 여러가지가 있으나 일반적으로 타이어의 폭, 외경, 림 지름, 타이어 구조, 속도 등에 의하여 나타내며 ISO 규격으로 정해진 방식으로 통일되어 있다. 그림은 승용차용 타이어의 대표적인 예를 나타냈다.

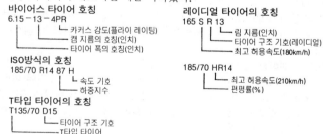

바이어스 타이어 호칭
6.15 ― 13 ― 4PR
└ ┴ 카커스 강도(플라이 레이팅)
└ 캠 지름의 호칭(인치)
└ 타이어 폭의 호칭(인치)

ISO방식의 호칭
185/70 R14 87 H
└ 속도 기호
└ 하중지수

T타입 타이어의 호칭
T135/70 D15
└ ┴ 타이어 구조 기호
└ T타입 타이어

레이디얼 타이어의 호칭
165 S R 13
└ ┴ 림 지름(인치)
└ 타이어 구조 기호(레이디얼)
└ 최고 허용속도(180km/h)

185/70 HR14
└ ┴ 최고 허용속도(210km/h)
└ 편평률(%)

타이어 스크러브 [tire scrub] 어떤 슬립 앵글을 가지고 구르고 있는 타이어의 트레드 접지면에서의 아주 작은 미끄럼.

타이어 스프레더 [tire spreader] 스프레더는 '펴다, 펼치다'의 뜻. 타이어를 휠에서 분리시키는 타이어 탈착기를 말한다.

타이어 압력 [tire inflation pressure] 타이어 내에 주입하는 공기 압력으로 규정 압력보다 높으면, 주행중에 트램핑 현상이 발생되어 승차감이 불량하며 타이어 파손이 발생된다. 규정보다 압력이 낮으면 조향 조작력이 커지고 타이어 사이드의 마모가 발생되기 때문에 타이어의 사이즈마다 규정 압력이 정해져 있다. 승용차용 타이어는 $1.7 \sim 2.1$kg/cm², 소형 트럭용 타이어는 $2.1 \sim 2.5$kg/cm², 트럭 및 버스용 타이어는 $4.2 \sim 6.3$kg/cm²이다.

타이어 압력 게이지 [tire inflation pressure gauge] 타이어의 공기 압력을 측정하는 게이지로서 kg/cm²단위를 사용하는 미터 게이지와 1b/in²를 사용하는 인치 게이지도 있다.

타이어 온도 센서 [tire temperature sensor] 타이어의 트레드 표면에서 방사되는 적외선을 검지하여 표면 온도를 측정하는 것. 레이싱카에서 텔레미터와 조합하면 주행중인 타이어 온도를 알 수 있으므로, 타이어에 이상이 생겨 온도가 급상승하면 이것을 감지하고 점검에 들어가도록 운전자에게 지시할 수 있다.

타이어 웨어 인디케이터 [tire wear indicator] ⇨ 트레드 웨어 인디케이터.

타이어 웰 [tire well] ① 웰은 우묵한 구덩이, 우물 모양의 파인 곳의 뜻으로서 예비 타이어를 저장하기 위하여 트렁크의 바닥이 움푹 패인 곳을 말한다. ② 타이어를 차축에 설치하였을 때 보디에 닿지 않도록 움푹 패인 곳을 말한다.

타이어 접지면 [tire tread] 타이어가 지면에 접촉되는 부분으로서 견인력, 선회성, 직진성 등을 향상시키기 위하여 여러가지 무늬가 만들어져 있다.

타이어 체인 [tire chain] 겨울철에 눈길이나 빙판길 주행시에 노면으로부터 미끄러지지 않도록 타이어에 감는 체인을 말한다.

타이어 코드 [tire cord] 타이어의 카커스는 플라이를 여러 층으로 겹쳐 만들었으나 그 플라이를 형성하는 홈을 부여받은 섬유나 금속실을 말함. 초기의 코드 재료는 면이었으나 현재는 나일론, 레이온, 폴리에스텔, 폴리아미드, 스틸 등이 사용되고 있다.

ㅌ

타이어 트레드 [tire tread] ⇨ 트레드.

타이어 패치 [tire patch] 패치는 고무 조각으로서 타이어 튜브의 펑크 부분을 수리할 때 대는 조각을 말한다.

타이어 하중 지수 [load index] 어떤 타이어가 부담할 수 있는 최대 하중을 0~279 사이의 지수로 나타낸 것.

타이트 코너 브레이킹 현상 [tight corner braking development] 센터 차 동기어 장치가 없는 4WD차가 4륜 구동상태로 구동할 경우 주차장 등에서 작은 코너(타이트 코너)를 선회할 때 전륜과 후륜의 회전 반경이 다르기 때문에 브레이크가 걸린 것같이 뻑뻑한 현상.

타임 래그 [time lag] 시간의 처짐 또는 지연이라는 뜻. 엔진에서 연료가 점화되고 난 다음부터 최고 압력이 될 때까지의 지연.

타임 래그 퓨즈 [time lag fuse] 과전류를 얼마 동안 지속하면 끊어지지만 순간적인 과전류에 대해선 즉시 동작되지 않는 퓨즈로서, 시동할 때 흐르는 과전류로 끊어지지 않도록 되어 있는 과전류 보호 퓨즈를 말한다.

타임 리미티드 릴레이 [time limited relay] 릴레이 코일에 전류가 흘러 전자력이 발생되거나 또는 전류가 차단되어 자력이 소멸된 후 일정 시간이 경과되어야 개폐가 이루어지는 릴레이를 말한다.

타임 스위치 [time switch] 일정한 시간에 맞추어 두면 그 시간에 스위치가 ON 또는 OFF되는 스위치로서 시계로 제어되는 스위치를 말한다.

타진법 [打振法 ; acoustic test] 테스터할 때 해머를 사용하여 제품을 두둘겨서 발생되는 청음과 탁음으로 결함을 판정하는 시험. 결함이 없는 제품에서는 청음이 발생되고 결함이 있는 제품에서는 탁음이 발생된다.

타폴린 [tarpaulin] 4륜 구동차나 트럭의 포장으로 사용되고 있는 방수 시트(방수 범포 : 防水帆布)를 말함.

타행 시험 [惰行試驗] ⇨ 코스팅 테스트.

탄산가스 [CO₂] 탄소와 산소가 결합한 기체로서 화학식은 CO_2, 무색, 무취이며 공기보다 무거움. 미그 용접에서 용접부에 산소와 접촉을 차단하는 가스로 사용됨. 정식 명칭은 이산화탄소.

탄성 [elasticity] 어떤 물체에 외부로부터 힘을 가하면 모양이 바뀌고, 힘을 제거하면 원래의 모양으로 돌아가는 성질. 어느 정도 이상의 힘을 가하여 변형시키면 원래의 모양으로 되돌아가지 않게 되는 경우를 탄성 한계라고 한다. 물체에 탄성 한계보다 작은 힘을 가했을 때의 변형을 탄성 변형이라고 함. ⇔ 소성(塑性).

탄성 섬유 강화 수지 [carbon fiber reinforced plastics] 영어의 머리 글자를 따서 CFRP라고 약한다. 카본 섬유 강화 복합재료, 카본 파이버, 콤퍼지트라고도 불리운다. 흑연의 미세한 결정의 접합체로부터 탄소 섬유를 에폭시 수지로 굳힌 것으로 항공기 부재(部材)로서 널리 사용되고 있다. 레이싱카의 모노코크도 이 소재가 주류로 되어 있다. 강도, 탄성률이 높고 가벼우며, 진동의 감쇠성이 좋을 뿐만 아니라 진동·소음이 전달되기 어렵다는 특징이 있다. 자동차용 재료로서 유망하지만 값이 비싸다는 것이 단점.

탄성 이음 [elastic coupling] 조향축과 피니언 기어 또는 추진축의 플렉시블 이음 등과 같이 2개의 축 사이에 플랜지 고무, 스프링 등과 같은 탄성체를 사이에 넣고 연결하여 진동을 흡수하도록 한다.

탄성 한계 [彈性限界 : elastic limit] 어떤 한계 이상의 힘을 가하면 변형이 원래의 상태로 돌아가지 않는 힘의 크기를 가리킴. 탄성 변형과 소성의 경계선. 물체에 외력을 가할 때 물체에 영구 변형이 발생되지 않는 응력의 한계를 말한다.

탄소 [carbon] 원소 기호는 C, 원자 번호는 6, 원자량은 12.010인 비금속 원소로서 다이아몬드, 석묵(石墨), 무정형 탄소의 3가지 동소체(同素體)가 있다.

탄소 브러시 [carbon brush] 무정형 카본을 주성분으로 하는 브러시로 기동 전동기나 발전기에 사용된다.

탄소 아크 램프 [carbon arc lamp] 음극과 양극 모두 탄소봉을 사용하여 두극 사이에 발생하는 아크를 이용한 램프를 말한다. 음극에서 방출된 전자의 충돌에 의해 양극 중앙의 화구부에서 나타나는 발광이 점광원과 같이 작용하며 직류로 사용되는 것이 많다.

탄소 전구 [carbon lamp] 1879년 에디슨이 발명한 탄소 필라멘트를 사용한 전구로서 고온에서는 증발이 심하고 광원의 빛이 주황색이므로 잘 사용하지 않으며, 현재는 솜을 원료로 하여 만든 탄소를 사용한다.

탄젠셜 캠 [tangential cam] 탄젠셜은 '접선의, 접선에 따라 움직이는'의 뜻으로서 밸브 리프터가 접촉되는 플랭크가 기초원과 노즈원이 접선으로 되어있는 접선 캠을 말한다. ⇨ 접선 캠.

탄젠셜 포스 베리에이션 [tangential force variation] ⇨ 트랙티브 포스 베리에이션.

탄젠트 벤더 [tangent bender] 판금 작업에서 플랜지가 달린 관을 주름이 생기지 않고 표면에 홈이 생기지 않도록 정확하게 원호상으로 굽히는 기계를 말한다.

탄젠트 캠 〔tangent cam〕 탄젠트는 '접하는, 접선의'뜻으로서 접선 캠을 말한다. ⇨ 접선 캠.

탄화 〔炭化 ; carbonization〕 ① 유기 화합물이 열분해 등에 의하여 탄소 이외의 것을 제거하여 탄소만을 남게 하는 것을 말한다. ② 물질이 탄소와 화합하고 있음을 나타내는 것을 말한다. ③ 토륨-텅스텐 음극에서 토륨의 증발을 방지하고 전자의 방출을 안정화하기 위해 음극에 텅스텐 카바이드 층을 만드는 것을 말한다.

탄화 불꽃 〔carbonization spark〕 아세틸렌이 많은 불꽃으로 연소의 온도가 낮으므로 스테인리스 용접에 사용된다.

탄화규소 〔SiC〕 탄화규소의 숫돌은 자석, 주철 또는 비철금속을 연마하는 C숫돌과 초경질 합금의 연삭에 사용되는 GC 숫돌이 있다.

탄화수소 〔hydro carbon〕 HC. 석유의 주성분으로 화학식 $HmCn(m, n$은 정수)으로 표시되는 수소(H)와 탄소(C)로 된 여러가지 유기화합물의 총칭. 자동차 배출가스 중 탄화수소는 연료나 연료의 불완전 연소에 의하여 생기는 화합물의 가스나 미립자로, 엔진에서의 배기가스, 블로바이가스, 연료 계통에서의 연료 증기에 포함되어 있다. 탄화수소에 의한 직접적인 대기 오염보다 대기중에서 분해되거나 화학 반응을 일으키므로 광화학 스모그의 원인이 되는 것이 문제가 된다. 하이드로 카본이라고도 한다.

탈보형 미러 〔Talbot type mirror〕 유선형의 펜더 미러를 말함. 탈보는 이 형태의 미러를 최초로 사용한 프랑스의 메이커 이름.

탈산 〔脫酸 ; deoxidation〕 용융 금속 중에 함유되어 있는 산소나 산화물은 탈산제를 사용하여 무해한 산화물로 바꾸는 작업을 말한다.

탈색 〔脫色 ; decolorization〕 탈색제를 사용하여 착색 물질의 오염색이나 색소 등을 흡수 또는 분해하여 제거하는 것을 말한다. 탈색제로는 가성소다, 표백분, 활성탄 등을 사용한다.

탈착식 선루프 루프의 일부를 떼어내는 방식으로서, 개구부(開口部)가 크게 떨어져 구조도 간단하다. 그러나 주행중에 개폐하는 것이 어렵다.

탈탄 〔脫炭 ; decarburization〕 강철을 공기 속에서 가열할 때 표면의 탄소가 일산화탄소로 되어 표면의 탄소량이 감소되는 현상을 말한다.

탐조등 〔探照燈 ; search light〕 서치 라이트. 먼 곳에 있는 목적물을 비치기 위한 조명기구로서 아크 램프를 광원으로 하여 반사경에 의해 평행 광선을 묶어 한 방향으로 멀리 비치게 한다.

탕구 〔湯口 ; sprue〕 주형에서 원형 단면형으로 용융 금속의 흐름을 매끄럽게 만든다.

탕도 〔湯道 ; runner〕 주형에서 용융금속이 주형 내에 골고루 흘러 들어 가도록 하며, 탕구보다 면적이 커야한다.

태양 전지 〔solar battery〕 실리콘 등의 반도체 광기전력의 효과를 이용 하여 태양으로부터 광선의 에너지를 전기적 에너지로 바꾸는 장치를 말한다. 태양의 빛에너지를 직접 전기적 에너지로 변환하는 소자로서, 주로 단결정 실리콘에 의한 PN 접합 소자가 사용되고 있지만, 가격의 저렴화를 위하여 다결정 실리콘이나 아모퍼스 실리콘의 개발이 진행되고 있다.

태양광 발전 〔太陽光發電 ; solar light power generator〕 태양 전지에 의해 태양의 광에너지를 직접 전력(직류)으로 발전시키는 방식으로서 연료는 필요 없고, 에너지원은 무한히 많지만 에너지 밀도가 낮고 자연적인 조건에서 좌우되는 단점이 있다.

태양열 발전 〔太陽熱發電 ; solar heat power generator〕 태양열을 전력으로 변경시키거나 발전시키는 것을 말한다. 열전대나 광전지를 사용하여 태양열을 직접적으로 전기적 에너지로 변경시키며, 태양열을 이용하여 수증기를 만들어 증기 기관에 의해서 발전한다.

태코 그래프 〔tacho graph〕 자동차의 운행 상황을 연속적으로 기록하는 장치. 스피도미터와 시계를 조합하여 백색 도료의 원판 기록 용지를 시계로 돌려서 속도계와 시계가 움직이면 침끝으로 도료를 긁어 시각과 속도를 그래프에 나타낸다. 일반적으로 운송사업용 승합자동차와 고압가스를 운송하는 탱크로리 화물자동차에 부착시켜, 운행 기록으로 쓰이고 있다. 기록지의 교환 등은 뚜껑에 자물쇠가 붙어 있으므로 관리자만이 열 수 있으며 운전자는 취급할 수 없게 되어 있다(운행 기록계라고도 한다).

태코미터 〔tachometer〕 엔진의 회전수를 표시하는 계기. 지침으로 나타내는 아날로그식과 숫자가 표시되는 디지털식이 있음. 가솔린 엔진에서는 이그니션 코일에 펄스 신호를 잡아 코일식의 전류계를 사용하여 아날로그로 표시하는 것이 많다. 단위는 1분 동안 회전수 rpm(revolution per minute)으로 나타낸다. 엔진의 과회전을 방지하기 위하여 이 이상 회전을 올리지 않는 것이 좋겠다는 의미로 황색으로 표시된 곳을 옐로 존이라고 부르며, 더 위험한 회전 지역은 적색으로 표시되어 레드 존이라고 한다.

태코미터 제너레이터 〔tachometer generator〕 구동축의 회전수를 측정하기 위해서 사용되는 발전기를 말한다. 발전기를 측정하고자 하는 구동축에 설치하여 회전수를 증가시키면 발전기에서 발생하는 전력은 회전수에 비례하므로 축의 회선수를 알 수 있다.

태핏 [tappet] 디젤 연료분사 펌프의 태핏은 캠의 회전운동을 상하 직선 운동으로 바꾸어 펌프 엘리먼트의 플런저를 작동시켜 연료를 분사 노 즐에 공급한다. 캠과 접촉되는 부분은 롤러가 설치되어 있고 플런저와 접촉되는 헤드 부분은 태핏 간극을 조정하기 위한 조정 스크루가 설치 되어 있다. 또한 태핏의 가이드는 펌프 하우징의 가이드 홈에 설치되어 있어 회전하지 않으면서 캠에 의해 상하 왕복 운동하여 플런저를 작동 시킨다.

태핏 가이드 [tappet guide] 디젤 엔진의 연료 분사펌프에서 사용되고 있 는 롤러 태핏의 보디에 안내면을 돌출되게 설치하고, 태핏 설치 구멍의 벽면에 수직으로 안내 홈을 마들어 조립하여 태핏의 상하 운동을 유도 하므로써, 엔진이 고속으로 회전하여도 태핏의 위치가 변화되지 않고 작동할 수 있도록 한다.

태핏 간극 [tappet clearance] 태핏 간극은 플런저가 캠에 의해 최고 위 치까지 밀어 올려졌을 때 플런저 헤드부와 플런저 배럴 윗면과의 간극. 태핏 간극은 약 0.5mm이며 표준 태핏은 조정 스크루로 조정하지만 고 속 태핏은 아래 스프링 시트와 태핏 사이에 심(shim)을 넣어 조정한 다. 연료 분사 펌프를 완전히 분해·정비 후 플런저의 상승 행정과 각 실린더간의 분사 간극을 태핏 조정 스크루로 조정하여야 한다. 조정이 불량하면 분사시기가 틀려지고 각 실린더 간의 분사 간극도 틀려져 출 력 저하의 원인이 된다.

태핏 클리어런스 [tappet clearance] ⇨ 밸브 클리어런스.

태핑 [tapping] 탭을 사용하여 암나사를 가공하는 작업을 말한다.

태핑 나사 [tapping screw] 암나사를 쓰지 않고 작은 구멍에 조여박는 작은 나사를 말함.

택 래그 [tack rag] 페인팅을 하기 전에 표면으로부터 먼지 및 샌딩 입자 를 제거하기 위하여 사용하는 특수 바니시를 적신 천.

택 코트 [tack coat] 손을 대어도 끈적끈적하게 느껴지지 않을 만큼 건조 한 에나멜 페인트의 최초 코트.

택시 [taxi] 자동차의 대기 시간을 요금으로 산출하고, 변속기의 출력축 회전수를 주행 거리로 환산하여 요금이 표시되는 택시 미터를 설치하 고 도로를 주행하면서 손님의 목적지에 따라 태우고 요금을 받는 사업 용 자동차를 말한다.

택시 미터 [taxi meter] ⇨ 택시.

탠덤 [tandem] 탠덤은 앞뒤로 '나란히, 직렬의' 뜻. ① 기계적으로 나란히 결합된 2쌍의 장치를 말한다. ② 좌석이 앞뒤로 된 2인용의 자전거를 말한다. ③ 동일한 축 위에 2개 이상의 전기자를 배열한 것을 말한다.

탠덤 드라이브 [tandem drive] 대형 트럭에서 2중 종감속 기어와 같이 기계를 직렬로 배열하여 구동되는 것을 말한다.

탠덤 마스터 실린더 [tandem master cylinder] 탠덤은 '앞뒤로 나란히'의 뜻. 탠덤 마스터는 안전성을 높이기 위해 앞뒤 바퀴에 각각 독립적으로 작용하는 2계통의 회로를 가지도록 마스터 실린더 2개의 구조를 1개의 실린더에 직렬로 배치한 마스터 실린더이다 ⇨ 브레이크 마스터 실린더.

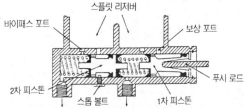

바이패스 포트 / 스플릿 리저버 / 보상 포트 / 2차 피스톤 / 스톱 볼트 / 1차 피스톤 / 푸시 로드

탠덤 시트 [tandem seat] 2인승 오토바이 뒷좌석을 말함. 운전자용의 시트와 탠덤 시트가 일렬로 되어 있는 것을 더블 시트라고 불리운다.

탠덤 액슬 [tandem axle] 대형 트럭에서 하중의 분산을 위하여 2개의 앞차축 또는 2개의 뒤차축이 나란히 설치된 차축을 말한다.

탠덤 액슬식 서스펜션 [tandem axle type suspension] 리프 스프링 2개를 앞뒤로 나란히 놓고(탠덤), 차축(액슬)을 2개 설치한 서스펜션으로서 중(重)트럭이나 트랙터 후차축에 사용된다.

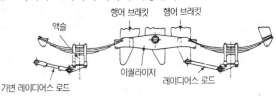

액슬 / 행어 브래킷 / 행어 브래킷 / 가변 레이디어스 로드 / 이퀄라이저 / 레이디어스 로드

탠덤 콤파운드 [tandem compound] 콤파운드는 '혼합하다, 합성하다'의 뜻으로서 1개의 축 위에 여러개의 압력이 서로 다른 고압실, 중압실, 저압실을 직렬로 배치한 것을 말한다. 병렬로 배치한 것은 크로스 콤파운드(cross compound)라 한다.

탠덤 투 시터 [tandem two seater] 좌서이 2개인 승용차에서 시트가 전후로 나란히 놓여져 있는 것. ⇨ 투(2) 시터.

탠덤 피스톤 [tandem piston] 자동 변속기의 유압 밸브 장치나 유압 브레이크의 유압 실린더에서 2개의 피스톤이 앞뒤로 나란히 설치되어 있어 각기 다른 계통의 유압을 제어하는 피스톤을 말한다.

탭 [tap] 암나사를 가공할 때 사용하는 공구. 탭은 암나사 가공에 가장 많이 사용하는 등경 수동탭, 강인한 재료 또는 정밀한 암나사를 가공하는 증경탭, 선반 또는 드릴링 머신에 설치하여 암나사를 가공하는 기계탭, 오일 캡이나 가스 파이프 또는 파이프에 암나사를 가공하며 가스탭이라고도 하는 관용탭으로 분류한다.

탭 볼트 [tap bolt] 결합하고자 하는 부품의 한쪽은 볼트가 관통되도록 구멍만 뚫고 다른 한쪽에는 암나사를 내어 볼트로 조여서 결합한다. 자동차의 실린더 헤드 볼트, 크랭크 축 베어링 캡 볼트 등 가장 많이 사용되는 볼트이다.

탱크 [fuel tank, ⑱gas tank, ⑱petrol tank] ⇨ 퓨얼 탱크.

탱크 [tank] ① 가스, 연료, 오일, 물 등을 넣어 저장하는 용기를 말한다. ② 음극의 성질을 갖는 대형 정류기의 금속 용기를 말한다. ③ 납산 축전지에서 전극과 전해액을 수용하는 극판을 말한다. ④ 점화 장치에서 접점과 축전기가 연결되어 전기 에너지를 축적하는 회로를 말한다.

탱크 로리 [tank lorry] 액화 석유 가스, 연료, 오일 등 액체를 나르기 위해 탱크가 설치된 트럭을 말한다.

탱크 유닛 [tank unit] 연료계 시스템의 연료 탱크 내에 장착되는 부품.

터널 [tunnel] 뒷바퀴 구동식 승용차의 보디 밑으로 프로펠러 샤프트가 통과할 수 있도록 만들어진 홈을 말한다.

터닝 [turning] 터닝은 선회, 회전, 방향 전환의 뜻. ① 자동차가 주행중 좌측 또는 우측 방향으로 선회하는 것. ② 엔진에서 시동 후 온도의 변화로 변형이 되는 것을 방지하고 정상적인 출력을 발생시키기 위하여 저속으로 회전시키는 것을 말한다. ③ 선반 작업에서 공작물을 회전시켜 절삭 공구를 대고 원통형 또는 원뿔형으로 깎아내는 절삭법을 말한다.

터닝 레이디어스 [turning radius] 레이디어스는 반지름, 반경, 복사선의 뜻. 조향 각도를 최대로 하고 선회하였을 때 최외측 바퀴가 동심원의 반경으로서 최소 회전 반경을 말한다. 승용자동차는 4.5~6m, 트럭은 7~10m이다.

터닝 레이디어스 게이지 [turning radius gauge] 자동차의 회전 반경을 측정할 수 있도록 회전판에 각도기가 설치 되어있는 게이지로서 턴 테이블을 말한다. 캠버, 캐스터, 킹핀 경사각을 측정할 때도 사용된다.

터닝 서클 [turning circle] 조향각을 최대로 하고 선회하였을 때, 최외측 바퀴가 그리는 동심원을 말한다.

터미널 [terminal] ① 회로 또는 장치에서 외부 회로에 대하여 접속하기 쉽도록 설치되어 있는 단자를 말한다. ② 트랜지스터, 다이오드, 전자관 등에서 전극 부분으로부터 끌어내어 외부 회로와 접속할 수 있도록 한 도전(導電)부분을 말한다.

터미널 리그 [terminal lug] 러그는 돌기의 뜻으로서 단자판 또는 전선 끝에 설치된 철편 단자로서 전선의 접속이나 납땜을 쉽게 할 수 있도록 설치한 것을 말한다.

터보 래그 [turbo lag] 터보차저에서 액셀 페달을 밟는 순간부터 엔진의 출력이 운전자가 기대하는 목표에 도달할 때까지 시간의 어긋남 (타임 래그;time lag)을 말함. 터보차저가 부착된 엔진의 단점으로 되어 있으며, 일반적으로 엔진의 회전수가 낮을 때 이것이 큰 경향이 있다.

터보 송풍기 [turbo blower] 날개의 회전에 의해 발생된 기체의 원심력을 이용하여 케이싱의 와류실을 통해 기체를 압송하는 송풍기를 말한다.

터보 컴프레서 [turbo compressure] ⇨ 원심 압축기.

터보 콤파운드 엔진 [turbo compound engine] 고압부는 왕복 피스톤식을 사용하고 저압부는 가스터빈을 사용하는 복합 엔진으로서, 고압부의 왕복 피스톤에서 배출되는 배기 가스로 터빈을 구동시키고 양쪽의 축을 하나로 합하여 출력축으로 사용된다.

터보 팬 [turbo fan] 날개를 회전시켜 발생되는 기체의 원심력을 이용하여 기체를 압송하는 원심 송풍기를 말한다.

터보제트 [turbojet] 흡입되는 공기를 터보 압축기로 압축한 다음 연소실에서 연료와 공기를 혼합·연소시켜 터빈을 회전시킴과 동시에, 터빈축의 압축기에 동력을 발생시키고 가스를 뒤쪽의 제트 노즐로부터 대기로 분출시켜 그 반동으로 얻는 장치를 말한다.

터보차저 [turbocharger] 배기터빈 과급기. 터보는 터빈, 차저는 채워넣는 물건을 뜻하며 배기가스의 에너지로 배기 터빈을 돌리면 이것에 직결된 컴프레서로 엔진에 공기를 밀어넣어 엔진 출력을 향상시키는 장치. 기계구동의 슈퍼차저와 구별하는데 터빈이 붙은 슈퍼차저라고 하는데서 터보차저라고 불리우게 됐다. 정확하게 표기하자면 배기터빈

구동 과급기(turbo-supercharger)라고 한나. 1개의 축 양끝에 각도
가 서로 다른 터빈을 설치하여 하우징의 한쪽은 흡기 다기관에 연결하
고 다른 한쪽을 배기 다기관에 연결한다. 엔진의 배기 행정에서 배기가
스가 배출되면서 배기쪽의 터빈을 회전시키면 흡입쪽의 임펠러도 회전
하므로 임펠러 중심 부근의 공기는 원심력을 받아 외곽으로 가속되어
디퓨저에 들어간다. 디퓨저는 공기통로의 면적이 크기 때문에 공기의
속도 에너지가 압력 에너지로 바꾸어 압축되어 실린더에 공급하므로
체적 효율이 향상된다. 또한 배기 효율도 향상되며 배기 터빈 과급기라
고도 부른다.

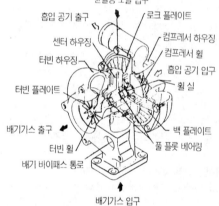

구동 과급기 부분 명칭:
윤활용 오일 입구
흡입 공기 출구 / 로크 플레이트
센터 하우징 / 컴프레서 하우징
터빈 하우징 / 컴프레서 휠
터빈 플레이트 / 흡입 공기 입구 / 휠 실
배기가스 출구 / 백 플레이트
터빈 휠 / 풀 플롯 베어링
배기 바이패스 통로
배기가스 입구

터보팬 엔진 [turbofan engine] 터보 제트 엔진의 터빈 뒤쪽에 터빈과 압
축기의 앞부분에 추가로 팬을 설치한 엔진을 말한다. 배기 가스의 에너
지를 흡수하여 압축기의 앞부분에 증설한 팬을 회전시켜 흐르는 공기
의 소량은 연소용으로 이용하고, 나머지는 측로로부터 엔진 뒤쪽으로
분출시키므로써 추진력을 더욱 증가시킬 수 있도록 설계된 엔진을 말
한다.

터빈 [turbine] ① 터빈은 배기가스의 열에너지를 회전력으로 변환한다.
배기가스의 압력에 의해 회전하는 날개로서, 엔진의 작동중에는 배기
가스의 온도를 받으며 고속 회전하기 때문에 원심력에 대한 충분한 강
성과 내열성이 있어야 한다. ② 유체(流體)를 회전체에 부착한 날개로
서 유체의 운동에너지를 회전운동으로 바꾸는 장치로 레이디얼식 터빈
과 축류(軸流)식 터빈이 있다. 자동차에서 터빈이라고 하면 보통 레이
디얼식 터빈을 가리킨다.

터빈 런너 〔turbine runner〕 토크 컨버터의 출력쪽에 사용되고 있는 날개 바퀴.

터빈 발전기 〔turbine generator〕 터빈으로 회전하여 발전하는 교류 발전 기로서 여자 코일이 원통형의 로터 홈속에 설치되어 고속 회전에 적합 하도록 설계되어 있다.

터빈 블레이드〔turbine blade〕 터보차저의 터빈 휠에 부착되어 있는 날개 를 말함.

터빈 펌프 〔turbine pump〕 펌프의 효율을 증대시키기 위하여 가이드 날 개가 설치된 와류 펌프를 말한다.

터빈 하우징 〔turbine housing〕 터빈 휠을 포함한 케이스. 배기가스를 일 정하게 고속으로 분출시키기 위하여 달팽이 모양으로 되어있다. 고온 에 노출되므로 열변형이나 산화를 일으키기 힘드는 구상 흑연(球狀黑 鉛), 또는 주철 등의 특수 내열 주물로 만들어진다.

터빈 휠 〔turbine wheel〕 터보차저의 부품으로서 배기가스의 힘으로 회 전하는 날개바퀴. 배기가스의 온도가 900℃에도 견디는 니켈계의 내열 합금으로 만들어지며, 매분 10~16만까지 회전하므로 중량 불균형이 없는 정밀한 가공이 요구된다. 세라믹계 신재료도 개발되어 있다.

터치업 〔touchup〕 부분 도장 전반을 가리키는 경우와 패널의 일부만을 페인팅하는 작업을 가리키는 말.

터치업 페인트 〔touch‒up paint〕 튜브에 들어 있는 페이스트 모양의 톱 코트. 사소한 표면손상을 다듬는데 사용된다.

턱 인 〔tuck in〕 코너링중 급히 액셀 페달을 놓았을 때 자동차가 선회 방 향 안쪽으로 향하는 현상. 프런드 타이어에 옆으로 쏠리는 힘이 커졌기 때문에 발생되는 현상으로 전후의 하중 이동이 큰 자동차나, 사이드 포 스가 하중 변화와 얼라인먼트 변화에 따라 변하기 쉬운 타이어가 설치 되어 있는 경우에 일어날 수 있다. 또 FF 차에서 한계에 가까운 코너링 중 구동 방향에 사용되었던 타이어의 그립력이 횡력(橫力)으로 변하기 때문에 발생하는 경우도 있다. ⇨ 마찰원(摩擦圓).

턴 〔turn〕 턴은 '회전시키다, 방향을 바꾸다, 회전하다'의 뜻. ① 자동차 를 좌측 또는 우측으로 주행 방향을 바꾸는 것을 말한다. ② 기계의 일 부에서 어떤 축을 중심으로 그 원주 방향으로 회전시키는 것을 말한다.

턴 도금 강판 〔turn sheet〕 방청 강판의 일종으로서 턴 시트라고도 불리 우며 턴(납과 주석의 합금)을 도금한 강판으로서 물이나 연료에 장기 간 동안 접촉해도 산화 부식되지 않기 때문에 연료 탱크에 사용되고 있 다.

턴 버클 [turn buckle] 조임 너트. 오른쪽 너트 구멍과 왼쪽 니드 구멍이 결합되어 있어서, 중앙의 틀을 회전시키면 전체 길이가 길어지기도 하고 짧아지기도 한다. 체인이나 와이어를 당겨서 조이는데 사용함.

턴 시그널 [turn signal] 시그널은 '신호, 경보, 신호기'의 뜻으로서 소방차, 앰블런스 등 긴급 자동차에 설치하여 회전하는 경광등(警光燈). 또한 자동차의 주행 방향을 좌회전 또는 우회전시 다른 자동차에 알리는 방향지시등을 말한다.

턴 시그널 램프 [turn signal light] 방향 지시등. 0.5~1초에 1회 점멸하고, 좌·우 회전이나 차선 변경 등 자동차의 진로를 바꾸는 신호로 사용되는 라이트로서 안전기준에는 주간에도 전후 100m에서 점등되어 있는 것이 확인되어야 함이 요구되고 있다.

턴 시그널 스위치 [turn signal switch] 턴 시그널 램프를 점등하기 위한 스위치로서 진행 방향에 맞추어 우 또는 좌로 온(on)하며, 스티어링 휠을 원위치로 되돌리면 자동적으로 오프(off)되는 것이 보통. 디머 스위치와 일체로 되어 있는 것이 많다.

턴 시그널 플레셔 [turn signal flasher] ⇨ 방향지시기 플레셔 유닛.

턴 시트 [turn sheet] ⇨ 턴 도금 강판.

턴 언더 [turn under] 아래쪽으로 그리고 보디의 센터 라인을 향하여 뻗어 있는 보디의 가장 폭넓은 부분 아래쪽의 보디 표면 부분.

턴 오버 [turn-over] ① 프레스 가공이나 단조 가공에서 물품의 겉과 속을 뒤집는 조작을 말한다. ② 자동차가 주행중 사고로 인하여 전복된 것을 말한다.

턴 오버 스프링 [turn over spring] 브레이크 슈, 브레이크 페달, 클러치 페달 등에 설치되어 있는 리턴 스프링으로서 작동시에 스프링을 잡아당겨 팽창시키고 해제시에 탄성으로 되돌아 가도록 한 반전(反轉)스프링을 말한다.

턴 오프 [turn off] 회로 소자를 전도 상태에서 비전도 상태로 변화시키는 것으로서 사이리스터의 회로에 전류가 흐르지 않도록 주 회로를 차단하거나 애노드와 캐소드 사이의 전류를 정류시키는 것을 말한다.

턴 오프 타임 [turn off time] ① 스위칭 속도의 표시 방법으로 보통 턴오프 동작의 개시점에서 최종 변화값의 90%에 이를 때까지의 시간을 말한다. ② 회로 소자가 ON에서 OFF로 옮겨갈 때의 시간을 말한다.

턴 온 [turn on] 회로 소자를 비전도 상태에서 전도 상태로 변화시키는 것으로서 사이리스터 회로에 전류가 흐르도록 게이트에 신호를 주거나 애노드와 캐소드 사이에 순방향 전압을 계속 증가시키는 것을 말한다.

턴 인디케이터 램프 〔turn indicator lamp〕 방향지시등을 말하며 깜박이라고도 한다. 우회전, 좌회전 전에, 후방차량이나 보행자 등에 신호를 하기 위하여 점등하는 라이트이다. 프런트, 사이드, 리어에 있다. ⇨ 턴 시그널 램프.

턴 플로 〔turn flow〕 ⇨카운터 플로 엔진 (counter flow engine)

턴테이블 〔turntable〕 ① 자동차의 회전 반경의 측정 및 캠버, 캐스터, 킹핀의 측정시 타이어를 올려 놓고 회전시키는 각도기가 설치된 게이지를 말한다.② 기관차나 트롤리 등을 싣고 그 방향을 바꾸는 회전대를 말한다. ③ 원반 녹음 장치에서 녹음판 또는 레코드를 얹는 회전반을 말한다. ⇨ 터닝 레이디어스 게이지.

텀블러 스위치 〔tumbler switch〕 텀블러는 '넘어 뜨리다. 쓰러지게 하다'의 뜻으로서 손잡이를 상하 또는 좌우로 눕혀서 ON, OFF시키는 스위치를 말한다.

텅거 벌브 정류기 〔tungar bulb rectifier〕 텅거 벌브 정류기는 양극에 교류를 가하면 텅스텐 필라멘트가 발열되어 양극에서 음극으로만 전류가 흐르게 된다. 충전용 정류기로서 이용 전류가 1/2이고 값이, 싼데 비해 효율이 좋지 않다.

텅스텐 〔tungsten〕 원소 기호 W, 원자 번호 74, 원자량 183.85의 굳고 질기며 단단한 금속으로 융점이 3400℃, 비중이 19.24이며 화학적으로도 안정되어 있다. 텅스텐 강, 고속도 강 등 합금의 제조, 백열 전구의 필라멘트, 불활설 가스 용접봉, 전류계의 철선에 이용된다.

텅스텐 강 〔tungsten steels〕 공구, 내열강, 밸브 등에 사용되며 경도가 크고, 내마모성, 고온강도가 크다.

텅스텐 아크 램프 〔tungsten arc lamp〕 관구(管球)내에 설치한 텅스텐의 작은 원형으로 되어있는 양극에 필라멘트로부터 전자를 충돌하여 백열시킴으로써 발광을 이용하는 램프를 말한다.

텅스텐 접점 〔tungsten point〕 배전기의 접점, 발전기의 전압 조정기 등에서 용융 온도가 높고 내마모성 및 강도가 높기 때문에 접점의 단속에 의한 소손을 방지하기 위하여 텅스텐으로 접점을 만들어 사용한다.

테르밋 용접 〔thermit welding〕 알루미나(산화철의 분말과 알루미늄 분말의 혼합물)와 점화재(과산화바륨과 마그네슘의 혼합물)의 혼합 반응열로 용융시켜 용접부에 주입하는 접합 방법.

테스터 〔tester〕 테스터는 시험하는 사람, 시험 기구의 뜻으로서 자동차에 작동 상태를 점검하는 각종 시험 기구로 자동차의 제동력 시험을 하는 제동력 테스터. 타이어의 사이드 슬립을 시험하는 사이드 슬립 테스

터, 엔진의 회전수, 점화 상태, 캠각, 배기 가스 등을 시험하는 엔진 종
합테스터, 전자제어의 각종 센서의 시험을 하는 전자제어 테스터, 점화
코일과 축전기의 성능을 시험하는 코일 콘덴서 테스터, 헤드라이트의
광도 및 상하, 좌우 진폭을 시험하는 헤드라이트 테스터 등이 있다.

테스트 램프 〔test lamp〕 테스트는 시험, 검사의 뜻으로서 접지 클램프,
접지 배선, 전구로 구성되어 차체에 클램프를 접지시키고 기기의 단자
에 한쪽을 접촉시켜 도통(導通) 여부를 시험하는 램프를 말한다.

테스트 캡 〔test cap〕 테스트 케이블의 노출 단자에 씌운 보호 구조로서
덮개 또는 피복하여 다른 물질이나 습기의 침입을 차단하도록 한 것을
말한다.

테스트 코스 〔proving ground〕 실물 자동차의 성능, 안전성, 운전성의 편
의성 등을 시험하기 위한 시험장으로서 수Km의 포장 도로로 되어 있
다. 험한 길, 등판길, 물이 고인 도로 등이 갖추어져 있고 주회로에는
고속 주행에 적합하게 가드레일, 조명, 신호, 기타 보안 설비가 갖추어
져 있다.

테스트 포인트 〔test point〕 전기 회로나 장치 등을 수리하거나 고장 점검
을 할 목적으로 외부로 끌어낸 측정 단자를 가지고 있는 특정 시험 부
분을 말한다. 측정 단자는 테스트 캡으로 씌워져 있다.

테스트 프로드 〔test prod〕 프로드는 찌르는 막대기의 뜻으로 멀티 테스
터, 디지털 테스터, 그로울러 테스터 등에서 적색의 리드선과 흑색의
리드선 끝에 설치된 검침봉을 말한다. 적색의 검침봉은 입력측에 접촉
시키고 흑색의 검침봉은 출력측에 접촉시켜 측정하여야 한다.

테스트 해머 〔test hammer〕 부품의 균열, 볼트 또는 너트의 이완 등을
가볍게 타격하여 발생되는 음향으로 점검하기 위해 사용하는 시험용
해머를 말한다. 볼트 및 너트의 검사시에는 조여지는 방향으로 두둘겨
검사를 마한다.

테이블 〔table〕 테이블은 브레이크 드럼과 접촉하여 제동력을 발생시키
는 라이닝이 리벳 또는 접착제에 의해 부착되며, 웨브와 직각으로 설치
되어 있다.

테이퍼 〔taper〕 ① 포텐쇼미터 또는 저항기의 저항 요소 전체를 통해 저
항값이 분포되었을 때 사용되는 용어로서 요소 전체를 통하여 저항값
이 길이와 직선 비례적으로 변화하는 경우를 직선 테이퍼라 하고 그렇
지 않을 경우를 비직선 테이퍼라 한다. ② 축 또는 핀 등에서 한쪽 끝이
가늘어진 모양으로서 한쪽면만 경사되었을 때를 구배(勾配)라 하고 전
체가 경사되었을 때를 테이퍼라 한다.

테이퍼 게이지 〔taper gauge〕 공작물이나 자동차 부품의 모스 테이퍼, 브라운 샤프테이퍼, 내셔널 테이퍼를 측정하는 게이지.

테이퍼 롤러 베어링 〔taper roller bearing〕 종감속 기어 장치에서 구동 피니언 기어를 지지하는 베어링. 차동기어 케이스를 지지하는 베어링, 허브 베어링 등과 같이 롤러의 한쪽이 가늘고 다른 한쪽이 굵게 되어 있는 베어링을 말한다. 축방향과 축직각 방향으로 하중을 받으며 동력을 전달하는 곳에 사용하는 베어링을 말한다.

테이퍼 세레이션 〔taper serration〕 조향축에서 핸들의 허브와 결합되는 부분 또는 섹터 기어와 피트먼 암이 결합되는 부분과 같이 테이퍼 축에 고정을 하기 위하여 삼각형 모양으로 가느다란 홈을 원둘레 방향으로 만들어 놓은 것을 말한다.

테이퍼 코일 스프링 〔taper coil spring〕 비선형(非線形) 코일 스프링의 일종. 코일 스프링의 강선 한쪽 끝 또는 양쪽 끝을 향해서 끝이 좁아지게(테이퍼)하여, 그 부분의 선의 간격을 서서히 좁게 한 것. 스프링의 휨에 대한 스프링 정수(定數)가 변화하는데서 승차감이 좋고, 승차 인원이나 화물의 양에 따라 자동차 높이의 차이가 적다는 등의 특징을 가진 서스펜션이 얻어진다. ⇨ 비선형(非線形) 코일 스프링.

테이퍼 핀 〔taper pin〕 1/50의 테이퍼가 되어 축에 보스를 고정할 때 사용하는 핀으로서 작은 쪽의 지름으로 나타낸다.

테이프 드로잉 〔tape drawing〕 자동차의 디자인 표현에 사용하는 수법의 하나로서 클레이 모델로 디자인을 검토할 때 각종 테이프나 시트를 모델에 붙여서, 그 크기나 위치, 각부분이 전체와 조화가 되는지를 보는 것.

테일 〔tail〕 ⇨ 노즈(nose)

테일 라이트 〔tail light〕 ⇨ 테일 램프

테일 램프 〔tail lamp〕 미등, 후미등, 테일 라이트. 차량 후부에 있는 램프를 말하며, 백기어를 변속했을 때 점등되는 백업 램프, 제동할 때 점등되는 스톱 램프(브레이크 램프), 리어 턴 시그널 램프 등이 있으며 이것들이 일체가 되어 디자인된 것을 리어 컴비네이션 램프라고 부르고 있다. 그 외에도 주차중에 점등되는 파킹 램프, 번호판을 밝히는 라이트도 앞뒤에 있다. 야간, 후속차의 추돌을 방지하기 위하여 설치되어 있는 적색등으로서 안전기준에 그 기준이 명시되어 있다.

테일 스포일러 〔tail spoiler〕 자동차 후단에 설치되어 있는 바람맞이 판. 레이싱중에 자동차 후단부의 들림(lift)을 억제시키고 주행 안정성을 좋게 할 뿐만 아니라 구동력이나 제동력을 증대시킨다. 그러나 통상의

주행에서는 효과가 별로 없는 액세서리로 머무는 일이 많다. ―에이댐, 에어로 스태빌라이저.

테일 파이프[tail pipe, kick-up pipe] 배기관의 출구를 말함. 테일은 '꼬리'의 뜻. 머플러의 끝부분.

테일 핀[tail fin] 항공 용어로 비행기의 수직 꼬리 날개를 말하며, 자동차에서는 자동차의 뒷부분을 지느러미 모양으로 얇게 만든 것을 말한다. 공력(空力)효과에 의하여 주행안정성이 좋아질 것으로 예상하지만 실제적인 효과는 그다지 기대할 바가 아니다.

텍스타일 레이디얼 타이어 [textile radial tire] 벨트에 레이온 등의 고분자 섬유(텍스타일)만을 사용한 레이디얼 타이어. 스틸 레이디얼 타이어와 대비해서 사용되고 있는 용어.

텐(10)모드 [ten mode] 배출가스의 농도를 측정하기 위한 주행(走行)방법. 신호가 있는 도시 내의 주행을 생각하여 충분한 난기(暖機)운전을 한 다음 엔진을 정상 상태로 한 후에 측정한다. 10종의 운전방법(모드)을 계속 6회 되풀이하고, 2회째에서 6회까지 5회분의 배출가스에 포함되는 특정 성분의 중량을 측정한다. (10모드 : 아이들링→가속→정속→감속→아이들링→가속→정속→감속→가속→감속).

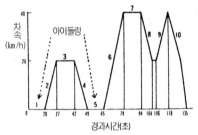

텐(10) 모드 연비(燃費) 텐 모드에서 얻어진 배출가스의 측정치를 근거로 계산에 의하여 얻어진 연비. 연료는 대부분이 탄화수소이며, 탄소는 연소되어 이산화탄소, 일산화탄소, 미연소(未燃燒)의 탄화수소의 모양으로 배출되므로 배출가스 중 이들의 성분 중량을 알면 얼마 만큼의 연료가 소비되었는가를 알게 된다.

텐셔너 [tensioner] 텐셔너는 '장력, 응력, 팽창력'의 뜻으로 벨트 구동식이나 체인 구동식에서 벨트나 체인이 늘어지게 되면 밸브의 개폐시기가 틀려진다. 그러므로 유압이나 스프링의 장력을 이용하여, 자동적으로 팽배해지도록 장력을 조절하므로 밸브 개폐를 정확하게 한다. 체인이 회전할 경우 외측(外側)으로 벌어지지 않도록 체인 가이드를 스프링의 반력(反力)을 이용하여 바깥에서 밀어붙이는 타입과 안쪽에서 끌어당기는 타입이 있다. 체인 텐셔너, 오토 텐셔너라고도 부른다.

텐션 로드 [tension rod] 서스펜션 암으로서 Ⅰ암을 사용하는 서스펜션으로서 Ⅰ암 선단(先端)과 액슬보다 전방의 보디를 연결하고, 휠에 가해지는 전후 방향의 힘을 앞에서 지지하는 로드. 주행중 타이어의 구름 저항에 의하여 로드에 장력(텐션)이 걸리는데서 이 명칭이 붙혀졌다. 더욱이 영어로 「tension rod」라고 하면 통상적으로 타이로드를 가리킨다. ⇔ 컴프레션 로드(compression rod).

텐션 리듀셔 [tension reducer] 시트 벨트를 장착했을 때 압박감을 적게 하기 위하여 벨트를 감아들이는 힘(텐션)을 적게 하는 (리듀셔) 장치. 벨트를 감아들이는 스프링은 강한 것과 약한 것을 갖추고 그 선택은 캠이나 도어의 개폐시 레버의 움직임, 전자석 등을 이용할 수 있도록 설계되어 있다.

텐션 풀리 [tension pulley] 벨트로 동력을 전달하는 장치로서 벨트가 늘어지지 않도록 스프링이나 저울추로 장력을 주는 역할을 하는 것.

텔레미터 [telemeter] 원격측정(遠隔測定)장치. 측정된 데이터를 전파로 송수신하여 기록하는 장치. 자동차용의 텔레미터는 메이커의 실차 시험용으로 개발된 것.

텔레스코픽 스티어링 [telescopically adjustable steering column] 가변 스티어링 휠의 일종으로서 스티어링 샤프트를 2중으로 하여 축 방향으로 슬라이드 시켜, 길이를 망원경(텔레스코프)과 같이 신축할 수 있는 형식 ⇨ 가변 스티어링 휠.

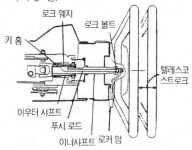

텔레스코픽 타입 [telescopically type] 오토바이의 프런트 포크로서 스프링과 댐퍼를 조합한 이너 튜브(內筒)와 아웃 튜브(外筒)가 망원경(텔

레스코프)과 같이 신축하여 충격을 흡수하고 하중을 지지하도록 되어 있는 것. 종류로는 2중 튜브로 되어있는 슬라이드 메탈. 피스톤에 의하여 슬라이딩하는 피스톤 슬라이드 타입, 이너 튜브 내부를 댐퍼의 오일 실로 하여 이너 튜브와 아웃 튜브가 직접 슬라이딩하는 체리어니 타입이 있다. 체리어니는 이 시스템을 개발한 이태리의 메이커 이름이다. 아웃 튜브가 아래에 위치하는 것이 보통이지만 댐퍼를 카드리지식으로 하여 굵은 아웃 튜브를 위로 하여 고강성화(高剛性化)를 도모한 도립(倒立)타입도 있다.

텔레스코핑 게이지 [telescoping gauge] 텔레스코핑 게이지 자체는 눈금이 없기 때문에 외경 마이크로미터와 함께 사용하여 내경, 홈 등을 측정하는데 사용한다.

텔레스코핑식 쇽업소버 [telescoping type shockabsorber] ⇨ 트윈 튜브 댐퍼.

텔레스코핑식 [telescoping type] ⇨ 트윈 튜브 댐퍼.

텔테일 [telltale] 영어로 경고를 준다고 하는 의미로서 경고등 (워닝 램프)을 말함.

템퍼 타이어 [temper tire] 미국의 파이어스톤사가 만든 스페어 전용 타이어의 템퍼스페어의 일반적인 호칭이다. 후에 TRA 규격에 T타입 타이어로서 채용되어 78년식 GM차에 처음 장착되었다. ⇨ 응급용 타이어.

템퍼러리 마그넷 [temporary magnet] 템퍼러리는 '일시적인, 임시의, 잠시의' 뜻으로서 철심에 코일을 감아 전류를 흐르게 하면 자석이 되는 인공자석을 말한다. 코일에 흐르는 전류를 차단하면 자력이 소멸되는 자석으로 전자석을 말한다.

템퍼러처 게이지 [temperature gauge] 템퍼러처는 '온도, 기온'의 뜻으로서 수온계를 말한다. 온도에 의해 저항값이 변화되는 서미스터를 실린더 헤드의 냉각수 통로에 설치하고 운전석에 설치되어 있는 수온계와 전선으로 연결하여 실린더 헤드의 냉각수 온도로 엔진의 작동 온도를 나타내는 게이지이다. 엔진의 정상적인 작동온도는 75°~85℃이고, 종류로는 부르동 듀브식과 밸런싱 코일식으로 분류된다.

템퍼러처 센딩 유닛 [temperature sanding unit] 엔진 냉각수와 접촉하고 있는 장치로서, 냉각수 온도의 증감에 따라 그 전기 저항이 변화하며, 그로 인해 온도 게이지 지침의 움직임이 조절된다.

템퍼러처 센시티브 레지스터 [temperature sensitive resister] ⇨ 밸러스트 저항.

템퍼러처 인디케이터 [temperature indicator] ⇨ 템퍼러처 게이지.

템플릿 [template] 해야 할 작업의 형태를 확립하는 하나의 가이드로 사용되는 게이지 또는 무늬로서 얇은 금속판이 보편적으로 사용되고 있음.

토 각 [toe angle] 자동차의 전후 방향 중심면과 한쪽의 휠 중심면이 차축의 중심 높이로 이루어지는 각 ⇨ 토 인(toe−in).

토 언더 힐 [toe under heel] ⇨ 힐 언더 토.

토 컨트롤 [toe control] ⇨ 지오메트리 컨트롤.

토글 스위치 [toggle switch] ① 소형 스위치로 스프링이 설치되어 손잡이를 올렸다 내렸다 하여 회로를 스냅 동작으로 ON, OFF시킬 수 있는 스위치를 말한다. ② 논리 게이트에 있어서 입력 레벨의 변화 또는 클록 입력에 따라서 출력을 ON, OFF시키는 동작을 말한다.

토글 조인트 [toggle joint] 적은 힘을 이용하여 큰 힘으로 증대시키는 장치로서 압착기 또는 프레스에 이용한다.

토르센 LSD [torsen LSD] 3종류의 기어가 조합되어 이루어지며, 차동제한의 응답성이 좋은 것을 특징으로 하는 토크 비례식 LSD의 일종. 스러스트 와셔를 통하여 좌우 구동축에 연결된 2개의 휠기어(일반적으로 디퍼렌셜의 사이드 기어에 해당하는 것)의 주위를 2개씩 짝이 된 스퍼 기어가 설치되어 있으며 웜휠 6개가 삼각형을 이루고 에워싼 구조로 되어 있다. 좌우 휠의 회전 속도가 변하면 디퍼렌셜 케이스 전체는 좌우 속도를 평균한 속도로 회전하고 있으므로, 웜 기어 잇면(齒面)의 마찰력에 따라 속도가 빠른 쪽의 샤프트는 감속이 되고 늦은 쪽의 샤프트에는 가속이 되어 결과적으로 빠른 쪽에 배분(配分)될 토크는 적고, 늦은 쪽에 많은 토크가 배분되는 것. 토르센은 미국 젝세르그리손사의 상표이며, 토크를 감지하는 것을 의미하는 토크센싱(torque−sensing)에서 만들어진 말이다.

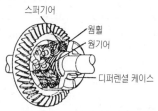

스퍼기어
웜휠
웜기어
디퍼렌셜 케이스

토마스법 [thomas process] 전로 제강법의 종류. 전로의 내면을 돌로마이트와 같은 염기성 내화물을 이용하여 제강하는 방법으로 용량은 1회에 제강할 수 있는 무게를 톤(ton)으로 나타낸다.

토셔널 댐퍼 〔torsional vibration damper〕 토크 변동에 따라 회전축의 비틀림 진동을 흡수하는 장치. 회전축 주위에 고무(고무 댐퍼)나 실리콘 오일(오일 댐퍼)등을 거쳐 질량(質量)이 되는 스틸제의 링을 설치하여 고무의 탄성이나 오일의 점도를 이용하여 비틀림 진동을 흡수하는 것으로 크랭크 댐퍼나 댐퍼 풀리 등이 그 예. 토션은 비틀림을, 댐퍼는 진동을 감쇄시키는 것을 의미한다. ⇨ 크랭크 댐퍼.

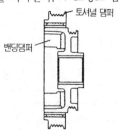

토션 바 〔torsion bar〕 토션 바 스프링을 약한 것으로서 토션은 라틴어의 비틀린 것에 어원을 지닌 영어. 스프링 강으로 만들어진 봉(棒)을 비틀었을 때 얻어지는 탄성을 이용하는 것으로 큰 진동은 흡수하지 못하지만, 가볍고 간단한 구조이므로 효율 좋은 스프링으로 소형차에 사용되고 있다. 스태빌라이저도 토션 바 스프링의 일종이다.

토션 바 스프링 〔torsion bar spring〕 길고 곧은 금속봉의 한쪽을 보디쪽에, 반대쪽을 서스펜션에 부착하여 스프링으로 한 것. 봉을 비틀어 스프링으로 하고 있으므로 원리적으로는 말려있지 않은 코일 스프링이다. 코일 스프링에 비하여 장소를 차지하지 않고, 보디측의 부착부를 돌리면 차고를 간단히 조정할 수 있는 장점이 있다. 위시본형 서스펜션의 FF차에서는 구동축이 있기 때문에 스프링을 설치할 공간이 없어 토션 바 스프링을 사용하는 경우가 많다.⇨ 토션 바.

토션 빔식 서스펜션 〔torsion beam type suspension〕 세미 리지드 액슬식이라고도 불리우며, 트레일링 암식 서스펜션(trailing arm type suspension)으로 좌우 트레일링 암을 크로스 빔에 연결한 형식의 서스펜션. 크로스 빔의 부착 위치에 따라 액슬 빔식, 피벗 빔식, 커플드 빔식이 있으며 소형 FF차의 후륜에 많이 사용되고 있다. 좌우에 암이 연결되어 있으므로 차체의 롤링에 따라 빔이 비틀어져 스태빌라이저의 효과를 가져온다는 특징을 가지고 있다.

토아웃 [toe-out] 앞바퀴를 위에서 보았을 때 좌우 타이어 중심간의 거리가 앞부분이 뒷부분보다 좁은 것을 토인, 반대의 경우를 토 아웃이라 한다. 예를 들면, 킹핀 오프셋을 작게 할 목적으로 캠버각을 정(正)으로 하여 장착하면, 타이어는 외측으로 굴러가려 한다(캠버 스러스트). 이 힘을 상쇄시켜, 타이어를 직진시킬 목적으로 토인이 주어진다.

토인 [toe-in] 토는 발 앞부분 또는 발가락 끝을 말하며 좌우 타이어 중심간의 거리가 뒷부분 보다 앞부분이 좁은 상태. 차축의 중심 높이로 좌우 타이어의 앞끝과 뒤끝의 간격을 측정하며 그 차이를 mm로 표시한 것. 반대로 앞이 넓어진 것을 토 아웃(toe-out)이라고 한다. 주로 타이어에 캠버를 두었을 때 발생되는 옆으로 향하는 힘을 상쇄시키기 위하여 이용된다. 토인을 두는 이유로는 조향 바퀴의 사이드 슬립과 타이어 마멸을 방지하고 앞바퀴를 평행하게 회전시키며 링키지 마멸에 의한 토 아웃됨을 방지하기 위해서이다.

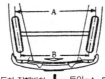

자동차 진행방향 ↓   토인=A-B

토인 게이지 [toe-in gauge] 전차륜 정렬에서 토인을 측정하는 게이지로서 inch용과 mm용으로 되어 있다. 다이얼식 토인 게이지는 다이얼을 1회전시켰을 때 2mm 이동한다.

토치 [torch] 산소아세틸렌 용접기에서 두 가지의 가스를 혼합하고, 그들의 양을 조정하는 도구. 구조에 따라 독일식과 프랑스식으로 구분되고, 다시 용접용과 절단용으로 구분됨. 가스 용접기 그 자체를 가리켜 이렇게 부르기도 함.

토치 램프 [torch lamp, blow torch] 가솔린 또는 석유를 플라이밍 펌프로 압축시켜 니들 밸브를 열면 무화되면서 분출될 때 연소시켜 도장의 벗기기, 금속의 가열 작업, 금속의 납접에 이용하는 가열 램프를 말한다.

토크 [torque] 어떤 것을 어떤 점 주위에 회전시키는 효과를 나타내는 양(量)으로서 회전모멘트, 비틀림 모멘트라고도 부르며 힘의 크기와 힘이 걸리는 점에서 회전 중심점까지의 길이의 곱(kg·m)으로 나타낸다. 자동차에서는 엔진에 발생하는 토크(축 토크)를 가리키는 것이 보통이며, 엔진의 토크가 크면 가속(加速)이 좋고, 운전하기가 쉽다.

토크 디바이더 [torque divider] ⇨ 트랜스퍼 케이스.

토크 렌치 [torque wrench] 볼트나 너트를 조일 때 조임력을 측정하는 공구로서 여러 개의 볼트나 너트를 균일하게 조일 때 사용한다.

토크 로드 [torque rod] 액슬축(車軸)이나 추진축의 토크 반력(反力)을 받치는 봉(棒). 통상적으로 리지드 액슬과 보디를 연결하며, 종감속 기어장치보다 위에 설치되어 있는 것을 말함. 액슬과 보디를 연결하고 전후 방향의 힘을 지지하는 레이디어스 로드가 토크 로드로서 작용하는 서스펜션도 있다.

토크 롤 축 [torque rall shaft] 엔진에서 동력을 발생하여 크랭크 샤프트 주위에 토크가 작용했을 때, 엔진은 하나의 강제(剛體)로서 전후 방향의 축을 중심으로 회전하려고 하는 회전축을 말한다. 엔진 마운트를 그 축상에 설치하면, 이론상 엔진은 회전 진동을 할 뿐 여분의 움직임은 하지 않는다. 이 같은 엔진의 지지방법을 비연성지지(非連成支持)라고 한다.

토크 변동 [torque fluctuation] 가스의 이상 연소 등에 의하여 엔진의 축 토크가 변화하는 것. 어떤 주기(周期)에서 변동하는 일이 많고 서지(surge)나 진동의 발생 원인이 되기 쉽다.

토크 비례식 LSD [torque proportional type LSD] 리미티드 슬립 디퍼렌셜(LSD)의 일종으로서 디퍼렌셜에 입력되는 토크에 비례하여 좌우 구동축의 토크가 변화하도록 되어 있는 것. 다판 클러치식 LSD나 토르센 LSD 등이 그 대표적인 것이다.

토크 스티어 [torque steer] 전륜(前輪) 구동차나 4륜 구동차에서 조향 륜에 큰 구동력(토크)이 걸렸을 때, 노면 상태나 하중 배분의 차이에 따라 좌우 타이어의 그립이 달라지면, 마치 핸들을 회전시킨 것처럼 자동차가 편향(偏向)하거나 핸들을 놓칠 수가 있다. 이것을 토크 스티어라고 하며, 좌우의 드라이브 샤프트의 길이나 기울기가 다른 자동차에서 이러한 현상이 발생되기 쉽다.

토크 스플릿 [torque split] 스플릿은 '분할하다'는 뜻으로, 장치에 입력된 토크를 2계통 또는 그 이상으로 분할하는 것. 통상적으로 4WD에서 트랜스퍼에 의하여 구동 토크를 전후륜에 배분할 경우에 쓰이며, 전륜 또는 후륜 중 한쪽을 상시(常時) 구동한다. 비스커스 커플링 등으로 다른 쪽의 차축에 회전 차이가 생길 경우에만 자동적으로 토크가 배분되는 패시브 토크 스플릿 전자제어의 마찰 클러치에 의하여 또는 좌우의 상황에 따라 토크 배분을 행하는 액티브 토크 스플릿이 있다.

토크 스플릿식 4WD [torque split type 4WD] 트랜스퍼에 의하여 구동

토크를 전후륜에 배분하는 (토크 스플릿)장치를 가진 4WD. 전륜 또는 후륜 중 한쪽을 상시 구동하고 다른쪽 차축에는 회전 차이가 생겼을 경우에만 자동적으로 토크가 배분되는 패시브 토크 스플릿식과, 전자 제어의 마찰 클러치에 의하여 전후 또는 좌우의 상황에 따라 토크 배분을 행하는 액티브 토크 스플릿식이 있음. 일반적으로 토크 스플릿식 4WD 라고 하면 액티브 토크 스플릿식을 가리킴.

토크 웨이트 레이쇼 [torque weight ratio] 차량 중량을 엔진의 최대 토크로 나눈 것으로 1kg·m의 토크로 몇 kg의 중량을 움직이게 하는가를 나타냄. 토크 웨이트 레이쇼가 적을수록 자동차의 가속 성능이 좋다.

토크 컨버터 [torque converter] 유체(流體)를 사용하여 동력을 전달하는 장치로서 토크를 증폭하는 기능이 있는 것. 컨버터는 변환기의 의미로서 엔진의 회전력(토크)을 2~3배로 강하게 하는 역할과 클러치 기능을 한다. 도넛 모양의 케이스 내에 마주보는 임펠러를 1조로 하여 오일을 채워서 엔진의 동력에 따라 회전하는 펌프 임펠러, 터빈런너, 임펠러와 런너 사이에 스테이터를 놓고 오일 흐름을 조정하여 펌프 임펠러의 유압을 높이는 것이 특징이다. ⇨ 유체 클러치.

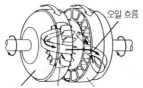

오일 흐름

펌프 임펠러   스테이터   터빈 런너

토크 튜브 구동 [torque-tube drive] 토크 튜브 구동은 코일 스프링을 사용할 때 구동하는 형식으로서 토크 튜브 내에 추진축을 설치하여 동력이 전달된다. 또한 구동 바퀴의 추진력이 토크 튜브를 통하여 차체에 전달되고 리어 엔드 토크도 토크 튜브가 흡수한다. ⇨ 토크 튜브 드라이브식 서스펜션.

토크 튜브 드라이브식 서스펜션 [torque tube drive type suspension] 리지드 액슬 서스펜션의 일종이며 링크가 디퍼렌셜 케이스에서 전방으로 설치되어 차체와 조인트를 통하여 연결되어, 가운데 프로펠러 샤프트를 통한 익스텐션(토크 튜브)을 중심으로, 좌우의 로(low) 링크와 래터럴 로드를 조합한 것. 어퍼 암이 없으므로 바닥은 낮게 할 수 있으며, 토크 튜브가 동력전달 계통의 구동·제동력과 그의 반력(反力)을 흡수하기 위한 드라이브 라인의 진동이 적은 장점이 있다.

토크 특성 [torque characteristic] 엔진의 회전수와 축 토크의 관계를 엔진 성능 곡선에 의히여 나타낸 특성. 동상석으로 사용되는 회전수의 범위에서 성능 곡선이 평탄한 엔진은 회전수가 다소 달라도 토크가 변하지 않으므로 일정한 가속이 얻어지며 적응성이 있는 엔진이라고 한다. 역으로 성능 곡선의 변화가 큰 엔진은 3000rpm에서는 큰 토크를 얻을 수 있지만, 2800rpm 미만이나 3200rpm 이상이 되면 토크가 적다.

토크비 [torque ratio] 토크 컨버터의 입력 토크와 출력 토크의 비(출력토크/입력토크).

토털 기어비 [total gear ratio] 엔진 출력축의 회전수와 구동륜의 회전수의 비를 말하며, 전감속비(全減速比)또는 총감속비라고도 한다. 일반적으로 트랜스미션의 변속비와 종감속 기어의 감속비를 곱한 수치가 쓰여진다.

톤 [ton] 중량의 단위. 차량의 중량, 적재 능력을 나타내는 단위로 미터법에서 1톤은 1000kg이다. 영국 1톤은 2240lb(1016, 047kg)이고 미국 1톤은 2000lb(907, 186kg)이다.

톤 [tone] 피치를 가지고 있는 음향감각 또는 그와 같은 음향감각을 일어나게 하는 음파를 말한다.

톰백 [tombac] 구리에 아연이 8~20% 혼합된 합금으로 연성이 크며, 금박의 장식품으로 사용된다.

톰슨 [Thomson Joseph John] 영국의 물리학자로서 전자의 질량과 원자의 모형을 고안하여 질량 분석기를 만들었다.

톰슨 효과 [Thomson effect] 장소에 따라 온도가 다른 도체에 전류를 흐르게 하였을 때 줄열과는 별도의 열이 발생되거나 흡수되는 현상으로 1847년 톰슨이 실증(實證)함.

톱 기어 [top gear] 일정한 속도로 주행하기 위한 기어로서, 힘은 가장 약함. 기어비는 1.0:1, 즉 직결 상태로 된 자동차가 많으나, FF차에서는 0.95:1정도가 상식적으로 되어 있다.

톱 데드 센터 [top dead center] ⇨ 상사점(上死點).

톱 랜드 [top land] 피스톤 헤드와 제1번 링홈 사이를 말한다.

톱 링 [top ring] 피스톤 링 명칭의 하나로서, 통상 2개가 설치되어 있는 압축링 중 피스톤 헤드부에 가까운 쪽에 있는 것. 주로 연소가스를 밀봉하는 역할을 한다.

톱 섀도 [top shadow] 윈드실드 글라스의 지붕 가까운 부분에 하늘색이나 청동색의 투명한 색깔을 붙혀서 시야를 방해하지 않고도 눈부시지 않게 한 것. 섀도 밴드 글라스라고도 불리운다.

톱 해트 [top hat] 실크 해트는 예장용(禮裝用)의 모자를 말하지만 자동차 용어로서는 브레이크 디스크를 휠 허브에 부착하는 부분을 말한다. 모양이 테가 있는 모자를 닮았다 하여 이름지어짐.

톱니 나사 [buttress thread] 동력 전달용 나사. 힘을 받는 면은 나사산이 축에 대하여 직각으로 되어 있고 힘을 받지 않는 면은 30° 각도로 되어 있는 나사. 큰 힘이 한 방향으로 작용하는 경우에 사용된다.

톱니 벨트 [cogged belt] ⇨ 코그 벨트.

톱코트 [topcoats] 차량에 색상과 부식에 대한 저항력을 부여하는 데 사용되는 래커 또는 에나멜과 같은 페인트 물질의 마지막 층.

통기 항력 〔通氣抗力〕 자동차의 주행 저항중 공기가 엔진룸 등 보다 내부에 흐르게 되므로써 발생되는 항력.

퇴색 〔退色〕 도장 후의 시간 경과로 색이 변화하는 것. 태양 광선 중 자외선이 수지(樹脂)나 안료를 변질시켜 생기는데, 도료의 성질에 따라 정도 및 기간에 차이가 있음.

투(2)로터 로터리 엔진 〔two rotor rotary engine〕 로터를 2개 나란히 설치한 로터리 엔진을 말함. 로터리 엔진은 로터 1회전마다 1회의 팽창 행정이 있으나 이것은 왕복형 엔진의 2사이클 엔진과 같으며, 안정된 회전을 얻는데는 여러 개의 로터를 설치하는 것이 바람직하다. 2로터 로터리 엔진은 4사이클의 4기통 엔진에 해당되며, 3로터 로터리 엔진은 6기통 엔진에 해당되는 것이 된다. 더욱이 로터리 엔진의 배기량은 하나의 작동실의 용적(최대용적 — 최소용적)×로터수로 나타낸다.

투(2)모드 터보 〔two mode turbo〕 ⇨ 듀얼 모드 터보.

투(2) 박스 〔two box〕 ⇨ 2박스.

투(2) 배럴 카브레터 〔double — barrel carburetor〕 혼합기의 통로(배럴)가 2개 설치되어 있는 카브레터로서 각각의 배럴이 별도의 실린더에 혼합기를 공급하는 방식(듀얼 카브레터)과 통상적인 운전시에는 1차쪽(first) 배럴만 작동하고, 고속 고부하 운전시에는 2차쪽(second)배럴도 같이 작동하는 것(2단 작동식)이 있다.

투(2) 밸브 엔진 〔two valve engine〕 하나의 기통(실린더)에 흡배기 밸브를 각각 1개씩 설치한 엔진.

투(2) 사이클 엔진 〔two—cycle engine〕 2 스트로크 엔진이라고도 하며, 4사이클 엔진의 흡기·압축·팽창·배기의 4행정 중 매체의 교환이 이루어지는 흡기와 배기의 2행정을 생략하고 압축과 팽창의 2행정만으로 작동하는 엔진. 팽창 행정이 끝나는 하사점 부근에서 피스톤 작동이 늦은 것을 이용하여 연소가스를 밀어내고 새로운 공기를 실린더에 넣는 것을 소기(掃氣 : 스캐빈징)라고 한다. 모터 사이클 엔진으로 보급하고 있는 소형의 가솔린 엔신과 주로 선박용에 쓰이고 있는 대형의 디젤 엔진이 있다. 새로운 공기를 송풍기에 의하여 불어넣는 방법도 있지만, 소형 엔진에서는 크랭크실을 밀폐하고 피스톤 뒤쪽을 펌프로 사용하여 흡기구에서 흡입된 혼합기를 소기구(掃氣口)로부터 실린더 내에 불어넣은 다음 연소가스를 배출구에서 밀어내는 시스템이 일반적이다. 이 방법은 1891년 영국의 데이(J.Day)에 의하여 발명되었다.

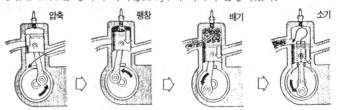

투⑵ 스트로크 엔진 〔two stroke engine〕 ⇨ 투 사이클 엔진.

투⑵ 시터 카 〔two seater car〕 좌석이 2사람만 앉을 수 있는 승용차를 말함. 스포츠 타입의 자동차가 이렇게 불리울 때가 많으며, 시가지 주행 전용의 소형차에도 투 시터가 있다. 또한 좌석이 앞뒤에 2좌석으로 되어 있는 것을 탠덤 투 시터라고 부른다. 탠덤은 종열의 뜻.

투⑵ 웨이 이그조스트 컨트롤 시스템 〔two way exhaust control system〕 가변 배기 시스템의 호칭.

투⑵ 조인트 프로펠러 샤프트 〔two joint propeller shaft〕 조인트를 2개 사용한 프로펠러 샤프트.

투 톤 〔two-tone〕 같은 도장작업시에 두 가지의 상이한 색깔을 사용하는 것. 그 두 가지 색깔.

투 플러스 투(2+2) 4인승 스포츠 타입의 자동차로서 앞 2좌석은 안전성이 좋은 통상의 시트로 하고 뒤의 2좌석은 보조적으로 사용할 수 있는 소형의 시트.

투⑵ 피스 휠 〔two piece wheel〕 림과 디스크 2개(투피스)를 조합하여 만들어진 휠.

투과 조명식 계기판 〔透過照明式計器板〕 아크릴 등 투명한 플라스틱에 빛을 투과하는 잉크로 숫자나 문자를 인쇄하여 백라이트로 조명하는 문자판으로서 지침도 같은 모양으로 조명되는 것이 보통. 투과 조명에 빛을 쬐어 조명하는 방법을 반사 조명이라고 한다.

투상도 〔投像圖 ; projection〕 하나의 평면 위에 물체의 한면 또는 여러면
을 그리는 방법으로 정투상도, 사투상도, 투시도 등이 있다.

투스드 체인 〔toothed chain〕 체인은 링크와 핀이 연속된 것이지만 링크
가 기어 모양으로 되어 있는 체인. 핀이나 링크가 다소 마모되어도 이
가 스프로킷과 맞물려서 소음이 나기 어렵기 때문에 사일런트 체인이
라고도 부른다. ⇨ 롤러 체인.

투시도 〔perspective drawing〕 1점에 집중하게 그린 투상도로서 원근감
이 있도록 그린 것.

투어링카 〔touring car〕 투어링이란 여행을 뜻하는 투어에서 온 말로 투
어링카는 여행을 위한 자동차라는 것이 되지만 일반적으로 스포츠카에
비교해서 보통의 실용차를 말함. ⇨ 그랜드 투어링카.

튜브 〔inner tube〕 타이어 안에 있으며 공기를 유지하는 고무로 만든 주
머니. 일반적으로 재료로는 공기를 투과시키지 않는 부틸 고무
(IIR:isobutylene−isoprene rubber)가 사용되고 있다.

튜브리스 타이어 〔tubeless tire〕 공기를 주입하는 튜브를 사용하지 않고
타이어 자신이 공기를 보존하는 구조의 타이어. 타이어 내면에 이너 라
이너라고 불리우는 기밀성이 높은 고무층을 설치한 다음 비트부를 림
플랜지에 압착하고 공기를 차단시킨다. 못에 의하여 생기는 작은 상처
는 이너 라이너가 약간의 효과를 가질 뿐 아니라 펑크시의 급격한 공기
누설이 없으므로 안전성이 높다. 밸브는 림에 직접 부착되며 림 밸브라
고 불리운다.

튠업 〔tune up〕 엔진 또는 기계의 작동 상태를 정기적으로 점검 또는 조
정하는 것을 말한다. 엔진의 성능을 그 본래의 성능으로 회복시키기 위
한 일련의 조정 작업으로 실린더의 압축 압력을 비롯하여 점화장치, 연
료장치 등의 점검 및 조정 작업이 포함된다.

튠업 테스터 〔tune up tester〕 엔진 및 섀시의 조정 작업에 사용되는 테
스터로서 압축압력 게이지, 진공 게이지, 타이밍 라이트, 태코미터, 엔
진 종합 테스터, 섀시 다이너모 미터 등을 말한다.

트라이볼러지 〔tribology〕 마찰, 마모, 윤활 등 상대 운동을 하면서 서로
작용하며 접촉하는 표면이나 이것에 관련된 실제적인 모든 문제를 대
상으로 하는 마찰 공학. 자동차 기술은 엔진이나 동력전달 계통·제동
계통은 물론 운동 기능에 이르기까지 모든 면에 트라이볼러지가 중요
한 관계를 지니고 있다.

트래블 〔travel〕 트래블은 달리다, 주행하다, 움직이다의 뜻. ① 자동차
또는 열차가 어떤 방향으로 주행하는 것을 말한다. ② 전기장치의 주요

작동 요소나 접촉 부분이 어떤 방향으로 직선 운동이나 각운동을 할 때 이동하는 거리(행정)를 말한다.

트래블 서비스 [travel service] 주행중 발생한 자동차의 고장을 수리하기 위하여 각 메이커에서 운용하는 이동 정비를 말한다.

트래킹 [tracking] 뒷바퀴가 앞바퀴 자국을 그대로 따라가는 것.

트랙 [track] ⇨ 트레드(tread).

트랙션 [traction] 엔진과 동력 전달 계통에 의하여 연결된 타이어의 트레드와 노면 사이에서 작동하는 자동차의 구동력을 말함. 견인력이라고도 함.

트랙션 컨트롤 시스템 [traction control system] 구동력 제어 시스템. 눈길, 빙판길 또는 자갈길 등 미끄러지기 쉬운 노면에서 출발과 가속할 때 과잉(過剩)의 구동력에 의하여 타이어가 공회전하지 않도록 컨트롤하는 것. 연료의 분사량, 점화시기, 스로틀 밸브 등에 제어하여 엔진의 출력을 낮추고, 구동력을 적게 하는 방식이 일반적이나, 구동륜에 브레이크를 작동시키는 시스템도 있다. 1985년에 볼보 760의 ETC에서 처음 실용화되어, BMW의 ASC, 벤츠의 ASR, 도요다의 TRC, 혼다의 TCS, 미쓰비시의 TCL 등 많은 메이커가 이 시스템을 개발하고 있다.

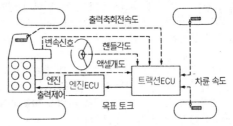

트랙션 패턴 [traction pattern] 슈퍼 트랙션 패턴. 오프 로드용 타이어나 농기계 타이어에 많이 볼 수 있는 러그 패턴의 일종으로 방향성이 있으며, V자형의 패턴에 의하여 비포장 노면에서 큰 견인력을 얻는 것.

트랙터 [tractor] 트레일러, 농기계(農機械), 건설기계 등을 견인하는 차량으로 타이어식과 무한궤도식이 있다. 트랙터는 구동력을 발생하는 이외에 작업을 할 수 없으므로 농업기계 또는 건설기계는 작업장치를 별도로 설치하여 사용하기 때문에 작업 장치에 따라 부르는 명칭이 달라진다.

트랙터 자재 이음 [tracta universal joint] 트랙터는 넓은 면적의 뜻. 트랙터 자재 이음은 십자형 자재 이음을 2개 합한 것과 같은 구조로서 2

개의 슬라이딩부를 양쪽 요크에 끼우고 2조의 베어링으로 중심을 유지
한다. 완전한 등속도를 얻을 수 없으며, 작용 각도도 작다.

트랙터 조인트 [tracta universal joint] 유니버설 조인트의 일종으로서
서로 맞물리는 특수한 십자형(十字形)의 조인트를 요크(y자형의 조인
트)로 연결한 구조. 완전한 등속 조인트는 아니지만 제작이 간단하고
값이 싸므로 1950년대까지 지프차나 소형 4WD의 전륜 구동용에 사용
되었다. 이것은 프랑스의 J·Gregoire에 의해 1920년대에 발명되었
음.

트랙터 프로텍션 밸브 [tractor protection valve] 프로텍션은 보호, 보호
하는 것의 뜻으로 트랙터에서 트레일러를 분리하고 주행할 때 분리된
브레이크 호스로 공기가 누출되지 않도록 닫아 브레이크 계통을 보호
하는 밸브를 말한다.

트랙티브 포스 베리에이션 [tractive force variation] 타이어를 차축과 노
면 사이의 거리를 일정하게 움직였을 때 접지면에 발생하는 힘의 변동
(포스 베리에이션)중 타이어의 전후 방향의 성분(成分)을 말하며,
TFV라고 약해서 부른다. 트랙티브는 견인하는 방향의 뜻으로서 접선
(接線)방향이라는 의미의 탄젠셜을 사용하여 탄젠셜 포스 베리에이션
이라고도 부른다. 포스 베리에이션(FV) 중, RFV와 LFV는 속도가
변하여도 그 값은 그다지 변하지 않지만 이 TFV는 속도가 높아지면
커지기 때문에 측정에 어려움이 있다.

트랜스 액슬 [trans axle] 트랜스미션과 종감속기어를 하나의 케이스에
조합한 유닛으로서 대부분 FF차나 RR차에 사용하고 있는 동력전달
계통의 기구(機構). 엔진과 일체로 되어 있는 것이 보통이지만, 중량
배분을 좋게 하기 위하여 프런트 엔진에서 트랜스 액슬을 뒤에 설치하
고 있는 예도 있다.

트랜스듀서 [transducer] ① 타이밍 라이트와 같이 고압 케이블에서 펄
스를 감지하여 빛으로 출력을 변환하는 것을 말한다. ② 입력과 출력을
가지고 있는 전송계(轉送系) 또는 센서에서 다른 전송계에 정보가 전

해지는 것. 트랜스듀서는 입력을 변환시켜 좀더 간편한 형태로 출력시키기 위한 목적으로 설치된다. ③ 식접 검출하는 신호 또는 양을 디지털 또는 아날로그로 변환하는 변환기를 말한다.

트랜스미션 [transmission] 변속기. 변속장치. 수동식과 자동식이 있음. 자동차용 엔진은 회전 방향이 일정하고, 발생하는 토크는 회전 속도에 따라 변하지만, 실제로 쓰이는 속도 범위에서는 거의 일정하다. 한편 자동차는 후진도 하지만 주행 속도, 주행에 필요한 토크는 넓은 범위에 걸쳐 변화하므로 기어를 이용하여 주행 조건에 알맞는 상태를 만들기 위하여 트랜스미션이 이용된다. 실제의 트랜스미션에서는 2~3개의 샤프트에 몇 개씩 기어(齒車)를 설치하여, 기어의 조합을 변경함에 따라 엔진측에서 전달된 회전수(속도)를 감속하고, 회전 토크(힘)를 크게 하여 타이어측의 메인 샤프트에 전달한다. 예컨대 기어의 치수(齒數)가 엔진측 1개에 대해서 2가 되면, 어떤 시간당의 회전수는 절반이 되지만 회전 토크는 2배가 되어 전달된다.

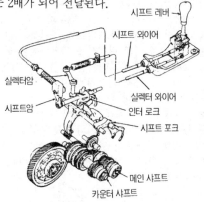

트랜스미션 기어 노이즈
- 시프트 레버
- 시프트 와이어
- 실렉터암
- 시프트암
- 실렉터 와이어
- 인터 로크
- 시프트 포크
- 메인 샤프트
- 카운터 샤프트

트랜스미션 기어 노이즈 [transmission gear noise] 트랜스미션 내의 기어에서 발생하는 소리로서 기어가 맞물렸을 때 발생하는 진동이 트랜스미션 케이스나, 시프트 레버를 거쳐 실내에서 들리는 것이다. 귀에 들리는 진동수는 500~3000Hz 이다. ⇨ 동력전달 계통 잡음.

트랜스미션 브레이크 [transmission brake] ⇨ 유체식(流體式) 리타더.

트랜스미션 오일 [transmission oil] 약해서 미션 오일이라고도 하며 변속기에 사용되고 있는 윤활유를 말한다. 수동 트랜스미션과 자동 트랜스미션에서는 각각의 사용 조건에 맞는 다른 윤활유가 사용된다.

트랜스미션 케이스 〔transmission casing〕 변속장치가 설치되어 있는 케이스.

트랜스버스 링크 〔transverse link〕 횡방향으로 배치된 링크를 말하며, 래터럴 로드를 가리킬 경우도 있다. 그러나 최근에는 바퀴에 부착된 링크나 암을 가리키는 경우가 많다. 예를 들면 A형 암으로 바꾸어 2개의 횡방향 링크를 사용할 경우에 트랜스버스 링크라고 부르고 있다. 액슬 스티어를 의식적으로 사용한 리어 서스펜션에 사용된다.

트랜스퍼 〔transfer〕 4륜 구동차에서 트랜스미션의 동력을 전후륜에 나누어 전달하는 장치. 트랜스퍼는 물건을 옮기는 의미의 영어. 풀 타임 4WD에서 차동장치가 조합한 경우를 센터 디퍼렌셜이라고 부른다.

트랜스퍼 케이스 〔transfer case〕 트랜스퍼는 '옮기다, 나르다, 건네다', 케이스는 '상자, 주머니'의 뜻. 트랜스퍼 케이스는 험한 도로 및 구배 도로에서 구동력을 증가시키기 위해 엔진의 동력을 앞·뒤 모든 차축에 전달하도록 하는 장치이다. 앞바퀴 구동 레버와 고속, 저속, 변속 레버로 구성되며, 평지에서는 엔진의 동력을 뒤차축에만 전달하고 구배 도로에서는 앞바퀴 구동레버로 클러치 허브를 움직여 앞바퀴도 구동할 수 있도록 한다.

트랜스포머 〔transformer〕 트랜스포머는 변형시키다, 변압하다의 뜻으로 2개 또는 그 이상의 코일에 의해 전압을 고압 또는 저압으로 변압시키는 변압기(變壓器)를 말한다. 가정에서 사용하는 전압은 고압에서 저압으로 변압시키기 위해서 변압기를 사용하고, 자동차에서는 저압을 고압으로 변압시키기 위해서 점화 코일을 사용한다.

트랜지스터 〔transistor〕 실리콘이나 게르마늄을 주성분으로 한 반도체를 조합하여 전류의 정류(整流), 증폭, 단속(스위치) 등의 작용을 행하는 전자 부품의 총칭. 영어 표기 「transfer of signal through a varistor ; 반도체 정류소자 신호 변환기」의 최초와 최후의 5자씩을 연결하여 만들어진 조어(造語)로서 1948년 미국의 벨 연구소에서 발명되었다. 트랜지스터는 저주파용의 PNP형, 고주파용의 NPN형, 포토 트랜지스터 등이 있다. 베이스 전류를 단속하여 컬렉터 전류를 단속하는 스위칭 회로나 베이스 전류를 큰 컬렉터 전류로 만드는 증폭회로, 전원으로부터 지속적인 전기 진동을 발생하는 발광 회로 등에 이용하여 오디오 시스템이나 전자제어 연료분사장치, 발전기 조정기, 점화장치 등에 사용하고 있다.

트랜지스터식 점화장치 〔transistor ignition, solid-state ignition〕 가솔린 엔진 점화에 트랜지스터를 사용하는 장치로서, 풀 트랜지스터 점화

장치와 세미 트랜지스터 점화장치가 있다.

트랜지스터식 조정기 [transistor type regulator] 트랜지스터식 조정기는 접점 대신에 트랜지스터의 스위칭 작용을 이용하여 로터 코일에 흐르는 전류의 평균값을 변화시켜 발생 전압을 제어하는 조정기로서 반 트랜지스터식 조정기와 전 트랜지스터식 조정기가 있다.

전압조정볼트

F단자
2단자
3단자
4단자

트램 게이지 [tram gauge] 신축하는 봉의 양 끝에 직각으로 측정용 침(針)이 설치되어 있는 게이지. 특정 부품의 길이를 고정할 수 있으므로 보디 각부의 길이나 대각선 비교에 이용됨. 도량 단위가 표시된 것은 보디의 치수를 곧바로 읽을 수 있기 때문에 그 용도도 다양함.

트램핑 [tramping, axle tramps] 상하로 요동하는 현상 ① 휠의 정적(靜的) 언밸런스 ② 회전체의 정적 언밸런스 ③ 타이어의 공기압이 높을 때 발생되는 회전체의 상하진동.

트러니언 조인트 [trunnion joint] 유니버설 조인트의 일종으로서 회전 토크를 전달함과 동시에 축방향으로 신축이 가능한 형식 중 하나. 축 양단에 베어링을 끼우고 축에 직각으로 회전할 수 있도록 한 것을 컵 모양을 한 하우징(용기)내에 홈을 만들어 넣은 구조로 되어 있다. 베어링 계통에 사용하며, 그 모양에서 포트 커플링이라고도 부른다. 유사한 메커니즘 동력전달 계통에 이용한 것으로 벤딕스 와이어형 유니버설 조인트가 있다.

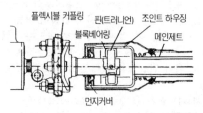

플렉시블 커플링   핀(트러니언)   조인트 하우징
블록베어링   메인제트

먼지커버

트렁크 [trunk] 화물을 넣어 두는 트렁크에서 온 용어로서 자동차에서는 러기지 컴파트먼트를 말한다. 트렁크 룸이라고도 부른다.

트렁크 룸 [trunk room] ⇨ 트렁크.

트렁크 룸 램프 [trunk room lamp] ⇨ 러기지 룸 램프.

트렁크 리드 [trunk lid] 트렁크 룸을 개폐하는 뚜껑을 말한다. 일반적으로 보닛과 같이 편평한 것이지만, 화물을 넣고 꺼낼 때 편리하도록 좌우 테일 램프의 중앙 부분까지 개폐하는 것도 있다. ⇨ 러기지 컴파트먼트 도어.

트렁크 스루 [trunk through] 3 박스의 소형 승용차에서 뒷좌석 시트백의 일부가 앞으로 숙여져 자동차 실내와 트렁크 룸이 연결되도록 구성되어 있는 것. 트렁크 룸에 넣을 수 없는 긴 화물을 싣는데 편리하다.

트렁크 커버 [trunk cover] ⇨ 트렁크 리드.

트레드 [tread] ① 윤거(輪距). 자동차가 지나간 뒤에 흔적이 나타난 자리에서 좌우 중심간의 거리. 영어에서는 「트랙」이라고도 한다. 복륜(複輪)일 경우에는 「복륜 간격의 중심 사이의 거리」를 말하며, 자동차 구조에서 기본적인 치수의 하나. ② 타이어의 접지면. 타이어가 노면과 접하는 부분의 고무층을 말하며 트레드 패턴이 새겨져 있다. 타이어의 구동력, 제동력, 선회력 등을 노면에 전달하는 부분이며, 특히 이 부분의 고무성질은 타이어의 특성을 크게 좌우한다.

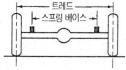

트레드 웨어 인디케이터 [tread wear indicator] 일반적으로 슬립 사인이라는 명칭으로 알려져 있는 타이어의 마모 표시. 타이어 트레드가 규정 깊이로 얕게 마모되면 트레드 패턴의 일부분이 연결돼 보이도록 하고, 타이어의 수명이 한계에 도달하였음을 가리키도록 한 것. 승용차에서는 잔여 홈 깊이가 1.6mm에 달하면 타이어의 둘레 4개소 이상의 표면에 나타나도록 되어 있고, 그 위치를 알아보기 쉽도록 근처의 사이드월에 「△」기호가 각인되어 있다. 줄여서 TWI라고 함.

트레드 콤파운드 [tread compound] 콤파운드는 복합물 또는 혼합물을 의미하며, 트레드 콤파운드는 타이어의 트레드에 사용되고 있는 고무를 말함. 타이어의 트레드 고무는 기본 재료가 되는 천연고무나 합성고무 등의 폴리머에 카본 블랙, 광물유를 비롯하여 여러가지 약품을 혼합하여 이루어져 있다.

트레드 패턴 [tread pattern] 타이어의 트레드에 새겨져 있는 무늬를 말함. 트레드 패턴은 타이어의 기본적인 기능으로서 구동, 제동, 선회 성능은 물론 승차감이나 소음, 구름 저항, 마모 등 모든 특성과 관계가 있다. 모양의 형태에 따라 리브, 러그, 리브러그, 블록 등의 패턴으로 분류되는데, 최근의 타이어는 이들을 혼합한 중간적인 패턴으로 되어 있다.

트레비식 증기 기관차 [R. Trevithick] 증기 기관차의 발명자로 알려져 있는 영국의 트레비식은 사람을 태울 수 있는 최초의 증기 기관차를 만들고, 1801년 크리스마스 이브에 시운전을 하였다. 이 자동차의 도면은 복원되어 있으나 실물은 남아 있지 않다.

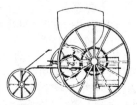

트레이서 [tracer] ① 계통별로 배선된 전선을 식별하기 쉽도록 절연 피복에 가느다란 색선을 넣는 것을 말한다. ② 물질의 행방 또는 변화를 추적, 지시하기 위하여 사용되는 특수한 물질을 말한다.

트레일 [trail] 리드. 앞바퀴를 옆에서 보았을 때 킹핀 중심선이 노면에서 만나는 점과 타이어의 중심선이 노면과 교차하는 점 사이의 거리를 말한다. 트레일이 길면 자동차의 직진성은 좋아지지만 핸들은 무거워진다. 타이어에 셀프 얼라이닝 토크가 작용할 때 타이어 중심선과 착력점 사이의 거리를 뉴매틱 트레일이라고 하는데, 이것과 구별할 때는 트레일을 캐스터 트레일이라고 한다. 그리고 리드라고도 표현한다.

트레일러 [trailer] 화물 등을 운반할 때 트랙터에 의해 견인되는 차로 적하 중량의 일부가 트랙터에 의해 직접 지지되는 세미 트레일러와 트레일러 단독으로 적하 중량을 지지하는 트레일러가 있다.

트레일링 보텍스 [trailing vortex] 비행기의 날개끝 후방에 발생하는 소용돌이(보텍스)를 말하며, 압력이 낮은 날개 윗면에는 날개끝 아랫면 외측으로부터 공기가 휘돌아 들어오므로써 발생하는 것. 따라서 자동차 쿼터 필러 부근이나 펜더 후단(後端)에서 발생하여 후방으로부터 나오는 소용돌이도 트레일링 보텍스라고 부른다. 고속 도로에서 노면이 젖어 있을 때 타이어에서 올라오는 물보라의 움직임으로 그것을 관찰할 수 있다.

트레일링 슈 [⑧ trailing, ⑧ secondary shoe] 브레이크 드럼에서 제동시에 마찰(제동력)이 감소하는 슈. 논서보 브레이크에서 앞쪽에 설치되어 있는 슈도 자기작동 작용에 따라 제동력이 증대된다. 그러나 뒤쪽에 있는 슈는 마찰력에 의해 브레이크 드럼으로부터 안쪽으로 향하는 선회력이 작용하여 제동력이 작아진다. 드럼브레이크에서 브레이크 슈를 드럼 내면에 밀어붙일 때, 드럼의 회전 방향에 대하여 손 앞쪽으로 슈의 지점(앵커)을 놓고, 끝쪽을 작용점으로 하고 드럼에 밀어붙이는 타입. 리딩슈와 대비하여 쓰이는 용어. ⇨ 리딩슈

트레일링 암식 서스펜션 [trailing arm type suspension] 스윙암식 서스펜션의 일종. 트레일은 '질질 끌다'라는 의미로서 스윙 암에 유도되어 타이어가 따라가는 타이어의 서스펜션. 소형 FF차의 리어 서스펜션에 많이 채용되고 있으며, 풀 트레일링 암식, 세미 트레일링 암식, 토션 빔식이 있다. ⇦ 리딩 암식 서스펜션.

트레일링 에지 [trailing edge] 보디 최후부의 끝을 말함. 이 곳의 형상에 따라 차체에서 떨어져가는 공기의 흐름이 크게 변화한다.

트로코이드 [trochoid] 원이 하나의 곡선상으로 구를 때, 그 원의 반경 또는 그 연장선의 한 점이 그리는 곡선. 곡선이 바르고 곧은 직선일 경우 원이 그 위를 구를 때, 그 원주상의 한 점이 그리는 곡선을 사이클로이드라고 한다.

트로코이드 치형 [trochoid curve] 트로코이드 곡선. 일직선 위를 원이 미끄럼없이 구를 때 그 원에 고정한 한 점이 그리는 곡선.

트로코이드 펌프 [trochoid pump] 로터리 펌프. 다섯 개의 꽃잎을 지닌 매화처럼 특수한 내향(內向) 곡선을 가진 아우터 로터 안에 네 개의 돌기를 가진 이너 로터를 넣어 회전시킬 때 양쪽 로터 사이의 용적이 변화하는 것을 이용하여 펌프로서 사용하는 것. 양쪽 로터의 접점이 내전(內轉) 트로코이드 곡선을 그리기 때문에 이와 같은 이름이 붙었음. 오일 펌프로 사용되고 있음.

트루스타이트 〔troostite〕 담금질 조직. 강을 가열하여 유중(油中)에서 냉각하므로서 냉각이 불충분하여 발생된 오스테나이트 조직이 페라이트와 시멘타이트로 변화된 조직을 말한다.

트루잉 〔trueing〕 다이아몬드 드레서 또는 크러시 롤러를 이용하여 숫돌의 연삭면을 축에 대하여 평행 또는 일정한 형태로 성형시키는 작업.

트리 〔tree〕 ⇨ 크리스마스 트리.

트리거 〔trigger〕 트리거는 '일으키다, 시작하게 하다'의 뜻. ① 다른 회로에 펄스를 주어 소정의 작동이 되도록 하는 것을 말한다. ② 어떤 특정의 작동을 시작하도록 순간적으로 펄스를 공급하는 것을 말한다.

트리메탈 〔tri-metal〕 삼층 베어링. 금속을 세겹으로 만든 베어링을 말하며, 동합금의 셸에 연청동(Zn 10% + Sn 10% + Cu 80%)을 중간층으로 하고 표면에는 배빗을 0.02～0.03mm 코팅을 하여 표면은 배빗 메탈의 특성을 갖게 하고 내면은 열적, 기계적 강도를 갖게 하여 현재 많이 사용하고 있다.

트리포드형 유니버설 조인트 〔tripod universal joint〕 ⇨ 벤딕스 와이스형 유니버설 조인트.

트리플 모드 듀얼 이그조스트 시스템 〔triple mode dual exhaust system〕 가변 배기 시스템의 명칭.

트리플 비스커스 〔triple viscous〕 비스커스 커플링을 3개(트리플) 사용한 풀 타임 4WD의 명칭. 전후의 디퍼렌셜에 비스커스 커플링을 설치함과 동시에 트랜스퍼에 비스커스 커플링을 부착한 구조로서, 전후 좌우의 어느 휠이 노면과의 마찰력을 잃고 공전하면 비스커스 커플링의 작용에 따라 나머지 휠이 노면과 확고하게 접촉되어 안정된 주행이 된다.

트리플 콘 싱크로 〔triple cone synchro〕 싱크로나이저 링을 아웃, 미들, 이너의 3개로 나누어 마찰 콘면을 증가시켜서 싱크로의 조작력을 저감(低減)시킨 것.

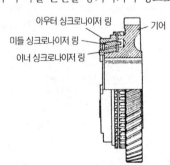

아우터 싱크로나이저 링 — 기어

미들 싱크로나이저 링 —

이너 싱크로나이저 링 —

트림 [trim] 잘 정돈되어 있다는 의미로서 ① 시트 플로어 내장 등 ② 윈 도나 도어의 주위에 배치되는 것. 가장자리.

트림 피니싱 몰딩 [trim finishing molding] 도어 및 쿼터의 인테리어 트림 위에 사용하는 장식용 몰딩.

트림리스 천장 [trimless over-head] 헤드 라이닝의 끝을 이음매가 없는 구조의 천장.

트립 미터 [trip meter, trip recorder, trip odometer] 주행 거리계로 버튼을 누르면 영(0)으로 세팅시킬 수 있는 것 ⇨ 스피드 미터(speed meter), 구간거리계.

트립 컴퓨터 시스템 [trip computer system] 정보 표시 시스템의 명칭.

트위스티 로드 [twisty road] ⇨ 와인딩 로드.

트윈 댐퍼 시스템 [twin damper system] 하나의 바퀴에 2개의 쇽업소버를 사용한 서스펜션. 도로 상태가 좋은 곳에서 메인 쇽업소버만을 사용하여 양호한 승차감을 얻고, 차체가 크게 롤링했을 때 서스펜션의 스트로크가 클 때만 서브 댐퍼를 작동시켜 큰 감쇠력을 얻는 것.

트윈 브랜치 인테이크 매니폴드 [twin branch intake manifold] 가변 흡기 시스템에 사용되고 있는 흡기 매니폴드의 호칭. 4밸브 엔진의 2개 흡기 구멍에, 2배럴 카브레터의 1차 배럴과 2차 배럴에서 독립된 매니폴드에 의하여 혼합기를 따로따로 보내도록 한다. 그 다음 저속 부근에서는 1차 쪽만 사용하여 흡입 효율을 높이고, 중저속 토크의 향상과 연비의 개선을 꾀하는 것.

트윈 비스커스 드라이브 [twin viscous drive] 비스커스 커플링 2개 (twin)를 병렬로 병행시킨 시스템. 기어식 차동장치의 디퍼렌셜 케이스를 비스커스 커플링의 하우징에, 사이드 기어와 액슬 샤프트를 각각 이너 플레이트와 이너 샤프트에 위치를 바꿔 놓은 것 같은 구조로 되어 있다. 차동, 차동 제한, 앞바퀴와 좌우 뒷바퀴로 토크 배분의 세가지 작동을 동시에 행할 수 있다.

트윈 스크롤 터보 [twin scroll turbo] 가변 A/R 터보시스템의 명칭. 배기 터빈으로 배기 취출구(吹出口;불어내는 구멍)를 2개(twin)설치. 저회전에서는 1개의 취출구로 배기를 집중시키고 고속회전에서는 양쪽을 사용하여 터보의 효율화를 도모하는 것. 절환(切換)은 엔진의 운전 상황에 따라 컴퓨터 제어로 이루어진다.

트윈 엔트리 터빈 하우징 [twin entry turbine housing] 터보 차저에서 실린더 사이에 배기 간섭을 피하기 위하여 배기 매니폴드에서 터빈 하우징에 이르는 경로를 2개(twin)로 나누어 있는 것.

트윈 초크 [twin choke] ⇨ 듀얼 벤투리 카브레터.

트윈 카브레터 [twin carburetor] 엔신에 2개의 카브레터가 설치되어 있는 것. 이전에는 스포츠형의 자동차에서만 볼 수 있었다.

트윈 캠 [twin camshaft, twin cam] 왕복형 엔진에서 2개(twin)의 캠샤프트가 실린더 헤드 내에 배치되어 있는 것. DOHC라고도 칭함. ⇨ 더블 오버헤드 캠 샤프트.

트윈 터보 [twin turbo] ⇨ 트윈 터보차저.

트윈 터보차저 [twin turbocharger] 약해서 트윈 터보라고도 함. 트윈은 쌍둥이를 말하며 같은 터보차저를 2개 설치한 엔진의 과급 시스템. 특히 V형의 레이싱 엔진에 많이 사용되고 있다. 터보를 소형화함으로써 왕복 작동의 향상과 동시에 배기 간섭을 방지하는 효과도 있다.

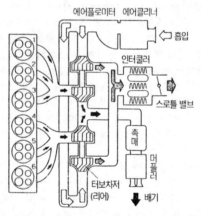

트윈 튜브 댐퍼 [twin tube damper] 텔레스코핑식. 댐퍼 중에서 가장 많이 쓰이는 타입으로서, 오일이 들어 있는 통이 2중 통으로 되어 있고, 안쪽의 통속에 피스톤이 있다. 댐퍼가 확장될 때는 피스톤이 위쪽으로 당겨져, 피스톤에 의하여 위쪽에 있는 오일이 피스톤에 열린 밸브 구멍을 통하여 아래쪽으로 밀어내려져 이것이 감쇠력이 된다. 한편, 수축될 때는 안쪽의 통으로부터 안퓨 통사이(리저버실)에 오일이 흘러들어가지만, 그 통로에 베이스 밸브가 있어 이것이 감쇠력을 만들어낸다. 2중 통으로 되어 있는 까닭은 피스톤에 로드가 달려 있기 때문에 수축되었을 때 이 로드의 체적분의 오일을 놓아주지 않으면 피스톤은 움직일 수 없다.

트윈 튜브식 쇽업소버 〔twin-tube shock absorber〕 텔레스코핑식 쇽업
소버. 복통(複筒)식이라고도 하며 아웃과 이너 2개의 튜브로 된 쇽업
소버로서 그 외측을 바깥 통으로 덮은 구조. 오일을 채운 이너 튜브 내
에 상하로 움직이는 피스톤이 있으며, 피스톤과 튜브 밑에 밸브와 오일
의 통로(오리피스나 포트)가 설치되어 있다. 감쇠력의 발생이 늘어날
때는 피스톤이, 줄어들 때는 튜브 밑의 밸브와 통로에 의하여 생긴다.
이너 튜브 밑을 출입하는 오일은 아웃 튜브 안에 고여 있으므로 항상
세워서 사용할 필요가 있으며, 강한 진동을 받으면 에어레이션이나 캐
비테이션이 발생하기 쉬운 것이 결점. ⇔ 모노 튜브식 쇽업소버(mono
tube type shock absorber).

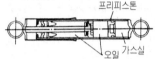

프리피스톤

오일 가스실

트윈 플러그 엔진 〔twin plug engine〕 하나의 연소실에 2개의 점화 플러
그를 설치한 엔진. 연소실의 2개소에 점화함으로써 연소 속도를 빠르게
하고 엷은 혼합기라도 효율좋게 연소되도록 한 것. 로터리 엔진에서는
연소실이 편평(偏平)하게 되어 있으므로 플러그가 2개 사용되는 경우
가 많다.

TWC 〔three way catalytic converter〕 ⇨ 삼원 촉매 컨버터.

TWI 〔tread wear indicator〕 ⇨ 트레드 웨어 인디케이터.

TDC 〔top dead center〕 ⇨ 상사점.

TDC 센서 〔top dead center sensor〕 TDC 센서는 4실린더일 경우 1번
실린더, 6실린더일 경우 1,3,5번 실린더의 상사점을 검출하여 디지털
신호로 바꾸어 컴퓨터에 입력하면 이 신호를 바탕으로 연료의 분사 시
기(분사 순서)를 조절하게 된다. 배전기의 디스크 원판에 TDC 검출용
슬릿이 4실린더는 1개. 6실린더는 4개, 360개의 2종류가 있다. TDC 센
서는 발광 다이오드와 포토 다이오드에 의해 펄스 신호로 컴퓨터에 입
력하여 연료 분사시기를 조절한다.

T 바 루프 〔T-bar roof〕 선루프의 일종으로 루프의 중앙에서 뒤쪽으로
조금 남게 하여 운전석과 조수석의 윗부분을 드러낼 수 있도록 한 것.
드러낸 후에 지붕의 모양이 T자형으로 된다해서 그 이름이 붙혀졌다.

TVRS 케이블 〔television radio surpression cable〕 TVRS 케이블은 케
이블 전체에 10KΩ 정도의 저항을 두어 라디오나 무전기, 카폰 등 고주
파 전류에 의한 잡음을 방지하는 역할을 한다. 스파크 플러그 또는 점

화 코일 등 고압 회로에서는 운전중 고주파 전류가 발생되어 고압 케이블에서 대기 중으로 방출되므로 통신 기기에 고주파 잡음의 원인이 된다. 따라서 TVRS 케이블을 사용하여 잡음을 방지한다.

TBI [throttle body injection] ⇨ 스로틀 보디 인젝션, SPI 방식.

TBN [to be nominated] 후각지명(後刻指名). 자동차 경기의 참가자 운전자를 특별히 지정하지 않고 참가를 신청할 경우에 쓰인다. 운전자는 레이스 개최까지는 지명(노미네이트)된다는 것을 의미한다. 내구(耐久)레이스의 참가자 일람표나 레이스의 프로그램에서 볼 수 있다.

T 슬롯 피스톤 [T-slot piston] 스플릿 피스톤으로 슬릿의 모양이 T자형으로 되어 있는 것.

TCCS [Toyota computer controlled system] 도요다의 컴퓨터 제어 시스템. 도요다의 전자제어 엔진 시스템을 가리킬 경우가 많으며, 도요다에서는 엔진 뿐 아니라, 구동·제동 계통에도 포함된 자동차 종합적인 제어 시스템의 이름으로 상표등록을 행하고 있음.

TCS [traction control system] 트랙션 컨트롤 시스템은 눈길 등에 미끄러지기 쉬운 노면에서 가속성 및 선회 안정성을 향상시키는 슬립 컨트롤 기능과 일반 도로에서의 주행중 선회 가속시 자동차의 조향 성능을 향상시키는 트랙 컨트롤 기능이 있다. ⇨ 트랙션 컨트롤 시스템.

TCL [traction control system] 트랙션 컨트롤 시스템의 명칭. 엔진 구동력 제어에 의한 슬립 컨트롤 기능에 더하여 핸들각 센서에 따라 핸들각과 조향 방향을 검지하고 핸들링에 대한 최적의 구동력을 주는 트레이스 컨트롤도 행하는 것. TCL 스위치를 OFF 하므로써 통상적인 주행도 가능.

TI [transistor igniter] ⇨ 이그나이터.

TICS [triple port induction control system] 3밸브 엔진에 설치되어 있는 가변 흡기 시스템. 2개의 흡기 포트 중 한쪽을 메인 포트, 다른 쪽을 와류(swirl)포트로 하고, 통상 주행시에는 와류 포트만을 사용하여 연비가 좋은 2밸브 엔진으로 작동시킨다. 그리고 고속 주행시에는 메인 포트를 사용하여 고출력을 얻는 것.

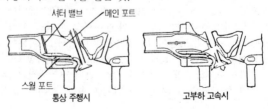

서터 밸브   메인 포트

스월 포트

통상 주행시   **고부하 고속시**

TIG 용접 [tungsten inert gas welding] ⇨ 불활성 가스 용접.

TRC [traction control system] 트랙션 컨트롤 시스템의 상품명. 스로 틀 보디에 컴퓨터를 이용하여 작동하는 서브 스로틀을 설치한 다음 구 동륜의 공전을 감지하고 스로틀을 닫는다. 필요할 경우에는 브레이크 도 작동하도록 되어 있다.

TRA [The Tire & Rim Association] ⇨ 타이어 림 협회.

TAS [throttle adjusting screw] ⇨ 스로틀 어저스팅 스크루.

TFV [tractive force variations, tangential force variation] 타이어의 포스 베리에이션 중에서 전후 방향의 성분.

TFV [tractive force variations] ⇨ 트랙티브 포스 베리에이션

TML [tetra methyl lead] 알킬납의 일종으로서 4메틸납을 말함. ⇨ 유 연 가솔린.

TEL [tetra ethyl lead] 알킬납의 일종으로서 4에틸납을 말함. ⇨ 가연 가솔린.

T 타입 타이어 [T-type tire] 응급용 타이어의 규격상 호칭. 영어의 「temporary use spare tire」의 머리문자 T를 따서 이와 같이 부른다. ⇨ 응급용 타이어.

TPS [throttle position sensor] 스로틀 위치 센서. 스로틀 밸브의 열림 을 아날로그 전압으로 변환하여 컴퓨터에 보내면, 엔진 회전수 등 다른 입력 신호와 합하여 엔진의 작동 상태에 알맞은 분사량으로 조절한다. 스로틀 밸브축과 회전하는 가변 저항기로 스로틀 밸브의 열림에 따라 출력 전압이 변화되어 컴퓨터에 입력하게 된다. ⇨ 스로틀 포지션 센 서.

T 헤드 엔진 [T head engine] 흡입 밸브와 배기 밸브를 실린더 블록 양 쪽에 설치되어 있는 엔진으로 혼합기에 강한 와류가 발생되어 연소의 효율이 좋은 장점이 있으나, 고압축비로 할 수 없기 때문에 열효율이 낮아 현재는 사용하지 않는다.

T홈 볼트 [T-bolt] 머리를 T형의 홈에 끼워 홈을 따라 이동을 하면서 임의의 위치에 물체를 고정할 수 있는 볼트로 공작기계의 테이블에 사 용된다.

티타나이즈드 마이카 [titanized mica] ⇨ 운모.

티타늄 [titanium] 은백색의 금속으로 1795년 클리프로드(Klaproth)가 금홍석에서 발견함. 원자번호 22, 원소 기호 Ti, 원자량은 47.90으로 가볍고 내식성이 크며, 안료 및 내식성 재료에 많이 사용된다.

티타늄 산소 센서 [titanium oxygen sensor] ⇨ 산소 센서.

틴티드 글라스 〔tinted glass〕 틴트는 연한색을 붙인다는 뜻으로서 착색된 유리를 말한다. 열선을 흡수하기 위하여 유리를 연한 청색으로 착색하거나 베이지 계통의 실내색을 돋보이게 하기 위하여 브론즈(청동색) 색깔의 유리를 사용한 것. 윈드실드 글라스의 윗부분만 착색한 것을 셰이드 밴드 글라스라고 부른다.

틸트 스티어링 〔tilt steering〕 ⇨ 가변 스티어링 휠. 틸트 핸들.

틸트 핸들 〔tilt handle〕 가변 스티어링 휠의 일종으로서 스티어링 휠 각도가 운전자의 체격이나 운전자세에 맞도록 바꿔질 수 있는 것. 스티어링 칼럼에 부착되어 있는 레버로 로크를 해제하고 손으로 핸들을 조정하는 것이 보통이지만 전동식인 것도 있다. 틸트 스티어링이라고도 함.

팁 클리어런스 〔tip clearance〕 라디에이터와 냉각팬. 냉각팬과 슈라우드 사이의 틈새를 말함. 냉각팬이 엔진에, 슈라우드가 차체에 부착되어 있는 엔진 구동의 냉각팬에서는 20mm 이상의 간극이 필요하며, 냉각팬을 엔진과 떨어진 위치에 설치하여 전동 모터로 구동하는 전동식 냉각팬에서는 5mm전후의 간극이 있으면 된다.

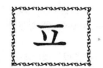

ㅍ

파괴 시험 〔break down test〕 재료 시험의 하나. 재료에 충격을 주거나 파괴하여 재료의 인성(靭性), 강도(強度), 기계적 성질 등을 검사하는 것을 말한다. 파괴 시험의 종류에는 재료에 인장 하중을 작용시켜 절단 될 때 재료의 항복점, 탄성 한도, 인장 강도, 연신율 등을 측정하는 인 장 시험, 재료의 마멸 및 절삭성을 측정하는 경도 시험, 재료의 인성을 시험하는 충격 시험, 재료에 반복 하중을 작용시켜 변형 또는 파괴 여 부를 측정하는 피로 시험 등이 있다.

파나드 로드 〔panhard rod〕 ⇨ 래터럴 로드.

파라핀 〔parafin〕 ① 파라핀계 탄화수소(메탄계 탄화수소)의 약칭. ② 석유에서 분리되는 회고 반투명한 납(蠟) 모양의 고체. 탄소 16~40 정도의 메탄계 탄화수소의 혼합물로서 비점이 약 300℃ 이상임. 파라 핀지(紙), 크레용, 전기 절연 재료 등으로 사용된다.

파르빌레 자재 이음 〔parville universal joint〕 파르빌레 자재 이음은 제파 자재 이음을 개량한 것으로서 중심 유지용 볼이 필요 없으며, 구조가 간단하고 용량이 크기 때문에 FF 자동차에 많이 사용된다. ⇨ 파르빌 레형 유니버설 조인트.

파르빌레형 유니버설 조인트 〔parville universal joint〕 등속 조인트의 일 종으로서, 버필드社에서 개발된 것. 6개의 스틸 볼을 이너 레이스(홈) 와 아웃 레이스로 잡아주고, 볼을 접촉점에서 토크를 전달하는 구조로 되어 있다. FF차에서는 이 조인트를 차축이 고정된 휠쪽에 사용하고, 차축이 파이널쪽으로 신축하는 슬라이드식 벤딕스 와이스형 유니버설 조인트와 짝지어 사용되는 예가 많다. 약칭 버필드 조인트라고 한다.

파셜 스로틀 〔partial throttle〕 하프 스로틀을 말함. 파셜(partial)은 '부 분적, 불완전' 등의 의미로서, 「스로틀이 파셜인 상태」라는 표현을 사 용하기도 함.

파셜 타입 루브리케이션 〔partial type lubrication〕 ⇨ 분류식.

파셜 터픈드 글라스 〔partial toughened glass〕 부분 강화 유리. 자동차가

ㅍ

주행중 갑작스런 사고를 당하였을 때 자동차를 정지하기까지 그 사이에 전방의 시계(視界)를 확보할 수 있도록 앞유리에 전용으로 개발된 것을 말한다.

파스칼 [Pascal Blaise] 프랑스의 수학, 물리, 철학자. 16세 때 원추 곡선론(圓錐曲線論)을 발표하였고 19세 때 계산기를 발명했으며 사영 기하학(射影幾何學)에서 파스칼의 정리를, 유체 정역학(流體靜力學)에서 파스칼의 원리를 발견함.

파스칼 원리 [Pascal's principle] 1653년 파스칼이 발견한 것으로 밀폐된 용기 내에 있는 정지 유체(靜止流體)의 일부에 힘이 가해졌을 때 유체 내의 어느 부분의 압력도 가해진 만큼 증가한다는 원리를 말한다.

파스칼 정리 [Pascal's theorem] 1640년 파스칼이 발견한 것으로 이차 곡선(二次曲線)에 내접하는 육각형에서 세 쌍의 맞변을 연장한 교점(交點)은 동일 직선상에 있다고 하는 정리를 말한다.

파우더 커플링 [powder coupling] ① 파우더는 가루 또는 분말을 의미한다. ② 그림과 같이 철분(鐵粉) 또는 작은 철구(鐵球)가 케이싱 속에 들어 있고 원동기의 속도가 증가함에 따라 그 원심력으로 파우더는 케이싱의 대경부(大徑部)로 날려 그것이 케이싱과 파형(波形) 로터 사이에 강력히 충전되면 동력이 피동축(被動軸)에 전달되고 회전이 상승하여 정상 운전이 된다. 또 기동시의 오버 로드나 피크 로드시에는 회전이 상승하지 않으므로 파우더와 로터 사이에서 미끄럼 부하(負荷)가 완화되어 원활한 운전이 이루어진다.

파우더 클러치 [powder clutch] 자력에 의해 동력을 전달하거나 차단하는 클러치를 말한다. 여자(勵磁) 코일을 내장한 구동체와 피동체(被動體)의 두 회전체가 베어링으로 동심원 위에 어느 정도의 틈새가 생기도록 조립되어 있고 그 틈새에는 파우더가 넣어져 있다. 여자 코일에 흐르는 전류를 차단하면 파우더는 여자되지 않아 구동체만 공회전하게 된다. 여자 코일에 전류가 흐르면 파우더가 자화(磁化)되므로 자기적(磁氣的)인 연결력과 파우더와 작동면의 마찰력으로 연결되어 회전력이 전달된다.

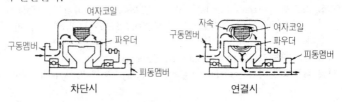

차단시　　　　　　연결시

파운데이션 볼트 [foundation bolt] ⇨ 기초용 볼트.

파운드 [pound] ① 영국의 무게 단위. 1파운드는 16온스, 0.4536kg. 금, 은, 약 등을 측정할 때 사용되는 단위로 1파운드는 12금량(金量)온스, 373.2g, 기호는 1b. ② 영국의 화폐 단위이기도 함.

파워 [power] ① 원동력이란 뜻. 인력, 수력, 화력, 전력, 원자력, 풍력(風力) 등 여러가지 산업의 에너지원이 되는 힘. ② 공률(工率), 일률, 단위 시간에 이루어지는 일의 비율을 나타내는 양. 단위는 kg·m/s. 기계 공학에서는 보통 PS(마력), kw가 많이 사용된다. 1PS=75kg·m/s(1PS=0.736kw).

파워 드리프트 [power drift] 코너링중에 앞바퀴가 미끄러지기 시작할 때, 뒷바퀴에 큰 구동력을 걸어서 드리프트의 실마리를 만든다. 단, 모든 드리프트는 파워에 의존하며, 타이어를 의도적으로 균형있게 미끄러지게 하는 기술이다. ⇨ 드리프트 주행.

파워 로크 [power door lock] ⇨ 전자식 도어 로크.

파워 로크식 LSD [power lock type LSD] ⇨ 다판 클러치식 LSD.

파워 스티어링 [power steering] 엔진에 의해 구동되는 오일 펌프의 유압으로 스티어링 오일의 조작력을 가볍게 하는 장치의 총칭. 작동 원리는 압력을 높인 오일을 조향장치와 연동하는 실린더에 넣어, 피스톤의 운동에 의해 핸들의 조작력을 가볍게 하는 것. 이어서 파워 실린더에 들어가는 오일의 양은 컨트롤 밸브에 의해 조정되며, 핸들의 조작을 신속히 할 수록 많아지고, 핸들 조작을 멈추면 오일의 유입도 멈추는 구조로 되어 있다. 그러므로 통상의 핸들 조작과 같은 감각으로 운전할 수 있다. 기능에 따라 차속 감응형과 회전수 감응형이 있으며, 컨트롤 밸브나 파워 실린더의 모양과 배치에 따라 인티그럴형, 세미인티그럴형, 링키지형 등으로 분류된다.

파워 스티어링 압력 스위치 [power steeing pressure switch] 파워 스티어링 압력 스위치는 조향 핸들을 회전시켜 유압이 상승되는 순간을 전압으로 변환하여 컴퓨터에 입력하므로써 공전 속도 제어 서보를 작동시켜 엔진의 회전 속도를 상승시킨다.

파워 시트 [power seat] 전동식 시트. 시트의 위치를 모터로 작동하여 조정하게 되어 있는 것.

파워 시프트 [power shift] 자동차의 동력 변속, 유압, 공기압, 전기 등을 이용하여 기어를 변속 조작하는 것을 말한다.

파워 실린더 [power cylinder] 동력 조향장치, 하이드로 팩, 에어팩 등에서 유압을 이용하여 조향작용에 보조력을 발생하거나 진공을 이용하여 작은 힘을 큰 힘으로 증대시키는 배력 작용에 사용되는 실린더를 말한다. ⇨ 동력 실린더.

파워 안테나 [power antenna] ⇨ 모터 안테나.

파워 언더 스티어 [power under steer] 전륜(前輪) 구동차에서 코너링중에 가속을 하여 앞바퀴에 보다 큰 구동력을 주었을 때, 옆미끄러짐이 커져 조향이 잘 되지 않고 언더 스티어가 되는 현상. ⇨ 언더 스티어.

파워 오버 스티어 [power over steer] 후륜 구동이나 4륜 구동 중 후륜으로서의 구동력 배분이 큰 자동차로서, 코너링중에 가속 페달을 밟아 후륜에 보다 큰 구동력을 주었을 때, 옆미끄러짐이 커져 오버 스티어가 되는 현상. 코너링 테크닉의 하나로 사용된다. ⇨ 오버 스티어.

파워 오프 [power off] ⇨ 파워 온.

파워 온 오프 [power on /off] 스로틀 밸브 워크가 하는 일의 표현이다. 온(on)은 가속 페달을 밟아 스로틀 밸브를 여는 일이며, 오프(off)는 가속 페달에 밟는 힘을 완화하여 스로틀 밸브를 닫는 일. 파셜로 달리고 있는 상태일 때, 스로틀 밸브를 열거나 닫거나 하므로 구동력이 변하고, 자동차가 가속 또는 감속한다. 항상 스로틀 밸브를 움직이는 범위를 전개(全開) 또는 전폐(全閉)로 하는 것은 바람직하지 않다.

파워 웨이트 레이쇼 [power weight ratio] 차량 중량을 엔진 출력으로 나눈 값으로서, kg /PS의 단위로 표시되며, 작을수록 가속 성능이 뛰어난 자동차라고 할 수 있다.

파워 윈도 [power window] 도어나 콘솔 박스에 부착된 스위치에 의해 모터로 개폐되는 창. ⇨ 윈도 레귤레이터.

파워 제트 [power jet] 고속 주행이나 등판시에 엔진에 고부하가 걸렸을 때, 대량의 연료를 보내는 시스템(파워 계통)으로서, 메인 노즐에 공급하는 연료의 양을 컨트롤하는 조리개를 말함. ⇨ 미터링 제트.

파워 타이밍 라이트 [power timing light] ① 엔진이 공전 상태에서 점화시기나 가속 상태에서 진각 상태를 점검할 때 사용되는 튜업 테스터. 픽업 장치를 1번 실린더의 스파크 플러그에 연결되는 고압 케이블에 설치하여 고전압의 전류가 흐를 때 발광되는 불빛을 타이밍 마크에 비추어 점검한다. 점화시기가 빠르면 배전기 하우징을 시계 방향으로 회전시키면서 조정하고, 늦으면 반시계 방향으로 회전시키면서 조정한다. ② 트랜스듀서를 타이밍 라이트 내에 설치하여 점화시에 감지되는 신호로 강력하게 발광하는 조사등을 말한다.

파워 테이크 오프 [power take off] 동력인출장치. 엔진의 동력을 주행 이외의 용도로 사용하기 위하여 트랜스미션이나 트랜스퍼에 부착되어 있는 동력인출장치를 말함. 오프 로드용의 4WD자동차나 덤프카 등에 장착되어 있고, 약칭 PTO라고 한다.

파워 트랜지스터 [power transistor] 파워 트랜지스터는 컴퓨터에 의해 제어되며, 1차 코일에 흐르는 전류를 단속하여 2차 고전압을 유기하는 스위치이다. 파워 트랜지스터는 컴퓨터와 연결되는 베이스(IB) 단자, 점화 코일에 접속된 컬렉터(OC) 단자, 접지되는 이미터(GND) 단자로 구성되어 있다.

파워 트레인 [power train] ⇨ 동력전달장치.

파워 플랜트 [power plant] 자동차의 엔진 또는 동력원.

파워 홉 [power hop] 출발 또는 가속시에 급히 클러치를 연결하거나, 급격히 가속 페달을 밟았을 때 발생하는 호핑을 말함. ⇨ 호핑.

파이널 기어 [final gear] 종감속 기어. FR 자동차에서는 추진축으로부터, FF 자동차와 RR 자동차에서는 변속기로부터 동력을 최종적으로 감속하여 토크를 증가시켜 차축에 전달하는 종감속 기어. 차동 기어와 일체로 되어 있어 기어비는 4대1 전후이며, 구동력을 중시하는 실용차에서는 감속비를 크게(low gear)하고, 스포츠카 등 속도를 중시하는 자동차에서는 감속비를 작게(high gear)하고 있다. 기어로는 베벨 기어, 하이포이드 기어, 스파이럴 베벨 기어 등을 사용한다.

파이널 기어비 [final gear ratio, final reduction ratio] ⇨ 종감속비(終減速比).

파이널 드라이브 [final drive] 종감속기(終減速機), 최종감속장치(最終減速裝置)라고 부른다. 변속기에서 동력을 감속하여 구동축에 전달하는 파이널 드라이브와 이것을 좌우 바퀴에 흔들림을 양분(兩分)하는 차동 기어와 조합한 장치.

파이널 레이쇼 [final ratio] ① 종감속 기어에서 링기어 잇수를 구동 피니언 잇수로 나눈 것. ② 추진축의 회전수를 차축의 회전수로 나눈 것. ⇨ 종감속비.

파이버 린포스드 플라스틱 [fiber reinforced plastics] ⇨ FRP.

파이브(5) 도어 자동차 [five door car] 해치 백 자동차에서는 자동차의 뒷부분 전체를 개폐할 수 있도록 되어 있으므로 이것을 도어에 숫자를 붙여 4도어 해치 백을 5도어 자동차. 2도어 해치백을 3도어 자동차라고 부른다.

파이브(5) 링크식 서스펜션 [five link type suspension] 링크식 리지드 액슬 서스펜션의 일종으로서 포(four) 링크식 서스펜션 4개의 링크를 차체의 앞뒤 방향과 대략 평행이 되게 설치하여 옆방향의 위치 결정을 래

ㅍ

터럴 로드(패널 로드)나 와트링크에 의하여 실시한 형식.

파이브(5) 밸브 엔진 〔five valve engine〕 한 기통(cylinder)당 5개의 밸브를 가진 엔진. 한 기통당 흡기 밸브 3개, 배기 밸브 2개, 합계 5개의 밸브가 점화 플러그 주위에 매화꽃 형태로 설치되어 있다.

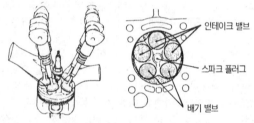

인테이크 밸브

스파크 플러그

배기 밸브

파이어 월 〔fire wall〕 ⇨ 대시보드(dash board).

파이프 렌치 〔pipe wrench〕 파이프 또는 둥근 물체를 잡고 돌리는데 사용하며 한쪽 방향으로만 작용하기 때문에 조(jaw)가 열린 방향으로 돌리며 핸들의 뒤쪽에 힘을 가한다.

파이프 바이스 〔pipe vice〕 관(管) 또는 환봉(丸棒)을 물려 고정시키는 특수용 바이스. V형의 조(jaw)를 조정하는 나사가 수직으로 설치되어 있고 파이프가 미끄러지지 않도록 삼각형 모양의 톱니가 그의 안쪽면에 만들어져 있다.

파이프 플레어 〔pipe flare〕 플레어는 나팔꽃 모양처럼 벌어지는 현상을 뜻한다. 연료 파이프, 브레이크 파이프, 유압 파이프 등 유체를 이용하는데 사용하는 파이프를 연결할 때 유밀을 유지하기 위해서 파이프 플레어링 툴을 이용하여 파이프 끝을 나팔꽃 모양으로 벌려 체결하는 것을 말한다.

파이프 플레어링 툴 〔pipe flaring tool〕 파이프의 끝을 나팔 모양으로 벌어지게 하는 공구. 일자형의 블록에 여러가지 사이즈의 홈이 만들어져 있어 파이프를 규격에 맞는 위치에 끼우고 V블록이 설치되어 있는 요

크를 일자형의 블록에 결합하여 V블록을 핸들로 조여 파이프 끝을 나
팔꽃 모양으로 벌어지게 만든다.

파이프 피팅 〔pipe fitting〕 배관 부속품(配管附屬品). 파이프와 파이프
를 연결할 때 이어주는 금속류의 총칭으로 엘보, 유니언, 티, 니플, 플
러그 등을 말한다.

파인 세라믹스 〔fine ceramics〕 세라믹스 중 특별히 정제(精製)된 재료
를 사용하여 정밀하게 제작한 것을 말하며, 터보차저와 같이 고온에 강
한 성질을 이용한 구조용 세라믹스와 서미스터 온도계와 같이 전자기
적 특성을 이용한 기능성 세라믹스가 있다.

파일럿 램프 〔pilot lamp〕 ① 자동차에서 경고등처럼 기계의 작동상태 등
을 나타내는 전등. ② 자동차 운전석의 인스트러먼트 패널에 설치되어
있는 헤드라이트, 주차등, 브레이크등, 방향 지시등, 충전 경고등, 유압
경고등이 이에 속한다.

파일럿 밸브 〔pilot valve〕 다른 밸브 또는 기기 등에 있어서의 제어 기구
를 조작하기 위하여 보조적으로 사용되는 제어 밸브를 말한다.

파일럿 베어링 〔pilot bearing〕 회전축의 앞끝을 지지하는 베어링. 클러치
축의 앞끝을 플라이 휠 중앙에 지지하거나 변속기 출력축의 앞끝을 변
속기 입력축에 지지하는데 사용하는 베어링을 말한다.

파일럿 분사 〔pilot injection〕 디젤 엔진에서 디젤 노크(knock)를 방지
하기 위하여 착화지연 기간에 소량의 연료를 분사하여 착화시켜, 근소
한 시간차를 두고 분사되는 주분사의 연소를 확실하게 시키는 일.

파일럿 샤프트 〔pilot shaft〕 부품들을 정렬하는 데 사용되며, 부품들을
최종적으로 설치하기 전에 탈거되는 샤프트. 더미 샤프트.

파킹 로크 기어 〔parking lock gear〕 자동 변속기 차량에서 주차할 때 변
속기의 출력축이 회전하지 않도록 고정하는 기어를 말한다. 자동차를
주차한 다음 시프트 레버를 P레인지로 이동하면 링크 기구에 의해 폴
(pawl)이 출력축에 설치된 기어의 홈에 물리게 되어 고정된다.

파킹 로크 폴 〔parking lock pawl〕 자동 변속기 차량에서 주차할 때 시프
트 레버를 P레인지로 이동하면, 링크 기구에 의해서 파킹 로크 기어에
물리는 핀을 말한다. 시프트 레버를 P레인지로 이동시킬 때 자동차가
완전히 멈춘 상태에서 이동시키지 않으면 파킹 로크 폴이 파손된다.

파킹 스프래그 〔parking sprag〕 자동 변속기 차량에서 출력축을 회전하
지 못하도록 고정하는 제어장치. 변속기의 출력축이 회전하지 않을 경
우 자동차가 진행하지 못한다는 뜻이다. 시프트 레버를 P레인지로 이
동시킬 경우 제어장치가 작동되어 자동차의 자유이동을 방지하므로 주

차 제어장치라고도 한다.

파킹 브레이크 〔parking brake〕 핸드 브레이크. 주차시에 자동차를 정지
시켜 놓기 위한 브레이크로서, 족동식(풋 브레이크)도 있으나 손으로
당기는 타입(핸드 브레이크)이 많음. 수동식은 사이드 브레이크라고도
하나. 이것은 일본식 영어임. 영어로는 파킹 브레이크로서, 핸드 브레
이크라고도 함. 승용차에서는 와이어에 의해 조작력을 인터미디어트
레버, 이퀄라이저를 통하여 뒷바퀴에 전달하도록 되어 있는 것이 보통.
상용 브레이크와는 별개인 계통으로 작동하며, 상용 브레이크가 고장
났을 때의 서포트 시스템 역할도 하므로 비상 브레이크라고 할 경우도
있음. ⇨ 기계식 브레이크.

파킹폴 기구 〔parking−pawl mechanism〕 ⇨ 키 인터로크 기구.

파트 스로틀 〔part throttle〕 하프 스로틀을 말함. 스로틀 밸브의 일부분
(part)이 열려 있는 상태를 말함.

파트 타임 4WD 〔part time four wheel drive〕 4륜 구동차에서 평상시에
는 2륜만을 구동에 사용하고, 필요할 때만 4륜 구동으로 사용하는 방
식. 4WD와 2WD의 전환은 실렉터 레버에 의해 직접 행하는 방법과,
엔진의 부압이나 액추에이터 등을 이용하여 스위치의 전환에 따라 행
하는 것이 있으며, AT차에서는 AT의 유압에 의하여 다판 클러치를
작동시켜 전환하는 타입도 있음. 4륜을 구동할 필요가 없는 일반주행에
서 2륜만을 구동시켜 회전 저항을 적게 하는 것이 목적이지만, 주차시
등 스티어링 조작을 크게 하였을 때에 4개 타이어의 회전 속도가 변하
여 자동차의 움직임이 부자연스럽게 되는 브레이킹 현상을 피하는 데
도 도움이 된다. ⇨ 4WD.

파트너 컴퍼트 시트 〔partner comfort seat〕 조수석 전용 시트의 명칭. 조
수석에 앉는 사람의 쾌적한 자세(안락 자세)를 연구하여 운전석과는
다른 형상 구조로 한 것.

파티큘레이트 〔particulate〕 카본. 엔진으로부터 배출되는 카본 입자, 연
료, 오일의 탄찌꺼기 등의 미립자를 말함. 특히 디젤 엔진의 배기 중에
많이 포함되어 있다. ⇨ 디젤 파티큘레이트.

파티큘레이트 트랩 [particulate trap] 배출가스 중 파티큘레이트를 제거하기 위한 필터. ⇨ 디젤 파티큘레이트 필터.

판 브레이크 [leaf brake] 브레이크 페달을 밟았을 때 느낌이 판을 밟은 것 같이 딱딱한 것. ⇦ 스펀지 브레이크.

판 스프링 [leaf spring] ⇨ 리프 스프링(leaf spring).

판 캠 [plate cam] 평면 캠의 종류. 캠이 등속회전을 하면 리프터가 등속왕복 운동을 하는 캠으로 하트 캠, 원판 캠, 접선 캠이 있다. 자동차의 밸브 기구, 점화장치의 배전기 캠에 사용되고 있다.

판금 [sheet metal] 얇은 판재를 굽히거나 잘라서 각종 용기, 장식품, 자동차의 변형된 부분을 원래의 모양으로 회복시키는 등의 가공. 판금 가공을 하는 제품이 경량이고 제품의 원가가 싸며, 다량 생산이 적합하다. 복잡한 형태를 비교적 쉽게 가공할 수 있고 제품의 표면을 아름답게 할 수 있으며 수리가 용이하다.

판금 퍼티 [sheet metal putty] 패널의 오목한 부위를 메우는 폴리에스테르 퍼티. 폴리퍼티와 다른 점은 보다 깊숙한 부위를 메울 수 있는 대신, 표면이 다소 거칠고 미세공도 많음. 보디 필러(body filler)라고도 함.

판넬 [panel] 영어의 「패널」을 습관적으로 쓰이는 말. ⇨ 패널.

패널 [panel] 벽, 널빤지 등 넓은 면을 가진 판. 자동차에 있어서 일체로 프레스된 외판(外板)이나 내판(內板)을 말한다. 아웃 패널이라든가 이너 패널 또는 리어 엔드 패널이라고 부른다. 또 리어 필러와 같은 역할을 가진 리어 글라스와 리어 사이드글라스 사이가 폭넓고 필러(기둥) 같지 않은 것을 쿼터 패널이라고 부르기도 한다.

패널 도어 [panel door] ⇨ 프레스 도어.

패널 리페어 [panel repair] 전체 차량이 아닌 하나의 전체 패널(후드, 도어, 트렁크 리드 등)을 도장하는 재도장 작업 형식.

패널 밴 [panel van] 화물실이 패널(판)로 덮혀 일체로 되어 있는 밴.

패널 수정 [panel modification] 변형된 패널을 복원하는 작업. 타출 판금은 재래식 해머와 돌리 등을 사용하는 판금방식. 인출 판금은 와셔 용접기나 슬라이드 해머 등을 사용함.

패닝 [fanning] 프라이머 또는 페인트의 건조를 촉진하기 위해 스프레이 건으로 공기를 불어 주는 일. 바람직한 방법이 아님.

패덕 [paddock] 자동차 경주장에서 레이스에 참가하는 자동차가 집결하여, 차량의 점검 정비나 차량 검사가 행하여지는 장소. 마굿간 근처의 울타리 친 땅이나 마장을 가리키는 단어로서, 경마장의 예비 조사소의 의미로 사용되고, 이것이 나시 자동차 레이스장에 전용된 것.

패드 [pad] ① 충격이나 마찰, 손상 등을 방지하기 위해 덧대거나 메워 넣는 것으로 판스프링에서 마찰을 방지하기 위해 끝부분에 넣는 고무 조각 등을 말한다. ② 디스크 브레이크에서 사용하는 마찰재가 부착된 판 또는 자동차 번호판 등을 말한다.

패드 웨어 인디케이터 [pad wear indicator] 디스크 브레이크에서 브레이크 패드가 마모되어, 사용한도에 도달하였음을 알려주는 장치. 패드에 부착되어 있는 금속편이 디스크에 닿아 소리를 내는 가청식(可聽式)과, 패드가 마모되면 전기회로가 단선되거나 단락되어 경보를 발생하는 전기식이 있다.

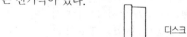
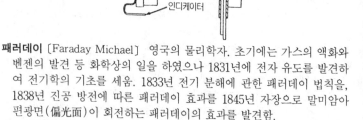

디스크
브레이크 패드
인디게이터
인디게이터

패러데이 [Faraday Michael] 영국의 물리학자. 초기에는 가스의 액화와 벤젠의 발견 등 화학상의 일을 하였으나 1831년에 전자 유도를 발견하여 전기학의 기초를 세움. 1833년 전기 분해에 관한 패러데이 법칙을, 1838년 진공 방전에 따른 패러데이 효과를 1845년 자장으로 말미암아 편광면(偏光面)이 회전하는 패러데이의 효과를 발견함.

패러데이 법칙 [Faraday's law] ① 1833년 패러데이가 발견한 법칙으로 전해질 용액을 전해할 때 전극에서 석출하는 물질의 양은 용액으로 통한 전기의 양에 비례하고 1g당 당량(當量)의 물질을 석출하는데 필요한 전기의 양은 물질에 관계없이 일정하다는 법칙. 축전지 전해액은 1Ah의 방전량에 대해 전해액 중의 황산은 3.660g이 소비되며 0.67g의 물이 생성된다. ② 전자 유도에 의하여 회로에 유도되는 기전력(起電力)의 크기는 그 회로를 뚫는 자속(磁束)의 시간적인 변화의 비율에 비례한다는 법칙을 말한다.

패럴렐 스티어링 [parallel steering] 애커먼 스티어링과 대비하여 사용되는 용어로서, 자동차가 선회할 때 스티어 각이 내륜과 외륜에 차이가 없도록 스티어링 링키지를 설정한 것. 애커먼 스티어링에서는 내륜의 스티어 각이 외륜의 스티어 각보다 커지도록 되어 있다.

패럴렐 크랭크 머신 [parallel crank mechanism] 평행 사변형으로 구성되어 있는 4절 링크 기구로서 고정 링크와 짝을 이루어 회전하고 있는 2개의 링크는 모두 길이가 동일한 크랭크가 된다. 그리고 항상 평행으로 이동하면서 운동하는 것을 평행 크랭크 기구라고도 한다.

패스 [pass] 용접의 방향으로 한 번 지나가면서 용착된 용착 금속.

패스트 백 [fast back] 패스트는 빠른 것을 의미하며, 루프에서 리어엔드에 걸쳐 빠름을 나타내기 위해 가파르지 않은 곡선을 가진 스타일을 말하며 리어 윈도와 트렁크 사이에 노치가 있는 노치백과 대조적으로 사용되는 용어이다.

패스트 백 쿠페 [fast back coupe] 쿠페 중 루프에서부터 리어 엔드까지 걸쳐 완만하여 과연 빠르다는 이미지를 부여하는 스타일의 자동차를 말함.

패스트 아이들 [fast idle] ① 엔진이 워밍업되기 전에 공전 속도를 높여 워밍업 시간을 단축하기 위한 기구. 초크 밸브가 닫혀 있을 때 링크 기구에 의해 패스트 아이들 캠의 가장 높은 부분과 패스트 아이들 조정 스크루가 접촉되어 스로틀 밸브가 완전히 닫혀지지 않아 약간 높은 공전 속도가 유지된다. ② 엔진의 공전 속도는 650~750rpm 정도이고 패스트 아이들 속도는 약 1000rpm 정도이다.

패스트 아이들 기구 [fast idle mechanism] ① 시동 후 엔진의 워밍업을 빠르게 하는 기구. 초크 밸브가 닫혀 있을 때 링크에 의해 패스트 아이들 캠의 가장 높은 부분과 패스트 아이들 조정 스크루가 접촉되어 스로틀 밸브가 완전히 닫혀지지 않아 약간 높은 공전속도가 유지된다. 이 때 엔진이 워밍업이 되면 초크 밸브가 열리므로 패스트 아이들 캠도 회전하여 보통의 공전 속도가 된다. ② 아이들링의 회전수를 높여주는 기구. 카브레터를 사용하는 엔진에서는 초크 밸브가 닫혀진 상태로 스로틀 밸브를 조금 열리게 하고, 전자제어 엔진에서는 스로틀 밸브가 닫힌 상태에서 공기를 바이패스시켜 엔진의 회전 속도를 증가시킨다. ③ 패스트 아이들 기구는 엔진이 공회전시에 에어컨이 작동되면 흡기 다기관의 진공 또는 전자석의 스위치를 이용하여 엔진의 공전 속도를 상승시키는 기구로서 에어컨 작동시 컴프레서의 부하에 의해 엔진이 정지되거나 공전속도가 저하되는 것을 방지한다.

패스트 아이들 캠 [fast idle cam] 패스트 아이들 기구를 구성하는 부품의 하나로서 캠과 스로틀 레버와 접촉하고 있으며, 자동 초크로 엔진의 워밍업(warming-up)을 진행케 하여 초크 밸브가 열린 상태로 액셀 페달을 밟으면 스로틀 레버가 캠에서 떨어져 패스트 아이들이 해제되도록 되어 있다. 수온(水溫)이 높아져 있는데 고속회전 상태에서 아이들 링이 계속될 때 가속 페달을 더 밟으면 통상시의 아이들링 상태로 되는 것은 이 때문이다.

패스트 아이들 캠 브레이커 [fast idle cam breaker system] 패스트 아이 들 캠 브레이커는 엔진이 워밍업 후에 적절한 연비를 향상시키고 엔진 의 회전수를 얻도록 한다. 자동 초크에 패스트 아이들 캠 브레이크를 설치하여 일정 온도 이상에서 패스트 아이들 캠 브레이커에 진공이 작 용하여 엔진의 회전수를 공회전수로 낮춘다.

패시브 레스트레인트 시스템 [passive restraint system] 수동식 승객 구 속 장치. 약칭하여 PRS라고 한다. 패시브는 수동적인, 레스트레인트 는 속박을 의미하며, 승객이 아무것도 조작하지 않아도 충돌이나 전복 등의 긴급시에 승객을 보호하고, 부상을 최소한으로 적게 하기 위한 장 치의 총칭. 현재 오토매틱 벨트(패시브 벨트)와 에어백 시스템이 실용 화되어 있다.

패시브 벨트 [passive belt] ⇨ 오토매틱 벨트.

패시브 서스펜션 [passive suspension] 액티브 서스펜션과 대조적으로 사 용되는 용어로서, 액티브 서스펜션은 노면의 상태에 따라 스프링이나 쇽업소버의 특성을 변화시킨다. 말하자면, 노면에 능동적(액티브)으로 작용하는데 반하여, 일정한 스프링 정수를 가진 스프링과 감쇠 특성을 가진 쇽업소버에 의해 노면으로부터 입력을 수동적(패시브)으로 처리 하는 보통의 서스펜션을 말함.

패시브 세이프티 시스템 [passive safety system] 자동차 사고가 일어났 을 때에 승객의 부상을 방지하고, 설령 부상을 당하더라도 그 정도를 될수록 가볍게 하는 충돌 안전을 위한 시스템. 자동차 사고가 잘 일어 나지 않도록 하는 예방 안전을 위한 액티브 세이프티 시스템과 대조적 으로 사용되는 용어. 패시브 세이프티의 직역은 수동적 안전성.

패시브 시트 벨트 시스템 [passive seat belt system] ⇨ 오토매틱 벨트.

패시브 토크 스플릿 [passive torque split] ⇨ 토크 스플릿.

패신저 시트 [passenger seat] ⇨ 드라이버 시트(driver seat).

패싱 기어 [passing gear] AT차에서 추월(패싱)을 하기 위하여 가속 페 달을 최대한 밟아 한 단계 아래의 기어로 넣는 것. ⇨ 킥다운.

패싱 램프 [passing lamp] 자동차에서 주간에 헤드라이트 스위치를 OFF시킨 상태에서 별도의 스위치로 헤드라이트를 점멸하여 추월할 때 신호하는 것을 말한다.

패치 〔patch〕 ① 옷 등이 낡아서 깁을 때 구멍난 곳에 대어 깁는 헝겊이나 구멍난 튜브를 때우는 조각을 말한다. ② 타이어 수리시 펑크난 곳에 대는 고무를 말한다.

패키지 컬러 〔package color〕 도료 메이커의 출하 단계에서 미리 새로운 자동차에 조색(調色)되어 있는 도료. 구미에서 많이 사용되고 있음.

패키지 트레이 〔package tray〕 글러브 박스 밑에 노트나 지도 등을 넣도록 한 접시모양의 부분으로, 보조적 수납 공간이다. 장거리 주행에서 발을 걸치는데 쓰일 수도 있으나 본래의 용도가 아님을 알아야 한다.

패킹 〔packing〕 기밀, 수밀 등 기체나 액체를 밀봉하는 역할을 하는 것으로서, 밀봉 부분이 고정되어 있지 않고 움직임 여유가 있는 것. 실(seal)의 일종. ⇔ 개스킷.

패턴 노이즈 〔tread noise〕 타이어가 구를 때 트레드와 노면의 접촉이나 홈 내의 공기의 압축, 방출의 반복(에어펌핑)에 의하여 생기는 소음. 주로 횡방향의 홈으로부터 발생하며 주행 속도에 따라 주파수가 변하는 피치음, 종방향의 홈으로부터 발생하며 1000Hz 부근에 피크가 있는 '샤'하는 연속음, 트레드의 숄더에 가까운 부분이 노면을 때림으로써 발생하는 스퀼音 등이 있다.

팬 〔fan〕 ① 보디 플로어. 특히 플로어 팬이 주요한 구조재의 역할도 하는 단체구조인 자동차의 경우. ② 스프레이 건이 남기는 무늬. ③ 회전하는 풍차에 의하여 기체를 보내는 장치로서 라디에이터 팬은 그의 대표적임.

팬 벨트 〔fan belt〕 냉각 팬을 구동하기 위한 벨트로서 V벨트를 많이 사용한다. ⇨ V벨트.

팬 소음 〔fan noise〕 냉각 팬에서 발생하는 소음으로서 날개가 바람을 끊는 소리. 팬을 엔진의 회전과 직결하여 회전시키면 고속회전할 때의 소음이 커지므로 팬 커플링에 의하여 최고 회전수를 제한한다.

팬 슈라우드 〔fan shroud〕 팬의 냉각 효율을 향상시키기 위해 라디에이터에 장착되어 있는 것으로서 공기의 흐름을 도와주는 덮개(슈라우드).

팬 커플링 〔fan coupling〕 커플링은 '이음쇄'란 뜻으로서 팬 커플링을 냉각 팬과 구동풀리 사이에 설치하고 커플링 내에 실리콘 오일을 가득 채운 부품. 팬의 소음을 감소하기 위해 팬의 회전 속도를 제한하는 것으로서 풀리가 천천히 회전하고 있으면 팬도 같은 속도로 회전하지만 회전 속도가 상승하면 팬에 접촉되는 공기 저항에 의하여 실리콘 오일의 유체 마찰에 따라 공전(空轉)하는 현상을 이용한 것. 온도에 따라 실리

ㅍ

콘 오일양(量)을 변화시켜 팬의 회전 속도를 제어하는 것도 있다.

팽윤 〔膨潤〕 스웰링. 고무 형태의 고분자 물질이 용매로는 용해되지 않고 이것을 흡수하여 체적이 부풀어진 현상. 강도(强度)저하를 가져오는 것이 보통. 고무제품의 실(seal), 컵 등이 부풀어 오른 현상.

팽창 밸브 〔expansion valve〕 팽창 밸브는 리시버 드라이어에서 보내진 고압의 냉매를 증발기에 보내기 전에 증발하기 쉬운 상태의 저압으로 감압하는 작용과 냉매의 유량을 조절하는 역할을 한다. 팽창 밸브의 열림 정도는 증발기에 설치되어 있는 감온부가 열을 감지하여 통로를 조절하게 된다.

팽창 행정 〔expansion stroke〕 폭발 및 연소 행정이라고도 불리우며 압축행정 다음에 혼합기가 급속히 연소함과 동시에 압력이 상승하여 엔진의 동력이 발생하는 행정. 가솔린 엔진에서 기화한 혼합기에 스파크 플러그로 점화되면 이것이 불씨(화염핵)가 되어 주위에 연소가 넓혀져 (화염 전파) 가스화된 혼합기가 연소가스로 변하여 압력과 온도가 급상승하면 피스톤을 밀어내린다. 디젤 엔진에서는 분사된 연료의 미립자가 주위의 높은 온도의 공기에 따라 가열된다. 따라서 산화 반응의 발생으로 자연 발화하여 이것이 화염핵으로 되면서 가솔린 엔진과 같은 모양으로 화염 전파→압력과 온도의 상승이라는 경과를 거친다. 영어로는 「firing stroke, combustion stroke, working stroke, power stroke」등으로 부른다. ⇨ 폭발행정.

팽창실 〔expansion chamber〕 ⇨ 익스팬션 체임버.

퍼늘 〔funnel〕 ⇨ 에어퍼늘.

퍼늘형 연소실 〔funnel type combustion chamber〕 퍼늘은 '깔때기'란 뜻이며 깔때기를 엎어놓은 형태의 연소실.

퍼머넌트형 부동액 〔permanent type antifreezing solution〕 부동액의 일종으로서, 에틸렌글리콜에 염료와 안정제를 첨가한 것. 엔진의 냉각액에 30% 정도 혼입하여 사용한다.

퍼스트 크로스 멤버 〔first cross member〕 보디의 최선단 하부(最先端下部)에 있으며 좌우의 후드 리지 패널(hood ridge panel)과 라디에이터 서포트 패널을 연결하는 부재(部材).

퍼지 〔purge〕 ① 어떤 공간에 포집된 물질을 제거하거나 비우다. 에어컨에서는 냉매 시스템 내의 습기나 공기를 질소 또는 냉매로 헹구어 제거하는 일 ② 연료 증발가스의 HC를 제거한다.

퍼지 제어 〔fuzzy control〕 일반적으로 시스템의 제어는 계통의 상태를 몇 개의 물리현상으로 분류하여 저마다 수치화시켜 이들의 값을 이론적 근거를 가지고 작성한 연산식(演算式)에 대입하여 계산하며 그 결과에 따라 컨트롤한다는 순서를 얻는다. 퍼지 이론은 수치로 표현하기 어려운 애매한(fuzzy) 물리현상을 퍼지 룰이라고 하는 판단 기준과 멤버십 함수(membership function)라고 이름붙인 연산식에 따라 수치화하는 수법(手法)을 체계화한 것을 퍼지 제어라고 한다. 통상의 시스템 제어와 비교하면 컴퓨터 프로그램이 방대한 것이 되기 때문에 소프트 개발이 중요한 포인트의 하나로 되어 있다.

퍼지 컨트롤 밸브〔purge control valve〕 퍼지 컨트롤 밸브는 배기가스 제어장치로서 공회전시 흡기 다기관에 연료의 증발 가스가 유입되는 것을 방지한다. 엔진의 회전이 1450rpm, 냉각수 온도가 65℃ 이상이 되면 서모 밸브에 의해 퍼지컨트롤 밸브의 다이어프램이 흡기 다기관의 진공에 의해 잡아당겨져 열리게 된다. 이 때 캐니스터에 저장되어 있는 연료의 증발 가스가 실린더에 흡입되도록 한다.

퍼컬레이션〔percolation〕 여과를 의미하는 영어로서, 기화기로부터 흡기 매니폴드로 여분의 가솔린이 유출하는 것. 기화기 뜨개실의 가솔린이 엔진 룸의 온도가 비정상적으로 상승하는 등의 원인으로 흡기 매니폴드에 유출하여 혼합기가 농후해지는 현상으로서, 엔진 정지를 야기할 수도 있음.

퍼티〔putty〕 접합제. 석고를 아마니유를 사용하여 페이스트한 점토상의 접합제로서 공기속에서 서서히 건조하며 굳게된다. 판의 요철부, 판의 이음매, 유리창의 유리고정, 등 편평하게 할 때 바른다.

펀칭〔punching〕 ⇨ 구멍 뚫기.

펄라이트〔pearlite〕 탄소 0.8%의 오스테나이트가 A₁ 변태점에서 반응하여 펄라이트와 시멘타이트의 공석정을 말한다.

펄세이션 댐퍼〔pulsation damper〕 일반적으로 유체의 맥동을 억제하는 것을 말하지만, 자동차에서는 가솔린 인젝션에서 인젝터로부터 연료가 분사됨으로써 배관 내에 발생하는 압력 변동(맥동)을 방지하기 위하여 부착되는 다이어프램을 가리킴.

펄스〔pulse〕 ① 극히 짧은 시간동안에 흐르는 신호용 약전류로서 제어회로 신호에 사용한다. 1번 실린더 상사점 검출 센서나 크랭크각 센서 등과 같이 디스크에 설치된 슬릿이 발광 다이오드와 포토 다이오드 사이를 통과할 때만 전류가 흐르므로 신호는 맥류의 파형으로 이루어진다. ② 유체의 흐름이 맥동하는 것으로서 일반적으로 맥박이나 고동이 움직이는 1박자를 말한다. ③ 비교적 지속 시간이 짧은 전기적 신호를 말한다. ④ 정상 상태에서 진폭이 옮겨지고 일정한 시간만큼 지속된 다음 본래의 상태로 되돌아가는 전기적 파형을 말한다.

펄스 제너레이터 〔pulse generator〕 트랜지스터 점화장치의 점화 신호 발생기구로 점화 코일의 1차 전류를 단속하는 점화 신호를 픽업 코일의 유도 전압으로 이그나이터에 공급하면 접점과 같은 작용을 하게 된다. 브레이크 플레이트 위에 마그넷과 픽업 코일을 고정하고 배전기 축에 시그널 로터를 고정한 구조로 되어있다. 엔진에 의해 시그널 로터가 회전하면 픽업 코일에 통과하는 자속을 변화시켜 자속의 변화량에 따른 유도 전압이 발생되도록 한다.

펄스 휠 〔pulse wheel〕 ⇨ 크랭크각 센서.

펌프 〔pump〕 ABS의 펌프는 모듈레이터 내에 설치되어 전자 제어 유닛에서 감압 신호를 받아 감압을 유지한다. 또한 증압의 목적으로 리저브에서 어큐뮬레이터로 오일을 보내는 역할을 한다.

펌프 맥동 〔pump pressure pulsation〕 펌프에는 일정한 압력으로 유체를 송출하는 구조로 되어 있는 것도 있으나 일반적으로 피스톤이나 날개차에서 유체를 압송하면 주기적으로 압력이 변화하여 맥박이 뛰는 것과 같은 흐름이 된다. 이 현상을 '펌프 맥동'이라 한다.

펌프 엘리먼트 〔pump element〕 펌프 엘리먼트는 플런저와 플런저 배럴의 합성어로서 플런저는 '잠기다, 돌진하다'의 뜻이고 배럴은 '원통'의 뜻이다. 연료 분사 펌프 하우징에 고정되어 있는 플런저 배럴 내에서 플런저가 캠에 의해 상하 슬라이딩 운동을 하며, 연료를 $100kg/cm^2$ 이상으로 압축하여 분사 노즐에 송출한다. 펌프 엘리먼트는 독립형일 경우에는 실린더 수와 같고 분배형일 경우 1개로 되어 있다.

펌프 임펠러 〔pump impeller〕 ⇨ 토크 컨버터.

펌프 제어식 〔pump controlled or jerk pump system〕 독립식. 펌프 제어식은 각 분사 노즐마다 한 개씩의 펌프 엘리먼트가 설치되어 연료를 분사하게 되어있는 형식으로서 펌프 엘리먼트와 분사 노즐은 고압 파이프로 연결된다. 펌프 엘리먼트는 하나의 보디에 일렬로 설치되어 있어 독립식이라고도 하며, 구조가 복잡하고 조정하기가 어려운 단점이 있으나, 다기통 엔진에 적합하며 고속 회전에 알맞는 장점이 있다.

펌핑 로스 〔pumping loss〕 피스톤이 실린더 안을 왕복하는 펌프 운동에서 혼합기의 폭발에 의하여 발생한 에너지의 일부가 혼합기를 흡입하고 연소된 가스를 배출하는 과정에서 소비된다. 각각 흡기 손실, 배기 손실이라고 하며 합하여 펌핑 로스라고 한다.

페달 〔pedal〕 밟는 판(板). 자동차를 조향할 때 발로 밟아서 조작하는 것. 브레이크 페달, 클러치 페달, 액셀 페달 등이 있다.

페달 답력 〔踏力 : pedal effort〕 페달을 힘차게 밟기에 필요한 힘.

페달 스트로크 〔pedal stroke〕 페달을 밟았을 때 움직이는 거리(스트로크).

페더 에지 〔feather edge〕 페인팅을 벗긴 금속면과 먼저 바른 페인팅이 살아 있는 경계부분을 가리키는 말. 밑바탕으로부터 차례차례 얼굴을 내밀고, 중첩되어 있는 새의 깃털처럼 되어 있기 때문에 이렇게 부름.

페더 키 〔feather key〕 미끄럼 키. 축과 보스 사이에 키를 설치하고 볼트로 고정한 키. 회전력의 전달과 동시에 보스를 축 방향으로 이동시킬 필요가 있을 때 사용한다.

페라이트 〔ferrite〕 721℃에서 α철의 탄소를 최대로 고용한 조직으로서 상온에서 강자성체이며 강성이 비교적 작고 연성이 크다. α철에 탄소를 고용한 α고용체이다.

페라이트계 〔ferrite〕 밸브 스템에 사용하는 니켈 2.5~3%, 크롬 7.3~13%의 합금강으로 540℃ 까지는 충분한 경도를 유지하고 내마멸성, 내식성, 내열성이 크다.

페리미터 프레임 〔perimeter frame〕 페리미터는 평면주위(周圍)란 뜻이며 바닥 주위를 보강 부재로 에워싼 구조의 프레임. 다른 프레임과 비교하면 가볍고 바닥을 낮출 수 있는 장점이 있으나 강성(剛性)이 낮으므로 보디(車體)의 강도를 증가시키기 위하여 이것을 씌우고 있는 것이 일반적임.

페리트로코이드 〔peritrochoid〕 방켈형 로터리 엔진으로서 누에고치 모양의 로터 하우징 내벽면을 이루는 곡선. 반경 P 원(基礎圓)의 외주(外周)에 내접하는 반경 q원에 암(arm)을 고정하고 원을 미끄럼없이 회전시켰을 때 암의 선단 p가 그리는 곡선으로 정의한다.

기초원 / 전위원 / 페리트로코이드 곡선 / 암 / P' / e:편심량 / R:창성반경

페리페럴 포트식 [peripheral port] 로터리 엔진의 흡배기 포트 설치방식의 하나로서 포트를 로터 하우징의 내주(內周:페리페럴)에 설치한 것. 포트를 사이드 하우징에 설치하는 사이드 포트식과 한쌍으로 사용되는 용어. 포트가 에이펙스 실에 의하여 개폐되어 기류의 방향은 로터의 회전방향과 같으므로 흡배기 저항은 적지만 실(seal)이 포트의 위를 통과할 때 양쪽 작동실이 연결되는 작동상 특징이 있다. 그리고 흡기포트로 사용할 경우 배기행정과 흡기행정의 작동실이 연결되므로 저속회전시에는 흡기에 연소가스가 혼입하여 연소가 불안정하게 된다. 승용자동차용 엔진의 흡기 포트에는 사이드 포트식이 사용되고, 레이스용 엔진에서는 흡배기 포트와 공히 페리페럴 포트식이 사용되는 것이 일반적이다.

페리패럴포트   사이드포트

페이드 [fade] 비탈길을 내려가거나 할 경우 브레이크를 반복하여 사용하면 마찰열이 라이닝에 축적되어 브레이크의 제동력이 저하되는 경우가 있다. 이 현상을 페이드라고 하는데, 그 이유는 브레이크의 온도가 상승하여 라이닝의 마찰계수가 저하되므로 일정하게 페달을 밟는 힘에 따라 제동력이 감소하기 때문이다. 이것을 방지하는 데는 브레이크 라이닝의 온도가 어느 일정 이상 높아지지 않도록 라이닝을 크게 하거나, 벤틸레이티드 디스크를 사용하거나, 온도에 대하여 마찰계수의 변화가 작은 라이닝을 사용해야 한다. 페이드는 비탈을 내려갈 때 또는 고속으로부터 브레이크를 작동시킬 때 일어나는데, 브레이크의 온도를 냉각시키면 원래대로 되돌아간다.

페이드 현상 [fade development] 빛, 소리, 힘 등이 점차 적어지는 현상을 말하며 영화나 TV의 화면 전환에 사용되는 말과 같은 뜻. 자동차에서는 긴 내리막길에서 브레이크를 빈번히 사용했을 때 브레이크 마찰면의 온도가 상승하여 마찰력이 저하되어 효과가 불량해지는 현상을 말함.

페이딩 [fading] 원래의 색이 변색되는 것으로서, 통상적으로 사용중 풍화작용에 노출됨으로써 일어난다.

페이로드 〔payload〕 항공 업계에서 운임을 지불하는(페이)유료의 하중 (荷重:로드)을 말하는 것. 자동차에서는 최대 적재량을 뜻하는 것이 일반적임. 다만, 그의 엄밀한 정의는 나라마다 제각기 다르며 승차 인원의 중량이나 연료의 양, 공구의 유무 등에 따라 다르다.

페이스 리프트 〔face lift〕 자동차의 모델을 소규모적으로 변경시키는 것.

페이스카 〔pace car〕 레이스 참가 자동차를 선도하는 자동차. 장거리 레이스에서 출발전에 선도 자동차로서 코스를 일주(一週)하거나 레이스 중 우연한 사고(accident)에 의하여 경기를 계속하기가 힘들 경우에 코스에 들어간 경기 자동차를 정렬시키는 자동차를 말함.

페이스트 〔paste〕 페이스트는 '풀, 반죽해서 만든 것'의 의미로 축전지의 음극판 및 양극판에 납 산화물의 분말을 황산에 반죽해서 납-안티몬의 격자에 바르는 것을 말한다.

페이퍼 〔paper〕 단지 페이퍼라고 하는 경우에는 샌딩 페이퍼를 가리키는 경우가 많음. 그 외에 마스킹 페이퍼도 상황에 따라서 이렇게 부를 수가 있음.

페인트 〔paint〕 안료(顔料) 등을 건조가 잘되는 지방유(脂肪油)에 혼합하여 만든 도료. 고체의 표면에 칠을 하면 불투명한 건조막이 형성된다. 기름 페인트, 수성 페인트, 에나멜 페인트 3종이 있다.

페인트 리무버 〔paint remover〕 기존의 피니시와 반응하여 그것을 바탕 표면으로부터 제거하거나, 또는 그것을 액화하여 해체하는 화학 물질. 이것을 사용한 후에는 기존의 피니시를 쉽게 닦아낼 수 있다. 페인트 스트리퍼(paint stripper)라고도 한다.

페인트 시너 〔paint thinner〕 ⇨ 미네랄 스피리트.

페인트 오물 〔dirt in paint〕 페인트 피니시 밑 또는 속의 이물질.

페인팅 후도 〔painting thickness〕 분사된 페인팅은 건조함에 따라 용제가 증발하여 없어지기 때문에 두께가 얇아진다. 페인팅에 용제분이 많으면 얇아지는 폭도 크지만, 용제가 별로 포함되어 있지 않으면 변화는 적다. 이처럼 건조 후 막의 두께가 분사 직후에 비하여 그다지 얇아지지 않는 도료를 살집이 좋다고 한다. 또한, 분사된 표면이 통통한 느낌을 주고, 아무래도 막의 두께가 두꺼운 듯한 모습을 살집이 좋다고도 한다. 구체적으로 래커(lacquer)계 도료는 점도가 높고 시너의 희석량도 많기 때문에 살집은 그다지 좋지 않다. 이에 대하여 우레탄계 도료는 시너의 희석량이 적기 때문에 똑같이 분사하여도 살집은 좋다.

페일 세이프 〔fail safe〕 ① 시스템의 일부에 고장이나 오조작(誤操作)이 있어도 안전한 가동(稼動)이 자동적으로 취해질 수 있는 구조로 설계하는 사고 방식. ② 센서, 액추에이터 등이 고장이 나더라도 시스템 자체는 안전하게 작동되도록 하는 기구를 갖추어 안전성을 확보하는 것으로서 자동 조정 브레이크, 2계통 브레이크 등이 그 예.

펜더 [fender] 흙받이를 말함. 펜더는 미국어이며 영어에서는 윙(wing) 또는 머드가드(mudguard)라고 한다. 클래식카에서 자전거의 흙받이와 같이 독립하여 타이어를 감싸는 프런트 펜더를 가리키고, 뒷바퀴를 감싸는 것은 리어 펜더로 구별한다.

펜더 미러 [fender mirror] 백미러로서 좌우의 프런트 펜더에 장착되어 있는 것. 운전자로부터 먼 위치에 있으므로 평면경으로는 시야가 좁아지기 때문에 볼록거울로 되어 있으므로 거리감을 파악하기가 어렵다.

펜더 에이프런 [fender apron] 펜더의 안쪽에 있으며 바퀴와 엔진룸을 칸막이한 부분. 흙받이 역할을 함과 동시에 서스펜션으로부터 전달되는 힘도 지지해 주며 많은 부품이 장착되어 있다. 에이프런은 '앞치마'란 뜻.

펜던트 타입 액셀 페달 [pendant type accel pedal] 펜던트(목에 걸어 가슴에 늘어 뜨리는 액세서리)와 같이 대시보드에서 걸어내린 타입의 액셀 페달.

펜트 루프형 연소실 [pent roof type combustion chamber] 펜트 루프는 한쪽만 구배가 있는 것. 즉, 한쪽으로만 경사진 지붕이라는 것이며 영어로는 얕은 쐐기형의 연소실을 가리키며 지붕 모양과 비슷한 연소실을 말한다. 4밸브 엔진의 중앙에 점화 플러그를 두고 지붕의 구배 양쪽에 2개씩 흡배기 밸브를 설치한 형태는 전형적인 것. ⇨ 4밸브 엔진, 지붕형.

펠릿 촉매 컨버터 [pellet catalytic converter] 배기가스 정화장치의 하나. 펠릿은 산탄(散彈)의 알맹이와 같이 작은 공간이란 뜻이며, 촉매는 자신은 변하지 않고 다른 물질의 화학적 변화를 도와주는 역할을 하는 것. 펠릿 촉매는 직경 3mm 정도의 크기로 미세하고 많은 구멍을 가진 알루미나 입자 주위에 촉매를 부착시킨 것이며, 스테인리스 강으로 제작한 용기에 넣고 단열재로 덮은 가운데에 배기가스를 통하면 유해성분을 적게 한다.

펠릿형 [pellet type]　수온 조절기의 종류로서 실린더, 밸브, 스프링으로 구성되어 있다. 실린더에는 와스와 합성고무가 봉입되어 냉각수의 온도에 의해 와스가 녹아서 팽창하여 합성고무를 수축할 때 실린더가 스프링을 누르고 밸브가 열리는 형식. 내구성이 우수하고 압력에 의한 영향이 작아 가장 많이 사용한다.

펠턴 휠 [pelton wheel]　펠턴 수차(水車). 원판의 주위에 다수의 버킷을 배열하고 노즐로부터 물이 분출하면 물의 모든 에너지는 속도 에너지로 바뀌고 그것이 버킷에 부딪혀 수차를 회전시키는 것. 미국인 펠턴(Pelton)이 발명. 고낙차(高落差)로 수량(水量)이 비교적 적은 곳에 사용되는 충격(衝擊) 수차를 말한다.

편요각 [偏搖角]　자동차가 기류에 따라 받는 힘의 방향이 자동차의 전후 방향과 이루는 각도. 자동차가 받는 바람은 정면으로부터 오는 주행풍과 옆에서 오는 횡풍으로 나누어 생각하여 각각의 풍력을 베타로 보고 이것을 합성한다. 따라서 이 합성풍과 자동차의 종중심면에 대하여 이루는 각도를 편요각이라고 함. 통상 희랍문자로 ϕ (파이) 또는 ψ(프사이)로 나타낸다.

편타증 [鞭打症, 鞭打性傷害]　추돌된 자동차에 타고 있던 사람의 머리가 순간적으로 뒤로 젖혀져 경부(頸部)의 근육과 관절, 때로는 척추의 상해나 통증이 멈추지 않는 증상이 생기는 것. 그 순간적인 움직임이 채찍질하는 것과 흡사하다 하여 이러한 이름이 붙었음. 각국에서는 이 장해를 방지하기 위하여 자동차에 헤드 레스트 레인트를 설치하는 것을 의무화하고 있다.

편평 타이어 [low profile tire]　⇨ 로 프로파일 타이어.

편평률 [aspect ratio]　타이어의 단면 폭에 대한 높이의 비율. 애스펙트 레이쇼 혹은 애스펙트 비(比)라고 한다. 승용 자동차용 타이어에는 70~80%가 일반적이나 초고속 주행용 타이어나 레이싱 타이어에는 30%에 가까운 것도 있다.

평 게이지 [plate gauge]　구멍용 한계 게이지의 종류. 50~250mm의 큰 구멍을 측정하는 게이지.

평 키 [flat key]　보스에 키 홈을 만들고 축에는 키의 접촉면만 편평하게 깎아내어 고정하므로 안장 키보다 큰 회전력을 전달할 수 있다.

평균 유효 압력 [mean effective pressure]　엔진의 피스톤에 소요되는 계산상의 평균압력에서 1사이클의 일(작업)을 행정 용적(피스톤의 면적과 움직인 거리를 곱한 것)으로 나눈 것. 엔진의 연소 효율을 판단하는 기준의 하나로서 엔진의 연소 행정에서 행해지는 일에는 이론계산상 얻어지는 이론적인 일, 연소 가스가 행해지는 도시(圖示)적인 일, 실제로 엔진에서 얻어지는 정미 일의 3가지가 있으며 이것들은 각각 이론평균유효압력, 도시평균유효압력, 정미평균유효압력으로 정의한다.

평균 킬로칼로리 [balance kilocaloric] 표준 기압하에서 순수한 물 1kg의 온도를 0°C에서 100°C까지 올리는데 필요한 1/100의 열량.

평기어 ⇨ 스퍼기어(spur gear).

평로 제강법 [open hearth process] 노(爐)속에 선철과 파쇠를 혼합하여 넣은 다음 예열된 공기와 가스로 혼합물을 용해시켜 용강을 만든다. 용량은 1회당 용해할 수 있는 쇳물의 무게 톤(ton)으로 표시하며, 산성법과 염기성법이 있다.

평면 베어링 [plain bearing] ⇨ 플레인 베어링.

평면 연삭기 [surface grinder] 실린더 헤드, 공작물의 평면 등이 변형되었을 때 평면으로 연삭하는 기계를 말한다.

평물(平物) **도어 트림** 도어 트림에서 하드보드 등의 기본재료에 패드나 염화비닐 시트나 파블릭, 카페트 등을 붙여, 포킷, 암 레스트, 오너먼트(장식물) 등을 부착한 구조.

평행 리프 스프링식 서스펜션 [parallel leaf spring type suspension] 종치식 판스프링 현가장치. 리지드 액슬 서스펜션의 가장 일반적인 형식으로서 승용차의 뒷바퀴용으로 많이 사용되고 있다. 차축의 양쪽 앞뒤방향으로 리프 스프링을 설치하고 쇽업소버를 부착한 구조로서 스프링이 직접 차축을 지지하고 있기 때문에 출발 및 제동시에 와인드업이나 호핑을 일으키기 쉽다. 또한 횡력(橫力)이 발생될 때 얼라인먼트 변화로 차축의 흔들림이 발생되어 승차감이나 조향 안정성이 떨어지기 때문에 승용차에는 거의 사용되지 않게 되었다.

평행 사변형 위시본식 [parallelogram wishbone type] 페럴렐러그램은 '평행 사변형, 나란히꼴', 위시본은 새의 가슴에 있는 Y자 꼴의 뜻. 평행사변형 위시본식은 아래 컨트롤 암과 위 컨트롤 암의 길이가 같이 연결하는 4점이 평행사변형을 이루고 있는 형식이다. 바퀴가 상하운동을 하면 컨트롤암이 평행하게 이동되어 캠버는 변화되지 않지만 윤거가 변화되어 타이어 마멸이 촉진된다.

평행 연동식 와이퍼 대향식 와이퍼. 윈드실드 와이퍼를 닦는 형식으로 분류한 것. 2개의 와이퍼를 링크로 연결하여 연동(連動)하며 같은 방향으로 평행하게 움직인 것.

평행 2축식 변속기 [平行二軸式變速機] ⇨ 부축식 트랜스미션.

평행 핀 〔dowel pin〕 캠 축 스프로킷을 캠 축에 고정할 때 안내 위치를 결정하는 핀으로 사용된다.

평형 기화기 〔balanced carburetor〕 평형 기화기는 에어 혼 내에 있는 튜브를 통하여 뜨개실에 대기압이 작용토록 한 형식. 에어 클리너의 엘리먼트가 오손되어도 혼합기가 농후해지지 않고 항상 적합한 혼합기를 공급할 수 있다.

평형추 〔balancing weight〕 크랭크 축의 정적(상하), 동적(좌우) 회전 평형을 유지하기 위한 추로서 엔진은 고속 회전하기 때문에 불평형에 의한 진동을 억제하고 원활한 회전을 하도록 한다.

폐자로형 점화 코일 전 트랜지스터식 점화장치에서 폐자로형 점화 코일은 자속의 통로를 철심에 의해 폐회로를 형성하여 2차 전압을 승압시키는 변압기로서 자속을 많게 하므로 점화 성능을 향상시킨다. 또한 코일의 권수를 적게 할 수 있으며, 철심의 양은 많아지지만 소형이고 고성능의 점화 코일로서 현재 널리 사용하고 있다. 원리는 자기유도작용과 상호유도작용을 이용하여 2차 전압을 승압시킨다.

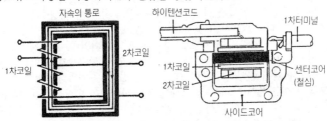

폐지형 노즐 〔closed type nozzle〕 크로즈는 '폐쇄의, 마감, 휴업'의 뜻으로 노즐에 니들 밸브가 스프링으로 밀착되어 연료의 압력이 높아지면 자동적으로 열림으로써 연료를 분사하는 노즐. 항상 고압하에서 분사가 이루어지므로 연료의 무화가 양호하고 후적이 없으며, 노즐의 본체와 니들 밸브의 슬라이딩면은 연료로서 윤활하게 된다. 폐지형 노즐에는 구멍형 노즐, 핀틀형 노즐, 스로틀형 노즐로 분류된다.

폐회로 〔closed circuit〕 스위치가 ON 상태의 회로로 전류가 흐르는 회로를 말한다.

포(4) 링크식 서스펜션 〔four link type suspension〕 링크식 리지드 액슬 서스펜션의 일종으로서 FR자동차의 리어 서스펜션에 많이 사용되며 차축을 4개의 링크로 지지하는 기구를 가진 것. 자동차를 위에서 보면 2개의 비교적 긴 로(low) 컨트롤 암을 八자형으로, 2개의 짧은 어퍼 컨트롤 암을 역八자형으로 배치한 것이 많다. 어퍼 링크를 1개로 하여 래터럴 로드(lateral rod)에 의하여 옆방향으로 지지하는 형식도 있다.

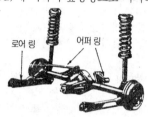

포 바이 포(4×4) 〔four by four〕 앞에 4는 자동차에 설치되어 있는 바퀴의 수를, 뒤에 4는 구동 바퀴의 수를 표시함. 따라서 4×4는 4륜 구동의 4륜 자동차. 6×4는 4륜 구동 6륜 자동차란 말이다. ⇨ 4WD.

포(4) 밸브 엔진 〔four valve engine〕 각 실린더마다 흡배기 밸브를 각 2개씩 설치된 엔진으로서 흡기 밸브가 약간 크게 만들어져 있는 것이 일반적이다. 고속 회전시 흡입효율이 높고 최고 출력이 큼과 동시에 밸브의 작동상태가 고회전까지 뒤따를 수 있게 됨에 따라 경주용 엔진으로 개발하였다. 그러나 1980년대부터 스포츠카로 사용하게 되어 1980년대 후반부터는 일반 자동차에도 넓게 사용하게 되었다. 흡배기의 흐름이 양호하고 연소실의 중앙에서 점화하는 일도 있으므로 출력과 연비가 우수한 엔진을 얻기가 용이하다.

포(4) 사이클 엔진 〔four-cycle engine〕 사이클은 순환을 뜻하며 피스톤이 일방향으로 1회의 행정(行程:stroke)을 한다. 피스톤이 2번 왕복하고 4회의 행정으로 인하여 혼합기 혹은 공기의 흡입, 그의 압축, 혼합기의 연소, 연소 가스의 배기 행정이 순환하여 행하여지는 엔진. 각 행정은 피스톤에 의하여 회전되는 크랭크 샤프트 2회전마다 1회씩 발생하는 결과가 된다.

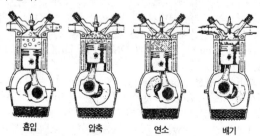

흡입　　　압축　　　연소　　　배기

포(4) 스트로크 엔진 [four stroke engine] ⇨ 4사이클 엔진.

포(4) 웨이 플래시 [four−way flash] ⇨ 해저드 플래시.

포그 램프 [fog lamp] 안개등. 보조전조등. 가시광선 중에서 비교적 파장이 길며 안개 가운데서 투과성이 양호한 담황색의 램프를 헤드라이트의 보조등으로서 사용한 것. 윗방향의 빛을 차단하고 수평방향전방 20~40m를 넓은 범위로 조명하도록 설치되어 있다. 안전기준에서는 보조전조등의 일종.

포그 코트 [fog coat] 다음 페인트 코트가 더 잘 점착할 수 있는 좋은 표면을 만들기 위하여 기존의 페인트 표면에 묽게 한 페인트를 얇고 곱게 스프레이하는 것.

포금 [砲金 ; gun metal] 구리 90%에 주석을 10% 혼합한 합금강으로 밸브, 기어, 코크 등에 사용하며 내식성 및 내마멸성이 우수하다.

포드 [Ford Henry] 미국의 기술자. 1903년 포드 모터 회사를 설립하여 제품의 종류를 한정시키고 벨트 컨베이어에 의한 일관 작업(一貫作業)으로 원가를 절감하여 대중용의 자동차 T형 포드의 보급에 성공함.

포드 모터 회사 [Ford Moter Company] 1903년 포드(Ford Henry)가 설립한 미국의 대표적 자동차 제조회사. 포드 시스템을 채용하여 대량 생산에 성공함. 대표적인 승용 자동차는 링컨, 포드 등이며 이외에도 트럭 및 트랙터를 제조함.

포드 시스템 [Ford system] 공장 내의 모든 공정(工程)을 컨베이어로 연결하고 원재료(原材料)나 부분품을 연속적으로 보내어 일관된 작업을 실시하는 방식을 말한다. 미국의 포드 자동차 공장에서 처음으로 채용한 컨베이어 시스팀.

포르세 타입 싱크로 [porsche type synchromesh] 포르세사(社)가 스포츠카 용으로 개발한 싱크로메시로서 드럼 브레이크의 서보 기구를 응용하여 회전 속도가 다른 기어와 슬리브가 접하면 싱크로 나이저링의 안쪽에 설치되었던 브레이크 밴드가 밀려 넓어져 서보 효과에 따라 큰 마찰 토크를 얻을 수 있게 한 것. 동기 시간(同期時間)이 짧고 가혹한 사용에도 대응하는 특징을 갖는다.

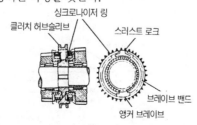

싱크로나이저 링
클러치 허브슬리브
스러스트 로크
브레이브 밴드
앵커 브레이브

포르세 팁트로닉 〔porsche tiptronic〕 오토매틱 시프트와 매뉴얼 시프트 어느 것이든 운전자가 자유롭게 선택할 수 있도록 한 포르세의 자동 변속기. 오토매틱 시프트는 P, R, N, D, 3, 2, 1의 7포지션으로 되어 있으며, D에서는 컨트롤 유닛이 전진 4단기어 중에서 주로 운전자의 액셀 페달을 밟는 정도에 따라 최적의 기어를 선택한다. D의 위치에서 레버를 왼쪽으로 전환하면 매뉴얼 시프트로 되고 앞으로 밀면 시프트 업이 되며 뒤로 잡아 당기면 시프트 다운이 되도록 하여 AT의 스포츠성을 높인 시스템으로 되어 있다.

포뮬러카 〔formula car〕 타이어에 덮개가 없는 레이싱카로서 그의 중량과 치수·형상·엔진의 사양(仕樣) 등 FIA가 정한 규격(formula)에 따라서 제작한 것. 주로 엔진의 배기량에 따라 분류되며 3500cc에서 12기통 이하의 자연 흡기 엔진을 탑재한 F1(에프원, 포뮬러원)카에 의한 레이스는 세계 최고의 위치에 두게 하였다.

포스 드라이 〔force dry〕 열 또는 공기의 이동에 의한 페인트의 가속건조.

포스 베리에이션 〔force variation〕 타이어를 회전시킬 때 접지면에 발생하는 힘의 변동(variation). 타이어는 고무와 섬유의 복합재료로 되어 있으며 트레드 고무의 두께가 고르지 못함과 카커스를 구성하는 플라이 방향의 비틀림 또는 이음매가 있는 것 등에 따라 차축과 노면 사이의 거리를 일정하게 유지할 경우, 차축은 수 kg에서 수십kg의 힘의 변화를 받고 진동이나 소음의 원인으로 될 경우가 있다. 힘의 방향을 상하 좌우와 전후로 분류하여 고찰하여 보면, 반경 방향의 힘의 변동을 레이디얼 포스 베리에이션, 옆방향의 변동을 래터럴 포스 베리에이션, 전후 방향의 변동을 트랙티브 포스 베리에이션이라고 부른다. FV로 약함.

포어라우프 배치 〔(獨)vorlauf versatz〕 정(十)의 캐스터. 독일어로 자동차의 앞바퀴를 옆에서 바라보았을 때 타이어의 중심이 킹핀 축의 중심선보다 앞에 오도록 킹핀 축이 배치된 것을 말함. 일반적으로 캐스터 각이 크고 트레일이 작은 앞축에서 볼 수 있다. 포어라우프는 앞서 달리는 것을 말함. ⇨ 나흐라우프.

포워드 타입 [forward type] 버스, 트럭, 봉고, 그레이스 등과 같이 자동차 보디의 설계상 조향핸들을 차대 앞으로 전진시켜 설치한 것을 말한다.

포인트 [point] ⇨ 콘택트 브레이커 포인트, 단속기 접점.

포인트 갭 [point gap] 콘택트 브레이커 포인트의 간극(間隙:갭). 이그니션 코일에 1차 전류를 흐르게 하는 시간을 결정하는 기준으로서 포인트 휠 부분이 캠의 회전에 따라 캠 모서리가 가장 높은 위치(頂點)에 밀렸을 때의 간극을 측정하여 나타낸다.

포인트 점화 방식 [point ignition system] 포인트 점화 방식은 축전지를 전원으로 하는 12V의 전류를 콘택트 브레이커 포인트의 개폐로 점화 시기에 맞는 1차 전류가 되어 점화코일의 1차쪽에 흐른다. 이 감응(感應) 코일은 2차쪽에서 20,000V의 고압이 되어 연소실에 설치되어 있는 스파크 플러그 전극의 틈새에서 불꽃이 발생된다.

포지션 [position] 위치, 상태, 경우 등을 뜻하며 AT자동차에서는 실렉터 레버의 위치를 말한다. ⇨ 레인지.

포지션 램프 [position lamp] ⇨ 클리어런스 램프. 사이드 마커 램프.

포지티브 [positive] ① 물리, 전기에서는 '양(陽), 양의, 정(正), 양극판(陽極板)'의 뜻. ② 사진의 양화(陽畵). ⇔ 네거티브.

포지티브 벤틸레이션 [positive ventilation] ⇨ 강제 환기 방식.

포지티브 오프셋 스티어링 [positive offset steering] 킹핀 오프셋으로서 타이어의 접지 중심이 킹핀 중심선의 노면과의 교차점보다 외측에 있는 것. 역으로 내측에 오도록 한 것을 네거티브 킹핀 오프셋, 오프셋이 영(zero)에 가까운 것을 센터 포인트 스티어링이라고 부른다.

포지티브 캐스터 [positive caster] 앞바퀴를 옆에서 보았을 때 차축에 설치하는 킹핀의 중심선이 수직선에 대하여 뒤쪽으로 기울어지게 설치된 상태를 말한다. 구동 바퀴에서 발생된 추진력은 차체를 통하여 킹핀의 방향으로 작용하기 때문에 주행중 킹핀의 중심선이 수직선을 잡아당기는 것과 같이 작용되므로 바퀴는 항상 전진 방향으로 안정이 되어 주행 중 조향 바퀴에 방향성을 준다. 자동차가 선회할 때 직진 방향으로 되돌아오는 복원력이 발생되는 것은 현가장치를 통하여 차체가 위쪽으로 올라가거나 내려가며, 차체의 운동은 핸들에 가해진 힘에 의하여 이루어지므로 조향핸들에 가해진 힘을 풀면 차체가 본래의 수평위치로 돌아감과 동시에 조향 바퀴도 직진 상태로 된다.

포지티브 캠버 [positive camber] 앞바퀴를 앞에서 보았을 때 타이어 중심선이 수직선에 대하여 바깥쪽으로 기울어진 상태를 말한다. 타이어의 마멸과 동시에 바퀴에 작용하는 추력이 커지므로 조향축을 기울이면 각 부분에 무리한 힘이 작용치 않아 킹핀 경사각과 함께 조향 조작력을 가볍게 하고 수직 방향의 하중에 의한 앞차축의 휨을 방지한다.

포지티브 형식 [positive type] 밸브가 열릴 때 강제로 회전되는 형식. 시프팅 칼라, 스프링 리테이너, 볼, 플렉시블 와셔로 구성되며 로커암이 밸브를 열 때 시프팅 칼러에 큰 압력이 작용하여 플렉시블 와셔가 편평하게 된다. 이 때 볼이 경사면으로 굴러 내려가기 때문에 리테이너가 조금 회전하면서 스프링 리테이너 로크와 밸브 스템에 운동이 전달되어 밸브가 회전한다.

포크 [fork] 포크는 나무 가지 따위가 두 갈래로 벌어진 형태의 뜻으로 클러치에서 페달을 밟는 힘을 릴리스 베어링에 전달하는 릴리스 포크, 변속기에서 변속을 하기 위해 클러치 슬리브를 이동시키는 시프트 포크 등을 말한다.

포텐쇼미터 [potentiometer] 가변저항기. 어떤 길이를 가지는 저항의 단자를 접속시켜 단자의 위치를 약간 옮길 때 전기 저항값의 변화를 전압의 변화로 하여 인출하는 것에 따라 위치, 각도 등의 기계적 변위를 전압으로 전환하는 것. 대표적인 포텐쇼미터는 라디오의 음량 조정에 사용되는 볼륨으로서 자동차에서는 엔진의 스로틀 개도(開度)센서나 액셀레버의 위치센서 등에 이용되고 있다.

포토 다이오드 [photo diode] 광 다이오드. 포토 다이오드는 빛을 전기로 변화하는 다이오드로서 PN형 접합면에 빛을 받으면 전자가 궤도를 이탈하여 저항이 감소되므로 역방향으로 전류가 흐르게 된다. 또한 빛의 양을 변화시키면 회로에 흐르는 전류는 빛의 양에 비례하여 전류가 흐르게 되며, 자동차에서는 크랭크각 센서, TDC 센서, 스티어링 휠 각속도 센서, 에어 컨디션의 일사센서 등에 사용된다.

포토 일렉트릭 튜브 [photo electric tube] 광전관(光電管). 빛의 강약을 전류로 바꾸는 진공관. 빛이 비추어지면 전자(電子)를 방사하는 산화(酸化)세슘과 은(銀)의 복합 전극(電極) 등을 음극(陰極)으로 한 것. 사진 전송, 도어의 자동 개폐, 경보기 등에 많이 사용된다.

포토 튜브 [photo tube] 빛을 받으면 음극에서 전자를 방출하는 전자관 ⇨ 포토 일렉트릭 튜브.

포토 트랜지스터 [photo transistor] 포토 트랜지스터는 PN접합 부분에 빛을 쪼이면 빛의 에너지에 의해 발생된 전자와 정공이 외부 회로에 흐른다. 입사 광선에 의해서 전자와 정공이 발생되면 역전류가 증가하여 입사 광선에 대응하는 출력전류가 얻어지는데 이것을 광전류라 한다.

빛이 베이스 전류의 대용이 되기 때문에 전극이 없으며, 특징으로는 광
출력 전류가 크고 내구성 및 신호성이 풍부하다. 자동차에서는 스티어
링 휠 각속도 센서, 차고 센서 등에 이용된다.

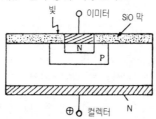

포트 [port] 장갑차나 성벽에 뚫어진 총구의 뜻에서 인용한 것으로 구멍
이나 입(口)을 말함. ⇨ 인테이크 포트, 이그조스트 포트.

포트 라이너 [port liner] 엔진의 배기 포트 안쪽에 부착되어 있는 차열재
(遮熱材). 배기가스를 온도가 높은 상태로 배기가스 정화장치에 보내
어 화학 반응이 발생하기 쉽도록 하기 위해 부착하고 있는 것. 라이너
는 이면(裏面)에 붙인 것을 뜻함.

포트 커플링 [port coupling] 트러니언 조인트.

포트 타이밍 [port timing] 2스트로크 엔진의 흡기, 소기, 배기의 각 포
트를 개폐하여 가스가 크랭크실과 연소실에 유입 혹은 유출되는 타이
밍을 말함. 흡기 타이밍은 피스톤 밸브 흡기일 경우 피스톤의 스커트가
포트를 개폐하는 타이밍에 의하여 결정된다. 리드 밸브나 로터리 밸브
를 이용하여 흡기가 실시되는 엔진에서는 흡입타이밍을 흡기타이밍이
라고 불러 구별한다.

포트 파워 [port power] 유압 램(ram)을 중심으로 패널을 펴서 넓히기
도 하고 잡아당기기도 하는 등 어태치먼트의 교환에 따라 넓은 용도로
사용되는 판금 도구. 설치 내용도 여러가지가 있음. 이것도 원래는 특
정 상품명.

포트리스 타입 마스터 실린더 [portless type master cylinder] ⇨ 센터 밸
브식 마스터 실린더.

포팅 [porting] 2스트로크 엔진의 흡입·소기·배기의 타이밍은 각각
포트(port)의 위치, 개구 면적, 각도 등에 따라 결정되며 이것들의 크
기와 형상 및 배치를 결정하는 것을 '포팅'이라 한다. ⇨ 포트 타이밍.

포퍼싱 [porpoising] 포퍼스는 '돌고래'라는 뜻이며 돌고래가 헤엄칠 때
와 같이 주행중에 차체가 상하로 꿈틀거리는 것과 같은 현상. 그라운드

이펙트에 의한 다운 포스를 얻고 있는 포뮬러카에서 발생하는 경우가 있으며, 노면의 요철(凹凸)에 의한 바운드 등이 계기가 되어 노면과 차체와의 간격이 변하여 다운 포스가 커졌다 작아졌다 하여 이와 같은 현상이 일어남.

포핏 밸브 [poppet valve] 왕복형 엔진의 밸브로서 널리 사용되고 있는 접시 모양의 밸브. 버섯의 머리 모양을 하고 있다고 하여 영어로는 머시룸 밸브(mushroom valve)라고도 불리운다.

폭발 연소기간 [爆發燃燒期間] ⇨ 화염전파기간.

폭발 행정 [combustion and expansion stroke, power stroke] 팽창 행정, 동력 행정. 일반적으로 폭발이라는 말은 파괴를 동반하는 현상을 가리키므로, 엔진 연소실에서의 연료 공기 혼합가스의 급속한 연소를 일컫는 데는 적당치 않으나 습관적으로 사용되고 있다. 혼합기를 연소시킬 때 발생된 힘을 피스톤에 의해 크랭크 축으로 전달되어 기계적 에너지로 변환시켜, 유효한 힘이 발생되게 하는 하강 행정으로 흡입 및 배기 밸브가 모두 닫혀 있다. 폭발 압력으로는 가솔린 엔진이 $35 \sim 45 \mathrm{Kg}/\mathrm{cm}^2$, 디젤 엔진이 $55 \sim 65 \mathrm{Kg}/\mathrm{cm}^2$이다.

폰 [phon] 소리의 크기를 나타내는 단위. 귀에 들리는 소리의 크기가 같다고 느껴지는 1000Hz의 순음의 음압 레벨. dB로 나타냄. 예컨대, 100폰의 소리란 100dB의 1000Hz의 순음과 같은 크기로 들리는 음의 세기를 말한다. ⇨ 데시벨.

폰 테스터 [phon tester] 폰 단위로 소음을 측정하는 테스터기로 마이크를 지상 1m 높이로, 차량전방 2m에 위치하여 차량의 폰을 울리며 지침을 판독하여 안전기준에 알맞는지 여부를 확인한다. 경음기는 90~115폰, 주행음은 85폰, 사이렌은 전방 30m에서 90~120dB이다.

폴 [pawl] 발톱. 피벗을 가진 암(arm)으로서, 그 자유로운 끝부분이 특정 시기에 디텐트, 슬롯, 홈 등에 들어가 일부분을 정지시키도록 되어 있는 것.

폴 [pole] ⇨ 폴 포지션.

폴 시터 [pole sitter] 폴은 폴 포지션이란 것이며 시터는 앉는 사람을 뜻한다. 레이스 공식 예선에서 1위가 되어 폴 포지션에 붙은 운전자란 뜻.

폴 트레일러 [pole trailer] 목재나 관재(管材) 등 길이가 긴 재료를 운반하기 위하여 사용하는 트랙터 및 2륜 트레일러를 말한다. 트랙터와 2륜 트레일러는 길이를 조절할 수 있는 링크로 연결되어 있다.

폴 포지션 [pole position] 공식 예선 1위의 자동차가 결승 레이스에서 출발하는 위치(포지션). 출발 후 최초의 코너에 대하여 유리한 위치가 지정되므로 가장 앞렬에 2대 이상이 줄을 서게 될 경우 안쪽일 때가 많다. 다만, 폴이라고도 한다.

폴리노미얼 캠 [polynomial cam] 수학의 다항식(폴리노미얼)으로서 보여준 단면형상(프로파일)을 가진 캠. 캠의 회전과 캠의 프로파일을 뒤따르는 밸브의 작동관계를 나타내는 밸브 리프트 곡선은 다항식으로 나타내어 옛부터 사용되고 있다.

폴리다인 캠 [polydyne cam] 캠 프로파일의 일종. 폴리노미얼 캠의 단면형상을 캠과 밸브의 사이에 있는 로커암 등 약간의 변형을 계산에 넣고 밸브가 캠 프로파일에 의해 바르게 추종하도록 수정한 것.

폴리머 앨로이 [polymer alloy] 2종류 이상의 고분자를 물리적(단순한 혼합) 혹은 화학적(공유 결합 등)으로 혼합하여 제작한 고분자 복합재료. 앨로이는 금속의 합금을 뜻하며 이것을 고분자(폴리머)에 전용한 것. 폴리카보네이트와 ABS수지에서 만들어진 PC/ABS앨로이나 폴리카보네이트와 폴리부틸렌 텔레퍼터레이트로부터 된 PC/PBT 앨로이 등 많은 폴리머 앨로이가 펜더나 범퍼, 휠 커버 등에 사용된다.

폴리셔 [polisher] 페인트 막의 광택을 내는 데 사용되며 다양한 패드 및 보닛과 함께 사용되는 전기모터 또는 공기구동모터.

폴리싱 [polishing] 표면을 매끄럽고 광택이 나도록 하기 위해 고운 연마재를 사용하여 문지르는 일.

폴리싱 콤파운드 [polishing compound] 페인트 막을 매끄럽게 하고 광택을 내는 데 사용하는 고운 연마용 반죽.

폴리싱 패드 [polishing pad] 폴리셔에 설치하여 사용하는 둥글고 숱이 달린 면으로 된 패드.

폴리에틸렌 [polyethylene] 에틸렌의 중합체(重合體). 비중이 1보다 작은 것이 특징. 고압법에 의한 것은 필름, 파이프 등에, 저압법에 의한 것은 버킷, 바구니, 컵, 병 등에 사용되고 전기적 성질도 뛰어나므로 전선의 피복, 화학 약품의 용기, 비커 또는 라이닝, 시트 보호용에 사용된다.

폴리우레탄 [polyurethane] 에나멜 페인트를 위한 수지의 생산에 사용되는 화학물.

폴리우레탄 폼 [polyurethane form] 폴리우레탄 발포제, 폴리올과 지소시아나트로 만들어지는 스펀지 형태의 다공 물질. 연질과 경질의 2가지 종류가 있으며 연질(軟質)은 매트리스와 같은 쿠션재, 경질(硬質)은 주로 단열재로 사용한다. 방음, 방열기, 에어클리너용 엘리먼트 등이 있다.

폴리카보네이트 범퍼 [polycarbonate bumper] 25mm의 두께가 있으면 탄환도 관통할 수 없다고 할 수 있을 정도로 충격에 강한 폴리카보네이트를 범퍼로 사용한 것. 표면이 매끄럽고 미려한 것도 이 소재의 특징.

폴리퍼티 [polyester putty] 판금 퍼티의 표면상의 3mm이하 변형의 수정에 쓰이는 폴리에스테르 퍼티(polyester putty). 표면은 결이 곱고 미세공도 적음. 이것도 원래는 특정 상품명임.

폴리프로필렌 [polypropylene] 약칭으로 PP라고도 함. 범퍼(bumper)의 소재로서 많이 사용되고 있는 외에, 몰딩이나 내장용품 등 자동차에서는 널리 사용하고 있다.

폼 필터 [foam filter] 디젤 파티큘레이트 필터의 일종으로서 세라믹스를 거품(foam) 모양으로 성형하여 필터로 사용하는 것.

폿 라이프 [pot life] ⇨ 가사 시간.

표면 경화법 [surface hardening] 강의 표면만 열처리하여 경도를 증가시키는 열처리. 마모를 받는 강의 표면은 경도를 증가시키고 내부는 인성을 증가시켜 충격에 견딜 수 있도록 하는 열처리로 침탄법, 질화법, 청화법, 화염 경화법, 고주파 경화법으로 분류된다.

표면 이물질 [foreign material on surface] 오일, 그리스, 도료의 타르, 살충제 등 페인트막의 표면에 묻어있는 오염물. 이러한 것은 흔히 제거하기가 까다로우며 페인트에 손상을 줄 수 있다.

표면 착화 [surface ignition] 조기점화. 연소실의 열점이 불씨가 되어 스파크 플러그에 의한 점화 전에 혼합기의 연소가 시작되는 일.

표면 처리 강판 [coated steel sheet] 표면에 금속 도금이나 플라스틱 피복을 입혀 도장성, 내부식성 등을 좋게 한 강판의 총칭. 차체의 녹을 방지하는 아연 도금 강판, 배출가스에 의한 부식을 방지하는 알루미늄 도금 강판, 연료 탱크 내부의 녹을 방지하는 턴 도금강판 등이 있다.

표준 불꽃 [standard spark] 산소와 아세틸렌의 혼합 비율이 1:1인 불꽃으로 3200℃의 높은 온도를 발생하므로 박판(薄板) 일반용접에서 사용된다.

표준 접합 유리 두께 0.38mm의 중간막을 가진 표준적인 접합 유리.

푸시 버튼식 스위치 [push button type switch] 푸시 버튼식 스위치는 기동 전동기 스위치를 손이나 발로서 단자를 직접 접속시키는 형식이다.

푸시 풀 스위치 [push pull switch] 작동을 하기 위해 누르거나 잡아 당기는 형태의 스위치로 헤드라이트나 와이퍼 스위치 등에 사용되었다.

푸시로드 [pushrod] 축방향으로 미는(푸시) 움직임에 따라 전달하는 봉(로드:막대). ① 캠 샤프트를 실린더 블록의 옆방향으로 배치한 OHV

엔진에서 캠의 움직임을 로커암에 전달하는 로드. 하단에는 밸브 리프터가 있고 상단에는 밸브 클리어런스를 조정하는 나사(어저스트 스크루)가 장착되어 있다. ② 브레이크 페달이나 클러치 페달의 움직임을 마스터 실린더에 전달하는 로드. ③ 서스펜션의 코일/댐퍼 유닛을 브래킷을 사이에 두고 미는 로드 등이 있다. ⇨ 풀 로드.

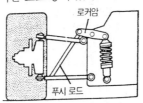

푸시로드 엔진 〔pushrod engine〕 4사이클 엔진에서 캠 샤프트를 실린더 헤드보다 낮은 위치에 설치하고 푸시로드와 로커 암을 가지고 밸브를 작동시키는 형태의 엔진. 현재는 거의 볼 수 없다.

푸싱 언더스티어 〔pushing under steer〕 FR자동차에서 코너링중 가속페달을 힘차게 밟고 진행시 언더스티어가 발생하는 현상. 전륜이 후륜의 구동력에 눌려(pushing)나타나는 언더스티어이므로 이름이 붙여진 것.

푸어 드라잉 〔poor drying〕 페인트막이 더 단단해야 하는데도 그것이 무른 것.

풀 도어 〔full door〕 도어 프레임과 아우터 패널을 일체로 프레스 성형하여 제작한 도어.

풀 로드 〔pull rod〕 축 방향으로 잡아당기는(pull) 움직임에 따라 힘(장력)을 전달하는 막대(로드). 코일/댐퍼 유닛을 작동시키는 기구로서 레이싱카의 서스펜션계통에 많으며 그의 사용례를 볼 수 있다. ⇦ 푸시 로드.

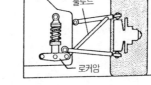

풀 로크업 토크 컨버터 〔full lock up torque converter〕 로크 업은 어떤 속도 이상으로 토크 컨버터의 펌프쪽과 터빈쪽을 고정하는 기구를 말

하지만 킴퓨터 제어에 의한 차속에 관계없이 로크 업을 행하는 토크 컨버터.

풀 모델 체인지 [full model change] 모델의 변화 중 가장 큰 작업으로서 디자인의 전면적인 변경과 동시에 엔진, 구동 계통, 서스펜션 등의 변경을 실시하는 경우를 말함. 간단하게 모델 체인지라고 하면 풀 모델 체인지를 가리키는 것이 보통이다. ⇨ 모델 체인지.

풀 범퍼 [full bumper] 에이프론이나 펜더의 일부분도 포함하여 일체로 제작된 범퍼. 범퍼의 소재로서는 근년에 많이 사용하게 된 합성수지를 복잡한 형상의 대형부재로 성형(成形)할 수 있다는 특징을 살려 제작한 것.

풀 스로틀 [full throttle] 가속페달을 힘껏 (full)밟고 스로틀 밸브가 전개(全開)되어 있는 상태. 풀 액셀 혹은 전부하라고도 한다.

풀 스킨 체인지 [full skin change] 소규모적인 모델 체인지로서 자동차의 기본적인 구조나 성능은 조금만 변경시키고 외관상의(exterior)변경으로 이미지 체인지를 시도한 것. 스킨은 외판(外板)이란 뜻. ⇨ 모델 체인지.

풀 싱크로 [full synchro] 모든(풀) 기어를 싱크로메시로 제작한 변속기의 뜻. 지금까지 감속비가 큰 1속 기어에 싱크로메시가 없는 것이 있어 당시 모든 기어에 싱크로가 부착된 것과 구별하여 이같이 부른다.

풀 액셀 [full accelerator] ⇨ 풀 스로틀.

풀 오토매틱 트랜스미션 [full automatic transmission] ⇨ 오토매틱 트랜스미션.

풀 카운터 웨이트 [full counter weight] 크랭크 샤프트의 밸런스 웨이트가 각 기통의 크랭크 핀 양쪽에 설치되어 있는 것 커넥팅로드나 피스톤 등의 중량과 균형이 맞도록 가장 최선의 밸런스를 취하지만 전체의 중량은 무거워진다.

풀 캡 [full cap] 휠 캡으로서 휠 전체를 덮어 씌운 타입.

풀 컨실드 와이퍼 [full concealed wiper] 컨실드 와이퍼의 명칭.

풀 타임 4WD [permanent four wheel drive] 상시 4륜 구동이라고 하며, 4륜 구동차에서 4개의 차륜이 동력전달장치와 상시 연결되어 있는 시스템. 4개 타이어 회전의 차이를 흡수하면서 엔진의 구동력이 전달되는 시스템. 전후축으로 구동 토크의 배분이 센터 디퍼렌셜과 각종 차동 제한장치를 사용하여 일정 비율로 행하여지는 고정배분식 4WD와, 전자 제어의 마찰 클러치나 비스커스 커플링을 이용하여, 토크 배분이 노면

이나 주행 상태에서 변하는 가변배분식 4WD가 있음. 퍼머넌트 4WD
라고도 함.

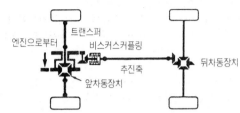

풀 트랜지스터 점화장치 〔full transistor ignition module〕 예전부터 사용
하여 왔던 점화장치에는 배전기 축의 회전에 따라 개폐하는 접점(콘택
트 브레이커 포인트)이 있고, 여기에 점화 코일에 흐르는 전류를 단속
하여 스파크 플러그에 불꽃을 튀게 하는 계기를 만들고 있다. 이 접점
이 오손이나 소손되면 접촉이 불량하게 되어 전류가 약해지므로 조정
이 필요하게 된다. 이러한 기계적 접점 대신에 자석과 코일을 사용한
트랜지스터에 스위치 역할을 시켜 서비스 프리로 한 점화장치를 말한
다. ⇨ 전 트랜지스터 방식.

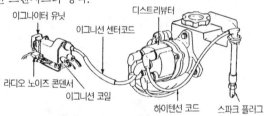

풀 트레일러 〔full trailer〕 1축 또는 2축으로 트레일러의 하중을 트랙터
쪽에 걸리지 않게 한 것. 트랙터로는 풀 트레일러 트랙터 또는 세미 트
레일러 트랙터를 사용한다.

풀 트레일링 암 타입 서스펜션 〔full trailing arm type suspension〕 트레일
링암식 서스펜션으로서 스윙암의 차체에 장착한 축(요동축:搖動軸)이
차체의 앞뒤 중심축에 대하여 직각으로 설치되어 있는 형식. 바퀴가 상
하로 움직여도 트레드와 캠버가 변화하지 않으므로 휠하우스가 작게
끝나며 실내를 넓힐 수 있는 장점이 있으나 선회시 접지에 대한 캠버
변화가 크고 롤 강성이 낮은 경향이 있으므로 스태빌라이저에 사용되
는 것이 보통이다.

풀 트림 [full trim]　도어의 안쪽 전체가 트림(내장재)으로 덮여 있는 것. 하프 트림과 대비되는 용어. ⇨ 도어 트림.

풀 폼 시트 [full foam seat]　인조 거품(foam)을 가득히(full) 채워 사용한 시트라는 의미의 조어(造語)로서 시트패드에 주로 우레탄 폼 (urethane foam)을 사용한 것. 스프링을 많이(rich) 사용한 스프링 리치 시트와 대별되는 용어.

풀 플랫 시트 [full flat seat]　시트백(등받이)을 최대한 뒤로 젖히고 시트 쿠션(cshion:앉는 부분)과 같은 높이가 되는 시트. '올 플랫 시트'라고도 부른다.

풀 플로 필터 [full flow filter]　엔진 오일을 여과하는 시스템으로서 윤활 계통 내에 휘돌아 흐르는 윤활유의 모든 양을 여과하는 방식. ⇨ 바이 패스 필터.

풀 플로팅 액슬 [full floating axle, fully floating axle]　전부동식차축(全 浮動式車軸). 리지드 액슬서스펜션(車軸懸架裝置)을 바퀴의 차축에 설치하는 방법에 따라 분류하며 바퀴를 2개의 베어링으로 액슬 하우징 의 끝에 설치하여 이것을 액슬 샤프트로 구동하는 타입을 풀 플로팅, 바퀴를 직접 액슬 샤프트(구동축)에 장착하는 타입을 세미 플로팅이라 한다. 풀 플로팅에서는 액슬 하우징에 자동차의 전중량이 걸려 있으며, 세미 플로팅에서는 액슬 하우징과 액슬 샤프트가 분할하여 중량을 부 담하는 것이 된다.

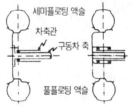

풀 하니스 시트 벨트 [full harness seat belt]　레이스나 랠리 등의 경기용 자동차에 설치되어 있는 시트 벨트로서 옆구리의 좌우와 어깨의 좌우 에 4점을 지지하는 4점식과 다시 좌우의 무릎 사이에도 지지하는 5점식 이 있다.

풀러 [puller]　단단히 끼워맞춰진 부품을 손상없이 분리하는 데 사용하 는 정비공장용 공구.

풀로드 [pullrod]　축 방향으로 당기는(풀) 움직임에 따라 힘(장력)을 전 달하는 막대(로드)를 풀로드, 반대로 미는 움직임에 따라 힘을 전달하는 막대를 푸시로드라고 한다. 코일／댐퍼 유닛을 작동시키는 메커니즘으로서 레이싱카의 서스펜션계에서 그 사용례를 많이 볼 수 있다.

풀림 〔annealing〕 가공중에 발생한 재료의 가공 경화나 내부 응력을 제거하기 위한 열처리. A₃ 또는 A₁ 변태점보다 30~50°C 높게 가열하여 노(가열노)중에서 냉각시켜 열처리에 의해 경화된 재료를 연화시키고 가공 경화된 재료를 연화시키며 가공중에 형성된 내부 응력을 제거하기 위한 열처리.

풀링 시스템 〔pulling system〕 특별히 정의(定義)된 바는 없으나, 베드식(bed type) 수정기의 간이판(簡易板)을 이렇게 부르는 경우가 있음.

풀인 코일 〔pull in coil〕 기동 전동기에 사용되는 솔레노이드 스위치에서 플런저를 끌어 당기도록 사용하는 코일로 전류가 흐르면, 강력한 전자력이 발생되어 움직이는 부품을 잡아당기는 작용을 한다. 솔레노이드 스위치 또는 오버 드라이브용 솔레노이드에 사용된다.

풀프루프 〔foolproof〕 기계 작동시에 '누구라도 다룰 수 있는, 고장이 없고 절대 안전한'이라는 뜻을 지니고 있다. 기계적인 장치에서 잘못된 사용방법에 대응하는 기능적인 용어임.

풋 레스트 〔foot rest〕 운전자의 왼발을 내려 놓기 위하여 클러치 페달의 왼쪽 곁에 설치되어 있는 받침대. 랠리카(rally car)나 스포츠카로 코너링할 때 왼발을 한쪽으로 힘껏 지지하기 위하여 설치한 것이나 일반적으로 스포츠 타입의 자동차에도 부착하는 것이 많다.

풋 브레이크 〔foot-brake〕 발(foot)로 조작하는 브레이크. 상용 브레이크와 주차 브레이크가 있다. ⇨ 상용 브레이크.

풋 트랜스퍼 타임 〔foot transfer time〕 전방에 장애물을 발견한 다음 위험을 인식하여 액셀 페달에서부터 브레이크 페달까지 옮겨 밟는 시간을 말한다.

풍동 실험 〔風洞實驗〕 실내에 공기의 흐름을 만들어 이 기류의 가시화에 의하여 물체 주위에 공기가 흐르는 방향을 보거나 풍속의 분포와 표면 압력 분포를 조사하여 공력 특성(空力特性)을 향상시키기 위하여 실시하는 실험. 풍동실험장치는 자동차 메이커에 불가결한 설비로서 레이싱카의 보디 형상이나 섀시의 개발은 풍동실험을 중심으로 진척되고 있다. ⇨ 레이놀즈 수(數).

퓨얼 게이지 〔⑧fuel gage, ⑧fuel gauge〕 ⇨ 퓨얼 미터.

퓨얼 댐퍼 〔fuel damper〕 연료 펌프로부터 나오는 연료의 맥동(脈動)에 따라 발생되는 소음을 방지하고 맥동을 흡수하는 것. ⇨ 사일런서.

퓨얼 리드 오프너 [fuel filter lid opener] 리드(lid)는 덮개이며 연료 탱크에 있는 뚜껑의 고정(퓨얼 리드 로크)을 해제하는 장치. 운전석에 가까이 레버(오프너 레버)를 설치하고 이것을 조작하면 케이블에 연결한 뚜껑의 로크가 벗겨져서 고정이 풀리도록 하는 것이 일반적이다.

퓨얼 리턴 [fuel return] 연료 펌프에서는 일정한 연료가 송출되지만 연료 계통은 약 2kg/cm²의 압력으로 유지되어 여분의 연료는 연료 탱크로 되돌아 간다.

퓨얼 미터 [fuel level gauge] 연료계. 퓨얼 게이지라고도 하며 연료의 잔량을 표시하는 미터. 연료탱크 안에 플로트(뜨개)를 띄워 놓고 여기에 암(arm)을 설치하여 그 위치를 전기 저항의 변화로 조사하여 미터에 표시되도록 하는 것이 대부분이다. 그러나 서로 탱크용량의 변화를 검지하는 등 다른 방법에 준한 것도 개발하고 있다. 연료가 적어지면 경고등이 점등하도록 되어 있는 것도 있다.

퓨얼 세디먼터 [fuel sedimenter] 연료(퓨얼)에 포함되어 있는 물이나 침전물(세디먼트)을 제거하는 장치. ⇨ 세디먼터.

퓨얼 인젝션 엔진 [fuel injection engine] 종전에 사용하던 카브레터 대신 연료를 인젝터에 의하여 흡기 매니폴드 또는 실린더로 분사하는 엔진으로 근래에는 이러한 엔진이 주종을 이루고 있다.

퓨얼 인젝터 [fuel injector] ⇨ 인젝터.

퓨얼 컷 [fuel cut] 엔진에 연료의 공급을 중지하는 것. ① 스로틀 밸브가 닫힘과 동시에 메인라인의 가솔린 공급을 멈추고 흡기압이 상승하여 자연 공급이 중지될 때까지 그 동안에 필요없이 소비되는 연료를 절약함과 동시에 여분의 HC에 의한 촉매의 온도상승을 막기 위한 장치. ② 일정한 속도 이상으로 스피드가 상승하였을 때 그 이상의 속도가 증가하지 않도록 연료를 차단(cut)하는 것.

퓨얼 탱크 [fuel tank] 연료 탱크. 자동차의 연료를 저장하는 탱크. 내부에는 아연도금을 하는 등, 방청처리한 강판으로 제작하는 것이 보통이나 플라스틱제도 있다. 엔진에 연료를 공급하는 연료관, 탱크 내에서 증발한 가스를 대기 중으로 방출되지 않도록 연료증발가스의 제어장치에 연결하는 파이프가 설치된다.

퓨얼 펌프 [fuel pump, feed pump, lift pump] 연료 펌프는 연료 탱크에서 엔진으로 보내는 펌프. 기화기를 장착하고 있는 가솔린 엔진에서는 기계식의 메커니컬 퓨얼 펌프, 연료분사식 엔진에 사용하고 있는 전기식의 일렉트로닉 퓨얼 펌프 이외에 진공식, 전자식 등이 있다. 디젤 엔진에서는 플런저식이나 베인식을 사용하고 있다.

퓨얼 필터 〔fuel filter〕 연료에 섞여 있는 먼지를 여과하는 장치. 통상 4~5미 크론 이상크기의 먼지가 제거된다. 가운데에 조합시킨 여과지를 '엘리먼트'라 한다.

퓨저블 링크 〔fusible link〕 전기 회로가 단락(short)되었을 때 과대전류가 흘러 배선이 타거나 전장품이 파괴되는 것을 막기 위한 부품으로서 축전지 가까이에 장착되어 있다.

퓨즈 〔fuse〕 퓨즈는 납과 주석의 합금으로 만들어져 전기 회로에 과대한 전류가 흐르면 녹아 끊어져 회로를 차단한다. 따라서 전선이 타거나 부하에 과대한 전류가 흐르지 않도록 하며, 퓨즈는 회로 중에 직렬로 설치되어 있다.

퓨즈 박스 〔fuse box〕 전장품에 과대한 전류가 흘러 나가는 것을 방지하기 위하여 규정값 이상의 전류가 흐르면 순간적으로 녹아버리므로 이것을 차단하는 퓨즈들을 모아놓은 상자. 퓨즈는 전장품의 허용전류에 맞춘 것이 설치되어 있다.

퓨즈 블록 〔fuse block〕 자동차의 여러 전기 회로에 퓨즈를 연결하고 있는 상자 모양의 유닛.

프라이머 〔primer〕 도료를 여러번 중복으로 칠하여 로막층을 만들 때 내식성과 부착성을 향상시키기 위한 목적으로 처음 밑바탕에 칠하는 도료.

프라이머 서피서 〔primer－surfacer〕 톱코트의 점착을 좋게 하고 사소한 표면 불량을 메꾸어 매끄럽고 평탄한 표면을 제공하는 고형물이 함유된 프라이머.

프라이머 실러 〔primer－sealer〕 페인트의 점착을 좋게 하고 샌딩된 기존 도장면의 틈새를 막는 언더코트.

프라이머리 벤투리 〔primary venturi〕 2개 이상의 벤투리를 가진 복합형 기화기로서 주로(프라이머리)사용되는 벤투리. 공기의 흡입량이 적은 저속 회전시에는 이 벤투리만 작동하며, 고속 회전시에는 세컨더리 벤투리도 함께 작동한다.

프라이머리 슈 〔primary shoe〕 제1의 슈라는 뜻으로 드럼식 듀오 서보브레이크에 사용되고 있는 2개의 리딩슈를 구별하기 위하여 회전 방향에 따라 먼저 드럼과 접촉하는 슈를 프라이머리 슈, 이 슈에 눌려 드럼과 접촉하는 슈를 세컨더리 슈라고 부른다.

프라이머리 스로틀 밸브 〔primary throttle valve〕 프라이머리 벤투리에 설치되어 있는 스로틀 밸브. 프라이머리 흡기 밸브라고도 한다.

프라이머리 컵 [primary cup] 유압브레이크의 컨벤셔널식 마스터 실린 더의 피스톤 선단에 설치되어 있는 컵으로서 이 컵이 피스톤 가운데를 진행하면서 유압 발생실의 유밀을 유지한다.

프라이밍 펌프 [priming pump] 프라이밍 펌프는 수동용 펌프로서 엔진 정지시에 연료 공급 및 회로 내의 공기빼기 등에 사용한다. 디젤 엔진 은 연료 라인에 공기가 들어있으면 시동이 되지 않으므로 프라이밍 펌 프를 작동시키면서 연료공급 펌프→연료 여과기→분사 펌프의 순서로 에어 블리드 스크루를 이용하여 공기를 빼낸다. 그 다음 기동 전동기를 작동시키면서 각 실린더의 분사 노즐 입구 커넥터로부터 공기를 빼낸 다.

프런트 그릴 [front grille] 그릴은 격자(格子)를 뜻하며 자동차의 앞(프 런트) 공기 흡입구 전체를 말한다. 라디에이터를 설치하는 것이 보통이 므로 라디에이터 그릴이라고 부르며, 자동차의 얼굴에 해당하는 부분 이므로 프런트 마스크라고도 부른다. 공기 저항을 적게 할 목적도 있어 범퍼와 일체로 디자인되어 작아지는 경향이 있다.

프런트 글라스 [front glass] ⇨ 윈드 실드.

프런트 마스크 [front mask] ⇨ 프런트 그릴.

프런트 보디 [front body]/**리어 보디** [rear body] 프런트(앞) 부분과 리 어(뒤) 부분의 보디라는 것으로, 프런트 보디는 엔진이나 전륜 서스펜 션, 라디에이터, 스티어링 기어박스 등이 부착되며 여러가지 강성(剛 性)을 지니고 있다. 또 충돌했을 때 그 충격의 흡수, 실내의 승객을 보 호하는 것이 설계상 중요하게 된다. 리어 보디는 세단이나 해치 백, 왜 건 등 모양에 따라 그 형이 달라져 있다. ⇨ 보디 셸.

프런트 보디 힌지 필러 [front body hinge pillar] 프런트 도어가 설치되어 있는 골조 부분.

프런트 뷰 [front view] 자동차를 앞에서 보았을 때 외관. 정면도. 옆에 서 보았을 때 외관은 사이드 뷰, 뒤에서 본 외관을 리어 뷰라고 한다.

프런트 브레이크 [front brake] 자동 변속기의 프런트 브레이크는 외부 수축식 밴드 브레이크로 리어 클러치 드럼에 설치되어 유압에 의해 선 기어를 고정할 때 작용된다.

프런트 사이드 멤버 [front side member] 프런트 보디의 골격을 형성하 는 부재로서 프런트 플로어와 대시보드 하부(下部)에서 옆 전방(前方) 에 장착되어 있으며, 서스펜션의 입력을 막아내는 구조로 되어 있는 것 이 많다. 프런트 범퍼를 지지하는 기능도 있으며, 견인을 위하여 훅 등 도 이 멤버에 장착되어 있다.

프런트 서보 [front servo] 자동 변속기의 프런트 브레이크 밴드와 리어 브레이크 밴드에 있어서 프런트 브레이크 밴드를 조이거나 늦추는 자동식 유압장치를 말한다.

프런트 스커트 [front skirt] 스커트는 여성이 입는 짧은 치마를 말한다. 이 경우에는 자동차의 앞부분을 덮어 씌우는 카울 모양을 말한다. 일반적으로 보디 카울 하단은 범퍼로 부착하지만, 그 밑에 스커트를 붙임으로써 보디 밑에 흐르는 공기량을 줄일 수 있다. 그러므로 보디의 떠오름(리프트)을 줄일 수 있으며, 타이어의 그립력이 강해진다. 에어댐이라고도 한다.

프런트 스포일러 [front spoiler] ⇨ 노즈 스포일러.

프런트 엔진 리어 드라이브 [front engine rear drive] 엔진을 앞(front)에 설치하고 뒷바퀴(rear wheel)를 구동(drive)하는 배치 방식. 엔진－트랜스미션－프로펠러 샤프트－종감속 기어의 순으로 배치하여 앞바퀴로 조향(操向)하고, 뒷바퀴로 구동하는 자동차로서는 가장 간단하고 효율적인 구조이며, 중량의 전후 밸런스를 잡기 쉬우며 자동차의 기본적 배치로서 오랫동안 사용해왔다. 승용차의 경우 프로펠러 샤프트를 통하게 하기 때문에 실내가 그 분량만큼 좁아지는 단점이 있다. 약해서 FR이라고 한다.

프런트 엔진 프런트 드라이브 [front wheel drive] 엔진을 앞(프런트)에 설치하고 앞바퀴(프런트 휠)를 구동하는 방식. 영어에서는 프런트 휠 드라이브(FWD)라고 한다. 엔진은 처음으로 자동차를 움직이는 시스템이 되어 앞부분에 집중적으로 설치되어 있기 때문에 실내와 트렁크 스페이스를 크게 취할 수 있는 것과, 앞에서 자동차를 끌고가는 형태로 주행하므로 주행 안정성이 양호한 두 가지 장점에서 소형 패밀리카에는 가장 적합한 배치이므로 많이 사용되고 있다. 하중이 앞바퀴에 많이 걸리는 것과 구동륜을 조향(操向)할 수 있기 때문에 핸들이 무거워지며, 고속 코너링중에 액셀을 온 오프(on－off)하면 하중 이동과 타이어의 특성변화에 따라 자동차의 조정이 약간 힘들게 되는 단점을 보완하는 해결방법이 포인트라고 말할 수 있다. 프런트 타이어가 리어 타이어와 비교하면 빠르게 마모된다. 약해서 FF라고 한다.

프런트 오버행 [front overhang] 앞차축의 중심부터 자동차 선단까지의 길이. ⇨ 오버행.

프런트 클러치 [front clutch] 자동변속기의 프런트 클러치는 드럼 내면의 오일 속에서 작용하는 습식 다판 클러치로 두께가 약 2mm의 강판에 특수한 마찰재를 붙인 것이다. 구동판은 드럼 내면의 스플라인에 설치되고 피동판은 선기어 구동축 스플라인에 설치되어 유압에 의해 연결되어 링 기어를 구동하거나 차단한다.

프런트 포크 [front fork] 이륜 자동차의 앞바퀴를 지지하며 서스펜션 역할을 하는 부재(部材). 여러가지 타입이 제작되어 있다. 그러나 오늘날 스프링과 댐퍼를 조합한 이너 튜브가 신축(伸縮)하는 텔레스코핑 타입이 일반적이며, 일부 가정용 오토바이에 휠을 링크로 지지하는 보텀 링크식이 남아 있는 형편이다. ⇨ 텔레스코핑 타입.

프런트 필러 [front pillar] 윈드실드의 양쪽에 있으며 지붕을 지지하는 기둥. 필러는 지주를 뜻하며 A필러 또는 A포스트라고도 부른다. ⇨ 필러.

프레셔 레귤레이터 [fuel pressure regulator] 일반적으로 기체나 액체의 압력을 조정하는 장치를 말하지만 보통 연료분사장치에서 인젝터로부터 분사되는 연료의 압력은 다이어프램을 사용하여 일정하게 보전하는 장치를 가리킨다.

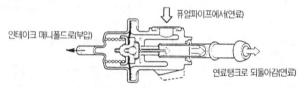

프레셔 블리더 [pressure bleeder] 정비업소 장비의 하나로서, 블리딩을 위해 공기압을 이용하여 브레이크액을 브레이크 시스템에 밀어넣음.

프레셔 센서 [pressure sensor] ⇨ 압력 센서. MAP 센서.

프레셔 센싱 라인 [pressure sensing line] 에어컨에서 컴프레서의 흡입측 압력이 미리 설정된 압력 이하로 저하되지 않도록 하는 라인. 이것은 서머스태틱 익스팬션 밸브를 열어 액체 상태의 냉매가 증발기에 흘러들어가도록 한다.

프레셔 웨이브 슈퍼차저 [pressure wave supercharger] 컴프렉스 과급기의 명칭. 1987년 일본 카페라 자동차 2,000CC 디젤 엔진에 사용되었다. ⇨ 컴프렉스 과급기.

프레셔 캡 [pressure cap] 압력 캡. 가압냉각 시스템에 사용되었던 라디에이터 캡으로서 가압 계통 외에 리저브 탱크를 갖춘 시스템에 사용되는 캡에는 냉각장치 내의 압력이 설정한 최고 압력에 이르면 열리는 가압 밸브와, 부압이 되면 열리는 부압 밸브가 설치되어 있다.

프레셔 테스터 [pressure tester] 라디에이터 필러 넥에 설치하여 냉각장치를 압력시험하여 누설 여부를 확인하는 데 사용하는 기구.

프레서라이즈 [pressurize] 기체 또는 액체에 대기압 이상의 압력을 가하다.

프레스 도어 [press door] 도어 프레임과 아우터 패널을 일체로 프레스 성형한 구조의 도어. 도어의 표면이 매끄럽게 성형되어 공력적(空力的)으로 유리하며, 디자인도 산뜻하다.

프레스 라인 [press line] 보디 패널의 장식, 보강 등을 목적으로 프레스 가공된 라인. 퍼티칠 및 연마 작업을 하기가 까다로운 장소임.

프레스 피트 [press fit] 매우 타이트하여 하나를 다른 것에 눌러 넣어야 하는 끼워맞춤(두 부품 사이에). 일반적으로 아버(arber) 프레스 또는 하이드롤릭 프레스를 사용함.

프레온 [chloro–fluoro–carbon] 클로로 플루오로 카본의 호칭. 프레온이라고 불리우는 무독 기체로서 압축되면 쉽게 액체로 되는 것으로서 에어컨의 냉매, 우레탄시트나 범퍼 등의 발포제(發泡劑), 전자부품의 세정 등에 사용되고 있다. 화학적으로 안정된 물질이므로 대기 중에 방출되면 분해되지 않고 성층권에 도달하여 태양의 자외선으로 광분해(光分解)되면 염소원자를 방출하여 오존과 반응하는 것을 알게 되었다. 이것 때문에 생물에 유해한 자외선을 흡수하는 오존이 광범위하게 적어져 특정 프레온의 제조·사용은 2000년까지 전폐하도록 되었으나 각 메이커 모두 그 이전에 사용금지를 결정하고 있다.

프레온–12 [Freon–12] 자동차 에어컨에 사용되는 냉매. 「Refrigerant–12, R–12」라고도 함.

프레임 [frame] 자동차의 골격. 여기에 차체, 엔진, 동력전달 계통, 현가장치(서스펜션) 등을 설치한다. 프레임을 사용하지 않는 구조의 자동차를 프레임리스 구조라고 하며, 모노코크 보디가 그 대표적인 곳이다. 프레임 구조의 장점은 노면이나 엔진으로부터 진동이나 소음이 프레임을 경유하여 보디에 전달되므로 조용하고 승차감이 양호한 자동차를 얻을 수 있으나, 자동차의 크기에 따라 비례하여 무거워지며, 바닥이 높아지고 차고가 높아지는 결점이 있다. 프레임의 종류로는 페리미터 프레임, 사다리형 프레임, X형 프레임, 백본형 프레임, 플랫폼형 프레임, 스페이스 프레임 등이 있다.

프레임 게이지 [frame gauges] 자동차의 프레임에 매달아·그것의 정렬 상태를 점검하는 게이지.

프레임 넘버 [frame–number] 자동차 차체에 각인(刻印)되어 있는 번호로서 차종과 일련 번호로 되어 있는 것. 자동차관리법에서는 '차대번호'라 한다.

프레임 높이 〔height of chassis above ground〕 죽거의 중심에서 측정한 접지면과 프레임 윗면과의 높이.

프레임 숍 〔frame shop〕 프레임을 별도로 가지고 있는 차종이 많았던 시대에는 프레임만을 전문적으로 수리하는 공장이 있었으므로 발생된 언어. 이러한 공장을 일반적인 보디 숍(body shop)과 구별하기 위하여 이렇게 불렀으나, 오늘날에는 특별한 구별이 없어졌음.

프레팅 마모 〔fretting wear〕 미동마모(微動磨耗)라고도 불리우며, 금속끼리의 접촉면에 미세한 진동이 일어날 때 발생할 수 있는 마모. 마찰에 의한 기계적 마모에는 산소에 의한 부식(corrosion)도 관련되므로 프레팅 커로전이라고 말하기도 한다.

프로그레시브 스프링 〔progressive spring〕 ⇨ 비선형(非線形)스프링.

프로그레시브 와인딩 〔progressive winding〕 기동 전동기의 전기자 코일을 감는 방식에서 도체를 한 정류자편(整流子片)으로부터 출발하여, 전기자를 한 바퀴 감은 도체의 끝이 출발한 정류자편의 이웃한 오른쪽 정류자편에 도달하게 감는 방법을 말한다.

프로그레시브 트랜스미션 〔progressive transmission〕 점진식 변속기. 슬라이딩 기어식 변속기 중 변속 레버가 R−N−1−2−3과 같이 일직선상에 순차적으로 작동하는 구조.

프로그레시브 파워 스티어링 〔progressive power steering〕 도요다의 차속감응형 파워 스티어링의 하나로서 PPS라고 약한다. 파워실린더의 고압측과 저압측을 가변 오리피스(지름을 변경할 수 있는 구멍)로 연결하고, 오리피스(orifice)의 면적을 솔레노이드밸브로 제어하여 저속시에는 조향력(操向力)이 가볍고, 속도가 빠를수록 서서히 무거워지는 것. 진보된 시스템에서 어떤 것을 조합시킨 의미.

프로드 〔prod〕 ① 프로드는 '찌르는 막대기 또는 꼬챙이'를 의미한다. ② 멀티 테스터, 그로울러 테스터, 아날로그 테스터 등에서 사용하는 테스터 리드선 끝에 못처럼 생긴 것으로서 측정부위에 접촉시키는 테스터 프로드 팁을 말한다. 적색의 절연체에 연결된 프로드는 전류의 입력 부분에, 흑색의 절연체에 연결된 프로드 팁은 전류의 출력 부분에 접촉시켜 측정하여야 한다.

프로브 〔probe〕 배기가스 중에 함유된 매연, 일산화탄소, 탄화수소 테스터기에 부속된 튜브 모양의 탐침봉으로 측정시에 테스터에 호스를 연결한 다음 배기관 끝부분에서 30cm 정도 삽입하여 측정한다.

프로세서 [processor] ① 데이터 처리장치. 고속 프로세서라고 할 때는 컴퓨터로 프로그램의 해독 속도, 해독 프로그램에 따라서 각 장치를 제어하는 데 속도가 빠른 제어 장치를 말한다. ② 전기적으로 여러가지 처리를 하는 장치 또는 회로를 말한다.

프로젝티드 코어 노즈 플러그 [projected core nose plug] 자기 돌출형 플러그. 프로젝티드 코어 노즈 플러그는 중심 전극과 절연체가 셀의 끝부분보다 3~6mm 정도 노출시킨 것으로서 저속 회전에서 열의 축적이 쉽고 고속 회전에서 혼합기에 의해 냉각되기 때문에 저속 및 고속에서 적정 온도를 유지시킨다. 또한 전극을 연소실 중앙 가까운 곳에 설치하여 화염 전파의 거리를 짧게 함과 동시에 연소 효율을 향상시키는 것을 겨냥하여 만들어진 것이다.

프로컨·텐·안전 시스템 [Pro-con·Ten·Safety system] 패시브 세이프티시스템의 명칭. 프로콘(Programmed contraction-사전(事前)에 프로그램된 스티어링 휠의 끌어당김)과 텐(tension-시트 벨트를 감아올려 장력을 부여하는 것)은 영어에서 만들어진 조어(造語). 자동차의 앞부분에 충돌이 발생했을 때 스티어링 휠을 앞쪽(운전자로부터 이탈하는 방향)으로 끌어당김과 동시에 시트 벨트를 감는 장치.

프로텍션 몰딩 [protection moulding] 차체의 보호(프로텍션)와 장식을 겸하여 장착되어 있는 모양. 자동차의 측면에 설치한 띠로 되어있는 형태를 말함.

프로텍트 리브 [protect rib] 타이어의 사이드 월에 설치되어 있는 두터운 고무의 돌기(突起)로서 특히 카커스를 외상(外傷)으로부터 보호하기 위하여 덧붙여 놓은 것.

프로펠러 샤프트 [propeller shaft] FR자동차에서 트랜스미션과 디퍼렌셜 기어를 연결하여 동력을 전달하는 추진축. 중공(中空)의 탄소강관을 사용하는 것이 보통이지만 양끝에 유니버설 조인트가 장착되어 있다. 끊임없이 비틀림 토크를 받으면서 고속 회전하기 때문에 길이가 긴 프로펠러 샤프트는 진동이 발생되어 파손되기 쉬우므로 조인트를 2개(2조인트식)또는 3개(3조인트식)를 사용한 분할식이 많다.

센터 베어링

유니버설 조인트

프로펠러 샤프트 센터 베어링 [propeller shaft center bearing] 센터 베어링. 중간축 베어링. 3조인트식 프로펠러 샤프트의 중간축을 보호하는 베어링으로서 프로펠러 샤프트에서의 진동이 차체에 전달되지 않도록 고무 등으로 지지한다.

프로펠러 샤프트 소음 [propeller shaft noise] 프로펠러 샤프트의 밸런스 불량으로 조인트의 마모 등에 따라 100Hz 이하로 발생되는 작은 소리.

프로포셔닝 밸브 [proportioning valve] P밸브. 브레이크를 밟았을 때 뒷바퀴가 조기(早期)에 정지하지 않도록 뒷바퀴의 브레이크 액압(液壓)을 조정하는 밸브. 브레이크의 액압은 브레이크 페달을 밟는 힘, 즉 마스터 실린더의 액압에 비례하여 커지지만 마스터 실린더의 액압이 어떤 값(작동 개시점)이상으로 되면 비례정수가 작아져서 브레이크의 액압이 지나치게 커지지 않도록 하는 것. 앞뒤 바퀴 브레이크 힘의 이상적인 배분은 차중(車重)이 클 경우와 작을 경우에 달라지므로 자동차 중량의 변화에 맞도록 작동 개시점을 변경하는 시스템도 있다. 이 시스템에 사용되는 밸브를 로드센싱 프로포셔닝 밸브라고 불리우며, 트럭이나 일부의 승용차에 사용되고 있다. 전자 제어식 프로포셔닝 밸브는 모듈레이터 내에 설치되어 마스터 실린더의 유압을 솔레노이드로 유도하며, ABS가 작동할 때는 마스터 실린더의 압력을 휠 실린더와 연결되지 않도록 차단하는 역할을 한다.

프리 로더 [preloader] ⇨ 프리 텐셔너.

프리 캠버 [free camber] 리프 스프링(판 스프링)에 하중이 걸려 있지 않은 상태로서 휘어진 모양. 호(弧 : 활처럼 굽은 모양)의 중앙 부분에서 스프링 아이의 중심을 연결하는 선과 마주치는 점과의 거리로 표현된다.

프리 휠 허브 [free-wheel hub] 4WD 앞바퀴의 허브에서 프런트 액슬과 휠을 기계적으로 단속하는 클러치의 역할을 하는 것. 허브에 장착되어 있으며 손잡이를 돌리는 회전형식인 것과 운전석에 설치되어 있으며 스위치에 의하여 단속하는 것이 있다.

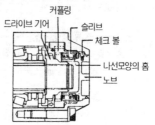

커플링
드라이브 기어 — 슬리브
— 체크 볼
— 나선모양의 홈
— 노브

프리 히터 〔pre-heater〕 프리 히터는 LPG에 소정의 증발 잠열을 공급한다. 또한 LPG를 냉각수 열을 이용하여 LPG 일부 또는 모두를 기화시켜 베이퍼라이저에 공급한다. 하나의 벽을 사이에 두고 위쪽에는 LPG 통로, 아래쪽에는 냉각수 통로가 설치되어 있다.

프리로드 〔preload〕 ① 조향기어. ② 종감속기어에서 기어의 백래시를 없애어 이빨의 측면을 눌러 맞추는 것 같이 힘을 가해주는 것. 베어링의 초기마모, 기타 부분의 길들임에 의하여 조기에 유격이 크게 되지 않도록 함으로써 베어링의 수명을 확보하며, 기어가 축방향으로 이동하는 양을 최소가 되도록 한다.

프리미엄 가솔린 〔premium gasoline〕 우리나라에서는 자동차용 가솔린을 판매할 경우 옥탄가가 높은 것을 프리미엄(고급)가솔린 혹은 하이 옥탄가 가솔린, 옥탄가가 낮은 것은 레귤러라고 구별하여 부른다. 구미에서는 옥탄가를 표시하여 판매되고 있는 것이 일반적임.

프리벤티브 메인티넌스 〔preventive maintenance〕 ⇨ 예방 정비.

프리세션 〔precession〕 세차운동(歲差運動) 혹은 유봉운동(乳棒運動)이라고도 하며, 회전하고 있는 팽이의 축이 한쪽 끝을 정점으로 하여 원뿔을 그리는 듯 움직이는 현상. 이것은 팽이의 축을 기우리려는 모멘트(지면에 세운 팽이의 경우 중력에 의한)가 축에 직각방향으로 이동함에 따라 발생되는 것이다. 따라서 이륜자동차의 앞바퀴를 팽이로 보았을 경우 전진중에 이륜자동차가 왼쪽으로 기울이면 프리세션에 의하여 앞바퀴를 왼쪽으로 향하게 하는 힘이 발생되어 기울림을 원위치로 돌아오려는 운동이 발생한다.

프리이그니션 〔preignition〕 조기점화. 어떤 원인으로 말미암아 스파크 플러그에 의한 점화 이전에 혼합기의 연소가 시작되는 것. ⇨ 이상 연소(異常燃燒).

프리즘식 방현미러 방현미러의 일종으로서 편평한 삼각형의 단면을 가진 프리즘 거울을 사용한 것. 보통은 반사율 약 80%의 이면반사(裏面反射)를 사용하지만 섬광으로 눈이 침침해질 때 미러(반사경)의 각도를 변경시켜 반사율 약 5%의 표면반사를 이용하여 후방을 확인할 수 있도록 되어 있다.

프리텐셔너 〔pretensioner〕 시트벨트를 감는 기구의 일종. 전면으로부터의 충돌을 센서가 감지하면 폭약 등의 가스발생장치가 작동하여 가스의 팽창력을 이용한 것으로서 시트벨트가 느슨해진 만큼 순식간에 감는다. 충돌에서 작동종료까지 소요되는 시간은 100분의 2초 정도로 충돌시에 승차자의 이동량을 최소한으로 멈추어서 보호하는 역할을 한다. '프리로더'라고도 한다.

프리휠링 [free-wheeling] 프리휠은 '타성(惰性)으로 달리다, 제멋대로 움직이다', 프리휠링은 '제멋대로'의 뜻. 프리휠링은 변속기 출력축의 회전력을 오버 드라이브 출력축에 전달하고 그 반대로는 전달되지 않도록 한다. 이너 레이스는 변속기의 출력축에 설치되어 있고 아웃 레이스는 오버 드라이브 출력축에 설치되어 출력을 전달할 때에는 롤러가 이너 및 아웃 레이스를 고정되어 전달하지만 그 반대 방향의 출력은 롤러가 이너 레이스와 아웃 레이스를 분리하여 전달되지 않도록 한다.

프리휠링 주행 [free-wheeling travelling] 트래블링은 '움직이는, 움직일 수 있는'의 뜻. 프리휠링 주행은 오버 드라이브 전이나 오버 드라이브를 해제하고 관성 주행을 하는 상태이다.

프린티드 서킷 [printed circuit] 인쇄 회로. 컴퓨터, IC 조정기, 계기판 등에서 부도체의 기판(基板)위에 동박(銅箔)의 인쇄 배선 회로를 말한다.

프린티드 와이어 [printed wire] 배선을 기판(基板)위에 인쇄한 것. 동박(銅箔)의 인쇄 배선 회로를 말한다.

플라스마 절단기 [plasma cutter] 아크의 열로 금속을 녹이고 공기를 내뿜어 패널 등을 절단함. 미그용접기와 유사한 원리로 되어 있으며 말끔하고 자유로이 절단할 수 있음.

플라스틱 게이지 [plastic gauge] 플라시틱 실을 사용하여 윤활 간극을 측정하는 게이지. 플라스틱 실을 저널의 길이만큼 잘라서 축방향으로 놓은 다음, 베어링 캡을 규정 토크로 조이고 분해하여 찌그러진 부분 중 너비가 넓은 쪽 또는 좁은 쪽에 케이스에 만들어진 게이지를 대어 칫수를 읽는다. 신규 제작한 것은 찌그러진 부분의 너비가 넓은 쪽, 사용 중인 것은 찌그러진 너비의 좁은 쪽을 측정한다.

스케일

플라스틱 개스킷 콤파운드 [plastic gasket compound] 튜브에 들어 있는 플라스틱 페이스트로서, 다른 형태의 개스킷도 만들 수 있음.

플라이 [ply] 코드를 평행으로 배열하고 얇은 고무층으로 싼 것으로서, 타이어의 골격을 이루는 카커스의 대부분을 구성하고 있다. 초기의 타이어에서는 직물에 고무를 부착한 것이 카커스로 사용되었으나, 주행에 의하여 타이어가 변형할 때 종사(從糸)와 횡사(橫糸)가 문질러져 곧 찢어져버렸다. 그래서 종사와 횡사를 분리하여 플라이로 하고, 사이에 고무를 끼워 카커스를 만드는 것이 고안되었다. 코드가 한 방향으로 배열된 것은 발(簾)을 닮았다해서 염직이라고도 한다.

플라이 레이팅 [ply rating] 플라이는 카커스의 코드층 매수를, 레이팅은 '평가, 등급'을 의미한다. 초기의 타이어에서 코드층이 몇 매 겹쳐 있는가에 따라 그 타이어가 어느 만큼의 하중에 견디는가를 나타냈다. 예를 들면, 4플라이 타이어라고 하면 코드층이 4매 있는 것을 가리킨다. 그러나 코드 재료의 개량에 따라 2플라이로서 종전의 4플라이 타이어와 동등한 하중에 견디는 타이어가 개발되어, 이러한 타이어는 2플라이로도 '4플라이에 상당한다'해서 '4플라이 레이팅'이라고 하게 되었다. 요컨대, 플라이 레이팅은 타이어의 강도를 나타내는 지수라고 할 수 있다. 통상 'PR'이라고 약하여 타이어에 표시되어 있다.

플라이 마그넷 점화 [fly wheel magnet ignition] 고압자석 점화방식. 플라이 휠과 마그넷 점화를 약칭한 것. 모터 사이클의 소배기량(小排氣量) 엔진에 많이 사용하고 있는 점화 방식. 크랭크 축과 함께 회전하는 플라이 휠을 통(筒)모양으로 하여 안쪽은 영구자석(마그넷)을 장착한다. 그리고 내부에 1차 및 2차 코일과 단속기와 콘덴서를 설치하고 플라이휠의 회전에 전자유도로 고압 전류를 발생시켜 이것을 점화에 이용한다. 회전이 빠를수록 유도 전압이 높아져 스파크가 강해지는 특징이 있다.

플라이 스티어 [ply steer] 래터럴 포스 디비에이션(lateral force deviation) 성분의 한 가지로서 레이디얼 타이어 벨트의 가장 바깥쪽 플라이의 방향에 따라 핸들을 조정(스티어)한 것과 같이 옆방향의 힘이 발생한 것으로부터 이름이 붙혀진 것. 벨트는 코드를 한쪽 방향으로 나란히 이어진 (발(簾)처럼 짠)플라이를 어떤 각도로 재단하여 몇 장을 겹쳐 제작되어 있다. 발(簾)직물의 플라이를 구부렸을 때 코드가 줄지어 있는 방향으로는 간단히 구부러지지만 코드가 덧붙여진 방향으로는 코드를 구부리기가 어렵다. 타이어를 회전시키면 카커스가 구부러져서 플라이가 구부러지는 방향에 따라 힘의 언밸런스가 발생하므로 옆으로 향하는 힘을 발생한다.

플라이 휠 [fly wheel] 크랭크 축에 장착된 주철제의 관성 바퀴로서 외주(外周)에 링기어를 끼워 기동 전동기의 피니언 기어와 맞물려 엔진을 기동시킬 때에도 사용되는 것이 일반적이다. 크랭크 축에는 혼합기의 연소에 따라 발생한 회전력을 간격을 두고 진달뇌지만 플라이 휠은 관성에 이해 일정한 속도로 회전하려 하므로 연속적인 회전력을 얻을 수 있다. 외경이 크고 무거울수록 관성력은 커지므로 엔진의 회전수 변화는 어렵게 되고 가속페달의 개폐에 따라 반응이 둔하여지기 때문에 엔진의 성격에 알맞는 적당한 크기의 것을 선택하게 된다.

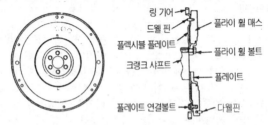

플라이 휠 댐퍼 [fly wheel damper] 토크 변동에 따라 회전축의 비틀림 진동을 흡수하는 댐퍼를 갖춘 플라이 휠. 엔진쪽과 변속기쪽을 둘로 나눈 플라이 휠 사이에 스프링과 마찰기구가 있어 엔진의 회전 변동을 흡수하여 동력전달 계통의 진동을 억제하는 것. 토셔널 댐퍼를 설치한 플라이 휠이라고도 부른다.

플라이어 [plier] 절단하거나 작은 부품의 금속편을 잡고 구부리고 당길 때 또는 전선 등의 피복을 벗기는 데 사용한다.

플라잉 랩 [flying lap] 자동차 경주의 예선 주행에서 날아가는 것같이 빠른(플라잉) 일주(一周:랩)하는 뜻으로서 예선에서 전력(全力)주행중에 다른 자동차가 없는 등 전혀 지장없이 독주(獨走)하는 것.

플라잉 스타트 [flying start] 에이스 스타트 방법의 하나로서 대열을 가지런히 하면서 코스를 주행하며 멈추지 않고 스타트하는 것. ⇔ 스탠딩 스타트.

플래니터리 기어 [planetary gear] 유성 기어. 주로 자동변속기에 사용하는 기어로서 중앙에 선기어라고 이름 붙인 톱니바퀴를 설치하고, 바깥 둘레에는 안쪽으로 톱니를 가진 링기어를 설치한 다음 그 사이에 선기어와 링기어 2개를 일정한 간격으로 배치시키고 피니언 기어로 연결한 구조로 되어 있는 것. 피니언을 태양의 주위를 돌아가는 유성으로 보고 명명하였다. 자동변속기에서는 유압으로 작동하는 클러치와 브레이크를 사용하여 선기어, 피니언기어, 링기어의 3개 중 2개를 조합하여 회전시키므로서 기어비를 변경하여 구동 바퀴에 동력을 전달한다. ⇨ 유성기어장치.

플래니터리 기어 디퍼렌셜 〔planetary gear differential〕 플래니터리 기어를 디퍼렌셜 기어로 사용하는 것. 구동력을 피니언 캐리어로부터 입력하여 링기어와 선기어에서 각각 좌우의 구동축으로 출력하며 좌우가 회전 차이가 있을 경우에는 피니언 기어를 회전시켜 차동장치로서의 역할을 하는 기구. 구조는 비교적 알기 쉽고 간단하지만 좌우 회전이 역전되고 토크 배분도 차이가 생기므로 사용하기에 어렵다. 그래서 피니언 2개를 1조로 하여 한쪽을 링기어(아우터 피니언), 다른 쪽을 선기어(이너 피니언)에 맞물리게 한다. 그리고 링기어에서 구동력을 입력하여 피니언 캐리어와 선기어로부터 각각 좌우에 출력시키면 회전 방향은 동일하여 토크 배분도 거의 차동장치로서의 역할을 하는 기구가 된다.

플래니터리 기어 센터 디퍼렌셜 〔planetary gear center differential〕 4WD에서 센터 디퍼렌셜로서 플래니터리 기어를 사용한 시스템. 상황에 의하여 링기어와 플래니터리 기어 캐리어를 로크(디퍼렌셜 로크)하여 전후를 직결하도록 되어 있는 것이 일반적이다.

플래셔 〔flasher〕 방향지시등 및 비상등의 회로에 사용되는 오토매틱 리세트 서킷 브레이커. ⇨ 턴시그널 램프.

플래셔 릴레이 〔flasher relay〕 등화를 점멸시키는 릴레이(전류의 온 오프 장치). 턴시그널 램프를 방향지시 때문에 한쪽만 점멸시키는 경우와 고장 등으로 긴급정차를 후속차에게 알리기 위하여 양쪽 램프를 동시에 점멸시키는 경우(해저드 워닝)에 사용한다. 작동 방법에는 기계식과 전기식이 있으나 트랜지스터 회로를 이용한 전기식이 많다.

플래시 〔flash〕 용제의 일부가 증발하여 매우 높았던 페인트의 광택이 흐려지는 건조상태의 최초 단계.

플래시 오프 타임 〔flash off time〕 같은 도료를 여러차례 겹쳐 바를 때, 도장과 도장 사이에는 잠시 멈추어 분사된 페인팅의 용제를 증발시킨다. 이 시간을 플래시 오프 타임이라고 한다. 스프레이 건으로부터 에어만을 내뿜어 용제의 증발을 촉진하는 테크닉으로도 사용된다.

플랜지 〔flange〕 부품의 가장자리에 부착 또는 이음을 위하여 부품의 끝 혹은 차양모양으로 접합부 주위에 붙인 둥근 테두리. 파이프를 연결하던가 부품의 끝부분을 보완할 때 흔히 사용한다. 크랭크 축과 플라이휠의 연결부분.

플랜지 이음 〔flange coupling〕 연결하고자 하는 축에 플랜지를 만들어 키 또는 여러개의 볼트로서 고정하는 이음을 말한다.

플랩식 에어플로미터 〔flap type airflowmeter〕 메저링 플레이트 방식. 가솔린 인젝션에 사용하는 에어플로미디의 일종으로서 가동 베인식, 가동 플레이트식, 혹은 메저링 플레이트식이라고도 한다. 한 끝을 축으로 하고 리턴 스프링에 의하여 지지된 판〔板 : 플랩(flap) 혹은 가변 베인〕을 공기의 통로에 두고 엔진에 흡입되는 공기가 이 플랩을 누르고 열릴 때의 각도를 포텐쇼미터 저항값의 변화로서 검출하고 흡입 공기량으로 조절하는 것. 구조는 간단하지만 중저속시에는 플랩에서 흡입 공기를 들어오지 못하게 하거나 급가속시 응답성이 불량하다는 등의 결점이 있어 고도(高度)나 기온의 보정이 필요하다.

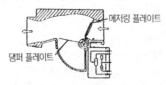

플랫 스폿 〔flat spot〕 장시간 주차했을 경우 타이어 트레드 일부분에 변형이 남아있는 현상. 자동차가 오랜시간 동안 주행했을 경우에는 타이어에 열이 발생되게 된다. 이어서 장시간 주차하였다면 타이어 코드에 변형이 생긴다. 이것은 자동차가 재출발하여 5~15분 뒤면 그 현상이 자연적으로 없어진다. 나일론 코드로 만든 바이어스 타이어에 발생되기 쉽고 레이디얼 타이어에서는 쉽게 발생하기 어렵다. 특히, 한랭지에서 야간 주차시에서 흔히 발생되며 아침에 출발할 때 발견하므로 '모닝 스폿'이라고도 한다. 나일론 코드를 가진 바이어스 타이어에 가장 많이 발생하며, 레이디얼 타이어에도 발생할 수 있다. 장기 주차의 플랫 스폿은 공기압을 3kg /cm²정도로 올려둠으로써 어느 정도 방지할 수 있다.

플랫폼 〔platform〕 스노 타이어의 트레드 패턴의 홈에 설치되어 있는 마모한도 표시. 겨울철용으로 제작한 스노 타이어나 스터드리스 타이어 홈의 깊이가 처음의 신품과 비교했을 때 절반이 되면 빙설로에서의 주행성능은 일반 타이어와 비슷한 것이 되어버린다. 따라서, 트레드 둘레 4곳 이상에 홈을 충분한 깊이로 표시한 것을 플랫폼이라 부른다. 만약, 이 부분이 돌출된다면 스노 타이어로서의 기능은 거의 소멸한 것으로 판정하면 되고, 그 위치는 알기 쉽게 가까운 사이드 월에 표시되어 있다. 스노 타이어는 50% 정도 마모되면 적설로나 빙판길에서의 성능이 일반 타이어와 같은 정도로 되어 설상용으로서의 효과가 감소된다.

플랫폼 프레임 〔platform frame〕 보디의 밑면과 프레임을 일체화한 프레임이며, 말하자면 프레임이 없는 구조에 가까운 형식. 평탄한 바닥 프레임 위에 보디를 조합한 형태지만 전체가 상자형으로 되기 때문에 보디 강성이 높은 것이 된다. 또 밑면이 평탄하기 때문에 노면에 의한 간섭도 적고, 바닥 밑의 공기의 흐름도 자연스럽게 된다는 장점이 있다.

플랭크 〔flank〕 플랭크는 '옆구리, 옆면'의 뜻. 밸브 리프터나 로커암이 접촉되는 캠의 옆면을 말한다.

플러그 〔plug〕 ⇨ 스파크 플러그.

플러그 게이지 〔plug gauge〕 구멍용 한계 게이지의 종류. 1~100mm의 작은 구멍을 측정하는 게이지.

플러그 나사 게이지 〔plug pitch gauge〕 나사용 한계 게이지 종류. 너트의 유효지름을 측정하는 게이지.

플러그 열가 〔heat value, heat range〕 스파크 플러그의 내열성을 표시하는 수치로서 미국 SAE 규격으로 정해진 방법으로 측정한다. 스파크 플러그의 온도는 연소실로부터 받은 열량과 플러그 방열량의 밸런스로 결정되며, 이 밸런스를 보전하여 정상 상태로 사용할 수 있는 한도를 말함. 열가는 절연체 아래 부분에서부터 셀 끝까지 절연체 길이와 직경에 의해 정해지며, 이 부분의 길이가 긴 것을 열형, 길이가 짧은 것을 냉형이라 한다.

열형 ◄───► 냉형

플러그 용접 〔plug welding〕 패널의 구조상 스폿 용접을 할 수 없는 부분의 용접에 사용됨. 상판(上板)에 직경 8mm정도의 구멍을 뚫어 놓고, 미그 용접으로 그 구멍을 메우는듯이 녹여 넣음.

플러그 코드 〔plug cord〕 이그니션 코일→디스트리뷰터→스파크 플러그를 연결하는 고압 전선 ⇨ 하이텐션 코드.

플러그 테스터 [plug tester] 스파크 플러그의 불꽃 상태를 점검하는 테스터. 스파크 플러그를 청소한 다음 기밀실에 설치하여, 압축 공기를 규정으로 불어 넣은 상태에서 스파크가 발생되는 상태를 관찰 유리면을 통해 확인하여 사용 여부를 판독하는 시험기를 말한다. ⇨ 스파크 플러그 테스터.

플러그 형식 조정장치 [plug type adjuster] 플러그 형식 조정장치는 브레이크 드럼 간극이 클 때 전진에서 브레이크를 작동시키면 드럼과 접촉하는 플러그가 마멸된 만큼 안쪽으로 밀려 들어가 슈 조정용의 편심 륜을 돌리는 테이퍼 웨지를 위로 움직여 드럼 간극을 자동적으로 조정하는 형식이다. 브레이크 라이닝이 심하게 마멸되면 작동되지 않는다.

플러딩 [flooding] 플러딩은 홍수의 뜻으로 초크 밸브를 지나치게 사용하면 연료가 과도하게 분출되므로 스파크 플러그가 젖어 점화 불능이 되는 상태로서 오버 초크라고도 한다.

플러시 [flush] 에어컨에서 냉매 통로에 냉매를 흘려 오염물을 제거하는 일. 브레이크 시스템에서는 유압 시스템 및 마스터 실린더와 휠 실린더 또는 캘리퍼스를 깨끗한 브레이크액으로 세척하여 시스템 내의 불순물을 제거하는 일.

플러시 서피스 [flush surface] 차체 표면의 형태가 미끄러운 것. 특히, 윈드실드에서 사이드 윈도와 리어 윈도에 이르기까지 보디의 경사를 완만하게 하여 기류의 흐름을 자연스럽게 지나치게 하면 소용돌이의 발생을 막거나 공기 저항을 작게 하는 방법으로 이용된다. 플러시는(공기가)빠르게 통과하는 뜻이다.

플러터 [wheel flutter] 70km/h 이상의 속도로 순조롭게 노면을 주행하고 있을 때 스티어링 휠이 회전방향의 좌우로 약하게 흔들리는 현상. 타이어의 중량 불균형이 크거나 획일성(uniformity)이 불량할 때 스티어링 계통의 마모와 얼라인먼트가 어긋나는 등 몇 가지 원인이 겹쳐서 발생하는 경우가 있다. 스티어링 계통의 자려 진동(自勵振動) 혹은 강제진동으로서 특정한 속도에서 발생하는 것이 특징이다. '고속 시미(shimmy)' 혹은 간단하게 '시미'라고 불리우는 때도 있다.

플럭스 [flux] 용접시 산화물, 질화물 또는 기타 바람직하지 않은 성분이 형성되는 것을 방지하는 데 사용되는 가용성 물질 또는 기체.

플런저 [plunger] ① 제어 플런저. 전자제어 연료분사장치의 플런저는 센서 플레이트의 변화량을 레버에 의해서 행정으로 바꾸어 플런저 배럴의 내면에서 배출구를 열고 닫는 위치를 변화시켜 연료를 제어한다. 엔진의 회전 속도가 낮으면 센서 플레이트의 변화량이 적으므로 플런저의 행정도 적어진다. 따라서 연료의 배출구가 적게 열리므로 연료의 분사량이 적어진다. 엔진의 회전 속도가 증가되면 플런저의 행정이 커지므로 연료의 분사량이 많게 된다. ② 디젤 엔진의 플런저는 엔진의 피스톤 역할을 하는 것으로서 플런저 배럴 내에서 상하 운동을 하여 연료를 분사 노즐에 압송한다. 플런저 상단 중심부에 바이패스 구멍과 몸체 측면에 분사량을 가감하기 위한 리드 홈이 서로 연결되어 있고 아래 부분에는 제어 슬리브의 홈에 끼워지는 구동 플랜지와 스프링 시트를 끼우기 위한 플랜지가 있다. 따라서 액셀러레이팅 페달을 밟는 양에 따라 배럴의 연료 공급 구멍과 리드 홈이 일치되는 위치를 변화시켜 연료의 분사량이 조절된다. 플런저는 태핏에 의해 상승 행정하여 연료를 송출하고 스프링 장력으로 하강 행정을 하면 연료를 공급 받는다. 또한 액셀러레이팅 페달에 의해 플런저가 회전하여 연료 공급 구멍과 리드 홈의 위치를 변화시킨다.

플런저 배럴 [plunger barrel] ① 디젤 엔진의 플런저 배럴은 엔진의 실린더에 해당되는 부분으로서 연료 공급 펌프에서 공급된 연료를 받아들이는 원통이다. 연료 분사 펌프 하우징의 상단에 끼워져 회전되지 않도록 고정핀 또는 스크루로 고정되어 있으며, 배럴의 상단면은 딜리버리 밸브 홀더에 의해 고정된다. 또한 배럴에는 연료의 공급 구멍과 리턴 구멍이 별도로 설치되어 있는 것과 공급과 리턴 구멍이 공통으로 되어있는 것이 있다. ② 제어 플런저 배럴. 전자제어 연료분사장치의 플런저 배럴은 내면에서 플런저가 센서 플레이트와 연결되어 있는 레버에 의해 상하운동을 하면서 인젝터에 공급되는 연료의 양을 조절하여 분배하는 역할을 한다. 플런저 배럴 상단 부분에는 각 실린더수와 동일하게 연료의 배출구가 만들어져 있고 중간 부분에는 연료의 흡입구가 설치되어 있다.

플런저 펌프 [plunger pump] 펌프 보디 내에 플런저, 스프링, 체크 볼이 설치되어 캠 축의 캠에 의해 작동되는 맥동적인 펌프, 스프링에 의해 플런저가 올려지면 진공이 발생되어 입구 체크 볼을 열어 오일을 흡입하고 캠 축이 플런저를 누르면 체적이 작아져 출구 체크 볼을 열어 오일을 송출한다.

플런저식 마스터 실린더 [plunger type master cylinder] 브레이크 마스터 실린더의 형식 중 하나. 미국 걸링사에서 개발한 것을 걸링 타입이라고 한다. 실린더 상부에 오일을 채워두는 리버저를 앉힌 형태로 되어 있고 급유 구멍이 리저버 밑에 열려 있으므로 피스톤이 실린더 안에서 앞으로 움직이면 구멍을 막고 오일이 밀폐되어 유압이 상승한다. 그리

고 브레이크를 풀면 리턴 스프링의 힘으로 피스톤이 원위치로 돌아감
과 동시에 구멍이 열려 오일은 최초의 상태로 복귀하는 구조로 되어 있
다.

플레밍 [Fleming John Ambrose] 영국의 전기 공학자. 저온에서의 전자
기 현상을 연구하였으며, 1904년 이극 전극관을 발명하여 현재에 이르
고 있다. 세 손가락을 이용하여 자계 내에서 도체를 움직일 때 발생되
는 기전력을 알기 위해 이용하는 오른손 법칙과, 자장 내의 도체에 전
류를 흐르게 하였을 때 도체에 작용하는 힘의 방향을 알기 위해 이용하
는 왼손 법칙을 고안함.

플레밍의 오른손 법칙 [Fleming's right hand rule] 플레밍의 오른손 법칙
은 자계속에서 도체를 움직일 때에 도체에 발생하는 유도 기전력을 가
리키는 법칙이다. 오른손 엄지 손가락, 인지 및 가운데 손가락을 직각
이 되게 펴고 인지를 자력선의 방향으로 향하게 하고 엄지 손가락 방향
으로 도체를 움직이면 가운데 손가락 방향으로 유도 전류가 흐른다는
법칙이다.

운동방향
⊕ 유도전류의 방향
N
자력선의 방향
S
⊖

플레밍의 왼손 법칙 [Fleming's left hand rule] 플레밍의 왼손 법칙은 영
국의 전기 공학자 플레밍(John Ambrose Fleming)에 의해 전자기의
법칙에 세 손가락을 이용하는 방법을 고안하여 자계속의 도체에 전류
를 흐르게 하였을 때 도체에 작용하는 힘의 방향을 가리키는 법칙이다.
왼손의 엄지 손가락, 인지 및 가운데 손가락을 직각이 되게 펴고 인지
를 자력선의 방향으로 향하게 하고 가운데 손가락의 방향으로 전류를
흐르게 하면 그 도체는 엄지 손가락 방향으로 전자력(힘)이 작용한다
는 법칙이다. 따라서 전자력은 전류를 공급받아 힘을 발생시키는 기동
전동기, 전류계, 전압계 등에 이용되고 있다.

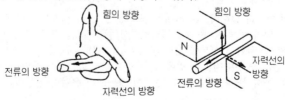

힘의 방향

힘의 방향

N

자력선의
방향

전류의 방향

S

자력선의 방향

전류의 방향

플레이너 [planer] 플레이너는 바이트를 이송하고 공작물을 고정한 테이블을 왕복으로 작동시켜서 수평면 절삭, 수직면 절삭, 경사면 절삭, 홈곡면 절삭을 하는 공작기계. 플레이너의 크기는 공작물의 최대폭 및 높이 또는 테이블의 최대 행정으로 나타낸다.

플레이트 링크 체인 [plate link chain] 핀 구멍을 가진 띠 모양의 링크를 1장씩 또는 여러장씩 좌우로 나란히 배열하고 핀으로 연결하여 긴 체인으로 만든 것을 말한다. 판(板) 체인이라고도 한다.

플레이트 벌지 [plate bulgy] 보디를 프레스 성형할 때 가장자리 부분을 둥글게 만드는 것.

플레이트 핀 [plate fin] 라디에이터 코어의 방열을 좋게 하기 위하여 부착되어 있는 얇은 금속판. ⇨ 라디에이터 코어.

플레인 베어링 [plain bearing] 평면 베어링, 메탈, 미끄럼(sliding) 베어링이라고도 불리우며 베어링의 일종으로서 윤활유로 감싸진 미끄러운 면으로 축을 지지하는 구조. 하중이 걸리는 방향에 따라 축에 직각인 방향(횡방향)의 하중을 받는 레이디얼 베어링과 축방향(종방향)의 하중을 받는 스러스트 베어링이 있으며, 동합금이나 알루미늄 합금 등 축보다 부드러운 재료로 만들어진다. 대표적인 레이디얼 베어링은 왕복형 엔진의 크랭크 축 주위에 사용되는 것으로 축의 오일홀에서 급유·윤활된다.

플렉스 렌치 [flex wrench] 볼트나 너트에 렌치를 일직선상으로 공구를 사용할 수 없을 때 어떤 각도를 두고 사용하는 공구이다.

플렉시블 샤프트 [flexible shaft] 기계식 스피드미터에 사용되는 부품으로서 변속기의 후단에 설치되어 있는 구동축의 회전을 인출하여 사용되는 기어와 스피드미터를 연결하여 자동차의 속도에 비례하는 회전을 전달하는 샤프트. 강선(鋼線)을 감아서 만든 것으로서 구부리기 쉬운 샤프트를 수지제(樹脂製)의 파이프로 싸서 만든 구조로 되어 있다.

플렉시블 이그조스트 파이프 [flexible exhaust pipe] 둥글고 폭이 좁은 스테인리스를 관(管)모양으로 여러 겹으로 연결시켜서 구부리기 쉽도록 만든 파이프의 일종. 배기관의 일부분에 설치하여 엔진의 진동을 흡수하고 자동차의 진동과 소음을 적게 하는 기능을 가지고 있다. 플렉시블은 '구부리기 쉬운' 뜻을 지니고 있다.

플렉시블 조인트 [flexible joint] 플렉시블은 '휘기 쉬운, 융통성이 있는'의 뜻. 회전축을 연결하는 유니버설 조인트의 일종. 접합 부분에 고무, 피혁, 섬유 등 변형하기 쉬운 재료를 사용한 것. 삼엽상(三葉狀) 요크(Y자형)를 마주 보도록 조합한 재료로 만들어진 육각형이나 반지 모양의 조인트에 의하여 회전을 전달한다. 구조가 간단히고 조용히 회전하지만 결합한 축의 각도를 3~5° 이상으로 유지하기가 힘들다.

경질고무 커플링

플렉시블 커플링 [flexible coupling] ⇨ 플렉시블 조인트.

플렉시블 호스 [flexible hose] ⇨ 브레이크 호스.

플로 [flow] 분무된 페인트의 입자들이 서로 합쳐지거나 녹아 매끄러운 막을 형성하는 능력. 플로아웃(flow-out)이라고도 한다.

플로 아웃 [flow out] ⇨ 플로.

플로어 [floor] 바닥을 말하며, 여기에 깔려있는 것이 플로어 매트이고, 트렁크 룸 바닥면도 플로어이다. 이들 부분의 보디부를 플로어 팬이라고 한다. 팬이란 냄비를 말하며 플라이 팬의 팬과 같다.

플로어 시프트 [floor shift] 직접 조작 기구. 운전석 옆의 바닥에 장착한 시프트 레버로서 변속기를 조작하는 방법으로 대개의 승용차는 이 방식을 취하고 있다. 시프트 레버가 직접 변속기에 설치되어 있는 다이렉트 시프트 방식과 링크 기구로 연결된 리모트컨트롤 방식이 있다.

플로어 팬 [floor pan] 언더 보디 어셈블리의 메인 스탬핑. 차실 내의 보디 바닥을 형성한다.

플로트 [float] ① 카브레터의 플로트 체임버 가운데 설치하는 뜨개. 바늘 형태로 된 니들 밸브가 설치되어 있으며, 부력(浮力)에 의하여 체임버에 이르는 연료 공급구를 밀폐하고 있지만 체임버 내의 연료가 적어지면 액면이 내려가므로 연료 공급구와 니들 밸브 사이가 열려 그 틈으로부터 연료가 들어가는 구조로 되어 있다. ② 연료 탱크 가운데 설치되어 있는 뜨개. 뜨개의 위치를 전기용량의 변화에 따라 점검하여 연료계에 표시하기 위한 것.

플로트 레벨 게이지 [float level gauge] 카브레터의 플로트 체임버의 벽면에 설치되어 연료의 유면을 점검하도록 투명한 플라스틱 또는 유리 중앙에 점(點)으로 표시된 게이지를 말한다. 연료의 유면이 점(點)보다 높으면 농후한 혼합기가 공급되고, 낮으면 희박한 혼합기가 공급되므로 엔진의 회전 속도와 관계없이 항상 점(點)과 동일한 위치를 유지할 수 있도록 레벨이 조정되어야 한다.

플로트 마운트 와이퍼 [float mount wiper] 1987년 크라운에 설치하였던 와이퍼의 명칭. 부품을 알루미늄 주조로 제작한 프레임을 조립하고 고무로 된 인슐레이션을 사이에 두고 보디에 설치한 것이며 작동음이 낮은 것이 특징.

플로트 체임버 [⑧float chamber, ⑱float bowl] 플로트실. 뜨개실. 연료 펌프에서 보내온 연료 중 일정량을 담아두는 용기(체임버). 연료가 흡출(吸出)되는 메인 노즐에 적정량의 연료를 공급하기 위하여, 액면의 높이를 플로트와 니들 밸브로 항상 일정하게 유지하도록 되어 있다. 연료의 유면을 규정의 높이로 유지하여 기화기에서 연료가 넘쳐 흐르는 것을 방지하고 일정한 혼합비를 유지케 한다.

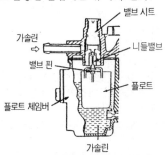

플로팅 베어링 [floating bearing] 터보차저의 터빈 샤프트를 지지하는 베어링의 일종. 베어링은 하우징에 고정되어 있는 것이 보통이지만 플로팅 베어링은 샤프트와 메탈의 사이, 메탈과 하우징 사이에 오일을 충만하게 하여 베어링 메탈이 샤프트와 하우징 사이에서 자유롭게 회전할 수 있도록 되어있다. 이 구조에 따라 회전 부분의 근소한 중량 언밸런스에 의한 진동을 흡수하여 유막이 끊겨져 발생하는 고장을 방지할 수 있게 된다.

플로팅형 디스크 브레이크 [floating type disk brake] 부동 캘리퍼형. 디스크 브레이크 형식의 하나로 디스크의 한쪽에 피스톤과 연결된 패드를, 반대쪽에는 피스톤 없이 패드가 설치되어 피스톤이 패드를 밀면 반대쪽의 패드는 끌어당겨지므로 디스크는 패드 사이에 끼어져 제동력을 발생하도록 되어 있는 것. 캘리퍼가 가동식으로 되어 있는(플로팅 캘리퍼)것으로 캘리퍼 부동(浮動:플로팅)형, 피스톤이 한 개가 있는 것은 싱글 실린더 캘리퍼형 디스크 브레이크라고 불리운다. 세부 구조에 따라 F형, FS형, AD형, PD형, PS형 등으로 분류된다. ⇨ 오퍼짓 실린더형 디스크 브레이크.

플루이드 커플링 [fluid coupling] 중간 차동장치로서 트랜스퍼와 추진축과의 사이에 비스커스 커플링을 배치한 풀타임 4WD의 명칭. ⇨ 유체 클러치.

PV [progressive valve] 가스 봉입식 댐퍼에 쓰이고 있는 밸브의 명칭. 피스톤 스피드가 느린 영역에서는 감쇠력을 크게 하여 큰 진동을 억제하고, 작은 진동 등 피스톤 스피드가 빠른 영역에서는 감쇠력을 적게 하여 이것을 흡수하는 것.

pv 선도 엔진 실린더 내의 압력(지압) p와 용적 v의 관계를 그림으로 나타내어 엔진의 작동 상태를 나타낸 것. 지압선도(指壓線圖)라고도 함. ⇨ 지압선도.

PCV [positive crank case ventilation] 포지티브 크랭크 케이스 벤틸레이션. ⇨ 블로바이가스 환원장치.

PCV 밸브 [positive crankcase ventilation valve] 크랭크 케이스로부터 흡기 매니폴드로 연결되어 있는 부압 파이프의 중간에 설치되어 흡기 매니폴드의 강도에 따라 블로바이 가스의 유량을 조정하는 밸브. 엔진의 회전 속도가 2000rpm미만에서는 PCV 파이프를 통하여 환기되고 2000rpm이상에서는 PCV 밸브가 작동되어 크랭크 케이스를 환기시킨다.

PCVV [positive crankcase ventilation valve] PCVV는 로커암 커버에 설치되어 엔진의 회전속도가 2000rpm이하에서만 밸브가 열려 크랭크 케이스 내에 있는 블로바이가스를 실린더에 흡입되도록 한다. PCVV 는 스로틀 밸브가 많이 열리면 밸브 스프링 장력보다 진공이 적어 닫혀 있게 되므로 2000rpm 이상에서는 PCV 파이프를 통하여 블로바이가스가 실린더에 흡입된다.

PCSV [purge control solenoid valve] PCSV는 캐니스터와 스로틀 보디 사이에 설치되어 컴퓨터 제어에 의해 통로를 개폐한다. 엔진의 공전 및 워밍업 이외의 회전에서 PCSV는 컴퓨터 신호에 의해 통로를 열게 되므로 캐니스터에 포집된 연료의 증발가스는 실린더에 유입되어 연소가 이루어진다. 또한 공전 및 엔진의 워밍업 전에는 컴퓨터의 신호로 PCSV가 통로를 차단하므로 연료의 증발가스는 실린더에 유입되지 않는다.

PRS [passive restraint system] ⇨ 패시브 레스트레인트 시스템

PS ① 파워 스티어링. ② 일률 단위의 하나로서 불마력 「⑱ pferdestar-ke」. ⇨ 마력.

P-Air 방식 [pulse air induction reactor] 자동차의 에어 석션 시스템.

PAN [peroxy acyl nitrate] 페록시 아실 나이트레이트의 머리 문자를 딴 약어. 대기 중의 탄화수소와 질소산화물이 강한 햇빛에 의해 반응을 일으켜 생기는 자극성이 강한 화학 물질. 화학 기호는 $R \cdot CO_3 \cdot NO_2$ ⇨ 광화학 스모그.

PHP [petrol horse power] ⇨ 연료 마력.

PGM-FI [programmed fuel injection] 전자제어식 가솔린 인젝션의 명칭 중 하나.

PTO [power take off] 파워 테이크 오프, 동력 인출 장치.

PP 범퍼 [polypropylene bumper] 플라스틱 중에서 가장 가벼운(비중 : 0.9) 폴리프로필렌은 충격에도 강하지만, 여기에 EPR(에틸렌프로필렌 고무)이나 EPDM(에틸렌 프로필렌 지엔 고무)을 가하여 충격흡수성을 증가시킨 범퍼. 경량이고 값이 싸며 도장도 가능하여, 많은 자동차에 사용되고 있다.

PPM [parts per million] 기준의 양을 100만으로 하였을 때 생각하고 있는 양이 얼마인가를 나타내는 수. 1ppm은 100만분의 1,1%는 10,000ppm.

PPS [progressive power steering] ⇨ 프로그레시브 파워 스티어링.

ppm [part per million] 100만분의 1. 배출가스나 대기 오염 물질의 농도를 나타내는 단위로 사용되고 있으며, 1%는 1만 ppm에 해당함.

피니시 [finish] 보호성 또는 장식성의 코팅.

피니시 코트 [finish coat] 최종 컬러 페인트 코트.

피니언 [pinion] 2개의 기어가 맞물린 상태에서 작은 기어를 피니언, 큰 기어를 링기어라 한다.

피니언 섭동식 [pinion sliding gear type] 피니언 섭동식은 전자력을 이용하여 피니언 기어를 이동시켜 전동기에서 발생한 회전력을 플라이 휠에 전달하는 방식으로서 솔레노이드 스위치를 사용한다. 솔레노이드 스위치는 시프트 레버를 잡아당기기 위한 전자석과 코일로 되어 있어 운전석에서 스위치를 닫으면 풀인 코일과 홀드인 코일에 전류가 흘러 플런저를 당기고 플런저는 시프트 레버를 잡아당겨 피니언 기어를 플라이 휠 링기어에 물리므로 전동기의 회전력이 전달된다. 엔진이 기동된 후 스위치를 열면 플런저 리턴 스프링의 힘으로 제자리에 리턴되어 이탈된다.

피더 〔feeder〕 덧쇳물. 주형 내에서 용융금속이 수축될 때 부족한 용융금속을 보충한다. 피더의 위치는 수축공이 없는 정밀한 주물을 만들기 위하여 주물의 두꺼운 부분이나 응고가 늦은 부분 위에 설치하여야 한다.

피드 백 〔feed back〕 ① 귀한, 복원의 뜻. ② 출력쪽 에너지의 일부를 입력쪽으로 반환하는 조작. ③ 공업적으로 출력의 일부 또는 전부를 입력쪽으로 되돌아오게 하여 출력의 증가 또는 감소하는 것. ④ 배기가스 일부를 다기관으로 되돌려 재연소시킴으로써 유해 가스량을 감소시키는 것.

피드백 기화기 〔feedback carburetor〕 ⇨ FBC.

피드백 솔레노이드 밸브 〔feedback solenoid valve〕 피드백 솔레노이드 밸브는 컴퓨터에 의해 제어되어 최적의 공연비로 유지되도록 한다. 피드백 솔레노이드가 10Hz 동안에 ON이 반복되는 시간 비율이 높으면 혼합기가 희박해지고 낮으면 농후해진다. 이 반복 비율을 컴퓨터가 조절하여 최적의 공연비가 유지되도록 한다.

피드백 제어 〔feed-back control〕 어떤 장치에서 발생한 결과와 목표값을 비교하여 양쪽에 차이가 없는 결과를 가져오는 원인을 조절하는 것. 엔진의 배기가스 중 산소농도를 O_2센서에 의하여 측정하고 연료의 양을 조절하여 혼합기의 이론 공연비를 보존하는 시스템이나 바퀴의 회전상태를 조사하여 브레이크의 유압을 조정하는 ABS 따위가 그 예.

피로 〔疲勞 ; fatigue〕 재료에 외력을 오랜시간 동안 연속적으로 되풀이하여 작용시켰을 때 재료는 변형이 되거나 파괴되는 것. 외력에 대응하는 응력이 재료의 강도보다 크면 파괴되고 재료의 강도보다 작으면 파괴되지 않지만 연속적으로 오랜시간 되풀이하면 결국은 파괴된다.

피로 마모 〔fatigue wear〕 볼 베어링과 같이 구름마찰을 받는 부재의 접촉 부분이 되풀이 응력을 받으며, 표층이 피로 파괴에 따라 마모되는 현상.

피로 파손 〔fatigue failure〕 스트레스가 반복되어 나중에는 금속의 특성을 변화시켜 균열을 일으키는 금속 파손의 일종.

피막 〔皮膜〕 페인팅의 표면 상태를 가리키는 말.

피벗 〔pivot〕 선회 지축, 점축, 추축 등으로 번역되어 있으며, 서스펜션 암의 선단에 부착되어 자유로이 회전하는 조인트 부분이다. 도어의 경첩처럼 축을 중심으로 회전하도록 되어 있는 부분.

피벗 베어링 〔pivot bearing〕 플라이 휠 중앙에 변속기 입력축을 지지하는 부분과 변속기 입력축 뒤쪽의 기어 안쪽면에 변속기 출력축 앞끝을

지지하여 회전을 원활하게 하는 베어링으로 축방향의 하중을 지지하는
데 사용된다.

피벗 빔식 서스펜션 [pivot beam type suspension] 토션 빔식 서스펜션의
한 형식으로서, 크로스 빔과 트레일링 암을 강판으로 ㄷ자 모양의 일체
로 만들어, ㄷ의 세로선 부분을 차체에 부착한 다음 2개 봉의 끝에 타이
어를 장착한 구조. 빔이 차체에 피벗 모양으로 부착되어 있다 해서 이름
지어진 것임.

동판 크로스 빔

트레일링 암

피벗 턴 [pivot turn] 정차 상태에서 스티어링 휠을 움직이는 일. 주차나
입고시에 사용될 수 있는 조작으로서, 주행중 조향력의 10배 이상의 힘
이 필요하게 된다. 특히, 파워 스티어링의 경우 조향계에 무리가 걸리기
쉽다. 조금이라도 자동차를 움직여 주면 핸들을 회전시키는 것이 훨씬
쉬워진다.

피스톤 [piston] 엔진이나 펌프의 실린더 속을 왕복하며, 실린더 내의 유
체 압력을 받아 그 힘을 밖으로 전달하고, 역으로 가해진 힘을 유체의
압력으로 바꾸는 역할을 하는 부품. 자동차에서 피스톤이라고 하면 엔
진의 피스톤을 가리키는 것이 보통이지만, 피스톤은 브레이크 계통 등
많은 부품에도 사용되고 있다. 엔진의 피스톤은 혼합기의 폭발력을 컨
로드를 개재시켜 크랭크 샤프트에 전달하여 동력을 발생시키는 역할을
한다. 폭발에 의한 고압과 고온을 계속 받으면서 왕복 운동을 하므로 가
볍고 강한 알루미늄 합금이 많이 사용되며, 피스톤 링을 지지하는 2~5
개의 홈이 만들어져 있다. 피스톤은 그 형상에 따라 캠 그라운드 피스
톤, 솔리드 피스톤, 슬립퍼 피스톤, 스플릿 피스톤, 인바 스트럿 피스톤,
오프셋 피스톤 등으로 분류된다.

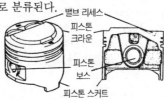

밸브 리세스
피스톤
크라운
피스톤
보스
피스톤 스커트

피스톤 간극 [piston clearance] 실린더와 피스톤의 최대 외경과의 차이. 피스톤은 엔진이 작동할 때 열팽장하느로 상온에서 실린더와의 사이에 어느 정도의 간극을 둔다. 간극이 적으면 소결(燒結)이 일어나고 간극이 너무 크면 압축 압력의 저하, 블로바이, 오일의 연소실 유입, 오일의 희석, 피스톤 슬랩이 발생된다. 피스톤 간극은 피스톤의 재질, 형상, 실린더의 냉각 상태 등에 의해 정해지며 경합금 피스톤일 경우 실린더 내경의 0.05% 정도로 한다.

피스톤 리드 밸브 방식 [piston lead valve system] 2사이클 엔진의 흡입 기구로서, 피스톤 밸브와 리드 밸브를 병용한 방식.

피스톤 리턴 스프링 [piston return spring] 피스톤 리턴 스프링은 브레이크 페달을 놓았을 때 피스톤이 신속하게 제자리로 되돌아가게 하는 것으로서, 1차 피스톤 리턴 스프링과 2차 피스톤 리턴 스프링이 설치되어 있다.

피스톤 링 [piston ring] 피스톤 링의 3대 작용은 기밀작용, 열전도작용, 오일제어작용을 한다. 왕복형 엔진의 피스톤 홈(링 그루브)에 머리띠처럼 부착되는 고리(링). 피스톤이 실린더 내에 기밀을 유지하면서 미끄럼 운동을 하도록 주철 또는 강철로 만든 링에서 일부를 잘라낸 모양을 하고 있으며, 적절한 탄성을 가지고 있다. 연소 가스의 누설을 방지하는 압축 링과 실린더 내벽과 피스톤 사이를 윤활하는 오일량을 제어하는 오일 링이 있다.

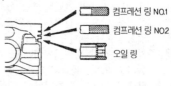

피스톤 링 컴프레서 [piston ring compressor] 실린더에 피스톤을 조립할 때 피스톤 링을 압축하는 데 사용되는 공구로 얇은 스프링 판을 육각 렌치로 회전시켜 직경을 좁혀 압축하게 된다.

피스톤 링 플라이어 [piston ring plier] 피스톤 링을 확장하여 끼우거나 뺄 때 사용한다.

피스톤 바이스 [piston vice] 피스톤의 수정 및 측정하는데 사용되는 바이스로 수평면에 설치된 V블록을 이동시켜 피스톤을 고정한다.

피스톤 배기량 [piston displacement] 피스톤 배기량은 피스톤이 실린더 내에서 1행정하였을 때 흡입 또는 배출한 공기 또는 실린더의 체적을 뜻하여 실린더 단면적과 피스톤 행정으로 표시된다. 우리나라의 승용 자동차는 배기량을 기준으로 소형, 중형, 대형으로 나눈다.

피스톤 밸브 [piston valve] 유체의 통로를 여닫는 데 사용하는 피스톤형 밸브로서 증기 기관차에서는 실린더에 증기의 흡 · 배기를 이것으로 하고 있으며 종류로는 단식과 복식이 있다.

피스톤 밸브 흡기 [piston valve intake] 2사이클 엔진에서 상하 운동을 하는 피스톤을 흡기 밸브로 이용하는 방식. 피스톤이 소기, 압축 행정에 의해 상승하고, 크랭크실이 부압으로 됨과 동시에 피스톤 스커트가 흡기 포트를 열어 흡기가 이루어짐. 구조도 간단하고 효율이 좋은 흡기 방식이지만, 포트 개폐의 타이밍을 고속회전에 맞추어 저속회전에서는 효율이 저하되는 등 포트 타이밍의 설정이 어렵다. 70년대 전반까지는 스포츠 모델에 많이 사용되었으나 오늘날에는 별로 눈에 띄지 않게 되었다.

피스톤 사이드 노크 [piston side knock] ⇨ 피스톤 슬랩(piston slap).

피스톤 스커트 [piston skirt] 왕복형 엔진의 피스톤 측면 하부 또는 스커트 모양을 하고 있는 부분.

피스톤 스틱 [piston stick, ㊇freeze, ㊇seize, seizure, seize-up] 실린더 내벽과 피스톤 사이를 윤활하는 오일 막이 없어져 실린더와 피스톤이 직접 문질러져, 피스톤이 녹아 실린더에 눌어붙어 버리는 일. 유막이 끊어지는 원인으로는 여러가지 경우가 있으나, 오버히트 되어 오일의 점도가 떨어져 버리거나, 허용회전수 이상으로 엔진을 회전시켜 유막이 형성될 수 없는 경우 등을 생각할 수 있다.

피스톤 스피드 [piston speed] 피스톤이 실린더 내를 이동하는 속도. 피스톤은 왕복 운동을 하고 있으므로 상사점과 하사점에서 멈추며, 중앙에서 최고 속도가 되므로 피스톤 스피드는 실린더 내의 평균 피스톤 속도 또는 어느 위치에 있어서의 순간 피스톤 속도로 표시된다. 피스톤 평균속도는 $12 \sim 13 \text{m} / \text{sec}$이다.

피스톤 슬랩 [piston slap] 피스톤 사이드 노크. 슬랩은 찰싹 때림의 뜻으로 실린더 벽과 피스톤의 스커트는 커넥팅 로드의 경사에 의한 측압을 받으며 피스톤의 상하 직선 운동을 바르게 유지하지만, 피스톤 간극이 너무 크면 피스톤이 행정을 바꿀 때 실린더 벽을 때리는 현상. 피스톤 슬랩은 저온에서 현저하게 발생되기 때문에 이것을 방지하고 또한 저온시의 간극을 알맞게 유지할 수 있도록 피스톤 스커트부에 여러가지 방법을 강구하여 사용하고 있다.

피스톤 크라운 [piston crown] 왕복형 엔진의 피스톤 상단 또는 연소실을 향하고 있는 면을 말함.

피스톤 평균 속도 [average piston speed, mean piston speed] 피스톤이 움직이는 속도를 스트로크(피스톤이 움직이는 거리)에 시간당 왕복 횟수(회전수의 2배)를 곱한 것으로 나타낸다. 피스톤은 왕복 운동을 하고 있으며 상사점과 하사점에서 멈추고 중앙에서 최고 속도에 이르므로 피스톤 스피드를 피스톤 평균속도로 나타내는 것으로 12~13m/sec이다. 최대값은 보통의 엔진에서 20m/sec, 레이스용 엔진은 25m/sec 정도로서 같은 회전수라면 스트로크가 짧을수록 피스톤 스피드는 늦어지고, 일반적으로 단행정 엔진은 높은 회전수로 사용한다.

피스톤 핀 [⑧piston pin, ⑨gudgeon pin] 피스톤 내에서 피스톤과 커넥팅 로드의 스몰 엔드를 연결하는 핀. 결합 방법으로는 핀 보스에 고정하고, 컨로드에 부시를 넣어 회전시키는 로크 타입(고정식), 컨로드를 핀에 고정하고, 핀을 핀 보스 내에서 회전시키는 세미플로팅 타입(반부동식), 핀이 고정되지 않고 자유로이 회전하도록 되어 있는 플로팅 타입(전부동식)이 있다. 피스톤 핀은 피스톤과 함께 실린더 내를 고속으로 왕복운동하기 때문에 가벼워야 하고, 또 변화되는 큰 하중에 견딜 수 있도록 강도가 커야 한다. 핀의 재질로는 저탄소강이나 크롬강으로 표면을 경화하여 내마멸성을 높이고 내부는 그대로 두어 인성을 유지하도록 한다.

피스톤 핀 보스 [piston pin boss] 피스톤 링의 3대 작용은 기밀 작용, 열전도 작용, 오일제어 작용을 한다. 왕복형 엔진의 피스톤 중앙에서 컨로드의 스몰 엔드와 피스톤을 결합하는 핀이 들어가는 구멍(보스).

피스톤 행정 [piston stroke] 피스톤이 상사점에서 하사점까지 또는 하사점에서 상사점까지 이동한 거리를 행정이라 하며 크랭크 축은 180° 회전한다. 피스톤이 맨 위로 올라갔을 때 이 점을 상사점(TDC)이라 하고, 맨 아래로 내려갔을 때 이 점을 하사점(BDC)이라 한다. 피스톤의 직선왕복 운동을 크랭크 축이 회전운동으로 변화할 때 피스톤은 크랭크 축의 1회전에 2회의 행정이 이루어진다.

피스톤 헤드 [piston head] 피스톤 헤드는 연소실의 일부가 되는 부분으로 안쪽에 리브를 설치하여 피스톤 헤드의 열을 피스톤 링이나 스커트부에 신속히 전달하고 동시에 피스톤을 보강한다.

피스톤 히터 [piston heater] 피스톤 핀을 분해 또는 조립할 때 피스톤을 가열하여 쉽게 할 수 있도록 하는 것으로서 유욕식(油浴式)과 전열식(電熱式)이 있다.

피시 아이 〔fish eyes〕 최종 페인트 코트에 작은 홈들이 형성되는 페인트의 하자(瑕疵)로서, 표면을 충분히 세정하지 않았을 때 발생된다. ⇨ 크레이터(craters).

피에조 소자 〔piezo element〕 피에조 소자는 압전 소자로서 2개의 면에서 전압이 가하면 전압에 비례한 변형이 발생되도록 하거나 또는 압전 결정에 압력이나 비틀림을 주어 전압이 발생되는 소자이다. 이 원리를 이용하여 자동차 엔진의 노크(knock) 센서가 만들어져 실린더 블록에 설치되어 있다.

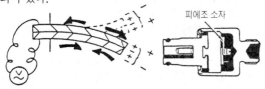

피에조 소자

피에조 EMS 〔piezo EMS〕 전자제어 서스펜션 EMS의 센서와 액추에이터에 피에조 소자를 사용한 시스템. 고주파의 노면 압력에 대응하여 감쇠력의 고속 전환을 행하는 쇽업소버에 응답성이 빠른 피에조 소자를 사용하여, 보통의 주행에서는 감쇠력을 하드(hard) 상태로 하고, 조종성 및 안정성이 좋은 서스펜션이 필요할 때는 감쇠력을 소프트(soft)상태로 하여 승차감을 향상시킨다.

피에조 이펙트 〔piezo effect〕 압전효과. ① 수정(水晶), 티탄산바륨 등의 결정체에 어느 방향으로부터 장력 또는 압력을 가하면 그 단면(端面)에 음양(陰陽)의 전하를 발생하고 반대로 전하를 가하면 변형을 발생하는 현상을 말한다. ② 전압 점화, 마이크로폰, 압력계(壓力計), 노크 센서, 초음파의 발생 등에 이용된다.

피이더 〔feeder〕 ⇨ 피더.

피치 〔pitch〕 볼트 또는 너트의 나사산과 나사산의 거리를 말한다.

피치 게이지 〔pitch gauge〕 볼트, 너트의 피치를 측정하는 게이지.

피치 베리에이션 〔pitch variation〕 타이어의 트레드로부터 발생하는 패턴 노이즈 가운데 피치음을 작게 하는 방법의 하나. 트레드의 패턴(모양)은 기본이 되는 무늬의 반복에 의해 발생하고 있으나, 배열이 일정하면 주행 속도에 따라 변화하는 특정 주파수의 음이 발생되어 귀에 거슬리므로, 반복의 간격(피치)을 2~5단계로 변화시켜, 주파수를 분산하여 화이트 노이즈에 근접시키는 것.

피치원 〔pitch circle〕 두 기어가 맞물려 있을 때 기어 이의 중심 원을 말한다.

피치음 〔pitch noise〕 타이어의 패턴 노이즈 가운데 어떤 기본이 되는 무늬의 반복에 의해 **발생**하며, 주행 속도에 따라 변화하는 특정 주파수의 음압이 큰 소리. 피치에는 여러가지 의미가 있으나, 기계에서는 같은 모양의 것이 연속하여 이어져 있을 때 그 반복의 간격을 말함.

피칭 〔pitching〕 돌기를 타고넘었을 때나 급정지시에 자동차 앞뒤의 상하 운동은 자동차의 무게 중심을 좌우로 관통하는 직선(Y축)을 상정할 경우, 이 축 둘레의 회전 운동. 배의 흔들림을 나타내는 단어를 유용한 것. 제동시의 피칭은 자동차의 앞이 하강하는 (노면에 웅크리는) 현상으로서 특히 노즈 다이브라고 한다.

피키 〔peaky〕 엔진으로부터 발생하는 토크가 좁은 회전수 범위에서 특히 큰 것. 엔진의 회전수와 축 토크의 관계를 나타내는 성능곡선(토크 커브)이 산(山) 모양을 가지며, 그 회전수 부근에서는 큰 토크를 얻을 수 있다. 그러나 이 범위로부터 떨어진 영역에서는 토크의 저하가 큰 것을 말함. 일반적으로 엔진의 출력을 한계까지 올리면 토크 커브는 뾰족하게 되는 경향이 있다. 역으로 현저한 피크가 없는 토크 커브를 플랫이라고 표현한다. 피키란 '봉우리와 같은'의미를 지니고 있다.

피토 정압관 〔pitot static tube〕 일정한 흐름 가운데에 물체를 두면, 흐름은 물체의 앞에서 막혀 상하 좌우로 나뉘어, 선단에 속도 제로의 점(정체점)이 생긴다. 흐르고 있는 부분의 압력을 P, 정체점의 압력(정압)을 p, 유체의 밀도를 ρ(로), 흐름의 속도를 v로 하고, 흐름과 정체점에 베르누이의 정리를 적용시키면 $P = \rho V^2/2 + p$라고 하는 관계가 구하여지며 p, P, ρ를 측정하면 v를 구할 수 있다. 선단에 구멍을 뚫은 관을 흐름의 속에 두고 정체점의 압력 P와 측면의 압력 p로부터 $\rho V^2/2$(동압)을 구하고, 밀도 ρ를 알고 속도 v를 구하는 장치를 피토 정압관이라고 하며, 비행기의 속도계를 비롯하여 흐름의 속도를 측정하는 장치로 널리 사용되고 있다. 간단하게 피토관이라고도 한다.

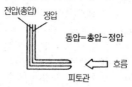

피토관

피트먼 암 〔pitman arm〕 조향장치로서 섹터 기어의 샤프트에 세레이션을 이용하여 부착되고, 링크장치를 움직이는 암. 특수강을 형타 단조(型打鍛造)하여 만들어짐. 드롭 암이라고도 함.

피팅 〔pitting〕 점식(點蝕)이라고도 함. 표면에 부식 또는 과하중(過荷重), 이물질 입자의 압입 등 기계적인 원인으로 생긴 구멍(pit). 주로 반복 하중에 의한 피로 파괴가 원인이라고 한다. ⇨ 얼룩 마모.

피프스 휠 〔fifth wheel〕 트랙터의 제5륜(第五輪). ① 트랙터와 세미 트레일러를 연결할 때 양쪽 유닛의 결합을 허용하는 장치를 말한다. ② 주행시험 때 주행속도를 바퀴의 회전으로부터 직접 계측하면 슬립이 포함되므로 부하가 작용하지 않는 다른 바퀴를 견인하여 그 속도를 계측하는데 사용되는 바퀴를 말한다.

피프스 휠 리드 〔fifth wheel lead〕 트레일러에서 제5륜 오프셋. 세미 트레일러 트랙터의 제5륜 중심과 뒤차축 중심사이의 수평거리로 뒤차축이 2축식인 경우의 뒤차축 중심은 그 두 차축의 중심이며, 제5륜의 중심이 뒤차축 중심의 앞에 있는 경우를 정(＋), 뒤에 있는 경우를 부(－)로 한다.

P형 반도체 〔Positive type semiconductors〕 P형 반도체는 정공이 전기를 운반하는 불순 반도체로서 순도가 99.99%인 실리콘이나 게르마늄에 알루미늄 또는 인듐과 같은 3가의 물질을 극히 적은 양으로 혼합하면 공유 결합하게 된다. 이 과정에서 실리콘의 4가 원자안에 인듐의 3가 전자가 끼어들어 전자가 없는 정공(hole)이 발생되므로 전압을 가하면 정공에 의해 주위에 공유 결합되어 있는 전자가 흡인되어 정공으로 이동하게 된다. 따라서 정공도 자유로이 움직일 수 있어 전기를 운반하게 된다.

픽 해머 〔pick hammer〕 머리의 한쪽 면이 반듯하게 평평하고, 반대편은 뾰족한 금속작업용 해머.

픽업 〔pickup〕 ① 화물을 싣는 칸에 지붕이 없는 것. 사이드 패널이 운전대와 일체로 만들어져 있는 소형의 트럭. 운전대 내의 시트가 일렬인 것을 싱글픽, 2열인 것을 더블픽이라고 함. ② 픽업은 신호 또는 양의 입력을 검출하고 이에 비례하는 출력을 발생하는 변환기로서 라디오, 텔레비전, 플레이어 등에서는 음이나 빛을 바꾸고 전 트랜지스터식 점화장치에서는 자속을 전압으로 바꾸는 역할을 한다.

픽업 트럭 〔pickup truck〕 운전실 뒷부분에 화물을 싣는 자동차로서 적재함의 위쪽에 지붕이 없는 형태로 우리나라에서는 픽업 또는 용달이라 부름.

핀 〔fin〕 핀은 '지느러미'라는 뜻. ① 공랭식 엔진의 실린더 헤드 또는 실린더 벽 주위에 공기의 접촉 면적을 넓게 하기 위해 설치된 냉각 핀을 말한다. ② 브레이크 드럼 둘레에 직각 방향으로 설치되어 제동시에 발생된 마찰열을 방출시키는 냉각핀을 말한다. ③ 주조할 때 쇳물이 주형 사이로 스며들어 굳어버린 얇은 지느러미를 말한다.

핀 [peen] 핀 또는 리벳의 끝을 쳐서 버섯 모양으로 늘이는 것.

핀 [pin] 핀은 축방향의 직각으로 설치되어 고정 물체의 탈락 방지 및 너트의 풀림을 방지하는 데 사용된다. 사용 용도에 따라 평행 핀, 테이퍼 핀, 분할 핀으로 분류한다.

핀 보스 [piston pin boss, pin boss] ⇨ 피스톤 핀 보스.

핀 저널 [pin journal] ⇨ 크랭크 핀.

핀 키 [pin key] 둥근 키. 회전력의 전달이 작은 곳에 사용한다.

핀저널 베어링 [pin journal bearing] ⇨ 컨로드 베어링.

핀치웰드 [pinchweld] 동일한 방향을 가리키며 함께 점용접된 두 개의 금속 플랜지.

핀틀 노즐 [pintle nozzle] 부연실식 디젤 엔진에 사용되고 있는 분사 노즐의 일종으로서 노즐 선단(先端)의 구멍에 핀틀(축침:軸針)을 끼워 그 간극에서 연료를 분사하는 것.

핀틀형 노즐 [pintle type nozzle] ① 디젤 엔진의 핀틀형 노즐은 원기둥 모양의 니들 밸브의 끝이 니들 밸브 보디보다 약간 노출되어 있으며, 밸브가 연료의 압력에 의해 밀려 올려지면 니들 밸브와 분공의 틈새로 연료가 분출된다. 따라서 연료의 분사 개시 압력이 낮아도 무화 상태가 양호하다. 분공의 지름이 $1 \sim 2mm$이며, 분사 개시 압력은 $80 \sim 150Kg$ /cm^2이고 분사각은 $4 \sim 5°$이다.

핀틀형 인젝터 [pintle type injector] 핀틀형 인젝터는 연료의 분공이 2개이고 니들 밸브가 외부에 노출되어 있지 않으며, 흡입 밸브가 2개 설치되어 있는 전자제어 연료분사엔진에 사용한다. 또한 연료를 각 포트에 정확하게 분사하여 실린더에 흡입되는 혼합기를 균일하게 유지하므로써 응답성이 향상된다.

핀홀링 [pinholing] 톱코트 또는 언더코트에 형성되는 미세한 구멍들.

필드 [field] 자계, 자장과 같이 어떤 물리량의 영향이 미치는 공간 영역을 말한다.

필라멘트 [filament] 백열 전구나 진공관의 내부에 있어 전류를 흐르게 하며 열전자(熱電子)를 방출하거나 밝은 빛 또는 열을 발생하는 것으로서 실같이 가늘게 만든 선 모양의 도체를 말한다. 저항이 크고 융점이 높아야 하므로 텅스텐이나 탄소로 많이 사용된다.

필러 [pillar] 지주(支柱)를 말하며, 루프를 지지하고, 자동차 강도(剛度)의 일부를 맡고 있다. 자동차를 옆에서 볼 경우 앞에서부터 순서대

로 프런트 필러(A필러), 센터 필러(B필러), 리어 필러(C필러)라고
함. 리어 필러는 쿼터 필러라고 하는 수도 있음. 하드톱에서는 시계(視
界)를 좋게 하고, 개방감을 얻기 위하여 센터 필러를 없앤 것도 있음.

필러 안테나 〔pillar antenna〕 프런트 필러에 부착되어 있는 안테나로서,
필러의 밖에 설치하는 타입과 속에 넣어 사용할 때 뽑아내는 타입이 있
다.

필러 캡 〔filler cap〕 급유구의 뚜껑을 말하는 것이 일반적이나 라디에이
터나 오일탱크 등 용기의 덮개를 가리키는 경우도 있다.

필러 플러그 〔filler plug〕 필러 플러그는 축전지 커버의 중앙부에 전해액
을 주입하거나 물을 주입하는 구멍을 막는 마개이다. 필러 플러그는 각
셀마다 1개씩 설치되어 있으며, 중앙에는 구멍이 뚫려 있어 축전지 내
부에서 발생한 수소 가스나 산소 가스를 방출한다.

필러드 하드톱 〔pillared hardtop〕 센터 필러를 갖춘 하드톱을 말함. ⇨
하드톱.

필로 볼 〔pillow ball〕 조인트의 일종. 중앙에 축을 통과시키기 위한 구멍
을 뚫은 공(이너볼)을 이것보다 큰 공 모양의 고리에 끼워, 사이에 플
라스틱 라이너를 넣어 플레이를 없앰과 동시에 매끄럽게 움직이도록
만들어진 것. 스티어링 계통의 조인트로 많이 사용됨. ⇨ 스페리컬 조
인트.

필름 〔film〕 막(膜). ① 기판(基板)의 표면에 부착한 다른 고체 물질의
매우 얇은 층을 말한다. ② 엔진 오일이 순환하면서 금속 표면에 형성
하는 얇은 오일 막을 말한다.

필릿 〔fillet〕 교차하는 두 개의 평면을 함께 융합시키는 데 사용되는 굴
곡이 진 표면.

필링 〔peeling〕 페인트와 서브스트레이트 사이에 점착력이 상실되어 페
인트가 서브스트레이트로부터 박리하는 현상.

필링 평가 〔feeling valuation〕 자동차의 조종성과 안정성을 운전자의 감
각이나 감성(feeling)에 의하여 평가하는 것. 시험기기에 의한 측정에
따라 물리적으로 나타낼 수 없는 미묘한 차이를 운전자가 판단하여 대
상이 되는 특성의 양부(良否)와 그것의 정도를 판정하는 수단으로 이
용한다.

필터 〔filter〕 여과기. 액체나 기체에 포함되는 이물질을 제거하는 장치의 총칭으로서 스트레이너, 세퍼레이터라고도 부른다. 여재(濾材 ; filter element)를 이용하여 여과하는 장치가 가장 일반적이며, 원심력을 이용하거나 자석을 사용하여 금속을 제거하는 것들도 있다. 자동차의 부품으로서는 엔진에 흡입되는 공기를 깨끗이 하는 에어클리너, 엔진오일에서 먼지를 제거하는 오일 스트레이너, 연료를 여과하는 퓨얼 스트레이너가 있다.

필터 엘리먼트 〔filter element〕 필터 안에 있으며 이물질을 제거하는 것. 기체를 통하게 하는 건식 필터에서는 종이나 미세한 구멍을 지녀야 한다. 그러므로 합성섬유 등이 액체를 여과시키는 습식 필터에는 와이어 메시(金網)나 스틸 울(섬유모양의 網)이 사용된다.

필터 트래퍼 〔filter trapper〕 디젤 파티큘레이트를 포집(捕集)하는 장치의 일종. 다공질의 격벽(隔壁)에 의하여 다수의 작은 방으로 구획된 통 중앙에 배출가스를 흐르게 하여 인접한 작은 방의 입구와 출구를 번갈아 막으면서 격벽 안으로 가스가 통과할 때 파티큘레이트(微粒子)를 포착하도록 한 것. 트래퍼는 함정을 뜻하는 트랩에서 생긴 말. 허니콤(honey−comb 꿀벌의 집)구조로 되어 있는 것을 허니콤 필터, 격벽을 이용한 것을 월 플로 타입필터라고 한다.

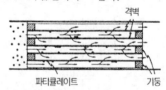

격벽

파티큘레이트　　　　　　기둥

핏 〔pit〕 구덩이나 구멍을 가리키는 말로서, 자동차 용어로서는 ① 자동차의 바닥보다 아래인 부분의 점검이나 정비를 행하기 위하여 정비소에 설치되어 있는 장방형의 구덩이. ② 자동차 경주가 이루어지고 있는 코스의 곁에 설치되어 있어, 자동차의 정비나 급유가 행해지는 장소. 많은 핏이 이어져 있으므로 영어에서는 「pits」라고 복수로 말하여지는 것이 보통.

핑거 〔finger〕 손가락. 다이어프램식 클러치에서 원뿔의 끝부분이나 타이밍 위치를 나타낼 때 타이밍 체인 커버 또는 언더 커버에 설치된 화살 표시가 손가락 모양 같다고 하여 붙여진 명칭.

핑잉 〔㊟ pinging ,㊟ pinking〕 노킹. 핑은 의성어로서 탄환이 맞을 때에 피싯하는 소리나 탁상 벨을 울렸을 때의 '따르릉'하는 음을 가리킴.

ㅎ

하니스 [harness] ① 장치, 장비 및 작업 설비의 뜻. ② 여러가지의 길이를 가진 절연 전선의 다발을 말하며, 특정의 장치에 즉시 배선할 수 있도록 각 소선(小線)의 형을 만들고 단자를 붙여 적당히 정리한 배선의 다발을 말한다.

하대 오프셋 [rear body offset] 하대(적재함) 내측 길이의 중심에서 뒤 차축 중심까지의 차량 중심선 방향의 수평거리. 탱크로리 등 형상이 복잡할 경우에는 용적 중심을, 견인 자동차일 경우에는 연결부의 중심을 하대 바닥면의 중심으로 한다.

하대 옵셋 [rear body offset] ⇨ 하대 오프셋.

하드 톱 [hardtop] 가죽이나 천으로 된 포장을 친 소프트 톱에 대하여 금속이나 수지로 된 단단한 루프를 하드 톱이라고 함. 지붕을 탈착할 수 있는 타입도 있으나, 보통은 센터 필러가 없는 쿠페를 말하며, 개방감과 루프가 있는 안정감이 양립하는 점이 특징. 전복시의 안전성을 제고하기 위하여 센터 필러를 갖춘 하드 톱은 필러드 하드 톱이라고 함.

하드톱 컨버터블 [hardtop convertible] 하드 톱에서 루프를 떼어낼 수 있도록 되어 있는 것. ⇨ 컨버터블.

하드너 [hardner] 경화를 촉진하기 위하여 일부 에나멜 페인트에 첨가하는 화학물.

하드니스 [hardness] ⇨ 푸어 드라잉.

하사점 [下死点] 엔진의 피스톤 위치를 나타내는 용어로서 크랭크 샤프트에 가장 가까운 위치. 영어의 머리 문자를 따서 BDC라고 함. 이외에 「lower dead center, inner dead center」라고도 함. ⇔ 상사점.

하시니스 [harshness] 포장로의 이음매 등의 돌기를 타이어가 넘어갈 때 발생하는 충격음에 뒤이어 나타나는 단발적인 진동. 레이디얼 타이어로 30~60km/h로 주행하고 있을 때 특히 크게 느껴지며, 고속 주행에서는 별로 느껴지지 않는 것이 특징. 하시니스에는 거침을 의미하는 외에 불쾌한 음의 의미도 있음.

ㅎ

하우징 [housing] ① 기계류를 감싸 유지하는 바깥 틀이나 테두리, 덮개, 케이스 등의 총칭. ② 로터리 엔진의 본체를 이루는 무품으로서 왕복형 엔진의 실린더 블록과 실린더 헤드에 해당하는 것. 내면이 페리트로코이드 곡선 모양을 한 통 모양의 로터 하우징과, 이것을 양면으로부터 지지하는 측벽(사이드 하우징)으로 이루어져 있다.

하이 기어드 [high geared] 변속기나 차동 기어의 감속비를 낮추어, 토털 기어 비를 작게 하는 것. 토크보다 스피드를 중시하는 것으로서, 연비를 좋게 하기 때문에 엔진의 회전을 그다지 올리지 않아도 되도록 하는 목적과 최고 속도를 높일 목적으로 이용된다. 감속비를 크게 하는 것은 로 기어드라고 하며, 구동력을 중시하는 자동차에 사용된다. ⇔ 로 기어드.

하이 루프 [high roof] 밴이나 왜건 등에서 지붕이 높게 되어 있는 자동차를 말함. 실내 용적이 커지고 화물을 많이 실을 수 있음과 동시에 차실 내에서의 이동이 용이하다.

하이 리프트 캠 [high lift cam] 스포츠카나 레이싱카 용의 엔진으로, 흡배기 효율을 높이기 위해 밸브 리프트가 커지도록 만든 캠을 말함.

하이 마운티드 스톱 램프 [high mounted stop lamp] 보조 제동등. 스톱 램프를 보조하여, 후속차에 정지하겠다는 의지를 알리기 위한 램프로서, 자동차 후면의 상하방향 중심보다 위에 부착되어 있는 것. 미국에서는 1985년에 장착이 의무화되었다.

HY-MATIC [hydraulic multiplate active traction intelligent control] 풀 타임 4WD 시스템의 명칭. 센터 디퍼렌셜에 유압 다판 클러치를 사용한 차동제한장치를 조합하여 AT의 제어용 유압을 이용하여 스로틀 개도나 차속에 상응한 유압 변화에 의해 차동 토크를 자동적으로 제어하는 것.

하이 백 시트 [high back seat] 시트 백과 헤드 레스트레인트가 일체로 되어 있는 시트.

하이 빔 [high beam] ⇨ 주행 빔.

하이 캠 샤프트 [high camshaft] OHV 엔진에서 캠 샤프트를 실린더 블록의 비교적 높은 위치에 설치한 형식. 푸시 로드를 짧게 할 수 있어서 밸브 작동 계통의 강성이 높아지고, OHV 엔진으로서는 고회전 운전이 가능해진다.

하이 퍼포먼스 타이어 [high performance tire] 퍼포먼스는 '능력, 성능'을 의미하고, 타이어에 요구되는 모든 기능 가운데, 고속 주행시의 조종성·안정성이나 젖은 노면에서의 로드 홀딩 등에 중점을 두어 만들어진 타이어. 레이스, 랠리 등 모터스포츠용 타이어의 노하우를 이용하여 개발됨.

하이 프레셔 〔high pressure〕 ⇨ 디스차지 프레셔.

하이드러매틱 〔hydra−matic〕 GM의 자동변속기의 명칭. ⇨ 다이너플로.

하이드로 〔hydrau〕 수력이라는 원래의 의미에서 현재는 액체의 압력을 사용한 기기에 사용하는 접두어.

하이드로 백 〔hydro−vac〕 미국 벤딕스(Bendix)社에서 제작되는 진공식 배력장치의 상품명으로 진공식 배력장치의 대명사처럼 사용되고 있다. 유압식 브레이크장치에 하이드로 백을 설치한 것으로 엔진 흡기 다기관의 진공과 대기압의 압력차 0.7kg/cm²를 이용하여 브레이크 페달을 밟았을 때 마스터 실린더에서 발생되는 유압을 증대시켜 큰 제동력이 발생되도록 하는 장치이다. 하이드로 백을 마스터 실린더와 별개로 설치하는 원격 조작식과 마스터 실린더와 일체로 된 직접 조작식이 있다. 원격 조작식은 주로 대형 자동차에 사용되고 직접 조작식은 소형 자동차에 사용된다. ⇨ 하이드로 서보 브레이크.

하이드로 브레이크 부스터 시스템 〔hydro brake booster system〕 트랙션 컨트롤 시스템 TRC와 4륜 ABS를 일체화한 시스템의 호칭.

하이드로 서보 브레이크 〔hydro servo brake〕 하이드로 서보 브레이크는 유압식 브레이크에 하이드로 백(hydro−vac)을 설치하여 엔진 흡기 다기관의 진공과 대기압 사이의 압력차이 0.7Kg/cm²를 이용하여 마스터 실린더의 유압을 증가시켜 큰 제동력이 발생되도록 하는 브레이크이다. ⇨ 배큠 서보 브레이크.

하이드로 에어 팩 브레이크 〔hydro air pak brake〕 하이드로 에어 팩 브레이크는 유압식 브레이크에 하이드로 에어 팩을 설치하여 압축 공기와 대기압의 압력 차이를 이용하여 마스터 실린더에 전달되는 유압을 증가시켜 큰 제동력이 발생되도록 하는 브레이크이다.

하이드로 카본 〔hydro carbon〕 ⇨ 탄화수소.

하이드로뉴매틱 서스펜션 〔hydropneumatic suspension〕 하이드로는 물을, 뉴매틱은 공기를 의미하며, 특수한 수용액이나 기름에 의하여 힘의 전달과 감쇠 작용을 행하고, 공기나 질소 가스를 스프링으로 이용하는 서스펜션의 총칭. 전후의 공기압을 바꾸어 스프링 레이트를 조정하고, 조종성, 안정성과 승차감의 밸런스를 취하든가, 유압의 컨트롤에 의하여 차고를 조정한다. 유압 계통과 연류되면 앤티롤, 앤티다이브, 앤티스쿼트 등에 이용할 수 있는 장점이 있고, 장치도 완벽하게 할 수 있으나, 정밀도가 높은 부품을 장기간에 걸쳐 기능을 일정하게 유지하는 기술이 필요하며, 코스트가 높아지는 것이 단점이다.

하이드로래스틱 서스펜션 [hydrolastic suspension] 하이드로래스틱은 물을 의미하는 하이드로와 신축성이 있는 것을 의미하는 일래스틱을 짝지어 만든 합성어. 고무 스프링으로 둘러싸인 탱크와 나일론 섬유로 보강된 고무제의 다이어프램으로 만들어진 탱크를 댐퍼 밸브가 설치된 금속판으로 구분하여 알코올과 방부제를 혼합한 물을 채운 구조로 되어 있고 다이어프램이 서스펜션 암에 연결되어 있다. 서스펜션 암이 상하로 작동되면 물이 두 개의 탱크 사이를 댐퍼 밸브를 통해 왕복하여, 쇽업소버의 역할을 함과 동시에, 전체가 스프링 역할을 하는 구조로 되어 있어, 전후륜의 물을 파이프로 연결하면 차체의 피칭을, 좌우를 연결하면 롤링을 제어할 수 있다.

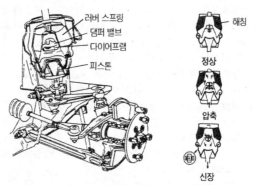

하이드로미터 [hydrometer] ⇨ 비중계.

하이드로스태틱 트랜스미션 [hydrostatic transmission] ① 정유압식(靜油壓式) 변속기. 유압 펌프를 사용하여 작동 유체의 유량(流量)을 연속적으로 제어함에 따라 무단 변속을 얻는 것. ② 입력의 회전 속도를 일정하게 유지한 채 출력 회전의 변속 및 정역전(正逆轉), 정지가 쉽게 이루어지며, 변속기로는 우수한 특징을 지니고 있음. ③ 건설기계의 일종인 지게차나 농기계의 트랙터에는 실용화되고 있지만 고속으로 연속 주행하는 일반 자동차에서는 적합치 못하여 사용하지 않는다.

하이드로플래닝 [⑱ hydroplaning, ⑱ aquaplaning] 물이 괸 노면을 고속으로 주행하였을 때 타이어가 물에 약간 떠 있는 상태이므로 자동차를 제어할 수 없게 되는 현상. 수심이 트레드홈의 깊이보다 깊을 경우, 하

이드로플래닝의 발생 속도는 타이어 공기압의 평방근에 비례하여 높아
진다. 애쿼플래닝이라고도 한다.

하이드롤릭 래시 어저스터 [hydraulic lash adjuster] 통상, 밸브 래시 어
저스터라고 한다. 오일로 채워진 실린더 내에 구멍이 뚫린 피스톤을 설
치하여, 이 구멍을 강구(체크 볼)로 막은 구조로 되어 있고, 스프링에
의해 일정한 상태로 유지되고 있다. 캠의 로브가 리프터를 누르면 계통
전체가 밸브 스템을 누르지만, 이 때 피스톤 주위로 약간의 오일이 흐
른다.(리크다운). 즉 오일이 움직이고 있는 상태에서 힘이 전달되므로
밸브 리프터는 항상 캠에 밀착하여 움직여, 로브의 모양을 정확히 추적
해야 한다. 로브가 통과하여 힘이 제거되면 체크 볼이 열려 오일이 보
충되고, 스프링의 힘에 따라 계통은 원래의 상태로 돌아간다. 하이드롤
릭은 수압을 의미하는 말로 사용되는 수가 많으나, 여기에서는 유압을
의미한다.

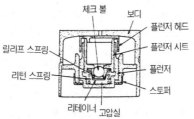

하이드롤릭 밸브 리프터 [hydraulic valve lifter] 캠 샤프트의 캠에 접하
는 밸브 리프터로서, 하이드롤릭 래시 어저스터를 갖추고 있는 것.

하이드롤릭 실린더 [hydraulic cylinder] 하이드롤릭 실린더는 하이드롤
릭 피스톤이 설치되어 있으며 마스터 실린더에서 공급 받은 유압을 증
압시키는 실린더로서 주철로 되어 있다.

하이드롤릭 어큐뮬레이터 [hydraulic accumulator] 어큐뮬레이터는 유체
의 에너지를 저장하는 용기로 비교적 작은 용량의 펌프로부터 보내어
진 높은 압력의 액체를 비축해 두었다가 극히 짧은 순간에 대형의 액추
에이터를 작동시키는 데 사용하는 장치를 말한다.

하이드롤릭 피스톤 [hydraulic piston] 하이드롤릭 피스톤은 동력 피스톤
푸시로드 끝부분에 핀으로 설치되어 있으며, 실린더 내를 이동하여 마
스터 실린더에는 공급받은 유압을 증압시켜 각 휠 실린더에 공급하는
역할을 한다. 하이드롤릭 피스톤 내부에는 체크 밸브와 요크가 설치되
어 동력 피스톤이 작용하지 않을 때는 체크 밸브가 열려져 있어 마스터

실린더에서 휠 실린더로 자유롭게 흐를 수 있다. 또한 브레이크를 작동할 때에는 동력 피스톤에 의해 하이드롤릭 피스톤이 움직이면 체크 밸브가 닫혀져 유압을 휠 실린더에 송출함과 동시에 역류를 방지한다.

하이딩 [hiding] 페인트가 도장 표면을 가리는 정도. 하이딩 어빌리티(hiding ablity)라고도 한다.

하이딩 어빌리티 [hiding ability] ⇨ 하이딩.

하이레이트 디스차지 테스터 [high rate discharge tester] 축전지의 고율 방전 시험기를 말한다. 일시적으로 큰 전류를 방전하고 그 때의 전압 강하를 조사하여 축전지의 기동력을 테스트하는 시험기를 말한다.

하이메커 트윈 캠 [high-mecha twin cam] DOHC 4밸브 엔진의 명칭으로서, 2개의 흡기 밸브는 통상의 타이밍 벨트로 구동되는 캠 샤프트로 작동하지만, 2개의 배기 밸브는 하이메커 트윈 캠의 흡기측 캠 샤프트에 부착된 시저스 기어로 구동되는 또 하나의 캠 샤프트에 의해 작동되는 기구로 되어 있다. 하이메커 트윈 캠의 메커니즘에 의해 밸브 협각이 좁아지고, 연소실이 작아져 상용회전범위에서는 토크가 향상되고, 연비가 좋아짐과 동시에 소음을 감소시키고 있다.

하이브리드 과급 [hybrid supercharger] 하이브리드는 혼성물을 의미하며, 슈퍼차저로서 터보차저와 메커니컬 슈퍼차저를 병용하는 일. 고출력을 얻기 위해 터보차저를 크게 하면 타임 래그가 커져, 저회전으로부터 급가속시 반응이 나빠진다. 이 결점을 메커니컬 슈퍼차저로 보완하는 것. 86년 세계 랠리 선수권에서 랜처 델타 S4가 사용하여 효과를 얻음.

하이브리드 IC [hybrid integrated circuit] 1개의 기판(基板)에 여러 개의 트랜지스터, 다이오드, 콘덴서, 저항의 회로 소자를 결합하여 고체화시킨 혼성 초소형(超小形) 집적 회로(集積回路)로 후막(厚膜) IC, 박막(薄膜) IC가 있다.

하이브리드 카 [hybrid car] 하이브리드는 동식물의 잡종을 의미하며, 2종류 이상의 동력원을 조합한 동력으로 사용하는 자동차를 말함. 내연기관-전동기 시스템, 엔진-플라이휠 시스템 등이 있다.

하이브리드 회로 [hybrid circuit] 하이브리드는 혼성물의 뜻으로 하나의

회로에 같은 작용을 하는 2개 또는 그 이상의 다른 종류의 부품이 사용
된 회로. 진공관과 트랜지스터를 병용한 회로, 개별 부품과 집적 회로
를 혼용한 회로 등이 그 예이다.

하이웨이 연비 [highway fuel economy] 미국환경보호청(EPA)이 미국
의 하이웨이 주행을 상정하여 정한 모드(HWFET)로 주행하였을 때
의 연비. ⇨ HWFET.

하이카스 [HICAS] 4륜 조향 시스템의 명칭. 스티어링 기어 박스에 설
치된 밸브가 코너링의 횡력에 의하여 눌리면, 후륜이 서스펜션 멤버와
함께 동위상으로 조향되는 것. 이 방식은 그 후 하이카스-Ⅱ로 진화하
여, 후륜만이 전륜보다 약간 늦게 조향되는 방식으로 되어, 보다 자연
스런 핸들링으로 개선되었다. 그리고 시스템에 컴퓨터를 도입한 것이
슈퍼 하이카스로서, 이 방식에서는 중·저속에서 빠른 조향을 행하였
을 때에, 후륜을 순간적으로 역위상으로 하는 등 한층 섬세한 핸들링의
컨트롤을 할 수 있어, 목표가 되는 주행 라인의 트레이스를 보다 정확
히 할 수 있게 되어 있다.

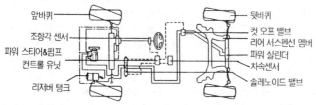

하이텐션 서킷 [high tension circuit] ① 점화장치에 고전압의 전류가 흐
르는 2차 회로. 점화코일의 중심 단자에서부터 배전기 캡의 중심 단자
까지, 배전기 캡의 플러그 단자에서부터 플러그 단자까지 회로를 말한
다. ② 고압 회로. 전기 공작물의 전압 종별에 의하면 고압이란 직류는
750V를 넘고 교류에서는 300V를 넘는 전압을 말한다.

하이텐션 코드 [high-tension cord] 고압 케이블. 텐션은 전압으로서,
직역하면 고전압 전선. 이그니션코일→디스트리뷰터→스파크 플러그
를 연결하는 전선으로, 약 1만 볼트의 고전압이 방전되지 않도록 특수
한 절연이 되어 있다. 전파 잡음을 낮추기 위하여 코드에 저항(10kΩ)
이 넣어져 있다.

하이트 게이지 [height gauge] 높이를 측정하는 게이지. 베이스에 수직
으로 세워진 주척과 부척에 의해 높이를 측정하며, 정반이나 기준면에
서 높이를 정해 금긋기를 한다. 슬라이더가 홈형으로 길이가 길고 금긋

기에 적합한 HM형 하이트 게이지와 본척이 이동되어 중간 위치의 금긋기 및 측정에 석합한 HT형 하이트 게이지로 분류된다.

하이트 센서 [height sensor] 차고를 검출하는 센시. 소리나 빛 등의 반사를 이용하여 노면과 차체 사이의 거리를 측정함.

하이트 컨트롤 시스템 [height control system] 자동차의 차고를 설정된 높이로 유지하는 차고 조정장치. 유압이나 공기압을 이용하여 차고의 높낮이를 조정할 수 있으며, 일반 포장도로에서는 공기 저항이 작고 조종 안정성을 좋게 하기 위하여 차고를 낮추고, 험한 길에서는 주파성을 좋게 하기 위하여 차고를 높일 수 있도록 한 장치가 일반적이지만, 승차감을 변화시키지 않고 하중이나 노면 조건에 관계없이 차고를 일정하게 유지하여, 헤드 램프의 조사(照射) 위치를 안정시킬 목적으로도 사용된다. 차고를 검지하여 자동적으로 설정치로 유지하는 자동 차고 조정장치를 오토 레벨러 또는 셀프 레벨링 시스템이라고 한다.

하이틸트 스티어링 [high―tilt steering] 가변 스티어링 휠의 명칭.

하이포이드 기어 [hypoid gear] 하이포이드는 '아래에, 이하'의 뜻. 스파이럴 베벨 기어의 일종으로서, 파이널 기어로 이용되며, 링 기어의 회전 중심선과 이것에 맞물린 드라이브 피니언의 회전 중심선을 오프셋(링기어 지름의 10~20%)시켜 프로펠러 샤프트, 나아가서는 차실의 바닥을 낮출 수 있도록 한 것. 교합률이 커 전달효율이 좋으나, 톱니의 폭 방향으로 미끄럼 접촉을 하므로 윤활에는 전용의 종감속기어 오일을 사용할 필요가 있다. 종치식 엔진 자동차의 파이널 기어나 4WD차의 트랜스퍼로 널리 사용되고 있다. 하이포이드는 미국 그리손사의 상표명.

하이포이드 기어 오일 [hypoid gear oil] 하이포이드 기어를 윤활하기 위하여 개발된 오일로서, 하이포이드 기어의 접촉면에서의 높은 하중과 미끄럼 속도에 견딜 수 있도록 고압에서도 끊어지지 않는 유막을 만드는 극압제를 첨가한 것.

하중 〔荷重 ; load〕 ① 화물의 무게. ② 물체에 작용하는 외력으로 정적인 힘을 정하중(靜荷重), 동적인 힘을 동하중(動荷重)이라 한다.

하중 부담 능력 [load carring capacity] 폭발 압력에 견디는 능력. 엔진은 소형·경량이며 큰 출력을 내기 때문에 베어링은 115~125Kg /

cm²의 압력에 견딜 수 있는 능력이 있어야 한다.

하중 시험 [load test] ① 화물 자동차가 적재한 화물의 중량을 조사하는 시험을 말한다. ② 구조물 등에 하중을 가하여 발생되는 변형 및 강도를 조사하는 시험을 말한다.

하트형 연소실식 디젤 엔진 [heart type combustion diesel engine] 직접 연료 분사식 디젤 엔진에서 연소실을 하트 모양으로 하여 흡입되는 공기에 강한 와류(소용돌이)를 만들어 연소실 중앙에서 분산되는 연료와 혼합을 좋게 하도록 되어 있는 형식.

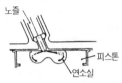

하프 샤프트 [half shaft, half axle] 독립현가장치의 휠을 구동하는 차축으로서, 파이널 드라이브와 휠에 각각 등속 조인트로 연결되어 있다.

하프 스로틀 [half throttle] 가속 페달이 스트로크의 절반(half) 정도 밟혀, 스로틀이 반개(半開) 상태로 되어 있는 상태. 파셜 스로틀, 파트 스로틀, 부분 부하라고도 함.

하프 캡 [half caps] 휠의 중앙 부분만을 가리는 휠 캡을 말함. ⇨ 휠 캡.

하프 트림 [half trim] 도어의 일부가 장식으로 덮여 있는 것. 풀 트림과 대비하여 사용되는 용어. ⇨ 도어 트림.

하한선 [下限線] ⇨ 미니멈.

한계 게이지 [limit gauge] 공작물의 허용한계를 측정하는 게이지. 한 개의 게이지에 최소허용 치수와 최대허용 치수를 양쪽에 분류시켜 제작되어 있으며, 구멍용 한계 게이지와 축용 한계 게이지가 있다. 공작물을 측정하여 최소허용 치수쪽에는 통과되고 최대허용 치수쪽에는 통과되지 않아야 한계치수에 알맞게 가공된 것이다.

한줄 나사 [single thread] 볼트나 너트에 한줄의 나사곡선이 만들어진 것을 말한다.

할로겐 램프 [halogen lamp] 필라멘트로 텅스텐을 사용한 램프로서 불활성 가스에 미량의 할로겐을 첨가한 가스가 봉입되어 있는 것. 텅스텐과 할로겐의 원자 또는 분자가 결합 분배하는 할로겐 사이클에 의해 밝고 수명이 긴 램프로 되어 있다.

할텐베르거식 스티어링장치 스티어링 링키지의 하나로서, 한쪽편의 너

클 안에 연결된 타이로드를 피트먼 암에 의해 움직이고, 이 타이로드의
도중에서 다른 쪽에 연결되는 타이로드를 연결하여 조향하는 방식.

합금 〔合金 ; alloy〕 일반적으로 순수한 금속은 기계적 성질이 좋지 않으
므로 하나의 금속에 다른 금속 또는 비금속을 혼합하여 필요한 기계적
성질을 얻도록 한 것. 합금은 순수한 금속에 비해 경도, 강도, 내열성,
내산성, 전기 저항이 증가되고 색이 아름다우며, 주조성이 우수하고 융
점(融点)이 낮아지는 특성이 있다. 합금은 중량의 백분율(%)로 나타
낸다. 합금에는 2가지 원소가 혼합된 이원합금과 3가지 원소가 혼합된
삼원합금이 있다.

합금 주철 〔合金鑄鐵 ; alloy cast−iron〕 1개 또는 2개 이상의 특수 금속
원소를 첨가하여 강도, 내마멸성, 내열성 등을 향상시킨 주철. 브레이
크 드럼, 파이프, 실린더 라이너 등에 사용되며 첨가 금속의 원소는 니
켈, 크롬, 구리, 몰리브덴, 알루미늄, 티타늄, 바나듐 등이다.

합금화 아연 도금 강판 〔galvaneal steel sheet〕 아연 도금된 강판을 열처
리하여 표면을 철과 아연의 합금으로 한 것. ⇨ 아연 도금 강판(亞鉛鍍
金鋼板).

합성 사이클 〔combination cycle〕 ⇨ 사바테 사이클.

합성 윤활유 〔synthetic lubricant〕 화학 물질에서 합성되어 만들어진 윤
활유. 일반적으로 원유의 증류에 의하여 만들어진 윤활유에서 얻어질
수 없는 저온 유동성이나 내열성, 내노화성을 지니며 레이싱 엔진 등
특수한 용도에 널리 사용되고 있다.

합성수지 〔synthetic resin〕 플라스틱. 초기의 플라스틱은 수지(송진)를
닮았기 때문에 이러한 이름을 가지게 되었음.

합성재식 〔合成材式〕 합성 재료를 사용한 엘리먼트를 이용하여 불순물을
여과하는 형식. 오일 펌프에서 공급된 오일은 합성재 여과 엘리먼트 주
위의 구멍으로 들어가 여과재를 통과할 때 1차 여과가 된다. 1차 여과
된 오일은 다시 섬유질층을 지나면서 2차 여과되어 유량을 조절한 다
음, 출구 체크밸브를 통하여 윤활부 또는 오일팬으로 보내진다.

합판 유리 〔laminated glass〕 2장 이상의 판 유리 사이에 합성수지의 막
(中間膜)을 넣고 접착하여 만들어진 유리로서 파손되어도 중간막으로
인하여 유리가 흩어지지 않도록 한 것. 중간막의 재료로서는 폴리비닐
브티렐이 많이 쓰인다.

핫 로드 〔hot rod〕 시판 자동차를 기준으로 하여 엔진을 개조 또는 교환
해서 상대의 의표(意表)를 찌르는 스타일의 가속 성능을 철저히 추구

한 자동차. 이것을 제작하거나 여기에 승차하는 사람을 핫 로더라고 한다.

핫 스티킹 [hot sticking] 고온 때문에 오일이 변질하여 생긴 퇴적물에 의하여 피스톤링이 링홈에 고착하는 것. ⇔ 콜드 스티킹.

핫 스폿 [hot spot] 계열 중에서 특히 온도가 높은 곳. ① 연소실의 일부분에 달라붙은 카본 등이 타다남은 찌꺼기에 불붙은 채로 남아 압축 행정에서 스파크 플러그에 의한 점화 이전에 여기에서 발화하는 표면착화의 원인이 되는 것. ② 기화기의 일부분으로서 흡기 가열을 실행하기 위하여 설치되어 있는 흡기 다기관과 배기 다기관의 접촉 개소.

핫 아이들 컴펜세이터 [hot idle compensator] ⇒ 아이들 컴펜세이터.

핫 에어 인테이크 시스템 [hot air intake system] 한랭시 엔진의 난기(暖氣)를 빠르게 하기 위하여 배기 다기관 부근의 따뜻한 공기를 에어 클리너에 유도하는 장치. 엔진룸의 온도가 높을 경우를 대비하여 바깥공기(外氣)를 도입하는 쿨 에어 인테이크 시스템과 조합하여 사용되는 것이 많다.

핫 와이어 방식 [hot wire type] 핫 와이어 방식은 흡입 공기량을 질량유량으로 검출하는 방식이다. 2개의 열선을 흡입 공기량에 의해 열선이 냉각됨에 따라 그 자체의 전기 저항이 감소됨으로 열선에 흐르는 전류의 크기를 검출하여 컴퓨터에 보내면 인젝터의 통전 시간을 길게 또는 짧게 하므로써 연료 분사량을 조절한다. ⇒ 열선식 에어 플로미터.

핫 와이어식 에어 플로미터 [hot wire type airflow meter] ⇒ 열선식 에어 플로미터.

핫 타입 스파크 플러그 [hot type spark plug, hot plug] 콜드 타입 플러그와 대비(對比)하여 사용되는 용어로서 발화부의 열을 방열하기가 어려우며, 연소가 쉬운 타입의 플러그를 말하며 열형 플러그라고도 한다. 시가지의 저속 주행이 많고 엔진 회전을 과도하게 높이지 않는 운전에 적합한 플러그로서 고속 주행을 계속하면 발화부가 과열되기 때문에 조기 점화되어 엔진의 컨디션이 불량해진다.

핫리 스타트 밸브 [hotre start valve] 핫리 스타트 밸브는 엔진이 정지되었을 때 연료 펌프의 기포를 방출한다. 연료 펌프가 작동하는 동안 열이 발생하여 기포가 연료 펌프 내에 축적되면, 재시동이 어렵게 되므로 엔진이 정지되었을 때 연료 펌프 내의 압력으로 밸브를 열어 연료 탱크로 기포를 방출한다.

항력 [抗力] ① 공기의 흐름이 날개에 미치는 힘이 흐름의 방향으로 분류될 때는 항력(抗力), 수직을 이루는 방향으로 나눌 때는 부력(浮力)

ㅎ

이라 한다. ② 가스 절단면에서 절단 기류의 입구점과 출구점과의 수평 거리를 말한다.

항력계수 [drag coefficient] ⇨ 공력 6분력.

항복 전압 [zener voltage] 제너 다이오드에서 역방향 전류가 흐를 때의 전압을 말한다. ⇨ 브레이크다운 전압.

항복점 [降伏点] 금속재료의 인장시험(引張試驗) 때 신장(伸長)의 종점으로서 하중이 증가하지 않고 재료가 급속히 늘어나기 시작할 때의 응력을 말한다.

해머 [hammer] 판금 작업의 상징이라고도 할 수 있는 해머는 오늘날도 보디 수리 작업에 빼놓을 수 없는 도구의 하나. 해머로 두드려 판금하는 것을 해머링(hammering)이라고도 함. 물체에 타격을 가할 때 사용하는 공구로서 금속 해머와 물체에 손상을 주지않고 충격만 가하는 연질 해머가 있다. 해머는 머리의 무게로 표시하며 볼핀 해머, 플라스틱 해머, 고무 해머, 세팅 해머, 범핑 해머, 리베팅 해머로 분류된다.

해머 오프 돌리 [hammer-off-dolly] 해머와 돌리를 사용하는 방법의 하나로서, 돌리를 댄 곳 주위를 해머로 두드리는 방법.

해머 온 돌리 [hammer-on-dolly] 해머와 돌리를 사용하는 방법의 하나로서, 해머를 댄 부위를 돌리로 두드림.

해저드 램프 [hazard lamp] 고장 표시등, 비상 점멸등. 자동차가 고장을 일으켜 노상에 주차하고 있을 때 다른 자동차에 주의하도록 점멸하는 램프를 말한다. 보통 전후 4개의 방향지시등을 동시에 점멸시킴.

해저드 플래시 [hazard flash] 비상점멸 표시등이다. 해저드는 위험, 플래시는 점멸신호를 말한다. 노상에서 긴급 정차하고 있을 때 다른 자동차와의 충돌을 피하기 위하여, 전후좌우의 방향 지시등과 보조 방향 지시등(사이드 플래시)이 동시에 점멸하는 장치이다. 네방향(웨이)에 점멸 신호를 보낸다고 하여 4웨이 플래시라고도 불리운다(하자드라고도 부른다).

해치 백 [hatch back] 해치란 위로 끌어올리는 창을 말한다. 해치 백은 세단 또는 쿠페 뒷부분에 도어를 설치한 보디 형식이며, 승용차의 다용도성을 목적으로 하여 유행하였다. 밴이나 왜건과 닮았지만 본래의 용도는 승용차이기 때문에 스타일이 고안되어 있다. 해치 백 자동차의 특징으로는 리어시트를 꺾어 접음으로서 넓은 화물실이 얻어진다. 단, 일반적으로 승용차 무드를 내기 위하여 선반으로 칸막이 하고 트렁크로 사용한다.

해치 백 쿠페 [hatch back coupe] 해치 백을 갖춘 2도어 2인승 승용차.

핸드 브레이크 [hand brake] 손(핸드)으로 조작하는 브레이크. 주차 브레이크는 이 타입이 많다. ⇨ 파킹 브레이크, 기계식 브레이크.

핸드 실드 [hand shield] 아크 용접의 보호구. 용접할 때 아크 현상에서 발생되는 강한 광선 및 스패터로부터 얼굴과 시력을 보호하기 위하여 사용되는 차광면(遮光面)을 말한다.

핸드 툴 [hand tools] 수공구. 스패너, 드라이버, 렌치 등 압축 공기나 전기 등의 동력을 필요로 하지 않는 공구.

핸드 파일 [hand file] 손으로 연마할 때 사용하는 판자로서, 손에 쥐기 쉽도록 손잡이가 달려 있다. 연마면은 평면으로 된 것이 많지만, 두 개의 면으로 나뉘어져 있어 각도를 바꿀 수 있는 것 등이 있음.

핸들 [handle] 일반적으로 손으로 잡아 움직이는 자루나 손잡이 등을 말하지만, 자동차에서는 스티어링 휠을 가리키는 것이 보통. ⇨ 스티어링 휠.

핸들 체인지 [handle change] ⇨ 칼럼 시프트.

핸들링 [handling] 이 핸들은 조향장치의 핸들(스티어링 휠)을 돌린다는 것이 아니고, handling이란 영어에서 컨트롤의 의미이다. 자동차 용어에서는 특히 커브에서 일어나는 현상에 대한 컨트롤 성능의 우열을 가리킨다. 핸들링 특성이라고도 한다.

행정 [行程] ⇨ 스트로크.

허니콤 루프 라이닝 [honeycomb roof lining] 허니콤(벌집)구조의 차실 천장의 안쪽에 친 것. 수지를 포함시킨 종이를 벌집 모양으로 성형적층하여 만든 페이퍼 허니콤 코어를 2매의 다공질 재료(예를 들면, 펠트)로 샌드위치하여 표피재를 붙인 구조. 루프 패널에 압착하여 사용되며, 루프의 보강과 방음의 효과를 얻을 수 있다.

허니콤 샌드위치 구조 [honeycomb sandwitch structure] 리본 셀룰러. 심재로 벌집(허니콤)을 닮은 구조의 허니콤 코어를 사용한 샌드위치 구조를 말함. ⇨ 샌드위치 구조.

허니콤 플로어 [honeycomb flower] 허니콤 패널을 자동차의 플로어 패널에 융착·결합한 구조의 플로어. 허니콤 패널은 수지를 함유시킨 종이를 벌집 형태로 성형적층하여 만든 페이퍼 허니콤 코어를 방청 강판으로 샌드위치시켜 접착제로 결합한 것. 경량으로 방음 효과가 큰 소재.

허니콤 필터 [honeycomb filter] 디젤 파티큘레이트를 포집(捕集)하는 필터 트래퍼로서 벌집(허니콤)을 닮은 구조.

허브 [hub] 차축이 끼워지는 구멍 주위에 두툼하게 되어 있는 부분. 휠을 부착하는 부품을 말함. 타이어를 허브에 부착하기 위한 볼트, 너트를 각각 허브 볼트, 허브 너트라고 하며, 휠의 중앙 부분에 부착되어 있는 것을 허브 오너먼트라고 한다. ⇨ 보스.

허브 너트 [hub nut] ⇨ 휠 너트, 허브.

허브 오너먼트 [hub ornament] 휠의 허브에 부착되어 있는 장식(오너먼트)을 말함.

허브 캐리어 [hub carrier] 허브를 운반하는 물건(캐리어)을 뜻하는 말로서, 허브를 둘러싸 이것을 유지하는 부품. ⇨ 업 라이트.

허상(虛像) 표시 미터 [virtual image display] 미터 위치에 하프 미러(빛을 투과시킴과 동시에 반사되는 거울)를 놓고 미터의 표시를 이것에 반사시켜서 운전자에게 허상을 보이는 것. 미터가 멀리 보임으로 앞의 도로와 미터를 서로 번갈아 볼 때 눈의 촛점을 맞추기 쉬운 효과가 있다.

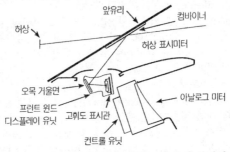

허용 전류 [permission current] 허용 전류는 도선에 안전하게 흐르는 전류로서 도선에 큰 전류를 흐르게 한 때에 줄열이 발생하여 도체의 온도가 높아져 전선이 열화되거나 절연성이 저하된다. 따라서 전선에는 안전한 상태로 사용할 수 있는 한도의 전류값이 정해져 있다.

헌팅 [hunting] 엔진의 아이들링 중에서 발생할 수 있는 진동. 아이들 회전이 수십 회전 주기로 증감하는 주기적인 진동으로서, 특히 디젤 엔진에서 조속기 작용이 둔하여 회전수가 파상으로 변동하는 것. 엔진 회전의 자동제어 시스템에서 피드백 조정 기능이 주기적으로 변화하는 것이 원인.

험프 [hump] 드롭 센터 림에서 타이어의 비드 베이스가 림의 비드 시트로부터 잘 벗어지지 않도록 하기 위한 것. 비드 시트에 설치되어 있는 불룩한 모양의 돌기를 말함.

험프 림 〔hump rim〕 ⇨ 드롭 센터 림.

헤더 〔header〕 루프의 앞쪽 가장자리와 윈드실드의 위쪽 가장자리 사이의 구조재.

헤드 개스킷 〔head gasket〕 ⇨ 실린더 헤드 개스킷.

헤드 라이닝 〔head-lining〕 자동차 실내의 천장에 부착하는 합성수지. 지붕과의 단열, 차음(遮音), 실내의 소음 흡수 등의 기능을 갖춘 표피 및 패드를 기본 재료로 하여 일체로 성형 제작한 것. 헤드 라이닝의 구조로는 지붕에 걸 수 있는 걸이 천장, 실내등이나 천장 주위의 부품으로 지붕에 고정시키는 성형 천장, 직접적으로 지붕에 부착하는 부착 천장 등이 있다.

헤드 램프 〔head lamp〕 전조등. 대향 자동차의 운전자를 현혹되지 않게 빔(광속:光速)을 상하로 절환하도록 되어 있다. 안전기준에는 주행 빔(상향 빔)일 때 전방 100m, 감광 또는 변환 빔(하향 빔)일 때는 40m 전방의 장애물을 식별할 수 있는 밝기의 라이트 장비가 필요하다. 등화의 색깔은 백색 또는 황색으로 규정되어 있다.

헤드 램프 도어 〔head lamp door〕 헤드 램프 주변에 붙여 놓은 장식.

헤드 램프 레벨링 〔head lamp leveling〕 헤드 램프의 광축 높이를 조정하는 장치. 자동차는 승객의 수나 화물의 적재량에 따라 앞뒤 바퀴의 하중 분포가 변화하며, 헤드램프의 광축이 이것에 따라 올라가거나 내려가기 때문에 램프를 고정하여 부착하면 대향자동차를 현혹할 경우가 발생한다. 그래서 자동 혹은 수동에 의하여 광축의 높이를 수정하는 것을 고안하였다. 1990년 이후부터 독일에서는 자동차에 장착하는 것을 의무화하고 있다. 레벨링은 '한결같이 한다, 평탄하게 한다'는 뜻.

헤드 램프 클리너 〔head lamp cleaning system〕 헤드 램프에 오물을 닦아 라이트를 밝게 하기 위한 장치로서 와이퍼 방식과 세정물 분사 방식이 있으며, 북구(北歐)에서는 자동차에 장착하는 것이 의무화되어 있다.

헤드 레스트 〔head rest〕 ① 헤드 레스트레인트를 약한 것. ② 머리(헤드)를 쉬게 한다(레스트). 시트 베개(枕).

헤드 레스트레인트 〔head restraint〕 레스트레인트는 억제하는 것을 뜻하며 추돌(追突)할 경우 승객의 몸이 뒤로 젖혀지면 목부분에 상처를 입지 않도록 시트백을 장착한 것. 시트백 위에 베개와 같이 장착한 삽입식과 시트백과 일체로 되어있는 일체식이 있으며, 일체식으로 된 것은 등이 높은 시트라는 것으로서 하이백 시트라고 부르는 경우도 있다.

헤드 룸 [head room] 자동차 실내에 장착되어 있는 의자의 표면에서부터 천장면까지의 거리(치수).

헤드 커버 [head cover] 실린더 헤드의 커버로서 보닛을 열면 먼저 눈에 보이는 엔진의 얼굴이며, 실린더 헤드를 덮는 역할과 함께 디자인도 중시된다. 로커 암 커버, 캠 커버라고도 한다.

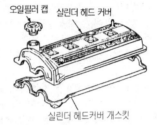

오일필러 캡   실린더 헤드 커버

실린더 헤드커버 개스킷

헤드 클리어런스 [head clearance] 시트에 앉은 상태에서 머리 위로부터 천장면까지의 치수. 클리어런스는 여유라는 뜻.

헤드라이트 릴레이 [headlight relay] 헤드라이트 릴레이는 ECS에서 헤드라이트가 점등 또는 소등되었는가를 ECU에 입력하는 역할을 한다. 따라서 ECU는 주행중인 자동차의 높이를 헤드라이트 릴레이의 신호를 이용하여 조절하게 된다. 헤드라이트가 비추는 방향의 좌우 차이를 줄이기 위해서 자동차가 고속으로 주행할 때 자동차의 높이를 앞뒤 모두 낮게 조정된다.

헤드라이트 테스터 [headlight tester] 헤드라이트의 광축(光軸) 및 배광(背光)의 상태를 측정하는 장치. 보디 수리 후에는 이것을 사용하여 헤드라이트가 규정의 상태에 있는지 점검함.

헤드업 디스플레이 [head-up display] 윈드실드에 속도계나 워닝 라이트 등의 표시를 하는 것. 시선(視線)의 이동이 적고 전방 경치와의 사이에 눈의 초점 거리의 변화도 적으므로 안전하고 바라보기 편하다.

헤론 체임버 [Heron chamber] S.D. 헤론이 제창한 연소실의 형상으로서 실린더 헤드를 편평하게 하고 피스톤의 크라운 중앙 부분을 움푹 들어가게 한 것. 주위에 설치할 수 있는 스퀴시 에어리어와 서로 어울려서 혼합기를 잘 희석하므로 노킹 발생이 어렵고 압축비를 높일 수 있는 특징을 갖는다.

헤링본 기어 [herring bone gear] 더블 헬리컬 기어. 기어의 측압이 발생되는 것을 방지하기 위해 기어 이의 나선 방향이 서로 반대 방향인 헬리컬 기어를 동일 축에 조합한 두 축이 평행한 기어.

헤미 헤드 [hemispherical head] 반구형(半球型)연소실을 헤미스페리컬 헤드라고 부르며 이것을 줄여서 헤미 헤드.

헤비 듀티 코일 [heavy-duty coil] 단단한 노(爐)의 형태를 지닌 점화 코일을 말한다.

헤어 크랙 [hair crack] 모세 균열(毛細龜裂). 재료를 연신 가공(延伸加工) 또는 열처리를 하였을 때 내부 변형 때문에 머리칼 같은 균열이 결정(結晶) 입자(粒子) 속에 발생되는 것. 육안으로 보기에 어려운 가느다란 털과 같은 균열을 말한다.

헤어핀 [hair pin] 커브가 역방향을 향하는 것같이 구부러져 있는 점에서, 여성의 헤어핀 모양이 어원이다. 일반적으로 서킷에는 있으나, 보통의 도로에도 같은 지형이 많다. 정확하게 표현하자면 헤어핀 코너라든가 헤어핀 커브라고 한다.

헤어핀 코너 [hair-pin corner] 헤어핀 커브라고도 말하며 여성의 머리칼을 멈추는데 사용하는 머리핀을 닮은 모양으로서 보통 180도 방향으로 변경할 수 있도록 구부러진 도로. 급경사면에 설치한 산악로(山嶽路)에 많으며 레이싱 서킷에서도 볼 수 있다.

헤지테이션 [hesitation] 엔진의 망설임(액셀 페달을 밟아도 응답지연)에 대한 것으로서 가속 페달을 밟아도 원활하게 가속되지 않는 현상을 말한다.

헤테로지니어스 [heterogeneous] 불균일한 것. 가솔린 엔진에 흡입된 혼합기가 질이 일정(homogeneous)한 것이 바람직하나 메마른 연소의 진행 때문에 농후한 혼합기에 착화하여 희박한 혼합기를 연소시키는 경우 혼합기가 '헤테로지니어스'라고 말한다.

헬리컬 기어 [helical gear] 기어 이가 축에 경사지게 만들어진 두 축이 평행한 기어. 헬리컬은 나선형으로 되어 있는 것을 말하며 기어 이빨이 돌아가면서 경사지게 새겨져 있는 기어를 말한다. 스퍼기어(平齒車)와 비교하면 힘의 전달이 원활하여 소리가 작은 특징이 있으나, 톱니 공작이 어렵다는 단점이 있다.

헬리컬 포트 [helical port] 와류 포트(swirl port)의 일종으로서 흡기 구 멍의 형상을 소용돌이 모양으로 한 것. 직접 연료 분사식 디젤 엔진에 많이 사용되지만 가솔린 엔진에도 사용되고 있다. 헬리컬은 나선형을 뜻함.

헬리코일 [Heli-Coil] 원래의 나사가 마모 또는 손상되었을 때 사용하 는 나사 인서트. 이 인서트는 태핑을 다시 한 구멍에 설치하여, 나사 사 이즈를 원래의 사이즈로 줄여 준다.

헬멧 [helmet] 머리에 충격을 받았을 때 손상을 방지함과 동시에 그 충 격을 완화하는 모자. FRP로 제작한 덮개 안쪽에 발포(發泡) 스티롤 수지 등 충격 흡수를 위해 라이너를 덧붙인 구조로 되어 있으며 세계 각국에서 그의 재료, 구조, 형상, 성능 등을 상세하게 규정을 정하고 있 다. 귀의 윗부분만 보호하는 하프형, 안면을 제외한 머리전체를 씌운 제트형, 하프형과 제트형의 중간인 세미 제트형, 머리 전체를 덮고 전 면(前面)에 창을 여닫는 형태로 된 풀 페이스형이 있다.

헬퍼 스프링 [helper spring] 보조 스프링. 겹판(重板)스프링으로서 주 로 하중을 부담하는 스프링(메인 스프링)에 부하가 걸렸을 때 보조적 인 역할을 하는 스프링. 적재량이 큰 트럭에 사용하며 화물이 적을 때 는 메인 스프링만 작용하지만, 가득 실었을 때는 헬퍼 스프링도 함께 작용한다. 하중이 적을 때는 유연한 스프링을 이용하고 승차감을 좋게 하는 것.

헴 [hem] 패널의 끝을 뒤집어 꺾은 것. 도어의 아우터 패널(outer panel)의 끝부분이 이렇게 되어 있음. 평탄한 패널에 헴을 만드는 것을 헤밍 가공이라고 하며, 여기에 쓰이는 공구를 헤밍 툴(hemming tools)이라고 함.

헴 플랜지 [hem flange] 도어 어셈블리와 같은 금속 어셈블리용의 마감 모서리. 외부 패널을 내부 패널 너머로 접어 만든다.

현가장치 [suspension system] 현가장치는 주행중 노면에서 받은 충격 이나 진동을 완화하여 승차감과 자동차의 안정성을 향상한다. 또한 새 시 스프링 및 섀시 스프링의 고유 진동을 제어하여 승차감을 향상시키 는 쇽업소버, 자동차의 롤링을 방지하는 스태빌라이저로 구성되어 있 다. ⇨ 서스펜션.

현척 〔現尺 ; full size〕 제도에서 모양과 크기를 잘 이해할 수 있도록 실물의 크기로 그린 것.

현형 〔現型 ; solid pattern〕 제작하고자 하는 제품과 동일한 형상으로 된 목형. 단일체의 목형으로 간단한 형상의 제품에 응용되는 단체형 목형과 복잡한 형상을 2개 또는 3개로 분할하여 만든 분할형 목형이 있다.

혐기성 실(seal)재 액상 개스킷의 일종으로 아크릴계의 수지를 주성분으로 하고 산소가 없는 상태에서 중합(重合), 경화(硬化)하여 개스킷으로써 작용하는 것. 나사의 느슨함을 멈추거나 주물의 함침제(含浸劑) 등에 쓰이고 있음.

협각(狹角) 밸브 〔narrow angle 4 valve〕 흡·배기 밸브가 20~25도의 좁은 각도로 마주보는 구조를 가진 4밸브 엔진. 연소실을 낮게 할 수 있으므로 주위에 스퀴시 에어리어를 지님과 동시에 안전하고 압축비가 높은 엔진을 만드는 수법으로 주목되고 있다. 폭스바겐·아우디에서 처음으로 양산 엔진에 사용되었다.

형광 탐상법 〔螢光探傷法〕 형광물과 자외선을 이용하여 제품을 검사하는 방법. 검사할 제품을 형광용액 속에 넣었다가 꺼내어 표면을 깨끗이 닦은 다음 건조시켜 자외선을 쪼이면 균열 부분에 침투된 형광물에서 밝은 빛을 발생하는 부분을 찾아내는 시험방법.

형광 표시관 〔vacuum fluorescent display〕 전자 디스플레이의 일종으로서 3극 진공관과 같은 원리를 사용하여 필라멘트에서 방사된 전자를 표시하는 형식에 배치된 형광체에 충돌시켜 발광시키는 것. 청녹색 발광이 대부분이지만 황등색이나 적색 발광도 있다. 진공관 등으로 다른 전자 디스플레이에 비교하면 값이 비싸다는 것이 단점. ⇨ 전자표시(電子表示).

형단조 〔die forging, stamp forging〕 2개의 형틀 사이에 재료를 가압하여 형틀 모양대로 성형하는 작업. 제품의 정밀도가 높고 가격이 싸며 대량 생산에 적합한 장점이 있다.

형상 기억합금 〔形狀記憶合金〕 평상시의 온도에서 모양을 변경시켜도 어느 온도 이상까지 가열하면 원래 모양으로 되돌아가는 성질을 가진 합금. 니켈 티탄계와 동계(銅系)의 합금이 잘 알려져 있으며 그 외에 철, 금, 은을 기초로 한 것 등도 개발되어 있다. 자동차 부품용으로서도 사용이 검토되고 있으나 양산차로서의 사용은 아직 없는 정도이다.

형상 저항 〔form resistance〕 형상 저항은 물체의 형체와 생긴 모양에 따라 발생되는 저항으로써 도체의 저항은 그 길이에 비례하고 단면적에는 반비례한다. 또한 도체 속을 전자가 이동할 때 전류가 흐르는 방향

ㅎ

과 수직되는 방향의 단면적이 커지면 저항이 작아지고 길이가 길면 그만큼 원자 사이를 뚫고 나가야 하기 때문에 저항이 커지게 된다.

호닝 〔honing〕 고운 입자의 막대형 숫돌을 방사선상으로 배치한 혼(hone)을 회전시킴과 동시에 왕복 운동을 하면서 보링 머신의 바이트 자국을 없애는 작업. 보링, 리밍, 연삭 가공을 끝낸 원통의 내면을 정밀하게 다듬질하는 방법으로 정밀도는 $3 \sim 10\mu$ 정도이고 숫돌의 원주 속도는 보통 $40 \sim 70m/min$ 로 하며 왕복 운동 속도는 원주 속도의 $1/2 \sim 1/5$로 한다.

호닝 머신 〔honing machine〕 보링 또는 연삭 다듬질한 내면을 숫돌로 사용하여 $3 \sim 10\mu$ 정도로 정밀하게 다듬질하는 연삭기. 원주 속도는 $40 \sim 70m/min$이고 거친 호닝의 압력은 $10 \sim 30kg/cm^2$, 다듬질 호닝은 $4 \sim 6kg/cm^2$이다.

호리존터리 어포즈드 엔진 〔horizontally opposed engine〕 ⇨ 수평대항형 엔진

호리존틀 드래프트 〔horizontal draft〕 ⇨ 사이드 드래프트.

호모로게이션 〔homologation〕 양산차(量産車)가 경기에 참가하기 위해 필요한 공인(公認)을 하는 것. 양산자동차 혹은 그 설계의 일부를 변경한 양산차는 FIA에서 공인을 받지 못하면 경기에 출전할 수 없도록 되어 있으며, 경기에 참가하면 운전자는 그 공인서를 휴대할 의무가 있다. 경기용 자동차로 공인된 것을 '호모로게이트' 되었다고 말함.

호모지니어스 〔homogeneous〕 균질(均質), 균일이라는 뜻. 다른 물질의 기체나 액체끼리 섞여 있을 때 전체가 균일한 상태에 있는 것을 말하며, 불균일한 상태를 말하는 테로지니어스와 대비(對比)하여 사용되는 말.

호치키스 구동 〔hotchkiss drive〕 호치키스 구동은 판스프링을 사용할 때 구동하는 형식으로서 구동바퀴의 추진력이 판스프링을 통하여 차체에 전달되며, 리어 엔드 토크 및 출발, 정지할 때 비틀림 등도 판스프링이 흡수한다.

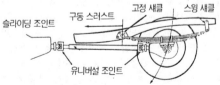

호크빌 가위 〔hawk−bill snip〕 판금용 가위. 판재 중앙에 구멍이나 곡선을 자르는데 사용한다.

호핑 〔hopping〕 출발시나 제동시에 서스펜션에서 이상 진동이 발생되어 자동차가 상하로 뛰어오르는 현상. 급출발이나 언덕길 출발시 급한 클러치 미트나 파워 온하는 순간에 발생하는 것을 파워 호프, 후진기어로 급출발시에 발생하는 것을 리시버 호프, 브레이킹시에 나타나는 것을 브레이크 호프라고 말한다.

호환성 〔interchange ability〕 제품이 근접한 공차의 유사한 부품을 가지는 것으로서, 장치 내에 부품 간의 대체가 가능하여, 대체된 부품이 맞고 정상적으로 작동함. 대량 생산의 기초.

혼 〔horn〕 경음기(警音器). 에어컴프레서를 갖춘 트럭이나 버스에서는 공기식의 에어혼이 많지만 일반 자동차에서는 전기식 혼이 설치되어 있으며, 평형과 맴돌이형이 있다. 원형의 금속판(다이어프램)에 공명판(共鳴板 ; resonator)을 부착하여 전자석에 심봉(芯棒)을 넣은 아마추어로 진동시켜 음을 발생하게 한다. 맴돌이형은 음도(音道)가 길기 때문에 음이 부드럽다.

혼 릴레이 〔horn relay〕 혼 릴레이는 혼 스위치 접점의 소손을 방지하고 경음기 회로에서 불필요한 전압 강하를 방지하는 역할을 한다. 스위치를 닫으면 릴레이의 전자석이 작용하여 혼과 축전지가 연결되는 회로의 접점을 닫아 전류가 축전지에서 경음기로 직접 흐르도록 한다.

혼기식 〔混氣式〕 연료와 윤활유를 혼합하여 연소실에 공급하며 윤활유 일부는 연소되고 일부가 윤활 작용을 하는 방식.

혼성식 〔混成式〕 여과 정도가 다른 두 종류의 재료를 혼성하여 만든 엘리먼트를 이용하여 불순물을 여과하는 형식.

혼탁 분사 〔混濁噴射〕 메탈릭 도장의 클리어 공정에서, 클리어에 메탈릭 에나멜을 혼합하여 분사하는 것을 말함. 혼합 비율은 도료에 따라 다르지만, 보통은 1대 1정도로부터 시작하여 덧칠할 때마다 클리어의 양을 늘려 간다. 래커계 도료의 클리어는 단체(單體)로 분사하면 내후성(耐候性)이 좋지 않기 때문에 이 방법을 선택한다. 우레탄계의 클리어는 단체 분사 가능한 타입이 보편화되어 있기 때문에 특별히 혼탁분사를 해야 할 필요성은 없다.

혼합급유방식 〔混合給油方式〕 2사이클 엔진에서 가솔린에 윤활유를 혼입하여 급유하는 방식. 2사이클 엔진에서는 혼합기를 크랭크 케이스에 흡입하는 것이 일반적이며, 혼합기에 오일을 분사하였다가 윤활하는 것. 보통 20~30:1 정도의 비율로 윤활유를 혼입한다. 가솔린에 대한 오일의 양은 일정하므로 오일의 소모량이 많고 배기가스에 HC가 많은 것이 난점. ⇨ 분리급유방식(分離給油方式).

혼합기 〔mixture〕 가솔린 엔진에 흡입되는 공기와 가솔린의 혼합물. 가솔린의 대부분은 안개 모양으로 되어 공기 중에 떠있으나 일부는 기화되어 있다. 흡기관에 부착하여 관의 벽을 따라 연소실에 들어가는 가솔린도 있다. ⇨ 공연비.

혼합비 〔混合比〕 ⇨ 공연비(空燃費).

홀 노즐 〔hole nozzle〕 구멍형 노즐. 디젤 엔진의 분사 노즐로서 두 종류가 있다. ① 핀틀 노즐의 핀틀(축침 : 軸針)을 짧게 하여 분사량의 정밀도를 높여 구멍의 막힘을 방지하도록 개량한 것. ② 다공(多孔)노즐로서 구상(球狀)노즐의 선단에 3~6개의 구멍을 뚫고 이 구멍에서 연료를 분사하는 것. 직접 분사식 엔진에 많이 채용되고 있다.

홀드 다운 핀, 클립, 스프링 〔hold down pin, clip, spring〕 홀드 다운 핀, 클립, 스프링은 브레이크 슈를 배킹 플레이트에 설치하여 알맞는 위치를 유지하도록 한다.

홀드 아웃 〔hold out〕 최상층 페인트가 스며들거나 흡수되는 것을 방지하는 표면의 능력.

홀로그래피 단열 윈도 〔holography adiabatic window〕 실내에 들어오는 태양광선을 적게 하는 창유리의 일종. 상방으로부터 오는 태양광선은 차광(遮光)하지만 전방으로부터 오는 가시광선은 투과한다는 성질을 이용하여 유리를 창으로 이용한 것. 이 유리는 레저광을 감광성(感光性) 폴리머에 쬐어 제작한 간섭호(干涉縞;홀로그램)를 갖는 시트를 합쳐 유리로 만든 것으로서 비등방성(非等方性) 홀로그래피 차광 글라스라고 부른다.

홀로그래피 차광 글라스 〔holography shade glass〕 ⇨ 홀로그래피 단열윈도.

화성처리 〔化成處理〕 금속의 방청과 도료의 밀착성을 향상시키기 위하여, 표면에 인산아연 등의 피막(皮膜)을 만드는 일.

화염 경화법 〔flame hardening〕 산소, 아세틸렌 불꽃을 이용하여 경도를 증가시키는 표면 경화법. 금속 표면을 적열상태로 가열하여 냉각수를 뿌려 표면을 경화시키는 방법. 화염 경화법은 주로 대형 가공물에 이용된다.

화염 전파 기간 〔flames spread period〕 화염 전파 기간은 연료가 착화되어 폭발적으로 연소하는 기간으로서 폭발 연소 기간이라고도 한다. 분사된 모든 연료가 동시에 연소하여 실린더 내의 온도와 압력이 상승하며, 실린더 내에서의 연료의 성질, 혼합 상태, 공기의 와류에 의해 연소 속도가 변화되고 압력 상승에도 영향을 받는다.

화염 전파 속도 〔flame velocity〕 엔진의 연소실 내에서 화염면이 실제로 퍼져가는 속도로서 연소 속도에 혼합기가 흐르는 속도와 연료가스의 팽창 속도를 더한 것.

화이트 노이즈 〔white noise〕 모든 소리를 들을 수 있는 크고 작은 소리. 「백색 소음」이라고도 한다.

화이트 메탈 〔white metal〕 주석, 납, 안티몬, 아연 등에 의하여 제작한 융점이 낮은 백색의 합금으로서 자동차 엔진의 베어링 재료로 널리 사용되고 있다. ⇨ 배빗 메탈.

화이트 보디 〔white body〕 자동차의 제조 공정으로서 도장(塗裝) 직전의 차체나 보디셸에 보닛이나 도어를 장착한 상태.

화학 반응 〔chemical reaction〕 둘 이상의 물질을 합쳤을 때 하나 또는 그 이상의 새로운 물질이 형성되는 것.

화학 작용 〔chemistry action〕 화학 작용은 식염수 또는 묽은 황산 속에 ⊕, ⊖ 전극을 담고 전류를 흐르게 하면 전해되는 것. 묽은 황산에 구리판과 아연판을 넣고 전류를 흐르게 하면 전해 작용이 일어나 아연이 황산에 녹아서 ⊖ 전기의 성질을 가지므로 아연판은 ⊖전하를 발생하게 된다. 또한 황산속의 수소 이온은 아연 이온에 반발당하여 구리판 쪽으로 이동되어 구리판은 ⊕ 전하를 발생한다. 이와 같은 작용을 이용하여 축전지, 전기도금 등을 하게 된다.

화학적 불안정성 〔chemical instability〕 냉동 시스템 내에 오염물이 존재하여 야기되는 바람직하지 않은 상태. 냉매는 안정성 화학물질이지만, 오염물과 접촉하면 분해되어 유해한 화학물질로 변할 수 있다.

화합성 〔和合性〕 둘 이상의 물질이 서로 친화하는 능력. 기름과 물은 상용성이 없다. 영어로는 「compatibility」라고 표기한다.

확동 캠 〔positive motion cam〕 평면 캠의 종류. 편심 캠의 홈에 리프터를 끼워 캠이 등속회전을 하면 리프터가 등속 왕복 운동을 하는 캠을 말한다.

확산 연소 〔擴散燃燒〕 디젤 엔진에서 볼 수 있는 연소 형태이며 산화제(공기) 중에서 연료가 연소되면서 확산되어가는 상태를 말함. 이것에 대해 가솔린 엔진의 연소와 같이 미리 혼합된 연료가 연소되어 퍼져가는 연소 형태를 예혼합 연소라고 부름.

확장측·수축측의 감쇠력 댐퍼는 확장·수축될 때 감쇠력을 발생하는 것이 보통인데, 이것을 더블 액티브 타입이라고 한다. 댐퍼는 스프링의 진동수와 크기를 줄이는 것이 목적이지 스프링의 역할을 제한하는 것은 아니다. 그러므로 감쇠력이 크기만 해서는 안되며, 일반적으로 수축측의 감쇠력을 작게 하여 노면으로부터 충격을 적게 하고 승차감을 좋게 하고 있다. 한편, 확장측은 스프링의 움직임을 억제하기 위하여 수축측보다도 강하게 되어, 확장과 수축의 감쇠력비는 7:3 정도이다.

환기 [ventilation] 어떤 공간의 불순한 공기를 신선한 공기로 순환시켜 교체하는 것.

환기 부하 [換氣負荷] 환기 부하는 실내를 환기하기 위하여 대기의 공기와 실내 공기를 교체하여야 한다. 따라서 실내 공기를 배출하는데 자연 또는 강제적으로 환기할 때 받는 열부하(熱負荷)이다.

활성탄 [charcoal granules] 숯을 가공하여 입상으로 하고, 다른 물질을 흡착시키는 성질을 강하게(활성화)한 것. 일반적으로 기체나 액체에 포함되는 불순물을 제거하고 정제하는데 사용되지만 자동차에서는 연료 증발 가스를 흡착하는 자동차를 캐스터나 실내의 공기를 정화하는 공기 청정기 등에 쓰이고 있다.

활톱 [hack saw] 쇠톱. 금속 재료를 자를 때 사용되는 것으로서 프레임과 톱날로 되어 있다. 톱날의 길이는 설치 구멍의 중심거리로 나타내며 나무 톱은 밀 때와 당길 때 모두 절단되지만 활톱은 밀 때만 절단된다.

황 [sulfur] 황화철광 또는 황산염암석에서 석출하며 원소기호로는 S를 사용한다. 철과 화합하여 적열 취성이 발생하고 인장강도, 연신율, 충격치는 저하된다. 강의 용접성 및 유동성이 나쁘고 기공이 발생하며 망간과 화합하여 절삭성을 향상시킨다.

황동 [黃銅 ; brass] 구리에 아연을 혼합한 합금강으로 라디에이터, 장식품, 시계부품에 사용하는 구리 70%, 아연 30%의 7.3 황동과 볼트, 너트 등에 사용되는 구리 60%, 아연 40%의 6.4 황동이 있다.

회로 [circuit] 전원을 포함한 전류의 완전한 경로. 경로가 연속적일 때 회로는 닫혀 있고 전류는 흐른다. 경로가 끊어져 있을 때는 회로는 열려 있고 전류는 흐르지 않는다. 냉동 시스템 및 유압 시스템에서와 같이 액체의 경로를 일컫는 데도 사용된다.

회복 충전 [recovery charging] 회복 충전은 방전 상태로 방치되었던 축전지의 극판을 원상태로 회복시키기 위하여 실시하는 충전 방법이다. 정전류 충전에 의하여 약한 전류로 40~50시간 충전시킨 다음 방전시키고 다시 충전하는 방법으로 여러번 반복하게 되면 극판이 본래의 상태로 회복된다.

회전 단면 [revolved section] ⇨ 단면도.

회전 대좌 시트 [swivel seat] 평상시에는 전방을 향하도록 되어 있지만 승객이 필요에 따라 좌석을 마주 앉게 되어 있는 좌석. 왜건 형식의 차량에 부착되어 있는 경우가 있다.

회전 속도 [回轉速度 ; rotative velocity] 회전 운동의 순간 각속도로 정의되며 rad /s로 표시된다. 일반적으로는 회전수와 같은 뜻으로 회전체가 1분당 회전한 수 rpm으로 표시된다.

회전 모멘트 [torque moment] ⇨ 토크.

회전 연소 기관 [rotary combustion engine] ⇨ 로터리 엔진.

회전계 [回轉計] ⇨ 태코미터.

회전수 감응식 LSD LSD로 출력축의 회전수 차이로 차동 제한 토크가 변화하는 형식. 비스커스 LSD가 그 대표적인 것. ⇨ 비스커스 LSD.

회전수 감응형 파워 스티어링 파워 스티어링으로 엔진 회전수가 상승하게 되면 핸들이 무거워져 고속 주행시 직진 안전성을 좋게 한 것. 스로틀 밸브의 개폐를 링크에 의하여 밸브에 전달하고, 오일이 흐르는 양을 조절하는 구조로 되어있다. 구조가 간단하고 염가이지만 시내 주행시 코너를 돌 때 가속 페달을 밟으면 핸들이 무거워지는 단점 때문에 차속 감응형(感應型)으로 변해가고 있다. ⇨ 속도 감응식.

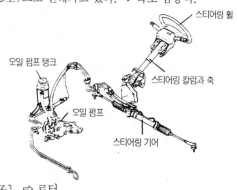

회전자 [回轉子] ⇨ 로터.

횡단 소기식 [cross scavenging type] 횡단 소기형은 디젤 2행정 사이클 엔진 소기 방식의 하나로서 실린더 아래쪽에 대칭으로 소기공과 배기공이 설치되어 소기시 배기공으로 배기가스도 들어와 다른 형식에 비해 흡입 효율이 낮고 과급도 충분하지 않다. ⇨ 크로스 스캐빈징.

횡력 [橫力] ⇨ 공력6분력(空力6分力), 사이드 포스.

횡력 스티어 [side force steer] 컴플라이언스 스티어 하나로서 타이어의 접지부에 횡력이 작용하며 서스펜션이 휘어져 얼라인먼트가 변하여 타이어의 방향이 변화하는 (스티어)것을 말한다.

횡치식 엔진 [橫置式機關] 크랭크 축이 자동차의 좌우 방향 즉 옆으로 배치한 엔진. 이렇게 설치하게 되면 자동차 전후 방향의 공간이 커지기 때문에 소형 FF자동차에 많이 사용되고 있다. ⇨ 종치식 엔진.

횡풍 안전성 [橫風安定性] 자동차가 옆으로 바람을 받게 되면 진로(進路)가 동료되려고 할 때 그때까지의 운동이 얼마나 보전되는가의 성능. 고속 주행시에 터널을 빠져나와 횡풍을 받았을 때 차체에 가해지는 횡력이나 요잉 모멘트는 차체의 형상에 따라 결정된다. 예를 들면 밴형과 캡 오버형을 비교하면 밴형은 요잉 모멘트가 작고 차체가 옆으로 흐를 뿐이지만 버스나 트럭과 같은 캡 오버형은 횡력 요잉 모멘트 모두 커지므로 진로가 흐트러지기 쉽다.

횡형 엔진 [horizontal engine] 횡형 기관이라고도 하며 실린더가 수평으로 놓여 있는 엔진. 실린더가 세로로 놓여지는 보통 엔진을 가리키는 종형 엔진과 대조적으로 사용하는 용어.

후기 연소 기간 [after combustion period] 후연소기간. 후기 연소 기간은 연료의 분사가 끝나는 점에서 연소되지 못한 연료가 연소하는 기간으로서 직접 연소 기간에서 연소하지 못한 연료가 연소·팽창하는 기간이다. 이 기간에 연소된 열은 유효하게 이용되지 못하고 배기 온도와 배압이 상승하며 열효율이 저하된다.

후드 [hood] 자동차 앞부분의 엔진룸 또는 트렁크룸을 덮는 것. ⇨ 보닛 (bonnet).

후드 래치 [hood ratch] 엔진의 덮개 즉, 보닛을 후드라고 명명하며 그것을 바람이나 주행시에 열려지지 않도록 걸어주는 잠금쇠를 말한다.

후드 로크 [hood lock] 후드를 보디에 고정(lock)하는 기구. 스프링을 내장(內藏)하고 있으므로 차실 안의 레버를 조작하여 고정을 해제하면 후드의 선단이 2~3cm 올라간다. 따라서, 후드를 열려면 여기에 생긴 틈에 손가락을 넣어서 레버(세컨더리 레버)를 조작하는 구조로 되어있는 것이 일반적이다.

후드 리지 패널 [hood ridge panel] 타이어하우스와 엔진룸을 칸막이한 격벽(隔壁)으로서 프런트 사이드 멤버와 함께 서스펜션을 지지하여 차체 강성을 확보하는 역할도 한다.

후드 힌지 [hood hinge] 후드를 개폐하기 위한 힌지(경첩). 힌지의 회전 중심이 고정되어 있는 원 포인트 힌지와 힌지가 링크로 되어 있는 링크식 힌지의 2종류가 있으며, 후드가 큰 승용자동차에는 링크식이 사용되고 있는 예가 많다.

후륜 위상 반전제어 시스템 전자제어 차속 감응식 4륜 조향 시스템의 명칭. HICAS-Ⅱ를 발전시킨 것으로 전륜 조향각을 최대로 하면 후륜을 순간 역위상으로 조향하여 선회에 필요한 요잉을 발생한 후 동위상으로 조향하므로써 안정된 코너링을 할 수 있도록 한 시스템. 일명 「슈퍼 HICAS」라고 부른다.

후막 IC [thick film integrated circuit] 후막 IC는 기판상에 수동 소자와 상호 접속용 배선이 스크린 인쇄와 소성 수단으로 만들어지는 집적 회로이다.

후면 충돌 [後面衝突] 자동차의 후부와 다른 구조물 등의 물체와의 충돌을 말함. 같은 방향으로 주행할 때 옆 또는 뒷면을 부딪치는 경우를 추돌이라고 함.

후미등 [後尾燈] ⇨ 테일 램프.

후열 [postheating] 용접 또는 절단 작업 후에 열을 가하는 것.

후적 [後滴] 후적은 분사노즐에서 연료분사가 완료된 다음 노즐팁에 연료 방울이 생겨 연소실에 떨어지는 것을 말하며, 후적이 발생되면 배압이 발생되어 엔진의 출력이 저하된다. 또한 후기 연소기간에 연소되는 관계로 엔진이 과열되는 원인이 된다.

후퇴등 [reversing light] ⇨ 백업 램프(back-up lamp).

훅 [hook] ① 갈고리 모양을 지닌 기계의 부품. 체인 블록 등에서 로프 등을 걸어서 중량물을 달아 올리거나 걸어서 끌어당기는 데 사용함. ② LPG 엔진의 베이퍼라이저 1차 감압실에 설치되어 1차 밸브 레버를 제어하여 페이스 밸브를 개폐한다.

훅 조인트 [Hooke's universal joint] 훅식 이음. 유니버설 조인트의 일종으로서 카르단 조인트, 크로스조인트, 십자 이음이라고도 부른다. 훅은 이 조인트의 발명자 이름. ⇨ 카르단 조인트.

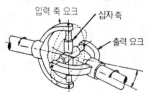

입력 축 요크　십자축　출력 요크

휠 〔wheel〕 바퀴 또는 바퀴 형태로 되어 있는 것. 디스크 휠인 것을 말할 경우가 많으나 휠 얼라인먼트, 휠 베이스, 휠 아치 등의 복합어에서는 디스크 휠에 타이어를 끼운 상태를 가리킨다. 림과 디스크를 일체로 제작한 원피스 휠, 림과 디스크를 조합한 투피스 휠, 디스크를 2장의 림으로 양쪽에서 끼이게 한 구조의 스리피스 휠이 있다. 또한 각종 런 플랫 타이어에는 각각 전용의 휠이 사용된다.

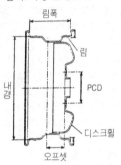

휠 너트 〔wheel nut〕 휠을 허브에 고정하기 위한 너트. 허브 너트라고도 한다. 영어로는 「lugnut」라고 부른다.

휠 레이트 〔wheel rate〕 바퀴 위치에서의 서스펜션 스프링 정수로서 서스펜션 레이트라고도 한다. 어떤 하중 조건하에서 타이어의 눌림을 무시하고 스프링 위 중심(重心)과 휠중심의 위치를 단위 거리(mm)에 가깝도록 하는데 필요한 중량(kg)으로 나타낸다. 타이어를 포함한 휠 위치에서의 스프링 정수를 '라이드 레이트'라고 한다.

휠 리프트 〔wheel lift〕 급선회나 급제동에서 타이어가 노면으로부터 떠오르는 (리프트) 것.

휠 밸런스 〔wheel balance〕 타이어를 휠에 끼우고 공기를 넣은 상태에서의 질량의 균형(밸런스). 밸런스가 잡혀있지 않은 상태에서 회전축 원주방향의 불균형을 정적(靜的)언밸런스, 이것에 회전축 방향의 불균형을 더한 것을 동적 언밸런스라고 한다. 언밸런스가 있는 타이어 휠이 회전하면 원심력에 따라 진동이 발생하고, 조향 계통이나 서스펜션 계통과 공진(共振)하면 스티어링 휠의 회전방향에 흔들림(flutter)이나 보디 진동(shake)을 일으킬 경우가 있으므로 전용의 측정기기(balance)로 이것을 점검하여 납으로 된 추(balance weight)로 수정한다.

휠 베이스 [wheel-base] 전·후 차축 중심간의 수평 거리를 말한다. 흔히 이 길이가 긴 쪽이 승차감이 좋다고 하지만 자동차 크기에 따라 제한된다는 것을 잊지 말아야 한다. 소형차에서는 될 수 있는대로 리어휠을 후방으로 배열하고, 휠베이스를 조금이라도 넓게 설계된 것이 있다. 휠베이스의 길이가 차의 크기, 등급의 기준으로 설정하는 방법에도 쓰인다. 휠베이스를 「축거」라고도 한다.

휠 베이스

휠 브레이크 [wheel brake] 아웃보드 브레이크라고도 불리우며 바퀴(휠)의 안쪽에 장착되어 있는 통상적인 브레이크로서 드럼브레이크와 디스크브레이크가 있다. ⇨ 인보드 브레이크.

휠 속도 센서 [wheel speed sensor] 휠 속도 센서는 앞뒤 4바퀴에 각각 설치되어 바퀴의 회전속도를 톤휠(tone wheel)과 센서에서의 자력선 변화로 감지하여 컴퓨터에 입력하는 역할을 한다. 따라서 급제동시 또는 미끄러지기 쉬운 노면에서 제동할 때 컴퓨터는 브레이크 유압을 제어하여 조종성 확보와 정지 거리가 단축되도록 한다.

휠 스트로크 [wheel stroke] 휠의 상하 방향으로 움직이는 범위. 기준이 되는 위치에서 스프링이 수축하는 방향으로 휠의 움직임을 바운드 스트로크, 반대로 신축하는 방향으로 움직이는 것을 리바운드 스트로크라고 하며 양자를 합한 것을 휠 스트로크라고 한다.

휠 스핀 [wheel spin, wheel slip] 바퀴(wheel)에 과도하게 가해진 구동력으로 말미암아 공회전(스핀)하는 것. 자동차의 주행 속도에 따라 구동 바퀴의 회전속도가 크게 되어 있는 상태로서 일반적으로 타이어의 접지력이 작아져 구동력과 횡력이 함께 저하하여 주행 안전성이 악화된다.

휠 실린더 [wheel cylinder] 유압식 드럼 브레이크에서 마스터실린더로부터 유압에 따라 브레이크 슈를 드럼에 압착시키는 역할을 하는 것. 주철이나 알루미늄 합금제의 실린더 가운데에 유압에 따라 작동하는 피스톤을 설치한 구조로 되어 있으며, 피스톤이 브레이크 슈를 밀도록 되어 있다.

휠 아치 [wheel arch] 휠의 탈착을 행하기 위해서 혹은 타이어의 방향을 변경할 때에 방해가 되지 않도록 머드 가드(흙받이)나 사이드 패널에 열려있는 반원형(半圓形)의 개구부(開口部).

휠 얼라인먼트 [wheel alignment] 휠(바퀴)이 어떤 모양으로 차체에 장착되어 있는가를 나타내는 것으로서 킹핀 경사각, 캠버각, 캐스터 각, 토인(토 아웃)의 4가지 요소로 되어 있다. 자동차를 수평면 위에 똑바로 정지한 상태에서 각 요소의 값으로 정의(定義)한다. 일라인먼트는 일렬로 한다는 뜻.

휠 오프셋 [wheel offset] 휠이 타이어의 중심으로부터 얼마만큼 오프셋되어 자동차에 설치되어 있는가를 나타내는 수치로서 림의 중심면과 디스크 허브와의 부딪침 면과의 거리를 말함. 트럭의 더블 타이어에서는 이 오프셋을 「내면 오프셋」이라 하고 림의 중심면과 디스크 외면과의 사이에 거리를 「외면 오프셋」이라고 불러 구별한다.

휠 와벌 [wheel wobble] ① 4륜차가 비교적 낮은 속도(60km/h이하)로 주행하고 있을 때 스티어링 휠이 회전 방향으로 좌우로 흔들리는 현상. 휠의 언밸런스가 크거나 얼라인먼트에 이상이 있을 때 노면의 요철이나 브레이크 작동으로 많이 발생하는 킹 핀 주위의 자려(自勵)진동으로 스프링 밑의 가로 흔들림을 동반한 진폭이 큰 진동. 저속 시미라고도 함. ② 2륜차가 고속 주행시 뒤에서 발생하는 요잉과 롤링이 복합된 3~4Hz의 차체 흔들림을 말함. 또 같은 흔들림으로 고속 코너링중에 발생하는 경우도 있으며 1~3Hz의 느슨한 흔들림을 웨이브라고도 부른다.

휠 웰 [wheel well] 드롭 센터림으로서 타이어의 탈착을 행하기 위하여 설치되어 있으며 움푹 들어간 (well) 부분.

휠 캡 [wheel cap] 휠의 덮개. 허브 구멍을 장식하는 센터 캡, 허브 구멍과 휠의 장착 너트 등 디스크의 중앙부분을 덮는 허브 캡, 휠 전체를 덮는 풀 캡이 있다.

휠 트래킹 게이지 [wheel tracking gauge] 자동차의 좌우 양쪽 타이어 중심간의 거리(wheel track)를 말하며 경우에 따라 이것의 오차를 측정하는 게이지.

휠 트램프 [wheel tramp] 트램프는 '내리밟다, 터벅터벅 걷다'의 뜻. 휠 트램프는 차축에 대하여 전후 방향(X축)을 중심으로 하여 회전 운동을 하는 진동을 말한다.

휠 트레드 [wheel tread] 윤거(輪距). 좌우 타이어 트레드 중심간의 거리.

휠 하우스 [wheel house] 리어 휠을 덮고 있는 이너 보디 하우징.

휠 홉 〔wheel hop〕 휠은 '바퀴', 홉은 '깡총뛰다, 바운드하다'의 뜻. 휠 홉은 차축에 대하여 수직인 축(Z축) 둘레에 상하 평행 운동을 하는 진동을 말한다.

휠링 〔whirling〕 휠링은 '빙빙도는, 회전하다'의 뜻. 휠링은 추진축의 비틀림 진동 또는 굽음 진동을 말한다. 추진축은 진동이 발생되면 자재 이음의 파손과 소음을 발생한다.

휠스핀 〔wheelspin〕 타이어가 지나친 구동력으로 접지력의 한계를 넘어서 공전하는 것. 타이어의 공전은 더욱 접지력을 잃고 방향성을 나쁘게 한다.

휴즈 박스 〔fuse box〕 ⇨ 퓨즈 박스.

홈붙이 너트 〔castle nut〕 ⇨ 캐슬 너트.

흡기 가열 〔intake heating〕 인테이크 매니폴드 내를 흐르는 혼합기를 따뜻하게 하여 기화되기 쉬운 상태로 하는 것. 가열 방법에는 이그조스트 매니폴드의 일부를 이용하는 배기가열 방식과 실린더 헤드에서 고온이 된 냉각수를 이용하는 온수가열 방식이 있다. 배기가열 방식은 카운터 플로 엔진에, 온수가열 방식은 크로스 플로 엔진에 이용된다. 전열식도 있다.

인테이크 매니폴드
바이메탈
이그조스트 매니폴드

흡기 간섭 〔吸氣干涉〕 간섭은 같은 성질을 가진 파동이 마주쳤을 때 파(波)의 위상이 같은 곳에서 서로 강해지고, 역(逆) 위상인 곳에서는 서로 약해지는 현상. 엔진에 흡입되는 혼합기는 흡기 밸브 개폐에 따라 밀도가 높은 부분과 낮은 부분을 가진 조밀파(粗密波)가 되어 흡입관을 이동한다. 2개 이상의 흡기관을 모은 흡기 매니폴드 집합부에서 각 흡입관 혼합기의 조밀파가 간섭하는 것을 말하며, 조밀파의 간섭에 의해 흡입 효율이 저하되는 것을 흡기 기통 간섭 효과라고 함.

흡기 계통 〔induction system〕 혼합기나 공기를 엔진에 흡입하기 위한 장치나 시스템의 총칭. 통상 에어 클리너와 흡기 매니폴드 및 이것들에 관련되는 부품을 말한다.

흡기 구멍 [intake port] ⇨ 인테이크 포트.

흡기 다기관 [intake manifold] 흡기 다기관은 혼합기를 각 실린더에 안내하는 통로이다. 실린더 헤드의 측면에 설치되어 있으며 각 실린더에 혼합기가 균일하게 분배되도록 하여야 하고, 연소가 촉진되도록 와류가 발생되어야 한다. 흡기 다기관의 지름은 클수록 흡입 효율이 양호하나 혼합기의 흐름 속도가 느려져 희박해지므로 실린더 지름의 25~35%가 적당하다.

흡기 레저네이터 [suction resonator] 흡기음을 적게 하는 장치. 레저네이터는 공명기로서 저감하려고 하는 주파수와 수식에서 유도된 치수 · 형상의 파이프와 상자를 가진 공명기를 흡기관과 연결한 다음 헬름홀츠의 공명 원리에 의하여 음을 적게 한다. ⇨ 레저네이터(resonator).

흡기 맥동 효과 [pulsation effect] 엔진에 흡입되는 혼합기나 공기는 관성에 따라 흡기관 내를 일정한 상태로 흐르려고 하지만, 흡기밸브가 열리는 것은 흡기 행정뿐이므로 흐름이 막혔다가 흐르게 되는 움직임 즉, 맥동(脈動)을 한다. 기류가 멈춰져 관성에 의하여 기압이 높아진 순간에 타이밍이 좋게 흡기 밸브가 열리면, 보다 많은 혼합기나 공기를 실린더 내에 넣을 수 있다. 이 원리에 의하여 엔진의 출력이 올라갔을 때 흡기 맥동 효과가 있었다고 한다. 물리적으로는 맥동을 파동으로 생각. 흡입 행정에 의하여 발생하는 부압의 파(波)가 흡기 매니폴드의 접합부나 흡기관 선단에서 반사되어 정압(正壓)으로 되어 되돌아와 흡기 행정과 동기(同期)가 되었을 때 효과가 있었다고 한다.

흡기 밸브 [intake valve] 혼합기 또는 공기를 실린더에 넣기 위하여 열거나 압축하기 전에 밀폐하는 밸브를 말한다. 고속회전이 될수록 힘차게 작동하므로 정확하고 유연하게 운동하지 않으면 안된다. 작지만 대단히 중요한 부품으로서 내열성이 우수한 특수강으로 만들어졌다. 인테이크 밸브 또는 인렛 밸브라고도 한다. ⇨ 인테이크 밸브.

흡기 스월 포트 [induction swirl port] 스월은 '소용돌이'. 흡기 포트의 모양을 혼합기가 실린더 내에 선회(旋回)되어 흘러 들어 가도록 한 것.

흡기 압력 검출 방식 [speed density type] 흡기 압력 검출 방식은 흡기 다기관의 압력이 1사이클에 대해 흡입하는 공기량에 비례하는 원리를

이용하여 진공센서로 흡기 다기관의 압력을 검출하여 연료 분사량이 결정된다. 반도체 진공 센서는 실리콘에 응력을 가하면 전기 저항이 변하는 성질을 이용한 압력 센서로 흡기 다기관 내의 절대 압력을 신호로서 검출한다.

흡기 압력 센서 [intake pressure sensor] ⇨ 배큠 센서(vacuum sensor).

흡기 온도 센서 [air temperature sensor] ⇨·ATS, 흡기온 센서.

흡기 컨트롤 [suction control] 터보 차저에서 과급압이 규정 이상 되지 않도록 설정 압력 이상이 되면 흡기를 빠지게 하는 시스템. ⇨ 과급압 컨트롤(supercharged pressure control), 흡입행정.

흡기 포트 [intake port] 실린더 헤드에 있으며 각 실린더의 밸브에서 나와 있는 원통 모양의 흡기, 배기의 통로 부분이다. 이 부분의 흐름이 유연하면 그 만큼 성능이 좋아지기 때문에 엔진 성능의 판단은 포트 연마이다. ⇨ 인테이크 포트.

흡기 행정 [intake stroke] ⇨ 흡입 행정.

흡기 히터 [intake heater] 흡기 히터는 흡기 다기관에 설치된 노즐 보디를 히팅 코일로 가열하면 노즐 보디와 밸브 스템의 열팽창 차이로 볼 밸브가 열려 이그나이터부에 유출되면 실드(shield)에 마련된 구멍으로 들어오는 공기와 혼합하여 이그나이터에 의해 착화 연소되어 흡기 다기관 내의 흡입공기를 가열한다. 시동이 된 후 스위치를 열면 흡기 다기관에 흡입되는 공기에 의해 밸브 보디가 냉각되므로 볼 밸브가 닫혀 연료가 차단된다. ⇨ 인테이크 히트.

흡기온 센서 [inlet air temperature sensor] 엔진에 흡입되는 공기의 온도를 검출하는 센서. 온도에 따라 전기 저항이 변화하는 서미스터를 사용한 서미스터 온도계가 쓰이는 것이 보통.

흡기음 [intake noise, induction noise] 흡기관의 입구가 개방형으로 되어 있는 엔진이며 흡입 행정에서 생긴 공기의 맥동이 소리(音)로 되어 발산하는 것. 주파수는 흡기관의 치수에 따라 결정된다.

흡음률 [suction noise ratio] 음을 흡수하는 성질을 흡음이라고 하며 흡음의 크기를 나타내는 데는 1에서 음의 반사에너지 P_0와 입사 에너지 P_i와의 비를 뺀 것을 쓴다. 흡음률$=1-P_0/P_i$이다.

흡음재 [suction noise material] 음(공기의 진동)을 흡수하는 목적으로 쓰이는 소재. 섬유를 통기성이 좋은 상태로 묶은 것이 대부분이며, 소리를 섬유의 틈새와 공기의 점성으로 약하게 하는 것. 자동차에서는 글라스 울(glass wool)이나 펠트(felt)가 많이 쓰인다.

흡인현상 〔吸引現狀〕 도장한 도료가 하페인팅(下塗膜)에 흡수되어 페인팅막이 얇아져 색깔이 좋지 않거나 소정의 성능을 발휘할 수 없게 되는 상태. 하페인팅의 안료분이 과잉일 때 일어나기 쉬움.

흡입 공기량 센서 〔air flow sensor〕 엔진에 흡입되는 공기량을 스로틀 개도(開度)와, 흡기관 내의 압력과 엔진 회전수에 따라 대략 결정되므로 각각의 값을 검출하기 위한 센서를 총칭해서 흡기 공기량 센서라고 한다. 공기량의 검출 방법은 직접 검출을 하는 매스플로 방식과, 간접적으로 검출하는 스피드덴시티 방식 및 스로틀 스피드 방식으로 분류된다.

흡입 행정 〔suction stroke〕 흡기 행정이라고도 하며 4사이클 엔진에서 실린더 내에 혼합기 또는 공기가 빨려들어가는 행정. 배기 밸브가 닫히고 흡입 밸브가 열린 상태에서 피스톤이 내려가면 실린더 내의 기압이 외기보다 낮아진다(부압). 가솔린 엔진에서는 혼합기가 빨려들어가고 디젤 엔진에서는 공기가 빨려들어간다. 영어로 「inlet stroke, intake stroke, induction stroke, charging stroke, admission stroke」등 여러가지로 부르는 법이 있다.

흡착 〔adsorb〕 다른 표면상의 매우 얇은 막에 포집하다.

희박 연소 〔稀薄燃燒〕 ⇨ 린번(lean burn).

희박 혼합기 〔lean mixture, weak mixture〕 린 믹스처. 이론 공연비에 비하여 함유된 가솔린이 적고 엷은 혼합기로서 연비를 좋게 하기 위해서는 이것을 어떻게 잘 연소시키는가가 관건이 된다.

히스테리시스 〔hysteresis〕 히스테리시스는 자기(磁氣), 전기 따위의 뜻. 히스테리시스는 한번 자화된 철편에서 자화력을 완전히 제거하여도 철편에 자기가 남아있는 현상을 말한다.

히스테리시스 로스 〔hysteresis loss〕 고체에 반복하여 하중을 가할 때 하중과 변형의 관계와 자성체 자화의 강도 및 자장 강도의 관계를 그래프로 나타내면, 어떠한 경우에도 같은 곡선상을 왕복하지 않고 루프(히스테리시스 루프)를 그린다. 이 현상을 히스테리시스라고 하며, 이것에 의해 상실되는 에너지의 손실을 히스테리시스 로스라고 한다. 상실된 에너지는 열로 변한다.

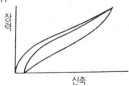

히터 [heater] 난방장치. 승용차의 실내를 따뜻하게 하는 장치에는 대부분 수냉식 엔진자동차에 사용하고 있는 온수식 히터와, 공랭식 엔진에 많고 배기가스의 열을 이용하는 배기식 히터가 있다. 온수식 히터는 엔진의 냉각수를 돌게 하여 열원으로 하고, 작은 라디에이터에 블로어로 공기를 보내어 따뜻한 공기를 얻음.

히터 컨트롤 [heater control] 실내에 돌아가는 공기의 온도 설정, 외기의 도입, 송풍구, 풍량의 조절 등을 조작하는 장치. 공조장치와 와이어 케이블로 연결하여 직접 조작하는 것이 많았지만, 푸시 버튼과 마이크로 컴퓨터로 서보 모터를 작동시키는 것으로 바뀌어 가고 있다.

히터 코어 [heater core] 대시 하부에 장착되어 있는 소형 라디에이터로서 뜨거운 냉각수가 순환한다. 차실 내의 난방이 필요하면, 팬을 돌려 뜨거운 코어를 통하여 공기를 순환시킴.

히트 댐 [heat dam] 피스톤에 설치되어 있는 슬롯이나 돌기로서, 피스톤의 열 흐름을 제한하고, 피스톤의 변형을 적게 하기 위하여 설치되어 있는 것. ⇨ 스플릿 피스톤.

히트 레인지 [heat range] 레인지는 '가지런하다, 정렬시키다, 참여시키다'의 뜻. 히트 레인지는 흡기 다기관에 열선을 설치하여 축전지 전류를 공급하면 약 400∼600W의 발열량에 의해 엔진 시동시 흡입되는 공기가 열선을 통과할 때 가열되어 흡입된다. ⇨ 인테이크 히터.

히트 릴레이 [heat relay] 릴레이는 계전기(繼電器)의 뜻. 예열 회로에 전류가 많이 흐르기 때문에 시동 전동기 스위치의 소손을 방지하기 위해 사용된다. 히트 릴레이는 예열용과 시동용으로 독립된 릴레이가 하나의 케이스에 설치되어 예열 플러그의 예열과 시동 전동기를 작동할 때 변화되지 않고 양호한 적열 상태가 유지되도록 회로를 변환한다. 또한 시동 전동기 회로에는 예열장치에 공급되는 큰 전류가 흐르지 않으므로 시동 스위치의 접점이 보호된다.

히트 밸런스 [heat balance] 연료의 연소에 의하여 얻어지는 에너지가 어떻게 분배되는가를 나타내는 것. 연료가 완전연소하였을 때 발생하는 열량을 축 출력, 배기 손실, 냉각 손실, 기계 손실의 4항목으로 나누어 표시한다.

히트 싱크 [heat sink] 전자 부품이나 소자로부터 열을 흡수하여 외부로 방산시키기 위한 구조를 말하며, 이것은 다이오드나 냉각용 방열기에 사용된다. 교류 발전기의 히트 싱크는 엔드 프레임에 설치되어 있다.

히트 인슐레이터 [heat insulator] 열을 차단하는 물건. 주로 이그조스트 파이프나 머플러, 촉매 컨버터 등 배기 계통으로부터 나오는 열이 플로어, 연료 탱크, 연료 계통 및 브레이크 계통의 파이프 등에 전달되지 않도록 하기 위하여 설치되는 물건을 말하며, 금속판으로 되어 있는 것이 보통이지만 단열재가 사용되는 경우도 있다. ⇨ 단열재.

히트 컨트롤 밸브 [heat control valve] 시동 직후의 엔진에 흡입되는 혼합기를 따뜻하게 하여 기화를 촉진하는 흡기가열장치에 부착되어 있는 밸브. 흡기 매니폴드를 배기 매니폴드와 조합하여, 기온이 낮은 상태에서는 배기가스에 의해 흡기 매니폴드를 따뜻하게 하고, 온도가 상승하면 자동적으로 히트 컨트롤 밸브가 작동하여 가열을 멈추는 것.

힌지 [hinge] 경첩. 도어나 보닛에 부착되며, 경첩의 기능을 하는 것. ⇨ 후드 힌지.

힌지 핸들 [hinge handle] 소켓 렌치를 결합하여 많은 힘으로 볼트나 너트를 풀고 조이는데 사용한다.

힐 앤드 토 [heel and toe] 스포츠 주행에서는 뺄 수 없는 테크닉이다. 오른발 끝(toe)으로 브레이크 페달을 밟음과 동시에 뒤축(heel)으로 액셀을 밟는다. 코너 입구에서 더블 클러치를 써서 시프트 다운할 때에 쓰이지만, 엔진 회전을 지나치게 내리지 않도록 하기 위해서 브레이크뿐 아니라 동시에 액셀 조작도 하는 테크닉이다.

힐 언더 토 [heel under toe] 오른쪽 발끝(toe)으로 브레이크를 밟으면서 뒤꿈치(heel)로 가속 페달을 조작하는 일. 더블 클러치로 시프트 다운을 할 때 사용하는 테크닉.

힐 홀더 [Hill-holder] ⇨ 앤티롤 장치

힘 [force] 정지하고 있는 물체의 운동을 일으키게 하는 작용 또는 움직이고 있는 물체의 속도를 바꾸거나 운동을 정지시키는 작용을 말한다. 압력, 중력, 인력, 전력, 마력 등의 뜻으로도 쓰임.

힘의 모멘트 [moment of force] 물체를 회전시키려고 하는 힘의 작용. 물체에 힘을 작용시켜 어떤 한 점의 둘레를 회전시킬 때, 이 점으로부터 힘의 작용선에 내린 수선의 길이와 힘의 크기와의 곱으로 나타냄.

증 보 편

※ 본문 중 찾아가라(⇨)는 기호에서
  괄호안의 문자가
  (본문) : 앞의 본문으로,
  (증보) : 증보편 본문으로
        찾아가시면 됩니다.

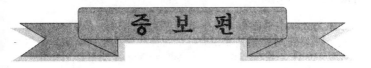

증 보 편

1997년 1월 1일   제1차 개정
2001년 6월 4일   제2차 개정

가솔린 직접 분사 [gasoline direct injection] 엔진 ⇨ GDI 엔진(증보)

가스 거절러 [gas guzzler] 가솔린을 벌컥벌컥 마시는 대형 자동차.

가스 거절러 택스 [gas guzzler tax] 대형 자동차 특별세.

가스 이터 [gas eater] 가솔린을 낭비하는 자동차.

가스 체인저 [gas changer] 가스 변환기. 액체 상태의 연료를 기체 상태로 변환시키는 것. LPG 베이퍼라이저의 류.

간헐 분사 [intermittent injection] 계속적으로 연료를 분사하는 것. 전자제어 가솔린 분사는 대부분 이 분사 방식이다. 간헐 분사에는 엔진의 회전에 동기(同期) 것이 많은데, 일부는 동기되지 않은 것도 있다.

거싯 [gusset] 보강용 덧붙임 판. 철골 구조에 있어 부재(部材)와 부재를 용접이 아닌 간접적인 방법으로 결합시킬 때 사용되는 부재를 말한다. 대부분의 경우 부재와 부재를 고정할 때 판형의 플레이트로 볼트, 리벳 등을 사용하여 결합한다.

거즈 브러시 [gauze brush] 얇고 부드러운 천모양으로서 구리(銅)로 만든 망(網)을 압축 성형한 브러시로서 모터용 브러시에 널리 사용된다.

거즈 필터 [gauze filter] 연료가 통과하는 라인에 비교적 입자가 굵은 먼지나 이물질 등의 혼입을 걸러 주는 필터.

고압 스월 인젝터 [high pressure swirl injector] 120 기압의 압력으로 연료를 분사시키는 인젝터. 연료의 평균 입자 직경이 20 μm 이하로 분사가 가능히기 때문에 기화가 빨라 연소하기 쉬운 혼합기가 형성되며, 인젝터의 니들 밸브에 고압이 가해지기 때문에 니들 밸브를 열기 위해서는 큰 전류가 필요하다. 큰 전류는 콘덴서 방전을 이용하여 전압을 일시적으로 승압시켜 대 전류를 방전시켜 인젝터 구동 전류를 공급한다.

공연비 학습 제어 [air-fuel ratio learning control] 운전 조건에 따라 미리 설정된 컴퓨터 내의 연료 분사량 데이터를 O_2 센서에 의한 피드백 신호를 이용하여 학습에 의해 자동적으로 보상(補償)하는 제어. 엔진의 차이, 가벼운 변화 등으로 발생하는 공연비의 오차가 이에 따라 자동적으로 보상된다.

과충전 밸브 [over charge valve] 플로트와 함께 충전 밸브 연속선상에 조립되어 봄베 내에 내장되어 LPG 주입시 과충전 밸브를 통하여 봄베 내로 유입 되도록 하여 과충전 방지장치의 플로트가 85% 를 감지할 경우 연료의 유입을 차단한다.

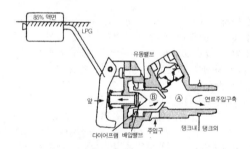

그로스 웨이터 [gross weight] 총중량. 자동차의 총중량이란 차량 중량, 최대 적재량 및 65kg에 해당하는 승객 정원들이 승차한 중량의 합을 말한다. ⇨ 차량 총중량.

그룹 분사 [group injection] 엔진의 실린더를 두 개 또는 세 개 그룹으로 나누어 대응하는 인젝터를 그 그룹마다 작동시킨다. 멀티포인트 인젝션 분사 타이밍 방식의 하나이다.

기계식 가솔린 분사 [instrument type gasoline injection] 컴퓨터를 사용하지 않고 기계적으로 연료의 양을 조절하는 기계식 노즐을 사용하는 연료 분사방식이다. 그 하나로 흡입 공기량에 따라 연료 통로가 제어되어 펌프로 가압된 가솔린이 소정의 양만큼 분사되는 Bosch의 K-Jetronic이 있다.

기록 [write] 정보를 레지스터나 주 기억 장소, 보조 기억 장소 또는 외부 출력 매체 등에 저장하는 것. 주로 자기 디스크, 자기 테이프, 자기 드럼 등에 대하여 사용되는 경우가 많다.

기통 분기 [氣筒分配] 각 기통에 각각 어느 정도의 연료가 분배되는지를 나타낸다. 기통 분배가 나쁘면 각 기통의 공연비가 달라지게 되므로 엔진이 원활하게 회전하지 못한다. 싱글포인트 인젝션이나 기화기의 경우, 이 기통 분배성이 문제가 되는 경우도 있다.

냉간 시동 인젝터 [cold start injector] ⇨ 콜드 스타트 인젝터(본문)

넌 타임드 분사 [non-timed injection] 모든 인젝터가 동시에 분사되도록 프로그래밍이 되어 있는 것으로 각각 실린더의 피스톤은 엔진 사이클의 다른 부분상에 존재한다.

네트 웨이트 [net weight] 정미(正味) 중량. 자동차의 경우 공차(空車) 상태의 중량을 로드 미터로 측정한 값 ⇨ 차량 중량.

노드 [node] 노드는 '마디, 교점, 결절점, 분기점'을 뜻하는 말로서 진동의 노드란 정상 진동 또는 정상파의 특성을 나타내는 양(변위, 압력, 속도 등)의 진폭이 0이 되는 점, 선, 면을 말한다.

노멀 오픈 솔레노이드 밸브 [Normal Open solenoid valve] ⇨ NO 솔레노이드 밸브

노멀 크로즈 솔레노이드 밸브 [Normal Close solenoid valve] ⇨ NC 솔레노이드 밸브

노크 제어 [knock control] 1개 또는 여러 개의 노크 센서를 실린더 블록 등에 부착하여 노킹 발생시에 점화시기를 늦추는 것. 지각 방법으로서는 모든 기통이 동시에 이루어지는 것과 기통별로 이루어지는 것이 있다.

뉴톤 [N ; Newton] SI(국제단위계)에서 힘의 단위. 1N은 「질량 1kg의 물체에 1m/s² 의 가속도를 주는 힘」으로서 1kgf = 9.8N. 또한 응력의 단위는 N/m² 또는 Pa(파스칼)로 1Pa = 1N/m².

다이어그노스틱 〔diagnostic〕 진단의 뜻. 컴퓨터(ECU & ECM, TCU)에서 하드웨어의 오류를 발견하고 그 원인을 찾아내는 것.

다이어그노스틱 루틴 〔diagnostic routine〕 컴퓨터 내부 각 기능의 오작동 또는 프로그램 루틴의 잘못을 발견하기 위하여 만들어진 프로그램 루틴.

다이어그노스틱 메시지 〔diagnostic message〕 운영 체제나 컴파일러, 어셈블리 등이 입력 정보를 검사하여 그 결과 오류가 발생되면 오류의 장소, 오류의 상태 등을 지적해서 출력하는 메시지

다이어그노스틱 프로그램 〔diagnostic program〕 하드웨어의 특정한 부분을 시험하여 비정상적인 기능을 체크하기 위한 목적으로 사용되는 프로그램으로서 기능상의 오류를 감지하여 그 내용을 프린트해 볼 수도 있다.

단독 제어 〔Stand-alone〕 하나의 제어 대상을 하나의 컴퓨터로 행하는 것. 예를 들면 엔진에 공급되는 연료량 만을 컴퓨터로 제어하는 것. 연료제어 이외에 점화시기, EGR 등의 제어가 있어도 컴퓨터에 의존하지 않은 기계적 제어의 경우에는 단독제어이다.

WM 〔WM-rim〕 2륜차용의 드롭 센터림. 튜브를 사용하는 형식으로서 비트 시트가 넓적하게 되어 있다. ⇨ MT림(본문)

더스트 인디케이터 〔dust indicator〕 에어 클리너에서 엘리먼트의 막힘 정도를 표시하는 장치. 엔진의 흡입 부압(負壓)으로 피스톤이 작동하고 조그맣게 뚫어 놓은 관찰용 창으로 나타나는 색깔의 분리(황·적)에 따라 엘리먼트의 청소 및 교환 시기를 가리킨다. 디젤 엔진의 대형차에 사용된다.

데드 쇼크 〔dead shock〕 차량을 고속·고부하로 연속 주행직 후 엔진을 정지한 상태로 방치하는 것. 한 여름 고속 연속 주행 후 엔진을 정지시켜 두면 엔진룸 내의 분위기 온도가 상승하여 80~100℃정도의 높은 온도상태가 된다. 따라서 고온시의 드라이버빌리티를 평가할 때 이용하는 운전모드이다.

델파이법 〔Delphi method〕 미국의 랜드코퍼레이션에서 개발한 '기술의 장래 예측법'이다. 전문가의 설문조사 결과를 종합하고 그것을 재차

전문가에게 피드백하여 재조사하게 한다. 이것을 반복함으로써 정확한 예측을 얻어내는 방법이다.

뎁스식 [depth type] 오일 필터의 엘리먼트 형식으로서 목면(木綿) 섬유 등을 도넛 형태로 채운 다음 그 두꺼운 층에 의하여 이물질이 흡착되면 여과가 이루어진다. 디젤 엔진의 분류용으로 사용되는 흡착식.

독립 분사 [sequential injection] 멀티 포인트 인젝션 장치로 각 인젝터가 독립적으로 분사하는 방식. 분사 타이밍은 각 기통의 흡입 과정 개시에 연료를 분사한다.

드라이버빌리티 [driverbility] 운전성. 여러 가지 기상조건, 여러 운전조건을 바탕으로 차량 엔진 및 동력 전달계통이 운전자의 의지대로 원활하게 작동하는지가 평가된다. 평가 방법으로는 정량적으로는 어려운 부분도 있어 시험자의 관능 평가에 의존하는 부분도 아직 많다.

드라이빙 플레이트 [driving plate] 배전기의 원심력 거버너 기구로서 거버너 웨이트의 개폐와 연동하여 캠을 진각 또는 지각하기 위한 연결판.

드래그 레이스 [drag race] 자동차 경주 중에서 코스가 가장 짧은 경기. 보통 4~5km 길이의 직선과 곡선이 섞여 있는 일반 경주 코스와는 달리 400m 직선 코스만을 달려 자동차의 직진성과 급가속을 평가한다. 2대씩 출전 15초 이내에 승부가 결정되며, 평탄한 직선 코스 400m의 거리를 주행하여 우승자를 가리는 스피드 경주로 튜닝 기술이 총동원된다. LA의 월간지 기자였던 윌리 파커가 창안해 60년대 미국 캘리포니아에서 시작되었으며, 물이 마른 호스 바닥에서 16km를 가장 빨리 달리는 지역 경기에서 착안해 400m 코스에서 가속도를 겨루는 드래그 레이스가 만들어졌다. 트랙의 길이는 400m 또는 200m가 일반적이며, 400m 트랙 경기가 가장 많이 열린다. 스타트 라인에 정렬한 2대의 차는 크리스마스 트리라 불리는 전자 계측기에 의해 기록이 측정된다. 스타트 라인을 출발하여 피니시 라인을 통과할 때 걸리는 시간 E.T(Elapsed Time)라고 하는데 이 시간을 토대로 기록이 산출되고 순위가 결정된다.

드웰각 제어 [dwell angle control] 무접점식 및 트랜지스터식 점화장치에서는 점화 코일에 1차 전류가 흐르는 시간을 드웰 기간이라 한다. 드웰각과 드웰 기간은 비례한다. 드웰각이 일정할 때 점화 코일에 저장되는 에너지는 엔진의 회전속도에 반비례하고 배터리 전압에는 비례한다. 엔진의 회전속도에 관계없이 점화 코일에 저장되는 에너지를 일정 수준 이상으로 유지하기 위해서는 드웰각을 제어하여야 한다. 드웰각 특성도를 컴퓨터에 미리 기억시키고 엔신의 회전속도와 베터리 전압의 변화에 따라 최적의 드웰각을 연산한 다음 드웰각 특성도와 비교하여 트리거 수준을 이동시켜 제어한다.

DLI 〔Distributor Less Ignition〕 디스트리뷰터를 사용하지 않는 전자배전 시스템. 하나의 이그니션 코일로 두 개의 기통에 방전을 행하는 것과 플러그 바로 위에 이그니션 코일을 1개씩 가지고 방전을 행하는 것이 있다.

DTC 〔diagnostics trouble code〕 고장 코드. 고장 부품과 고장 내용에 따라서 정보를 표현하기 위한 기호 체계. 컴퓨터 프로그램을 작성할 때는 명령과 수치를 문자에 의한 코드로 표시하고 숫자는 2진법에 의한 코드로 표현할 수 있도록 전자제어 시스템이 장착되어 있는 컴퓨터에는 고장 코드가 기록되어 있다.

디소홀 〔diesohole〕 경유나 알코올을 혼합한 연료 ⟺ 가소홀

디아이싱 솔트 〔deicing salt〕 빙결 방지제. 겨울철에 눈이 내릴 예정이거나 도로가 얼어 버릴 염려가 있을 때 빙결 예방을 위해 뿌려 주는 일종의 소금.

디지털 제어 〔digital control〕 마이크로 컴퓨터를 사용하는 제어. 마이크로 컴퓨터는 프로그램 처리가 가능하고 또한 그 처리 속도도 빠르기 때문에 제어 자유도가 크다. 현재 전자제어 가솔린분사는 거의 모두 디지털 제어이다.

래버린스 〔labyrinth〕 래버린스는 '미궁, 미로'의 뜻으로 회전하는 축의 밀봉장치는 대부분 래버린스로 케이스와 축 사이에 설치되어 실(seal)의 기능을 한다. 래버린스는 화이트 메탈, 황동 핀, 니켈 핀 등으로 끝이 뾰족하게 되어 있기 때문에 축과 접촉되어 그 부분이 녹아도 축에는 큰 손상을 미치지 않게 되어 있다. 외부로 누설되는 기체는 여러 번 좁은 틈을 지나 그때마다 압력 강하를 받는다. 모든 틈에서의 압력 강하의 합이 내외의 압력차가 일치하도록 누설량이 정해진다.

누설량은 래버린스의 틈 면적을 A, 틈의 단수(段數)를 Z이라 할 때 $\frac{A}{\sqrt{Z}}$에 비례한다.

래버린스 패킹 [labyrinth packing] 회전하는 축과 케이스의 틈새에서 기체가 누설되는 것을 방지하기 위하여 사용하는 패킹을 말한다.

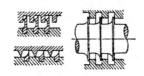

러버 그리스 [rubber grease] 식물유(植物油)에 리튬 비누를 가한 그리스. 고무 부분에 악영향을 주지 않는 특징이 있고. 브레이크의 마스터 실린더나 휠 실린더의 조립에 쓰인다.

레귤레이팅 밸브 [regulating valve] 디젤 엔진의 분배형 분사 펌프에 설치된 피드 펌프 보디에 설치되어 과잉의 연료를 피드 펌프의 흡입쪽으로 바이패스시킨다. 송유 압력이 레귤레이팅 밸브 스프링의 장력보다 낮으면 연료는 플런저 배럴(펌프실)에 공급되고 송유 압력이 스프링 장력보다 높으면 흡입 쪽으로 바이패스시켜 피드 펌프의 회전수와 관계없이 연료의 압력을 항상 일정하게 유지시키는 역할을 한다.

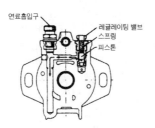

레인 거터 [rain gutter] 차체의 지붕 주변에 설치하는 빗물받이.

로 패스 필터 [low-pass filter] ① 입력 신호의 저주파 부분만을 감쇠로 통과시키는 패시브 회로. ② 앤티 로크 브레이크 시스템(ABS)에서 EBD 경고등을 점등시키기 위해 저압의 소전류가 흐르도록 한 회로.

로 프레셔 어큐뮬레이터 [Low Pressure Accumulator] ⇨ LPA(증보)

로듐 [rhodium] 기호 Rh. 배기가스 정화용의 삼원촉매 컨버터의 촉매에 백금, 팔라듐과 같이 사용되고 있다.

로크 투 로크 [lock to lock] 핸들을 한쪽 끝에서 반대쪽 끝까지 돌렸을 때 핸들의 총 회전수.

루버 [louver] 공기 흡입구 또는 배출구에 설치되어 있는 공기량, 풍량을 조절하기 위한 지붕창의 모양. 방열 구멍.

루터 [router] 고속으로 회전하는 수직 주축, 칼럼, 센터 핀을 갖추고 상하 왕복 운동할 수 있는 테이블 등으로 구성되어 평면 절삭, 키 홈 파기, 절단, 각 홈파기, 정면 절삭 등을 하는 공작기계.

루틴 [routine] 정확한 순서로 배열된 하나 이상의 명령으로서 컴퓨터에 원하는 작업을 지시하는 것. 프로그램과 같은 의미로도 사용되지만 간혹 부분적인 의미로도 사용된다. 즉, 프로그램은 입력 루틴, 메인 루틴, 에러 루틴, 출력 루틴으로 구성된다고 할 수 있으며, 이 루틴은 프로그램이나 시스템의 동작에 있어서 명확하게 정의된 기능을 수행하는 데 필요한 소프트웨어의 절차를 나타내기 위해 사용된다.

리니어식 [linear] 전자제어식 연료분사 장치의 스로틀 포지션 센서로서 가변 저항기 구조로 되어 있는 것. 스로틀 밸브의 개도(開度)에 따라 가동 접점이 저항체 위를 이동하여 회로 전압의 변화로서 변환기를 통하여 컴퓨터로 입력한다. 「linear」는 '선형'의 의미로서 접점식 센서에 대한 말이다.

리세스 [recess] 리세스는 '쉼, 휴식, 깊숙한 부분'의 뜻. ① 연소실 체적을 작게 하여 압축비를 높인 자동차 엔진이 밸브 오버랩인 상태에서는 흡·배기 밸브가 동시에 열려 있기 때문에 피스톤이 상사점에 위치한 상태에서 밸브의 작동을 방해하게 된다. 이러한 간섭을 방지하기 위해 피스톤 헤드에 깊숙하게 파 놓은 부분을 말한다. ② 두 번 굽힘의 경우 최초의 굽힘 치수에 따라서는 재료가 금형에 간섭하는 경우가 있다. 이 간섭을 피하기 위해 금형에 여유를 두는 것을 말한다.

리숄므 압축기 [Lysholm type compressor] 헬리컬 형태의 2개의 회전자가 서로 맞물고 회전함으로써 기체를 압축하거나 송출하는 기계를 말한다. 미러 사이클 엔진에 가압 과급기로 채용되어 있다.

리엔트런트형 연소실 [reentrant type cambustion chamber] 직접 분사식 디젤 엔진의 피스톤 정상 부근에 설치한 凹형 연소실로서 패인 곳이 안쪽이 넓게 되어 있는 형식. 「reentrant」란 수학 용어로 凹부위의 내각(內角)이 180°보다 큰 것.

리턴 펌프 [return pump] ABS용 하이드로릭 모듈레이터 센터에 설치

되어 있으며, ECU의 제어 신호에 의해 구동되는 모터가 편심으로
된 풀리를 회전시킴으로써 증압시 추가로 브레이크 유압을 공급하는
역할 및 감압시 휠 실린더로부터 브레이크 오일을 리턴시켜 하이드로
릭 모듈레이터 하단부에 설치되어 있는 어큐뮬레이터 및 댐퍼 체임버
에 보내어 저장케 하는 역할을 한다.

린번 엔진 〔lean burn engine〕 기존의 엔진보다 연료를 적게 사용하는
엔진. 기존의 엔진은 이론 공연비 14.7 : 1의 상태에서 연소시키는 데
비해서 린번 엔진은 희박한 공연비 22 : 1의 상태에서 운전되도록 한
엔진. 희박한 공연비 상태에서도 운전이 가능하도록 흡기 포트 2개
중 1개는 통로를 개폐할 수 있는 매니폴드 스로틀 밸브가 설치되어
한쪽의 공기 통로를 닫으면 나머지 한쪽으로 공기가 쏠려서 유입되어
유속이 빨라지기 때문에 강한 스월이 형성되어 희박한 공연비 상태에
서도 양호한 연소가 가능해진다.

릴럭터 〔reluctor〕 풀트랜지스터식 점화 장치의 디스트리뷰터에 있는
타임 코어를 말한다.

릴리스 포크 〔release fork〕 이것은 릴리스 베어링 칼러에 끼워져 릴리
스 베어링에 페달의 조작력을 전달하는 작동을 한다. 구조를 보면 요
크(york)와 핀 고정부가 있으며 끝부분에는 리턴 스프링을 두어 페달
을 놓았을 때 신속하게 원위치로 복귀된다.

마스킹 〔masking〕 ① 어떤 음에 대한 최소 기능값이 다른 음의 존재에
의하여 상승하는 현상 또는 상승을 dB로 나타낸 것. ② 내약품(耐藥
品) 피막에 의해서 가공품의 패턴을 형성시키는 처리.

마찰 댐퍼 〔friction damper〕 진동 에너지를 마찰에 의해 열에너지로 바
꿈으로써 진동을 감소시키는 댐퍼.

마찰 브레이크 〔friction brake〕 마찰력을 이용하여 제동하는 방식의 브
레이크.

마찰 이음 〔friction coupling〕 양 축을 접촉제의 마찰에 의하여 연결하
는 잡음의 총칭.

마찰 저항 〔摩擦抵抗〕 ⇨ 프릭션 레지스턴스.(증보)

마찰각 〔friction angle〕 평탄한 경사면에 물체를 올려놓고 경사면의 기울기를 점점 크게하여 물체가 금방 미끄러져 내리려고 할 때의 경사각 ϕ를 마찰각(摩擦角)이라 한다.

매니폴드 스로틀 밸브 〔manifold throttle valve〕 ⇨ MTV(증보)

맵 센서 〔manifold absolute pressure sensor〕 ⇨ MAP 센서(본문)

맵 〔map〕 ROM, RAM내에 데이터를 기억하는 형식의 하나로서 엔진 냉각수 온도에 대한 보정값과 같이 1대 1 대응을 이차원 맵, 엔진 회전속도, 흡입 공기압력에 대한 연료 분사량과 같이 두 가지 패러미터에 대응하는 것을 삼차원 맵이라고 한다.

머스키법 〔Act of Muskie〕 1970년 미국의 상원의원 「머스키」의 제안에 의하여 법제화된 「대기 정화법」이며, 이로부터 승용차의 배출가스 규제값이 제정되기 시작했다.

멀티 포인트 인젝션 〔multi point injection〕 연료를 분사하는 인젝터를 각 기통마다 배치하는 방식. 싱글 포인트 인젝션에 비해 연소실과 가까운 곳에서 연료를 공급하기 때문에 과도(過渡) 응답성이 좋고 흡기 계통의 설계 자유도가 큰 관성 과급효과를 이용할 수 있어 엔진 고출력화를 꾀할 수 있다.

메모리 〔memory〕 데이터를 축척 기억함과 동시에 필요성이 생겼을 때 이것을 빼내어 이용할 수 있도록 하는 장치. 컴퓨터가 제어하는 순서, 방법, 데이터, 제어도중에 데이터를 기억하는 기능을 가진 것. 메모리에는 기억 방법의 차이에 따라 ROM과 RAM 2종류가 있다.

메시식 컬랩서블 스티어링 샤프트 〔mesh type collapsable steering shaft〕 충돌의 충격으로부터 가는 철망으로 된 칼럼 튜브가 꺾여지면서 충격을 흡수하는 스티어링의 안전장치. ⇨ 벨로즈식 컬랩서블 스티어링 샤프트.

메탈의 장력 〔tension of metal〕 메탈의 자유 상태의 직경이 베어링 하우징의 직경보다 큰 것을 말한다. 이 장력으로 하우징에서의 밀착을 좋게 하고 있다.

모닝 로크 〔morning lock〕 ⇨ 모닝 시크니스.(본문)

모따기 〔chamfering〕 공작물의 모서리를 깎아내는 것.

무화 〔atomization〕 공기와 균일한 혼합기를 생성하기 위해 공급하는 연료를 미립화하는 것. 싱글 포인트 인젝터에서는 이 무화를 위해 인젝터 하류에 히터를 부착한 것과 배기열로 흡기관을 가열하는 것 등이 있다.

무효 분사 시간 〔無效噴射時間〕 인젝터로 보내지는 통전 시간과 실제로 인젝터가 작동하는 밸브 열림 시간과의 시간 차. 통전 시간이 길어지며, 전원이 되는 배터리의 전압에 의해 이 시간은 변화한다.

뮤 〔μ〕 그리스 문자. 계수를 나타내는데 쓰인다. 예컨대, 노면의 구름 저항 계수, 건조한 포장 도로에서는 약 $0.01 \sim 0.02\,\mu$.

미드십 〔midship〕 미드십은 배의 중앙부를 뜻하는 말로서 엔진이 뒤차축 바로 앞에 설치되어 있으며, 엔진의 동력을 후륜에 전달하여 주행하는 자동차. 포뮬러 카 등에 이용된다.

바이메탈식 에어 밸브 〔bimetal type air valve〕 열 팽창률이 다른 2매의 금속을 맞붙인 것. 전자제어 연료 분사장치에서 엔진의 워밍업 시간을 단축시키는 역할을 한다. 엔진이 워밍업되기 전까지는 게이트 밸브가 바이메탈의 수축에 의해 열리면 바이패스 통로를 통하여 흡입 공기가 증가되어 엔진의 회전수가 상승된다. 엔진이 워밍 후에는 바이메탈의 팽창으로 게이트 밸브가 닫혀 엔진의 회전수는 공회전 상태로 유지된다.

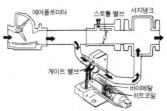

배리스터 〔varister〕 가변 저항기. 「variable resister」를 줄인 말.

백 소너 〔back sonar〕 후퇴용 음파 탐지기. 자동차가 뒤로 후퇴시에 장해물이 나타났을 때 버저나 램프로 운전자에게 알려주는 장치

백 파이어 〔back fire〕 드라이버빌리티의 평가 항목 중 하나로 엔진 흡기계통에서 혼합기가 폭발하는 현상. 공연비가 지나치게 낮은 경우

등은 실린더 내의 연소가 매우 완만해져 다음 연소과정을 위해 흡기 밸브가 열렸을 때에도 연소가 계속되므로 공기계통의 신기(新氣)에 점화하는 곳에서 발생한다.

백업 [back-up] ① CPU, 센서 등이 고장이 났을 때, 그 고장난 장치를 대신해서 시스템 기능이 정지되거나 다른 나쁜 상황이 되는 것을 방지하는 것. CPU의 경우에는 백업 전용 IC를 이용하는 것도 있다. ② 만족스런 작동을 할 수 없는 장치를 대신하여 작동하도록 준비되는 것.

밸브 리세스 [valve recess] 피스톤 정상 부위에 설치된 밸브 헤드와의 충돌을 피하기 위하여 작게 패인 곳. 밸브가 가이드와의 고착 등으로 열린 채로 되었을 때 피스톤이 상사점에서 충돌하여 쌍방이 파손되는 것을 방지하고 있다.

벌크로드 섀시 [bulkload chassis] 갓 모양으로 된 차대를 일컫는다.

베릴륨 청동 [beryllium bronze] 구리에 베릴륨 1~2.5%를 함유시킨 합금으로 담금질하여 시효 경화시키면 기계적 성질이 합금강에 뒤떨어지지 않으며, 내식성도 우수하여 기어, 베어링, 판 스프링 등에 이용된다.

베이퍼 [vapour] 연료 파이프나 인젝터, 브레이크 파이프 등에서 발생하는 액체의 증기. 여름에 고속으로 연속 주행직후나 등판 주행직후에 엔진룸 내에서 발생하기 쉽다. 이 베이퍼가 연료 통로를 막아서 엔진으로의 연료 공급이 불가능하게 하는 것을 베이퍼로크라고 한다.

벨기에 로드 [Belgian road] 대표적인 악로(惡路). 화강암의 블록을 사용하여 인공적으로 만든 시험로. 대표적인 것이 벨기에의 석첩로(石妾路)가 악로의 대명사로 되어 있다.

벨로즈식 컬랩서블 스티어링 샤프트 [bellows type collapsable steering shaft] 충돌의 충격으로부터 주름 형태의 칼럼 튜브가 꺾어지면서 충격을 흡수하는 스티어링의 안전장치. ⇨ 메시식 컬랩서블 스티어링 샤프트

복스 카 [box car] 하나의 상자 형태로 된 자동차를 말함. 변형된 형태로 1복스카, 1.5복스카가 있다. 화물을 적재하거나 승용차보다 많은 좌석을 배치할 수 있는 장점이 있다.

볼티지 레귤레이터 [voltage regulator] ⇨ 전압 조정기.(본문)

부스트 컴펜세이터 [boost compensator] 과급기가 부착된 디젤 엔진에서 과급압에 따라 연료 분사량을 증량하는 장치.

부호 〔code〕 정보를 표현하기 위한 기호 체계, 프로그램을 작성할 때는 명령과 수치를 문자에 의한 코드로 표시하고, 숫자는 2진법에 의한 코드로 표현할 수 있다.

부호 〔sign〕 어떤 값이 0보다 큰지 작은지를 나타내기 위해 사용되는 플러스(+) 또는 마이너스(−)의 기호.

불휘발성 메모리 〔nonvolatile storage〕 이그니션 스위치를 OFF시켜도 기억된 데이터가 소거되지 않고 그대로 남아있는 메모리. 고장 진단 용, 공연비 학습제어용 등으로 사용된다.

브레이크 트랙션 컨트롤 시스템 〔brake traction control system〕 ⇨ BTCS(증보)

VDC 〔vehicle dynamic control system〕 비이클 다이내믹 컨트롤 시스 템은 자동차의 스핀 또는 언더 스티어 등의 발생을 억제하여 사고를 미연에 방지할 수 있는 시스템. 자동차가 스핀 또는 언더 스티어 등의 발생 상황에 도달하면 이를 감지하여 자동적으로 내측 또는 외측 바 퀴에 제동을 가해 자동차의 자세를 제어함으로써 자동차의 안정된 자세를 유지하여 스핀 한계 직전에 자동적으로 감속하여 이미 발생된 경우에는 각 휠 별로 제동력을 제어하여 스핀이나 언더 스티어의 발 생을 방지한다. 요잉 모멘트(yawing moment) 제어, 자동 감속 제 어, TCS 제어 등에 의해 스핀 방지, 오버 스티어 제어, 굴곡 주행시 요잉(yawing) 발생 방지, 제동시의 조종 안정성 등이 향상된다. 운전 자의 조종 의지는 차속 센서, 조향각 센서, 마스터 실린더 압력 센서 에 의해 판단하고 차체의 자세는 요-레이트 센서, G 센서로부터의 정보에 의해 계산하여 운전자가 별도의 제동을 하지 않아도 4륜을 개별적으로 자동으로 제동시켜 차량의 자세를 제어한다(4륜 각각의 브레이크 유압 및 엔진의 출력 제어).

VICS 〔Vehicle Information Communication System〕 극초단파나 마이 크로파 등의 전파를 이용하여 주행중인 운전석 옆에 브라운관의 화면 으로 전방의 도로 형태나 혼잡 상태 등을 확인할 수 있는 자동차 도로 정보 시스템.

블로바이 가스 〔blow-by gas〕 연소실 내에서 피스톤 링과 실린더 벽의 틈을 통해서 크랭크 케이스 내에 새어나오는 것. 이 가스의 대부분은 미연 탄화수소[未燃炭化水素(HC)]이기 때문에 이 가스를 연소실에 환원하여 연소 처리하는 PCV(Positive Crankcase Ventilation)시 스템이 대기오염 방지라는 관점으로부터 널리 보급되고 있다.

비동기 분사 〔非同期噴射〕 일반적으로 통상의 연료분사가 엔진 회전속도에 동기되어 있는 것에 비해 시동시 및 가속시 등에는 보통 때와는 다른 타이밍에서 연료가 분사되는 것. 가속시의 대응성 등을 향상시키기 위해 이용된다.

비이클 다이내믹 컨트롤 시스템 〔vehicle dynamic control system〕 ⇨ VDC(증보)

BTCS 〔Brake Traction Control System〕 브레이크·트랙션 컨트롤 시스템은 TCS의 작동 영역에서 전륜의 브레이크 유압을 자동으로 제어하여 출발이나 가속시에 구동륜과 피구동륜과의 회전 차이로 인한 슬립 발생시 슬립을 방지하여 구동력을 확보하는 시스템. TCS 제어시에는 엔진 ECU & TCU는 제어하지 않고 브레이크 ECU만 제어를 수행한다. ABS용 하이드로릭 유닛 내부의 모터 펌프에서 발생되는 브레이크 유압으로 구동 바퀴의 제동을 제어한다.

사바테 사이클 〔Sabathe′ cycle〕 디젤 기관 사이클의 한 형식 ⇨ 복합사이클.(본문)

사이클 시간 〔cycle time〕 기억장치에 한 정보를 읽고 기억하는 데 걸리는 시간.

사이클론 여과지식 에어 클리너 〔cyclone filter〕 날개가 달린 필터로서 흡입 공기에 선회 운동을 하도록 하여 입자의 큰 먼지나 물을 원심력으로 분리하여 케이스 하부에 모아 미세한 먼지만 엘리먼트로 여과하는 방식의 에어클리너. 디젤 엔진의 대형차용으로 널리 쓰인다.

삼원 촉매 〔three way catalytic〕 이론 공연비 부근에서 CO, HC의 산화 반응과 NOx의 환원 반응이 동시에 발생하는 촉매. 따라서 촉매 컨버터는 하나로도 충분하지만 O_2 센서의 피드백으로 공연비를 정밀하게 제어할 필요가 있다.

상태 레지스터 〔status register〕 컴퓨터의 연산 결과를 나타내는 데 사용되는 레지스터로서 마이크로프로세서 장치(MPU)의 전형적인 상태 레지스터는 자리 올림수(carry digit), 오버플로(overflow), 부호, 제로 계수 인터럽트(zero count interrupt) 상태를 가지고 있다.

서모 왁스식 에어 밸브 [thermo wax type air valve] 왁스가 엔진의 냉각수에 의해 수축 및 팽창하는 특성을 이용하여 전자제어 연료 분사장치 엔진에서 워밍업 시간을 단축시키는 역할을 한다. 냉각수 온도가 낮을 때는 왁스가 수축되어 게이트 밸브가 스프링 장력으로 열려 흡입 공기가 바이패스 통로를 통하여 공급되므로 엔진의 회전수가 상승된다. 냉각수 온도가 높을 때는 왁스의 팽창에 의해 게이트 밸브가 닫혀 엔진의 회전수는 공회전 상태로 유지된다.

서징 [surging] 드라이버빌리티의 평가 항목 중 하나로서 정상 주행시나 가감속시, 차량 전후방향의 저주파수(10Hz이하)진동. 엔진의 연소 변동 등에 의해 발생하는 구동계통의 비틀림 진동이 원인이다.

서펀타인 드라이브 [serpentine drive] 1개의 벨트로 여러 개의 풀리를 구동시키는 방식.

세일런트 폴 타입 [salient pole type] 凸극형. 발전기용 로터의 한 형식으로서 이것을 사용한 예는 흔치 않다.

센더 게이지 [sender gauge] 센더를 이용한 게이지.

센더 [sender] ① 송신기나 발신장치. 전기식 원격 게이지의 송신부에 쓰이는 것이다. 이 원리를 인용한 곳은 전화의 자동 교환 방식에서 다른 장소로부터 수신한 신호를 일단 레지스터에 기억시킨 후 필요한 변환 조작을 하여 새로운 선택 신호로서 송출하는 장치. ② 자동차에서는 유압계, 수온계, 연료계 따위의 송신기에서 쓰인다.

센터 디스턴스 [center distance] 중심거리(中心距離), 커넥팅 로드의 경우 커넥팅 로드의 소단부 중심과 대단부 중심간의 거리로 커넥팅 로드의 길이라고 하며, 보통 피스톤 행정의 1.5~2.3배 정도이다. 커넥팅 로드의 길이가 길면 측압이 작고 엔진의 높이가 높아지며, 저속용 장행정 엔진이 된다. 그러나 길이가 짧으면 측압이 많고 엔진의 높이가 낮아지며, 고속용 단행정 엔진이 된다.

센티 스토크스 [CST ; centi stokes] 작동 점도 계수의 단위.

셰드 테스트 [shed test] 차량을 차고 속에 격납시킨 다음 어느 일정한 시간 동안에 시동을 걸어 이때 발생되는 연료의 증발가스(HC)를 측정하는 시험.

셰이빙 [shaving] ① 톱니를 절삭한 기어를 셰이빙 커터와 맞물려 한 층 더 고정도(高精渡)의 기어로 다듬질하는 것. ② 판금 가공에서 펀칭이나 구멍 뚫기를 한 제품의 절단면을 깎아 내어 깨끗하게 다듬질하는 것.

소염 작용 〔消炎作用〕 소염이란 화염이 확산되지 못하도록 방해하는 것을 의미한다. ① 연소실 내의 혼합기가 연소하기 어려운 조건 즉, 가속 상태에서 잔류 가스가 많거나 희박한 공연비일 경우 부분 연소 등에서 소염이 발생한다. 소염층은 연소실 벽면의 온도에 따라 영향을 받으며, 연소실 벽의 온도가 높을수록 소염층의 두께는 넓어지기 때문에 배출가스 중에 탄화수소 농도는 감소된다. 또한 탄화수소 농도는 배기 포트에 있어서도 고온이면 산화 반응에 의해 감소된다. 디젤 엔진에서는 연료가 연소실 내에 분사되어 연소되므로 실린더 벽에 혼합기의 소염층이 형성되는 경우가 없어 탄화수소의 배출이 적다. 그러나 실린더 벽면에 분사된 연료의 연소가 정지되었을 경우나 연료가 매우 희박한 부분에서 소염을 일으킬 때 등에는 탄화수소가 배출된다. 분사 노즐의 후적도 탄화수소 가스 배출의 원인이 된다. 가솔린 기관에서는 연소실에서 연료를 완전 연소시키기에 충분한 산소를 공급하여도 탄화수소는 배출된다. 그 이유는 연소실 벽면이나 피스톤 톱 랜드 크레비스 등 저온 협착부에서는 화염이 계속 진행되지 못하고 꺼지기 때문이다. 이를 방지하기 위해서는 엔진의 불필요한 냉각을 줄여서 연소실 내의 Quenching layer를 감소시키거나 냉각수 용량 및 냉각 계통을 개선하여 시동 후 패스트 아이들을 이루는 간접적인 방법도 있다. ② 압축된 혼합기 중에 노출된 점화 플러그 전극 사이에 불꽃이 발생되면 불꽃 중에서 작은 화염핵이 형성된다. 이 화염핵은 주위의 혼합기나 점화 플러그의 전극에 의해 냉각되어 화염핵의 열량이 적어지면 화염이 확산되지 못하고 소멸되어 점화가 발생되지 못하는 작용을 말한다. 또한 화염핵이 주위의 혼합기나 점화 플러그 전극에 의하여 냉각되지만 불꽃 에너지와 화염핵의 열량이 클 경우에는 연소 반응이 촉진되어 화염이 성장하고 불꽃이 소멸된 후에도 화면은 주위의 혼합기 중에 확산 전파된다.

소프트 바이크 〔soft bike〕 배기량 50cc 이하의 원동기가 장착된 자전거. 패밀리 카로서 노약자들에게 널리 애용되고 있으며, 스쿠터형으로 되어 있는 것이 많다. 3륜으로 되어 있는 것도 있다.

솔레노이드 밸브 〔solenoid valve〕 ABS용 하이드로릭 유닛에 한 쌍으로 설치되어 ABS 작동시 ECU의 제어 신호에 의해 ON 또는 OFF되어 휠 실린더의 유압을 증압, 유지, 감압시키는 역할을 한다. 내부 구조는 전원이 인가되는 코일과 아마추어로 구성되어 있으며, 브레이크 유압이 전달되는 입력부에 공급 밸브가 설치되어 있고 출력부에는 브레이크 오일을 리턴시키는 해제 밸브가 설치되어 있다.

솔리드 스커트 피스톤 [solid skirt piston] 슬리퍼 스커트 피스톤과 비교했을 때 스커트 부분을 깎아 내지 않는 피스톤을 말함. ⇨ 솔리드 피스톤.(본문)

수온 센서 [coolant temperature sensor] 엔진의 온도상태를 대표하는 것으로 엔진 냉각수 온도를 측정하기 위해 서미스터로 된 온도 센서. 이 신호는 연료량 뿐만이 아니라 점화시기, 아이들 회전속도 등의 서브제어 시스템에도 이용되므로 매우 중요하다.

스로트 [throat] 스로트는 '목' 의 뜻. ① 엔진의 실린더 헤드에 설치되어 있는 흡기 포트에 밸브 시트가 설치되어 있는 부분으로 흡기 포트가 점점 좁아지는 부분을 스로트라 한다. ② 유량 측정법의 하나로 관로의 단면을 갑자기 좁게 하여 얼마만큼 평행하게 만든 다음 다시 완만한 각도로 넓힌 벤투리관을 사용하는 데 벤투리관의 좁혀진 부분을 스로트라 하며, 유속이 거의 일정하게 된다.

스월 [swirl] 스월은 '소용돌이 치다' 의 뜻으로 공기 또는 혼합기가 실린더 내에서 원주 방향으로의 와류 현상. 실린더에 흡입되는 공기가 실린더의 축에 대하여 직각 방향으로 선회하여 흐르는 상태로 연소 속도를 빠르게 하며, 2밸브 엔진에서 잘 형성된다.

스월 인젝터 [swirl injector] 연료가 분사되면서 주변의 공기와 쉽게 혼합이 이루어지도록 와류를 이루면서 분사되는 인젝터로서 직접 분사식 가솔린 엔진에 사용한다. 부분 부하시에는 압축 행정 말기에 분사(초희박 연소)되고 전부하시에는 흡입 행정 중에 분사(일반 연소)하여 흡입 공기의 열을 흡수함으로써 기화와 동시에 흡입 공기를 냉각시켜 충진 효율이 향상된다.

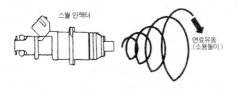

스월 인젝터

연료유동
(소용돌이)

스월 컨트롤 밸브 [swirl control valve] ⇨ SCV(증보)

스케일 〔scale〕 ① 척도(尺度) ② 축척(縮尺) ③ 눈금 ④ 자(尺) ⑤ 공기의 유통이 불완전한 노(爐)에서 풀림(annealing)을 했을 때 발생되는 산화물의 층 또는 주조(鑄造) 작업에서 쇳물에 생기는 기포(氣泡) 가스 등의 혼합물 ⑥ 때, 물 때, 가마 등에 눌어붙은 침전물, 보일러에 급수중 불순물이 침전하여 보일러 내벽에 눌어붙은 것.

스켈러튼 와이퍼 〔skeleton wiper〕 블레이드 구조를 와이어로 만들어 중앙에 힌지(hinge)로 되어 있으며 스포츠카에 널리 쓰인다.

스켈러튼 〔skeleton〕 버스 보디 구조의 일종. 골격 구조만으로 응력(應力)을 유지하고 보디 외판을 강도(强度) 부재로 하지 않은 것. 훌륭한 외부 모양과 비교적 큰 개구부(화물실 등)에 대처하기 쉽고 최신형 버스 보디이다. 프레임리스 방식에서도 응력 외피 구조는 우리나라에서는 모노코크 구조로 구별하고 있다.

스쿠터 〔scooter〕 비교적 작은 바퀴를 사용하고 다리를 크게 벌릴 필요가 없도록 되어 있는 오토바이로서 '모터 스쿠터'의 약칭이다.

스크램블 레이스 〔scramble race〕 오토바이를 이용하여 진흙탕에서 하는 경기.

스키 래크 〔ski rack〕 스키를 얹어 놓는 선반으로 된 형태를 말한다.

스태빌리티 펙터 〔stability factor〕 조향각이 일정한 선회(旋回)시에 속도를 증가시킬 경우 선회 반경이 증가 또는 감소되는 현상.

스터브 샤프트 〔stub shaft〕 ① 나무의 그루터기와 같이 굵고 짧은 샤프트. ② 인티그럴형 파워 스티어링의 컨트롤 밸브로 핸들쪽에서부터 입력하는 축(shaft)이 그 예이다.

스템플 〔stemple〕 드라이버빌리티의 평가 항목 중 하나로서 가속중에 발생하는 명확한 출력저하를 나타낸다. 원인은 공연비가 지나치게 적은 토크의 일시적인 나쁜 상태이다.

스펀지 타이어 〔sponge tire〕 해면상(海綿狀) 고무로 채워 놓은 노 펑크 타이어.

스피드 덴시티 〔speed density〕 엔진이 흡입하는 공기량을 간접적으로 계측하는 방법의 하나. 흡기관의 압력과 엔진 회전속도로부터 흡입 공기량을 추정하여 연료의 양을 조절하는 방식.

스필 밸브 〔spill valve〕 내보내는 밸브를 말한다.

스필 타이밍 〔spill timing〕 ① 디젤 엔진에서 내보내는 시기 ② 분사 펌프에서 분사 연료의 여분을 내보내는 구멍을 통해 흡입쪽으로 내보내는 시기.

슬래브 〔slab〕 두꺼운 강판을 만들기 위해 반제품 강괴(鋼塊). 제철소의 분괴(分塊) 공장에서 만들어지며 형상은 50~400mm, 폭 220~1000mm의 장방형으로 되어 있다.

슬래브 우레탄 폼 〔slab urethane foam〕 후판식(厚板式) 우레탄 포(泡) 고무.

슬립 컨트롤 〔slip control〕 트랙션 컨트롤 시스템(TCS)에서 슬립 컨트롤은 후차륜의 속도 센서에서 얻어지는 차체의 속도와 전차륜의 속도 센서에서 얻어지는 구동륜 속도와의 비교에 의해 구동 차량의 슬립비가 적정하도록 엔진의 출력 및 구동 바퀴의 브레이크 유압을 제어한다. 일반적으로 차량이 주행할 때 타이어에는 가속으로 인한 구동력과 회전에 의한 횡력이 발생하며, 이런 구동력과 횡력이 최고 효율을 얻을 수 있도록 직진시에는 슬립비가 비교적 높은 영역으로 제어하고 선회시에는 슬립비가 비교적 적은 영역으로 제어한다. 또한 자갈길과 같은 험한 도로에서 슬립비가 증대되어도 비교적 구동력을 큰 상태로 제어하여 눈길·빙판길과 같은 미끄러운 노면에서도 가속성이 우수하다.

CAN 〔Controller Area Network〕 자동차에 설치된 컴퓨터간에 신속한 정보 교환 및 전달을 목적으로 한 통신장치. 각 컨트롤러에 상호 필요한 모든 정보를 주고 받을 수 있고 어떤 컨트롤러에 추가로 정보가 필요할 때 하드웨어의 변경 없이 소프트웨어만 변경하여 대응이 가능하다

CARB 〔California Air Resources Board〕 캘리포니아주 대기자원국. 미국정부와는 별도로 대기오염을 방지하기 위해 배출가스, 메인터넌스 프리, 다이어그노시스 등의 규제를 독자적으로 행하고 있다.

CKP 〔crank shaft position sensor〕 오일 펌프 보디에 크랭크 포지션 센서, 크랭크축 풀리 외주에 신호용 이빨(signal tooth)을 설치하여 크랭크 위치 및 각속도를 검출한다. 크랭크축 풀리 외주에는 상사점 검출을 위해 2개의 신호용 이빨이 없고 크랭크 위치를 검출하기 위해 34개의 이빨이 가공되어 있다. 크랭크 포지션 센서는 10°마다 출력 신호를 보내며, 이빨이 가공되지 않은 부분을 이용하여 정확한 상사점을 검출할 수 있다. ⇨ CAS

CMP 〔camshaft position sensor〕 배전기가 없는 점화장치에서 크랭크 각 센서의 기능을 대신한다. 캠 포지션 센서에 의해 기통별로 피스톤의 위치를 검출 및 엔진 회전수를 검출하고 엔진을 제어하는 컴퓨터

에 의하여 점화시기를 결정한다.

CPS [Cam Position Sensor] 홀 소자에 의해 1번 실린더의 압축 상사점을 검출한다.

시동 인젝터 [starting injector] ⇨ 콜드 스타트 인젝터(본문)

시저 [seizure] 시저는 '붙잡기, 쥐기, 점령, 점유'의 뜻. 축과 베어링, 피스톤과 실린더 등의 미끄럼 면에서 마찰에 의한 열로 금속의 일부가 녹아서 상대편 표면에 눌어붙는 현상. 축과 베어링, 피스톤과 실린더 등에서 발생되는 원인은 오일의 공급이 부족하거나 상대의 규정 간극보다 적을 때 발생된다.

시프 [seep] ① 스며 나오다, 새다, 서서히 확산하다. ② 패킹류에서 오일이 서서히 스며 나오고 있는 상태를 말함.

10모드 일본의 자동차배출가스규제를 위한 주행모드의 하나로서 승용차와 경트럭에 이 10모드가 적용되며, 버스에서는 냉시동(冷始動)을 슈밀레이트 한 11모드도 이용되고 있다. 또한, 중량트럭, 버스에는 6모드가 적용되고 있다. 10모드의 규제치는 $CO=2.1$, $HC=0.25$, $NOx=0.25g/km$로 되어 있다.

싱글 포인트 인젝션 [single point injection] 연료를 분사하는 인젝터를 스로틀 밸브 부근에 1개 또는 2개 배치하는 방식. 센트럴 인젝션, 스로틀 보디 인젝션이라고도 한다.

아날로그 스피드 센싱 파워 스티어링 [analogue speed sensing power steering] 아날로그 속도 감응형 조향장치. 속도가 올라갈수록 주는 힘을 약하게 하여 핸들이 지나치게 가벼워지지 않도록 한 것.

아날로그 제어 [analog control] 마이크로 컴퓨터를 사용하지 않고 트랜지스터, 다이오드, IC 등의 아날로그 회로만으로 구성되는 ECU에 의해서 제어를 행하는 것.

아라비안 라이트 [Arabian light] 사우디아라비아산 원유 중 API 보메도(Baume degree 비중계 단위의 일종) 평균 34.8도를 말함. 일명, 마커 원유.

IDI [In Direct Injection] 디젤 엔진에서 연료를 예연소실 또는 와류실에 분사시키는 형식. 예연소실 또는 와류실에서 1차 연소시킨 후 고온 고압 가스가 주연소실로 분출되어 와류를 일으킴으로서 주연소실의 공기와 연료가 잘 혼합되어 완전 연소가 이루어진다.

ISC [Idle Speed Control] 아이들 회전속도제어. 엔진 냉각수온과 엔진 부하에 따라 최적의 아이들 회전속도로 제어하는 것. 스로틀 밸브를 바이패스시키는 공기량을 제어하는 방법과 스로틀 밸브 개도를 직접 제어하는 방법이 있다.

IPC [International Pacific Conference On Automotive Engineering] 태평양 자동차기술협의회. 한국, 호주, 중국, 인도네시아, 미국 및 일본의 자동차기술회가 공동으로 개최하는 태평양 지역의 특색 있는 국제회의로서 1979년에 창립되었다. 회의는 2년에 1회 개최되며 국제 협력의 장으로서 기술과 정보의 교류가 행하여지고 있다.

아이들 [idle] 엔진에 부하가 걸려 있지 않은 정상 운전상태. 엔진의 작동중에 액셀러레이터 페달을 밟지 않고 차량이 정지되어 있는 상태를 아이들링이라고도 한다.

아이들 업 [idle up] 에어컨디셔너 등의 엔진 부하가 아이들 상태에서 가해질 때 흡입 공기량을 증가시켜 아이들 회전속도를 스텝적으로 상승시키는 것. 그밖에 다른 파워 스티어링, 전기부하 등에 대응해, 복수의 전자식 변환 밸브나 ISC 액추에이터를 이용하여 아이들 업이 이루어지고 있다.

아이들 헌팅 [idle hunting] 아이들 상태에서 수초주기로 엔진 회전속도가 계속 변동하는 것. 흡기관 내의 압력 진동과 토크 진동에 의한 공진 현상이다.

알루마이트 [alumite] 알루미늄의 내식성과 강도를 높이기 위하여 알루미늄 표면에 피막을 입힌 것.

RV [Recreational Vehicle] 레저용 자동차의 약자. 일본에서는 승용차를 제외한 모든 차를 명명하는 것. 미국에서는 단순히 캠핑카를 지칭하며, 우리나라에서는 밴, 소형 트럭, 픽업 트럭, 캠핑카, 왜건, 지프 등 레저 목적의 차량을 총칭한다.

액티브 · 카본 [active carbon] 활성탄 또는 목탄에 특수처리를 가하고, 기체 또는 색소에 대한 흡착 능력을 높인 것으로 연료 탱크의 증발가스 HC를 흡착하는 차콜 캐니스터(charcoal canister)의 활성제로서 사용되고 있다.

앤티 로크 브레이크 시스템 〔anti lock brake system〕 ⇨ ABS(증보)

어큐뮬레이터 〔accumulators〕 어큐뮬레이터 및 댐퍼 체임버는 하이드
로릭 모듈레이터의 하단부에 설치되어 ABS 작동중 감압 사이클시
휠 실린더로부터 리턴되는 오일을 일시적으로 저장하는 역할을 한다.
증압 사이클시 펌프가 작동될 때 신속한 유량의 공급으로 ABS가 신
속하게 작동되도록 하며, 이 과정에서 발생되는 브레이크 오일의 맥
동이나 진동을 흡수하는 역할을 한다.

언시팅 테스트 〔unseating test〕 이탈 시험, 타이어를 림에서 이탈시킬
때 필요한 힘의 시험

언심메트리컬 패턴 〔unsymmetrical pattern〕 타이어의 비대칭형, 타이어
의 트레드 패턴은 일반적으로 대칭형으로 만들어지지만 패턴 노이즈
를 방지할 목적으로 의도적으로 비대칭으로 하는 경우를 말한다.

SCV 〔Swirl Control Valve〕 린번 엔진의 흡기 포트에서 스트레이트 포
트쪽에 설치된 밸브. 스월 컨트롤 밸브를 닫으면 헬리컬 포트측에 흐
르는 흡입 공기에 스월을 발생시켜 저중속 상태에서 희박 연소가 이
루어지도록 한다.

〈저중속시〉　　〈고속시〉

SAI 〔Steering Axis Inclination〕 전향축(轉向軸) 경사각. 프런트 휠 얼
라인먼트의 요소로서 킹핀이 실제로 존재하지 않는 독립현가 방식의
킹핀 경사각에 상당하는 것.

SOFIS 〔Sophisticated and Optimazed Fuel Injection System〕 제어 엔
진이 정속 주행으로부터 가·감속시에 발생하는 흡입 계통의 벽면에
부착되는 연료량의 변화로 인한 공연비의 오버 슈트를 감소시키고
신속히 안정화시켜 엔진의 성능, 연비, 배기의 특성을 향상시키기 위
한 제어를 말한다. 벽면에 부착되는 연료량 및 흡입 공기량의 정밀한
제어를 위하여 서지 탱크의 용량, 엔진의 회전수, 스로틀 밸브의 개도
량 등의 데이터를 이용한다.

SUV [Sports Utility Vehicle] 험한 길(off-road)에서도 주행할 수 있는 4 류 구동식 지프형 자동차를 말한다. 최근에는 일반 도로(on-road)의 주행 능력을 크게 향상시킨 도시형이 주류로 등장하는 추세이다.

에어 밸브 [air valve] 엔진의 온도 상태에 따라 아이들시의 엔진 회전 속도를 설정 회전까지 높이기 위한 공기 제어 밸브 또는 스로틀 밸브 주위에 바이패스 되는 공기량을 제어하기 위하여 바이메탈 또는 서모 왁스에 의해서 작동되는 밸브이다.

에어덤 스커트 [airdum skirt] 에어 스 포일러의 일종. 앞 범퍼 밑에 부착 하여 차체와 노면간의 기류를 막고 차체의 부양(浮揚)을 억제한다.

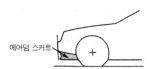

에어덤 스커트

에어플로미터 [air flow meter] 매스플로식 전자제어 가솔린 분사의 흡 입 공기량 센서의 총칭. 검출방식으로 베인식, 카르만 와류식, 핫 와 이어식, 핫 필름식 등이 있다.

ABS [Anti lock Brake System] 주행중 제동시 타이어의 로크를 방지 하는 예방 안전 시스템. 차량이 주행중 급제동 또는 노면의 악조건 상태에서 제동할 때 타이어의 로크로 인하여 차량이 제어 불능 상태 로 진행되므로 제동력의 상실 및 제동 거리가 길어지게 된다. 따라서 ABS는 타이어의 로크 현상을 미연에 방지하여 최적으로 그립력을 유지하므로 사고의 위험성을 감소시키는 예방 안전장치이다.

ABS수지 아크리로니트릭(A), 부타디엔(B), 스틸렌(S)의 3개 성분으 로 된 스틸렌계 수지의 약칭, 내충격성·내화학 약품성을 향상시킨 다용도 플라스틱.

AAS [Air Adjust Screw] 공회전시 1차 스로틀 밸브를 바이패스 하여 흐르는 혼합기의 양을 조정하는 스크루.

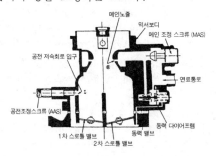

메인노즐 / 믹서보디 / 메인 조정 스크류 (MAS) / 공전 저속회로 입구 / 연료통로 / 공전조정스크류 (AAS) / 동력 다이어프램 / 1차 스로틀 밸브 / 2차 스로틀 밸브 / 동력 밸브

AAS [Auto Adjusting Suspension] 전자 제어식 서스펜션은 프런트 및 리어 서스펜션에 설치되어 있는 쇽업소버의 감쇠력을 소프트, 하드의 2단계로 설정하며, 자동 및 수동으로 조작하여 노면의 상태와 주행 조건에 따라 임의로 감쇠력을 변화시켜 쾌적한 승차감과 양호한 조종 안정성을 얻기 위한 시스템 ⇨ ECS

FISITA [Federation Internationate des Societs d'Ingeniears des Techniques del' Automobile] 국제자동차기술연합회. 1948년 프랑스 중심으로 창립되어 현재 세계 28개국, 27단체가 가맹한 자동차기술 회의 국제기관이다. 국제회의는 2년에 1회 개최되며 세계 각국의 기술자가 한곳에 모여 학술 강연회나 견학 등을 개최하여 각종 이벤트를 통해서 교류하는 것으로 되어 있다.

FIAV [Fast Idle Air Valve] 전자제어 연료 분사장치에서 엔진의 냉각수 온도에 따라 서모 왁스의 신축 작용에 의해 추가로 공기를 공급하는 장치. 엔진의 공회전수를 상승시켜 워밍업 시간을 단축시키는 역할을 한다. 엔진의 냉각수 온도가 낮을 때는 서모 왁스가 수축하여 에어 밸브를 통과하는 공기량이 추가되어 증량되며, 냉각수 온도가 상승하여 약 50℃에 이르면 서모 왁스가 팽창하여 에어 밸브에 추가로 공기의 공급이 차단된다.

FTCS [Full Traction Control System] 풀 트랙션 컨트롤 시스템은 별도의 부품이 필요 없이 ABS용 ECU가 TCS의 제어도 같이 수행하는 시스템. ABS용 ECU가 전륜(구동륜)과 후륜의 휠 스피드 센서의 신호를 비교하여 구동륜의 슬립이 검출되어 TCS 제어를 실행할 때 브레이크 제어도 수행한다. 엔진 제어용 ECU & 트랙션 제어용 TCU는 TCS의 제어를 위해 CAN 통신을 하는 버스(BUS) 라인에 슬립량에 따라 엔진 토크 저감 요구신호, 연료 차단 실린더 수 및 TCS 제어 요구신호를 전송한다. 엔진 제어용 ECU는 ABS용 ECU가 요구한 실린더 수 만큼 연료의 차단을 실행하며, 또한 엔진 토크의 저감 요구신호에 따라 점화시기를 지각한다. TCU는 TCS의 작동신호에 따라 시프트 포지션(shift positon)을 TCS 제어 시간만큼 고정(hold)시켜 킥 다운에 의한 저속단의 변속으로 가속력이 증대되는 것을 방지한다.

FPS [Fuel Pressure Sensor] ⇨ 연료 압력 센서(증보)

엑스 카 [X-car] 미국 GM사의 저연비차. 시보레 사이테이션, 폰틱 페닉스, 뷰익 스카이라이크, 올즈 모빌 오메가 등을 가리킴.

엑스듀서 각 [exducer angle] 블레이드를 밀어 회전력을 생성시킨 배기 가스는 출구로 향하지만 가스가 저항을 받지 않고 유출할 수 있도록 회전 후방쪽으로 블레이드를 비틀어 놓은 각을 말한다. ↔ 인듀서 각.

NC 솔레노이드 밸브 [Normal Close solenoid valve] 앤티 로크 브레이크 시스템(ABS)의 하이드로릭 유닛(HCU) 내부에 4개가 설치되어 있으며, 평상시는 유로가 닫혀 있고 ECU의 제어 신호를 받으면 유로가 열린다. ABS 비작동시와 유지 제어 모드 및 증압 제어 모드시에는 유로가 닫혀 휠 실린더 유압을 유지 또는 증압시키고 감압 제어 모드시에는 ECU의 제어 신호에 의해 열려 휠 실린더의 브레이크 오일을 LPA(Low Pressure Accumulator)로 리턴시켜 압력을 낮추는 역할을 한다.

NO 솔레노이드 밸브 [Normal Open solenoid valve] 앤티 로크 브레이크 시스템(ABS)의 하이드로릭 유닛(HCU) 내부에 4개가 설치되어 있으며 평상시는 열려 있고 ECU의 제어 신호를 받으면 닫혀 유로를 차단한다. ABS 비작동시와 증압 제어 모드시에는 유로가 열려 마스터 실린더에서 발생된 유압을 휠 실린더에 공급되도록 하고, 감압 제어 모드와 유지 제어 모드시에는 ECU의 제어 신호에 의해 닫혀 유로를 차단하여 휠 실린더의 압력이 높아지도록 하는 역할을 한다.

NTC [negative temperature coefficient] 온도가 상승하면 저항값이 감소하는 소자로 엔진 냉각수온 센서, 서미스터, 연료 잔량 검출기, 흡입 공기 온도 센서 등에 이용된다.

엔진 스톨 [engine stall] 엔진의 작동중 운전자의 의도와는 상관없이 정지해 버리는 것. 감속에서 아이들 상태로의 이동시 등 운전상태가 변화될 때 발생하는 경우가 많다.

엔플라 [engineering plastic] 엔지니어링 플라스틱.

LA 4모드 미국자동차배출가스규제를 위한 주행 모드로, LA에서 실제 주행 패턴을 바탕으로 만들어졌다. 규제 대상은 승용차와 경량 트럭이다. 캘리포니아주만 규제치가 다르며, NOx가 엄격하게 규제된다.

LBT [Leaner Side for the Best Torque] 최대 토크의 99.5%인 토크를 발생시키는 희박측의 공연비로 엔진 출력의 피크 값과 거의 동일한 토크를 발생시키는 희박측 공연비를 말한다.

LAN [local area network] 각종 스위치 신호 및 액추에이터 구동 신호

등을 통신용 버스를 통하여 데이터 송수신이 가능한 것으로 스위치, 액추에이터의 설치 근접 ECU에서 제어할 수 있어 배선의 경량화, 전기 기기의 커넥터 수, 접속점의 김소로 신뢰성이 향상된다.

LLC [Long Life Coolant] 롱 라이프 클런트의 약칭. 리디에이터의 냉각수에 장시간 동안 사용하여도 견딜 수 있도록 부동제(不凍劑)나 방청제(防錆劑)를 넣은 것.

LML [Lean Misfire Limit] 린번 엔진에서 연소 가능한 범위의 한계. 희박 연소의 운전 영역은 삼원촉매의 정화 기능에 의해 좌우되며, 일반적으로 공연비 $19 \sim 22 : 1$ 부근이다. 희박 연소시 연료 분사시기는 희박 연소 한계와 NOx의 배출량이 최적으로 정해야 하며, 보통 연료 분사의 종료 시점을 기준으로 흡기 행정에서 ATDC $50 \sim 90°$ 가 된다.

LT [Light Truck] 타이어 튜브의 소형 트럭용 호칭 기호.

LPA [Low Pressure Accumulator] 앤티 로크 브레이크 시스템(ABS)의 하이드로릭 유닛(HCU) 내부에 2개가 설치되어 있다. 감압 제어 모드에서는 휠 실린더에서 리턴되는 브레이크 오일을 일시적으로 저장함과 동시에 규정값 이상의 오일이 리턴 되면 ECU의 제어 신호에 의해 모터 펌프가 작동되어 브레이크 오일을 마스터 실린더로 리턴시키고 증압 제어 모드시에는 ECU의 제어 신호에 의해 모터 펌프가 작동되어 저장되어 있던 브레이크 오일을 휠 실린더에 공급하는 역할을 한다.

MBT [minimum spark advance for best torque] ① 엔진에서 최대의 토크가 발생되는 점화시기. MBT점은 노킹이 발생되기 시작하는 점화시기와 매우 인접해 있는 경우가 많기 때문에 노킹 한계를 노크 센서로 검출하여 컴퓨터가 연산한 후 노킹 영역 부근까지 점화시기를 접근시켜 엔진의 출력을 최대한 발생되도록 한다. ② 어떤 운전 조건하에서 최대의 축 토크를 발생시키는데 필요한 최소 점화진각(最小点火進角)이다. 연소실의 형상, 혼합기의 흐트러짐, 공연비 등으로 연소기간이 변하여 MBT도 변한다.

MIL [Malfunction Indicator Lamp] 전자제어 시스템의 자동차에 설치된 경고등. 각 제어장치에 트러블이 발생되면 그 시스템의 고장 코드에 맞는 점멸 신호로 나타내어 운전자에게 고장임을 경고한다.

MRE [Magnetic Resistance Element] 자기 저항 소자. 자계의 방향에 따라 저항값이 변화되는 자기 이방성 효과를 갖는 소자. 자계의 방향이 소자에 흐르는 전류의 방향과 동일할 경우는 저항값이 최대, 자계의 방향이 소자에 흐르는 전류의 방향과 직각으로 교차하는 경우는 저항값이 최소, 자계의 방향이 소자의 측면에서 수직 방향일 경우는 저항값의 변화가 없다. 차속 센서에 응용되고 있다.

MAS 〔Main Adjust Screw〕 믹서로 유입되는 LPG 유량을 조정하는 스크루. 베이퍼라이저 등 주변 장치의 고장이 없는데도 엔진의 출력 부족 또는 연료 소비가 많은 경우에 조정한다. MAS를 조여 주면 연료가 적게 공급되고 풀어 주면 연료의 유입량이 증가된다.

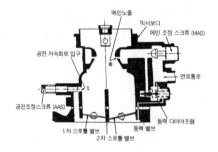

MTV 〔Manifold Throttle Valve〕 회박 연소 엔진에서 강한 스월을 발생 시키기 위하여 매니폴드에 설치된 밸브. 1개의 실린더에 흡입 포트를 2개 설치하여 1개의 흡입 포트에는 매니폴드 스로틀 밸브가 설치되어 있다. 린번 제어 영역에서 매니폴드 스로틀 밸브를 닫아 빠른 유속에 의해 스월이 발생되도록 한다. 회박 공연비 상태에서도 연소가 가능한 이유는 스월의 유동과 성층화를 이용하기 때문이다.

MPU 〔Micro Processor Unit ; 마이크로 처리 장치〕 마이크로 컴퓨터의 중앙 제어 기능을 수행하며, 그 구조에 따라 해당 시스템에 가장 적합한 궁극적인 응용 분야를 결정한다. 우수한 시스템에 대한 척도는 최

대 능력, 다양성, 단위 시간당 처리량과 설계의 용이 등이다.

연료 압력 센서 [fuel pressure sensor] 연료 공급 파이프 라인에 설치되어 있으며 검출된 압력은 전압 신호로 엔진의 ECU에 입력되어 인젝터의 연료 보정 신호로 이용된다. 센서의 출력 특성은 연료 압력의 증가에 따라 일정하게 증가된다. 고압 레귤레이터에 의해서 50kgf/cm² 이상은 증가되지 않지만 비정상적으로 압력이 증가하거나 감소할 경우에는 엔진의 ECU에서 연료의 압력에 따른 인젝터 구동 시간을 보정한다. 엔진의 ECU는 고압 모드와 저압 모드를 연료 압력 센서의 출력값에 따라서 판정한다.

연소 한계 [combustion limit] 연소실에서 혼합기가 지나치게 농후하거나 희박하면 연소가 불가능하다. 이와 같이 공기 중에 혼합된 가스성 가스의 체적비로 나타낸 것을 연소 한계 또는 연소 범위라 한다. 가장 농후한 한계를 상한 연소 한계, 가장 희박한 한계를 하한 연소 한계라 한다.

연속 분사 [連續噴射] 기화기와 동일하게 연속적으로 연료를 공급하는 분사방식. Bosch社의 K-Jetronic이 이 분사방식이다.

열연 [熱煙] 흑연이라고도 부르며, 연소실 내의 국부적인 농후한 혼합기에 의해 생성되는 탄소 입자의 부유물을 말한다.

OBD [onboard diagnosis] 다이어그노시스는 하드웨어의 구성 부품 또는 각 시스템에서 검출 가능한 트러블의 장소를 찾아 판단하는 기능. 복잡화된 전자시스템의 고장 개소를 발견하기 위하여 개발된 것으로 그 장치를 자동차에 설치한 컴퓨터에 내장시킨 것. 자동차의 제어장치에 고장이 발생된 경우 컴퓨터에서는 신호가 나오지 않는다 하더라도 이 장치의 신호 대신에 작동 신호를 발생하여 운전자가 서비스 센터까지 이동할 수 있도록 경고등을 점등시켜 알려주는 장치.

OAPEC [Organization of Arab Petroleum Exporting Countries] 아랍석유 수출국기구. 쿠웨이트, 리비아, 사우디아라비아, 카타르, 바레인, 아브다비, 알제리, 이란, 시리아, 이집트의 10개국이 참가하고 있다.

OPEC [Organization of Petroleum Exporting Countries] 석유수출국기구. 알제리, 인도네시아, 에콰도르, 카타르, 가봉, 나이지리아, 리비아 등 13개국의 국제 조직.

오버 쿨 [over cool] 과냉. 엔진의~. 쿨러의~.

오버차지 [overcharge] 과충전(過充電), 적하초과(積荷超過), 충전과다(充電過多)하다.

오버플로 〔overflow〕 컴퓨터에서 산술 연산시 생성된 값이 그것을 받아들일 레지스터나 기억장소의 용량을 초과하는 것으로서 지정된 길이의 필드보다 더 긴 필드의 내용을 옮기려할 때 발생된다.

오일리스 〔oiliness〕 유성(油性). 오일 점도 이외의 성질로서 윤활 작용에 관계하는 금속에 대한 흡착성이나 유막의 형성력 등의 요소.

오존 크랙 〔ozone crack〕 고무가 오존에 의하여 노화된 현상. 즉, 갈라진 틈이나 금을 일컫는다.

오토 디어터 〔auto theater〕 야외극장, 차 위에서 관람할 수 있는 극장.

오토 옥션 〔auto auction〕 자동차의 경매, 경매.

오토 캠핑 〔auto camping〕 자동차나 트레일러 하우스를 이용한 야영을 일컬음.

오토 컴퍼스 〔auto compass〕 자동차의 방위계. 단순한 나침반 형식이 아니고 시계나 컴퓨터를 조합하여 길을 안내하는 것도 있다.

오토 코트 〔auto court〕 자동차 여행자용 숙소=모텔(motel)

오토 파일럿 〔auto pilot〕 ⇨ 오토 컴퍼스.(증보)

오토매틱 타이머 〔automatic timer〕 디젤 엔진의 자동연료 분사시기 조절 장치. 열형 분사 펌프에서는 플라이 웨이트의 원심력으로 펌프의 캠 샤프트를 돌리고 분배형 분사 펌프에서는 피드 펌프의 토출 압력으로 구동판을 돌려서 조절한다.

O₂ 센서 〔O₂ sensor〕 ⇨ 산소 센서.(본문)

기전력
하우징 (보디어스)
다공질 백금
지르코니아 소자
대기
배기가스
다공질 백금

오프셋 〔offset〕 컴퓨터에서 어떤 파형의 기준 레벨이 제로 레벨과 달라졌을 때 그 파형은 오프셋 되었다고 하며, 그 크기는 제로 레벨에 대한 기준 레벨의 진폭으로 나타낸다.

오픈 스플라이스 〔open splice〕 박리(薄離). 타이어의 트레드, 사이드 월 또는 인너 라이너의 이음매가 벗겨지는 것.

온 보드 다이어그노시스 〔on board diagnosis〕 다이어그노시스는 하드웨어의 구성 부품 또는 각 시스템에서 검출 가능한 트러블의 장소를 찾아 판단하는 기능. 복잡화된 전자시스템의 고장 개소를 발견하기 위하여 개발된 것으로 그 장치를 자동차에 설치한 컴퓨터에 내장시킨 것. 자동차의 제어장치에 고상이 발생된 경우 컴퓨터에서는 신호가 나오지 않는다 하더라도 이 장치의 신호 대신에 작동 신호를 발생하여 운전자가 서비스 센터까지 이동할 수 있도록 경고등을 점등시켜 알려주는 장치. ⇨ OBD(증보)

요잉 모멘트 [yawing moment] ⇨ 요잉 모멘트 계수

용사 [spraying] 용융 상태의 금속이나 세라믹스 등의 입자군을 피처리물 표면에 품어서 적층 피막을 형성시키는 피복법. 부식, 내마모성, 내열 등의 목적에 사용된다.

워치독 [watchdog] 시스템이 기계적인 고장으로 휴지(休止) 상태가 되거나 또는 프로그램의 착오로 무제한의 루프에 들어가는 것을 감시하는 장치.

워치독 타이머 [watchdog timer] 컴퓨터 내에 있는 중앙처리장치(CPU)의 고장을 검출하는 타이머. 이 타이머는 통상 마이크로 컴퓨터가 정기적으로 리셋을 걸도록 되어 있지만, 루틴이 정상적으로 돌아가지 않으면 타이머가 오버플로시켜 이상을 검출하는 것.

육각 구멍붙이 볼트 [hexagon socket head cap bolt] 6각 단면의 봉(棒) 스패너를 삽입하여 돌리기 위하여 만들어진 6각 단면의 구멍이 패인 머리 부위를 가진 볼트를 말한다.

육간 너트

육각 너트 [hexagon nut] 6각형으로 된 너트. 가장 보편적으로 쓰이는 너트이다.

EBD [Electronic Brake Force Distribution] 일렉트로닉 브레이크 포스 디스트리뷰션은 후륜이 전륜과 동일하거나 또는 늦게 로크 되도록 별도의 프로포셔닝 밸브 또는 로드 센싱 프로포셔닝 밸브가 없이 ABS ECU가 제동력 배분을 조정한다. ABS ECU에 로직(logic)을 추가하여 제동시 각각의 휠 스피드 센서로부터 슬립률을 연산하여 후륜 슬립률을 전륜보다 항상 작거나 동일하게 브레이크 유압을 제어

하므로 후륜이 전륜보다 먼저 로크 되는 경향이 없어 프로포셔닝 밸브 장착시보다 후륜에 대한 제동력 향상의 효과가 있다.

EROM [Erasable Read Only Memory ; 삭제 가능 롬] 짧은 파장의 자외선으로써만 지울 수 있고 프로그램이나 데이터를 기록하기 위해서는 특별한 장비가 필요하며, 회로 내에서 프로그램화할 수 없는 ROM

ESA [Electronic Spark Advance] 전자 진각 제어. 엔진 운전상태에 최적의 점화시기가 되도록 제어한다. 전자 점화제어에서는 이밖에 통전시간 제어도 이루어지는 것이 있다.

EFI [Electronic Fuel Injection] 전자제어식 연료분사 장치.(일본 도요다 자동차에서 사용한 명칭)

EMI [Electro Magnetic Interference] 전자파 환경의 영향으로 전자장치가 오작동 등 기계상의 방해를 받는 전자파 장해. 방송국의 송신장치로부터 차재 무선기(車載無線機)까지 여러 가지 발생원이 있다.

EEROM [Electrically Erasable Read Only Memory] 전기적 신호로 그 내용을 1초 내에 지울 수 있는 기억장치로 백만 번까지 지울 수 있으며, 다시 프로그램화할 수 있다. ⇨ EROM

EEPROM [Electrically Erasable and Programmable Read Only Memory] 전기적으로 기억된 내용(자료)을 소거하거나 기록할 수 있는 롬(ROM)을 말한다. ⇨ EPROM(증보)

ETS [Electronic Throttle Valve Control System] 운전자에 의해서 조작되는 스로틀 밸브의 개도량이 액셀러레이터 포지션 센서에 의해서 엔진 제어용 ECU에 입력되면 ECU는 각종 입력 센서의 신호를 받아 스로틀 밸브의 개도량을 결정하여 전자 스로틀 밸브 제어용 ECU에 보낸다. 전자 스로틀 밸브 제어용 ECU는 엔진 제어용 ECU에서 입력된 신호에 따라서 스로틀 구동 모터를 구동하여 필요한 만큼 스로틀 밸브를 연다.

EPROM [Erasable and Programmable Read Only Memory] 강한 자외선을 쬐거나 전기적으로 내용을 지운 후 다시 프로그램을 기록하여 몇 번이고 반복 사용이 가능한 메모리. ⇨ PROM

EPS [Electronic Power Steering] 조향 조작력을 주행 조건에 따라 변화시켜 공회전이나 저속 영역에서는 가벼운 조향력으로 고속 영역에서는 안정성을 얻을 수 있는 적당히 무거운 조향력으로 자동차를 선회할 수 있도록 엔진에 의해 구동되는 유압 펌프의 유압을 전자적으로 제어하는 시스템. 차속의 변화에 대응하여 조종성과 안정성의 평형 상태를 최적화하기 위해 어시스트력을 가변 제어하여 최적의 조향력을 얻은 시스템으로 공급 유량을 제어하는 유량 제어식, 실린더의 유효 작동 압력으로 제어하는 실린더 바이패스 제어식, 유압 반력 기구에 작용하는 압력을 제어하는 유압 반력 제어식, 파워 스티어링 제어 밸브의 발생 압력으로 제어하는 밸브 특성 제어식이 있다.

EPA [Environmental Protection Agency] 미국환경보호청. 1970년에 설립된 관청으로 대기오염원의 하나인 자동차의 배출가스를 규제하고 있다. 또한 이밖에 인증시험도 담당하고 있다.

이론 공연비 [stoichiometric ratio] 연료를 완전 연소시키는 데 필요한 최소의 공기와 연료의 중량비. 가솔린의 이론 공연비는 약 14.7 : 1이다. 냉간 시동시·시동시·가속시 등에 공연비를 높일 필요가 있을 때 이외에는 삼원촉매를 사용하여 배기가스 정화를 행하는 엔진에서는 혼합기가 이론 공연비가 되도록 제어하고 있다.

이코노미터 [econometer] 경제 운전의 지표로 하는 부압계(진공계). 지침이 그린(綠)을 나타내는 것은 경제적인 상태, 옐로(黃)를 나타내는 것은 강력한 상태를 말하는 것이다.

인더스트리얼 폴류션 [industrial pollution] 산업 공해. 산업 발전에 수반하여 생기는 매연, 소음, 진동, 오수 등의 공해.

인듀서 각 [inducer angle] 임펠러는 고속으로 회전하여 공기를 흡입하기 때문에 흡입쪽 선단은 항상 유입하는 공기류와 평행으로 됨과 동시에 입구에 흐르는 속도 분포가 일정하게 되도록 입구 부근의 블레이드가 비틀어져 있는 상태의 각도를 말한다.

인코넬 [inconel] Ni에 Cr과 Fe을 함유한 합금으로 내열, 내산, 고온 강도 및 내식성이 우수하다. 전열기, 고온계의 보호판, 항공기의 배기 밸브 등에 사용된다.

인터 액슬 디퍼렌셜 [inter axle differential] 구 2축 구동 자동차의 두 축 사이에 장착되는 차동 기구로서 후 2축 특유의 선회시나 타이어 바깥 지름 차이에 따라 발생하는 2축 사이의 회전 차이를 흡수한다.

인터럽트 [interrupt ; 개입 중단] 컴퓨터 운영 체제에서 예기치 않은 일이 발생하더라도 컴퓨터의 작동이 중단되지 않고 계속적으로 업무 처리를 할 수 있도록 하는 기능. 즉, 어떤 프로그램의 실행중 제어 프로그램에서 서비스를 요구하는 예기치 않은 일이 발생했을 때 이러한 상태를 하드웨어로 포착하여 감시 프로그램에게 제어권을 인도하기 위한 기능.

인텔리전트 콕피트 시스템 [intelligent cockpit system] 다른 운전자가 운전한 후에도 종전에 맞춰 놓은 자기의 운전 위치로 시트나 미러 등이 자동 조정하는 시스템.

일렉트로닉 브레이크 포스 디스트리뷰션 [electronic brake force distribution] ⇨ EBD(증보)

임플리케이티드 폴 타입 [implicated pole type] 조극형(爪極型) 또는 에워싼 상태를 말함. 발전기용 로터의 한 형식으로서 많이 사용된다= 런델형(Lundell type).

자기 고장진단 [self diagnosis] 마이크로 컴퓨터 자체에서 센서로부터의 입력 신호가 적당한가, 액추에이터가 바르게 작동하고 있는가, 프로그램이 바른 스텝으로 작동하고 있는가 등을 진단하는 것.

자리 올림수 [carry digit] 어느 숫자 위치의 합 또는 곱한 값이 숫자 위치에서 표현 가능한 최대수를 넘을 때에 다른 곳에서 처리하기 위해 이송되는 숫자.

재시동 [再始動] 엔진을 정지한 후, 엔진의 온도가 내려가지 않은 상태에서 다시 시동하는 것. 고온에서 고속 고부하 주행 후 재시동하는 데까지의 시간(재시동성)은 드라이버빌리티의 중요한 평가항목이다.

전자 스로틀 밸브 제어 [electronic throttle valve control system] ⇨ ETS(증보)

전자 제어 파워 스티어링 [electronic power steering] ⇨ EPS(증보)

제로 계수 인터럽트 [zero count interrupt] 계수기 펄스 인터럽트에 의해 클록 계수기 값이 0으로 되었을 때 발생하는 인터럽트.

조밀 육방 구조 [hexagonal closed packed] 그림과 같이 원자(原子)의 배열 방식으로 된 것. 티탄, 지트코뮴, 아연 등이 이와 같은 원자 배열로 되어 있다.

중량 질량 〔重量流量〕 유량을 표현하는 방법 중 하나로서 엔진의 연소상 태에 관계되는 혼합기의 공연비는 중량비이므로, 흡입 공기량을 계측 할 경우 대기압 등에서 변하는 체적유량보다도 공기량을 정확하게 계측하므로 보정이 불필요하다는 장점이 있다.

중력 가속도 센서 〔gravitational acceleration sensor〕 ① 중력에 의해 물 체에 작용하는 가속도를 반도체 피에조 효과 또는 롤러의 회전 질량 을 이용하여 검출하는 센서. ② 차체에 가해지는 가속도를 검출하는 센서. 센서는 차동 트랜스 회로 등으로 구성되어 ECS, ABS, 에어백 등에 사용되며, 차동 트랜스 내의 롤러는 통상 코일의 중심에 정지하 고 있지만 차체에 가감 속도가 가해지면 롤러가 이동하고 롤러의 변 위량에 따른 전압이 발생되어 가감 속도의 크기를 검출한다.

GDI 〔gasoline direct injection〕 엔진 일본 미쓰비시의 엔진 명칭. 디젤 엔진과 같이 연소실 내에 직접 연료를 분사시키는 엔진. 부분 부하시 에는 압축행정 말기에 연료를 분사시켜 점화 플러그 우위의 공연비를 농후하게 하는 성층 연소로 초희박 공연비(25~40 : 1)에서도 쉽게 점화가 가능하며, 고부하시에는 흡입 행정 초기에 연료를 분사(이론 공연비)하여 연료에 의한 흡입 공기의 냉각으로 충진 효율을 향상시 킨다. 실린더 내에 연료를 직접 분사시키기 때문에 흡기 포트의 벽면 에 연료가 흡착되는 월 웨팅 현상도 감소시킬 수 있다.

G 밸브 〔G-valve〕 앤티로크 브레이크 제어 밸브의 일종. 제동시에 차 량의 가속도(G)에 따라서 이동하는 볼(ball)로서 유로(油路)를 개폐 하고 유압제어 개시점을 결정하는 역할을 한다. ⇨ 프로포셔닝 밸브 (P밸브)

G 센서 〔gravitational acceleration sensor〕 ⇨ 중력 가속도 센서(증보)

집중 제어 〔centralized control〕 연료 분사량 뿐만 아니라, 점화시기, EGR 등 복수의 제어대상을 하나의 컴퓨터로 제어하는 엔진 전자제 어 시스템.

차일드 시트 [child seat] 어린이를 위한 안전 보조용 승차 장치. 어린이 체형에 맞도록 되어 있으며 시트 벨트에 연결하여 고정하도록 되어 있다.

청연 [靑煙] 난기 운전시 배기관 출구에서 가깝게 떨어진 곳에서 볼 수 있는 약간의 점성이 있는 액체의 물질로 소량의 산소가 포함된 탄화 수소의 혼합물을 말한다.

체적유량 [volumetric flow rate] 유체의 체적으로 나타낸 유량. 카르만 와류식 에어플로미터 등으로 비교적 계측이 간단하지만 엔진의 연료 양을 조절하는 데 이용할 경우에는 대기압, 온도 등에 의해 변하므로 보정하여 사용하여야 한다.

출력 공연비 [output air fuel ratio] 출력이 최대가 되는 공기와 연료의 중량비. 가솔린 엔진의 경우, 이론 공연비보다 조금 높은 약 12.5 : 1 이다. 출력은 최대가 되지만 공기의 부족으로 열효율은 저하된다.

카베큐 [carbecue] 폐차를 불로 가열하여 압축한 다음 쇠뭉치 쓰레기로 처리하는 것. 고기를 굽는 바베큐로부터 힌트를 얻어 만든 용어.

카본 트럭 [carbon truck] 카본에 의한 단락. 배전기 내부가 카본에 더럽혀져서 고압 전류가 단락하는 것.

카티온 전착 도장 [cation electro painting] 수지계 도료의 전착 도장에서 도료의 입자를 플러스 ⊕로 대전시켜 마이너스 ⊖극의 피도물에 석출된 도막을 소부 건조하는 방법을 「카티온 전착」이라고 한다. ⇔ 아니온(anion ; 음이온) 전착.

캐브 컨트롤 밸브 [cab control valve] 에어 브레이크 자동차의 스프링 브레이크 안전 장치의 일부로서 운전석에 부착된 인출식 밸브. 주행 중에는 개방되어 있으나 리어 에어 탱크의 공기압이 규정값 이하로

되면 자동적으로 스프링의 힘으로 닫혀지면서 리어 브레이크가 작동
하도록 되어 있으며 주차 브레이크로서도 이용되고 있다.

캐패시티브 디스차지 이그니션 [capacitive discharge ignition] ⇨ CDL
(본문)

캡슐 [capsule] 계기 등을 보관하는 기밀 용기. 밀폐된 용기를 가리켜
일반적으로 '캡슐'이라고 한다. 특히, 초고공 항공기, 우주선 등의 조
종실 및 승무원실을 말한다. 캡슐 내부는 기밀이 유지되고 주어진 압
력으로 공기 조절이 가능하게 되어 이다.

컨셉트 카 [concept car] 기술적 문제나 비용, 현실보다는 자동차 회사
의 철학과 이미지가 담겨 있는 미래형 자동차. 모터 쇼 등을 위한 전
시용 자동차로서 단 1대 밖에 만들지 않는 경우도 있다.

컨스트럭션 비클 [construction vehicle] 건설 차량. 엑스카베이터, 크람
셀, 스크레이퍼, 타이어 롤러, 탠덤 롤러, 탬핑 롤러, 트랙터와 트레일
러, 드래그 쇼벨, 드래그 라인, 버켓 로더, 백호, 파워 쇼벨, 불도저,
프로그램머, 머캐덤 롤러, 레미콘-카 등 용도에 의한 종류가 많다.

타이어 롤러

컴퓨터 최저 작동전압 [最低作動電壓] 컴퓨터가 정상적으로 작동하기 위
해 필요한 전압의 하한 값. 자동차에 탑재되는 컴퓨터의 경우 전원이
되는 배터리 전압이 온도, 전기부하 등에 의해 변동되기 때문에 이
최저 작동 전압이 중요한 성능의 하나가 된다.

컴프레션 하이트 [compression height] 압축 높이는 피스톤 핀 중심선에
서 톱 랜드 최상부까지의 높이로서 압축 높이가 짧으면 피스톤의 전
체 길이를 짧게 할 수 있어 엔진을 회전속도를 고속화할 수 있고 피스
톤의 중량을 가볍게 할 수 있는 장점이 있다.

K카 [K-car] 크라이슬러사의 절약형 연비 자동차. 프리마스 릴라이언
트, 닷지 아리에스 등의 자동차 종류가 여기에 해당된다.

코디에라이트 [cordierite] 규산염의 광물. 배기가스용 촉매 컨버터의 펠
릿의 모재(母材)로서 사용하고, 그 표면에 촉매(팔라듐＋백금)을 부
착시켜 표면적을 크게 하고 있다.

코로이덜형 〔toroidal type〕 직접 분사식 디젤 엔진의 연소실 형태의 일종. 피스톤 정상 부근에 패인 곳이 도넛 형태로 되어 있는 모양(깊은 접지형). 'toroidal'이란 수학의 전문 용어로서 「도넛 모양」을 의미함.

코뮤테이터 〔commutator〕 ⇨ 정류자(본문)

콜릿 〔collet〕 ① 엔드 밀과 자루가 달린 밀링 커터를 끼워 넣는 공구, 어댑터와 함께 밀링 머신에 장착하여 엔드 밀을 보호 지지한다. ② 밸브 스프링의 리테이너를 고정시키는 분할 코터.

콤퍼지트 사이클 〔composite cycle〕 합성 사이클 ⇨ 복합 사이클(본문)

크랭크 포지션 센서 〔crank position sensor〕 ⇨ CPS(본문)

크로 바 〔crow-bar〕 쇠로 만든 지렛대, 철봉

크리스크로스 패치 〔crisscross patch〕 타이어 수리용 받침.

크리퍼 기어 〔creeper gear〕 기어가는 것같이 늦은 저속 기어.

클래드 〔clad〕 clothe의 과거, 과거분사. '다른 금속을 입히다, 피복(被覆)금속'이라는 뜻을 지님.

클래딩 〔cladding〕 ① 하나의 금속을 다른 금속으로 덮는 공정이며 보통 2개의 금속을 겹쳐 압연, 압출하고 인장 또는 틀에 넣어 압착(壓着)하여 일체로 하는 것 ② 원자로 연료를 싸기 위한 금속으로서 연료의 부식을 방지하고 분열생성물이 냉각재 속으로 새어나가는 것을 방지한다.

클로로프렌 고무 〔chloroprene rubber〕 아세틸렌, 부타디엔을 원료로 하는 클로로프렌 모노마를 혼합시킨 고무로서 통칭 「CR」 혹은 「네오프렌 고무」라고도 불리우고 있다. 자동차용 부품으로서는 호스나 부시류에 많이 사용되고 있다.

클린 버닝 〔clean burning〕 핫 와이어가 이물질에 의해 오염될 경우 측정 정밀도가 저하되는 것을 방지하기 위하여 핫 와이어를 전기적으로 스스로 가열되어 청소하는 자기 청정 기능을 말한다.

클링커 〔clinker〕 소괴(燒塊), 쇠의 녹. 목탄가스 발생로 등에 생기는 광재(鑛滓).

타르가 톱 [targa top] 전복시(戰覆時)에 안전을 도모하기 위하여 지붕에 강도(强度) 부재를 사용한 개방형 차체. T-바 루프와 같은 종류임.

타이머 컨트롤 밸브 [timer control valve] ⇨ TCV(증보)

타이머 [timer] ① 컴퓨터에서 경과 시간을 기록하고 프로그램의 지정에 의한 작동, 판독, 리셋을 행하며, 또 프로그램의 실행 시간을 기록하기도 하는 장치. ② 컴퓨터에서 현재의 시간을 기록하기 위한 것으로 실시간 시스템 등에서 단말기로부터의 조회 시간을 기록하거나 일정 시간에 프로그램을 시작시키는 기구. ③ 여러 사람이 동시에 사용하는 컴퓨터 시스템에서 어떤 한 사용자가 프로세서를 오랫동안 점유하지 못하게 하기 위해 지정된 시간 간격이 경과되면 인터럽트를 걸어서 프로세서를 다른 사람이 사용할 수 있도록 시간을 알려주는 장치.

타이밍 컨트롤 밸브 [timing control valve] ⇨ TCV(증보)

타임드 분사 [timed injection] 각각의 실린더에 대한 연료의 공급이 엔진 사이클 내에 동일한 위치에서 연료를 분사하는 것.

타코미터 [tachometer] ⇨ 태코미터(본문)

터프트라이드 처리 [tufftride process] 샤프트, 기어 등의 재료를 연질화시켜 내마모성(耐磨耗性)이나 내피로성(耐疲勞性)을 향상시키기 위한 열처리. 액체 침질법(液體浸窒法)의 일종으로 터프트라이드라고 일컬어지고 있다. 연질화용 염욕(軟窒化用鹽浴)을 350~570℃로 유지하여 여기에 30%의 공기를 항상 공급하고 그 속에서 대상물을 20~30분 가열하여 냉각하면 된다. 소재는 미리 담금질, 뜨임(550~600℃) 처리를 해두어야 한다.

텀블 [tumble] 텀블은 '전락, 전도, 공중제비, 뒹굴다'의 뜻으로 공기 또는 혼합기가 실린더 내에서 수직 방향으로의 와류 현상. 실린더에 흡입되는 공기가 실린더의 축에 대하여 직각 방향으로 선회하여 흐르는 상태로 연소 속도를 빠르게 하며, 4밸브 엔진에서 잘 형성된다.

텀블 스월 컨트롤 밸브 〔tumble swirl control valve〕 ⇨ TSCV(증보)

토너먼트 와이퍼 〔tournament wiper〕 =스켈러튼 와이퍼.

토르소 라인 〔torso line〕 승객이 앉았을 때 자세를 나타내는 기준선.

토르소 〔torso〕 ① 미술에서 인체의 몸통이나 머리와 손발이 없는 나체 조각상을 말한다. ② 자동차에서는 차체의 설계시에 사용되는 용어.

튜닝 〔tuning〕 ① 튜닝은 조율의 뜻, 엔진 튜닝은 기존의 차량을 지금보다 더 나은 성능을 추구하고자 하드웨어의 개선과 하드웨어가 가지는 모든 성능을 100% 발휘하는 운전 변수를 최적화시키는 작업. 좋은 튜닝은 전체적인 균형을 유지하며, 무리 없이 엔진의 기본적인 성능으로 출력이 되거나 성능을 향상시키는 것이다. ② 공진 회로에서 회로 또는 주파수를 변화시켜 특정한 주파수로 공진을 일으키게 하는 것을 말한다. ③ 악기 소리의 높이를 조정하는 것.

트라이보미터 〔tribometer〕 마찰계

트래픽 워든 〔traffic warden〕 교통 지도관. 주차 위반 단속, 아동이나 노약자 등을 위하여 안전하게 지도하는 경찰 보조원.

트랙션 컨트롤 밸브 〔traction control valve〕 ⇨ TC 밸브(증보)

트랜스미션 제어 〔transmission control〕 차속과 액셀러레이터 페달의 움직임 등에 따라 최적의 변속 기어위치를 설정하는 제어. 기계식보다 더욱더 세밀한 제어가 가능한 전자제어식의 2종류가 있다.

트레이스 컨트롤 〔Trace Control, 추적제어〕 트랙션 컨트롤 시스템(TCS)에서 트레이스 컨트롤은 운전자의 스티어링 휠 조작량과 액셀러레이터 페달의 밟은 양과 이때의 비구동륜의 좌, 우측의 속도 차이를 검출하여 구동력을 제어함으로써 안정된 코너링(cornering)이 이루어지도록 하는 역할을 한다. 코너링 중 가속하는 경우에는 원심력이 어느 한계를 넘어서면 조향각을 증가시키지 않으면 언더 스티어링(under steering)이 증대된다. 조향각을 증가시키는 경우에는 선회 반경이 작게되어 횡력이 급격히 증가하나 차량의 움직임에는 지연이 있으므로 사전에 차량의 움직임을 예측하여 적절한 구동력을 얻어야 한다. TCS는 이러한 상황에 도달하기 전에 운전자의 의지를 센서로부터 입력 연산 후 자동으로 제어하므로 안정된 선회를 위한 구동력 제어를 위해 엔진의 출력을 감소시킨다. 후차륜의 속도 차이로부터 회전 반경과 평균값으로부터 차체의 속도를 연산하여 두 값을 이용한 횡력을 구하여 기준값을 초과하는 경우에는 구동력을 제어한다. TPS로부터 운전자의 가속 의지를 판단하여 액셀러레이터를 밟은 상태에서도 적실한 조향이 가능하다.

TC 밸브 [traction control valve] 앤티 로크 브레이크 시스템(ABS)의 트랙션 컨트롤 밸브는 ABS 작동시나 평상시는 열려 있다가 브레이크·트랙션 컨트롤 시스템(BTCS)의 작동시에는 닫혀 브레이크 오일을 하이드로릭 셔틀 밸브(hydraulic shuttle valve)를 통하여 유압 펌프로 전달하는 역할을 한다.

TCV [Timer Control Valve & Timing Control Valve] 전자제어 분배형 인젝션 펌프의 타이머 고압실 내의 압력을 제어한다. 본체 중앙부의 측면에 연료 흡입구가 있고 흡입구 내부에는 연료 필터가 부착되어 있다. 측면의 흡입구는 선단의 송출구와 연결되어 있으며, 송출구 내부에는 니들 밸브가 설치되어 타이밍 컨트롤 밸브에 전류가 흐르면 니들 밸브는 자력에 의해 이동되어 송출구가 열린다. 분사 타이밍의 변화는 타이머 고압실 내의 압력을 제어하면 타이머 피스톤의 움직임이 롤러 홀더에 전달되어 변화된다.

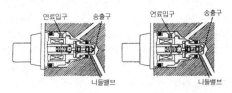

연료입구　송출구　　연료입구　송출구

니들밸브　　　　　니들밸브

TCU [Transmission Control Unit] 엔진 및 자동 변속기에 설치된 센서들로부터 정보를 받아 댐퍼 클러치 및 자동 변속기의 작동을 제어하는 역할을 한다.

TSCV [Tumble Swirl Control Valve] 린번 엔진에서 세컨더리 흡기 포트에 설치된 밸브. 린번 운전 영역의 저중속에서는 텀블 스월 컨트롤 밸브를 닫아 스월을 향상시키고 고속 영역에서는 밸브를 열어 텀블을 향상시키는 역할을 한다.

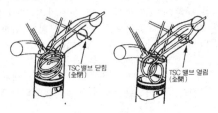

TSC 밸브 닫힘
(全開)　　　　TSC 밸브 열림
(全開)

파라 트랜지트 [para transit] 준 공공교통기관. 승합택시, 자가용차의 공동 사용, 미니 버스에 의한 부정기 수송, 디멘드 버스 등의 새로운 교통기관.

파이어 트럭 [fire truck] 소방 자동차. 「fire fighting truck」의 통칭.

파커라이징 [parkerizing] 철강에 Mn, Fe의 인산염(燐酸鹽) 피막을 입히는 방청법(防錆法), Mn 및 Fe의 인산염을 함유한 약산성(弱酸性) 인산 수용액을 끓여서 그 속에 철강을 담그면 표면에 피막 처리가 된다.

판독 [read] ① 입력장치로부터 데이터를 받아들이거나 내부 기억장치 또는 보조 기억장치로 데이터(정보)를 옮기는 것. ② 기억장치 또는 기억 매체로부터 데이터를 꺼내는 것.

팔라듐 [palladium] 기호 Pd. 딱딱하고 부식(腐蝕)에 대해서는 강한 백금속. 산화촉매 컨버터의 산화촉매로서 사용된다.

패러미터 [parameter] 패러미터는 '조변수(助變數), 매개 변수(媒介變數), 모수(母數), 특질, 한정 요소, 요인, 제한 요소, 한계'의 뜻: 일반적으로 특성값을 말함. ① 일정한 조건하에서는 변화가 없지만 여러 가지 조건이 변화되면 다른 값으로 변화되는 2중의 성격을 지니고 있다. ② 시스템의 성질을 주는 물리적인 양으로 그 값은 계통에 고유한 것. 계통에 주어지는 특정의 입력에 반응하여 생기는 계통의 출력 또는 계통의 상태 변화를 결정하는 역할을 담당한다.

팬터그래프 잭 [pantograph jack] 전차의 팬터그래프와 닮은 마름모꼴 틀의 신축을 이용한 기중기(起重機). 승용차에 흔히 사용되는 긴급용 잭이다.

퍼지 제어장치 [fuzzy control unit] 하나의 틀림도 없는 컴퓨터의 'YES, NO'의 2극화된 판단 아래 인간 사회에서 애매함을 도입하는 것으로 최적의 조건을 끄집어 내어 급발진・급정지가 적게 될 수록 원만한 운전을 가능케 하는 장치. 열차의 자동운전장치가 그 일례이다.

펄서 코일 [pulser coil] 반도체식 점화장치 내에 콘덴서 방전식(CDI)의 여자 코일과 조화를 이루어 발진하는 코일.

페일 세이프 [Fail Safe] 센서, 액추에이터 등에 고장이 발생되어도 시스템 진체는 안전하게 작동할 수 있는 구조를 갖추어 안전성 향상을 꾀하는 것.

페일 오퍼러블 〔Fail Operable〕 센서, 액추에이터 등에 고장이 발생되어 시스템의 정상적인 제어가 불가능한 때에도 안전하게 주행할 수 있는 것. 다이어그노시스에서 고장이라고 판단된 센서로부터의 신호에 대해서는 미리 설정되어 있는 설정값으로 대용한다.

펠트 〔felt〕 양모(羊毛)나 기타 짐승털을 비누 온액(溫液)이나 황산(黃酸) 온액에 담구었다가 압축하여 만든 천 모양의 제품. 용도는 보온재, 방음재(防音材), 여과재(濾過材), 연마재 등에 쓰인다.

폴리트로프 곡선 〔polytropic curve〕 폴리트로프 변화를 나타내는 곡선. 즉, PVn＝일정(단, n은 폴리트로프 지수)의 관계식이 그리는 곡선.

표면 거칠기 측정기 〔surface roughness tester〕 표면 거칠기를 읽는 측정기. 크랭크 축의 메인 및 핀 저널 등 표면의 거칠기를 측정한다.

표면 조도계 〔surface roughness measuring instrument〕 기계 및 재료의 표면 거칠기를 측정하기 위한 것. 기계 표면을 그 평균면에 직각으로 절단 했을 때 나타나는 단면 곡선을 측정한다. 일반적으로 촉침법(觸針法)이 널리 사용되나 작용 범위에 따라 광절단법(光切斷法), 광파 간섭법, 광선 반사법 등이 사용되기도 한다.

풀 트랙션 컨트롤 시스템 〔full traction control system〕 ⇨ FTCS(본문)

풀 플로팅 베어링 〔full floating bearing〕 터보차저의 터빈 및 컴프레서의 샤프트에 이용되고 베어링이 하우징과 샤프트 사이에서 오일에 의하여 떠 있기 때문에 내구성이 좋고 고속 회전에 적합하다.

프로판 토치 〔propane torch〕 냉매 프레온의 누출 검지기

프릭션 〔friction〕 한 물체가 다른 물체의 면과 접촉하여 운동을 하고 있을 때 양쪽 면(面) 사이에서 이 운동을 저해하려는 힘이 작용한다. 이 현상을 마찰(摩擦)이라고 하며 그 힘을 마찰력(摩擦力)이라고 한다. ⇨ 마찰(본문)

프릭션 댐퍼 〔friction damper〕 ⇨ 마찰 댐퍼(증보)

프릭션 레지스턴스 〔frictional resistance〕 마찰저항. 즉, 마찰로 인하여 발생하는 저항.

프릭션 로스 〔friction loss〕 ⇨ 마찰 손실(본문)

프릭션 브레이크 〔friction brake〕 ⇨ 마찰 브레이크(증보)

프릭션 앵글 〔friction angle〕 ⇨ 마찰각(증보)

프릭션 커플링 [friction coupling] ⇨ 마찰 이음(증보)

프릭션 클러치 [friction clutch] ⇨ 마찰 클러치(본문)

플러터 [flutter] ① 엔진의 회전 속도가 높아지면 피스톤 링이 링 홈 내에서 상하 방향이나 반지름 방향으로 진동하여 가스 누설에 의한 엔진의 출력 저하 등이 발생되는 현상. 방지법으로는 지름 방향의 폭을 증가시켜 링의 장력을 높여 면압을 증가시키고 링의 중량을 감소시켜 관성력을 감소시킨다. ② 날개에 작용하는 공압적(空壓的)인 힘에 의해서 발생되는 자려 진동(自勵振動)을 말한다.

플레어 [flare] ① 파이프의 끝 부분을 원뿔 모양으로 가공하여 결합이 원활하게 이루어지도록 한 부분. ② 내면 반사 또는 광학 소자에 의한 산란(散亂) 때문에 상면(像面)에 확산되는 빛을 말한다.

P 밸브 [proportioning valve] ⇨ 프로포셔닝 밸브(본문)

PROM [Programmable Read Only Memory] 프로그램이 가능한 기억 장치로 ROM은 그 내용이 마지막 제조 과정에서 결정되는데 비해 PROM은 가열기(burner)와 같은 특수 장비를 이용하여 짧은 시간에 고압으로 전자적 충격을 가함으로써 사용자가 원하는 논리 기능을 갖도록 할 수 있다. 어떤 PROM은 특수 장비를 사용하여 그 내용을 지우고 다시 프로그램화할 수 있다.

PL [Product Liability] 제조물 책임법. 기업이 생산 혹은 판매한 제품에서 소비자나 사회에 대하여 품질·기능·효용 등의 책임을 져야 한다는 법률. 미국 각 주에서 법률화되어 결함차에 대한 메이커 책임을 추궁하고 있지만 너무나도 광범위하게 적용되기 때문에 우리나라에서의 수입차도 고통을 받고 있다. 그러나 한국에서도 소비자 보호의 목적 아래 이 법제화가 검토되고 있다.

피드 펌프 [feed pump] 디젤 엔진의 분배형 분사 펌프 드라이브 샤프트 하우징 내에 설치된 베인형 피드 펌프는 연료 탱크로부터 연료를 흡입 가압하여 플런저 배럴(펌프실)에 공급한다. 드라이브 샤프트에 의해 로터가 회전하면 베인은 원심력에 의해 로터의 바깥쪽으로 벌어져

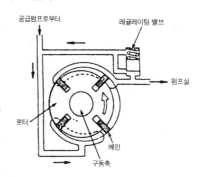

공급펌프로부터 레귤레이팅 밸브

펌프실

로터

베인

구동축

베인과 베인 사이에 작은 공간이 형성되어 연료가 흡입되고 로터가 회전하면서 체석이 변화되기 때문에 연료가 압축되어 토출 포트로 송출된다.

피롬〔programmable read only memory〕 ⇨ PROM(증보)

피에조 저항 효과〔piezo resistance effect〕 반도체에서 압력에 의하여 결정의 균형이 변하면 저항률이 변화하는 것.

픽업 코일〔pick up coil〕 반도체식 점화장치 내에 트랜지스터식의 시그널. 제너레이터(여자 코일)와 조(組)를 이루어 발진하는 코일.

하이 프레셔 어큐뮬레이터〔High Pressure Accumulator〕 ⇨ HPA(증보)

하이드로릭 셔틀 밸브〔hydraulic shuttle valve〕 ⇨ HSV(증보)

하이드로릭 유닛〔hydraulic unit〕 동력 공급원과 모듈레이터 밸브 블록(modulator valve block)으로 구성되어 있다. 동력은 DC 모터에 의해 작동되며, 스피드 센서에 의해 감지되고 있는 제어 펌프에 공급된다. 또한 밸브 블록에는 각 제어 채널에 대한 한 쌍의 솔레노이드 밸브가 내장되어 있다. ABS 작동시 ECU에서의 신호에 의해 모터 펌프를 작동시켜 휠 실린더에 공급되는 브레이크 유압을 제어하는 역할을 한다.

하이드로타더〔hydrotarder〕 「hydraulic retarder」를 줄인 말로서 유체 감속기라고 명명한다.

하이브리드 자동차〔hybrid vehicle〕 엔진과 모터를 결합한 자동차. 98년 일본 도요타 자동차에서 프리우스라는 차명으로 세계 최초로 양산을 개시. 각 주요 자동차 메이커에서 전기 자동차의 선행 개념으로 석유계 엔진과 전기 자동차를 결합한 절충형 하이브리드 자동차를 개발하고 있다. 엔진과 전기 모터가 결합된 하이브리드 시스템은 엔진과 동력용 배터리, 발전기, 모터, 인버터, 무단 변속기 등의 주요 유닛으로 구성된다. 구동용 모터는 변속기의 내부에 설치되어 있고 발전기는 엔진 측면에 설치되어 있다. 구동용 모터와 엔진 사이에는 전자 클러치가 설치되어 있다.

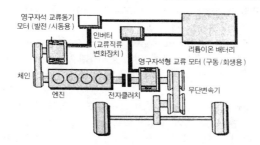

하프 블레이드 [half blade] 고속(高速) 공기의 유입시에 흡입 효율을 향상시키기 위하여 유입하는 공기와 접촉하는 부분을 작게 하여 저항을 적게 하기 위함이다. 또한 서지를 방지하기 위하여 필요한 공기의 흐름과 블레이드와의 균형을 맞추기 위하여 고안된 것으로 소형의 임펠러에 널리 쓰이고 있다.

할리드 토치 [Halide torch] 냉매 프레온의 누출 점검 장치. 토치의 불꽃을 누출 부분에 대면 누출량에 따라서 불꽃의 색깔이 녹색에서 자색으로 변한다.

헥서곤 [hexagon] 6각형

헥서곤 너트 [hexagon nut] ⇨ 육각 너트(증보)

헥서곤 캡 볼트 [hexagon cap bolt] ⇨ 육각 구멍붙이 볼트(증보)

홀 센서 [hall sensor] 금속제 원판의 디스크에 빛이 통과할 수 있는 슬릿이 설치되어 있는 센서. 배전기 내에 설치되어 있는 크랭크각 센서 1번 실린더 TDC 센서가 이에 속한다.

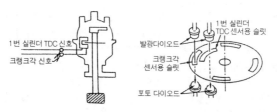

휘도 [brightness] 발광체가 발산하고 있는 어느 방향의 광도를 그 방향과 수직인 평면상에의 광원 투영 면적으로 나눈 것으로 단위는 스틸브(stilb)이다.

휘발성 메모리 〔volatile storage〕 이그니션 스위치를 OFF시키면 기억된 데이터가 소거되는 메모리.

휠 베어링 그리스 〔wheel bearing grease〕 리튬이나 나트륨 비누의 그리스로서 내열성·내수성·산화 안정성·기계적 안정성이 뛰어나 휠 베어링과 같이 브레이크의 고온이나 항상 충격 하중을 받는 곳에 쓰인다.

휠 스피드 센서 〔wheel speed sensor〕 주파수에 의해 각 바퀴(車輪)의 속도를 검출한다. ABS의 구성품으로 영구 자석(magnet)과 코일로 구성되어 톤 휠과 0.2~0.9mm의 간극으로 설치되어 있다. 바퀴와 함께 톤 휠이 회전하면 영구 자석으로부터 나오는 휠 주파수를 이용하여 바퀴의 회전상태를 감지하여 ABS ECU에 입력시키는 역할을 한다. 센서는 스테인리스의 슬리브에 의해 내부가 씌워져 보호되어 있으며, 전륜(前輪)은 너클 스핀들에, 후륜(後輪)은 리어 허브 스핀들에 설치되어 있다. 영구 자석에서 발생하고 있는 자속이 톤 휠의 회전에 의해 코일에 교류 전압이 회전속도에 비례하여 주기 변화가 나타나기 때문에 이 시간당의 주기를 검출하여 바퀴의 속도를 검출한다.

휠링 〔whirling〕 축중심(軸中心)의 선회 운동을 말함. 영어의 본래의 뜻은 '빙빙 돌다, 회전하다, 선회하다'의 뜻을 지니고 있다.

휴지 트럭 〔huge truck〕 거대한 화물 자동차

흡기 다기관 압력 제어 방식 〔manifold pressure controlled fuel injection type〕 흡기 다기관으로 유입되는 흡입 공기량을 대기압에 의해 작동되는 센서 플레이트의 움직임을 레버로 전달하여 연료 분배기 제어 플런저의 행정을 변화시킴으로써 연료의 기본 분사량이 결정되는 방식이다. ⇨ MPC 방식(본문)

흡기 맥동 〔吸氣脈動〕 흡기관 내의 압력 진동. 흡기 과정에서 피스톤의 하강 운동으로 생기는 부압(負壓)이 부압파(負壓波)가 되어 음속으로 흡기 밸브를 통해 흡기관 내로 전파된다.

흡기관 분사 〔吸氣管噴射〕 연료의 분사 위치에 의한 분류의 하나로 연료를 흡기관에 분사하는 방식이다. 각 기통마다 인젝터를 배치하는 MPI방식과 흡기관 집합부에 1~2개의 인젝터를 갖춘 SPI방식 2종류가 있다. 그 밖의 분사 위치로는 실린더 내에 직접 분사(GDI)하는 방식이 있다.

흡입 공기량 제어 방식 〔air flow controlled injection type〕 흡기 다기관으로 유입되는 공기량을 공기 유량 센서로 감지한 후 컴퓨터에서 연산하여

연료의 기본 분사량이 결정되는 방식이다. ⇨ AFC 방식(본문)

희박 연소 엔진 [lean burn engine] ⇨ 린번 엔진(증보)

히스테리시스 [hysteresis] A/T에서 같은 스로틀 밸브 개도(開度)라도 업 시프트와 다운 시프트의 자동 변속점에서 자동차 속도의 차이가 발생한다. 이 경우 변속점의 차속(車速)이 히스테리시스를 가지고 있다고 한다. A/T에서는 이 현상이 변속점 부근의 차의 속도에서 업·다운 시프트가 빈번히 되풀이되는 것을 방지하고 있다.

찾 아 보 기

A

AAS 965, 966
ABS 965
accumulators 964
Act of Muskie 952
active carbon 963
air adjust screw 965
air flow controlled injection
  type 988
air flow meter 965
air valve 965
air-fuel ratio learning control 944
airdum skirt 965
alumite 963
analog control 962
analogue speed sensing power
  steering 962
anti lock brake system 964
anti lock brake system 965
Arabian light 962
atomization 952
auto adjusting suspension 966
auto auction 971
auto camping 971
auto compass 971
auto court 971
auto pilot 971
auto theater 971
automatic timer 971

B

back fire 953
back sonar 953
back-up 954
Belgian road 954
bellows type collapsable
  steering shaft 954
beryllium bronze 954
bimetal type air valve 953
blow-by gas 955
boost compensator 954
box car 954
brake traction control system 955
brightness 987
BTCS 956
bulkload chassis 954

C

cab control valve 977
California Air Resources Board
  961

cam position sensor ·············· 961
camshaft position sensor ······· 961
CAN ··································· 961
capacitive discharge ignition
·· 978
capsule ······························· 978
CARB ································· 961
carbecue ····························· 977
carbon truck ························ 977
carry digit ··························· 975
cation electro painting ·········· 977
center distance ····················· 957
centi stokes ························· 957
centralized control ··············· 976
chamfering ··························· 952
child seat ···························· 977
chloroprene rubber ··············· 979
CKP ·································· 962
clad ··································· 979
cladding ····························· 979
clean burning ······················ 979
clinker ································ 979
CMP ·································· 961
code ··································· 955
cold start injector ················ 945
collet ································· 979
combustion limit ·················· 970
commutator ························· 979
composite cycle ···················· 979
compression height ··············· 978
concept car ························· 978
construction vehicle ·············· 978
controller area network ········· 961

coolant temperature sensor ··· 959
cordierite ···························· 978
CPS ·································· 961
crank position sensor ··········· 979
crank shaft position sensor ··· 961
creeper gear ························ 979
crisscross patch ··················· 979
crow-bar ···························· 979
CST ··································· 957
cycle time ··························· 956
cyclone filter ······················ 956

D

dead shock ·························· 946
deicing salt ························· 948
Delphi method ····················· 946
depth type ··························· 947
diagnostic ··························· 946
diagnostic message ··············· 946
diagnostic program ··············· 946
diagnostic routine ················ 946
diagnostics trouble code ······· 948
diesohole ···························· 948
digital control ····················· 948
Distributor Less Ignition ······· 948
drag race ···························· 947
driverbility ························· 947
driving plate ······················· 947
dust indicator ······················ 946
dwell angle control ··············· 947

E

F

EBD 972
econometer 974
EEPROM 973
EEROM 973
EFI 973
electrically erasable and programmable
  read only memory 973
electrically erasable read
  only memory 973
Electro Magnetic Interference 973
electronic brake force
  distribution 972, 975
Electronic Fuel Injection 973
electronic power steering .. 973, 975
Electronic Spark Advance 973
electronic throttle valve
  control system 973, 975
EMI 973
engine stall 967
engineering plastic 967
Environmental Protection
  Agency 974
EPA 974
EPROM 973
EPS 973
erasable and programmable
  read only memory 973
erasable read only memory .. 973
EROM 973
ESA 973
ETS 973
exducer angle 967

Fail Operable 984
Fail Safe 983
fast idle air valve 966
Federation Internationate des Societs
  d'Ingeniears des Techniques del'
  Automobile 966
feed pump 985
felt 984
FIAV 966
fire truck 983
FISITA 966
flare 985
flutter 985
FPS 966
friction 984
friction angle 952, 984
friction brake 951, 984
friction clutch 985
friction coupling 951, 985
friction damper 951, 984
friction loss 984
frictional resistance 984
FTCS 966
fuel pressure sensor 966, 970
full floating bearing 984
full traction control system 966, 984
fuzzy control unit 983

G

G-valve 976
gas changer 943
gas eater 943
gas guzzler 943
gas guzzler tax 943
gasoline direct injection 943, 976
gauze brush 943
gauze filter 943
GDI 976
gravitational acceleration sensor
.... 976
gross weight 944
group injection 944
gusset 943

H

half blade 987
Halide torch 987
hall sensor 987
hexagon 987
hexagon cap bolt 987
hexagon nut 972, 987
hexagon socket head cap bolt
.... 972
hexagonal closed packed 975
High Pressure Accumulator
.... 986
high pressure swirl injector .. 943
huge truck 988

hybrid vehicle 986
hydraulic shuttle valve 986
hydraulic unit 986
hydrotarder 986
hysteresis 989

I

IDI 963
idle 963
idle hunting 963
Idle Speed Control 963
idle up 963
implicated pole type 975
in direct injection 963
inconel 974
inducer angle 974
industrial pollution 974
instrument type gasoline
  injection 944
intelligent cockpit system ... 975
inter axle differential 974
intermittent injection 943
International Pacific Conference
  On Automotive Engineering ... 963
interrupt 974
IPC 963
ISC 963

K-car 978
knock control 945

labyrinth 948
labyrinth packing 949
LAN 967
LBT 967
lean burn engine 951, 989
lean misfire limit 968
Leaner Side for the Best
  Torque 967
Light Truck 968
linear 950
LLC 968
LML 968
local area network 967
lock to lock 950
Long Life Coolant 968
louver 950
Low Pressure Accumulator
  .... 949, 968
low-pass filter 949
LPA 968
LT 968
Lysholm type compressor 950

magnetic resistance element · 968
main adjust screw 969
malfunction indicator lamp ··· 968
manifold absolute pressure
  sensor 952
manifold pressure controlled
  fuel injection type 988
manifold throttle valve · 952, 969
map 952
MAS 969
masking 951
MBT 968
memory 952
mesh type collapsable steering
  shaft 952
micro processor unit 969
midship 953
MIL 968
minimum spark advance for
  best torque 968
morning lock 952
MPU 969
MRE 968
MTV 969
multi point injection 952

negative temperature coefficient
  967

net weight 945
node 945
non-timed injection 945
nonvolatile storage 955
Normal Close solenoid valve
.... 945, 967
Normal Open solenoid valve
.... 945, 967
NTC 967
Newton 945

O

OAPEC 970
OBD 970
offset 971
oiliness 971
on board diagnosis 971
OPEC 970
open splice 971
Organization of Arab Petroleum
Exporting Countries 970
Organization of Petroleum
Exporting Countries 970
output air fuel ratio 977
over charge valve 944
over cool 970
overcharge 970
overflow 971
ozone crack 971
O_2 sensor 971

P

palladium 983
pantograph jack 983
para transit 983
parameter 983
parkerizing 983
pick up coil 986
piezo resistance effect 986
PL 985
polytropic curve 984
product liability 985
programmable read only
memory 985, 986
PROM 985
propane torch 984
proportioning valve 985
pulser coil 983

R

rain gutter 949
read 983
recess 950
recreational vehicle 963
reentrant type cambustion
chamber 950
regulating valve 949
release fork 951
reluctor 951
return pump 950
rhodium 949

router ·· 950
routine ······································· 950
rubber grease ························· 949
RV ··· 963

S

sabathe′ cycle ······················· 956
SAI ·· 964
salient pole type ··················· 957
scale ·· 960
scooter ····································· 960
scramble race ························· 960
SCV ··· 964
Seep ··· 962
seizure ····································· 962
self diagnosis ························· 975
sender ······································ 957
sender gauge ··························· 957
sequential injection ················ 947
serpentine drive ····················· 957
shaving ···································· 957
shed test ································· 957
sign ··· 955
single point injection ············· 962
skeleton ··································· 960
skeleton wiper ························· 960
ski rack ··································· 960
slab ··· 961
slab urethane foam ················ 961
slip control ····························· 961
SOFIS ····································· 964
soft bike ································· 958

solenoid valve ······················· 958
solid skirt piston ··················· 959
sophisticated and optimazed
    fuel injection system ········· 964
speed density ························· 960
spill timing ···························· 960
spill valve ······························ 960
sponge tire ····························· 960
sports utility vehicle ············· 965
spraying ·································· 972
stability factor ······················ 960
Stand-alone ···························· 946
starting injector ····················· 962
status register ························· 956
Steering Axis Inclination ······ 964
stemple ···································· 960
stoichiometric ratio ··············· 974
stub shaft ······························· 960
surface roughness measuring
    instrument ························· 984
surface roughness tester ········ 984
surging ···································· 957
SUV ·· 965
swirl ·· 959
swirl control valve ······· 959, 964
swirl injector ·························· 959

T

tachometer ······························ 980
targa top ································· 980
TCU ·· 982
TCV ·· 982

tension of metal ·················· 952
thermo wax type air valve ··· 957
three way catalytic ·············· 956
throat ····························· 959
timed injection ·················· 980
timer ······························ 980
timer control valve ·············· 980
timer control valve & timing
    control valve ·················· 982
timing control valve ·············· 980
toroidal type ····················· 979
torso ····························· 981
torso line ·························· 981
tournament wiper ·················· 981
Trace Control ····················· 981
traction control valve ··· 981, 982
traffic warden ···················· 981
transmission control ·············· 981
transmission control unit ······· 982
tribometer ························· 981
TSCV ······························ 982
tufftride process ·················· 980
tumble ····························· 980
tumble swirl control valve · 981, 982
tuning ····························· 981

U

unseating test ····················· 964
unsymmetrical pattern ··········· 964

V

valve recess ······················ 954
vapour ····························· 954
varister ···························· 953
VDC ······························ 955
vehicle dynamic control system
    ····························· 955, 956
Vehicle Information
    Communication System ······ 955
VICS ······························ 955
volatile storage ··················· 988
voltage regulator ················· 954
volumetric flow rate ············· 977

W

watchdog ··························· 972
watchdog timer ···················· 972
wheel bearing grease ············ 988
wheel speed sensor ·············· 988
whirling ··························· 988
WM-rim ··························· 946
write ······························ 945

X

X-car ······························ 966

yawing moment ···················· 972

zero count interrupt ··············· 975

부 록

- 약어모음
- 단위 환산표
- 원소기호 및 원자량
- 배출가스대책 관련 용어(日 메이커별)

1. 약어 모음

약 어	풀 이
A, a	*Ampere* 전류/*ammeter* 전류계/*advance* 진각하다.
AAA	*American Automobile Association* 미국자동차협회
AACV	*Auxiliary Air Control Valve.* 보조 공기 밸브
AAP	*Auxiliary Acceleration Pump system* 보조 가속 펌프 시스템
AAS	*Air Adjust Screw* 공기량 조정나사/*Auto Adjusting Suspension* 자동 조정 현가장치
AAV	*Anti After-burn Valve.* 후폭(後爆) 방지 밸브
ABDC	*After Bottom Dead Center.* 하사점 후
ABS	*Anti-lock Brake System* 차륜(車輪) 로크 방지 브레이크장치/*Automatic damper system* 전자제어 가변 감쇠력 쇽업소버
ABV	*Air By-pass Valve.* 공기 추가공급 밸브/*Anti Back-fire Valve.* 역화(逆火) 방지 밸브.
AC	*Alternate Current* 교류/*Alternating Current* 교류
A/C	*Air Conditioner* 에어컨
ACIS	*Acoustic Control Induction System* 가변 흡기장치
ACV	*Air Control Valve.* 공기 제어 밸브.
AD	*Analog Digital* 아날로그 디지털
AEA	*Automotive Electrical Association* 자동차전기협회
AERA	*Automotive Engine Rebuilders Association* 자동차엔진정비협회
A/F	*Air Fuel Ratio* 공연비(空燃比)
AFC	*Air Flow Controlled injection type* 전자식 연료 분사 방식
AFS	*Air Flow Sensor* 공기 흐름 센서
AH	*Ampere Hour.* 축전지 용량.
AIR	*Air Injection Reactor* 2차 공기 분사장치
ALR	*Automatic Locking Retractor* 시트 벨트 감아 넣기 장치
ALU	*Arthmetic and Logical Unit* 마이크로 컴퓨터의 연산부
ANC	*Active Noise Control system* 자동차 실내의 소음 저감장치
API	*American Petroleum Institute* 미국석유협회

I [−]**4** 부록

약 어	풀 이
AS	*Ambient Sensor* 외기 온도 센서
ASB	*Anti Spin Brake System* 전자제어 미끄럼 방지 브레이크장치
ASC	*Automatic Stability Control BMW* 자동차의 트랙션 컨트롤 시스템 /*Acceleration Skid Control* 구동력 스키드 억제장치
ASR	*Anti-Slip Regulator* 벤츠 자동차의 미끄럼 방지 기구/*Antriebs Schlupf Regulator* 구동력 제어장치
ASS	*Air Suction System* 2차 공기 도입장치
Ass´y	*Assembly.* 어셈블리
ASTM	*American Society for Testing Material.* 미국재료시험협회.
ASV	*Air Switching Valve.* 공기 변환 밸브
AT	*Automatic Transmission* 자동 변속기
ATDC	*After Top Dead Center.* 상사점 후.
ATM	*Automatic Transmission* 자동 변속기
ATS	*Air Temperature Sensor* 흡입 공기온도 센서
ATTESA	*Advanced Total Traction Engineering System for All* 비스커스 커플링 부착 4륜 구동방식
ATTESAE-TS	*Advanced Total Traction Engineering System for All Electronic-Torque Split* 전자제어식 습식 다판 클러치 설치 4륜 구동 방식
AV	*Audio Visual* 시청각

B

약 어	풀 이
BAT	*Battery* 축전지
BCV	*Boost Control Valve.* 부압제어 밸브.
BDC	*Bottom Dead Center* 하사점
BH	*Bake Hardenable* 베이크 하드성
BHP	*Brake Horse Power* 축마력, 제동마력, 정미마력
BMEP	*Brake Mean Effective Pressure* 정미 평균 유효 압력
BNA	*Bureau des Normes de l' Automobile* 프랑스 자동차공업규격협회
BPS	*Barometric Pressure Sensor* 대기압 센서
BPT	*Back Pressure Transducer.* 배압제어밸브.

약 어	풀 이
BSAu	*British Standards Automotive(standards)* 영국자동차규격협회
BSFC	*Brake Specific Fuel Consumption* 정미 연료 소비율
BSI	*British Standards Institute* 영국표준협회.
BTDC	*Before Top Dead Center* 상사점전

C

약 어	풀 이
C	*Coulomb* 전기량/*Carbon* 탄소/*Celsius* 섭씨/*Centimeter* 센티미터
CA	*Crank Angle* 크랭크 각도/*Commercial oil A*등급 디젤 엔진 오일 *SAE* 신분류
CAD	*Computer Aided Design* 컴퓨터 지원 설계
CAFE	*Corporate Average Fuel Economy* 제작회사의 평균 연비
Cal	*Calorie* 열량의 단위
CAM	*Computer Aided Manufacturing* 컴퓨터 지원 생산
CAS	*Crank Angle Sensor* 크랭크각 센서
CB	*Commercial oil B* 중간 조건에서 사용하는 디젤 엔진오일 *B*급
CC	*Commercial oil C* 가혹한 조건에서 사용하는 디젤 엔진오일 *C*급
CCO	*Catalytic Converter for Oxidation* 산화 촉매 컨버터
CCRO	*Catalytic Converter for Reduction and Oxidation* 삼원 촉매 컨버터
CCS	*Car Communication System* 자동차 전화·에어컨·오디오 등 다기능 장치
CCM	*Counter Clock-wise* 시계 반대 방향 회전
CD	*Commercial oil D* 가혹한 조건에서 사용하는 디젤 엔진오일 *D*급/*compact disc* 컴퓨터의 정보를 기록, 재생하는 장치.
CD	*Candela* 칸델라/*Coefficient Drag* 공기저항계수
cd	*condela* 칸델라/*coefficient drag* 공기저항계수
CDI	*Condensor Discharge Ignition system* 축전기 방전(용량)식 점화장치
CDY	*Chassis Dynamometer* 자동차의 동력 측정미터
CF	*Cornering Force* 코너링 포스
CFC	*Chloro Fluoro Carbon* 프레온 가스
CFI	*Central fuel injection* 싱글 포인트 인젝션

약 어	풀 이
CFR	*Cooperative Fuel Research* 미국 연료 연구단체
CFRP	*Carbon Fiber Reinforced Plastics* 탄성 섬유강화 수지
CI	*Compression ignition engine* 압축 점화엔진(디젤엔진)/*Control Injection* 싱글 포인트 분사
CLCC	*Closed Loop Carbureter Control* 전자제어 카브레터
CNG	*Compressed Natural Gas automobile* 압축 천연가스
CO	*Carbon monoxide* 일산화탄소
Con-Rod	*Connecting rod* 커넥팅 로드
CPU	*Central Processing Unit* 마이크로 컴퓨터의 중앙처리장치
CR	*Chloroprene*(독일어)*Rubber* 크롤로프렌고무(라디에이터 호스, 연료호스, 팬벨트의 재료에 사용)
CRS	*Child Restraint System* 어린이용 보호장치
CRT	*Cathoderay Tube Display* 음극선관(*CRT*)을 이용한 영상표시장치
CTS	*Coolant Temperature Sensor* 냉각수온 센서
CV	*Constant Velocity* 등속, 항속(恒速)
CVCC	*Compound Vortex Controlled Combustion* 복합와류 조정 연소방식
CVS	*Constant Volume Sampling* 배출 가스 채취방식의 정용량 방식.
CVT	*Continuously Variable Transmission* 벨트식 무단 변속기
CW	*Clock-Wise* 시계방향의 회전
cyl	*cylinder* 기통

D

약 어	풀 이
D, d	*diameter* 지름
DB(dB)	*decibel* 음의 세기
DBW	*Drive By Wire* 자동차의 기본적 조작을 전자제어에 의해 실시하는 기술
DC	*Drop Center rim* 드롭 센터 림./*Direct Current* 직류
DC-DC	*Direct Current Discharge Converter* 직류 변환기
DCS	*Deceleration Control System* 감속 제어장치
DCV	*Deceleration Control Valve.* 감속제어밸브
deg	*degree.* 도(度)

약 어	풀 이
DG	*Diesel General* 좋은 조건에서 사용하는 디젤 엔진오일
DIN	*Deutsche Industrie Normen* 독일 공업 규격
DIS	*Direct Ignition System* 다이렉트 점화장치
DLI	*Distributorless Ignition* 배전기가 없는 점화장치
DM	*Diesel Moderate* 중간 조건에서 사용하는 디젤 엔진오일
DOHC	*Double Over Head Cam shaft* 실린더 헤드에 2개의 캠축이 설치된 엔진
DON	*Distribution Octane Number* 디스트리뷰션 옥탄가
DS	*Diesel severe* 가혹한 조건에서 사용하는 디젤 엔진오일
DT	*Divided Type rim* 2분할림

약 어	풀 이
E, e	*Electro motive force.* 기전력(起電力)/*Earth* 어스. 접지
EA	*Duette Engine-Automatic transmission* 엔진과 자동 변속기를 종합적으로 제어하는 시스템/*Energy Absorbent* 에너지 흡수
EAI	*Exhaust air induce* 에어 석션 시스템
EAT	*Electronic Automatic Transmission* 전자 제어식 3속 자동 변속기
EBCM	*Electronic Break Control Module* 전자제어 브레이크 장치
EC	*Electronic Controlled* 전자제어
EC-AT	*Electronic Controlled Automatic Transmission* 전자제어 4속 자동 변속기
ECC	*Electronic Concentrated(Engine) Control* 엔진의 집중 전자제어
ECCS	*Electronic Concentrated engine Control System* 전자제어식 엔진 집중 제어장치
ECD	*Electronic Controlled Diesel* 전자제어 디젤 분사
ECFI	*Electronics Controlled Fuel Injection* 전자제어 연료분사.
ECGI	*Electronics Controlled Gasoline Injection* 전자제어 가솔린 분사
ECI	*Electronic Controlled Injection* 전자제어 연료분사
ECM	*Electronic Control Module* 전자제어 장치의 마이크로 컴퓨터
ECPS	*Electronic Control Power Steering* 전자제어 파워 스티어링

약 어	풀 이
ECS	*Electronic Control Suspension System* 전자제어 현가장치/*Evaporative Control System* 증발제어장치
ECT	*Electronic Controlled Transmission* 전자제어 4속 자동 변속기
ECT-I	*Electronic Controlled Transmission intelligent* 전자제어 자동 변속기 종합제어 시스템
ECT-S	*Electronic Controlled Transmission-s* 전자제어 4속 자동 변속기
ECU	*Electronic Control Unit* 전자제어장치의 마이크로컴퓨터
ECVT	*Eletronic Continuously Variable Transmission* 벨트식 무단 변속기
EEC	*Electronic Engine Control* 엔진 전자제어 시스템/*Evaporative Emission Control* 연료증발 가스 발산방지
EFI	*Electronic Fuel Injection* 전자제어 연료분사
EGI	*Electronic Gasoline Injection* 전자제어 가솔린 분사
EGR	*Exhaust Gas Recirculation* 배기 가스 재순환
EGRSV	*Exhaust Gas Recirculation Solenoid Valve* EGR 솔레노이드 밸브
EGRV	*Exhaust Gas Recirculation Vlave* 배기 가스 재순환 밸브
EHC	*Electronic Hight Control* 자동차 높이 조정장치
EHPS	*Electro Hydraulic Power Steering* 차속 감응형 파워 스티어링
EL	*Electro Luminescence* 전장발광(電場發光). 전계발광(電界發光)
ELR	*Emergency Locking Retractor* 시트벨트 래칫장치
EMS	*Electronic Modulated Suspension* 전자제어 현가장치
EPA	*Environmental Protection Agency* 미국환경보호청
EPI	*Electronic Petrol Injection* 전자제어 가솔린 분사
ERL	*Emergency locking retractor* 시트 벨트 감는장치
ERS	*Economy Running System* 이코노미 런닝 시스템
ESA	*Electronic Spark Advance* 전자 진각장치
ESC	*Electronic skid control* 앤티록 브레이크장치/*Electronic Spark Control* 전자스파크 제어장치
ESV	*Experimental Safety Vehicle* 실험 안전차
ETC	*Electronic traction control system* 볼보 자동차의 트랙션 컨트롤 장치
ETROT	*European Tire and Rim Technical Organization* 유럽 타이어 림 기술기구
EX	*Exhaust* 배기

F

약　어	풀　　　　　이
F	*farad* 정전 용량 단위/*Fahrenheit* 화씨
FBC	*Feed Back Car buretor* 전자제어식 카브레터
FBM	*Feed back mixer system* 전자제어식 액화석유가스 연료장치
FF	*Front engine Front drive* 앞엔진 앞바퀴 구동
FHP	*Friction Horse Power* 마찰 마력, 손실 마력
FIA	*Federation Internationale de Automobile* 국제 자동차 연맹
FIM	*Federation Internationale Motocycliste* 국제 모터 사이클리스트 연맹
4IS	*4Wheel Independent Suspension* 4륜 독립현가식
FISA	*Federation ineternationale de sport automobile* 국제 자동차 스포츠 연맹
FISITA	*Federation Internationale Des Societes D'Ingenieurs Des Techniques De L'Automobile* 국제자동차기술협회
FR	*Front engine Rear drive* 앞엔진 뒷바퀴 구동
FRM	*Fiber Reinforced Metal* 섬유 강화 금속
FRP	*Fiber Reinforced Plastics* 섬유 강화 플라스틱
FRTP	*Fiber Reinforced Thermo Plastics* 유리 섬유 강화수지
FV	*Force Variation* 포스 베리에이션
4WD	*Four Wheel Drive* 4륜 구동장치
4WS	*Four Wheel Steering System* 4륜 조향 시스템

G

약　어	풀　　　　　이
G, g	*Gravity* 중력/*gram* 질량의 단위/*g* 가속도 또는 감속도 단위
GE	*Glaenzer External joint* 고정된 형식의 조인트
GEN	*Generator* 발전기
GFRP	*Glass Fiber Reinforced Plastic* 유리 섬유 강화 수지
GI	*Glaenzer inboard Joint* 신축하는 형식의 조인트
Gnd	*Ground* 접지(接地) 어스
GPS	*Global Positioning System* 위성 항법 시스템

약 어	풀 이
GPSS	*Global Positioning System with Satellite* 인공위성으로부터 신호를 수신한 도로 안내 장치
GT	*Grand Touring Car* 그랜드 투어링 카
GTW	*Gross Train Weight* 견인 총중량
GVW	*Gross Vehicle Weight* 차량 총중량
GVWR	*Gross Vehicle Weight Rating* 차량 총중량(미국 법규의 정의)

H

약 어	풀 이
H, h	*Hour* 시간/*Height* 높이
HC	*Hydro Carbon* 탄화수소
HCU	*Hydraulic Coupling Unit* 풀타임 4륜 구동장치의 커플링
HEI	*High energy ignition* 고에너지 점화장치
HICAS	*High Capacity Actively Controlled Suspension* 차속 감응식 4륜조향 시스템
HP	*Horse Power* 영마력, 일의 능률
HPR	*High Penetration Registance* 관통저항이 높은 유리
HU	*Hydraulic Unit* ABS의 유압발생작동부분
HWFET	*Highway Fuel Economy Test* 연료측정을 위한 주행시험
HY-MATIC	*Hydraulic multiplate active traction intelligent control* 풀 타임 4WD
Hz	*Hertz* 헤르츠

I

약 어	풀 이
I	*Ampere* 전류
IAC	*Idle Air Control* 공전시 공기 제어 밸브
IC	*Integrated Circuit* 집적회로
ICS	*Induction Control System* 가변 흡기장치/*Intelligent Cockpit System* 운전자의 자세에 따른 자동 조정장치
IEA	*International Energy Agency* 국제 에너지 협회

약 어	풀 이
IG	*Ignition* 점화
IHC	*Inner Head Cam Shaft* 실린더 헤드 속에 캠축이 설치된 엔진
IHP	*Indicated Horse Power* 지시 마력, 도시 마력
IIR	*Isobutylene isoprene rubber* 부틸 고무
ILO	*International Labor Office(Organization)* 국제노동기구
IMEP	*Indicated Mean Effective Pressure* 도시 평균 유효 압력
IN	*in. inch* 인치/*Inlet* 흡기
INS	*Inertial Navigation System* 관성식 운행 장치
INT	*Interrupter. 차단기*/*interval* 간극, 간헐
INTRAC	*Innovative Traction Control System* 4륜 구동방식의 제어장치
INVECS	*Intelligent and innovative Vehicle Electric Control System* 퍼지 제어를 응용한 전자제어 시스템
IPS	*Idle Position Switch* 엔진 공회전 스위치
IRA	*Inter Rim Advanced* 광폭 인터림
IRS	*Independent rear suspension* 뒷바퀴 독립현가장치
ISC	*Idle Speed Control* 엔진 공회전 조절
ISO	*International Standardization for Organization* 국제표준화기구
ITC	*Intake Temperature Control* 흡기 온도 제어
ITEC	*Isuzu Total Electronic Control* 자동차 엔진 전자제어 시스템

약 어	풀 이
J	*Joule* 줄, 일량의 단위, 열량의 단위.
JIS	*Japanese Industrial Standards* 일본공업규격

K

약 어	풀 이
K	*Kilo* 킬로, 수량의 천을 나타내는 기호/*Kelvin absolute* 켈빈 온도, 절대 온도
KCS	*Knock Control System* 노킹방지장치

약 어	풀 이
KD	*Kick Down* 기어를 한단계 내리는 것.
Kgm	*Kilo-gram-meter* 일량이나 토크의 단위
km/h	*Kilo-meter per Hour* 매시간당 토크의 단위
KS	*Korean industrial Standard* 한국공업규격

L

약 어	풀 이
L, l	*Left* 좌/*Length* 길이/*liter* 리터(용적의 단위)*AT*차 저속 위치
LASER	*Light Amplification by Emission Ofradiation* 유도 방출을 이용한 마이크로 파장의 짧은 가시광선
lb	*libra* 파운드(영국식 중량단위)
L/C	*Lock up Clutch* 로크업 클러치
LCD	*Liquid Crystal Display* 액정 디스플레이
LED	*Light Emitting Diode* 발광 다이오드
LFV	*Lateral Force Variation* 래터럴 포스 베리에이션
LLC	*Long Life Coolant* 장기간 사용할 수 있는 냉각 액
LNG	*Liquefied Natural Gas* 액화 천연 가스
LPG	*Liquefied Petroleum Gas* 액화 석유 가스
LRO	*Lateral Runout* 가로 방향의 흔들림, 시미
LSD	*Limited Slip Differential oil* 자동제한 차동기어 오일/*Limited Slip Differential* 자동제한 차동기어장치
LSI	*Large Scale Integration* 대규모 집적회로
LSPV	*Load Sensing Proportioning Valve* 앞뒤 바퀴의 제동력 평형 유지 밸브
LT	*Leading trailing* 리딩 트레일링 브레이크
LTL	*Long Taperd Leaf spring* 중앙이 두껍고 양끝이 얇은 판스프링
Lx, lx	*Lux* 럭스(조도의 단위)

M

약 어	풀 이
M, m	*meter* 미터(길이의 단위)/*Moment* 모멘트/*Minute* 분/*Motor* 전동기
MAP	*Mechanical Acceleration Pump* 기계식 가속 펌프/*Manifold Abosolute Pressure* 흡기다기관 절대압력
MAPS	*Manifold Absolute Pressure Sensor* 맵 센서
MAX	*Maximum* 최대점, 상한선
MCS	*Multi Communication System* 다중정보시스템(*TV*수신, 도로안내, 오디오 기능 등을 종합한 장치)
MD	*Modulated Displacement engine* 가변 배기량 엔진
MEP	*Mean-Effective Pressure* 평균유효압력
MF	*Maintenance Free battery* 무정비 축전지
MIL	*navy or Military symbol oil* 윤활유에 대한 미국군용규격
MIN	*Minimum* 최소점, 하한선
ML	*Motor Light* 좋은 조건에서 사용하는 가솔린 엔진오일
MM	*Motor Moderate* 중간 조건에서 사용하는 가솔린 엔진오일
MMC	*Metal Matrix Composite* 금속기 복합 재료
MMI	*Man Machine Interface* 관성식 운행 장치에서 각종 센서로부터 신호를 받아 연산하는 *INS*의 정보 및 *CD-ROM*의 정보를 *CRT*로 보냄
MON	*Motor Octane Number* 모터 옥탄가
MPC	*Manifold Pressure Controlled fuel injection type* 기계식 연료 분사방식
MPG	*Mile Per Gallon* 연료 소비율
MPI	*Multi Point Injection* 각 실린더별 흡기 다기관에 인젝터를 설치한 연료 분사방식
MPS	*Motor Position Sensor* 모터 위치 센서
MR	*Midship Engine* 미드십 엔진
MS	*Motor Severe* 가혹한 조건에서 사용하는 가솔린 엔진오일
MT	*Manual Transmission* 수동으로 조작하는 변속기
MTBE	*Methyl tertiary butyl ether* 무연 가솔린의 옥탄가 향상재
MΩ	*Meg-ohm* 100만옴(절연저항단위)

N

약 어	풀 이
N, n	*Negative* 부(負), 음극/*North* 북, 북자극/*Neutral* 중립점, 중립위치 /*Newton* 뉴톤(힘의 단위)
NA	*Naturally Aspirated engine* 자연 흡기 엔진
NAVI-5	*New Advanced Vehicle with Intelligence-5* 토크 컨버터를 사용하지 않는 자동 변속기
NDIR	*Non-Dispersive Infrared Ray* 비분산형 적외선 분석법
NEG, neg	*Negative* 부(負) 음극
NLR	*Non Locking Retractor* 시트 벨트의 감아넣기 장치
NO	*Number* 번호
NOx	*Nitrogen Oxides* 배기가스 중에 포함된 질소산화물
NS	*Neutral Steer* 선회 반경이 변하지 않는 것
NSP	*Neutral Steer Point* 자동차가 횡력을 받았을 때 선회 모멘트가 발생하지 않는 점
NVH	*Noise Vibration Harshness* 자동차의 거주성 및 쾌적성의 특성 항목

O

약 어	풀 이
OCR	*Optical Character Reader* 광학식문자 판독장치
OD	*Over Drive* 오버 드라이브/*Out-side Diameter* 외경(外徑)
OHC	*Over Head Cam shaft* 실린더 헤드 위에 캠축이 설치된 엔진
OHV	*Over Head Valve* 실린더 헤드에 밸브가 설치된 엔진
OS	*Over Steer* 오버 스티어/*Over Size* 오버 사이즈
OZ	*Ounce* 1/16파운드. 온스. 영국식 중량의 단위

P

약 어	풀 이
P, p	*Positive* 정(正) 양극/*Pitch* (나사의)피치/*Parking*(AT차의 선택 레버에서 주차 위치).

약 어	풀 이
P-AIR	*Pulse Air Induction Reactor* 자동차 에어 석션 시스템
PAN	*Peroxy Acetyl Nitrate* 햇빛에 의해 반응된 탄화수소와 질소산화물의 화학물질
PCS	*Passenger Compartment Sensor* 실내 온도 센서
PCSV	*Purge Control Solenoid Valve* 연료 증발가스 컨트롤 솔레노이드 밸브
PCU	*Pound-Calorie Unit* 열량 단위=CHU
PCV	*Positive Crankcase Ventilation* 블로바이가스 환원장치
PCVV	*Positive Crankcase Ventilation Valve* 크랭크 케이스 환기 밸브
PG	*Pulse Generator* 펄스 제너레이터
PGM-FI	*Programmed fuel injection* 전자제어식 가솔린 연료 분사장치
Ph	*Phon* 폰.(음의 세기의 단위)
PHP	*Petrol Horse Power* 연료 마력
PL	*Product Liability* 제조물 책임
Ply	*Ply* 플라이(타이어의 코드 층)
POS, pos	*Positive* 정(正), 양극
PPM	*Progressive Power Steering* 차속 감응형 파워 스티어링/*Part Per Million* 100만분의 1, 대기오염 물질의 농도 단위
PPS	*Progressive Power Steering* 유압의 반력압 제어 파워 스티어링
PRS	*Passive Restraint System* 수동식 승객 구속장치
PS	*Power Steering* 동력조향장치/*Pferde-starke* 불마력
PTO	*Power Take Off* 동력인출장치
PV	*Pressure Volum* 압력 체적/*Progressive Valve* 드가르봉식 쇽업소버의 밸브

약 어	풀 이
Q	*Coulomb* 쿨롱
QOS	*Quick On Start System* 급속 예열장치

R

약 어	풀 이
R, r	*Radius* 반지름/*Resistance* 저항/*rear* 뒤/*right* 우(右)/*retard* 지각, 후퇴 /*Reverse* 후진, 후퇴
rad	*radian* 호도의 단위(*1rad=57°17′44.8″*)
RAM	*Random Access Memory* 데이터의 입·출력을 자유로이 할 수 있는 메모리, 일시기억장치
RBS	*Recirculating Ball type Steering gear* 리서큘레이팅 볼 타입 스티어링 기어
REAPS	*Rotary Engine Anti-Pollution System* 로터리 엔진 배기가스 정화장치
RFV	*Radial Force Variation* 레이디얼 포스 베리에이션
ROM	*Read Only Memory* 읽기 전용의 기억장치, 영구 기억장치.
RON	*Research Octane Number* 리서치 옥탄가
ROPS	*Roll-Over Protective Structure* 자동차 전복 방지 기구
ROSCO	*Rotating Stratified Combustion System* 2층 흡기방식 로터리 엔진
RPM	*Revolution Per Minute* 분당 엔진 회전수
RR	*Rear engine Rear drive* 뒤엔진 뒷바퀴 구동/*Rolling Resistance* 구름 저항
RRO	*Radial Runout* 세로 방향의 흔들림
RSV	*Research Safety Vehicle* 연구 안전차
RV	*Recreational Vehicle* 레크리에이셔널 비이클

S

약 어	풀 이
S, s	*second* 초/*South* 남. 남자극(南磁極)
S/B	*Stroke Bore ratio* 행정과 지름의 비
SA	*Service station oil A* 좋은 조건에서 사용하는 가솔린 엔진오일 A급 /*slip angle* 슬립각
SAE	*Society of Automotive Engineers, inc* 미국자동차기술협회
SAS	*Slow Adjust Screw* 혼합기 조정나사, CO 조정나사/*Secondary Air Supplier* 2차 공기 공급장치

약 어	풀 이
SAT	*Self Aligning Torque* 자기 스스로 복원되려는 힘(복원력)
SB	*Service station oil B* 중간 조건에서 사용하는 가솔린 엔진오일 *B*급
SBR	*Styrene Butadiene Rubber* 스티렌과 부타디엔을 혼합한 합성고무
SC	*Service station oil C* 가혹한 조건에서 사용하는 가솔린 엔진오일 *C*급
SCR	*Silicon Controled Rectifier* 실리콘 제어 정류기
SCSV	*Slow Cut Solenoid Valve* 감속시 연료 차단 밸브
SEC	*second* 초
SD	*Service station oil D* 가혹한 조건에서 사용하는 가솔린 엔진오일 *D*급
SDC	*Semi Drop Center rim* 세미 드롭 센터림
SF	*side force* 사이드 포스/*Stability Factor* 스태빌리티 팩터
SFC	*Specific Fuel Consumption* 연료 소비율
SFI	*Sequential Fuel Injection* 순차 연료 분사
SI	*le System Internationale d'unites* 국제단위계(國際單位系)/*Spark Ignition* 불꽃 점화
SIPS	*Side Impact Protection System* 측면 충격 흡수 장치
SLA	*Short and Long Arm* 장단(長短) 암(위시본 방식)
SM	*Static Margin* 스태틱 마진
SN	*Signal Noise ratio* 신호와 소음의 비(比)
SOF	*Soluble Organic Fraction* 가용 유기 성분
SOHC	*Single Over Head Camshaft* 실린더 헤드에 1개의 캠축이 설치된 엔진
SPI	*Single Point Injection* 스로틀 보디에 인젝터를 설치한 연료분사장치
SRS	*Solar Radiation Sensor* 일사 센서/*Supplemental Restraint System* 시트벨트 보조 승객 구속장치. 에어백
SS	*duette Steering-Suspension* 전자제어 파워스티어링과 초음파 현가장치를 조합한 시스템
ST	*Start* 시작, 출발
STD	*Standard* 표준, 기준, 규격, 규범
SV	*Side Valve* 실린더 블록에 밸브가 설치된 엔진/*Surface Volume ratio* 연소실 표면적에 대한 체적의 비
SW	*Switch* 스위치

T

약 어	풀 이
TAS	*Throttle Adjusting Screw* 공전 조정나사/*Technology Assessment System*. 기술정보제도
TBI	*Throttle Body Injection* 스로틀 보디 연료 분사 엔진
TBN	*To Be Nominated* 후각지명(後刻指名)
TC	*Twin Camshaft* ⇨ *DOHC*
TCCS	*Toyota Computer Controlled System* 도요다 컴퓨터 시스템
TCL	*Traction Control system* 미스비시 자동차의 구동력 제어 시스템
TCS	*Traction Control System* 혼다 자동차의 구동력 제어 시스템
TDC	*Top Dead Center* 상사점
TDCS	*Top Dead Center Sensor* 상사점 센서
TEL	*Tetra Ethyl Lead* 4에틸납
TFV	*Tractive Force Variation, Tangential Force Variation* 타이어 포스 배리에이션 중에서 전후방향 성분
TI	*Transistor igniter* 이그나이터
TICS	*Triple port Induction Control System* 3밸브 엔진에 사용하는 가변흡기 장치
TML	*Tetra Methyl Lead* 4 메틸납
TPS	*Throttle Position sensor* 스로틀 위치 센서
TRA	*the Tire & Rim Association* 미국 타이어 림 협회
TRC	*Traction Control system* 도요다의 트랙션 컨트롤 시스템
TVRS 케이블	*Television Radio Surpression cable* 저항 케이블
TWC	*Three Way Catalytic converter* 삼원 촉매 컨버터
2WD	*2Wheel Drive* 2륜 구동차
TWI	*Tread Ware Indicator* 트레드 웨어 인디케이터

U

약 어	풀 이
UD	*Uniflow-scavenging Deisel-engine* 단류소기식 디젤엔진.
US	*Under Steer* 언더 스티어/*Under Size* 언더 사이즈

Ⅴ

약 어	풀 이
V	*Volt* 전압 단위/*Volt-meter* 전압계/*velocity* 속도/*volume* 용적
Vac	*Vacuum* 진공. 부압
V-TCS	*Viscous Traction Control System* 구동력 제어 시스템
VCS	*Valve timing Control System* 가변 밸브 타이밍 장치
VCU	*Viscous Coupling Unit* 비스커스 커플링 유닛
VCV	*Vacuum Control Valve.* 부압제어 밸브
VI	*Viscosity index* 점도 지수
VIC	*Variable Induction Control* 가변 흡기 장치
VICS	*Variable Inertia Charging System* 가변 흡기 시스템
VIS	*Variable Induction System* 가변 흡기 시스템
VSV	*Vacuum Switching Valve* 진공 스위치 밸브
VTD 4WD	*Variable Torque Delivery electronically controlled four vheel drive* 가변 토크 분배식 전자제어 4륜 구동
VTEC	*Variable Valve Timing & Lift Electronic Control system* 가변 밸브 타이밍 리프트 기구
W	*Vertical Vorter* 종와층상 희박연소(縱渦層狀稀薄燃燒) 엔진
VVT	*Variable valve timing* 가변 밸브 타이밍 시스템/*Venturi Vacuum Trans-ducer* 벤투리 부압 전송장치

W

약 어	풀 이
W, w	*watt* 와트(전력 단위)/*Whitworth* 나사규격/*weight* 무게, 중량
WSIR	*Webbing Sensitive Inertia reel* 웨빙 감응식 두루마리 장치
WTS	*Water Temperature Sensor* 냉각수온 센서

2. 단위 환산표 (고딕수자는 엄밀하게 정의된 값을 의미한다.)

각도 · 입체각

양	SI의 단위	°(도) 180/π	'(분) 1.08×10⁴/π	"(초) 6.48×10⁵/π	비고
각 도 / 입 각 도	rad, sr	$180/\pi$	$1.08\times10^{4}/\pi$	$6.48\times10^{5}/\pi$	10진법 표시가 바람직하다. 1°30'=1.5°
	1				

길이

길 이	SI의 단위 m	mm	ft	in	비고
	1	1 000	3.280 840	39.370 08	
	10^{-3}	1	$3.280\,840\times10^{-2}$	$3.937\,008\times10^{-2}$	
	0.304 8	**304.8**	1	12	
	0.025 4	**25.4**	1/12	1	

면적

면 적	SI의 단위 m²	cm²	ft²	in²	비고
	1	10^{4}	10.763 91	1 550.003	
	10^{-4}	1	$1.076\,391\times10^{-3}$	0.155 000 3	
	$9.290\,304\times10^{-2}$	**929.030 4**	1	144	
	$6.451\,6\times10^{-4}$	**6.451 6**	1/144	1	

체적

체 적	SI의 단위 m³	cm³	ft³	in³	비고
	1	10^{6}	35.314 67	$6.102\,374\times10^{4}$	
	10^{-6}	1	$3.531\,467\times10^{-5}$	$6.102\,374\times10^{-2}$	
	$2.831\,685\times10^{-2}$	**$2.831\,685\times10^{4}$**	1	1 728	
	$1.638\,706\times10^{-5}$	**16.387 06**	1/1728	1	

체 적	SI의 단위 m³	리터 L	영 갤런 gal(UK)	미 갤런 gal(US)	비고
	1	1 000	219.969 2	264.172 0	1L(리터) = 1dm³ (데시입방미터)
	10^{-3}	1	0.219 969 2	0.264 172 0	
	$4.546\,092\times10^{-3}$	**4.546 091 9**	1	1.200 950	
	$3.785\,412\times10^{-3}$	3.785 412	0.832 674	1	

시간

양	SI의 단위 초 s	분 min	시 h	일 d	비 고
시간	1	1/60	1/3 600	1/86 400	연 a, y
	60	1	1/60	1/1 440	
	3 600	60	1	1/24	
	86 400	1 440	24	1	

속도

양	SI의 단위 m/s	km/h	ft/s	mile/h	비 고
속도	1	3.6	3.280 840	2.236 936	1knot(노트)=0.514 444m/s
	1/3.6	1	0.911 344	0.621 371 2	
	0.304 8	1.097 28	1	0.681 818 2	
	0.447 04	1.609 344	1.466 667	1	

표준중력가속도 $g_n = 9.806\ 65\ \text{m/s}^2$, $g_n = 32.174\ 05\ \text{ft/s}^2$

주파수 / 진동수

양	SI의 단위 Hz	사이클 s^{-1}
주파수	1	1
진동수	1 (s^{-1})	1

회전수

양	SI의 단위 s^{-1}	rps	min^{-1}, rpm	h^{-1}, rph
회전수	1	1	60	3 600
	1/60	1/60	1	60
	1/3 600	1/3 600	1/60	1

파장

양	SI의 단위 m	cm	μm	옹스트롬 Å
파장	1	10^2	10^6	10^{10}
	10^{-2}	1	10^4	10^8
	10^{-6}	10^{-4}	1	10^4
	10^{-10}	10^{-8}	10^{-4}	1

I

질량

SI의 단위 kg	lbm	slug	비고
1	2.204 623	6.852 178×10⁻²	1t(톤)=10³kg
0.453 592 37	1	3.108 095×10⁻²	
14.593 90	32.174 05	1	

밀도

SI의 단위 kg/m³	lbm/ft³	slug/ft³	비고
1	6.242 797×10⁻²	1.940 320×10⁻³	표준중력 상태에서의 단위 체적당의 무게 : 비중량[kgf/m³]은 밀도[kg/m³]과 수치는 동일하다.
16.018 46	1	3.108 095×10⁻²	
515.378 8	32.174 05	1	

비체적

SI의 단위 m³/kg	ft³/lbm
1	16.018 46
6.242 797×10⁻²	1

힘

SI의 단위 N	kgf	dyn	lbf
1	0.101 971 6	10⁵	0.224 808 9
9.806 65	1	9.806 65×10⁵	2.204 622
10⁻⁵	1.019 716×10⁻⁶	1	2.248 089×10⁻⁶
4.448 222	0.453 592 4	4.448 222×10⁵	1

운동량

SI의 단위 N·s	kgf·s	lbf·s	비고
1	0.101 971 6	0.224 808 9	1kg·m/s=1N·s
9.806 65	1	2.204 662	
4.448 222	0.453 592 4	1	

토크 (힘의 모멘트)

양	SI의 단위	종래의 단위		비고
	$N\cdot m$	$kgf\cdot m$	$lbf\cdot ft$	
토크 (힘의 모멘트)	1	0.101 971 6	0.737 562 1	
	9.806 65	1	7.233 014	
	1.355 818	0.138 255 0	1	

압력

SI의 단위		종래의 단위		비고		
Pa	bar	kgf/cm^2	atm	$mmAq$	$mmHg$	lbf/in^2
1	10^{-5}	$1.019\,716\times10^{-5}$	$9.869\,233\times10^{-6}$	0.101 971 6	$7.500\,617\times10^{-3}$	$1.450\,377\times10^{-4}$
10^5	1	1.019 716	0.986 923 3	$1.019\,716\times10^4$	750.061 7	14.503 77
$9.806\,65\times10^4$	0.980 665	1	0.967 841 1	10^4	735.559 3	14.223 34
$1.013\,25\times10^5$	1.013 25	1.033 227	1	$1.033\,227\times10^4$	760	14.695 95
9.806 65	$9.806\,65\times10^{-5}$	10^{-4}	$9.678\,411\times10^{-5}$	1	$7.355\,592\times10^{-2}$	$1.422\,334\times10^{-3}$
133.322 4	$1.333\,224\times10^{-3}$	$1.359\,510\times10^{-3}$	$1/760$	13.595 10	1	$1.933\,678\times10^{-2}$
6 894.757	$6.894\,757\times10^{-2}$	$7.030\,695\times10^{-2}$	$6.804\,596\times10^{-2}$	703.069 5	51.714 93	1

비고: $1\,Pa=1\,N/m^2$, $1\,Ton(톤)=1mmHg$

표면장력

SI의 단위	종래의 단위	
N/m	kgf/m	lbf/ft
1	0.101 971 6	$6.852\,177\times10^{-2}$
9.806 65	1	0.671 969 0
14.593 90	1.488 164	1

점도 (점성계수)

SI의 단위	종래의 단위			비고
$Pa\cdot s$	$kgf\cdot s/m^2$	$lbf\cdot s/ft^2$	$lbm/(ft\cdot s)$	
1	0.101 971 6	0.208 854 3	0.671 968 9	
9.806 65	1	2.048 161	6.589 764	
4.788 026	0.488 242 8	1	3.217 405	
1.488 163	0.151 750 5	0.310 809 5	1″	

비고:
$1P(포아즈)=10^2cP(센티포아즈)$
$1cP=10^{-3}\,Pa\cdot s=1\,mPa\cdot s(밀리파스칼초)$
$1\,slug/(ft\cdot s)=1\,lbf\cdot s/ft^3$

양	SI의 단위	종래의 단위			비고
동(動)점도	m²/s	m²/h	ft²/s	ft²/h	1St(스토크스)=10²cSt
동점성계수	1	3 600	10.763 91	3.875 008×10⁴	(센티스토크스)
열확산율	1/3 600	1	2.989 975×10⁻³	10.763 91	1cSt=10⁻⁶ m²/s
(온도전도율)	9.290 304×10⁻²	334.450 9	1/3 600	3 600	=1 mm²/s
확산계수	2.580 64 ×10⁻⁶	9.290 304×10⁻²			
체적유량	m³/s	m³/h	ft³/s	ft³/h	
	1	3 600	35.314 67	1.271 328×10⁵	
	1/3 600	1	9.809 630×10⁻³	35.314 67	
	2.831 685×10⁻²	101.940 6	1	3 600	
	7.865 791×10⁻⁶	2.831 685×10⁻²	1/3 600	1	
질량유량	kg/s	kg/h	lbm/s	lbm/h	
	1	3 600	2.204 623	7 936.641	
	1/3 600	1	6.123 952×10⁻⁴	2.204 623	
	0.453 592 37	1 632.933	1	3 600	
	1.259 979×10⁻⁴	0.453 592 37	1/3 600	1	
질량속도	kg/(m²·s)	kg/(m²·h)	lbm/(ft²·s)	lbm/(ft²·h)	
	1	3 600	0.204 816 2	737.338 3	
	1/3 600	1	5.689 339×10⁻⁵	0.204 816 2	
	4.882 426	1.757 673×10⁴	1	3 600	
	1.356 230×10⁻³	4.882 426	1/3 600	1	
열역학온도	K	$T[°R]=1.8T[K]$			

$t[°C]=T[K]-T_0[K]$, $T_0=273.15K$: $t[°C]=(t[°F]-32)/1.8$

온도차 1°C=1K ; 1°F=1°R=1/1.8K

양	SI의 단위	종래의 단위			비고
에너지 일 열량 엔탈피	kJ 1 **3 600** **4.186 8** 1.055 056	kW·h 1/3 600 1 1.163×10⁻³ 2.930 711×10⁻⁴	kcal 0.238 845 9 859.845 2 1 0.251 995 8	Btu 0.947 817 0 3 412.141 3.968 320 1	1J=1N·m=1W·s 1 국제칼로리 cal 또는 cal(IT) 또는 cal_IT=4.186 8J 1 계량법칼로리 cal=4.186 05J 1 15도칼로리 cal₁₅=4.185 5 J 1 열화학칼로리 cal_th=4.184 0 J
동력 일률 열류량	W 1 **9.806 65** 735.498 8 1.355 818	kgf·m/s 0.101 971 6 1 75 0.138 255 0	PS 1.359 622×10⁻³ 1/75 1 1.843 399×10⁻³	ft·lbf/s 0.737 562 1 7.233 014 542.476 0 1	1W=1J/s=1N·m/s 1 kcal/h=1.163W 1 Btu/h=0.293 071 1W 1 hp=550 ft·lbf/s
열발생률	W/m³ 1 1.163 10.349 71	kcal/(m³·h) 1/1.163 1 8.899 148	Btu/(ft³·h) 9.662 108×10⁻² 0.112 370 3 1		
열유속(流速) (열류밀도)	W/m² 1 1.163 3.154 591	kcal/(m²·h) 1/1.163 1 2.712 460	Btu/(ft²·h) 0.316 998 3 0.368 669 0 1		
연료소비율	g/(MW·s) 1 1/3.6 0.377 672 7 168.965 9	g/(kW·h) 3.6 1 1.359 621 6 608.277 4	g/(PS·h) 2.647 796 0.735 498 8 1 447.387 2	lbm/(hp·h) 5.918 353×10⁻³ 1.643 987×10⁻³ 2.235 200×10⁻³ 1	kg/(MW·s)=kg/MJ. g/(kW·h)을 사용해도 무방 하다.

양	SI의 단위	종래의 단위			비고
열전도율	W/(m·K)	kcal/(m·h·℃)	cal/(cm·s·℃)	Btu/(ft·h·℉)	
	1	1/1.163	2.388 459×10⁻³	0.577 789 3	
	1.163	1	1/360	0.671 968 9	
	418.68	360	1	241.908 8	
	1.730 735	1.488 164	4.133 789×10⁻³	1	
열전달률	W/(m²·K)	kcal/(m²·h·℃)	Btu/(ft²·h·℉)		
열통과율	1	1/1.163	0.176 110 2		
	1.163	1	0.204 816 1		
	5.678 264	4.882 428	1		
열저항	m²·K/W	m²·h·℃/kcal	ft²·h·℉/Btu		
	1	1.163	5.678 264		
	1/1.163	1	4.882 428		
	0.176 110 2	0.204 816 1	1		
열용량	kJ/K	kcal/°K	Btu/°R		
엔트로피	1	0.238 845 9	0.526 565 1		
	4.186 8	1	2.204 623		
	1.899 101	0.453 592 37	1		
비내부에너지	kJ/kg	kcal/kgf	Btu/lbm		
비엔탈피	1	0.238 845 9	0.429 922 6		
질량잠열	4.186 8	1	1.8		
(잠 열)	2.326	1/1.8	1		

양 열	SI의 단위	종 래 의 단 위			비 고
	kJ/(kg·K)	kcal/(kgf·°K)	Btu/(lbm·°R)		
비 열	1	0.238 845 9	0.238 845 9		
비엔트로피 (정량엔트로피)	**4.186 8**	1	1		
	J/(kg·K)	kgf·m/(kgf·°K)	ft·lbf/(lbm·°R)		1 N·m/(kg·K)
가스상수	1	0.101 971 6	0.185 862 5		=1 J/(kg·K)
	9.806 65	1	1.822 689		
	5.380 320	0.548 640 0	1		

[주] 표 중의 kcal는 kcal⊥를 나타낸다.

3. 원소 기호 및 원자량

Ar(^{12}C)=12

원소기호	원 소 명	영 어 명	원자번호	원 자 량
H	수소	Hydrogen	1	1.00794
He	헬륨	Helium	2	4.00260
Li	리튬	Lithium	3	6.941
Be	베릴륨	Beryllium	4	9.01218
B	붕소	Boron	5	10.81
C	탄소	Carbon	6	12.011
N	질소	Nitrogen	7	14.0067
O	산소	Oxygen	8	15.9994
F	플루오르	Fluorine	9	18.9984
Ne	네온	Neon	10	20.179
Na	나트륨	Sodium	11	22.9898
Mg	마그네슘	Magnesium	12	24.305
Al	알루미늄	Aluminium	13	26.9815
Si	규소	Silicon	14	28.0855
P	인	Phosphorus	15	30.9738
S	황	Sulfur	16	32.06
Cl	염소	Chlorine	17	35.453
Ar	아르곤	Argon	18	39.948
K	칼륨	Potassium	19	39.0983
Ca	칼슘	Calcium	20	40.08
Sc	스칸듐	Scandium	21	44.9559
Ti	티탄	Titanium	22	47.88
V	바나듐	Vanadium	23	50.9415
Cr	크롬	Chromium	24	51.996
Mn	망간	Manganese	25	54.9380
Fe	철	Iron	26	55.847
Co	코발트	Cobalt	27	58.9332

원소기호	원소명	영어명	원자번호	원 자 량
Ni	니켈	Nickel	28	58.69
Cu	구리	Copper	29	63.546
Zn	아연	Zinc	30	65.39
Ga	갈륨	Gallium	31	69.72
Ge	게르마늄	Germanium	32	72.59
As	비소	Arsenic	33	74.9216
Se	셀렌	Selenium	34	78.96
Br	브롬	Bromine	35	79.904
Kr	크립톤	Krypton	36	83.80
Rb	루비듐	Rubidium	37	85.4678
Sr	스트론튬	Strontium	38	87.62
Y	이트륨	Yttrium	39	88.9059
Zr	지르코늄	Zirconium	40	91.224
Nb	니오브	Niobium	41	92.9064
Mo	몰리브덴	Molybdenum	42	95.94
Tc	테트네튬	Technetium	43	(98)
Ru	루테늄	Ruthenium	44	101.07
Rh	로듐	Rhodium	45	102.906
Pd	팔라듐	Palladium	46	106.42
Ag	은	Silver	47	107.868
Cd	카드뮴	Cadmium	48	112.41
In	인듐	Indium	49	114.82
Sn	주석	Tin	50	118.71
Sb	안티몬	Antimony	51	121.75*
Te	텔루르	Tellurium	52	127.60
I	요드	Iodine	53	126.905
Xe	크세논	Xenon	54	131.29
Cs	세슘	Cesium	55	132.905

원소기호	원소명	영어명	원자번호	원 자 량
Ba	비름	Barium	56	137.33
La	란탄	Lanthanum	57	138.906
Ce	세름	Cerium	58	140.12
Pr	프라세오디뮴	Praseodymium	59	140.908
Nd	네오디뮴	Neodymium	60	144.24
Pm	프로메튬	Promethium	61	(145)
Sm	사마름	Samarium	62	150.36
Eu	유로퓸	Europium	63	151.96
Gd	가돌리늄	Gadolinium	64	157.25
Tb	테르븀	Terbium	65	158.925
Dy	디스프로슘	Dysprosium	66	162.50
Ho	홀뮴	Holmium	67	164.930
Er	에르븀	Erbium	68	167.26
Tm	툴름	Thulium	69	168.934
Yb	이테르븀	Ytterbium	70	173.04*
Lu	루테튬	Lutetium	71	174.967
Hf	하프늄	Hafnium	72	178.49
Ta	탄탈	Tantalum	73	180.9479
W	텅스텐	Tungsten	74	183.85
Re	레늄	Rhenium	75	186.207
Os	오스뮴	Osmium	76	190.2
Ir	이리듐	Iridium	77	192.22*
Pt	백금	Platinum	78	195.08
Au	금	Gold	79	196.967
Hg	수은	Mercury	80	200.59
Tl	탈륨	Thallium	81	204.383
Pb	납	Lead	82	207.2
Bi	비스무트	Bismuth	83	208.9804

원소기호	원 소 명	영 어 명	원자번호	원 자 량
Po	폴로늄	Polonium	84	(209)
At	아스타틴	Astatine	85	(210)
Rn	라돈	Radon	86	(222)
Fr	프랑슘	Francium	87	(223)
Ra	라듐	Radium	88	226.025
Ac	악티늄	Actinium	89	(227.028)
Th	토륨	Thorium	90	(232.038)
Pa	프로트악티늄	Protactinium	91	(231.0359)
U	우라늄	Uranium	92	238.029
Np	넵투늄	Neptunium	93	(237.048)
Pu	플루토늄	Plutonium	94	(244)
Am	아메리슘	Americium	95	(243)
Cm	퀴륨	Curium	96	(247)
Bk	버클륨	Berkelium	97	(247)
Cf	칼리포르늄	Californium	98	(251)
Es	아인시타이늄	Einsteinium	99	(252)
Fm	페르뮴	Fermium	100	(257)
Md	멘델레븀	Mendelevium	101	(258)
No	노벨륨	Nobelium	102	(259)
Lr	로렌슘	Lawrencium	103	(260)

이 표에 나타난 값의 신뢰도는 마지막 자리에서 ±1, *가 붙은 경우는 ±3이다.
( )의 숫자는 그 원소에 대한 기지의 최장반감기를 갖는 동위원소의 질량수이다.
이 원자량표는 국제순수 및 응용화학연합(IUPAC) 원자량 및 동위원소존재비위원
회자료(1981)에 근거하여 작성한 것이다.

4. 배출가스 대책 관련 용어(메이커별)

| 註 | : 여기에 수록한 어휘들은 일본 자동차 메이커에서 쓰이는 용어들을 참고적으로
실었다.

다이하쯔

「다이하쯔」의 배기가스 대책 자동차는 DECS(Daihatsu Economical Clean-up System)라고 한다. 그 중에 C는 촉매컨버터 방식. L은 린번 (lean burn ; 희박연소) 방식을 가리킴. 용어의 예는 다음과 같다.

에어 인젝션 [AI ; air injection] 공기분사.

에어 스위칭 밸브 [ASV ; air switching valve] 공기 변환 밸브.

바이메탈 배큠 스위칭 밸브 [BVSV ; bimetal vacuum switching valve] 바이
메탈실 부압 변환 밸브.

초크 브레이커 [choke breaker] 초크 해제 장치. 되돌림 기구.

캐털리스틱 컨버터 옥시데이션 [CCO ; catalystic converter oxidation] 산화
촉매에 의한 컨버터.

초크 오프너 [CO ; choke opener] 토크 개방 장치, 되돌림 기구. 수동식에
서 되돌리는 것을 깜박 잊어버렸거나 오토 초크가 고장일 때, 수온을
감지하고 강제적으로 초크 밸브를 연다.

대시 포트 [DP ; dash pot] 꼬리, 스로틀의 폐쇄를 완만하게 한다.

이그조스트 가스 리서큘레이션 [EGR ; exhaust gas recirculation] 배기 재순
환. 질소산화물의 발생을 적게 하기 위하여 배기가스의 일부를 흡기
계통에 되돌리는 기구. 효과가 좋으므로 각 차에 채용되고 있다.

핫 아이들 컴펜세이터 [HIC ; hot idle compensator] 고온 아이들 보정장치.
온도가 높을 때 혼합기가 지나치게 농후하게 되지 않도록 공기를 공

급하는 장치.

스파크 딜레이 〔SD ; spark delay〕 점화 지각 장치. 가속시에 일순간에 점
화를 지각시켜 HC나 NOx의 발생을 저감한다.

트랜스미션 컨트롤 스파크 〔TCS ; transmission contral spark〕 가속시에 배
큠 진각을 적게 하여 NOx를 저감하고 다음 연소를 길게 하도록 함으
로써 HC의 감소를 도모한다. 변속기가 제4속과 제5속, 수온이 50℃
이하일 때 스위치가 ON으로 된다.

터뷸런스 제너레이팅 포트 〔TGP ; turbulence generating pot〕 난류 생성실.
연소실에 혼합기의 난류를 일으키게 하여 착화를 좋게 하고 연소 효
율을 높인다.

인테이크 밸브 난류 생성 포트

스로틀 포지셔너 〔TP ; throttle positioner〕 액셀을 놓아도 스로틀 밸브를
일정한 개도(開度)로 유지하고 HC의 배출을 적게 한다.

서모스태틱 배큠 스위칭 밸브 〔TVSV ; thermostatic vacuun switching valve〕
수온 감지 밸브, 수온에 따라서 AI(공기분사)의 변화를 행한다.

배큠 컨트롤 밸브 〔VCY ; vacuum control valve〕 부압 제어 밸브. 흡기 매
니폴드의 부압을 감지하고 AI(공기분사)를 제어한다.

배큠 스위칭 밸브 〔VSV ; vacuum switching valve〕 부압 변환 밸브. 카브레
터와 EGR밸브 사이에서 부압으로 할 것인가 또는 대기압으로 할 것
인가의 변환 밸브이다. 배큠 스위치, 수온 스위치, 트랜스미션의 톱 스
위치에 의하여 EGR 릴레이를 사이에 두고 작동한다.

배큠 트랜스미팅 밸브 〔VTV ; vacuum transmitting valve〕 부압지연 밸브.

부압 통로를 수축시키면 부압의 연락을 지연시키므로 점화의 진각이 늦어진다. SD(spark delay)와 유사한 작용을 한다.

콤파운드 보텍스 컨트롤 컴뷰션 [CVCC ; compound vortex controled combustion] 복합 와류 조속(調速)연소 방식.

이 스 즈

「이스즈」의 배기가스 대책 자동차는 ICAS(Isuzu Clean Air System)라고 하며 다음과 같이 조합되어 있다.

(1) 2차 공기분사장치

ICAS-A의 경우 펌프로 가압한 공기를 이그조스트포트에 공급하여 고온 배기가스 중 CO나 HC를 산화시킨다. 또, ICAS-B의 경우에는 컨버터가 있기 때문에 투입된 공기는 컨버터에 있어서 CO나 HC의 산화를 돕는다.

(2) 2차 공기 도입 장치

ICAS-C 및 D의 경우에는 펄스 에어 공급용으로서 리드 밸브를 갖추고 배기 맥동 부압을 이용하여 자동적으로 공기를 흡입하며 배기 매니폴드나 컨버터에 있어서 CO나 HC를 산화한다. 따라서 에어 펌프는 쓰지 않는다.

리드 밸브

스토퍼   밸브 시트

(3) 산화촉매 컨버터(pellet type)

(4) ICAS−B, C 및 D

컨버터가 설치한 자동차에는 서모센서, 서모 컨트롤러, 배큠 스위칭 밸브, VSV 릴레이(B), 슬로 컷 릴레이(C), 엔진 스피드 센서 등이 있다.

(5) EGR장치(ICAS전부)

에어 바이패스 밸브 [ABV ; air bybass valve] 공기를 옆으로 도피시키는 밸브.

에어 인젝션 리액터 시스템 [AIR ; air injection reactor system] 2차 공기 분사장치.

에어 스위칭 밸브 [ASV ; air switching valve] 공기 변환 밸브.

컨트롤 컴뷰션 시스템 [CCS ; controled combustion system] 연소제어 장치. 엔진이 저온에는 배기매니폴드 주변의 열공기를 흡입하고 고온시에는 찬 공기를 흡입하도록 되어 있다. 흡입공기 온도는 서모센서가 감지하고, 부압 통로의 연락으로 배큠 모터가 공기 변환 밸브를 움직인다.

코스팅 리처 시스템 [CRS ; coasting richer system] 타성(惰性)으로 주행할 때 혼합기를 농후하게 하는 장치. 타성으로 주행하면 혼합기의 부족으로 압축 압력이 올라가지 않고 경우에 따라 다량의 HC를 배출하기 때문에 그것을 방지할 목적으로 카브레터의 2차 배럴에 코스팅용 제트가 설치되어 있다.

대시 포트 [DP ; dash pot] 완충실(緩衝室). 스로틀 밸브의 폐쇄를 부드럽게 한다. 일반적으로 공기의 압축 저항을 이용하고 있다.

일렉트로니컬리 컨트롤 가솔린 인젝션 [ECGI ; electronically controled gasoline injection] 전자제어 가솔린 분사.

세컨더리 에어 서플라이 시스템 [SAS ; secondary air supply system] 2차 공기 공급장치. 인젝션과 펄스 2가지가 있다.

에어 스위칭 밸브 [air switching valve] 공기 변환 밸브.

믹스처 컨트롤 밸브 [MCV ; mixture control valve] 감속시 2차 공기 공급

밸브.

펄스 에어 인덕션 리액터 시스템 [PAIR ; pulse air induction reactor system]
펄스 에어 도입장치.

옥시 다이징 캐털리틱 컨버터 시스템 [OCCS ; oxidizing catalytic converter
system] 산화 촉매 컨버터 방식.

이그조스트 가스 리서큘레이션 시스템 [EGR ; exhaust gas recirculation
system] 배기가스 재순환 장치

서멀 배큠 밸브 [TVV ; thermal vacuum valve] 수온부압 감지 밸브.

엔진 스피드 센서 [ESS ; engine speed sensor] 엔진의 회전수 검지기,
rpm계.

스파크 딜레이 밸브 [SDV ; spark delay valve] 점화 지각 밸브.

에어 펌프 [AP ; air pump] 편심 베인 펌프를 사용하고 있다.

스트립 램프 릴리프 밸브
펌프 보디
로터
베인
리프 스프링
카본 슈

이배퍼레이티브 이미션 컨트롤 [EEC ; evaporative emission control] 연료 탱
크의 증발가스는 크랭크 케이스에 보유시켜 블로바이가스와 같이 카
브레터에 흡입·소비시킨다.

배큠 모터 [VM ; vacuum moter] 부압을 원동력으로 하는 장치.

미쓰비시

「미쓰비시」의 배기가스 대책 자동차의 종합 명칭은 MCA(Mitsubishi Clean Air)로 MCA-IID(51년 합격), MCA IIIC(경자동차용 51년 합격) 등이다. MCAI는 48년도 규제 합격차로서 이것에 서멀 리액터와 EGR을 붙혀 51년 규제에 합격한 것이 IIC와 IID, 다시금 산화 촉매 컨버터를 부가한 것이 IIIC이다. 또 MCA-JET는 특별히 설치한 제트 밸브에 의하여 혼합기에 와류를 일으켜 희박 혼합기의 연소를 가능하게 하고 있다.

서멀 리액터 〔thermal reactor〕 열반응기. 온도의 높은 곳에 필요한 장치로서 안쪽에는 아무것도 없지만 외부를 단열재로 둘러싸고, 배기가 이 안쪽을 통하는 사이에 미연소 부분은 완전히 타버리도록 되어 있다. 연소에 필요한 2차 공기의 공급은 IIC와 IID에서는 에어 펌프를 사용하고 IIC에서는 배기압의 맥동에 의하여 작동하는 리드 밸브식이다.

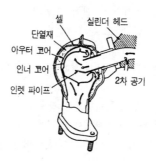

사일런서 〔silencer〕 리드 밸브의 맥동 소음을 작게 하는 작용을 한다. 그 외에 초크 사용시 2차 공기를 차단하는 셔터도 있다.

서모 밸브 〔thermo valve〕 온도 감지 밸브. 바이메탈을 이용하여 엔진의 냉각수온에 따라서 EGR밸브에 작용하는 부압을 제어하고 있다.

믹스처 컨트롤 밸브 〔MCV ; Mixture control valve〕 기화기에 붙어 있어 액셀을 놓는 순간 스로틀의 부압에 따라 열리고 공기를 도입하여 혼합기의 농후화를 방지하는 작용을 한다.

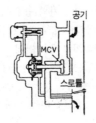

「닛산」 회사의 배기가스 대책 자동차는 이것을 NAPS(NISSAN Antipollution System)이라고 한다. 이 중에 3원촉매방식과 급속 연소 방식이 있고 3원촉매방식은 ① 개량 엔진 ② EGR장치 ③ 3원촉매컨버터 ④ 공연비 피드백 장치 ⑤ 점화시기 제어장치 ⑥ 배기온도 경보장치 등으로 구성되어 있다.

3원 촉매는 산화와 환원이 상반되는 작용을 동시에 시키는 것으로 이론 공연비 주위에서만 유효하기 때문에 O_2센서를 갖추어서 배기가스 중의 산소량을 감지하고 피드백 장치에 의하여 혼합비를 적절히 유지하도록 하고 있다.

한편 급속 연소 방식(NAPS-Z)은 ① 실린더에 2플러그를 사용하는 2중 점화에 따라 연소 속도를 높이고 그 외 ② EGR장치 ③ 산화촉매컨버터 ④ 2차공기도입장치 ⑤ 공연비 EGR변환장치 ⑥ 점화시기 제어장치 ⑦ 배기온도 경보장치 등을 갖추고 있다.

도 요 다

「도요다」의 배기가스 대책 자동차는 이것을 TTC(Toyota Total Clean)라고 하며 그 중에 C(컨버터 방식), L(린번 방식), V(보텍스 방식)가 있고 C는 촉매식, L은 TGP에 의한 급속연소방식, V는 와류조속 연소방식이다. 다음은 「도요다」 자동차에 사용되는 용어를 해설한 것이다.

AAP [auxiliary acceleration pump] 보조 가속 펌프.

ABV [air bypass valve] 공기의 바이패스 밸브.

AI [air injection] 공기 분사.

A/P [air pump] 공기 펌프.

Assy [assembly] 조립, 조립품.

ASV [air switching valve] 공기 변환 밸브.

A/T [automatic transmission] 자동변속기.

BTDC [before top dead center] 상사점 전.

BVSV [bimetal vacuum switching valve] 바이메탈식 부압 변환 밸브.

CB 또는 Ch B [choke breaker] 초크 해제 장치.

CCo [catalytic converter] 산화 촉매 컨버터.

DDSV [dual diaphragm spark control] 2중 막식(膜式) 점화 제어.

EX [exhaust] 배출쪽.

FICB [fast idle cam breaker] 패스트 아이들 해제장치.

IN [inlet] 흡입쪽.

LH [left hand] 왼쪽.

M/T [manual transmission] 수동변속기.

NTC [negative temperature coefficient] 부(負)의 온도 특성.

O/S [over size] 표준보다 크다.

OTP [over temperature protection] 과열 방지.

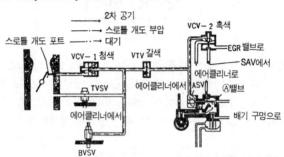

PTC [positive temperature coefficient] 정(正)의 온도 특성.

RH [right hand] 오른쪽.

RPM, rpm [revolution per minute] 매분 회전수.

SD [spark delay] 점화 지각 장치.

SST [special service tool] 특수 공구, 압력측정용 에어 펌프, 부압 측정용 마이티 백, 컨버터용 육각(六角) 렌치 등이 있다.

STD [standard] 표준, 기준(규칙).

T [torque] 체결 토크.

TGP [turbulence generating pot] 난류 생성실, 공기에 난류를 일으키도록 실린더 헤드에 설치한 작은 방.

TP [throttle positioner] 스로틀 포지셔너.

TTC [Toyota total clean] 도요다 자동차 배기가스 대책 고유명칭. 그 중 CCo는 산화촉매컨버터 사용 자동차. L은 린번(lean burn, 희박연소) 방식 자동차, V는 보텍스(vortex 와류조속연소) 방식이다.

TVSV [thermostatic vacuum switching valve] 온도 감지식 부압 변환 밸브.

U/S [under size] 표준보다 작다.

VCV [Vacuum control valve] 부압 제어 밸브.

VSV [vacuum valve] 부압 변환 밸브.

VTV [vacuum transmitting valve] 부압 지연 밸브.

찾아보기

영 어 찾 아 보 기

A

A connection point 486

A-pillar 487, 488

A-post 487

AAP 258

Abbe's principle 430

ablator 450

abnormal combustion 605

abrasion 466

abrasive 513

abrasive wear 465

absolute measurement 665

absolute pressure 665

absolute temperature 665

absolute unit 665

absolute zero degree 665

accel work 453

accelerating pump circuit ... 16

acceleration 16, 453

acceleration pick up 453

acceleration pump 453

acceleration skid control ... 485

acceleration test 453

accelerator 453

accelerator pedal 16, 453

accelerator position sensor ... 454

accelerator pump 15

acceptor 468

access 453

access time 453

accessories 453

accident 455, 644

accumulator 467

accuracy 674

acetone 430

acetylene 430

ackerman jeantaud type ... 451

ackerman steer angle 451

ackerman steering 451

acme thread 452

acoustic control induction system 484

acoustic test 792

acryl resin 438

acrylic 438

active control suspension ... 459

active exhaust system 459

active muffler 458

active noise control system ... 458, 486

active restraint system 458

active safety 459

active safety system 459

active suspension 458

active torque split 459

actuator 457

AD convertor 483

AD port 483

adapter 465

adapter connector 465

adaptive damper system ········ 483

addendum ························· 465

addendum circle ··············· 601

additives ····················· 712

adhesion ···················· 465, 668

adhesive ····················· 672

adhesive type glass··········· 672

adhesive wear··············· 668

adiabatic compression ······· 450

adiabatic expansion ········ 450

adjust ······················· 467

adjust mechanism ············ 467

adjust nut ················· 467, 687

adjust screw ·············· 467, 687

adjustable ················· 466

adjustable shock absorber

························· 14, 20, 466

adjustable suspension········· 466

adjustable wrench ············ 687

adjustment ················· 687

admission stroke··········· 465

admittance ·············· 465

adsorb ··················· 938

advance ·················· 465

advance car ············· 465

advanced total traction engineering

system for all ········· 487

advanced total traction engineering

system for all electronic torque split

······················· 487

advancer················· 700

aeration ················ 482

aero stabilizer············· 483

aerodynamic port ·········· 482

aerodynamics ··········· 482

aerosol spray ··············· 482

after burn ················· 452

after burner ·············· 452

after burning ············· 452

after combustion period ······· 930

after drop ················ 452

after fire ················ 452

after glow system ··········· 452

after run ················ 452

after service············· 452

age hardening············· 416

aging ················· 416

agitator ··············· 450

aimer ················· 488

aiming boss············· 488

aiming screws ··········· 488

air ·················· 477

air adjust screw ·········· 480

air bag sensor ··········· 478

air bag system ··········· 478

air bleed passage ········· 479

air box panel ··········· 478

air brake ············· 36, 479

air cell type diesel engine ········ 37

air chamber type ·········· 37

air cleaner ············· 481

air cleaner storage system········ 481

air compressor ··········· 36

air compressure ········· 481

air con compressor········· 483

air con switch or relay ······ 483

air conditioner ·········· 481

air conditioner · heater system ···· 67

air conditioning ········· 42

air cooled engine ········· 39

air cooling ················· 38
air cooling type ·············· 38
air cooling type inter cooler ······· 39
air dam ··············· 477
air dam skirt ·············· 477
air damper ·············· 477
air dashpot ·············· 477
air deflector ·············· 477
air density ··············· 36
air dry ················ 477
air duct ··············· 477
air filter ··············· 482
air flow controlled injection type 486
air flow meter ············· 481
air flow sensor ······· 483, 486, 938
air fuel delivery ratio ············ 41
air fuel ratio ·············· 41
air fuel ratio control ·········· 41
air fuel ratio feed back system ···· 41
air fuel ratio sensor ············ 41
air funnel ·············· 481
air gap ················ 477
air hammer ·············· 482
air hone ··············· 482
air injection reactor ······· 480, 485
air injection system ········ 480, 485
air injection type ············ 36
air lumber support adjuster ······· 477
air micrometer ············· 35
air mix damper ············ 478
air mix heater ············· 478
air mix temperature control ······ 478
air monitor ·············· 35
air pressure regulator ·········· 446
air pump ··············· 481

air purifier ············· 38, 481
air registance ·············· 478
air register ·············· 477
air reservoir ··············· 37
air resistance ·············· 36
air scoop ·············· 480
air seal reserve ············ 480
air seal reservoir ············ 204
air servo brake ············· 479
air silencer ·············· 479
air spoiler ·············· 480
air spot gun ·············· 480
air spring ··············· 36
air starter ·············· 480
air strainer ·············· 480
air suction system ········· 485, 480
air suspension ············· 479
air switching valve ··········· 480
air temperature sensor ······· 486, 937
air tools ··············· 481
air transformer ············· 481
air type governor ············· 37
air valve ··············· 36, 479
air vent tube ·············· 479
air/fuel ratio ·············· 485
aircon ··············· 483
airless injection ············ 483
airless injection type ··········· 199
Al₂O₃ ················ 441
alcohol blended gasoline ········· 443
alcohol fuel ·············· 443
aligner ··············· 471
aligning ··············· 471
alignment ·············· 471
alignment gauge ············· 471

alignment test ································ 674
alkali storage battery ················ 443
alkyd ·· 443
alkylate gasoline ······················ 443
all aluminium cylinder block ······ 546
all aluminium monocock body ···· 546
all flat seat ······························ 546
all glass sealed beam ················ 545
all season tire ·························· 545
all speed governor ···················· 545
allen wrench ···························· 441
allotropic transformation ··········· 104
alloy ·· 914
alloy cast iron ························· 914
alternate current ······················ 48
alternate current generators ······ 484
alternate load ·························· 48
alternating current generator ····· 484
alternator ································ 546
alternator current ···················· 484
alternator current generator ······ 48
althmetic and logical unit ·········· 513
altitude control ························ 31
altitude mixture control ············ 31
alumimium cylinder block ········· 442
aluminium ······························ 441
aluminium alloy ······················ 442
aluminium coated steel sheet ···· 442
aluminium fin drum ················· 443
aluminium honeycomb ··············· 442
aluminium metal ····················· 442
aluminium monocock body ········· 442
aluminium oxide ······················ 309
aluminium wheel ····················· 443
ambient sensor ························ 555

ambient temperature ················ 555
american petroleum institute ···· 487
american society of testing material
·· 485
ammeter ·························· 444, 724
Amonton's law ························ 430
Amontons Guillaume ·················· 430
ampere ···································· 444
ampere capacity ······················ 444
ampere hour ···························· 444
Ampere's law ·························· 449
amplification ·························· 694
amplifier ································ 694
amplify circuit ························ 694
analog ···································· 428
analog comparator ···················· 428
analog computer ······················ 429
analog digital convertor ···· 428, 483
analog meter ·························· 428
analog multitester ···················· 428
analog speedometer ·················· 428
analogue meter ························ 428
analyzer ································ 449
anchor ···································· 463
anchor adjust bolt ···················· 464
anchor arm ···························· 464
anchor bolt ···························· 464
anchor pin ···························· 464
AND circuit ·············· 76, 459, 486
aneroid altimeter ···················· 429
aneroid control ························ 429
angle ······································ 463
angle gauge ···························· 463
angle gear ······························ 463
angle joint ···························· 463

angle of bank ················ 237
angle of incidence··········· 630
angle valve ·················· 463
angleichen device·········· 463
angular ····················· 462
angular acceleration ········ 463
angular brush ·············· 462
angular contact ball bearing ····· 462
angular velocity ············· 18
angular viscosity ············ 463
anion ······················ 591
annealing ·················· 869
anode······················ 450
antenna ···················· 439
anti backfire valve ·········· 460
anti corrosion steel sheet ····· 216
anti dive ·················· 460
anti freeze ················· 461
anti icing circuit ············ 297
anti knock·················· 459
anti knock additive ········· 459
anti knock index ··········· 459
anti knock property·········· 459
anti lift ··················· 460
anti lock brake ············· 461
anti nose ·················· 459
anti percolator ············· 461
anti skid ·················· 460
anti skid chain ············· 460
anti skid tire··············· 460
anti slip ragulator ·········· 485
anti smog device ··········· 460
anti squat ················· 460
anti stall dashpot ··········· 460
anti stall setting ··········· 461

anti sway bar ·············· 462
anticorrosive··············· 216
anticorrosive paint ········· 216
antifreeze ················· 266
antilock brake system ······· 484
antimon··················· 440
antiroll bar ··············· 461
antiroll system ············· 462
antriebs schlupf regelung······ 485
anvil ····················· 459
apex seal ················· 488
api service classification ······ 488
applied voltage············· 610
approach ················· 468
approach angle············· 468
apron ···················· 488
aquaplaning ············· 451, 908
aramid fiber ·············· 429
arc ······················ 438
arc brazing ··············· 438
arc welding ··············· 438
Archimede's principle ······· 430
Archimedes ··············· 430
areometer ················· 269
argon ···················· 429
argon arc welding ·········· 430
arm ······················ 444
arm rest··················· 444
armature ············· 430, 652
armature coil ············· 653
armature core ············· 652
armature shaft ············ 652
armature shift type ········· 652
arthmetic and logical unit ···· 486, 513
asbest···················· 326

asbestos ················· 326, 431
asbestos free ············· 431
ascillating type ············· 556
ashtray ··················· 450
aspect ratio··········· 450, 853
aspiration noise ············· 431
aspirator ················· 450
ass y ····················· 466
assembly ················· 466
assist grip ················· 466
astro ventilation ············· 450
atmospheric condenser ········· 90
atom ····················· 567
atomic nucleus ············· 567
atomic number ············· 567
atomic weight·············· 567
atomization················ 200
atomizer ············· 271, 452
attachment ················ 467
attachment plug············· 467
attack angle ··············· 467
attenuation ················ 20
austenite ················· 528
auto ····················· 536
auto adjusting suspension ······ 485
auto air con system ········· 635
auto bias ················· 632
auto driver ··············· 536
auto lash adjust ············· 537
auto leveler··············· 537
Auto leveling head light system 537
auto lift ················· 537
auto light control ··········· 537
auto light system ··········· 536
auto parking ··············· 538

auto thermic piston ··········· 539
autobahn················· 431
autobi ··················· 539
autobicycle ··············· 539
automatic clutch ············· 636
automatic ················· 538
automatic advance············ 636
automatic air conditioner···· 537, 538
automatic belt ············· 538
automatic brake············· 635
automatic chock············· 636
automatic choke ········· 537, 538
automatic clutch ············· 539
automatic combustion control ···· 635
automatic control ············ 636
automatic control of automobile 636
automatic control type shock
absorber ················· 636
automatic controller ·········· 636
automatic cruise ············· 537
automatic dimmer············ 538
automatic door ············· 538
automatic height control valve 634
automatic level control·········· 538
automatic lock hub ·········· 538
automatic locking retractor ······· 486
automatic nozzle ············· 634
automatic speed control ···· 538, 635
automatic stability control ······· 485
automatic tensioner ··········· 537
automatic transmission ······· 486, 539
automatic transmission car ······· 487
automatic transmission fluid······ 539
automatic window············ 538
automobile ··············· 539

automobile high sensor ············· 705
automobile performance diagram
·· 638
auxiliary acceleration pump ······· 258
auxiliary acceleration pump system
····································· 258, 485
auxiliary brake ······················ 259
auxiliary fuel tank ··················· 523
auxiliary gap plug ··················· 258
auxiliary gear box ·················· 258
available stroke ····················· 588
avalanche ···························· 450
avalanche photodiode ··············· 450
average piston speed ················ 898
Avogadro Amedeo ················· 430
Avogadro law ······················· 430
axial ································· 455
axial engagement starter ··········· 455
axial fan ····························· 455
axial flow ······················ 455, 720
axial flow air cleaner················ 720
axial flow compressor ·············· 720
axial flow turbine ··················· 720
axial flow type super charger
····································· 455, 721
axial plunger pump ················· 455
axle ······························ 454, 709
axle beam type suspension ······· 454
axle casing ·························· 455
axle housing ························ 455
axle hub ···························· 455
axle shaft ······················· 454, 455
axle steer···························· 454
axle tramp ··························· 454
axle tramps··························· 822

axle wind up ······················· 553

B

B connection ························ 294
B pillar ···························· 290
B post ······························ 290
babbit metal························· 220
back electromotive force ············· 506
back fire ······················ 226, 508
back lash ···························· 225
back light ··························· 225
back monitor ························ 225
back plate ··························· 226
back rest ··························· 225
back seat ···························· 226
back sonar··························· 226
back spin turn ······················ 226
back stop clutch ···················· 227
back up lamp ······················· 227
back up light ······················· 227
back up ring ························· 227
back window························· 226
backbone frame ····················· 227
background noise····················· 226
backing ····························· 224
backing lamp ························ 225
backward diode ····················· 506
backward type impeller ·············· 227
backward voltage···················· 508
baffle plate ·························· 225
bake hardenable ···················· 244
bake hardenable steel sheet········· 244
bakelite ····························· 244
baking varnish ······················ 245

balance kilocaloric ················ 854

balance shaft ···················· 229

balance weight··········· 52, 229

balanced carburetor ··········· 855

balancer ·························· 229

balancing coil type ··········· 230

balancing disc················· 230

balancing test················· 230

balancing weight ·········· 855

ball and nut type steering gear 263

ball and socket ··············· 264

ball and trunion universal joint 264

ball bearing ················· 263

ball bush ···················· 264

ball guide form ·············· 263

ball joint ···················· 264

ball nut ····················· 263

ball type synchromesh ········· 264

ballast ······················ 229

ballast resistance ············ 229

ballast resistor················ 439

balloon tire········· 230, 240

band brake ·················· 228

banjo ······················· 228

banjo type ·················· 228

bank ······················ 237

bar ······················ 206

bar code ···················· 206

bar gauge ··················· 266

bar generator ··············· 206

barometer ·················· 206

barometric pressure sensor ···· 90, 290

barrel ······················ 220

base ······················· 244

base circle ················· 244

base coat ···················· 244

base metal ·············· 197, 290

base valve ··········· ········ 244

bathtub ···················· 557

bathtub type combustion chamber

·················· 220, 557

batten ······················ 225

battery···················· 224

battery acid ················· 224

battery car ················· 225

battery charger ·············· 224

battery ignition system ········· 721

battery quick charger ·········· 225

baud ······················ 254

baulk ring ·················· 259

baume ···················· 256

baume s hydrometer ········· 256

bead········· ············· 291

bead flange················· 291

bead seat·················· 291

bead weld ·················· 559

beading ···················· 292

beam ················· 253, 296

beam axle ·················· 296

bearing ···················· 242

bearing cap················· 243

bearing crush ··············· 244

bearing lug ················· 243

bearing metal··············· 243

bearing noise ··············· 243

bearing rattle ·············· 191

bearing scraper ············· 243

bearing shell ··············· 243

bearing spread ············· 243

bearing thickness ··········· 243

beat noise ··········· 295
beazing ··········· 64
bel ··········· 249
bel test ··········· 249
Belgian road ··········· 250
bell crank ··········· 249
bellows ··········· 249
bellows type air spring ··········· 250
bellows type thermostat ··········· 250
belt ··········· 250
belt catch tensioner ··········· 251
belt conveyer ··········· 251
belt drive type ··········· 250
belt lacing ··········· 251
belt line ··········· 250
belt pulley ··········· 251
belt sander ··········· 251
belted bias tire ··········· 251
bench drill ··········· 247
bench seat ··········· 247
bench test ··········· 247
bench type modification system 248
bending ··········· 247
bending ··········· 51
bending damper ··········· 247
bending moment ··········· 247
bendix starter ··········· 246
bendix type ··········· 246
Bendix weiss type universal joint 246
Benz Carl Friedrich ··········· 247
benzen ··········· 247
berlina ··········· 241
berline ··········· 241
Bernoulli's theorem ··········· 241
bessemer process ··········· 242, 655

bevel angle ··········· 242
bevel gear ··········· 242
bezel ··········· 246
bias ··········· 208
bias belted tire ··········· 208, 251
bias ratio ··········· 208, 706
bias tire ··········· 208
big end ··········· 90, 296
big end bearing ··········· 770
bimetal ··········· 207
bimetal thermostat type ··········· 207
binder ··········· 210
binding ··········· 210
binding material ··········· 27
bio mass alcohol ··········· 209
bipolar ··········· 210
bipolar transistor ··········· 210
Birfield joint ··········· 239
bite ··········· 209
black light ··········· 287
black tape ··········· 287
blade ··········· 288
blanking ··········· 287
blast furnace ··········· 557
bleed ··········· 289
bleeder resistance ··········· 289
bleeder screw ··········· 289
bleeding ··········· 289
blind ··········· 287
blind cap ··········· 287
blind corner ··········· 287
blind quarter ··········· 287
blister ··········· 289
blistering ··········· 290
block ··········· 289

block chek ········· 289
block gauge ········· 289
block layer photocell ········· 648
block pattern ········· 289
blocker ring ········· 289
blow ········· 288
blow back ········· 288, 508
blow by ········· 288
blow by gas ········· 288
blow down ········· 288
blow hole ········· 288
blow lamp ········· 288
blow out ········· 238
blow torch ········· 811
blower ········· 289, 349
blue heat ········· 712
blue shortness ········· 712
blushing ········· 288
body ········· 255
body alignment ········· 256
body dimension line ········· 256
body filler ········· 256
body hardware ········· 256
bdy lock pillar ········· 255
body modification ········· 256
body mount ········· 255
body mounting ········· 255
body overhang ········· 709
body panels ········· 256
body repair ········· 255
body shell ········· 255
body side molding ········· 255
body side trim ········· 255
body spoon ········· 256
body trim ········· 256

body work ········· 708
bogie ········· 254
bogie axle ········· 254
boiled oil ········· 258
boiling point ········· 292
bolt ········· 265
bolt on ········· 265
bolt tension ········· 265
bombe ········· 265
bond ········· 262
bonding ········· 262
bonnet ········· 254, 262
bonnet type ········· 254
boost ········· 267
boost control ········· 268
boost pressure ········· 44
boost pressure control ········· 44, 268
booster ········· 267
booster brake ········· 267
booster cable ········· 267
booster magneto ········· 267
boot ········· 269
borax ········· 275
bore ········· 257
bore pitch ········· 257
bore up ········· 257
Borg Warner type synchromesh ········· 254
boring ········· 256
boring machine ········· 256
born off ········· 262
boss ········· 257
bottom bypass ········· 259
bottom dead center ········· 259, 290
bottom link ········· 259
bouncing ········· 207

bound stoper ················· 207
bound stroke ················· 207
boundary layer ··············· 28
Bourdon tube ················· 267
bourdon tube type ············ 266
bow ························· 254
bowl vent valve ·············· 263
box wrench ·················· 261
Boyle Charle's law ··········· 258
Boyle's law ················· 258
bracket ····················· 275
brake ······················· 276
brake band ·················· 278
brake booster ··············· 279
brake caliper ··············· 280
brake chamber ··············· 280
brake disc ·················· 277
brake drag ·················· 276
brake drift ················· 277
brake drum ·················· 277
brake dust cover ············· 276
brake fluid ················· 280
brake fluid hose ············· 281
brake fluid pipe ············· 280
brake force ················· 682
brake force distribution ······ 682
brake hardenable steel sheet ······ 290
brake hop ··················· 281
brake horse power ······ 290, 681, 721
brake horsepower ············· 675
brake lamp ················· 277, 682
brake lever ················· 278
brake lining ················ 277
brake lock ·················· 278
brake master cylinder ········· 278

brake mean effective pressure ···· 675
brake pad ··················· 280
brake pedal ················· 280
brake power ················· 675
brake pull ·················· 281
brake reaction rod ··········· 278
brake shoe ·················· 279
brake shoe return spring ······ 279
brake specific fuel consumption
························· 290, 675
brake spring plier ··········· 279
brake squeak ················ 279
brake squeal ················ 279
brake switch ················ 279
brake system ············· 282, 682
brake tester ·············· 280, 681
brake thermal efficiency ······ 682
brake through ··············· 279
brake torque ················ 720
brake valve ················· 278
brake vibration ············· 682
braking ···················· 282
braking drift ··············· 282
braking in ·················· 282
braking phenomenon ········· 282
braking torque ·············· 682
brass ······················ 928
braugham ··················· 282
Brayton cycle ··············· 282
brazing ···················· 276
break contact ··············· 280
break down test ············· 833
break make contacts ·········· 278
breakdown plasma ············ 281
breakdown torque ············ 281

breakdown voltage ·············· 281

breaker ················ 276

breaker plate type muffler ······· 705

breaker point ·············· 276

breakless distributor ·········· 200

breakover ················ 282

breast drill ··············· 276

breather ················ 283

breeches pipe ·············· 550

brick road noise ············ 283

bridge ················· 283

bridge circuit ·············· 283

bridge rectifier ············· 283

bridging ················ 283

brine ·················· 275

brine pump··············· 275

Brinell hardness ············ 283

brittle coating for stress········· 593

brittle point temperature ······· 724

brittleness ··············· 724

broach ················· 282

broaching machine ·········· 282

bronze ················· 712

bronze bushed shackle ········· 712

bronzing ················ 283

brush ·················· 275

brush holder ·············· 276

brush spring ·············· 275

bucket pump ·············· 239

bucket seat ··············· 239

buckles················· 238

buckling ················ 238

buffer ················· 239

buffer spring ··········· 239, 555

buffle plate deflector ········· 239

build ·················· 296

build up type ············· 296

built in disk brake ··········· 296

built up crankshaft ·········· 296

bulb·················· 240

bulbs burn out sensor ········· 135

bulge ·················· 240

bulge type bush ············ 240

bulging ················· 240

bulk head ··············· 240

bump ·················· 241

bump stop ··············· 241

bumper ················· 241

bumper extension ··········· 241

bumper to bumper line·········· 241

bumping hammer ··········· 241

burn··················· 239

burn in ················· 240

burn out ················ 239

burning ················· 238

burning change ············· 514

burning point·············· 515

burning ratio ·············· 515

burning velocity············· 514

burr ··················· 238

burst ·················· 238

bus ··················· 238

bush··················· 268

bushing ················· 268

butan ·················· 269

butt welding ·············· 182

butterfly valve ············· 239

buttress thread ············· 815

buzzer ················· 238

by pass ················· 209

by pass filter ·············· 210
by pass filter type ·············· 270
by pass valve ·············· 209
byte ·············· 209

C

C-pillar ·············· 407
cab ·············· 734
cab over engine ·············· 735
cab suspension ·············· 735
cabin ·············· 403, 735
cabin space ·············· 735
cable ·············· 753
cable clamp ·············· 754
cable grommet ·············· 753
cable type clutch ·············· 754
cabriolet ·············· 735
cabtyre cable ·············· 735
cadmium ·············· 727
cadmium stanard cell ·············· 728
cadmium test ·············· 728
cadmium yelllow ·············· 728
cage ·············· 754
calcium carbide ·············· 729
calibrate ·············· 739
calibration gas ·············· 738
caliper ·············· 739
caliper fixed type disk brake ······· 739
caliper floating type disk brake ···· 739
calipers ·············· 739
caloric value ·············· 214
calorific value ·············· 516
calory ·············· 734
CAM ·············· 739

cam ·············· 739
cam angle ·············· 740, 741
cam angle control ·············· 741
cam brake ·············· 740
cam contour ·············· 741
cam follower ·············· 741
cam ground piston ·············· 741, 743
cam lobe ·············· 740
cam nose ·············· 740
cam profile ·············· 741
cam shaft ·············· 740
cam sprocket ·············· 740
camber ·············· 741
camber angle ·············· 742
camber caster gauge ·············· 742
camber control ·············· 743
camber offset ·············· 742
camber stiffness ·············· 742
camber thrust ·············· 742
camber wear ·············· 742
cancel ·············· 738
cancer ·············· 738
Candela ·············· 46, 733
canister ·············· 734
cant ·············· 738
canvas hood ·············· 738
canvas top ·············· 738
capability ·············· 505
capacitive discharge ignition 404, 558
capacitor ·············· 745
capacity ·············· 558, 745
car ·············· 705, 727
car air conditioner ·············· 727
car body ·············· 709
car component stereo ·············· 727

car cooler 727
car heater 637
car knock 727
car racing 727
car stand 727
carbon 729, 793
carbon arc lamp 730, 793
carbon black 730
carbon brush 729, 793
carbon canister 730
carbon deposit 729
carbon fiber 730
carbon fiber reinforced plastics
.... 407, 730, 793
carbon flower 731
carbon fouling 730
carbon knock 729
carbon lamp 793
carbon mono oxide 407, 625
carbon pile 731
carbon soot 730
carbon thrust bearing 730
carbon trumpet 730
carbonization 794
carbonization spark 794
carborundum 729
carburetor 62, 731
carburetor balancer 731
carburetter 62, 731
carburettor 62, 731
carburizing 726
carburizing flame 729
carcass 733
cardan shaft 728
cardan universal joint 728

Carnot cycle 728
Carnot Nicolas Leonard Sadi ⋯ 728
carriage 734
carrier 734
carrozzeria 728
cartridge 733
cartridge diode 733
cartridge type fuse 733
cascade 736
cascade effect 736
case or container 754
case reed 754
casing 754
cassette 731
cassette tape 731
cast 737
cast iron 690
cast iron ware 689
cast iron ware scale 689
castability 18
caster 736
caster adjust shim 737
caster angle 736, 737
caster effect 737
caster offset 737
caster wedge 737
casting 689, 737
casting trail 737
casting wheel 737
castle nut 737, 935
catalog 733
catalyst 717
catalytic converter 717, 738
catalytic converter for oxidation
.... 309, 405

catalytic converter for reduction and oxidation ········· 405

catalyzer ································ 738

catch ································· 738

caterpillar ····························· 738

cathode ·························· 590, 735

cathode ray····························· 736

cathode terminal ················ 591, 736

cation ································· 464

catseye································· 737

caulking ································ 759

caulking compound ················ 759

caustic cell ···························· 344

caustic soda ··························· 15

cavitation ······························ 735

cavitation erosion ···················· 735

cavitation noise ······················· 735

cell ····························· 340, 663

cell connector·························· 340

cell dynamo ··························· 340

cell tester······························ 340

cementite······························ 410

CENTARI ···························· 337

center arm type steering link system ································· 338

center bearing ················· 338, 693

center bolt ···························· 338

center brake ·························· 338

center cap ···························· 338

center differential ···················· 337

center differential clutch ·········· 337

center drill ···························· 337

center floor type parking brake 339

center lock ··························· 338

center pillar ·························· 339

center point steering ··············· 339

center punch ························· 338

center valve type master cylinder ································· 338

centering gauge ·······: ············ 339

centigrade ···························· 340

central fuel injection ··············· 406

central processing unit ·············· 407

central system························· 693

centralized control system········· 703

centrifugal casting ·················· 566

centrifugal compressor ············· 565

centrifugal filter ····················· 565

centrifugal force·············· 340, 566

centrifugal governor ···· 339, 565, 566

centrifugal governor advancer ································· 339

centrifugal lubricator················ 565

centrifugal pump ············· 339, 566

centrifugal separator ················ 565

centrifugal supercharger ··········· 566

centrifugal turbocharger ··········· 567

centrifugal type compressor ······· 567

centrifuge ···························· 566

centripetal force ····················· 50

ceramic ······························ 331

ceramic coating ····················· 331

ceramic engine ······················ 331

ceramic fiber ························· 331

ceramic glow plug ··················· 331

ceramic heater choke················ 331

ceramic turbo························· 331

ceramics ······························ 331

cetane booster······················· 336

cetane improver ····················· 336

chain drive 713
chain drive type 713
chain guard 713
chain hoist 713
chain puller 713
chain sprocket 713
chain tensioner 713
chalking 717
chamber 713
chamfer 714
change down 415
change lever 252, 713
change of state 313
change over switch 253
change speed fork 416
channel 710
channel bar 710
channel capacity 710
chapman strut type suspension 711
character 734
character line 734
character mode 734
charcoal canister 709
charcoal canister type 709
charcoal granules 928
charge 708
charge valve 723
charge warning lamp 708, 723
charger 708
charger cooling 708
charging 708
charging circuit 724
charging current 724
charging efficiency 724
charging rate 708, 724

charging stroke 708
charging system 708, 723
Charle's law 316
Charles Jacques Alexandre Ce'sar 316
chaser 712
chassis 316, 705
chassis dynamo 316
chassis dynamometer 316, 404
chassis spring 317
chatter 710
chatter mark 710
chattering 711
check 714
check valve 714
checking 715
chemical instability 927
chemical reaction 927
chemical staining 753
chemistry action 927
chicane 411
child lock 708
child proof 708
child protector 708
child restraint system 405, 465
child safety lock 708
chilled cast iron 726
chilled castings 726
chin spoiler 725
chip 726
chip breaker 726
chipping 725
chisel 672, 725
chloro fluoro carbon 875
choke 715
choke breaker 716

choke button ·················· 716
choke circuit ·················· 717
choke coil ·················· 717
choke opener ·················· 716
choke stove ·················· 219
choke system ·················· 716
choke valve ·················· 716
chopper ·················· 717
christian johann ·················· 101
christmas tree ·················· 774
chrome molybdenum steel ·········· 774
chrome steel ·················· 774
chrysler ·················· 767
chrysler sure grip type ·········· 767
chrysler walter percy ·········· 767
chunking ·················· 712
circiut ·················· 325, 928
circuit breaker ·········· 325, 705
circuit tester ·················· 325
circular ·················· 324
circular arc cam ·················· 568
circular die stock ·················· 325
circular disc cam ·········· 325, 568
circular pitch ·········· 325, 568
circular snip ·················· 35
circulating oiling ·················· 325
circulating pump ·················· 325
circulation ·················· 325
city fuel economy ·················· 414
claim ·················· 780
clamp ·················· 775
clark cycle engine ·················· 775
clark dugald ·················· 775
classic car ·················· 775
clausius cycle ·················· 775

clausius rudolf julius emanuel ···· 775
claw clutch ·················· 781
clay model ·················· 780
clear ·················· 782
clear coat ·················· 782
clear cut ·················· 782
clearance ·················· 19, 782
clearance lamp ·················· 782
clearance sonar ·················· 782
clearance volume ·················· 782
clevis ·················· 780
clip ·················· 782
clipping point ·················· 782
clock generator ·················· 781
close coat ·················· 781
close ratio ·················· 781
closed body ·················· 781
closed circuit ·················· 855
closed cycle ·················· 205
closed loop carbureter control ···· 407
closed pattern ·················· 781
closed positive crankcase ventilation
·················· 781
closed type nozzle ·················· 855
closing pressure ·················· 781
cloverleaf head ·················· 781
clutch ·················· 775
clutch booster ·················· 777
clutch capacity ·················· 778
clutch cover ·················· 779
clutch delivery efficiency ·········· 778
clutch disc ·················· 776
clutch drag ·················· 779
clutch facing ·················· 780
clutch fork ·················· 780

clutch housing 780
clutch hub 780
clutch judder 778
clutch lining 776
clutch master cylinder 777
clutch meet 777
clutch meeting point 778
clutch off center 778
clutch off point 779
clutch pedal 780
clutch plate 780
clutch point 780
clutch pressure plate 780
clutch release bearing 776
clutch release cylinder 776
clutch release fork 776
clutch release lever 776
clutch reservoir tank 776
clutch shaft 779
clutch sleeve 777
clutch slip 777
clutch slipping 778
clutch spring 777
clutch vibration 778
CO_2 792
coach builder 759
coach joint 759
coalescence 762
coaster brake 757
coasting 757
coasting operation 758
coasting test 758
coat 759
coated steel sheet 864
coating 759

coating meterial 97
cobalt 757
cockpit 759
cogged belt 725, 755, 815
coil 758
coil spring 758
coil spring type 758
coil type glow plug 758
coining 758
coke bottle line 759
cold 761
cold rate 69
cold rolled steel sheet 68
cold rolling 68
cold start 761
cold start injector 761
cold start valve 761
cold sticking 761
cold type spark plug 69, 762
cold welding 69
cold working 68
collapsible steering 748
collapsible steering column 748
collapsible steering post 748
collar 733
collector 748
collector cutoff current 748
collector junction 748
collector ring 748
collector tank 748
color conditioning 314
color design 748
color sealer 748
coloring 709
column 733

column shift ·················· 733
com star wheel ················· 763
combination cycle ·············· 914
combination lead plunger········ 687
combination meter··············· 762
combination plier ··········· 687, 763
combination switch ············· 762
combination wrench ············· 762
combine ······················· 762
combined ······················ 762
combined cycle engine ·········· 762
combined fuel economy··········· 762
combined governor ·············· 762
combined instrument············· 762
combined ring ················· 762
combined type power steering ···· 762
combustion ···················· 514
combustion and expansion stroke
···························· 862
combustion chamber··········· 514, 748
combustion efficiency··········· 514
combustion engine··············· 516
combustion noise ··············· 515
combustion pressure sensor ······ 514
combustion stroke ·············· 514
comet head··················· 757
commercial oil A등급 ··········· 405
commercial oil B등급············· 405
commercial oil C등급 ··········· 405
commercial oil D등급 ··········· 404
commercial van ················ 744
common rail system··············· 38
common rail type ··············· 757
commutator bar················· 675
commutator bar or segment······· 674

compact car ·················· 749
compact disc read only memory   404
compact disk ·················· 749
companion flange ··············· 749
compartment ··················· 748
compartment shelf panel ········· 749
compensating circuit··········· 257, 749
compensating coil ············ 257, 749
compensating jet ··············· 479
compensating port ·············· 750
compensation··············· 257, 258, 749
compensator ··················· 749
compenstator ·················· 257
complete combustion············· 555
compliance ···················· 751
compliance steer··············· 751
component ················· 269, 750
composite cable ··············· 763
composite corner ·············· 262
composite cycle ··············· 262
composite propeller shaft ········ 763
composite pulse ··············· 763
composite type carburetor ······· 262
composite type gasket ··········· 262
compound ····················· 763
compound motor ··············· 260
compound wound ··············· 260
compounding ·················· 763
compressed natural gas automobile
···························· 407
compression ignition ··········· 448
compression ignition engine 405, 448
compression ratio ·············· 449
compression ring ······· 448, 449, 751
compression rod ··············· 751

compression shackle ················· 448
compression stroke ············· 448, 751
compressor ······························· 751
compressor impeller ················· 751
compressor wheel ····················· 751
computer ································· 750
computer aided design ······· 405, 750
computer aided manufacturing 406
computer graphics ··················· 750
computer logic circuit ··············· 750
computer simulation ················· 750
con rod ································· 746
concave cam ··························· 524
concealed ······························· 747
concealed head lamp ··············· 747
concealed wiper ······················· 747
concentric ring ······················· 760
condensate ······························· 745
condensation ··························· 593
condenser ·········· 261, 593, 721, 760
condenser discharge ignition system
································· 721
condenser tester ····················· 760
condenser(capacitor) discharge ig-
nition system ····················· 404
condition meter ······················· 746
conductance ··························· 745
conduction ······························· 653
conductive paint ····················· 100
conductor ························· 101, 745
conduit line ··························· 760
cone ····································· 759
cone clutch ····················· 565, 759
cone friction wheel ················· 564
cone key ······························· 565

conformability ······················· 719
congealing ······························· 592
conical bearing ······················· 756
conical spring ····················· 565, 756
conicity ································· 756
connecting rod ························ 743
connecting rod aligner ··············· 744
connecting rod bearing ··············· 746
connection ······························· 671
connector ······························· 743
consistency ······························· 667
console ································· 760
console box ··························· 760
constant ································· 312
constant current charging ··········· 679
constant current control ············· 679
constant depression carburetor···· 760
constant load type ··················· 760
constant load type synchromesh 760
constant pressure cycle ············· 677
constant vacuum carburetor········ 760
constant velocity joint ··············· 115
constant velocity ratio universal joint
································· 405
constant voltage charging ··········· 679
constant volume cycle ··············· 678
constant web type brake shoe ···· 625
constantan ······························· 760
constantan velocity joint ············· 760
constantmesh type ··················· 313
constructor ······························· 747
contact ································· 671
contact breaker ····················· 671, 761
contact breaker arm ··········· 88, 761
contact breaker arm spring ········· 88

contact breaker plate ·············· 88
contact breaker point ············ 761
contact breaker points ············ 88
contact controlled transister igniter
··· 761
contact point ·························· 761
contact resistance ·················· 672
contactless switch ·················· 200
container ······························· 747
contaminants ·························· 529
continuity test ······················· 101
continuously variable transmission
··························· 199, 251, 405
contoured web type brake shoe ···· 761
contra flow ···························· 506
contracting brake ··················· 747
contraction scale ···················· 722
control ···················· 683, 684, 747
control action ························· 683
control arm ···························· 747
control console ······················ 747
control device ························· 684
control knobe ························· 747
control lever ·························· 747
control panel ·························· 747
control pinion ························· 684
control plunger ······················ 684
control plunger barrel ·············· 684
control rack ··························· 683
control relay ·························· 747
control sleeve ························· 683
control unit ···························· 747
control valve ·························· 683
controlled variable ·················· 684
controller ····························· 748

convection ····················· 90, 746
convergency ··························· 746
conversion ····················· 252, 746
conversion coating ·················· 746
conversion hoist ····················· 746
converter ······························ 746
convertible ···························· 746
convex cam ···························· 265
convex fillet weld ···················· 265
cool air intake system ··············· 764
cool box ······························· 764
cool down performance ············· 764
coolant ··························· 68, 764
coolant temperature sensor ···· 351, 407
coolant temperature switch ········· 352
cooling action ························· 67
cooling fan ······················ 67, 765
cooling fan computer ················ 765
cooling fan motor ···················· 765
cooling fin ······················· 68, 765
cooling loss ···························· 67
cooling system ············· 67, 68, 765
cooling water ·························· 68
coompound vortex controlled combus-
tion ····································· 404
cooperative fuel research ··········· 406
cooperative fuel research engine ··· 406
copper ································· 49
copper alloy ·························· 105
cord ···································· 756
core ···································· 758
core support ·························· 758
Coriolis ································ 757
cork ···································· 757
cornering ······························ 755

cornering drag ·················· 755
cornering force ··········· 406, 756
cornering lamp ················· 755
cornering power ················ 755
cornering stiffness ············· 755
corona ··························· 756
corona discharge ·············· 756
corporate average fuel economy 406
correction ····················· 258
correction time ················ 258
corrosion ······················ 744
corrosion resistance ··········· 66
corrosive wear ················· 268
corrugated fin·················· 756
cost accounting ················ 563
cost side ······················ 757
costing operation ·············· 787
cotter ·························· 759
coulomb ························ 764
coulomb's law·················· 764
counter ························· 731
counter balance valve ·········· 731
counter boring ················· 732
counter flow engine ··········· 732
counter gear ··················· 731
counter shaft ·················· 732
counter sink ··················· 732
counter sinking ················ 732
counter steer ·················· 732
counter transmission ··········· 269
counter weight·············· 52, 732
coupe ·························· 764
couple ························· 559
coupled beam type suspension
················· 692, 745

coupler ························· 745
coupling ··················· 686, 745
courtesy light ················· 744
cover ·························· 744
cover top······················ 744
coverage ······················ 744
cowl··························· 733
cowl side panel ················ 733
crack ······················ 52, 767
cracking ······················ 767
crank ························· 767
crank angle sensor······ 406, 767, 770
crank arm ····················· 768
crank case ···················· 769
crank handle ·················· 770
crank mechanism ·············· 768
crank pin······················ 770
crank shaft···················· 768, 769
crank shaft bearing ··········· 769
crank shaft grinder ··········· 769
crank shaft over lap ·········· 769
crank shaft phase angle········· 769
crank sprocket ················ 768
crank throw ··················· 768
crankcase dilution ············· 769
crankcase emission············· 770
crankcase storage system ·········· 770
crankcase ventilation··········· 769, 770
cranking ······················ 770
cranking motor ············· 368, 770
cranking torque ··············· 771
cranking vibration ············· 770
crankless engine ··············· 770
crankpin end ············· 90, 296, 770
crankshaft damper··············· 768

crankshaft journal ···· 769
crankshaft journal bearing ···· 189
crankshaft pulley ···· 770
cratering ···· 772
craters ···· 772
crazing ···· 771
crease line ···· 774
creep ···· 774
creep development ···· 775
creep surge ···· 775
critical build up speed ···· 627
critical controlling current ···· 628
critical current ···· 628
critical impulse ···· 628
critical load ···· 628
critical point ···· 628
critical pressure ···· 627
critical speed ···· 574, 774
critical state ···· 627
critical temperature ···· 628
critical velocity ···· 627
critical voltage ···· 628
criticality ···· 627
cross and roller universal joint ···· 424
cross beam ···· 772
cross country race ···· 772
cross flow engine ···· 773
cross flow fan ···· 773
cross flow radiator ···· 773
cross flow scavenging ···· 772
cross joint ···· 772
cross link type steering system ···· 772
cross member ···· 772
cross scavenging ···· 772
cross scavenging type ···· 929

cross shaft ···· 772
cross spider ···· 772
cross up type ···· 772, 773
crossply tyre ···· 773
crown ···· 767
crown gear ···· 767
crown pressure spring type ···· 767
crowning ···· 766
crucible steel process ···· 97
cruciform frame ···· 493
crude oil ···· 567
cruise computer ···· 774
cruise computer system ···· 774
cruise control ···· 774
cruising speed ···· 774
crush ···· 771
crush hight ···· 771
crush stroke ···· 771
crush worthiness ···· 771
crush zone ···· 771
crushable body ···· 771
crushable zone ···· 771
crystal ···· 27
crystal lattice ···· 27
Cugnot Nicolas Joseph ···· 765
cup grease ···· 752
cupola ···· 766
curb weight ···· 744
cure ···· 240
curie pierre ···· 766
curie point ···· 766
curie temperature ···· 766
curing ···· 766
curing agent ···· 29
current ···· 655

current limiter 655
current regulator 655
current sensing resistor 655
curve slide type seat 744
cushion spring 764
custom car 744
cut 665
cut body 752
cut in 752
cut in voltage 752
cut off voltage 752
cut out 752
cut out relay 752
cutter 665
cutting attachment 745
cutting method 752
cutting off 665
cutting plier 745
cutting resistance 665
cutting tip 745
cutting tool 665
cyanidation 712
cyaniding 410
cycle 305
cycle detection type sensor 690
cycle fender 305
cyclo converter 305
cyclo inverter 305
cycloid 305
cycloid gear 306
cycloid tooth 306
cylinder 421
cylinder block 421
cylinder bore 421
cylinder boring machine 421

cylinder fin 422
cylinder gas 266
cylinder gauge 421
cylinder head 422
cylinder head gasket 423
cylinder honing machine 423
cylinder liner 421
cylinder pitch 422
cylinder sleeve .... 421 , 422
cylinder stroke bore ratio 421
cylinder volume 422
cylinder wall 421
cylindrical muffler 568

D

D-jetronic 117
damper 92
damper pulley 92
damper spring 92
damping 20
damping chamber 92
dash board 90
dash panel 91
dash pot .... 91 , 685
dashlight 29
data logger 96
data sheet 96
daytime running light 96
de Dion type suspension 109
dead axle 95
dead battery 224
dead center 95
dead point 307
dead time 95

dealer option ············· 125
decarburization ············· 794
deceleration ratio············· 19
deceleration valve ············· 19, 118
decibel ············· 96
deck lid ············· 96
decolorization············· 794
decomp ············· 123
decomposition············· 273
decompression ············· 123
decompression balance fixture ···· 21
decompression device ············· 21
dedendum ············· 118
deep socket wrench ············· 126
deflecter ············· 125
deflection steer ············· 125
defogger ············· 125
defroster ············· 125
defrosting pattern ············· 125
degasser ············· 118
degrease ············· 118
degree of dispersion ············· 273
degree of penetration ············· 46
delay circuit ············· 697
delivery pressure ············· 349
delivery valve ············· 126,349
delivery van ············· 125
delta connection ············· 97,309
demand octane number ············· 556
demister ············· 125
density············· 204
dentability············· 97
deoxidation············· 794
departure angle ············· 124
deposit············· 125

deposited metal ············· 559
derived unit ············· 579
desiccant ············· 96
desmodromic valve ············· 95
detent ············· 123
detent acceleration············· 123
detent plate············· 123
detonation············· 96
deutsche industrie normen ···· 117
Deutsches normen ············· 101
device ············· 642
diagnosis ············· 83, 702
diagonal link type suspension······ 83
diagonal tire············· 83
diagram ············· 83, 327
diagram factor ············· 328
dial············· 84
dial adjustable shock absorber ··· 85
dial gauge············· 85
diamagnetic substance ············· 213
diamond dresser ············· 83
diaphragm ············· 83, 702
diaphragm spring type ············· 84
diaphragm type air spring ············· 84
diaphragm type fuel pump······· 84
die ············· 81
die casting············· 85
die forging ············· 923
diesel cycle ············· 121
diesel engine ············· 122
diesel general ············· 117
diesel index············· 122
diesel knock ············· 121
diesel moderate ············· 117
diesel particulate ············· 122

diesel particulate filter 122

diesel severe 117

diesel smoke 121

dieseling 123

differential 705, 706

differential carrier 125

differential case 125, 706

differential compound 706

differential compound motor 706

differential gear 124, 706

differential oil 124

differential transformer 706

differential valve 124

diffuser 125

digital 123

digital meter 123

digital signal 123

dimmer 686

dimmer switch 118

diode 85

dip stick 581

dip switch 118

dipped beam 126

dipper switch 118

dipstick 531

direct combustion period 700

direct control system 700

direct current 699

direct current discharge converter

.... 116

direct current generator 699

direct current generators 116

direct current motor 699

direct damage 700

direct feeling 82, 83

direct ignition system 83, 117

direct injection chamber type 699

direct injection diesel engine 700

direct injection type 699

direct OHC 82

direct shift 82

direction indicator 216

direction indicator flasher unit 216

directional light 118

directional pattern 118, 217

dirt in paint 851

disassemble 118

disc 119

disc brake 119

disc brake caliper 119

disc brake pad 120

disc rotor 119

disc wheel 120

discharge 118

discharge air 118

discharge coefficient of nozzle 73

discharge line 118

discharge pressure 118

discharge rate 215

disk 119

dispenser 121

displacement 220

dissolved acetylene 559

distant control 563

distillation 693

distillation characteristics 694

distortion angle 402, 520

distribution octane number 117, 120

distribution of drop size 273

distributor 120, 221, 271

distributor assembly ·············· 221
distributor cam ···················· 222
distributor cap ····················· 222
distributor pump ·················· 271
distributor system ················ 271
distributor type ···················· 271
distributorless ignition ······· 117, 120
dither ··································· 118
divided type rim ·············· 118, 605
divider ·································· 118
dog clutch ····························· 97
dog track ······························ 97
dolly ····································· 101
dolly blocks ·························· 101
dome light ···························· 102
donor ···································· 97
door ······································· 98
door ajar warning lamp ············ 99
door arm rest ························· 99
door check link ······················ 99
door courtesy lamp ················· 99
door frame ···························· 100
door glass run ························· 98
door handle ·························· 100
door hinge ··························· 100
door indicator lamp ················· 99
door lock ······························ 98
door lock striker ····················· 99
door mirror ···························· 99
door pad ······························ 100
door panel ··························· 100
door skin ······························· 99
door step lamps ······················ 99
door trim ····························· 100
door ventilator window ············· 99

door warning lamp ·················· 99
door window glass ·················· 99
Doppler ······························· 101
Doppler effect ······················ 101
double acting two leading shoe
brake ·································· 260
double anchor brake type ········· 105
double barrel carburetor ··········· 815
double chamber type ··············· 261
double circuit type caliper ········· 92
double clutch ························· 94
double coat ···························· 93
double cone synchro ················ 93
double crank mechanism ·········· 606
double helical gear ·················· 94
double lever mechanism ··········· 606
double overhead camshaft ··· 93, 117
double pick up ························ 94
double plate clutch ················· 261
double seat ···························· 93
double spark plug ··················· 261
double spring ························· 606
double trailing arm type suspension
······································· 94
double trailing link ·················· 94
double wishbone type suspension 93
dow metal ······························ 81
dowel ··································· 81
dowel pin ····························· 855
down draft ······························ 81
down draft type ····················· 429
down shift ····························· 415
downdraft carburetor ··············· 22
downflow radiator ···················· 81
dozer ··································· 100

drag coefficient ·············· 38, 916
drag link ························· 112
drag race ························ 112
drag racing ····················· 112
drag torque ····················· 112
dragster ························· 112
drain ···························· 113
drain plug ······················ 113
drain tap ······················· 113
drawing ················· 78, 113, 611
dressing ························· 113
drier ···························· 112
drift ···························· 114
drift drive ····················· 114
drift up angle ·················· 114
drill ···························· 114
drill gauge ····················· 114
drilling machine ················ 114
drip molding ···················· 114
drive belt ······················· 48
drive by wire ·············· 111, 116
drive computer system ··········· 111
drive line ················· 103, 110
drive shaft ··················· 49, 111
drive sprocket ·················· 111
drive train rattling noise ······ 103
driven sprocket ················· 113
driver ·························· 564
driver's license ················ 111
driver seat ····················· 110
driving beam ···················· 690
driving lamp ···················· 111
driving licence ················· 111
driving mirror ·················· 111
driving position ················ 111

driving pulley ·················· 564
driving shaft ··················· 564
drop arm ························· 113
drop center rim ············ 113, 116
drop hammer ····················· 113
drop light ······················ 113
drum brake ······················ 112
drum in disk brake ·············· 113
dry charge type storage battery ·· 26
dry coat ························· 110
dry friction ····················· 35
dry spray ······················· 110
dry start ······················· 110
dry sump ························· 110
dry sump type ··················· 110
dry tire ························· 110
dry type air cleaner ············· 26
dry type clutch ·················· 26
dry type liner ··················· 26
dry type single plate clutch ····· 25
drying lamp ····················· 112
dual air cone ··················· 107
dual bed monolith ··············· 107
dual carburetor ················· 108
dual circuit brake ·········· 107, 598
dual diaphragm ·················· 106
dual exhaust ···················· 107
dual link type suspension ······· 106
dual mode damper ················ 106
dual mode suspension ············ 106
dual mode turbo ················· 107
dual tires ······················ 261
dual two leading brake ·········· 108
dual venturi carburetor ········· 107
dual vision meter ··············· 107

dual wheels ·············· 261
dubonnet type suspension ·········· 106
duck tail ·············· 95
DUCO ·············· 105
duct ·············· 95
ductility ·············· 514
Duette Engine Automatic Transmission ·············· 108
Duette Steering Suspension ······· 108
DULUX ·············· 105
dummy ·············· 92
duo servo brake ·············· 108
duo two leading brake ·············· 109
duplex chain ·············· 109
duplex injector ·············· 261
durability ·············· 65
duralumin ·············· 105
dusting ·············· 95
duty ·············· 109
duty cycle ·············· 109
dwell angle ·············· 115
dwell tachometer ·············· 115
dwelling ability ·············· 25
Dyna flow ·············· 82
dynamic ·············· 81
dynamic balancing ·············· 81
dynamic brake ·············· 82
dynamic damper ·············· 81
dynamic electricity ·············· 105
dynamic load ·············· 81, 105
dynamic pressure ·············· 104
dynamic unbalance ·············· 105
dynamics mechanical ·············· 508
dynamo ·············· 81, 82
dynamometer ·············· 82

dyne ·············· 85

E

earth ·············· 466, 671
easy access door ·············· 606
ebonite ·············· 473
eccentric ·············· 608
eccentric shaft ·············· 608
echo ·············· 489
eco run system ·············· 608
economizer ·············· 607
economizer jet ·············· 608
economizer valve ·············· 608
economy running system ····· 595, 608
eddy ·············· 548
eddy current ·············· 184, 553
eddy current brake ·············· 553
eddy current loss ·············· 553
eddy current retarder ·············· 553
eddy flow ·············· 548
edge light ·············· 488
Edison battery ·············· 472
Edison effect ·············· 472
Edison screw thread ·············· 472
Edison Thomas Alva ·············· 472
effective belt tension ·············· 587
effective compression ·············· 588
effective diameter ·············· 588
effective horsepower ·············· 587
effective power ·············· 587, 588
effective pressure ·············· 587
effective temperature ·············· 588
effective tension ·············· 588
egr control valve ·············· 598

egr cooler ·················· 598

egr modulator valve··············· 597

egr solenoid valve············· 598

eight way adjustable seat ········ 488

eisbahn ················· 437

ejector ·················· 606

elastic coupling·············· 793

elastic limit ··············· 793

elasticity ················· 792

elastomer ················ 622

electric air bag system ············· 651

electric circuit ··············· 651

electric control ··············· 651

electric energy ··············· 655

electric fan ················· 654

electric field ············ 650, 663

electric fuel pump ·········· 624, 652

electric galvanized steel sheet ······· 650

electric heat type auto choke ······· 658

electric heater ··············· 658

electric lamp················ 650

electric load switch ·············· 650

electric motor ············ 650, 654

electric motor car·············· 624

electric motor vehicle ········· 651

electric oscillation·············· 651

electric potential ············· 658

electric power ················ 655

electric power steering············ 654

electric pressure ·············· 657

electric process ··············· 651

electric spark machining ·········· 215

electric type automatic transmission
················· 652

electric vehicle ············ 651

electric winch ············· 654

electrical wire ············· 657

electricity ················· 650

electricity conduction rate ········· 651

electrification ············· 91

electro conductor print glass ······· 653

electro deposition ··············· 663

electro hydraulic power steering   596

electro luminescence ·········· 596, 623

electro magnet ············· 623

electro magnetic force ·········· 661

electro magnetic induction ········· 659

electro mobile ············· 623

electro pneumatic suspension ······· 623

electrochromic type glare proof mirror
·················· 624

electrode ··············· 623, 650

electrolysis·················· 664

electrolyte·············· 623, 664

electrolytic polishing ············ 664

electromagnet ·············· 661

electromagnetic brake·········· 176, 659

electromagnetic relay ············· 659

electromagnetic switch·············· 659

electromagnetic wave ··········· 662

electron··············· 624, 659

electron beam ··············· 659

electronic automatic transmission
·················· 596

electronic clutch ·············· 660

electronic concentrated engine control
system ··············· 594

electronic continuously variable trans-
mission ··············· 594

electronic control power steering   595

electronic control unit ······· 595, 659

electronic controll suspension system
··· 594

electronic controlled air suspension
··· 659

electronic controlled automatic transmission ··············· 595, 660

electronic controlled diesel ······· 594

electronic controlled hydraulic multiplate active traction intelligent control ··· 595

electronic controlled injection ···· 594

electronic controlled suspension system ··· 660

electronic controlled transmission
··· 595

electronic controlled transmission intelligent ···························· 595

electronic controlled transmission's
··· 595

electronic controlled type fuel injection ··································· 660

electronic engine control ·········· 596

electronic fuel injection ············ 596

electronic hight control ············ 596

electronic igniter ····················· 662

electronic ignition ···················· 623

electronic mirror ····················· 661

electronic modulated suspension
··································· 596, 659

electronic petrol injection ········· 598

electronic skid control ·············· 596

electronic spark advancer ·········· 660

electronic traction control system
··· 598

electronic type ························· 661

electronic type fuel pressure regulator ······························ 662

electronic type fuel pump ········· 662

electronic type retarder ············ 661

electronically controlled gasoline injection ··································· 595

electronics ····························· 623

electrostatic capacity ··············· 678

electrostatic painting ··············· 678

element ·································· 345

element rest ·························· 501

eletric resistance ···················· 651

elevation ······························· 501

elevator ································· 502

eleven laps pattern ·················· 622

eleven mode ·························· 622

eliminator ······························ 624

elliot type ······························ 502

embeddability ························ 183

emblem ·································· 505

embossing ····························· 504

emergency brake ····················· 292

emergency locking retractor ······· 596

emergency low gear ················· 604

emergency signal system ·········· 292

emergency tire ························ 592

emery ··································· 473

emery paper ·························· 473

emission ································ 604

emission control ······················ 218

emission control device ············· 604

emission control system ············ 604

emission regulation ··········· 218, 222

emission system ······················ 604

emitter·································· 604

empty ································· 505

empty weight ······················ 505

emulsion ···························· 473

enamel······························· 471

enamel paint ······················· 471

enameled wire ····················· 471

end cam ···························· 494

end plate·························· 494

energize ···························· 471

energizing ·························· 471

energy ···························· 472

energy absorbent bumper···· 472, 596

energy absorbent steering···· 472, 723

engine ···················· 58, 495

engine absorber ···················· 498

engine analyzer ···················· 497

engine bearing ····················· 496

engine blow ························· 496

engine brake ······················· 496

engine capacity ···················· 498

engine compartment ··············· 498

engine control····················· 498

engine electronic control module 498

engine fin ························· 499

engine kill ························· 498

engine knock ······················ 495

engine mount ······················ 496

engine mounting ··················· 496

engine noise ······················· 495

engine oil ························· 498

engine oscilloscope················ 498

engine performance curves 497, 498

engine racing ······················ 496

engine room ················· 496, 499

engine scope ······················· 497

engine shake ······················· 497

engine stall ························· 497

engine support ····················· 497

yengine torque ···················· 499

engine tune up ····················· 498

engine tune up tester··············· 498

engineering plastics ················ 495

english system···················· 253

enlarged scale···················· 222

enrichment system ················· 495

enthalpy ···························· 499

entropy ···························· 499

entropy diagram ··················· 499

enveloping ························· 495

enveloping power ·················· 495

environmental protection agency 598

EPA highway cycle ················ 598

epicycloid ························· 490

epoxy ···························· 490

equal bore type wheel cylinder 105

equalizer ·························· 608

erg ································ 473

ergonomics design ··········· 473, 501

Ericsson cycle····················· 473

Ericsson John ····················· 473

erosion······························ 603

escutcheon ························· 605

ethanol ···························· 490

ether ···························· 490

ethyl alkohol ······················ 490

ethyl ether ························· 490

ethylen······························ 490

ethylene glycol ···················· 490

eurobag ···························· 584

european tire and rim technical organization ·············· 580, 598

eutectic ·················· 42

eutectoid ·············· 41

eutectoid point ············· 41

eutectoid reaction ············ 40

eutectoid steel ·············· 40

evacuate ·············· 604

evaporation ·············· 694

evaporative cooling system ········· 291

evaporative emission control system ················ 513

evaporative emissions ··········· 605

evaporator ·············· 605, 694

excess air factor ············ 35

excess flow valve ············ 45

excitation ·············· 492

excitation current ············ 493

excite ·············· 505

exhaust ·············· 217

exhaust air induce ············ 596

exhaust brake ·············· 218, 601

exhaust device ············· 218

exhaust emission ············ 604

exhaust emission control system ················ 219, 601

exhaust gas ·············· 219, 222, 600

exhaust gas by pass type ········· 219

exhaust gas recirculation ················ 219, 597, 600

exhaust gas recirculation ratio ····· 597

exhaust gas recirculation system···· 600

exhaust gas recirculation valve ····· 597

exhaust gas temperature sensor ···· 220

exhaust manifold ·············· 218, 600

exhaust noise ·············· 218, 600

exhaust note ·············· 600

exhaust pipe ·············· 219, 220, 601

exhaust port ·············· 219

exhaust pressure ············ 220

exhaust pulse ·············· 218

exhaust resonator ············ 218

exhaust retarder ············ 600

exhaust silencer ············ 185

exhaust stroke ·············· 219, 601

exhaust system ············· 601

exhaust turbine super charger ···· 219

exhaust turbo charger ·········· 601

exhaust valve ·············· 218, 601

expander ·············· 609

expanding brake ············ 609

expansion chamber ·········· 609, 846

expansion stroke ············ 609, 846

expansion tank ············· 609

expansion valve ············ 846

experimental safety vehicle ········ 596

extension ·············· 609

extension bar ············· 609

extension housing ············ 609

exterior ·············· 609

external combustion engine ······ 556

external contract type brake ····· 556

external contracting brake ········ 608

external thread ············ 350

extrusion ·············· 449

eye ·············· 432

eye bolt ·············· 432

F

F head engine 492
face lift 851
fade 850
fade development 850
fading 850
fail safe 851
fan 845
fan belt 845
fan coupling 845
fan noise 845
fan shroud 845
fanning 841
Faraday Michael 842
Faraday's law 842
fast back 843
fast back coupe 843
fast idle 843
fast idle cam 843
fast idle cam breaker system 844
fast idle mechanism 843
fatige failure 894
fatigue 894
fatigue resistance 66
fatigue wear 894
feather edge 849
feather key 849
federal bumper 334
Federation Internationale de L'auto-
mobile 51, 491
Federation Internationale du Sport
Automobile 51, 491
federation internationale
motocycliste 491

feed back 894
feed back carburetor 490, 894
feed back carburetor control 491
feed back control 894
feed back mixer system 490
feed back solenoid valve 894
feed pump 870
feedback 51
feeder 894, 899
feeling valuation 903
fender 852
fender apron 852
fender mirror 852
ferrite 849
ferromagnetic substance 22
ferromagnetism 22
fiber reinforced metal 329, 491
fiber reinforced plastics 329, 492, 837
fiber reinforced plastics leaf spring 492
fiber reinforced thermo plastics 491
field 902
field coil 30
field relay 30
fifth wheel 901
fifth wheel lead 901
filament 902
file 691
filler cap 903
filler metal 557
filler plug 903
fillet 903
film 181, 903
filter 505, 904
filter cloth 505
filter element 904

filter paper ································· 505
filter trapper ································ 904
fin································· 901
final discharge voltage ············· 215
final drive ································· 837
final gear································· 837
final gear ratio ························ 837
final ratio ································· 837
final reduction gear ··············· 688
final reduction gear ratio ········ 689
final reduction ratio ··············· 837
fine ceramics ························· 839
finger ································· 904
finish ································· 893
finish coat ······························· 893
finite element method ············· 587
fire wall ································· 838
firing ································· 709
firing point ································· 515
first angle projection ············· 684
first cross member ··············· 846
first law of thermodynamics ······· 518
fish eyes ································· 899
five door ································· 310
five door car ························· 837
five link type suspension ··· 524, 837
five valve engine ··············· 838
fixed type caliper ················· 34
fixed venturi carburetor ············· 34
flaking································· 210
flame hardening ················· 926
flame velocity ························· 927
flames spread period ············· 927
flange ································· 883
flange coupling ······················· 883

flank································· 885
flap type airflowmeter ············· 884
flash································· 883
flash off time ························· 883
flash point ····························· 621
flasher ································· 883
flasher relay ························· 883
flat key ································· 853
flat spot ································· 884
flaw ································· 52
Fleming John Ambrose ············· 888
Fleming's left hand rule ············· 888
Fleming's right hand rule ········· 888
flex wrench ····························· 889
flexible coupling ··················· 890
flexible exhaust pipe ············· 889
flexible hose ························· 890
flexible joint ························· 889
flexible shaft ························· 889
float ································· 890
float bowl ····························· 891
float chamber································· 126, 891
float circuit ··························· 126
float level gauge····················· 890
float mount wiper ··············· 891
float needle ····························· 78
floating ································· 266
floating axle ························· 266
floating battery ······················· 266
floating bearing ······················· 891
floating caliper type ············· 266
floating type disk brake··········· 891
flooding ································· 886
floor································· 890
floor height ····························· 206

floor pan ················· 890

floor shift ················ 890

flow ······················· 890

flow control valve········· 580

flow meter················· 580

flow out··················· 890

flow rate ················· 580

fluid ······················ 585

fluid coupling ········· 586, 892

fluid drive ················ 586

fluid friction ············· 585

fluid lubrication ··········· 586

fluid mechanics··········· 586

fluid pressure ············ 585

fluid type retarder ········· 587

fluidity ··················· 580

flush ····················· 886

flush surface ············· 886

flux······················· 886

fly wheel ················· 881

fly wheel damper ·········· 882

fly wheel magnet ignition ········· 881

flying lap ················· 882

flying start················ 882

foam filter ··············· 864

fog coat ·················· 857

fog lamp ················· 857

folding type side mirror ········· 580

foolproof ················· 869

foot brake ················ 869

foot rest ················· 869

foot transfer time ········· 869

force ····················· 940

force dry ················· 858

force variation ········· 490, 858

forced air cooling type ········· 23

forced lubrication ·········· 22

forced lubrication system ··· 446, 446

forced water circulation type ······· 22

Ford Henry ··············· 857

Ford Moter Company··········· 857

Ford system ·············· 857

foreign material on surface ······· 864

forgeability ··············· 11

forging ··················· 89

fork ······················ 860

form resistance ··········· 923

formula car ··············· 858

forward bias ·············· 355

forward brake over voltage········· 354

forward type ·············· 859

foundation bolt ········· 62, 835

four barrel carburetor ······· 298

four by four ·············· 856

four cycle engine ········ 298, 856

four door ················· 298

4 · 5 link type suspension ········· 299

four link type suspension ········· 855

four stroke engine········· 857

four valve engine ········· 856

four valve type············ 298

four way flash ············ 857

four wheel aligment tester ········· 299

four wheel drive ········ 298, 299

four wheel steering system ··· 298, 299

fourth speed automatic ········· 300

frame ···················· 875

frame gauges·············· 875

frame number ············· 875

frame overhang ··········· 705

frame shop ················· 876
free camber················· 878
free electron ·············· 640
free forging ··············· 640
free wheel hub ·········· 878
free wheeling ············· 880
free wheeling travelling··········· 880
freeze ····················· 897
freezing ··················· 592
Freon-1 2 ················· 875
frequency ············ 690, 702
fretting wear ············· 876
friction···················· 180
friction clutch············· 180
friction electricity ········ 180
friction horse power ····· 180, 347, 492
friction loss ··············· 180
friction wheel ············· 181
friction work ············· 181
FRM cylinder block ········ 491
front body ················ 872
front body hinge pillar ·········· 872
front brake ··············· 872
front clutch·············· 873
front engine front drive········· 492
front engine front drive car ······ 492
front engine rear drive ····· 491, 873
front engine rear drive car ······ 491
front fork················· 874
front frame overhang············· 449
front front system ········ 492
front glass ··············· 872
front grille ·············· 872
front mask ··············· 872
front overhang ········· 449, 873

front pillar ··············· 874
front rear system ········ 491
front servo ··············· 873
front side member ········ 872
front skirt ··············· 873
front spoiler ············· 873
front view ··············· 872
front wheel alignment ······· 449
front wheel drive ······ 490, 656, 873
fuel battery··············· 510
fuel battery car ··········· 511
fuel cell ·················· 510
fuel check valve ·········· 511
fuel consumption ········· 513
fuel control structure··········· 511
fuel cut ··············· 511, 870
fuel cut off valve ········· 508
fuel cut solenoid valve ··········· 511
fuel cut system ·········· 511
fuel damper ·············· 869
fuel detergent additive ··········· 511
fuel distributor ········· 271, 509
fuel economy at constant speed 680
fuel economy in actual traffic ···· 423
fuel evaporation gas ······· 511
fuel feed pump ··········· 509
fuel filler cap ············· 512
fuel filter················· 510, 871
fuel filter lid opener ········ 870
fuel gage ················· 869
fuel gauge ··········· 508, 869
fuel heater ··············· 512
fuel injection ············· 510
fuel injection engine ········· 870
fuel injection pipe ········ 509

fuel injection pump 271, 509

fuel injector 870

fuel jet 511

fuel level gauge 512, 870

fuel pipe 512

fuel pressure regulator 510, 874

fuel pump 512, 870

fuel pump switch 512

fuel return 870

fuel sedimenter 870

fuel supply pipe 509

fuel system feedback 512

fuel tank 511, 798, 870

full accelerator 866

full automatic transmission 661, 866

full bumper 866

full cap 866

full concealed wiper 866

full counter weight 866

full door 865

full flat seat 868

full floating axle 656, 868

full floating type 656

full flow filter 868

full flow filter type 656

full foam seat 868

full harness seat belt 868

full load efficency 657

full lock up torque converter ... 865

full model change 866

full section 653

full size 923

full skin change 866

full synchro 866

full throttle 866

full time four wheel drive 313

full trailer 867

full trailing arm type suspension 867

full transistor ignition module ... 867

full transistor type 648

full transistor type regulator 649

full trim 868

full wave rectification 664

fully floating axle 656, 868

funnel 846

funnel type combustion chamber 846

fuse 871

fuse block 871

fuse box 871, 935

fusible link 871

fusing point 590

fusion 590

fusion welding 590

fuzzy control 846

G

galvaneal steel sheet 914

galvanijed sheet iron 431

γ rays 19

gang slitter 24

gap 24

garage jack 23

garnish 11

garnish molding 11

gas bag 16

gas cutting 17

gas lifter 16

gas pocket 17

gas tank 511, 798

gas torch ···················· 17
gas turbine ···················· 17
gas turbine engine ···················· 17
gas welding ···················· 17
gasket ···················· 24
gasket cement ···················· 24
gasohol ···················· 15
gasoline engine ···················· 16
gasoline engine injection ···················· 16
gasoline gas ···················· 16
gasoline injection ···················· 16
gate ···················· 689
gauge pressure ···················· 26
gauge set ···················· 26
gear box ···················· 60
gear case ···················· 60
gear change lever ···················· 61
gear drive ···················· 61
gear drive type ···················· 60
gear pump ···················· 61
gear ratio ···················· 60
gear reduction starter ···················· 60
gear train ···················· 61
gelling ···················· 26
generator ···················· 681
generator L connect ···················· 215
generator regulator ···················· 116
geometry ···················· 697
geometry control ···················· 697
Germanium ···················· 26
girling type master cylinder ···················· 26
glaenzer external joint ···················· 55, 695
glaenzer inboard joint ···················· 55, 695
glare proof mirror ···················· 217
glass fiber ···················· 55, 580

glass fiber reinforced plastics ···· 695
glass lid ···················· 55
glass wool ···················· 55
glazing ···················· 56
global positioning system ···················· 695
gloss ···················· 47, 56
glove box ···················· 56
glow plug ···················· 56, 521
glow plug pilot ···················· 521
glow plug resister ···················· 521
glow plug type ···················· 522
glue ···················· 428
glycerine ···················· 56
goggles ···················· 31
governor ···················· 25, 686
governor advance ···················· 25
governor advancer ···················· 566
governor valve ···················· 25
gradient resistance ···················· 50
grand touring car ···················· 53, 695
gravel bed ···················· 53
gravimeter unit ···················· 692
gravity ···················· 692
gravity cell ···················· 693
grease ···················· 54
grease cup ···················· 54
grease gun ···················· 54
greasy friction ···················· 27
green house ···················· 54
grid ···················· 27, 54
grille ···················· 55
grinder ···················· 52, 513
grinding ···················· 513
grinding lubricant ···················· 513
grip ···················· 55

grip drive method ················ 55
grit ···································· 55
groan ································· 53
grommet ····························· 53
groove ································ 53
groove A ····························· 53
groove C ····························· 53
groove N ····························· 54
groove wander ····················· 54
grooving tire ······················· 752
grooving tool ······················ 54
gross power ·························· 53
gross vehicle weight ········ 694, 707
gross vehicle weight rating ········ 694
ground ······················ 52, 466, 671
ground clearance ············ 52, 719
ground effect ······················ 695
ground effect vehicle ·············· 52
ground noise ······················· 444
ground return system··············· 52
ground simulation ················· 52
grounded contact point ·········· 672
gudgeon pin ······················· 898
guide pulley ······················· 438
gullwing door ····················· 26
gun metal ····················· 25, 857
Gustave Gaspard ················· 757
gutter ································· 25
gyro effect ·························· 640
gyroscope ··························· 640

H

hack saw ···························· 928
hair crack ··························· 921

hair pin ····························· 921
hair pin corner ···················· 921
half axle ···························· 913
half caps ···························· 913
half floating axle ············· 213, 334
half section ························· 212
half shaft ··························· 913
half throttle ························· 913
half trim ···························· 913
half wave rectification ············· 213
halogen lamp ······················ 913
hammer······························ 916
hammer off dolly ·················· 916
hammer on dolly ·················· 916
hand brake ························· 917
hand file ···························· 917
hand finishing ····················· 346
hand operated chock ·············· 351
hand shield ························· 917
hand tools ··························· 917
handle ······························· 917
handle change ····················· 917
handling ···························· 917
hard rubber ························· 29
hard water ·························· 28
hardening ··························· 29
hardess······························ 28
hardner ····························· 905
hardness ···························· 905
hardness test ······················ 28
hardness tester ···················· 28
hardtop ····························· 905
hardtop convertible ··············· 905
harmonic suppressor ············· 35
harness ······························ 905

harshness ················· 905
hatch back ················ 916
hatch back coupe ············· 916
hawk bill snip ················ 924
hazard flash ················ 916
hazard lamp ················ 916
hazard warning system ············· 574
hazardous warning flasher unit   574
head clearance ················ 920
head cover ················ 920
head gasket ················ 919
head lamp ················ 919
head lamp cleaner ············· 663
head lamp cleaning system ······· 919
head lamp door ················ 919
head lamp leveling ············· 919
head lamp leveling mechanism   663
head lining ················ 919
head rest ················ 919
head restraint ················ 919
head room ················ 920
head up display ················ 920
header ················ 919
heading tester ················ 663
headlamp ················ 663
headlight ················ 663
headlight leveling system ·········· 663
headlight relay ················ 920
headlight tester ················ 920
heart type combustion diesel engine
················ 913
heat balance ················ 939
heat capacity ················ 519
heat control valve ················ 940
heat convection ················ 516

heat dam ················ 939
heat energy ················ 518
heat insulator ················ 939
heat loss ················ 517
heat range ············· 517, 885, 939
heat relay ················ 939
heat sink ················ 939
heat transfer ················ 519
heat transfer rate ················ 519
heat treatment ················ 519
heat value ················ 515, 885
heater ················ 939
heater control ················ 939
heater core ················ 939
heating furnace ················ 18
heavy duty coil ················ 921
heel and toe ················ 940
heel under toe ················ 940
height control system ················ 912
height gauge ················ 911
height of chassis above ground ···· 876
height of gravitational center ····· 693
height sensor ················ 912
Heli Coil ················ 922
helical gear ················ 921
helical port ················ 922
helmet ················ 922
helper spring ················ 922
hem ················ 922
hem flange ················ 922
hemi ················ 211
hemispherical combustion chamber
················ 211
hemispherical head ··········· 211, 921
Heron chamber ················ 920

herring bone gear ················· 920
hesitation ·················· 921
heterogeneous ················· 921
HICAS ····················· 911
hiding ······················ 910
hiding ability ················· 910
high back seat ················· 906
high beam ···················· 906
high caloric value ················ 31
high camshaft ················· 906
high capacity actively controlled
suspension ··················· 489
high energy ignition ············· 489
high frequency ·················· 34
high frequency transistor ········· 35
high frequency vibration of body 35
high geared ·················· 906
high intensity discharge headlight
··························· 489
high lift cam ················· 906
high mecha twin cam ··········· 910
high mounted stop lamp ········· 906
high performance tire ··········· 906
high pressure ················· 907
high pressure lines ·············· 32
high rate discharge tester ········ 910
high resistor injector ············· 34
high roof ···················· 906
high speed circuit ··············· 32
high speed full load circuit ······· 32
high speed part load circuit ······· 32
high speed steel ················ 32
high strength steel ·············· 22
high strength steel plate ·········· 34
high tension circuit ············· 911

high tension cord ·············· 911
high tension magneto ignition system
··························· 33
high tilt steering ··············· 912
highway fuel economy ··········· 911
highway fuel economy test ······· 488
Hill holder ··················· 940
hinge ······················· 940
hinge handle ·················· 940
hold down clip ················ 926
hold down pin ················· 926
hold down spring ·············· 926
hold out ···················· 926
hole ························ 673
hole conduction ··············· 673
hole nozzle ··················· 926
hole type nozzle ················ 50
hollow cam shaft ·············· 692
holography adiabatic window ···· 926
holography shade glass ·········· 926
homogeneous ················· 924
homologation ················· 924
honeycomb filter ··············· 917
honeycomb flower ·············· 917
honeycomb roof lining ·········· 917
honeycomb sandwitch structure 917
honing ····················· 924
honing machine ··············· 924
hood ······················· 930
hood hinge ··················· 931
hood lock ···················· 930
hood ratch ··················· 930
hood ridge panel ·············· 930
hook ······················· 931
hooke's universal joint ·········· 931

hopping 925
horizontal draft 924
horizontal draft type 354
horizontal engine 930
horizontally opposed engine 354, 924
horn 28, 925
horn relay 925
horse power 176, 489
hot air intake system 915
hot idle compensator 915
hot plug 915
hot rod 914
hot rolled steel sheet 516
hot rolling 516
hot shortness 647
hot spot 915
hot sticking 915
hot type spark plug 520, 915
hot wire type 915
hot wire type air flow meter 517, 915
hot working 516
hotchkiss drive 924
hotre start valve 915
housing 906
hub 918
hub carrier 918
hub nut 918
hub ornament 918
human engineering 610
humidity 402
humidity sensor 544
hump 918
hump rim 919
hunting 918
hybred circuit 910

hybrid car 910
hybrid integrated circuit 910
hybrid supercharger 910
hydra matic 907
hydrau 907
hydraulic accumulator 909
hydraulic active suspension 583
hydraulic brake 583
hydraulic clutch 583
hydraulic control units 584
hydraulic coupling 586
hydraulic coupling unit 488
hydraulic cylinder 909
hydraulic lash adjuster 909
hydraulic lifters 582
hydraulic multiplate active traction
intelligent control 906
hydraulic multiple disc clutch 582
hydraulic piston 909
hydraulic ram 582
hydraulic servo mechanism 583
hydraulic tappet 582
hydraulic transmission 582
hydraulic type valve lifter 584
hydraulic valve lash compensator
.... 231
hydraulic valve lifter 909
hydraulics 351
hydro air pak brake 907
hydro brake booster system 907
hydro bush 457
hydro carbon 488, 794, 907
hydro mount 457
hydro servo brake 907
hydro vac 907

hydrodynamic drive of automobile
.... 582

hydrolastic suspension 908

hydrometer 294, 908

hydroplaning 351, 451, 908

hydropneumatic suspension 907

hydrostatic transmission 908

hypereutectic aluminium cylinder block 43

hypoid gear 912

hypoid gear oil 912

hysteresis 938

hysteresis loss 938

I

I head engine 434

icing 437

idea sketch 437

idle 435

idle adjust 435

idle adjusting screw 42, 436

idle and low speed circuit 41

idle circuit 435

idle CO concentration 42, 435

idle compensator 436

idle gear 435, 436

idle limiter 435

idle port 436

idle position switch 42, 434

idle retader system 435

idle roughness 435

idle speed 435

idle speed control 435

idle speed control servo 42, 433

idle system 42, 435

idle up 436

idle vibration 436

idler 436

idler arm 436

idler gear 436, 580

idler pulley 437

idler sprocket 436

idling 437

idling jet 399

idling of running 199

idling vibration 42, 437

igniter 598

ignition 599, 668

ignition advancer 599

ignition circuit 599

ignition coil 600, 670

ignition cut off switch 599

ignition delay 599, 709

ignition delay period 514, 710

ignition governor 599

ignition lag 599, 709

ignition order 669

ignition plug 600

ignition point 215, 600, 710

ignition switch 599, 669

ignition system 599, 668, 670

ignition timing 600, 669

IIR 269

illuminance 624

illuminated entry system 624

illumination 624

image sketch 604

impact absorption body 722

impact drive 629

impact force ·············· 723
impact load·············· 722
impact test ·············· 722
impact wrench ·············· 629
impedance ·············· 629
impeller ·············· 629
impeller blade ·············· 629
impulse ·············· 629
impulse coupling ·············· 629
impulse response ·············· 629
impulse starter ·············· 629
in line engine ·············· 698
in line injector pump·············· 519
inboard brake·············· 612
inboard joint ·············· 612
inboard rotor ·············· 612
incandescent ·············· 617
inch size tool ·············· 616
inch thread·············· 616
incidence·············· 630
inclined engine ·············· 398
incomplete combustion ·············· 274
inconel·············· 617
independence type·············· 101
independent rear suspension·············· 433
independent suspension ···· 101, 611
indicated horse power
·············· 434, 611, 696, 97
indicated mean effective pressure
·············· 98, 434
indicated micrometer·············· 610
indicated power ·············· 97
indicated specific fuel consumption
·············· 97
indicated thermal efficiency ·············· 97

indicator ·············· 610
indicator diagram ·············· 610, 696
indicator lamp ·············· 610
indirect damage ·············· 19
indirect injection diesel engine ···· 268
indirect injection type·············· 19
individual system ·············· 253
induced current ·············· 579
induced drag ·············· 579
induced electrification ·············· 579
induced electromotive force ·············· 579
inductance ·············· 610
induction·············· 579
induction coil ·············· 610
induction control system ·············· 433
induction current ·············· 610
induction generator ·············· 579
induction hardening ·············· 35
induction motor·············· 579, 610
induction noise ·············· 937
induction port ·············· 610
induction stroke ·············· 610
induction swirl port ·············· 936
induction system ·············· 935
inductor ·············· 610
inductor type magnet ·············· 580
industrial fallout ·············· 41
inert gas ·············· 274, 602
inert gas metal-arc welding ·············· 275
inertia ·············· 45, 602
inertia lock type·············· 602
inertia lock type synchromesh ···· 602
inflammability ·············· 621
inflammable ·············· 18
inflater·············· 621

inflator ··········· 621

information ········· 676

information processing ········· 676

infrared rays ········· 647

inhibitor ········· 622

inhibitor switch ········· 622

inhibitor valve ········· 622

initial ········· 602

initial charge ········· 602, 715

injecting nozzle ········· 272

injection ········· 271, 615, 689

injection carburation ········· 615

injection nozzle ········· 615

injection period ········· 272

injection pipe ········· 272

injection pressure ········· 272

injection pump ········· 615

injection timer ········· 272

injection timing ········· 272

injection valve ········· 615

injector ········· 616

injector line picture ········· 616

injector nozzle ········· 616

injector resistor ········· 616

inking ········· 630

inlet air temperature sensor ········· 937

inlet manifold ········· 611

inlet stroke ········· 611

inlet valve ········· 611

inline ········· 611

inline system ········· 611

inline type ········· 611

inner ball race ········· 602

inner dead center ········· 601

inner liner ········· 601

inner mirror ········· 602

inner tube ········· 817

innovative traction control system ········· 434

inpanel safety panel ········· 621

input ········· 630

input circuit ········· 630

input output equipment ········· 630

input shaft ········· 621, 630

insert ········· 613

insert ring carrier piston ········· 174

inside mirror ········· 612

inspect ········· 614

inspection ········· 614, 666

inspection hammer ········· 614

install ········· 614

installed power ········· 72

instantaneous center ········· 355

instantaneous maximum speed ········· 355

instantaneous minimum speed ········· 355

instantaneous piston speed ········· 355

instruction ········· 614

instruction sheet ········· 614

instrument ········· 614

instrument board ········· 614

instrument cluster ········· 614

instrument lamp ········· 614

instrument panel ········· 29, 614, 621, 627

instrument panel cluster ········· 621

instrument panel reinforcement ········· 621

instrument type fuel injection ········· 58

insulated gasket ········· 613

insulated wire ········· 613, 666

insulating material ········· 613, 666

insulating tape ········· 613, 666

insulation ·············· 61 3, 666

insulation resistance ········· 61 3, 666

insulator ················· 61 3, 666

intake heater ················· 620, 937

intake heating··············· 935

intake manifold ··············· 61 9, 936

intake noise··················· 937

intake port··············· 620, 936, 937

intake pressure sensor ············· 937

intake shutter ·················· 620

intake silencer··················· 61 9

intake stroke ············· 620, 937

intake valve ············· 61 9, 936

integral ······················· 620

integral circuit regulator ········· 433

integral type ·················· 627

integral type power steering······· 620

integrated circuit ······· 432, 621, 703

integrated ignition assembly······· 703

integrating instrument ············· 647

integration ····················· 703

intelligent and innovative vehicle
electric control system ··········· 434

intelligent cockpit system ········· 433

intensity···························· 21

inter cooler ····················· 61 7

inter lock························· 61 7

inter lock ball···················· 61 7

inter lock pin ···················· 61 7

inter rim advanced ··········· 47, 433

intercept point ··················· 61 8

interchange ability··············· 925

intercooling······················ 61 9

interface ························· 61 9

intering bush ···················· 61 8

interior design ··············· 61 9

interior height ················ 41 7

interior length ················ 41 7

interior measurement··········· 41 7

interior mock up ·············· 41 7

interior space ················ 61 9

interior volume ··············· 61 9

interior width ················ 41 7

interlock ····················· 606

intermediate housing············· 61 8

intermediate lever ·············· 61 8

intermediate plate ·············· 61 8

intermediate tire ··············· 61 8

intermittence wiper ············· 61 8

intermittent···················· 61 8

intermittent current ············· 61 8

intermittent motion mechanism···· 1 9

intermittent movement ··········· 1 9

intermittent wiper ·············· 1 9

internal combustion engine ·· 66, 433

internal expanding drum brake··· 66

internal gear ·················· 61 7

internal offset ················· 65

internal resistance ············· 61 7

internal thread ················ 444

international kilocaloric ········· 51

international standardization for
organization ·············· 51, 434

interrupt ····················· 61 7

intrinsic semiconductor ········· 702

invar ························· 61 1

invar steel ···················· 61 1

invar strut piston ·············· 61 1

invariable steel ··············· 274

inverse current ················ 61 1

inversion ················ 611
inverted process ············ 19
inverter ················ 612
investment casting ·········· 612
involute ················ 612
involute gear ············· 612
involute tooth ············· 612
iron ·················· 711
iron core ··············· 712
iron loss ··············· 437
iso ··················· 605
iso cyanate ·············· 605
iso octane ·············· 605
isobar ··············· 115, 437
isobutylene isoprene rubber 269, 433
isolation ··············· 437
isolator ················ 437
isothermal change ········· 115
isothermal comperession ····· 115
isothermal expansion ········ 115
(isuzu)total electronic control ··· 434

J

J. Cugnot ·············· 765
jack ················ 640, 644
jack down ·············· 644
jack knife ·············· 644
jack stand ·············· 644
jack up ··············· 644,
jack up state ············ 644
jacket ················ 643
jacking plate ············ 643
japanese industrial standards ··· 684
jeep ·················· 697

jet ··················· 685
jet system ·············· 54
jet turbo ··············· 685
jetronic ················ 685
jig ··················· 695
jiggle pin ··············· 695
jiggle valve ·············· 695
jirconia oxygen sensor ········ 695
joint ·················· 686
jointless belt ············· 686
joule ················· 692
Joule James Prescott ········ 692
joule's heat ·············· 692
joule's law ·············· 692
journal ················ 644
journal bearing ··········· 645
juder ················· 645
jump out ··············· 668
jumper ················ 668
jumper wire ············· 668
jumping ················ 668
junction ············ 671, 672, 677
junction diode ·········· 672, 677
junction transistor ·········· 672

K

K-jetronic ·············· 753
karman vortex type ········· 729
karman vortices air flow meter ·· 728
KE-jetronic ·············· 753
kelmet ················ 754
kelmet metal ············ 754
Kelvin ················ 755
Kelvin lst Baron of ········· 754

kennedy key ································· 753
kerf································· 745
kevlar································· 753
key ································· 782
key cylinder ································· 783
key interlock device ································· 783
key ring light ································· 783
keyless entry system ································· 784
keyless lock ································· 783
kick back ································· 784
kick down ································· 753, 784
kick stand ································· 784
kick starter ································· 784
kick up ································· 784
kick up mechanism ································· 784
kick up pipe ································· 806
kill ································· 784
kill switch ································· 785
killed steel ································· 785
kilo ································· 785
kinematic pair ································· 703
kinetic energy ································· 560
kingpin ································· 785
kingpin angle ································· 785
kingpin axis ································· 785, 786
kingpin inclination ································· 785
kingpin offset ································· 785
kingpin slant ································· 785
Kirchhoff Gustav Robert ················· 783
Kirchhoff's law ································· 783
knee clearance ································· 78
knee room ································· 78
knock ································· 74
knock back ································· 74
knock control system ································· 75

knock down ································· 74
knock limit ································· 75
knock pin ································· 75
knock sensor ································· 74
knocking ································· 75
knocking prevention system ········· 75
knocking sensor ································· 75
knuckle arm ································· 70
knuckle stopper ································· 70
knuckle thread ································· 70, 106
knurl ································· 70
knurling ································· 70
knurling tool ································· 70
knurlizing machine ································· 70
korean industrial standard ········· 753

L

L head engine ································· 501
L jetronic ································· 500
L₃ jetronic ································· 499
LA♯4 mode ································· 500
label combustion ratio ················· 129
labor rate ································· 143
lacing ································· 143
lacquer ································· 132
lacquer enamel ································· 132
ladder beam ································· 131
ladder type frame ················· 299, 489
lamb's wool bonnet ················· 135
λ sensor ································· 131
λ control ································· 131
laminated ································· 129
laminated glass ················· 329, 914
laminated leaf spring ················· 27

land 135
landault top 135
lane change..................................... 144
lane out warning system 144
lap and diagonal belt 311
lap belt 135, 606
lap clash 136
lap joint 135
lap time 136
lap welding 27
lapping 134
large scale integration 500
Larmor orbit 129
LASER 143
lash adjuster 132
latent heat 641
lateral control force 134
lateral force.................................. 134
lateral force deviation 134, 500
lateral force variation 134, 500
lateral rod 134
lateral run out 134, 500
lathe... 328
lathe turning 328
Lautal 130
layer short 725
Le system internationale d'unites
.... 51, 474
lead 159
lead acid storage battery............... 64
lead free gasoline 199
leaded gasoline.................... 18, 585
leading arm type suspension....... 159
leading edge 160
leading shoe 159

leading trailing brake 160, 501
leaf brake 841
leaf spring 168, 841
leaf spring type suspension 169
leak 167
leak detector 167
leak down 167
leakage current............................... 76
lean 170
lean burn 170
lean mixture 170, 938
lean mixture sensor 170
leather belt 18
left foot brake............................... 556
left handed screw 556
leg room 139
Lemonine type 158
Lenz's law 145
leveling 140
leveling valve 140
lever crank mechanism 140
leverage 140
LH-jetronic 500
license plate 130
license plate lamp 130
license plate light 130
lid... 159
lid support ass'y........................... 159
lift 169, 464, 465
lift back 169
lift pump....................................... 870
lift valve 169
lifter 232
lifting 169
lifting zone 169

light alloy wheel ·············· 29
light control system ············· 131
light emitted diode ············· 131
light emitting diode ··········· 214, 500
light filter ···················· 131
light metal ···················· 28
light van ······················ 130
lighting device ················ 667
limit angle of vehicle turn over   718
limit gauge ···················· 913
limit sleeve ·················· 161
limited slip differential ········ 161, 500
limited slip differential gear ······· 636
limited slip differential oil········ 500
limiting valve ················ 161
limousine···················· 161
line driver ··················· 131
line to line voltage············· 327
linear assist power steering ······· 158
linear motor ·················· 158
liner························· 130
linerless aluminium block ········· 130
lining thickness ··············· 193
link chain ···················· 174
link fuse ····················· 174
link type rigid axle suspension ····· 174
link work···················· 174
linkage······················ 174
linkage power steering ·········· 174
lip molding··················· 173
liquefied natural gas ············ 500
liquefied petroleum gas········· 459, 501
liquefied petroleum gas bombe   501
liquefied petroleum gas filter ···· 501
liquid crystal ················· 456

liquid crystal display··········· 456, 499
liquid crystal display meter ······· 456
liquid crystal glare proof mirror   456
liquid exhaust valve ············ 456
liquid gasket ·················· 452
liquid level meter ·············· 452
liquid line ···················· 167
liquid packing ················· 457
liquidness ···················· 580
liter car ······················ 168
little end···················· 344, 362
live ························· 130
Lo·Ex ······················ 148
load ······················· 269, 912
load carring capacity············· 912
load index ···················· 792
load sensing proportioning valve
···························· 147, 500
load test ····················· 913
loading ······················ 147
loading capacity················· 648
lobe························· 147
local cell ····················· 50
lock nut······················ 34
lock pillar ···················· 148
lock up ······················ 148
lock up clutch ················ 149, 698
long life coolant ··············· 156
long nose plier ················ 156
long stroke engine ·············· 642
long tapered leaf spring ········· 501
longitudinal frame··············· 299
loof scavenging ················ 157
loof scavenging type ············ 157
loop scavenging ················ 157

loot blower ································ 156
loots type super charger ········· 157
loss ······································· 346
low beam ····························· 146
low caloric value ················· 645
low expansion alloy ·············· 148
low frequency ······················ 646
low frequency active suspension···· 646
low fuel consumption tire ······ 645
low gear ······················ 145, 645
low geared···························· 145
low profile tire ···················· 146
low profile tire ···················· 853
low resistor injector ·············· 646
low speed cut solenoid valve ····· 645
low temperature welding··········· 645
low tempreature annealing········· 646
lower arm ···························· 148
lower back panel ·················· 147
lower beam ·························· 148
lower dead center·················· 147
lubricant ····························· 590
lubricater ···························· 156
lubricating oil ····················· 589
lubricating system ················ 589
lubrication··························· 589
LUCITE ······························ 156
lug ····································· 136
lug pattern ·························· 136
luggage compartment ············· 136
luggage compartment door··········· 137
luggage room lamp ················ 136
luggage space ······················ 136
luggage trim ························· 137
lumber support····················· 139

Lumen································ 47, 156
luminescence························· 156
luminescent plastics ·············· 214
luminous paint···············214, 464
Lux ···························· 138, 686

Ⓜ

M combustion system ············· 503
machine efficiency ················· 57
machine screw ······················ 641
machining ···························· 57
machining allowance················ 11
macpherson strut type suspension 184
MAG welding ······················ 502
mag wheel···························· 182
magent ······························· 176
magentron···························· 175
magic eye ···························· 184
Magna Flux ·························· 175
magnesium ··························· 175
magnesium cell····················· 175
magnesium wheel··················· 175
magnet ······························· 638
magnetic ······················· 176, 639
magnetic action ···················· 633
magnetic brake······················ 176
magnetic braking··················· 633
magnetic circuit ···················· 634
magnetic clutch ··············· 176, 634
magnetic field ··············· 631, 634
magnetic flux ······················· 639
magnetic force ······················ 638
magnetic induction ················· 632
magnetic levitated train ············ 632

magnetic line of force ·············· 638

magnetic plug················ Ⅰ76

magnetic pole··················· 631

magnetic pulse generator ·········· Ⅰ76

magnetic relay ·················· 659

magnetic saturation ·············· 634

magnetic substance ·············· 639

magnetic switch·············· Ⅰ76, 661

magnetic transformation ·········· 632

magnetic transformation point···· 632

magnetism ····················· 631

magnetization··················· 640

magneto ······················· Ⅰ75

magneto electric ignition ·········· Ⅰ75

magneto generator··············· Ⅰ75

magneto hydrodynamic drive ···· Ⅰ75

magnetomotive force ·············· 61

main beam ···················· Ⅰ89

main bearing ·················· Ⅰ89

main circuit ··················· Ⅰ89

main jet ······················ Ⅰ89

main journal ·················· Ⅰ89

main nozzle ··················· Ⅰ89

main shaft ················· Ⅰ89, 689

maintenance ··············· Ⅰ89, 676

maintenance equipment ···· Ⅰ89, 677

maintenance free ················ Ⅰ89

maintenance free battery ·········· 503

make break contact ·············· Ⅰ88

make contact ··················· Ⅰ89

maker option ··················· Ⅰ88

malfunction ···················· 58

malleability···················· 657

malleable cast-iron ·············· ⅠⅠ

Man combustion chamber ········ Ⅰ84

maneuverability test ·············· 687

mangan ······················· Ⅰ81

mangan steel ··················· Ⅰ82

manganese ····················· Ⅰ81

manganese cell ·················· Ⅰ82

manifold ······················ Ⅰ83

manifold absolute pressure sensor

································ 502

manifold converter··············· Ⅰ83

manifold gasket ················· Ⅰ83

manifold gauge set··············· Ⅰ83

manifold pressure controlled fuel

injection type ·················· 504

manifold reactor················· Ⅰ83

manual shift ··················· Ⅰ82

manual transmission ············· Ⅰ82

manual valve ··················· Ⅰ82

manufacturer ··················· 684

MAP ·························· 58

map lamp ····················· Ⅰ85

margin························· Ⅰ79

mark ························· Ⅰ81

marker lamp ··················· Ⅰ81

marmon type ··················· Ⅰ76

martensite ····················· Ⅰ81

mask bump···················· Ⅰ76

masking ······················· Ⅰ77

mass ····················· Ⅰ83, 703

mass damper ··················· Ⅰ83

mass flow type ················· Ⅰ83

mass production ················· 90

master cylinder ················· Ⅰ77

master cylinder body··············· Ⅰ77

master cylinder relief port·········· Ⅰ77

master cylinder reservoir ·········· Ⅰ77

master cylinder supply port ······· 177
material ································ 642
material testing ························· 642
material testing machine ··········· 643
matter ································· 200
maximum ······················· 184, 502
maximum ground contact pressure
································· 719
maximum horse power ··········· 718
maximum payload ················· 718
maximum power ············· 718, 719
maximum speed test ············· 718
maximum surge current ········· 718
maximum torque ················· 719
Mcleod gauge ····················· 184
mean effective pressure ········· 853
mean piston speed ················· 898
measurement system ············· 30
measuring ························· 725
measuring float ··················· 190
measuring plate type ············· 189
measuring plate type air flowmeter
································· 190
mechanic ························· 190
mechanical ························· 508
Mechanical Acceleration Pump
······························· 58, 502
mechanical brake ················· 58
mechanical fuel pump ············· 190
mechanical governor ············· 190
mechanical loss ··················· 57
mechanical octane number ········· 190
mechanical supercharger ········· 190
mechanical trail ··················· 190
mechanical type ··················· 58

mechanical type governor ········· 58
mechanical winch ················· 190
mechanics of materials ········· 643
mechanism ························· 190
mechatronics ····················· 191
meehanite cast iron ············· 203
meeting beam ····················· 203
mega ································· 188
megger ····························· 188
melded door trim ················· 330
melting point ····················· 558
member ····························· 193
memory ····························· 188
memory element ················· 188
memory system ··················· 61
Menasco type bumper ··········· 188
mercury ····························· 352
mercury arc lamp ················· 353
mercury cell ······················· 353
mercury oxide cell ················· 309
mercury rectifier ················· 353
metal ························· 56, 191
metal asbestos gasket ············· 192
metal back sealed beam ··········· 192
metal conditioner ················· 192
metal finishing marks ············· 192
metal gasket ······················· 191
metal graphite gasket ············· 191
metal lid ··························· 192
metal matrix composite 57, 192, 503
metal substrate ··················· 192
metallic brake lining ············· 193
metallic brake pad ················· 192
metallic color ····················· 193
metallic disc brake pad ··········· 192

metallic paints ··············· I 93
meter in system ··············· 203
meter out system ··············· 203
metering jet ··············· 203
metering valve ··············· 203
methanol··············· I 9I
methanol fuel ··············· I 9I
methanol fueled engine ··············· I 9I
methyl alkohol ··············· I 93
methyl tertiary butyl ether ······· 504
metric screw thread ··············· 203
mho ··············· I 93
mica ··············· I 78, 560
micanite ··············· I 78
micro ··············· I 78
micro computer ··············· I 78
micro motor ··············· I 78
micro phone ··············· I 79
micro program ··············· I 79
micro switch ··············· I 78
micrometer··············· I 79
microprocessor ··············· I 79
midship engine ··············· 202
midship four wheel drive ······· 202
MIG welding ··············· 502
milage indicator··············· I 79
mile ··············· I 79
mile per gallon ··············· 504
mileometer ··············· 523
Miller cycle··············· 204
Miller cycle engine ··············· 204
milling machine ··············· 204
mineral spirits··············· 20I
mini compact car ··············· 20I
minimum ··············· 20I , 502

minimum idling speed ··············· I 99
minimum-maximum governor ···· 20I
minimum ON state voltage ······· 7I 9
minimum specific fuel consumption
··············· 7I 9
minimum turning radius ··············· 7I 9
minor change ··············· I 77
misfire··············· 202, 423
miss ignition ··············· 202, 669, 709
mist ··············· 202
mist coat ··············· 203
mist wiper ··············· 202
miter gear ··············· I 79
MIVEC ··············· I 77
mixer ··············· 203
mixing chamber··············· 204
mixture ··············· 926
mixture adjust screw ··············· 203
mixture control valve ··············· 204
mobile magneto hydrodynamic drive
··············· I 97
mobile telephone ··············· 638
mock up ··············· I 98
mode ··············· I 96
model change ··············· I 96
model life ··············· I 96
model year ··············· I 96
modeler ··············· I 96
modification ··············· I 97
modulated displacement engine 502
modulator ··············· I 96
module ··············· I 96
modulus ··············· I 96
moisture ··············· 402
mol ··············· I 98

mold ················· ⅰ98, 69ⅰ

molding gasket ··· ··············· 33⁰

molecule ···························· 273

moler heat ······················· ⅰ98

moment ····················· ⅰ97, 5⁰6

moment of force················ 94⁰

momentum ······················· 56⁰

monel metal ····················· ⅰ93

monitor ···························· ⅰ95

monkey spanner················· ⅰ88

monkey wrench ··········· ⅰ87, ⅰ99

mono jetronic ···················· ⅰ93

mono plunger pump ············ ⅰ95

mono spiral belt················· ⅰ93

mono tube shockabsorber ········· ⅰ6

mono tube type shock absorber ⅰ93

monocock body ················· ⅰ94

monocoque structure············· ⅰ94

monolith catalytic converter······ ⅰ95

monolith substrate ·············· ⅰ95

monolithic integrated circuit ··· ⅰ95

monorail ·························· ⅰ94

monorail chain block············ ⅰ94

moon roof ························ 2⁰⁰

morning sickness ··············· ⅰ96

morning spot ····················· ⅰ95

moter vehicle ···················· 637

motion study ····················· ⅰ97

motive power ···················· 564

motor ····························· ⅰ97

motor antenna ··················· ⅰ97

motor bicycle ···················· ⅰ97

motor block ······················ ⅰ97

motor cycle······················· ⅰ97

motor fan ························· 654

motor generator················ ⅰ97, 653

motor light ······················ 5⁰3

motor moderate ················· 5⁰3

motor octane number ······· ⅰ97, 5⁰3

motor position sensor ······· ⅰ97, 5⁰4

motor scooter ···················· ⅰ97

motor severe ····················· 5⁰2

motoring ·························· ⅰ98

motronic ·························· ⅰ98

mottling ·························· ⅰ98

mould lining ····················· ⅰ98

moulding······················· ⅰ98

moulding clips ··················· ⅰ98

Moulton hydragas suspension ···· ⅰ98

moving belt······················ ⅰ99

MT-rim ··························· 5⁰4

μ · S characteristics ················· 2⁰ⅰ

μ · F characteristics··············· 73, 2⁰ⅰ

mud flap ·························· ⅰ85

mudguard ························· ⅰ85

muffler ······················· ⅰ85, 345

multi circuit brake ··············· ⅰ86

multi cylinder engine ········· 8ⅰ, ⅰ86

multi display ····················· ⅰ86

multi fuel engine ················ ⅰ87

multi grade oil ··················· ⅰ85

multi leaf spring ··················· 27

multi link suspension··········· ⅰ86, ⅰ87

multi plate clutch ··········· 85, ⅰ87

multi plate clutch type ········· 85

multi plate clutch type LSD ··· 86

multi plate transfer ············· 5⁰4

multi plate type LSD ············ 86

multi point injection ············ ⅰ87

multi point injection type········· 5⁰4

multi tester ·················· 186
multi throttle valve ············· 186
multi valve engine ············· 186
multichip integrated circuit ······ 187
multiple ·················· 187
multiple carburetor type ········· 187
multiple current generator ······· 261
multiple disc clutch ············· 187
multiple hole nozzle············· 80
multiple thread ··············· 85
Munsell renotation ············· 185
mutual conductance ············ 314
mutual impedance ·············· 314
mutual induction ·············· 314
mutual induction action ········· 313
myler ··················· 179

N

N/V ratio ················· 493
nachlauf versatz ·············· 64
NAND circuit ·········· 64, 268, 494
naphthalin ··············· 64
narrow angle 4 valve ············ 923
national   highway   traffic   safety
administration ··············· 494
nationality mark··············· 50
natrium ·················· 63
natrium valve················· 63
natural air cooling type ········· 639
natural frequency ············· 33
natural gas ··············· 711
natural ventilation type ········· 639
natural water circulation type ···· 639
naturally aspirated engine

·················· 66, 494, 639
navigation lamp··············· 66
navigation system ············· 66
navy or military symbol oil······· 502
needle bearing ··············· 78
needle nose ················· 78
needle valve ················· 78
negative ················ 70, 590
negative camber··········· 71, 268
negative caster ··············· 71
negative charge ··············· 592
negative electricity ············· 591
negative ion ················ 591
negative plate ··············· 591
negative pole················· 590
negative ratio ··············· 70
negative scrub················ 70
negative steering offset ··········· 71
negative terminal ············· 590
negative type semiconductors ······ 499
negatron ·················· 592
Neidhart spring ··············· 63
neon····················· 71
neon spark plug tester ··········· 71
neon timing light ············· 72
neoprene ·················· 71
net efficiency················ 675
net power················ 72,675
net thermal efficiency ··········· 675
neutral················· 77, 693
neutral safety switch ············ 77
neutral start switch ············· 77
neutral steer ············· 77, 493
neutral steer point ·········· 77, 493
neutralization ··············· 693

neutron 693
new advanced vehicle with intelligence5 494
new advanced vehicle with intelligence5 · D4 494
new progressive power steering 416
nibbling 78
nichrome 79
nichrome wire 79
nickel 78
nickel chrome steel 78
nickel steel 79
nine mode 63
nip 79
nipple 79
nitration 703
nitriding 79, 703
nitriding steel 79, 703
nitrogen 79
nitrogen oxides 494, 703
no load running 199
noble metals 51
nodular cast iron 72
noise 72, 344
noise eliminator 72
noise level 72, 345
noise meter 345
noise simulator 72
noise vibration harshness 493
nominal power 673
non asbestos 76
non-conductor 266
non floating axle 656
non linear spring 292
non locking retractor 494

non magnetic material 294
non powered axle 95
non reversible type 290
non servo brake 76
non slip differential 76
non spin type 76
non turbocharged engine 76
nonconductor 666
nondestructive test 296
nonfreezing solution 266
nonmetal 290
NOR circuit 72, 268, 494
normal lead plunger 675
normalizing 72, 274
nose 72
nose box 73
nose dive 73
nose down 72
nose spoiler 73
nose up 73
NOT circuit 63, 269
notch 74
notch back 74
notched coupe 74
nozzle 73
nozzle area coefficient 73
nozzle efficiency 74
nozzle tester 73
nugget 69
number plate 240
number plate lamp 240
number plate light 70
nut 70

O

O · ring .... 5^{22}

occupant restraint system .... 4^{03}

octane number 543

octane selector 543

odometer .... 5^{23}

off .... 54^{I}

off dolly .... 54^{I}

off the car balancer .... 54^{I}

offset .... 54^{I}

offset cam .... 54^{I}

offset choke valve .... 54^{I}

offset crush .... 54^{I}

offset cylinder .... 54^{I}

offset lifter .... 54^{I}

offset piston .... 54^{2}

offset section .... 3^{0}

ohm 546

ohm georg simon 546

ohm's law 547

ohmic contact 546

ohmic loss 546

ohmmeter 547

oil .... 5^{29}

oil additive 533

oil bath air cleaner .... 53^{I}

oil bath lubrication .... 5^{85}

oil bath type .... 53^{I}

oil change .... 5^{29}

oil cleaner 533

oil clearance .... 5^{29}, 533

oil consumption .... 53^{I}

oil control ring .... 53^{I}

oil cooler .... 53^{0}, 533, 5^{89}

oil cooling system 576

oil damper .... 53^{0}

oil deflector .... 53^{0}

oil dilution .... 53^{0}

oil dip stick .... 53^{0}

oil dipper .... 53^{0}

oil drain cock .... 53^{0}

oil film .... 535, 5^{81}

oil filter .... 53^{2}, 535

oil filter element 535

oil filter wrench 535

oil gallery .... 5^{29}

oil gauge .... 5^{29}, 53^{I}, 5^{80}

oil gloove .... 53^{0}

oil groove .... 53^{6}, 5^{80}

oil gun .... 5^{29}

oil hole 535

oil hydraulic motor .... 5^{82}

oil inflow .... 53^{2}

oil lamp .... 53^{0}

oil level gauge .... 53^{I}

oil line .... 53^{0}

oil lite .... 53^{0}

oil merchandiser .... 5^{29}

oil outflow 533

oil pan 533

oil pit 535

oil pressure .... 5^{81}

oil pressure gauge ..... 53^{2}, 534, 5^{84}

oil pressure regulator 534

oil pressure relief valve .... 5^{83}

oil pump .... 534, 5^{84}

oil pump strainer 534

oil relief valve .... 53^{I}

oil reservoir .... 53^{I}

oil scraping ring .... 53^{2}

oil screen ················· 532
oil seal ················· 532
oil separator ················· 531
oil slinger ················· 532
oil strainer ················· 532
oil sump ················· 531, 533
oil tank ················· 533
oil tappet ················· 533
oil temperature gauge ················· 585
oil temperature regulator ················· 585
oil varnish ················· 531
oil warning lamp ················· 532
oiliness ················· 581
oilless bearing ················· 536
oiltight ················· 581
oldham's couplilng ················· 546
oleo damper ················· 546
on condition maintenance ················· 544
on dolly ················· 544
on off action ················· 544
on off control ················· 544
on state ················· 544
on the car balancer ················· 544
on vehicle diagnosis ················· 545
onboard diagnosis ················· 545
onboard vapor recovery ················· 545
1 amper ················· 622
1.5 box ················· 625
one box ················· 563
one piece wheel ················· 568
one shot lubrication ················· 565
1 volt ················· 622
one way clutch ················· 563, 625
one wire system ················· 625
online ················· 545

online system ················· 545
open belt ················· 542
open body ················· 542
open car ················· 543
open chamber ················· 543
open circuit ················· 542
open circuit transition ················· 23
open circuit voltage ················· 23, 542
open coat ················· 543
open cycle ················· 24, 542
open end wrench ················· 543
open entry ················· 543
open hearth process ················· 854
open loop control ················· 542
open nozzle ················· 542
open pattern ················· 543
open stopper ················· 542
open type nozzle ················· 24
opener lever ················· 541
opening pressure ················· 271
operand ················· 540
operating current ················· 540
operating cylinder ················· 540
operating voltage ················· 540
operation ················· 540
operator ················· 540
opposite caliper ················· 91
opposite cylinder type disk brake ················· 540
opposite piston disk brake ················· 91
opposite type wiper ················· 91
opposite wiper ················· 91
optical aligner ················· 548
optical axis ················· 548
optical fiber ················· 46

optical indicator ……… 548
optical karman voltices air flow meter ……… 47
optical parallel ……… 548
optimeter ……… 547
option ……… 547
optional parts ……… 547
opto coupler ……… 547
optoelectronics ……… 547
OR circuit ……… 76, 522, 529
orange peel ……… 523
orbit dia ……… 528
orientation ……… 523
orifice ……… 523
orifice LSD ……… 524
original equipment manufacturer ……… 523
original finish ……… 523
ornament ……… 523
oscillation ……… 215, 528, 702
oscillation circuit ……… 215
oscillator ……… 215, 529, 702
oscillograph ……… 529
oscilloscope ……… 529
Otto cycle ……… 537
Otto Nikolaus August ……… 536
ounce ……… 545
out in out ……… 432
out put shaft ……… 432
outboard brake ……… 432
outboard diagnosis ……… 432
outboard joint ……… 432
outer ball race ……… 431
outer diameter ……… 555
outer mirror ……… 431

output ……… 722
output air fuel ratio ……… 722
output shaft ……… 722
oval piston ……… 741, 787
oval section piston engine ……… 787
over choke ……… 525
over damping ……… 524
over drive ……… 522, 524
over drive cut switch ……… 522
over fender ……… 526
over haul ……… 526
over head camshaft ……… 523, 526
over head valve ……… 522, 526
over head valve engine ……… 522
over heat ……… 45, 526
over load ……… 525, 527
over rev ……… 525
over revolution ……… 525
over ride ……… 524
over run ……… 525
over running clutch ……… 527
over section piston engine ……… 528
over size ……… 525
over spray ……… 525
over square engine ……… 525
over steer ……… 522, 525
over top ……… 526
over turning moment ……… 526
overall height ……… 638
overall length ……… 637
overall repainting ……… 527
overall steering gear ratio ……… 527
overall width ……… 638
overcooling ……… 45
overfill limiter ……… 528

overflow ········· 527
overflow pipe ········· 527
overflow tank ········· 527
overflow valve ········· 527
overhang ········· 528
overhaul ········· 528
overhead inlet ········· 492
overhung suspension ········· 528
overlap ········· 527
overspray ········· 527
oversquare engine ········· 527
owner driver ········· 523
oxidant ········· 543
oxidation ········· 309
oxidation spark ········· 309
oxides ········· 309
oxidizer ········· 309
oxyacetylene flame ········· 308
oxyacetylene welding ········· 308
oxygen ········· 307
oxygen cutting ········· 308
oxygen sensor ········· 308, 540
oxyhydrogen welding ········· 308
ozone ········· 536

P

pace car ········· 851
package color ········· 845
package tray ········· 845
packing ········· 845
pad ········· 842
pad wear indicator ········· 842
paddock ········· 841
paint ········· 851

paint remover ········· 851
paint thinner ········· 851
painting thickness ········· 851
panel ········· 841
panel door ········· 841
panel modification ········· 841
panel repair ········· 841
panel van ········· 841
panhard rod ········· 833
paper ········· 851
paper filter element type ········· 505
parafin ········· 833
parallel ········· 253
parallel connection ········· 253
parallel crank mechanism ········· 843
parallel engine ········· 331
parallel leaf spring type suspension
········· 332, 854
parallel steering ········· 842
parallelogram wishbone type ········· 854
parasitic current ········· 444
parking brake ········· 690, 840
parking light ········· 690
parking lock gear ········· 839
parking lock pawl ········· 839
parking pawl mechanism ········· 840
parking sprag ········· 839
part per million ········· 893
part throttle ········· 840
part time four wheel drive ········· 840
partial section ········· 267
partial skirt piston ········· 400
partial throttle ········· 833
partial toughened glass ········· 833
partial type lubrication ········· 833

particle ……… 630
particulate ……… 840
particulate trap ……… 841
partner comfort seat ……… 840
parts ……… 269
parts per milion ……… 893
parts strengthened glass ……… 267
parville universal joint ……… 833
Pascal Blaise ……… 834
pascal's principle ……… 834
pascal's theorem ……… 834
pass ……… 843
passenger compartment senrud 417
passenger seat ……… 844
passing gear ……… 844
passing lamp ……… 844
passive belt ……… 844
passive restraint system ……… 844, 892
passive safety system ……… 844
passive seat belt system ……… 844
passive suspension ……… 844
passive torque split ……… 844
paste ……… 851
patch ……… 845
pawl ……… 862
payload ……… 851
peaky ……… 900
pearlite ……… 847
pedal ……… 848
pedal effort ……… 849
pedal stroke ……… 849
peeling ……… 903
peen ……… 902
pellet catalytic converter ……… 852
pellet type ……… 853

pelton wheel ……… 853
pendant type accel pedal ……… 852
pent roof type ……… 695
pent roof type combustion chamber
……… 852
percolation ……… 847
performance ……… 329
performance monitor ……… 329
performance test ……… 329
perimeter frame ……… 849
periodic maintenance ……… 673
peripheral port ……… 850
peritrochoid ……… 849
permanent four wheel drive ……… 866
permanent type antifreezing solution
……… 846
permission current ……… 918
peroxy acyl nitrate ……… 893
perspective drawing ……… 817
petrol ……… 16
petrol horse power ……… 509, 893
petrol tank ……… 511, 798
petroleum ……… 327
petroleum engine ……… 327
phase current ……… 313
phase voltage ……… 313
phon ……… 862
phon tester ……… 862
phosphor bronze ……… 616
phosphorus ……… 609
photo diode ……… 860
photo electric cell ……… 47
photo electric tube ……… 47, 860
photo transistor ……… 860
photo tube ……… 860

photochemical smog ··············· 47
photoconductive cell ····· ············ 46
photodetector ···················· 46
pick hammer·················· 901
pickup ················· 901
pickup truck ·················· 901
piezo effect ················ 899
piezo electric effect element ····· 447
piezo electricity ············· 447
piezo element ··············· 899
piezo EMS ················ 899
piezoelectric ceramics ··········· 447
piezoelectric effect ·············· 447
piezoresistive element ··········· 447
pigment··············· 438
pillar ················ 902
pillar antenna ·············· 903
pillared hardtop ·············· 903
pillow ball·············· 903
pilot bearing ·············· 839
pilot injection ············· 839
pilot lamp ·············· 839
pilot shaft ············· 839
pilot valve ·············· 839
pin ················ 902
pin boss ·············· 902
pin journal ············· 902
pin journal bearing ············· 902
pin key ·············· 902
pinchweld ·············· 902
pinging ············· 904
pinholing ············· 902
pinion ·············· 893
pinion sliding gear type ··········· 893
pinking ············· 904

pintle nozzle· ·············· 902
pintle type injector ·············· 902
pintle type nozzle·············· 902
pipe fitting ·············· 839
pipe flare ·············· 838
pipe flaring tool ·············· 838
pipe thread ·············· 46
pipe vice ·············· 838
pipe wrench ·············· 838
piston·············· 895
piston clearance ·············· 896
piston crown ·············· 898
piston displacement ·············· 896
piston head ·············· 898
piston heater ·············· 898
piston lead valve system ··········· 896
piston pin ·············· 898
piston pin boss ·············· 898, 902
piston return spring·············· 896
piston ring·············· 896
piston ring compressor·············· 896
piston ring plier ·············· 896
piston side knock ·············· 897
piston skirt ·············· 897
piston slap·············· 897
piston speed ·············· 897
piston stick ·············· 897
piston stroke ·············· 898
piston valve ·············· 897
piston valve intake ·············· 897
piston vice·············· 896
pit ·············· 904
pitch ·············· 899
pitch circle ·············· 899
pitch gauge ·············· 899

pitch noise ················· 900
pitch variation ············· 899
pitching ···················· 900
pitman arm ················· 900
pitot static tube ··········· 900
pitting ····················· 901
pivot ······················ 894
pivot beam type suspension ····· 895
pivot bearing ·············· 894
pivot turn ················· 895
plain bearing ··········· 854, 889
planer ····················· 889
planetary gear ············· 882
planetary gear center differential 883
planetary gear differential ········ 883
planetary gear system ······ 581
planetary type transmission ····· 581
plasma cutter ·············· 880
plastic deformation ········ 344
plastic gasket compound ······· 880
plastic gauge ·············· 880
plastic working ············ 344
plasticijer ·················· 15
plasticity ·············· 15, 344
plate bulgy ················ 889
plate cam ················· 841
plate fin ·················· 889
plate gauge ··············· 853
plate link chain ··········· 889
platform ·················· 884
platform frame ············ 885
plating ···················· 97
platinum ·················· 226
platinum plug ············· 227
plier ······················ 882

plug ······················ 885
plug cord ·················· 885
plug gauge ················· 885
plug pitch gauge ·········· 885
plug tester ················ 886
plug type adjuster ········· 886
plug welding ·············· 885
plunger ··················· 886
plunger barrel ············· 887
plunger pump ·············· 887
plunger type master cylinder ··· 887
ply ······················· 880
ply rating ················· 881
ply steer ·················· 881
pneumatic governor ········· 76
pneumatic tire ·············· 77
pneumatic tool ·············· 41
pneumatic trail ·············· 77
point ····················· 859
point contact diode ······· 668
point gap ············· 671, 859
point gauge ··············· 266
point ignition system ······ 859
pole ······················ 862
pole core ·················· 30
pole position ·············· 862
pole sitter ················ 862
pole trailer ··············· 862
polish ···················· 513
polisher ·················· 863
polishing ············· 513, 863
polishing compound ········ 863
polishing machine ········· 513
polishing pad ············· 863
polishing powder ·········· 513

polycarbonate bumper ·············· 864
polydyne cam ························· 863
polyester putty ················ 864
polyethylene ················ 863
polymer alloy ················ 863
polynomial cam ················ 863
polypropylene ················ 864
polypropylene bumper ················ 893
polyurethane ················ 863
polyurethane form ················ 863
poor drying ················ 865
poppet valve ················ 862
porcelain ················ 631
porosity ················ 80
porous cr plating liner ················ 80
porpoising ················ 861
porsche tiptronic ················ 858
porsche type synchromesh ······· 857
port ················ 861
port coupling ················ 861
port liner ················ 861
port power ················ 861
port timing ················ 861
porting ················ 861
portless type master cylinder ···· 861
position ················ 859
position lamp ················ 709, 859
positive ················ 464, 859
positive camber ······· ······· 677, 859
positive caster ················ 859
positive crankcase ventilation
················ 288, 892
positive crankcase ventilation vlave
················ 892
positive motion cam ················ 927

positive offset steering ·············· 859
positive plate ················ 464
positive pole ················ 464
positive type ················ 860
positive type semiconductors ···· 901
positive ventilation ················ 859
positive ventilation type ················ 23
positron ················ 465
postheating ················ 931
pot life ················ 864
potential difference ················ 658
potential energy ················ 574
potentiometer ················ 860
pound ················ 835
pour point ················ 580
poured bearing ················ 690
powder clutch ················ 834
powder coupling ················ 834
power ················ 835
power actuated control ················ 787
power antenna ················ 836
power cylinder ················ 102, 835
power door lock ······· 655, 661, 835
power drift ················ 835
power factor ················ 507
power hop ················ 837
power jet ················ 836
power lock type LSD ················ 835
power off ················ 836
power on/off ················ 836
power output ················ 722
power over steer ················ 836
power piston ················ 103
power plant ················ 837
power seat ················ 835

power shift 835
power steering 835
power steering pressure switch 835
power stroke 862
power supply 658
power take off 103, 836, 893
power timing light 836
power tool 102
power train 837
power transistor 655, 837
power under steer 836
power valve 102
power weight ratio 836
power window 836
powertrain 103
pre heater 879
pre ignition 686
precession 879
prechamber 268
precision insert type bearing 676
precombustion chamber type 521
Precombustion engine 268
preheating 521
preheating system 522
preignition 879
preload 879
preloader 878
premium gasoline 879
press door 875
press fit 875
press line 875
pressure 444
pressure bleeder 874
pressure cap 874
pressure cell 445

pressure coefficient 445
pressure connection terminal 448
pressure control circuit 446
pressure control valve 446
pressure converter 445
pressure distribution 445
pressure indicator 696
pressure plate 446
pressure sensing line 874
pressure sensitive diode 21
pressure sensor 445, 874
pressure tester 874
pressure type cap 446
pressure volume diagram 446
pressure water circulation type 445
pressure wave supercharger 874
pressure welding 447
pressurize 875
pressurized cooling system 17, 205
pressurized type radiator 18
prestroke 522
pretensioner 879
preventive maintenance 520, 879
primary cell 626
primary chamber 626
primary circuit 626
primary coil 626
primary cup 872
primary piston 626
primary reference fuel 680
primary resistance 626
primary shoe 159, 871
primary throttle valve 871
primary venturi 871
prime mover 564

primer ················· 871

primer sealer ············· 871

primer surfacer ············ 871

priming pump ············· 872

principle conservation energy ···· 472

principle of bernoulli ········· 241

printed circuit ········· 613, 880

printed wire ·············· 880

pro con ten safety system ······· 877

probe ················· 876

processor ················ 877

prod ················· 876

programmed fuel injection ······ 893

progressive gear type ········· 668

progressive power steering 876, 893

progressive spring ··········· 876

progressive transmission ······· 876

progressive valve ··········· 892

progressive winding ·········· 876

projected core nose plug ······· 877

projection ·············· 817

propeller shaft ·········· 720, 877

propeller shaft center bearing ···· 878

propeller shaft noise ········· 878

proportional cam ··········· 292

proportional limit ·········· 292

proportioning valve ·········· 878

propulsion ·············· 720

propulsive force ··········· 720

protect rib ·············· 877

protection moulding ········· 877

proton ················· 464

proving ground ············ 804

proving ground test ·········· 680

prussian blue ············· 21

pull in coil ·············· 869

pull rod ················ 865

puller ················· 868

pulling system ············· 869

pullrod ················· 868

pulsation damper ··········· 847

pulsation effect ············ 936

pulse ················· 847

pulse air induction reactor ····· 893

pulse generator ············ 848

pulse wheel ·············· 848

pump ················· 848

pump controlled or jerk pump
system ················ 848

pump element ············· 848

pump impeller ············· 848

pump pressure pulsation ······· 848

pumping loss ············· 848

punching ············ 50, 847

purge ················· 846

purge cock ·············· 113

purge control solenoid valve······ 892

purge control valve ·········· 847

purification valve ··········· 680

push button type switch ······· 864

push pull switch············· 864

pushing under steer ·········· 865

pushrod ················ 864

pushrod engine ············ 865

putty ················· 847

pyroconductivity ··········· 33

Q

Q tire················· 766

quad ·································· 765
quadri cycle ····················· 765
qualifying tire ··················· 763
quantity of flow ················· 580
quarter elliptic leaf spring ······· 300
quarter panel ···················· 765
quarter pillar ···················· 765
quarter window glass ············· 765
quench ··························· 765
quenching ························ 90
quick charger ···················· 766
quick charging ··················· 57
quick on start system ············· 766
quick release valve ··············· 766
quick return motion ·············· 57
quick start system··············· 766
quiescent chamber ··············· 763

R

R ································· 429
R. Trevithick ··················· 824
race ···························· Ⅰ43
racer ··························· Ⅰ43
racing ·························· Ⅰ43
racing car ······················ Ⅰ43
racing machine··················· Ⅰ43
rack & pinion ···················· Ⅰ32
rack ···························· Ⅰ32
rack and pinion type steering gear
 ································· Ⅰ33
rad ···························· Ⅰ27
rader ·························· Ⅰ41
radial···························· Ⅰ41
radial bearing ···················· Ⅰ41

radial clearance ················· Ⅰ41
radial engine···················· Ⅰ41
radial force variation ········· Ⅰ41 , 44ⁱ
radial play····················· Ⅰ42
radial plunger pump ·············· Ⅰ42
radial ply tire ··················· Ⅰ42
radial run out ··············· Ⅰ41 , 440
radial tire ······················ Ⅰ41
radial turbin····················· Ⅰ42
radial type····················· 330
radial type impeller ·············· Ⅰ42
radian ························· Ⅰ27
radiating pin···················· Ⅰ29
radiator ························ Ⅰ27
radiator blind ··················· Ⅰ28
radiator cap ···················· Ⅰ28
radiator cap tester ··············· Ⅰ29
radiator core···················· Ⅰ29
radiator grille ··················· Ⅰ28
radiator pressure cap ············· Ⅰ28
radiator shutter ·················· Ⅰ28
radiator support pannel ··········· Ⅰ28
radical ························· Ⅰ29
radio ·························· Ⅰ29
radio control···················· Ⅰ29
radio wave ····················· 664
radious of curvature ·············· 35
radium ························· Ⅰ27
radius··························· 440
radius arm drive ················· Ⅰ41
radius rod ······················ Ⅰ41
rain erosion ····················· Ⅰ44
rain groove ····················· Ⅰ44
rain tire ························· Ⅰ44
raindrops sensing autowiper Ⅰ44, 296

ram ················· Ⅰ35
ram jet················· Ⅰ35
ram pressure ················· Ⅰ35
ramet ················· Ⅰ29
ramp brake over angle ················· Ⅰ35
random access memory······· Ⅰ35, 440
range ················· Ⅰ45
Rankine cycle engine ················· Ⅰ36
ratchet················· Ⅰ32
ratchet handle ················· Ⅰ32
ratchet type adjuster ················· Ⅰ32
rate ················· Ⅰ44
rated current ················· 673
rated speed ················· 673
rated value ················· 673
rating ················· 673
rating horse power················· 673
ratio················· 290
ratio changer ················· Ⅰ43
rattling noise ········· Ⅰ34, 503
raw edge belt ················· Ⅰ46
reactance················· Ⅰ65
reaction ················· 2Ⅰ3
reaction chamber ················· Ⅰ64
reaction force ················· 2Ⅰ2
read only memory················· Ⅰ55, 44Ⅰ
reamer················· Ⅰ60
reaming ················· Ⅰ6Ⅰ
rear axle assembly ················· Ⅰ06
rear body ················· Ⅰ65, 872
rear body offset ················· 905
rear brake ················· Ⅰ65
rear clutch ················· Ⅰ66
rear combination lamp ················· Ⅰ66
rear compartment lid ················· Ⅰ66

rear compartment pan ················· Ⅰ66
rear cover ················· Ⅰ66
rear end panel ················· Ⅰ65
rear end torque ················· Ⅰ65
rear engine rear drive ········· Ⅰ65, 440
rear engine rear wheel drive ···· 440
rear fender ················· Ⅰ66
rear fog lamp ················· Ⅰ66
rear frame overhang ················· Ⅰ06
rear overhang················· Ⅰ06
rear personal lamp················· Ⅰ66
rear pillar ················· Ⅰ66
rear quarter window ················· Ⅰ66
rear seat ················· Ⅰ65
rear seat pan ················· Ⅰ65
rear spoiler ················· Ⅰ65
rear view mirror ········· Ⅰ65, 225
rear vision area ················· 226
rear window ················· Ⅰ65
rear window wiper················· Ⅰ66
reassembly ················· 643
rebound clip ················· Ⅰ62
rebound stop ················· Ⅰ62
rebound stopper················· Ⅰ6Ⅰ
rebound stroke ················· Ⅰ62
rebuilt parts ················· Ⅰ63
recap tire················· Ⅰ67
recapping ················· Ⅰ67
receiver drier ················· Ⅰ64
recharge ················· 259
recipro type compressor ········· 555
reciprocating engine ········· Ⅰ64, 555
reciprocating motion················· 555
recirculating ball type steering gear
················· Ⅰ64, 264, 440

reclining seat ················· 168
recovery charging ················· 928
recreational vehicle ········· 145, 440
recrystallization ················· 642
recrystallization temperature ··· 642
rectification ················· 674
rectification diode ················· 674
rectifier ················· 674
rectifying action ················· 674
red flag act ················· 647
red heat ················· 647
red jone ················· 140
red lead ················· 46
reducer ················· 158
reducing valve ················· 158
reduction gear ················· 20
reduction starter ················· 158
Redwood viscosity ················· 140
reed valve type ················· 159
refacer ················· 168
reflector ················· 169, 213
refrigerant ················· 69
refrigeration cycle ················· 69
regenerative cycle ················· 643
regrooved tire ················· 158
regular gasoline ················· 139
regulator ················· 139, 687
reheating ················· 643
reheating cycle ················· 643
reid vapor pressure ················· 159
reinforcement ················· 170
relative humidity ················· 312
relative motion ················· 312
relay ················· 170
relay rod ················· 171

relay valve ················· 171
relay valve piston ················· 171
release bearing ················· 171
release cylinder ················· 172
release lever ················· 171
release type ················· 172
reliability ················· 416
relief valve ················· 172
remanence ················· 641
remold tire ················· 161, 643
remold tyre ················· 161
remote control ················· 160, 563
remote control mirror ················· 160
remote control system ················· 563
remote shift ················· 160
remould tire ················· 24
remould tyre ················· 643
remove and install ················· 440
remove and reinstall ················· 440
rendering ················· 145
rent valve ················· 101
repair ················· 168
repeated load ················· 212
replace ················· 169
research octane number
················· 152, 163, 441
research safety vehicle ······· 440, 508
reserve ················· 167
reserve tank ················· 167
reservoir tank ················· 166
residual gas ················· 641
residual magnetism ················· 641
residual pressure ················· 641
residual stress ················· 641
resin bumper ················· 353

resin leaf ·········· 353
resin lens ·········· 353
resistance ·········· 145, 646
resistance welding ·········· 647
resistor ·········· 647
resistor plug ·········· 647
resonance ·········· 40, 43
resonator ·········· 145
respirator ·········· 140
response ·········· 164, 592
response time ·········· 592
restoring force ·········· 261
restriction electron ·········· 50
retainer ·········· 168
retainer ring ·········· 168
retarder ·········· 168
retractable headlamp ·········· 168
retractor ·········· 168
retread tire ·········· 168
return port ·········· 168
reverse bank ·········· 506
reverse bias ·········· 507
reverse blocking state ·········· 508
reverse breakdown voltage ·········· 507
reverse current ·········· 508
reverse elliot type ·········· 506
reverse gate current ·········· 507
reverse gate voltage ·········· 507
reverse gear ·········· 162, 225
reverse handle ·········· 506
reverse hop ·········· 163
reverse lead plunger ·········· 507
reverse miss shift restrict ·········· 162
reverse point ·········· 163
reverse polarity ·········· 506

reverse position warning ·········· 162
reverse scrub ·········· 506
reverse shift restrict ·········· 162
reverse slant ·········· 506
reverse steer ·········· 162
reversible type ·········· 18
reversing lamp ·········· 163, 227
reversing light ·········· 931
revolution per minute ·········· 441, 499
revolved section ·········· 929
Reynolds number ·········· 140
rheostat ·········· 14, 166
rib ·········· 163
rib lug pattern ·········· 163
rib pattern ·········· 163
ribbon cellular ·········· 163
ribbon cellular fin ·········· 163
rich mixture ·········· 167
ride rate ·········· 130
ridge ·········· 167
ridging ·········· 167
right hand rule ·········· 523
right handed screw ·········· 523
rigid axle suspension ·········· 167, 627
rigid coupling ·········· 34
rigidity ·········· 22
rim ·········· 172
rim flange ·········· 173
rim offset ·········· 173
rim size ·········· 173
rim touch ·········· 173
rimmed steel ·········· 173
ring end gap ·········· 173
ring expander ·········· 173
ring gauge ·········· 173

ring groove Ⅰ73, Ⅰ74

ring pitch gauge Ⅰ73

ringing Ⅰ74

rise up Ⅰ30

riser Ⅰ30

riser room Ⅰ30

rivet Ⅰ63

rivet hammer Ⅰ63

rivet holder Ⅰ63

road clearance Ⅰ47, 7Ⅰ9

road gear Ⅰ46

road holding Ⅰ47

road impression Ⅰ47

road noise Ⅰ46

road racer Ⅰ46

road range Ⅰ46

road test 560

roadster Ⅰ47

rock position Ⅰ04

rocker arm Ⅰ48

rocker arm cover Ⅰ48

rocker arm shaft Ⅰ48

rocker panel Ⅰ48

rocker shaft 23Ⅰ

rocking arm Ⅰ49

Rockwell hardness Ⅰ5Ⅰ

Rockwell hardness test Ⅰ52

rod Ⅰ46

rod adjustable shock absorber ... Ⅰ47

rod ends Ⅰ47

roll angle Ⅰ52

roll bar Ⅰ53

roll cage Ⅰ54

roll camber Ⅰ54

roll center Ⅰ53

roll flexibility Ⅰ52

roll forming 663

roll moment Ⅰ52

roll over Ⅰ53

roll rate Ⅰ52

roll steer Ⅰ53

roll steer coefficient Ⅰ53

roll stiffness Ⅰ52

roll velocity Ⅰ53

roller bearing Ⅰ54

roller chain Ⅰ54

roller lifter Ⅰ54

roller pump Ⅰ55

roller type Ⅰ55

rolling Ⅰ55, 447

rolling bearing 49, Ⅰ55

rolling moment Ⅰ55

rolling resistance 49, Ⅰ55, 440

rolling resistance coefficient ... 49

ROM Ⅰ55

rome light 4Ⅰ7

RON Ⅰ52

roof carrier Ⅰ57

roof light 4Ⅰ7

roof panel Ⅰ57

roof rack Ⅰ57

roof rail Ⅰ57

roof top antena Ⅰ57

room lamp Ⅰ58

room light Ⅰ57

room noise 4Ⅰ7

root Ⅰ56

Roots blower Ⅰ56

Roots compressor Ⅰ56

Roots supercharger Ⅰ56

Rose joint ······················· 148
rotary combustion engine ·· ····· 929
rotary compressor ··················· 151
rotary disc valve type ··············· 150
rotary engine ······················· 150
rotary engine anti pollution system
··· 441
rotary lead valve type ··············· 150
rotary piston engine ··············· 151
rotary pump ······················· 151
rotary tri blade coupling ··········· 151
rotating stratified combustion system
··· 441
rotative velocity ···················· 929
rotor ····························· 149
rotor coil ··························· 150
rotor core ··························· 150
rotor housing ······················· 150
rough idling ························· 138
roughness ··························· 138
roulette ····························· 157
round chisel ························· 212
rubber ····························· 137
rubber belt ·························· 31
rubber buffer ······················· 555
rubber bush ···················· 31, 137
rubber bushed shackle················ 31
rubber element ······················ 137
rubber mounting ····················· 137
rubber spring ························ 31
rubbing block ······················· 137
rubbing compound ···················· 138
ruler ······························· 157
rumble seat ························· 139
run flat tire························· 139

run on ···························· 138
runner ····························· 795
running in ·························· 282
running resistance ··············· 691
runout ···························· 139
runs and sags ····················· 139
rushmore type ······················ 138
rust ························· 75, 138
rust inhibiting ····················· 75
Rzeppa universal joint ·············· 685

S

S plan joint ······················· 476
Sabathe cycle ······················ 300
saddle ····························· 314
saddle key···················· 314, 438
safe load ·························· 439
safety ···························· 438
safety belt ························· 334
safety bumper ······················· 334
safety car ························· 439
safety check valve··················· 439
safety clutch ······················· 439
safety color ······················· 334
safety device ······················· 439
safety glass ······················· 439
safety goggles ······················ 260
safety pad ·························· 334
safety rim ·························· 334
safety stand ······················· 334
safety valve ···················· 334, 438
sag carrier ························· 314
sags ······························· 314
saloon ····························· 309

sample ················· 409

sand blast ················· 315

sand erosion ················· 315

sand paper ················· 315

sand scratch swelling ········· 315

sand scratches ··············· 315

sander ················· 314

sanding ················· 316

sanding block ················· 316

sanding sludge ················· 316

sandwich structure ··········· 315

sandwich vibration damper panel ················· 315

saybolt universal system ······· 334

scanner ················· 364

scavenging ············· 343, 364

scavenging action ············· 343

scavenging efficiency ·········· 344

scavenging port ··············· 344

schnurle system ··············· 408

schrader valve ··············· 355

scissors gear ················· 411

scoring ················· 365

scramble turbo charger ········· 366

scraper ················· 366

scratched ················· 366

screen heater ················· 125

screen printing ················· 367

screens ················· 367

screw ················· 63, 367

screw driver ············· 110, 367

scriber ················· 366

scroll area ················· 366

scroll compressor ············· 367

scrub ················· 366

scrub radius ················· 366

scuffing ················· 365

sea-land ratio ················· 409

seal ················· 411, 417

sealant tire ················· 418

sealed beam ················· 418

sealed type ················· 418

sealer ················· 418

sealer gun ················· 418

sealer under paint ············· 418

sealing ················· 423

sealing compound ············· 423

sealing up action ············· 205

sealion indicator ··············· 409

search light ············· 324, 794

seat ················· 412

seat adjuster ················· 414

seat belt ················· 413

seat belt anchorage ··········· 413

seat belt buckle ··············· 413

seat belt performance ········· 413

seat belt reacher ··············· 413

seat belt retractor ············· 413

seat belt tongue plate ········· 413

seat cover ················· 414

seat cushion ················· 414

seat fabric ················· 414

seat frame ················· 414

seat heater ················· 414

seat height ················· 689

seat lifter ················· 412

seat pad ················· 414

seat side shield ··············· 414

seat slide ················· 414

seat track ················· 414

second gear ·········· 335
second law of thermodynamics 518
second speed automatic ·········· 605
secondary air supplier ······· 475, 607
secondary cell ·········· 607
secondary chamber ·········· 606
secondary cup ·········· 335
secondary intake valve ·········· 335
secondary lever ·········· 335
secondary piston ·········· 607
secondary shoe ·········· 335, 825
secondary throttle valve ·········· 335
secondary valve lock ·········· 335
secondary venturi ·········· 335
sectional view ·········· 87
sector gear ·········· 337
sedan ·········· 330
sediment trap ·········· 330
sedimenter ·········· 330
seebeck effect ·········· 683
segment ·········· 330
seize ·········· 411, 897
seize up ·········· 897
seizing ·········· 411, 897
select low control ·········· 419
selecting ·········· 420
selection sliding transmission ···· 419
selective four wheel drive ·········· 420
selective transmission ·········· 328
selector lever ·········· 340, 419
selector switch ·········· 419
selen ·········· 340
selen photoelectric cell ·········· 341
selen rectifier ·········· 341
selenium rectifier ·········· 341

selennium ·········· 340
self aligning torque ···· 261, 341, 476
self cancel fixture ·········· 342
self centering bearing ·········· 636
self cleaning temperature ·········· 633
self discharge ·········· 341, 632
self energizing action ·········· 633
self hardening ·········· 631
self heating ·········· 631
self ignition ·········· 633
self impedance ·········· 633
self induced vibration ·········· 638
self induction ·········· 633
self induction action ·········· 632
self leveling system ·········· 341
self lock mechanism ·········· 341
self locking screw ·········· 342
self seal packing ·········· 342
self servo effect ·········· 341
self starter motor ·········· 341
self tapping screw ·········· 342
self valve ·········· 634
semi active suspension ·········· 332
semi automatic ·········· 332
semi automatic transmission ······· 333
semi centrifugal clutch ······· 213, 332
semi clutch ·········· 210
semi conductor ·········· 333
semi console ·········· 333
semi drop center rim ·········· 332, 474
semi elliptical leaf spring ·········· 213
semi fast back ·········· 334
semi floating axle ·········· 213, 334
semi floating type ·········· 212
semi integral type power steering 333

semi killed steel ·················· 333

semi metallic disk brake pad ···· 332

semi metallic gasket ············· 332

semi notch back ·················· 332

semi prmanent anti freezing solution
································· 334

semi retractable head light ······ 332

semi reversible type ············· 211

semi rigid axle type suspension 332

semi sealed beam unit ············ 332

semi trailer ······················ 333

semi trailing arm type suspension
································· 333

semi transistor ignition module 333

semi transistor type ············· 211

semi transistor type regulator ··· 211

semicircle gauge ·················· 213

semiconductor ···················· 212

semifitted bearing ··············· 210

sensor ··························· 337

separate seat ···················· 336

separate type power steering ···· 337

separately excited generator ····· 787

separation ······················· 336

separator ···················· 270, 336

separators ····················· 27

sequence ························· 412

sequence valve ··················· 412

sequencer ························ 412

sequential injection ···· 101, 102, 412

sequential twin turbo system ··· 412

serial ···························· 410

serial number ···················· 410

series connection ················ 698

series motor ······················ 698

series · parallel connetion ········· 697

serpentine belt ·················· 326

serration ························· 331

service ··························· 321

service brake ·············· 313, 321

service car ······················ 321

service manual ··················· 321

service station oil A등급 ········· 475

service station oil B등급 ········· 474

service station oil C등급 ········· 474

service station oil D등급 ········· 473

service time ······················ 321

servo assist brake ················ 320

servo brake ······················ 320

servo mechanism ················· 319

servo motor ······················ 319

servo type synchromesh ········· 320

servo valve ······················ 320

set ······························ 336

set value ························· 328

setting ··························· 328

setting down ····················· 89

setting hammer ··················· 336

setting point ····················· 592

setting time ······················ 336

settling ··························· 336

shackle ··························· 317

shade band glass ················· 342

shaft drive ······················ 316

shake ···························· 342

shake down ······················· 343

shank ···························· 317

shaper ··························· 343

shear ···························· 411

sheath type glow plug ·············· 411

sheathed type glow plug ······ 410, 411

sheet metal ··················· 412, 841

sheet metal putty ····················· 841

shell bearing ························· 343

shell body ···························· 343

shell moulding ······················· 343

shield bearing ······················· 417

shift ································· 414

shift feeling ·························· 416

shift fork ···························· 416

shift impulse ························· 415

shift knob ··························· 414

shift lever ··························· 415

shift lock structure ················· 415

shift lock system ···················· 415

shift pattern ························· 415

shift quality ························· 252

shift schedule ························ 415

shift valve ··························· 415

shim ································· 423

shimmy ······························ 410

shimmy damper ······················ 410

shock absorber ······················ 349

shock absorber type handle ········· 723

shock bolt ···················· 349, 722

shock damper ························· 349

shop layout ·························· 350

shore hardness ······················ 349

short circuit ····················· 87, 349

short song arm wishbone type ····· 476

short stroke engine ··················· 90

shot peening ························· 349

shoulder ····························· 350

shoulder area ························ 350

shoulder belt ························· 350

shoulder belt guide ·················· 350

shoulder harness ····················· 350

shoulder part ························· 350

shoulder room ························ 350

show through ························· 349

shrink fit ···························· 353

shrinkage allowance ·················· 354

shroud ·························· 355, 409

shunt ·························· 270, 342

shunt flow filter type ················· 342

shunt generator ······················ 270

shunt motor ·························· 270

shunt resistor ························ 342

siamese ······························ 305

SiC ································· 794

side air bag ·························· 303

side beam ···························· 302

side bearing ·························· 302

side body ···························· 302

side branch type sub muffler ······· 302

side clearance ······················· 300

side door beam ······················ 301

side door strength ··················· 301

side draft ···························· 301

side exhaust ·························· 492

side flasher ·························· 304

side flow radiator ··················· 304

side force ······················ 303, 476

side force steer ······················ 930

side glass ···························· 301

side housing ·························· 304

side impact protection system ······· 474

side knock ··························· 301

side marker lamp ····················· 301

side member 301
side mirror 301
side port 303
side protection moulding 304
side ring 301
side screen 302
side slip 302
side slip tester 302
side support 302
side turn signal lamp 303
side valve 474
side valve engine 301, 474
side view mirror 301
side wall 303
side window glass 303
side window wiper 303
sight feed 306
sight glass 306
signal 407
signal disk plate 407
signal generator 408
signal rotor 407
signal/noise ratio 476
silencer 185, 306
silent chain 200, 306
silent gear 306
silicon 51
silicon controled rectifier 474
silicon steel 52
silicone 420
silicone and wax remover 421
silicone diode 420
silicone photo cell 420
silumin 420
silver oxide cell 309

simple beam 89
simulation 410
simulator 410
simultaneous injection 104
sine bar 306
single acting two leading shoe brake
.... 87
single barrel carburetor 425
single bore type wheel cylinder ... 89
single carburetor 425
single carburetor type 424
single chamber type 89
single circuit brake 425
single coat 425
single cylinder caliper type distribu-
tor 425
single cylinder engine 87
single exhaust 425
single grade oil 424
single hole nozzle 86
single master cylinder 425
single over head cam shaft 425, 476
single phase alternate current 88
single pick 425
single plate clutch 90
single point injection 425, 476
single point injection type 476
single thread 913
single wire system 425
sink 425
sintering 343
sipe 306
siphon 306
siren 304
six mode 588

six port induction 588, 589
six valve engine 588
size factor 305
sizing 305
skid 367
skid control brake 367
skid plate 368
skinning 367
skirt 364
skirt section 365
skylight 55
slag 398
slalom 398
slant engine 398
slant nose 398
slap 398
slat 399
slave cylinder 399
sleeve 400
sleeve coupling 400
sleeve yoke 400
slick tire 400
slid 201
slide 397
slide door 397
slide hammer 397
slide valve 201, 397
slider 397
slider crank mechanism 397
sliding bearing 201, 398
sliding contact 201
sliding key 201
sliding mesh type 397
sliding motion 201
sliding roof 397

slinger 402
slip 401
slip angle 402, 475, 520
slip efficiency 402
slip joint 402
slip ratio 401
slip ring 401
slip sign 401
slip stream 401
slipper piston 400
slipper skirt piston 400
slipper type piston 400
slit 402
sloper 398
slot 399
slotter 399
slow adjust screw 399, 475
slow running jet 399, 645
slow-in fast-out 399
slowing down 19
sludge 399
sluice valve 399
slush molding instrument panel 399
small end 344, 362
small light 362
small scrub 362
smog 362
smoke meter 362
smoke tester 183
snap gauge 357
snap ring 357
snap ring plier 357
snap switch 357
snow blade 357
snow chain 357

snow tire ·········· 357
society of automotive engineers horse power ·········· 475
society of automotive engineers inc ·········· 475
socket ·········· 345
socket universal joint ·········· 345
socket wrench ·········· 345
sodium cooled valve ·········· 65
sodium lamp ·········· 63
soft gasket ·········· 345
soft gate drive ·········· 345
soft iron ·········· 515
soft solder ·········· 508
soft steel ·········· 508
soft water ·········· 515
softtop ·········· 345
solair temperature ·········· 312
solair temperature difference ···· 312
solar battery ·········· 347, 795
solar car ·········· 347
solar energy reflecting glass ·········· 517
solar heat power generator ·········· 795
solar light power generator ·········· 795
solar radiation sensor ·········· 625
solder ·········· 347
soldering ·········· 64, 347
soldering paste ·········· 347
solenoid ·········· 347
solenoid switch ·········· 348
solenoid valve ·········· 347
solex carburetor ·········· 348
solid cam ·········· 630
solid color ·········· 348
solid disk ·········· 348

solid injection ·········· 348
solid pattern ·········· 923
solid piston ·········· 348
solid resister ·········· 348
solid solution ·········· 33
solid state ignition ·········· 821
solid tire ·········· 348
solids ·········· 348
soluble organic fraction ·········· 18, 476
solvent popping ·········· 348
solvent tank ·········· 348
solvents ·········· 558
sonar ·········· 344
sone ·········· 346
sorbite ·········· 344
sound ·········· 590
sound detector ·········· 712
sound level meter ·········· 345
sound velocity ·········· 591
sound volume ·········· 591
sound volume indicator ·········· 591
sounding ·········· 300
sour gasoline ·········· 300
space ·········· 388
space frame ·········· 388
space lattice ·········· 35
space saver tire ·········· 388
space vision meter ·········· 388
spacer ·········· 388
spalling ·········· 389
span ·········· 386
spanner ·········· 386
spare tire ·········· 387
spare tire carrier ·········· 388
spark advance ·········· 385

spark control ········· 385

spark delay system ··········· 385

spark gap ········· 274, 385

spark ignition ········· 274

spark ignition engine ········· 274, 474

spark plug ········· 385

spark plug ········· 670

spark plug tester ········· 386

spark retarder ········· 385

spark test ········· 274

sparking plug ········· 670

spats ········· 386

spatter ········· 386

spattering ········· 386

speciality car ········· 388

specific fuel consumption ··· 476, 510

specific gravity ········· 294

specific heat ········· 294

specific heat under constant pressure
········· 677

specific heat under constant volume
········· 678

specific oil consumption ········· 531

specification ········· 388

specifications ········· 684

specs ········· 389

speed ········· 395

speed density type ········· 395, 936

speed handle ········· 396

speed indicater ········· 396

speed limit ········· 346

speed limitter ········· 395

speed of vision ········· 407

speed regulation ········· 346

speed spread ········· 395

speedmeter ········· 396

speedmeter minder ········· 396

speedmeter tester ········· 396

speedometer ········· 395

spewing ········· 390

spherical cam ········· 50

spherical joint ········· 387

spheroidal graphite cast iron ········· 50

spider ········· 384

spiked tire ········· 384

spikeless tire ········· 384

spin ········· 396

spin turn ········· 396

spindle ········· 396

spindle offset ········· 396

spinner ········· 395

spiral bevel gear ········· 384

spiral bevel gear type ········· 384

spit hole ········· 396

splash and forced combination lubri-
cation system ········· 292

splash lubrication system ········· 292

splice ········· 671

spline ········· 394

spline shaft ········· 394

split bearing ········· 273

split pin ········· 273, 395

split piston ········· 395

split seat ········· 394

split type ········· 395

spoiler ········· 389

spoke ········· 389

spongy brake ········· 387

spool ········· 390

spool valve ········· 390

spoon ································ 390

sport proto type car ··············· 389

sports car ·························· 389

sporty car ·························· 389

spot cutter ························· 390

spot glazing ························ 389

spot light ·························· 390

spot repair ························· 390

spot sealer ························· 390

spot welding ······················· 390

spot welding machine ············· 390

spotting ···························· 389

sprag ······························· 391

sprag type ·························· 391

spray ······························· 391

spray booth ························· 391

spray gun ·························· 391

spray pattern ······················ 391

sprayer ····························· 271

spraying nozzle ···················· 270

spreading ·························· 391

spring ······························ 392

spring back ························· 392

spring balance ····················· 394

spring buckle ······················ 392

spring bushing ····················· 393

spring camber ······················ 394

spring cap ·························· 394

spring down weight ················· 393

spring eye ·························· 393

spring flange ······················ 394

spring hanger ······················ 394

spring liner ························ 392

spring offset ······················ 393

spring pin ·························· 394

spring rate ··················· 392, 394

spring rich seat ···················· 392

spring up weight ··················· 393

spring washer ······················ 393

spring weigher ····················· 394

sprocket ··························· 392

sprue ························· 794

sprung weight ······················ 391

spur bevel gear ···················· 387

spur bevel gear type ··············· 387

spur gear ·························· 386

sputtering ·························· 387

squab ······················ 365, 413

square ····························· 698

square engine ··············· 365, 676

square thread ······················ 299

squeak ····························· 366

squeal ····························· 366

squeegee ·························· 366

squelch ····························· 365

squib ······························· 365

squish ····························· 365

stability ··························· 261

stability factor ················ 371, 476

stabilizer ·························· 370

stabillity ·························· 439

stage ······························· 372

staggered grid ····················· 369

stagnation point ··················· 369

stain phenomenon ················· 471

stainless steel ····················· 373

stains ······························ 373

stall ······························· 374

stall point ························· 375

stall speed ························· 374

stall start 374
stall test 375
stall torque 375
stall torque ratio 375
stamp forging 923
standard 370
standard spark 864
standing 1/4mile 474
standing 400meter 370
standing start 371
standing wave 371
star connection 368
star wheel type adjuster 368
start enrichment 409
start solenoid valve 369
starter 368
starter motor 368
starter switch 369
starting assist system 408
starting crank 369
starting engine 409
starting grid 369
starting handle 369, 409
starting motor 59, 408
starting motor switch 59
starting resistance 409
starting system 59, 409
starting torque 409
stateroom height 24
stateroom length 24
stateroom width 24
static 678
static electricity 679
static load 680
static margin 370, 476

static pressure 677
static sound pressure 677
static unbalance 678
station wagon 372
stationary state 677
stationary type 34
stator 372
stator coil 373
stator core 373
stay bolt 372
steady state 677
steam cleaner 384
steel belt 23
steel belt piston 383
steel radial tire 383
steelbestos gasket 383
steer individuality 379
steering 379
steering and ignition lock 381
steering axis 381
steering axis inclination 381
steering box 379
steering column 382, 688
steering column cover 382
steering column gear change ... 382
steering damper 380
steering diameter 381
steering gear 379, 687
steering gear backlash 380, 688
steering gear box 380
steering gear box efficiency ... 379
steering gear preload 380, 688
steering gear ratio 380, 688
steering geometry 382
steering handle 382

steering intermediate shaft ······ 381
steering knuckle ··············· 380, 688
steering linkage ··············· 381, 688
steering lock ························· 380
steering off center ················· 381
steering sector ······················ 381
steering shaft ······················· 381
steering system ····················· 688
steering wheel ······················ 383
steering wheel sensitivity sensor 383
stellite ······························· 373
stem ·································· 373
stem seal ····························· 373
step ·································· 373
step bore type wheel cylinder ······· 30
step circuit ·························· 374
step compensation ·················· 373
step lamp ····························· 373
step motor ···························· 373
step on ······························· 373
step response ························ 373
step-up transformer ················ 403
stepped current charging ········· 88
stepped thickness gauge ········· 374
stick ·································· 383
stick slip ····························· 383
sticking ······························· 383
stiffness ······························· 22
stirling engine ······················ 372
stoichiometric air fuel ratio ······ 603
stoichiometric ratio ········· 374, 603
stone bruise ························· 374
stop lamp ····························· 375
stop light ····························· 375
stop ring ······························ 375

stop switch ···························· 375
stop valve ···························· 375
stopper ······························· 374
stopping bias ························· 682
stopping distance ··················· 681
storage battery ················ 374, 721
storage battery capacity ···· ···· 721
storage tank ·························· 374
straddle carrier ····················· 376
straight edge ························· 377
straight engine ················ 377, 698
straight four ·························· 698
straight snip ·························· 699
strain ·································· 253
strain gauge ·························· 377
strain hardening ···················· 253
strainer ······························· 377
strainer screen ······················ 377
strand ·································· 376
strand wire ···························· 376
strap ·································· 376
strap wire ····························· 376
stratified charge ···················· 725
stratified charge combustion ······· 329
streamline shape ···················· 581
streamline valve ····················· 378
streamlining ·························· 378
strength ······························· 21
stress ···························· 376, 592
stress brake up action ·············· 593
stress lines ··························· 376
stress strain diagram ··············· 593
stretchness ···························· 377
striation ······························· 378
strip terminal ························· 378

stripper ································· 378

strobe ································· 377

stroboscope ································· 377

stroboscopic tube ················· 377

stroke ································· 377

stroke bore ratio ···· 65, 257, 378, 474,

strut bar ································· 376

strut mount ································· 376

strut type suspension ················· 376

stub pillar ································· 371

stuck ································· 371

stud bolt ································· 371

stud extractor ································· 371

studded tire ································· 371

studless tire ································· 371

stumble ································· 372

stunt car ································· 372

styrene butadiene rubber ········· 474

SU carburetor ································· 476

sub compact car ················· 320

sub frame ································· 320

sub plate ································· 321

submerged arc welding ················· 321

submerged orifice ················· 321

submerged pump ················· 321

submersible fuse ················· 321

substrate ································· 321

suction ································· 327

suction control ················· 937

suction line ································· 327

suction noise material ················· 937

suction noise ratio ················· 937

suction resonator ················· 936

suction stroke ································· 938

suction throttling valve ················· 327

sulfation ································· 328

sulfur ································· 328, 928

sulfuric acid ································· 581

sulphur ································· 328

sulphuric acid ································· 328

sump ································· 329, 533

sump flow filter type ················· 329

sump guard ································· 329

sun gear ································· 327

sun roof ································· 327

sun shade ································· 328

sun visor ································· 327

sun wheel ································· 327

sunk key ································· 330

super charger ················· 44, 356

super duralumin ················· 715

super engineering plastics ········· 356

super glow system ················· 57

super pressure relief ················· 44

super sonic suspension ················· 355

super strut suspension ················· 356

super traction pattern ················· 357

super turbo ································· 357

superconductivity ················· 715

supercooling ································· 45

supervisory remote control ········· 564

supplemental restraint system

································· 414, 474

support ································· 326

surface dry ································· 326

surface gauge ································· 326

surface grinder ················· 326, 854

surface hardening ················· 864

surface ignition ················· 864

surface plate ································· 676

surface volume ratio ·········· 326, 474
surform ································· 326
surge ···································· 323
surge current ························ 324
surge killer ·························· 324
surge pressure ······················ 324
surge tank ···························· 324
surge voltage ························ 324
surging································· 324
SUS······································ 334
suspension ···························· 321
suspension arm ······················ 323
suspension bush ····················· 322
suspension compliance ··········· 323
suspension geometry ··············· 323
suspension late ····················· 322
suspension member ················· 322
suspension mount rubber ········· 322
suspension spring ··················· 323
suspension stroke ··················· 323
suspension support················· 322
suspension system ·················· 922
swaging ································ 363
swash plate cam·············· 300, 307
swash type compressor ······· 307, 362
swash type pump ··················· 307
sway bar ······························ 363
sweeper ································ 363
swelling ································ 363
swerve ································· 362
swing arm ···························· 363
swing arm type suspension ······· 364
swing axle type suspension ······· 364
swirl····························· 363, 548
swirl chamber························· 549

swirl chamber type ··············· 549
swirl chamber type diesel engine
································· 363, 549
swirl control valve ··············· 548
swirl port···························· 549
swirl ratio ·························· 548
switch ································· 363
switching circuit··················· 363
swivel angle ························ 363
swivel seat ··················· 363, 929
symbol································· 424
symbols for element ············· 565
symmetry link steering link system
···································· 91
sync ··································· 425
synchro mesh type················· 102
synchromesh ······················· 426
synchronizer ······················· 426
synchronizer cone ················· 426
synchronizer hub ·················· 426
synchronizer key ·················· 426
synchronizer ring ················· 426
synchronizer sleeve ··············· 426
synthetic lubricant················· 914
synthetic resin····················· 914
syren ································· 304
system ································· 410

T

T bar roof······························ 829
T bolt ································· 831
T head engine ······················ 831
T slot piston ························ 830
T type tire···························· 831

table ························· 804
tacho graph ············· 560, 795
tachometer ············· 499, 795
tachometer generator ············· 795
tack coat ·········· 796
tack rag ············ 796
tail ····················· 805
tail fin ················ 806
tail lamp ············· 805
tail light ············· 805
tail pipe ·············· 806
tail spoiler ·········· 805
talbot type mirror ·········· 794
tandem ·················· 797
tandem axle ············· 797
tandem axle type suspension ··· 797
tandem compound········· 797
tandem drive ·········· 797
tandem master cylinder ········ 797
tandem piston········· 798
tandem seat ··········· 797
tandem two seater ········ 798
tangent bender ·········· 793
tangent cam ··········· 794
tangential ············· 671
tangential cam ········· 671, 793
tangential force variation ··· 793, 831
tangential key········· 671
tangential load ········ 671
tank ···················· 798
tank lorry ············· 798
tank unit ············· 798
tansducer········· 819
tap ····················· 798
tap bolt ·············· 798

tape drawing ············· 805
taper ····················· 804
taper coil spring········· 805
taper gauge········· 805
taper pin ············· 805
taper roller bearing ············· 805
taper serration ············· 805
tapered roller bearing ············· 564
tappet ··············· 796
tappet clearance········· 796
tappet guide ········· 796
tapping ············· 796
tapping screw ········· 796
tar ····················· 787
targa roof ············· 787
tarpaulin············· 792
taxi ···················· 796
taxi meter ············· 796
telemeter········· 563, 807
telemetering ············· 564
telescopically   adjustable   steering column ············· 807
telescoping gauge ········· 808
telescoping type ········· 808
telescoping type shockabsorber ···· 808
television radio surpression cable 829
telltale ············· 808
temper tire ············· 808
temperature controlled auto coupling fan ············· 586
temperature gauge ········ 352, 808
temperature indicator ············· 809
temperature regulator air cleaner 21
temperature sanding unit ········· 808
temperature sensitive resister ··· 808

temperature sensor 544

temperature transducer 21

tempered glass 23

tempering 126

template 809

temporary magnet 808

temporary use spare tire 592

ten mode 806

tensile intensity 614

tensile load 615

tensile stress 615

tensile test 615

tension 614, 642

tension dynamometer 614

tension pulley 615, 807

tension reducer 807

tension rod 807

tension shackle 615

tensioner 806

terminal 799

terminal lug 799

terminal post 89

terminal unit 87

test cap 804

test hammer 804

test lamp 804

test point 804

test prod 804

tester 803

tetra ethyl lead 831

tetra methyl lead 831

textile belt 699

textile radial tire 806

the tire & rim association 790, 831

theoretical amount of air 603

theoretical mean effective pressure 603

theoretical thermal efficiency 603

thermal 317

thermal capacity 519

thermal conduction 519

thermal conduction rate 519

thermal cut off 318

thermal efficiency 520

thermal energy 518

thermal expansion 519

thermal reactor 317

thermal relay 317

thermal valve 317

thermistor 319

thermit welding 803

thermo contactor 318

thermo plastic 515

thermo plastic resin 516

thermo setting 516

thermo setting resin 516

thermo time switch 318

thermo valve 318

thermocuple 519

thermodynamics 518

thermometer 318, 545

thermopaint 319

thermophone 319

thermostat 318, 352

thermostatic 318

thermostatic coil 318

thick film integrated circuit 931

thickness gauge 412

thigh support 300

thigh support adjust 300

thin film ················· 210

thin film element ················· 210

thin film integrated circuit ········· 210

thin film transistor ················· 210

thin paint ················· 416

thinner ················· 408, 416

third angle projection ················· 683

third gear ················· 310, 317

third law of thermodynamics ······· 518

third speed automatic ················· 310

thirteen mode ················· 325, 424

thomas process ················· 809

Thomson effect ················· 814

Thomson Joseph John ················· 814

thread chaser ················· 358

threaded insert ················· 358

threaded shackle ················· 63

three beam headlight system ······· 362

three box ················· 310, 361

3 d gauge ················· 361

three door ················· 310

three door car ················· 361

three joint propeller shaft ········· 362

three link type suspension ········· 361

three phase alternate current ······· 310

three piece wheel ················· 362

three quater floating axle ········· 300

three rotor rotary engine ········· 361

three valve engine ················· 361

three valve type ················· 310

three way catalytic converter 311, 829

3 way check valve ················· 311

three way converter ················· 311

throat ················· 358

throttle adjusting screw ······· 360, 831

throttle body ················· 359

throttle body injection ·········· 359, 830

throttle chamber ················· 360

throttle cracker ················· 360

throttle lever ················· 358

throttle nozzle ················· 358

throttle opener ················· 360

throttle pedal ················· 360

throttle position sensor 360, 361, 831

throttle position switch ······· 360, 361

throttle positioner ················· 360

throttle return check ················· 359

throttle return control system ······· 359

throttle return dashpot ················· 358

throttle sensor ················· 360

throttle speed ················· 360

throttle speed type ················· 443

throttle type injector ················· 361

throttle type nozzle ················· 361

throttle valve ················· 359

throttling ················· 48

through bolt ················· 46

thrust ················· 358

thrust bearing ················· 358

thyrister ················· 304

tie rod ················· 787

tie rod end ················· 788

tight corner braking development
················· 792

tilt handle ················· 832

tilt steering ················· 832

timbre ················· 591

time lag ················· 792

time lag fuse ················· 792

time limited relay ················· 792

time switch ·············· 792
timer ················· 788
timing belt ············· 788
timing chain ············ 789
timing gear ············· 788
timing light ············ 788
timing mark ············ 788
timing sprocket ·········· 788
tinted glass ············ 832
tip clearance ············ 832
tire ·················· 789
tire bead ·············· 790
tire chain ············· 791
tire cord ·············· 791
tire gauge ············· 789
tire inflation pressure ······ 791
tire inflation pressure gauge ··· 791
tire load ratio ··········· 790
tire patch ············· 792
tire rotation ··········· 789
tire scrub ············· 791
tire size ·············· 790
tire spreader ··········· 791
tire temperature sensor ····· 791
tire tread ········· 791, 792
tire trueing equipment ······ 790
tire tube valve ·········· 789
tire wear indicator ······· 791
tire well ·············· 791
titanium ·············· 831
titanium oxygen sensor ····· 831
titanized mica ·········· 831
to be nominated ········· 830
toe angle ·············· 809
toe control ············ 809

toe in ················· 811
toe in gauge ············ 811
toe out ··············· 811
toe under heel ··········· 809
toggle joint ············ 809
toggle switch ··········· 809
tombac ··············· 814
ton ·················· 814
tone ················· 814
tool ·················· 35
tooth circle ············ 605
toothed chain ··········· 817
top dead center ······· 312, 814, 829
top dead center sensor ····· 829
top gear ·········· 718, 814
top hat ··············· 815
top land ·············· 814
top ring ·············· 814
top shadow ············ 814
topcoats ·············· 815
torch ················· 811
torch lamp ············· 811
torque ················ 811
torque characteristic ······ 814
torque converter ········· 813
torque divider ·········· 812
torque fluctuation ········ 812
torque moment ·········· 929
torque proportional type LSD ··· 812
torque rall shaft ········· 812
torque ratio ············ 814
torque rod ············· 812
torque split ············ 812
torque split type 4WD ······ 812
torque steer ············ 812

torque tube drive ·············· 813

torque tube drive type suspension
·············· 813

torque weight ratio ·············· 813

torque wrench ·············· 812

torsen LSD ·············· 809

torsion bar ·············· 810

torsion bar spring ·············· 810

torsion beam type suspension ····· 810

torsion moment ·············· 295

torsional coil spring ·············· 295

torsional damper ·············· 295

torsional vibration damper 295, 810

total gear ratio ·············· 814

total pressure ·············· 658

touch up ·············· 801

touch up paint ·············· 801

toughened glass ·············· 23

toughness ·············· 613

touring car ·············· 817

Toyota computer controlled system
·············· 830

tracer ·············· 824

track ·············· 818

tracking ·············· 818

tracta universal joint ······· 818, 819

traction ·············· 818

traction control system 818, 830, 831

traction pattern ·············· 818

tractive force ·············· 49

tractive force variation ·············· 819

tractive force variations ·············· 831

tractor ·············· 818

tractor protection valve ·············· 819

trail ·············· 824

trailer ·············· 824

trailing ·············· 825

trailing arm type suspension ···· 825

trailing edge ·············· 825

trailing vortex ·············· 824

tram gauge ·············· 822

tramping ·············· 822

trans axle ·············· 819

transfer ·············· 821

transfer case ·············· 821

transfer switch ·············· 253

transform ·············· 252

transformation ·············· 252

transformation point ·············· 252

transformer ·············· 821

transient ·············· 711

transistor ·············· 821

transistor igniter ·············· 830

transistor ignition ·············· 821

transistor type regulator ·············· 822

transition temperature ·············· 711

translation ·············· 253, 698

transmission ······· 60, 252, 653, 820

transmission brake ·············· 820

transmission casing ·············· 821

transmission gear noise ·············· 820

transmission oil ·············· 252, 820

transmission oils ·············· 202

transverse link ·············· 821

trapezoidal thread ·············· 299

travel ·············· 817

travel service ·············· 818

tread ·············· 589, 823

tread compound ·············· 823

tread noise ·············· 845

tread pattern   824
tread wear indicator   823, 829
tree   826
trembler   702
tri metal   826
triangular thread   310
tribology   817
trigger   826
trim   827
trim finishing molding   827
trimless over head   827
trip computer system   827
trip meter   827
trip odometer   827
trip recorder   827
triple cone synchro   826
triple mode dual exhaust system   826
triple port induction control system
                                     830
triple viscous   826
tripod universal joint   826
trochoid   825
trochoid curve   825
trochoid pump   825
troostite   826
trouble diagnosis   642
trueing   826
trunk   823
trunk cover   823
trunk lid   823
trunk room   823
trunk room lamp   823
trunk through   823
trunnion joint   822
tubeless tire   817

tubular frame   227
tuck in   801
tumbler switch   803
tune up   817
tune up tester   817
tungar bulb rectifier   803
tungsten   803
tungsten arc lamp   803
tungsten inert gas welding   831
tungsten point   803
tungsten steels   803
tunnel   798
turbine   800
turbine blade   801
turbine generator   801
turbine housing   801
turbine pump   801
turbine runner   801
turbine wheel   801
turbo blower   799
turbo compound engine   799
turbo compressure   799
turbo fan   799
turbo fan engine   800
turbo lag   799
turbo supercharger   565
turbocharger   799
turbojet   799
turn   328, 801
turn buckle   802
turn flow   803
turn indicator lamp   803
turn indicator light   217
turn off   802
turn off time   802

turn on 802
turn over 802
turn over spring 802
turn sheet .... 801 , 802
turn signal 802
turn signal flasher 802
turn signal light 802
turn signal switch 802
turn under 802
turning 798
turning circle 799
turning radius 798
turning radius gauge 799
turntable 803
1 2 way adjustable seat 424
2.5 box 606
20 hour rate 605
25 ampere rate 605
twin branch intake manifold 827
twin cam 828
twin camshaft 828
twin carburetor 828
twin choke 828
twin damper system 827
twin entry turbine housing 827
twin plug engine 829
twin scroll turbo 827
twin tube damper 828
twin tube shock absorber .... 261 , 829
twin turbo 828
twin turbocharger 828
twin viscous drive 827
twin wheels 261
twisty road 827
two barrel carburetor 594

two box 593, 815
2 by 2 598
two cycle engine 594, 815
two joint propeller shaft 816
two mode turbo 815
two piece wheel 816
two rotor rotary engine 815
two seater car 816
two stage breaker system 603
2 stage throttle positioner 603
two stroke engine 816
two tone 816
two valve engine 815
two valve type 594
two way exhaust control system 816

U

U bolt 576
U slot piston 576
U turn flow 576
ultrasonic wave 715
umber 471
unbalance 274
unbalanced carburetor 274
under body 469
under bumper apron 469
under crown 469
under damping 468
under dash unit 470
under floor angle 470
under guard 468
under protector 469
under ride 468
under size 469, 576

under square engine 469
under steer 469, 576
under steer over steer individuality
.... 576
underbody assembly 470
undercoating 469
undercut 470
underhung suspension 470
underseal 469
uni servo brake 577
unidirectional pattern 576
unified thread 483, 577
uniflow engine 578
uniflow scavenging 578
uniflow scavenging type 87
uniforming of flow 674
uniformity 577
union 577
union joint 577
unipolar 578
unit 578
unit cooler 578
unit heater 578
unit injection system 578
unit injector 578
unit power plant 578
unitary construction 577
unitized construction 577
universal coupling 577
universal joint 577, 640
unladen vehicle weight 43
unleaded gasoline 199
unleaded petrol 199
unloader structure 470
unloader valve 470

unspring mass 394
unspring weight 394
unsprung weight 471
unsymmetrical tire 291
up draft 471
up draft type 573
up right 471
up setting 76, 471
upper arm 468
upper back panel 467
upper beam 467
upper control arm 468
upper ring 467
upper suport 467
urethane 559
urethane bumper 559

V

V belt 284
V block 284
V engine 287
V ribbed belt 284
V type 287
vacuum 223, 238, 700
vacuum advancer 224, 701
vacuum delay valve 223
vacuum evaporation 701
vacuum fluorescent display 923
vacuum gauge 700
vacuum lock chamber 701
vacuum modulator 223
vacuum motor 223
vacuum pump 224, 701
vacuum sensor 223

vacuum servo brake 223
vacuum switch 224, 701
vacuum switching valve ... 286, 701
vacuum tube 701
vacuum type fuel pressure regulator
.... 701
valence 567
valence electron 18
valve 230
valve adjuster 235
valve adjusting screw 235
valve body 233
valve clearance 231, 236
valve core insert 236
valve crown 236
valve diameter 235
valve face 233, 237
valve guide 230
valve head 237
valve included angle 233, 237
valve interference angle 231
valve lash adjuster 231
valve lift 235
valve lift quantity 233
valve lifter 232
valve mechanism 231
valve overlap 235
valve pocket 237
valve recess 232
valve rocker arm 232
valve rocker shaft 231
valve rotation compensator 237
valve rotator 232
valve seat 234
valve seat reamer 235

valve seat recession 235
valve spring 234
valve spring compressor 234
valve spring retainer 234
valve spring retainer lock groove 234
valve spring tester 234, 394
valve stem 234
valve stem end 234
valve stem guide 234
valve surging 233
valve tappet 237
valve timing 236
valve timing control system 284
valve timing diagram 236
valveless engine 237
van 228
van doorne type transmission 228
vanadium 206
vanadium steel 206
vane compressor 245
vane pump 245
vane type sensor 246
vanity mirror 220
vapor 693
vapor exhaust valve 62
vaporizer 245
vapour lock 245
var 206
variable A/R turbo system 13
variable capacity oil pump 13
variable cylinder engine 12
variable exhaust system 12
variable induction control 285
variable induction control servo
.... 14, 285

variable induction system ······· I4, 285

variable inertia charging system···· 285

variable piston displacement engine
·· I2

variable power steering ·············· 242

variable ratio type steering gear··· 242

variable resonance induction system
·· 285

variable steering wheel ··············· I3

variable torque delivery electronically
controlled 4WD ······················ 286

variable type dual intake manifold
·· I4

variable valve timing················ I2, 284

variable valve timing & lift electronic
control system ······················· 286

variable valve timing system   I2, 242

variable venturi carburetor ········· I2

variolosser ······························· 207

variometer································· 207

varnish ···································· 206

VE distributor type fuel injection
pump····································· 286

vehicle ····························· 294, 706

vehicle identification number
······································· 285, 706

vehicle speed sensor ················· 707

vehicle weight ························· 707

velocity ·································· 345

velocity induction type power steering
·· 707

velocity of light ····················· 47

velocity pickup························ 346

velocity ratio·························· 346

velours ··································· 250

vent ······································ 248

vent plug ································· 248

vent port ································ 247

ventilated disk brake ················ 249

ventilated rotor······················· 249

ventilating hole······················· 249

ventilation······························· 928

ventilator ································· 248

ventilator window ···················· 249

venturi ···································· 248

venturi tube ···························· 248

vernier ···································· 238

vernier calipers························ 238

vernier engine ························· 238

vertical adjust ························· 239

vertical adjuster ······················ 239

vertical engine ·················· 689, 699

vertical flow radiator ················ 239

vertical line ···························· 515

vertical vortex························· 284

veteran car ····························· 246

vibrater coil ···························· 208

vibration ························ 207, 702

vibration damper ····················· 685

vibration damping steel plate ····· 685

vibration isolation propeller shaft 216

vibration isolation steel plate ······ 215

vibrator································· 207

vibroisolating material··············· 216

vibroisolating rubber ················ 215

VIC valve position sensor ·········· 285

Vickers hardness test ················ 295

vintage car ····························· 296

vinyl tape ······························ 290

virtual image display ················ 918

vis ················· 293

viscosimeter ················· 667

viscosity ················· 667

viscosity index ················· 285, 667

viscosity index improver ················· 667

viscous ················· 293

viscous coupling ················· 293

viscous coupling unit ······· 285, 294

viscous LSD ················· 293

viscous traction control system···· 286

viscous transmission ················· 294

vise ················· 208

vise grip ················· 208

vise plier ················· 208

visible ················· 17

viton ················· 209

voice indicator ················· 258

volatile ················· 264

volatility ················· 265

volt ················· 265

volt meter ················· 265

volta alessandro ················· 265

volta battery ················· 265

volta's law ················· 265

voltage detection type sensor ···· 657

voltage drop ················· 657

voltage limiter ················· 657

voltage reducing device ················· 650

voltage regulating diode ················· 679

voltage regulator ················· 657

voltmeter ················· 658

volume ················· 265

volumetric compressor ················· 558

volumetric efficiency ················· 714

vorlauf versatz ················· 858

vortex generator ················· 260

vortex pair ················· 260

vortex stabilizer ················· 259

VTEC ················· 295

vulcanization ················· 240

W

wagon ················· 555

waist line ················· 570

waist molding ················· 571

waist seal ················· 571

walk in ················· 561

walk in seat ················· 561

walk in structure ················· 561

walk through van ················· 561

wall flow type filter ················· 568

wander ················· 564

wandering ················· 564

Wankel engine ················· 216

warm up ················· 569

warm up regulator ················· 569

warm working ················· 544

warming ················· 560

warming up ················· 560

warning flasher ················· 28

warning lamp ················· 560

washer ················· 550, 561

washer fluid ················· 550

washer welding machine ················· 550

washing action ················· 335

waste gate valve ················· 570

water circulating pump ················· 561

water cooled ················· 350

water cooled spot gun ················· 350

water cooled type engine ········ 350
water cooled type inter cooler 351
water cooling type ···················· 350
water fade ······························· 562
water head ······························· 562
water injection ··············· 200, 562
water jacket ············· 68, 200, 562
water paint ······························ 351
water proof ······························ 562
water pump ···················· 200, 562
water recovery ·························· 561
water scale ······························· 561
water separator ·············· 351, 561
water spot ································· 561
water spotting ··························· 561
water temperature sensor ·········· 95
water valve ······························ 561
watertight ································· 563
watt ··· 553
watt hour ································· 554
watt james ································ 553
watt link ··································· 553
watts link type suspension ········· 554
wax ·· 554
wax pellet thermostat ··············· 554
weak mixture ················· 170, 938
wear indicator ·························· 570
wearing in ································ 282
weather strip ···························· 570
weatherometer ··························· 570
weave ······································ 573
weaving lining ··························· 573
web ·· 570
webbing ···································· 570
webbing clamp ·························· 570

webbing lock ····························· 570
webbing sensitive inertia reel ······· 95
webbing sensitive type ··············· 570
weber carburetor ······················ 570
wedge ······································ 571
wedge block gauge ···················· 571
wedge combustion chamber 427, 571
wedge shape ····························· 571
wedge type ······························ 427
weight distribution ···················· 571
weld ··· 559
weld metal ································ 559
welder ······································ 572
welding ···························· 558, 572
welding helmet ························· 558
welding procedure ····················· 558
welding rod ······························ 558
welding tip ······························· 572
welding torch ···························· 572
wet charge type storage battery 403
wet clutch ································· 403
wet grip ···································· 572
wet liner ···························· 403, 572
wet on wet ································ 572
wet sleeve ························· 403, 572
wet spots ·································· 572
wet sump ·································· 572
wet tire ···································· 572
wet type air cleaner ·················· 403
wetcoat ···································· 572
wheel ································ 707, 932
wheel alignment ························ 934
wheel arch ································ 933
wheel balance ··························· 932
wheel base ······················· 720, 933

wheel brake 933
wheel cap 934
wheel cylinder 933
wheel flutter 886
wheel hop 935
wheel house 934
wheel lift 932
wheel nut 932
wheel offset 934
wheel rate 932
wheel rim 172
wheel slip 933
wheel speed sensor 933
wheel spin 933
wheel stroke 933
wheel tracking gauge 934
wheel tramp 934
wheel tread 934
wheel well 934
wheel wobble 934
wheelspin 935
whirling 568, 935
whisker 573
white body 927
white brittleness 227
white cast iron 228
white metal 927
white noise 927
white smoke 227
wide ratio 550
wide tire 550
winch 51, 576
wind deflector 575
wind flutter 575
wind noise 575

wind screen 575
wind shield 206, 575
wind throb 575
winding road 553
window defroster 574
window glass antenna 574
window regulator 574
window ventilator 575
window washer 575
windscreen angle 575
windscreen wiper 575
windshield angle 575
windshield glass 575
windshield heater 517
windshield pillar 576
windshield wiper 575
wing car 576
wing nut 576
wing turbo 576
winker 576
winter tire 576
wiper 552
wiper arm 552
wiper blade 552
wiper chattering 552
wiper lifting 552
wiper motor 552
wiper pressure variable system 552
wire 550
wire brush 551
wire gauge 550
wire harness 551
wire rope 551
wire spoke 551
wire spoke wheel 551

wire stripper ···················· 551

wire thickness gauge ·········· 551

wire wheel ························· 389

wire wound piston ·············· 551

wire woven gasket ·············· 551

wiring diagram ·················· 551

wiring harness ··················· 551

wishbone ·························· 573

wobble ····························· 550

wooden pattern ················· 198

woodruff key ················ 212, 559

work ························· 603, 622

work bench ······················ 641

work hardening ················· 11

work ratio ························ 624

working pressure ··············· 561

worm and sector gear type ····· 569

worm and sector type steering gear
··································· 569

worm and worm gear type ····· 569

worm gear ··················· 63, 568

worm pin type ··················· 569

worm sector roller type········· 568

wrapped belt ····················· 134

wrench ····························· 145

wrinkling ·························· 174

wrought iron ····················· 515

X

X shape ···························· 492

X shape type frame ·············· 493

Y

Y alloy ···························· 550

Y connection ····················· 550

Y pipe ···························· 550

yaw rate ··························· 556

yawing ···························· 556

yawing moment coefficient ····· 557

yawing resonance frequency ···· 557

yellow zone ······················ 522

yield point ······················ 622

yoke ·························· 30, 557

Z

Z shaft ···························· 685

zener diode ······················ 681

zener phenomena················· 681

zener voltage ··············· 681, 916

zero camber ······················ 683

zero caster························· 683

zero law of thermodynamics ···· 518

zero scrub ························· 682

zinc ······························· 431

골든벨 도서목록

이 책에서 한 줄의 글귀라도 당신의 머리에 기억될 수
있다면 저희 직원 모두는 긍지의 자세로 여러분 앞에 서겠습니다.

사 전 류

자동차용어정보사전
- 차량용어기획단 編
- P.1864 / B6

자동차, 대체연료자동차, 교통정보시스템, 위성항법시스템 등의 용어를 총망라하여 자동차의 기계적인 시스템에서부터 미래의 첨단 신기술 시스템 용어들까지 어휘마다 그림을 삽입한 국내 초유의 韓·英 자동차용어 백화점. 약어, 용어 대조표, 영한 색인 등 수록.

(한영) 자동차 용어 大사전
- (日)그랑프리출판 編 / 골든벨편집부 編
- P.1160 / B6

자동차 관련 용어들을 낱낱이 집대성하여 「가나다」 순으로 배열. 외래어로부터 온 부품의 어의(語意)·구조·기능 등을 설명하였으며 새롭게 탄생된 첨단 단어들은 물론 약어표, 영한 색인 등을 부록편에 수록.

자동차 장치별 용어해설
- (日)그랑프리출판 編 / 골든벨편집부 編
- P.618 / B6

자동차 장치별에 따른 어휘들을 학습 진도에 맞게 편성함과 동시에 자동차에 쓰이는 기본 단어에서부터 일반기계·전기·전자·컴퓨터·화학 관련 용어들을 수록한 한·일 합작품.

자동차 신기술 용어해설
- (日本)類名智和·熊野博享 著 / 오재선 編譯
- P.562 / B6

자동차 엔진의 전자제어, 터보차저, 가변제어, 린번, GDI, 디젤엔진, 전기자동차, 하이브리드카, 대체 연료자동차, 자동·무단 변속기, 4WD, LSD, 현가장치, 4WS, 조향장치, ABS, 센서와 액추에이터, 정보, 표시, 조명, 통신과 수신, 예방안전과 충돌안전 등 신기술의 용어를 수록.

섹션별 자동차 용어
- GB기획센터 編著
- P.466 / B6

자동차의 엔진, 동력전달장치, 주행장치, 바디, 외장품, 내장품, 장비품, 일반용어들로 구분하여 수록하였고 내용은 자동차의 종류, 구조 및 기능 등을 비롯하여 작동원리, 자동차관리, 기초지식, 구성부품 용어들을 집대성하였다.

차량 약어 사전
- 이상호·임동회·장팡석
- P.448 / B6

약어展의 생성은 차량(내연기관, 자동차, 중장비, 오토바이) 시스템 발전과 자동차 메이커별로 지금도 끊임없이 출몰하고 있다. 그러므로 관계인(학생, 교수, 현장 기술인)의 약어 혼돈을 일소에 날려버릴 묘약은 이 책 안에 있습니다.

자동차 기초

일 반

변해라, 그래야 산다
- 김 필 수
- P.340 / 신국판

자동차의 발달과정을 한 눈에 볼 수 있는 역사서로서 세계 여러 나라의 기술발달과정과 시대적 상황을 흥미롭게 기술하였으며 부록편에서는 세계 및 한국의 자동차 산업 연표, 한국 자동차 메이커의 자본 & 기술 제휴관계 등이 기술되었다.

2 도서목록

현대인을 위한 자동차산업이야기
- 안 병 하
- P.350 / 신국판

이 책은 각종 저서, 역서, 논문과 자동차메이커의 일선현장의 실무에서 직접 체험하고 또한 연수원장으로서 가르치며 얻은 자료로 자동차와 산업을 이해하는데 필요한 것만 모아 요약하였다.

판매왕의 전략과 전술
- 안 병 하
- P.284 / 신국판

이 책은 도요타자동차가 오랫동안 세일즈맨 교육을 통해 얻은 자료를 참고하여 만들어 톱 세일즈맨이 되기 위한 원칙들만 요약하였다.

(冊으로 보는) 자동차 박물관
- Erick Eckermann 著 / 오재건 編譯
- P.402 / B5

자동차의 발달과정을 한 눈에 볼 수 있는 역사서로서 세계 여러 나라의 기술발달과정과 시대적 상황을 흥미롭게 기술하였으며 부록편에서는 세계 및 한국의 자동차 산업 연표, 한국 자동차 메이커의 자본＆기술 제휴관계 등이 기술되었다.

쉽게 보는 자동차 공학
- 김 홍 건
- P.240 / 신국판

자동차에 관심있는 모든 분들을 위해 수년간 자동차를 연구해온 저자 김홍건이 전하는 기본적이면서도 전문적인 자동차 이야기로 새롭게 등장한 OBDⅡ, OBDⅢ시스템에서부터 자동차 안전분야까지 참고사항을 곁들여 폭넓게 풀어 논 자동차 입문서

자동차 문화
- 박춘건·추교정·국장호·황승훈·최미징
- P.358 / B5

자동차 생활에 필요한 자동차 운전의 기본적인 사고방식과 안전운전기술, 경제적인 운전요령과 또한 가장 기초적인 인체 구조에서부터 교통사고 부상자의 응급처치방법, 자동차의 구조, 교통사고 발생 시 대처요령 등 일상에서 필요한 내용들을 그림을 통해 쉽게 설명하였다.

엔진은 이렇게 되어 있다
- GB기획센터 / (주)NGV
- P.200 / B5

자동차의 기본원리에서부터 EBD, ABS, ECU, 하이브리드 등 그림을 많이 사용하여 양면에 한 개의 항목으로 하여 기본적인 기구와 구조에 관하여 초심자도 쉽게 이해할 수 있도록 편성. 최신기술에서는 중요한 것을 다루어 초심자도 쉽게 이해할 수 있도록 편성. 기본적인 메커니즘 이외에도 그림으로서 작동 등을 알기 쉽게 설명하였다.

나도 카레이싱을 할 수 있다 [서킷 공략법]
- 이동훈·임성택·심순호·조대희·조홍석
- P.270 / B5

레포츠 붐을 타고 급속히 증가되고 있는 스피드 마니아들을 위한 서킷 주행 테크닉의 정수를 선보인 책으로 일본 '서킷 주행 입문'을 기본으로 하여 우리 실정에 맞는 내용을 보강한 명실상부한 주행의 교과서. 자동차를 좋아하는 사람뿐 아니라 자동차 전문가들에게도 꼭 필요한 책

오너정비

자동차도 화장을 한다
- 임기상·황판권
- P.200 / A5

운전자가 손수 할 수 있는 세차요령과 광택, 간단한 일상점검 요령, 반드시 휴대해야 할 기본적인 공구와 그 사용법, 소리로 구분하는 트러블 진단법 등 오너 드라이버를 위해 실제 사진과 그림들로 쉽게 설명하였다.

新 아픈차 응급치료
- 조칠호·황경수·황춘균
- P.247 / A5

운전자가 손수 할 수 있는 간단한 일상점검 요령, 고장발생시 응급조치요령, 겨울철 점검방법, 반드시 휴대해야 할 기본적인 공구와 그 사용법, 자동차의 사후관리, 자동차의 보험과 애프터서비스, 자동차의 등록관계까지 오너 드라이버를 위해 쉽게 설명하였다.

자동차 10년타기 길라잡이
- 임 기 상
- P.312 / 신국판

자동차 10년 타기 운동본부장이 자동차 10년타기 캠페인의 일환으로 '자동차문화는 이렇게, 효과적인 자동차관리, 자동차를 말한다, 이것만이라도 알고타자' 라는 단원을 에세이식으로 발표한 내용을 집약한 자동차 관리 Guide Book!

만화, 자동차랑 놀자
- 이광표 글·허남길 그림
- P.256 / 신국판

이 책은 재미를 위해 동박상을 내세워 궁금증의 결정체를 걸러낸 것이 자동차를 입원시키고자 정비공장에 갔을 때 제대로 이용하는 방법부터 잘못 알고 있는 자동차 상식, 비싼 연료비를 절약하는 운전방법 등등 정말 필요한 내용만 골라 15개의 대표적인 이광표 자동차 교실을 만화와 함께 서술하였다.

자동차를 알고 싶다
- 김관권·유도징·한신식·홍심수 편역
- P.214 / B5변형판

우리들에게 있어 자동차는 가장 가까운 교통수단이다. 이 책에서는 그런 자동차를 만들어낼 수 있는 갖가지 기술을 한 개별적으로 열거하여 그림이나 사진으로 해설하고 있다. 제1장은 자동차의 분류 방법과 자동차의 형상에 대하여, 제2장은 자동차에 이용되고 있는 최첨단기술을 해설하였고, 제3자에서부터 7장까지는 자동차에 사용되고 있는 부품이나 기구에 대하여 상세한 설명을 하였으며, 특히 기술의 핵심이 모아져 있는 엔진에 대해서는 3장에서 자세하게 기술하였다. 마지막으로 제8장에서는 자동차의 역사에 대하여 간단히 정리하였다.

자동차 교육 교재

직업전문학교·학원

최신 자동차 정비공학
- 김인태·김형진·유성식·이상호·정인원
- P.660 / B5

- 기계적 시스템과 전자제어 연료분사장치, 회박연소 엔진, 가솔린 직접분사장치, LPI 엔진, 가변흡기장치. COVEC 연료장치, 커먼레일 연료장치
- 기초전기와 전자를 중심으로 오토라이트, 전자동 에어컨, 에어백 - 기계적 시스템과 자동변속기, CVT, ECS, EPS, ABS, EBD, TCS

자동차 구조&정비
- 박평암·이상호·김인태
- P.530 / B5

최신 자동차 입문서로서 기관편-전자제어연료분사장치 중 L제트로닉 및 K·D-제트로닉도 게재 / 전기편-기초전기·전자에서부터 HEI, DLI 등을 수록 / 섀시편-전자제어자동변속기, 정속주행장치, ECS, ABS, TCS, 차속감응식 동력조향장치 등을 수록.

자동차 구조학
- GB기획센터
- P.576 / B5

고등학교·전문대학·직업학교·관련대학 및 일반인 등 자동차정비 교육과정을 이수할 학생들을 위해 자동차 이론을 체계적으로 집대성하였으며, 앞으로 신세대 자동차에 장착될 시스템까지 추록하였다.

자동차 기초전기전자[1]
- 김민복
- P.800 / B5

자동차 전기·전자의 복잡한 수식을 피하고 원리와 이해 중심으로 서술. 실무에서 사용할 수 있는 테스터 활용법, 코일, 콘덴서, 모터, 발전기, 변압기, 센서의 개념, 전자회로 판독, 반도체 소자, 컴퓨터 등 필요한 부분만 쉽게 찾아 볼 수 있도록 294개항으로 편성한 전기전자의 길잡이.

자동차차체수리이론과 실무
- 박심용·오상기·이승호
- P.460 / B5

대학, 전문학교, 학원의 교육용 교재 및 현장 실무서로서 차체수리와 용접으로 분류하여 차체재료, 차체손상 및 수리, 수공구 사용법, 보디 및 패널 수정, 프레임 수정, 알루미늄 패널 수정 텐트 등의 이론과 실무를 일목요연하게 서술하였다.

대학 필수 교재

내연기관
- 김관권·조성철·최두석·최신순
- P.334 / B5

이 책은 내연기관의 기초적인 이론에서부터 열역학. 성능, 연료(가솔린, 디젤, 기체 연료, 대체 연료), 가솔린기관의 연소 및 작동원리, 디젤기관의 연소 및 작동원리, 내연기관의 기본 구성품과 기능, 흡기 및 배기장치, 윤활장치, 냉각장치, 배출가스의 대기오염과 대책, SI 단위를 수록하였다.

자동차 공학개론
- 김형섭·오임택·이충원·오채건
- P.384 / B5

자동차를 전공하는 학생들은 물론이거니와 자동차를 비전공으로 공부하는 학생들을 위해 자동차의 기초적인 개념에서부터 근래에 새롭게 장착되는 시스템까지를 특이한 편집 체계와 본문을 2color로 인쇄한 완벽한 자동차 공학 입문서!

자동차 정비개론
- 심명원·한겅·이문환·김성황
- P.236 / B5

자동차 정비에 대한 개론 교육을 위해 기초적이며 포괄적인 내용으로 설명하였으며 주요 내용으로는 자동차 관련 일반적인 사항, 0자동차 점검 및 정비에 관련된 법규, 국내 자동차 제작사별 부품관리 체계 등을 설명하였다.

자동차 재료 강도학
- 송창업·김택·재강수
- P.264 / B5

자동차 전공 공학도를 위해 총론, 금속과 합금, 금속의 성질, 재료시험 및 기호, 자동차용 철강재료, 비철금속 및 금속재료, 윤활유 및 절삭유, 신소재 합금 등 자동차 부품의 재료 일람표를 수록.

자동차 가솔린기관(오토기관)
- 김재휘
- P.616 / B5

SI-기관의 기본구조와 작동원리에서부터 밸브타이밍제어, 동적과급, 전자제어 가솔린분사장치, 최신점화장치, 방뗑기관, 하이브리드기관, 연료전지, 연료와 연소, 배기가스테크닉 그리고 기관성능에 이르기까지 최신기술에 대해 상세하게 설명한, 현장 실무자 및 자동차공학도의 필독서

자동차 전자제어연료분사장치(가솔린편)
- 김재휘
- P.474 / B5   •정가 22,000원

가솔린 분사장치의 역사, D-Jetronic, K-jetronic에서부터 시작하여 최신의 GDI(가솔린 직접분사) 시스템에 이르기까지 가솔린분사장치에 대한 모든 것을 체계적으로 설명하여, 가솔린분사장치의 기초에서부터 실무에 이르기까지 체계적으로 공부할 수 있도록 엮은 전문 첨단 기술도서.

Auto-Engine
· 김종우 · 문준엽 · 안엄명 · 이주용
· P.354 / A4

대학교, 전문대학, 직업전문학교의 필수교재로 가솔린 직접분사방식, 회박연소 엔진, 가변흡입장치, 친지제어 디젤엔진, 커먼레일식 디젤엔진, CNG 엔진 등 기존에 다루지 않았던 첨단 전자제어 시스템의 개요, 구조, 성능 등을 수록하였다.

Auto-Electricity
· 김채목 · 김필수 · 노상현 · 정주윤
· P.354 / A4

대학교, 전문대학, 직업전문학교의 필수교재로 FATC, 오토라이트, 레인센서, 후진경고장치, 내비게이션 시스템 등 기존에 다루지 않았던 첨단 전자제어 시스템의 개요, 구조, 성능 등을 수록하였다.

Auto-Chassis
· 김명윤 · 배명호 · 변엉호 · 최엄근
· P.344 / A4

대학교, 전문대학, 직업전문학교의 필수교재로 정속주행장치, 4WS, 4WD, ABS, ECS, EPS, VDC, ASV 등 기존에 다루지 않았던 첨단 전자제어 시스템의 개요, 구조, 성능 등을 수록하였다.

NEW 기관실습
· 신현승 · 안엄명 · 양현수 · 정구섭 · 하새기
· P.356 / A4

각 장마다 기초 이론과 직접 현장에서 응용하여 작업할 수 있도록 실차상태에서 탈착하여 점검수리 후 장착하는 순서로 전개. 트랜스액슬 탈부착 및 엔진 분해조립/엔진 점검 및 정비/연료장치 및 센서 점검/배출가스 점검/파형 점검 분석으로 구성. 핵심 포인트는 선도의 그림과 실물의 사진을 비교하여 참고할 수 있도록 편성하고 각 단원의 끝 부분에 실습 보고서를 작성 제출할 수 있도록 편성

NEW 전기실습
· 노상현 · 이태잉 · 이태원 · 정용욱 · 정용호
· P.378 / A4

각 장마다 기초 이론과 직접 현장에서 응용하여 작업할 수 있도록 실차상태에서 탈착하여 점검수리 후 장착하는 순서로 전개. 핵심 포인트는 선도의 그림과 실물의 사진을 비교하여 참고할 수 있도록 편성하고 각 단원의 끝 부분에 실습 보고서를 작성 제출할 수 있도록 편성

NEW 섀시실습
· 김명윤 · 변엉호 · 조상철 · 최엄근
· P.350 / A4

각 장마다 기초 이론과 직접 현장에서 응용하여 작업할 수 있도록 실차상태에서 탈착하여 점검수리 후 장착하는 순서로 전개. 핵심 포인트는 선도의 그림과 실물의 사진을 비교하여 참고할 수 있도록 편성하고 각 단원의 끝 부분에 실습 보고서를 작성 제출할 수 있도록 편성

03 자동차 기관
· 박새림 · 백태실 · 안엄명 · 최두석
· P.408 /B5

자동차기관은 대학교, 전문대학, 직업전문학교에서 필요한 교재로서 가솔린 직접분사방식, 회박연소 엔진, 가변흡입장치, 친지제어 디젤엔진, 커먼레일식 디젤엔진, CNG 엔진 등 기존에 다루지 않았던 첨단 전자제어 시스템의 개요, 구조, 성능 등을 수록하였다.

03 자동차 전기
· 신현승 · 심형성 · 정동회. · 새수
· P.378 /B5

자동차 전기는 대학교, 전문대학, 직업전문학교에서 필요한 교재로서 FATC, 오토라이트, 레인센서, 후진경고장치, 내비게이션 시스템 등 기존에 다루지 않았던 첨단 전자제어 시스템의 개요, 구조, 성능 등을 수록하였다.

03 자동차 섀시
· 김덕호 · 이심열 · 이형복 · 최엄근
· P.426 /B5

자동차 섀시는 대학교, 전문대학, 직업전문학교에서 필요한 교재로서 정속주행장치, 4WS, 4WD, ABS, ECS, EPS, VDC, ASV 등 기존에 다루지 않았던 첨단 전자제어 시스템의 개요, 구조, 성능 등을 수록하였다.

03 자동차 기관실습
· 문출집 · 변엉호 · 이기문 · 정창안
· P.484 /B5

자동차 기관실습은 현장에서 직접 응용하여 작업할 수 있도록 차상 상태에서의 엔진 탈착과 가솔린, LPG, 디젤엔진의 점검정비 및 커먼레일 연료분사장치의 점검방법을 상세하게 수록하였다. 특히 센서의 점검을 파형으로 진단할 수 있도록 하였으며, 중요 포인트는 선도의 그림과 실물의 사진을 곁들여 참고할 수 있도록 편성하였다.

03 자동차 전기실습
· 김동식 · 김종률 · 이형석 · 정주윤
· P.450 /B5

전기 기초 이론 · 전자 기초 이론 · 배터리 점검 · 기동 전동기 점검 · 점화장치 점검 · 커먼레일 시스템 점검 · 충전장치 점검 · 보디 전장 점검 · 에어컨 및 히터 점검 · 전기 회로도 점검 · 에탁스로 구성하였으며 부록으로는 산업기사의 실기시험문제를 수록하여 자격증 취득에도 도움이 되도록 하였다.

03 자동차 섀시실습
· 박근욱 · 양현수 · 정석훈 · 주동우
· P.400 /B5

직접 현장에서 응용하여 작업할 수 있도록 실차상태에서의 탈·부착과 점검 방법 및 현재 자동차에 탑재되어 있는 모든 시스템을 상세하게 정비방법을 수록하였으며, 중요 포인트는 선도의 그림과 실물의 사진을 비교하여 참고할 수 있도록 편성하였으며 부록에는 산업기사의 실기시험문제를 수록하여 자격증 취득에 도움이 되도록 하였다.

전기장치 고장진단[5]
· 김 민 복
· P.382 /B5

산업현장에서 많은 기술인들이 경험에 의존하는 방법으로 정비를 행하다 오수리 및 재수리가 많이 발생되는 것을 볼 수 있다. 산업현장에서 필요한 회로의 단선, 단락, 접촉불량으로 발생하는 현상의 점검방법과 충전, 시동, 점화, 등화, 계기, 편의 공조 장치별로 고장 현상별 점검 방법을 서술한 책이다.

전자제어 엔진[7]
· 김 민 복
· P.312 / B5

전자제어 엔진의 시스템을 정확히 이해하고 실무에 적용할 수 있도록 전자제어 엔진의 적용 목적과 시스템의 이해를 돕기 위해 기능 중심으로 서술한 김민복의 전기전자시리즈 7탄. ECU의 회로, 시스템 구성, 구성부품의 기능과 특징, 전자제어엔진의 기능, 자기진단으로 구성되어 있습니다.

자동차 전자제어 엔진공학

- 심재덕·조임우·박정원
- P.418 / B5

자동차 전자제어 공학의 엔진분야에 적용되는 전자제어의 각 시스템별 개요 및 전자제어 방법에 대한 내용을 기계적인 기능과 함께 설명하였다. 또한 최근 인기 있는 LPG엔진, 신기술인 디젤엔진의 최신 제어에 대해 설명하였다.

자동차 전자제어 섀시공학

- 심재덕
- P.504 / B5

자동차 전자제어 시스템의 섀시분야에 적용되는 최첨단 신기술 전자제어의 각 시스템별 개요 및 전자제어에 대한 설명을 기계적인 구조와 함께 설명하였다. 또한 차량예방 안전시스템으로서 에어백, 내비게이션 시스템, 차세대 안전자동차 기술, 지능형정속주행 시스템에 대해서도 설명하였다.

전자제어섀시[8]

- 김 민 복
- P.360 / B5

전자제어 현가장치, 전자제어 제동장치, 전자제어 자동 변속기를 중심으로 고장현상과 점검방법을 체계적으로 설명한 책으로 매 항 마다 핵심 포인트를 정리하여 쉽게 이해할 수 있도록 설명하였다.

전자제어 기관실습

- 백태실·심백규·인영명
- P.284 / B5

기본적으로 숙지해야 할 장비사용법, 오실로스코프의 작동, 기초전기전자 실습 등을 이론과 실습으로 연계 수록하였으며, 전자제어 엔진, 린번 엔진, 가솔린 직접분사, 전자제어 디젤엔진, 커먼레일 디젤엔진 정비하기를 실험기기와 재료 및 실험과정과 결과를 새로운 감각으로 구성하였다.

전자제어 섀시실습

- 양현수·이형복·최영근·탁영조
- P320 / B5

기본적으로 숙지해야 할 장비사용법, 오실로스코프의 작동, 기초전기전자 실습 등을 이론과 실습으로 연계 수록하였으며, 자동변속기, SAT, EPS, ECS, ABS, TCS 실습하기를 실험기기와 재료 및 실험과정과 결과를 새로운 감각으로 구성하였다.

전자제어장치 & 실습[4]

- 김 민 복
- P434 / B5

기관, 전기, 섀시의 전자제어장치 고장현상과 점검방법, 논리적인 진단방법, 현장경험을 통한 점검방법을 쉽게 설명하여 초보자에서부터 전문가에 이르기까지 폭넓게 활용할 수 있도록 편성.

자동차 디젤기관

- 김관권·박팽임·백태실
- P.396 / B5

신세대 자동차에 장착된 시스템을 중심으로 서술한 책으로 디젤 기관의 개요/구조와 작동/냉각장치/윤활장치/기계제어식 연료장치/COVEC-F/커먼레일 연료분사장치/흡배기장치/예열장치/배출가스의 특성/CNG 연료분사장치로 편성하여 교육과정을 이수할 학생들을 위해 구조와 작동원리의 이론을 집대성.

最新 자동차 전기공학

- 이형석·남경덕·이태원
- P.538 / B5

자동차의 전기장치에 대한 기기의 특성 및 작동을 직접 실측한 자료를 토대로 게재하였으며, 가능한 최근에 널리 쓰이고 있는 전자를 응용한 새로운 시스템을 소개하였고, 현재 세계적으로 연구 개발된 전기자동차의 개요와 구조·기능 등을 수록하였다.

파형으로 보는 자동차 전기전자

- 이인철·김태훈·박정식
- P.354 / B5

이론과 실습을 접목시킨 도서로서 자동차 전기, 자동차 전자, 오실로스코프, 엔진 분석기(튠업기), ECU 입·출력 신호 분석법, 기타 파형 분석법, OBD Ⅱ, 서비스 데이터 분석 방법, 산소센서, 전자제어 엔진의 밸브 개폐와 점화 타이밍의 관계 등으로 편성.

최신 자동차 전기[2]

- 김민복·심형섭·이정익·심용훈
- P.376 / B5

자동차의 전기 회로에 사용되는 퓨즈 및 전선, 전구, 릴레이, 배터리를 종류별로 구분하여 특성 및 특징을 정리하고 최근에 사용되는 시동, 충전, 등화, 점화, 계기, 편의, 에어백, 냉방 장치 등을 시스템 별로 구분하여 구성 부품의 기능 및 원리, 특성을 체계적으로 엮어 기술하여 놓은 책이다.

THE 도장

- (日)未森清司·加戸利一/GB기획센터 編集
- P.374 / B5(올컬러)

도장의 목적에서부터 최근 도장까지 이론과 실습을 통합하여 도장공정의 순서에 따라서 구성한 올 컬러로서 도장의 목적, 도장작업의 요령, 하지작업, 마스킹과 도장전준비, 중도작업, 조색작업, 상도도장, 건조와 연마, 특수 도장, 안전위생과 품질관리로 편성하였다.

THE 판금

- (日)岸上喬彦·永塚俊裕/GB기획센터 編集
- P.348 / B5(올컬러)

차체수리를 위한 보디의 구조와 조립에서부터 차체수리 전개도까지 이론과 실습을 통합하여 판금공정의 순서에 맞추어 구성한 올 컬러서. 보디의 구조와 조립, 탈착작업과 공구, 자동차의 재료, 패널수정작업과 공구, 패널교환 작업과 용접용기기, 보디수정작업과 수정장치, 퍼티와 작업, 녹 방지법, 차체수리 공장의 설비 및 차체수리 전개도로 편성하였다.

판금 & 도장

- 김재홍외 5
- P.348 / B5(올컬러)

자동차판금과 도장을 한권으로 편성. 판금은 보디 구조와 분해조립에서부터 수리까지 판금공정 순서에 맞추어 구성하였고, 도장은 도장공정의 순서에 따라 하지작업, 마스킹, 중도, 조색, 상도, 건조와 연마 등으로 편성

차체수리(판금) 그리고 도장

- 황철채·김보엽·정순영·박인선
- P.286 / B5

차체수리와 도장을 한 권으로 편성한 것으로서 자동차 보디와 프레임의 형태에서부터 보디의 구조 / 보디 작업과 인간공학 / 차량 사고 역학 / 보디 작업의 기본공구 / 보디의 부위별 특성 / 판금책의 원리 및 사용법 / 차체수리 교정기, 휠 머신의 원리 및 사용법 / 보디의 금속재료와 비금속 재료 / 보수 도장 / 조색작업 / 보수도장 색상 조색 / 도색의 화학반응 / 도색공장의 관리요령까지 설명하였다.

대학 선택 교재

자동차 문화

- 박충건 · 추교징 · 국상호 · 림승훈 · 최미징
- P.358 / B5

자동차 생활에 필요한 자동차 운전의 기본적인 사고방식과 안진운전기술, 경제적인 운전요령과 또한 가장 기초적인 인체 구조에서부터 교통사고 부상자의 응급처치방법, 자동차의 구조, 교통사고 발생 시 대처요령 등 일상에서 필요한 내용들을 그림을 통해 쉽게 설명하였다.

창업 그리고 경영

- 김 봉 수
- P.488 / B6

이 책은 자동차 서비스업을 창업코자하는 사람, 기존 업태에 종사하는 관리자와 경영인, 관심 있는 학생 등을 위한 가이드북으로서 자동차정비개념과 정비업 창업을 위한 핵심 사항, 공장관리방법, 공장관리 운영요소, 고객만족을 위한 경영관리 추진방법, 각 직무별 중요업무 등을 설명하였다.

자동차 공업영어

- 김춘율 · 박윤남 · 권민철
- P.234 / B5

이 책은 자동차에 관한 전반적인 기술 영어를 학습할 수 있도록 단순히 영어의 원문나열에서 탈피하여 단어 및 구문 연구를 통해 쉽게 독해할 수 있도록 기술 영어의 바른 길을 제시하고 있다.

엔진은 이렇게 되어 있다

- GB기획센터 · (주)NGV
- P.200 / B5

자동차의 기본원리에서부터 EBD, ABS, ECU, 하이브리드 등 그림을 많이 사용하여 양면에 한 개의 항목으로 하여 기본적인 기구와 구조에 관하여 초심자도 쉽게 이해할 수 있도록 편성. 최신기술에서는 중요한 것을 구성하였으며, 기본적인 메커니즘 이외에도 그림으로서 작동 등을 알기 쉽게 설명하였다.

과학으로 본 자동차 엔진

- 瀨名智和 · 桂木洋二 · 原著 / 김관권 · 編譯
- P.278 / B5

자동차 엔진에 대한 기본 원리에 역점을 두어 소설을 읽는 것처럼 집필되어 있으므로 흥미롭게 읽으면서 쉽게 이해될 수 있도록 구성하였다. 또한 엔진의 발전과정을 보면서 과거의 엔진 발전 배경은 물론 미래의 엔진 발전 추세도 알아볼 수 있도록 하였다.

하이브리드카

- 유춘 · 임성일 · 김춘율 · 김임일
- P.292 / B5

하이브리드 카 시스템의 개요, 종류, 구성부품, 개발 경과, 장점과 문제점, 그리고 앞으로의 하이브리드 카의 동향, 연료 전지차의 연료 전지 시스템 원리와 문제점, 수소 생성 방법과 저장 방법, 연료 전지 시스템의 개발 경과, 해외 메이커의 연료 전지차 개발 동향을 서술하였다.

자동차검사와 환경

- 하성용 · 장형성 · 조징권
- P.424 / B5

자동차의 검사이론부터 현장실무까지 다루었으며 특히 환경정밀검사 및 자동차배출가스전문정비법 시행에 따른 관련 실무내용과 환경을 다루어 자동차관련학과 및 자동차검사 분야에서 필요한 전문적인 교재로 사용될 수 있도록 하였다.

자동차 손해사정

- 박한석 · 조징권
- P.382 / B5

이 책은 법률적인 용어의 해설, 사례, 판례 등을 수록하여 이해하기 쉽도록 보험의 개요, 자동차 사고와 법률관계, 자동차 보험의 계약, 자동차 보험의 보상, 자동차 보험 특별약관, 기타 자동차 보험, 자동차 보험 사고의 처리와 자동차 수리비의 견적에 대해 설명하고 있다.

자동차용 센서[6]

- 김 민 복
- P.260 / B5

자동차 전자제어장치에 관해 학습하는 분들이나 센서에 대해 관심이 있는 분들에게 자동차의 센서를 종류별로 구분하여 원리 및 특성을 쉽게 설명하였으며 현장실무에 활용할 수 있도록 구성하였다.

자동차 센서백과

- 이용주 · 심백규 · 이종춘
- P.254 / B5

센서의 기초적인 구조와 원리, 센서의 점검, 정비 분야까지 편성하였으며 1. 센서의 개요 2. 엔진 제어용 센서, 3. 새시 제어용 센서, 4. 전기, 전자 제어용 센서 5. 하이스캔 사용법으로 나누어 설명하였다.

자동변속기 이론 & 실무

- GB기획센터
- P.404 / A4

1. 자동변속기 이론편에서는 자동변속기 개요, 토크 컨버터, 파워 트레인, 유압 기구, 전자제어 2. HIVEC 자동변속기편에서는 하이백 구조 및 파워트레인, 하이백제어 시스템, 데이터 분석 3. 자동변속기 분해 점검편에서는 일반사항, A4AF3, A4BF2, F4A42, F4A51, F5A51, F5AH1 수록

CAR AUDIO 기기장착과 튜닝의 세계

- 김 지 현
- P.192 / A5

카 오디오에 관심이 많은 초 · 중급 마니아들을 위한 것으로서 기기장착과 튜닝의 세계에 대해 총론, 장착과 분해, 실제 장착으로 본 카오디오의 세계, 장착시 필요한 부품 등을 설명하였고, 끝으로 Q&A 코너까지 마련.

엔진튜닝은 이렇게

- 林 義正 著, 조일임 編譯
- P.214 / B5

실차 엔진 튜닝 등을 통해 레이스에 출전하거나 유쾌한 도로주행을 경험한 것을 토대로 엔진의 기본적인 성능을 손실 없이 출력시킴과 동시에 엔진의 성능을 향상시킬 수 있도록 튜닝기술지식을 간결하게 총 102개 항목을 대해서 다루고 있다.

HKS 엔진튜닝 테크닉

- 하세가와 히로유키 著, 김용문외 1 編譯
- P.268 / B5

튜닝 방법과 목적, 자동차 성능향상을 위한 3대 요소, 실린더 블록·주운동부품·실린더 헤드·밸브기구·각 시스템·터보엔진 튜닝, 엔진 튜닝과 자동차의 관계 등을 소개하면서 튜닝의 위치와 방법 그리고 트러블을 제시.

파워엔진튜닝

- 나가시마 카츠히토 著, 이동훈외 2 監修
- P.240 / B5

파워 엔진 튜닝은 엔진에 관한 성능과 메커니즘에 관한 지식과 튜닝의 방향, 튜닝의 의도 등을 가능한 한 알기 쉽게 해설한 책으로서 자동차에 사용되는 엔진 튜닝의 의미를 소중히 하면서 튜닝에 관심이 있다면 최소한 알아야 하는 일반적인 엔진에 관한 지식을 추가하였다.

나도 카레이싱을 할 수 있다 [서킷 공략법]

- 이동훈 외 4인 역편
- P.270 / B5

레포츠 붐을 타고 급속히 증가되고 있는 스피드 마니아들을 위한 서킷 주행 테크닉의 정수를 선보인 책으로 일본 '서킷 주행 입문'을 기본으로 하여 우리 실정에 맞는 내용을 보강한 명실상부한 주행의 교과서. 자동차를 좋아하는 사람뿐 아니라 자동차 전공자들에게도 꼭 필요한 책

ECU를 내손으로 만들자

- 정 태 균
- P.504 / B5

자동차에 많이 사용되는 마이크로프로세서를 이해·응용할 수 있도록 시뮬레이터, 자동차 연료분사 및 점화제어의 개요와 마이크로프로세서와 관련된 주변 지식, ECU를 자작하기 위해 필요한 재료, 장치, 제작방법, 회로도 및 기관제어 프로그램까지 게재.

What's 자동차 속이 보인다

- 신성출판사편집부 편저
- P.214 / B5변형판

우리들에게 있어 자동차는 가장 가까운 교통수단이다. 이 책에서는 그런 자동차를 만들어낼 수 있는 갖가지 기술을 한 개별적으로 열거하여 그림이나 사진으로 해설하고 있다. 제1장은 자동차의 분류 방법과 자동차의 형상에 대하여, 제2장은 자동차에 이용되고 있는 최첨단기술을 해설하였고, 제3자에서부터 7장까지는 자동차에 사용되고 있는 부품이나 기구에 대하여 상세한 설명을 하였으며, 특히 기술의 핵심이 모아져 있는 엔진에 대해서는 3장에서 자세하게 기술하였다. 마지막으로 제8장에서는 자동차의 역사에 대하여 간단히 정리하였다.

자동차 / 승강기 수험서

기능사 필기

답답한 계산문제 이럴땐 이렇게

- 서임딜·점지옥·김평수
- P.256 / B5

새롭게 변경된 자격제도에 맞춰 수험자들이 가장 난이하게 생각하는 기관, 전기, 섀시 관련 계산문제를 좀더 쉽게 풀이할 수 있도록 공식에 출제되었던 문제로 예를 들어 해설하여 자동차기사, 산업기사, 기능사 응시자들이 시험문제에 근접할 수 있도록 일목요연하게 구성하였다.

자동차정비|& 검사 과년도문제집 ⑤

- 오임탁·박팡임·박깁수·김재윤
- P.358 / B5

최근까지 출제된 정비와 검사기능사 과년도 문제를 모두 수록하여 시험 한 달 전에 응시자가 최종 마무리할 수 있도록 충실한 해설과 함께 정확한 답을 수록하였다.

자동차 정비학과기능사

- 강대진·박팡임·한흥국·호신환
- P.482 / B5

이 책은 다음과 같은 점에 중점을 두고 집필하였다. 1. 한국산업인력공단에서 출제된 문제들을 철저히 분석·정리하였다. 2. 각 문제마다 해설을 수록하여 수검준비에 큰 도움이 되도록 하였다. 3. 최근에 전자제어 부분에 많은 문제가 출제되는 관계로 여기에 중점을 두었다.

자동차 정비기능사 팡파르

- 김세팡·봉필준·이명기·최임집
- P.564 / B5

전자제어시스템에 대한 문제가 시험이 시행된 때부터 최근까지 출제된 과년도 문제들을 총괄 분석하여 그것을 장치별로 중복됨이 없이 편성하였으며, 단원별 요점정리와 출제예상문제의 분석과 앞으로 다루어질 문제들을 풀이와 해설을 곁들여 수록. 최근 과년도 문제를 해설과 함께 수록하여 수검자 스스로 문제의 난이도를 분석하도록 편성

자동차보수도장기능사

- 박인선 · 윤효섭 · 한기순
- P.408 / B5

자동차 차체의 손상된 표면을 원상회복시키는 전문적인 기술 인력을 양성하기 위해 신설된 자동차 보수도장 기능사의 필기 수험서. 색채, 보수도장, 자동차구조, 안전관리로 편성하여 각 파트별 요점정리와 예상문제로 구성하였으며, 특히 휴먼오류는 구별이 어려운 색채와 보수도장의 결함은 칼러로 편성함.

승강기 기능사(필기)

- 최 기 열
- P.506 / B5

승강기 개론, 승강기 보수, 안전관리, 기계 · 전기 기초이론으로 구성하여 핵심정리와 예상문제, 출제예상문제, 과년도 출제문제들로 구성하였다.

신 자동차 차체수리기능사 필기

- 서영달 · 박상윤 · 김부식 · 양보연 · 전영기
- P.502 / B5

학력 및 경력에 제한 없이 응시 가능한 자동차 차체수리 기능사를 보기 위한 수험서로서 자동차 차체수리, 자동차 공학, 안전기준 · 안전관리를 수록하였으며 그 동안 출제되었던 과년도 문제들을 모아 기출문제를 만들었다.

자동차 검사확과기능사

- 이현태 · 강용석 · 이강복 · 정우규
- P.472 / B5

이 책은 다음과 같은 점에 중점을 두고 집필하였다. 1. 한국산업인력공단에서 출제된 문제들을 철저히 분석 · 정리하였다. 2. 각 문제마다 해설을 수록하여 수검준비에 큰 도움이 되도록 하였다. 3. 최근에 전자제어 부분에 많은 문제가 출제되는 관계로 여기에 중점을 두었다.

자동차 검사기능사 한마당

- 김환기 · 백심현 · 이기호 · 양경복
- P.482 / B5

자동차 검사기능사 수험자를 위한 수험서로서 10년 동안 출제되었던 문제들을 각 파트별로 분류하여 요점정리 뒤에 출제예상문제로 편성하였으며, 출제기준의 변경에 따른 자동차 검사기기와 시행세칙에 대한 문제를 추록하여 적중도를 높였다.

자동차 정비 · 검사 기능사 축제

- 김영섭 · 오순식 · 오엉탁 · 이승우
- P.622 / B5

자동차 정비 · 검사기능사 과년도문제를 총괄 분석하여 편성하였으며, 출제빈도가 많은 시스템은 예상문제 비율을 증가시켰고, 검사에 필요한 테스터의 측정방법 및 안전기준에 관한 시행세칙의 예상문제 수록하였다.

기능사 실기

NEW 자동차정비실기교본

- 김평수 외 53인
- P.614 / B5

실기시험 응시생을 대비하는 수험서도 데이터정비, 시각적 정비에 맞추어서 자격증 취득의 지름길을 알려 주어야 함을 물로 현장에서 바로 적용할 수 있는 지도서가 필요함을 절실히 느끼면서 다음과 같은 주안점을 두고 집필하였다. ① 실기시험 문제만을 선정, ② 실기시험 과제별로 기관, 섀시, 전기로 나누었고, 이론을 배울 때의 순서로 정리 ③ 이해의 도움을 주고자 설명과 더불어 그림과 모의고사 시험장 사진을 첨부 외 지면에 할애되지 않은 것은 자료는 홈페이지에서 다운 받아 볼 수 있도록 하였다. 2004년에 정비, 2005년에 검사 기능사의 실기시험문제 변경에 따라 실기문제를 유형(안)별 요구사항의 순서로 전면 개정. 기관 분해조립과 전자제어 엔진의 시동은 공통사항, 분해조립 및 부품 점검은 정비기능사, 안전기준과 검사기준에 관련된 측정 및 판정은 검사기능사, 변경된 실기시험문제로 분류 편성한 기능사 실기시험의 지침서이다.

新 자동차 정비 & 검사 기능사 유형별 실기

- 이상호 · 유한مل
- P.746 / B5

정비 15개안의 실기문제를 유형(안)별 요구사항의 순서로 정리하여 제1편 공통사항편에서는 기관 분해조립과 전자제어엔진의 시동 및 기관 운전 중에 측정하는 항목을 분류하여 수록하였으며, 안별 요구사항에 대한 상식, 분해조립, 측정, 점검과 답안지 수록, 실자에서의 회로 진단방법을 쉽게 설명하였다.

자동차정비기능사 유형별실기

- 이상호 · 오엉탁 · 이승우 · 임춘우
- P.558 / B5

最新 기능사 답안지 작성법

- 김평수 · 김형진
- P.306 / B5

자동차정비 · 검사기능사 실기시험 출제문제를 안별로 정리하여 답안지 작성요령, 파형분석법, 고장진단 분석법, 점검 분석법 등, 예를 들어 제시, 구두 예상문제 질문 및 표준정비 제원값까지 수록

자동차 차체수리실기문제집

- 김태원 외 3인
- P.276 / B5

차체 프레임 교정/차체 판금 및 용접작업/퍼티작업/패널 탈 · 부착 및 교정 작업으로 분류하여 그동안 출제되었던 과년도 문제를 철저히 분석하여 응시자가 실기시험에 근접할 수 있도록 차체수리 장비의 사용법과 수리 방법 등을 수록.

자동차보수도장기능사 실기+CD

- 김평식 · 김이경 · 유칭배 · 차승현 · 성기태
- P.352 / B5

국내외 자동차 보수도장의 여러 참고 문헌과 자동차 제조회사, 도료회사 등 보수도장에 관련된 내용을 집대성하여 실기시험의 출제기준에 따라 편성하였으며, 책에서 표현하기 어려운 실습 전 과정을 동영상 CD에 담아 쉽게 이해할 수 있도록 제공하였다.

자동차진단평가사(진단평가론)

- 한국자동차사정협회
- P.496 / B5

2005년부터 자동차사정사의 자격증이 자동차진단평가사로 변경됨에 따라 자동차 진단 평가 원론, 중고자동차 매집, 자동차 사정, 자동차 성능 점검, 출제예상문제, 과년도 출제 문제로 분류 편성하여 진단평가사 2급, 1급 및 진단평가장의 수험 지침서이다.

자동차진단평가사(진단평가실무)

- 한국자동차사정협회
- P.1250 / B5

자동차진단평가사가 중고자동차를 감정 평가하는 방법과 체크 시트 작성법을 일목요연 하게 설명하여 중고자동차 매매에 신뢰성을 추구할 수 있도록 중고자동차 사정기준, 사고차의 식별법, 사진판독을 통한 사정, 사정 실무 테스트로 편성하였다.

산업기사·기사 필기

자동차 검사 ❷

- 가재급·배호준·송동엽·신충일
- P.334 / B5

자동차검사는 최근 개정된 법률의 "안전기준에 관한 규칙", "자동차 안전기준 시행세칙", "자동차 검사"에 관한 규정과 2003년부터 현재까지 시행된 과년도 출제문제를 자세한 해설과 함께 편성하여 이해하기 쉽게 구성함.

자동차 기계열역학 ❸

- 임동회·양인권
- P.298/ B5

자동차정비 및 검사 기사에만 해당하는 과목으로서 개요, 열역학, 성능, 연료 및 연소, 윤활과 윤활유, 소기와 과급, 냉각장치, 가솔린 및 디젤기관, 회전운동형기관, 기관주요부, 석유 및 소구기관 등으로 요점정리와 예상문제를 수록(기사에만 해당)

자동차 일반기계공학 ❹

- 백태식·변영호·최두석
- P.510 / B5

2003년부터 공개된 자동차정비기사와 산업기사 및 자동차검사기사 와 산업기사의 필기 시험문제 중에서 일반기계공학의 과목을 각 세부 과목별로 분류하여 요점정리와 출제 예상문제마다 해설을 곁들어 이해하기 쉽게 편성하였으며, 부록으로 기사 및 산업기사 의 과년도 출제문제를 해설과 함께 수록함.

New 자동차 정비산업기사

- 양현수·이상일·한경
- P.604 / B5

자동차공학에 내연기관을 포함하고 2005년도부터 새롭게 추가되는 일반기계공학을 편성하였으며, 변경된 출제기준에 맞도록 단원별 요점정리와 예상문제를 해설과 함께 수록하였다. 부록에는 종전의 과년도 출제문제를 게재하여 정비산업기사의 출제 경향을 파악토록 하였다.

휘어잡기 자동차 정비 산업기사

- 김재욱·이경봉·이일권·이형석
- P.510 / B5

이 책은 2003년부터 공개된 자동차정비 산업기사의 필기시험문제를 3개의 과목별로 세부 분류하여 요점 정리와 출제예상문제마다 해설을 곁들어 이해하기 쉽게 편성하였으며, 과년도 출제문제를 해설과 함께 부록으로 수록하여 필기시험에 좋은 결실을 맺을 수 있도록 하였다.

New 자동차 검사산업기사

- 고성학·최새신·이정호·한창평
- P.510 / B5

자동차공학에 내연기관을 포함하고 2005년도부터 새롭게 추가되는 일반기계공학을 편성하였으며, 변경된 출제기준에 맞도록 단원별 요점정리와 예상문제를 해설과 함께 수록하였다. 부록에는 종전의 과년도 출제문제를 게재하여 검사산업기사의 출제 경향을 파악토록 하였다.

휘어잡기 자동차 검사 산업기사

- 권양구·변영호·이철승·조일영
- P.526 / B5

이 책은 최근 개정된 법률과 2003년부터 공개된 자동차검사 산업기사의 필기시험문제를 3개의 과목별로 세부 분류하여 요점 정리와 출제예상문제마다 해설을 곁들어 이해하기 쉽게 편성하였으며, 과년도 출제문제를 해설과 함께 부록으로 수록하여 필기시험에 좋은 결실을 맺을 수 있도록 하였다.

新 자동차 산업기사 총정리

- 고승주·이철승·하쾌기
- P.694 / B5

자동차정비 산업기사와 자동차검사 산업기사의 자격시험을 준비할 수 있는 수험서로서 자동차공학(공통)/ 자동차정비(자동차정비 산업기사)/ 자동차검사(자동차검사 산업기사)/ 일반기계공학(공통)으로 나누어 요점정리와 핵심문제를 충분한 해설과 함께 수록. 부록으로 과년도 문제를 편성.

동땅 휘어잡기 자동차정비·검사산업기사

- 박팽임 외 4인
- P.608 / B5

이 책은 2003년부터 공개된 자동차정비 산업기사와 자동차검사 산업기사 시험문제를 4개의 과목별로 세부 분류하여 요점정리와 예상문제마다 해설을 곁들어 이해하기 쉽게 편성하였으며, 정비 및 검사산업기사의 과년도 출제문제를 해설과 함께 부록으로 수록하여 필기시험에 결실을 맺을 수 있도록 함.

자동차산업기사 과년도문제집

- GB기획센터
- P.350 / B5

2003년부터 현재까지 출제되었던 모든 자동차정비산업기사, 자동차검사산업기사 기출 문제를 수록하였으며 각 문제마다 완벽한 풀이와 해설을 달아 쉽게 이해할 수 있도록 구성하였다.

最新 자동차 정비기사

- 정창만·한 경·한홍국
- P.538 / B5

시험과목이 새롭게 변경됨에 따라 자동차공학에 내연기관을 포함하고 기계열역학을 편성하였으며, 변경된 출제 기준에 맞도록 단원별 요점정리와 예상문제를 해설과 함께 수록하였다. 부록에는 종전의 과년도 출제문제를 게재하여 정비기사의 출제 경향을 파악토록 하였다.

speed 자동차 정비기사
- 박순석 · 손실규 · 이문환 · 박일주
- P.524 / B5

最新 자동차 검사기사
- 강정용 · 남계명 · 이상열
- P.558 / B5

speed 자동차 검사기사
- 이일권 · 문혜진 · 송용식 · 유도징
- P.542 / B5

자동차기사 과년도문제집
- GB기획센터
- P.272 / B5

계산공식[포켓용] 75선
- 서일달 · 징지욱 · 김퐁수
- P.212 /

답답한 계산문제 이럴땐 이렇게
- 서일달 · 징지욱 · 김퐁수
- P.256 / B5

일반기계공학 공식과 해설
- 서일달 · 징지욱 · 김퐁수
- P.262 / B5

학과총정리[자동차정비·검사 산업기사&기사]
- 징지욱 외 4인
- P.680 / B5

이 책은 2003년부터 공개된 자동차정비기사의 필기 시험문제를 4개의 과목별로 세부 분류하여 요점정리와 출제 예상문제마다 해설을 곁들여 이해하기 쉽게 편성하였으며, 과년도 출제문제를 해설과 함께 부록으로 수록하여 필기시험에 결실을 맺을 수 있도록 함.

시험과목이 새롭게 변경됨에 따라 자동차공학에 내연기관을 포함하고 기계열역학을 편성하였으며, 변경된 출제 기준에 맞도록 단원별 요점정리와 예상문제를 해설과 함께 수록하였다. 부록에는 종전의 과년도문제를 게재하여 검사기사의 출제 경향을 파악토록 하였다.

이 책은 최근 개정된 법률과 2003년부터 공개된 자동차검사기사의 필기 시험문제를 4개의 과목별로 세부 분류하여 요점정리와 출제예상문제마다 해설을 곁들어 이해하기 쉽게 편성하였으며, 과년도 출제문제를 해설과 함께 부록으로 수록하여 필기시험에 결실을 맺을 수 있도록 함.

2003년부터 현재까지 출제되었던 모든 자동차정비기사, 자동차검사기사 기출문제 수록하였으며 각 문제마다 완벽한 풀이와 해설을 달아 쉽게 이해할 수 있도록 구성하였다.

항상 가지고 다니면서 볼 수 있도록 주요 계산공식을 모아놓은 포켓북(14.5.*9.5cm) 기관, 전기, 섀시 관련 계산문제를 좀더 쉽게 풀이할 수 있도록 공식에 출제되었던 문제로 예를 들어 해설하여 자동차기사, 산업기사, 기능사 응시자들이 시험문제에 근접할 수 있도록 일목요연하게 구성하였다.

새롭게 변경된 자격제도에 맞춰 수험자들이 가장 난이하게 생각하는 기관, 전기, 섀시 관련 계산문제를 좀더 쉽게 풀이할 수 있도록 공식에 출제되었던 문제로 예를 들어 해설하여 자동차기사, 산업기사, 기능사 응시자들이 시험문제에 근접할 수 있도록 일목요연하게 구성하였다.

새롭게 변경된 자격제도에 맞춰 수험자들이 가장 난이하게 생각하는 일반기계공학 관련 계산문제를 좀더 쉽게 풀이할 수 있도록 공식에 출제되었던 문제로 예를 들어 해설하여 자동차기사, 산업기사 응시자들이 시험문제에 근접할 수 있도록 일목요연하게 구성하였다.

2003년부터 공개된 자동차정비기사 및 산업기사와 자동차검사기사 및 산업기사의 필기 시험문제를 4개의 과목별로 세부 분류하여 요점정리와 출제예상문제마다 해설을 곁들여 이해하기 쉽게 편성하였으며, 과년도 출제문제를 해설과 함께 부록으로 수록하여 필기시험에 결실을 맺을 수 있도록 함.

산업기사·기사 실기

New자동차 정비·검사 실기정복
- 가재규 · 변명호 · 이연신 · 이일권 · 이정호
- P.758 / B5

자동차 정비실기특강(산업기사& 기사)
- 이현태 외 4인
- P.642 / B5

자동차검사(기사·산업기사) 실기특강
- 김퐁수 · 김명음 · 김청진 · 안상호 · 이형석
- P.756 / B5

기사·산업기사정비답안지작성법
- 김퐁수 · 손실규 · 이연신 · 징형성
- P.290 / B5

기사·산업기사검사답안지작성법
- 김퐁수 · 신현초 · 이혜규 · 한상욱
- P.390 / B5

교과과정에 맞도록 단계적인 학습방식으로 편성하여 현재 시행되고 있는 산업기사, 기사의 모든 실기문제와 각종 테스터 사용법과 전기회로도를 분석하여 수록. 자동차 고장 진단분석 및 각 센서의 출력파형 분석방법 수록하였다.

실기시험문제를 통합하여 문항별로 구성하였으며 작업형 및 측정형의 시험과정에서 핵심체크 포인트를 나열하고, 현재 시험장에서 가장 많이 사용되는 장비들과 실 차량의 부품사진들을 삽입하여 현장감 있게 구성하였다.

검사 산업기사, 기사의 실기시험문제를 문항별로 섹션 화하여 편성하였으며, 문제와 관련된 법률 조항 및 검사기준과 검사방법을 위주로 서술하였고, 실제 차량의 사진을 삽입하여 현장감 있게 구성하였다. 그리고 자동차 검사 산업기사, 검사 기사의 모든 실기문제를 수록

정비기사, 정비산업기사 실기시험 출제문제를 안별로 정리하여 답안지 작성요령을 예를 들어 제시, 구두예상질문 및 측정방법, 기기사용법까지 깔끔하게 정리.

검사산업기사, 검사기사 실기시험문제를 안별로 정리하여 답안지 작성법을 검사기준에 따라 예를 들어 설명하였으며, 검사 분석내용, 산출근거, 판정, 기기취급 관련 사항 등의 서술형에 대한 답안지 작성에 어려움이 없도록 하였다.

기능장필기·실기/기술사

자동차 정비기능장 필기
- 서 임 달
- P.360 / B5

기관, 섀시, 전기, 차체수리, 공업경영편으로 분류하여 설명하였으며, 특히 차체수리 및 도장에 대한 내용을 보충하고 개정된 출제기준에 맞추어 새롭게 편성하였다

주관식실기 자동차 기능장
- 서임달 · 유재복
- P.460 / B5

가장 최근까지 출제된 문제들을 분석하여 기관, 섀시, 전기, 차체판금, 도장, 과년도 문제로 나누어 기술하였으며, 특히 출제빈도가 높은 차체판금과 도장 편에서는 예상문제를 많이 추가하였으며 1991년도부터 2006년 전반기까지의 과년도문제를 연도별에 서술

작업형실기 자동차기능장
- 김평수 · 유재복
- P.704 / B5

정비기능장의 실기시험문제를 문항별로 색션화하여 차종별 분해조립 및 점검, 고장진단, 답안지작성법, 시험장에서의 주의사항 등으로 정리하였다.

정석 차량 기술사
- 김형섭 · 서임달
- P.608 / B5

자동차기관, 자동차 섀시, 자동차 설계 및 소음진동, 차세대 자동차로 분류하고 각 단원의 chapter는 모두 시험문제의 답이거나 답에 필요한 내용으로 수록하였으며 과년도문제를 연도별, 내용별로 구분하여 수록하고 저자의 2차 면접문제를 수록하였다.

운전면허 / 화물운송종사자

몽땅운전면허골든벨
- 운전면허시험연구단
- P.112 / B4

2010년 8월부터 문제은행식으로 전환되어 만든 문제집으로서 이해를 배가시키는 핵심 요점정리, 같은 문제 유형끼리 재구성, 관리단도 닿지 않은 해설까지 몽땅 삽입

1종운전면허실전테스트
- 운전면허시험연구단
- P.96 / B4

2010년 8월부터 문제은행식으로 전환되어 만든 문제집으로서 공개문제 40문항씩 19회로 재편성, 응시 전에 나호로 시험 테스트, 동영상 문제도 책 속으로 실전테스트 형식으로 수록

2종운전면허실전테스트
- 운전면허시험연구단
- P.96 / B4

2010년 8월부터 문제은행식으로 전환되어 만든 문제집으로서 공개문제 40문항씩 19회로 재편성, 응시 전에 나호로 시험 테스트, 동영상 문제도 책 속으로 실전테스트 형식으로 수록

운전면허핸드북
- 운전면허시험연구단
- P.232 / B6

2010년 8월부터 문제은행식으로 전환되어 만든 문제집으로서 이해를 배가시키는 핵심 요점정리, 같은 문제 유형끼리 재구성, 관리단도 닿지 않은 해설까지 몽땅 삽입하였고, 들고 다니면서 공부할 수 있도록 소책자로 발행

화물운송종사자 적중예상문제
- 추 교 징
- P.138 / B4(8절)

화물운송종사 자격시험에 필요한 교통 및 화물자동차운수사업 관련법규, 화물취급요령, 안전운행에 관한 사항, 운송서비스에 관한 핵심적인 요점정리와 적중 예상문제로 편성된 수험서

교통 / 도로교통사고감정사

자동차 사고감정 공학

- 김준택 外 9 誰著
- P.326 / 신국판

아직은 생소한 자동차 사고감정공학 분야를 체계적인 이론과 다수의 사고현장조사 및 분석경험을 바탕으로 한 노하우가 결합되었기 때문에 내용면에서 더욱 가치가 있다 할 수 있다. 또한 우리나라의 여러 전문가들의 감수를 통해 우리 실정과 현실에 맞도록 내용을 검토하고 보완한 국내 유일 도서!!

도로교통사고감정사 2차시험

- 추 교 정
- P.354 / B5

도로교통사고감정사 1차시험대비서로서 출제기준과 특별검정, 일반검정문제를 심층 분석하여 교통관련법규, 교통사고조사론, 교통사고재현론, 차량운동학을 핵심만 모아 예상문제와 함께 총정리하였고, 대표적인 예상문제를 뽑아 저자가 직접강의한 동영상 CD 첨부.

도로교통사고감정사 종합문제

- 추 교 정
- P.570 / B5

도로교통사고감정사 1차시험 대비서로서 출제기준과 특별검정, 일반검정문제를 심층 분석하여 교통관련 법규, 교통사고 조사론, 교통사고 재현론, 차량운동학을 핵심만 모아 예상문제와 함께 충분한 해설과 풀이과정을 상세히 수록하였다.

현장실무서

정비사례

창업 그리고 경영

- 김 봉 수
- P.488 / B5

이 책은 자동차 서비스업을 창업코자하는 사람, 기존 업태에 종사하는 관리자와 경영인, 관심 있는 학생 등을 위한 가이드북으로서 자동차정비개념과 정비업 창업을 위한 핵심 사항, 공장관리방법, 공장관리 운영요소, 고객만족을 위한 경영관리 추진방법, 각 직무별 중요업무 등을 설명하였다.

현장실무 정비사례

- (주)아벨정보
- P.334 / B5

(주)아벨 정보와 독점계약으로 사이트 내의 게재되어진 내용으로 각 카센터에서 상호간에 질의와 응답 내용을 액면 그대로 수록하여 현장감 있도록 구성하였으며, 엔진·전기·섀시를 대단원으로 하여 각 시스템별로 분류 편성하였다(카센터 명, 차명, 주소, 결함내용, 수리내용 등).

자동차 외장관리

- (사)한국자동차기술인협회, 외장관리협회
- P.366 / B5

자동차 실내외 클리닉, 덴트, 부분도장 작업 등 자동차외장관리사가 되기 위한 필독서로서 현장에서 꼭 필요한 내용들로 구성하였다.

고장과 진단 ❶

- (日本) 全國自動車整備專門學校協會
- P.256 / B5

현장에서 발생되는 고장과 진단을 두려움 없이 접근할 수 있도록 엮어놓은 현장 입문서로서 기화기식 가솔린 엔진, 전자제어식 연료분사장치, 디젤엔진, 전장품, 섀시의 고장원인과 정비로 대분류하였다.

LPG 자동차의 모든 것

- GB기획센터
- P.270 / B5

LPG 가스의 각종 성질 및 취급 방법에 대해 자세히 기술했고 현재 운용되고 있는 각 제작사의 차량들을 예를 들어 일목요연하게 구조 및 정비 방법을 설명하였다. 그리고 내용면에서 충실함과 현장에서의 유용성을 최대한 고려하여 집필하였다.

파형분석 기법

- 김필수·백태실·인영명
- P.324 / B5

오실로스코프 파형으로 트러블의 진단 및 분석할 수 있도록 그 기법을 풀어놓은 것으로 오실로스코프 파형의 기초 및 운용방법·EMS 개론·엔진 제어용 센서·센서 파형의 분석 요령·점화 파형의 분석·기타 주요 제어시스템·고장진단의 개요서 및 액추에이터 파형 분석으로 편성하였다.

커먼레일의 현장실무(현대)

- GB기획센터
- P.732 / A4

보시1세대 CRDI엔진에 적용된 싼타페2.0, 트라제XG2.0, 보시2세대 CRDI엔진에 적용된 스타렉스 2.5, 델파이 CRDI엔진에 적용된 테라칸2.9, 전자제어분배형 분사펌프(COVEC-F)에 적용된 스타렉스2.5, 갤로퍼Ⅱ2.5, 테라칸2.5에 대한 설명과 과급기(터보차저)에 대해 설명

커먼레일 디젤엔진

- GB기획센터
- P.260 / B5

국내 총 5개 시스템의 커먼레일 엔진에 대한 기초이론 및 각 부품의 기능과 점검, 스캐너를 이용한 점검 등의 실무를 함께 편성한 책으로 엔진별 주요 특징 비교, 연료장치, 전자제어 시스템, VGT, Euro-IV 디젤엔진, CPF(배기가스 후처리 장치), CRDI 고장진단, CRDI 센서 출력값, CRDI 회로도로 구성하였다.

유영봉의 휠 얼라인먼트

- 유 영 봉
- P.578 / A4

현가장치, 조향장치의 기능과 원리에서부터 관련용어, 휠 얼라인먼트의 기본 개념, 고장원인, 구성요소 및 증상과 원인, 작업원리와 노하우, 하체정비에 대해 수록하였으며, 전문가가 현장에서 직접 정리한 휠 얼라인먼트의 정비사례 수록.

현대車 배선도보는법 & 트러블진단

- 한국자동차튜닝연구회 監修 / GB기획센터 編著
- P.486 / A4

배선도 및 회로도의 개요, 기초지식(회로, 배선색, 커넥터 기호 등), 회로도에 사용되는 기호, 회로도 보는 방법에 대하여 알기 쉽게 설명하였고, 회로 및 램프 테스터를 이용하여 각 시스템의 전류 흐름에 따른 트러블 진단 및 원인과 정비하는 방법을 수록

CAR AUDIO 기기장착과 튜닝의 세계

- 김 지 현
- P.192 / A5

카 오디오에 관심이 많은 초·중급 마니아들을 위한 것으로서 기기장착과 튜닝의 세계에 대해 총론, 장착과 분해, 실제 장착으로 본 카오디오의 세계, 장착시 필요한 부품등을 설명하였고, 끝으로 Q&A 코너까지 마련.

엔진튜닝은 이렇게

- 林 義正 著, 조일영 編譯
- P.214 / B5

실차 엔진 튜닝 등을 통해 레이스에 출전하거나 유쾌한 도로주행을 경험한 것을 토대로 엔진의 기본적인 성능을 손실 없이 출력시킴과 동시에 엔진의 성능을 향상시킬 수 있도록 튜닝기술지식을 간결하게 총 102개 항목에 대해서 다루고 있다.

HKS 엔진튜닝 테크닉

- 하세가와 히로유키 著, 김용문외 1 編譯
- P.268 / B5

튜닝 방법과 목적, 자동차 성능향상을 위한 3대 요소, 실린더 블록·주운동부품·실린더 헤드·밸브기구·각 시스템·터보엔진 튜닝, 엔진 튜닝과 자동차의 관계 등을 소개하면서 튜닝의 위치와 방법 그리고 트러블을 제시.

파워엔진튜닝

- 나가시마 카츠히토 著, 이동훈외 2 監修
- P.240 / B5

파워 엔진 튜닝은 엔진에 관한 성능과 메커니즘에 관한 지식과 튜닝의 방향, 튜닝의 의도 등을 가능한 한 알기 쉽게 해설한 책으로서 자동차에 사용되는 엔진 튜닝의 의미를 소중히 하면서 튜닝에 관심이 있다면 최소한 알아야 하는 일반적인 엔진에 관한 지식을 추가하였다.

나도 카레이싱을 할 수 있다 [서킷 공략법]

- 이동훈 외 4인 역편
- P.270 / B5

레포츠 붐을 타고 급속히 증가되고 있는 스피드 마니아들을 위한 서킷 주행 테크닉의 정수를 선보인 책으로 일본 '서킷 주행 입문'을 기본으로 하여 우리 실정에 맞는 내용을 보강한 명실상부한 주행의 교과서. 자동차를 좋아하는 사람뿐 아니라 자동차 전공자들에게도 꼭 필요한 책

자동차 기초전기전자[1]

- 김 민 복
- P.800 / B5

자동차 전기·전자의 복잡한 수식을 피하고 원리와 이해 중심으로 서술. 실무에서 사용할 수 있는 테스터 활용법, 코일, 콘덴서, 모터, 발전기, 변압기, 센서의 개념, 전자회로 판독, 반도체 소자, 컴퓨터 등 필요한 부분만 쉽게 찾아 볼 수 있도록 294개항으로 편성한 전기전자의 길잡이.

최신 자동차전기[2]

- 김민복·장형섭·이정익·장용훈
- P.376 / B5

자동차의 전기 회로에 사용되는 퓨즈 및 전선, 전구, 릴레이, 배터리를 종류별로 구분하여 특성 및 특징을 정리하고 최근에 사용되는 시동, 충전, 등화, 점화, 계기, 편의, 에어백, 냉방 장치 등을 시스템 별로 구분하여 구성 부품의 기능 및 원리, 특성을 체계적으로 엮어 기술하여 놓은 책이다.

자동차 전장회로판독법[3]

- 김 민 복
- P.288 / B5

전기 회로 판독을 어려워하는 분들에게 전장품의 기능과 회로 판독법에 대해 기술한 책으로 매 항 마다 회로의 판독 요령과 핵심 포인트를 정리하여 회로 판독을 배우려는 분들이 쉽게 습득할 수 있도록 구성하였다.

전자제어장치 & 실습[4]

- 김 민 복
- P.434 / B5

기관, 전기, 섀시의 전자제어장치 고장현상과 점검방법, 논리적인 진단방법, 현장경험을 통한 점검방법을 쉽게 설명하여 초보자에서부터 전문가에 이르기까지 폭넓게 활용할 수 있도록 편성.

전기장치 고장진단[5]

- 김 민 복
- P.382 / B5

산업현장에서 많은 기술인들이 경험에 의존하는 방법으로 정비를 행하다 오수리 및 재수리가 많이 발생되는 것을 볼 수 있다. 산업현장에서 필요한 회로의 단선, 단락, 접촉불량으로 발생하는 현상의 점검방법과 충전, 시동, 점화, 등화, 계기, 편의 공조 장치별로 고장 현상별 점검 방법을 서술한 책이다.

자동차용 센서[6]

- 김 민 복
- P.260 / B5

자동차 전자제어장치에 관해 학습하는 분들이나 센서에 대해 관심이 있는 분들에게 자동차의 센서를 종류별로 구분하여 원리 및 특성을 쉽게 설명하였으며 현장실무에 활용할 수 있도록 구성하였다.

전자제어 엔진[7]

- 김 민 복
- P. 312 / B5

전자제어 엔진의 시스템을 정확히 이해하고 실무에 적용할 수 있도록 전자제어 엔진의 적용 목적과 시스템의 이해를 돕기 위해 기능 중심으로 서술한 김민복의 전기전자시리즈 7탄. ECU의 회로, 시스템 구성, 구성부품의 기능과 특징, 전자제어엔진의 기능, 자기진단으로 구성되어 있습니다.

전자제어 섀시[8]

- 심 민 복
- P. 360 / B5

전자제어 현가장치, 전자제어 제동장치, 전자제어 자동 변속기를 중심으로 고장현상과 점검방법을 체계적으로 설명한 책으로 매 항 마다 핵심 포인트를 정리하여 쉽게 이해할 수 있도록 설명하였다.

현대 승합차 종합배선도

- GB기획센터
- P. 734 / A4

갤로퍼, 리베로, 트라제XG, 싼타페, 싼타모, 스타렉스, 그레이스, 포터 등의 승합차용 배선도를 집대성한 전기배선도

현대자동차 RV 종합배선도

- GB기획센터
- P. 1350 / A4

기존의 종합배선도를 완전히 탈바꿈한 RV 종합배선도 탄생
편성 차종으로는 싼타페LPG/ 싼타페 디젤(커먼레일)/ 스타렉스/ 투싼/ 테라칸/ 포터2 현장에서 배선도, 커넥터 형상, 부품 위치도 및 단자간 배선의 연결 위치를 설명하여 한 눈에 쉽게 볼 수 있도록 편성.

기아자동차 RV 종합배선도

- GB기획센터
- P. 1314 / A4

기존의 RV 종합배선도를 한눈에 쉽게 볼 수 있도록 배선도, 커넥터 형상, 부품위치도 및 단자간 배선의 연결위치로 구성하였으며, 쏘렌토(02, 04, 05 커먼레일)/ 카니발2(03 LPG, 04 커먼레일)/ 카렌스2(02 LPG, 02 커먼레일)/ 스포티지(04 커먼레일)/ 그랜드 카니발 06 커먼레일)의 차종 수록

현대자동차 지침서(Ⅱ)

※ 약어 : 디젤엔진(몌) 커먼레일(퀘), 터보인터쿨러(뎌), 디젤엔진COVEC-F(ⓒ)

R V

도 서 명		정가	도 서 명		정가	도 서 명	정가
싼타모	엔 진('99)	12,000	투 싼	엔 진(2004)	13,500		
	새 시('99)	19,000		새 시(2004)	36,000		
	보디&전장('99)	14,000		전장회로도(2004)	8,000		
갤로퍼(Ⅱ)	엔 진('99)	11,500		정비보충판(2005)	14,000		
	새 시('99)	15,000		전장회로도(2005)	8,000		
	보디&전장('99)	21,000		정비보충판(2007)	12,000		
몌·ⓒ(LPG V6엔진)	정비지침서(2002)	22,500	싼타페	정비지침서(2000)	34,000		
	전장회로도(2002)	4,500		전기배선도(2000)	13,500		
테라칸	정비지침서(2001)	27,000		전장회로도(2002)	9,000		
몌·ⓒ(LPG V6엔진)	전기회로도(2001)	7,500		전장회로도(2003)	6,000		
몌·ⓒ	J3엔진(2.9TCI)(2001)	7,000	NEW 싼타페	엔 진(2006)	21,100		
	전장회로도(2003)	10,000		새 시(2006)	37,100		
	정비지침서(2004)	5,000		전장회로도(2006)	8,800		
	전장회로도(2004)	4,500		정비보충판(2007)	27,000		
베라크루즈	엔진·변속기(2007)	34,000					
	새 시(2007)	37,000					
	전장회로도(2007)	10,500					
	정비보충판(2007)	28,500					
포 터	정비지침서('96)	20,000					
	전장회로도(2001)	6,500					
포 터(Ⅱ)	정비지침서(2004)	41,000					
	전장회로도(2004)	6,500					
	정비보충판(2008)	18,500					
	전장회로도(2008)	6,500					
그레이스	정비지침서('93)	23,000					
	전기회로집(2001)	5,000					
그레이스/포터	정비지침서(2002)	21,500					
리베로	정비지침서(2000)	25,000					
	전기배선도(2000)	10,000					
	정비지침서(2002)	19,500					
몌(IVE, 루카스)	전장회로도(2002)	5,000					
트라제XG	정비지침서('99)	26,000					
	전기회로집('99)	12,000					
	전장회로도(2002)	7,000					
	정비지침서(2004)	10,500					
	전장회로도(2004)	6,000					
	전장회로도(2006)	8,500					
D4EA(트라제, 싼타페) 몌·퀘·뎌	엔 진(2000)	6,500					
스타렉스	엔 진('97)	10,500					
	새 시('97)	18,000					
	전기회로도(2000)	8,000					
몌·ⓒ·뎌 (LPG V6엔진)	정비지침서(2001)	24,000					
	전기회로도(2001)	8,000					
몌·퀘·뎌	D4CB엔진(2002)	5,000					
	정비지침서(2004)	11,500					
	전장회로도(2004)	5,500					
그랜드스타렉스	엔 진(2007)	23,500					
	새 시(2007)	35,500					
	전장회로도(2007)	8,500					

현대자동차 지침서(I)

※ 약어 : 디젤엔진(㉐) 커먼레일(㉐), 터보인터쿨러(㉐), 디젤엔진COVEC-F(ⓒ)

승 용

좌측 열

도 서 명		정 가
엘란트라	엔 진('93)	10,500
	새 시('93)	22,000
마르샤	엔 진('95)	13,000
	새 시('95)	19,000
엑센트	엔진·새시('95)	21,000
	전기회로도('95)	7,500
베르나	엔진·새시('99)	20,000
	전기회로도('99)	7,500
	엔진·새시(2002)	21,000
	전기회로도(2002)	5,500
	전장회로도(2004)	5,100
NEW 베르나	엔 진(2006)	35,700
	새 시(2006)	29,900
	전장회로도(2006)	7,800
쏘나타(II)	엔 진('93)	10,500
	새 시('93)	절판
	전기회로도('93)	9,500
쏘나타(III)	엔 진('96)	12,500
	새 시('96)	19,000
EF쏘나타	엔 진('98)	10,500
	새 시('98)	20,500
	전기회로도('98)	9,500
	정비지침서(2001)	8,000
	전기회로집(2001)	8,000
	전장회로도(2003)	12,500
EF·XG·다이너스티 LPG엔진	LPG전장(2003)	2,200
	(통합본)(2001)	7,000
NF쏘나타	엔 진(2005)	22,000
	새 시(2005)	28,000
	전장회로도(2005)	8,000
	정비(LPI보충판)(2005)	11,500
	전장(보충)(2005)	10,000
	정비보충판(2005)	27,000
	정비보충판(2007)	23,000
	정비보충판(2008)	43,000
스쿠프	정비지침서('93)	13,000
티뷰론	엔 진('96)	7,000
	새 시('96)	16,500
투스카니	정비지침서(2001)	23,500
	전기회로집(2001)	7,000
	정비지침서(2005)	20,000
	전장회로도(2005)	4,800
	정비지침서(2007)	28,000
아반떼	엔 진('95)	11,500
	새 시('95)	16,000
	전기회로도('95)	8,500

중앙 열

도 서 명		정 가
	정비지침서(2000)	25,000
	전기배선도(2000)	8,000
아반떼XD	정비지침서(2003)	36,000
	전장회로도(2003)	6,300
	전장회로도(2005)	6,000
아반떼(디젤)	정비지침서(2005)	24,500
NEW 아반떼	가솔린 엔진(2007)	41,000
	새 시(2007)	36,500
디 젤	전장회로도(2007)	9,000
	엔진(2007)	21,500
	엔 진('96)	20,000
	새 시('96)	23,500
그랜저/다이너스티	전기회로도('96)	9,000
	전장회로도(2003)	7,000
	전장회로도(2004)	6,200
아토스	정비지침서('97)	20,000
	전기회로집('97)	6,200
	정비지침서(2001)	18,000
	전기회로집(2001)	5,500
클릭	정비지침서(2002)	30,000
	전장회로도(2002)	5,000
NEW 클릭	정비지침서(2006)	18,400
	전장회로도(2006)	5,700
	정비보충판(D4FA-디젤 1.5)	22,000
	정비지침서(2002)	21,000
라비타	전기회로집(2002)	7,000
	전장회로도(2003)	4,900
	엔 진('98)	10,500
	새 시('98)	21,500
그랜저XG	전기회로도('98)	10,500
	정비지침서(2002)	27,000
	전장회로도(2005)	9,000
	전장회로도(2005)	11,000
그랜저(TG)	엔 진(2005)	46,000
	새 시(2005)	32,800
	전장회로도(2005)	10,700
	보충정비(LPI)(2005)	20,500
	정비보충판(2007)	28,500
	전장회로도(2008)	19,000
	엔 진(2009)	41,500
	엔진변속기(2009)	48,000
	전장회로도(2009)	18,000

우측 열

도 서 명		정 가
자동변속기	승용·RV정비(2002)	5,000
수동변속기	승용·RV정비(2002)	4,500
	승용·RV정비(2005)	9,000
i 30	엔 진(2008)	36,500
	새 시(2008)	37,000
	전장회로도(2008)	9,500
	정비보충판(2008)	22,000
제네시스	엔 진(2008)	38,000
	새 시(2008)	41,000
	바 디(2008)	35,500
	전장회로도(2008)	12,500
제네시스 쿠페	엔 진(2009)	29,500
	엔진·변속기(2009)	41,000
	바 디(2009)	35,000
아반떼XD 하이브리드 LPI	전장회로도(2009)	13,000
	정비보충판(2010)	36,500
	전장회로도(2010)	12,000
에쿠스	엔 진('99)	10,500
	전기회로집('99)	11,500
	전기회로집(2000)	14,000
	정비지침서(2001)	7,500
	정비지침서(2004)	11,000
	전장회로도(2004)	8,200
	정비보충판(2005)	28,000
	전장회로도(2005)	8,000
	정비보충판(2007)	12,500
뉴에쿠스	엔진1편(2009)	39,000
	엔진2편(2009)	43,000
	새 시(2009)	44,000
	바 디(2009)	42,500
	전장회로도(2010)	20,000
YF쏘나타	정비지침서(2010)	44,000
	전장회로도(2010)	15,000

현대자동차 지침서(Ⅲ)

※ 약어 : 디젤엔진-囘, 커먼레일-훠, 터보인터쿨러-囘, 디젤엔진COVEC-F-囵,

도 서 명		정 가	도 서 명		정 가	도 서 명	정 가
카운티	엔 진('98)	9,000	D6CB(엔진)	정비지침서(2004)	6,100		
	새 시('98)	18,500		정비지침서(2007)	7,000		
	전장회로도(2003)	8,000	e에어로타운	정비지침서(2004)	10,000		
마이티(3.5톤)	정비지침서('93)	20,500	D4DD	엔 진(2004)	8,000		
마이티(Ⅱ)	엔 진('98)	9,000	슈퍼에어로시티	정비지침서(2005)	5,800		
	새 시('98)	9,000		전장회로도(2005)	4,200		
코러스	정비지침서('93)	18,000	뉴파워트럭	전장회로도(2005)	4,500		
현대4.5/5톤트럭	정비지침서('98)	12,500	e에어로타운	정비지침서(2006)	17,700		
슈퍼5톤트럭	정비지침서('98)	18,000		전장회로도(2006)	5,500		
	전기회로집(2001)	8,000	메가트럭	전장회로도(2006)	6,200		
S-2000자동변속기	정비지침서(2002)	12,500	D6AB/D6AC	엔진고장진단(2005)	13,000		
슈퍼트럭	새 시(2001)	21,000	트라고	전장회로도(2007)	15,000		
	새 시(2003)	21,500		전장회로도(2008)	15,000		
슈퍼트럭파워텍	전장회로도(2002)	15,000					
대형트럭·특장차	새 시('93)	16,500					
25톤트럭	정비지침서('96)	14,000					
에어로버스	새시1편(2000)	29,000					
	새시2편(2000)	29,000					
	전기회로집(2000)	18,000					
에어로퀸, 익스프레스, 에어로스페이스	정비지침서(2003)	37,000					
슈퍼에어로시티	정비지침서(2000)	16,500					
	전기회로집(2000)	5,500					
	정비지침서(2003)	17,500					
	정비지침서(2005)	7,600					
에어로타운	정비지침서(2001)	15,500					
D6디젤(엔진)	정비지침서('93)	8,000					
D8디젤(엔진)	정비지침서('96)	8,500					
V8디젤(엔진)	정비지침서('93)	8,500					
D6CA(엔진)	정비지침서(2001) (16톤, 19톤, 19.5톤) 훠	8,000					
D6AB/C(엔진)	정비지침서(2001) (8톤카고, 8.5톤, 9.5톤, 11톤, 11.5톤, 14톤, 16톤)	14,000					
D6DA(엔진)	정비지침서(2002) (5톤, 8.5톤, 에어로타운)	8,000					
C6DA	정비지침서(2004)	8,000					
글로버900CNG	전장회로도(2003)	5,500					
덤프, 트랙터, 믹서	정비지침서(2004)	23,100					
현대 상용차	전기회로도('93)	11,000					
e마이티·마이티Qt	정비지침서(2004)	14,000					
	전장회로도(2004)	5,400					
e카운티	정비지침서(2004)	18,000					
	전장회로도(2004)	5,300					
뉴파워트럭(보충판)	정비지침서(2004)	19,500					
	전장회로도(2004)	7,500					
에어로퀸, 익스프레스, 에어로스페이스	정비지침서(2004)	10,400					
	전장회로도(2004)	7,000					
메가트럭	정비지침서(2004)	14,500					
	전장회로도(2004)	6,000					

기아자동차 지침서(I)

구 분 / 차 종	도 서 명	정 가
옵티마리갈	정비지침서(보충판 포함)(2001)	36,200
	전장회로도(2001)	8,700
	전장회로도(보충판:LPG 포함)(2003)	13,000
리 오	정비지침서(전기배선도)(2001)	31,000
리오SF	정비지침서(전장수록)(2002)	23,700
	전장회로도(2004)	6,200
오피러스	엔진·전장회로도(2003)	22,300
	새 시(2003)	23,600
	정비·전장 보충판(2003)	13,200
	정비지침서(보충판)(2005)	26,000
카렌스	정비지침서(2001)	29,500
	전기회로도(2001)	9,200
카렌스(II)	정비지침서(XTREK 공용)(2002)	32,900
	전장회로도(2002)	10,500
	정비지침서 보충판(2002)	5,100
카렌스(II)/XTREK	정비지침서/전장회로도(2004)	18,900
	전장회로도(2004)	7,100
카니발(II)	정비지침서(2001)	28,000
	전기배선도(2001)	8,400
	LPG전기배선도(2001)	8,400
	정비지침서(보충판)(2002)	10,200
	전장회로도(2003)	9,300
	전장회로도(2004)	6,600
쏘렌토	정비지침서(2002)	26,000
	전장회로도(2002)	7,400
	정비지침서(보충판)(2002)	7,000
	전장회로도(가솔린)(2002)	5,500
	전장회로도(2004)	7,700
	정비지침서(보충판)(2004)	7,900
	정비/전장회로도(보충판)(2005)	25,000
	전장회로도(2006)	9,000
	정비지침서(보충판)(2007)	22,000
쏘렌토R	엔진(2009)	27,500
	새 시(2009)	30,000
	전장회로도(2009)	13,000
포르테	엔진(2009)	35,000
	새 시(2009)	43,500
	전장회로도(2009)	10,000
포르테 하이브리드 LPI	정비지침서(2010)	34,000
	전장회로도(2010)	8,000
쏘울	엔진(2009)	38,500
	새 시(2009)	40,000
	전장회로도(2009)	10,000

구 분 / 차 종	도 서 명	정 가
쎄라토	엔 진(2004)	19,600
	새 시(2004)	32,500
	전장회로도(2004)	6,700
	정비지침서(1.5디젤 보충판)(2005)	24,100
	전장회로도(2007)	10,000
모 닝	정비지침서(2004)	33,800
	전장회로도(2004)	5,900
	정비지침서(보충판)(2007)	15,000
	정비지침서(보충판)(2008)	35,000
스포티지	엔 진(2004)	36,200
	새 시(2004)	41,700
	전장회로도(2004)	11,500
	정비지침서(2007)	12,500
프라이드	엔 진(2005)	18,700
	새 시(2005)	25,300
	전장회로도(2005)	6,800
	정비지침서(1.5디젤 보충판)(2005)	28,300
	전장보충판(D4FA-디젤1.5, 5도어)(2005)	5,000
	정비지침서(보충판)(2007)	20,000
그랜드카니발	엔 진(2006)	18,300
	새 시(2006)	41,000
	전장회로도(2006)	10,400
	정비지침서(보충판)(2006)	19,000
	정비지침서(보충판)(2006)	19,500
	정비지침서(보충판)(2008)	27,000
로 체	엔 진(2006)	27,800
	새 시(2006)	37,500
	전장회로도(2006)	9,000
	정비지침서(보충판)(2008)	21,000
NEW 로체	엔 진(2009)	31,500
	새 시(2009)	30,500
	전장회로도(2009)	9,500
NEW 오피러스	엔 진(2006)	40,000
	새 시(2006)	36,000
	전장회로도(2006)	13,500
NEW 카렌스(II)	엔 진(2006)	34,500
	새 시(2006)	31,500
	전장회로도(2006)	8,500
모하비	엔 진(2008)	32,500
	새 시(2008)	42,000
	전장회로도(2008)	12,500
K7	엔 진(2010)	32,500
	새 시(2010)	30,500
	전장회로도(2010)	22,500
K5		

기아자동차 지침서(II)

승용차			전 차 종		
차 종	도 서 명	정 가	차 종	도 서 명	정 가
승용·RV·상용차			**승용·RV·상용차**		
프레지오	정비지침서(전기포함)('95)	27,000	아벨라	정비지침서('97)	18,000
	정비지침서(2001)	15,000		바디수리서('97)	5,000
봉고프론티어	정비지침서('97)	18,000		전기배선도('97)	6,500
	정비지침서(2000전장 첨부)(2001)	17,700	포텐샤	정비지침서('97)	16,000
봉고(Ⅲ)1톤	정비지침서(2004)	37,000		전기배선도('97)	10,000
	전장회로도(2004)	6,000	크레도스	정비지침서('97)	20,000
봉고(Ⅲ)코치	정비지침서(2004)	30,700	세피아(Ⅱ)	정비지침서('97)	14,000
	전장회로도(2004)	5,900		전기배선도('97)	6,000
봉고(Ⅲ)	정비지침서(1톤,1.4톤 전장포함)(2004)	12,400	엔터프라이즈	정비지침서('97)	12,000
	정비지침서(보충판)(2008)	16,500		전기배선도('97)	7,000
	전장회로도(2008)	6,000	캐피탈	전기배선도('97)	10,000
프런티어	2.5톤 정비지침서('97)	15,500	콩코드	전기배선도('97)	6,000
타우너	정비지침서(1.3톤, 2.5톤, 전장회로도 수록)('97)	14,000	카니발	정비지침서('97)	18,500
따맥스	정비지침서(전기배선 첨부)(2001)	16,000		전기장치(디젤)('97)	10,000
라이노	2.5톤/3.5톤 정비지침서(2001)	22,000		LPG전기배선도('97)	9,000
	정비지침서(2001)	13,000		LPG추보판('97)	6,500
봉고프런티어	정비지침서('97)	12,000	카렌스	정비지침서('97)	19,000
	전기배선도('97)	6,000		전기배선도('97)	12,000
프런티어	전기배선도('97)	6,000	카스타	엔진·트랜스밋션('97)	18,000
레토나	엔 진('97)	15,000		섀시·전기('97)	16,000
	섀시·전기배선도(보충판 첨부)('97)	17,000	프레지오	정비지침서('97)	15,000
				전기배선도('97)	12,000
			비스토	정비지침서(전기배선도)('97)	30,000
				정비지침서(2001)	24,000
				전기배선도(2001)	6,800
			스펙트라	정비지침서(전기배선도)(2001)	29,000
			스펙트라/스펙트라윙	전장회로도(정비·전장 포함)(2001·2003)	7,700
			옵티마	정비지침서(2000)	21,000
				전기배선도(2000)	8,500
			스포티지	전기배선도(2001)	7,000

르노삼성자동차 도서목록

자종	승 용 차 도 서 명	정가	차종	승 용 차 도 서 명	정가
SM5 서비스 매뉴얼	엔 진	15,000			
	새 시	16,000			
	전 장	14,000			
	LPG	25,000			
	전기배선도	28,000			
	가솔린편(보충판 I)	16,000			
	보충판(II : KLEV)	9,700			
	보충판(III: NPQ)	10,500			
	New LPG	43,000			
	보충판(I : DF M1G/LPG)	28,000			
	배선도북(DF)	19,000			
SM3 서비스 매뉴얼	엔진·전장	17,000			
	새 시	15,500			
	보충판(I : KGN-E)	9,500			
	보충판(II: QG16)	23,000			
	보충판(III: CF QG15/16)	32,500			
뉴 SM3 서비스 매뉴얼	SM3리페어매뉴얼(MR445)	40,000			
	SM3바디리페어매뉴얼(MR446)	25,000			
	SM3오버홀매뉴얼 H4M엔진(TN6049E) / JH3TM(TN6029A)	11,500			
SM7 서비스 매뉴얼	엔 진	30,000			
	새 시	39,000			
	전장회로도(I 편)	35,000			
	전장회로도(II편)	35,000			
	보충판(I : KOBD)	13,000			
	보충판(I : LF 엔진, 새시,전장)	12,500			
	배선도북(LF)	21,000			
QM5 리페어 매뉴얼	정비 I (MR420)	41,000			
	정비II (MR420)	42,000			
	정비(MR421)	25,000			

♣ 전화 「(02) 713-4135」로 주문(책명, 수령자의
　　주소, 성명, 전화번호, 송금은행)하십시오.
♣ 송료는 수신자 부담입니다.

은 행 명	계 좌 번 호	예 금 주
농 협	065 - 12 - 078080	김 길 현
우 체 국	012021 - 02 - 023279	골 든 벨

◆ **자동차 용어 대사전**   정가 25,000원

1994년	10월	12일	초 판	발 행
1997년	1월	6일	증보1판	발 행
2001년	6월	4일	증보2판	발 행
2016년	1월	12일	증보2판9쇄발행	

編　著：日本(株)グランプリ出版 GP企劃センター
編　譯：도서출판 골든벨 편집부
발행인：김 길 현
발행처：**골 든 벨**

⑪ [0][4][3][1][6] 서울특별시 용산구 원효로 245
대표전화：(02)713-4135／FAX (02) 718-5510
E-mail　：E-mail：7134135@naver.com
홈페이지 : http : // www.gbbook.co.kr
등　록：제 3-132호 (87. 12. 11)
　　　　　ⓒ 1994 *Golden Bell*
ISBN 89－7971－042－9－91500